流體力學

Fluid Mechanics Fundamentals and Applications, 3e

Yunus A. Çengel
John M. Cimbala
著

洪俊卿 蔡尤溪 郭仰
譯

國家圖書館出版品預行編目(CIP)資料

流體力學 ／ Yunus A. Cengel, John M. Cimbala 著；洪俊卿，蔡尤溪, 郭仰譯. – 二版. -- 臺北市：麥格羅希爾, 臺灣東華, 2017.1

面； 公分

譯自：Fluid Mechanics Fundamentals and Applications, 3rd ed

ISBN 978-986-341-286-1 (平裝)

1. 流體力學

332.6   105017911

流體力學第三版

繁體中文版© 2016 年，美商麥格羅希爾國際股份有限公司台灣分公司版權所有。本書所有內容，未經本公司事前書面授權，不得以任何方式（包括儲存於資料庫或任何存取系統內）作全部或局部之翻印、仿製或轉載。

Traditional Chinese Abridged copyright ©2016 by McGraw-Hill International Enterprises, LLC., Taiwan Branch

Original title: Fluid Mechanics Fundamentals and Applications, 3E (ISBN: 978-0-07-338032-2)

Original title copyright © 2014 by McGraw-Hill Education

All rights reserved.

作　　　者	Yunus A. Çengel, John M. Cimbala
譯　　　者	洪俊卿　蔡尤溪　郭仰
合作出版暨發行所	美商麥格羅希爾國際股份有限公司台灣分公司 台北市 10044 中正區博愛路 53 號 7 樓 TEL: (02) 2383-6000　FAX: (02) 2388-8822
	臺灣東華書局股份有限公司 10045 台北市重慶南路一段 147 號 3 樓 TEL: (02) 2311-4027　FAX: (02) 2311-6615 郵撥帳號：00064813 門市：10045 台北市重慶南路一段 147 號 1 樓 TEL: (02) 2382-1762
總 經 銷	臺灣東華書局股份有限公司
出 版 日 期	西元 2017 年 1 月 二版一刷

ISBN：978-986-341-286-1

序 Preface

背景

　　流體力學為一門令人興奮且迷人的學問，其實際應用極為廣泛，包含微生物系統、汽車、飛機及太空船推進等，流體力學對於大學生來說也一向是極富挑戰性的學科，因為適當分析流體力學的問題不只需要基本知識與概念，還仰賴物理直覺與經驗。藉由本書仔細講解概念，並佐以大量例子、圖解、照片，我們期望將觀念與其實際應用作好連結。

　　流體力學是一門成熟的學科，其方程式與逼近法已完整建立且能在任何本科目的教科書上查到，本書不同於其它教科書的特點在於由淺入深的漸進式編排，並在各章節的開頭先概述過去章節所提及的觀念。由於流體力學是相當自然且視覺上直觀的科目，我們提供更多的圖解與照片，唯有清楚闡述觀念，學生才能夠完全領會其數學上的涵義。

目標

　　本書是為大學生的基礎流體力學課程所著，若需要，本書也為雙向教學提供適當的教材。我們假設讀者具備微積分、基礎物理學、工程數學、與熱力學的基礎，本書的目標為：

- 呈現流體力學的基本原理與方程式。
- 展示大量多面向的真實工程範例，以讓學生能有所需的直覺去正確使用流體力學在工程上的應用。
- 藉由強調物理學概念，發展對流體力學的直覺式理解，並以圖解與照片強化此理解。

　　本書擁有足夠的教材來作適當的彈性教學，例如航空與航天工程師會注重在勢流、阻力與升力、可壓縮流體、渦輪機構與計算流體力學，而機械與土木工程教學者則會選擇注重在管流與明渠流。

第三版更新部分

　　在本版中，大致內容與編排並沒有太大的改變，所有圖解與照片都以雙色的方式增加視覺衝擊力，許多圖解的部分以照片作為替代，以讓該教材內容更貼近於真實生活的實際應用。另外，我們在某些章節的最後增加了一些新的應用焦點，以此介紹該章節教材中，一些領導者所作令人振奮的實際工業應用與學術研究。我們期望這些能讓學生看出所學教材與實際應用的關聯。由來自賓州州立大學的客座作者 Keefe Manning 所著的新內容"生物流體"收錄在第 8 章與第 9 章，並在章節中附有生物相關的例子與作業題。

一些章節中已加入新的已解例題，而一些新的章節末習題和修改過後的舊題目也更為多面向且實際，更重要的是，增加了基礎工程考題類型的習題，以幫助學生準備職業工程考試。

理念和目標

以作者 Yunus Çengel 為主導所著的本版教科書與先前版本有相同的理念和目的：

- 能與未來的工程師有簡單而精確的溝通。
- 帶領學生清楚了解並深入領會流體力學的基本原理。
- 鼓勵創新思維與發展對於流體力學更深的理解與直覺感受。
- 給有興趣且熱情的學生閱讀，而非只是作為解決作業習題的引導。

最佳的學習方式是練習，此書花了許多心力在強調先前提及的教材內容 (該章節與過去章節所出現的教材內容)，許多闡述的例題與章節末習題相當多面向，並鼓勵學生複習或回頭瀏覽先前的觀念與所建立的直覺。

本書的許多地方展示計算流體力學所產出的例題，也對於此議題提供一個引導章節，我們的目標並非詳細教導有關計算流體力學的數值演算法，這呈現在其它課程較為合適。我們是要將計算流體力學以工程工具的形式介紹給大學生，並介紹其能力與極限。我們使用計算流體力學解答的目的與使用從風洞測試得到的實驗結果非常類似 (即加強對於流體流動物理學的理解，並提供優質的流動可視化以幫助對流體行為的理解)。藉由網站上數十個計算流體力學的習題，教師有足夠的機會在課程中介紹計算流體力學的基礎。

內容與架構

本書從流體的基礎、流體特性、流體流動至計算流體力學依次介紹，共分為15個章節。其中，第 13、14、15 章置於東華書局網站以供讀者下載。

- 第 1 章提供流體基礎介紹、流體流動分類、控制體積與系統的形成、因次、單位、有效數字與解決問題技巧。
- 第 2 章致力於流體性質，例如密度、蒸氣壓、比熱、音速、黏度與表面張力。

- 第 3 章處理流體靜力學與壓力，包含壓力計與氣壓計、潛面的流體靜力、浮力與穩定性及剛體運動的流體。
- 第 4 章涵蓋議題關於流體運動學，例如拉格朗日與歐拉流體描述的差異、流動模式、流體視覺化、渦度與旋轉度與雷諾輸運定理。
- 第 5 章介紹基本質量守恆定理、動量與能量，並強調適當運用質量、伯努利，以及能量守恆與對於方程式的實際應用。
- 第 6 章將雷諾輸運定理應用在線動量與角動量，並強調對於有限控制體積動量分析的工程應用。
- 第 7 章加強因次齊一性觀念與介紹白金漢 π- 定理的因次分析、動力相似與重複參數方法 — 為本書其它部分與許多科學和工程很有用處的教材。
- 第 8 章致力於管流與導管流。我們討論層流與紊流的差異、管流與導管流的黏性喪失及管網的次要損失，也解釋對於網管如何適當的選擇泵與風扇。最終，討論各種用於測量流率與流速的實驗設備，也提供對於生物流力學的簡單介紹。
- 第 9 章處理流體流動的微分解析，其中包含連續方程式的推導與應用、科西方程式及納維-斯托克斯方程式。我們也介紹流體方程式，描述其分析流體流動的用處，並提供生物流的簡單介紹。最後，指出一些對於生物流力學微分解析的獨特觀點。
- 第 10 章討論納維-斯托克斯方程式的一些逼近法，並對每一個逼近法 — 包含蠕動流、無黏性流、無旋轉流 (勢流) 與邊界層 — 提供一些解決案例。
- 第 11 章包含物體上之力 (阻力與升力)，解釋摩擦阻力與壓力阻力的差異，並提供許多常用幾何的阻力係數。本章強調在第 7 章所介紹的風洞量測配合動力相似和因次分析的實際應用。
- 第 12 章延伸流體流動分析至可壓縮流，其氣體特性深受馬赫數的影響。在本章中，我們介紹膨脹波、正震波與斜震波以及阻流的觀念。
- 第 13 章處理明渠流以及與自由空間液體流有關的獨特特性，包含表面波和水躍。
- 第 14 章更加仔細審視渦輪機，包含泵、風扇和渦輪，強調泵和渦輪的運作而非它們的設計細節，我們也以動力相似原理與簡化速度向量分析為基礎討論泵和渦輪的整體設計。
- 第 15 章敘述計算流體力學的基本觀念，並呈現給學生如何使用商業計算流體力學軟體作為解決複雜流體力學問題的工具。我們強調計算流體力學的應用而非軟體中使用的演算法。

每個章節包含豐富的章節末習題，我們也提供廣泛的附錄，內容除了空氣與水

 流體力學

外，還包括其它許多材料的熱力學與流體性質，還有一些有用的圖和表。許多章末習題需要用到一些附錄的材料性質以加強問題的真實性。

學習工具

注重在物理學

本書獨特的特性在於除了數學表示與運算外，強調各主題的物理觀點。作者相信，大學教育應該注重於發展工程師在面對現實世界的問題時，了解其底層物理機制與掌握解決實際問題的能力，培養直覺理解的課程也讓學生有更具啟發性且有價值的經驗。

有效使用聯想

一個敏銳的頭腦應該要對於工程科學的理解毫無困難，畢竟工程科學的定理建立在我們每天的經驗與實驗觀察上，因此本書始終採用的是一個物理與直覺的方式。課程內容常常提起與學生的每日經驗的相似之處，以讓他們能夠從課程內容聯想到已知道的事。

自我教導

課文的教材是以一般學生能舒適理解的層級作介紹，它與學生對等對談，而不用艱難的內容。事實上，它是可自我教導的，注意科學定理是基於實驗觀察而來，本課文中大部分的推導大多基於物理論點，因此它們是易於跟隨與理解的。

廣泛使用原圖與照片

圖片幫助學生能抓住其意象，是在學習時的重要工具，本課文中有效應用圖片，包含相對於其它本類別的教科書更多的圖、照片與敘述。圖能吸引注意並引起好奇與興趣，課文中大多的圖試圖成為強調一些會被忽略的重點觀念之方式，其它一些圖則用在頁面總結。

大量解出的範例

所有章節都包含大量解出的範例以澄清教材內容，並演示課文中基本定理的使用以幫助學生的直覺。所有範例的解法使用直覺且系統的方式。此解題方案始於問題的陳述與所有目標的辨認，並皆以假設與逼近法的道理說明，任何解題需要的性質都被分開條列，許多的值與單位一同使用以強調若沒單位，數字會變得沒意義。各個例子結果的意義都在解題中被討論，這個方案也在章末習題解答被遵守與提供給授課者。

大量現實的章節末習題

章節末習題依題材詳細地被編組，讓授課者與學生能較易選擇題目。在各組的觀念題目 (Concept Problems) 以 C 標著，用以查驗學生對於基本觀念的了解程度。

基礎工程學試題 (FE Exam Problems) 被設計來協助學生準備專業工程師執照的基本工程測驗。而複習題 (Review Problems) 較為全面，且並非直接依附於任何特定章節，在某些情況下它們需要在先前章節中所學的教材。設計與小論文題 (Design and Essay) 的題目意圖在鼓勵學生作工程判斷、引發對於主題獨立探索的興趣，並以專業的方式傳達他們的發現。

常見符號使用

在不同工程課程對相同的物理量採用不同的符號，長久以來造成不滿與疑惑，例如一個修習流體力學與熱傳學的學生，在流體力學課必須使用符號 Q 代表體積流率，卻在熱傳學中以其代表另一個物理意義。在工程教育中統一符號時常被提起，甚至在一些由國家科學基金會的基金會聯盟 (National Science Foundation through Foundation Coalitions) 所贊助的會議報告也有提及，但時至今日在此方面所投注的心力還是很少，舉例而言，2003 年 5 月 28 與 29 日在威斯康辛大學舉辦的能源 Stem 創新小型會議 (Mini-Conference on Energy Stem Innovations) 中的最終報告。本課文中我們作了有意識的努力，藉由將採用符號 $\dot{V}$ 代表體積流率，保留了 Q 在熱傳學的符號，以最小化符號使用的衝突。另外，持續使用上點來標記時率，我們認為授課者與學生會感激這個提升符號一致度的努力。

共同包含伯努利與能量方程式

伯努利方程式為流體力學中最常使用的方程式，但也是最常被誤用的。因此，強調這個理想化的方程式之使用與呈現如何適當交代其不完美與不可逆損失是很重要的。在第 5 章，我們藉由介紹在伯努利方程式後馬上介紹能量方程式，並展示許多實際工程例題的解答與使用伯努利方程式的結果之不同來達到此強調效果，幫助學生發展對於伯努利定律的現實觀點。

流體力學運算的獨立章節

商業計算流體力學軟體在設計與流體系統分析的工程應用被廣泛使用，它對於工程師紮實理解流體力學運算的基礎面向、能力與極限都極度重要。我們意識到大部分大學工程課程並沒有完整的計算流體力學的課程，因此在本書開立獨立的計算流體力學的章節來彌補此不足，並提供學生對於計算流體力學的好壞處有足夠的背景。

應用焦點

整本書都有重點的例子，稱為應用焦點，呈現現實世界中的流體力學應用。這些特殊例子的獨立特點在於它們是由客座作者撰寫。應用焦點是設計來將流體力學在各廣泛的領域中各類的應用呈現給學生，它們也包含客座作者研究中搶眼的照片。

符號索引

用在課文中的主要符號、下標及上標附在內文以便參考。

致謝

作者想特別感謝許多來自以下第三版的評估者與評審的珍貴評論、建議、建設性批評及讚美：

Bass Abushakra	密爾瓦基工業學院
Jonathan Istok	俄勒岡州立大學
John G. Cherng	密西根大學迪爾伯恩校區
Time Lee	麥基爾大學
Peter Fox	亞利桑那州立大學
Nagy Nosseir	聖地牙哥州立大學
Sathya Gangadbaran	安柏瑞德航空大學
Robert Spall	猶他州立大學

我們也感謝在本書第一版與第二版致謝過的學者，因人數眾多不再提及。特別感謝 Gary S. Settles 與其在賓州州立大學的同事 (Lori Dodson-Dreibelbis、J. D. Miller 與 Gabrielle Tremblay) 製作令人振奮的講述短片。作者也感謝賓州州立大學的 James Brasseur 製作精確的流體力學詞彙表、奧克拉荷馬州立大學的 Glenn Brown 為本書提供許多具歷史興趣 (historical interest) 的物件、客座作者 David F. Hill (部分第 13 章)與 Keefe Manning (生物流體章節)、加濟安泰普大學的 Mehmet Kanoglu 準備基本工程測驗題目與解答，以及 Sakarya 大學的 Tahsin Engin 提供一些章末習題。

我們也致謝韓國翻譯團隊，他們在翻譯過程中，指出一些在第一、二版已被更正的錯誤與非連貫性，此團隊包含亞洲大學的 Yun-ho Choi、仁川大學的 Nae-Hyun Kim、韓國技術教育大學的 Woonjean Park、檀國大學的 Wonnam Lee、水原大學的 Sang-Won Cha、釜山大學的 Man Yeong Ha 以及韓國航空大學的 Yeol Lee。

最後，特別感謝我們的家人，尤其是妻子 Zehra Çengel 與 Suzanne Cimbala 在準備此書時持續的耐心、理解和支持，因為她們需要在自己丈夫鎖在電腦螢幕前時，長時間的自行處理家務事。

Yunus A. Çengel
John M. Cimbala

目錄

序		iii

Chapter 1　緒論和基本概念　1

1-1	緒論	2
	什麼是流體？	2
	流體力學的應用領域	4
1-2	流體力學簡史	5
1-3	無滑動條件	9
1-4	流體流動的分類	10
	流動的黏性流與無黏性流區	10
	內部流與外部流	10
	可壓縮流與不可壓縮流	11
	層流與紊流	11
	自然流動 (或無受力流動) 與強制流動	12
	穩定流與不穩定流	12
	一維、二維和三維的流動	14
1-5	系統和控制容積	15
1-6	因次和單位的重要性	17
	一些 SI 和英制單位	18
	因次均一性	20
	單位轉換比	22
1-7	工程模擬	23
1-8	解題技巧	25
	步驟 1：問題敘述	25
	步驟 2：畫示意圖	25
	步驟 3：假設和近似	26
	步驟 4：物理定理	26
	步驟 5：性質	26
	步驟 6：計算	26
	步驟 7：推理、證明和討論	26
1-9	套裝工程軟體	27
	工程方程式求解器 (EES)	28
	CFD 軟體	29
1-10	準確度、精密度和有效數字	29

Chapter 2　流體的性質　39

2-1	緒論	40
	連體	40
2-2	密度和比重	41
	理想氣體的密度	42
2-3	蒸氣壓力和空蝕	44
2-4	能量和比熱	45
2-5	壓縮性與音速	48
	壓縮係數	48
	體積膨脹係數	50
	音速和馬赫數	52
2-6	黏度	55
2-7	表面張力和毛細現象	60
	毛細現象	62

 流體力學

Chapter 3 壓力和流體靜力學 81

- **3-1 壓力** 82
  - 在一點上的壓力 84
  - 壓力隨深度的變化 84
- **3-2 壓力量測裝置** 87
  - 氣壓計 87
  - 液體壓力計 91
  - 其它壓力量測裝置 95
- **3-3 流體靜力學簡介** 96
- **3-4 作用在沉浸平面上的液壓靜力** 96
  - 特例：沉浸的矩形平板 100
- **3-5 作用在沉浸曲面上的液壓靜力** 102
- **3-6 浮力和穩定度** 105
  - 沉體和浮體穩定度 109
- **3-7 流體在作剛體運動** 111
  - 特例1：流體靜止 113
  - 特例2：流體的自由落下 113
  - 沿直線路徑加速 114
  - 圓柱形容器的旋轉 116

Chapter 4 流體運動學 143

- **4-1 拉格朗日和歐拉描述** 144
  - 加速度場 146
  - 隨質點導數 150
- **4-2 流動型態和流動可視化** 152
  - 流線與流線管 152
  - 路徑線 154
  - 煙線 155
  - 時間線 158
  - 折射流動可視化技巧 158
  - 表面流動可視化技術 159
- **4-3 流體流動數據的圖形** 160
  - 外形圖 160
  - 向量圖 160
  - 等高線圖 161
- **4-4 其它運動學的描述** 162
  - 流體元素的運動或變形的形式 162
- **4-5 渦度與旋轉度** 168
  - 兩種圓周流動的比較 171
- **4-6 雷諾輸運定理** 173
  - *雷諾輸運定理的另一種推導 179
  - 隨質點導數與 RTT 的關係 181

Chapter 5 伯努利與能量方程式 203

- **5-1 簡介** 204
  - 質量守恆 204
  - 線性動量方程式 204
  - 能量守恆 204
- **5-2 質量守恆** 205
  - 質量與體積流率 205
  - 質量守恆定理 207
  - 移動或變形的控制體積 210
  - 穩定流過程的質量守恆 210
  - 特殊情況：不可壓縮流 211
- **5-3 機械能和效率** 213
- **5-4 伯努利方程式** 218
  - 流體質點的加速度 219
  - 伯努利方程式的推導 220
  - 跨過流線的力平衡 222

	不穩定的可壓縮流	222
	靜壓、動壓與停滯壓	222
	使用伯努利方程式的限制	224
	水力坡線 (HGL) 與能量坡線 (EGL)	225
	伯努利方程式的應用	228
5-5	能量方程式的一般式	235
	熱的能量傳遞，Q	236
	功的能量傳遞，W	236
5-6	穩定流的能量分析	240
	特例：沒有機械功裝置與摩擦力	
	可忽略的不可壓縮流	243
	動能修正因子，α	243

Chapter 6 流動系統的動量分析 269

6-1	牛頓定律	270
6-2	選擇一個控制體積	271
6-3	作用在一個控制體積上的力	272
6-4	線性動量方程式	276
	特例	277
	動量修正因子，β	279
	穩定流	281
	無外力的流動	281
6-5	轉動與角動量的複習	290
6-6	角動量方程式	293
	特例	295
	無外力矩的流動	296
	徑向流裝置	296

Chapter 7 因次分析與模型製作 321

7-1	因次與單位	322
7-2	因次齊一性	323
	方程式的無因次化	325
7-3	因次分析與相似性	330
7-4	重複變數方法與白金漢 π- 定理	335
7-5	實驗測試、模型製作與不完全相似性	351
	建構實驗與實驗數據的相關性分析	351
	不完全相似性	352
	風洞測試	352
	有自由表面的流動	355

Chapter 8 內部流 383

8-1	介紹	384
8-2	層流與紊流	385
	雷諾數	386
8-3	入口區	387
	入口長度	388
8-4	管中的層流	389
	壓力降與水頭損失	392
	層流中重力對速度與流率的影響	394
	非圓形管中的層流	395
8-5	管中的紊流	399
	紊流剪應力	400
	紊流速度形狀	402
	穆迪圖與科爾布魯克方程式	405
	流體流動問題的分類	408
8-6	次要損失	412

8-7	管網路與泵的選擇	420		9-4	線性動量微分方程式	
	管的串聯與並聯	420			── 科西方程式	501
	有泵與透平機的管路系統	421			使用散度定理來推導	501
8-8	流率與速度量測	430			使用無限小的控制體積來推導	502
	皮托管與皮托靜壓管	430			科西方程式的替代形式	505
	阻塞型流量計：孔口計、文氏管				使用牛頓第二定律推導	505
	與噴嘴計	432		9-5	納維−斯托克斯方程式	506
	正排量型流量計	435			介紹	506
	渦輪流量計	436			牛頓與非牛頓流體	508
	可變面積流量計 (浮子流量計)	437			推導不可壓縮且等溫流動的納維	
	超音波流量計	438			−斯托克斯方程式	509
	電磁式流量計	440			卡氏座標的連續與納維	
	渦流式流量計	440			−斯托克斯方程式	511
	加熱式風速計 (熱線式與熱膜式)	441			圓柱座標的連續與納維	
	雷射都卜勒測速法	443			−斯托克斯方程式	512
	粒子成像測速法	445		9-6	流體流動問題的微分解析	513
	生物流體力學的簡介	447			對已知速度場計算其壓力場	513
					連續與納維−斯托克斯方程式的正解	519
Chapter 9	**流體流動的微分解析**	**477**			生物流體力學的微分分析	537
9-1	介紹	478		**Chapter 10**	**納維−斯托克斯方程式**	
9-2	質量守恆−連續方程式	479			**的近似解**	**561**
	使用散度定理推導	479				
	使用無限小的控制體積來推導	480		10-1	導論	562
	連續方程式的替代形式	484		10-2	無因次化運動方程式	563
	在圓柱座標系統中的連續方程式	484		10-3	蠕動流近似	567
	連續方程式的特例	485			在蠕動流中，作用在球體的阻力	570
9-3	流線函數	491		10-4	流動的無黏滯區的近似	572
	卡氏座標中的流線函數	491			在流體的無黏滯性區中的伯努利	
	圓柱座標中的流線函數	498			方程式的推導	573
	可壓縮的流線函數*	500		10-5	無旋流近似	576

連續方程式	576
動量方程式	578
在無旋流動區域的伯努利方程式的推導	579
二維無旋流動區域	582
無旋流動區域中的線性疊加	585
基本的平面無旋流	587
由線性疊加所形成的無旋流	594
10-6　邊界層近似	**604**
邊界層方程式	609
邊界層步驟	614
位移厚度	618
動量厚度	621
紊流平板邊界層	623
有壓力梯度的邊界層	629
邊界層的動量積分技巧	634

Chapter 11　外流場：阻力與升力　663

11-1	導論	**664**
11-2	阻力與升力	**666**
11-3	摩擦與壓力阻力	**670**
	用流線型降低阻力	671
	流動分離	672
11-4	常見幾何形狀的阻力係數	**674**
	生物系統與阻力	677
	車輛的阻力係數	678
	線性疊加	679
11-5	流過平板的平行流	**681**
	摩擦係數	683
11-6	流過圓柱體或球體	**685**

	表面粗糙度的影響	687
11-7	升力	**689**
	有限跨度翼和誘導阻力	694
	由旋轉生成的升力	695

Chapter 12　可壓縮流　717

12-1	停滯性質	**718**
12-2	一維的等熵流動	**721**
	隨著流動面積的流速變化	724
	理想氣體等熵流的性質關係	726
12-3	通過噴嘴的等熵流動	**728**
	收縮噴嘴	729
	收縮−擴張噴嘴	734
12-4	震波與膨脹波	**737**
	正震波	737
	斜震波	744
	普朗特−梅爾膨脹波	748
12-5	有熱傳但摩擦可以忽略的流道流動 (雷萊流)	**753**
	雷萊流的性質關係式	759
	阻塞的雷萊流	760
12-6	有摩擦的絕熱管道流動 (范諾流)	**763**
	范諾流的性質關係式	765
	阻塞的范諾流	769

附錄 789

性質表與圖 789

表 A-1 莫耳質量、氣體常數與理想氣體比熱　790
表 A-2 沸點與凝固點的性質　791
表 A-3 水的飽和性質　792
表 A-4 冷媒-134a 的飽和性質　793
表 A-5 氨的飽和性質　794
表 A-6 丙烷的飽和性質　795
表 A-7 液體的性質　796
表 A-8 液體金屬的性質　797
表 A-9 在 1 atm 氣壓的空氣性質　798
表 A-10 在 1 atm 氣壓的氣體性質　799
表 A-11 不同高度的大氣性質　801
圖 A-12 圓管中完全發展流決定摩擦因子的穆迪圖　802
表 A-13 理想氣體的一維等熵可壓縮流函數 (k = 1.4)　803
表 A-14 理想氣體的一維正震波函數 (k = 1.4)　804
表 A-15 理想氣體的雷萊流函數 (k = 1.4)　805
表 A-16 理想氣體的范諾流函數 (k = 1.4)　806

符號索引 807

中英文索引 811

Chapter 13 明渠流

Chapter 14 輪機機械

Chapter 15 計算流體力學簡介

* 以上 3 章已置於東華書局網站供讀者下載研讀。

Chapter 1 緒論和基本概念

學習目標

讀完本章後，你將能夠

- 瞭解流體力學的基本觀念。
- 區別出在實務中遭遇的流體流動問題的各種型態。
- 對工程問題作模型並以系統性方法求解。
- 對於準確度、精密度及有效數字有工作知識，並能認識到工程計算中因次均一性的重要性。

辛巴拉教授用他的熱煙柱崙紋影圖 (schlieren image) 歡迎你來到流體力學的有趣世界。
Michael J. Hargather and Brent A. Craven, Penn State Gas Dynamics Lab. Used by permission.

本章我們將介紹分析流體流動的基本觀念。首先將討論物質的相態及流體流動的各種分類方法，例如黏性流與無黏性流、內部流與外部流、可壓縮流與不可壓縮流、層流與紊流及穩態流與非穩態流。我們同時討論了固-液介面的無滑動條件 (no-slip condition) 及簡單介紹了流體力學的發展史。

在介紹系統 (system) 與控制容積 (control volume，以下簡稱控容) 的觀念後，我們討論了將要採用的單位系統 (unit systems)。其後討論如何提出工程問題的數學模型及如何解釋從分析這模型所得到的結果。之後我們介紹了一種直覺的系統性解題技巧 (problem-solving technique)，用來作為求解工程問題的模型。最後我們討論了工程量測及計算的準確度、精密度及有效數字。

1-1　緒論

力學 (mechanics) 是古老的物理科學，討論靜止及移動物體受力下的影響。處理靜止物體的力學分支稱為**靜力學** (statics)，而處理移動物體的分支稱為**動力學** (dynamics)。**流體力學** (fluid mechanics) 這個分類討論的是靜止 (流體靜力學) 或運動 (流體動力學) 中流體的行為。在靜止流體被當作是速度為零的運動流體的特例時，流體力學也稱為**流體動力學** (fluid dynamics) (圖 1-1)。

流體力學本身又再劃分成數種分類。流體的流動如果可以被近似為不可壓縮者 (例如液體，特別是水及速度低的氣體) 通常被稱為**水力動力學** (hydrodynamics)。水力動力學的一個次分類是**水力學** (hydraulics)，處理的是管中或明渠中的液體流動。**氣體動力學** (gas dynamics) 處理的是密度有明顯改變的流體流動，例如噴嘴中的高速氣流。**空氣動力學** (aerodynamics) 處理的是氣體 (特別是空氣) 以高速或低速流經飛機、火箭及汽車等物體。其它比較特殊的分類，例如氣象學 (meteorology)、海洋學 (oceanography) 及水文學 (hydrology)，處理的是自然現象的流體流動。

圖 1-1　流體力學討論的是運動或靜止中的液體和氣體。

什麼是流體？

你可以回想在物理學中物質以三種主要相態存在：固體、液體、氣體。(在非常高溫時，物質可以電漿態存在。) 以液相或氣相存在的物質稱為**流體** (fluid)。固體及流體的區別在於當被施加試圖改變其形狀的剪應力 (或切向應力) 時的抵抗能力。被施加剪應力時，固體以 (定量的) 變形來抵抗，然而流體在剪應力的影響下會持續的變形，不論剪應力有多小。在固體中，應力正比於應變，而在流體中，應力正比於應變率。當被施加定量剪力時，固體的變形最終會以固定的應變角度終止，而流體則持續的變形並達到一個固定的應變率。

考慮一個置於兩塊平板之間的長方形橡膠塊。當上平板以力 F 拖拉，而下平板被固定住時，橡膠塊會變形，如圖 1-2 所示。變形角度 α (稱為剪應變或角位移) 會正比於施力 F 而增加。假設橡膠塊及平板間沒有滑動，橡膠塊的上表面被推移的量等於上平板的位移而下表面維持不動。平衡時，上平板在水平方向受到的淨合力為零，因此必有另一個與 F 大小相同、方

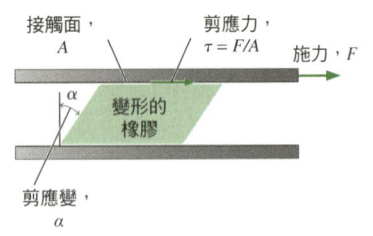

圖 1-2　置於兩平行板間的橡膠塊受到剪力影響的變形。圖中顯示的剪應力作用在橡膠上 —— 另一個大小相同、方向相反的剪應力作用在上平板上。

向相反的力作用於平板上。這個因為摩擦而作用於平板–橡膠介面的逆向力被表示為 $F = \tau A$，此處 τ 是剪應力而 A 是上平板與橡膠間的接觸面積。當施力去除時，橡膠回復其原來的位置。這種現象也可在其它固體中觀察到，如鋼塊，只要施力沒有超越彈性極限。如果在流體中重做這個實驗 (例如兩塊很大的平板被置於很大體積的水中)，不論施力多小，與上平板接觸的流體層將以平板速度跟平板一起持續移動。由於流體層間摩擦力的作用，流體速度隨深度遞減，最後在下平板處達於零值。

回想一下在靜力學中**應力** (stress) 被定義為每單位面積的受力，可以將施力除以其作用面的面積而決定之。每單位面積受力的正向分量稱為**正向應力** (normal stress)，而每單位面積受力的切向分量稱為**剪應力** (shear stress) (圖 1-3)。在靜止的流體中，正向應力稱為**壓力** (pressure)。靜止流體處於零剪應力的狀態。當水中牆面被移除時或液體容器被傾斜時，液體會流動來重新建立一個水平自由液面，此時剪力又再發展出來。

在液體中，分子團間可作相對運動，但體積幾乎維持固定，因為分子間有很強的吸引力。結果是液體會依其所在的容器而改變形狀，而且在重力場中會在其所在的大容器中形成自由表面。相反的，氣體在容器中會持續膨脹直到碰到容器壁為止，從而充填所有的可用空間。這是因為氣體分子間相隔較遠，而使得它們之間的吸引力非常小的緣故。不同於液體，一個開放容器中的氣體不能形成自由表面 (圖 1-4)。

雖然固體和液體在很多情況下很容易區別，但在某些情況下這樣的區別就不是那麼清楚。例如瀝青的外觀及行為像是固體，因為其可在一段短時間內抵抗剪應力。但當施力延長一段較長的時間後，瀝青就會慢慢變形，行為表現就像流體。有些塑膠、鉛和泥漿式混合物也呈現出相似的行為。這些特殊案例超出本書的範圍。本書所討論的**流體**都是很容易辨識為流體的。

分子間的鍵結在固體中最強，在氣體中最弱。一個理由是固體中的分子是緊緻地堆集在一起，而在氣體中，它們相隔了相當大的距離 (圖 1-5)。固體中的分子被安排成重複出現的型態。由於固體中分子間的距離很小，分子間的吸引力極大，從而能維持分子在固定的位置上。液相的分子間距與固相差異不大，但其分子不再維持在固定的位置上，因此可以自由的轉動和移動。在液體中，分子間的作用力較固體中的弱些，但仍較氣體中的強大。通常當固體轉變成流體時，分子間的距離稍微

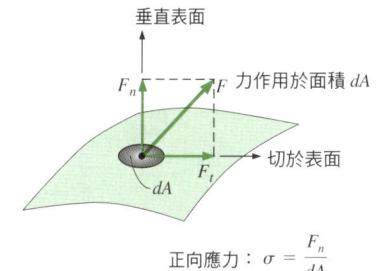

正向應力：$\sigma = \dfrac{F_n}{dA}$

剪應力：$\tau = \dfrac{F_t}{dA}$

圖 1-3 作用於一個流體元素表面上的正向應力和剪應力。對靜止流體而言，剪應力為零，而壓力是僅有的正向應力。

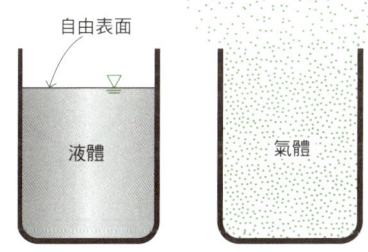

圖 1-4 不同於液體，氣體不會形成自由表面，並且會膨脹直到充滿整個可用空間。

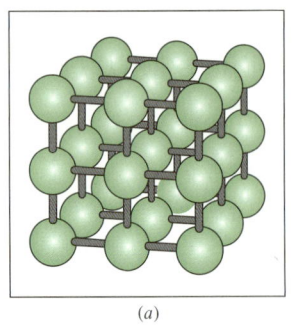 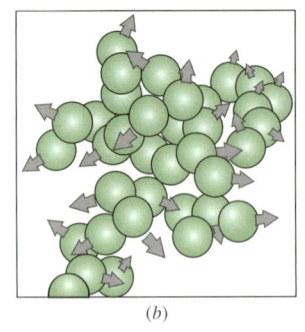 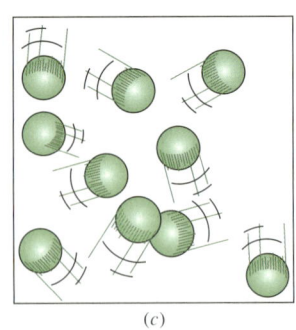

(a)　　　　　　　　　(b)　　　　　　　　　(c)

圖 1-5　在不同相態中原子的排列：(a) 在固相中分子位於相對固定的位置上，(b) 在液相中分子團能相對彼此移動，及 (c) 在氣相中個別的分子作隨機性的運動。

增加，但水是著名的例外。

在氣相中，各分子彼此遠遠的隔開，且分子間的秩序並不存在。氣體分子隨機性的到處移動，彼此間及與其限制容器間作持續性的碰撞。特別是在低密度時，分子間作用力非常小，使得碰撞是分子間唯有的互動模式。相較於液相或固相，氣相分子處於相當高的能階，因此氣體在可以冷凝或凍結前必須釋放出大量的能量。

氣體和蒸汽常被當成同義詞。當物質的蒸汽相溫度高於其臨界溫度時，習慣上被稱為氣體。蒸汽通常暗示著現在的相態與凝結狀態相距不遠。

任何實際的流體系統都包含大量的分子，因此系統的性質自然相依於這些分子的行為。例如，一個容器內的氣體壓力是氣體分子與容器壁間作動量交換的結果。然而，為決定容器內的壓力，並不需要知道分子的行為，只要在容器上安裝一個氣壓計就足夠了 (圖 1-6)。這種巨觀的或古典的方法並不需要知道個別分子行為的知識就可提供一個分析工程問題的直接且容易的方法。更精細的微觀或統計方法，根基於大量分子的平均行為，非常複雜，因此在本書中僅使用其當作一種支援角色。

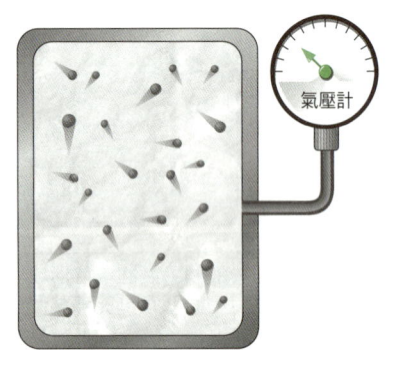

圖 1-6　在微觀尺度上，壓力是由個別氣體分子的相互作用來決定的。然而在巨觀尺度上，我們可以用氣壓計量測壓力。

流體力學的應用領域

開發對於流體力學基本原理的良好理解非常重要，因為流體力學廣泛使用於日常活動及從真空吸塵器到超音速飛機等的現代工程系統設計上。例如，流體力學在人體上扮演著關鍵的角色。心臟持續泵送血液經由動脈和血管到人體各部分，肺臟則是空氣流改變流動方向的地方。所有人工心臟、呼吸器及透析系統的設計都會用到流體力學 (圖 1-7)。

一棟普通房子，就某些方面來說，是充滿流體力學應用的展覽廳。每棟個別房屋及整個城市的水管系統、天然氣及污水系統主要都是根據流體力學的原理來設計的。對於加熱及空調系統的管路及風管網路，這敘述也是真實的。一個冷凍機包含有冷媒流動的管路，一個對冷媒加壓的壓縮機，與兩個熱交換器，可以分別吸熱及排熱。流體力學在設計這些零件時都扮演著主要的角色。即使很平常的水龍頭其運作也是基於流體力學。

在汽車上我們也可看到很多流體力學的應用。所有從燃料箱到氣缸運送燃油的相關零件 (燃油管路、燃油泵、燃油噴射器或化油器)，燃油和空氣在氣缸中的混合，以及在排氣管中燃燒廢氣的洩放，都用流體力學來做分析。流體力學同時也使用在車用空調系統、油壓剎車、動力方向盤、自動換檔、潤滑系統、氣缸本體的冷卻系統 (包含散熱器和水泵)，以及輪胎。現代汽車時髦的流線外形是為了降低風阻而廣泛的分析流體流過物體表面的研究成果。

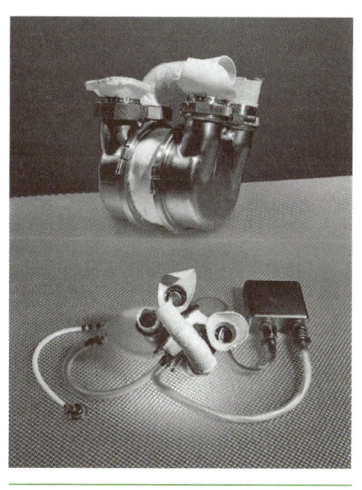

圖 1-7 流體力學廣泛地使用於人工心臟的設計。圖中所示是賓州州大電動全人工心臟。
Photo courtesy of the Biomedical Photography Lab, Penn State Biomedical Engineering Institute. Used by permission.

在廣泛的尺度上，流體力學在設計和分析許多裝置上扮演著主要的角色，例如飛機、船舶、潛水艇、火箭、噴射引擎、風車、生醫裝置、電子零件的冷卻系統，以及移動水、原油和天然氣的傳輸系統。同時它也用來設計建築物、橋樑，甚至廣告招牌以確定結構可抵抗風施加的負荷。許多自然現象，例如雨的循環、天氣型態、地下水上升到樹梢、風、海浪，以及大型水體內的水流都受到流體力學原理的控制 (圖 1-8)。

1-2　流體力學簡史[1]

人類所遭遇的第一個工程問題，是城市發展時對家庭用水及灌溉用水的供應。我們的城市生活方式只能靠充分的供水來維持。考古學清楚的證明每一個成功的史前文明都致力於供水系統的建構與維持。古羅馬的輸水道，有些仍在使用，是最著名的例了。然而從技術觀點來看，令人印象最深刻的工程是位於今日土耳其境內的帕加馬古國 (Pergamon) 的希臘化城中。在那裡，從紀元前 283 到 133 年，他們建造了一系列的鉛及黏土管線 (圖 1-9)，長達 45 km，在壓力超過 1.7 MPa (180 m 水頭) 下操作。可惜，幾乎所有這些早期建造者的姓名都湮沒於歷史之中。

最早受到承認，對流體力學理論作出貢獻的是希臘數學家阿基米德 (285-212

---

1. 本節由奧克拉荷馬州立大學布朗 (Glenn Brown) 教授所貢獻。

自然水流和天氣
© Glen Allison/Betty RF

船舶
© Doug Menuez/Getty RF

飛機和太空船
© Photo Link/Getty RF

發電廠
© Malcom Fife/Getty RF

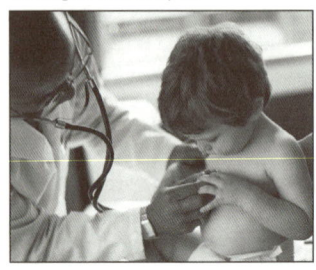
人體
© Ryan McVay/Getty RF

汽車
© Mark Evans/Getty RF

風車
© F. Schussler/PhotoLink/Getty RF

水管系統
© Photo by John M. Cimbala

工業應用
© Digital Vision/PunchStock

圖 1-8 流體力學的一些應用領域。

圖 1-9 帕加馬管線的部分。每個黏土管的切面直徑是 13 至 18 cm。
Courtesy Gunther Garbrecht. Used by permission.

BC)。他推導出浮力原理並在歷史上的第一次使用，藉此非破壞性檢測的方式來決定希羅一世國王 (King Hiero I) 的皇冠其黃金含量。古羅馬人建造大型輸水道並教育許多被征服的人民乾淨供水的好處，但整體而言，他們對流體理論的瞭解極差。[也許在他們攻陷敘拉古 (Syracuse) 時，不應該殺了阿基米德。]

中世紀時，流體機械的應用發展緩慢，但穩定的擴張。精巧的活塞泵被開發來從礦坑抽水，而水車和風車則被改良完美以研磨穀物、鍛冶金屬及做其它工作。在有紀錄的人類歷史中，第一次不需要人類及動物提供的肌肉力量就完成了顯著的工作，而這些發明稍後更促成了工業革命。這些進展的發明者亦是不知名的，但裝置本身則由許多技術作者，例如阿格力科拉 (Georgius Agricola)，完整的記錄下來 (圖 1-10)。

文藝復興帶來對流體系統和機器的持續發展，更重要的是，科學方法被完美化並在歐洲到處被採用。西蒙・斯特芬 (1548-1617)、伽利略・伽利萊 (1564-1642)、愛德姆・馬略特 (1620-1684) 及埃萬傑利斯塔・托里切利 (1608-1647) 等人首先採用科學方法來研究流體的靜壓分佈和真空。這個工作被傑出的數學家兼哲學家布萊茲・帕斯卡 (1623-1662) 加以整合及改進。義大利神父班內迪托・卡斯特力 (1577-1644) 是發表流體的連續原理敘述的第一人。除了推導出他的固體運動方程式外，艾薩克・牛頓爵士 (1643-1727) 應用其定理於流體並探討了流體的慣性和阻力、自由噴流及黏性。他的努力由瑞士人丹尼爾・伯努利 (1700-1782) 和其同事李奧納多・歐拉 (1707-1783) 接棒。他們一起的工作定義了能量與動量方程式。伯努利的 1738 年古典論文 "Hydrodynamica" 可視為第一本流體力學的教科書。最後，尚・達朗貝特 (1717-1789) 發展出速度與加速度分量的觀念，連續方程式的微分形式，及提出物體在穩態均勻流中無阻力的矛盾論。

一直到十八世紀末期流體力學理論的發展對於工程的衝擊甚微，這是因為對性質和參數的量化作得太差，同時大部分理論太過抽象化以至於不能為設計目的作量化。這種情況由瑞奇・德・布隆尼 (1755-1839) 所領導的巴黎工程學院的發展而改變。布隆尼 (他因為利用剎車量測軸功率而聞名) 和他在巴黎國立綜合理工學院及國立橋路學院的同事們最先整合微積分和科學理論到工程課程中，這也成為世界其它地區的模型。(現在知道你們痛苦的大一新鮮人生活要怪誰了吧！) 安東尼・謝才 (1718-1798)、路易士・納維 (1785-1836)、賈斯帕・柯里奧利 (1792-1843)、亨利・達西 (1803-1858) 以及其它許多對流體工程和理論有貢獻的人都是這幾間學校的學生或講師。

到了十九世紀中葉，基礎理論的進展來到幾個前鋒領域。物理學家尚・普修爾 (1799-1869) 已經止確量測了多種流體在毛細管中的流動，同時，德國的高特希爾・哈根 (1797-1884) 已經區別出管中的層流和紊流。英國的奧斯鮑恩・雷諾爵士 (1842-1912) 繼續這個工作 (圖1-11) 並發展出以他為名的無因次參數。類似的，並行於納維的早期工作，喬治・斯托克斯 (1819-1903) 完成了以他們為名的流體運動的通用方程式 (有摩擦

圖 1-10 一個由可逆式水車提供動力的起礦機。
G. Agricola, De Re Metalica, Basel, 1556.

圖 1-11 奧斯鮑恩・雷諾用來展示管流中紊流發動現象的原始裝置。1975年在曼徹斯特大學由約翰・連哈特操作中。
Photo courtesy of John Lienhard, University of Houston. Used by permission.

力)。威廉・福勞德 (1810-1879) 幾乎單獨發展出物理模型實驗的步驟並證明了其價值。美國專家的貢獻也足以和歐洲匹敵,其成效展示在詹姆士・法蘭西斯 (1815-1892) 和列斯特・佩爾頓 (1829-1908) 在透平機的開創性工作,以及克萊門斯・賀雪爾 (1842-1930) 對於文式計的發明。

除了雷諾和斯托克斯外,愛爾蘭和英國的科學家在十九世紀末期對流體理論也作出許多顯著的貢獻,包括威廉・湯姆斯・克爾文爵士 (1824-1907)、威廉・史特拉特・瑞立爵士 (1842-1919),以及賀拉斯・蘭姆爵士 (1849-1934)。這些人研究了許多問題,包括因次分析、無旋流、旋渦流、空蝕及波浪。廣義來說,他們的工作也探討了流體力學、熱力學及熱傳學之間的連結關係。

二十世紀初帶來了兩項偉大的發展。首先在 1903 年,自學的萊特兄弟 [威伯爾 (1867-1912;奧維爾 (1871-1948)] 經由理論的應用和實驗的幫助發明了飛機,他們的原始發明非常完備,包含了現代飛機所有主要的部分。到這個時間點為止,納維-斯托克斯方程式由於太難求解而很少被使用到。在 1904 年的一篇開創性的論文中,德國的路德維希・普朗特 (1875-1953) 提出流體流動可以被區分出靠近壁面的一層,稱為邊界層,那裡的摩擦效應很顯著,以及一個外層,那裡的摩擦效應可以忽略使得簡化的歐拉和伯努利方程式可以適用。他的學生,西奧多・馮卡門 (1881-1963)、包爾・布拉修士 (1883-1970)、約翰・尼古拉德斯 (1894-1979) 及其它人把理論擴展到水力學和空氣動力學的應用。(在二次大戰期間,敵對雙方都從普朗特的理論得益。普朗特留在德國,而他最好的學生,匈牙利出生的馮卡門在美國工作。)

圖 1-12　在奧克拉荷馬州伍德華德 (Woodward) 北邊的新型和舊型風車技術。新型風車具有 1.6 MW 的發電能力。

Photo courtesy of the Oklahoma Wind Power Initiative. Used by permission.

二十世紀中期可以視為流體力學應用的黃金時期。已有的理論對於現有的工作是適當的,同時流體性質和參數也都有良好的定義。這些都支持了航太、化學工業和水資源等部門的巨大發展;每個部門都將流體力學推向一個新的方向。流體力學在二十世紀晚期的研究和工作受到美國數位式計算機進展的主宰。能夠解決大型的複雜問題的能力,例如全域氣候模擬、透平機葉片的最佳化等,對我們的社會所帶來的好處是十八世紀流體力學的開創者無法想像的 (圖 1-12)。以下所介紹的原理已經被應用至很多流場,從微觀尺度的瞬間模擬到對一整個流域的 50 年長期模擬,真的是令人心眩神迷!

二十一世紀以後流體力學將往何處去?老實說即使從現在作有限度的外部臆測都是很愚蠢的。然而如果歷史有告訴我們什麼,那就是工程師將應用他們所知的來造福社會,研究他們未知的,並且從過程中得到快樂。

1-3 無滑動條件

流體常受到固體面的限制，所以瞭解固體面的存在對流體的影響是很重要的。我們知道河流中的水不能穿石流過，只能繞過它們。亦即垂直石頭表面的水的速度分量必為零，而且當水接近表面時會在表面上完全停止。比較不明顯的是當水以一個角度接近岩石時，在岩石表面也會完全停止，因此水的切向速度在表面也是零。

考慮一流體在靜止管中流動或流過一個非多孔性固體表面 (即對流體是非穿透性的)。所有實驗觀測都指出運動流體在固體表面會完全停止，因而假設相對於表面的速度為零。也就是與固體直接接觸的流體會「黏」住表面，從而沒有滑動。這被稱為無滑動條件 (no-slip condition)。導致無滑動條件及邊界層發展的流體性質是黏度，將在第 2 章中討論。

圖 1-13 的照片清楚顯示當流體黏住鈍形鼻狀物時速度梯度的演變。黏住表面的流體層拖慢了相鄰的流體層，是起因於流體層間的黏性力，如此一層一層影響下去。無滑動條件的後果是所有的速度形狀在流體與固體的接觸面上速度為零 (圖 1-14)。因此無滑動條件要對速度形狀的發展負責。接近固體表面的流體區域，黏性效應 (因此導致速度梯度) 顯著，稱為邊界層 (boundary layer)。無滑動條件的另一後果是表面阻力，或稱表皮摩擦阻力，這是流體對固體表面在流動方向施加的力。

當流體被強制流過一個曲面時，比如圓柱的背部，邊界層可能不再附著於表面而從表面分離 ── 這過程稱為流動分離 (flow separation) (圖 1-15)。我們要強調無滑動條件適用於沿表面任何地方，即使是在分離點的下游處。流體分離在第 9 章有詳細的討論。

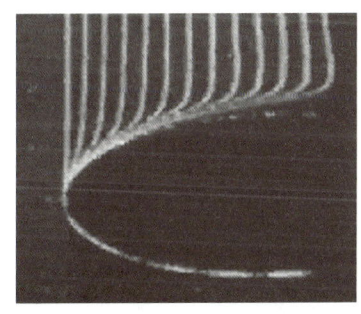

圖 1-13　當流體流過一個鈍形鼻狀物時，因為無滑動條件造成速度形狀的發展情形。
"Hunter Rouse: Laminar and Turbulent Flow Film." Copyright IIHR-Hydroscience & Engineering, The University of Iowa. Used by permission.

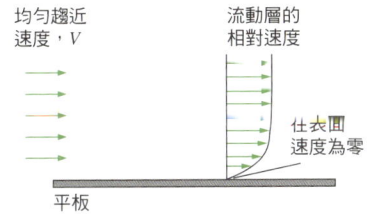

圖 1-14　由於無滑動條件，當流體流過固體表面時，表面速度為零。

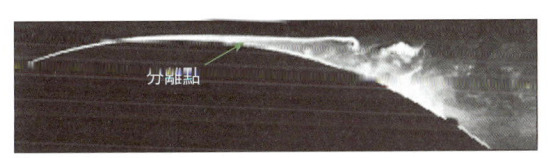

圖 1-15　流體流過曲面時的流動分離。
From G. M. Homsy et al, "Multi-Media Fluid Mechanics," Cambridge Univ. Press (2001). ISBN 0-521-78748-3. Reprinted by permission.

一個與無滑動條件類似的現象發生在熱傳上。當兩個不同溫度的物體接觸時，發生的熱傳使得在接觸點上兩個物體有同樣的溫度。因此流體與接觸的固體表面有相同溫度。這被稱為**無溫度跳躍條件** (no-temperature-jump condition)。

1-4 流體流動的分類

早先我們定義流體力學是討論處於靜止或運動中的流體行為，及流體與固體或其它流體在邊界處相互作用的科學。在實務上遭遇的流體流動問題有廣泛的類別。因此基於某些共同的特性將流體分類可以方便分群來研究它們。有很多方法來分類流體流動問題，這裡我們將提出某些常見的分類。

流動的黏性流與無黏性流區

當兩層流體相對彼此運動時，摩擦力在它們之間發展出來，較慢的流體層試圖拉慢較快的流體層。這種流動的內部阻力可用流體的黏度性質來定量。黏度是流體內部黏滯能力的量度。黏度來自於液體分子間相互的吸引力及來自氣體分子間的碰撞。沒有流體具有零黏度，所有流體的流動都牽涉到某種程度的黏性效應。具有顯著摩擦效應的流動稱為**黏性流** (viscous flows)。然而，在許多實際的流動中，有些區域 (特別是不很靠近固體表面的區域) 黏性力相對於慣性力或壓力小到可以忽略。在這些**無黏性流區** (inviscid flow region) 中省略掉黏性項可以很大的簡化分析，卻沒有在正確性上損失很多。

在一個流動速度均勻的流場中置入一塊平行於流場的平板，可以觀察到黏性流區和無黏性流區的發展如圖 1-16 所示。由於無滑動條件，流體黏住平板兩邊，在靠近平板，有顯著黏性效應的細薄邊界層就是黏性流區。平板兩邊較遠幾乎不受到平板存在影響的區域就是無黏性流區。

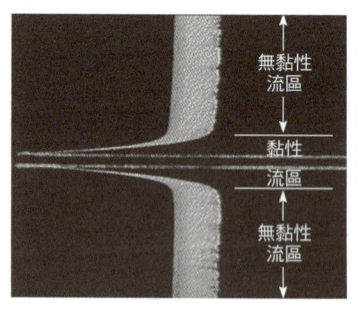

圖 1-16 均勻流經過平板的流動，形成黏性流區 (靠近平板的兩邊) 與無黏性流區 (較遠離平板)。
Fundamentals of Boundary Layers, National Committee from Fluid Mechanics Films, © Education Development Center.

內部流與外部流

流體的流動被分類為內部流或外部流，端視流體的流動是在一個被限制的區間裡或流過表面。一個沒有受到界限的流體在諸如平板、線、管等外表面流動時稱為外部流。而在管道內的流動，流體完全被固體壁界限住則是內部流。例如管中水的流動是內部流，而空氣流過球表面，或在起風的日子時流過管的外表面就是外部流 (圖 1-17)。在流道中流動的液體如果只是一部分填滿流道且有自由表面則稱為**明渠流** (open-channel

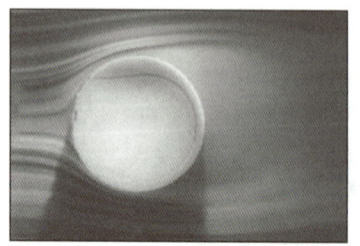

圖 1-17 外部流流過網球，及其後的紊流尾流區。
Courtesy NASA and Cislunar Aerospace, Inc.

flow)。例如河中及灌溉渠道中的水流即是這種流動的例子。

內部流的整個流場都受到黏性效應影響的宰制。在外部流中，黏性效應被限制在靠近固體面的邊界層中及在物體下游的尾流區中。

可壓縮流與不可壓縮流

流體流動可分類為可壓縮或不可壓縮，端視流動時密度的變化程度而定。不可壓縮性是一種近似，密度到處都幾乎維持為常數時，稱流動為不可壓縮 (incompressible)。當流動被近似為不可壓縮時，其每一部分的體積在運動的過程中幾乎維持不變。

液體的密度幾乎維持常數，其流動基本上是不可壓縮的。因此液體經常被當成不可壓縮物質。例如將 1 atm 的液態水加壓到 210 atm 只造成密度大約 1% 的改變。相反的，氣體就有高度的可壓縮性。大氣中的空氣，只要有 0.01 atm 的壓力改變就會造成密度有 1% 的改變。

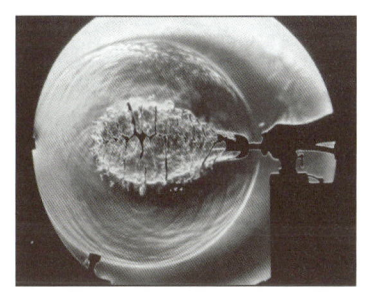

圖 1-18　在賓州州大氣體動力實驗室由破掉氣球產生的球狀震波的胥來侖紋影圖。在氣球周圍的空氣可以看到一些二次震波。
Photo by G. S. Settles, Penn State University. Used by permission.

當分析火箭、太空船及其它牽涉到高速氣體流動的系統時(圖1-18)，流動速度通常以無因次的馬赫數 (Mach number) 來表示，其定義是

$$\text{Ma} = \frac{V}{c} = \frac{流速}{音速}$$

其中 c 是音速，在海平面及室溫條件下，其值是 346 m/s。流動當 Ma＝1 時稱為音速 (sonic)，當 Ma＜1 時稱為次音速 (subsonic)，當 Ma＞1 時稱為超音速 (supersonic)，及當 Ma≫1 時稱為極音速 (hypersonic)。無因次參數在第 7 章有詳細的討論。

液體流視為不可壓縮是有高度正確性的，但是把氣體流模擬為不可壓縮所牽涉的氣體密度變化程度及近似程度則視馬赫數而定。如果氣體流的密度變化小於約 5% 則通常可視為不可壓縮，通常當 Ma＜0.3 時是這種情況。因此室溫下，空氣的壓縮性影響在速度小於約 100 m/s 時是可忽略的。

液體在很大壓力變化下的小幅度密度變化仍有重要的後果。例如水管中惱人的「水錘」，是因為急速關閉水閥，造成壓力波的反射，導致水管振動的現象。

層流與紊流

某些流動是平滑有序的，而其它流動則是混亂的。極度有秩序的流體運動，有很平滑的流體層稱為層流 (laminar)。「層」這個字眼來自於相鄰的流體分子一起像

層流

過渡流

紊流

圖 1-19 流過平板的層流、過渡流及紊流。
Courtesy ONERA, photograph by Werlé.

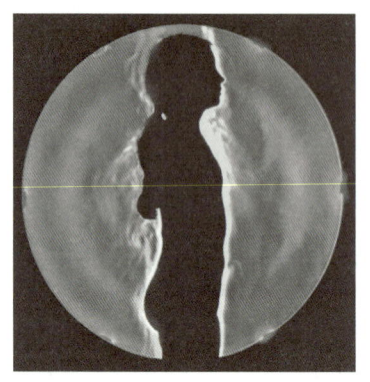

圖 1-20 穿泳衣女子的胥來侖紋影圖。女子身體周圍較溫暖且較輕的空氣上升。圖中顯示人類和溫體動物被上升溫暖空氣的熱煙柱所圍繞。
G. S. Settles, Gas Dynamics Lab, Penn State University. Used by permission.

層一般的流動。高黏性的流體 (例如油) 在低速下的流動就是層流。高度不規則的流體運動，通常發生在高速時，具有速度擾動的特徵稱為紊流 (turbulent) (圖 1-19)。像空氣一樣，低黏度的流體在高速流動時一般是紊流。奧斯鮑恩・雷諾在 1880 年代所進行的實驗建立了無因次雷諾數 (Reynolds number, Re)，作為決定管中流動狀態 (flow regime) 的主要參數 (第 8 章)。

自然流動 (或無受力流動) 與強制流動

流體流動依據運動是如何引起的可區分成自然流動或強制流動。在強制流動 (forced flows) 中，流體被外在因素 (例如泵或風扇) 強制流過物體表面或管中。在自然流動 (natural flows) 中，流體的運動導因於自然因素，例如浮力效應－溫暖 (因此較輕) 的流體上升，寒冷 (因此較重) 的流體下降 (圖 1-20)。例如在太陽能熱水系統中，虹吸效應常被用來取代泵，即把儲水箱遠高於太陽能吸收器放置。

穩定流與不穩定流

穩定和均勻這兩個詞經常用在工程上，因此瞭解它們的涵義極為重要。穩定 (steady) 指的是在流場的一點上，性質、溫度、速度等都不隨時間而變。穩定的反面就是不穩定 (unsteady)。均勻 (uniform) 指的是在一個指定區域內，所有性質不隨位置而變。這些涵義與它們日常的使用方法是一致的 (穩定的女朋友、均勻的分佈等)。

不穩定與暫態這兩個詞經常交換使用，但它們並不是同義詞。在流體力學中，不穩定這個詞經常使用在任何不穩定的流動，但是暫態 (transient) 經常使用在發展中的流動。例如當火箭引擎發動時，會有暫態效應 (火箭引擎中的壓力建立上來、流動加速等) 直到引擎安定下來並且穩定的操作為止。週期性 (periodic) 是不穩定流中的一種，指的是流動以一種穩定的方式振盪。

許多裝置，例如透平機、壓縮機、鍋爐、冷凝器和熱交換器等，經常在相同的條件下操作很長的時間，因此被歸類為穩定流裝置。(注意靠近輪機葉片的流場當

圖 1-21　比較 (a) 不穩定流的瞬時快照，和 (b) 相同流動的長時間曝光照。
Photos by Eric A. Paterson. Used by permission.

然是不穩定的，但是當我們分類裝置時，我們考慮的是整體的流場，而不是在某些特定位置的細節。) 在穩定流中，一個裝置內的流體性質可以作點到點的變化，但在任何一個固定點則維持常數。因此一個穩定流裝置或流段的體積、質量及總能量都維持不變。一個簡單的類比顯示於圖 1-21。

穩定流條件可以由許多連續運作的裝置來作很接近的近似，比如發電廠或冷凍系統的透平機、泵、鍋爐、冷凝器及熱交換器。某些循環式裝置，例如往復式引擎或壓縮機，由於在進口和出口的流動是脈動且不穩定的，所以不滿足穩定流條件。然而流體性質隨時間作週期性的改變，因此經由對這些性質取時間平均值，可使流過這些裝置的流動仍然可用穩定流過程來分析。

流體流動的一些很棒的可視化圖片由密爾頓・范戴克 (1982) 的書 "An Album of Fluid Motion" 所提供。圖 1-22 是一個很好的不穩定流的圖片，取自於范戴克的書。圖 1-22a 是一張高速運動的瞬時快照，它顯示出大型交錯的旋轉紊流旋渦從一個物體的鈍形底部洩放到週期性振盪的尾流中。這些旋渦製造的震波以不穩定的方式交錯的移向機翼上游的頂部和底部的表面。圖 1-22b 顯示的是相同的流場，但是底片經過長時間曝光，因此圖像是經歷 12 個週期的時間平均值，結果是經時間平

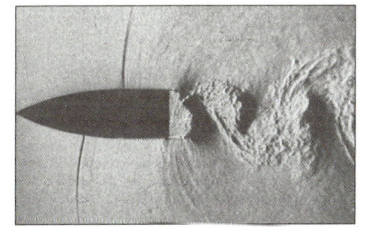
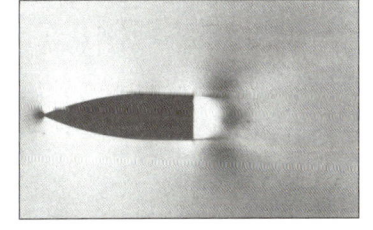

圖 1-22　一個具有鈍狀底部的機翼在馬赫數 0.6 的振盪尾流。(a) 是瞬時快照的圖，而 (b) 是長曝光 (時間平均) 的圖。

(a) Dyment, A., Flodrops, J. P. & Gryson, P. 1982 in Flow Visualization II, W. Merzkirch, ed., 331–336. Washington: Hemisphere. Used by permission of Arthur Dyment.
(b) Dyment, A. & Gryson, P. 1978 in Inst. Mèc. Fluides Lille, No. 78-5. Used by permission of Arthur Dyment.

均過的流場看起來像是「穩定」的，因為不穩定振盪的細節已經在長時間曝光時遺失了。

工程師最重要的任務之一就是決定是否只要研究一個問題經過時間平均後的「穩定」流動特徵就夠了，或是需要對問題的不穩定特徵作詳細的研究。如果工程師有興趣的只是流場的總體性質 (例如時間平均的阻力係數、平均速度和壓力場)，一個像圖 1-22b 的時間平均描述、時間平均的實驗或對流場所作的時間平均解析或數值計算就夠了。但是如果工程師對不穩定流場的細節有興趣，比如流動引起的振盪、不穩定的壓力擾動，或從紊流旋渦發射的聲波或震波，則對流場的時間平均描述就是不足的。

本書大部分的解析和計算例題處理的都是穩定的或時間平均的流場，但是在適當的時機，有時我們偶爾也會指出某些相關的不穩定流特徵。

一維、二維和三維的流動

一個流場可由其速度分佈作最好的特徵描述，因此一個流動可由其速度是依一個、二個或三個主要維度而變，而被稱為是一維、二維或三維的流動。一個典型的流體流動牽涉到三維的幾何，因此速度可能在所有三個方向變化，使得流動是三維的 [$\vec{V}(x, y, z)$，在直角座標中；或 $\vec{V}(r, \theta, z)$，在圓柱座標系統中]。然而速度在某些方向的變化相對於其它方向的速度變化可能很小，從而可被忽略而誤差甚小。在這些情況下，流動可很方便的被模擬成一維或二維，使得分析較為容易。

考慮一個流體的穩定流從大桶流入圓管中，由於無滑動的條件，使得在管壁上每一處流體的速度都是零，從而在管的入口區流動是二維的，因為速度只在 r-和 z-方向改變，而不是在 θ-方向。離開入口一段距離以後，速度形狀達到完全發展不再改變 (在紊流中大約 10 倍直徑，在層流中會長一些，參考圖 1-23)，這個區域的流動稱為完全發展流。在圓管中的完全發展流是一維的，因為速度的變化只發生在 r- 方向，而不在角度 θ- 方向或軸向 z- 方向，如圖 1-23 所示。因此，速度形狀在任何軸向 (z-) 位置是相同的，而且對稱於管軸。

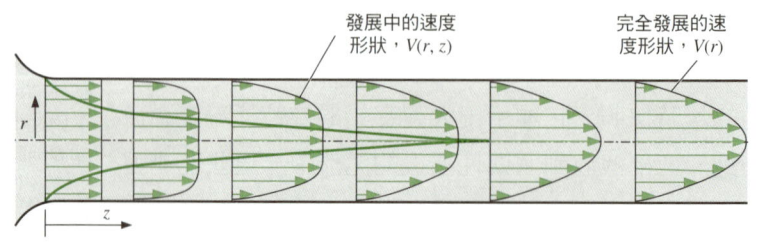

圖 1-23 圓管中速度形狀的發展。在入口區，$V = V(r, z)$，流動是二維的，在下游當速度形狀完全發展後，變成一維的，不再隨流動方向改變，$V = V(r)$。

注意流動的維度也相依於座標系統的選擇和方向。例如討論中的管流在圓柱座標中是一維的，但在卡氏座標中是二維的 —— 這說明了選擇最適當座標系統的重要性。同時注意在這樣簡單的流動中，由於無滑動條件的關係，速度在圓管的切面上並不是均勻的。然而如果管的入口非常圓滑，速度形狀在管的橫向可以近似為幾乎是均勻的，因為速度在任何徑向位置，除了靠近管壁以外，幾乎是常數。

當寬長比很大使得速度在較長方向的變化幾乎不變時，流動可被近似為二維的。例如通過汽車天線的空氣流可以被考慮成二維的，除了靠近天線尾端，因為天線的長度遠大於其直徑且流向天線的氣流相當均勻 (圖1-24)。

圖 1-24 除了靠近天線頂端及底端以外，流過天線的氣流被近似成二維的。

例題 1-1　經過子彈的軸對稱流

考慮一顆子彈在一段很短的時間間隔內飛穿過靜止的空氣，其間子彈的速度幾乎是常數。試決定在其飛行的期間，流過子彈的時間平均氣流是一維、二維或是三維的 (圖 1-25)。

解答： 要決定流過子彈的氣流是一維、二維或是三維。
假設： 沒有明顯的風並且子彈不旋轉。

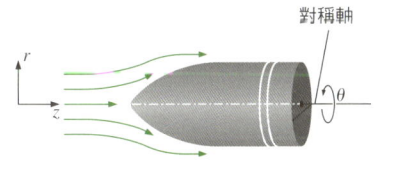

圖 1-25 經過子彈的軸對稱流。

解析： 子彈擁有對稱軸，因此是軸對稱物體。子彈上游的氣流與軸平行，因此我們預期時間平均的氣流相對於軸為旋轉式對稱的 —— 這種流動稱為是軸對稱的。本例中速度隨軸向距離 z 和徑向距離 r 而變，但不隨角度 θ 而變。因此流過子彈的時間平均氣流是**二維的**。

討論： 雖然時間平均氣流是軸對稱的，但瞬時氣流則不是，如圖 1-22 所示。在卡氏座標中，流動將是三維的。最後，許多子彈也會旋轉。

1-5　系統和控制容積

一個**系統** (system) 被定義為具有一定量的物質或空間中選來作研究的一個區域。系統外的質量或區域稱為環境 (surroundings)。把系統從它的環境隔開的真實的或假想的面稱為邊界 (boundary) (圖 1-26)。系統的邊界可以是固定的或移動的。注意邊界是系統和環境共有的接觸面。數學上來說，邊界厚度是零，因此不能包含任何質量，也不能佔有空間中任何體積。

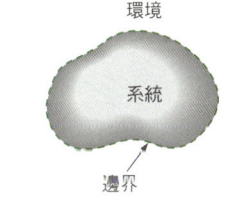

圖 1-26 系統、環境和邊界。

系統可視為是封閉的或開放的，端視被選來做研究的是一個固定質量或空間的一個體積而定。一個**封閉系統** (closed system) [也稱為**控制質量** (control mass) 或當上下文使其意思清楚時可簡稱為系統] 包含一定質量的物質，沒有任何質量可以

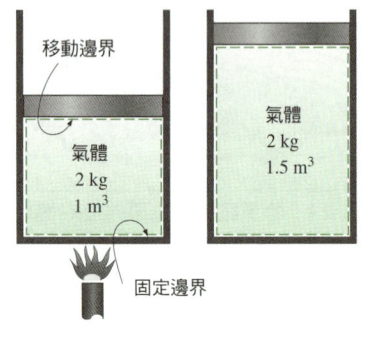

圖 1-27 一個有移動邊界的封閉系統。

穿過邊界。但是能量，以熱或功的形式，仍可以穿過邊界，而且封閉系統的體積不一定是固定的。一個特例是如果能量也不被允許穿過邊界，這個系統就稱為隔離系統 (isolated system)。

考慮如圖 1-27 所示的活塞-汽缸系統。假設我們想要發現被封閉於其中的氣體被加熱時發生了什麼事。因為我們的焦點是氣體，它就是我們的系統。活塞和汽缸的內表面形成邊界，而且沒有質量穿過邊界，這是一個封閉系統。注意能量可以穿過邊界，而且邊界的一部分 (本例中是活塞的內表面) 可以移動。氣體以外的所有東西，包括活塞和汽缸，是環境。

一個**開放系統** (open system)，經常被稱為**控制容積** (control volume)，是在空間中被選定的一個區域。它經常包圍著一個有質量流動的裝置，比如壓縮機、透平機或噴嘴。經過這些裝置的流動，最好選擇裝置內的區域當作控制容積來研究。質量和能量兩者皆能穿過控容的邊界 (稱為控制面)。

很多工程問題牽涉到質量流進流出一個開放系統，因此被模擬成控制容積。熱水器、汽車散熱器、透平機和壓縮機都牽涉到質量流動，應該當作控制容積 (開放系統)，而不是當作控制質量 (封閉系統) 來分析。

一般而言，空間中任何區域都能被選擇當作控制容積，但是聰明的選擇確實能使分析更簡單。假定我們要研究空氣流經噴嘴，控制容積的良好選擇是噴嘴內部區域，或者選擇圍繞整個噴嘴的區域。

一個控制容積可以有固定的大小和形狀，例如噴嘴的例子，或是可以包含一個移動邊界，如圖 1-28 所示。然而大多數控容有固定的邊界，而不包含任何移動邊界。一個控制容積，除了質量交互作用外，也可能有熱和功的交互作用，就如同一個封閉系統。

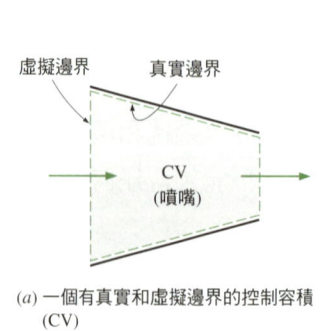

(a) 一個有真實和虛擬邊界的控制容積 (CV)

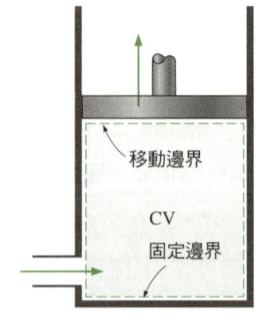

(b) 一個有固定和移動邊界及真實和虛擬邊界的控制容積 (CV)

圖 1-28 一個控制容積可能有固定或移動的真實和虛擬邊界。

1-6 因次和單位的重要性

任何物理量都可以由**因次** (dimensions) 表示特性。指定給因次的大小稱為**單位** (units)。某些基本因次，如質量 m、長度 L、時間 t 和溫度 T 被選擇當作**主要因次** (primary dimensions) 或**基本因次** (fundamental dimensions)，而其它如速度 V、能量 E 和體積 V 用基本因次來表示，因此被稱為**次要因次** (secondary dimensions) 或**導出因次** (derived dimensions)。

歷年來，很多單位系統被發展出來。雖然科學和工程界很努力的想用一個單一的單位系統來統一這個世界，今天仍然有兩套單位系統廣泛的被使用著：**英制系統** (English system)，又稱為美國習慣系統 (USCS)。**公制 SI 系統** (Le Systèm International d'Unités)，又稱為國際系統。SI 系統根基於各種單位間 10 進制的關係，是一個簡單又符合邏輯的系統，在許多工業化的國家被使用在科學和工程的工作上，包括英國。英制系統沒有明顯有系統的數字基底，這個系統的各種單位間的關係非常隨意 (12 in = 1 ft、1 mile = 5280 ft、4 qt = 1 gal 等等)，這使得學習非常令人困惑及困難。美國是唯一還沒有完全轉換到公制系統的工業化國家。

為了發展通用可接受的單位系統的系統性努力可以回溯到 1790 年，當時法國國會責成法國科學研究院來發展一個單位系統。一個早期版本的公制系統在法國很快被開發出來，但它並未得到廣泛的接受，一直到 1875 年公制會議條約被準備好並得到 17 個國家簽字，其中包括美國。這個國際條約，建立起米和克，分別當作長度和質量的公制單位，並且設立一個重量與量測會議 (CGPM)，規定每六年開會一次。在 1960 年，CGPM 制定了 SI 系統，它的基礎是 6 個基本量，並且以 1954 年第 10 屆 CGPM 被採用的單位為基準：長度是米 (m)，質量是公斤 (kg)，時間是秒 (s)，電流是安培 (A)，溫度是度克耳文 (°K)，光照強度是燭光 (cd)。在 1971 年，CGPM 增加了第七個基本量和單位。物質量用莫耳 (mole)。

根據 1967 年制定的符號標註法，度符號正式從絕對溫度單位被除去，而且所有單位書寫時都不用大寫，即使它們是從姓名導出的 (表 1-1)。然而從姓名導出的單位如果被簡寫則要大寫。例如力的 SI 單位，是以艾薩克·牛頓爵士 (1647-1723) 命名的，是 newton (不是 Newton)，而它可被簡寫成 N。再者，單位的全名可有複數形，但其簡寫不能。例如一個物體的長度可寫成 5 m 或 5 meters，但不能是 5 ms 或 5 meter。最後單位的簡寫不能跟著句點符號，除非它們出現在句尾。例如，meter 的正確簡寫是 m (不是 m.)。

表 1-1　7 個基本 (或主要) 因次和其公制單位

因次	單位
長度	meter (m)
質量	kilogram (kg)
時間	second (s)
溫度	kelvin (k)
電流	ampere (A)
光照強度	candela (cd)
物質量	mole (mol)

表 1-2 公制單位的標準前置詞

倍數	前置詞
10^{24}	yotta, Y
10^{21}	zetta, Z
10^{18}	exa, E
10^{15}	peta, P
10^{12}	tera, T
10^{9}	giga, G
10^{6}	mega, M
10^{3}	kilo, k
10^{2}	hecto, h
10^{1}	deka, da
10^{-1}	deci, d
10^{-2}	centi, c
10^{-3}	milli, m
10^{-6}	micro, μ
10^{-9}	nano, n
10^{-12}	pico, p
10^{-15}	femto, f
10^{-18}	atto, a
10^{-21}	zepto, z
10^{-24}	yocto, y

美國對公制系統的推動起始於 1968 年，為了回應世界其它地方發生的情況，國會通過了公制研究法案。1975 年，國會通過了公制轉換法案，為的是促進自動轉換到公制系統。1988 年國會通過一個貿易法案，設定 1992 年 9 月為所有聯邦單位要轉換到公制系統的期限。然而，這期限稍後被放寬了，而未來沒有任何明確的計畫。

如已介紹過的，SI 系統是根據於單位間的 10 進位關係。前置詞被選來表示各種單位間的倍數，如表 1-2 所示。它們在所有單位都是標準的，而且因為它們的使用非常廣泛，應該鼓勵學生去記住它們 (圖 1-29)。

一些 SI 和英制單位

在 SI，質量、長度和時間的單位分別是 kilogram (kg)、meter (m) 和 second (s)。這些單位在英制系統分別是 pound-mass (lbm)、foot (ft) 和 second (s)。單位 pound 的符號 lb 事實上是 libra 的縮寫，這是古羅馬重量的單位。即使羅馬在 410 年結束了不列顛的佔領，英國仍保留這個符號。質量和長度在這兩個系統間的關係是：

$$1 \text{ lbm} = 0.45359 \text{ kg}$$
$$1 \text{ ft} = 0.3048 \text{ m}$$

圖 1-29 SI 單位的前置詞使用於所有工程領域。

在英制系統，力常被當成主要的因次之一，而且被指定一個非導出單位。這是混亂和錯誤的源頭，而且常常需要在很多式子中使用到一個有因次的常數 (g_c)。為了避免這種討厭的事，我們把力當成次要因次，其單位由牛頓第二定律導出，即

力＝(質量)(加速度)

或

$$F = ma \tag{1-1}$$

在 SI，力的單位是 newton (N)，其定義是使 1 kg 的質量產生 1 m/s^2 的加速度所需要的力。在英制系統，力的單位是 pound-force (lbf)，其定義是使 32.174 lbm (1 slug) 的質量產生 1 ft/s^2 的加速度所需要的力 (圖1-30)。因此

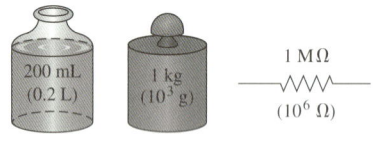

圖 1-30 力的單位的定義。

$$1 \text{ N} = 1 \text{ kg·m/s}^2$$
$$1 \text{ lbf} = 32.174 \text{ lbm·ft/s}^2$$

力 1 N 大概相當於 1 顆小蘋果 ($m = 102$ g) 的重量，而力 1 lbf 大概相當於 4 顆中型蘋果 ($m_{\text{total}} = 454$ g) 的重量，如圖 1-31 所示。另一個廣泛使用於許多歐洲國家的力的單位是 kilogram-force (kgf)，這是 1 kg 的質量在海平面的重量 (1 kgf = 9.807 N)。

重量 (weight) 這詞常被誤用來表示質量，特別是在減肥中心。不像質量，重量 W 是力量。它是一個物體受到的重力，其大小可根據牛頓第二定律的一個方程式決定之，

$$W = mg \quad (\text{N}) \tag{1-2}$$

其中 m 是物體的質量，而 g 是當地重力加速度 (在北緯 45° 的海平面 g 是 9.807 m/s^2 或 32.174 ft/s^2)。一個平常的浴室體重計量測作用在身體的重力。一個物質每單位體積的重量稱為**比重量** (specific weight) γ，其計算式為 $\gamma = \rho g$，其中 ρ 是密度。

一個物體的質量不論在宇宙中任何位置都是相同的，但其重量會隨重力加速度改變而改變。物體的重量在山頂會輕些，因為 g 減少 (少一點點) 之故。在月球的表面，太空人的重量大約是他／她在地球上重量的 1/6 (圖 1-32)。

在海平面 1 kg 質量的重量是 9.807 N，如圖 1-33 所示。然而 1 lbm 質量的重量卻是 1 lbf，這常誤導人們相信 pound-mass 和 pound-force 可以交換使用並表示為 pound (lb)，這是英制系統的一個主要錯誤來源。

必須注意，一個質量所受到的重力是由質量間的引力造成的，它正比於質量的大小，而與它們間距離的平方成反比。因此在一個位置的重力加速度 g 相依於地殼的當地密度和與地心的距離，而與月球和太陽的位置關係較淺。g 值隨位置而變，從海平面以下 4500 m 的 9.8295 m/s^2 到海平面以上 100,000 m 的 7.3218 m/s^2。然而在高度 30,000 m 以下，g 與海平面的值 9.807 m/s^2 的變化量小於 1% 的。因此，對大多數的實用目的而言，重力加速度可以假設是 9.807 m/s^2 的常數，其值通常捨入成 9.81 m/s^2。注意 g 值隨低於海平面的距離而增加，在低於海平面 4500 m 達到最大值，隨後就開始減小。(你認為 g 值在地心是多少呢？)

造成質量和重量之間困惑的主要原因在於，通常質量是經由間接量測它所施加

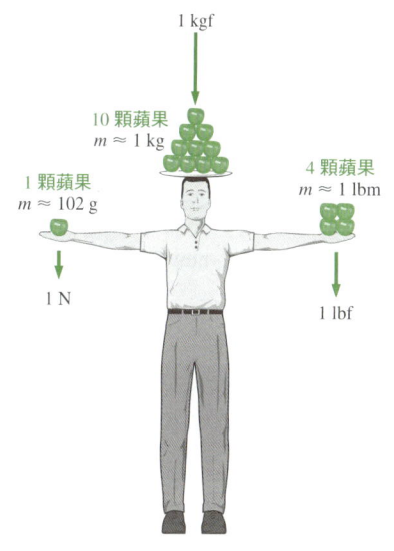

圖 1-31 力的單位 newton-force (N)、kilogram-force (kgf) 和 pound-force (lbf) 之間的相對大小。

圖 1-32 在地球上重量 72 kgf 的物體在月球上僅重 12 kgf。

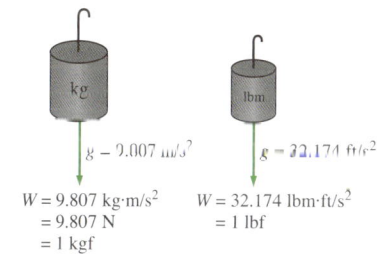

圖 1-33 單位質量在海平面的重量。

的重力來量測的。這種作法同時也假設了其它效應，例如空氣浮力和流體流動，所施的力是可忽略的。這就好像用紅位移來量測星球的距離，或用氣壓計來量測飛機的高度。兩種方法都只是間接量測。正確量測質量的方法是將其與其它已知質量作比較。這方法很笨拙，因此通常只用來做校正或量測貴金屬。

功 (work) 是能量的一種形式，可以簡單定義成力量乘以距離，其單位是「newton-meter (N·m)」，且被稱為 joule (J)。因此，

$$1 \text{ J} = 1 \text{ N·m} \tag{1-3}$$

在 SI 系統中更通用的單位是 kilojoule (1 kJ = 10^3 J)。在英制系統中，能量的單位是 Btu (British thermal unit)，其定義是將 1 lbm 質量的水，溫度從 68°F 升溫 1°F 所需要的能量。在公制系統中，將 1 g 質量的水，溫度從 14.5°C 升溫 1°C 所需要的能量定為 1 calorie (cal)，而且 1 cal = 4.1868 J。單位 kilojoule 與 Btu 的大小幾乎相同 (1 Btu = 1.0551 kJ)。這裡有個好方法來感覺這些單位的大小：如果你點燃 1 支典型的火柴棒並讓它燃燒到熄滅，則產生的能量大約就是 1 Btu (或 1 kJ) (圖 1-34)。

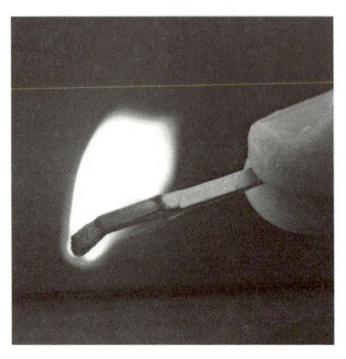

圖 1-34 一支典型的火柴棒，如果完全燒完，會產生約 1 Btu (或 1 kJ) 的能量。
Photo by John M. Cimbala.

能量對時間的變化率的單位是 joule per second (J/s)，又稱為 watt (W)。在功的例子中，能量的時間變化率稱為功率 (power)。功率的常用單位是 horsepower (hp)，其值與 745.7 W 相當。電能的單位通常用千瓦小時 (kilo watt-hour, kWh) 來表示，其值相當於 3600 kJ。一個額定功率 1 kW 的電力裝置連續運作 1 小時會消耗 1 kWh 的電力。當處理電功率生產時，單位 kW 和 kWh 經常被混淆。注意 kW 或 kJ/s 是功率的單位，而 kWh 是能量的單位，因此像「這款新的風車每月將產生 50 kW 的電力」的敘述是無意義且不正確的。正確的敘述應該像是「這款額定功率 50 kW 的新風車每年將產生 120,000 kWh 的電力」。

因次均一性

我們都知道你不能對蘋果和橘子作加法，但我們總是試著去做 (當然是錯誤的)。在工程上，所有的方程式必須是因次均一的。也就是說一個方程式中的每一項必須有同樣的因次。如果在作分析的某個階段，我們發現自己處於正在加總兩個有不同因次或單位的量，這清楚表示我們在稍早的階段犯錯了。因此檢查因次 (或單位) 可以作為偵測錯誤的有利工具。

例題 1-2　風車生產的電功率

一間學校的電費支出是 $0.09/kWh，為了減少電費帳單，學校裝設了一台額定功率 30 kW 的風車 (圖 1-35)。如果風車每年以額定功率操作 2200 小時，試求每年生產的電能及學校每年節省的費用。

解答：風車被裝置來發電。要決定每年生產電能的量與節省的經費。

解析：風車的發電率是 30 kW 或 30 kJ/s。因此每年生產的總電能為

$$總電能 = (單位時間的電能)(時間間隔)$$
$$= (30 \text{ kW})(2200 \text{ h})$$
$$= \mathbf{66{,}000 \text{ kWh}}$$

每年節省的費用是這些能量的貨幣價值，

$$節省的費用 = (總電能)(每單位能量的價值)$$
$$= (66{,}000 \text{ kWh})(\$0.09/\text{kWh})$$
$$= \mathbf{\$5940}$$

圖 1-35　例題 1-2 所討論的風車。
Photo by Andy Cimbala.

討論：每年生產的總電能也可經由單位換算以 kJ 來表示：

$$總電能 = (30 \text{ kW})(2200 \text{ h})\left(\frac{3600 \text{ s}}{1 \text{ h}}\right)\left(\frac{1 \text{ kJ/s}}{1 \text{ kW}}\right)$$
$$= 2.38 \times 10^8 \text{ kJ}$$

這是與 66,000 kWh 相等的 (1 kWh = 3600 kJ)。

我們從經驗中都知道，如果在解題時不是很小心使用單位的話，它們能造成可怕的錯誤。然而只要用心及一點技巧，單位的使用對我們是有益的，它們可用來檢查公式；有時候甚至可以用來推導公式，如以下例題所解釋的。

例題 1-3　從單位的考量來推導公式

一個油槽中的儲油密度是 $\rho = 850 \text{ kg/m}^3$。如果油槽的體積是 $V = 2 \text{ m}^3$，試求槽中油的總質量。

解答：油槽的體積給定，要決定油的質量。
假設：油幾乎是不可壓縮物質，因此其密度是常數。
解析：剛描述過的系統的簡圖示於圖 1-36。假設我們忘了質量、密度與體積間的相關公式，但是我們知道質量的單位是公斤 (kilograms, kg)。也就是不論我們如何計算，結果必須是以公斤為單位。將這些訊息列入考量，我們有

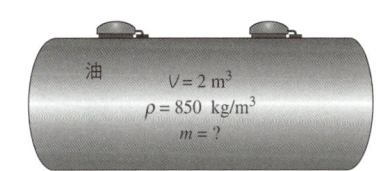

圖 1-36　例題 1-3 的簡圖。

$$\rho = 850 \text{ kg/m}^3 \quad \text{與} \quad V = 2 \text{ m}^3$$

很顯然我們可以將這兩個量相乘，消去 m³，結果是以 kg 為單位。因此我們所尋找的公式應該是

$$m = \rho V$$

從而，

$$m = (850 \text{ kg/m}^3)(2 \text{ m}^3) = \mathbf{1700 \text{ kg}}$$

討論：注意這個步驟對於較複雜的公式可能不適用。無因次常數有可能存在於公式中，而這些是不可能從單純的單位考量推導出來的。

你應該記住一個不符合因次均一性的公式一定是錯誤的 (圖 1-37)，但是一個符合因次均一性的公式也不一定是正確的。

單位轉換比

就像所有的非主要因次可以經由適當組合主要因次來形成，所有的非主要單位 (次要單位) 可經由組合主要單位來形成。例如力的單位可以表示成

$$\text{N} = \text{kg}\frac{\text{m}}{\text{s}^2} \quad \text{與} \quad \text{lbf} = 32.174 \text{ lbm}\frac{\text{ft}}{\text{s}^2}$$

它們也可更方便的表示成單位轉換比 (unity conversion ratio)，

$$\frac{\text{N}}{\text{kg·m/s}^2} = 1 \quad \text{與} \quad \frac{\text{lbf}}{32.174 \text{ lbm·ft/s}^2} = 1$$

單位轉換比正好是 1，並且是無單位的。因此這些比 (或其倒數) 可以很方便的插入任何計算中來正確轉換單位 (圖 1-38)。當轉換單位時，你被鼓勵經常使用這些

圖 1-37 總是要在你的計算中檢查單位。

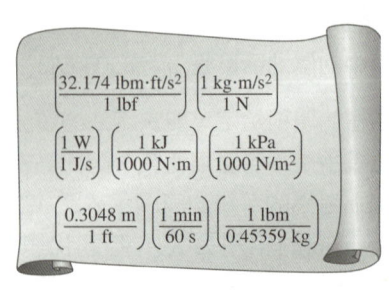

圖 1-38 每個單位轉換比 (或其倒數) 正好等於 1。這裡所示的是幾個經常使用的單位轉換比。

單位轉換比。有些教科書會插入過時的重力常數 g_c，定義為 $g_c = 32.174$ lbm·ft/lbf·s² = kg·m/N·s² = 1，到方程式中來強制單位一致。這種作法導致混淆，本書作者強烈反對。我們鼓勵你使用單位轉換比作為替代。

例題 1-4 ▶ 1 lbm 的重量

使用單位轉換比，說明 1.00 lbm 在地球上重 1.00 lbf (圖 1-39)。

解答：質量 1.00 lbm 受到標準地球重力作用。要以 lbf 決定它的重量。

假設：標準海平面條件。

性質：重力常數是 $g = 32.174$ ft/s²。

解析：在已知質量和加速度下，我們應用牛頓第二定律來計算重量 (力)。任何物體的重量等於它的質量乘以當地重力加速度的值。因此，

$$W = mg = (1.00 \text{ lbm})(32.174 \text{ ft/s}^2)\left(\frac{1 \text{ lbf}}{32.174 \text{ lbm·ft/s}^2}\right) = \mathbf{1.00 \text{ lbf}}$$

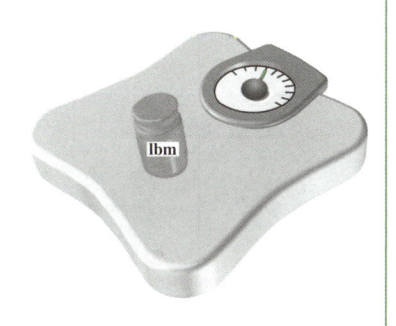

圖 1-39 質量 1 lbm 在地球上重量是 1 lbf。

討論：本方程式中在最後括號內的量是單位轉換比。質量不論其位置在哪裡都是一樣的。然而在具有不同重力加速度的某個行星上，質量 1 lbm 的重量會與這裡的計算值不同。

當你買一盒早餐麥片時，上面的印刷可能是"淨重：1 pound (454 grams)" (參閱圖 1-40)。技術上來說，盒中的麥片在地球上重 1.00 lbf 及有 453.6 g (0.4536 kg) 的質量。

使用牛頓第二定律，盒中麥片在地球上的重量是

$$W = mg = (453.6 \text{ g})(9.81 \text{ m/s}^2)\left(\frac{1 \text{ N}}{1 \text{ kg·m/s}^2}\right)\left(\frac{1 \text{ kg}}{1000 \text{ g}}\right) = 4.49 \text{ N}$$

圖 1-40 公制系統中單位的一句俏皮話。

1-7 工程模擬

一個工程裝置或過程可以使用實驗的 (測試及量測) 或解析的 (分析或計算) 方法來研究。實驗方法的優點是我們處理實際的物理系統，並且在實驗的誤差以內對有興趣的量經由量測決定之。但是這個方法昂貴、耗時，並且常是不切實際的。再者，我們研究的系統可能不存在。例如，一棟建築的整個加熱和水管系統，必須在建築根據所給定的規格而實際建成前就決定尺寸大小。解析方法 (包括數值方法) 的優點就是快速且價廉，但得到的結果端視解析時所做的假設、近似及理想化的正確性而定。在做工程

研究時，一個好的妥協作法是用解析方法把可用的選擇減少到剩下一些，然後再用實驗方法來作確認。

多數科學問題的描述都牽涉到用方程式來表示一些重要變數相互間的變化關係。通常變數選擇的增量變化越小，描述就越通用且越正確。在變數僅有微量或微分變化的極限情況下，我們得到微分方程式，這是藉由把變化率用導數代表來對物理原則或原理提供正確的數學描述形式。因此，微分方程式被用來研究廣泛的工程和科學問題 (圖 1-41)。然而，仍然有許多實際的問題不須用到微分方程式及其相關的複雜性就可被求解。

物理現象的研究包含兩個重要步驟。在第一個步驟中，所有影響現象的變數都被辨認出來，做出合理的假設和近似，並且研究這些變數間的相依性，相關的物理原理和原則被應用，然後推導出問題的數學模型。方程式本身很具有教育性，因為它顯示出某些變數間彼此的相依性，以及每一項的相對重要性。在第二個步驟中，使用適當的方法對問題求解，並且對結果做出解釋。

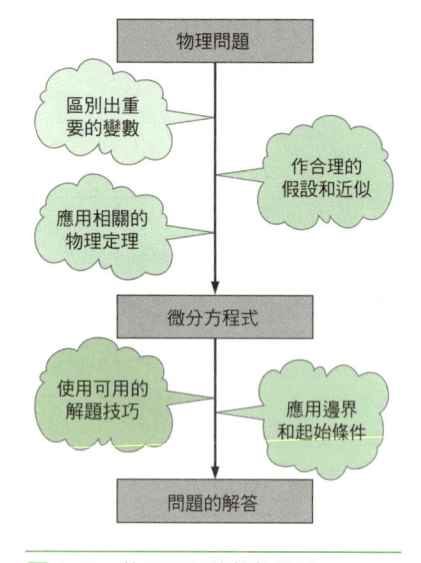

圖 1-41　物理問題的數學模型。

許多過程似乎在自然界中隨機的發生並且毫無秩序可言，事實上是被某些可見或不可見的物理定理所控制。不管我們是否注意到，這些定理就在那裡，持續的、可預測的控制著似乎是很平常的事件。多數這些定理已經被科學家充分瞭解並被良好定義了。這使得對一個事件在實際發生前預測其過程，或對一個事件用數學研究其各個面向，而不實際進行昂貴耗時的實驗，變得可能。這是解析的力量所在，藉著使用適當確實的數學模型，可以對有意義的實際問題得到非常正確的結果，而只需要較少的努力。這樣模型的準備，必須對牽涉到的自然現象及相關的定理有正確的知識，同時必須具備良好的判斷力。一個不真實的模型顯然會給出不正確因而不可接受的結果。

一個分析師在研究工程問題時經常發現他／她處於必須做抉擇的處境：是要一個很正確但很複雜的模型，還是要一個簡單但不那麼精確的模型。正確的選擇視當前的情況而定。正確的選擇通常是最簡單並可產生可靠結果的模型 (圖 1-42)。再者選擇設備時考慮實際的操作條件是很重要的。

準備很正確但複雜的模型不是很困難。但是這種模型如果非常困難以致求解時非常耗時，就不常被分析師採用。最低限度，模型要能夠反映它所代表的物理問題的必要特徵。有許多顯著的真實世界問題可以用簡單的模型來分析。但是必須常記在心的是一個分析的正確性只與在簡化問題時所做的假設相當。因此得到的解答不應該被使用到原來的假設不適用的場合。

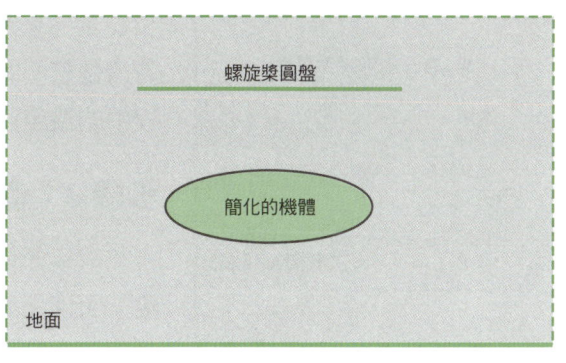

(a) 實際的工程問題　　　　　　　　　　(b) 工程問題的最小必要模型

圖 1-42 簡化的模型通常在流體力學被用來獲得困難工程問題的近似解。這裡直昇機的螺旋槳被模擬成圓盤，跨過圓盤被施加一個突然改變的壓力差。直昇機的機體被模擬成一個簡單的橢圓體。這個簡化的模型能產出在地面附近整體空氣流場的主要特徵。
Photo by John M. Cimbala.

若解答與問題觀察到的本質不太吻合，表示所採用的數學模型太過於粗糙。在這種情況下，必須刪除一個或更多有問題的假設以準備一個更真實的模型。這將產生較複雜的問題，當然，求解也更困難。因此，任何問題的解答，僅能在其推導模型的背景內加以解釋。

1-8 解題技巧

學習任何科學的第一步就是要抓住基本原理並獲得它的良好知識。下一步就是要測試這些知識以掌控基本原理。這是經由解決有意義的實務問題來完成的。解決這些問題，特別是複雜問題，需要一個系統性方法。經由使用步進的方法，工程師可以簡化一個複雜問題的解答成為一系列簡單問題的解答 (圖 1-43)。當你解答一個問題時，我們建議你熱情地使用以下的步驟，這將幫助你避免某些與解答問題有關的一般陷阱。

圖 1-43 一個步進方法可以大幅簡化問題的求解。

步驟 1：問題敘述

用你自己的語言，簡潔的敘述問題、給定的主要訊息及要求解的量。這能在你企圖解答問題前，確定你瞭解這個問題及其目標。

步驟 2：畫示意圖

為牽涉到的物理系統畫一個寫實的簡圖，並在圖上列出相關的訊息。簡圖不需要很精細，但必須與真實的系統相似並顯示主要的特徵。指出任何與環境間的能量

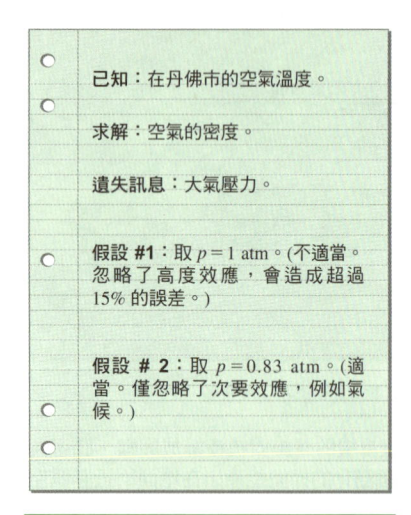

> 已知：在丹佛市的空氣溫度。
>
> 求解：空氣的密度。
>
> 遺失訊息：大氣壓力。
>
> 假設 #1：取 $p = 1$ atm。(不適當。忽略了高度效應，會造成超過 15% 的誤差。)
>
> 假設 #2：取 $p = 0.83$ atm。(適當。僅忽略了次要效應，例如氣候。)

圖 1-44 求解工程問題所作的假設必須是合理、可證明的。

和質量的交互作用。在簡圖上列出給定的訊息，能幫助立刻看清楚整個問題。檢查此過程中維持常數的性質 (例如等溫過程中的溫度)，並在簡圖上將它們指示出來。

步驟 3：假設和近似

敘述任何適當的假設和近似，這是為了簡化問題使求解變得可能所做的。對有問題的假設作辯護。對需要但遺失的量假設合理的值。例如，若缺失大氣壓力的數據，可以取 1 atm 的值。但是在分析中必須注意到大氣壓力會隨高度增加而遞減，例如在丹佛市 (海拔 1610 m)，它會掉到 0.83 atm (圖 1-44)。

步驟 4：物理定理

應用所有相關的基本物理定理和原則 (例如質量守恆)，並且利用所作的假設來簡化它們成為最簡單形式。然而，物理定理作用的區域必須事先清楚的界定出來。例如水流經噴嘴時速度的遞增是經由噴嘴的進口與出口之間應用質量守恆定理來分析的。

步驟 5：性質

從性質關係式或圖表決定在已知狀態下未知的性質以供求解問題的需要。將性質分別列出，可能的話，註明出處。

步驟 6：計算

將已知的量代入簡化後的關係式並進行計算來決定未知數。特別注意單位及單位化簡，並且注意一個有因次的量不給單位是無意義的。再者不要把計算器螢幕上的所有數字都複製下來，而給出高精確度的錯誤印象 — 要把最後的結果捨入成具有適當位數有效數字的結果 (1-10 節)。

步驟 7：推理、證明和討論

檢查來確定獲得的結果是合理且直覺的，並且驗證有問題的假設的可靠性。重做導致不合理值的計算。例如汽車外形流線化以後，在同樣的測試條件下，作用在汽車的空氣阻力不應該增加 (圖 1-45)。

圖 1-45 從工程分析得到的結果必須檢查其合理性。

同時要指出結果的重要性,並討論其意涵。敘述可以從結果得到的結論,及可以從它們做出的建議。強調結果可以使用的限制,並且警告以避免誤解及使用結果在假設不適用的情況。例如,假設你決定在一個建議的管線系統中採用較大管徑的管子會在材料上增加 $5000 的成本,但每年能節省 $3000 的泵送成本,指出大管徑的管線可在兩年內從電費上回收其成本差異。然而也要指出這個分析中只有與大管徑管線相關的額外材料成本被考量在內。

記著你呈現給你的指導者,以及其它人的工程分析都是溝通的一種形式。為了達到最大效果,簡潔、有組織、完整及視覺效果是最重要的 (圖 1-46)。再者,簡潔也是一個很棒的檢查工具,因為在簡潔的工作中很容易偵測到錯誤及不一致性。為了節省時間而不小心和省略步驟反而經常造成更耗時及不必要的焦慮。

這裡所介紹的方法被用來解答例題,同時也使用在本書的解答手冊中,雖然沒有明確的指出每一個步驟。對於某些問題,有些步驟也許不適用或不需要。例如,分別列出性質經常是不實際的。然而,在解答問題時,我們並不會太過於強調一個有組織、有秩序的方法的重要性。解答一個問題所遭遇到的大多數困難不是由於缺乏知識,而是由於缺乏組織。在解答問題時,你被強烈鼓勵遵循這些步驟,直到你發展出最適合你個人的工作方法為止。

圖 1-46 雇主對簡潔和有組織會有高度的評價。

1-9 套裝工程軟體

你可能會困惑於為什麼我們要對另一個工程科學的基本原理作深入的研習。畢竟,幾乎所有我們可能遭遇到的實際問題,都可使用目前市場上輕易可得的數個精緻套裝軟體來解決。這些套裝軟體不僅提供所要的數值結果,並且為令人印象深刻而提供了色彩繽紛的圖形輸出。今日在實際的工程上沒有使用到這些套裝軟體是不能想像的。這種只要按個鈕就可提供給我們的強大計算能力既是祝福也是詛咒。它確實使工程師能容易快速的解答問題,但是也打開濫用和錯誤訊息之門。在學習不精的人手裡,這些套裝軟體就像精緻有力的武器落在訓練不良的士兵手裡一樣危險。

把一個在基本原理沒有適當訓練但會使用工程套裝軟體的人想成可以做工程就好像把一個會使用扳手的人想成可以勝任汽車技工一樣。如果因為幾乎所有事都能使用電腦快速簡單的完成,而認為工程科系學生不需要修習基本課程是對的,那麼雇主不需要高薪工程師也會是對的,因為任何人只要會使用文書處理程式就能學習如何使用套裝軟體。然而不管這些有力套裝軟體的可用性如何,統計顯示對工程師

圖 1-47 一個優異的文書處理程式不能使一個人變成好作家；它只能使好作家變成更有效率的作家。

的需求正在增加而不是減少。

我們應該隨時記住，現今所有的計算能力和工程套裝軟體都只是工具，而工具只有在專家手裡才有意義。有最好的文書處理程式不能使一個人成為好的作家，但確實能使一個好作家的工作更容易、更有生產力 (圖 1-47)。手持計算器不能去除教導小孩加法或減法的需要，精緻的醫學套裝軟體無法取代醫學院訓練的地位。工程套裝軟體同樣也無法取代傳統的工程教育。它們只能使課程的重點從數學轉移到物理。那就是課堂上會花更多的時間，更詳細的討論問題的物理層面，而少花時間在解題步驟的機械層面上。

所有這些今日可得又令人驚奇的有力工具使工程師們加上額外的負擔。他們仍然必須對基本原理有透澈的瞭解，發展出對物理現象的「感覺」，能把數據代入適當的地方，並且像他們的前輩一樣做出良好的工程判斷。但是由於有了今日的有力工具，他們可以使用更真實的模型，更快、更好的做完。以前的工程師必須依賴徒手計算、計算尺，以及稍後的手持計算器和電腦，如今他們依賴套裝軟體。這種能力的容易取得以及一個單純的誤解或解釋錯誤所造成的巨大損害，使得在工程基本原理的堅實訓練在今日變得更為重要。在本教科書中，我們更努力的強調對自然現象發展出一種直接及物理的瞭解，而不是在解題步驟的數學細節上。

工程方程式求解器 (EES)

EES 是一個程式，可以對線性或非線性微分方程式作數值求解。它有一個很大的資料庫，內建熱力學性質函數和數學函數，並且允許使用者提供額外的性質數據。不像某些套裝軟體，EES 不對工程問題求解，它只對使用者提供的方程式求解。因此使用者必須瞭解問題，以及必須使用任何相關的物理定理和關係來推導方程式。EES 可以很簡單的對導出的數學方程式求解而節省使用者可觀的時間和努力。這使得原來不適合手算的很多工程問題變得可能，也可以快速且方便地從事參數化的分析。EES 是一個能力很強但直覺式的程式，並且很容易使用，例如例題 1-5 所展示的。

例題 1-5　使用 EES 來求解一個方程式系統

兩個數的差是 4，且兩數的平方和是兩數的總和加 20。試求這兩個數。

解答：已知兩數的差和兩數的平方和。要求解這兩數。

解析：我們雙擊 EES 程式的圖像來啟動，開啟一個新檔，並在空白的螢幕上輸入以下兩式：

$$x - y = 4$$
$$x\hat{\ }2 + y\hat{\ }2 = x + y + 20$$

這是問題敘述的正確數學表示式，其中 x 和 y 代表未知數。這有著兩個未知數的兩個非線性方程系統的解答可以單擊工具欄上的"Calculator" 圖像來獲得。它給的解 (圖 1-48) 是：

$$x = 5 \text{ 與 } y = 1$$

討論：注意我們要做的與我們在紙上做的一樣：推導問題的方程式，EES 負責數學求解的所有細節。同時注意方程式可以是線性的或非線性的。而且它們可以任何順序輸入，未知數可在方程式任意端。像 EES 一般的友善求解器讓使用者可以聚焦於問題的物理，而不需要擔心與求解方程式系統有關的數學複雜性。

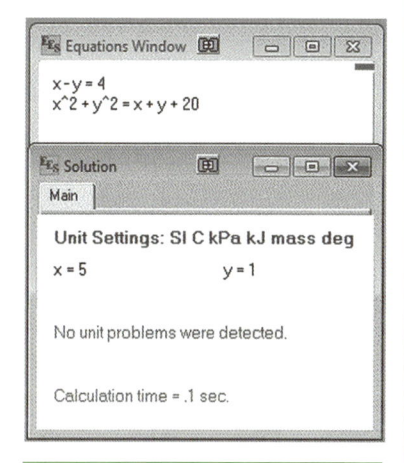

圖 1-48　例題 1-5 的 EES 螢幕截圖。

CFD 軟體

計算流體力學 (CFD) 在工程和研究上被大量的使用，在第 15 章我們將詳細的討論 CFD。貫穿本教科書，我們也將展示一些 CFD 的解答，因為 CFD 輸出圖在說明流線、速度場和壓力場等是很棒的，遠超過我們在實驗室所能看到的。然而由於有許多不同的商業化 CFD 套裝軟體供使用者選擇，而且學生對這些程式的使用權高度依賴系上的授權權限，我們在每章末不會提供與特定 CFD 套裝軟體綁在一起的 CFD 問題。取代的是，我們在第 15 章提供一些通用的 CFD 問題，而且我們也維護一個網站 (參考在 www.mheducation.asia/olc/ceugel 的連結)，包含可以用許多不同的 CFD 程式求解的 CFD 問題。學生被鼓勵去嘗試求解某些這些問題來熟悉 CFD。

1-10　準確度、精密度和有效數字

在工程計算中，提供的訊息在超過特定數目的有效數字 (通常是 3 位有效數字) 以後就無法確定。結果是，獲得的結果不可能精確到有更多的有效數字。以更多的有效數字報告結果，暗示比已存在的訊息更精確，因此必須避免。

不管採用什麼單位系統，工程師必須瞭解主宰著正確使用數值的三個原則：準確度、精密度和有效數字。對於工程量測，它們被定義如下：

- 準確度誤差 (不準確性) 是讀值減去真實值。通常一組量測的準確度指的是讀值的平均與真實值的接近程度。準確度一般與重複的固定誤差有關。
- 精密度誤差是讀值減去讀值平均值。通常一組量測的精密度指的是解析度的精細度及儀器的可重複性。精密度一般與不可重複的隨機誤差有關。
- 有效數字是有關聯的有意義的數字。

一個量測或計算可以很精密但不很準確，或者相反。假設風速的真實值是 25.00 m/s。兩個風速計 A 和 B 各讀取風速 5 次：

風速計 A：25.50, 25.69, 25.52, 25.58, 25.61 m/s。
所有讀值的平均 = 25.58 m/s。

風速計 B：26.3, 24.5, 23.9, 26.8, 23.6 m/s。
所有讀值的平均 = 25.02 m/s。

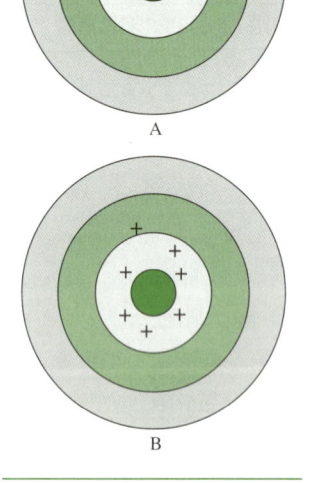

顯然，風速計 A 更精密，因為沒有任何讀值與平均值的差異超過 0.11 m/s。但是，平均值是 25.58 m/s，比真正的風速大 0.58 m/s；這指出有可觀的偏移誤差 (bias error)，或稱為常數誤差 (constant error)，或系統誤差 (systematic error)。另一方面，風速計 B 不很精密，因為它的讀值從平均擺動得很厲害；但是整體的平均值與真實值非常接近。因此風速計 B 較風速計 A 準確，至少對這組讀值而言，雖然它比較不精密。準確度與精密度的差異，可以很有效的用對目標射箭的相似情況來說明 (圖 1-49)。射手 A 很精密，但不是很準確，而射手 B 有較好的準確度，但不太精密。

許多工程師在他們的計算中對於有效數字的位數不太注意。一個數值的最小有效數字暗示著量測或計算的精密度。例如，一個結果寫成 1.23 (三個有效數字) 暗示著結果精確到小數點後第 2 位的一個數字之內；即數值介於 1.22 和 1.24 之間。將這個數值用更多的數字表示是誤導的。有效數字的位數當數值以指數形式書寫時最容易評估；有效數字的位數可以簡單算出，包括零。另外，最小有效數字可以加底線來指示作者的用途。一些例子顯示於表 1-3。

當進行計算或操作幾個參數時，最後的結果通常僅與問題中最不精密的參數一樣的精密。例如，假設 A 和 B 相乘以獲得 C。如果 $A = 2.3601$ (5 位有效數字)，且 $B = 0.34$ (2 位有效數字)，則 $C = 0.80$ (最後結果僅有 2 位有效數字)。注意多數學生可能會寫成 $C = 0.802434$，

圖 1-49 準確度對應精密度的圖解。射手 A 較精密，但較不準確，而射手 B 較準確，但較不精密。

表 1-3 有效數字

數值	指數形式	有效數字位數
12.3	1.23×10^1	3
123,000	1.23×10^5	3
0.00123	1.23×10^{-3}	3
40,300	4.03×10^4	3
40,300	4.0300×10^4	5
0.005600	5.600×10^{-3}	4
0.0056	5.6×10^{-3}	2
0.006	$6. \times 10^{-3}$	1

有 6 位有效數字，因為那是這兩個數相乘以後展示在計算器上的。

讓我們仔細地分析這個簡單的例子。假設 B 的正確數值是 0.33501，其被儀器讀成 0.34。同時假設 A 的正確值是 2.3601，如同被更準確與精密的儀器所量測到的。在此例中，$C = A \times B = 0.79066$ 到 5 位有效數字。注意我們第一個答案，$C = 0.80$ 在小數點後第二位差了一個數字。同樣的，如果 B 是 0.34499，且被儀器讀成 0.34，A 和 B 的乘積將會是 0.81421 到第 5 位有效數字。我們的原答案再一次在小數點後第二位差了一個數字。這裡的重點是 0.80 (到 2 位有效數字) 是一個人從這個乘法所能期望的最好結果。首先因為其中一個值僅有 2 位有效數字。另一個看這個問題的方法是除了在答案的首兩位數字外，其它的數字是無意義或無效的。例如，如果一個人報告計算器的顯示，2.3601 乘以 0.34 等於 0.802434，其中最後 4 個數字是無意義的。如同解說過的，最後的結果介於 0.79 和 0.81 — 超過 2 位有效數字的任何數字不僅無意義，並且誤導，因為它們向讀者暗示了比實際存在那裡更精密的結果。

當作另一個例子，考慮一個 3.75 L 的容器充滿了密度是 0.845 kg/L 的汽油，並決定其質量。也許首先進入你腦中的是將體積和密度相乘去獲得 3.16875 kg 的質量，這錯誤的暗示如此決定的質量精密到 6 位有效數字。事實上，質量不可能比 3 位有效數字更精密，因為體積和密度兩者都只精密到 3 位有效數字，因此質量應該被報告成 3.17 kg 而不是計算器所顯示的 (圖 1-50)。這個 3.16875 kg 的結果只有在體積和密度分別被給成 3.75000 L 和 0.845000 kg/L 時才是正確的。這個 3.75 L 的值暗示我們相當有信心體積精密到 ±0.01 L 以內，且它不可能是 3.74 或 3.76 L。然而，體積可以是 3.746、3.750、3.753 等，因為它們都可捨入成 3.75 L。

你應該也知道有時候我們心知肚明地導入很小的錯誤，以避免尋找更正確數值的麻煩。例如當處理液態水時，我們通常使用 1000 kg/m^3 這個值給密度，這是純水在 0°C 時的密度值。把這個值用在 75°C 時會導入 2.5% 的誤差，因為這個溫度的密度是 975 kg/m^3，水中的礦物質和雜質會導入更多的錯誤。就是這個例子，你將毫無保留地將最後的結果捨入成有合理位數的有效數字。再者，在工程分析的結果中有一些不確定性通常是常例，而非例外。

當書寫一個計算的中間結果時，建議的作法是保留幾個「多餘」的數字以避免捨入誤差；然而最後結果的書寫應該把有效數字的數目考慮進去。你應常記於心中，結果中表示精密度的一定數目的有效數字，並不一定暗示整體準確度有同樣數目的有

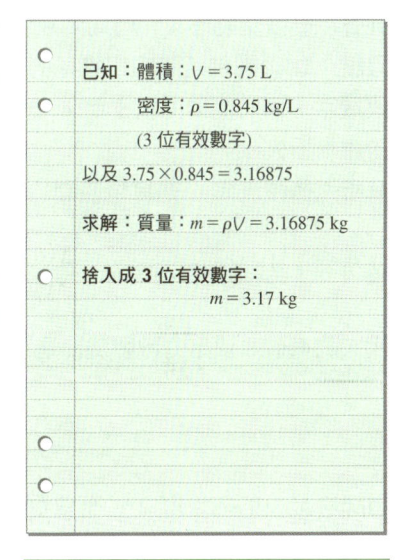

已知：體積：$V = 3.75$ L
密度：$\rho = 0.845$ kg/L
(3 位有效數字)
以及 $3.75 \times 0.845 = 3.16875$

求解：質量：$m = \rho V = 3.16875$ kg

捨入成 3 位有效數字：
$m = 3.17$ kg

圖 1-50　一個比已知數據有更多有效數字的結果錯誤的暗示著更精密。

32 流 體 力 學

效數字。例如，一個讀值的偏移誤差可能很顯著的降低結果的整體準確度，甚至使最後一個有效數字無意義，並且減少整體可靠的數字的數目一個。實驗決定的數值受制於量測誤差，這樣的誤差在獲得的結果中反映出來。例如，假設一個物質的密度有 2% 的不確定性，那麼用這個密度值所決定的質量也將有 2% 的不確定性。

最後，當有效數字的位數未知者，被接受的工程標準是 3 位有效數字。因此如果一個管材長度的給值是 40 m，我們將假設其值為 40.0 m，為的是合理化在最後的結果中使用 3 位有效數字。

例題 1-6 ▶ 有效數字與體積流率

珍妮佛使用花園水管中的冷水進行一項實驗。為了計算水流經水管的體積流率，她計時多久可以充滿一個容器 (圖 1-51)。使用一個碼表量測，在時間間隔 $\Delta t = 45.62$ s 收集到水的體積是 $V = 4.2$ L。試計算水流經水管的體積流率，以每分鐘多少立方公尺的單位表示。

解答： 從量測的體積和時間間隔決定體積流率。

假設： 1. 珍妮佛正確的記錄她的量測，比如體積的測量值精密到 2 位有效數字，而時間間隔精密到 4 位有效數字。 2. 沒有因為濺出容器而造成的注水損失。

解析： 體積流率 $\dot{V}$ 是單位時間的水流體積，可以表示成

體積流率：
$$\dot{V} = \frac{\Delta V}{\Delta t}$$

代入測量值，決定的體積流率是

圖 1-51 例題 1-6 對於體積流率的量測的相片。
Photo by John M. Cimbala.

$$\dot{V} = \frac{4.2 \text{ L}}{45.62 \text{ s}} \left(\frac{1 \text{ m}^3}{1000 \text{ L}}\right) \left(\frac{60 \text{ s}}{1 \text{ min}}\right) = 5.5 \times 10^{-3} \text{ m}^3/\text{min}$$

討論： 最後的結果用 2 位有效數字列出，因為我們沒有信心比這個更精密。如果這只是個後繼計算的中間步驟，可以攜帶一些額外的數字，以避免累積的捨入誤差。在這樣的例子中，體積流率將被寫成 $\dot{V} = 5.5239 \times 10^{-3}$ m³/min。根據所提供的訊息，我們對結果的準確度不能說任何事情，因為我們對於體積量測或時間量測的系統性誤差都沒有任何的訊息。

同時記住精密度良好並不能保證準確度良好。例如，假設碼表的電池變弱了，它的準確度可能變得很差，但是讀值可能還是顯示 4 位有效數字的精密度。

通常精密度與解析度有關。解析度是量測時，儀器所能報告的最細量度。例如，一個能顯示 5 位數字的數位伏特表就比另一個僅能顯示 3 位數字的數位伏特表精密。然而，顯示數字的數目與量測的總體準確度無關。若是有很可觀的偏移誤差時，一個儀器可以是很精密，但不是很準確。同樣的，一個顯示數字比較少的儀器，有可能比顯示數字比較多的儀器更準確 (圖 1-52)。

正確的時間 = 45.623451 ... s

TIMEXAM 46. s (a)　　TIMEXAM 43. s (b)　　TIMEXAM 44.189 s (c)　　TIMEXAM 45.624 s (d)

圖 1-52 一個儀器有許多數字的解析度 (碼表 *c*) 可能比另一個儀器有很少數字的解析度 (碼表 *a*) 更不準確。關於碼表 *b* 和 *d*，你能說些什麼吧？

總結

本章介紹和討論了一些流體力學的基本觀念。物質處於液態或氣態時被稱為流體。流體力學是討論靜止或運動中的流體的行為,並討論流體與固體或其它流體在邊界上交互作用的科學。

一個無界流體流過一個表面的流動是外部流,而在管道中的流動,如果流體被固體表面所完全界限則稱為內部流。流體可被分類成可壓縮或不可壓縮,端視流體流動時密度的變化大小而定。液體的密度基本上維持常數,因此典型的液體流動是不可壓縮的。穩定一詞暗示著不隨時間而變。穩定的反面是不穩定。均勻一詞暗示在一個指定區域內不隨位置而變。一個流動被稱為一維的,如果性質或變數僅在一個維度方向有變化。一個與固體表面直接接觸的流體,黏住表面而不滑動,稱為無滑動條件,會導致沿固體表面產生邊界層。本書中,我們聚焦於穩定、不可壓縮的黏性流,包括內部流和外部流。

一個具有固定質量的系統稱為封閉系統,而一個系統如果穿越其邊界有質量傳遞則稱為開放系統或控制容積。很多工程問題牽涉到質量進出系統,因此被模擬成控制容積。

工程計算上,要特別注意量的單位以避免不一致的單位造成的錯誤,同時也要遵循一個系統性的解題方法,這些都是很重要的。同樣重要的是,要承認供給我們的訊息的有效數字的位數是有限的,因此從其推論所得的結果不可能有更多的有效數字。本章所給的資訊,包括因次和單位、解答技巧、精密度、準確度,以及有效數字在整本書中都會用到。

參考資料和建議讀物

1. American Society for Testing and Materials. *Standards for Metric Practice.* ASTM E 380-79, January 1980.
2. G. M. Homsy, H. Aref, K. S. Breuer, S. Hochgreb, J. R. Koseff, B. R. Munson, K. G. Powell, C. R. Robertson, and S. T. Thoroddsen. *Multi-Media Fluid Mechanics* (CD). Cambridge: Cambridge University Press, 2000.
3. M. Van Dyke. *An Album of Fluid Motion*, Stanford, CA: The Parabolic Press, 1982.

習題

有"C"題目是觀念題,學生應儘量作答。

緒論、分類和系統

1-1C 考慮空氣流過飛機的機翼。這個流動是內部流或外部流?如果是氣體流經一個噴射引擎呢?

1-2C 定義不可壓縮流和不可壓縮流體。一個可壓縮流體的流動一定要被當成可壓縮嗎?

1-3C 定義內部流、外部流和明渠流。

1-4C 如何定義一個流動的馬赫數?馬赫數 2 指的是什麼?

1-5C 當飛機相對於地面以等速度飛行時,若說這架飛機的馬赫數也是常數是否正確?

1-6C 考慮馬赫數為 0.12 的空氣流,這個流動是否可視為不可壓縮的?

1-7C 什麼是無滑動條件?是由什麼造成的?

1-8C 什麼是強制流?它與自然流有什麼差異?由風所造成的流動是強制流還是自然流?

1-9C 什麼是邊界層?什麼造成邊界層的發展?

1-10C 古典方法與統計方法的差異是什麼？

1-11C 什麼是穩定流過程？

1-12C 定義應力、垂直應力、剪應力和壓力。

1-13C 當分析氣體流過一個噴嘴的加速度時，你會選擇什麼當作你的系統？這是一個什麼形式的系統？

1-14C 什麼是封閉系統？什麼是控制容積？

1-15C 你正試圖瞭解一個往復式空氣壓縮機 (一個活塞–汽缸裝置) 如何工作的。你將使用什麼系統？這個系統的形式是什麼？

1-16C 什麼是系統、環境和邊界？

質量、力、單位

1-17C 解釋為什麼光年有長度的因次。

1-18C 什麼是 kg-mass 和 pound-force 的差異？

1-19C 什麼是 pound-mass 和 pound-force 的差異？

1-20C 在一篇新文章中提到一個最近開發的齒輪式渦輪風扇引擎產生 15,000 pounds 的推力以推動飛機向前。這裡提的 "pound" 是 lbm 或 lbf？解釋之。

1-21C 作用在一輛以 70 km/h 等速度巡航的汽車上的淨力是什麼？(a) 在平坦的路上。(b) 在上坡路上。

1-22 一個 6 kg 的塑膠桶，其體積為 0.18 m³，內部充滿液態水。假設水的密度是 1000 kg/m³，求桶加水的總重量。

1-23 一個質量 200 kg 的物體位於 $g = 9.6$ m/s² 的地方，其重量是多少 N？

1-24 一個 1 kg 物質的重量是多少？用 N、kN、kg·m/s²、kgf、lbm·ft/s² 及 lbf 表示。

1-25 決定一房間內空氣的質量和重量。房間的尺寸是 6 m × 6 m × 8 m。假設空氣的密度是 1.16 kg/m³。(Answer: 334.1 kg, 3277 N)

1-26 一個人在解問題的某個階段得到方程式 $E = 16$ kJ $+ 7$ kJ/kg。其中 E 是總能，單位為 kJ。決定如何修正錯誤並討論錯誤是什麼造成的。

1-27 高速飛機的加速度有時候用 g 表示 (表示成標準重力加速度的倍數)。試求一個 90 kg 的人在一架加速度為 $6g$ 的飛機上所感受到的淨力大小。

1-28 一塊 5 kg 的岩石，在某地用力 150 N 向上丟出，當地的重力加速度是 9.79 m/s²。求岩石的加速度，用 m/s² 表示。

1-29 使用 EES (或其它) 軟體重做習題 1-28 印出全部解答，包括用正確單位印出數值結果。

1-30 重力加速度的值，從在海平面的 9.807 m/s²，隨高度減小，變成在高度 13,000 m 的 9.767 m/s²，這是大型客機巡航的高度。決定飛機重量從 13,000 m 的巡航高度到海平面的百分比減小量。

1-31 在北緯 45°，重力加速度可表示成海平面以上高度 z 的函數，$g = a - bz$，其中 $a = 9.807$ m/s²，$b = 3.32 \times 10^{-6}$ s⁻²。試求使一個物體的重量減少 1% 的海平面高度。(Answer: 29,500 m)

1-32 一個水加熱器中的一個 4 kW 的電阻式加熱器連續操作 2 小時來提升水溫至需要的溫度水平。決定使用的電能量，用 kWh 及 kJ 表示。

1-33 一輛汽車的油箱用加油嘴加油，加油嘴以等流動速率填加汽油。基於對量的單位考慮，試導出加滿油的時間 t (s) 與油箱體積 V (L) 和注油率 $\dot{V}$ (L/s) 之間的關係式。

1-34 一個游泳池，體積 V (m³)，要用直徑 D (m) 的水管來對其充水。如果平均充水速度是 V (m/s) 且充水時間為 t (s)。基於量的單位上考慮，導出游泳池體積的一個關係式。

1-35 僅基於單位考慮，試證明將一輛質量為 m (kg) 的汽車在時間間隔 t (s) 從靜止加速到速度 V (m/s) 所需的功率是正比於質量和汽車的速度平方，而反比於時間間隔。

1-36 一架飛機以 70 m/s 作水平飛行。它的螺旋槳輸出 1500 N 的推力 (向前的力) 來克服空氣阻力 (向後的力)。使用因次推理及單位轉換比，計算螺旋槳的可用功率輸出，單位使用 kW 及 horsepower。

1-37 如果習題 1-36 的飛機重量為 1450 lbf，估計飛機以 70.0 m/s 飛行時，機翼產生的升力 (用 lbf 及 N 表示)。

1-38 一輛消防車的升降梯把一個消防員 (連同裝備共重 1250 N) 舉高 18 m 來對一幢建築火災滅火。(a) 使用單位轉換比來計算升降梯對消防員作功多少，單位 kJ，要展示出所有的解題過程，(b) 如果升降梯舉起消防員供給的有效功率是 2.60 kW，估計舉起消防員用了多少時間。

1-39 一個人到傳統市場買牛排作晚餐。他發現一塊 12 oz 的牛排 (1 lbm = 16 oz) 價格是 $3.15。接著他到隔壁的國際市場，發現一塊 320 g 的牛排，品質相同，價格是 $3.30。哪一塊牛排是比較好的買賣呢？

1-40 在 20°C 的水從一條水管注入一個 2.0 L 的容器，歷時 2.85 s。使用單位轉換比並展示你解題的所有過程，計算以 Lpm 為單位的體積流率及以 kg/s 為單位的質量流率。

1-41 一輛升高機將 90.5 kg 的板條箱舉高 1.80 m。(a) 展示你所有的工作過程及使用單位轉換比，計算升高機對板條箱所作的功，以單位 kJ 表示。(b) 如果花了 12.3 秒來舉高板條箱，試計算供給板條箱的有用功率，以單位 kW 表示。

模擬與求解工程問題

1-42C 當模擬一個工程過程時，一個簡單但粗糙的模型和一個複雜但正確的模型之間，如何作出正確的選擇？是不是一個複雜的模型就必然是較好的選擇，因為它比較正確呢？

1-43C 對於一個工程問題，解析方法和實驗方法的差異是什麼呢？討論每個方法的優缺點。

1-44C 模擬在工程上的重要性是什麼？如何準備工程過程的數學模型呢？

1-45C 精密度和準確度的差異是什麼呢？一個量測有可能很精密但不準確嗎？解釋之。

1-46C 研究一個物理問題時，微分方程式是如何得到的？

1-47C 工程套裝軟體的價值是什麼？(a) 工程教育，及 (b) 工程實務？

1-48 使用 EES 解有 3 個未知數的 3 個聯立方程式系統：

$$2x - y + z = 9$$
$$3x^2 + 2y = z + 2$$
$$xy + 2z = 14$$

1-49 使用 EES 解有 2 個未知數的 2 個聯立方程式系統：

$$x^3 - y^2 = 10.5$$
$$3xy + y = 4.6$$

1-50 使用 EES 求解下列方程式的一個正實數根：

$$3.5x^3 - 10x^{0.5} - 3x = -4$$

1-51 使用 EES 解有 3 個未知數的 3 個聯立方程式系統：

$$x^2y - z = 1.5$$
$$x - 3y^{0.5} + xz = -2$$
$$x + y - z = 4.2$$

複習題

1-52 一個噴射引擎產生用來推動飛機向前的反

作用力稱為推力。一架波音 777 飛機的引擎產生約 85,000 lbf 的推力。將此推力用 N 及 kgf 表示。

1-53 人體的重量從一個地方換到另一個地方會稍微改變，因為重力加速度 g 會隨高度而改變。使用習題 1-33 的關係式，試求一個 80.0 kg 的人在海平面 ($z = 0$)、在丹佛市 ($z = 1610$ m) 及在艾佛勒斯峰頂端 ($z = 8848$ m) 的重量。

1-54 對液體，用來量度對流動反抗能力的動力黏度 μ 可以近似為 $\mu = a10^{b/(T-c)}$，其中 T 是絕對溫度，而 a、b、c 是實驗常數。使用列於表 A-7 的甲醇在 20°C、40°C 與 60°C 的數據來決定常數 a、b 與 c。

1-55 在固—液混合物的兩相管流中的一個重要的設計考慮是終端沉降速度，低於這個速度流動變得不穩定，最後使管子堵塞。在廣泛的運輸測試的基礎下，固體粒子在水中的終端沉降速度是 $V_L = F_L\sqrt{2gD(S-1)}$，其中 F_L 是實驗係數，g 是重力加速度，D 是管徑及 S 是固體粒子的比重。什麼是 F_L 的因次？這個方程式是否是因次均一的？

1-56 考慮空氣通過一個風力機的流動。風力機葉片掃過的圓盤面積的直徑為 D (m)。穿過掃過面積的空氣平均速度是 V (m/s)。使用對牽涉到的量的單位的考慮為基礎，證明空氣通過掃過面積的質量流率 (kg/s) 正比於空氣密度、風速與掃過面積的直徑的平方。

1-57 空氣作用在汽車上的阻力相依於一個無因次阻力係數、空氣密度、車速及汽車的視面積。即，F_D = function (C_{Drag}, A_{front}, ρ, V)。僅依據對單位的考慮，試推導出一個阻力關係式。

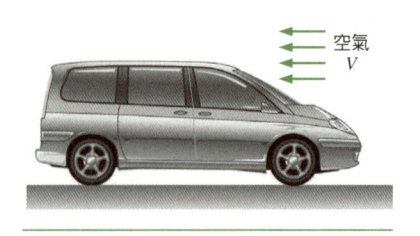

圖 P1-57

基礎工程 (FE) 試題

1-58 已知飛機在空氣中的速度為 260 m/s。若當地的音速為 330 m/s，飛機的飛行是
(a) 音速 (b) 次音速
(c) 超音速 (d) 極音速

1-59 已知飛機的速度為 1250 km/h。若當地的音速為 315 m/s，則馬赫數是
(a) 0.5 (b) 0.85 (c) 1.0
(d) 1.10 (e) 1.20

1-60 若質量、熱與功都不被允許穿過一個系統的邊界，此系統被稱為
(a) 隔離的 (b) 等溫的 (c) 絕熱的
(d) 控制質量 (e) 控制容積

1-61 10 kg 的質量在海平面的重量是
(a) 9.81 N (b) 32.2 kgf (c) 98.1 N
(d) 10 N (e) 100 N

1-62 1 lbm 的質量的重量是
(a) 1 lbm·ft/s² (b) 9.81 lbf (c) 9.81 N
(d) 32.2 lbf (e) 1 lbf

1-63 1 kJ 不等於
(a) 1 kPa·m³ (b) 1 kN·m (c) 0.001 MJ
(d) 1000 J (e) 1 kg·m²/s²

1-64 能量的單位是哪一個？
(a) Btu/h (b) kWh (c) kcal/h
(d) hp (e) kW

1-65 1 個水力發電廠在其額定功率 7MW 操作。如果電廠在一個指定年度生產了 26×10^6 kWh 的電力，則電廠在那年度共操作多少小時？

(a) 1125 h   (b) 2460 h   (c) 2893 h
(d) 3714 h   (e) 8760 h

設計與小論文題

1-66 對歷史上使用過的質量與體積量測裝置寫一篇小論文。同時解釋對現代的質量與體積的單位的發展過程。

1-67 搜尋網路來發現當考慮有效位數時如何正確的作加法與減法。對正確的技術作總結並使用此技術來對以下各例求解：(a) $1.006 + 23.47$，(b) $703{,}200 - 80.4$，(c) $4.6903 - 14.58$。小心用合適的有效數字的數目來表示你的最後的答案。

Chapter 2 流體的性質

學習目標

讀完本章後,你將能夠

- 瞭解流體基本性質的使用知識,並且瞭解連體近似。
- 瞭解黏性係數及在流體流動時其所造成的摩擦效應的後果。
- 計算管中由於表面張力效應所造成的毛細上升(或下降)。

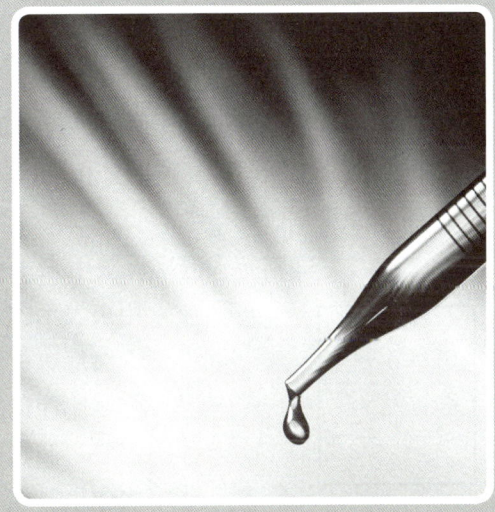

當液體被強制從一小管流出時所形成的一個液滴。液滴的形狀決定於壓力、重力和表面張力之間的平衡。
Royalty-Free/CORBIS

本章我們將討論分析流體流動時會遭遇到的性質。首先討論內延和外延性質,並且定義密度和比重。接著討論的性質是蒸氣壓、能量及其各種形式、理想氣體和不可壓縮物質的比熱、壓縮係數及音速。然後將討論黏性係數這個性質,在流體流動的許多層面上,它都扮演著重要的角色。最後我們介紹表面張力這個性質,並且介紹在靜態平衡條件下的毛細上升。壓力這個性質在第 3 章與流體靜力學一起討論。

2-1 緒論

一個系統的任何特徵稱為性質 (property)，一些熟悉的性質是壓力 P、溫度 T、體積 V 及質量 m。這列表可被擴大來包括一些較不熟悉的性質，例如黏性係數、熱傳導係數、彈性模數、熱膨脹係數、電阻係數，甚至速度和高度也是。

性質不是內延的就是外延的。**內延性質** (intensive properties) 與系統的質量無關，例如溫度、壓力和密度。**外延性質** (extensive properties) 與系統的大小或質量有關。總質量、總體積 V 與總動量是外延性質的一些例子。決定一個性質到底是內延還是外延的一個簡單方法是用一個想像的隔板把系統隔開成兩個相等部分，如圖 2-1 所示。每個部分和原來的系統有相同內延性質的值，但是外延性質的值只是原來系統的一半。

通常，大寫字母被用來表示外延性質 (質量 m 是主要的例外)，而小寫字母被用來表示內延性質 (壓力 P 和溫度 T 是明顯的例外)。

每單位質量的外延性質被稱為比性質 (specific properties)。一些比性質的例子是比容 ($v = V/m$) 和比總能 ($e = E/m$)。

一個系統的狀態由它的性質來描述。但我們從經驗知道不需要指定所有的性質來固定狀態。一旦足夠數目的性質的值被指定後，其它的性質就有特定的值。即只要指定特定數目的性質就足夠固定一個狀態。要固定一個系統之狀態的性質數目由狀態假說 (state postulate) 來給定：一個簡單可壓縮系統的狀態由兩個獨立的內延性質完全指定。

當兩個性質是獨立時，若一個性質被固定，另一個性質可被任意改變。不是所有性質都是獨立的，有些性質由其它性質來定義，如 2-2 節所解釋的。

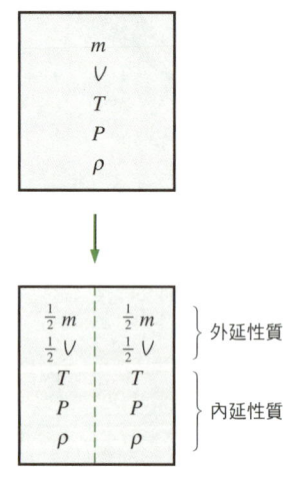

圖 2-1 區別內延和外延性質的準則。

連體

流體由可能隔開很遠的分子 (特別是氣相時) 所組成。但是忽視流體的原子本質而把它當成連續的、均勻而沒有洞的物質是很方便的，也就是一個**連體** (continuum)。這個連體理想化允許我們把性質視為點函數，並且可假設性質在空間是連續性改變的，沒有跳躍式的不連續性。這個理想化是有效的，只要我們處理的系統的大小遠大於分子間的間隔即可 (圖 2-2)。幾乎所有的系統中都是這樣的，除了某些特例以外。很多我們所作敘述中都暗示著連體理想化，例如「玻璃杯中水的密度在任何點

圖 2-2 多數流動牽涉到的長度尺度，例如飛行中的海鷗，比空氣分子的自由路徑大好幾個數量級。因此本書中考慮的所有流體的流動力，連體假設都是合適的。
PhotoLink /Getty RF

都是相同的。」

為了對牽涉到分子層面的距離有感覺，考慮一個容器充滿著大氣條件下的氧氣。氧分子的直徑大約是 3×10^{-10} m，質量是 5.3×10^{-26} kg。同時，在 1 atm 壓力，20°C 時氧的平均自由路徑 (mean free path) 是 6.3×10^{-8} m。即，氧分子在與其它氧分子碰撞前平均旅行的距離是 6.3×10^{-8} m (約是其直徑的 200 倍)。

再者，在 1 atm 壓力與 20°C 下，有大約 3×10^{16} 個氧分子在 1 mm³ 的狹小空間內 (圖 2-3)。只要系統的特徵長度 (例如其直徑) 遠大於分子的平均自由路徑，連體的模型是可用的。在很低的壓力下，例如很高的位置，平均自由路徑可能變成很大 (例如，對 100 km 高度下的空氣而言約是 0.1 m)，在這種情況下，稀薄氣體理論 (rarefied gas flow theory) 應被使用，且個別分子的碰撞應被考慮。在本書中，我們限制我們考慮的物質是可被模擬成連體的。

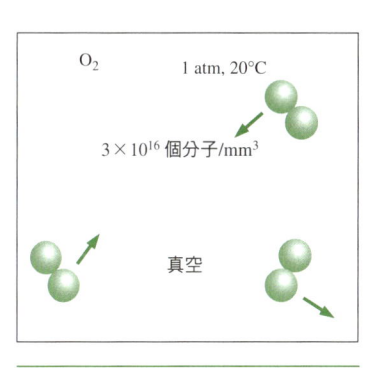

圖 2-3 雖然分子間有相當大的間隔，但是氣體通常可被模擬成連體，因為即使在一個相當小的體積內也有非常大量的分子。

2-2 密度和比重

密度 (density) 定義成每單位體積的質量 (圖 2-4)。即

密度： $$\rho = \frac{m}{V} \quad (\text{kg/m}^3) \tag{2-1}$$

密度的倒數是比容 (specific volume) v，定義成每單位質量所佔的體積。即，$v = V/m = 1/\rho$。對一個微分體積元素，質量 δm 與體積 δV，密度可以表示成 $\rho = \delta m / \delta V$。

一個物質的密度通常相依於溫度與壓力。多數氣體的密度與壓力成正比，而與溫度成反比。另一方面，液體和固體基本上是不可壓縮物質，它們的密度隨壓力的改變通常可忽略。例如在 20°C 時，水的密度從 1 atm 時的 998 kg/m³ 到 100 atm 時的 1003 kg/m³，只改變了 0.5%。液體和固體的密度比較強烈地相依於溫度，而不是壓力。例如在 1 atm 時，水的密度從 20°C 時的 998 kg/m³ 到 75°C 時的 975 kg/m³，改變了 2.3%，這在很多工程分析上仍然是可以忽略的。

有時候一個物質的密度是以相對於另一個知名物質的密度而給的。這時它被稱為**比重** (specific gravity) 或相對密度 (relative density)，並被定義為物質的密度與某個標準物質在一個指定溫度下 (通常是 4°C 的水，其密度 $\rho_{H_2O} = 1000$ kg/m³) 的

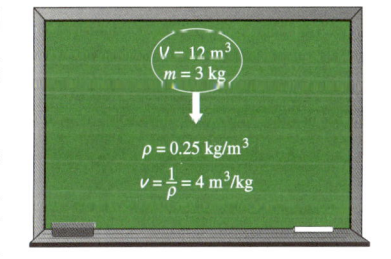

圖 2-4 密度是每單位體積的質量；比容是每單位質量的體積。

表 2-1 某些物質在 20°C，1 atm (除非另有註明) 的比重

物質	SG
水	1.0
血液 (在 37°C)	1.06
海水	1.025
汽油	0.68
酒精	0.790
水銀	13.6
巴沙木	0.17
硬橡木	0.93
金	19.3
骨頭	1.7-2.0
冰 (在 0°C)	0.916
空氣	0.001204

密度的比值。即

比重： $$SG = \frac{\rho}{\rho_{H_2O}} \quad (2\text{-}2)$$

注意物質的比重是個無因次量。然而，在 SI 單位中，物質比重的數值正好等於其密度以 g/cm^3 或 kg/L (或 0.001 乘以用 kg/m^3 表示的密度) 表示的值，因為水的密度在 4°C 時是 1 g/cm^3 = 1 kg/L = 1000 kg/m^3。例如水銀在 20°C 的比重是 13.6，因此其在 20°C 的密度是 13.6 g/cm^3 = 13.6 kg/L = 13,600 kg/m^3。某些物質在 20°C 的比重如表 2-1 所示。注意物質的比重小於 1 的，比水還輕，因此會浮在水上 (如果是不可混合的)。

一個物質單位體積的重量稱為比重量 (specific weight) 或重量密度 (weight density)，可以表示為

比重量： $$\gamma_s = \rho g \quad (\text{N/m}^3) \quad (2\text{-}3)$$

其中 g 是重力加速度。

第 1 章中提過液體的密度基本上是不變的，因此它們在很多過程中經常可以被近似成不可壓縮物質而不會犧牲太多準確性。

理想氣體的密度

性質表提供有關性質非常準確與精確的訊息，但有時候在性質之間能有某個簡單的關係式，既足夠通用且有合理的準確度，是非常方便的。一個物質的任何表示壓力、溫度和密度 (或比容) 之間關係的方程式稱為狀態方程式 (equation of state)。在氣相中，有關物質的最簡單、最廣為人知的狀態方程式是理想氣體狀態方程式 (ideal-gas equation of state)，表示成

$$Pv = RT \quad \text{或} \quad P = \rho RT \quad (2\text{-}4)$$

其中 P 是絕對壓力，v 是比容，T 是絕對溫度，ρ 是密度，及 R 是氣體常數。氣體常數對每一種氣體是不同的，並且可由 $R = R_u/M$ 來決定，其中 R_u 是萬用氣體常數 (universal gas constant)，它的值是 $R_u = 8.314$ kJ/kmol·K，M 是氣體的分子量 (molar mass 或 molecular weight)。數種物質的 R 和 M 的值示於表 A-1。

在 SI 系統中的熱力學溫度尺標是克耳文溫標 (Kelvin scale)，此溫標的溫度單位是 kelvin，記為 K。在英制系統中，對應的是朗肯溫標 (Rankine scale)，此溫標

的溫度單位是 rankine，R。各種溫標的關係式如下：

$$T(K) = T(°C) + 273.15 = T(R)/1.8 \tag{2-5}$$

$$T(R) = T(°F) + 459.67 = 1.8T(K) \tag{2-6}$$

一般常用的作法是把常數 273.15 和 459.67 分別捨入成 273 和 460，但是我們並不鼓勵這麼做。

式 (2-4) 是理想氣體狀態方程式，也簡單稱為理想氣體關係式 (ideal-gas relation)，遵循這個關係式的氣體稱為**理想氣體** (ideal gas)。對一個體積 V、質量 m、莫耳數 $N = m/M$ 的理想氣體，理想氣體狀態方程式也可寫成 $PV = mRT$ 或 $PV = NR_uT$。對一個固定質量 m，把理想氣體關係式寫兩遍並化簡，可得一個理想氣體在兩個不同狀態的性質之間的關係式，$P_1V_1/T_1 = P_2V_2/T_2$。

理想氣體是一個假想物質，符合關係式 $Pv = RT$。實驗觀測顯示真實氣體在密度低時，其 P-v-T 行為與理想氣體關係式非常近似。在低壓高溫時，氣體的密度降低，使得氣體行為像理想氣體 (圖 2-5)。在實用的範圍內，許多熟悉的氣體，像空氣、氮、氧、氫、氦、氬、氖、氪，甚至更重的氣體，如二氧化碳，可以被當成理想氣體而只有可忽略的誤差 (通常小於 1%)。濃氣體，如蒸氣發電廠中的水蒸氣和

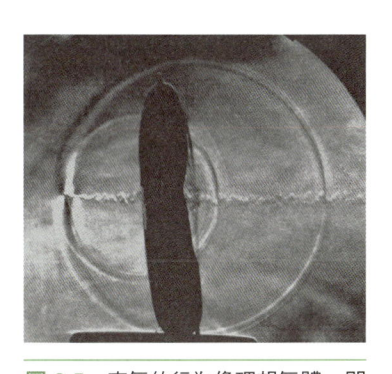

圖 2-5 空氣的行為像理想氣體，即使在非常高速下。在這張胥來侖紋影圖中，子彈的速度大約是音速，穿過氣球兩端形成兩個擴張震波。子彈的紊流尾流也是可見的。
Photograph by Gary S. Settles, Penn State Gas Dynamics Lab. Used by permission.

例題 2-1 ▶ 房間中空氣的密度、比重和質量

試求房間中空氣的密度、比重和質量。房間尺寸是 4 m×5 m×6 m，在 100 kPa 和 25°C 的狀態 (圖 2-6)。

解答： 要決定一個房間內空氣的密度、比重和質量。
假設： 在給定的條件下，空氣可被視為是理想氣體。
性質： 空氣的氣體常數是 $R = 0.287$ kPa·m³/kg·K。
解析： 空氣的密度由理想氣體關係式 $P = \rho RT$ 決定：

$$\rho = \frac{P}{RT} = \frac{100 \text{ kPa}}{(0.287 \text{ kPa·m}^3/\text{kg·K})(25 + 273.15) \text{ K}} = \mathbf{1.17 \text{ kg/m}^3}$$

則空氣的比重是

$$\text{SG} = \frac{\rho}{\rho_{H_2O}} = \frac{1.17 \text{ kg/m}^3}{1000 \text{ kg/m}^3} = \mathbf{0.00117}$$

最後，房間內空氣的體積和質量是

$$V = (4 \text{ m})(5 \text{ m})(6 \text{ m}) = 120 \text{ m}^3$$

$$m = \rho V = (1.17 \text{ kg/m}^3)(120 \text{ m}^3) = \mathbf{140 \text{ kg}}$$

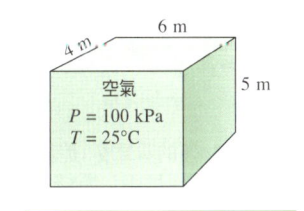

圖 2-6 例題 2-1 的示意圖。

討論： 注意在將其代入理想氣體關係式之前，我們把空氣溫度從 (相對) 單位 °C 轉換成 (絕對) 單位 K。

冷凍機、空調機、熱泵中的冷媒，通常不能視為理想氣體，因為它們存在的狀態通常非常接近飽和。

2-3 蒸氣壓力和空蝕

大家都知道純物質在相變化過程時，其溫度和壓力是相依的性質，即溫度與壓力之間有 1 對 1 的相互關係。在給定壓力下，純物質改變相態的溫度稱為**飽和溫度** (saturation temperature) T_{sat}。同樣的，在給定溫度下，純物質改變相態的壓力稱為**飽和壓力** (saturation pressure) P_{sat}。例如在絕對壓力是 1 標準大氣壓時 (1 atm 或 101.325 kPa)，水的飽和溫度是 100°C。相反的，在溫度是 100°C 時，水的飽和壓力是 1 atm。

純物質的**蒸氣壓** (vapor pressure) P_v 被定義為在給定的溫度下，氣-液相平衡時，蒸氣所施加的壓力 (圖 2-7)。P_v 是純物質的性質，而且與液體的飽和壓力 P_{sat} 相同 ($P_v = P_{sat}$)。我們必須小心不要把蒸氣壓和分壓弄混淆了。**分壓** (partial pressure) 是氣體或蒸氣與其它氣體組成混合物時，氣體或蒸氣的壓力。例如，大氣是乾空氣和水蒸氣的混合物，大氣壓力是乾空氣的分壓和水蒸氣分壓的加總。水蒸氣的分壓只構成大氣壓力的一部分 (通常小於 3%)，因為空氣中大部分是氮和氧。如果沒有液體存在，水蒸氣的分壓必定小於或等於蒸氣壓。然而，當液、氣共存且系統處於相平衡狀態時，蒸氣的分壓必等於蒸氣壓，系統被稱為是飽和的。開放水體 (例如湖泊) 的蒸發率，受制於蒸氣壓和蒸氣分壓的差異值。例如，水在 20°C 的蒸氣壓是 2.34 kPa。因此，一桶 20°C 的水被放置在一間內有乾空氣、壓力 1 atm 的房間內，桶內水會持續蒸發直到以下兩種事件中的一件發生為止：水全部蒸發 (沒有足夠的水來建立房間內的相平衡)，或是當房間中水蒸氣的分壓增加到 2.34 kPa 時，蒸發停止，此時相平衡已經建立了。

圖 2-7 純物質的蒸氣壓 (飽和壓力) 是在某一給定溫度下，系統中的蒸氣與其液體處於相平衡時，蒸氣所施加的壓力。

對一個純物質的液相和氣相之間的相變化過程而言，飽和壓力和蒸氣壓是相等的，因為蒸氣是純的。注意壓力值不管是在氣相或液相中量測的都是相同的 (只要量測點靠近液-氣介面以避免任何靜水力效應)。蒸氣壓隨溫度增加。因此一個在較高壓的物質，會在較高溫度沸騰。例如，水在一個 3 atm 絕對壓力的壓力鍋中，會在 134°C 沸騰，但在高度 2000 m (其大氣壓力 0.8 atm) 的一個普通鍋中，水在 93°C 沸騰。各種物質的飽和 (或蒸氣) 壓力示於附錄 1 和 2。水的一個節錄的表格示於表 2-2，以供方便參考。

我們對於蒸氣壓有興趣的理由是因為在於一個流動的液體系統中，其液體壓力有可能在某些位置降低至蒸氣壓以下，導致非計畫性的汽化。例如，10°C 的水在某些位置 (例如水輪機的翼尖區域，或水泵的吸入端)，其壓力降至低於 1.23 kPa，有可能汽化並形成氣泡。這些氣泡 [稱為空蝕泡 (cavitation bubble)，因為它們在液體中形成空洞] 在被掃離低壓區時會崩潰，產生高破壞性的極高壓波，這種現象經常導致性能下降甚至水輪葉片的侵蝕，稱為空蝕 (cavitation)，這在設計水力輪機和水泵時是很重要的考量因素。

在大多數流動系統中，空蝕必須被避免 (至少要儘量減小)，因會降低性能，產生擾人的振動或噪音，並造成設備的損害。我們注意到有些流動系統，會利用空蝕來造成好處，例如高速「超空蝕」魚雷。在固體表面附近，由於大量的氣泡崩潰所造成的壓力尖峰經過一段長時間會造成侵蝕、表面凹坑、疲勞破壞，並造成機械零件的最終破壞 (圖 2-8)。流動系統中空蝕的存在可由其造成的特殊噪音感測到。

表 2-2 水在各種溫度的飽和 (或蒸氣) 壓力

溫度 T, °C	飽和壓力 P_{sat}, kPa
−10	0.260
−5	0.403
0	0.611
5	0.872
10	1.23
15	1.71
30	2.34
25	3.17
30	4.25
40	7.38
50	12.38
100	101.31 (1 atm)
150	475.8
200	1554
250	3973
300	8584

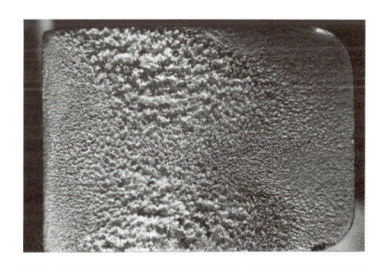

圖 2-8 空蝕在一塊 16 mm × 23 mm 的鋁樣板上所造成的破壞，測試條件 60 m/s，2.5 小時。樣品被擺放在空蝕崩潰區，位於一個特別設計來造成高破壞性的空蝕產生器的下游。
Photo by David Stinebring, ARL/Pennsylvania State University. Used by permission.

2-4 能量和比熱

能量可用多種形式存在，例如熱能、機械能、動能、位能、電能、磁能、化學能和核能 (圖 2-9)，它們的總和構成系統的總能 (total energy) E (或每單位質量的總能 e)。跟一個系統的分子結構及分子活動能力的程度有關的能量形式被視為是微觀能量 (microscopic energy)。所有微觀形式能量的總和稱為系統的

例題 2-2 ▶ **避免空蝕的最小壓力**

在一水分配系統中，觀測的水溫最高是 30°C。試求在系統中避免空蝕的最小壓力。

解答：要決定在一個水分配系統中避免空蝕的最小壓力。
性質：水在 30°C 的蒸氣是 4.25 kPa (表 2-2)。
解析：為了避免空蝕，流動中任何地點的壓力不允許低於給定溫度下的蒸氣 (飽和) 壓。即

$$P_{min} = P_{sat@30°C} = 4.25 \text{ kPa}$$

因此，流動中任何地點的壓力應該維持高於 4.25 kPa。
討論：蒸氣壓隨溫度增加而增加，因此空蝕的危險在高流體溫度時較大。

流體力學

(a)   *(b)*

圖 2-9 將能量從核電廠帶到你家至少會遭遇 6 種不同形式的能量：核能、熱能、機械能、動能、磁能和電能。
(a) © Creatas/PunchStock RF
(b) Comstock Images/Jupiterimages RF

內能 (internal energy)，用 U 表示 [或每單位質量的內能 (u)]。

系統的巨觀能量 (macroscopic energy) 相依於運動與一些外在效應的影響，例如重力、磁力、電力及表面張力。系統運動時所具有的能量稱為**動能** (kinetic energy)。當系統的所有部分以相同速度移動時，每單位質量的動能表示成 $ke = V^2/2$，其中 V 是系統相對於某固定參考座標的速度。系統所具有的能量與其在一個重力場中的高度有關的稱為**位能** (potential energy)，每單位質量的位能表示成 $pe = gz$，其中 g 是重力加速度，而 z 是系統的重心相對於某任意選定的參考平面的高度。

在日常生活中，我們經常把內能的顯在與潛在形式當作**熱** (heat)，因此我們會談到物體的熱含量。然而在工程上，這些形式的能量通常被稱為**熱能** (thermal energy) 來避免與熱傳 (heat transfer) 混淆。

國際能量的單位是 joule (J) 或 kilojoule (1 kJ = 1000 J)。1 joule 是 1 N 乘以 1 m。在英制系統，能量的單位是 British thermal unit (Btu)，其定義是把 1 lbm 的水溫度從 68°F 升高 1°F 所需的能量。kJ 和 Btu 的大小幾乎是相同的 (1 Btu = 1.0551 kJ)。另一個知名的能量單位是 calorie (1 cal = 4.1868 J)，其定義是把 1 g 的水溫度從 14.5°C 升高 1°C 所需的能量。

在分析牽涉到流動的系統時，我們常遇到性質 u 和 Pv 的組合。為了方便起見，這個組合被稱為**焓** (enthalpy) h。即焓：
$$h = u + Pv = u + \frac{P}{\rho} \tag{2-7}$$

其中 P/ρ 是流能 (flow energy)，也被稱為流功 (flow work)，這是移動流體保持流動時每單位質量所需的能量。在作流動流體的能量分析時，把流能當作流體能量的一部分，並且把流動流體的微觀能量用焓 h 來表示是很方便的 (圖 2-10)。注意，焓是每單位質量的量，因此它是比性質。

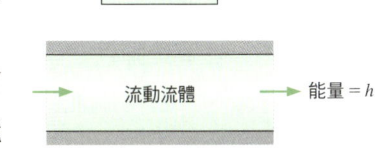

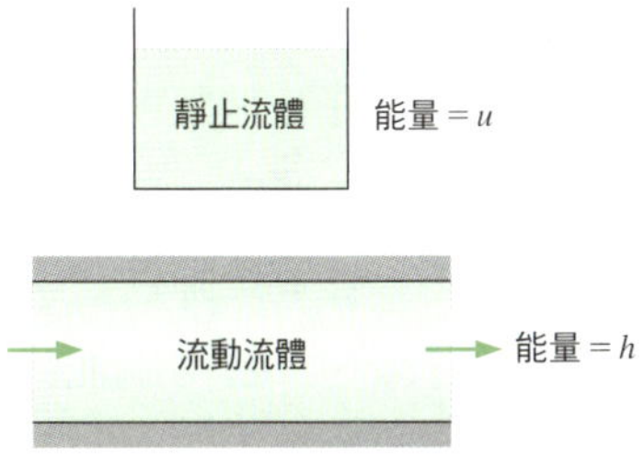

沒有諸如磁力、電力和表面張力等效應的系統稱為簡單可壓縮系統 (simple compressible system)。簡單可壓縮系統的總能包含三個部分：內能、動能、位能。在單位質量的基礎上，可表示成 $e = u + ke + pe$。流進或流出一個控容的流體擁有另一種形式的能 —— 流能 P/ρ。故流動流體單位質量的總能變成

$$e_{\text{flowing}} = P/\rho + e = h + ke + pe = h + \frac{V^2}{2} + gz \quad \text{(kJ/kg)} \tag{2-8}$$

圖 2-10 內能 u 代表不流動的流體之單位質量的微觀能量，而焓 h 代表流動的流體之單位質量的微觀能量。

其中 $h = P/\rho + u$ 是焓，V 是速度的大小，而 z 是系統相對於某外界參考點的高度。

藉由使用焓而不是內能來代表流動流體的能量，我們就不需要考慮到流功。跟推動流體有關的能量自動的被焓考慮了。事實上這是定義性質焓最主要的理由。

理想氣體的內能和焓的微量或有限量的改變可以用比熱來表示

$$du = c_v dT \quad \text{與} \quad dh = c_p dT \tag{2-9}$$

其中 c_v 與 c_p 是理想氣體的定容比熱和定壓比熱。使用平均溫度的比熱值，內能和焓的有限量變化可以近似的被表示成

$$\Delta u \cong c_{v,\text{avg}} \Delta T \quad \text{與} \quad \Delta h \cong c_{p,\text{avg}} \Delta T \tag{2-10}$$

對不可壓縮的物質，定容和定壓比熱是相同的。因此對液體而言，$c_P \cong c_v \cong c$，且液體內能的改變可被表示成 $\Delta u \cong c_{\text{avg}} \Delta T$。

注意不可壓縮物質的 $\rho = $ 常數，焓 $h = u + P/\rho$ 的微分成為 $dh = du + dP/\rho$。積分後，焓的改變成為

$$\Delta h = \Delta u + \Delta P/\rho \cong c_{\text{avg}} \Delta T + \Delta P/\rho \tag{2-11}$$

因此對等壓過程，$\Delta h - \Delta u \cong c_{\text{avg}} \Delta T$，而液體中的等溫過程則是 $\Delta h = \Delta P/\rho$。

2-5 壓縮性與音速

壓縮係數

我們從經驗得知液體的體積 (或密度) 隨其壓力或溫度之變化而變。流體通常在被加熱或減壓時會膨脹，被冷卻或加壓時會收縮。但是不同流體的體積改變量是不同的，並且我們需要表示體積變化與壓力及溫度變化間關係的性質。兩個這樣的性質是彈性體模數 κ 和體積膨脹係數 β。

通常觀測到當更大壓力作用在流體時會使其收縮，而當更小壓力作用在流體時會使其膨脹 (圖 2-11)。即流體對壓力的反應像彈性固體。因此，就如同固體的彈性楊氏模數，也可適當的定義流體的**壓縮係數** (coefficient of compressibility) κ，亦稱為壓縮容積模數 (bulk modulus of compressibility) 或**彈性容積模數** (bulk modulus of elasticity)，

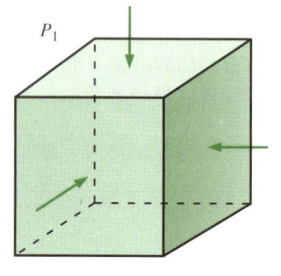

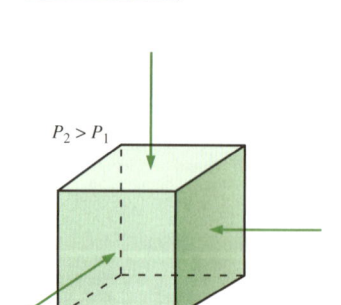

$$\kappa = -v\left(\frac{\partial P}{\partial v}\right)_T = \rho\left(\frac{\partial P}{\partial \rho}\right)_T \quad \text{(Pa)} \qquad (2\text{-}12)$$

也可以用有限量變化近似的表示成

$$\kappa \cong -\frac{\Delta P}{\Delta v/v} \cong \frac{\Delta P}{\Delta \rho/\rho} \quad (T = 常數) \qquad (2\text{-}13)$$

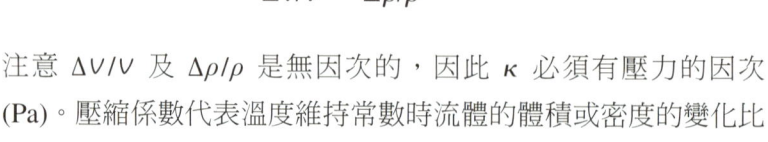

注意 $\Delta v/v$ 及 $\Delta \rho/\rho$ 是無因次的，因此 κ 必須有壓力的因次 (Pa)。壓縮係數代表溫度維持常數時流體的體積或密度的變化比所造成的壓力改變。對於一個真正不可壓縮的物質 ($v =$ 常數)，壓縮係數是無窮大的。

圖 2-11 流體，像固體一樣，當施加壓力從 P_1 增至 P_2 時會收縮。

一個很大的 κ 值，代表需要很大的壓力變化，才能造成體積的很小比例的變化，因此具有很大 κ 值的流體基本上是不可壓縮的。這在液體中是典型的，也解釋了液體為何通常可被視為不可壓縮的。例如水在正常的大氣條件下，壓力必須被升高到 210 atm，才能把它壓縮 1%，這對應的壓縮係數的值是 21,000 atm。

液體中很小的密度變化仍可以在管路系統中造成有趣的現象，例如水錘，其特徵聲音類似水管被捶打所造成的聲音。這現象的發生是當水管網路中的液體碰到一個突然的束收 (例如關閉閥門) 而被局部壓縮了。這樣產生的聲波在傳遞時衝擊管壁、彎管與閥門，並且沿管反射，造成水管震動並發出熟悉的特徵聲音。除了惱人的聲音外，水錘現象可以是非常有破壞性，造成洩漏或甚至結構破壞。這效應可使

用水錘捕捉器 (water hammer arrestor) 加以抑制 (圖 2-12),這是一個體積容器,內有伸縮囊或活塞來吸收震動。對於大管,一根稱為突激塔 (surge tower) 的垂直管常被使用,突激塔頂部有自由空氣表面且通常不需要維護。

注意體積和壓力是呈反比的 (當壓力增加時體積減小,因此 $\partial P/\partial v$ 是負號的),因此在定義式 (2-12) 中的負號確保 κ 是正號的。另外,微分 $\rho = 1/v$ 得到 $d\rho = -dv/v^2$,可以重新整理成

$$\frac{d\rho}{\rho} = -\frac{dv}{v} \tag{2-14}$$

即流體的密度和比容的比例變化的大小相等,但正負號相反。

對於理想氣體,$P = \rho RT$ 且 $(\partial P/\partial \rho)_T = RT = P/\rho$,因此

$$\kappa_{\text{理想氣體}} = P \quad (\text{Pa}) \tag{2-15}$$

即理想氣體的壓縮係數等於其絕對壓力,並且氣體的壓縮係數隨壓力增加而增加。將 $\kappa = P$ 代入壓縮係數的定義中經整理後,得

理想氣體:
$$\frac{\Delta \rho}{\rho} = \frac{\Delta P}{P} \quad (T = \text{常數}) \tag{2-16}$$

因此在等溫壓縮過程中,理想氣體的密度增加比例等於壓力的增加比例。

空氣在 1 atm 壓力時,$\kappa = P = 1$ atm,當體積減少 1% ($\Delta V/V = -0.01$) 時,對應的壓力增加是 $\Delta P = 0.01$ atm。但是當空氣是 1000 atm 時,$\kappa = 1000$ atm,減少 1% 的體積,對應的壓力增加是 $\Delta P = 10$ atm。因此在很高的壓力下,氣體體積的一個小比例的改變可以造成很大的壓力改變。

壓縮係數的倒數稱為等溫壓縮率 (isothermal compressibility) α,可以表示成

$$\alpha = \frac{1}{\kappa} = -\frac{1}{v}\left(\frac{\partial v}{\partial P}\right)_T = \frac{1}{\rho}\left(\frac{\partial \rho}{\partial P}\right)_T \quad (1/\text{Pa}) \tag{2-17}$$

流體的等溫壓縮率代表的是單位壓力變化所造成的體積或密度的變化比例。

(a)

(b)

圖 2-12 水錘捕捉器:(*a*) 一大型突激塔被建造來保護管線以對抗水錘破壞。
Photo by Arris S. Tijsseling, visitor of the University of Adelaide, Australia. Used by permission.
(*b*) 更小的捕捉器用在家用洗衣機的供水系統。
Photo provided courtesy of Oatey Co.

體積膨脹係數

流體的密度通常強烈的相依於溫度，而不是壓力，因此隨溫度變化的密度變化對很多自然現象負責：譬如風、洋流、煙囪的煙柱上升、熱氣球的操作、自然流的熱傳，甚至熱空氣的上升 (圖 2-13)。為量化這些效應，我們需要一個流體性質來代表流體在等壓下隨溫度的密度變化。

提供這樣資訊的性質即為**體積膨脹係數** (coefficient of volume expansion) β，或稱體積膨脹率 (volume expansivity)，定義為 (圖 2-14)，

$$\beta = \frac{1}{v}\left(\frac{\partial v}{\partial T}\right)_P = -\frac{1}{\rho}\left(\frac{\partial \rho}{\partial T}\right)_P \quad (1/K) \quad (2\text{-}18)$$

也可以用有限量變化近似的表示成

$$\beta \approx \frac{\Delta v/v}{\Delta T} = -\frac{\Delta \rho/\rho}{\Delta T} \quad (P = 常數) \quad (2\text{-}19)$$

流體有很大的 β 值表示隨溫度有很大的密度變化。乘積 $\beta \Delta T$ 代表在常壓下，相對於溫度變化 ΔT，所造成的體積變化比例。

理想氣體 ($P = \rho RT$) 在溫度 T 時，其體積膨脹係數可以證明是溫度的倒數：

$$\beta_{理想氣體} = \frac{1}{T} \quad (1/K) \quad (2\text{-}20)$$

其中 T 是絕對溫度。

在研究自然流時，圍繞熱區或冷區的主要流體區域的狀況常被用「無窮大」的下標標示，作為提醒，即這是一個夠遠處的值，其地感受不到熱區或冷區的存在。在這樣的例子中，體積膨脹係數可以近似的被表示成

$$\beta \approx -\frac{(\rho_\infty - \rho)/\rho}{T_\infty - T} \quad 或 \quad \rho_\infty - \rho = \rho\beta(T - T_\infty) \quad (2\text{-}21)$$

其中 ρ_∞ 是密度，T_∞ 是溫度，屬於遠離熱區或冷區的靜止流體區域的值。

我們在第 3 章將會看到自然流是由浮力啟動的，浮力正比於密度差，而密度差正比於常壓下的溫度差。因此冷區或熱區與圍繞的主流體區的溫差越大，浮力就越

圖 2-13 女人手上的自然流。
Photograph by Gary S. Settles, Penn State Gas Dynamics Lab. Used by permission.

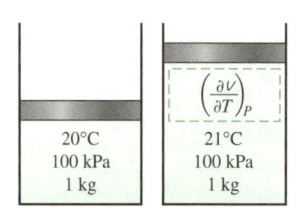

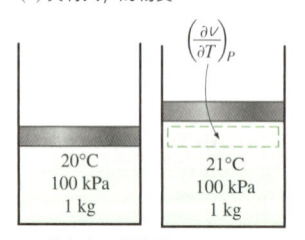

(a) 具有大 β 的物質

(b) 具有小 β 的物質

圖 2-14 體積膨脹係數是一個物質在等壓下，隨溫度變化的體積變化的量度。

大，使得自然流的流動越強。一個有關的現象有時會發生在飛機以接近音速的速度飛行時。突然的降溫造成水蒸氣在看得到的蒸氣雲上凝結 (圖 2-15)。

要決定壓力和溫度變化對於流體的體積變化的聯合影響，可以把比容視為是 T 和 P 的函數。微分 $v = v(T, P)$ 並使用壓縮率 α 和體積膨脹係數 β 的定義，得到

$$dv = \left(\frac{\partial v}{\partial T}\right)_P dT + \left(\frac{\partial v}{\partial P}\right)_T dP = (\beta\, dT - \alpha\, dP)v \quad (2\text{-}22)$$

則由於壓力和溫度變化造成的體積 (或密度) 的變化比例可以近似的表示成

$$\frac{\Delta v}{v} = -\frac{\Delta \rho}{\rho} \cong \beta\, \Delta T - \alpha\, \Delta P \quad (2\text{-}23)$$

圖 2-15 當一架 F/A-18F 超級黃蜂以接近音速飛行時，環繞機身的蒸氣雲。
U.S. Navy photo by Photographer's Mate 3rd Class Jonathan Chandler

例題 2-3 ▶ 溫度和壓力造成的密度變化

考慮最初在 20°C 和 1 atm 的水。試求水的最後密度：(a) 如果在等壓力 1 atm 下，它被加熱到 50°C，(b) 如果在等溫度 20°C 下，它被壓縮到 100 atm。取水的等溫壓縮率為 $\alpha = 4.80 \times 10^{-5}$ atm^{-1}。

解答：考慮在給定溫度和壓力的水，試求水被加熱後和水被壓縮後的密度。

假設：**1.** 在給定的溫度範圍，水的體積膨脹係數和等溫壓縮率是常數。**2.** 用有限變化取代微分變化來進行近似分析。

性質：水在 20°C，1 atm 的密度是 $\rho_1 = 998.0$ kg/m³。在平均溫度 $(20 + 50)/2 = 35°C$ 下的體積膨脹係數是 $\beta = 0.337 \times 10^{-3}$ K^{-1}。水的等溫壓縮率被給定為 $\alpha = 4.80 \times 10^{-5}$ atm^{-1}。

解析：當微分量被差分量取代且性質 α 和 β 被假設為常數，密度的變化以壓力和溫度變化來近似表示成 [式 (2-23)]

$$\Delta \rho = \alpha \rho\, \Delta P - \beta \rho\, \Delta T$$

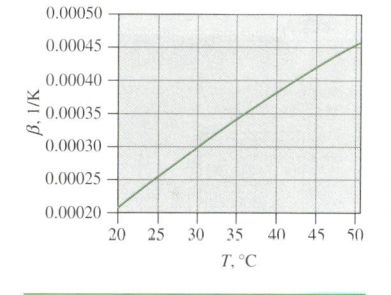

圖 2-16 水在溫度 20°C 到 50°C 的範圍下，體積膨脹係數的變化。
Data were generated and plotted using EES.

(a) 在等壓下，溫度從 20°C 變化到 50°C 所造成的密度變化是

$$\begin{aligned}\Delta \rho &= -\beta \rho\, \Delta T = -(0.337 \times 10^{-3}\text{ K}^{-1})(998\text{ kg/m}^3)(50 - 20)\text{ K}\\ &= -(0.337 \times 10^{-3}\text{ K}^{-1})(998\text{ kg/m}^3)(50 - 20)\text{ K}\\ &= -10.0\text{ kg/m}^3\end{aligned}$$

注意 $\Delta \rho = \rho_2 - \rho_1$，則水在 50°C，1 atm 的密度是

$$\rho_2 = \rho_1 + \Delta\rho = 998.0 + (-10.0) = \mathbf{988.0 \text{ kg/m}^3}$$

這與表 A-3 在 50°C 的列出值 988.1 kg/m³ 幾乎相同。這大部分是因為 β 與溫度的變化關係幾乎是線性的，如圖 2-16 所示。

(b) 在等溫下，壓力從 1 atm 變化成 100 atm 時所造成的密度變化是

$$\Delta\rho = \alpha\rho\,\Delta P = (4.80 \times 10^{-5} \text{ atm}^{-1})(998 \text{ kg/m}^3)(100-1) \text{ atm} = 4.7 \text{ kg/m}^3$$

則水在 100 atm，20°C 的密度變成

$$\rho_2 = \rho_1 + \Delta\rho = 998.0 + 4.7 = \mathbf{1002.7 \text{ kg/m}^3}$$

討論：注意水的密度如預期的在加熱時減小，而在被壓縮時增加。當性質的函數關係可用時，這個問題使用微分分析會更準確。

音速和馬赫數

研究可壓縮流時，一個重要的參數是音速 (speed of sound 或 sonic speed)，定義為極微小壓力波在一個介質中的傳遞速度。壓力波是由一個小擾動導致局部壓力的微小上升造成的。

為了獲得一個介質中音速的關係式，考慮一個管道，其中充滿著靜止的流體，如圖 2-17 所示。管道中的活塞以一個常數增量速度 dV 向右移動，創造了一個音波。波前以音速 c 穿過流體向右移動，並且隔開緊接活塞附近的移動流體與仍然靜止的流體。在波前左邊的流體體驗到它的熱力性質的增量變化，而在波前右邊的流體維持其原來的熱力性質，如圖 2-17 所示。

為了簡化分析，考慮一個圍繞波前隨其運動的控容，如圖 2-18 所示。對一個與波前一起移動的觀察者而言，右邊的流體似乎朝向波前以速度 c 移動，而其左邊的流體以速度 $c-dV$ 從波前移走。當然，觀察者看到的包圍著波前的控容是靜止的，因此觀察者觀測的是一個穩定流過程。這個單一流束的穩定流過程的質量守恆被表示成

$$\dot{m}_{\text{right}} = \dot{m}_{\text{left}}$$

或

$$\rho A c = (\rho + d\rho)A(c - dV)$$

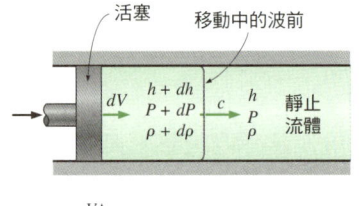

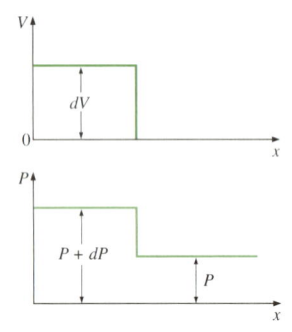

圖 2-17 微小壓力波沿管道的傳遞。

圖 2-18 控容與微小壓力波沿管道一起移動。

第 2 章　流體的性質

藉由消去截面積 A，並且忽略高次項，此方程式簡化成

$$c\,d\rho - \rho\,dV = 0$$

在此穩定流過程中，沒有熱或功穿越控容的邊界，且位能變化可被忽略。則穩定流能量平衡 $e_{\text{in}} = e_{\text{out}}$ 變成

$$h + \frac{c^2}{2} = h + dh + \frac{(c - dV)^2}{2}$$

整理後成為

$$dh - c\,dV = 0$$

其中我們已經忽略二階項 dV^2。通常音波的幅度很小，不會造成流體的壓力和溫度的明顯變化。因此音波的傳遞不只是絕熱的，而且幾乎是等熵的，則熱力學關係式 $T\,ds = dh - dP/\rho$ (參考 Çengel and Boles, 2011) 簡化成

$$T\,ds\!\!\!\!\!\!{}^{\,0} = dh - \frac{dP}{\rho}$$

或

$$dh = \frac{dP}{\rho}$$

把以上的方程式結合就產生我們要的音速表示式：

$$c^2 = \frac{dP}{d\rho} \quad (s = \text{常數})$$

或

$$c^2 = \left(\frac{\partial P}{\partial \rho}\right)_s \tag{2-24}$$

藉由熱力學性質關係式，式 (2-24) 也可寫成 (留給讀者去證明)

$$c^2 = k\left(\frac{\partial P}{\partial \rho}\right)_T \tag{2-25}$$

其中 $k = c_p/c_v$ 是流體的比熱比。注意流體的音速是流體熱力學性質的函數 (圖 2-19)。

當流體是理想氣體時 $(P = \rho RT)$，式 (2-25) 中的微分可被執行，得到

圖 2-19 空氣的音速隨溫度而增加。在典型的室外溫度，c 大約是 340 m/s。因此，以捨入數字表示，閃電產生的雷聲在 3 秒內走了約 1 km。如果你看到閃電，然後在少於 3 秒內聽到雷聲，你知道閃電就在附近，是躲進室內的時候了。

© *Bear Dancer Studios/Mark Dierker*

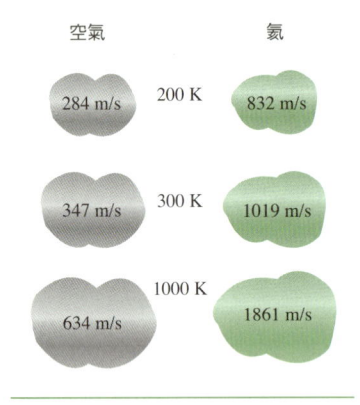

54 流體力學

空氣　　　　氦
284 m/s　200 K　832 m/s
347 m/s　300 K　1019 m/s
634 m/s　1000 K　1861 m/s

圖 2-20 音速隨溫度而改變,並且隨流體不同而改變。

$$c^2 = k\left(\frac{\partial P}{\partial \rho}\right)_T = k\left[\frac{\partial(\rho RT)}{\partial \rho}\right]_T = kRT$$

或

$$c = \sqrt{kRT} \tag{2-26}$$

注意氣體常數 R 對一個指定的理想氣體是個常數,並且比熱比 k 對一個理想氣體頂多是溫度的函數,因此理想氣體的音速只是溫度的函數 (圖 2-20)。

分析可壓縮流體流動的第 2 個重要參數是馬赫數 (Mach number) Ma,以奧地利物理學家恩斯特‧馬赫 (1838-1916) 命名。它是實際流體的速度 (或靜止中移動物體的速度) 與在相同流體、相同狀態下的音速的比值:

$$\text{Ma} = \frac{V}{c} \tag{2-27}$$

注意馬赫數相依於音速,而音速相依於流體的狀態。因此,一架飛機以等速度在靜止空氣中巡航的馬赫數在不同的位置可能是不同的 (圖 2-21)。

流體流動區通常用流動的馬赫數來描述。當 Ma = 1 時,流動稱為是音速流 (sonic),當 Ma < 1 時是次音速流 (subsonic),當 Ma > 1 時是超音速流 (supersonic),當 Ma ≫ 1 時是極音速流 (hypersonic),及當 Ma ≅ 1 時稱為穿音速流 (transonic)。

空氣 220 K　V = 320 m/s　Ma = 1.08
空氣 300 K　V = 320 m/s　Ma = 0.92

圖 2-21 馬赫數在不同的溫度可能是不同的,即使飛行速度相同。
© Alamy RF

例題 2-4　空氣流進擴散器的馬赫數

空氣以速度 200 m/s 流進一個擴散器如圖 2-22 所示。試求 (a) 音速,和 (b) 在擴散器入口的馬赫數,空氣溫度是 30°C。

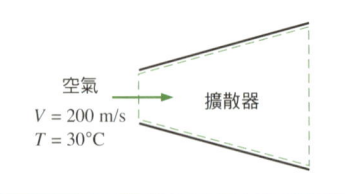

空氣　V = 200 m/s　T = 30°C　擴散器

圖 2-22 例題 2-4 的示意圖。

解答: 空氣以高速進入擴散器,要決定擴散器入口的音速和馬赫數。

假設: 空氣在給定的條件下行為像理想氣體。

性質: 空氣的氣體常數是 $R = 0.287$ kJ/kg·K,在 30°C 的比熱比是 1.4。

解析: 我們注意到氣體的音速隨溫度而變。給定溫度是 30°C。

(a) 聲音在 30°C 空氣中的速度由式 (2-26) 決定

$$c = \sqrt{kRT} = \sqrt{(1.4)(0.287 \text{ kJ/kg·K})(303 \text{ K})\left(\frac{1000 \text{ m}^2/\text{s}^2}{1 \text{ kJ/kg}}\right)} = \mathbf{349 \text{ m/s}}$$

(b) 馬赫數是

$$\text{Ma} = \frac{V}{c} = \frac{200 \text{ m/s}}{349 \text{ m/s}} = \mathbf{0.573}$$

討論：擴散器入口的流動是次音速流，因為 Ma＜1。

2-6 黏度

兩個互相接觸的固體相對彼此逆向運動，在接觸面會發展出與運動方向相反的摩擦力。例如，推動地板上的一張桌子，我們必須在水平方向對桌子施加足夠克服摩擦力的力量。推動桌子所需要的力的大小相依於地板和桌腳之間的摩擦係數。

當流體相對於固體運動或兩流體之間相對運動時，情況是類似的。我們在空氣中相對的容易移動，但在水中就不是。在油中的運動會更加困難，如同我們觀測到一顆玻璃球掉入一充滿油的管中，其掉下速度是很慢的。似乎有一種性質代表著對流體運動的內部阻力，這個性質就是**黏度** (viscosity)。流動流體在流動方向施加到一個物體的力量，稱為**阻力** (drag force)，這個力量的大小，部分相依於黏度 (圖 2-23)。

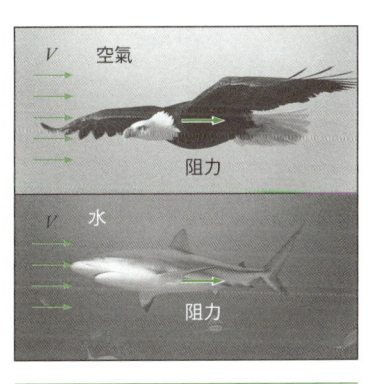

圖 2-23 相對於一個物體運動的流體，會對物體施加阻力，其一部分是由黏度引起的摩擦所造成的。
© Digital Vision/Getty RF

為獲得黏度的關係式，考慮在兩個很大平行板之間的流體層 (或是二塊平行板浸泡在很大的流體水體之中)，平板距離是 ℓ (圖 2-24)。現在考慮施加一個固定的平行力 F 於上平板上，而下平板被固定住。在起始的暫態過去以後，觀測到上平板在力的影響下以等速度 V 持續的移動。與上平板接觸的流體黏住平板面，並且跟上平板以同速度移動，則作用在上平板的剪應力 τ 是：

$$\tau = \frac{F}{A} \quad (2\text{-}28)$$

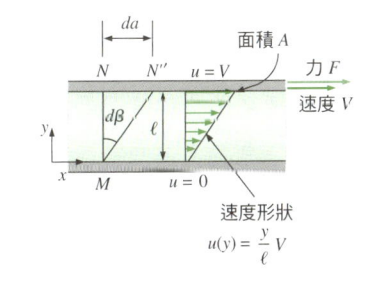

圖 2-24 兩塊平行板間的流體在層流流動的行為，上平板以等速度移動。

其中 A 是平板與流體的接觸面積。注意流體層在剪應力的作用下持續的變形。

與下平板接觸的流體具有那塊平板的速度，即是零 (因為無滑動條件 — 參考 1-2 節)。在穩定的層流時，平板間的流體速度在 0 與 V 之間呈線性變化，因此速度

形狀和速度梯度是

$$u(y) = \frac{y}{\ell}V \quad 與 \quad \frac{du}{dy} = \frac{V}{\ell} \tag{2-29}$$

其中 y 是從下平板向上的垂直距離。

在一個微分時間間隔 dt，沿著垂直線 MN 上的所有流體質點轉了一個微分角度 $d\beta$，而上平板移動了微分距離 $da = V\,dt$。角度位移或變形 (或剪應變) 可以表示成

$$d\beta \approx \tan d\beta = \frac{da}{\ell} = \frac{V\,dt}{\ell} = \frac{du}{dy}dt \tag{2-30}$$

整理後，在剪應力 τ 影響下的角度變形率變成

$$\frac{d\beta}{dt} = \frac{du}{dy} \tag{2-31}$$

因此我們的結論是流體元素的變形率等於速度梯度 du/dy。進而，可從實驗證明多數流體的變形率 (即速度梯度) 是直接正比於剪應力 τ 的，

$$\tau \propto \frac{d\beta}{dt} \quad 或 \quad \tau \propto \frac{du}{dy} \tag{2-32}$$

如果流體的變形率線性正比於剪應變，則稱為**牛頓流體** (Newtonian fluids)，以艾薩克·牛頓命名，他在 1687 年首次提出上式。大多數平常的流體，例如水、空氣、汽油和油都是牛頓流體。血液和液態塑膠則是非牛頓流體的例子。

在牛頓流體的一維剪力流中，剪應力可以用線性關係表示成

剪應力： $$\tau = \mu\frac{du}{dy} \quad (N/m^2) \tag{2-33}$$

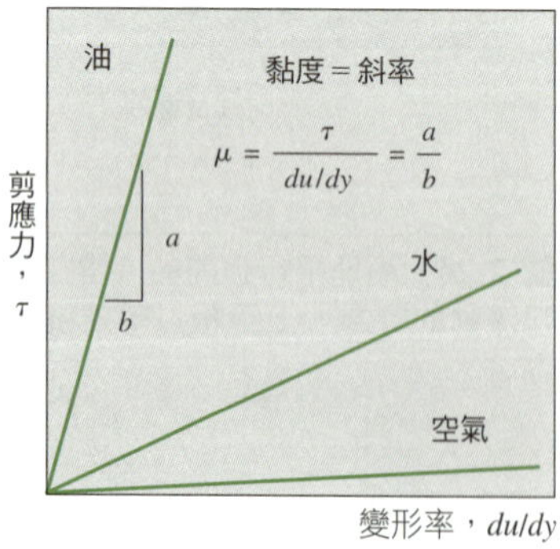

其中比例常數 μ 稱為流體的黏度係數 (coefficient of viscosity) 或是**動力黏度** (dynamic viscosity) 或**絕對黏度** (absolute viscosity)，其單位是 $kg/m \cdot s$，或 $N \cdot s/m^2$ (或 $Pa \cdot s$，其中 Pa 是壓力單位 pascal)。一個常用的黏度單位是 poise (與 $0.1\,Pa \cdot s$ 相等)，或是 centipoise (等於 0.01 poise)。水在 20°C 的黏度是 1.002 centipoise，因此 centipoise 這單位是個有用的參考值。牛頓流體的剪應力與變形率 (速度梯度) 的對應關係是一條直線，其斜率是流體的黏度，如圖 2-25 所示。注意牛頓流體的黏度係數是獨立於變形率的。因為變形率正比於應變率，圖 2-25 顯示出黏度

圖 2-25 牛頓流體的變形率 (速度梯度) 正比於剪應力，比例常數是黏度。

事實上是應力−應變關係式的係數。

作用在牛頓流體層的**剪力** (shear force) (或是基於牛頓第三定律,作用在平板的力) 是

剪力: $$F = \tau A = \mu A \frac{du}{dy} \quad (N) \quad (2\text{-}34)$$

再一次其中的 A 是平板與流體之間的接觸面積。因此,在圖 2-24 中,當下平板保持靜止,以等速度 V 移動上平板所需的力是

$$F = \mu A \frac{V}{\ell} \quad (N) \quad (2\text{-}35)$$

當 F 被量測時,這個關係式可用來計算 μ。因此,剛剛描述過的實驗裝置可被用來量測流體的黏度。注意在相同條件下,F 對不同的流體將是非常不同的。

對非牛頓流體而言,剪應力和變形率之間的關係是非線性的,如圖 2-26 所示。在 τ 對應 du/dy 的圖上的曲線斜率被當作是流體的視黏度 (apparent viscosity)。流體的視黏度隨變形率增加的 (例如有懸浮澱粉或細砂的溶液) 稱為剪變厚性流體 (dilatant or shear thickening fluid),而那些顯現相反行為的 (流體應變率較大時變得較不黏,例如有些油漆、聚合物溶液和有懸浮粒子的流體) 被稱為剪變薄性流體 (pseudoplastic or shear thinning fluid)。有些材質,例如牙膏可以抵抗有限的剪應力因而行為像固體,但當剪應力超過降服應力後,會持續變形,因而行為像流體。這些材料被稱為賓漢塑膠 (Bingham plastics),依尤金·賓漢 (1878-1945) 而命名,他在二十世紀初為美國國家標準局做了很多流體黏度的先端工作。

在流體力學和熱傳學中,動力黏度和密度的比值經常出現。為了方便,這個比值被命名為**運動黏度** (kinematic viscosity) v 並表示為 $v = \mu/\rho$。運動黏度的兩個常用單位是 m^2/s 和 stoke (1 stoke = 1 cm^2/s = 0.0001 m^2/s)。

通常,流體的黏度相依於溫度和壓力兩者,雖然對壓力的相依性非常弱。對液體而言,動力和運動黏度兩者都幾乎不相依於壓力,因此任何小的壓力變化經常被忽略,除了在極高壓情況下。對於氣體,動力黏度也是這個情況 (從低壓到中壓),但是運動黏度就不是這樣,因為氣體的密度正比於其壓力 (圖 2-27)。

流體的黏度是它「抵抗變形」的量度。黏度起因於當不同的流體層被強迫相對

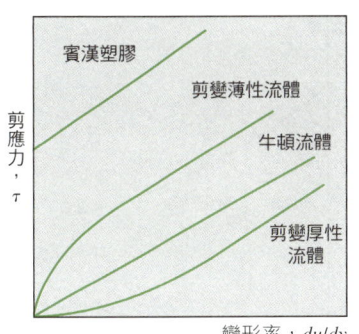

圖 2-26 牛頓和非牛頓流體的剪應力隨變形率的變化關係 (曲線上一點的斜率是流體在那點的視黏度)。

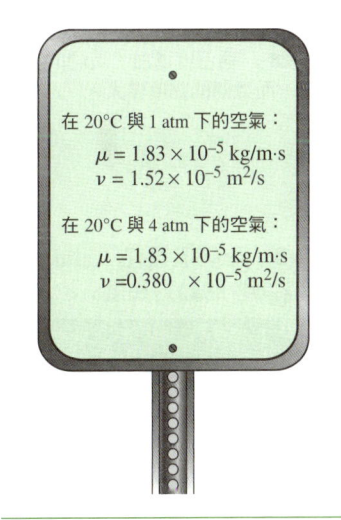

在 20°C 與 1 atm 下的空氣:
$\mu = 1.83 \times 10^{-5}$ kg/m·s
$v = 1.52 \times 10^{-5}$ m^2/s

在 20°C 與 4 atm 下的空氣:
$\mu = 1.83 \times 10^{-5}$ kg/m·s
$v = 0.380 \times 10^{-5}$ m^2/s

圖 2-27 動力黏度一般不相依於壓力,但運動黏度會。

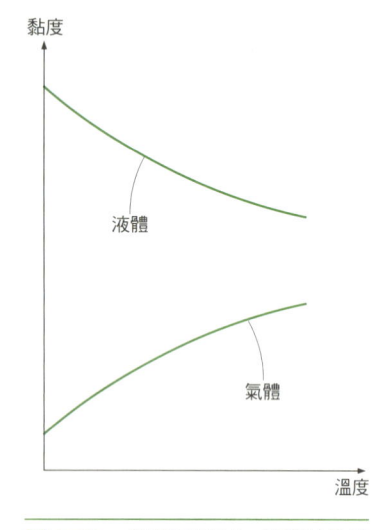

圖 2-28 隨溫度增加，液體的黏度變小，而氣體的黏度變大。

於彼此運動時，層與層間內部的摩擦力。

流體的黏度與在管中傳輸流體或移動物體經過流體 (如空氣中的汽車或海中的潛水艇) 所需的泵功率 (pumping power) 直接相關。黏度是由於液體分子間的吸引力或由於氣體中分子的碰撞所引起的。液體的黏度隨溫度下降，而氣體的黏度隨溫度而增加 (圖 2-28)。這是因為液體分子在高溫時擁有更多能量，因此可以更強力的反抗分子間的強力吸引力。結果是，能量較高的分子可以更自由的移動。

在氣體中分子間的力量是可忽略的，且在高溫時氣體分子以高速度隨機的運動。這導致每單位時間、單位體積內更多的分子碰撞，因此對流動有更大的阻力。氣體動力理論預測氣體的黏度正比於溫度的平方根，即 $\mu_{gas} \propto \sqrt{T}$。這預測用實際觀測證實了，但是對不同氣體的偏離度需要採用某些修正因子加以掌握。氣體的黏度與溫度的函數關係可用 Sutherland 關係式 (從美國標準大氣) 來表示：

氣體： $$\mu = \frac{aT^{1/2}}{1 + b/T} \quad (2\text{-}36)$$

其中 T 是絕對溫度，a、b 是實驗決定常數。注意量測在兩個不同溫度下的黏度就足夠決定這兩個常數了。對在標準大氣條件下的空氣，這些常數的值是 $a = 1.458 \times 10^{-6}$ kg/(m·s·K$^{1/2}$)，$b = 110.4$ K。氣體的黏度在低到中壓 (從 1 atm 的百分之一點點到幾個 atm) 下是獨立於壓力的。但是黏度在高壓時會增加，原因是密度增加了。

對液體而言，黏度被近似成

液體： $$\mu = a10^{b/(T-c)} \quad (2\text{-}37)$$

其中 T 也是絕對溫度，而 a、b 和 c 是實驗決定常數。對水，使用這些值：$a = 2.414 \times 10^{-5}$ N·s/m^2，$b = 247.8$ K 與 $c = 140$ K，在溫度 0°C 到 370°C 的範圍，其在黏度上產生的誤差小於 2.5% (Touloukian et al., 1975)。

某些流體在室溫下的黏度列於表 2-3。黏度相對於溫度的關係示於圖 2-29。注意不同流體的黏度差異達到

表 2-3 一些流體在 1 atm，20°C (除非另有註明) 的動力黏度

流體	動力黏度 μ, kg/m·s
甘油：	
−20°C	134.0
0°C	10.5
20°C	1.52
40°C	0.31
機油：	
SAE 10W	0.10
SAE 10W30	0.17
SAE 30	0.29
SAE 50	0.86
水銀	0.0015
酒精	0.0012
水：	
0°C	0.0018
20°C	0.0010
100°C (液態)	0.00028
100°C (氣態)	0.000012
血液，37°C	0.00040
汽油	0.00029
氨	0.00015
空氣	0.000018
氫，0°C	0.0000088

幾個數量級。同時，在一個高黏度的流體中，如機油，移動一個物體比在低黏度流體中，如水，困難多了。通常液體的黏度遠大於氣體。

考慮一個流體層，厚度 ℓ，介於兩個同心圓柱中間的一個小間隙中，例如頸軸承中的一細層油。兩圓柱之間的間隙可以被模擬成被流體隔開的兩平行板。注意，扭力是 $T = FR$ (力乘以力臂，在此例中是內圓柱的半徑 R)，切線速度是 $V = \omega R$ (角速度乘以半徑)，內圓柱的濕面積是 $A = 2\pi RL$，忽略作用在內圓柱兩端的剪應力，扭力可以表示成

$$T = FR = \mu \frac{2\pi R^3 \omega L}{\ell} = \mu \frac{4\pi^2 R^3 \dot{n} L}{\ell} \tag{2-38}$$

其中 L 是圓柱長度，$\dot{n}$ 是單位時間的轉動數，通常表示成 rpm (每分鐘的轉動數)。注意，一個旋轉的角度距離是 2π rad，因此角速度，rad/min，與 rpm 的關係是 $\omega = 2\pi \dot{n}$。藉由測量在指定角速度下的扭力，式 (2-38) 可被用來計算流體的黏度，因此兩個同心圓柱可以被用作為黏度計，一種測量黏度的裝置。

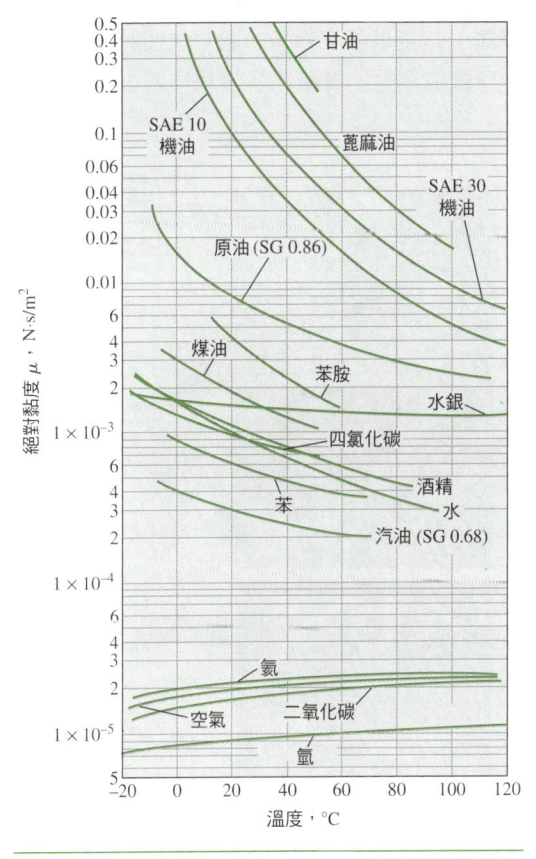

圖 2-29 一般流體在 1 atm 隨溫度變化的動力 (絕對) 黏度 ($1 \text{ N·s/m}^2 = 1 \text{ kg/m·s}$)。
Data from F.ES and F. M. White, Fluid Mechanics 7e. Copyright © 2011 The McGraw-Hill Companies, Inc. Used by permission.

例題 2-5 ▶ 決定流體的黏度

流體的黏度要使用兩個 40 cm 長的同心圓柱構成的黏度計測量 (圖 2-30)。內圓柱的外徑是 12 cm，兩圓柱間的間隙是 0.15 cm。內圓柱以 300 rpm 旋轉，量測到的扭力是 1.8 N·m。試求流體的黏度。

解答： 已知一個雙圓柱黏度計的扭力和 rpm。要求流體的黏度。
假設： 1. 內圓柱完全浸泡在流體中。2. 在內圓柱兩端的黏滯效應可以忽略。
解析： 速度形狀只有在曲率效應可以忽略時才是線性的。本例的速度形狀可以被近似為線性的，因為 $\ell/R = 0.025 \ll 1$。求解式 (2-38) 來得到黏度。代入已知數值，可計算黏度如下

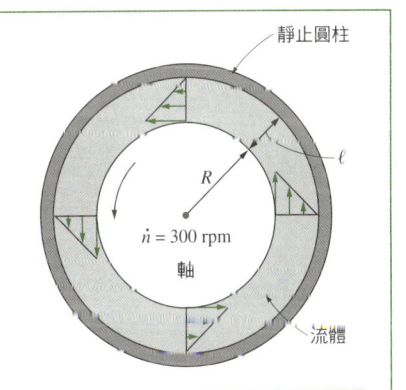

圖 2-30 例題 2-5 的示意圖 (未按比例)。

$$\mu = \frac{T \ell}{4\pi^2 R^3 \dot{n} L} = \frac{(1.8 \text{ N·m})(0.0015 \text{ m})}{4\pi^2 (0.06 \text{ m})^3 \left(300 \frac{1}{\text{min}}\right)\left(\frac{1 \text{ min}}{60 \text{ s}}\right)(0.4 \text{ m})} = \mathbf{0.158 \text{ N·s/m}^2}$$

討論：黏度是溫度的強函數，一個黏度值沒有給出對應的溫度是無用的。因此流體的溫度在實驗時也應該被測量，並隨同本計算被報告。

2-7 表面張力和毛細現象

經常可以觀察到一滴血在一塊水平玻璃上形成小圓丘；一滴水銀形成接近完美的球形並像鋼球般在光滑平面上滾動；從雨露來的水滴掛在樹枝或樹葉上；液體燃料噴入引擎後形成液滴狀霧；從滲漏水龍頭滴下的水滴幾乎是球狀的；釋放到空中的肥皂泡幾乎是球狀的；在花瓣上的水形成許多小水珠 (圖 2-31a)。

在這些和其它觀察中，液滴的行為像是充滿液體的小氣球，液體表面像是張力作用下的彈性膜。這種拉力造成的張力作用平行於表面，其成因是液體分子間的吸引力造成的。每單位長度的這種力的大小稱為**表面張力** (surface tension) 或表面張力係數 σ_s，通常以 N/m 的單位表示。這種效應也稱為表面能量 (每單位面積)，並且用對等的單位 N·m/m^2 或 J/m^2 來表示。在這種情況，σ_s 代表為了增加單位量的液體面積所必須作出的拉引功。

為了瞭解表面張力的來源，我們用一張微觀圖，圖 2-32，來考慮兩個液體分子，一個位於液面，一個在液體內部深處。由於對稱性，內部分子受到周圍分子的吸引力彼此平衡。但是作用在表面分子的吸引力並不是對稱的，其上方氣體分子所施加的吸引力通常非常小。因此有一個淨吸引力作用在液體表面的分子上，試圖把表面分子拉向液體內部。這力被從液體表面以下的分子 (它們被壓縮了) 所提供的排斥力平衡了。結果是液體最小化其表面積。這是液滴有達到球狀的趨勢的理由，因為對一給定體積，球狀有最小的表面積。

你可能已經觀察到，有些昆蟲可以站在或行走在水面上 (圖 2-31b)，及小鋼球可以浮在水面上。這些現象是因為表面張力平衡了物體的重量而變為可能的。

為了更進一步瞭解表面張力，考慮一液體膜 (例如肥皂泡的膜) 懸掛在 U 形線框之中，線框的一邊為可移動的 (圖 2-33)。正常情況下，液膜試圖向內拉框的可動線段以減少表面積。為

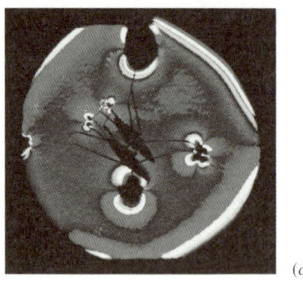

圖 2-31 一些表面張力的結果：(a) 在樹葉上的水形成小水珠；(b) 水面上的水黽；(c) 水黽的胥來侖圖像顯示在其腳與水面接觸處周圍的凹下現象。(看起來像兩隻昆蟲，但第二隻只是個影子。)
(a) © Don Paulson Photography/ Purestock/ SuperStock RF
(b) NPS Photo by Rosalie LaRue.
(c) Photo courtesy of G. S. Settles, Gas Dynamics Lab, Penn State University, used by permission.

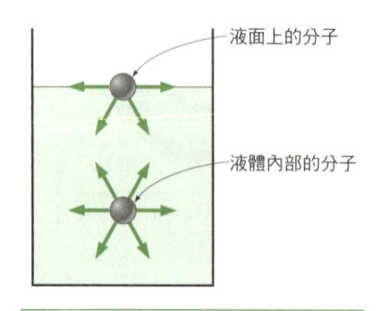

圖 2-32 作用在液面和液體內部分子的吸引力。

了平衡這個拉引效應，必須在可動線段上施加一個反向的力 F。薄膜兩邊都是對空氣曝露的表面，因此在此例中表面張力作用的長度是 2b。對可動線段作力的平衡可得 $F = 2b\sigma_s$，因此表面張力可以表示成

$$\sigma_s = \frac{F}{2b} \qquad (2\text{-}39)$$

注意若 b = 0.5 m，則量測到的力 F (N) 就是以 (N/m) 為單位的表面張力。一個這種裝置，具備足夠的精密度，可以用來量測各種液體的表面張力。

在 U 形線框裝置中，可動線段被拉動以牽引液膜來增加其表面積。當可動線被拉一段距離 Δx，面積增加了 $\Delta A = 2b\,\Delta x$，牽引過程中所作的功 W 是

$$W = 力 \times 距離 = F\,\Delta x = 2b\sigma_s\,\Delta x = \sigma_s\,\Delta A$$

其中我們假設力在這一小段距離中維持常數。這個結果可以解釋成薄膜的表面能量在這拉引過程中被增加了 $\sigma_s\,\Delta A$ 的量，這與 σ_s 是每單位面積的表面能的另一種解釋是互相一致的。這就類似一條橡皮筋在其被拉伸後有更多的 (彈性) 位能一樣。在液膜的例子中，這功被用來移動液體分子從內部到表面，必須對抗來自其它分子的吸引力。因此，表面張力也可定義為增加每單位液體表面積所作的功。

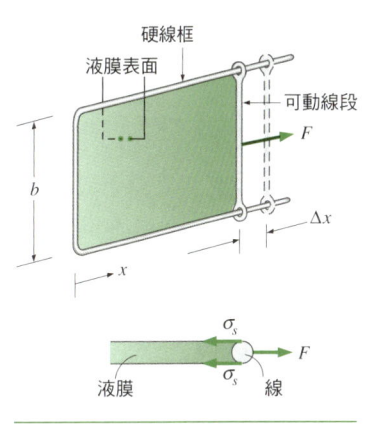

圖 2-33 用 U 形線框牽引液膜，及作用在長度 b 的可動線段上的力。

表 2-4 一些流體在 1 atm，20°C (除非另有註明) 的空氣中的表面張力

流體	表面張力 σ_s, N/m
†水：	
0°C	0.076
20°C	0.073
100°C	0.059
300°C	0.014
甘油	0.063
SAE 30 機油	0.035
水銀	0.440
酒精	0.023
血液，37°C	0.058
汽油	0.022
氨	0.021
肥皂溶液	0.025
煤油	0.028

† 從附錄可得到水的更精密的數據。

表面張力從物質到物質，變化很大，在同一物質中，則隨溫度而變，如表 2-4 所示。例如，在 20°C 時周圍被大氣圍繞下，水的表面張力是 0.073 N/m，水銀則是 0.440 N/m。水銀的表面張力夠大使水銀滴幾乎是圓球狀的，並且可以像固體球一樣在平滑的表面上滾動。通常液體的表面張力隨溫度減小，在臨界點變成零 (因此在高於臨界點的溫度，沒有明顯的液–氣介面)。壓力對表面張力的影響通常是可忽略的。

物質的表面張力可以被雜質顯著的改變，因此某些化學物，稱為表面劑 (surfactants)，可加入液體中來減小其表面張力。例如，肥皂和清潔劑可以降低水的表面張力，使其可以鑽入纖維間的小孔達到更有效的清潔。但這也表示靠表面張力操作的裝置 (如熱管) 有可能因為雜質的存在而失效，這通常是由不良加工造成的。

我們只有在液–液或液–氣介面才談到液體的表面張力。因此在指定表面張力

時，同時指定相鄰的液體或氣體是必要的。表面張力決定了形成液滴的大小，因此藉由加入更多質量使液滴持續增大，一直到表面張力不能維持時液滴就會破掉。這就像對氣球充氣時，當內部壓力增高到氣球材料的強度以上時，氣球會破掉一般。

彎曲的表面顯示有壓力差 (壓力跳躍) 跨越介面兩邊，而凹面的壓力較高。例如空氣中的水滴、水中的氣泡或空氣中的肥皂泡。超過大氣壓力的壓力差 ΔP 可以由考慮半顆液滴或氣泡的自由體圖來決定 (圖 2-34)。注意表面張力沿圓周作用，而壓力作用在面上，對液滴或氣泡和肥皂泡作水平方向力的平衡可得

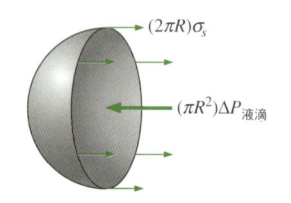

(a) 液滴或氣泡的一半

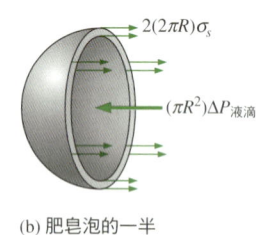

(b) 肥皂泡的一半

圖 2-34 半顆液滴或氣泡和半顆肥皂泡的自由體圖。

液滴或氣泡：

$$(2\pi R)\sigma_s = (\pi R^2)\Delta P_{\text{droplet}} \rightarrow \Delta P_{\text{droplet}} = P_i - P_o = \frac{2\sigma_s}{R} \quad (2\text{-}40)$$

肥皂泡：
$$2(2\pi R)\sigma_s = (\pi R^2)\Delta P_{\text{bubble}} \rightarrow \Delta P_{\text{bubble}} = P_i - P_o = \frac{4\sigma_s}{R} \quad (2\text{-}41)$$

其中 P_i 和 P_o 分別是液滴或氣泡內部和外部的壓力。當液滴或氣泡在大氣中時，P_o 是大氣壓力。在肥皂泡的力平衡式中額外的 2，這個因子是因為肥皂薄膜存在著 2 個表面 (內和外表面)，因此在截面上有兩個圓周。

液滴在氣體中 (或氣泡在液體中) 的超出壓力也可藉填加微量質量使液滴半徑作微量增加並解釋表面張力為每增加單位面積所增加的表面能量來決定。在這微量膨脹的過程中，液體表面能的增加變成

$$\delta W_{\text{surface}} = \sigma_s\, dA = \sigma_s\, d(4\pi R^2) = 8\pi R \sigma_s\, dR$$

在這個微變過程中的膨脹功的決定是把力量乘以距離求得

$$\delta W_{\text{expansion}} = 力 \times 距離 = F\, dR = (\Delta P A)\, dR = 4\pi R^2\, \Delta P\, dR$$

結果由以上兩式得出 $\Delta P_{\text{droplet}} = 2\sigma_s/R$，這與之前得到的關係式 [式 (2-40)] 相同，注意液體或氣泡的超出壓力與半徑成反比。

毛細現象

另外一個有趣的表面張力的結果是**毛細現象** (capillary effect)，這是當一根小直徑的管子插入液體中，液體上升或下降的現象。這種窄管或狹窄的流道稱為毛細管 (capillaries)。煤油燈中，煤油由油池經過插入油池的棉蕊上升就是由於這種現象。毛細現象也部分負責將水分輸送到高樹的頂端。毛細管中彎曲的液體自由液面稱為

新月面 (meniscus)。

經常觀察到水在玻璃容器中在其與玻璃接觸的邊緣輕微的向上彎；但在水銀中情況相反，液面在邊緣輕微的向下彎 (圖 2-35)。這現象通常藉由說水會潤濕玻璃，而水銀則不會來表示。毛細現象的強度由接觸角 (contact angle) 或潤濕角 (wetting angle) ϕ 來量化，定義為在接觸點的液體曲面的切線與固體面的夾角。表面張力的力量沿著切線向固體而作用。當 $\phi < 90°$ 時，液體被說是會潤濕表面；當 $\phi > 90°$ 時，則不會潤濕表面。在大氣中，水 (與多數其它有機液體) 和玻璃的接觸角幾乎是零，$\phi \approx 0°$ (圖 2-36)。因此水在玻璃管中的表面張力沿著圓周向上作用，企圖把水拉高。結果是管中的水上升到其重量與表面張力的力量平衡為止。在空氣中，水銀－玻璃的接觸角是 130°，煤油－玻璃則是 26°。注意，一般情況接觸角在不同環境中是不同的 (比如另一種氣體或液體中，而不是空氣)。

毛細現象可以藉由聚合力 (相同分子間的力量，例如水－水) 和附著力 (不同分子間的力量，例如水－玻璃) 來微觀地說明。在固－液介面的液體分子會受到來自其它液體分子的聚合力和來自固體分子的附著力的同時作用。這些力量的相對大小決定液體是否會潤濕固體表面，顯然的，水分子比較強烈的被玻璃分子吸引，遠大於被其它水分子吸引，因此水傾向於沿玻璃面上升。相反現象發生於水銀，使其接近玻璃面的液體表面被壓低 (圖 2-37)。

在圓管中毛細上升的高度可從對管中高度 h 的圓柱形液柱作力平衡分析來決定之 (圖 2-38)。液柱的底部與液槽的自由表面等高，因此那裡的壓力等於大氣壓力，這個壓力與液柱頂端受到的大氣壓力互相平衡，因此互相抵消。液柱的重量大約是

$$W = mg = \rho \vee g = \rho g(\pi R^2 h)$$

令表面張力的垂直分量等於重量得到

$$W = F_{\text{surface}} \rightarrow \rho g(\pi R^2 h) = 2\pi R \sigma_s \cos \phi$$

求解 h 就得到毛細上升為

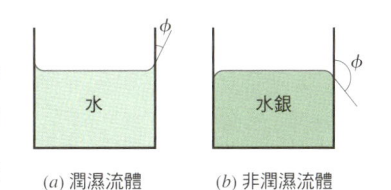

圖 2-35 潤濕和非潤濕流體的接觸角。

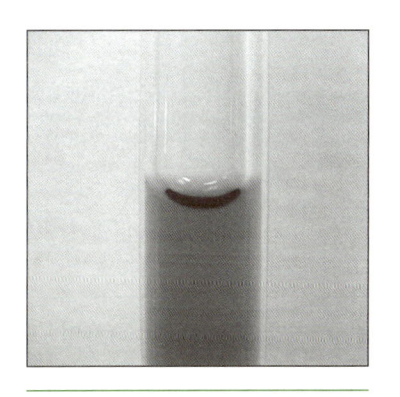

(a) 潤濕流體　　(b) 非潤濕流體

圖 2-36 在一根 4 mm 內徑玻璃管中有顏色水的新月面。注意新月面的邊緣跟毛細管的壁面有很小的接觸角。

Photo by Gabrielle Tremblay. Used by permission.

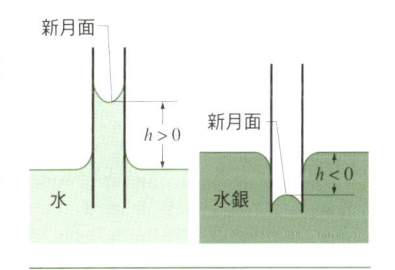

圖 2-37 在小直徑玻璃管中水的毛細上升和水銀的毛細下降。

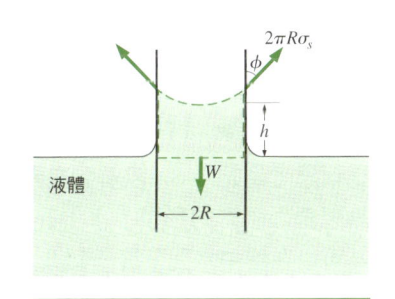

圖 2-38 作用在液柱的力。管中液柱的上升起因於毛細現象。

毛細上升：
$$h = \frac{2\sigma_s}{\rho g R}\cos\phi \quad (R = 常數) \tag{2-42}$$

這關係式對非潤濕流體也是成立的 (例如水銀在玻璃中) 並且給出毛細下降。在這情況時 $\phi > 90°$，因此 $\cos\phi < 0$，這使 h 成為負的。因此，毛細上升的負值對應到毛細下降 (圖 2-37)。

注意毛細上升與管半徑成反比。因此管子越細，管中液體的上升值 (或下降) 越大。在實用時，毛細現象對於直徑大於 1 cm 的管經常是可忽略的。當使用液體壓力計 (manomenters) 或氣壓計 (barometers) 量測壓力時，使用足夠大的管子來降低毛細現象的影響是很重要的。毛細現象也與液體密度成反比，這與預期相符。因此，一般而言，輕液體體驗到更大的毛細上升。最後，必須記住，式 (2-42) 是從等直徑管推導出來的，因此不應被使用在具有變化截面的管子。

例題 2-6　水在管中的毛細上升

一根 0.6 mm 直徑的玻璃管被插入杯子中 20°C 的水中。試求水在管中的毛細上升 (圖 2-39)。

解答： 要決定水在細長管中因為毛細現象所造成的上升。

假設： 1. 水中無雜質且玻璃管的表面未被污染。2. 實驗在大氣中進行。

性質： 水在 20°C 的表面張力是 0.073 N/m (表 2-4)。水與玻璃管的接觸角近似 0° (如前文)。水的密度取 1000 kg/m³。

解析： 毛細上升直接用式 (2-42) 決定之。代入已知值得到

$$h = \frac{2\sigma_s}{\rho g R}\cos\phi = \frac{2(0.073\ \text{N/m})}{(1000\ \text{kg/m}^3)(9.81\ \text{m/s}^2)(0.3\times 10^{-3}\ \text{m})}(\cos 0°)\left(\frac{1\ \text{kg}\cdot\text{m/s}^2}{1\ \text{N}}\right)$$

$$= 0.050\ \text{m} = \mathbf{5.0\ cm}$$

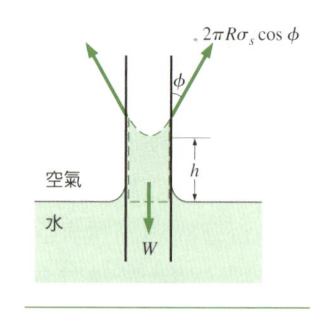

圖 2-39 例題 2-6 的示意圖。

因此，水在管中較杯中液面上升 5 cm。

討論： 注意，如果管直徑是 1 cm，毛細上升將為 0.3 mm，這在人眼幾乎看不出來。事實上，在大直徑管中，毛細上升僅發生在邊緣。中間部分都沒上升。因此大直徑管中的毛細現象可被忽略。

例題 2-7　利用毛細上升在水輪機發電

重新思考例題 2-6，瞭解到在無需從外界能源輸入任何能量下，靠著表面張力的影響，水上升了 5 cm，有一個人突發奇想，認為可以在管中水面下鑽一個孔，將漏出的水輸入一個水輪機來發電 (圖 2-40)。這人把想法再往前推進，建議可以使用一系列的管排達到這個目的，並且可使用串聯來達到實際可行的流動率與高度差。試決定這個想法是否有任何價值。

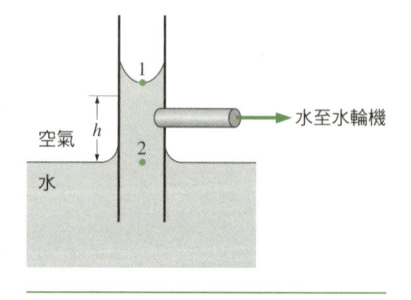

圖 2-40 例題 2-7 的示意圖。

解答: 在毛細現象的影響下，管中上升的水要被輸入水輪機用來發電。要評估這個建議的可行性。

解析: 建議的系統看起來像是一個天才的靈光一閃，因為一般的水力發電廠是藉由捕捉高處水的位能來發電的，而毛細上升提供了一個機制來提高水位到任何高度卻不需要輸入任何能量。

從熱力學的觀點來看，建議的系統可立刻被標示為是一個永動機 (PMM)，因為它可持續的發電而不需要任何能量輸入。也就是這個建議的系統創造了能量，這很明顯的違反了熱力學第一定律或能量守恆定理，因此它不值得任何進一步的考量。但是熱力學第一定律未能阻止很多人夢想成為證明自然是錯誤的第一人，並且想出一個花招來永遠解決世界的能源問題，因此這個建議的不可行應該被說明。

回憶你的物理課程可知 (也會在下一章中討論到)，靜水中的壓力僅在高度方向改變並隨深度成線性增加。因此管中跨過 5 cm 高水柱的壓力差變成

$$\Delta P_{管中水柱} = P_2 - P_1 = \rho_{水}gh$$
$$= (1000 \text{ kg/m}^2)(9.81 \text{ m/s}^2)(0.05 \text{ m})\left(\frac{1 \text{ kN}}{1000 \text{ kg·m/s}^2}\right)$$
$$= 0.49 \text{ kN/m}^2 \, (\approx 0.005 \text{ atm})$$

因此水柱頂端的壓力比底端壓力少 0.005 atm。注意水柱底端的壓力是大氣壓力 (因為它與杯中水面在同一水平線上)，管中任何位置的壓力都小於大氣壓力，其相差值在頂端達到最大值 0.005 atm。因此若在管上鑽一個洞，空氣將滲入管中，而不是水從管中漏出。

討論: 管中的水柱是不動的，因此沒有任何不平衡的力作用其上 (零淨力)。跨越新月面介於大氣與水柱頂端的壓力差所造成的力被表面張力平衡了。如果表面張力消失了，管中的水在重力的影響下會下降到與管外水面同高。

總結

本章討論了各種經常在流體力學中使用到的性質。一個系統中與質量相依的性質稱為外延性質，其它的稱為內延性質。密度是單位體積的質量，而比容是單位質量的體積。比重定義為物質的密度與 4°C 水的密度的比，

$$SG = \frac{\rho}{\rho_{H_2O}}$$

理想氣體狀態方程式表示為

$$P = \rho RT$$

其中 P 是絕對壓力，T 是熱力學溫度，ρ 是密度，R 是氣體常數。

在一給定溫度下，純物質改變相態的壓力稱為飽和壓力。在純物質從液態到蒸氣態的相變化過程中，飽和壓力通常稱為蒸氣壓力 P_v。液體中低壓區域產生的蒸氣泡，當被掃離低壓區會崩潰，產生具有高度破壞性的極高壓波 (此現象稱為空蝕)。

能量可用各種不同形式存在，它們的總和構成系統的總能量 E (或每單位質量的總能量 e)。系統所有微觀形式能量的總和稱為內能 U。系統相對於某個參考座標運動所具有的能量稱為動能，單位質量的動能表示為 ke = $V^2/2$。系統因為在重力場的高度所擁有的能量稱為位能，每單位質量的

位能表示為 pe = gz。

流體的壓縮效應由壓縮係數 κ (也稱為彈性容積模數) 來表示，定義為

$$\kappa = -v\left(\frac{\partial P}{\partial v}\right)_T = \rho\left(\frac{\partial P}{\partial \rho}\right)_T \cong -\frac{\Delta P}{\Delta v/v}$$

代表在常壓下，流體的密度隨溫度改變的性質是體積膨脹係數 β (或容積膨脹率)，定義為

$$\beta = \frac{1}{v}\left(\frac{\partial v}{\partial T}\right)_P = -\frac{1}{\rho}\left(\frac{\partial \rho}{\partial T}\right)_P \cong -\frac{\Delta \rho/\rho}{\Delta T}$$

介質中微小的壓力波傳遞的速度是音速。理想氣體的音速可表示成

$$c = \sqrt{\left(\frac{\partial P}{\partial \rho}\right)_s} = \sqrt{kRT}$$

馬赫數是流體的實際速度與同狀態下音速的比值：

$$\text{Ma} = \frac{V}{c}$$

當 Ma = 1 時是音速流，Ma < 1 時是次音速流，Ma > 1 時是超音速流，Ma ≫ 1 時是極音速流，而 Ma ≅ 1 時是穿音速流。

流體的黏度是其對變形抵抗能力的量度。每單位面積的切向力稱為剪應力，對於平板間的簡單剪流 (一維流動) 可以表示為

$$\tau = \mu \frac{du}{dy}$$

其中 μ 是流體的黏度係數或動力 (或絕對) 黏度，u 是流動方向的速度分量，y 是垂直流動的方向。遵循這個線性關係的流體稱為牛頓流體。動力黏度對密度的比值稱為運動黏度 ν。

流體分子在介面的拉引效應，是每單位長度上由分子間的吸引力所造成的，稱為表面張力 σ_s。在一個球形液滴或肥皂泡內部的超出壓力 ΔP 可分別表示成

$$\Delta P_{液滴} = P_i - P_o = \frac{2\sigma_s}{R} \quad 與 \quad \Delta P_{肥皂泡} = P_i - P_o = \frac{4\sigma_s}{R}$$

其中 P_i 和 P_o 代表液滴或肥皂泡內部和外部的壓力。一根小直徑管插入液體中，管中液體因為表面張力而上升或下降的現象稱為毛細現象。毛細上升或下降如下式決定

$$h = \frac{2\sigma_s}{\rho g R}\cos\phi$$

其中 φ 是接觸角。毛細上升與管之半徑成反比；對水而言，其效應對於管直徑大於約 1 cm 者是可忽略的。

密度和黏度是兩個最重要的流體性質，它們廣泛使用於以下各章之中：在第 3 章，考慮了流

體中密度對於壓力變化的影響,並且使用在決定表面上的靜水力;在第 8 章,計算流動中黏度效應造成的壓力降,並且用在決定需要的泵馬力;黏度在第 9 章和第 10 章中對推導和求解流體運動方程式也是一個關鍵性質。

應用聚焦燈 —— 空蝕

客座作者:勞修爾與比列特 (G. C. Lauchle and M. L. Billet, Penn State University)

空蝕是液體,或液-固介面的破裂,是由於液體系統內部或邊界的流體的動力作用造成局部靜壓的降低所造成的,液體破裂造成可見的氣泡。液體,例如水,包含許多微觀並可作為空蝕核的空洞。當這些核成長為顯著可見的大小時就發生空蝕。雖然沸騰也是液體內形成空洞的現象,但我們一般會將其與空蝕作區別,因為沸騰是由於溫度升高造成的,而空蝕則是由壓力降低造成的。空蝕可用在有利的用途,例如超音波清洗機、蝕刻機與切割機,但是一般在流體流動的應用中應該避免空蝕,因為它會破壞水力性能,造成很大的噪音,也會造成極大的振動,並且它還會破壞 (侵蝕) 表面。當空蝕氣泡進入高壓區並崩潰時,水下震波有時會產生微量光,這種現象稱為聲致冷光 (sonoluminescence)。

物體空蝕顯示在圖 2-41 中。此物體是一艘水面船隻的水下球形船艏的一個模型,它作成這種形狀是因為其內部的聲波導航與聲納系統是球形的,水面船隻的這個部分因此稱為聲納罩 (sonar dome)。當船速越來越快時,有些聲納罩開始產生空蝕,其造成的噪音會使聲納系統失效,造船工程師及流體力學學者試圖設計不會產生空蝕的聲納罩。模型尺寸的測試使工程師能夠事先知道一個設計能否改進空蝕性能,因為這些測試是在水洞中進行的,受測水的條件應含有足夠的空蝕核才能模擬原型操作的條件,這可以保證液體表面張力的影響被最小化,重要的變數包括:水中的氣體含量水平 (空蝕核的分布)、溫度、靜水壓。空蝕首先發生在物體上的最小壓力點 $C_{p\text{min}}$ (當速度增加或沉浸深度減小時)。因此好的水力設計要求 $2(P_\infty - P_v)/\rho V^2 > C_{p\text{min}}$,其中 ρ 是密度,$P_\infty = \rho g h$ 是相對的靜壓,C_p 是壓力係數 (第 7 章),而 P_v 是水的蒸氣壓。

(a)   (b)

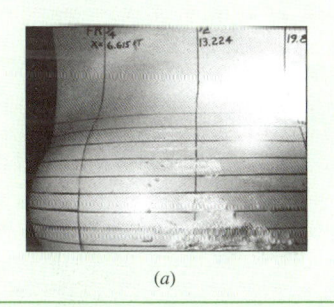

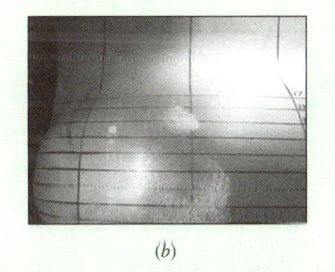

圖 2-41 (a) 蒸氣空蝕發生在空氣捲入量很少的水中,例如在較深水中的物體,當物體 (在此指的是水面船隻的聲納罩所在的球形船艏區域) 的速度增加至局部靜壓低於水的蒸汽壓時,空蝕氣泡就會形成。空蝕氣泡內部主要充滿著水蒸氣,這種空蝕很劇烈也很吵。(b) 另一方面,在淺水的情況下,水中有較多捲入的空氣可作為空蝕核,因為聲納罩緊臨自由表面的大氣。空蝕泡在較低的速度與較低的局部靜壓就可以產生。氣泡內部主要由捲入水中的空氣填滿,因此也稱為空氣空蝕。

Reprinted by permission of G. C. Lauchle and M. L. Billet, Penn State University.

參考文獻

Lauchle, G. C., Billet, M. L., and Deutsch, S., "High-Reynolds Number Liquid Flow Measurements," in *Lecture Notes in Engineering*, Vol. 46, *Frontiers in Experimental Fluid Mechanics*, Springer-Verlag, Berlin, edited by M. Gad-el-Hak, Chap. 3, pp. 95-158, 1989.

Ross, D., *Mechanics of Underwater Noise*, Peninsula Publ., Los Altos, CA, 1987.

Barber, B. P., Hiller, R. A., Löfstedt, R., Putterman, S. J., and Weninger, K. R., "Defining the Unknowns of Sonoluminescence," *Physics Reports*, Vol. 281, pp. 65-143, 1997.

參考資料和建議讀物

1. J. D. Anderson *Modern Compressible Flow with Historical Perspective*, 3rd ed. New York: McGraw-Hill, 2003.
2. E. C. Bingham. "An Investigation of the Laws of Plastic Flow," *U.S. Bureau of Standards Bulletin*, 13, pp. 309–353, 1916.
3. Y. A. Cengel and M. A. Boles. *Thermodynamics: An Engineering Approach*, 7th ed. New York: McGraw-Hill, 2011.
4. D. C. Giancoli. Physics, 6th ed. Upper Saddle River, NJ: Pearson, 2004.
5. Y. S. Touloukian, S. C. Saxena, and P. Hestermans. *Thermophysical Properties of Matter, The TPRC Data Series*, Vol. 11, *Viscosity*. New York: Plenum, 1975.
6. L. Trefethen. "Surface Tension in Fluid Mechanics." In *Illustrated Experiments in Fluid Mechanics*. Cambridge, MA: MIT Press, 1972.
7. *The U.S. Standard Atmosphere*. Washington, DC: U.S. Government Printing Office, 1976.
8. M. Van Dyke. *An Album of Fluid Motion*. Stanford, CA: Parabolic Press, 1982.
9. C. L. Yaws, X. Lin, and L. Bu. "Calculate Viscosities for 355 Compounds. An Equation Can Be Used to Calculate Liquid Viscosity as a Function of Temperature," *Chemical Engineering*, 101, no. 4, pp. 1110–1128, April 1994.
10. C. L. Yaws. *Handbook of Viscosity*. 3 Vols. Houston, TX: Gulf Publishing, 1994.

習題

有 "C" 題目是觀念題，學生應儘量作答。

密度和比重

2-1C 內延和外延性質的差異是什麼？

2-2C 什麼是比重？它與密度的關係是什麼？

2-3C 系統的比重量定義為每單位體積的重量(注意這個定義違反了一般的比性質定義習慣)。比重量是外延或內延性質呢？

2-4C 什麼是狀態假說？

2-5C 在什麼條件下，理想氣體假設對真實氣體是適用的？

2-6C R 和 R_u 的差異是什麼？這兩者是如何相關的？

2-7 流體的體積 24 L，重量 225 N，所處地點的重力加速度是 9.80 m/s²。試求流體的質量和密度？

2-8 一個 100 L 的容器充滿 1 kg 的 27°C 空氣，容器內的壓力是多少？

2-9 氧氣在 300 kPa，27°C，試求其比容。

2-10 在一個容積 0.0740 m³ 的汽車輪胎內部的空氣溫度為 30°C，錶壓為 140 kPa，求必須填入多少空氣才能將錶壓提升至建議值 210 kPa。假設大氣壓力是 100 kPa，並且輪胎內部的溫度與容積維持不變。(Answer: 0.0596 kg)

2-11 汽車輪胎的壓力依胎內空氣的溫度而定。當空氣溫度是 25°C 時，氣壓計讀值是 210 kPa。假設輪胎的體積是 0.025 m³，當胎內空氣溫度上升至 50°C 時，試求胎內的壓升值。同時決定在這個溫度下，必須排出多少空氣量壓力才能恢復至其原來的值。假設大氣壓力是 100 kPa。

圖 P2-11
Stockbyte/GettyImages

2-12 一個直徑 9 m 的球形氣球用 20°C 及 200 kPa 的氦氣充填。決定氣球內氦氣的莫耳數與質量。(Answer: 31.3 kmol, 125 kg)

2-13 重做習題 2-12。使用 EES (或其它) 軟體，探討氣球直徑對其內部氦氣質量的影響。考慮兩種壓力：(a) 100 kPa 與 (b) 200 kPa，令直徑從 5 m 增加到 15 m，將兩種情況的氦氣質量對直徑作圖。

2-14 一個圓柱形桶內含甲醇的質量為 40 kg，體積為 51 L。決定甲醇的重量、密度與比重，取重力加速度為 9.81 m/s²，並且估計需要多少力來以 0.25 m/s² 對此桶作線性加速。

2-15 飽和液態冷媒 R-134a 在 $-20°C \leq T \leq 100°C$ 的密度示於表 A-4。使用這些值為 R-134a 與絕對溫度的函數關係配湊如 $\rho = aT^2 + bT + c$ 的表示式，並且決定每個數據組的相對誤差。

2-16 大氣中空氣的密度，隨高度增加而減小。(a) 使用表中所給的數據，推導一個密度隨高度變化的關係式，並計算在高度 7000 m 的密度。(b) 利用你得到的關係式計算大氣的質量，假設地球為半徑 6377 km 的完美球形，並假設大氣的厚度為 25 km。

r, km	ρ, kg/m³
6377	1.225
6378	1.112
6379	1.007
6380	0.9093
6381	0.8194
6382	0.7364
6383	0.6601
6385	0.5258
6387	0.4135
6392	0.1948
6397	0.08891
6402	0.04008

蒸氣壓與空蝕

2-17C 什麼是空蝕？什麼原因造成的？

2-18C 水在高壓時是否會在高溫時沸騰？解釋之。

2-19C 如果一個物質的壓力在沸騰時增加了，則溫度是否也會增加或維持常數？為什麼？

2-20C 什麼是蒸氣壓？它與飽和壓力的關聯是如何？

2-21 分析在 20°C 的水中操作的螺旋槳顯示，在高速時，螺旋槳尖端的壓力降至 1 kPa。試決定這螺旋槳是否有空蝕的危險。

2-22 一個泵被用來輸送水到一個較高的儲水池。若水溫為 20°C，且不希望發生空蝕，試求泵中可存在的最低壓力。

2-23 在一個管路系統中，水的溫度維持 30°C 以下。試決定在這系統中避免空蝕的最低壓力。

2-24 對在 20°C 水中操作的螺旋槳的分析顯示，螺旋槳尖端的壓力在高速時降到 2 kPa。求此螺旋槳是否有空蝕的危險。

能量和比熱

2-25C 什麼是流能？流體在靜止時，是否擁有任何流能？

2-26C 如何比較流動流體和靜止流體的能量？說出各流量個別的特殊形式的能量。

2-27C 巨觀和微觀的能量形式的差異是什麼？

2-28C 什麼是總能量？區別出構成總能量的各種能量形式。

2-29C 列出對系統的內能有貢獻的能量形式。

2-30C 熱、內能和熱能彼此之間是如何相關的？

2-31C 使用平均比熱，解釋理想氣體和不可壓縮物質的內能變化是如何決定的。

2-32C 使用平均比熱，解釋理想氣體和不可壓縮物質的焓變化是如何決定的。

2-33 飽和水蒸氣在 150°C (焓 h = 2745.9 kJ/kg) 以 50 m/s 流經一管子，高度是 z = 10 m。試求蒸氣相對於地面的總能量，以 J/kg 表示。

壓縮性

2-34C 流體的壓縮係數代表什麼？它是如何與等溫壓縮率不同的？

2-35C 流體的體積膨脹係數代表什麼？它是如何與壓縮係數不同的？

2-36C 流體的壓縮係數有可能是負值嗎？體積膨脹係數有可能嗎？

2-37 水在 15°C 及 1 atm 壓力，在常壓下被加熱到 100°C。使用體積膨脹係數的數據，試決定水的密度的改變。(Answer: 38.7 kg/m³)

2-38 一個理想氣體被觀察到當其從 10 atm 被等溫壓縮至 11 atm 時，密度增加 10%。若此氣體從 1000 atm 被等溫壓縮至 1001 atm 時，求其密度增加的百分比。

2-39 使用體積膨脹係數的定義及表示式 $\beta_{理想氣體}$ = 1/T，試證明理想氣體在等壓膨脹過程中，比容的百分增加率等於絕對溫度的百分增加率。

2-40 在 1 atm 的水被等溫壓縮至 400 atm。求

水的密度增加多少？取水的等溫壓縮率為 4.80×10^{-5} atm^{-1}。

2-41 理想氣體的體積被等溫的壓縮成原來的一半。試求需要的壓力變化是多大。

2-42 在 10°C 的冷媒 R-134a 的飽和液體被等壓冷卻至 0°C，使用體積膨脹係數的數據來決定冷媒密度的改變量。

2-43 一個水槽完全充滿著 20°C 的液態水。槽體的材料可以抵抗由於體積膨脹 0.8% 所造成的張力。試決定不會造成危險的最大溫度上升值。為簡單計，假設 β = 常數 = 在 40°C 的 β 值。

2-44 若水的體積膨脹 1.5%，重做習題 2-43。

2-45 海水在自由表面 (壓力 98 kPa) 的密度約 1030 kg/m³。海水的彈性體積模數是 2.34×10^9 N/m²，並且壓力隨深度 z 的變化可表示成 $dP = \rho g\, dz$，試求在深度 2500 m 的壓力和密度。忽略溫度的影響。

2-46 取水的壓縮係數為 5×10^6 kPa，試求水的體積減小：(a) 1% 與 (b) 2% 時需要增加多少壓力。

2-47 證明理想氣體的體積膨脹係數是 $\beta_{\text{ideal gas}} = 1/T$。

2-48 理想氣體狀態方程式很簡單，但是其適用範圍受到限制。一個更正確但也比較複雜的方程式是凡得瓦狀態方程式：

$$P = \frac{RT}{v-b} - \frac{a}{v^2}$$

其中常數 a 與 b 相依於氣體的臨界壓力與溫度。假設氮氣遵守凡得瓦狀態方程式，試預測氮氣在 $T = 175$ K 與 $v = 0.00375$ m³/kg 的壓縮係數。將你的結果與理想氣體的值作比較。對給定條件，取 $a = 0.175$ m⁶·kPa/kg² 與 $b = 0.00138$ m³/kg。實驗量測到的氮氣壓力是 10,000 kPa。

2-49 一個沒有摩擦的活塞–氣缸裝置內含 10 kg 的水，溫度 20°C，壓力 1 atm。一外力 F 作用在活塞上直到氣缸內壓增加至 100 atm。假設在壓縮時，水的壓縮係數維持不變。試估計需多少能量來等溫的壓縮水。(Answer: 29.4 J)

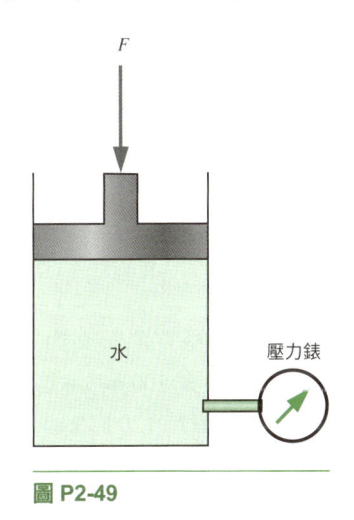

圖 P2-49

2-50 重新考慮習題 2-49。假設壓縮時，壓力是線性增加的，估計對水作等溫壓縮所需要的能量。

音速

2-51C 什麼是聲音？它是如何產生的？它如何傳遞？音波可在真空傳遞嗎？

2-52C 在哪種介質中音波傳遞較快：冷空氣中或溫暖空氣中？

2-53C 在哪種介質中，音波在已知溫度的傳遞最快：空氣、氦或氬？

2-54C 在哪種介質中音波傳遞較快：1 atm, 20°C 的空氣或 5 atm, 20°C 的空氣？

2-55C 氣體等速度流動時，其馬赫數是否維持常數？解釋之。

2-56C 音波的傳遞被近似成等熵過程是否是實際的？解釋之。

2-57C 在一特定介質中的音速是否是一個固定量，或是它會隨介質的性質改變而改變？

解釋之。

2-58 空中巴士 A-340 客機具有的最大起飛重量約 260,000 kg，其長度為 64 m，翼展為 60 m，最大的巡航速度是 945 km/h，載客容量是 271 人，最大巡航高度是 14,000 m，與最大航程為 12,000 km。在巡航高度的空氣約 −60°C。決定這架飛機在已敘述的極限條件下的馬赫數。

2-59 溫度 1200 K 的二氧化碳以 50 m/s 的速度進入一個絕熱噴嘴，離開時的溫度是 400 K，假設比熱是常數，試決定馬赫數：(a) 在噴嘴入口，(b) 在出口。(Answer: (a) 0.0925, (b) 3.73)

2-60 氮氣進入一個穩定流熱交換器的狀態是 150 kPa、10°C 與 100 m/s，並且在它通過時接受的熱傳率為 120 kJ/kg。氮氣以 200 m/s 的速度在 100 kPa 離開熱交換器。決定氮氣在熱交換器的入口與出口的馬赫數。

2-61 假設理想氣體行為，試求 R-134 a 在 0.9 MPa，60°C 的音速。

2-62 決定空氣在 (a) 300 K 與 (b) 800 K 的音速，同時決定一架以速度 330 m/s 在空氣中移動的飛機在兩種情況下的馬赫數。

2-63 蒸氣流過一個裝置，壓力 825 kPa，溫度 400°C，速度 275 m/s。假設理想氣體行為，$k = 1.3$，試求蒸氣在此狀態的馬赫數。(Answer: 0.433)

2-64 重做習題 2-63。使用 EES (或其它) 軟體，比較在溫度範圍 200 到 400°C 的蒸氣流動的馬赫數。畫出馬赫數與溫度的函數關係。

2-65 空氣從 2.2 MPa，77°C 等熵膨脹到 0.4 MPa。試求起始與最終音速的比值。(Answer: 1.28)

2-66 對氮氣重做習題 2-65。

2-67 理想氣體的等熵過程被表示成 $Pv^k =$ 常數。使用這個方程式以及音速的定義 [式 (2-24)]，試求理想氣體音速的表示式 [式 (2-26)]。

黏度

2-68C 什麼是黏度？在液體或氣體中造成黏度的原因是什麼？到底是液體或是氣體有較高的動力黏度？

2-69C 什麼是牛頓流體？水是牛頓流體嗎？

2-70C 運動黏度如何隨溫度改變：(a) 液體，(b) 氣體？

2-71C 動力黏度如何隨溫度改變：(a) 液體，(b) 氣體？

2-72C 考慮兩個相同的玻璃球被丟入兩個相同的容器中，一個充滿水而另一個充滿油。哪個球最先掉到容器底部？為什麼？

2-73 一個流體的黏度要用黏度計量測。黏度計由兩個長度 1.5 m 的圓柱作成。外圓柱的內直徑是 16 cm，兩圓柱的間隙是 0.09 cm。外圓柱以 250 rpm 旋轉，量測到的扭力是 1.4 N·m，決定流體的黏度。(Answer: 0.00997 N·s/m^2)

2-74 一個 50 cm × 30 cm × 20 cm 的方塊重量 150 N 要以等速 0.80 m/s 在一個摩擦係數 0.27 的斜面移動。(a) 決定需要的水平方向施力的大小。(b) 如果一層 0.40 mm 厚的油膜被施加在方塊與斜面之間，油膜的動力黏度為 0.012 Pa·s，決定所需施力減小的百分比。

2-75 考慮一個黏度 μ 的流體流過一圓管。管中的速度形狀為 $u(r) = u_{max}(1 - r^n/R^n)$，其中 u_{max} 是在中心線的最大流速；r 是離中心線的徑向距離；而 $u(r)$ 是在任何位置 r 的流速。試推導一個流體在流動方向每單位管長施加在管壁的阻力的關係式。

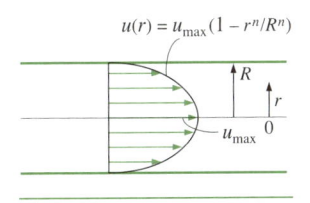

圖 P2-75

2-76 一個 30 cm×30 cm 的細平板在一層 3.6 mm 厚的油中被以 3 m/s 的速度拖動。油層介面兩塊平板之間，其中一塊固定，另一塊以等速度 0.3 m/s 移動，如圖 P2-76 所示。油的動力黏度是 0.027 Pa·s。假設每一個油層中的速度分布都是線性的，(a) 畫出速度形狀並找出油速為零的位置，與 (b) 決定需對平板施力多少才能維持此運動。

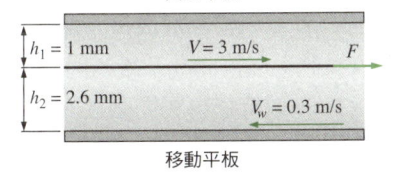

圖 P2-76

2-77 一個旋轉黏度計由兩個同心圓柱組成一半徑 R_i 的內圓柱以角速度 ω_i 旋轉，而靜止的外圓柱的內徑是 R_o。在內外圓柱中間的小間隙中的是黏度 μ 的流體。圓柱的長度是 L (在進入圖 P2-77 的頁面方向)。L 夠大使得端效應可忽略 (我們可視此問題為二維的)。需要扭力 (T) 來維持內圓柱作等速旋轉。(a) 顯示你所有的推導過程，產生一個 T 和其它變數間函數關係的近似表示式。(b) 解釋為什麼你的解只是個近似解。特別是你是否預期間隙中的速度形狀在間隙越來越大時還是維持線性的 (即外徑 R_o 被增加，而所有其它變數維持不變)。

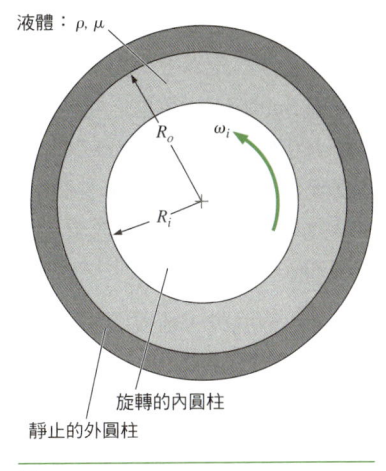

圖 P2-77

2-78 圖 P2-78 所示的離合器系統用來在兩個相同的 30 cm 直徑的圓盤之間透過一層 2 mm 厚的油膜 ($\mu = 0.38$ N·s/m^2) 傳遞扭力。當驅動軸以 1450 rpm 轉動時，觀察到的被動軸轉速是 1398 rpm。假設油膜內的速度形狀是線性的，決定傳遞的扭力大小。

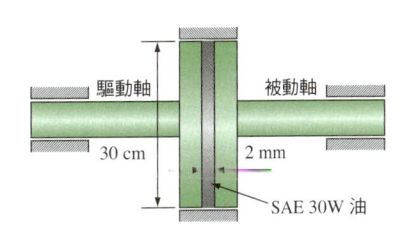

圖 P2-78

2-79 重新考慮習題 2-78。使用 EES (或其它) 軟體，探討油膜厚度對傳遞扭力的影響。令油膜厚度從 0.1 mm 變化到 10 mm，畫出結果並作結論。

2-80 二氧化碳在 50°C 與 200°C 的動力黏度分別是 1.612×10^{-5} Pa·s 與 2.276×10^{-5} Pa·s。決定二氧化碳在大氣壓力下的 Sutherland 關係中的常數 a 與 b。並預測二氧化碳在 100°C 的黏度，將你的結果與表 A-10 所給的值作比較。

2-81 一個廣泛用來描述氣體的黏度變化的相關

式是冪定理方程式，$\mu/\mu_0 = (T/T_0)^n$，其中 μ_0 和 T_0 分別是參考黏度和溫度。使用冪定理和 Sutherland 定理，檢視空氣在溫度範圍 100°C (373 K) 到 1000°C (1273 K) 的黏度變化。畫出你的結果並與列於表 A-9 的值比較。對於大氣取參考溫度 0°C 與 $n = 0.666$。

2-82 流過平板的流動，速度隨著離平板的垂直距離 y 的變化為 $u(y) = ay - by^2$，其中 a 與 b 是常數。找出壁剪應力的關係式，用 a、b 與 μ 表示。

2-83 在遠離進口很遠的區域，圓管中的流體流動是一維的，在層流下速度形狀是 $u(r) = u_{max}(1 - r^2/R^2)$，其中 R 是管的半徑，r 是離管中心的徑向距離，而 u_{max} 是在管中心的最大流速。試求 (a) 一個關係式表示流體對一段 L 長度的管子所施加的阻力，(b) 求阻力的值，已知水流溫度 20°C，$R = 0.08$ m，$L = 30$ m，$u_{max} = 3$ m/s 及 $\mu = 0.0010$ kg/m·s。

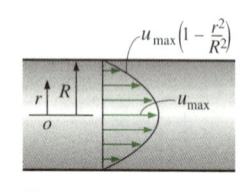

圖 P2-83

2-84 對 $u_{max} = 7$ m/s，重做習題 2-83。
(Answer: (b) 2.64 N)

2-85 一個截錐形物體在一個充滿 20°C 的 SAE 10 W 機油 ($\mu = 0.100$ Pa·s) 的容器中以等角速度 200 rad/s 旋轉，如圖 P2-85 所示。如果每一邊的油膜厚度都是 1.2 mm。試求維持這個運動所需的功率。同時也決定當油溫上升至 80°C 時 ($\mu = 0.0078$ Pa·s)，需要輸入的功率減小了多少。

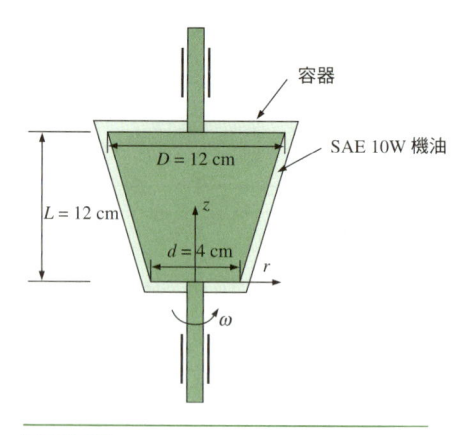

圖 P2-85

2-86 一個旋轉的黏度計包含兩個同心圓柱 ── 一個靜止的內圓柱，半徑為 R_i 與一個以角速度 (旋轉率) ω_o 旋轉的外圓柱，半徑為 R_o。兩圓柱之間的間隙充滿黏度 (μ) 待測的流體。圓柱的長度 (進入圖 P2-86 的頁面) 是 L。因為 L 很長，邊端效應可忽略 (我們可以視此為二維的問題)。需要扭力 (T) 來以等速轉動內圓柱。展示出你所有的推導過程，推導 T 為其它變數的函數的關係式。

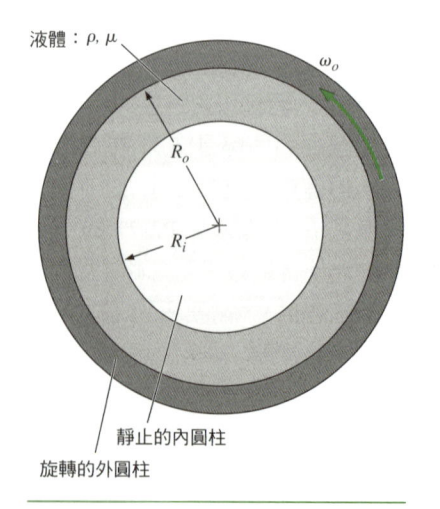

圖 P2-86

2-87 兩平行板中間是 20°C，5 mm 厚的機油膜，下平板固定，上平板被以等速度 $U = 4$ m/s 推動。假設半拋物線形的速度形狀在油膜中，如圖 P2-87。試求上平板的剪應力及其方向。如果假設的速度形狀是線性的，將會發生什麼事呢？

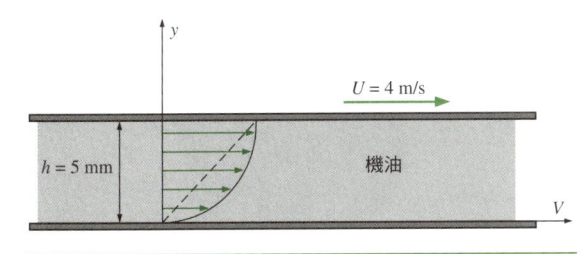

圖 P2-87

2-88 一個質量 m 的圓柱在一根垂直管中從靜止開始往下滑，管的內壁有一層厚度 h 的黏性油膜。如果圓柱的直徑與長度分別為 D 與 L，推導一個圓柱速度與時間 t 的函數關係的表示式。討論當 $t \to \infty$ 時會發生什麼事。此裝置可否作為一個黏度計？

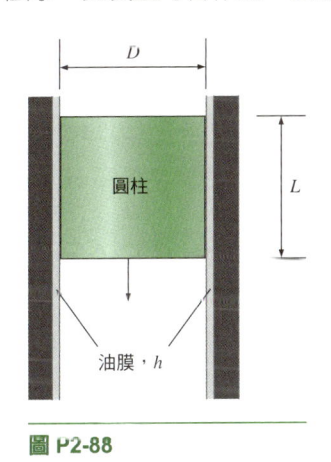

圖 P2-88

2-89 一塊薄平板在兩塊平行、水平且固定的平板間以等速度 5 m/s 移動。兩塊固定平板間隔 4 cm，平板間充滿黏度 0.9 N·s/m² 的油。任何時間平板泡在油中的部分是 2 m 長，0.5 m 寬。如果一細板在兩固定板的中間平面移動，試決定維持此運動所需的力。如果細板離底板 1 cm (h_2)，離上板 3 cm (h_1)，你的答案將是多少呢？

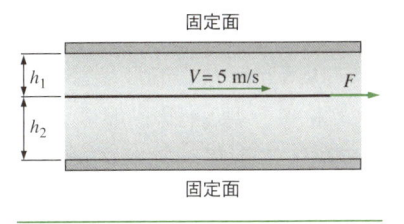

圖 P2-89

2-90 重新考慮習題 2-89。如果在移動平板上面的油的黏度是平板下面油的黏度的 4 倍。試決定平板與底面的距離 (h_2) 來最小化拉動平板所需要的力，以便讓平板能以等速度在兩層油之間移動。

表面張力與毛細現象

2-91C 什麼是表面張力？其原因是什麼？為什麼表面張力又稱為表面能？

2-92C 一根小直徑管被插入接觸角 110° 的流體中。管中液體的液面是高於或低於其它液體的液面呢？解釋之。

2-93C 什麼是毛細現象？其原因是什麼？它是如何被接觸角影響的？

2-94C 考慮一個肥皂泡。其內部的壓力是高於或低於其外部的壓力呢？

2-95C 毛細上升在小直徑管或大直徑管中，哪個較大呢？

2-96 考慮在液體中的一個直徑 0.15 mm 的氣泡。試決定氣泡內部與外部間的壓力差，如果氣-液間的表面張力是：(a) 0.080 N/m 與 (b) 0.12 N/m。

2-97 一個 6 cm 直徑的肥皂泡藉由吹入空氣來將它增大。肥皂泡的表面張力是 0.039 N/m，試求將肥皂泡充氣至 9 cm 直徑時，所需輸入的功。

2-98 一根 1.2 mm 直徑的管子被插入一個密度為 960 kg/m³ 的不知名的液體中。觀察到液體在管內上升 5 mm，接觸角為 15°。決定此液體的表面張力。

2-99 試求肥皂泡內部 (20°C) 的錶壓力：(a) 直

徑 0.2 cm，(b) 直徑 5 cm。

2-100 一根 0.18 mm 直徑的玻璃管被插入 20°C 的煤油中，煤油與玻璃表面的接觸角是 26°。決定煤油在管內的上升高度。
(Answer: 16 mm)

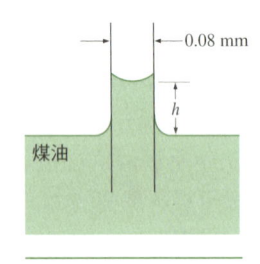

圖 P2-100

圖 P2-105

2-101 液體的表面張力要使用懸掛在一個 U 形線框 (具有 8 cm 長的可動線段) 上的液膜來量測。如果移動可動線段的力是 0.024 N，試求此液體在空氣中的表面張力。

2-102 一根 1.2 mm 直徑的毛細管被垂直插入對大氣開放的水中。決定水在管內的上升高度，管內壁的接觸角為 6° 且表面張力為 1.00 N/m。(Answer: 0.338 m)

2-103 一毛細管被垂直地浸入一個貯水容器中。已知壓力降至低於 2 kPa 時，水開始蒸發。試求最大毛細上升與對應此最大毛細上升的管直徑。管內壁的接觸角取 6° 且表面張力取 1.00 N/m。

2-104 也許與你的預期不同，由於表面張力效應，一顆鋼球可以浮在水上。決定可以在 20°C 的水上漂浮的鋼球的最大直徑。若是對一顆鋁球，你的答案會是什麼？取鋼球和鋁球的密度分別為 7800 kg/m³ 與 2700 kg/m³。

2-105 溶解在水中的養分被帶到植物頂端，部分原因是經由微細管子的毛細現象。試求一棵樹中，經由 0.0026 mm 直徑小管的毛細現象，可讓水溶液上升多高？將溶液當成 20°C，接觸角為 15° 的水。(Answer: 11.1 m)

複習題

2-106 兩塊間隔 t 的大的平行平板，垂直插入液體中。試推導平板中間的液體的毛細上升高度的關係式。取接觸角為 ϕ。

2-107 考慮一個 55 cm 長的頸軸承。在開始操作時溫度是 20°C，黏度是 0.1 kg/m·s。在預期的穩定操作溫度 80°C 時，黏度是 0.008 kg/m·s。軸的直徑是 8 cm，而軸和頸的平均間隙是 0.08 cm。當軸以 1500 rpm 旋轉時，試決定起始時和穩定操作時，為克服軸承摩擦力所需要的扭力。

2-108 U 形管其中一支臂的直徑為 5 mm，而另一支臂的直徑則非常大。如果 U 形內部有一些水，且兩個自由表面都曝露到大氣壓力，試決定兩臂間水面的差異。

2-109 汽油引擎的燃燒可以用一個等體積加熱過程來近似，且燃燒室的內含物在燃燒前後都是空氣。燃燒前的狀態是 1.8 MPa，450°C，燃燒後是 1300°C。試求燃燒過程結束後的壓力。(Answer: 3916 kPa)

燃燒室
1.80 MPa
450°C

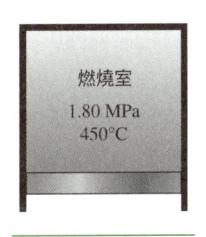

圖 P2-109

2-110 一個鋼體桶，內含 300 kPa 與 600 K 的理想氣體。桶內一半氣體被抽出，並且過程結束後內部氣體壓力是 100 kPa，決定 (a) 桶內氣體的最後溫度，與 (b) 若沒有質量從桶內被抽出，且在過程結束後保持同樣的最終溫度，則最後壓力是多少？

2-111 汽車輪胎的絕對壓力在旅行前量測是 320 kPa，旅行後是 335 kPa。假設輪胎的體積維持常數 0.022 m³，試決定輪胎中空氣的絕對溫度的百分增加率。

2-112 液體與懸浮固體粒子的組成通常用所含固體粒子的成分來表示其特徵，一般用質量比 (或重量比)、$C_{s,\,mass} = m_s/m_m$ 或體積比，$C_{s,\,vol} = V_s/V_m$ 其中 m 是質量，V 是體積。下標 s 與 m 分別指示固體和混合物，推導一個水基底懸浮物的比重的表示式，用 $C_{s,\,mass}$ 及 $C_{s,\,vol}$ 表示。

2-113 泥漿中的固體和攜帶流體的比重通常是已知的，但是泥漿的比重相依於固體粒子的濃度。試證明一個基於水的泥漿的比重可以用固體的比重 SG_s 和懸浮固體粒子的質量百分濃度 $C_{s,\,mass}$ 來表示，

$$SG_m = \frac{1}{1 + C_{s,\,mass}(1/SG_s - 1)}$$

2-114 一個 10 m³ 的桶內含 25°C 與 800 kPa 的氮。允許一些氮洩出直到桶內壓力降至 600 kPa。若在此點的溫度是 20°C，決定洩出的氮的量。(Answer: 21.5 kg)

2-115 一個密閉水槽的一部分填充了 60°C 的水。如果水面上的空氣已經完全被抽真空了，試求被抽真空的空間中的蒸氣壓。假設溫度維持常數。

2-116 水的動力黏度隨絕對溫度改變的關係如下表：

T, K	μ, Pa·s
273.15	1.787×10^{-3}
278.15	1.519×10^{-3}
283.15	1.307×10^{-3}
293.15	1.002×10^{-3}
303.15	7.975×10^{-4}
313.15	6.529×10^{-4}
333.15	4.665×10^{-4}
353.15	3.547×10^{-4}
373.15	2.828×10^{-4}

使用這些表列數據，開發一個黏度的關係式以下的形式：

$$\mu = \mu(T) = A + BT + CT^2 + DT^3 + ET^4$$

使用開發的關係式預測水在 50°C 的動力黏度，其對應的表列數據為 5.468×10^{-4} Pa·s。將你的結果與從 Andrade's 方程式的結果作比較，Andrade's 方程式的形式為 $\mu = D \cdot e^{B/T}$，其中 D 與 B 是常數，其值要使用上表所給的黏度數據來決定。

2-117 一根新製成的管的管直徑 2 m 及管長 15 m，要在 10 MPa 下被測試，使用的水溫度是 15°C，將管兩端封閉後，管中首先用水充滿，然後將更多水泵進測試管中直到測試壓力為止。假設管沒有變形，試求多少額外的水必須被泵入管中。壓縮係數是 2.10×10^9 Pa。(Answer: 224 kg)

2-118 雖然液體一般很難壓縮，但在很深的海洋裡，由於極大的壓力，壓縮效應 (密度的變化) 變成無可避免。在某個深度，壓力為 100 MPa，而平均壓縮係數約為 2350 MPa。

(a) 取自由表面的液體密度為 $\rho_0 = 1030$ kg/m³，推導密度與壓力之間關係的一個解析式，並決定在指定壓力下的密度。(Answer: 1074 kg/m³)

(b) 使用式 (2-13) 來估計在指定壓力下的密度，並與 (a) 小題的結果作比較。

2-119 考慮黏度 μ 的牛頓流體在兩塊平行板間作層流流動。流動是一維流動，速度形狀是 $u(y) = 4u_{max}[y/h - (y/h)^2]$，其中 y 是離底板的 y 座標，h 是兩平板間距離，u_{max} 是在中間平面的最大流速。推導流體在兩塊平板上，作用在流動方向，每單位平板面積的阻力關係式。

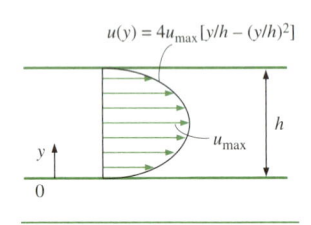

圖 P2-119

2-120 兩種不互相混合的牛頓流體在兩塊大的平行板之間受到壓力梯度的作用而穩定的流動，下板固定，而上板則以等速度 $U = 10$ m/s 被拉動，每層流體的厚度 h 是 0.5 m，每一層的速度形狀被給定如下：

$$V_1 = 6 + ay - 3y^2, \quad -0.5 \leq y \leq 0$$
$$V_2 = b + cy - 9y^2, \quad 0 \leq y \leq -0.5$$

其中 a、b 與 c 是常數。
(a) 決定常數 a、b 與 c 的值。
(b) 開發一個黏度比，μ_1/μ_2 的表示式。
(c) 決定液體在兩塊平板的施力大小與方向。若 $\mu_1 = 10^{-3}$ Pa·s 且每一塊平板的表面積為 4 m²。

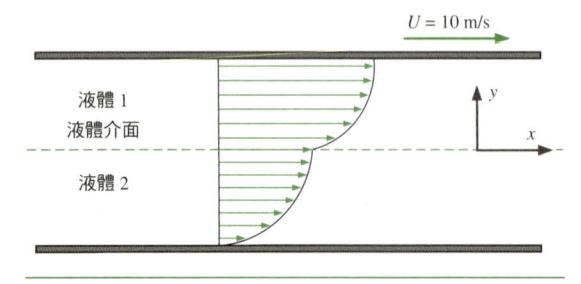

圖 P2-120

2-121 一根軸，直徑 $D = 80$ mm，長度 $L = 400$ mm，如圖 P2-121 所示，被以等速度 $U = 5$ m/s 拉經過一個有可變化直徑的軸承。軸和軸承之間隙從 $h_1 = 1.2$ mm 變化到 $h_2 = 0.4$ mm，其中，充滿了動力黏度是 0.10 Pa·s 的牛頓潤滑油。試求維持軸的軸向運動所需要的力。(Answer: 69 N)

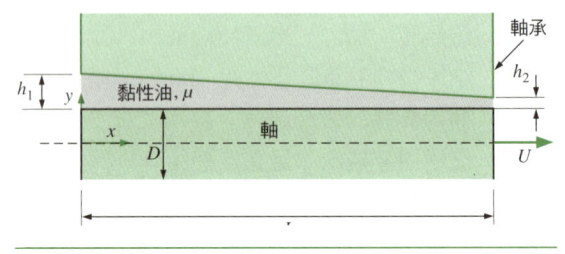

圖 P2-121

2-122 重新考慮習題 2-121。現在軸以等角速度 $n = 1450$ rpm 在一個變直徑的軸承內旋轉。軸與軸承之間隙從 $h_1 = 1.2$ mm 變化到 $h_2 = 0.4$ mm，其中充滿著動力黏度是 0.1 Pa·s 的牛頓流體。決定維持此運動所需要的扭力。

2-123 一根 10 cm 直徑的軸在一個 40 cm 長，10.3 cm 直徑的軸承中旋轉。軸和軸承中間完全充滿著油，其在預期的操作溫度下黏度是 0.300 N·s/m²。試決定當軸旋轉時，克服摩擦力所需的功率，軸轉速是 (a) 600 rpm，及 (b) 1200 rpm。

2-124 有些岩石或磚內部含有小氣室並且具有海棉狀結構。假設空氣空間形成平均直徑 0.006 mm 的柱狀結構。決定水在此材料中可上升多高，此材料中的空氣－水介面的表面張力設為 0.085 N/m。

基礎工程學 FE 試題

2-125 一種流體的比重被指定為 0.82。此流體的比容是
(a) 0.00100 m³/kg (b) 0.00122 m³/kg
(c) 0.0082 m³/kg   (d) 82 m³/kg
(e) 820 m³/kg

2-126 水銀的比重是 13.6。水銀的比重量是
(a) 1.36 kN/m³   (b) 9.81 kN/m³
(c) 106 kN/m³   (d) 133 kN/m³
(e) 13,600 kN/m³

2-127 在 20°C 的理想氣體流過一根管子。氣體的密度是 1.9 kg/m³，分子量是 44 kg/kmol。此氣體的壓力是
(a) 7 kPa   (b) 72 kPa   (c) 105 kPa
(d) 460 kPa (e) 4630 kPa

2-128 氣體混合物由 3 kmol 氧、2 kmol 氮，與 0.5 kmol 水蒸氣組成，氣體混合物的總壓力是 100 kPa，則此氣體混合物中水蒸氣的分壓是
(a) 5 kPa   (b) 9.1 kPa   (c) 10 kPa
(d) 22.7 kPa (e) 100 kPa

2-129 液態水流過鍋爐的管路時汽化成水蒸氣。若管內水溫是 180°C，則管內水的蒸氣壓是
(a) 1002 kPa   (b) 180 kPa
(c) 101.3 kPa (d) 18 kPa
(e) 100 kPa

2-130 在一個輸水系統中，水的壓力可以低到 1.4 psia。為了避免空蝕，水管內容許的最高水溫是
(a) 50°F   (b) 77°F   (c) 100°F
(d) 113°F   (e) 140°F

2-131 一個系統的熱能指的是
(a) 顯能   (b) 潛能
(c) 顯能 + 潛能 (d) 焓
(e) 內能

2-132 流動與靜止的流體，其每單位質量的能量差等於
(a) 焓   (b) 流能   (c) 顯能
(d) 動能 (e) 內能

2-133 水壓從 100 kPa 用泵增加為 1200 kPa。水的密度是 1 kg/L，比熱是 $c_p = 4.18$ kJ/kg·°C。在這個過程中水的焓值改變是
(a) 1100 kJ/kg   (b) 0.63 kJ/kg
(c) 1.1 kJ/kg   (d) 1.73 kJ/kg
(e) 4.2 kJ/kg

2-134 一個實際不可壓縮的物質的壓縮係數是
(a) 0   (b) 0.5   (c) 1
(d) 100   (e) 無窮大

2-135 在大氣壓力下的水的壓力必須被提升到 210 atm 才會被壓縮 1%。因此水的壓縮係數的值是
(a) 209 atm   (b) 20,900 atm (c) 21 atm
(d) 0.21 atm (e) 210,000 atm

2-136 當管路中的液體碰到一個突然的流動限縮 (例如關閉閥)，它被局部壓縮。產生的聲波在它們沿著管方向傳遞及反射時會撞擊管壁、彎管與閥，造成管的振動並產生熟悉的撞擊聲。這現象稱為
(a) 凝縮   (b) 空蝕   (c) 水錘
(d) 壓縮   (e) 水捕捉

2-137 一種流體的密度在等壓下當溫度增加 10°C 時減少了 5%。此流體的體積膨脹係數是
(a) 0.01 K⁻¹   (b) 0.005 K⁻¹   (c) 0.1 K⁻¹
(d) 0.5 K⁻¹   (e) 5 K⁻¹

2-138 水在等溫下被壓縮使壓力從 100 kPa 增加為 5000 kPa。水的起始密度是 1000 kg/m³ 且水的等溫壓縮率是 $\alpha = 4.8 \times 10^{-5}$ atm⁻¹。水的最後密度是
(a) 1000 kg/m³   (b) 1001.1 kg/m³
(c) 1002.3 kg/m³ (d) 1003.5 kg/m³
(e) 997.4 kg/m³

2-139 太空船在 −40°C 的空氣中的速率是 1250 km/h。此流動的馬赫數是
(a) 35.9   (b) 0.85   (c) 1.0
(d) 1.13   (e) 2.74

2-140 空氣在 20°C 及 200 kPa 之下的動力黏度是 1.83×10^{-5} kg/m·s。空氣在此狀態下的運動黏度是
(a) 0.525×10^{-5} m²/s (b) 0.77×10^{-5} m²/s
(c) 1.47×10^{-5} m²/s   (d) 1.83×10^{-5} m²/s

(e) 0.380×10^{-5} m²/s

2-141 一個黏度計由兩個 30 cm 長的同心圓柱建造而成，可以用來量測流體的黏度。內圓柱的外徑是 9 cm，兩圓柱之間的間隙是 0.18 cm。內圓柱以 250 rpm 轉動，量測到的扭力是 1.4 N·m。流體的黏度是
(a) 0.0084 N·s/m² (b) 0.017 N·s/m²
(c) 0.062 N·s/m²   (d) 0.0049 N·s/m²
(e) 0.56 N·s/m²

2-142 哪一個不是表面張力或表面能量 (每單位面積) 的單位？
(a) lbf/ft   (b) N·m/m²   (c) lbf/ft²
(d) J/m²   (e) Btu/ft²

2-143 肥皂水在 20°C 的表面張力是 $\sigma_s = 0.025$ N/m。在 20°C 的一個直徑 2 cm 的肥皂泡的內部錶壓力是
(a) 10 Pa   (b) 5 Pa   (c) 20 Pa
(d) 40 Pa   (e) 0.5 Pa

2-144 一根 0.4 mm 直徑的玻璃管插入杯中的 20°C 的水中。水在 20°C 的表面張力是 $\sigma_s = 0.073$ N/m。接觸角可視為 0°。水在管中的毛細上升高度是
(a) 2.9 cm   (b) 7.4 cm   (c) 5.1 cm
(d) 9.3 cm   (e) 14.0 cm

設計與小論文題

2-145 設計一個實驗室來量測液體的黏度。使用一個垂直的漏斗，包含一個高度為 h 的圓柱形蓄液池與一個狹窄的流動段，直徑為 D，長度為 L。作合適的假設，導出黏度的一個表示式，用容易量測到的量，例如密度與體積流率來表示。

2-146 寫一篇小論文討論液體如何藉由毛細作用及其它效應上升到樹頂。

2-147 寫一篇小論文討論不同季節使用在汽車引擎的機油及其黏度。

2-148 考慮水流過一個透明的管子。藉由在管子中夾出一個直徑非常小的喉部，有時候有可能觀察到在喉部發生的空蝕。我們假設不可壓縮流，可以忽略重力與不可逆效應。稍後你將學到 (第 5 章) 當流道截面積減小時，根據以下方程式

$$V_1 A_1 = V_2 A_2 \quad \text{與} \quad P_1 + \rho \frac{V_1^2}{2} = P_2 + \rho \frac{V_2^2}{2}$$

速度會增加，且壓力會減小，式中 V_1 與 V_2 分別是經過截面 A_1 與 A_2 的平均速度，因此最大速度與最低壓力都發生在喉部。(a) 若水在 20°C，入口壓力是 20.803 kPa，且喉部直徑是入口直徑的 1/20，估計在喉部可能發生空蝕的入口最小平均速度。(b) 對水溫 50°C，重做 (a) 小題，解釋為什麼所需的入口速度比 (a) 小題的速度高或低。

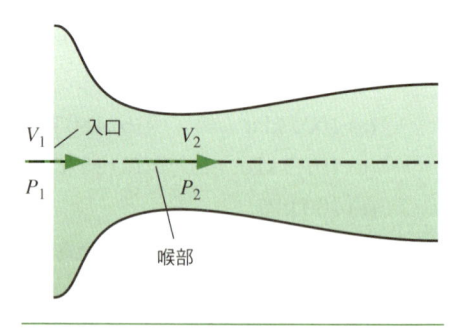

圖 P2-148

2-149 雖然鋼的密度是水的 7 至 8 倍，但仍可使鋼製迴紋針或刮鬍刀浮在水面上，解釋並討論。如果你將一些肥皂與水混合，預測會發生什麼事。

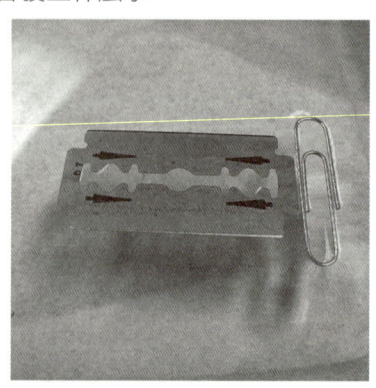

圖 P2-149
Photo by John M. Cimbala.

Chapter 3

壓力和流體靜力學

學習目標

讀完本章後,你將能夠

- 決定流體靜止時的壓力變化。
- 利用各種形式的壓力計計算壓力。
- 計算靜止的流體對沉浸的平面或曲面所施加的力和力矩。
- 分析漂浮或沉浸物體的穩定度。
- 分析容器中的流體在作線性加速運動或轉動時的剛體運動。

John Ninomiya 利用 72 個填充氦氣的氣球叢飛翔在加州特美酷拉 2003 年 4 月的天空上。氦氣球排開約 230 m³ 的空氣,提供了需要的浮力。千萬別在家中嘗試這樣做!
Photograph by Susan Dawson. Used by permission.

本章討論流體在靜止時或作剛體運動時所施加的力。與這些力有關的流體性質是壓力,這是流體對每單位面積所施加的垂直力。我們在本章從詳細討論壓力開始,包括絕對和錶壓力、在一點上的壓力、在重力場中壓力隨深度的變化、氣壓計、壓力計和其它壓力量測裝置。接下來討論的是作用在沉浸物體上的靜水力,包括在平面上或在曲面上的力。然後考慮流體作用在沉浸或漂浮物體的浮力,及討論這些物體的穩定度。最後我們將牛頓第二運動定律應用在一個像剛體運動的流體上,其正在作線性加速度運動或在一個旋轉容器中。本章對處於力平衡的物體作了廣泛的力平衡分析,所以事先對靜力學相關的論點作複習是很有幫助的。

3-1 壓力

壓力 (pressure) 定義為流體在單位面積上施加的垂直力。我們只有在討論到氣體或液體時才談到壓力。壓力在固體上的對應量是正向應力 (normal stress)。因為壓力被定義為每單位面積的力，它的單位是每平方米牛頓 (N/m^2)，又稱為 pascal (Pa)。也就是：

$$1 \text{ Pa} = 1 \text{ N/m}^2$$

對大多數實際會碰到的壓力，壓力單位 pascal 太小了。因此一般會使用它的倍數 kilo、pascal (1 kPa = 10^3 Pa) 和 megapascal (1 MPa = 10^6 Pa)。其它三個常會使用到的壓力單位，特別在歐洲，是 bar、atm 及 kgf/cm^2：

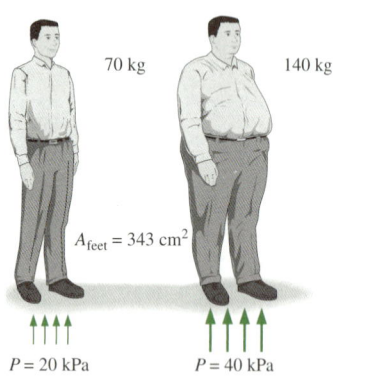

$$1 \text{ bar} = 10^5 \text{ Pa} = 0.1 \text{ MPa} = 100 \text{ kPa}$$
$$1 \text{ atm} = 101{,}325 \text{ Pa} = 101.325 \text{ kPa} = 1.01325 \text{ bars}$$
$$1 \text{ kgf/cm}^2 = 9.807 \text{ N/cm}^2 = 9.807 \times 10^4 \text{ N/m}^2$$
$$= 9.807 \times 10^4 \text{ Pa}$$
$$= 0.9807 \text{ bar}$$
$$= 0.9679 \text{ atm}$$

注意壓力單位 bar、atm 和 kgf/cm^2 彼此幾乎是相等的。在英制系統，壓力的單位是 lbf/in^2 (或 psi)，而 1 atm = 14.696 psi。壓力單位 kgf/cm^2 和 lbf/in^2 也分別被表示成 kg/cm^2 和 lb/in^2，它們經常被使用在胎壓計上。可以證明 1 kgf/cm^2 = 14.223 psi。

壓力也同時被使用在固體面上當作正向應力的同義詞，即每單位面積，垂直作用在表面上的力。例如，一個 70 kg 的人，其腳掌總面積 343 cm^2，對地板施加的壓力是 (70×9.81/1000) $kN/0.0343 \text{ m}^2$ = 20 kPa (圖 3-1)。如果此人單腳站立，壓力加倍。如果此人體重增加，他或她可能會遭遇到足部不舒服的問題，因為其足部壓力增加了 (足底大小不會隨體重增加而改變)。這也解釋了一個人為何可以穿一雙大雪鞋在新雪上行走卻不下沉，及一個人使用利刃時，可以輕鬆切割的原因。

在一個已知地點的實際壓力稱為**絕對壓力** (absolute pressure)，其量測是相對於絕對真空的 (即絕對零壓力)。然而多數壓力量測裝置被校正成在大氣中讀值為零 (圖 3-2)，因此它們指示的是絕對壓力和當地大氣壓力的差值。這差值稱為**錶壓力**

70 kg　　140 kg

$A_{\text{feet}} = 343 \text{ cm}^2$

$P = 20 \text{ kPa}$　　$P = 40 \text{ kPa}$

$P = \sigma_n = \dfrac{W}{A_{\text{feet}}} = \dfrac{(70 \times 9.81/1000) \text{ kN}}{0.0343 \text{ m}^2} = 20 \text{ kPa}$

圖 3-1 一個肥胖者的足底正向應力 (或壓力) 遠大於一個苗條的人的足底正向應力。

圖 3-2 一些基本壓力計。
Dresser Instruments, Dresser, Inc. Used by permission.

第 3 章 壓力和流體靜力學 83

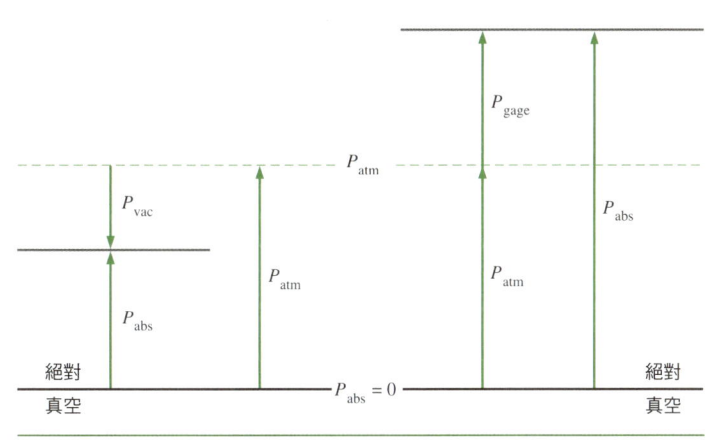

圖 3-3 絕對壓力、錶壓力和真空壓力。

(gage pressure)，P_{gage} 可以是正值或負值。低於大氣壓力的壓力有時候也稱為真空壓力 (vacuum pressure)，它是由真空壓力計量測的，指的是大氣壓力和絕對壓力的差值。絕對壓力、錶壓力和真空壓力間的關係是

$$P_{\text{gage}} = P_{\text{abs}} - P_{\text{atm}} \tag{3-1}$$

$$P_{\text{vac}} = P_{\text{atm}} - P_{\text{abs}} \tag{3-2}$$

這些關係說明於圖 3-3。

就像其它壓力計，用來量測汽車輪胎內空氣壓力的壓力計讀出的是錶壓力。因此一個普通的讀值 32.0 psi (2.25 kgf/cm²) 指的是高於大氣壓力 32.0 psi。例如在大氣壓力是 14.3 psi 的地點，胎內的絕對壓力是 32.0 + 14.3 = 46.3 psi。

在熱力學關係式及圖表中，幾乎都是使用絕對壓力。貫穿本書之中，壓力 P 指示的是絕對壓力，除非另有指定。通常字母 "a" (指絕對壓力) 和 "g" (指錶壓力) 會被加到壓力單位中來清楚表示其意涵 (例如 psia 和 psig)。

例題 3-1 ▶ 真空室中的絕對壓力

連接到真空室中的真空壓力計讀值是 40 kPa，當地的大氣壓力是 100 kPa。試求室中的絕對壓力。

解答： 已知真空室中的錶壓力。要決定室中的絕對壓力。

解析： 絕對壓力可輕易使用式 (3-2) 求解：

$$P_{\text{abs}} = P_{\text{atm}} - P_{\text{vac}}$$
$$= 100 - 40 = 60 \text{ kPa}$$

討論： 注意求解絕對壓力時，會使用到當地的大氣壓力值。

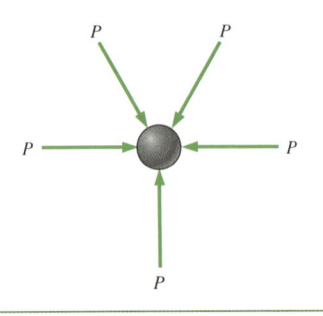

圖 3-4 壓力是純量，不是向量；流體中一點的壓力在所有方向都是相同的。

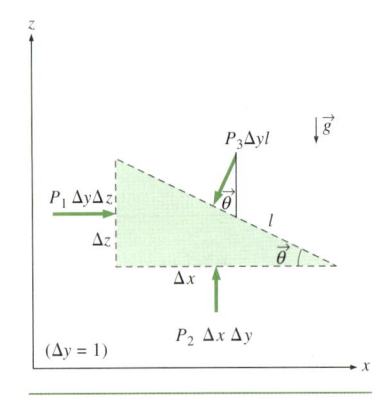

圖 3-5 作用在一個平衡中的楔形流體元素的力。

在一點上的壓力

壓力是每單位面積的壓縮力，它給人向量的印象。然而，在流體中的任一點，壓力在所有方向是相同的 (圖 3-4)。也就是說，它有大小但沒有特定方向，因此是個純量。這可藉由考慮一個有單位長度 ($\Delta y = 1$，進入頁面方向) 的楔形流體元素的平衡來說明，如圖 3-5 所示。在三個面上的壓力是 P_1、P_2 和 P_3，而作用在面上的力是壓力和表面面積的乘積。根據牛頓第二運動定律，在 x- 和 z- 方向的力平衡可得

$$\sum F_x = ma_x = 0: \quad P_1 \Delta y \Delta z - P_3 \Delta y l \sin\theta = 0 \tag{3-3a}$$

$$\sum F_z = ma_z = 0: \quad P_2 \Delta y \Delta x - P_3 \Delta y l \cos\theta - \frac{1}{2}\rho g \Delta x \Delta y \Delta z = 0 \tag{3-3b}$$

其中 ρ 是密度，$W = mg = \rho g \Delta x \Delta y \Delta z/2$ 是流體元素的重量。注意楔形物是個直角三角形，故有 $\Delta x = \ell \cos\theta$ 和 $\Delta z = \ell \sin\theta$。代入這些幾何關係式並將式 (3-3a) 除以 $\Delta y \Delta z$，式 (3-3b) 除以 $\Delta x \Delta y$ 得到

$$P_1 - P_3 = 0 \tag{3-4a}$$

$$P_2 - P_3 - \frac{1}{2}\rho g \Delta z = 0 \tag{3-4b}$$

在式 (3-4b) 的最後一項因為 $\Delta z \to 0$ 被消去且楔形物變成無限小，因此流體元素縮到一點。結合這兩個關係式的結果得到

$$P_1 = P_2 = P_3 = P \tag{3-5}$$

不論角度 θ 的值是什麼。我們可以對一個在 yz-平面的元素重複這個分析並得到相似的結果。因此結論是流體中一點的壓力在所有方向都是相同的。這個結果可以適用於運動中的流體，也適用於靜止的流體，因為壓力是純量，不是向量。

壓力隨深度的變化

靜止流體的壓力在水平方向不會變化，對你而言這並不意外。這可輕易的藉由考慮一個流體水平薄層，並對其作任意水平方向的力平衡分析而證明。然而在

垂直的重力場方向，情況就不是這樣。流體中的壓力隨深度而增加。因為有更多的流體壓在更深層的流體上，這種「更多重量」壓在更深層流體的效應是由壓力的增加來平衡的(圖 3-6)。

為了獲得壓力隨深度變化的關係式，考慮一個長方形流體元素，高 Δz，長 Δx，具有單位深度 ($\Delta y = 1$，進入頁面方向)，處於平衡狀態如圖 3-7 所示。假設流體的密度是常數，作垂直方向 (z- 方向) 的力平衡分析，得到

$$\sum F_z = ma_z = 0: \quad P_1 \Delta x \Delta y - P_2 \Delta x \Delta y - \rho g \Delta x \Delta y \Delta z = 0$$

其中 $W = mg = \rho g \Delta x \Delta y \Delta z$ 是流體元素的重量，$\Delta z = z_2 - z_1$。除以 $\Delta x \Delta y$ 並重新整理後，得到

$$\Delta P = P_2 - P_1 = -\rho g \Delta z = -\gamma_s \Delta z \quad (3\text{-}6)$$

其中 $\gamma_s = \rho g$ 是流體的比重量。因此，我們的結論是在等密度流體中，兩點間的壓力差正比於兩點間的垂直距離 Δz 與流體密度 ρ。注意負號表示在靜止流體中的壓力隨深度線性的增加。這是當一個潛水者潛入更深的湖裡所經驗到的。

對處於靜水力條件下的流體中的任意兩點間，更容易記憶和應用的方程式是

$$P_{\text{below}} = P_{\text{above}} + \rho g |\Delta z| = P_{\text{above}} + \gamma_s |\Delta z| \quad (3\text{-}7)$$

其中 "below" 指的點在較低的高度 (流體中較深處)，而 "above" 指的點在較高的高度。如果你很一致地使用這個方程式，應該可以避免符號錯誤。

對一個已知流體，有些時候會用垂直距離 Δz 來量度壓力，此時它被稱為壓力頭 (pressure head)。

我們同時從式 (3-6) 得到的結論是對於小至中等的距離，壓力隨深度的變化在氣體中是可忽略的，原因是氣體的低密度。例如在一個內含氣體的槽，槽內壓力可視為是均勻的，因為氣體的重量太小不能造成明顯的差異。同樣的，充滿空氣的房間中的壓力也可被近似為一個常數 (圖 3-8)。

如果我們把 "above" 這個點取在液體與大氣接觸的自由表面上 (圖 3-9)，這裡的壓力是大氣壓力 P_{atm}，則根據式 (3-7)，在自由表面以下深度 h 處的壓力變成

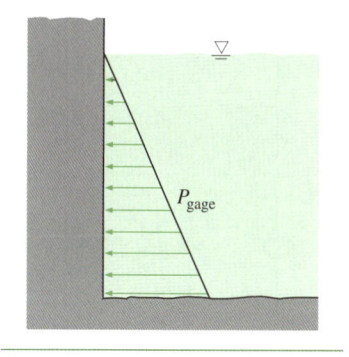

圖 3-6 靜止流體的壓力隨深度增加 (增加重量的結果)。

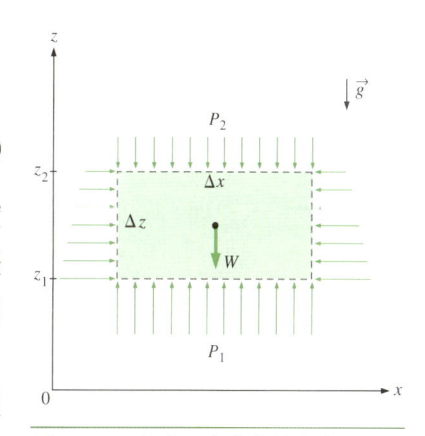

圖 3-7 一個在平衡狀態的長方形流體元素的自由體圖。

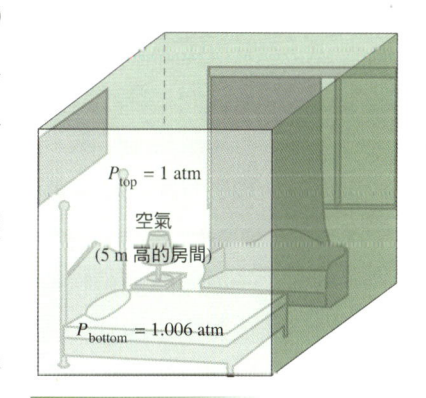

圖 3-8 在一個充滿氣體的房間內，壓力隨高度的變化是可以忽略的。

$$P = P_{atm} + \rho g h \quad 或 \quad P_{gage} = \rho g h \tag{3-8}$$

液體基本上是不可壓縮物質,因此密度隨深度的變化是可忽略的。對氣體而言,若高度變化不太大時,情況也是如此。但是液體或氣體的密度隨溫度的變化可以是很明顯的,因此若要求高準確度,必須考慮其影響。同時,對於極大的深度,比如在海洋中,液體的密度變化也可能非常顯著,起因在其上極大的海水重量的壓縮作用。

重力加速度 g 從在海平面的 9.807 m/s² 變化到在高度 14,000 m 的 9.764 m/s²,此處是大型民航客機巡航的高度。在這個極端的例子中,只有 0.4% 的變化。因此 g 可以被近似為一個常數,誤差甚微。

對於密度隨高度有顯著變化的流體,為獲得壓力隨高度變化的關係式可以把式 (3-6) 除以 Δz,取 $\Delta z \rightarrow 0$ 的極限,可得到

$$\frac{dP}{dz} = -\rho g \tag{3-9}$$

注意,當 dz 是正時,dP 是負的,因為壓力在向上的方向是漸減的。當密度隨高度的變化已知時,兩點 1 和 2 之間的壓力差可經由積分來決定,

$$\Delta P = P_2 - P_1 = -\int_1^2 \rho g \, dz \tag{3-10}$$

當等密度及等重力加速度時,這個關係式可以化簡成式 (3-6),正如預期的。

靜止液體的壓力與容器截面積的形狀無關。它只隨垂直距離而變化,但在其它方向維持是常數。因此在一已知流體的一個水平面上的所有點壓力都是相同的。德國數學家西蒙・斯特芬 (1548-1620) 在 1586 年發表了圖 3-10 說明的原理。注意點 A、B、C、D、E、F 和 G 上的壓力都相等,因為它們有同樣的深度,且它們以同一種靜態流體相連接。然而,點 H 和 I 的壓力卻不同,因為此兩點不能以同一種流體相連接 (即,我們無法從點 I 到點 H 畫一條線而能夠維持在同一流體中),雖然它們位於同樣的深度。(你能說出哪一點的壓力較高嗎?) 同時注意,流體施加的壓力總是垂直於指定點的平面上。

流體中的壓力在水平方向維持是個常數的一個後果是施加在一個封閉流體的壓力會使流體中每一點的壓力都增加相同的量。這個結果稱為**帕斯卡定理** (Pascal's Law),依布萊茲・帕斯卡 (1623-1662) 命名。帕斯卡同時曉得流體所施加的力正比於表面面積。它瞭解到兩個不同截面積的液壓活塞可被連接,則大活塞的出力可以遠大於作用在小活塞的力。「帕斯卡機器」成為許多發明的來源,也是我們日常生

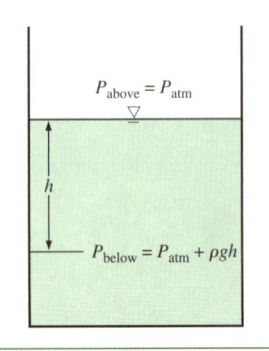

圖 3-9 靜止液體的壓力隨離自由液面的距離呈線性增加。

$P_A = P_B = P_C = P_D = P_E = P_F = P_G = P_\text{atm} + \rho g h$
$P_H \neq P_I$

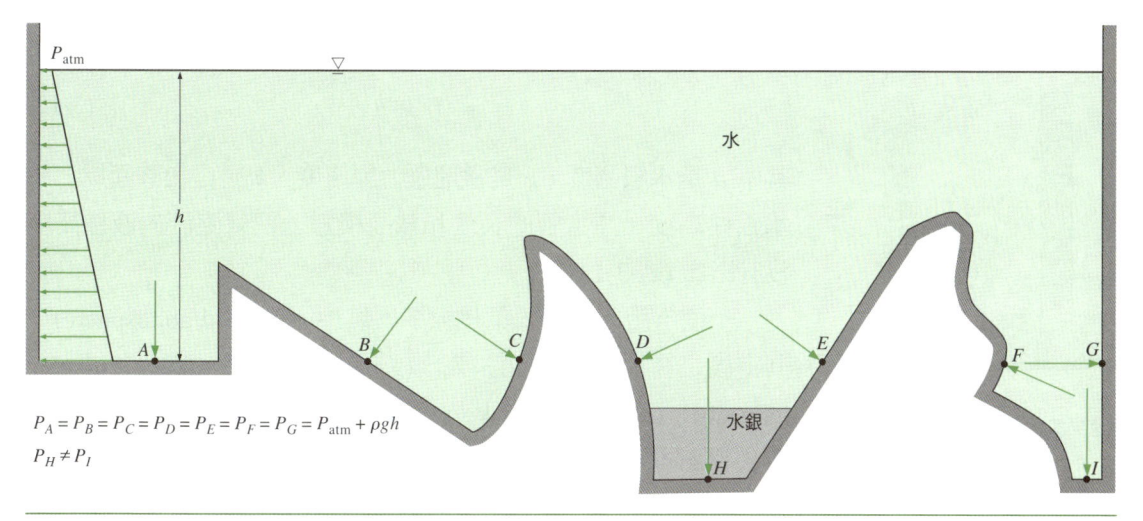

圖 3-10 在靜水力條件下，一個已知流體中，位在相同水平面上所有點的壓力是相同的，與幾何形狀無關，條件是各點之間是由相同的流體連接的。

活的一部分，例如液壓剎車和液壓升降機。這使我們可以輕易的用一隻手臂抬高一輛車，如圖 3-11 所示。注意 $P_1 = P_2$，因為兩活塞在相同高度 (微小的高度差效應是可忽略的，特別是在高壓時)，輸出力相對輸入力的比值成為

$$P_1 = P_2 \quad \rightarrow \quad \frac{F_1}{A_1} = \frac{F_2}{A_2} \quad \rightarrow \quad \frac{F_2}{F_1} = \frac{A_2}{A_1} \qquad (3\text{-}11)$$

面積比 A_2/A_1 稱為液壓升降機的理想機械效益 (ideal mechanical advantage)。例如使用一個面積比 $A_2/A_1 = 100$ 的液壓汽車起重機，一個人只要施力 10 kgf (= 90.8 N) 就能夠舉起 1000 kg 的汽車。

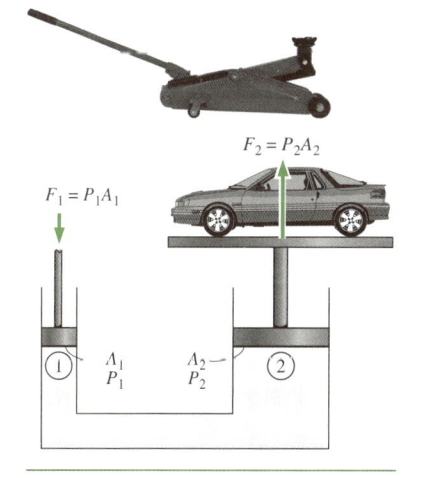

圖 3-11 應用帕斯卡定理，用小力舉起重物。一個常例是液壓千斤頂。
(Top) © Stockbyte/Getty RF

3-2 壓力量測裝置

氣壓計

大氣壓力使用稱為氣壓器 (barometer) 的裝置量測；因此大氣壓力 (atmospheric pressure) 有時也稱為 barometric pressure。

義大利人埃萬傑利斯塔‧托里切利 (1608-1647) 第一個證明大氣壓力可藉由將一根充滿水銀的管子倒轉插入一個對大氣開口的水銀槽中來量測 (圖 3-12)。在 B 點的壓力等於大氣壓力，C 點的壓力可當成零，因為 C 點之上只有微量的水銀蒸氣，其壓力相較於 P_atm 甚小，在很好的近似下可被忽略。在垂直方向作力平衡分

析可得

$$P_{atm} = \rho g h \qquad (3\text{-}12)$$

其中 ρ 是水銀密度，g 是當地重力加速度，h 是自由液面以上的水銀柱高度。注意管的長度和截面積對一個氣壓計的液柱高度沒有影響 (圖 3-13)。

一個常用的壓力單位是標準大氣壓 (standard atmosphere)，其定義是在標準重力加速度下 ($g = 9.807$ m/s^2)，0°C，760 mm 的水銀柱 ($\rho_{Hg} = 13,595$ kg/m^3) 高度所產生的壓力。如果用水取代水銀來量測標準大氣壓力，就需要約 10.3 m 水柱的高度。有時候直接用水銀柱的高度來表示壓力 (特別是氣象預報員)。例如，在 0°C 的標準大氣壓是 760 mmHg。單位 mmHg 又稱為 torr，用來紀念托里切利。因此 1 atm = 760 torr，而 1 torr = 133.3 Pa。

大氣壓力 P_{atm} 從海平面的 101.325 kPa 分別變化到在高度 1000、2000、5000、10,000 和 20,000 公尺的 89.88、79.50、54.05、26.5 和 5.53 kPa。例如，丹佛市 (高度 = 1610 m) 的典型大氣壓力是 83.4 kPa。記住一個地方的大氣壓力只是那個地方每單位地表面積以上的空氣重量。因此，它不僅隨高度也隨天氣條件而改變。

大氣壓力隨高度遞減對日常生活有深遠的影響。例如在高處的烹煮時間較長，是因為水在低大氣壓力時，沸騰的溫度也較低。在高處流鼻血是常碰到的經驗，因為在這種情況下，血壓和大氣壓力的差值較大，而鼻內精細的血管經常無法忍受這種額外的壓力。

在已知的溫度下，空氣的密度在高處較小，因此一個已知體積內會含較少的空氣和較少的氧氣。不意外的，我們在高海拔處較易累也較易經歷流鼻血的問題。同樣的，在 1500 m 高度，一個 2.0 L 的汽車引擎會表現得像一個 1.7 L 的汽車引擎 (除非是渦輪增壓)，因為 15% 降低的壓力，導致空氣密度降低了 15% (圖 3-14)。在那個高度下，一個風扇或壓縮機在相同的體積排送率之下會少排出 15% 的空氣。因此高海拔處可能需要選擇較大的冷卻風扇來確保達到指定的質量流率。較低的壓力和較小的密度也影響到升力和阻力；飛機在高海拔需要較長的跑道來發展需要的升力，然後它們爬升到高空巡航以降低阻力，從而達到較佳的燃油效率。

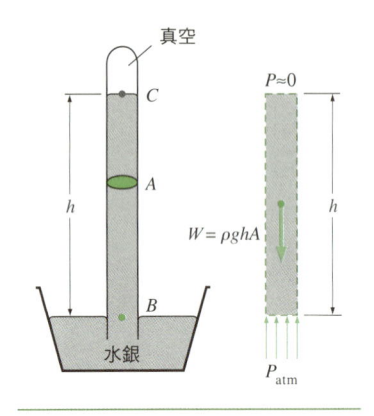

圖 3-12 基本氣壓計。

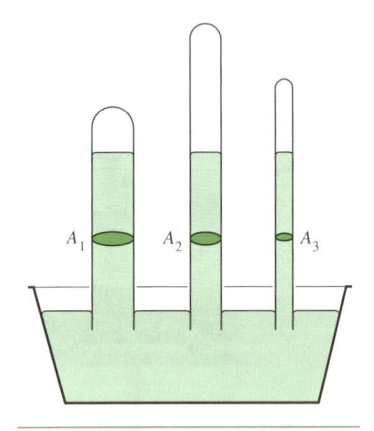

圖 3-13 氣壓計的管長和截面積對液柱高度沒有影響，只要管的直徑夠大，可以避免表面張力 (毛細) 現象即可。

圖 3-14 在高海拔處，因為空氣的低密度，汽車引擎產生較少的動力，而個人得到較少的氧氣。

例題 3-2 使用氣壓計量測大氣壓力

一個地方的氣壓計讀值是 740 mmHg，重力加速度是 $g = 9.805$ m/s^2，試求其大氣壓力。假設水銀的溫度是 10℃，其密度是 13,570 kg/m^3。

解答：已知一個地方的氣壓計的水銀柱高度，要決定大氣壓力。
假設：水銀的溫度假設是 10℃。
性質：已知水銀的密度是 13,570 kg/m^3。
解析：大氣壓力可以從式 (3-12) 決定之：

$$P_{atm} = \rho g h$$
$$= (13{,}570 \text{ kg/m}^3)(9.805 \text{ m/s}^2)(0.740 \text{ m})\left(\frac{1 \text{ N}}{1 \text{ kg·m/s}^2}\right)\left(\frac{1 \text{ kPa}}{1000 \text{ N/m}^2}\right)$$
$$= 98.5 \text{ kPa}$$

討論：注意密度隨溫度而變，因此這個效應必須在計算中考慮到。

例題 3-3 從 IV 瓶來的重力驅動流

靜脈注射通常是由重力驅動，方法是把液體瓶懸掛在夠高的地方來對抗血管中的血壓並驅動流體進入體內（圖 3-15）。瓶掛得越高，流體的流動率將會越大。(a) 如果觀察到當瓶高於手臂 1.2 m 時，流體與血壓互相平衡，試求血壓的錶壓力，(b) 如果在手臂高度需要的流體錶壓力是 20 kPa 以得到足夠的流動率，試求瓶必須被放在多高的地方。流體的密度是 1020 kg/m^3。

解答：已知在一個特定高度，IV 流體和血壓相互平衡。要決定血壓和要維持希望流率的瓶高。
假設：**1.** IV 流體是不可壓縮的。**2.** IV 瓶是對大氣開放的。
性質：IV 流體的密度已知為 $\rho = 1020$ kg/m^3。
解析：(a) 當 IV 瓶比手臂高度高 1.2 m 時，IV 流體和血壓相互平衡。手臂的血壓等於 IV 流體在深度 1.2 m 的錶壓力：

$$P_{\text{gage, arm}} = P_{\text{abs}} - P_{\text{atm}} = \rho g h_{\text{arm-bottle}}$$
$$= \rho g h_{\text{arm-bottle}}$$
$$= (1020 \text{ kg/m}^3)(9.81 \text{ m/s}^2)(1.20 \text{ m})\left(\frac{1 \text{ kN}}{1000 \text{ kg·m/s}^2}\right)\left(\frac{1 \text{ kPa}}{1 \text{ kN/m}^2}\right)$$
$$= 12.0 \text{ kPa}$$

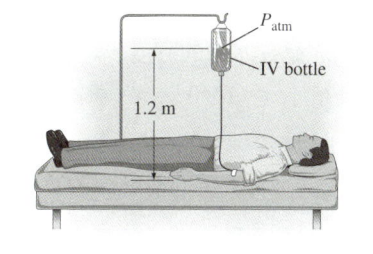

圖 3-15 例題 3-3 的示意圖。

(b) 為提供在手臂高度處能有 20 kPa 的錶壓力，瓶中的 IV 流體從手臂位置算起的液面高度同樣可用 $P_{\text{gage, arm}} = \rho g h_{\text{arm-bottle}}$ 來決定：

$$h_{\text{arm-botttle}} = \frac{P_{\text{gage, arm}}}{\rho g}$$

$$= \frac{20 \text{ kPa}}{(1020 \text{ kg/m}^3)(9.81 \text{ m/s}^2)}\left(\frac{1000 \text{ kg·m/s}^2}{1 \text{ kN}}\right)\left(\frac{1 \text{ kN/m}^2}{1 \text{ kPa}}\right)$$

$$= \textbf{2.00 m}$$

討論：儲水體的高度在重力驅動流中可被用來控制流率。當有流動時，管中由於摩擦效應所造成的壓力降也必須考慮。對於指定的流率，需要將瓶稍微提高來克服此壓力降。

例題 3-4 ▶ 在一個有密度變化的太陽池中的靜水力壓力

太陽池是數公尺深的小型人造湖，用來儲存太陽能。藉由加鹽到池內來防止受熱的水 (因此較輕) 上升到表面。在一個典型的鹽梯度太陽池，水的密度在梯度層遞增，如圖 3-16 所示。密度可以被表示成

$$\rho = \rho_0\sqrt{1 + \tan^2\left(\frac{\pi}{4}\frac{s}{H}\right)}$$

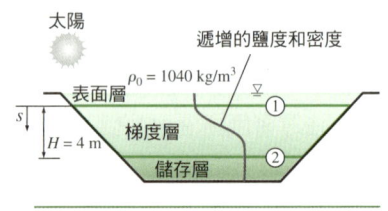

圖 3-16 例題 3-4 的示意圖。

其中 ρ_0 是在水面的密度，s 是從梯度層頂端往下量的垂直距離 ($s = -z$)，而 H 是梯度層的厚度。若 $H = 4$ m，$\rho_0 = 1040$ kg/m^3 和表面層的厚度是 0.8 m，試求梯度層底部的錶壓力。

解答：已知一個太陽池的梯度層的鹽水密度隨深度變化的關係式。要決定在梯度層底部的錶壓力。
假設：太陽池的表面層的密度是常數。
性質：已知表面的鹽水密度是 1040 kg/m^3。
解析：我們將梯度層的頂部和底部分別標示為 1 和 2。注意表面層的密度是常數，表面層底面 (梯度層頂面) 的錶壓力是

$$P_1 = \rho g h_1 = (1040 \text{ kg/m}^3)(9.81 \text{ m/s}^2)(0.8 \text{ m})\left(\frac{1 \text{ kN}}{1000 \text{ kg·m/s}^2}\right) = 8.16 \text{ kPa}$$

因為 1 kN/m^2 = 1 kPa。因為 $s = -z$，跨越垂直距離 ds 所對應的靜水壓差是

$$dP = \rho g\, ds$$

從梯度層頂面 (點 1，$s = 0$) 到梯度層中任何位置 s (無下標) 積分可得

$$P - P_1 = \int_0^s \rho g\, ds \quad \rightarrow \quad P = P_1 + \int_0^s \rho_0 \sqrt{1 + \tan^2\left(\frac{\pi}{4}\frac{s}{H}\right)}\, g\, ds$$

執行這個積分可得在梯度層中的錶壓力變化

$$P = P_1 + \rho_0 g \frac{4H}{\pi} \sinh^{-1}\left(\tan\frac{\pi}{4}\frac{s}{H}\right)$$

然後在梯度層底面 ($s = H = 4$ m) 的壓力變成

$P_2 = 8.16$ kPa $+ (1040$ kg/m$^3)(9.81$ m/s$^2)$
$$\frac{4(4 \text{ m})}{\pi} \sinh^{-1}\left(\tan\frac{\pi}{4}\frac{4}{4}\right)\left(\frac{1 \text{ kN}}{1000 \text{ kg·m/s}^2}\right)$$
$= \mathbf{54.0}$ **kPa** (gage)

討論：梯度層中隨深度的錶壓力變化繪於圖 3-17。虛線表示等密度 1040 kg/m^3 下的靜水壓力，是供參考用的。注意當密度隨深度變化時，壓力隨深度的變化不是線性的。這是需要積分的原因。

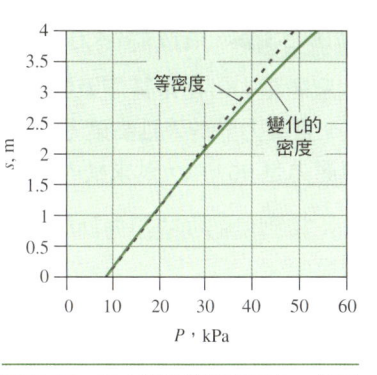

圖 3-17 在太陽池的梯度層中，錶壓力隨深度的變化。

液體壓力計

我們從式 (3-6) 注意到在靜止流體中 $-\Delta z$ 的高度變化對應到 $\Delta P/\rho g$，這建議著一個流體柱可被用來量測壓力差。基於這個原理的裝置稱為**液體壓力計** (manometer)，經常被用來量測小到中等的壓力差。一個液體壓力計包含一根玻璃或塑膠 U 形管，內含一種或多種流體，例如水銀、水、酒精或油 (圖 3-18)。為了使液體壓力計的大小維持在可處理的範圍，當預期到比較大的壓力差時，就採用比較重的流體，例如水銀。

考慮示於圖 3-19 的液體壓力計，用來量測桶內的壓力。因為氣體的重力效應可以忽略，桶中任何位置，包括點 1，有同樣的壓力。再者，同一種流體中，在同一水平面上的壓力是相同的，因此點 2 的壓力與點 1 的壓力相同，$P_2 = P_1$。

圖中高度差為 h 的流體柱處於靜平衡，而且一端對大氣開放，因此點 2 的壓力可以用式 (3-7) 來決定

$$P_2 = P_{atm} + \rho g h \tag{3-13}$$

其中 ρ 是液體壓力計管中流體的密度。注意管的截面積對高度差 h 沒有影響，因此也對流體的壓力沒有影響。然而，管的直徑必須夠大 (大於數毫米) 以確保表面張力效應和毛細上升可忽略。

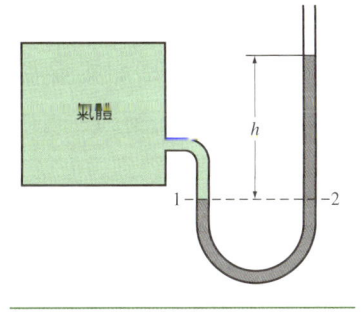

圖 3-19 基本液體壓力計。

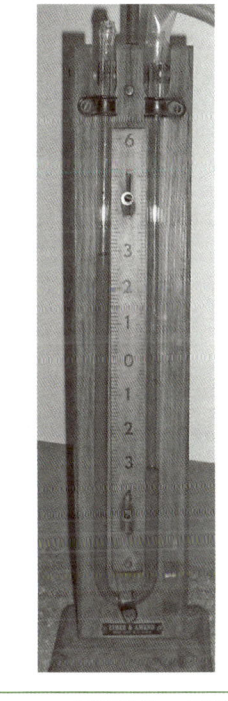

圖 3-18 一個簡單的 U 形管液體壓力計，高壓作用在右邊。
Photo by John M. Cimbala.

92 流體力學

例題 3-5 ▶ 用液體壓力計量測壓力

一個液體壓力計用來量測氣體桶內的壓力。使用的流體的比重是 0.85，且壓力計的液柱高度是 55 cm，如圖 3-20 所示。如果當地大氣壓力是 96 kPa，試求桶內的絕對壓力。

解答： 接到氣體桶的壓力計讀值和大氣壓力已知。要決定桶內的絕對壓力。

假設： 桶內氣體的密度遠小於壓力計流體的密度。

性質： 已知壓力計流體的比重是 0.85。我們假設水的標準密度是 1000 kg/m³。

解析： 流體密度的決定是將其比重乘以水的密度而得

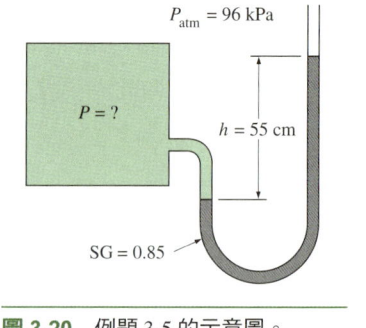

$$\rho = SG(\rho_{H_2O}) = (0.85)(1000 \text{ kg/m}^3) = 850 \text{ kg/m}^3$$

然後從式 (3-13)，

$$\begin{aligned} P &= P_{atm} + \rho g h \\ &= 96 \text{ kPa} + (850 \text{ kg/m}^3)(9.81 \text{ m/s}^2)(0.55 \text{ m})\left(\frac{1 \text{ N}}{1 \text{ kg·m/s}^2}\right)\left(\frac{1 \text{ kPa}}{1000 \text{ N/m}^2}\right) \\ &= \mathbf{100.6 \text{ kPa}} \end{aligned}$$

討論： 注意桶內的錶壓力是 4.6 kPa。

圖 3-20 例題 3-5 的示意圖。

有些液體壓力計使用傾斜管，為的是在讀流體高度時增加解析度 (精密度)。這種裝置稱為**傾斜式液體壓力計** (inclined manometers)。

許多工程問題和某些液體壓力計牽涉到多種不同密度的不能相互混合的流體堆疊在一起。這些系統可以輕易的被分析，只要記住 (1) 跨過高度為 h 的流體柱的壓力差是 $\Delta P = \rho g h$，(2) 在一個已知流體中，往下壓力遞增，往上壓力遞減 (即，$P_{bottom} > P_{top}$)，(3) 在一個靜止的連續流體中，相同高度的兩點，有相同的壓力。

以上最後一項原則，是帕斯卡定理的一個結果，允許我們在一個壓力計中從一個流體柱「跳」到另一個而不用擔心壓力降，只要我們是在同一個連續流體中而且流體是靜止的。那麼任何一點的壓力即可被決定，方法是從一個已知壓力的點開始，朝向我們有興趣的點前進，依順序增加或減去對應的 $\rho g h$ 項即可。例如，要決定圖 3-21 中桶底的壓力，可以從自由液面，其壓力是 P_{atm}，開始朝下移動直到我們到達底部的點 1 為止。它給出

$$P_{atm} + \rho_1 g h_1 + \rho_2 g h_2 + \rho_3 g h_3 = P_1$$

在所有流體層有相同的密度的特例中，這個關係式化簡成

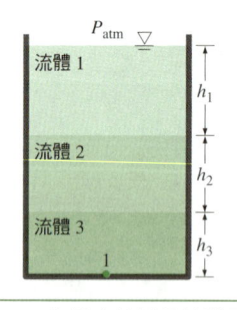

圖 3-21 在靜止的堆疊流體層中，跨過每一個密度 ρ、高度 h 的流體層的壓力變化是 $\rho g h$。

$P_{atm} + \rho g(h_1 + h_2 + h_3) = P_1$。

液體壓力計特別適用於量測跨過兩個指定點之間的水平流動段的壓力降,這是由於存在著,例如閥、熱交換器或任何流動流阻器的原因。其作法是把液體壓力計的兩腿分別接到上下游的這兩點,如圖 3-22 所示。工作中的流體可以是氣體或液體,其密度是 ρ_1,壓力計流體的密度是 ρ_2,液柱高度差是 h。兩流體必須不相混合,並且 ρ_2 必須大於 ρ_1。

從點 1 的 P_1 開始,沿管移動,加上或減去 ρgh 項直到達到點 2,並且設定結果等於 P_2,我們就可以得到壓力差 $P_1 - P_2$ 的關係式:

$$P_1 + \rho_1 g(a+h) - \rho_2 gh - \rho_1 ga = P_2 \tag{3-14}$$

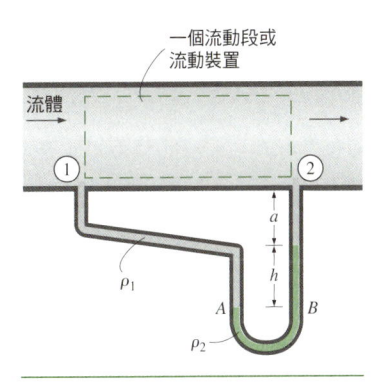

圖 3-22 使用液體壓力計測量跨過一個流體段或流動裝置的壓力降。

注意我們從點 A 水平地跳到點 B,並且忽略其下的部分因為此兩點的壓力相同。化簡後得

$$P_1 - P_2 = (\rho_2 - \rho_1)gh \tag{3-15}$$

注意距離 a 必須被包括在分析中,即使它們對結果沒有影響。另外,當管內流動的流體是氣體時,$\rho_1 \ll \rho_2$,式 (3-15) 的關係式可以化簡成 $P_1 - P_2 \cong \rho_2 gh$。

例題 3-6 ▶ 使用多流體壓力計量測壓力

一個桶內的水用空氣加壓,並且使用一個多流體壓力計量測壓力,如圖 3-23 所示。桶位於高度 1400 m 的山上,其大氣壓力是 85.6 kPa。如果 $h_1 = 0.1$ m, $h_2 = 0.2$ m, $h_3 = 0.35$ m,試求桶內的空氣壓力。水、油和水銀的密度分別是 1000 kg/m^3、850 kg/m^3 和 13,600 kg/m^3。

解答:一個加壓水桶的壓力用一個多流體壓力計量測,要決定桶內的空氣壓力。

假設:桶內的空氣壓力是均勻的 (即因為其低密度,壓力隨高度的變化可忽略),因此我們可以在空氣−水介面處決定空氣壓力。

性質:水、油和水銀的密度分別是 1000 kg/m^3、850 kg/m^3 和 13,600 kg/m^3。

圖 3-23 例題 3-6 的示意圖;未依比例繪製。

解析:從空氣−水介面的點 1 的壓力開始,沿管移動,加上或減去對應的 ρgh 項直到我們到達點 2,並設定結果等於 P_{atm},因為在點 2 對大氣是開放的,可得到

$$P_1 + \rho_{water} gh_1 + \rho_{oil} gh_2 - \rho_{mercury} gh_3 = P_2 = P_{atm}$$

解出 P_1 並代入已知數值,

94 流體力學

$$P_1 = P_{atm} - \rho_{water}gh_1 - \rho_{oil}gh_2 + \rho_{mercury}gh_3$$
$$= P_{atm} + g(\rho_{mercury}h_3 - \rho_{water}h_1 - \rho_{oil}h_2)$$
$$= 85.6 \text{ kPa} + (9.81 \text{ m/s}^2)[(13{,}600 \text{ kg/m}^3)(0.35 \text{ m}) - (1000 \text{ kg/m}^3)(0.1 \text{ m})$$
$$- (850 \text{ kg/m}^3)(0.2 \text{ m})]\left(\frac{1 \text{ N}}{1 \text{ kg·m/s}^2}\right)\left(\frac{1 \text{ kPa}}{1000 \text{ N/m}^2}\right)$$
$$= \mathbf{130 \text{ kPa}}$$

討論：注意從一支管水平的跳躍至下一支管，並且瞭解到在相同的流體中壓力是常數的事實，使分析得到可觀的簡化。注意水銀是有毒液體，因此水銀壓力計和溫度計正在被比較安全的流體取代，以避免在意外事件中，曝露在水銀蒸氣下的危險。

例題 3-7 ▶ **使用 EES 分析一個多流體壓力計**

重新考慮在例題 3-6 討論的多流體壓力計。使用 EES 來決定桶內的空氣壓力。同時也決定，若最後的液柱中的水銀被密度為 1030 kg/m³ 的海水取代，而且空氣壓力一樣時，流體高度差 h_3 會變成多少。

解答：用一個多流體壓力計量測水桶內的壓力。如果水銀被換成海水，要使用 EES 來決定桶內的空氣壓力和流體高度差 h_3。

解析：我們開啟 EES 程式，開新檔案，並在出現的黑色螢幕上輸入以下各行 (為了單位一致性，我們將大氣壓力以 Pa 表示)：

```
g=9.81
Patm=85600
h1=0.1;  h2=0.2;  h3=0.35
rw=1000;  roil=850;  rm=13600
P1+rw*g*h1+roil*g*h2−rm*g*h3=Patm
```

其中 P1 是唯一的未知，由 EES 求得

$$P_1 = 129647 \text{ Pa}$$
$$\cong \mathbf{130 \text{ kPa}}$$

這與例題 3-6 所得的結果是一致的。當水銀被海水取代時，流體柱的高度 h_3 可藉由用 "P1 = 129647" 替換 "h3 = 0.35"，用 "rm = 1030" 替換 "rm = 13600" 來輕易的決定。單擊 calculator 符號，可得

$$h_3 = \mathbf{4.62 \text{ m}}$$

討論：我們像紙本一樣使用螢幕，並且以有組織的方式寫下相關的訊息及可用的關係式。EES 代替我們做剩下來的其它工作。方程式可寫在不同行或同行但用分號隔開，同時可插入空白行或註解行來增加可讀性。EES 使得問 "what if" 問題和進行參數研究變得非常容易。

其它壓力量測裝置

另外一種平常會使用到的機械式壓力量測裝置是巴登管 (Bourdon tube)，依法國工程師兼發明家尤金·巴登 (1808-1884) 命名。這是由一根彎曲的、盤繞的或扭曲的空心金屬管組織，其一端封閉並連接到一個刻度盤的指針上 (圖 3-24)。當管子對大氣開放時不變形，刻度盤上的指針被校正為讀值是零 (錶壓力)。當管內被加壓時，管子伸長並正比於施加的壓力移動指針。

電子學已經深入日常生活的每一方面，包括壓力量測裝置。現代的壓力感測器，稱為壓力轉換器 (pressure transducers)，使用各種技術將壓力效應轉換成電子效應，例如電壓、電阻或電容的改變。壓力轉換器更小、更快，並且可以比它們的機械式對手更敏感、可靠和精密。它們可以量測的壓力從小於 1 atm 的百萬分之一到數千 atm。

有範圍廣泛的壓力轉換器可供使用來量測錶壓力、絕對壓力和壓力差。錶壓力轉換器使用大氣壓力當參考點，方法是將感壓簧片的背面通氣到大氣，因此不管在高度多少的大氣環境，它們都輸出零訊號。絕對壓力轉換器被校正為在完全真空時輸出零訊號。差壓轉換器直接量測兩點間的壓力差，而不是使用兩個壓力器分別量測，再取差值。

應變計壓力轉換器是靠一個介於兩個開放給壓力輸入的氣室中間的膜片的變形來操作的。膜片反映其兩邊的壓力差而變形，膜片上的應變計被拉伸產生訊號，惠斯登橋電路將訊號放大輸出。電容式轉換器的工作原理類似，但是當膜片變形時，量測的是電容的改變而不是電阻的改變。

壓電式轉換器，又稱為固態壓力轉換器，其工作原理是當一個結晶物質承受機械壓力時，會產生對應的電壓。這個現象第一次在 1880 年由居里兄弟 (Pierre and Jacques Curie) 發現。壓電式壓力轉換器比膜片式有更快的頻率響應，並且非常適合高壓上的應用，但是它們通常不像膜片式轉換器敏感，特別是在低壓時。

另一種機械式壓力計稱為靜重試驗機 (deadweight tester)，主要用來作校正用，並可量測極高的壓力 (圖 3-25)。其名稱暗示靜重試驗機直接量測壓力，是經由施加一重量來產生每單位面積的力 — 即壓力的基本定義。它的構造是有一個內部充滿流體 (通常是油) 的腔室，與一個緊密配合的活塞、氣缸和推擠

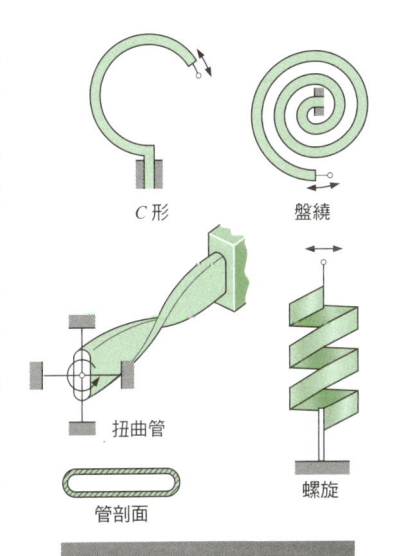

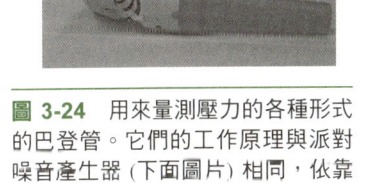

圖 3-24 用來量測壓力的各種形式的巴登管。它們的工作原理與派對噪音產生器 (下面圖片) 相同，依靠的都是有扁平截面的管子。
(Bottom) Photo by John M. Cimbala.

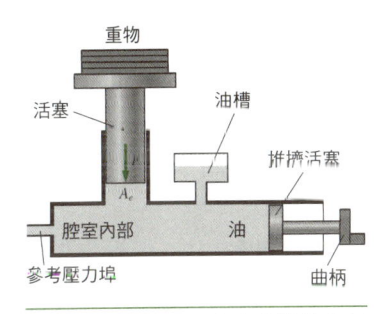

圖 3-25 一個靜重試驗機能夠量測極高的壓力 (在某些應用高達 70 MPa)。

活塞。重物置於活塞頂端，其將對腔室內的油施加一力。作用在活塞–油介面的油上的總力 F 是活塞重量和重物重量的加總。因為活塞截面積 A_e 是已知的，壓力經過計算是 $P = F/A_e$。一個明顯的誤差源來自於活塞和汽缸介面間的摩擦力，但即使這誤差也是小得可以忽略。參考壓力埠不是連接到一個待測的未知壓力就是連接到一個等待校正的壓力感測器上。

3-3 流體靜力學簡介

流體靜力學討論與靜止流體相關的問題，流體可以是液體或氣體。當流體是液體時，流體靜力學通常被指稱為液體靜力學 (hydrostatics)；當流體是氣體時，稱為氣體靜力學 (aerostatics)。在流體靜力學中，相鄰流體層之間沒有相對運動，因此沒有剪 (切向) 應力試圖將流體變形。流體靜力學唯一討論的應力是垂直應力，也就是壓力。壓力的變化源於流體的重量，因此流體靜力學的論題只有在重力場中才有意義，推展出的關係式自然與重力加速度 g 有關。靜止流體作用在表面的力垂直於通過作用點的表面，因為在流體和固體表面間沒有相對運動，從而沒有剪應力平行作用在表面上。

流體靜力學被用來決定作用在浮體和沉浸物體的力，以及像水壓機和汽車千斤頂內發展出來的力。許多工程系統的設計，像水壩和水壓機，需要用流體靜力學來決定作用在它們的表面上的力。作用在沉浸體表面上的液壓總力的完整描述需要決定力的大小、作用方向以及作用線。在接下來的兩個章節中，我們將討論由於壓力而作用在沉浸物體的平面和曲面上的力。

圖 3-26 胡佛水壩。
Courtesy United States Department of the Interior, Bureau of Reclamation-Lower Colorado Region.

3-4 作用在沉浸平面上的液壓靜力

一塊平板 (例如水壩的閘閥、流體儲存桶的牆、靜止船舶的船殼) 當其表面接觸液體時，承受的液壓靜力分布於其表面上 (圖 3-26)。在平面上，液壓靜力形成一個平行力系統，我們經常需要決定力的大小和其作用點，稱為**壓力中心** (center of pressure)。在大多數的情況，平板的另一面對大氣開放 (例如閘門乾的一面)，因此大氣壓力作用在平板的兩邊，產生一個零合力。在此情況下，把大氣壓力減去，只考慮錶壓力更為方便 (圖 3-27)。例如，在湖底，$P_{gage} = \rho g h$。

考慮一塊任何形狀的平板，其上表面完全沉浸在液體中，

(a) P_{atm} 被考慮
(b) P_{atm} 被減去

圖 3-27 當對作用在沉浸平面上的液壓靜力分析時，作用在結構兩邊的大氣壓力可以被減去，使分析更為簡化。

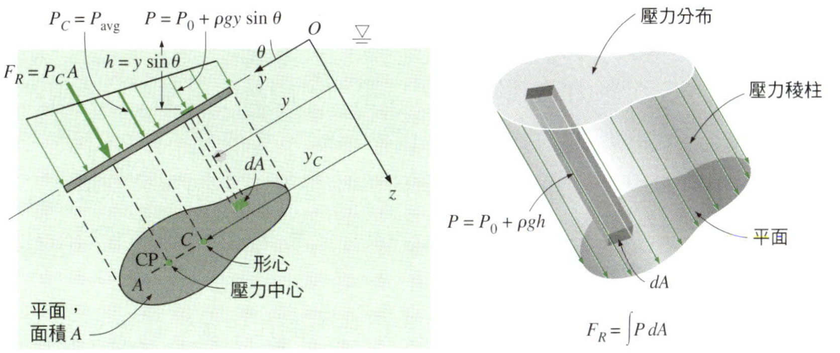

圖 3-28 作用在一個完全沉浸在液體中的傾斜平面上的液壓靜力。

在圖 3-28 與其正向視圖一起顯示。這個平板所在的平面 (垂直頁面) 與水平自由表面的夾角是 θ，且我們取相交線當 x 軸 (方向從頁面向外)。液面的絕對壓力是 P_0。如果液面對大氣開放，P_0 就是當地大氣壓力 P_{atm} (但如果液面上的空間被抽真空或被加壓，則 P_0 就不同於 P_{atm})。那麼平板上任一點的壓力即為

$$P = P_0 + \rho g h = P_0 + \rho g y \sin\theta \tag{3-16}$$

其中 h 是壓力作用點離自由表面的垂直距離，而 y 則是壓力點離 x 軸 (從圖 3-28 的 O 點向外) 的距離。作用在表面上的液壓靜力的合力 F_R，是把作用在微小面積 dA 上的力 $P\,dA$ 對整個表面積作積分而決定的，

$$F_R = \int_A P\,dA = \int_A (P_0 + \rho g y \sin\theta)\,dA = P_0 A + \rho g \sin\theta \int_A y\,dA \tag{3-17}$$

其中面積的一次矩 $\int_A y\,dA$ 與平面形心的 y- 座標的關係是

$$y_C = \frac{1}{A}\int_A y\,dA \tag{3-18}$$

代入後可得，

$$F_R = (P_0 + \rho g y_C \sin\theta)A = (P_0 + \rho g h_C)A = P_C A = P_{avg} A \tag{3-19}$$

其中 $P_C = P_0 + \rho g h_C$ 是作用在平面形心上的壓力，其與作用在平面上的平均壓力 P_{avg} 相等，同時 $h_C = y_C \sin\theta$ 是形心與液體自由表面的垂直距離 (圖 3-29)。因此我們的結論是

作用在一個完全沉浸在一個均質流體 (密度不變) 中的平面上的合力大小等

於作用在平面形心上的壓力 P_C 乘以平面的面積 A (圖 3-30)。

壓力 P_0 通常是大氣壓力，因為作用在平板的兩邊，所以在大多數力的計算中可以被忽略。當情況不是如此時，一個考慮 P_0 對合力的貢獻的實用方法是加上一個等效深度 $h_{equiv} = P_0/\rho g$ 到 h_C；也就是說存在一個厚度為 h_{equiv} 的額外液體層在原液體之上，其上則為真空。

接下來我們需要決定合力的作用線。兩個平行力的系統，如果有相同的大小且對任意點有相同的力矩，則它們是相等的。液壓靜力的合力的作用線，通常並不通過平面的形心，而是位於壓力較高的地方。合力的作用線和表面的交點稱為**壓力中心** (center of pressure)。作用線的垂直位置可以令合力對 x- 軸的力矩等於分布壓力對 x- 軸的力矩來決定：

$$y_P F_R = \int_A yP\, dA = \int_A y(P_0 + \rho g y \sin\theta)\, dA$$

$$= P_0 \int_A y\, dA + \rho g \sin\theta \int_A y^2\, dA$$

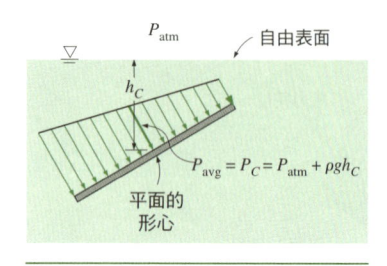

圖 3-29 作用在平面形心的壓力等於作用在平面的平均壓力。

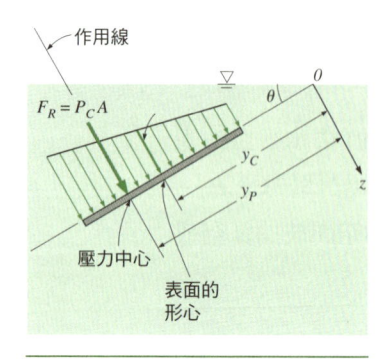

圖 3-30 作用在平面的合力等於作用在平面形心的壓力和平面面積的乘積，且作用線經過壓力中心。

或

$$y_P F_R = P_0 y_C A + \rho g \sin\theta\, I_{xx, O} \tag{3-20}$$

其中 y_P 是壓力中心離 x- 軸 (圖 3-30 的點 O) 的距離，而 $I_{xx, O} = \int_A y^2\, dA$ 是面積對 x- 軸的二次矩 (又稱為面積的慣性矩)。常見形狀的面積二次矩在許多工程手冊上都能查到，不過它們通常都是以相對於通過形心的軸的形式給出的。幸運的是，相對於兩個平行軸的面積二次矩彼此以平行軸定理互相關聯，在這種情況下可以表示成

$$I_{xx, O} = I_{xx, C} + y_C^2 A \tag{3-21}$$

其中 $I_{xx, C}$ 是相對於通過形心的 x- 軸的面積二次矩，y_C (形心的 y- 座標) 是兩個平行軸之間的距離。將式 (3-19) 的 F_R 和式 (3-21) 的 $I_{xx, O}$ 代入式 (3-20) 並解出 y_P，得到

$$y_P = y_C + \frac{I_{xx, C}}{[y_C + P_0/(\rho g \sin\theta)]A} \tag{3-22a}$$

若 $P_0 = 0$，這通常是大氣壓力被忽略的情況，則化簡成

(a) 矩形 $A = ab$, $I_{xx,C} = ab^3/12$

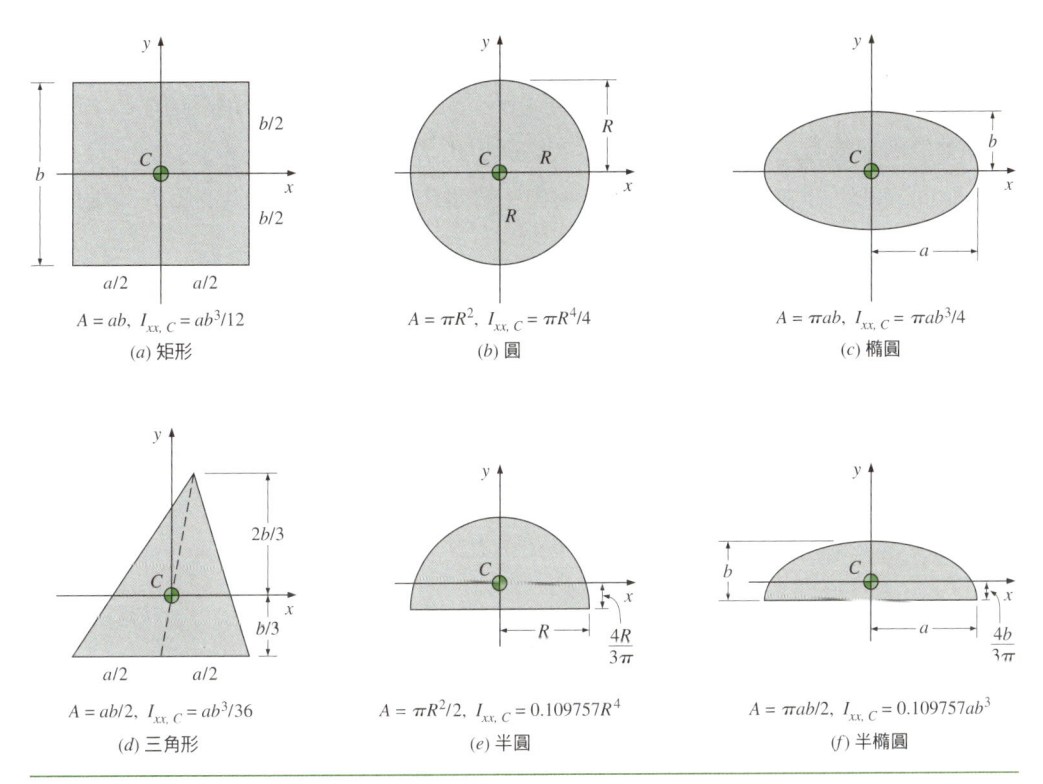

(b) 圓 $A = \pi R^2$, $I_{xx,C} = \pi R^4/4$

(c) 橢圓 $A = \pi ab$, $I_{xx,C} = \pi ab^3/4$

(d) 三角形 $A = ab/2$, $I_{xx,C} = ab^3/36$

(e) 半圓 $A = \pi R^2/2$, $I_{xx,C} = 0.109757 R^4$

(f) 半橢圓 $A = \pi ab/2$, $I_{xx,C} = 0.109757 ab^3$

圖 3-31 一些常見形狀的形心和形心慣性矩。

$$y_P = y_C + \frac{I_{xx,C}}{y_C A} \tag{3-22b}$$

知道 y_P 後，就可決定壓力中心到自由液面的垂直距離，即 $h_P = y_P \sin\theta$。

一些常見面積的 $I_{xx,C}$ 值被給出在圖 3-31。對於相對於 y- 軸有對稱性的面積，壓力中心在 y- 軸直接位於形心以下。在這樣的情況下，壓力中心的位置就在對稱垂直平面上，距離自由平面 h_P 的點上。

壓力垂直作用在平面上，而作用在一個任意形狀的平板上的液壓靜力形成一個體積，其底是平板面積，其高是呈線性變化的壓力，如圖 3-32 所示。這個虛擬壓力稜柱有一個有趣的物理解釋：它的體積等於作用在平板上的液壓靜力的合力大小，因為 $F_R = \int P\,dA$，而合力的作用線經過這個均質稜柱的形心。這個形心在平板上的投影是壓力中心。因此有了壓力稜柱的觀念，對於作用在平面上的液壓靜力合力的描述簡化成尋找這個壓力稜柱的體積，以及其形心的兩個座標。

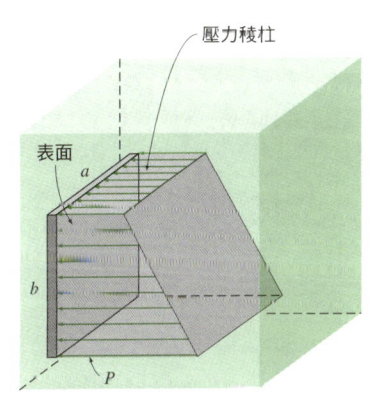

圖 3-32 作用在一個平面上的液壓靜力形成一個壓力稜柱，其底 (左平面) 是平面，而壓力是其高。

特例：沉浸的矩形平板

考慮一個完全沉浸的矩形平板，高度 b，寬度 a，從水平面傾斜一個 θ 角度，其頂邊是水平的且沿平板所在的表面方向與自由表面距離 s，如圖 3-33a 所示。在其上表面的液壓靜力的合力等於平均壓力，這是作用在平面中心點的壓力，乘以表面積 A。也就是：

傾斜矩形平板：
$$F_R = P_C A = [P_0 + \rho g(s + b/2)\sin\theta]ab \tag{3-23}$$

這力的作用點離自由液面的垂直距離為 $h_P = y_P \sin\theta$，就在平板的形心以下，其位置從式 (3-22a) 可得

$$y_P = s + \frac{b}{2} + \frac{ab^3/12}{[s + b/2 + P_0/(\rho g \sin\theta)]ab}$$

$$= s + \frac{b}{2} + \frac{b^2}{12[s + b/2 + P_0/(\rho g \sin\theta)]} \tag{3-24}$$

當平板的上緣就在自由液面上時，$s = 0$，式 (3-23) 化簡成

傾斜矩形平板 ($s = 0$)：
$$F_R = [P_0 + \rho g(b\sin\theta)/2]ab \tag{3-25}$$

對於一個完全沉浸的垂直平板 ($\theta = 90°$) 其上緣是水平的，液壓靜力可以令 $\sin\theta = 1$ 來獲得 (圖 3-33b)：

垂直矩形平板：
$$F_R = [P_0 + \rho g(s + b/2)]ab \tag{3-26}$$

垂直矩形平板 ($s = 0$)：
$$F_R = (P_0 + \rho gb/2)ab \tag{3-27}$$

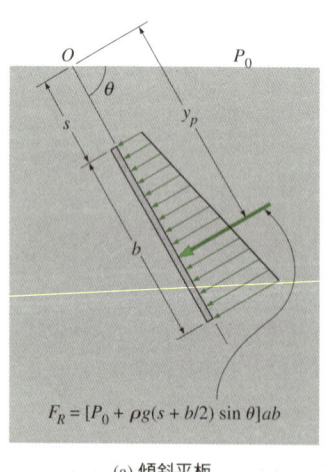

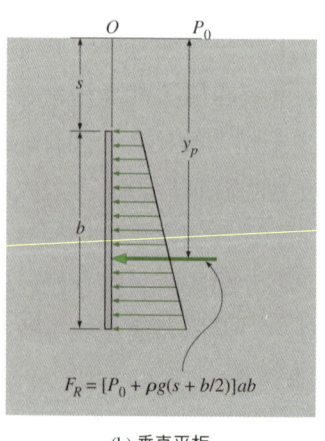

(a) 傾斜平板　　(b) 垂直平板　　(c) 水平平板

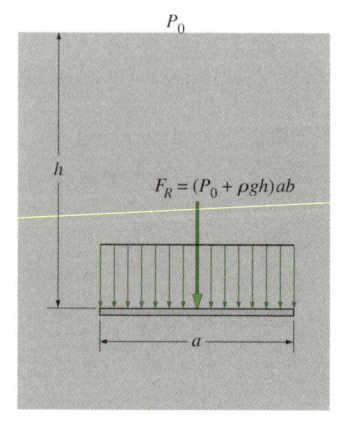

圖 3-33　液壓靜力作用在一個沉浸矩形平板的上表面上，包括傾斜、垂直和水平三種情況。

當 P_0 的影響因為作用在平板的兩邊而被忽略時，對高度 b 且其水平上緣位於自由表面的垂直矩形平板作用的液壓靜力是 $F_R = \rho g a b^2 / 2$，其作用點離自由表面的距離是 $2b/3$，就位於平板形心之下的地方。

在一個沉浸的水平平板上的壓力分布是均勻的，其大小是 $P = P_0 + \rho g h$，其中 h 是離自由液面的距離。因此作用在水平矩形平板的液壓靜力是

水平矩形平板：
$$F_R = (P_0 + \rho g h)ab \tag{3-28}$$

其作用點位於平板的中心 (圖 3-33c)。

例題 3-8 ▶ 作用在一輛被沉浸的汽車的門上面的液壓靜力

在一次意外中，一輛汽車掉進湖裡，並以其車輪著陸於湖底 (圖 3-34)。車門高 1.2 m，寬 1 m，門的上緣在水的自由表面以下 8 m 的位置。試求作用在門上的液體力，壓力中心的位置，並討論駕駛者是否可以打開車門。

解答：一輛車沉浸在水裡。要決定作用在車門的液體力，並評估駕駛者打開車門的可能性。

假設：1. 湖底是水平的。2. 駕駛艙密封良好，因此沒有漏水進去。3. 車門可以近似成一個垂直的矩形。4. 駕駛艙內維持在大氣壓力下，因為沒有漏水進去，因此內部空氣沒被壓縮。計算時，大氣壓力因為作用在門的兩側，可以被抵消。5. 車重大於作用在車上的浮力。

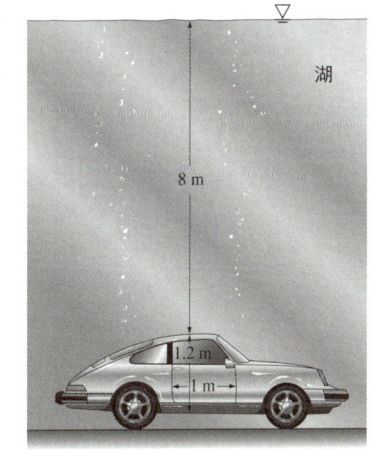

性質：我們取湖水的密度是 1000 kg/m^3。

圖 3-34 例題 3-8 的示意圖。

解析：作用在門上的平均 (錶) 壓力，是在門的形心 (中心點) 的壓力並如下決定：

$$P_{avg} = P_C = \rho g h_C = \rho g (s + b/2)$$
$$= (1000 \text{ kg/m}^3)(9.81 \text{ m/s}^2)(8 + 1.2/2 \text{ m})\left(\frac{1 \text{ kN}}{1000 \text{ kg·m/s}^2}\right)$$
$$= \mathbf{84.4 \text{ kN/m}^2}$$

在門上的液體力的合力成為

$$F_R = P_{avg} A = (84.4 \text{ kN/m}^2)(1 \text{ m} \times 1.2 \text{ m}) = \mathbf{101.3 \text{ kN}}$$

壓力中心就位於門的中心點以下，其離開湖面的距離可以從式 (3-24) 決定。令 $P_0 = 0$，得到

$$y_P = s + \frac{b}{2} + \frac{b^2}{12(s + b/2)} = 8 + \frac{1.2}{2} + \frac{1.2^2}{12(8 + 1.2/2)} = \mathbf{8.61 \text{ m}}$$

討論：一個強壯的人可以舉起 100 kg，相當於重量 981 N 或約 1 kN。同時此人可以將此力作用在離門鉸鏈最遠的點上 (1 m 遠) 來得到最大效果，並且產生 1 kN·m 的力矩。液體力的合力作用在門的

中心點,其離開鉸鏈的距離是 0.5 m。這產生 50.6 kN·m 的力矩,這約是駕駛者所能產生的力矩的 50 倍。因此駕駛者打開門是不可能的。駕駛者最好的方法是讓一些水流進來 (例如將車窗轉下一點點),並且保持他或她的頭靠近天花板。在車內快要充滿水之前駕駛者應該能打開車門,因為此時門兩邊的壓力幾乎相等,此時在水中打開門就幾乎等於在空氣中打開一般。

3-5 作用在沉浸曲面上的液壓靜力

在許多實際應用上,被沉浸的表面並不是平的 (圖 3-35)。對於一個被沉浸的曲面,決定液體力的合力更為複雜,因為要被積分的壓力沿著曲面一直在改變方向。壓力稜柱的觀念在這種情況也沒有多大幫助,因為牽涉到的形狀是複雜的。

決定作用在一個二維曲面的液壓靜力合力 F_R 的最簡單方法是分別決定水平分力和垂直分力,F_H 和 F_V。這可藉由考慮一個液體區塊的自由體圖來達成。液體區塊是由曲面和通過曲面兩端的平面 (一個水平,另一個垂直) 所圍成的,如圖 3-36 所示。注意被考慮的液體區塊的垂直面是曲面在一個垂直平面的投影,而水平面則是曲面在一個水平平面上的投影。作用在固體曲面上的合力與作用在液體曲面上的合力大小相等方向相反 (牛頓第三定律)。

作用在虛擬的水平面或垂直面上的力及其作用線可以如 3-4 節所討論的方法來決定。體積是 V 的封閉液體區塊的重量是 $W = \rho g V$,此力通過體積的形心向下作用。注意液體區塊是在靜平衡狀態,水平方向和垂直方向的力平衡給出:

圖 3-35 在許多實際應用的結構中,被淹沒的表面並不是平面,而是曲面。例如介於猶它州和亞利桑那州間的格蘭狹谷水壩。
© Corbis RF

| 曲面上的水平力分量: | $F_H = F_x$ | (3-29) |
| 曲面上的垂直力分量: | $F_V = F_y \pm W$ | (3-30) |

其中加總 $F_y \pm W$ 是一個向量加法 (同向相加,逆向相減)。因此,我們的結論是:

1. 作用在曲面的液壓靜力的水平分量等於作用在曲面的垂直投影面的液壓靜力 (包括力的大小和作用線都是)。

2. 作用在曲面的液壓靜力的垂直分量等於作用在曲面的水平投影面的液壓靜力,加上 (或減去,如果作用方向相反) 液體區塊的重量。

作用在曲面的液壓靜力的合力大小是 $F_R = \sqrt{F_H^2 + F_V^2}$,合力與水平方向夾角的正切值是 $\tan \alpha = F_V/F_H$。合力作用線的正確位置 (例如,它離曲面的一個端點的

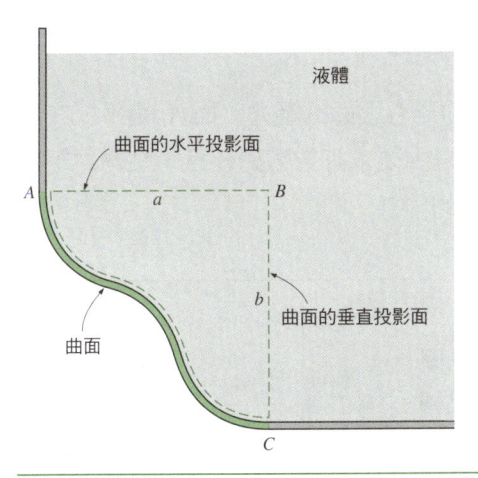

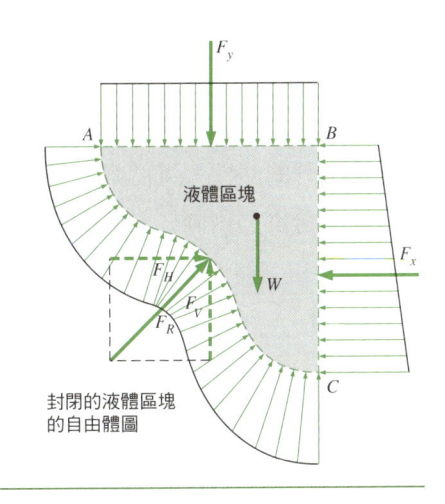

圖 3-36 決定作用在一個沉浸曲面上的液壓靜力。

距離) 可以藉由取其對應於一個合適點的力矩來決定。這個討論可以適用於所有的曲面，不管它們是在液體之上或之下。注意若曲面在液體之上，液體的重量就要從液壓靜力的垂直分量減去，因為它們作用在相反的方向 (圖 3-37)。

　　當曲面是一個圓弧時 (全圓或其一部分)，作用在曲面的液壓靜力的合力總是通過圓心。這是因為壓力都是垂直於表面的，而所有垂直於圓弧表面的線都會通過圓心。因此所有的壓力在圓心形成一個共點力系，它們可以簡化成一個作用在那一點上的單一的等效力 (圖 3-38)。

　　最後，作用在一個沉浸於有不同密度的多層流體之中的平面或曲面上的液壓靜力，可以藉由把在不同流體中的表面的各不同部分當成不同的表面來處理，求出每一個部分的液壓靜力，然後用向量加法將它們加總。對於一個半面，可以表示成 (圖 3-39)：

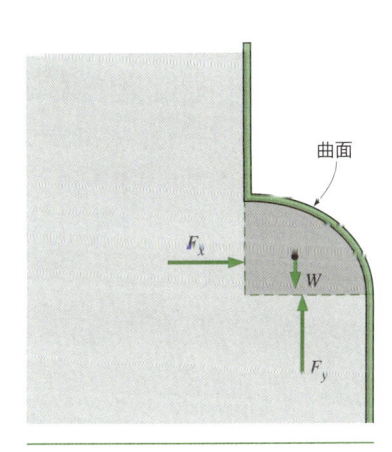

圖 3-37 當一個曲面在液體之上時，液體的重量和液壓靜力的垂直分量作用在相反的方向。

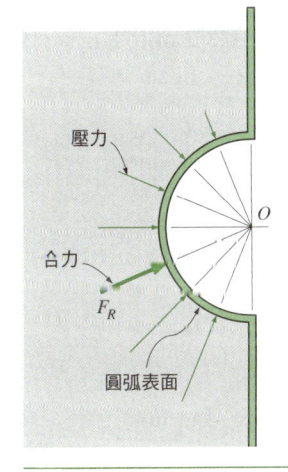

圖 3-38 作用在圓弧表面的液壓靜力總是通過圓心，因為壓力垂直於表面，所以都通過圓心。

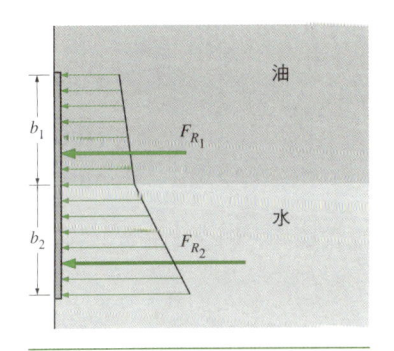

圖 3-39 一個沉浸在多層流體的表面上的液壓靜力可以將這個在不同流體中的表面的各部分當成不同的表面，再來決定。

在不同流體層的平面：
$$F_R = \sum F_{R,i} = \sum P_{C,i} A_i \tag{3-31}$$

其中 $P_{C,i} = P_0 + \rho_i g h_{C,i}$ 是平板在流體 i 的部分的形心上面的壓力，而 A_i 是平板在流體 i 的部分的面積。這個等效力作用線的決定是由要求等效力對任意一點的力矩等於所有各分別力對同一點的力矩的加總來求得的。

例題 3-9 ▶ 一個重力控制的圓柱閘門

一個長固體圓柱，半徑 0.8 m，鉸鏈在 A 點，被用來當作自動閘門，如圖 3-40 所示。當水面達到 5 m 時，閘門繞著鉸鏈的 A 點轉開。試求 (a) 當閘門打開時，作用在圓柱的液壓靜力，(b) 每單位長度 (m) 的圓柱重量。

解答：水庫的水面高度受一個鉸鏈在水庫上的圓柱閘門控制。要決定作用在圓柱的液壓靜力與每單位圓柱的重量。

假設：**1.** 鉸鏈上的摩擦力可以忽略。**2.** 大氣壓力作用在閘門兩邊，因此互相抵消了。

性質：我們取水的密度是 1000 kg/m³。

解析：(a) 我們考慮的液體區塊的自由體圖由圓柱的圓形表面及其垂直和水平投影面所圍繞。作用在垂直面和水平面的液壓靜力以及液體區塊的重力如下決定：

在垂直面的水平力：

$$F_H = F_x = P_{avg} A = \rho g h_C A$$
$$= \rho g(s + R/2) A$$
$$= (1000 \text{ kg/m}^3)(9.81 \text{ m/s}^2)(4.2 + 0.8/2 \text{ m})(0.8 \text{ m} \times 1 \text{ m})\left(\frac{1 \text{ kN}}{1000 \text{ kg}\cdot\text{m/s}^2}\right)$$
$$= 36.1 \text{ kN}$$

圖 3-40 例題 3-9 的示意圖與在圓柱下的液體的自由體圖。

在水平面的垂直力 (向上)：

$$F_y = P_{avg} A = \rho g h_C A = \rho g h_{bottom} A$$
$$= (1000 \text{ kg/m}^3)(9.81 \text{ m/s}^2)(5 \text{ m})(0.8 \text{ m} \times 1 \text{ m})\left(\frac{1 \text{ kN}}{1000 \text{ kg}\cdot\text{m/s}^2}\right)$$
$$= 39.2 \text{ kN}$$

進入頁面方向之 1 m 寬度的流體區塊的重量 (向下)：

$$W = mg = \rho g \mathcal{V} = \rho g(R^2 - \pi R^2/4)(1 \text{ m})$$
$$= (1000 \text{ kg/m}^3)(9.81 \text{ m/s}^2)(0.8 \text{ m})^2(1 - \pi/4)(1 \text{ m})\left(\frac{1 \text{ kN}}{1000 \text{ kg}\cdot\text{m/s}^2}\right)$$
$$= 1.3 \text{ kN}$$

因此，向上的垂直淨力是

第 3 章 壓力和流體靜力學　　**105**

$$F_V = F_y - W = 39.2 - 1.3 = 37.9 \text{ kN}$$

作用在圓柱表面的液壓靜力的大小和方向成為

$$F_R = \sqrt{F_H^2 + F_V^2} = \sqrt{36.1^2 + 37.9^2} = \textbf{52.3 kN}$$

$$\tan\theta = F_V/F_H = 37.9/36.1 = 1.05 \rightarrow \theta = 46.4°$$

因此，每米長度的圓柱受到的液壓靜力是 52.3 kN，其作用線通過圓柱中心與水平線的夾角是 46.4°。

(b) 當水面高度 5 m 時，閘門即將打開，圓柱底面的反作用力是零。因此除了在鉸鏈上的力以外，作用在圓柱的力有通過圓柱中心的圓柱重量以及水所施加的液壓靜力。對鉸鏈所在位置的 A 點取力矩並令其等於零，可得

$$F_R R \sin\theta - W_{\text{cyl}} R = 0 \rightarrow W_{\text{cyl}} = F_R \sin\theta = (52.3 \text{ kN}) \sin 46.4° = \textbf{37.9 kN}$$

討論：每米長度的圓柱重量經計算為 37.9 kN。可以證明這相當於每米長度的質量是 3863 kg，且圓柱材料的密度是 1921 kg/m³。

3-6　浮力和穩定度

　　一個物體在液體中比在空氣中不論感覺或實際稱重都比較輕是一個很平常的經驗。這可以很輕易的用一個防水彈簧秤在水中稱重物就可證明。同時由木頭或其它輕質材料做成的物件會浮在水上。這些例子和其它觀察指出流體會對浸在它裡面的物施加一個向上的力。這種試圖舉起物體的力稱為浮力 (buoyant force)，並且用 F_R 表示。

　　造成浮力的原因是流體中的壓力會隨深度增加。例如考慮一塊厚度 h 的平板，沉浸在密度 ρ_f 的液體中，並平行於自由液面，如圖 3-41 所示。平板的上 (及下) 表面的面積是 A，離自由液面的深度是 s。平板的上及下表面的錶壓力分別是 $\rho_f gs$ 和 $\rho_f g(s+h)$。液壓靜力 $F_{\text{top}} = \rho_f gsA$ 向下作用在上表面，而較大的力 $F_{\text{bottom}} = \rho_f g(s+h)A$ 向上作用在平板的下表面。這兩個力的差值是一個淨向力，也就是浮力

$$F_B = F_{\text{bottom}} - F_{\text{top}} = \rho_f g(s+h)A - \rho_f gsA = \rho_f ghA = \rho_f g V \quad (3\text{-}32)$$

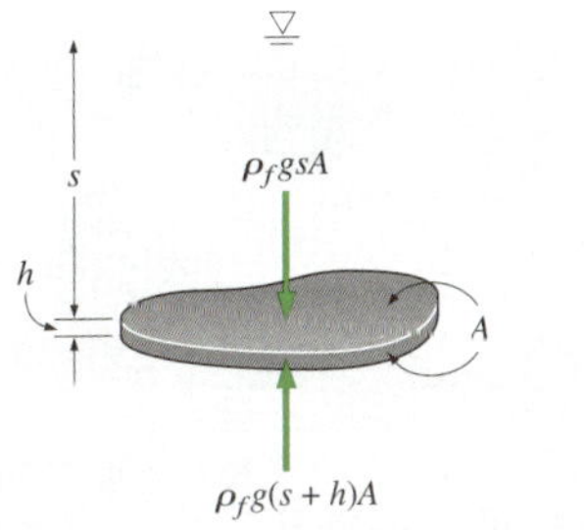

圖 3-41　一塊均勻厚度 h 的平板，沉浸在液體之中並與自由表面平行。

其中 $V = hA$ 是平板的體積。但是關係式 $\rho_f g V$ 正是相當於平板體積的液體體積的重量。因此我們的結論是作用在平板的浮力等於平板排開的液體的重量。對於一個等密度的流體，浮力與物體離自由表面的距離無關，也與物體的密度無關。

　　式 (3-32) 是從簡單形狀推導出來的關係式，但對任何物體，不管是任何形狀，

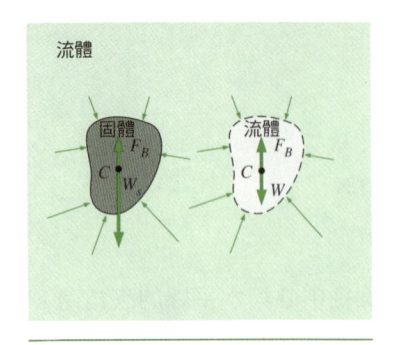

圖 3-42 作用在一個沉浸在流體的固體物體的浮力與作用在相同形狀、相同深度的液體物體的浮力是相同的。浮力 F_B 向上作用，通過被排開體積的形心 C，且其大小等於被排開流體的重量 W，但是方向相反。對於一個有均勻密度的固體物體，其重量 W_s，通過形心作用，但其大小不一定等於其排開液體的重量。(這裡，$W_s > W$，因此 $W_s > F_B$；這個固體物體將會沉下。)

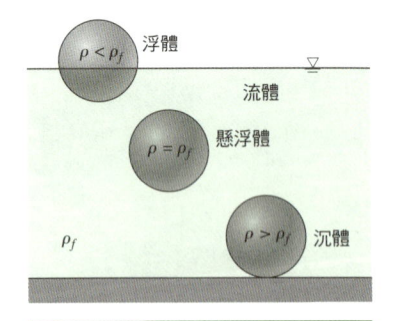

圖 3-43 一個被丟入流體中的固體在流體中將會下沉、漂浮或維持在任何一點，端視它的平均密度與流體密度的相對大小而定。

都是有效的。這可以用一個力平衡作數學式的證明，或簡單地用以下的論證：考慮在靜止流體中的一個任意形狀的固體物體並將它與相同形狀，在相同的垂直位置，用虛線表示的液體物體相互比較 (圖 3-42)。作用在這兩個物體的浮力是相同的，因為在兩物體的邊界上的壓力分布，僅與高度有關，是相同的。這個虛擬的流體物體是在靜力平衡狀態，因此作用在其上的淨力和淨力矩都是零。虛擬的流體物體，其體積等於固體物體的體積，受到的向上的浮力必定等於其重量。再者，重量和浮力必定有相同的作用線才能有零力矩。這稱為阿基米德原理 (Archimedes' principle)，依希臘數學家阿基米德 (287-212 BC) 命名，並被表示為

作用在沉浸於一個流體中，具有均勻密度的一個物體上的浮力等於此物體排開的液體的重量，且浮力是通過排開的液體體積的形心向上作用的。

對於浮體，整個物體的重量必定等於浮力，這等於與浮體被沉浸部分的體積相等的流體體積的重量。也就是說，

$$F_B = W \rightarrow \rho_f g V_{\text{sub}} = \rho_{\text{avg, body}} g V_{\text{total}} \rightarrow \frac{V_{\text{sub}}}{V_{\text{total}}} = \frac{\rho_{\text{avg, body}}}{\rho_f} \quad (3\text{-}33)$$

因此，一個浮體被沉浸的體積比等於物體的平均密度與流體密度的比。注意當密度比等於或大於 1 時，浮體變成完全被淹沒。

從這些討論中可以得知一個物體沉浸在一個流體中時，(1) 當其平均密度等於流體密度時，可在流體中任何位置維持靜止，(2) 當其平均密度大於流體密度時，下沉至底部，(3) 當其平均密度小於流體密度時，上升至流體的表面上並漂浮 (圖 3-43)。

浮力正比於流體的密度，因此我們可能認為由氣體 (比如空氣) 所施的浮力是可忽略的。一般情況確實如此，但也有明顯的例外。例如，一個人的體積約 0.1 m^3，取空氣的密度為 1.2 kg/m^3，則空氣對人的浮力是

$$F_B = \rho_f g V = (1.2 \text{ kg/m}^3)(9.81 \text{ m/s}^2)(0.1 \text{ m}^3) \cong 1.2 \text{ N}$$

1 個 80 kg 的人，重量是 80×9.81 = 788 N。因此忽略浮力在這個情況產生的重量誤差只有 0.15%，是可以忽略的。但是氣體的浮力主宰著一些重要的自然現象，例

圖 3-44 熱氣球的高度被熱氣球內、外部空氣的溫度差所控制，因為熱空氣比冷空氣較輕。當熱氣球不再升降時，向上的浮力正好平衡向下的重力。
© PhotoLink/Getty RF

如在一個較冷環境中溫暖氣體的上升所導致的自然對流的氣流，熱空氣或氦氣球的上升，以及大氣中的空氣移動。例如，氦氣球由於浮力效應上升，直到達到一個高度，其地空氣密度 (隨高度減小) 等於氣球內氦氣的密度 —— 假設那時候氣球尚未爆掉，而且忽略氣球皮的重量。熱氣球的工作原理相似 (圖 3-44)。

阿基米德原理也應用在地質學上，即把大陸考慮成漂浮在岩漿海之上。

例題 3-10 ▶ 用比重計量測比重

如果你有一個海水水族箱，你可能使用過用一根小的圓柱形的玻璃管 (其底部用鉛配重) 來量測水的鹽度，只要簡單的觀測管下沉多深即可。這種在垂直方向浮動，可用來量測液體比重的裝置稱為比重計 (圖 3-45)。比重計的上面部分伸出液體表面，其上的刻度允許一個人直接讀出比重。比重計被校正成在純水中的空氣-水介面時正好讀出 1.0。(a) 推導出一個關係式來表示液體的比重和離開純水刻度的距離 Δz 之間的函數關係，(b) 一根 1 cm 直徑，20 cm 長的比重計，若在純水中正好漂浮在一半長度 (10 cm) 的地方，試求管中必須灌入多少質量的鉛。

解答： 要用比重計量測液體的比重。要推導比重和離開參考位置的距離的關係式，並且要決定在一個特定比重計中必須加入的鉛量。

假設： 1. 玻璃管的重量相對於加入的鉛重是可忽略的。2. 管底部的曲率可以忽略。

性質： 我們取純水的密度為 1000 kg/m³。

解析： (a) 注意比重計處於靜力平衡，液體的浮力 F_B 必須永遠等於比重計的重量 W。在純水中 (下標 w)，我們讓比重計的底部和自由液面的垂直距離是 z_0。令 $F_{B,w} = W$，在此情況下得

$$W_{hydro} = F_{B,w} = \rho_w g V_{sub} = \rho_w g A z_0 \qquad (1)$$

其中 A 是管的截面積，ρ_w 是純水的密度。

在一個比水輕的流體中 ($\rho_f < \rho_w$)，比重計下沉更深，液面將會在高於 z_0，距離 Δz 之處。再令 $F_B = W$ 得出

$$W_{hydro} = F_{B,f} = \rho_f g V_{sub} = \rho_f g A (z_0 + \Delta z) \qquad (2)$$

這個關係式對比水重的流體中也成立，但 Δz 必須取負值。令式 (1) 和 (2) 相等，因為比重器的重量是個常數，經整理後可得

$$\rho_w g A z_0 = \rho_f g A (z_0 + \Delta z) \quad \rightarrow \quad SG_f = \frac{\rho_f}{\rho_w} = \frac{z_0}{z_0 + \Delta z}$$

這是流體的比重和 Δz 的關係式。注意，對一個已知的比重計，z_0 是一個常數，且 Δz 對比純水重的流體是個負數。

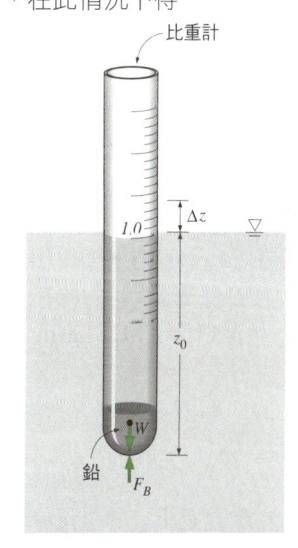

圖 3-45 例題 3-10 的示意圖。

(b) 忽略玻璃管的重量時，必須加入管中的鉛量，是由要求鉛重等於浮力來決定的。當比重計的一半沉浸在水中時，作用於其上的浮力是

$$F_B = \rho_w g V_{\text{sub}}$$

令 F_B 等於鉛重，得到

$$W = mg = \rho_w g V_{\text{sub}}$$

解出 m 並代入，鉛的質量可以被決定為

$$m = \rho_w V_{\text{sub}} = \rho_w (\pi R^2 h_{\text{sub}}) = (1000 \text{ kg/m}^3)[\pi(0.005 \text{ m})^2(0.1 \text{ m})] = \mathbf{0.00785 \text{ kg}}$$

討論：注意，若比重計在水中只要求下沉 5 cm，則需要的鉛質量只是此量的一半。另外，忽略玻璃管的重量是有問題的，因為鉛重只是 7.85 g。

例題 3-11　物體在海水中的重量損失

在一個水下構造專案中，一台起重機被用來吊掛重物下降進入海水中 (密度 = 1025 kg/m³) (圖 3-46)。試決定一個矩形 0.4 m×0.4 m×3 m 的混凝土塊 (密度 = 2300/m³) 所造成的起重機吊繩的張力，當它是 (a) 懸吊在空氣中，及 (b) 完全沉浸在水中。

解答：一個混凝土塊被吊掛進入水中。要決定混凝土塊進入水中的前後，在吊繩中的張力。
假設：**1.** 在空氣中的浮力可忽略。**2.** 吊繩的重量可忽略。
性質：已知海水密度是 1025 kg/m³，混凝土密度是 2300 kg/m³。
解析：(a) 考慮混凝土塊的自由體圖。在空氣中，作用在混凝土塊的力有其重量和吊繩向上的拉力 (張力)。這兩力必須互相平衡，因此吊繩的張力必定要等於混凝土塊的重量：

$$V = (0.4 \text{ m})(0.4 \text{ m})(3 \text{ m}) = 0.48 \text{ m}^3$$

$$F_{T,\text{air}} = W = \rho_{\text{concrete}} g V$$
$$= (2300 \text{ kg/m}^3)(9.81 \text{ m/s}^2)(0.48 \text{ m}^3)\left(\frac{1 \text{ kN}}{1000 \text{ kg·m/s}^2}\right) = \mathbf{10.8 \text{ kN}}$$

(b) 當混凝土塊被完全沉浸在水中時，會多出一個向上作用的浮力。在這情況下的力平衡給出

$$F_B = \rho_f g V = (1025 \text{ kg/m}^3)(9.81 \text{ m/s}^2)(0.48 \text{ m}^3)\left(\frac{1 \text{ kN}}{1000 \text{ kg·m/s}^2}\right)$$

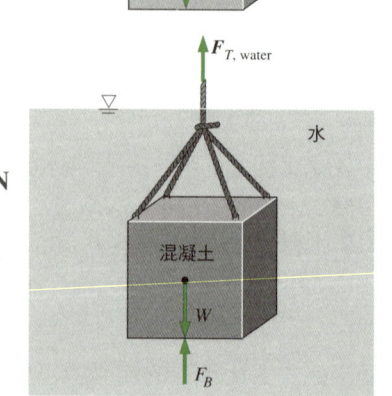

$$= 4.8 \text{ kN}$$

$$F_{T,\text{water}} = W - F_B = 10.8 - 4.8 = \mathbf{6.0 \text{ kN}}$$

圖 3-46 例題 3-11 的示意圖。

討論：注意混凝土塊的重量，也是吊繩的張力，在水中減少了 (10.8 − 6.0)/10.8 = 55%。

沉體和浮體穩定度

浮力觀念的一個重要應用是評估沒有外界聯繫的沉體和浮體的穩定度。這個論題在設計船舶和潛水艇時非常重要 (圖 3-47)。這裡我們對垂直和旋轉穩定度提供一些一般性的定性討論。

我們用古典的「地板上的球」的相似性來解釋穩定和不穩定的基本觀念。示於圖 3-48 的是停在地板上的三顆球。例 (a) 是穩定的 (stable)，因為任何微小的擾動 (某人將球向右或向左移動) 產生一個回復力 (由於重力) 使球回到其原始位置。例 (b) 是中性穩定的 (neutrally stable)，因為如果某人將球向右或向左移動，它會停留在新的位置。它沒有移動回到原始位置，也沒有繼續移開的趨勢。例 (c) 的狀況是球會在那個瞬間靜止，但是任何擾動，即使是非常微小，都會使球從頂端滾落 —— 不會回到其原始位置，而是發散了。這種情況是不穩定的 (unstable)。那球如果在斜面的情況是怎樣呢？討論這種情況的穩定度是不適宜的，因為球不是在一種平衡狀態。換言之，它不可能是靜止的，並且一定會從斜坡滾下來，即使沒有任何擾動。

對於一個在靜平衡的沉體或浮體，作用在物體上的重量和浮力互相平衡，並且這樣的物體在垂直方向是天生平衡的，如果一個沉浸的中性浮體在不可壓縮液體中被抬高或降低到一個不同深度，這物體會在新位置維持平衡。一個浮體如果被一個垂直力稍微抬高或壓低，只要外力移除後，物體會馬上回復其原始位置。因此，一個浮體擁有垂直穩定度，而一個沉浸的中性浮體是中性穩定的，因為擾動以後，它不會回復到其原始位置。

沉體的旋轉穩定度相依於物體的重心與浮力中心 (這是排量體積的形心) 的相對位置。如果沉體的底部較重使得重心 G 在浮心 B 下方，則沉體是穩定的 (圖 3-49a)。在此情況下，物體的一個旋轉擾動會產生一個回復力矩來使物體回復到其原始的穩定位置。因此一艘潛艇的穩定設計要求將引擎和船員艙配置在下半部，為的是將重量盡量轉移到底部。熱氣球或氦氣球 (可被視為沉浸在空氣中) 也都是穩定的，因為荷重的籃子也是在底部。一個重心 G 在浮心 B 上方的沉體是不穩定的，任何擾動將會造成物體翻轉 (圖 3-49c)。一個重心 G 和浮心 B 重疊的物體是中性穩定的 (圖 3-49b)。這是物體的密度到處都是常數的情況。這樣的物體，沒有翻轉成矯正

圖 3-47 對於浮體，例如船舶，穩定度對安全是一個重要的考量。
© Corbis RF

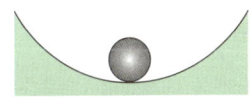

(a) 穩定

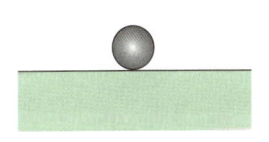

(b) 中性穩定

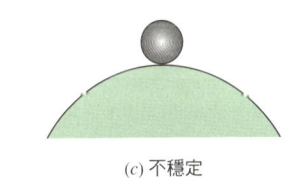

(c) 不穩定

圖 3-48 藉由分析一顆在地板上的球可以輕易的瞭解穩定度。

姿勢的趨勢。

如果重心和浮心不是在同一條垂直線上的情況，如圖 3-50，又會如何呢？在這種情況下討論穩定度並不適當，因為物體並不是在平衡狀態。換言之，它不可能是靜止的，而是朝其穩定狀態旋轉，即使沒有任何擾動。此情況的回復力矩，如圖 3-50 所示，是反時鐘方向的，並使物體反時鐘旋轉，來使點 G 和點 B 垂直對齊。注意，也許會有一些振盪，但最終會靜止在它的穩定狀態 (圖 3-49a)。圖 3-50 中物體的起始穩定度相似於一顆在斜面上的球。如果圖 3-50 中物體的重量是集中在物體的另一端，你能預測將會發生什麼事吧？

轉動穩定度準則對浮體也是類似的。同樣的，如果浮體的底部較重，因此重心 G 直接在浮心 B 下方，物體總是穩定的。但不像沉體，當 G 在 B 上方時，浮體仍有可能是穩定的 (圖 3-51)。這是因為在一個旋轉擾動時，排量體積的形心向旁轉移到 B' 點，但物體的重心 G 維持不變。如果點 B' 夠遠，這兩種力產生一個回復力矩並將物體回復至其原始位置。一個浮體穩定的量度是定傾中心高度 (metacentric height) GM，這是重心 G 和穩心 M 的距離。定傾中心 M 是旋轉前後通過物體的浮力的作用線的交點。對於大多數船殼形狀，若旋轉角度小於約 20°，定傾中心可被當成一個固定點。一個浮體若定傾中心 M 在重心 G 之上 (GM 為正值) 是穩定的，如果點 M 在點 G 下方 (GM 為負值) 是不穩定的。在後一種情況，作用在傾斜物體上的重力和浮力產生一個翻轉力矩而不是一個回復力矩，導致物體翻轉了。在 G 點之上的定傾中心高度的長度是穩定度的一個量度：其值越大，浮體越穩定。

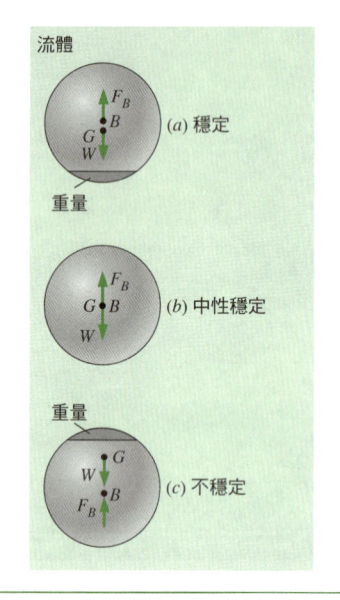

圖 3-49 一個沉浸的中性浮體是 (a) 穩定的，因為重心 G 在物體的浮心 B 下方。(b) 中性穩定的，因為浮心 B 和重心 G 共點。(c) 不穩定的，因為 G 在 B 上方。

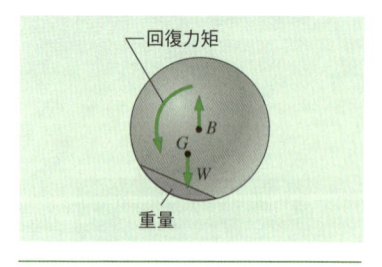

圖 3-50 當一個中性浮體的重心與其浮心不是垂直對齊時，它不是在平衡狀態並會向其穩定狀態旋轉，即使沒有任何擾動。

如已經討論過的，一艘船可以傾斜至某一個最大角度而不翻覆，但是超過那個角度它就會翻覆 (並下沉)。我們在浮體的穩定度與地板的一顆滾球之間作一個最後的相似性比較。想像一顆球位於兩座山峰的一個山谷中 (圖 3-52)，球被擾動後，在一個最大限度以內，會回到它的穩定平衡位置。如果擾動的幅度太大，球會滾過對面的山峰而不回到它的平衡位置。這種情況稱為穩定至一個擾動的極限水平、但超過以後，就不穩定了。

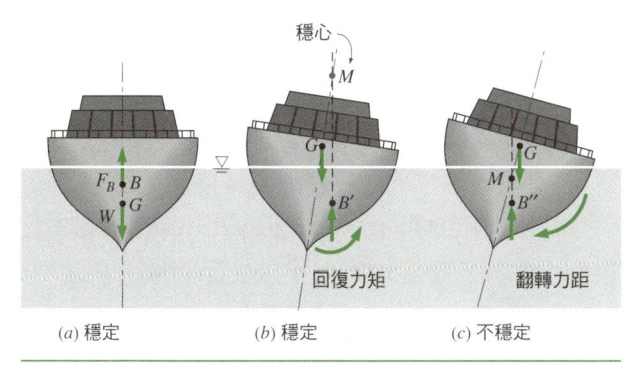

圖 3-51 如果這物體是 (a) 底部較重，因重心 G 在物體形心 B 下方，或 (b) 若定傾中心 M 在點 G 上方，該浮體是穩定的。然而，如果點 M 在點 G 下方，物體是 (c) 不穩定的。

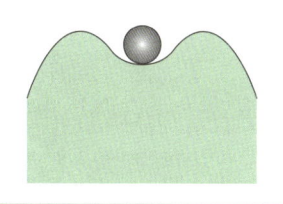

圖 3-52 兩座山峰間山谷中的球對小擾動是穩定的，但對大擾動則不穩定。

3-7 流體在作剛體運動

我們在 3-1 節中證明了在一已知點上的壓力對所有方向都有相同的大小，即它是一個純量函數。對於像固體一樣運動的流體，不管有沒有加速度，都沒有任何的剪應力 (即流體層之間沒有相對運動)。本節中，我們將獲得在這種流體中的壓力變化。

許多流體，像牛奶或汽油，是用桶子運輸的。在一個加速的桶子中，流體跑到後面，剛開始可能有些會濺出。然後會形成一個新的自由表面 (通常不是水平的)，每一個流體質點都有相同的加速度，整個流體像剛體一樣的運動。在流體中剪應力不存在，因為流體沒有變形。流體的剛體運動也發生在繞一個軸旋轉的流體中。

考慮一個微分矩形流體元素，其 x-、y- 和 z- 軸的邊長分別是 dx、dy 和 dz，其中 z- 軸在垂直向上的方向 (圖 3-53)。注意這個微分流體元素的行為像剛體，對這個元素的牛頓運動定律可以表示為

$$\delta \vec{F} = \delta m \cdot \vec{a} \tag{3-34}$$

其中 $\delta m = \rho \, dV = \rho \, dx \, dy \, dz$ 是流體元素的質量，$\vec{a}$ 是加速度，而 $\delta \vec{F}$ 是作用在元素上的淨力。

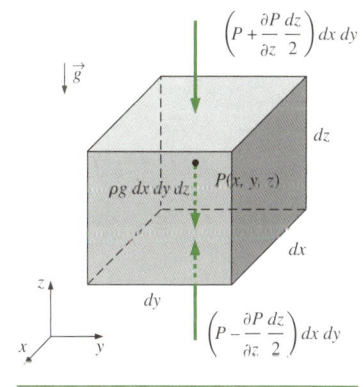

圖 3-53 在垂直方向作用在一個微分流體元素的表面力和體積力。

作用在流體元素的力包括物體力 (body force)，例如重力，作用在整個流體元素上並正比於其體積 (電力和磁力也是物體力，但本書中不考慮)，與表面力 (surface force)，例如壓力，作用在元素表面上並正比於表面積 (剪應力也是表面

力，但在本例中不考慮，因為流體元素的相對位置維持不變)。表面力出現在當流體元素從其環境中被獨立出來做分析時，並且被隔離物體的效應用一個在那個位置的力取代。注意壓力代表周圍流體作用在流體元素的壓縮力，並且總是垂直、向內作用在表面的。

取流體元素中心的壓力為 P，元素上、下表面的壓力分別為 $P+(\partial P/\partial z)dz/2$ 及 $P-(\partial P/\partial z)dz/2$。注意壓力在一個表面上的施力是平均壓力乘以表面面積，在 z- 方向作用在元素上的淨表面力是下表面和上表面的壓力的差值，

$$\delta F_{S,z} = \left(P - \frac{\partial P}{\partial z}\frac{dz}{2}\right)dx\,dy - \left(P + \frac{\partial P}{\partial z}\frac{dz}{2}\right)dx\,dy = -\frac{\partial P}{\partial z}dx\,dy\,dz \tag{3-35}$$

同樣的，在 x- 和 y- 方向的淨表面力是

$$\delta F_{S,x} = -\frac{\partial P}{\partial x}dx\,dy\,dz \quad \text{和} \quad \delta F_{S,y} = -\frac{\partial P}{\partial y}dx\,dy\,dz \tag{3-36}$$

則作用在整個元素的表面力可以用向量形式表示成

$$\begin{aligned}\delta \vec{F}_S &= \delta F_{S,x}\vec{i} + \delta F_{S,y}\vec{j} + \delta F_{S,z}\vec{k} \\ &= -\left(\frac{\partial P}{\partial x}\vec{i} + \frac{\partial P}{\partial y}\vec{j} + \frac{\partial P}{\partial z}\vec{k}\right)dx\,dy\,dz = -\vec{\nabla}P\,dx\,dy\,dz\end{aligned} \tag{3-37}$$

其中 $\vec{i}$、$\vec{j}$ 和 $\vec{k}$ 分別是在 x-、y- 和 z- 方向的單位向量，並且

$$\vec{\nabla}P = \frac{\partial P}{\partial x}\vec{i} + \frac{\partial P}{\partial y}\vec{j} + \frac{\partial P}{\partial z}\vec{k} \tag{3-38}$$

是壓力梯度。注意 $\vec{\nabla}$ 或 "del" 是一個向量運算子，用來以向量形式簡潔地表示一個純量函數的梯度。另外，一個純量函數的梯度被表示成有一個給定方向，因此是個向量。

唯一作用在流體元素上的物體力是這個元素的重量，作用在負 z- 方向，可以被表示成 $\delta F_{B,z} = -g\delta m = -\rho g\,dx\,dy\,dz$ 或用向量形表示成

$$\delta \vec{F}_{B,z} = -g\delta m\vec{k} = -\rho g\,dx\,dy\,dz\vec{k} \tag{3-39}$$

那麼，作用在流體元素的總力成為

$$\delta \vec{F} = \delta \vec{F}_S + \delta \vec{F}_B = -(\vec{\nabla}P + \rho g\vec{k})\,dx\,dy\,dz \tag{3-40}$$

第 3 章　壓力和流體靜力學　**113**

代入牛頓第二運動定律 $\delta\vec{F} = \delta m \cdot \vec{a} = \rho\, dx\, dy\, dz \cdot \vec{a}$ 並消去 $dx\, dy\, dz$，可得到一個像剛體 (沒有剪應力) 一樣運動的流體的運動方程式：

流體的剛體運動：
$$\vec{\nabla} P + \rho g \vec{k} = -\rho \vec{a} \tag{3-41}$$

把向量展開成其分量形式，這關係式可以更清楚的表示成：

$$\frac{\partial P}{\partial x}\vec{i} + \frac{\partial P}{\partial y}\vec{j} + \frac{\partial P}{\partial z}\vec{k} + \rho g \vec{k} = -\rho(a_x \vec{i} + a_y \vec{j} + a_z \vec{k}) \tag{3-42}$$

或是，用三個垂直方向的純量來表示，如

加速的流體：
$$\frac{\partial P}{\partial x} = -\rho a_x, \quad \frac{\partial P}{\partial y} = -\rho a_y \quad \text{與} \quad \frac{\partial P}{\partial z} = -\rho(g + a_z) \tag{3-43}$$

其中 a_x、a_y 和 a_z 分布是在 x-, y- 和 z- 方向的加速度。

特例 1：流體靜止

對靜止或沿一條直線作等速度運動的流體，所有加速度的分量都是零，關係式式 (3-43) 化簡成

靜止的流體：
$$\frac{\partial P}{\partial x} = 0, \quad \frac{\partial P}{\partial y} = 0 \quad \text{與} \quad \frac{dP}{dz} = -\rho g \tag{3-44}$$

這證實了：當流體靜止時，壓力在任何水平方向維持是常數 (P 與 x 和 y 無關) 並且僅在垂直方向改變，這是重力作用的結果 [因此 $P = P(z)$]。這些關係式對於可壓縮和不可壓縮流體都是可用的 (圖 3-54)。

特例 2：流體的自由落下

一個自由落體在重力的影響下加速。當空氣阻力可忽略時，物體的加速度等於重力加速度，且任何水平方向的加速度為零。因此 $a_x = a_y = 0$ 與 $a_z = -g$。那麼加速度流體的運動方程式 (式 3-43) 化簡成

自由落下的流體：
$$\frac{\partial P}{\partial x} = \frac{\partial P}{\partial y} = \frac{\partial P}{\partial z} = 0 \quad \rightarrow \quad P = \text{常數} \tag{3-45}$$

因此在隨流體運動的參考座標中，它的行為像是在沒有動的環境中。(順便一提，這正是一個在軌道上運行的太空站的情況。)

圖 3-54 一杯靜止的水是流體在做剛體運動的特例。如果這杯水以等速度在任何方向移動，液壓靜力方程式將仍然適用。
© Imagestate Media (John Foxx)/ Imagestate RF

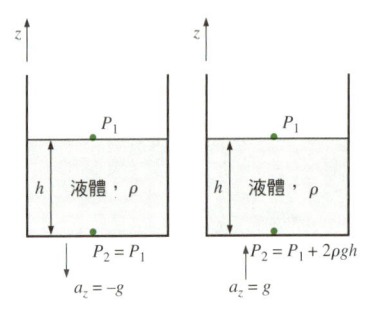

那裡的重力並不是零，儘管許多人這樣認為！) 在一顆自由落下的液滴中，錶壓力到處都是零。(事實上，錶壓力稍微大於零，原因在於表面張力，它會保持液滴的完整。)

當運動方向逆轉，流體受力垂直向上以 $a_z = +g$ 的加速度移動，例如在電梯中的流體容器或被火箭引擎推向上的太空船，則其在 z 方向的壓力梯度是 $\partial P/\partial z = -2\rho g$。此情況下跨過液體層的壓力差相較於靜止液體的情況變成兩倍 (圖 3-55)。

沿直線路徑加速

考慮一個部分充滿流體的容器。此容器沿一直線路徑作等加速度運動，我們取運動路徑在水平面上的投影當 x- 軸，在垂直面上的當 z- 軸，如圖 3-56 所示。加速度的 x- 和 z- 分量是 a_x 和 a_z。在 y- 方向沒有運動，因此那個方向的加速度是零，$a_y = 0$。加速流體的運動方程式 (3-43) 化簡成

$$\frac{\partial P}{\partial x} = -\rho a_x, \quad \frac{\partial P}{\partial y} = 0 \quad 與 \quad \frac{\partial P}{\partial z} = -\rho(g + a_z) \qquad (3\text{-}46)$$

因此壓力與 y 無關。壓力 $P = P(x, z)$ 的全壓差，$dP = (\partial P/\partial x)dx + (\partial P/\partial z)dz$，變成

$$dP = -\rho a_x \, dx - \rho(g + a_z) \, dz \qquad (3\text{-}47)$$

若 ρ = 常數，兩點 1 和 2 之間的壓力差可用積分來決定成為

$$P_2 - P_1 = -\rho a_x(x_2 - x_1) - \rho(g + a_z)(z_2 - z_1) \qquad (3\text{-}48)$$

取點 1 當原點 ($x = 0, z = 0$)，其壓力是 P_0 且點 2 是流體中的任意點 (無下標)，壓力分布可表示成

壓力變化： $\qquad P = P_0 - \rho a_x x - \rho(g + a_z)z \qquad (3\text{-}49)$

選擇自由液面上的兩點 1 和 2 (因此 $P_1 = P_2$)，並從式 (3-48) 求解 $z_2 - z_1$ (圖 3-57)，即可得自由液面上的點 2 相對於點 1 的垂直上升 (或下降) 距離，

自由液面的垂直上升： $\qquad \Delta z_s = z_{s2} - z_{s1} = -\dfrac{a_x}{g + a_z}(x_2 - x_1) \qquad (3\text{-}50)$

圖 3-55 自由落下和向上加速的液體中，加速度對壓力的影響。

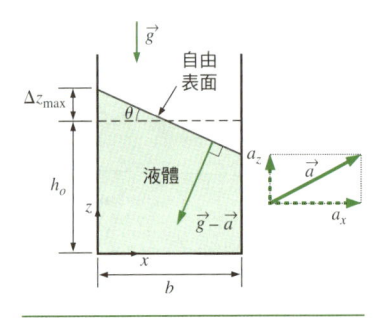

圖 3-56 在一個線性加速桶中液體的剛體運動。這個系統的行為像靜止的流體，除了在液體靜平衡方程式中 $\vec{g} - \vec{a}$ 取代了 $\vec{g}$ 以外。

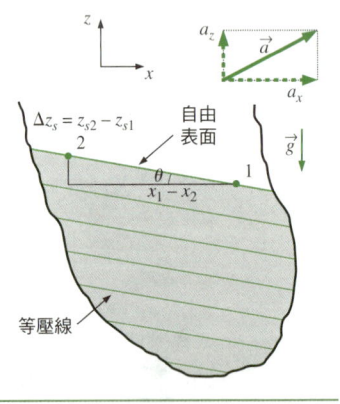

圖 3-57 在一個線性加速流體中的等壓線 (這是等壓面在 xz- 平面的投影)。圖中也顯示出垂直上升。

其中 z_s 是液體自由液面的 z- 座標。等壓面 (isobars) 的方程式可以從式 (3-47) 中令 $dP = 0$ 且用 z_{isobar} 取代 z 來獲得。z_{isobar}，等壓面的 z 座標 (垂直距離)，與 x 的函數關係成為

等壓面：
$$\frac{dz_{\text{isobar}}}{dx} = -\frac{a_x}{g + a_z} = 常數 \tag{3-51}$$

我們的結論是等壓面 (包括自由表面) 在一個以等加速度作直線運動的不可壓縮流體中都是平行面，其在 xz- 平面的斜率是

等壓面的斜率：
$$斜率 = \frac{dz_{\text{isobar}}}{dx} = -\frac{a_x}{g + a_z} = -\tan\theta \tag{3-52}$$

顯然，這種流體的自由表面是一個平面，並且是傾斜的，除非 $a_x = 0$ (加速度僅在垂直方向)。質量守恆與不可壓縮性 ($\rho =$ 常數) 的假設要求流體的體積在加速前後維持不變。因此在一邊流體高度的上升一定被另一邊流體高度的下降所平衡。

例題 3-12　加速水缸的溢流

一個 80 cm 高的魚缸，截面積 2 m×0.6 m，內部部分裝滿水，被放在卡車上運輸 (圖 3-58)。卡車在 10 秒內從 0 加速到 90 km/h。如果希望在加速時，沒有水溢出，試求缸內可容許的起始水高。你會建議魚缸的長邊或短邊沿著運動方向擺放呢？

解答：用卡車運送魚缸。要決定在加速時避免水溢流的可容許水高與合適的擺放方位。

假設：**1.** 在加速時路是水平的，所以加速度沒有垂直分量 ($a_z = 0$)。**2.** 濺水、剎車、換檔、駛過凸起物、爬坡……等效應均假設是次要的，因此不需考慮。**3.** 加速度維持常數。

解析：我們取 x- 軸是運動方向，z- 軸是垂直方向，而原點是在缸的左下角。注意卡車在 10 秒內從 0 加速到 90 km/h，卡車的加速度是

$$a_x = \frac{\Delta V}{\Delta t} = \frac{(90-0)\text{ km/h}}{10\text{ s}}\left(\frac{1\text{ m/s}}{3.6\text{ km/h}}\right) = 2.5\text{ m/s}^2$$

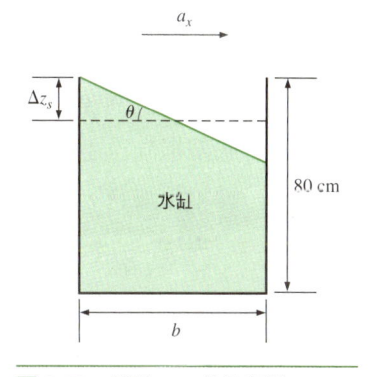

圖 3-58　例題 3-12 的示意圖。

自由表面與水平面夾角的正切值是

$$\tan\theta = \frac{a_x}{g + a_z} = \frac{2.5}{9.81 + 0} = 0.255 \quad (因此\ \theta = 14.3°)$$

自由表面最大的垂直上升高度發生在缸的背部，且垂直中平面在加速中沒有上升或下降，因為它是個對稱面。那麼缸背部相對於中平面的垂直上升高度對這兩個可能方向變成

情況 1：長邊平行於運動方向：

$$\Delta z_{s1} = (b_1/2) \tan\theta = [(2\text{ m})/2] \times 0.255 = 0.255\text{ m} = \mathbf{25.5\text{ cm}}$$

情況 2：短邊平行於運動方向：

$$\Delta z_{s2} = (b_2/2) \tan\theta = [(0.6\text{ m})/2] \times 0.255 = 0.076\text{ m} = \mathbf{7.6\text{ cm}}$$

因此，假設翻倒不是問題，**魚缸應被擺放成其短邊平行於運動方向**。此例中裝水高度應使其自由表面的高度低於水缸高度 7.6 cm 就可以避免因為加速所造成的溢流。

討論：注意缸的擺放方位對控制垂直上升高度是重要的，還有，這個分析對任何密度是常數的流體都是適用的，並不僅限於水，因為在求解中我們沒有用到水的任何訊息。

圓柱形容器的旋轉

從經驗中我們知道當一個裝水的玻璃杯繞其軸旋轉時，由於離心力的原因 (但用向心力解釋更適當)，流體被迫向外流，使得流體的自由表面變凹。這稱為強制渦旋運動。

考慮一個垂直的圓柱形容器部分填充液體，容器繞其軸以等角度 ω 旋轉，如圖 3-59 所示。在起始的暫態過後，液體像剛體一樣與容器一同運動。沒有變形，因此沒有剪應力，並且容器內每一個流體質點以相同的角度速運動。

這個問題最好使用圓柱座標系統 (r, θ, z) 來做分析，取 z 沿著容器的中心線從底部指向自由表面，因為容器是圓柱形的，且流體質點在進行圓周運動。一個與旋轉軸距離為 r，以等角速度 ω 旋轉的流體質點的向心加速度是 $r\omega^2$ 並指向旋轉軸方向 (負 r- 方向)，即 $a_r = -r\omega^2$。問題有對 z- 軸 (即旋轉軸) 的對稱性，所以與 θ 無關。因此 $P = P(r, z)$ 且 $a_\theta = 0$。再者，$a_z = 0$ 因為在 z- 方向沒有運動。

加速流體的運動方程式 (3-41) 化簡成

$$\frac{\partial P}{\partial r} = \rho r \omega^2, \quad \frac{\partial P}{\partial \theta} = 0 \quad 與 \quad \frac{\partial P}{\partial z} = -\rho g \quad (3\text{-}53)$$

壓力 $P = P(r, z)$ 的全壓差，$dP = (\partial P/\partial r)dr + (\partial P/\partial z)dz$，變成

$$dP = \rho r \omega^2\, dr - \rho g\, dz \quad (3\text{-}54)$$

等壓面方程式可以令 $dP = 0$ 並用 z_{isobar} 取代 z_o 來獲得。即等壓面的 z- 值 (垂直距離)，與 r 的函數關係是

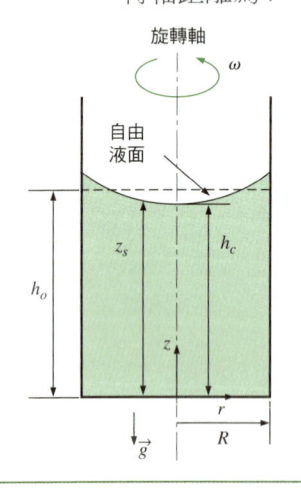

圖 3-59 一個旋轉的垂直圓柱形容器內液體的剛體運動。

$$\frac{dz_{\text{isobar}}}{dr} = \frac{r\omega^2}{g} \tag{3-55}$$

積分,即可決定等壓面的方程式為

等壓面: $$z_{\text{isobar}} = \frac{\omega^2}{2g}r^2 + C_1 \tag{3-56}$$

這是一個拋物線方程式。因此我們的結論是等壓面 (包括自由表面) 的形狀是個旋轉拋物面 (圖 3-60)。

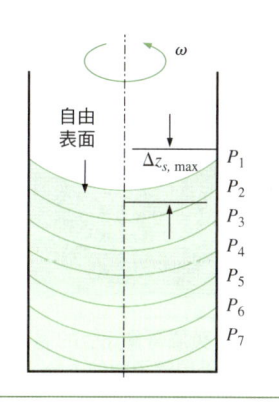

圖 3-60 一個旋轉液體的等壓面。

積分常數 C_1 的值對不同的等壓拋物面是不同的。對於自由表面,在式 (3-56) 中令 $r = 0$,得到 $z_{\text{isobar}}(0) = C_1 = h_c$,其中 h_c 是沿著旋轉軸從底部到自由表面的距離 (圖 3-59)。因此自由表面的方程式變成

$$z_s = \frac{\omega^2}{2g}r^2 + h_c \tag{3-57}$$

其中 z_s 是在半徑 r 處,自由表面離開容器底部的距離。這個分析的假設是容器內有足夠的液體使得容器底部維持隨時都被液體覆蓋的情況。

一個圓柱形薄殼元素,半徑 r,高度 z_s,厚度 dr 的體積是 $dV = 2\pi r z_s \, dr$。那麼由自由表面所形成的拋物面體的體積是

$$V = \int_{r=0}^{R} 2\pi z_s r \, dr = 2\pi \int_{r=0}^{R} \left(\frac{\omega^2}{2g}r^2 + h_c\right) r \, dr = \pi R^2 \left(\frac{\omega^2 R^2}{4g} + h_c\right) \tag{3-58}$$

因為質量守恆且密度是常數,此體積必定等於原來在容器中流體的體積,也就是

$$V = \pi R^2 h_0 \tag{3-59}$$

其中 h_0 是無旋轉時,容器中流體原來的高度 h。因為這兩個體積互相相等,沿圓柱形容器中心線的流體高度變成

$$h_c = h_0 - \frac{\omega^2 R^2}{4g} \tag{3-60}$$

所以自由表面的方程式變成

自由表面: $$z_s = h_0 - \frac{\omega^2}{4g}(R^2 - 2r^2) \tag{3-61}$$

拋物面的形狀與流體性質無關,因此相同的自由表面方程式對任何流體都適用。例

118 流體力學

圖 3-61 英屬哥倫比亞的溫哥華附近的大型天頂望遠鏡的 6 m 旋轉液態水銀鏡。
Photo courtesy of Paul Hickson, The University of British Columbia. Used by permission.

如，旋轉液態水銀形成一個拋物面鏡，在天文學中非常有用 (圖 3-61)。

最大的垂直高度發生在 $r = R$ 的邊緣，而自由表面的邊緣和中心之間的最大高度差的決定，可以計算在 $r = R$ 和 $r = 0$ 的 z_s，再取其差值即可，

最大高度差：
$$\Delta z_{s,\,max} = z_s(R) - z_s(0) = \frac{\omega^2}{2g}R^2 \quad (3\text{-}62)$$

當 $\rho =$ 常數時，流體中兩點 1 和 2 的壓力差可以經由對 $dP = \rho r\omega^2\,dr - \rho g\,dz$ 積分來決定。這會得到

$$P_2 - P_1 = \frac{\rho\omega^2}{2}(r_2^2 - r_1^2) - \rho g(z_2 - z_1) \quad (3\text{-}63)$$

取原點為點 1 $(r = 0, z = 0)$，其壓力 P_0，而點 2 是流體中的任意點 (無下標)，則壓力差被表示為

壓力變化：
$$P = P_0 + \frac{\rho\omega^2}{2}r^2 - \rho gz \quad (3\text{-}64)$$

注意在一個固定半徑下，壓力在垂直方向作液體靜力似的變化，就像是在靜止流體中一樣。在一個固定的垂直距離 z 時，壓力隨徑向距離 r 的平方變化，從中心線向外緣增加。在任何水平平面上，中心和在容器半徑 R 的外緣處之間的壓力差是 $\Delta P = \rho\omega^2 R^2/2$。

例題 3-13　旋轉中液體的上升

一個 20 cm 直徑，60 cm 高的垂直圓柱形容器，如圖 3-62，部分充填著 50 cm 高的液體，其密度是 850 kg/m³。現在容器以等速度旋轉。試求液體會開始從容器邊緣溢出的轉速。

解答： 一個部分充填液體的圓柱形容器被旋轉起來。要決定液體開始溢出的角速度。

假設：1. 轉速的增加非常慢，以致容器中的液體總是像剛體一般的運動。**2.** 容器的底部在旋轉時，總是維持被液體覆蓋著 (沒有乾點)。

解析： 取旋轉垂直圓柱的底面中心當作原點 $(r = 0, z = 0)$，液體自由表面的方程式為

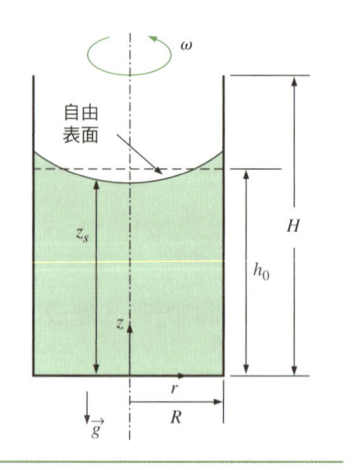

圖 3-62 例題 3-13 的示意圖。

$$z_s = h_0 - \frac{\omega^2}{4g}(R^2 - 2r^2)$$

在容器外緣 $r = R$ 處的液體垂直高度變成

$$z_s(R) = h_0 + \frac{\omega^2 R^2}{4g}$$

其中 $h_0 = 0.5$ m 是旋轉前液體原來的高度。在液體正要溢出前，容器邊緣的液體高度等於容器的高度，因此 $z_s(R) = H = 0.6$ m。從上式解出 ω 並代值進入，即可決定容器的最大轉速，

$$\omega = \sqrt{\frac{4g(H - h_0)}{R^2}} = \sqrt{\frac{4(9.81 \text{ m/s}^2)[(0.6 - 0.5) \text{ m}]}{(0.1 \text{ m})^2}} = \mathbf{19.8 \text{ rad/s}}$$

因為轉一圈相當於 2π rad，容器的轉速也可用每分鐘的轉數 (rpm) 來表示，

$$\dot{n} = \frac{\omega}{2\pi} = \frac{19.8 \text{ rad/s}}{2\pi \text{ rad/rev}}\left(\frac{60 \text{ s}}{1 \text{ min}}\right) = \mathbf{189 \text{ rpm}}$$

因此，為了避免離心力造成的液體溢出，容器的轉速應該限制在 189 rpm 以下。

討論：這個分析適用於任何液體，因為結果與密度或任何其它流體性質無關。我們也應該驗證沒有乾點的假設是成立的。中心點的液體高度是

$$z_s(0) = h_0 - \frac{\omega^2 R^2}{4g} = 0.4 \text{ m}$$

因為 $z_s(0)$ 是正的，我們的假設是成立的。

總結

每單位面積所受的流體正向力稱為壓力，其 SI 單位是 pascal，1 pa $\equiv$ 1 N/m^2。相對於絕對真空的壓力稱為絕對壓力，絕對壓力和當地大氣壓力的差值稱為錶壓力。低於大氣壓力的壓力也稱為真空壓力。絕對壓力、錶壓力和真空壓力彼此間的關係是

$$P_{\text{gage}} = P_{\text{abs}} - P_{\text{atm}}$$
$$P_{\text{vac}} = P_{\text{atm}} - P_{\text{abs}} = -P_{\text{gage}}$$

流體中一點的壓力在所有方向的大小都相同。靜止流體中壓力隨高度的變化是

$$\frac{dP}{dz} = -\rho g$$

其中，正 z- 方向習慣上取向上的方向。當流體的密度是常數時，跨過厚度 Δz 的流體層，壓力差是

$$P_{\text{below}} = P_{\text{above}} + \rho g |\Delta z| = P_{\text{above}} + \gamma_s |\Delta z|$$

一個對大氣開口的靜止流體，在離自由表面深度為 h 的地方，其絕對壓力和錶壓力是

$$P = P_{atm} + \rho gh \quad 與 \quad P_{gage} = \rho gh$$

靜止流體中的壓力在水平方向不會改變。根據帕斯卡定理，對一個封閉的流體加壓，則增加的壓力量在流體中到處都一樣。大氣壓力可以用大氣壓力計量測，其表示式是

$$P_{atm} = \rho gh$$

其中 h 是液柱的高度。

流體靜力學討論與靜止流體有關的問題，當流體是液體時，稱為液體靜力學。對一個完全沉浸在一個均質流體裡面的平面，作用在其表面上的合力大小等於此表面的形心上面的壓力 P_C 和表面面積的乘積，可以表示為

$$F_R = (P_0 + \rho gh_C)A = P_C A = P_{avg} A$$

其中 $h_C = y_C \sin\theta$ 是形心和液體自由表面的垂直距離。壓力 P_0 通常是大氣壓力，在大多數情況下，因其作用在平板的兩邊而互相抵消。合力的作用線和表面的交點是壓力中心。合力作用線的垂直位置如下，

$$y_P = y_C + \frac{I_{xx,C}}{[y_C + P_0/(\rho g \sin\theta)]A}$$

其中 $I_{xx,C}$ 是相對於通過平面形心的 x-軸的面積二次力矩。

流體對沉浸於其中的物體施予一個向上的力，稱為浮力，其表示式為

$$F_B = \rho_f g \vee$$

其中 $\vee$ 是物體的體積。這稱為阿基米德原理，並被表示為：作用在一個沉浸於流體中的物體的浮力等於物體所排開流體的重量；浮力向上作用，通過排量體積的形心。在一個密度不變的流體中，浮力的大小與物體和自由表面間的距離無關。對於浮體，其被沉浸的體積比率等於物體的平均密度和流體密度的比值。

流體作用在剛體的運動方程式為

$$\vec{\nabla}P + \rho g\vec{k} = -\rho\vec{a}$$

其中重力是沿著 $-z-$ 方向。上式可以純量式表示為

$$\frac{\partial P}{\partial x} = -\rho a_x, \quad \frac{\partial P}{\partial y} = -\rho a_y, \quad 與 \quad \frac{\partial P}{\partial z} = -\rho(g + a_z)$$

其中 a_x、a_y 和 a_z 分別是 x-、y- 和 z- 方向的加速度。在 xy- 平面的線性加速度運動中，壓力分布的表示式為

$$P = P_0 - \rho a_x x - \rho(g + a_z)z$$

在一個作等加速度線性運動的液體中的等壓面 (包括自由表面) 是平行平面，其在 xz- 平面的斜率是

$$\text{斜率} = \frac{dz_{\text{isobar}}}{dx} = -\frac{a_x}{g + a_z} = -\tan\theta$$

在一個旋轉圓柱形容器中，作剛體運動的液體的等壓面是旋轉拋物面，其自由表面方程式是

$$z_s = h_0 - \frac{\omega^2}{4g}(R^2 - 2r^2)$$

其中 z_s 是在半徑 r 處，自由表面離容器底部的距離，h_0 是容器沒有旋轉時，流體原來的高度。液體中，壓力變化的表示式是

$$P = P_0 + \frac{\rho\omega^2}{2}r^2 - \rho g z$$

其中 P_0 是原點 ($r = 0, z = 0$) 的壓力。

壓力是一個基本性質，很難想像一個重要的流體流動的問題沒有牽涉到壓力的。因此你會在本書其它章節中看到這個性質。但是對於作用在平面和曲面上的液壓靜力的考慮大部分將侷限在本章之中。

參考資料和建議讀物

1. F. P. Beer, E. R. Johnston, Jr., E. R. Eisenberg, and G. H. Staab. *Vector Mechanics for Engineers, Statics*, 10th ed. New York: McGraw-Hill, 2012.

2. D. C. Giancoli. *Physics*, 6th ed. Upper Saddle River, NJ: Prentice Hall, 2012.

習題

有 "C" 題目是觀念題，學生應儘量作答。

壓力、液體壓力計和大氣壓力計

3-1C 一個微小的鋼製立方體用線懸掛在水中。如果立方體的邊長都很小，你將如何比較這個立方體的頂面、底面和邊面的壓力呢？

3-2C 說明帕斯卡定理，並舉出一個真實世界的例子。

3-3C 考慮兩個相同的風扇，一個在海平面，另一個在高山上，以相同的速度運轉。你如何比較這兩個風扇的 (a) 體積流率，(b) 質量流率？

3-4C 什麼是錶壓力和絕對壓力的區別？

3-5C 解釋在高海拔地區，為什麼有人會有流鼻血的經驗，為什麼有人會感覺到呼吸困難呢？

3-6 一個內含氣體的活塞－氣缸裝置的活塞質量 40 kg，截面積 0.012 m² (圖 P3-6)。當地大氣壓力是 95 kPa，重力加速度是 9.81 m/s²。(a) 試求氣缸

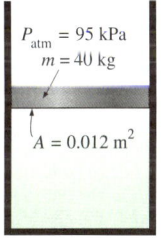

圖 P3-6

內的壓力。(b) 若對缸內氣體加熱使其體積加倍，你預期缸內壓力會改變嗎？

3-7 在一個大氣壓力是 92 kPa 的地方，連接到一個腔室的真空計讀值是 36 kPa。試求腔室內的絕對壓力。

3-8 一個液體壓力計被用來量測桶內的空氣壓力。壓力計使用的液體比重是 1.25，其兩臂間的液面高度差是 70 cm。若當地大氣壓力是 88 kPa，試求兩種情況下，桶內的絕對壓力：液體壓力計的 (a) 長臂，(b) 短臂的液面端連接到桶子。

3-9 如圖 P3-9 所示，用空氣加壓桶內的水，並使用多流體式液體壓力計量測壓力。如果 $h_1 = 0.4$ m, $h_2 = 0.6$ m, $h_3 = 0.8$ m，試求桶內空氣的錶壓力。取水、油與水銀的密度分別是 1000 kg/m^3, 850 kg/m^3 與 13,600 kg/m^3。

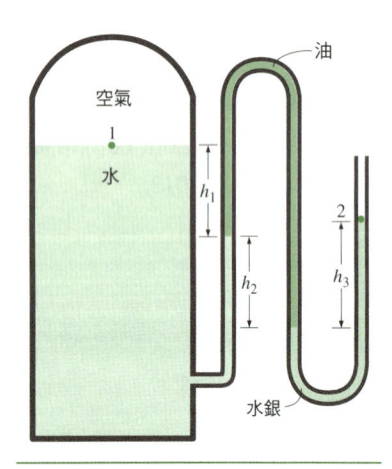

圖 P3-9

3-10 某地的大氣壓力計讀值是 735 mmHg，試求其大氣壓力。水銀的密度是 13,600 kg/m^3。

3-11 在某液體內深度 3 m 處的錶壓力是 28 kPa。試求同液體內深度 12 m 處的錶壓力。

3-12 水中深度 8 m 處的絕對壓力讀值是 175 kPa。試求 (a) 當地的大氣壓力，(b) 在相同的地方，比重 0.78 的液體中深度 8 m 處的絕對壓力。

3-13 體重 90 kg 的男人，其足底壓印總面積為 450 cm^2。試求此男人對地面所施的壓力，如果 (a) 他以雙腳站立，(b) 他以單腳站立。

3-14 考慮一個 55 kg 的女人，其足底壓印總面積為 400 cm^2。她想要在雪上行走，但雪不能抵抗超過 0.5 kPa 的壓力。為了使她能在雪上行走而不下陷，試求她所需要的最小尺寸的雪鞋 (每隻鞋的壓印面積)。

3-15 一個連接到桶子的真空計讀值是 45 kPa，當地的大氣壓力計讀值是 755 mmHg。試求桶內的絕對壓力。設 $\rho_{Hg} = 13,590$ kg/m^3。(Answer: 55.6 kPa)

3-16 一個連接到桶子的壓力計讀值是 350 kPa，當地的大氣壓力計讀值是 740 mmHg。試求桶內的絕對壓力。設 $\rho_{Hg} = 13,590$ kg/m^3。(Answer: 449 kPa)

3-17 一個連接到桶子的壓力計讀值是 500 kPa，當地的大氣壓力是 94 kPa。試求桶內的絕對壓力。

3-18 如果橡皮氣球內的壓力是 1500 mmHg，則此壓力相當於多少 bar？(Answer: 2.00 bar)

3-19 已知冷凝器的真空壓力是 80 kPa。如果大氣壓力是 98 kPa，試求以 kPa、kN/m^2、lbf/in^2、psi 與 mmHg 表示的錶壓力和絕對壓力。

3-20 貯水池中的水在一根內徑 $D = 30$ cm 的垂直管中，在活塞拉引力 F 的影響下被拉升了。試求將水拉升至高於自由表面 $h = 1.5$ m 所需的拉力大小。若 $h = 3$ m，則你的答案將是什麼呢？設大氣壓力為 96 kPa，請畫出當 h 從 0 變化到 3 m 時，在活塞面上水的絕對壓力的變化。

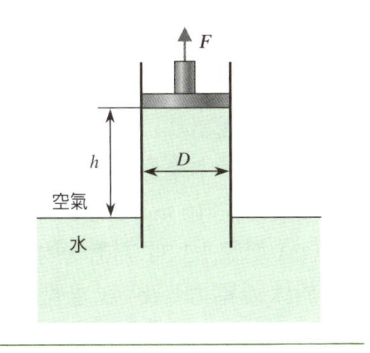

圖 P3-20

3-21 登山者的大氣壓力計在行前的讀值是 980 mbars，登山後的讀值是 790 mbars。忽略高度對於當地重力加速度的影響，試求登山的垂直距離。假設空氣的平均密度是 1.20 kg/m³。(Answer: 1614 m)

3-22 基本的大氣壓力計可以用來量測建築物的高度。如果大氣壓力計在一棟建築物的頂部和底部的讀值分別為 730 和 755 mmHg，試求建築物的高度。假設空氣的平均密度是 1.18 kg/m³。

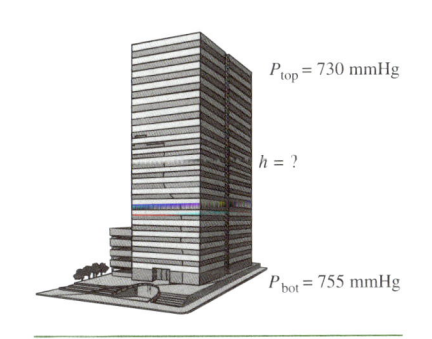

圖 P3-22

3-23 用 EES (或其它) 軟體求解習題 3-22。列印出全部解答，包括含單位的數值結果。取水銀密度為 13,600 kg/m³。

3-24 試求作用在海面下 20 m 處的潛水者身上的壓力。假設大氣壓力是 101 kPa，海水的比重是 1.03。(Answer: 303 kPa)

3-25 試求作用在海面下 70 m 處巡航的潛水艇上的壓力。假設大氣壓力是 101 kPa，海水的比重是 1.03。

3-26 一氣體被封閉在一個垂直、無摩擦的活塞—氣缸裝置內。活塞的質量是 4 kg，截面積是 35 cm²。活塞上方一個被壓縮的彈簧對活塞施力 60 N。如果大氣壓力是 95 kPa，試求氣缸內的壓力。(Answer: 123.4 kPa)

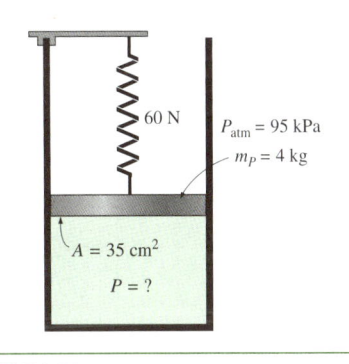

圖 P3-26

3-27 重新考慮習題 3-26。使用 EES (或其它) 軟體，探討彈簧力在 0 至 500 N 的變化範圍對缸內壓力的影響。畫出壓力與彈簧力的對應關係，並討論結果。

3-28 壓力錶和液壓計都被接到一個貯氣桶來量測其壓力。如果壓力錶的讀值是 65 kPa，試求液壓計中兩個流體介面的距離，如果流體是 (a) 水銀 (ρ = 13,600 kg/m³) 或 (b) 水 (ρ = 1000 kg/m³)。

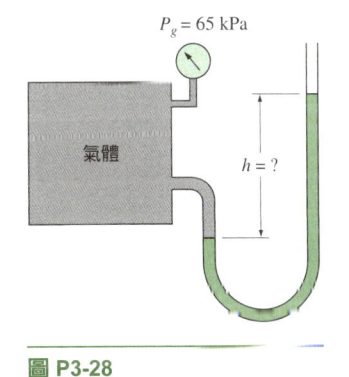

圖 P3-28

3-29 重新考慮習題 3-28。使用 EES (或其它) 軟體，探討液壓計流體密度在 800 至 13,000 kg/m³ 的範圍對液壓計流體高度差的影響，畫出流體高度差與密度的對應關係，並討論其結果。

3-30 已知在一個氣體中，壓力 P 隨密度 ρ 的改變是 $P = C\rho^n$，其中 C 與 n 是由在高度 $z = 0$ 時，$P = P_0$ 與 $\rho = \rho_0$ 決定的常數。試求一個壓力 P 與高度的關係式，由 z、g、n、P_0 與 ρ_0 來表示。

3-31 如圖所示的系統被用來正確測量水管中的壓力增加 ΔP 時的壓力變化。當 $\Delta h = 70$ mm 時，水管中的壓力變化是多少？

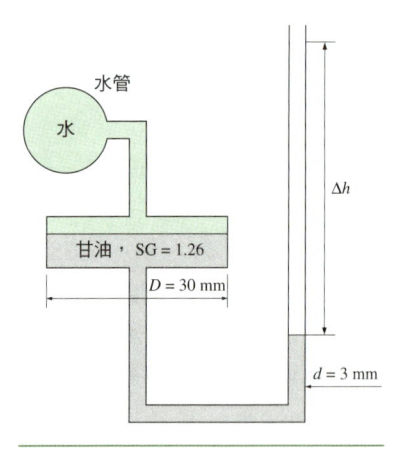

圖 P3-31

3-32 圖中所示的液壓計被設計來量測最高到 100 Pa 的壓力。如果讀取誤差估計為 ±0.5 mm，為了使壓力量測誤差在全刻度時不要超過 2.5%，則 d/D 的比值應該是多少？

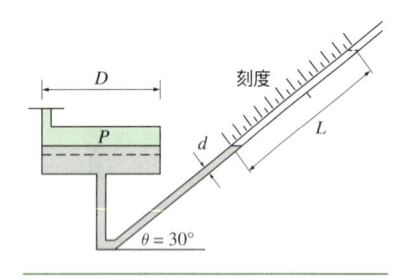

圖 P3-32

3-33 一個含油 ($\rho = 850$ kg/m³) 的液壓計被接到一個充滿空氣的桶子。如果兩個液柱中的油面高度差是 150 cm 且大氣壓力是 98 kPa，試求桶中空氣的絕對壓力。(Answer: 111 kPa)

3-34 一個水銀液壓計 ($\rho = 13{,}600$ kg/m³) 被接到一條空氣管中來量測管內的壓力。液壓計的高度差是 10 mm，且大氣壓力是 100 kPa。(a) 從圖 P3-34 判斷管內壓力是高於或低於大氣壓力。(b) 試求管內的絕對壓力。

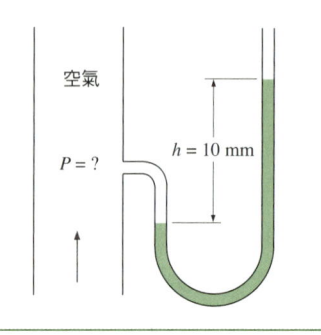

圖 P3-34

3-35 若水銀高度差為 30 mm 時，重做習題 3-34。

3-36 血壓通常使用一個帶有壓力計的封閉氣囊束住一個人上臂靠近心臟高度的地方來量測。使用一個水銀液壓計和聽診器，收縮壓 (心臟收縮時的最高壓) 和舒張壓 (心臟舒張時的最低壓) 以 mmHg 量測。一個健康的個人的收縮壓和舒張壓分別是 120 mmHg 和 80 mmHg，並且以 120/80 顯示。試將這兩個錶壓力用 kPa、psi 與水柱高度來表示。

3-37 一個健康者的上臂之最高血壓約 120 mmHg，若一根對大氣開放的垂直管被接到此人上臂的血管中，試求血液在管中的上升高度。設血液密度為 1040 kg/m³。

第 3 章 壓力和流體靜力學　125

為 $\rho = 1035 \text{ kg/m}^3$。分析中是否可忽略空氣柱的影響？

3-42　習題 3-41 中用比重 0.72 的油取代空氣，重新求解。

3-43　圖 P3-43 中桶內空氣的錶壓力量測值是 65 kPa。試求水銀柱的高度差。

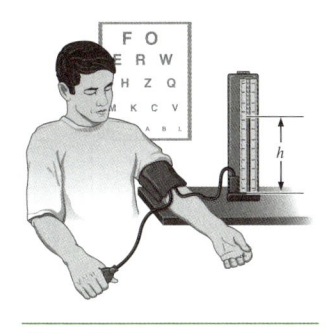

圖 P3-37

3-38　考慮一個 1.73 m 高度的男人垂直站在水池中並被完全淹沒，試求作用在此人頭部和腳趾的壓力差，以 kPa 表示。

3-39　考慮一根 U 形管其雙臂都對大氣開放。現在從 U 形管的一臂灌入水，另一臂灌入輕油（$\rho = 790 \text{ kg/m}^3$）。其中一臂內含 70 cm 高的水，另一臂則同時含有兩種流體，其油對水的高度比是 6。試求那支臂中每種流體的高度。

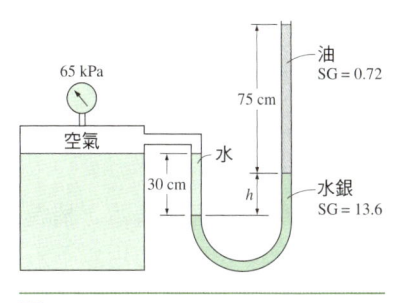

圖 P3-43

3-44　若習題 3-43 中的錶壓為 45 kPa，重新求解。

3-45　圖 P3-45 中的液壓起重機上的 500 kg 負載，要利用從細管端灌入油（$\rho = 780 \text{ kg/m}^3$）來將其抬高。試求高度 h 要多高才能開始抬高重物？

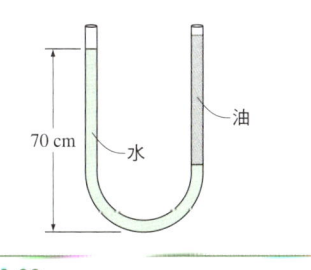

圖 P3-39

3-40　一間修車廠的液壓起重機的輸出端直徑是 40 cm，可以舉起一輛 1800 kg 的汽車。試求貯油池中必須維持的流體錶壓力。

3-41　在平行管線中流動的純水和海水彼此用雙 U 形液壓管連接，如圖 P3-41 所示。試求兩條管線間的壓力差。設當地海水的密度

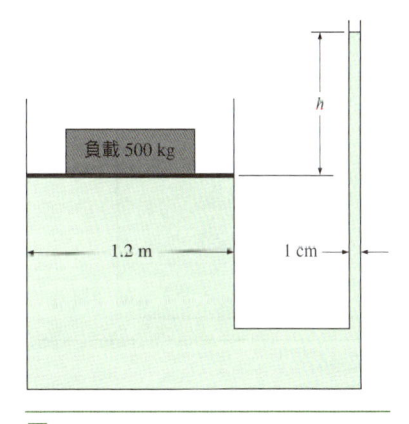

圖 P3-45

3-46　兩個油桶彼此之間用一根液壓計相連。如果兩臂的水銀高度差為 80 cm，試求兩桶間的壓力差。油和水銀的密度分別為 721 kg/m³ 與 13,600 kg/m³。

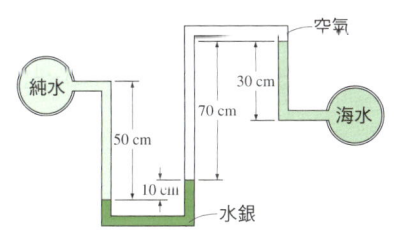

圖 P3-41

126 流體力學

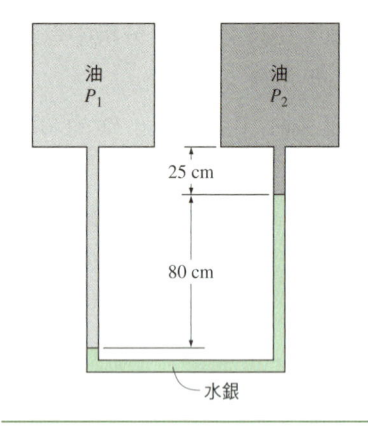

圖 P3-46

3-47 壓力經常用液柱高來表示，稱為「壓力頭」。將標準大氣壓力用以下液體的液柱高來表示。(a) 水銀 (SG = 13.6)，(b) 水 (SG = 1.0)，(c) 甘油 (SG = 1.26)。解釋為什麼我們通常在液壓計中使用水銀。

3-48 兩個腔室其底部有相同的流體，被直徑 30 cm，重量 25 N 的活塞隔開，如圖 P3-48 所示。試求腔室 A 與 B 的錶壓力。

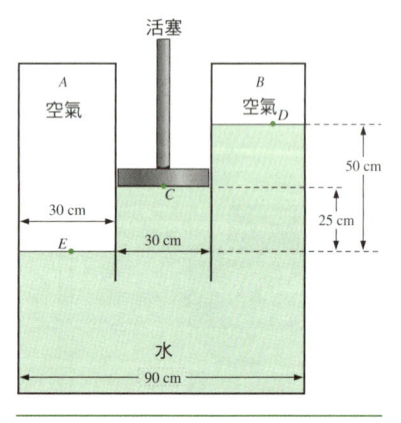

圖 P3-48

3-49 考慮一個雙流體液壓計連接到一條空氣管線，如圖 P3-49 所示。如果其中一種流體的比重是 13.55，對如圖所示的空氣絕對壓力，試求另一種流體的比重。設大氣壓力為 100 kPa。(Answer: 1.34)

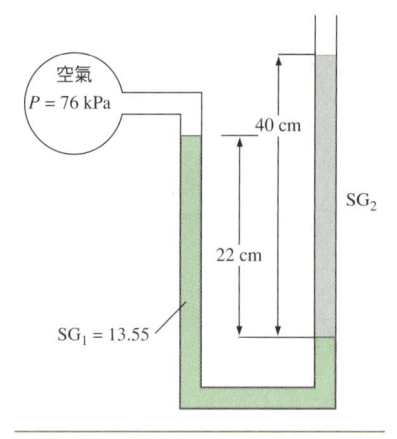

圖 P3-49

3-50 使用一個雙流體液壓計來量測一條油管和一條水管之間的壓力差，如圖 P3-50 所示。對已知的流體高度和比重，試計算壓力差 $\Delta P = P_A - P_B$。

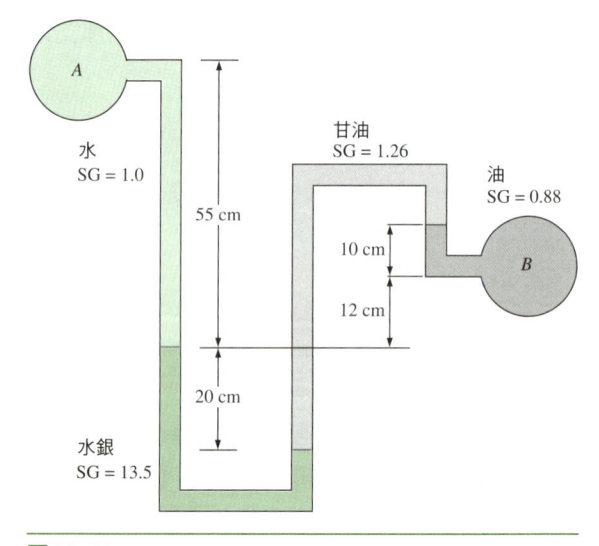

圖 P3-50

3-51 考慮如圖 P3-51 所示的系統。如果空氣壓力的一個 0.9 kPa 的變化造成在液柱中滷水−水銀介面下降了 5 mm，而滷水管內的壓力維持是常數，試求 A_2/A_1 的比值。

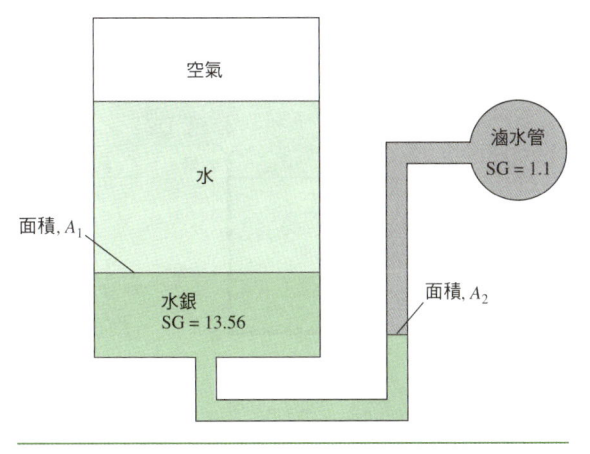

圖 P3-51

3-52 兩個水桶彼此間經由具有傾斜管的水銀液壓計相連，如圖 P3-52 所示。若兩桶間的壓力為 20 kPa，試求 a 和 θ。

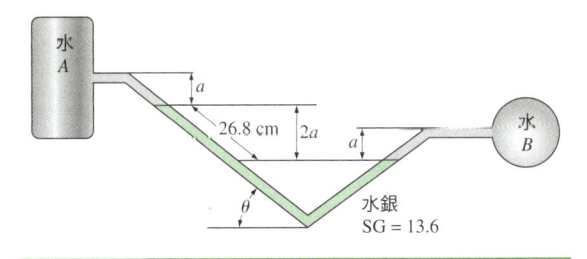

圖 P3-52

3-53 考慮一個在修車廠使用的液壓千斤頂，如圖 P3-53 所示。活塞的面積分別是 $A_1 = 0.8$ cm^2 與 $A_2 = 0.04$ m^2。當左邊小活塞被壓上、壓下時，比重 0.870 的液壓油被泵入來緩慢的頂起右邊較大的活塞。一輛重量為 13,000 N 的汽車要被頂起。(a) 在剛開始，當兩個活塞是在相同高度時 ($h = 0$)，試計算要撐住車重的力 F_1，以 newtons 表示。(b) 在汽車被頂高 2 公尺時 ($h = 2$ m)，重做計算。比較並討論。

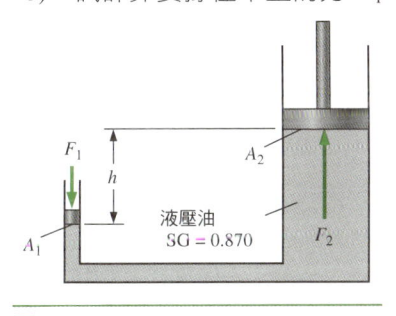

圖 P3-53

流體靜力學：在平面和曲面上的液壓靜力

3-54C 定義作用在一個沉浸表面的液壓靜力的合力與壓力中心。

3-55C 某人聲稱她可決定作用在沉浸於水中的一個平面的液壓靜力的大小，不管其形狀和方向如何，只要她知道這個表面的形心離自由表面的垂直距離與表面的面積。這個聲明是否成立？解釋之。

3-56C 一個被水沉浸的水平平板用一條附著在其上表面形心的繩子懸掛在水中。現在平板被相對於通過其形心的軸旋轉 45°。討論由於旋轉的結果，對作用在平板的上表面的液體靜力的改變。假設平板在所有時間都是被沉浸的。

3-57C 你可能已經注意到水壩的底部總是比較厚。討論為什麼水壩要這樣子建造。

3-58C 考慮一個沉浸的曲面。解釋你要如何決定作用在這個面的液壓靜力的水平分量。

3-59C 考慮一個沉浸的曲面。解釋你要如何決定作用在這個面的液壓靜力的垂直分量。

3-60C 考慮一個圓形曲面受到一個等密度流體的液壓靜力的作用。如果液壓靜力的合力的水平和垂直分量的大小已經決定了，解釋你要如何求出此力的作用線。

3-61 考慮一輛重車沉到一個有水平底部的湖底。此車駕駛側的門，高 1.1 m，寬 0.9 m，且門的上緣離水面 10 m。試求作用在門上的淨力 (垂直其表面) 與壓力中心的位置，如果 (a) 汽車密封良好，且內含大氣壓力下的空氣，與 (b) 汽車內部被水充滿。

3-62 考慮一個長 8 m、寬 8 m 與高 2 m (地面之上) 的游泳池，其內部裝滿到其上緣的水。(a) 試求在每邊牆上的液壓靜力及此

128 流體力學

力的作用線離地面的距離。(b) 如果游泳池的牆高加倍且被水充滿,則每邊牆上受到的液壓靜力會變成兩倍或四倍?為什麼?(Answer: (a) 157 kN)

3-63 考慮一個 60 m 高、360 m 寬的水壩,其儲水量滿載。試求 (a) 作用在水壩的液壓靜力,與 (b) 水壩在接近頂部和接近底部每單位面積的受力。

3-64 一艘遊輪底部的一個房間有一個 30 cm 直徑的圓形窗。如果窗的中心點在水面以下 4 m,試求作用在窗戶的液壓靜力與壓力中心。設海水的比重為 1.025。(Answer: 2840 N, 4.001 m)

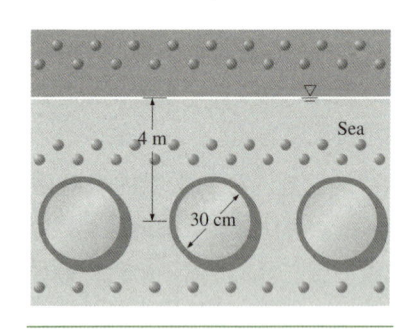

圖 P3-64

3-65 一個 70 m 長的水壩,其靠水邊的牆是一個半徑 7 m 的 $\frac{1}{4}$ 圓。當水壩滿水至其上緣時,試求作用在水壩的液壓靜力與其作用線。

3-66 對一個在進入頁面方向寬 2 m 的閘門 (圖 P3-66),試求將閘門 *ABC* 維持在其位置上所需要的力。(Answer: 17.8 kN)

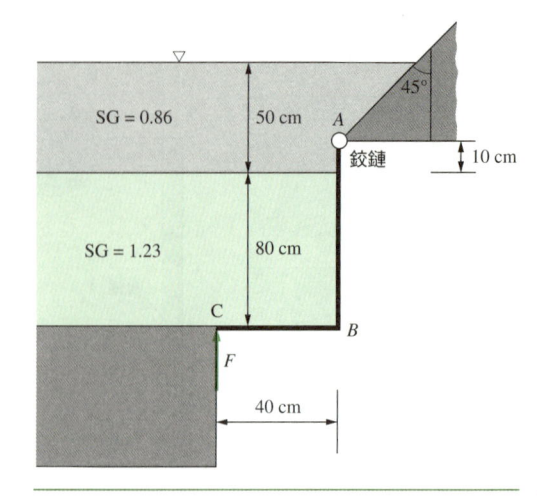

圖 P3-66

3-67 試求作用在一個高 0.7 m,寬 0.7 m 的三角形閘門 (示於圖 P3-67) 上的合力大小及其作用線。

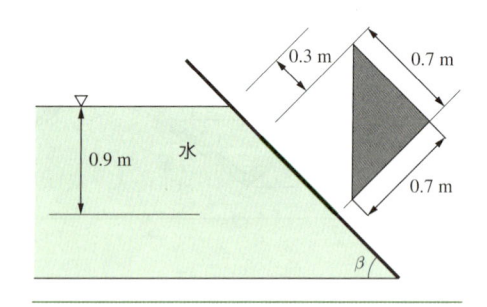

圖 P3-67

3-68 一塊 6 m 高,5 m 寬的矩形平板擋住了一條 5 m 深的純水水道的終點,如圖 P3-68 所示。平板被鉸鏈在沿其上邊通過 *A* 點的水平軸上,並且被在點 *B* 的一個固定的凸起所限制,不能開啟。試求凸起作用在平板上的力。

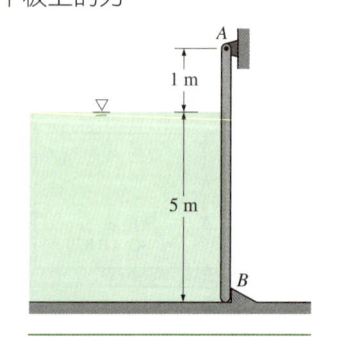

圖 3-68

3-69 重新考慮習題 3-68。使用 EES (或其它)軟體，探討水深對於凸起作用在平板上的力的影響。令水深以 0.5 m 的增量從 0 變化到 5 m。將你的結果用圖和表來呈現。

3-70 來自一個貯水池的水流被一個鉸鏈在 A 點，寬度為 1.5 m 的 L 形閘門控制，如圖 P3-70 所示。如果希望閘門在水的高度為 3.6 m 時會打開，試求需要的重物的質量。(Answer: 13,400 kg)

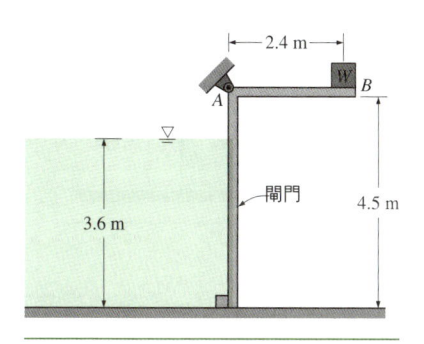

圖 P3-70

3-71 當水的高度為 2.4 m 時，重做習題 3-70。

3-72 一個有半圓形截面的水槽，半徑 0.6 m，由兩個對稱部分在底部鉸鏈在一起，如圖 P3-72 所示。這兩個部分在沿水槽長度方向每 3 m 用纜繩和鬆緊扣連接在一起。當水槽中充滿水時，試求每條纜繩的張力。

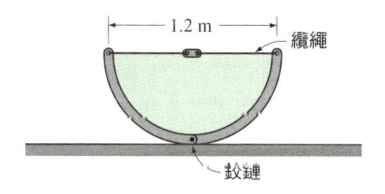

圖 P3-72

3-73 一個圓柱形桶子完全用水充滿（圖 P3-73）。為了增加從桶子流出的水流，用壓縮機在水面施加額外的壓力。若 $P_0 = 0$、$P_0 = 3$ bar 及 $P_0 = 10$ bar，試計算水對表面 A 施加的液壓靜力。

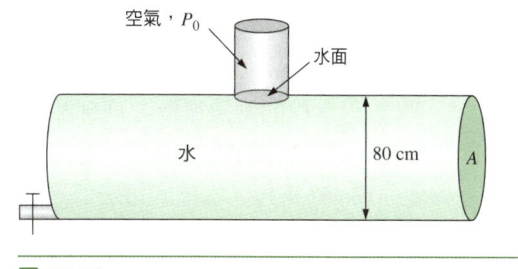

圖 P3-73

3-74 一個開放式沉澱池，如圖所示，包含一個懸浮液體。若液體密度是 850 kg/m³，試求作用在閘門的合力及其作用線。
(Answer: 140 kN, 1.64 m 從底部)

圖 P3-74

3-75 如習題 3-74，若知道懸浮液體的密度在垂直方向從 800 kg/m³ 線性變化到 900 kg/m³，試求作用在閘門 ABC 的合力及其作用線。

3-76 一個 2.5 m×8.1 m×6 m 的桶子，如下圖所示，充滿著 SG = 0.88 的油。試求 (a) 作用在表面 AB 的合力大小及其作用線，(b) 作用在表面 BD 的壓力合力。又作用

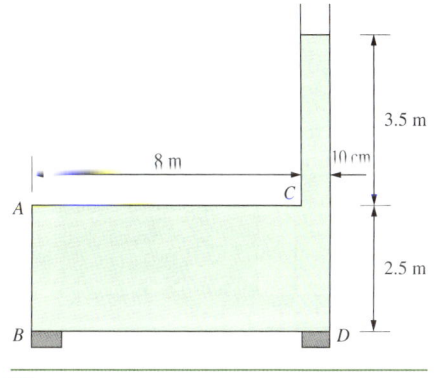

圖 P3-76

3-77 一個 V 形水槽的兩邊彼此在底部相遇處鉸鏈在一起，如圖 P3-77 所示，且每邊都與地面成 45° 夾角。水槽的每邊都是 0.75 m 寬且在沿其長度方向每隔 6 m，就用一條纜繩和鬆緊扣將兩邊連接在一起。當水槽裝滿水時，試計算在每條纜繩上的張力。(Answer: 5510 N)

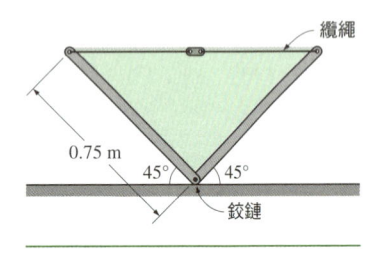

圖 P3-77

3-78 習題 3-77 中的水槽若部分充填水，使得水在鉸鏈的直接上方的高度是 0.4 m。重做習題 3-77 的計算。

3-79 要建造一個對抗土石流的擋土牆，藉由放置並排連接的 1.2 m 高，0.25 m 寬的矩形混凝土塊 ($\rho = 2700$ kg/m³)，如圖 P3-79 所示。地面和混凝土塊間的摩擦係數是 $f = 0.4$，而土石流的密度約 1400 kg/m³。有人擔心當土石流的高度增加時，混凝土塊有可能滑動或翻倒過左下角的邊線。試求這兩種情況的土石流高度，(a) 混凝土塊克服摩擦力開始滑動，(b) 混凝土塊翻倒。

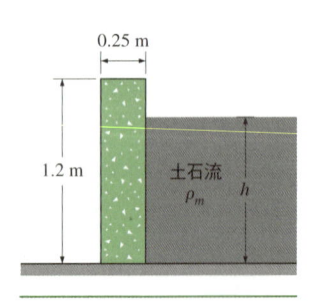

圖 P3-79

3-80 若混凝土塊是 0.4 m 寬，重做習題 3-79。

3-81 一個 4 m 長，$\frac{1}{4}$ 圓形狀的閘門，半徑 3 m，重量可忽略，被鉸鏈在其上緣 A，如圖 P3-81 所示。這閘門控制在 B 點越過擋牆的水流，並在其處受到彈簧的壓力。當水位上升到閘門上緣的 A 處時，試求為了使閘門維持關閉所需要的最小彈簧力。

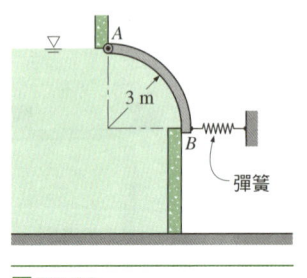

圖 P3-81

3-82 若閘門半徑為 4 m，重做習題 3-81。
(Answer: 314 kN)

3-83 考慮一塊平板，厚度 t，進入頁面的寬度 w，長度 b，沉浸在水中，如圖 P3-83。從水面到平板中心的水深是 H，而角度 θ 是相對於平板中心定義的。(a) 導出一個作用在平板上平面的力 F 的方程式，表示成 (最多) H、b、t、w、g、ρ 和 θ 的函數。忽略大氣壓力。換言之，計算除了大氣壓力以外的力。(b) 作為你的方程式的一個測試，令 $H = 1.25$ m、$b = 1$ m、$t = 0.2$ m、$w = 1$ m、$g = 9.807$ m/s²、

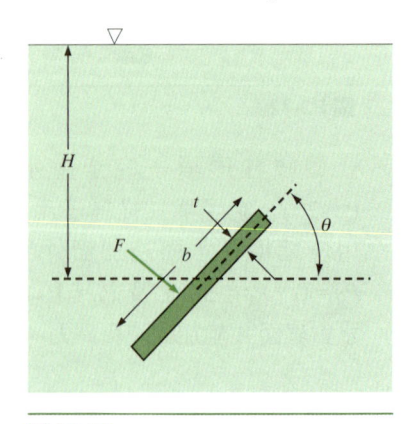

圖 P3-83

$\rho = 998.3 \text{ kg/m}^3$ 及 $\theta = 30°$。如果你的方程式是正確的,你將得到一個 11.4 kN 的力。

3-84 在圖 P3-84 中分開兩種流體的閘門重量正好使系統處於靜力平衡狀態。已知 $F_1/F_2 = 1.70$,試求 h/H。

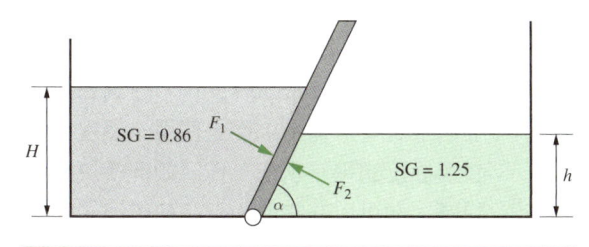

圖 P3-84

3-85 考慮一個 1 m 寬,忽略重量的傾斜閘門,被用來將水從另一種流體隔開。為了使閘門維持在如圖所示的位置,沉浸在水中的混凝土塊 (SG = 2.4) 的體積必須是多少呢?忽略任何摩擦效應。

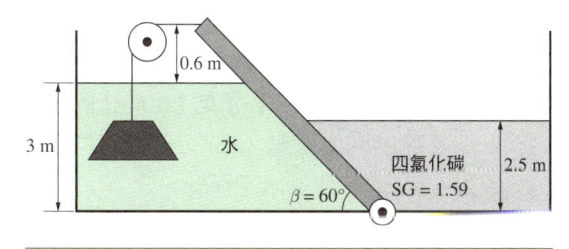

圖 P3-85

3-86 寬度為 4 m 的拋物線形閘門被鉸鏈在 B 點,如圖 P3-86 所示。試求使閘門靜止所需的力 F。

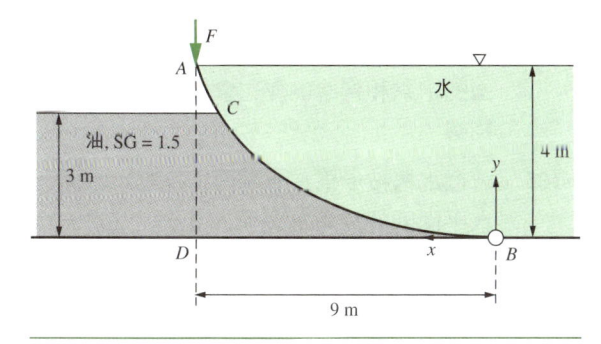

圖 P3-86

浮力

3-87C 什麼是浮力?什麼造成的?作用在一個體積為 V 的沉浸物體上的浮力大小是多少呢?浮力的方向和作用線是什麼呢?

3-88C 考慮兩個相同的圓球沉浸在水中的不同深度。作用在此兩球上的浮力是否相同?解釋之。

3-89C 考慮兩顆 5 cm 直徑的圓球沉浸在水中,其中一顆鋁製,另一顆鐵製。作用在此兩球上的浮力是否相同?解釋之。

3-90C 考慮一個 3 kg 的銅立方體和一顆 3 kg 的銅球,都沉浸在液體中。作用在此兩種物體上的浮力是否相同?解釋之。

3-91C 討論 (a) 一個沉體與 (b) 一個重心在浮心之上的浮體的穩定度。

3-92 要使用一個刻度已經完全磨掉的 1 cm 直徑的圓柱形舊比重計來決定一個流體的密度。比重計首先被投入水中,並在水面高度作記號。然後比重計被投入另一種液體中,觀測到水面記號上升至高於液體-空氣介面 0.3 cm (圖 P3-92)。如果原來水面記號之高度為 12.3 cm,試求液體的密度。

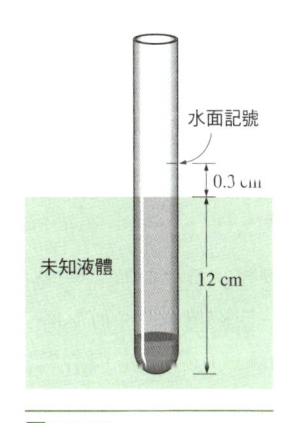

圖 P3-92

3-93 要使用彈簧秤來決定一個不規則形狀物體的體積和平均密度。物體在空氣中重量 7200 N,在水中重量 4790 N。試求物體

3-94 考慮一個大冰塊漂浮在海水中。冰和海水的比重分別是 0.92 和 1.025。如果冰塊高出水面的部分是 25 cm，試求冰塊在水面下的高度。(Answer: 2.19 m)

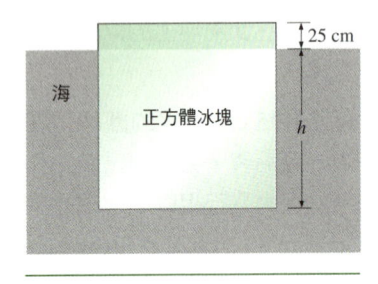

圖 P3-94

3-95 一個由密度 1600 kg/m³ 材質製成的圓殼被置於水中。如果殼的內、外半徑是 $R_1 = 5$ cm, $R_2 = 6$ cm，試求殼的總體積中沉浸的比例。

3-96 一個倒置錐體被置於水槽中，如圖所示。如果錐體的重量是 16.5 N，試求把錐體連接至槽底部的繩索中的張力？

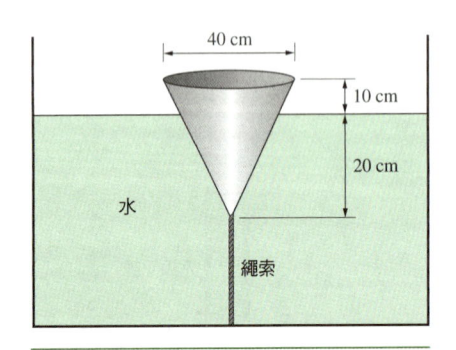

圖 P3-96

3-97 量測物體的重量時通常忽略空氣的浮力。考慮一個密度為 7800 kg/m³，直徑為 20 cm 的圓球形物體。與忽略空氣浮力有關的百分誤差是多少？

3-98 一塊 170 kg 的花崗岩塊 ($\rho = 2700$ kg/m³) 被丟入湖中。一個人潛入水中並嘗試舉起岩塊。試求此人需要出力多少才能從湖底將此岩塊舉起。你認為他能做得到嗎？

3-99 據說阿基米德在洗澡時發現了這個原理，當時他正在思考希羅國王的皇冠是否真正由純金製成的。在浴缸中，他得到一個想法，即他可以決定一個不規則形狀物體的平均密度，藉由將物體分別在空氣中和水中稱重。如果皇冠在空氣中重量是 3.55 kgf (= 34.8 N)，在水中重量是 3.25 kgf (= 31.9 N)，試求皇冠是否由純金製成。黃金的密度是 19,300 kg/m³。討論如果不在水中對皇冠稱重，而是使用一個沒有對體積檢正的平常水桶，你將如何解決這個問題。你可以在空氣中稱任何東西。

3-100 一艘船的體積是 180 m³，空船的總質量是 8560 kg。試求這艘船不沉的最大負載。(a) 在湖中，(b) 在比重 1.03 的海水中。

流體作剛體運動

3-101C 在什麼條件下，一個移動的流體可被當作是剛體？

3-102C 考慮一杯水。就下列各種情況，比較杯底平面上的水壓：杯子是 (a) 靜止的，(b) 以等速度向上運動，(c) 以等速度向下運動，(d) 以等速度水平運動。

3-103C 考慮相同的兩杯水，一杯靜止，另一杯在水平面上作等加速度運動。假設沒有飛濺或溢出，哪一杯會有較高的壓力，在杯底平面的 (a) 前端，(b) 中點，(c) 後端？

3-104C 考慮一個垂直的圓柱形容器的一部分充滿水。現在圓柱繞其軸以指定的角速度旋轉，並發展成作剛體運動。討論在底部平面的中點和邊緣的壓力會如何受到旋轉的影響。

3-105 一個水槽被卡車在水平面上拖動，水面與水平面間的夾角被量測為 12°，試求卡車的加速度。

3-106 兩個充滿水的水槽：第一個水槽 8 m 高，是靜止的，第二個水槽 2 m 高，以加速度

5 m/s² 向上移動。哪一個水槽的底部有較高的壓力？

3-107 一個水槽在一條與水平面成 14° 的上坡路上以等加速度 3.5 m/s² 朝運動方向被拖動著。試求水的自由表面與水平面的夾角。如果是朝同一條路的下坡方向，以相同的加速度運動，則你的答案會是什麼呢？

3-108 一個 0.9 m 直徑的垂直圓柱形開口槽內裝 0.3 m 高的水。現在水槽繞其中心線旋轉，水面中心會下降，邊緣會上升。試求使水槽底部開始裸露的角速度。另求此時的最大水面高度。

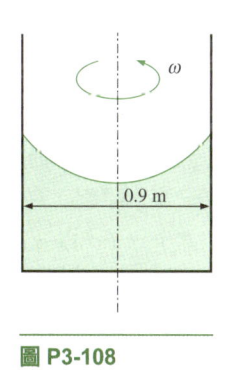

圖 P3-108

3-109 一個 60 m 高，40 cm 直徑的水槽在一條水平路上被運送。預期最大的加速度是 4 m/s²。如果在加速時沒有水會溢出，試求可容許的原始最高水面高度是多少？
(Answer: 51.8 cm)

3-110 一個 30 cm 直徑，90 cm 高的垂直圓柱形容器的一部分裝滿 60 cm 高的水。現在圓柱用等角速度 180 rpm 旋轉。試求由於旋轉運動的結果，圓柱中心的液面高度會下降多少？

3-111 一個內裝 60 cm 水高的魚缸在電梯中移動。試求魚缸底部的壓力，當電梯是 (a) 靜止的，(b) 以加速度 3 m/s² 向上移動，(c) 以加速度 3 m/s² 向下移動。

3-112 一個 3 m 直徑的垂直圓柱形牛奶槽以等速率 12 rpm 旋轉。如果底部中心的壓力是 130 kPa，試求槽底部邊緣的壓力。設牛奶的密度為 1030 kg/m³。

3-113 考慮一個矩形截面的桶子，其內部局部裝滿液體，並被置於一個斜面上，如圖所示。若摩擦效應可忽略時，證明當桶子被釋放時，液面的斜率與斜面的斜率相同。當摩擦力顯著時，你認為自由表面的斜率將會怎麼樣呢？

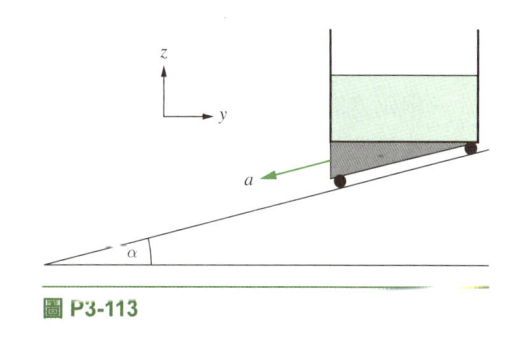

圖 P3-113

3-114 一個高度 0.4 m，直徑 0.3 m 的垂直圓柱形桶子的底部裝滿 $\frac{1}{4}$ 高的某種液體 (SG > 1，例如甘油)，其它部分裝滿水，如圖所示。現在桶子繞其垂直軸以等角速度 ω 旋轉。試求 (a) 當位於中心軸的液－液介面上的 P 點接觸桶底時的角速度，(b) 在這個角速度時，溢出的水量。

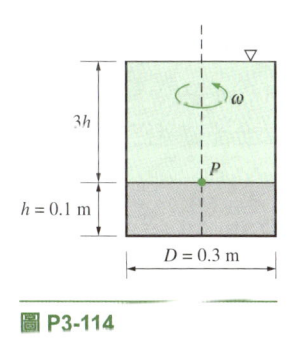

圖 P3-114

3-115 密度 1020 kg/m³ 的牛奶，裝在 9 m 長、3 m 直徑的儲槽中沿水平面運送。儲槽裝滿牛奶 (沒有空氣的空間)，並以 4 m/s² 加速。如果儲槽中的最低壓力是 100 kPa，試求最大壓力差以及最大壓力的位

置。(Answer: 66.7 kPa)

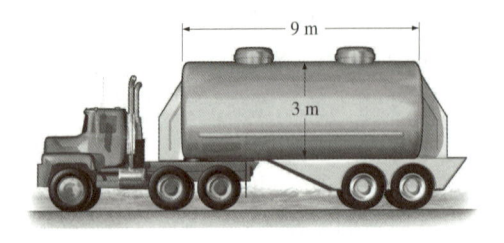

圖 P3-115

3-116 對減速度 2.5 m/s²，重做習題 3-115。

3-117 一根兩邊開口的 U 形管，其兩臂間的中心距離是 30 cm。且 U 形管的兩臂中都內含 20 cm 高的酒精。現在 U 形管繞其左臂以 4.2 rad/s 旋轉。試求兩臂間液面的高度差。

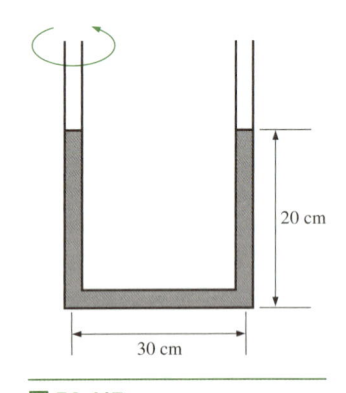

圖 P3-117

3-118 一個 1.2 m 直徑、3 m 高的封閉垂直圓柱桶內部全部裝滿密度 740 kg/m³ 的汽油。現在桶子繞其垂直軸以 70 rpm 旋轉。試求 (a) 桶底中央和桶頂平面間的壓力差，(b) 桶底平面的中央和邊緣的壓力差。

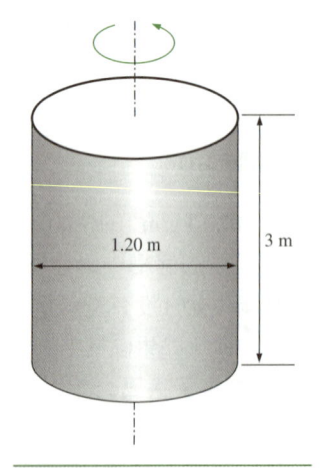

3-119 重新考慮習題 3-118。使用 EES (或其它) 軟體，探討轉速對於桶底平面的中央和邊緣的壓力差的影響。令轉速從 0 rpm 以 50 rpm 的增量變化到 500 rpm。用表和圖呈現你的結果。

3-120 一個開口的矩形槽，長 5 m、高 1.8 m，被一輛卡車沿一條水平路面拖運。槽內注水的深度是 1.5 m。如果拖運時，沒有水會溢出，試求可容許的最大加速度或減速度。

3-121 一個 3 m 直徑、7 m 長的圓柱桶，內部完全裝滿水。此桶被一輛卡車沿一條水平路面拖拉，其 7 m 長的軸是水平的。試求此桶中沿一條水平線，在桶前端和後端的壓力差，當卡車 (a) 以 3 m/s² 加速時，(b) 以 4 m/s² 減速時。

3-122 一個矩形桶的底部裝滿重油 (例如甘油)，頂部裝滿水，如圖所示。現在桶向右以等加速度作水平運動，結果 $\frac{1}{4}$ 的水從後部溢出。使用幾何式思考，求卡車後部在油—水介面的點 A 在這個加速度下會上升多少？(Answer: 0.25 m)

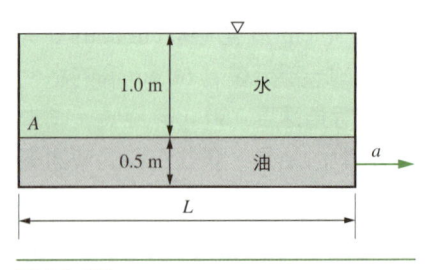

圖 P3-122

3-123 如圖所示的一個裝滿液體的封閉盒子可用來量測車子的加速度。方法是當 B 點被維持在大氣壓力時，量測盒背部頂端 A 點的壓力。推導出一個壓力 P_A 和加速度

a 之間的關係式。

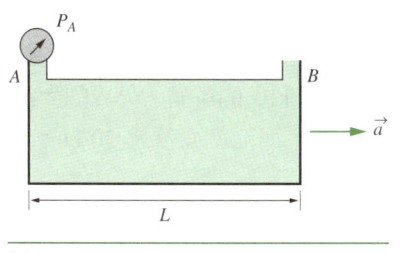

圖 P3-123

3-124 一個離心泵包含一根軸和幾片垂直附著在軸上的葉片。如果軸以等速率 2400 rpm 旋轉，則由於這個轉動所造成的理論泵水頭是多少？假設葉輪的直徑是 35 cm，並忽略葉片的頂端效應。(Answer: 98.5 m)

3-125 一根 U 形管以等角速度 ω 旋轉。液體 (甘油) 上升至如圖 P3-125 所示的高度。推導一個 ω 以 g、h、L 表示的關係式。

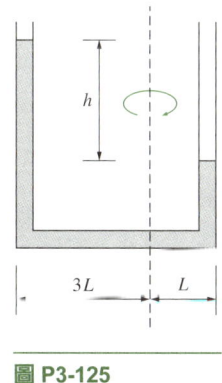

圖 P3-125

複習題

3-126 一個空調系統需要將一段 34 m 長、12 m 直徑的管路放在水面以下。試求水對這段管路施加的向上力量。假設空氣和水的密度分別是 1.3 kg/m³ 和 1000 kg/m³。

3-127 一個 0.5 m 半徑的半圓形閘門沿其上緣 AB 被鉸鏈住，如圖所示。試求要維持閘門關閉必須在其重心施加的力量。
(Answer: 11.3 kN)

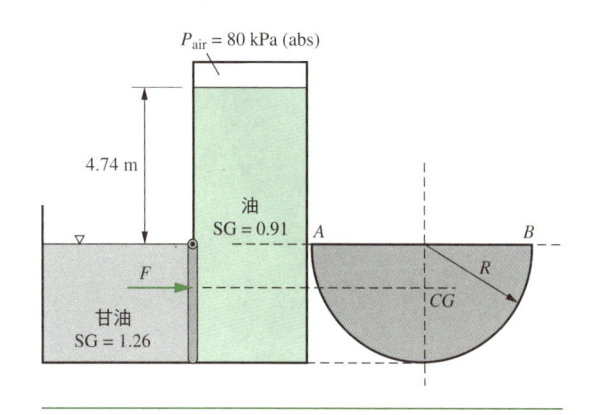

圖 P3-127

3-128 如果圖 P3-128 所示的 3 管系統的轉速是 $\omega = 10$ rad/s，試求每一支管腳中的水面高度。在什麼轉速下，中間管子會變成是完全空的？

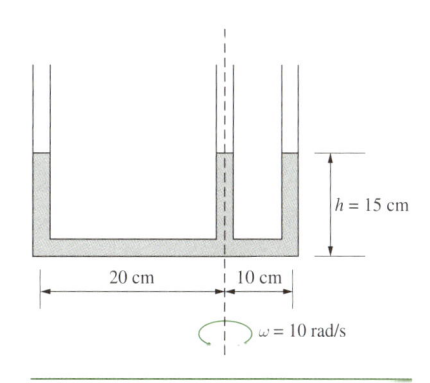

圖 P3-128

3-129 一個 30 cm 直徑的圓柱形容器繞其垂直軸以等角速度 100 rad/s 旋轉。如果內部上表面中點的壓力是大氣壓力，就像外表面一樣。試求圓柱內部整個上表面所受到的向上總力是多少？

3-130 氣球常常充填氦氣，因為其重量僅為相同條件下空氣重量的七分之一。浮力，可表示為 $F_b = \rho_{air} g V_{balloon}$，會將氣球上推。如果氣球的直徑 12 m 並攜帶兩個人，各為 70 kg。試求氣球剛被釋放時的加速度。假設空氣密度是 $\rho = 1.16$ kg/m³，並且忽略繩索和吊籃的重量。(Answer: 25.7 m/s²)

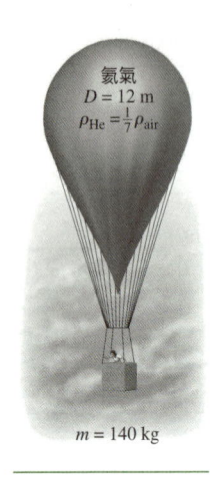

圖 P3-130

$m = 140$ kg

氦氣
$D = 12$ m
$\rho_{He} = \frac{1}{7}\rho_{air}$

3-131 重新考慮習題 3-130。使用 EES (或其它) 軟體，探討氣球攜帶人數對加速度的影響。畫出加速度與人數的對應關係並討論結果。

3-132 試求習題 3-130 所描述的氣球可以攜帶的最大負載的大小。(Answer: 521 kg)

3-133 已知一個蒸氣鍋爐中的壓力是 90 kgf/cm^2。將這壓力用 psi、kPa、atm 與 bars 來表示。

3-134 基本的大氣壓力計可被用來當作飛機上量測高度的裝置。地面控制台報告了一個 760 mmHg 的大氣壓力值，而駕駛員的讀值則是 420 mmHg。試估計從地面算起的飛機高度。假設空氣的平均密度是 1.20 kg/m^3。(Answer: 3853 m)

3-135 一個 12 m 高的圓柱形容器的上半部裝滿水 ($\rho = 1000$ kg/m^3)，下半部則裝滿比重 0.85 的油。試求圓柱底部和頂部的壓力差。(Answer: 109 kPa)

3-136 一個垂直、無摩擦的汽缸–活塞裝置內含在 500 kPa 的氣體。外界的大氣壓力是 100 kPa，而活塞面積是 30 cm^2。試求活塞的質量。

3-137 一個壓力鍋藉由維持內部較高的壓力和溫度可以比平常的平底鍋煮得更快。壓力鍋的蓋子密封良好，蒸氣只能從鍋蓋中央一個小開口洩出。一個分離的金屬塊 (小活栓) 位於這個開口的頂部，阻擋蒸氣溢出直到壓力克服小活栓的重量為止。蒸氣以這種方式週期性的排氣阻止了任何可能的危險壓力的建立，並維持內部壓力在一個常數值。如果一個壓力鍋的操作錶壓力是 120 kPa 並有一個截面積為 3 mm^2 的開口，試求此壓力鍋的小活栓的質量。假設大氣壓力是 101 kPa，並且畫一個小活栓的自由體圖。(Answer: 36.7 g)

圖 P3-137

3-138 一根玻璃管連接到一條水管，如圖 P3-138 所示。如果在管底部的水壓是 115 kPa，而大氣壓力是 98 kPa，試求管內的水高度多少？假設當地 $g = 9.8$ m/s^2，水的密度是 1000 kg/m^3。

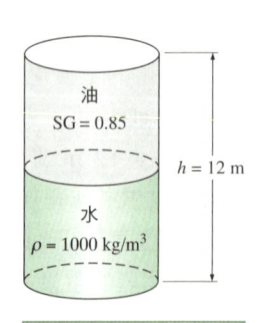

圖 P3-135

油
SG = 0.85

水
$\rho = 1000$ kg/m^3

$h = 12$ m

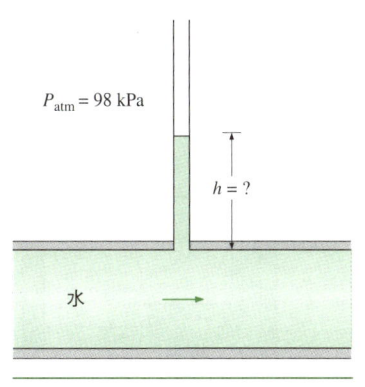

圖 P3-138

3-139 地球上平均大氣壓力與高度的近似關係是 $P_{atm} = 101.325(1-0.02256 z)^{5.256}$，其中 P_{atm} 是大氣壓力 (kPa)，z 是高度 (km)，在海平面的 $z = 0$。試求在亞特蘭大 ($z = 306$ m)、丹佛 ($z = 1610$ m)、墨西哥城 ($z = 2309$ m)，以及聖母峰頂 ($z = 8848$ m) 的大氣壓力。

3-140 在用液體壓力計量測小壓力差時，常將壓力計的臂傾斜來改進讀值的準確度。(壓力差仍然正比於垂直高度而不是沿著管子的實際長度)。一條圓形管道中的空氣壓力要使用一根液體壓力計來量測，其開口臂從水平面傾斜 25°，如圖 P3-140 所示。壓力計內液體的密度是 0.81 kg/L，其兩臂內流體高度的垂直距離是 8 cm。試求管道內空氣的錶壓力及流體柱在傾斜臂中高於垂直臂中的高度。

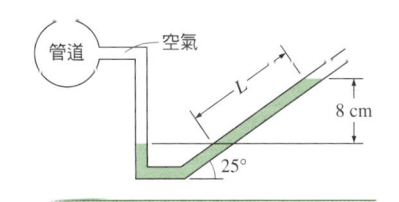

圖 P3-140

3-141 考慮一根開口的 U 形管。現在將相同體積的水和輕油 ($\rho = 790$ kg/m³) 分別從不同臂端注入。一個人從 U 形管的油端吹氣直到兩種流體的介面移到 U 形管的底部，使得在兩臂中的液體高度都一樣。如果每一臂中的液體高度都是 102 cm，試求此人吸氣在油上所施加的錶壓力。

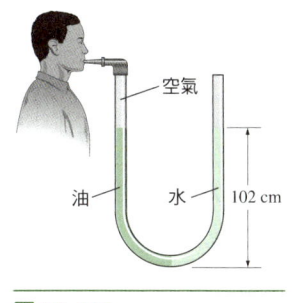

圖 P3-141

3-142 一個直徑 30 cm 的彈性氣球連接到一個部分裝 +4°C 水的容器的底部，如圖 P3-142 所示。如果水面上的空氣壓力慢慢從 100 kPa 增加到 1.6 MPa，在纜線上的力是否會改變？假設自由表面上的壓力與氣球直徑的關係式是 $P = CD^n$，其中 C 是常數，$n = -2$。氣球和其內空氣的重量可以忽略。(Answer: 98.4%)

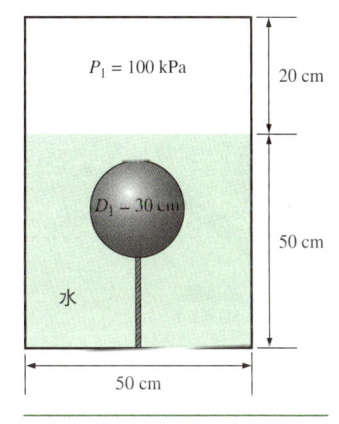

圖 P3-142

3-143 重新考慮習題 3-142。使用 EES (或其它) 軟體，探討水面上的空氣壓力對纜繩力的影響。假設此壓力從 0.5 MPa 變化到 15 MPa。畫出纜繩力與空氣壓力的對應關係。

3-144 一條汽油管線用一根雙 U 形液體壓力計連接到一個壓力錶，如圖 P3-144 所示。假設壓力錶的讀值是 260 kPa，試求汽油管線的錶壓力。

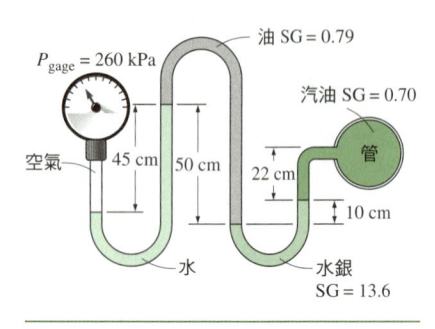

圖 P3-144

3-145 若壓力錶讀值是 330 kPa，重做習題 3-144。

3-146 流經一條管線的水的壓力，使用示於圖 P3-146 的安排來量測。假設已知數值如圖示，試求管內的壓力。

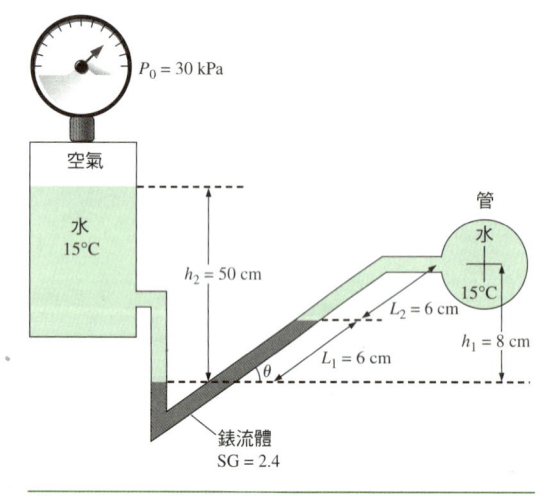

圖 P3-146

3-147 考慮一根充填水銀的 U 形管，如圖 P3-147。U 形管的右臂直徑是 $D = 1.5$ cm，而左臂的直徑是其兩倍大。比重 2.72 的重油被注入左臂，迫使一些水銀從左臂流入右臂。試求可以加到左臂的最大油量。(Answer: 0.0884 L)

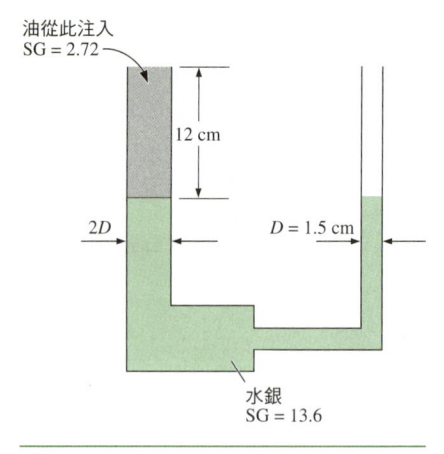

圖 P3-147

3-148 大氣溫度隨高度變化的事實廣為人知。例如在對流層中，延伸到 11 km 的高度，溫度的變化近似為 $T = T_0 - \beta z$，其中 T_0 是海平面上的溫度，可以假設是 288.15 K，而 $\beta = 0.0065$ K/m。重力加速度也隨高度變化，即 $g(z) = g_0/(1 + z/6{,}370{,}320)^2$，其中 $g_0 = 9.807$ m/s^2，z 是離海平面的高度 (m)。試推導一個對流層中壓力變化的關係式，(a) 忽略，(b) 考慮，g 隨高度的變化。

3-149 在厚氣體層中，壓力隨密度的變化為 $P = C\rho^n$，其中 C、n 是常數。注意壓力在垂直方向跨過一個微分流體層厚度 dz 的變化是 $dP = -\rho g\, dz$。試推導一個壓力與高度 z 的函數關係式。取在 $z = 0$ 的壓力和密度分別是 P_0 和 ρ_0。

3-150 一個 3 m 高、6 m 寬的矩形閘門被鉸鏈在上緣 A 處，並被一個在 B 處的固定凸起所限制。試求 5 m 深的水對閘門所施加的

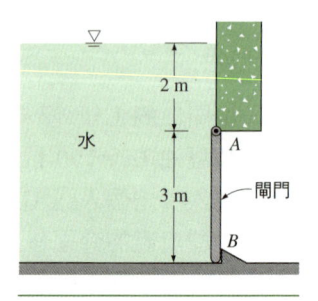

圖 P3-150

液壓靜力大小及壓力中心的位置。

3-151 對總水面高度 2 m，重做習題 3-150。

3-152 一個 12 m 直徑的半圓形隧道要建造在水面下 45 m 深、250 m 長的湖中，如圖 P3-152 所示。試求作用在隧道頂部的總液壓靜力。

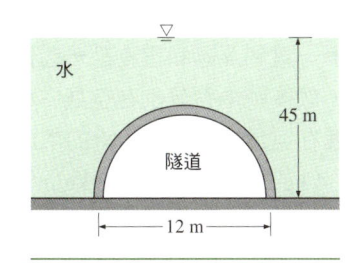

圖 P3-152

3-153 一個在平面上，重 30 噸、直徑 4 m 的半球形圓頂被充滿水，如圖 P3-153 所示。其人聲稱它可以使用帕斯卡定理來舉起圓頂，方法是連接一條長管到圓頂頂部並將其裝滿水。試求為了舉起圓頂，管中水的高度需要多少？忽略管與在其內部的水的重量。(Answer: 1.72 m)

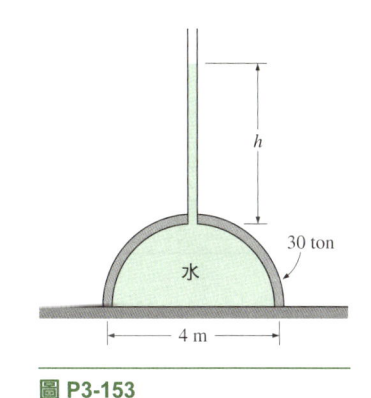

圖 P3-153

3-154 在一個 25 m 深的水庫中的水用 150 m 寬，截面積為等邊三角形的牆擋住，如圖 P3-154 所示。試求 (a) 作用在牆的內表面的總力 (液壓靜力＋大氣壓力) 及其作用線，與 (b) 此力的水平分力的大小。設 P_{atm} = 100 kPa。

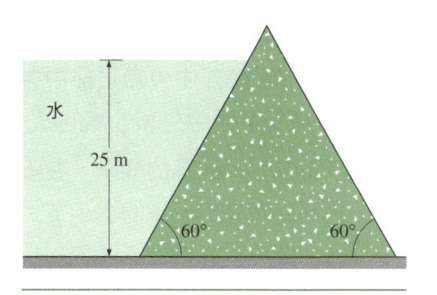

圖 P3-154

3-155 一根 U 形管的右臂內含水，而另一種流體在左臂。當 U 形管繞著離右臂 15 cm，離左臂 5 cm 的轉軸以 50 rpm 轉動時，觀察到兩臂中液體的高度變成相同，且兩種流體在旋轉軸上碰面。試求左臂中流體的密度。

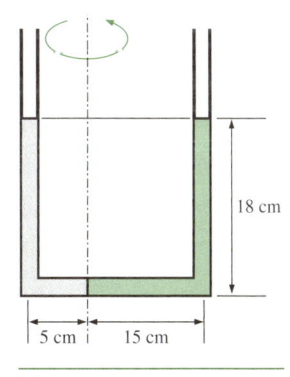

圖 P3-155

3-156 一個 1 m 直徑、2 m 高的垂直圓柱形桶，其內部全部都裝滿密度是 740 kg/m³ 的汽油。這桶子現在以 130 rpm 的速率繞其垂

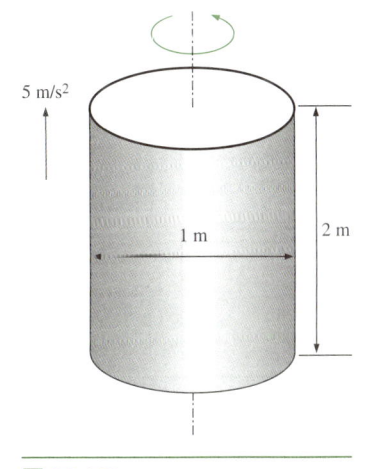

圖 P3-156

直軸旋轉,並以 5 m/s² 向上作加速度運動。試求 (a) 底部中央和頂部中央的壓力差,(b) 底部平面中央和外緣的壓力差。

3-157 一個 5 m 長、4 m 高的桶子,在沒有運動時,內部含有 2.5 m 深的水,並且利用在中間的一個通氣孔對大氣開放。現在桶子在一個水平面上向右以 2 m/s² 作加速度運動。試求桶內相對於大氣壓力的最大壓力。(Answer: 29.5 kPa)

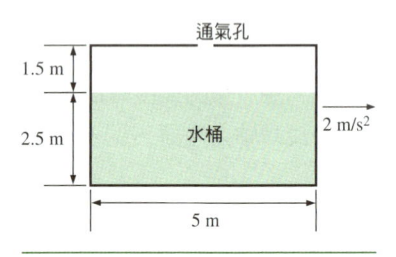

圖 P3-157

3-158 重新考慮習題 3-157。使用 EES (或其它) 軟體,探討加速度對桶內水的自由表面的影響。令加速度從 0 m/s²,以 1 m/s² 的增量,變化到 15 m/s²。將你的結果作表和畫圖。

3-159 一個重量 65 N 的圓柱形容器被倒轉並壓入水中,如圖 P3-159 所示。試求液體壓力計的高度差 h 與維持容器在圖示位置所需要的力 F。

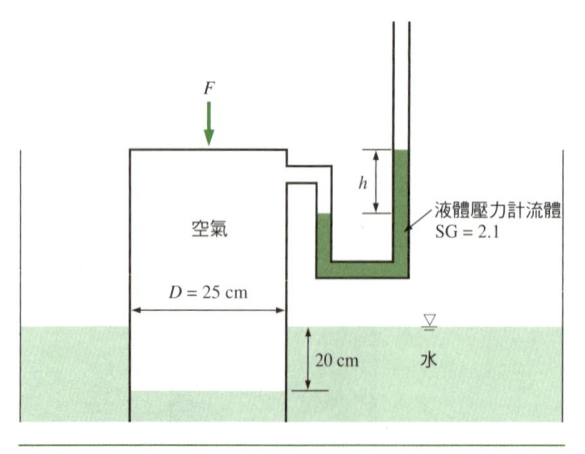

圖 P3-159

3-160 冰山的平均密度約 917 kg/m³。(a) 試求在密度為 1042 kg/m³ 的海水中冰山被淹沒的體積的比率。(b) 雖然冰山的大部分被淹沒,但可以觀察到它們會翻覆。解釋這是如何發生的。(提示:考慮冰山和海水的溫度。)

3-161 量測一個浮體的密度可以藉由綁重物在浮體上一直到浮體和重物都一起被水淹沒為止,然後將兩者分別在空氣中稱重。考慮一塊在空氣中重 1540 N 的木頭。如果需要 34 kg 的鉛 (ρ = 11,300 kg/m³) 才能使木頭和鉛完全沉到水裡,試求木頭的平均密度。(Answer: 835 kg/m³)

3-162 一個 280 kg,6 m 寬的矩形閘門,如圖 P3-162 所示,在 B 處被鉸鏈住,並在 A 處靠在地面上且與水平面成 45° 角度。要在閘門中心點施加一個正向力來將其從下緣處打開。試求打開閘門所需的最小力 F。(Answer: 626 N)

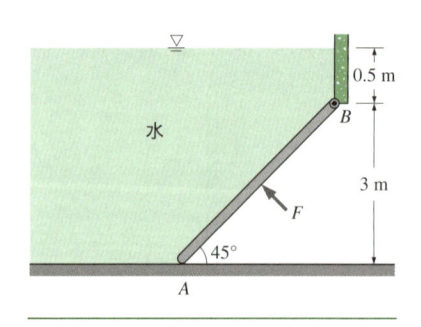

圖 P3-162

3-163 重做習題 3-162,若水的高度在鉸鏈 B 處以上 0.8 m。

基礎工程學 (FE) 試題

3-164 一個桶子中的絕對壓力,經過量測是 35 kPa。如果大氣壓力是 100 kPa,則這個桶內的真空壓力是

(a) 35 kPa (b) 100 kPa (c) 135 psi
(d) 0 kPa   (e) 65 kPa

3-165 一個 10 m 深的水體,其上下兩端的壓力差是 (設水的密度是 1000 kg/m³)

(a) 98,100 kPa (b) 98.1 kPa (c) 100 kPa
(d) 10 kPa (e) 1.9 kPa

3-166 管中的錶壓力用內含水銀的液體壓力計量測 (ρ_{Hg} = 13,600 kg/m³)。水銀上端對大氣開口且大氣壓力是 100 kPa。如果水銀柱高度是 24 cm，則管中的錶壓力是
(a) 32 kPa (b) 24 kPa (c) 76 kPa
(d) 124 kPa (e) 68 kPa

3-167 考慮一個汽車液壓千斤頂，其活塞直徑比是 9。一個人可以頂起 2000 kg 的車，藉由施力
(a) 2000 N (b) 200 N (c) 19,620 N
(d) 19.6 N (e) 18,000 N

3-168 某地大氣壓力用一個水銀大氣壓力計 (ρ_{Hg} = 13,600 kg/m³) 量測。如果水銀柱的高度是 715 mm，則當地的大氣壓力是
(a) 85.6 kPa (b) 93.7 kPa (c) 95.4 kPa
(d) 100 kPa (e) 101 kPa

3-169 一個液體壓力計被用來量測一個桶子中氣體的壓力。壓力計流體是水 (ρ = 1000 kg/m³) 且液柱高度是 1.8 m。如果當地大氣壓力是 100 kPa，則桶內的絕對壓力是
(a) 17,760 kPa (b) 100 kPa (c) 180 kPa
(d) 101 kPa (e) 118 kPa

3-170 考慮一個水槽的矩形牆，寬度 5 m，高度 8 m。牆的另一面對大氣開放。作用在此牆的液壓靜力是
(a) 1570 kN (b) 2380 kN (c) 2505 kN
(d) 1410 kN (e) 404 kN

3-171 一個垂直矩形牆，寬度 20 m，高度 12 m，擋住一個 7 m 深的水體。作用在此牆上的液壓靜力是
(a) 1370 kN (b) 4807 kN (c) 8240 kN
(d) 9740 kN (e) 11,670 kN

3-172 一個垂直矩形牆，寬度 20 m，高度 12 m，擋住一個 7 m 深的水體。作用在此牆的液壓靜力的作用線 y_p 是 (忽略大氣壓力)
(a) 5 m (b) 4.0 m (c) 4.67 m
(d) 9.67 m (e) 2.33 m

3-173 一個矩形平板，寬度 16 m，高度 12 m，位於水面下 4 m 處。此平板傾斜並與水平面夾角 35°。作用在此平板上表面的液壓靜力是
(a) 10,800 kN (b) 9745 kN (c) 8470 kN
(d) 6400 kN (e) 5190 kN

3-174 一個 2 m 長、寬 3 m 寬的水平矩形平板淹沒在水中。其上表面與自由表面的距離是 5 m。大氣壓力是 95 kPa。考慮大氣壓力，作用在此板上表面的液壓靜力是
(a) 307 kN (b) 688 kN (c) 747 kN
(d) 864 kN (e) 2950 kN

3-175 一個 1.8 m 直徑、3.6 m 長的圓柱形容器內部裝著比重 0.73 的流體。這個容器垂直擺放並且裝滿流體。忽略大氣壓力，作用在這個容器頂部和底部平面的液體靜力分別是
(a) 0 kN, 65.6 kN (b) 65.6 kN, 0 kN
(c) 65.6 kN, 65.6 kN (d) 25.5 kN, 0 kN
(e) 0 kN, 25.5 kN

3-176 考慮一個 6 m 直徑的球形閘門擋住一個高度等於閘門直徑的水體。大氣壓力作用在閘門的兩邊。作用在此曲面的液壓靜力的水平分量是
(a) 709 kN (b) 832 kN (c) 848 kN
(d) 972 kN (e) 1124 kN

3-177 考慮一個 6 m 直徑的球形閘門擋住一個高度等於閘門直徑的水體。大氣壓力作用在閘門的兩邊。作用在此曲面的液壓靜力的垂直分量是
(a) 89 kN (b) 270 kN (c) 327 kN
(d) 416 kN (e) 505 kN

3-178 一個 0.75 m 直徑的球形物體完全被水淹沒。作用在此物體上的浮力是
(a) 13,000 N (b) 9835 N (c) 5460 N
(d) 2167 N (e) 1267 N

3-179 一個 3 kg 的物體，密度 7500 kg/m³ 被置於水中。這物體在水中的重量是
(a) 29.4 N   (b) 25.5 N   (c) 14.7 N
(d) 30 N   (e) 2 N

3-180 一個 7 m 直徑的熱汽球不上升也不下降。大氣中空氣的密度是 1.3 kg/m³。此汽球包括其承載人員的總質量是
(a) 234 kg   (b) 207 kg   (c) 180 kg
(d) 163 kg   (e) 134 kg

3-181 一個 10 kg 的物體，密度 900 kg/m³，被放置在一個密度為 1100 kg/m³ 的流體中。此物體被水淹沒的體積比例是
(a) 0.637   (b) 0.716   (c) 0.818
(d) 0.90   (e) 1

3-182 考慮一個邊長為 3 m 的正方體水槽。水槽的一半裝水，並且對壓力為 100 kPa 的大氣是開放的。現在一輛載著這個水槽的卡車以 5 m/s² 作加速運動。水裡面的最大壓力是
(a) 115 kPa   (b) 122 kPa   (c) 129 kPa
(d) 137 kPa   (e) 153 kPa

3-183 一個 15 cm 直徑，40 cm 高的垂直圓柱形容器的一部分裝著 25 cm 高的水。現在此容器以等速率 20 rad/s 旋轉。其自由表面的邊緣和中心的最大高度差是
(a) 15 cm   (b) 7.2 cm   (c) 5.4 cm
(d) 9.5 cm   (e) 11.5 cm

3-184 一個 20 cm 直徑、40 cm 高的垂直圓柱形容器的一部分裝著 25 cm 高的水。現在此容器以等速率 15 rad/s 旋轉。在此容器中央的水高度是
(a) 25 cm   (b) 19.5 cm   (c) 22.7 cm
(d) 17.7 cm   (e) 15 cm

3-185 一個 15 cm 直徑、50 cm 高的垂直圓柱形容器的一部分裝著高 30 cm 的水。現在此容器以等速率 20 rad/s 旋轉。在此容器的底部平面的中心和邊緣的壓力差是
(a) 7327 Pa   (b) 8750 Pa   (c) 9930 Pa
(d) 1045 Pa   (e) 1125 Pa

設計與小論文題

3-186 要設計能夠使達到 80 kg 的個人在純水或海水中行走的鞋子。鞋子將由吹製塑膠做成，形狀為球形、(美式) 橄欖球形與法國麵包形。試決定每種鞋形的等效直徑，並從穩定性的觀點評論每種鞋形。你對這些鞋子的市場性的評價是什麼呢？

3-187 要量測一塊岩石的體積，但不能使用任何量測體積的裝置。解釋你要如何使用一個防水的彈簧秤來達成任務。

3-188 不鏽鋼的密度約 8000 kg/m³ (8 倍於水的密度)，但是刮鬍刀卻可以浮在水面上，即使有加重量於其上也是。水溫在 20°C。照片中所示的刀片長 4.3 cm，寬 2.2 cm。為簡單起見，刀片中心挖空的地方已經用膠帶蓋住，所以只有刀片的外緣有表面張力效應的貢獻。由於刀片有銳利的角落，接觸角是無關的。而是水會幾乎垂直的接觸刀片極限情況，如圖所示 (即刀片邊緣的有效接觸角約 180°)。(a) 僅考慮表面張力，估計可以支持多少總質量 (刀片 + 載重) (以 grams 表示)，(b) 修正你的分析，考慮刀片會將水往下推，使液壓靜力也同時存在。提示：你必須知道，由於新月形曲率的效應，最大的可能深度是 $h = \sqrt{\dfrac{2\sigma_s}{\rho g}}$。

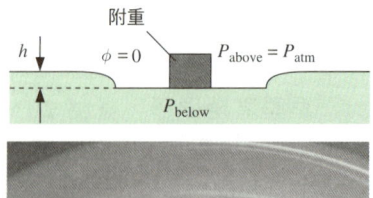

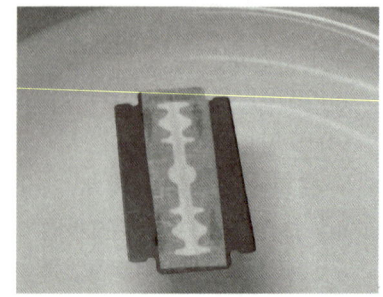

圖 P3-188

(Bottom) Photo by John M. Cimbala.

Chapter 4

流體運動學

學習目標

讀完本章後，你將能夠

- 瞭解隨質點導數在拉格朗日與歐拉描述之間轉換的角色。
- 區別各種形式的流動可視化方法與畫出流體流動特性的方法。
- 體會流體移動和變形的各種形式。
- 根據流動性質渦度來區別流動的旋轉與不旋轉區域。
- 瞭解雷諾輸運定理的有用性。

靠近佛羅里達海岸颶風的衛星影像；水滴隨空氣移動，讓我們能夠看到逆時鐘的旋轉運動。然而，颶風的主要部分事實上是無旋性的，只有其中心區 (颶風眼) 有旋轉性。
© StockTrek/Getty RF

流體運動學討論對於流體運動的描述而不考慮造成運動的力和力矩。本章介紹一些關於流動流體的運動學概念。我們討論隨質點導數和其在將守恆方程式從流體流動的拉格朗日描述 (跟隨一個流體質點) 轉換到流體流動的歐拉描述 (與流場相關) 的角色。然後討論流場可視化的各種方法 —— 流線、煙線、路徑線、時間線；光學方法 —— 胥來侖紋影法，陰影照相法、表面法；以及畫流動數據的三種方法 —— 外形圖、向量圖與等高線圖。我們將解釋流體運動和變形的四種基本運動性質 —— 平移率、旋轉率、線性變形率與剪變形率。然後討論流體流動中的渦度、旋轉度和無旋度等觀念。最後我們討論雷諾輸運定理 (Reynolds transport theorem, RTT)，強調其在把跟隨者系統的運動方程式轉換到流體進出控制體積的運動方程式的角色。微小流體元素的隨質點導數和有限控制體積的 RTT 之間的相似性也將予以說明。

4-1 拉格朗日和歐拉描述

運動學 (kinematics) 關心的是對於運動的研究。在流體力學中，流體運動學研究流體如何流動與如何描述流體的運動。從基本觀點來看，有兩種不同的方法來描述運動。第一個也是最熟悉的方法是高中物理學中所學到的方法 — 跟隨個別物體的路徑。例如，我們在物理實驗都看到的，一顆在撞球檯上的球或一顆在空氣曲棍球桌的球餅與另一顆球或餅或牆的碰撞 (圖 4-1)。牛頓定律被用來描述這些物體的運動，我們可以正確的預測它們往哪裡去及動量和動能如何由一個物體交換給另一個物體。這些實驗的運動學牽涉到追蹤每一個物體的位置向量，$\vec{x}_A$、$\vec{x}_B$、……，與每一個物體的速度向量，$\vec{V}_A$、$\vec{V}_B$、……，跟時間的函數關係 (圖 4-2)。當這個方法被應用到流動的流體時，稱為流體運動的**拉格朗日描述** (Lagrangian description)，依義大利數學家喬瑟夫·路易士·拉格朗日 (1736-1813) 命名。拉格朗日描述法要求我們追蹤每一個個別的流體團 (有固定身分的流體團稱為流體質點) 的位置和速度。

如你能想到的，這種描述流體運動的方法比起描述撞球的確是困難太多了！首先我們很難定義並區別正在到處移動的流體質點。再者，流體是一個**連體** (continuum) (從巨觀觀點來看)，因此流體質點間的相互作用不像個別撞球或曲棍球餅間的相互作用那樣容易描述。最後，流體質量在流動時會一直在變形。

從微觀的觀點來看，流體由好幾十億個分子組成，分子間彼此持續的碰撞，就像撞球一樣；但即使只要跟隨這些分子的一部分都是相當困難的工作，甚至使用現在最快、最大的計算機也是。然而，拉格朗日描述還是有許多實際的應用，例如追蹤一個流動中的被動純量來模擬污染物的輸運，對太空船重新進入大氣層來作稀薄氣體動力學的計算，以及根據質點追蹤方法來發展流動可視化或量測系統 (如 4-2 節中的討論)。

一個更常用來描述流體流動的方法是流體運動的**歐拉描述法** (Eulerian description)，依瑞士數學家利昂哈德·歐拉 (1707-1783) 命名。在流體運動的歐拉描述法中，定義一個流體可以流進、流出的有限體積，稱為流區或**控制體積** (control volume)。取代追蹤個別的流體質點，我們定義在這個控制體積內的場變數 (field variables)，其為空間和時間的函數。在一個特定位置、特定時間的場變數是在那個時間正好佔有那個位置的流體質點的變數值。例如壓力場 (pressure field) 是一個純量場變數；對於

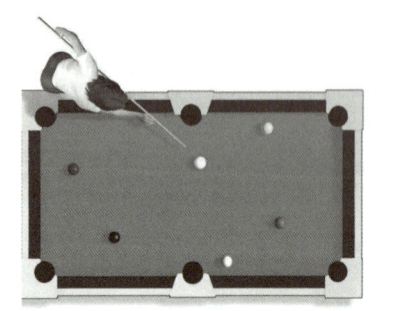

圖 4-1 如果物體的數目少時，例如撞球檯的中撞球，個別物體可以被追蹤。

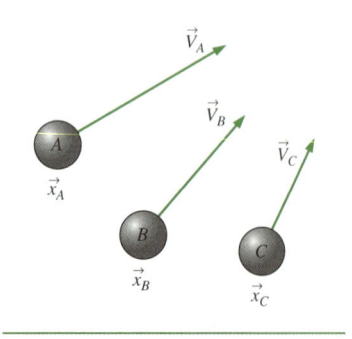

圖 4-2 在拉格朗日描述中，我們必須追蹤個別質點的位置和速度。

一般的不穩定三維流體流動，在卡氏座標系統可表示為

壓力場： $$P = P(x, y, z, t) \tag{4-1}$$

我們以相同的方式定義**速度場** (velocity field) 為一個向量場變數，

速度場： $$\vec{V} = \vec{V}(x, y, z, t) \tag{4-2}$$

同樣的，**加速度場** (acceleration field) 也是一個向量場變數

加速度場： $$\vec{a} = \vec{a}(x, y, z, t) \tag{4-3}$$

結合起來，這些 (與其它) 場變數定義了**流場** (flow field)。在式 (4-2) 的速度場在卡氏座標 (x, y, z)、$(\vec{i}, \vec{j}, \vec{k})$ 可以展開成

$$\vec{V} = (u, v, w) = u(x, y, z, t)\vec{i} + v(x, y, z, t)\vec{j} + w(x, y, z, t)\vec{k} \tag{4-4}$$

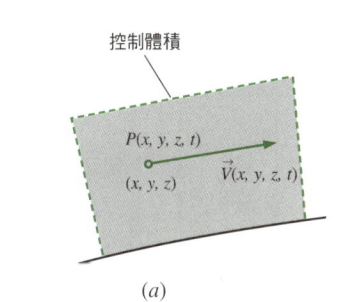

對於式 (4-3) 的加速度場也可以用同樣的方式展開。在歐拉描述中，所有這些場變數都是定義在控制體積內任意位置 (x, y, z) 及任意時間 t 的 (圖 4-3)。在歐拉描述中，我們對什麼發生在個別流體質點上並不在意；而是關心在想要的位置上，在想要的時間，正好通過那個位置的流體質點的壓力、速度、加速度……等。

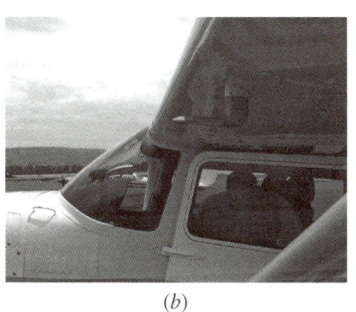

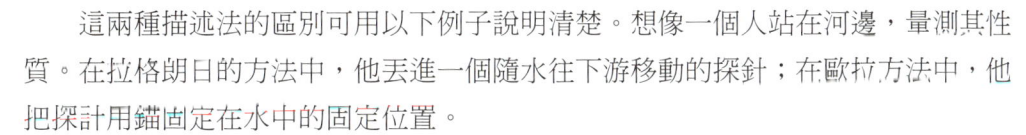

這兩種描述法的區別可用以下例子說明清楚。想像一個人站在河邊，量測其性質。在拉格朗日的方法中，他丟進一個隨水往下游移動的探針；在歐拉方法中，他把探計用錨固定在水中的固定位置。

雖然拉格朗日法在許多場合中是有用的，但對於流體力學中的應用，歐拉方法通常更方便。例如在風洞中，速度和壓力探計通常被放置於固定的位置，來量測 $\vec{V}(x, y, z, t)$ 或 $P(x, y, z, t)$。然而，雖然跟隨個別流體質點的拉格朗日描述的運動方程式廣為人知 (如牛頓第二定律)，在歐拉描述中的流體運動方程式還不是那麼明顯，必須仔細的推導來求得。我們會對控制體積使用本章後面的雷諾輸運定理來進行這樣的推導分析。在第 9 章我們會推導出微分的運動方程式。

圖 4-3 (a) 在歐拉描述中，我們定義場變數，例如在任何位置、任何瞬間的壓力場和速度場。(b) 例如，在飛機機翼下的空氣速度探針測量在那個位置的空氣速度。
(Bottom) Photo by John M. Cimbala.

例題 4-1　穩定的二維流場

一個穩定的、不可壓縮的二維速度場如下式：

$$\vec{V} = (u, v) = (0.5 + 0.8x)\vec{i} + (1.5 - 0.8y)\vec{j} \tag{1}$$

其中 x- 和 y- 座標的單位是 m，速度的單位是 m/s。停滯點定義為流場中速度為零的點。(a) 決定流

146 流體力學

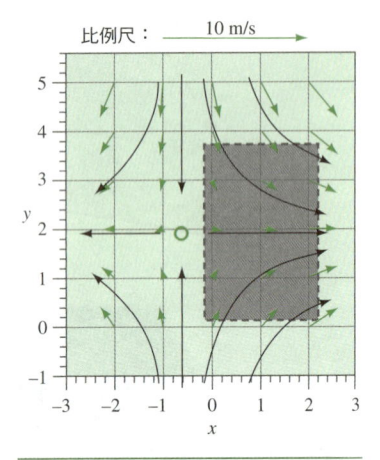

比例尺： 10 m/s

圖 4-4 例題 4-1 的速度場的速度向量 (顏色箭頭)。比例尺用圖上緣的箭頭表示，實心黑線代表一些流線的近似形狀，是根據計算到的速度向量得到的。停滯點有小圓圈指示。灰色陰影的區域代表流場的一部分可用來近似一個入口的流動 (圖 4-5)。

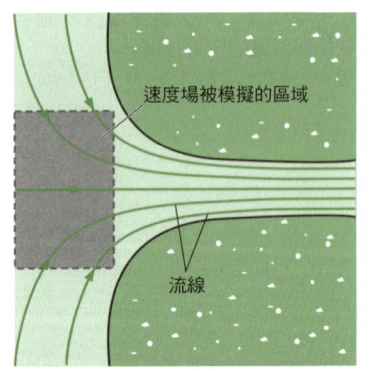

圖 4-5 一個水力發電水壩的鐘形入口附近的流場；例題 4-1 的速度場的一部分可用來作為這個物理流場的一階近似。灰色陰影的部分對應圖 4-4 的部分。

場中是否有任何停滯點，在哪裡？(b) 在 $x = -2$ m 到 2 m，與 $y = 0$ m 到 5 m 的範圍內畫出在一些位置上的速度向量；定性式的描述一下流場。

解答：對已知的速度場，要決定停滯點的位置。要畫出一些位置的速度向量並描述速度場。

假設：**1.** 流動是穩定和不可壓縮的。**2.** 流動是二維的，暗示沒有速度的 z- 分量，且 u、v 不會隨 z 而變化。

分析 (a) 因為 $\vec{V}$ 是向量，為了使 $\vec{V}$ 為零，其所有分量都必須為零。使用式 (4-4) 並令式 (1) 等於零，

停滯點：
$$u = 0.5 + 0.8x = 0 \quad \rightarrow \quad x = -0.625 \text{ m}$$
$$v = 1.5 - 0.8y = 0 \quad \rightarrow \quad y = 1.875 \text{ m}$$

是的，有一個停滯點位於 $x = \mathbf{-0.625}$ **m**，$y = \mathbf{1.875}$ **m**。

(b) 在指定範圍內的一些 (x, y) 位置上，其速度的 x- 和 y- 分量用式 (1) 來計算。例如在點 $(x = 2 \text{ m}, y = 3 \text{ m})$、$u = 2.10$ m/s 及 $v = -0.900$ m/s。此點速度大小 (速率) 是 2.28 m/s。在此點，與在一個陣列上的其它位置，速度向量從其兩個分量建立起來，結果如圖 4-4 所示。這個流動可以被稱為停滯流，流體從上、下面進入，並沿一條在 $y = 1.875$ m 的水平對稱線向左、右分佈出去。(a) 小題的停滯點在圖 4-4 中用小圓圈指示出來。

如果我們僅注意圖 4-4 的灰色陰影部分，這裡的流場模擬一個從左到右收縮的加速流場。例如，在水力發電水壩的水底下的鐘形入口 (圖 4-5)。給定流場中的有用部分可被想成圖 4-5 所示的物理流場的灰色陰影部分的一階近似。

討論：用第 9 章中的內容可以證明這個流場在物理上是有效的，因為它滿足了質量守恆的微分形式。

加速度場

如同從你在熱力學研習中可以回憶到的，基本的守恆定理 (例如質量守恆和熱力學第一定律) 都是對一個有固定組成的系統 (又稱為封閉系統) 來表示的。在控制體積分析比系統分析更方便的情況，就必須把基本定理重寫成可以在控制體積中應用的形式。同樣的道理也適用在這裡。事實上，熱力學中系統與控制體積的對應關係和流體動力學中拉格朗日描述法與歐拉描述法的對應關係有直接的相似性。流體流動的運動方程式 (例如牛頓第二定律) 是對流體質點 [又稱為**質點**

(material particle)] 寫出的。如果跟隨一個特定的流體質點在流場中移動，我們將會採用拉格朗日描述，因此運動方程式可以直接應用。例如，我們會將質點在空間的位置用**質點位置向量** (material position vector) ($x_{particle}(t)$, $y_{particle}(t)$, $z_{particle}(t)$) 來表示。然而，若要將運動方程式轉換成在歐拉描述法中可以使用的形式就需要一些數學上的操作。

例如，考慮將牛頓第二定律應用到流體質點上，

牛頓第二定律：
$$\vec{F}_{particle} = m_{particle}\vec{a}_{particle} \tag{4-5}$$

其中 $\vec{F}_{particle}$ 是作用在流體質點的淨力，$m_{particle}$ 是其質量，$\vec{a}_{particle}$ 是其加速度 (圖 4-6)。根據定義，流體質點的加速度是質點速度的時間導數，

流體質點的加速度：
$$\vec{a}_{particle} = \frac{d\vec{V}_{particle}}{dt} \tag{4-6}$$

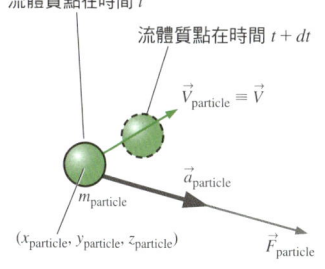

圖 4-6 牛頓第二定律應用在一個流體質點；加速度向量 $\vec{a}$ 與力向量 $\vec{F}$ 在相同方向，但速度向量可能在不同的方向。

然而，在任何瞬時 t，質點的速度與速度場在此質點所在位置 ($x_{particle}(t)$, $y_{particle}(t)$, $z_{particle}(t)$) 的局部值是一樣的，因為根據定義，流體質點隨著流體運動。換言之，$\vec{V}_{particle}(t) \equiv \vec{V}(x_{particle}(t), y_{particle}(t), z_{particle}(t), t)$。為了取式 (4-6) 的時間導數，我們必須使用鏈鎖律，因為相依變數 ($\vec{V}$) 是四個獨立變數 ($x_{particle}$, $y_{particle}$, $z_{particle}$, t) 的函數，

$$\begin{aligned}\vec{a}_{particle} &= \frac{d\vec{V}_{particle}}{dt} = \frac{d\vec{V}}{dt} = \frac{d\vec{V}(x_{particle}, y_{particle}, z_{particle}, t)}{dt} \\ &= \frac{\partial \vec{V}}{\partial t}\frac{dt}{dt} + \frac{\partial \vec{V}}{\partial x_{particle}}\frac{dx_{particle}}{dt} + \frac{\partial \vec{V}}{\partial y_{particle}}\frac{dy_{particle}}{dt} + \frac{\partial \vec{V}}{\partial z_{particle}}\frac{dz_{particle}}{dt}\end{aligned} \tag{4-7}$$

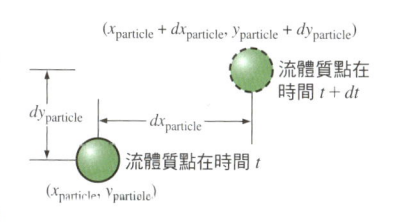

圖 4-7 當跟隨一個流體質點時，速度的 x- 分量，u，定義為 $dx_{particle}/dt$。同樣的，$v = dy_{particle}/dt$ 與 $w = dz_{particle}/dt$。為了簡單性，移動在此僅用二維形式來表示。

在式 (4-7)，∂ 是偏導數運算子，而 d 是**全導數運算子** (total derivative operator)。考慮式 (4-7) 右邊的第二項。因為加速度是跟隨一個流體質點來定義的 (拉格朗日描述)，此質點的 x- 位置相對於時間的變化率 $dx_{particle}/dt = u$ (圖 4-7)，其中 u 是由式 (4-4) 定義的速度向量的 x- 分量。同樣的，$dy_{particle}/dt = v$ 與 $dz_{particle}/dt = w$。而且，在考慮的任何瞬間，流體質點在拉格朗日座標中的位置向量 ($x_{particle}$, $y_{particle}$, $z_{particle}$) 等於在歐拉座標中的位置向量 (x, y, z)。式 (4-7) 變成

$$\vec{a}_{particle}(x, y, z, t) = \frac{d\vec{V}}{dt} = \frac{\partial \vec{V}}{\partial t} + u\frac{\partial \vec{V}}{\partial x} + v\frac{\partial \vec{V}}{\partial y} + w\frac{\partial \vec{V}}{\partial z} \tag{4-8}$$

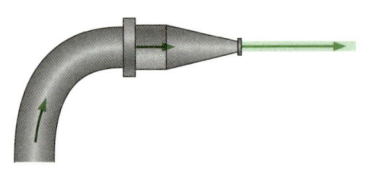

圖 4-8 流過園藝水管噴嘴的水流，說明了流體質點即使在穩定流時也可能被加速。在此例中，出口的流速遠大於水管中的流速，暗示著即使在穩定流中，流體質點也是會被加速的。

其中我們已經使用了一個 (明顯的) 事實，即 $dt/dt = 1$。最後在任何瞬間 t，式 (4-3) 的加速度場必須等於在那個時間 t，正好佔有那個位置 (x, y, z) 的流體質點的加速度。為什麼？因為根據定義，流體質點是隨流體流動一起加速的。因此我們可以用式 (4-7) 和 (4-8) 的 $\vec{a}(x, y, z, t)$ 取代 $\vec{a}_{particle}$ 來從拉格朗日轉換到歐拉參考座標。用向量形式，式 (4-8) 可以寫成

流體質點的加速度表示成場變數：

$$\vec{a}(x, y, z, t) = \frac{d\vec{V}}{dt} = \frac{\partial \vec{V}}{\partial t} + (\vec{V} \cdot \vec{\nabla})\vec{V} \tag{4-9}$$

其中 $\vec{\nabla}$ 是梯度運算子或 del 運算子，是一個向量運算子，其在卡氏座標中被定義為

梯度或 del 運算子：
$$\vec{\nabla} = \left(\frac{\partial}{\partial x}, \frac{\partial}{\partial y}, \frac{\partial}{\partial z} \right) = \vec{i}\frac{\partial}{\partial x} + \vec{j}\frac{\partial}{\partial y} + \vec{k}\frac{\partial}{\partial z} \tag{4-10}$$

因此在卡氏座標中，加速度向量的分量是

卡氏座標：
$$\begin{aligned} a_x &= \frac{\partial u}{\partial t} + u\frac{\partial u}{\partial x} + v\frac{\partial u}{\partial y} + w\frac{\partial u}{\partial z} \\ a_y &= \frac{\partial v}{\partial t} + u\frac{\partial v}{\partial x} + v\frac{\partial v}{\partial y} + w\frac{\partial v}{\partial z} \\ a_z &= \frac{\partial w}{\partial t} + u\frac{\partial w}{\partial x} + v\frac{\partial w}{\partial y} + w\frac{\partial w}{\partial z} \end{aligned} \tag{4-11}$$

在式 (4-9) 中右邊的第一項，$\partial \vec{V}/\partial t$，稱為局部加速度 (local acceleration)，並且只有在不穩定流中才不是零。第二項，$(\vec{V} \cdot \vec{\nabla})\vec{V}$，稱為**遷移加速度** (advective acceleration)，有時稱為**對流加速度** (convective acceleration)；這項對於穩定流也有可能是非零的。它說明了流體質點在流場中流到 (遷移或對流) 一個速度不同的新位置的影響。例如，考慮水流過一個園藝水管噴嘴的穩定流 (圖 4-8)。我們定義在歐拉參考座標中的穩定為在流場中的任意點的性質不隨時間而變之意。因為在噴嘴出口的速度大於在噴嘴入口的速度，流體質點很清楚的加速了，即使流動是穩定的。因為在式 (4-9) 的遷移，加速度是非零的。注意雖然從一個在歐拉參考座標的觀點來看，流動是穩定的，但從一個隨流體質點移動，進入噴嘴並在流過噴嘴時加速的拉格朗日參考座標來看則不是穩定的。

> **例題 4-2** 流體質點流過噴嘴的加速度

納丁正在洗車，使用如圖 4-8 所示的噴嘴。噴嘴的長度是 9.91 cm，有 1.07 cm 的入口直徑與 0.460 cm 的出口直徑 (圖 4-9)。流經園藝水管 (也經過噴嘴) 的體積流率是 $\dot{V} = 0.0530$ L/s，且流動為穩定的。試估計流體質點沿著噴嘴中心線往下流的加速度大小。

解答：要估計流體質點沿著噴嘴中心線往下流的加速度。

假設：**1.** 流動是穩定和不可壓縮的。**2.** 取 x- 方向為沿著噴嘴的中心線。**3.** 根據對稱性，沿著中心線 $v = w = 0$，但 u 經過噴嘴時被加速。

解析：流動是穩定的，所以你可能被誘使去認為加速度為零。然而即使這個穩定流場的局部加速度 $\partial \vec{V}/\partial t$ 為零，但對流加速度 $(\vec{V} \cdot \vec{\nabla})\vec{V}$ 並不是零。我們先計算在噴嘴的入口和出口的平均速度的 x- 分量，將體積流率除以截面積：

入口速率：

$$u_{\text{inlet}} \cong \frac{\dot{V}}{A_{\text{inlet}}} = \frac{4\dot{V}}{\pi D_{\text{inlet}}^2} = \frac{4(5.30 \times 10^{-5} \text{ m}^3/\text{s})}{\pi (0.0107 \text{ m})^2} = 0.589 \text{ m/s}$$

同樣的，出口平均速率是 $u_{\text{outlet}} = 3.19$ m/s。我們現在用兩種方法計算加速度，結果相等。首先，在 x- 方向的平均加速度是把速率的改變除以流體質點在噴嘴內的**逗留時間**的估計值來計算的，$\Delta t = \Delta x / u_{\text{avg}}$ (圖 4-10)。根據加速度是速度的變化率的基本定義，

方法 A：

$$a_x \cong \frac{\Delta u}{\Delta t} = \frac{u_{\text{outlet}} - u_{\text{inlet}}}{\Delta x / u_{\text{avg}}} = \frac{u_{\text{outlet}} - u_{\text{inlet}}}{2\Delta x / (u_{\text{outlet}} + u_{\text{inlet}})} = \frac{u_{\text{outlet}}^2 - u_{\text{inlet}}^2}{2\Delta x}$$

第二個方法使用加速度場在卡氏座標的分量方程式 (4-11)，

方法 B：

$$a_x = \underbrace{\frac{\partial u}{\partial t}}_{0 \text{ 穩定}} + u\frac{\partial u}{\partial x} + \underbrace{v\frac{\partial u}{\partial y}}_{0\ v=0\text{ 沿中心線}} + \underbrace{w\frac{\partial u}{\partial z}}_{0\ w=0\text{ 沿中心線}} \cong u_{\text{avg}}\frac{\Delta u}{\Delta x}$$

這裡我們看到只有一個遷移項是非零的。我們把流經噴嘴的平均速度近似為入口和出口的平均速度，並且使用**一階有限差分近似** (圖 4-11) 來計算經過噴嘴中心線的導數 $\partial u/\partial x$ 的平均值：

$$a_x \cong \frac{u_{\text{outlet}} + u_{\text{inlet}}}{2}\frac{u_{\text{outlet}} - u_{\text{inlet}}}{\Delta x} = \frac{u_{\text{outlet}}^2 - u_{\text{inlet}}^2}{2\Delta x}$$

方法 B 的結果等同於方法 A 的。將已知值代入，得到

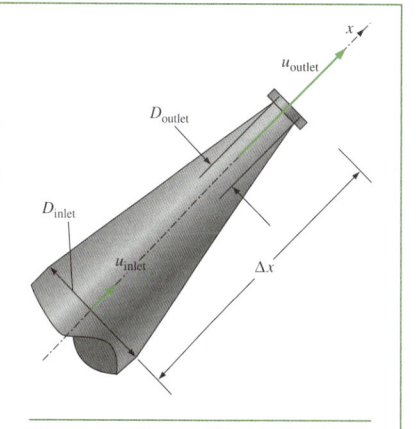

圖 4-9 例題 4-2 經過噴嘴的水流。

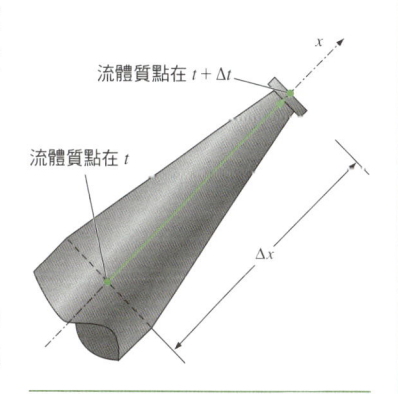

圖 4-10 逗留時間 Δt 定義為流體質點從入口到出口 (距離 Δx) 所花費的時間。

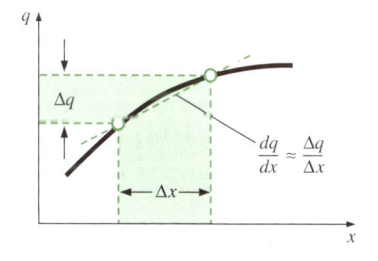

圖 4-11 導數 dq/dx 的一階有限差分近似是應變數 (q) 的變化量除以自變數 (x) 的變化量。

軸向加速度：
$$a_x \cong \frac{u_{\text{outlet}}^2 - u_{\text{inlet}}^2}{2\,\Delta x} = \frac{(3.19\text{ m/s})^2 - (0.589\text{ m/s})^2}{2(0.0991\text{ m})} = \mathbf{49.6\text{ m/s}^2}$$

討論：流體質點經過噴嘴的加速度幾乎是重力加速度的 5 倍 (幾乎是 5g)！這個簡單的例題說明了即使在穩定流中，流體質點的加速度有可能是非零的。注意加速度事實上是個**點函數**，但是在此我們估算的是流經整個噴嘴的平均加速度。

隨質點導數

在式 (4-9) 中的全導數運算子 d/dt 被給予一個特殊名稱，**隨質點導數** (material derivative)；並被指定一個特殊符號，D/Dt，目的在強調其為跟隨一個流體質點在流場中移動所形成的 (圖 4-12)。隨質點導數的其它名稱包括**全導數** (total derivative)、**質點導數** (particle derivative)、**拉格朗日導數** (Lagrangian derivative)、**歐拉導數** (Eulerian derivative) 及**實質導數** (substantial derivative)。

隨質點導數：
$$\frac{D}{Dt} = \frac{d}{dt} = \frac{\partial}{\partial t} + (\vec{V}\cdot\vec{\nabla}) \tag{4-12}$$

當我們將式 (4-12) 的隨質點導數應用到速度場時，結果是式 (4-9) 所表示的加速度場，因此其有時也被稱為**隨質點加速度** (material acceleration)，

隨質點加速度：
$$\vec{a}(x, y, z, t) = \frac{D\vec{V}}{Dt} = \frac{d\vec{V}}{dt} = \frac{\partial \vec{V}}{\partial t} + (\vec{V}\cdot\vec{\nabla})\vec{V} \tag{4-13}$$

除了速度外，式 (4-12) 也可以應用到其它流體性質，純量與向量皆可。例如，壓力的隨質點導數可以寫成

壓力的隨質點導數：
$$\frac{DP}{Dt} = \frac{dP}{dt} = \frac{\partial P}{\partial t} + (\vec{V}\cdot\vec{\nabla})P \tag{4-14}$$

式 (4-14) 代表跟隨一個流體質點流動時，其壓力的變化率，包含局部 (不穩定) 和遷移分量 (圖 4-13)。

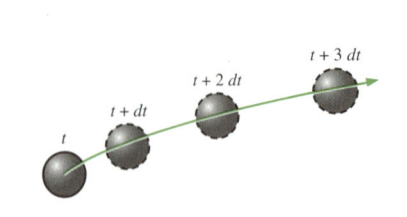

圖 4-12 隨質點導數 D/Dt 是跟隨一個流體質點在流場中運動時來定義的。這張說明圖中流體質點正向右加速，當它向右、向上移動時。

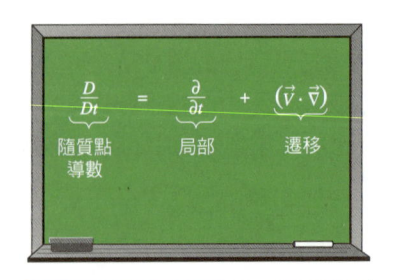

圖 4-13 隨質點導數 D/Dt 包含一個局部或不穩定部分和一個遷移或對流部分。

例題 4-3 ▶ 穩定流場的隨質點加速度

考慮一個如例題 4-1 的穩定、不可壓縮的二維速度場。(a) 求在點 ($x = 2$ m, $y = 3$ m) 的隨質點加速度。(b) 畫出在例題 4-1 的相同陣列上的 x- 與 y- 值上的隨質點加速度向量。

解答：對一個已知速度場，要計算在一個特定點上的隨質點加速度向量與畫出在一個位置陣列上所有點的隨質點加速度向量。

假設：**1.** 流動是穩定、不可壓縮的。**2.** 流動是二維的，意思是沒有速度的 z- 分量，及 u 和 v 不隨 z 改變。

解析：(a) 使用例題 4-1 的式 (1) 所表示的速度場與卡氏座標中隨質點加速度的分量方程式 (4-11)，可以寫出加速度向量的兩個非零分量的表示式

$$a_x = \frac{\partial u}{\partial t} + u\frac{\partial u}{\partial x} + v\frac{\partial u}{\partial y} + w\frac{\partial u}{\partial z}$$
$$= 0 + (0.5 + 0.8x)(0.8) + (1.5 - 0.8y)(0) + 0$$
$$= (0.4 + 0.64x) \text{ m/s}^2$$

與

$$a_y = \frac{\partial v}{\partial t} + u\frac{\partial v}{\partial x} + v\frac{\partial v}{\partial y} + w\frac{\partial v}{\partial z}$$
$$= 0 + (0.5 + 0.8x)(0) + (1.5 - 0.8y)(-0.8) + 0$$
$$= (-1.2 + 0.64y) \text{ m/s}^2$$

在點 ($x = 2$ m, $y = 3$ m)，$a_x = \mathbf{1.68}$ **m/s**^{2}，與 $a_y = \mathbf{0.720}$ **m/s**^{2}。

(b) 將 (a) 小題的方程式使用在一個已知流場中的位置陣列上的 x- 與 y- 值上，並在 圖 4-14 中畫出其加速度向量。

討論：加速度場是非零的，即使流動是穩定的。在停滯點以上 ($y = 1.875$ m 以上)，圖 4-14 的加速度向量指向上，在離開停滯點的方向，大小漸增。在停滯點右右 ($x = -0.625$ m 往右)，加速度向量指向右，往離開停滯點的方向，大小漸增。這與圖 4-4 中的速度向量和圖 4-14 的流線趨勢在定量上是一致的；即在流場的右上部分，流體質點往右上方向加速，因此往逆時鐘方向轉向，因為**向心加速度**是指向右上的。在 $y = 1.875$ m 以下的流動是這條對稱線以上流動的鏡面映像，而在 $x = -0.625$ m 左邊的流動則是這條對稱線右邊流動的鏡面映像。

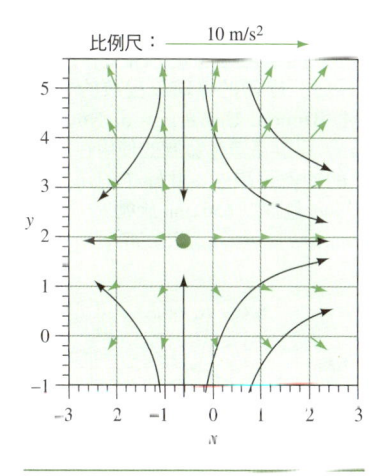

圖 4-14 例題 4-1 與 4-3 的速度場的加速度向量 (短箭頭)。比例尺用圖上緣的箭頭顯示。實心黑色曲線代表一些流線的近似形狀，是基於計算到的速度場 (圖 4-4) 而來的。停滯點由圓圈指示。

4-2 流動型態和流動可視化

雖然流體力學的定量研究需要高等數學，但從流動可視化 (flow visualization) — 對流場特徵的視覺檢視 — 還是可以學到許多東西。流動可視化不只在實際的實驗上有用 (圖 4-15)，在數值解答上也是 [計算流體力學 (CFD)]。事實上，一個使用 CFD 的工程師在得到解答後的第一件事就是模擬出一些流動可視化的形式，來讓他 (或她) 可以看到整個「圖像」，而不僅僅是一些數字與定量數據的列表。為什麼？因為人類的心思被設計成可以很快的處理非常大量的視覺資訊；俗話說，一張圖勝過千言萬語。有許多形式的流動型態可以被可視化，物理的 (實驗的) 及 (或) 計算的都是。

流線與流線管

流線 (streamline) 是一條曲線，其上每一點都與那一點上的瞬時速度向量相切。

流線在指示整個流場中的流體的瞬時運動方向非常有用。例如，迴旋流動的區域與流體從一個固體面脫離，都很容易可以從流線型態中看出來。流線不能直接從實驗上觀測到，除非在穩定流場中，在此情況時，它們與路徑線和煙線重合，以下就會討論到。然而，根據其定義，數學上我們可以給流線寫出一個簡單的表示式。

考慮沿著流線的一段微小弧長 $d\vec{r} = dx\vec{i} + dy\vec{j} + dz\vec{k}$；根據流線的定義，$d\vec{r}$ 必須平行於當地的速度向量 $\vec{V} = u\vec{i} + v\vec{j} + w\vec{k}$。使用簡單的相似三角形的數學討論，我們知道 $d\vec{r}$ 的分量必須正比於 $\vec{V}$ 的分量 (圖 4-16)。因此

流線方程式： $$\frac{dr}{V} = \frac{dx}{u} = \frac{dy}{v} = \frac{dz}{w} \quad (4\text{-}15)$$

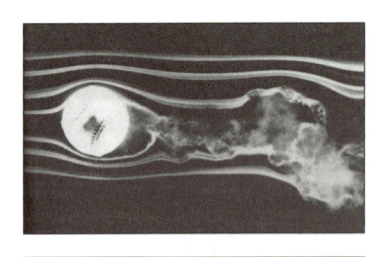

圖 4-15 旋轉的棒球。已故的 F. N. M. Brocon, University of Notre Dame，貢獻多年在發展並使用在風洞中的煙霧可視法。此圖中的流速約 23 m/s 且球以 630 rmp 旋轉。
Photograph courtesy of T. J. Mueller.

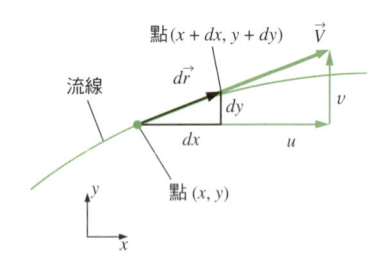

其中 dr 是 $d\vec{r}$ 的大小，而 V 是速率，即速度向量 $\vec{V}$ 的大小。在圖 4-16 中為了簡單起見以二維來做說明式 (4-15)。對於一個已知速度場，我們積分式 (4-15) 來得到流線方程式。在二維時，$(x, y), (u, v)$，得到以下的微分方程式：

在 xy- 平面的流線： $$\left(\frac{dy}{dx}\right)_{\text{沿著流線}} = \frac{v}{u} \quad (4\text{-}16)$$

圖 4-16 在 xy- 平面的二維流，沿流線的弧長 $d\vec{r} = (dx, dy)$ 在每個地方都切於當地的瞬時速度向量 $\vec{V} = (u, v)$。

在某些簡單的情況下，式 (4-16) 可能有解析解；在一般的情況

下,它必須用數值法求解。不管哪種情況,會產生一個任意的積分常數。每一個被選擇的常數,代表一條不同的流線。滿足式 (4-16) 的曲線家族代表了此流場的流線。

例題 4-4 ▶ *xy*- 平面的流線 ── 解析解

對於例題 4-1 的穩定、不可壓縮的二維流場,畫出在流場右半部 (*x*>0) 的數條流線並且與圖 4-4 的速度向量比較。

解答: 要產生一個流線的解析表示式並畫在右上部象限上。

假設: 1. 流動是穩定、不可壓縮的。**2.** 流動是二維的,意謂著沒有速度的 *z*- 分量及 *u* 或 *v* 不會隨 *z* 變化。

解析: 在此,式 (4-16) 是可用的;因此,沿著一條流線,

$$\frac{dy}{dx} = \frac{v}{u} = \frac{1.5 - 0.8y}{0.5 + 0.8x}$$

我們用變數分離法來解這個微分方程式

$$\frac{dy}{1.5 - 0.8y} = \frac{dx}{0.5 + 0.8x} \quad \rightarrow \quad \int \frac{dy}{1.5 - 0.8y} = \int \frac{dx}{0.5 + 0.8x}$$

經過一些代數運算後,我們解出沿一條流線的 *y* 與 *x* 的函數關係,

$$y = \frac{C}{0.8(0.5 + 0.8x)} + 1.875$$

其中 *C* 是積分常數,可以被設定為各種數值來畫出流線。對於所給流場的數條流線,被顯示於圖 4-17。

討論: 圖 4-4 的速度向量被覆蓋在圖 4-17 的流線上;吻合度非常良好,因為速度向量在每一點都與流線相切。注意單從流線無法決定速率的大小。

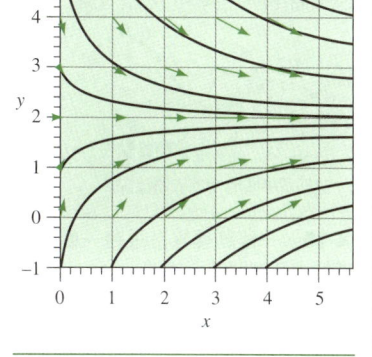

圖 4-17 例題 4-4 的速度場的流線 (黑色實線);圖 4-4 的速度向量 (短箭頭) 被覆蓋其上來做比較。

條**流線管** (streamtube) 包含著一束流線 (圖 4-18),非常像一條通信纜線包含一束光纖一般。因為流線在每個地方都平行當地速度,根據定義,流體不能夠穿過流線。延伸此一觀念可知,一條流線管內的流體必須一直待在流線管內且不能夠穿過流線管的邊界。你必須記住,流線和流線管兩者都是瞬時量,是根據某一時刻的速度場而定義在時間上的那一個特定時刻。在一個不穩定流中,流線的型態隨時間有可能變化很大。但是在任一時刻,穿過流線管中的任何一個截面的質量流率必須維持一樣。例如在一個不可壓縮流場的收縮部分,隨著速度的增加,流線管的直徑必須減小以符合質量守恆 (圖 4-19*a*)。同樣的,在一個不可壓縮流的擴張部分,流線管的直徑會增加 (圖

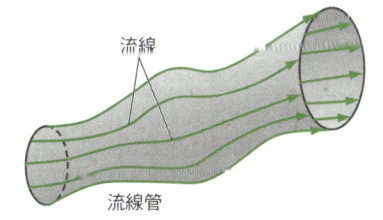

圖 4-18 一條流線管由一束個別的流線組成。

圖 4-19 在一個不可壓縮流場中，一條流線管 (*a*) 當流動加速或收縮時，直徑減小，(*b*) 當流動減速或擴張時，直徑增加。

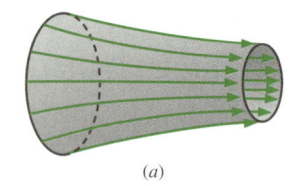

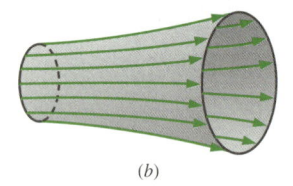

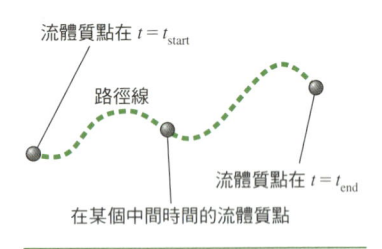

圖 4-20 一條路徑線是跟隨一個流體質點的真實路徑形成的。

4-19*b*)。

路徑線

路徑線 (pathline) 是由一個個別的流體質點在一段時間區間內所經過路徑。

路徑線是最容易瞭解的流動型態。路徑線是一個拉格朗日觀念，我們只要跟隨個別的流體質點在流場中移動的路徑即可 (圖 4-20)。路徑線與 4-1 節所討論過的流體質點的位置向量 ($x_{particle}(t)$, $y_{particle}(t)$, $z_{particle}(t)$) 是一樣的，即流體質點在某一段有限的時間間隔的軌跡。在一個物理實驗中，你可以想像一個被標記的追蹤流體質點，不論是用顏色或亮度標記，使其可以很容易的從周圍的流體中被區別出來。現在想像一台照相機，其快門維持開啟，經過一段時間間隔，$t_{start} < t < t_{end}$，這期間質點的路徑被錄下來；此結果的曲線被稱為路徑線。一個有趣的例子示於圖 4-21，此例中水槽中的水波沿著水面移動。具有中性浮力的白色追蹤粒子懸浮在水中，並且對一個完整的水波週期，取得一張長時間曝光照片。結果是一些橢圓形狀的路徑線，顯示流體質點，雖然上上下下、前前後後移動，但在完成一個水波週期以後，總是會回到它們原始的位置。你在海灘上，也可以從海浪中的上下漂浮得到相同的經驗。

一個現代的實驗技巧，稱為**粒子成像測速術** (particle image velocimetry, PIV)，使用流體質點路徑的一個小線段來測量流場的一整個平面的速度場 (Adrian, 1991)。(最近的進展將此技術擴展到三維。) 在 PIV 中，細小的追蹤粒子被懸浮在流體中，非常像在圖 4-21 一樣。流體的流動被兩道閃光照射 (通常是由雷射所產生的光頁，如圖 4-22) 來使每個移動粒子產生兩個光點 (由照相機記錄下來)。然後，每個粒子位置的速度向量的大小和方向就可推論出來，假設追蹤粒子夠小能隨流體移動。現

圖 4-21 懸浮在水中的白色追蹤粒子所產生的路徑線被長時間曝光照相術捕捉到；當水波水平移動時，每個粒子在一個水波週期中，循一個橢圓形路徑移動。

Wallet, A. & Ruellan, F. 1950, La Houille Blanche 5:483-489. Used by permission.

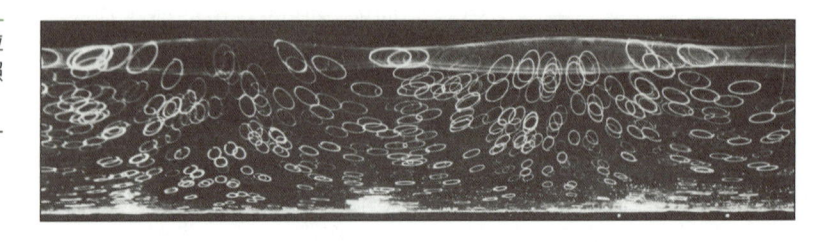

代的數位照相術與快速電腦已經使 PIV 的性能快得足夠量測出流場的不穩定特徵。在第 8 章中，會對 PIV 作更詳細的討論。

對於一個已知的速度場，路徑線也可以經由計算而得。明確的說，追蹤粒子的位置也可以經由對時間積分而得，從某個起始位置 $\vec{x}_{start}$ 和起始時間 t_{start} 到某個稍後時間 t。

在時間 t 的追蹤粒子位置：

$$\vec{x} = \vec{x}_{start} + \int_{t_{start}}^{t} \vec{V}\, dt \tag{4-17}$$

當式 (4-17) 對時間在 t_{start} 與 t_{end} 間作計算後，畫出 $\vec{x}(t)$ 的圖即為此流體質點在那個區間的路徑線，如圖 4-20 所說明的。對於某些簡單的流場，式 (4-17) 可以用解析方法積分。對於較複雜的流場，我們必須採用數值積分。

如果速度場是穩定的，個別的流體質點都循流線流動。因此，對穩定流而言，路徑線與流線是一樣的。

煙線

煙線 (streakline) 是流場中依序通過某個指定點的所有流體質點所形成的軌跡。

煙線是在物理實驗中所產生的最常見流動型態。如果你在流場中插入一根小管並導入一連續的追蹤流體 (水流中的染料或氣流中的煙)，所觀察到的型態就是煙線。圖 4-23 顯示追蹤質點被注入含有一個物體 (例如機翼) 的自由流中。每個圓圈代表個別被注入的追蹤流體質點，在相同的時間間隔被釋放。當質點被物體迫使轉向時，它們會在物體的肩部加速，可以從那個區域內個別追蹤質點間的距離增加看出來。煙線是把所有的圓圈連接成一條平滑的曲線形成的。在一個水洞或風洞的物理實驗中，煙或染料是以連續式的而不是以個別質點的方式注入，由此產生的流動型態，根據定義即為煙線。在圖 4-23 中追蹤質點 1 比質點 2 在一個較早的時間被釋放，以此類推。一個追蹤質點的位置決定於從注入的瞬間一直到現在的時間的周圍流場。如果流動是不穩定的，周圍的流場隨時改變，由此我們不能預期煙線在任何瞬間會和流線或路徑線一樣。然而，如果流動是

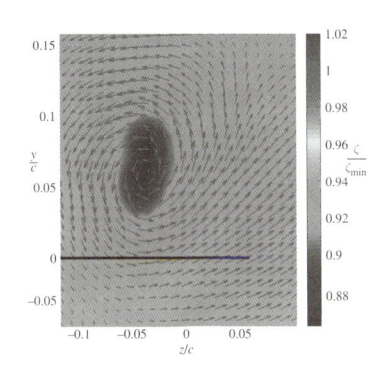

圖 4-22 有攻角的 NACA-66 機翼尾流中的翼尖旋渦的 PIV 量測。等高線圖顯示當地的渦度，已經用最小值正常化過了，如右邊色票所指示的。向量指示在量測平面的流體運動。黑線指示在上游機翼的後緣。座標已用機翼弦長作過正常化，原點在機翼根部。
Photo by Michael H. Krane, ARL-Penn State.

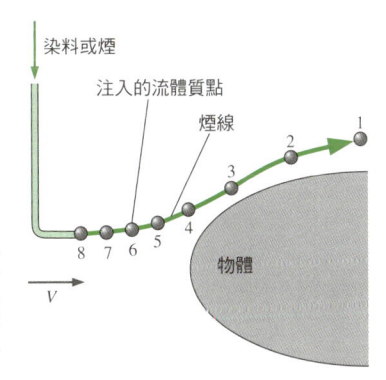

圖 4-23 一條煙線是從一點連續的注入染料或煙到流場中所形成的。被標記的追蹤質點 (1 到 8) 依序注入。

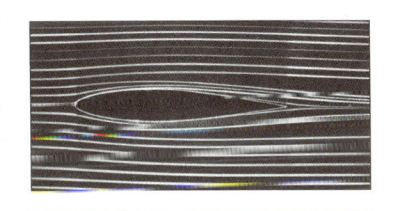

圖 4-24 藉由在上游注入染色的流體所形成的煙線；因為流動是穩定的，這些煙線與流線和路徑線相同。
Courtesy ONERA. Photograph by Werlé.

圖 4-25 由位於圓柱尾流的兩個不同地點的產煙線所產生的煙線：(*a*) 位於圓柱正下游的產煙線，與 (*b*) 位於 $x/D = 150$ 的產煙線。比較這兩張圖可以清楚的看到煙線的時間累積特性。
Photos by John M. Cimbala.

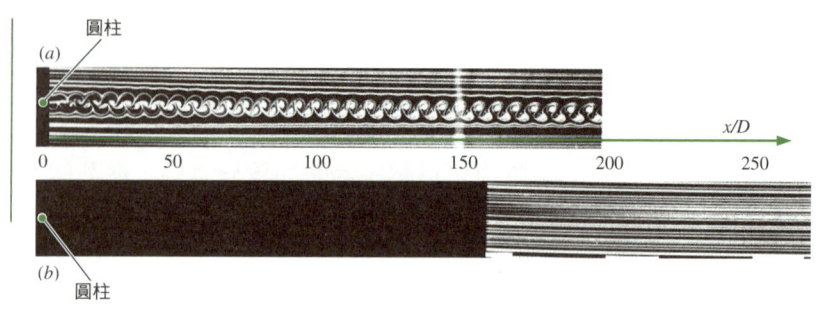

穩定的，流線、路徑線和煙線都是相同的 (圖 4-24)。

煙線常與流線或路徑線混淆。雖然這三種流動型態在穩流中是相同的，但它們在不穩定流中有可能非常不同。主要的區別在於，流線是一種在時間的一個瞬間下的瞬時流動型態，而煙線和路徑線都是有一些「年紀」的流動型態，因此都會牽涉到一段時間的歷史。煙線是一個時間累積流動型態的瞬間曝光照。另一方面，路徑線則是一個單獨的流體質點經過一段時間間隔的長時間曝光所記錄的路徑。

煙線的時間累積性質可以很生動的用 Cimbala et al. (1988) 的實驗來說明，這裡重製在圖 4-25 中。作者在風洞中用產煙線 (smoke wire) 來作流場可視化。實驗時，產煙線是一條塗上礦物油的垂直細線。由於表面張力效應，沿著線的長度方向，油分裂成許多小油滴。當用電流加熱產煙線時，每個小油滴產生一條煙線。在圖 4-25*a* 中，煙線是從位於一根直徑為 D，垂直視圖平面的圓柱的正下游位置的一條產煙線產生的。(當許多煙線沿一條線同時產生時，如圖 4-25，我們稱此線為煙線耙。) 這個流場的雷諾數是 $\text{Re} = \rho VD/\mu = 93$。由於不穩定的旋渦從圓柱以週期性型態脫離，煙匯集成一種清楚定義的週期性型態，稱為**卡門渦街** (Kármán vortex street)。一個同樣但尺度更大的型態可以在空氣流過一個島嶼的下游的尾流中發現 (圖 4-26)。

單獨從圖 4-25*a*，你可能以為脫離的旋渦，可以在圓柱的下游處，繼續存在達數百個直徑之遠。然而此圖中的流線型態是誤導的！在圖 4-25*b* 中，產煙線置於圓柱下游 150 個直徑遠的地方。產生的煙線是直的，顯示脫離的旋渦在這樣遠的下游處已經消失了。此處的流動是穩定且互相平行的；再沒有任何旋渦存在了；黏性擴散效應使得相鄰的逆向渦旋在約 100 個圓柱直徑以後就互相抵消了。在圖 4-25*a*，靠近 $x/D = 150$ 處的型態只是存在於上游的渦街的遺跡罷了。然而，圖 4-25*b* 的煙線則顯示了在那個位置的流場的正確特徵。在 $x/D = 150$ 所產生的煙

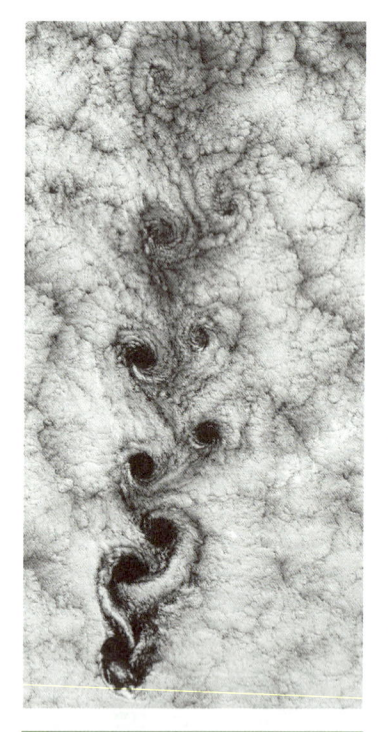

圖 4-26 在南太平洋，Alexander Selkirk 島的尾流的雲層中所看到的卡門旋渦。
Photo from Landsat 7 WRS Path 6 Row 83, center: -33.18, -79.99, 9/15/1999, earthobservatory.nasa.gov. Courtesy of NASA.

線與流場在那個區域的流線和路徑線相同 ── 平直的、幾乎是水平線 ── 因為那裡的流場是穩定的。

對於一個已知速度場，煙線可以用數值方法產生。我們需要跟隨一串連續的追蹤質點，從它們被注入流場的時間開始，一直到現在時間為止，利用式 (4-17)。數學上，一個追蹤質點的位置對時間作積分，從其被注入的時間 t_{inject} 開始一直到現在時間 $t_{present}$。式 (4-17) 變成

被積分的追蹤質量位置：
$$\vec{x} = \vec{x}_{injection} + \int_{t_{inject}}^{t_{present}} \vec{V} \, dt \qquad (4\text{-}18)$$

在一個不穩定流中，當速度場隨時間而變時對時間積分必須用數值方法進行。當所有追蹤質點在 $t = t_{present}$ 的軌跡用一條平滑曲線連接起來時，結果就是所要求的煙線。

例題 4-5 ▶ 不穩定流的流動型態的比較

已知一個不穩定、不可壓縮的二維速度場

$$\vec{V} = (u, v) = (0.5 + 0.8x)\vec{i} + (1.5 + 2.5\sin(\omega t) - 0.8y)\vec{j} \qquad (1)$$

其中角頻率 ω 等於 2π rad/s (物理頻率 1 Hz)。這個速度場除了在速度的 v- 分量中多了一個週期性項之外，與例題 4-1 的式 (1) 一樣。事實上因為振動週期是 1 s，當時間 t 是 $\frac{1}{2}$ s 的任何整數倍時 ($t = 0, \frac{1}{2}, 1, \frac{3}{2}, 2, \cdots$ s)，式 (1) 的 sin 項為零且瞬時速度場與例題 4-1 的相同。物理上，我們想像在一個大型的鐘形嘴入口的流動以頻率 1 Hz，上上下下振盪著。考慮流動的兩個完整的循環，從 $t = 0$ s 到 $t = 2$ s。試比較在 $t = 2$ s 的瞬時流線與時間從 $t = 0$ s 到 $t = 2$ s 的區間內所產生的路徑線和煙線。

解答：對已知的不穩定速度場產生並比較流線、路徑線和煙線。

假設：**1.** 流動是不可壓縮的。**2.** 流動是二維的，意指沒有速度的 z- 分量且 u 與 v 不隨 z 改變。

解析：在 $t = 2$ s 的瞬時流線與圖 4-17 中的一樣，它們之中的一些被重畫在圖 4-27。為了模擬路徑線，我們用 Runge-Kutta 數值積分技巧，從 $t = 0$ s 往 $t = 2$ s 前進，追蹤從 3 個位置釋放的流體質點的路徑：($x = 0.5$ m, $y = 0.5$ m)、($x = 0.5$ m, $y = 2.5$ m)、與 ($x = 0.5$ m, $y = 4.5$ m)。這些路徑線與流線同時顯示在圖 4-27。最後，煙線的模擬是跟隨許多從剛剛提到的三個位置所釋放的追蹤流體質點在時間介於 $t = 0$ s 到 $t = 2$ s 之間的路徑，再把它們在 $t = 2$ s 的軌跡連接起來而形成煙線。這些煙線被畫在圖 4-27 中。

討論：因為流動是不穩定的，流線、路徑線與煙線並不一致。事

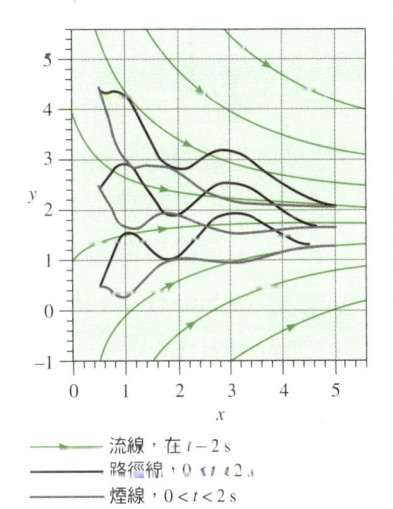

圖 4-27 例題 4-5 的振盪速度場的流線、路徑線與煙線。煙線與路徑線是波浪形的，原因在於它們的積分時間歷史。但流線不是波浪形的，卻是因為它們代表流場的一個瞬時快照。

實上它們彼此之間差異頗大。注意煙線和路徑線是波浪形的，原因在於速度中振盪的 v- 分量。在 $t = 0$ s 到 $t = 2$ s 期間已經發生了兩個完整的振盪週期，可以由仔細觀察路徑線和煙線而得到證實。流線沒有這樣的波動，因為它們沒有時間歷史；它們代表的是速度場在 $t = 2$ s 的一個瞬時快照。

時間線

時間線 (timeline) 是一組相鄰的流體質點，它們在 (較早的) 一個相同的瞬間被標記。

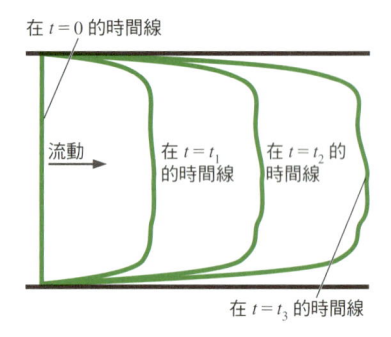

圖 4-28 時間線藉由標記一條線上的流體質點而形成的，然後觀察此線在流場中的移動 (與變形)；時間線顯示在 $t = 0$、t_1、t_2 與 t_3。

時間線在檢查流動均勻性的場合特別有用。圖 4-28 顯示一個介於兩個平行壁面間的通道內的流動的時間線，由於壁面的摩擦，那裡的流體速度為零 (無滑動條件)，時間線的頂端與底端被固定在它們開始的位置。在離開壁面的流動區域，被標記的流體質點以當地的流速流動，使時間線變形。圖 4-28 的例子中，靠近通道中央的流速相當均勻，但是隨著時間，當時間線拉伸時，小的變異傾向於被放大。時間線在水道的實驗中可以經使用氫氣泡線來產生。當一個短電流脈衝送經一條陰極線時，水被電解使細小的氫氣泡在電線上面產生。因為氫氣泡很小，它們的浮力幾乎可以忽略，使氣泡可以很好的隨水流動。

折射流動可視化技巧

另外一種流動可視化是基於光波的折射性質。回憶一下你在物理中的學習，光速在一種材料中會與在另一種材料中不同，甚至在同一種材料中，只要密度改變，也是如此。光從一種流體進入另一種折射率不同的流體時會轉彎 (光被折射)。

有兩種主要的流動可視化技術，都使用到空氣 (或其它氣體) 的折射率會隨密度改變的事實。它們是**陰影照相術** (shadowgraph technique) 與**胥來侖紋影術** (schlieren technique) (Settles, 2001)。干涉術是一種可視化技術，利用光通過密度有變化的空氣中，其相位變化作為流動可視化的基礎，但不會在此討論 (可參考 Merzkirch, 1987)。所有這些技術，對於密度會從一個位置變化到另一個位置的流場，都是很有用的流場可視化技術，例如自然對流 (溫度差造成密度變化)、混合流 (流體種類造成密度變化)，與超音速流 (震波與膨脹波造成密度變化)。

不像煙線、路徑線與時間線等流動可視化方法，陰影照相術和胥來侖紋影術不需要注入可視的追蹤質點 (煙或染料)，而是密度差與光線的折射特性提供必要的工具來可視化流場中的活躍區域，讓我們可以「看到不可見的」。陰影法所產生的圖像 (陰影圖) 是當折射光線重新整理並投射到視屏或相機焦平面，造成在陰影中出現明暗圖樣。黑色圖樣指示光線的射出位置，而明色圖樣則記錄光線的終止位置，並且有可能是誤導的。結果是暗的區域較明亮的區域扭曲少，在解釋陰影圖時更為有用。例如，在圖 4-29 的陰影圖中，我們對弓形震波 (黑色彎帶) 的形狀和位置有信心，但是折射的明亮光線造成了球的陰影前端變形了。

陰影圖不是真正的光學圖像；畢竟它只是個陰影。胥來侖紋影圖 (schlieren image)，包含鏡片和一個刀鋒或其它用來遮擋折射光線的截斷裝置，則是一個真正的聚焦光學圖像。胥來侖紋影成像術比陰影成像術的建立更複雜 (細節請參考 Settles, 2001)，但有許多優點。例如胥來侖紋影圖不會受害於折射光線的光學扭曲，對於較弱的密度梯度也比較敏感，例如造成自然對流者 (圖 4-30) 或在超速流動的膨脹波中的漸擴現象。彩色胥來侖成像術也已經開發出來了。最後，我們在胥來侖設備中可以調整的零件較多，諸如截斷設備的位置、方向與型式等，來產生對眼前問題最有用的圖像。

表面流動可視化技術

最後我們簡短的介紹一下一些沿著固體表面上很有用的流動可視化技術。緊沿著固體表面之上的流體流動方向，可以用絲線來觀察 ── 將短而可撓的絲線的一端黏在固體表面上，可以用來指示流動方向。絲線對於流動分離 (其流動反向) 的定位特別有用。

一種稱為表面油流可視化的技術可以為相同的目的被使用 ── 塗佈於表面的油料形成稱為摩擦線的紋路，可以用來指示流動的方向。如果下小雨時，你的車是髒的 (特別在冬天路上有灑鹽時)，你可能注意到在引擎蓋、車邊，甚至在擋風玻璃上的紋路。這與在表面油流可視化中觀察到的相似。

最後，對壓力敏感和溫度敏感的油漆可以讓研究者用來觀測固體表面上的壓力或溫度分佈。

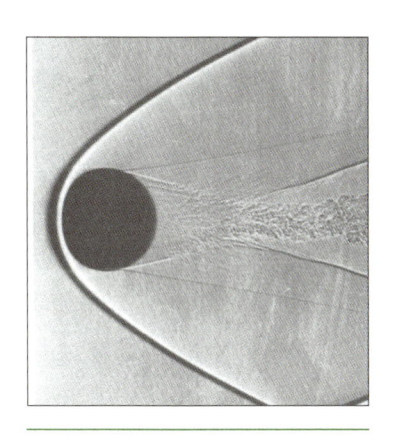

圖 4-29　一顆 14.3 mm 的球以 Ma = 3.0 在空氣中飛行的陰影圖。在陰影中可以清楚的看到一個震波形成繞過球的黑色彎帶曲線，稱為弓形波。
A. C. Charters, Air Flow Branch, U.S. Army Ballistic Research Laboratory.

圖 4-30　烤肉架自然對流的胥來侖紋影圖。
G. S. Settles, Gas Dynamics Lab, Penn State University. Used by permission.

4-3 流體流動數據的圖形

不管結果是如何得到 (解析、實驗或計算)，通常都需要畫出流動數據，來讓讀者感覺流動性質如何隨時間及 (或) 空間變化。你已經熟悉了時間圖，在紊流中特別有用 (例如，速度分量對應時間的函數關係圖)，與 xy- 圖 (例如，壓力對應半徑的函數關係)。本節我們要討論在流體力學上很有用的三種其它形式的圖 — 外形圖、向量圖與等高線圖。

外形圖

外形圖 (profile plot) 顯示一個純量性質的值如何沿著某個流場的需要方向而改變。

外形圖是三種圖中最容易瞭解的，因為它們就像你上了中學就已會畫的 xy-圖，即畫出一個變數 y 與另一個變數 x 的函數關係。在流體力學中，任何純量變數 (壓力、溫度、密度等) 的外形圖都可以被建立，但在本書中最常看到的是速度外形圖。因為速度是個向量，我們經常畫的是速度的大小或速度向量的一個分量，其與某個需要方向的距離之間的函數關係。

例如邊界層流中的一條時間線可以被轉換成一張速度外形圖。即認出在時間的某一個瞬間，垂直方向的 y 位置的氫氣泡所流過的水平距離正比於當地速度的 x- 分量 u。我們將 u 與 y 的函數關係畫在圖 4-31。圖中 u 值的獲得也可以經由解析方法 (參考第 9、10 章)，經由 PIV 或某種局部速度量測裝置 (參考第 8 章) 的實驗方法，或計算方法 (參考第 15 章)。注意在此例中把 u 畫在橫軸 (水平軸) 而不是縱軸 (垂直軸)，即使其為應變數，在物理上更有意義，因為位置 y 會在其適當的方向 (向上) 而不是橫向。

最後，一般會在速度外形圖上加箭頭來使其在視覺上更吸引人，雖然箭頭並沒有提供額外的訊息。如果多於一個速度分量被用箭頭畫出，局部速度向量的方向就被指示了，則速度外形圖就變成了速度向量圖。

向量圖

向量圖 (vector plot) 是一群箭頭的陣列，指示在時間的一個瞬間，一個向量性質的大小與方向。

雖然流線指示瞬時速度場的方向，但它們並不直接指示速度的大小 (即速率)。一個對實驗和計算兩種流體流動都同樣有

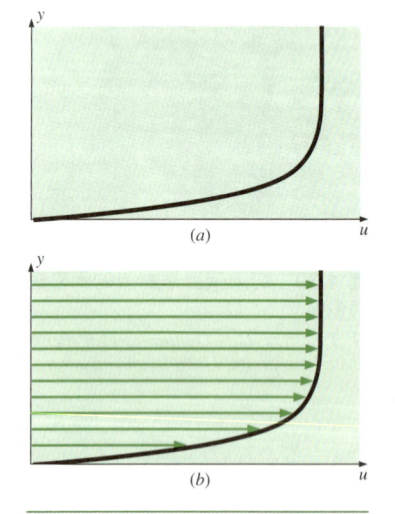

圖 4-31 速度的水平分量與垂直距離的函數關係的外形圖；沿水平平板成長的邊界層流動：(a) 標準外形圖，與 (b) 帶有箭頭的外形圖。

用的流動圖形是向量圖。這是由一群箭頭的陣列組成，可以同時指示瞬時向量性質的大小和方向。我們已經看到在圖 4-4 的速度向量圖與在圖 4-14 的加速度向量圖的範例。這些圖是由解析方法產生的。向量圖也可以從實驗得到的數據 (例如從 PIV 量測) 或從 CFD 計算結果來產生。

為了進一步說明向量圖，我們進行 CFD 計算，產生一個自由流沖擊在一個矩形截面障礙物上的二維流場。其結果示於圖 4-32。注意這個流場天生是不穩定的紊流，但只有長時間平均的結果被計算並在此展示。流線被畫在圖 4-32a；這個視圖展示整個障礙物和其尾流的大部分。在對稱平面上下的封閉流線顯示大型的迴轉渦旋，一個在對稱線之上，另一個在其下。速度向量圖顯示在圖 4-32b。(因為對稱性只顯示流場的上半部。) 很清楚可以看出流動加速繞過障礙物上游的角落，因為太快以致邊界層無法應付尖銳的角落而從障礙物分離，導致在障礙物下游產生大型的迴轉渦旋。(注意這些速度向量是時間平均值；瞬時向量的大小與方向當渦流從物體脫離時都隨時間而變，與那些在圖 4-25a 的相似。) 分離流動區域的一個拉近放大圖畫在圖 4-32c，圖上證實了大型迴轉渦旋下半部的逆向流動。

圖 4-32 的向量用速度的大小上色，但是用現代的 CFD 程式與後處理器，向量可以用一些其它的流動性質來上色，例如壓力 (顏色代表高壓，灰色代表低壓) 或溫度 (顏色代表熱，灰色代表冷)。以這種方式，我們不只可以輕易的看到流動的大小和方向，同時可以看到其它性質。

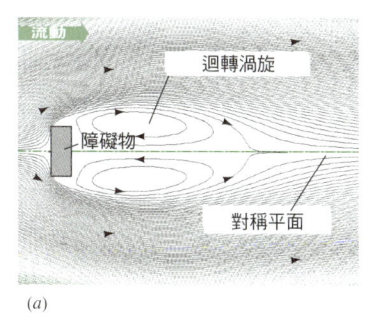

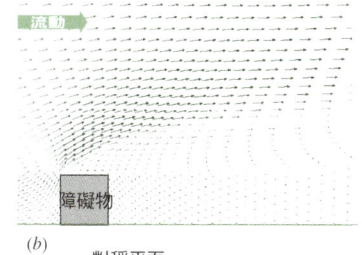

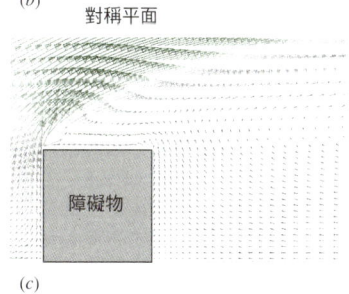

圖 4-32 流體沖擊一個障礙物的 CFD 計算結果：(a) 流線，(b) 流場上半部的速度向量圖，與 (c) 速度向量圖，接近放大圖，揭露在分離流動區域更多的細節。

等高線圖

等高線圖 (contour plot) 顯示一個純量性質 (或一個向量性質的大小) 在時間的一個瞬間的等值曲線。

如果你從事遠足，你會熟悉山徑的等高線圖。這些圖包含一系列的封閉曲線，每一條指示等高度的位置。靠近每一群這種曲線的中心處是山峰或山谷；實際的山峰或山谷在圖上是一個點，顯示高度最高與最低的位置。這種圖非常有用，不但讓你可以鳥瞰溪流與山徑，也可能讓你看出你的高度及山徑是平是陡。在流體力學，同樣的原理可以應用到各種純量流體性質。等高線圖可以對壓力、溫度、速度大小、成分濃度、紊流性質……等來產生。一張等高線圖可以迅速的揭露研究中流動

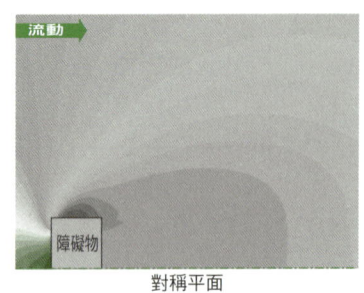

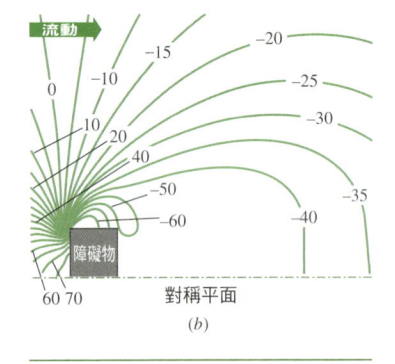

性質的高值(或低值)區域。

等高線圖可以只包含指示性質高低的曲線；這種稱為等高線圖 (contour line plot)。另一種形式的等高線圖用顏色或灰階陰影填充；這種稱為填充等高線圖 (filled contour plot)。對於像在圖 4-32 的流場，其壓力等高線圖的一個例子顯示在圖 4-33。在圖 4-33a 所示的填充等高線圖中，使用顏色來區別不同壓力水平的區域 ── 深色區域指示低壓，而顏色區域指示高壓。此圖清楚顯示出在障礙物前端表面的壓力最高，而在沿著障礙物上表面的分離區中壓力最低。如預期的，在障礙物尾流中的壓力也是低的，圖 4-33b 中顯示同樣的壓力等高線圖，但卻是用等高線圖顯示，用 pascal 為單位的錶壓力來標示壓力值。

在 CFD 中，等高線圖通常以生動的色彩顯示，紅色通常指示純量的最高值，而灰色指示最低值。健康人的眼睛可以輕易偵測紅色或灰色區域，因此可以找出流動性質的高或低值的區域。由於 CFD 能產生漂亮的圖形，計算流體力學有時候被賦予「多彩多姿的流體力學」的暱稱。

圖 4-33 流體沖擊一個障礙物的壓力場的等高線圖，由 CFD 計算所產生的。由於對稱性，僅顯示上半部；(a) 填充顏色等高線圖，與 (b) 等高線圖，其壓力值用以 Pa (pascals) 為單位的錶壓力顯示。

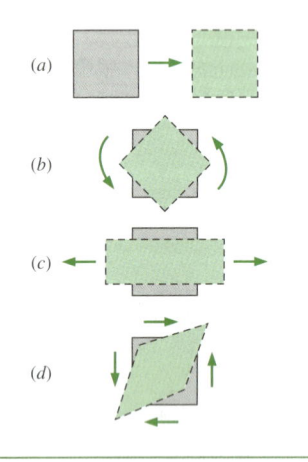

4-4 其它運動學的描述

流體元素的運動或變形的形式

在流體力學中，就像在固體力學中，一個元素可能承受四種基本運動或變形的形式，就像在圖 4-34 中二維的說明：(a) 平移，(b) 轉動 (rotation)，(c) 線性應變 (linear strain) [有時候稱為伸長應變 (extensional strain)]，與 (d) 剪應變 (shear strain)。在流體力學中的研究會由於以下的事實而更為複雜，即運動或變形的四種形式通常會同時發生。由於流體元素可能一直在運動，在流體力學中使用變化率來描述流體元素的運動或變形是更適合的。特定而言，我們將討論速度 (移動變化率)、角速度 (轉動變化率)、線性應變率 (線性應變變化率) 與剪應變率 (剪應變變化率)。為了使這些**變形率** (deformation rates) 在流體流動的計算中有用，我們必須將它們用速度與速度的導數來表示。

移動和轉動很容易瞭解，因為它們經常在固體粒子 (例如撞球) 的運動中被觀測到 (圖 4-1)。為了完整描述在三維中的移動率，需要用向量表示。平移向量變化率在數學上被描述為速度向量。在卡氏座標中，

圖 4-34 流體元素運動或變形的基本形式：(a) 平移，(b) 旋轉，(c) 線性應變，(d) 剪應變。

卡氏座標中的平移向量變化率： $$\vec{V} = u\vec{i} + v\vec{j} + w\vec{k} \tag{4-19}$$

在圖 4-34a 中，流體元素在正水平 (x) 方向移動；因此 u 是正的，而 v (與 w) 是零。

在一點的旋轉率 (角速度) 可定義為兩條開始時在那點相交成互相垂直直線的平均旋轉率。例如在圖 4-34b 中，考慮在一個正方形流體元素左下角的點，剛開始在此點相交的左邊和底邊線段是互相垂直的，這兩條線之間的夾角 (或此流體元素上任何兩條互相垂直的線段的夾角) 維持為 90°。因為此圖所畫的是固體式旋轉，兩條線以相同的速率旋轉，因此在此平面的旋轉率即為角速度在那個平面的分量。

在更一般、但仍是二維的例子中 (圖 4-35)，流體質點旋轉時同時有平移與變形，旋轉率是根據先前段落中的定義計算的。即我們從時間 t_1 時的兩條互相垂直的直線開始 (圖 4-35 的線 a 與 b)，此兩直線相交於 xy- 平面的 P 點。在一個微小的時間增量 $dt = t_2 - t_1$ 中，我們跟隨此兩直線移動和旋轉。在時間 t_2，線 a 旋轉角度為 α_a，線 b 旋轉角度為 α_b 且兩條線都如圖所示隨流體移動 (兩個角都以強度量表示且圖中所示的都是數學上的正向)。平均旋轉角度因此是 $(\alpha_a + \alpha_b)/2$，而在 xy- 平面的旋轉率或角速度等於這個平均旋轉角度的時間導數，

圖 4-35 中流體元素繞著 P 點的旋轉率：
$$\omega = \frac{d}{dt}\left(\frac{\alpha_a + \alpha_b}{2}\right) = \frac{1}{2}\left(\frac{\partial v}{\partial x} - \frac{\partial u}{\partial y}\right) \tag{4-20}$$

式 (4-20) 的證明留作練習，其中我們已經用速度分量 u 和 v 來代替 α_a 和 α_b 並寫出 ω。

在三維中，我們必須替流場中一點的旋轉率定義一個向量，因為其大小在三維的每一個方向都會改變。對一個在三維的旋轉率向量的推導可以在許多流體力學的書中發現，例如 Kundu and Cohen (2011) 與 White (2005)。旋轉率向量等於角速度向量，在卡氏座標中表示成

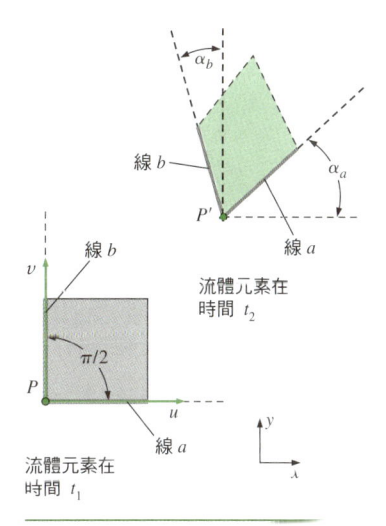

圖 4-35 對於一個如圖所示在平移及變形的流體元素，點 P 的旋轉率定義為兩條開始時互相垂直直線 (線 a 與線 b) 的平均旋轉率。

卡氏座標中的旋轉率向量：
$$\vec{\omega} = \frac{1}{2}\left(\frac{\partial w}{\partial y} - \frac{\partial v}{\partial z}\right)\vec{i} + \frac{1}{2}\left(\frac{\partial u}{\partial z} - \frac{\partial w}{\partial x}\right)\vec{j} + \frac{1}{2}\left(\frac{\partial v}{\partial x} - \frac{\partial u}{\partial y}\right)\vec{k} \tag{4-21}$$

線性應變率 (linear strain rate) 定義為每單位長度的長度變化率。數學上，一個流體元素的線性應變率相依於我們要量測線性應變的那一線段的開始方向。因此，

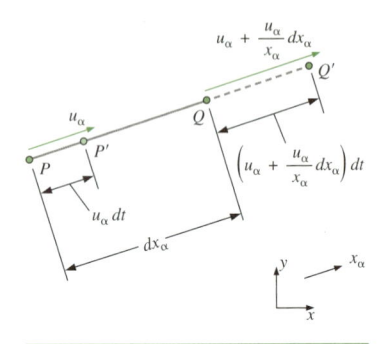

圖 4-36 在某一個任意方向 x_α 的線性應變率定義為在那個方向每單位長度的長度變化率。如果線段長度縮短，線性應變率將會是負值。這裡我們跟隨線段長度的增加，從線段 PQ 變成線段 $P'Q'$，這會產生正的線性應變率。速度分量與距離都在一階被截斷，因為 dx_α 與 dt 都是微小量。

它不能以純量或向量來表示。取代的是，我們定義線性應變率在某個任意的方向，此方向我們用 x_α- 方向來表示。例如，在圖 4-36 中的 PQ 線段的開始長度為 dx_α，且如圖所示成長為線段 $P'Q'$。從已知定義與使用在圖 4-36 標示的線段，在 x_α- 方向的線性應變率為

$$\varepsilon_{\alpha\alpha} = \frac{d}{dt}\left(\frac{P'Q' - PQ}{PQ}\right)$$

$$\cong \frac{d}{dt}\left(\frac{\overbrace{\left(u_\alpha + \frac{\partial u_\alpha}{\partial x_\alpha}dx_\alpha\right)dt + dx_\alpha - u_\alpha dt}^{P'Q' \text{ 在 } x_\alpha\text{- 方向的長度}} - \overbrace{dx_\alpha}^{PQ \text{ 在 } x_\alpha\text{- 方向的長度}}}{\underbrace{dx_\alpha}_{PQ \text{ 在 } x_\alpha\text{- 方向的長度}}}\right)$$

$$= \frac{\partial u_\alpha}{\partial x_\alpha} \tag{4-22}$$

在卡氏座標中，我們一般取 x_α- 方向為三個座標軸方向的任一個，雖然我們並不被限制在這些方向。

卡氏座標中的線性應變率： $\quad \varepsilon_{xx} = \frac{\partial u}{\partial x} \quad \varepsilon_{yy} = \frac{\partial v}{\partial y} \quad \varepsilon_{zz} = \frac{\partial w}{\partial z} \tag{4-23}$

對於更一般的情況，流體元素的移動及變形如畫於圖 4-35 者。式 (4-23) 在一般的情況下仍是有效的，證明留作練習。

固體物件，例如線、棒、桿等被拉時會伸長。你應該可以從工程力學中的學習回憶到當物件在一個方向被拉伸時，通常在其它垂直方向會收縮。這在流體元素中也是真實的。圖 4-34c 中，原來是正方形的流體元素在水平方向拉伸而在垂直方向收縮。其線性應變率在水平方向是正的而垂直方向是負的。

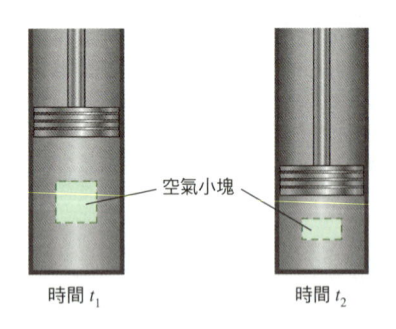

如果流動是不可壓縮的，流體元素的淨體積必須維持是常數；因此若元素在一個方向拉伸，在其它方向必須以適當的量收縮來作為補償。然而，可壓縮流體元素當其密度減小或增加時，其體積可能會相對的減少或增加。(流體元素的質量必須維持為常數，但因為 $\rho = m/V$，密度和體積成反比。) 例如考慮在一個汽缸中的一小塊空氣被活塞壓縮 (圖 4-37)，流體元素的體積減小而其密度增加使得流體元素的質量是守恆的。一個流體元素的每單位體積的體積變化率稱為**體積應變率** (volumetric strain rate) 或體應變率 (bulk strain rate)。這個運動性質當體

圖 4-37 在汽缸中的空氣被活塞壓縮；在汽缸中流體元素的體積縮小，對應一個負的體積膨脹率。

積增加時是正值。另一個體積應變率的同義詞是體積膨脹率 (rate of volumetric dilatation)，這很容易記住，如果你想想當你的眼睛虹膜曝露在微光時的膨脹 (放大) 情形。事實上體積應變率是三個互相垂直方向的線性應變率的加總。在卡氏座標 (圖 4-23)，體積應變率因此是

卡氏座標中的體積膨脹率：

$$\frac{1}{V}\frac{DV}{Dt} = \frac{1}{V}\frac{dV}{dt} = \varepsilon_{xx} + \varepsilon_{yy} + \varepsilon_{zz} = \frac{\partial u}{\partial x} + \frac{\partial v}{\partial y} + \frac{\partial w}{\partial z} \tag{4-24}$$

式 (4-24) 中大寫字母符號 D 被用來強調我們談到的體積是跟隨流體元素的，也就是流體元素的物質體積，就像在式 (4-12) 一般。

體積應變率在一個不可壓縮流動中是零。

剪應變率是一個比較困難描述和理解的變形。一點的剪應變率 (shear strain rate) 定義為兩條開始時在那一點相交成互相垂直直線的夾角減少率的一半。(一半的理由在稍後我們結合剪應變率與線性應變率到一個張量中時會變得明白。) 例如，圖 4-34d 中，正方形流體元素左下角與右上角原來是 90° 的角度減小了；根據定義，這是正的剪應變。然而當這個原本是正方形的流體元素變形時，左上角和右下角的角度增加了；這是一個負的剪應變。顯然我們不能僅用一個純量或一個向量來描述剪應變率。而是，對於剪應變率的完整的數學描述，其說明需要在任何兩個互相垂直的方向。在卡氏座標中，座標軸本身是最明顯的選擇，雖然我們並沒有被限制要這樣。元素隨時間的平移與變形畫在圖 4-38。跟隨兩條開始時互相垂直的線 (分別在 x- 與 y- 方向的線 a 與線 b)。這兩條線的夾角，如圖所示，從 $\pi/2$ (90°) 減小成為在 t_2 時標記為 $\alpha_{a\text{-}b}$ 的角度。對於開始時互相垂直且分別在 x- 與 y- 方向的兩條線，其在交點 P 的剪應變率可表示為 (其證明留作習題)，

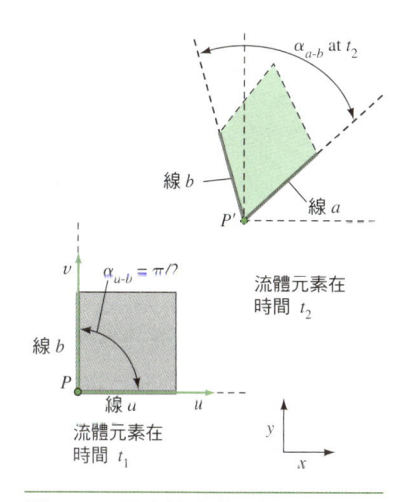

圖 4-38 圖中的流體元素在作平移與變形，在 P 點的剪應變率定義為開始時互相垂直的兩條線 (線 a 及 b)，其夾角減小率的一半。

開始時在 x- 與 y- 方向，兩條線互相垂直之間的剪應變率：

$$\varepsilon_{xy} = -\frac{1}{2}\frac{d}{dt}\alpha_{a\text{-}b} = \frac{1}{2}\left(\frac{\partial u}{\partial y} + \frac{\partial v}{\partial x}\right) \tag{4-25}$$

式 (4-25) 可以輕易的延伸到三維。其剪應變率為

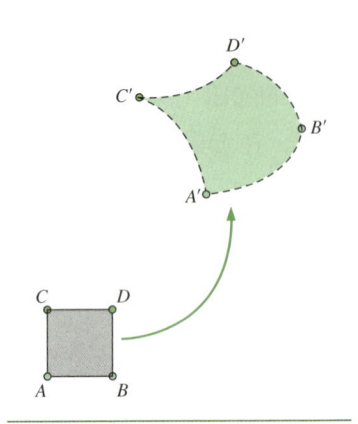

圖 4-39 一個流場元素說明了平移、旋轉、線性應變、剪應變與體積應變。

卡氏座標中的剪應變率：

$$\varepsilon_{xy} = \frac{1}{2}\left(\frac{\partial u}{\partial y} + \frac{\partial v}{\partial x}\right) \quad \varepsilon_{zx} = \frac{1}{2}\left(\frac{\partial w}{\partial x} + \frac{\partial u}{\partial z}\right) \quad \varepsilon_{yz} = \frac{1}{2}\left(\frac{\partial v}{\partial z} + \frac{\partial w}{\partial y}\right)$$

(4-26)

最後，我們事實上可用數學式結合線性應變率與剪應變率成為一個對稱的二階張量，稱為應變率張量，其為式 (4-23) 與 (4-26) 的結合：

卡氏座標中的應變率張量：

$$\varepsilon_{ij} = \begin{pmatrix} \varepsilon_{xx} & \varepsilon_{xy} & \varepsilon_{xz} \\ \varepsilon_{yx} & \varepsilon_{yy} & \varepsilon_{yz} \\ \varepsilon_{zx} & \varepsilon_{zy} & \varepsilon_{zz} \end{pmatrix} = \begin{pmatrix} \dfrac{\partial u}{\partial x} & \dfrac{1}{2}\left(\dfrac{\partial u}{\partial y} + \dfrac{\partial v}{\partial x}\right) & \dfrac{1}{2}\left(\dfrac{\partial u}{\partial z} + \dfrac{\partial w}{\partial x}\right) \\ \dfrac{1}{2}\left(\dfrac{\partial v}{\partial x} + \dfrac{\partial u}{\partial y}\right) & \dfrac{\partial v}{\partial y} & \dfrac{1}{2}\left(\dfrac{\partial v}{\partial z} + \dfrac{\partial w}{\partial y}\right) \\ \dfrac{1}{2}\left(\dfrac{\partial w}{\partial x} + \dfrac{\partial u}{\partial z}\right) & \dfrac{1}{2}\left(\dfrac{\partial w}{\partial y} + \dfrac{\partial v}{\partial z}\right) & \dfrac{\partial w}{\partial z} \end{pmatrix}$$

(4-27)

這個應變張量符合數學張量的所有定律，例如張量不變式、轉換定理與主軸。

圖 4-39 顯示在可壓縮流體流動中的一般情況 (雖然是二維的)，其中所有可能的運動與變形都同時存在。特定而言，有平移、旋轉、線性應變與剪應變。由於流動的可壓縮特性，也有體積應變 (膨脹)。現在你應該已經對流體動力學固有的複雜性與完整描述流體移動所需要的複雜數學有較佳的體認。

例題 4-6　二維流動中的運動性質的計算

考慮例題 4-1 的穩定的二維速度場：

$$\vec{V} = (u, v) = (0.5 + 0.8x)\vec{i} + (1.5 - 0.8y)\vec{j} \quad (1)$$

其中長度的單位用 m，時間用 s，而速度用 m/s。如圖 4-40 所示，有一個停滯點在 (−0.625, 1.875)。流場的流線也畫在圖 4-40 中。試計算各種運動性質，即移動率、旋轉率、線性應變率、剪應變率與體積應變率。證明流動是不可壓縮的。

解答：我們要計算一個已知速度場的幾個運動性質並證明流動是不可壓縮的。

假設：**1.** 流動是穩定的。**2.** 流動是二維的，沒有速度的 z- 分量及 u 和 v 不隨 z 而變。

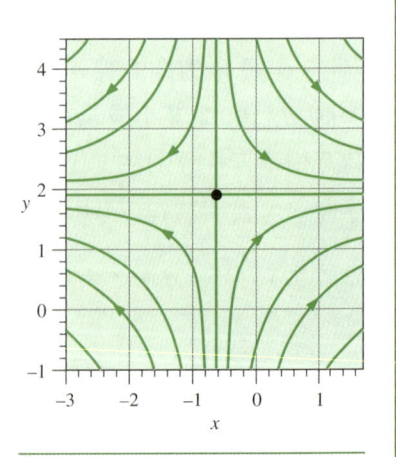

圖 4-40 例題 4-6 的速度場的流線。停滯點由小圓點指示，位於 $x = -0.625$ m, $y = 1.875$ m。

解析：由式 (4-19) 得知移動率即為速度向量本身，由式 (1) 給定。因此

平移率：
$$u = 0.5 + 0.8x \qquad v = 1.5 - 0.8y \qquad w = 0 \qquad (2)$$

轉動率由式 (4-21) 計算。在此例中，因為每一個地方的 $w = 0$，且 u 和 v 都不隨 z 而改變，唯一的轉動率分量是在 z- 方向。因此

旋轉率：
$$\vec{\omega} = \frac{1}{2}\left(\frac{\partial v}{\partial x} - \frac{\partial u}{\partial y}\right)\vec{k} = \frac{1}{2}(0 - 0)\vec{k} = 0 \qquad (3)$$

此例中，我們看到當流體質點移動時，沒有淨旋轉。(這是重要的訊息，在本章的稍後與第 10 章我們會更詳細討論。)

在任意方向的線性應變率可以用式 (4-23) 計算。在 x-、y- 與 z- 方向，線性應變率是

$$\varepsilon_{xx} = \frac{\partial u}{\partial x} = 0.8 \text{ s}^{-1} \qquad \varepsilon_{yy} = \frac{\partial v}{\partial y} = -0.8 \text{ s}^{-1} \qquad \varepsilon_{zz} = 0 \qquad (4)$$

因此，我們預測流體質點在 x- 方向拉伸 (正線性應變率) 而在 y- 方向收縮 (負線性應變率)。這在圖 4-41 中說明，圖中我們標記了一塊開始是矩形的流體包，中心在 (0.25, 4.25)。經由式 (2) 對時間積分，我們計算出在 1.5 s 的時間以後，標記流體的四個角落的位置。確實，就如同預測的，這個流體包在 x- 方向拉伸了，而在 y- 方向收縮了。

剪應變力是從式 (4-26) 決定的。由於二維性，非零剪應變率僅發生在 xy- 平面。使用平行於 x- 與 y- 軸的線作為我們開始時的垂直線，我們可以計算 ε_{xy}，

$$\varepsilon_{xy} = \frac{1}{2}\left(\frac{\partial u}{\partial y} + \frac{\partial v}{\partial x}\right) = \frac{1}{2}(0 + 0) = 0 \qquad (5)$$

因此流場中沒有剪應變，就如圖 4-41 所示的。雖然樣本流體質點變形了，但維持為矩形；原為 90° 的邊角在整個計算期間都維持為 90°。

最後，體積應變率可由式 (4-24) 計算：

$$\frac{1}{V}\frac{DV}{Dt} = \varepsilon_{xx} + \varepsilon_{yy} + \varepsilon_{zz} = (0.8 - 0.8 + 0) \text{ s}^{-1} = 0 \qquad (6)$$

因為體積應變率到處為零，我們可以確定的說流體質點的體積不膨脹也不收縮。因此，**我們證明了這個流動確實是不可壓縮的**。在圖 4-41 中，加陰影的流體質點的面積 (也是其體積，因為它是二維流)，當其在流場中運動與變形時，維持是常數。

討論：此例中，線性應變率 (ε_{xx} 與 ε_{yy}) 不為零，但剪應變率 (ε_{xy} 與其對稱夥伴 ε_{yx}) 為零。這表示 x- 與 y- 軸是這個流場的主軸。這個 (二維的) 應變率張量在這個方向，因此是

$$\varepsilon_{ij} = \begin{pmatrix} \varepsilon_{xx} & \varepsilon_{xy} \\ \varepsilon_{yx} & \varepsilon_{yy} \end{pmatrix} = \begin{pmatrix} 0.8 & 0 \\ 0 & -0.8 \end{pmatrix} \text{s}^{-1} \qquad (7)$$

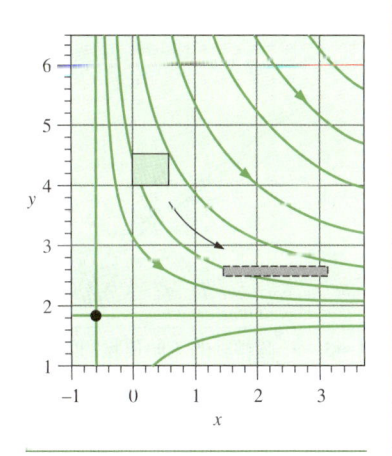

圖 4-41 在例題 4-6 的速度場中的一個被標記的流體元素，開始時是矩形的，其在時間為 1.5 s 的區間的變形。停滯點在 $x = -0.625$ m，$y = 1.875$ m，由小圓圈標示，且有畫出數條流線。

168 流體力學

如果你將軸旋轉一個任意角度，新軸就不是主軸，則應變率張量的所有四個元素都不是零。你可以回想在工程力學的學習中，旋轉軸可以用莫耳圓來決定主軸，最大剪應變……等。同樣的分析在流體力學中也可以施行。

4-5 渦度與旋轉度

我們已經定義過流體元素的旋轉率向量 [參考式 (4-21)]。有一個在分析流體流動時很重要，而且密切相關的運動性質是渦度向量，數學上定義為速度向量 $\vec{V}$ 的旋度，

渦度向量：
$$\vec{\zeta} = \vec{\nabla} \times \vec{V} = \text{curl}(\vec{V}) \tag{4-28}$$

物理上，用向量積的右手法則 (圖 4-42)，可以定出渦度向量的方向。渦度使用的符號 ζ 是希臘字母 zeta。你應注意到給渦度用的這個符號在流體力學的教科書中並不是通用的；有些作者使用希臘字母 *omega* (ω)，而其它人則用大寫字母 *omega* (Ω)。在本書中 $\vec{\omega}$ 被用來代表流體元素的旋轉率向量 (角速度向量)。事實上旋轉率向量等於渦度向量的一半，

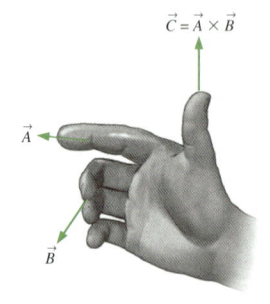

圖 4-42 向量積的方向由右手法則決定。

旋轉率向量：
$$\vec{\omega} = \frac{1}{2}\vec{\nabla} \times \vec{V} = \frac{1}{2}\text{curl}(\vec{V}) = \frac{\vec{\zeta}}{2} \tag{4-29}$$

因此，渦度是流體質點轉動的量度。確切的說，

渦度 (vorticity) 等於流體質點角速度的兩倍 (圖 4-43)。

如果在流場的某一點上的渦度不是零，則在空間中正好佔有那一點的流體質點是**旋轉的** (rotational)；那個區域的流動稱為是旋轉的。同樣的，如果在流場的一個區域的渦度是零 (或小到可以忽略)，那裡的流體質點是不旋轉的；那個區域的流動稱為**無旋的** (irrotational)。物理上，在一個流場的旋轉區域的流體質點，當它們順流而下時一個接一個的旋轉下去。例如在靠近一個固體壁面的黏性邊界層裡面，流體質點是旋轉的 (因此渦度不是零)，而在邊界層外面的流體質點是不旋轉的 (渦度是零)。這兩個情況都在圖 4-44 中說明。

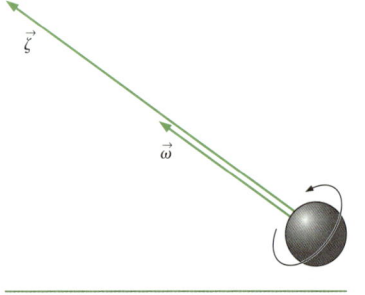

圖 4-43 一個轉動的流體質點的渦度向量等於角速度向量的兩倍。

流體元素的旋轉與尾流、邊界層、渦輪機械的流動 (風扇、透平機、壓縮機等) 及有熱傳的流動有關係。流體元素的渦度不能夠改變，除非經由黏滯性、不均勻加熱 (溫度梯度) 或其它不均勻現象的作用。因此，一個起源於不旋轉區域的流動會

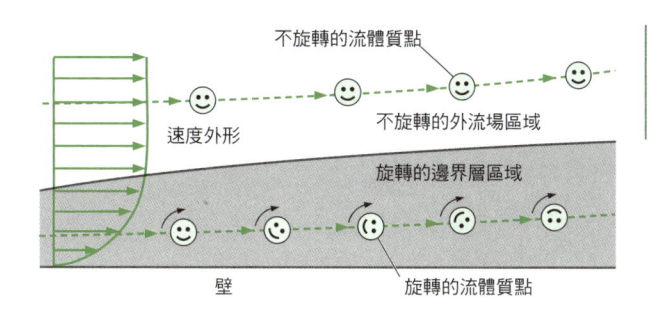

圖 4-44 旋轉與不旋轉流的區別：在流場的旋轉區域的流體元素旋轉，但那些在流場的不旋轉區域的則不旋轉。

保持不旋轉，除非某些不均勻過程改變它。例如，從靜止環境進入一個入口的空氣是無旋的並且維持如此，除非在它的路徑遇到一個物體或受到不均勻的加熱。如果流場的一個區域可以被近似為無旋的，運動方程式就可大為化簡，如你將在第 10 章看到的。

在卡氏座標，$(\vec{i}, \vec{j}, \vec{k})$、$(x, y, z)$ 與 (u, v, w)，式 (4-28) 被展開如下式：

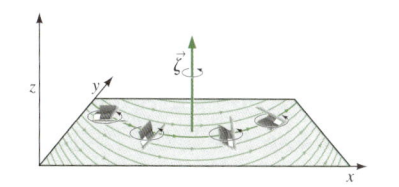

圖 4-45 對 xy- 平面的二維流動，渦度向量總是指向 z- 或 $-z$- 方向。在這張圖中，旗幟形狀的流體質點，當其在 xy- 平面運動時，以逆時鐘旋轉；圖中顯示其渦度指向正 z- 方向。

卡氏座標中的渦度向量：

$$\vec{\zeta} = \left(\frac{\partial w}{\partial y} - \frac{\partial v}{\partial z}\right)\vec{i} + \left(\frac{\partial u}{\partial z} - \frac{\partial w}{\partial x}\right)\vec{j} + \left(\frac{\partial v}{\partial x} - \frac{\partial u}{\partial y}\right)\vec{k} \quad (4\text{-}30)$$

如果是在 xy- 平面的二維流動，速度的 z- 分量 (w) 是零且 u 與 v 都不隨 z 改變。因此在式 (4-30) 的前兩個分量都為零，渦度化簡為

卡氏座標中的二維流動：
$$\vec{\zeta} = \left(\frac{\partial v}{\partial x} - \frac{\partial u}{\partial y}\right)\vec{k} \quad (4\text{-}31)$$

注意如果是在 xy- 平面的二維流動，渦度向量不是指向 z- 方向就是 $-z$- 方向 (圖 4-45)。

例題 4-7　二維流動的渦度等高線圖

考慮二維自由流沖擊矩形截面的障礙物的 CFD 計算，如圖 4-32 與 4-33 所示。畫出渦度等高線圖並討論。

解答：我們要對一個由 CFD 產生的已知速度場計算其渦度場，並建立一個渦度的等高線圖。
解析：因為流動是二維的，其唯一非零的渦度分量是在 z- 方向，垂直圖 4-32 與 4-33 的頁面。這個流場的渦度的 z- 分量的一張等高線圖示於圖 4-46。靠近障礙物左上角的區域的渦度有很大的負值，意指那個區域的流體質點是順時鐘旋轉的。這是由於在流場的這個區域遭遇到很大的速度梯度；邊界層從物體的這個角分離並形成一個細的**剪力層**，穿越此剪力層的速度變化很劇烈。在剪力層的渦度濃度往下游方向因為渦度擴散而逐漸消失。靠近障礙物右上角的區域代表一個正渦度的區域 (逆

170 流體力學

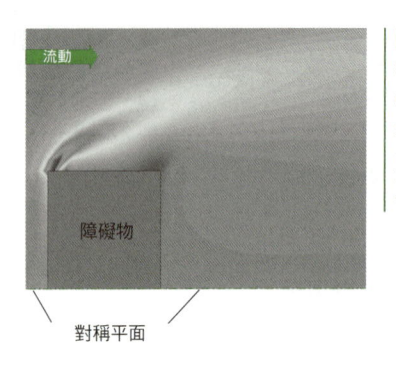

圖 4-46　由於流動沖擊一個障礙物產生的渦度場 ζ_z 的等高線圖，由 CFD 計算產生的；因為對稱性只顯示上半部。左上角區域代表很大的負渦度，而右上角區域代表很大的正渦度。

時鐘旋轉) —— 由流動分離所造成的二次流形成。

討論：我們期望在速度的空間導數是高的地方 (參考式4-30)，其渦度的大小也是最高。詳細檢視顯示圖 4-46 的障礙物左上角區域的確對應圖 4-32 的大的速度梯度的區域。記住圖 4-46 的渦度場是時間平均的。瞬時的流場事實上是不穩定的紊流，且渦旋從鈍形物體脫離。

例題 4-8　決定二維流動的旋轉性

考慮以下的穩定、不可壓縮的二維速度場

$$\vec{V} = (u, v) = x^2 \vec{i} + (-2xy - 1)\vec{j} \tag{1}$$

這個流場是旋轉的或是不旋轉的？在第一象限畫出一些流線並討論。

解答：我們要決定一個已知速度場的流動是旋轉的或不旋轉的，並且要在第一象限畫一些流線。

解析：因為流動是二維的，式 (4-31) 是可用的。因此

渦度：
$$\vec{\zeta} = \left(\frac{\partial v}{\partial x} - \frac{\partial u}{\partial y}\right)\vec{k} = (-2y - 0)\vec{k} = -2y\vec{k} \tag{2}$$

因為渦度非零，此流動是**旋轉的**。在圖 4-47，我們在第一象限畫出流場的流線；可以看到流體往下，往右流動。一個流體包的平移及變形也被顯示了：在 $\Delta t = 0$，流體包是正方形的，在 $\Delta t = 0.25$ s，它已經移動且變形了，在 $\Delta t = 0.50$ s，流體包移動更遠且變形更多。特別是，流體包的最右部分相較於最左的部分移動得更快並且向下更快，使得流體包在 x- 方向拉伸而在垂直方向擠壓。很清楚的可以看出流體包也有一個淨的順時鐘轉動，這與式 (2) 的結果吻合。

討論：從式 (4-29)，個別的流體質點以角速度等於 $\vec{\omega} = -y\vec{k}$ 旋轉，為渦度向量的一半。因為 $\vec{\omega}$ 不是一個常數，這個流動不是固體旋轉，而是 $\vec{\omega}$ 為 y 的線性函數。進一步的分析顯示這個流場是不可壓縮的，圖 4-47 中的陰影部分 (代表流體包) 的面積 (也是體積) 在所有三個時間的瞬間，一直維持是常數。

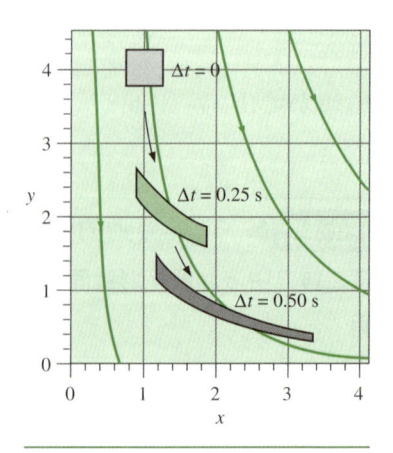

圖 4-47　例題 4-8 的速度場中，原來為正方形的流體包在時間區間 $\Delta t = 0.25$ s 與 0.50 s 時的變形。也畫出在第一象限的一些流線，很清楚的看出這流場是不旋轉的。

在圓柱座標中，$(\vec{e}_r, \vec{e}_\theta, \vec{e}_z)$、$(r, \theta, z)$ 與 (u_r, u_θ, u_z)，式 (4-20) 可展開成為

圓柱座標中的渦度向量：

$$\vec{\zeta} = \left(\frac{1}{r}\frac{\partial u_z}{\partial \theta} - \frac{\partial u_\theta}{\partial z}\right)\vec{e}_r + \left(\frac{\partial u_r}{\partial z} - \frac{\partial u_z}{\partial r}\right)\vec{e}_\theta + \frac{1}{r}\left(\frac{\partial (ru_\theta)}{\partial r} - \frac{\partial u_r}{\partial \theta}\right)\vec{e}_z \quad (4\text{-}32)$$

對於在 $r\theta$- 平面上的二維流動，式 (4-32) 化簡成

圓柱座標中的二維流動： $\quad \vec{\zeta} = \frac{1}{r}\left(\frac{\partial (ru_\theta)}{\partial r} - \frac{\partial u_r}{\partial \theta}\right)\vec{k} \quad (4\text{-}33)$

其中 $\vec{k}$ 取代 $\vec{e}_z$ 被用來當作 z- 方向的單位向量。注意若是在 $r\theta$- 平面的二維流動，渦度向量必須指向 z- 或 $-z$- 方向 (圖 4-48)。

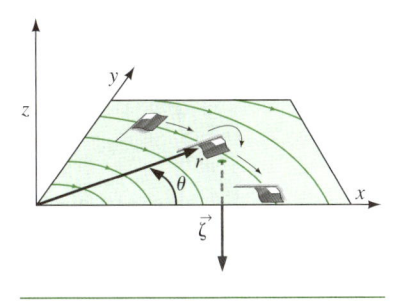

圖 4-48 對於在 $r\theta$- 平面的二維流動，渦度向量總是指向 z (或 $-z$) 方向。在這張圖中，旗幟形狀的流體質點，當其在 $r\theta$- 平面移動時，以順時鐘旋轉；它的渦度如圖示，指向 $-z$- 方向。

兩種圓周流動的比較

不是有圓形流線的所有流動都是旋轉的。為了說明這一點，我們考慮，兩個不可壓縮的、穩定的二維流動，兩者都有在 $r\theta$- 平面的圓形流線：

流動 A — 固體式轉動： $\quad u_r = 0 \quad$ 與 $\quad u_\theta = \omega r \quad (4\text{-}34)$

流動 B — 線渦旋： $\quad u_r = 0 \quad$ 與 $\quad u_\theta = \dfrac{K}{r} \quad (4\text{-}35)$

其中 ω 與 K 是常數。[警覺的讀者會注意到在式 (4-35) 的 u_θ 在 $r = 0$ 時會是無窮大，當然這在物理上是不可能的；我們忽略靠近原點的區域來避免這個問題。] 因為速度的徑向分量在兩種例子中均為零，流線是繞原點的圓形。兩種流動的速度外形與它們的流線都畫在圖 4-49 中。我們現在對這些流動計算並比較其渦度場，使用式 (4-33)：

流動 A — 固體式轉動： $\quad \vec{\zeta} = \frac{1}{r}\left(\frac{\partial (\omega r^2)}{\partial r} - 0\right)\vec{k} = 2\omega\vec{k} \quad (4\text{-}36)$

流動 B — 線渦旋： $\quad \vec{\zeta} = \frac{1}{r}\left(\frac{\partial (K)}{\partial r} - 0\right)\vec{k} = 0 \quad (4\text{-}37)$

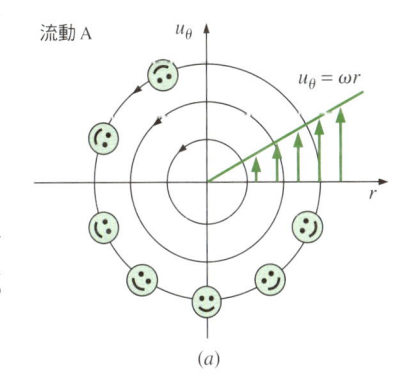

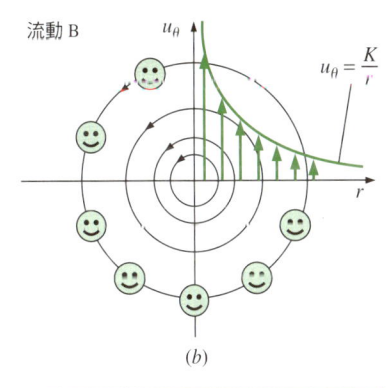

圖 4-49 流線和速度形狀：(a) 流動 A，固體式轉動，(b) 流動 B，線渦旋。流動 A 是旋轉的，但除了原點以外，流動 B 到處都是不旋轉的。

172 流體力學

(a)

(b)

圖 4-50 一個簡單的類比：*(a)* 旋轉的圓形運動與旋轉盤相似，而 *(b)* 不旋轉的圓形運動與摩天輪相似。
(a) McGraw-Hill Companies, Inc. Mark Dierker, photographer (b) © DAJ/Getty RF.

不令人驚訝，固體式轉動的渦度不是零。事實上，它是一個常數，大小為角速度的兩倍且與角速度同向。[這與式 (4-29) 吻合。] 流動 A 是旋轉的。物理上，這表示每一個流體質點當其繞原點移動時都是旋轉的 (圖 4-49*a*)。相對的，線渦旋的渦度到處均為零 (除了正在原點上，這裡是數學上的奇異點)。流動 B 是不旋轉的。物理上，當流體質點繞原點移動時，它們並不旋轉 (圖 4-49*b*)。

一個簡單的比較是流動 A 可以比作旋轉木馬或旋轉盤，流動 B 比作摩天輪 (圖 4-50)。當孩童在旋轉盤上轉動時，他們也和他們騎乘的物體以相同的角速度轉動。這與旋轉流相似。相對的，在摩天輪上的孩童當他們作圓周運動時一直都是維持頭上腳下的姿勢。這與不旋轉流相似。

例題 4-9　決定一個線形沈流的旋轉度

線形沈流 (line sink) 是一個簡單的二維速度場，常常用來模擬流體被一條沿 z- 軸的線吸入。假設沿著 z- 軸每單位長度的體積流率 $\dot{V}/L$ 為已知，其中 $\dot{V}$ 是一個負值的量。在二維的 $r\theta$- 平面上，

線形沈流：
$$u_r = \frac{\dot{V}}{2\pi L}\frac{1}{r} \quad \text{與} \quad u_\theta = 0 \tag{1}$$

畫出這個流場的幾條流線並計算渦度。這個流動是旋轉的還是不旋轉的呢？

解答：要畫出已知流場的流線並決定此流場的旋轉度。

解析：因為只有徑向流動，沒有切向流動，我們立刻知道流線必定是指向原點的直線。一些流線被畫在圖 4-51 中。渦度由式 (4-33) 計算：

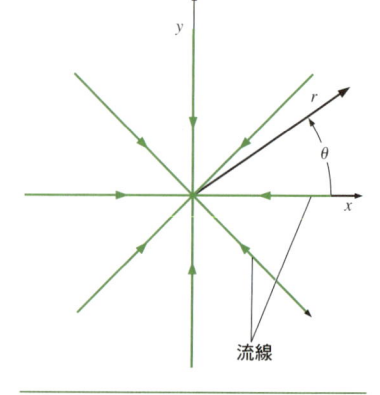

圖 4-51 線形沈流中在 $r\theta$- 平面的流線。

$$\vec{\zeta} = \frac{1}{r}\left(\frac{\partial(ru_\theta)}{\partial r} - \frac{\partial}{\partial \theta}u_r\right)\vec{k} = \frac{1}{r}\left(0 - \frac{\partial}{\partial \theta}\left(\frac{\dot{V}}{2\pi L}\frac{1}{r}\right)\right)\vec{k} = 0 \tag{2}$$

因為渦度向量到處都是零，這個流動是不旋轉的。

討論：許多實際的流場牽涉到吸入，例如流進入口與排氣罩，可以假設是不旋轉流來作很正確的近似 (Heinsohn and Cimbala, 2003)。

4-6 雷諾輸運定理

在熱力學與固體力學中，我們常會討論到系統 (也稱為封閉系統)，定義為具有固定組成的一定量物質。在流體力學中，用一個控制體積 (也稱為開放系統) 來討論更為平常，其中控制體積定義為在空間中一個被選定供研究的區域。系統的大小和形狀在過程中可以改變，但是質量不會穿過其邊界。相反的，控制體積允許質量流進或流出其稱為控制面 (control surface) 的邊界。控制體積在一個過程中可以移動和變形，但許多真實世界中的應用，牽涉到的都是固定的、不會變形的控制體積。

圖 4-52 利用除臭劑從一個噴霧罐噴出的例子同時來說明系統和控制體積兩者。在分析噴霧過程時，供我們分析的一個自然選擇不是移動的，變形的流體 (系統) 就是罐的內表面所圍成的體積 (控制體積)。在除臭劑被噴出前，這兩個選擇是相同的。當罐的內容物有一些被噴出時，系統分析法將被噴出的質量視為系統的一部分並且追蹤它 (實在是一件困難的任務)；因此系統的質量維持為常數。觀念上，這就相當於把一個消氣的氣球接到罐的噴嘴上並讓噴氣來膨脹氣球。氣球的內表面現在變成系統邊界的一部分。然而，控制體積的分析法，對於已經逃出噴霧罐的除臭劑一點也不關心 (除了正在出口處的性質)，因此控制體積內的質量在過程中減少了，而其體積維持是常數。因此，系統分析法把噴氣過程視為系統體積的膨脹，而控制體積分析法把它視為流體從一個固定的控制體積的控制面排氣的過程。

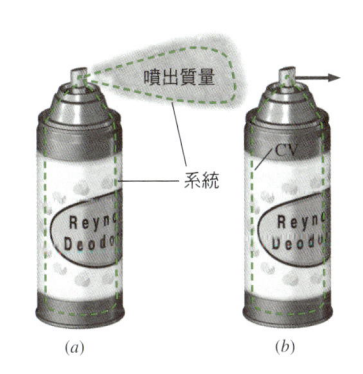

圖 4-52 兩種分析從一個噴霧罐噴出除臭劑的方法：(a) 我們跟隨流體移動與變形。這是系統分析法 — 沒有質量穿越邊界，系統的總質量維持固定。(b) 我們考慮噴霧罐內的固定體積。這是控制體積分析法 — 質量穿越邊界。

大多數流體力學的原理採用自固體力學。在固體力學中，討論外延性質對時間的變化率的物理定理是對系統來表示的。在流體力學中，用控制體積來作分析更為方便，因此有需要找出在控制體積的變化與在系統的變化之間的關係。這個系統與控制體積的外延性質對時間變化率之間的關係式被表示成**雷諾輸運定理** (Reynolds transport theorem, RTT)，提供系統與控制體積分析方法之間的連結 (圖 4-53)。RTT 是依英國工程師歐斯邦・雷諾 (1842-1912) 而命名的，他對提倡 RTT 在流體力學中的應用貢獻良多。

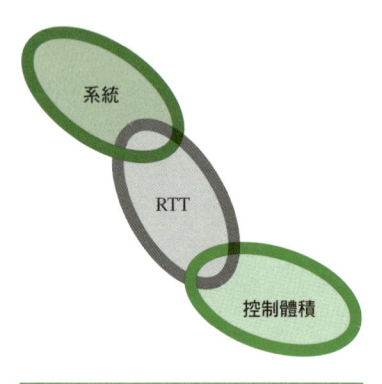

雷諾輸運定理可以從考慮一個具有任意形狀及任意相互作用的系統來推導，但是推導過程相當複雜。為了幫助你理解這個定理的基本意義，我們首先用一個簡單的幾何形狀以直接的方式來推導，然後再將結果一般化。

考慮流動從左向右經過一個流場的擴張部分，如圖 4-54 所示。被考慮的流體其上面邊界與下面邊界是這個流動的流線，且假設通過這兩條流線間的任何截面之流動都是均勻的。我們選擇在流場的截面 (1) 與 (2) 之間的控制體積為固定。截面 (1) 與 (2) 都與流動方向垂直。在某個開始時間 t，系統與控制體積重合，因此系統與控制體積是一樣的 (在圖 4-54 的灰色陰影區域)。在時間區間 Δt，系統在流動方向移動，在截面 (1) 以均速 V_1，在截面 (2) 以均速 V_2。較晚的時間的系統以斜線區域來表示。在這個運動中，沒有被系統覆蓋的區域記為區段 I (CV 的一部分)，而系統所覆蓋的新區域記為區段 II (不是 CV 的一部分)。因此在時間 $t + \Delta t$，系統包含同樣的流體，但佔據的區域為 CV − I + II。控制體積在空間中固定，因此在所有的時間都保持在標記為 CV 的陰影區域。

令 B 代表任何**外延性質** (extensive property) (例如質量、能量與動量)，並令 $b = B/m$ 代表對應的**內延性質** (intensive property)。注意外延性質是可加的，系統在時間 t 與 $t + \Delta t$ 的外延性質表示為

$$B_{\text{sys}, t} = B_{\text{CV}, t} \text{ (系統與 CV 在時間 } t \text{ 重合)}$$

$$B_{\text{sys}, t+\Delta t} = B_{\text{CV}, t+\Delta t} - B_{\text{I}, t+\Delta t} + B_{\text{II}, t+\Delta t}$$

將第一個方程式從第二個方程式減去並除以 Δt，得到

$$\frac{B_{\text{sys}, t+\Delta t} - B_{\text{sys}, t}}{\Delta t} = \frac{B_{\text{CV}, t+\Delta t} - B_{\text{CV}, t}}{\Delta t} - \frac{B_{\text{I}, t+\Delta t}}{\Delta t} + \frac{B_{\text{II}, t+\Delta t}}{\Delta t}$$

取 $\Delta t \to 0$ 的極限，並使用導數的定義，我們得到

圖 4-53 雷諾輸運定理 RTT 提供系統分析法與控制體積分析法之間的連結。

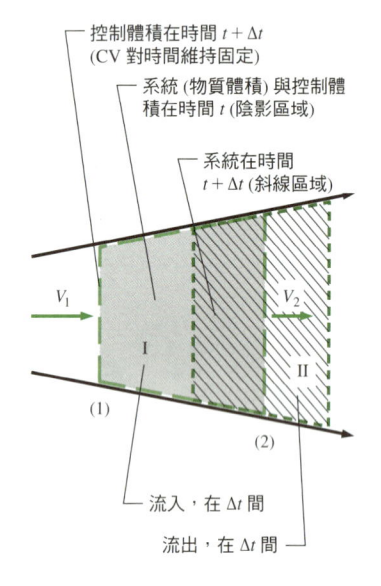

圖 4-54 在一個流場的擴張區域的一個移動的系統 (斜線區) 與一個固定的控制體積 (陰影區)，時間從 t 到 $t + \Delta t$。上邊界與下邊界是流動的流線。

$$\frac{dB_{\text{sys}}}{dt} = \frac{dB_{\text{CV}}}{dt} - \dot{B}_{\text{in}} + \dot{B}_{\text{out}} \qquad (4\text{-}38)$$

或

$$\frac{dB_{\text{sys}}}{dt} = \frac{dB_{\text{CV}}}{dt} - b_1\rho_1 V_1 A_1 + b_2\rho_2 V_2 A_2$$

因為

$$B_{\text{I}, t+\Delta t} = b_1 m_{\text{I}, t+\Delta t} = b_1\rho_1 \mathsf{V}_{\text{I}, t+\Delta t} = b_1\rho_1 V_1 \Delta t\, A_1$$
$$B_{\text{II}, t+\Delta t} = b_2 m_{\text{II}, t+\Delta t} = b_2\rho_2 \mathsf{V}_{\text{II}, t+\Delta t} = b_2\rho_2 V_2 \Delta t\, A_2$$

並且

$$\dot{B}_{\text{in}} = \dot{B}_{\text{I}} = \lim_{\Delta t \to 0} \frac{B_{\text{I}, t+\Delta t}}{\Delta t} = \lim_{\Delta t \to 0} \frac{b_1\rho_1 V_1 \Delta t\, A_1}{\Delta t} = b_1\rho_1 V_1 A_1$$

$$\dot{B}_{\text{out}} = \dot{B}_{\text{II}} = \lim_{\Delta t \to 0} \frac{B_{\text{II}, t+\Delta t}}{\Delta t} = \lim_{\Delta t \to 0} \frac{b_2\rho_2 V_2 \Delta t\, A_2}{\Delta t} = b_2\rho_2 V_2 A_2$$

其中 A_1 與 A_2 是在位置 1 與 2 的截面積。式 (4-38) 說明系統性質 B 的時間變率等於控制體積 B 的變化率，加上由於質量穿越控制面而把 B 帶出控制體積的淨流出通量。這是我們想要的關係式，因為它把系統性質的變化與控制體積性質的變化關係連結起來。注意式 (4-38) 可應用在時間的任何瞬間。因為它假設在那個特定時刻，系統與控制體積佔有同樣的空間。

此例中，性質 B 的流入通量 $\dot{B}_{\text{in}}$ 與流出通量 $\dot{B}_{\text{out}}$ 是容易決定的，因為只有一個入口與一個出口，並且在截面 (1) 與 (2) 的速度幾乎就是垂直於表面 (1) 與 (2)。然而，一般我們可能有數個入口埠與出口埠，並且速度在出入口的地方，可能不垂直於控制面。再者，速度有可能不是均勻的。為了一般化這個過程，我們考慮在控制面上的一個微表面積 dA 並將其單位向外法向量記為 $\vec{n}$。經過 dA 的質量流率是 $\rho b \vec{V} \cdot \vec{n}\, dA$，因為點積 $\vec{V} \cdot \vec{n}$ 得出速度的垂直分量。然後整個控制面的淨流出率可以用積分來決定 (圖 4-55)，成為

$$\dot{B}_{\text{net}} = \dot{B}_{\text{out}} - \dot{B}_{\text{in}} = \int_{\text{CS}} \rho b \vec{V} \cdot \vec{n}\, dA \qquad \text{(若是負值，則為流入率)}$$
(4-39)

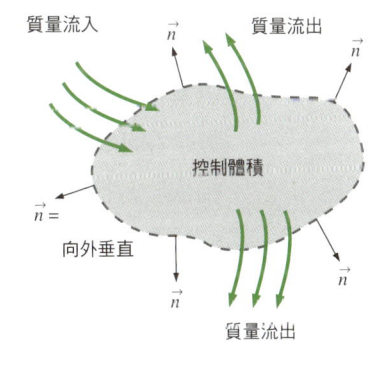

圖 4-55 對整個控制面的積分 $\int_{\text{CS}} b\rho \vec{V} \cdot \vec{n}\, dA$ 得到每單位時間性質 B 流出控制體積的淨量 (若流入控制體積，則為負值)。

流出：
θ < 90°

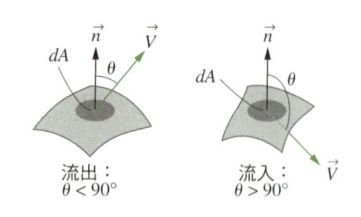

流入：
θ > 90°

$\vec{V}\cdot\vec{n} = |\vec{V}|\,|\vec{n}|\cos\theta = V\cos\theta$
若 θ < 90°，則 cos θ > 0 (流出)
若 θ > 90°，則 cos θ < 0 (流入)
若 θ = 90°，則 cos θ = 0 (沒有出入)

圖 4-56 質量穿越控制面上的微分面積的流出與流入。

這個關係式的一個重點是其自動將流入從流出減掉，如以下所解釋的。在控制面上的一點，其速度向量與單位向外法向量的點積是 $\vec{V}\cdot\vec{n} = |\vec{V}|\,|\vec{n}|\cos\theta = |\vec{V}|\cos\theta$，其中 θ 是速度向量與法向量的夾角，如圖 4-56 所示。若 θ < 90°，cos θ > 0，使得當質量從控制體積流出時 $\vec{V}\cdot\vec{n} > 0$。若 θ > 90°，cos θ < 0，使得當質量從控制體積流入時 $\vec{V}\cdot\vec{n} < 0$。因此微分量 $\rho b\,\vec{V}\cdot\vec{n}\,dA$ 對於質量從控制體積流出為正，對於質量流入控制體積為負，並且其對整個控制體積的積分得出性質 B 由質量帶出控制體積的淨流出率。

一般來說，控制體積內的性質有可能隨位置而變。在這種情況下，控制體積內性質 B 的總量必須由積分來決定：

$$B_{CV} = \int_{CV} \rho b\, d\forall \tag{4-40}$$

在式 (4-38) 中，dB_{CV}/dt 這一項等於 $\dfrac{d}{dt}\int_{CV}\rho b\,d\forall$，代表在控制體積內的性質 B 的含量對時間的變化率。當 dB_{CV}/dt 為正值時顯示 B 的含量在增加，而負值則顯示含量在減少。將式 (4-39) 與 (4-40) 代入式 (4-38)，就得到一個給固定控制體積的雷諾輸運定理，又稱為系統到控制體積的轉換：

RTT，固定 CV：
$$\dfrac{dB_{sys}}{dt} = \dfrac{d}{dt}\int_{CV}\rho b\,d\forall + \int_{CS}\rho b\vec{V}\cdot\vec{n}\,dA \tag{4-41}$$

因為控制體積不隨時間移動或變形，在右邊的時間導數可以被移到積分裡面，因為積分的區域不隨時間而變。(換言之，不管我們先積分或先微分都沒有關係。) 但是在此情況時，時間的導數必須用偏微分 (∂/∂t) 來表示，因為密度與性質 b 不只相依於時間，在控制體積內也相依於位置。因此固定控制體積的雷諾輸運定理的另一種形式是

RTT 另式，固定 CV：
$$\dfrac{dB_{sys}}{dt} = \int_{CV}\dfrac{\partial}{\partial t}(\rho b)\,d\forall + \int_{CS}\rho b\vec{V}\cdot\vec{n}\,dA \tag{4-42}$$

事實上，式 (4-42) 對於移動及 (或) 變形的最一般情況的控制體積也是成立的，只要速度向量 $\vec{V}$ 是絕對速度即可 (即相對於一個固定的參考座標)。

以下我們考慮 RTT 的另一種替代形式。式 (4-41) 是為一個固定的控制體積而推導出來的。然而，許多實際的系統，例如透平機及螺旋槳的葉片，牽涉到不固定

的控制體積。幸運的是，式 (4-41) 對於移動及 (或) 變形的控制體積也是適用的，只要在最後一項的流體絕對速度 $\vec{V}$ 用相對速度 $\vec{V}_r$ 來取代，

相對速度：
$$\vec{V}_r = \vec{V} - \vec{V}_{CS} \tag{4-43}$$

其中 $\vec{V}_{CS}$ 是控制面的局部速度 (圖 4-57)。雷諾輸運定理的最一般的形式因此是

RTT，非固定 CV：
$$\frac{dB_{sys}}{dt} = \frac{d}{dt}\int_{CV}\rho b\, dV + \int_{CS}\rho b \vec{V}_r \cdot \vec{n}\, dA \tag{4-44}$$

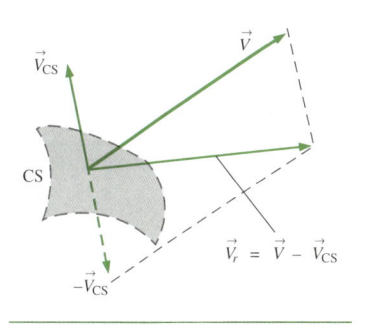

圖 4-57 穿過一個控制面的相對速度，將流體的絕對速度與負的控制面局部速度作向量加法而得到的。

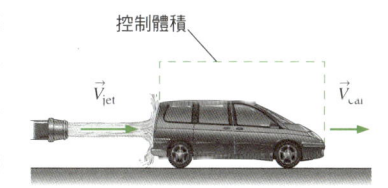

注意，對一個隨時間移動及 (或) 變形的控制體積，時間導數是在式 (4-44) 的積分之後實施的。作為一個移動控制體積的簡單例子，考慮一輛玩具汽車以等絕對速度 $\vec{V}_{car}$ = 10 km/h 向右移動。一個高速水流噴束 (絕對速度 = $\vec{V}_{jet}$ = 25 km/h 向右) 沖擊汽車尾部並推動它。如果我們圍繞汽車畫一個控制體積，相對速度為 $\vec{V}_r$ = 25 − 10 = 15 km/h 向右。這是一個與控制體積一起移動 (即與車一起移動) 的觀察者所觀察到流體穿過控制面的速度。換言之，$\vec{V}_r$ 是相對於與控制體積一起移動的座標系統的流體速度。

最後，應用萊布尼茲定理，可以證明一個一般的移動及 (或) 變形的控制體積的雷諾輸運定理式 (4-44) 等同於由式 (4-42) 所給的形式，在此將其重寫如下：

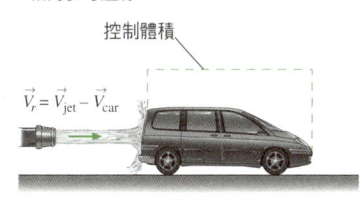

圖 4-58 雷諾輸運定理應用至一個等速度移動的控制體積。

RTT 另式，非固定 CV：
$$\frac{dB_{sys}}{dt} = \int_{CV}\frac{\partial}{\partial t}(\rho b)\, dV + \int_{CS}\rho b \vec{V} \cdot \vec{n}\, dA \tag{4-45}$$

與式 (4-44) 比較，在式 (4-45) 中的速度向量 $\vec{V}$ 必須取絕對速度 (就如在一個固定的參考座標所看到的)，目的是應用到一個非固定的控制體積。

在穩定流動時，控制體積內性質 B 的含量對時間維持是個常數，因此式 (4-44) 中的時間導數變成零。雷諾輸運定理化簡成

RTT，穩定流：
$$\frac{dB_{sys}}{dt} = \int_{CS}\rho b \vec{V}_r \cdot \vec{n}\, dA \tag{4-46}$$

注意，不像控制體積，系統的性質 B 的含量在一個穩定流過程仍有可能隨時間而改變。但在這種情況時變化量必須等於因質量穿越控制面所輸運的性質的淨量 (對

流效應，不是非穩定效應)。

在大多數實際工程上的 RTT 應用，流體穿越控制體積的邊界是經由一些固定數量的出入口 (圖 4-59)。在這些情況中，讓控制面直接切過每個入口與出口，將式 (4-44) 中對控制面的積分用每個入口與出口的適當的代數表示式 (基於在邊界上的流體性質的平均值) 來取代。我們定義 ρ_{avg}、b_{avg} 與 $V_{r,\,avg}$ 分別為 ρ、b 與 V_r 在出口或入口截面積上的平均值 (即 $b_{avg} = \dfrac{1}{A}\displaystyle\int_A b\,dA$)。在 RTT 式 (4-44) 中的表面積分項，當被應用在一個截面積為 A 的入口或出口時，可以被近似為直接把性質 b 提出表面積分項並將其用平均值取代。這樣會得到

$$\int_A \rho b \vec{V_r}\cdot\vec{n}\,dA \cong b_{avg}\int_A \rho \vec{V_r}\cdot\vec{n}\,dA = b_{avg}\dot{m}_r$$

其中 $\dot{m}_r$ 是相對於 (移動的) 控制面穿越入口或出口的質量流率。在這個方程式中當性質 b 在截面積 A 上是均勻時，此近似就是正確的。式 (4-44) 因此變成

$$\frac{dB_{sys}}{dt} = \frac{d}{dt}\int_{CV}\rho b\,dV + \sum_{\text{out}}\underbrace{\dot{m}_r b_{avg}}_{\text{對每個出口}} - \sum_{\text{in}}\underbrace{\dot{m}_r b_{avg}}_{\text{對每個入口}} \qquad (4\text{-}47)$$

在一些應用中，我們可能會希望將式 (4-47) 改寫成用體積 (而不是質量) 流率來表示。在這樣的例子中，我們作進一步的假設，即 $\dot{m}_r \approx \rho_{avg}\dot{V}_r = \rho_{avg}V_{r,\,avg}A$。這個假設當流體密度 ρ 在 A 上是均勻時即為正確的。式 (4-47) 因此化簡成

對定義明確的入口與出口的近似 RTT：

$$\frac{dB_{sys}}{dt} = \frac{d}{dt}\int_{CV}\rho b\,dV + \sum_{\text{out}}\underbrace{\rho_{avg}b_{avg}V_{r,\,avg}A}_{\text{對每個出口}} - \sum_{\text{in}}\underbrace{\rho_{avg}b_{avg}V_{r,\,avg}A}_{\text{對每個入口}} \qquad (4\text{-}48)$$

注意，這些近似很大的簡化了分析，但有可能不會總是正確的，尤其當在入口或出口的速度分佈並不是很均勻的情況時 (例如：管流；圖 4-59)。特別是，當性質 b 含有一個速度項 (例如當應用 RTT 在線性動量方程式時，$b = \vec{V}$)，式 (4-45) 中的控制面積分項變成非線性的，從而使式 (4-48) 的近似導致誤差。幸運的是，我們可以藉由在式 (4-48) 中導入修正因子來除去誤差，如第 5、6 章所討論的。

式 (4-47) 與 (4-48) 可以應用在固定或移動的控制體積上，但如之前討論過的，相對速度必須被使用在一個非固定控制體積的情況。例如在式 (4-47) 中，質量流率 $\dot{m}_r$ 是相對於 (移動的) 控制體積，因此有 r 的下標。

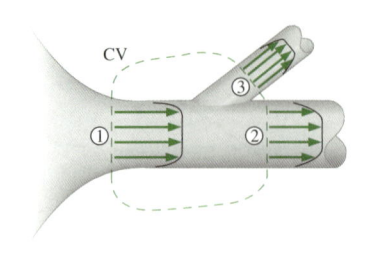

圖 4-59 一個控制體積的例子，其中有一個定義良好的入口 (1) 與兩個定義良好的出口 (2 和 3)。在這樣的例子中，在 RTT 中對控制面的積分項可以很方便的用在每個入口與出口的流體的平均性質來表示。

*雷諾輸運定理的另一種推導

雷諾輸運定理的一個更優雅的推導是經由使用萊布尼茲定理 (參考 Kundu and Cohen, 2011)。你可能已經熟悉這個定理的一維版本，其讓你微分一個積分，積分的上下限是你需要對其微分的變數的函數 (圖 4-60)：

一維的萊布尼茲定理：

$$\frac{d}{dt}\int_{x=a(t)}^{x=b(t)} G(x,t)\, dx = \int_a^b \frac{\partial G}{\partial t}\, dx + \frac{db}{dt}G(b,t) - \frac{da}{dt}G(a,t) \quad (4\text{-}49)$$

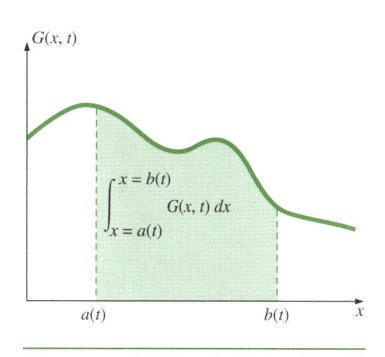

圖 4-60 當計算一個積分 (對 x 積分) 的對時間的導數時，如果積分的上下限是時間的函數時，就需要一維的萊布尼茲定理。

萊布尼茲定理考慮到上下限 $a(t)$ 與 $b(t)$ 隨時間的變化，同時也考慮到被積分項 $G(x,t)$ 隨時間的不穩定變化。

例題 4-10 ▶ 一維的萊布尼茲積分

儘可能地化簡以下的表示式：

$$F(t) = \frac{d}{dt}\int_{x=0}^{x=Ct} e^{-x^2}\, dx \quad (1)$$

解答： 要從已知的表示式化簡 $F(t)$。
解析： 我們可以試著先積分再微分，但因為式 (1) 是式 (4-49) 的形式，我們可使用一維的萊布尼茲定理。這裡，$G(x,t) = e^{-x^2}$ (在這簡單的例子中，G 不是時間的函數)。積分的上下限為 $a(t) = 0$，$b(t) = Ct$。因此

$$F(t) = \int_a^b \underbrace{\frac{\partial G}{\partial t}}_{0}\, dx + \underbrace{\frac{db}{dt}}_{C}\underbrace{G(b,t)}_{e^{-b^2}} - \underbrace{\frac{da}{dt}}_{0}G(a,t) \;\rightarrow\; F(t) = Ce^{-C^2 t^2} \quad (2)$$

討論： 歡迎你嘗試不用萊布尼茲定理去得出相同的解答。

在三維中，一個體積分的萊布尼茲定理是

三維的萊布尼茲定理：

$$\frac{d}{dt}\int_{V(t)} G(x,y,z,t)\, dV = \int_{V(t)} \frac{\partial G}{\partial t}\, dV + \int_{A(t)} G\vec{V}_A \cdot \vec{n}\, dA \quad (4\text{-}50)$$

其中 $V(t)$ 是一個移動及 (或) 變形的體積 (是時間的函數)，$A(t)$ 是其表面 (邊界)，而

---

* 這一段可以忽略，不會喪失連貫性。

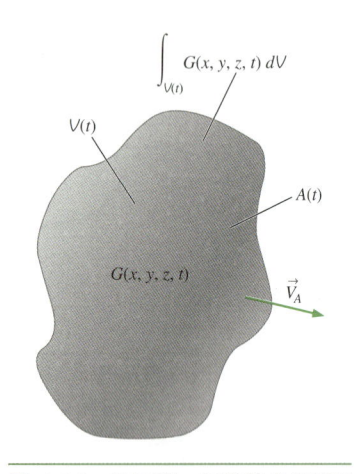

圖 4-61 當計算一個體積分的時間微分，且體積本身會隨時間移動及 (或) 變形時，就需要三維的萊布尼茲定理。事實上三維形式的萊布尼茲定理可被用來當作另一種推導雷諾輸運定理的方法。

$\vec{V}_A$ 是這個 (移動的) 表面的絕對速度 (圖 4-61)。式 (4-50) 對任何在空間及時間中任意的移動及 (或) 變形的體積都是成立的。為了與之前的分析一致，我們令被積項 G 為 ρb 來應用到流體流動的問題上。

三維的萊布尼茲定理應用到流體流動：

$$\frac{d}{dt}\int_{V(t)} \rho b \, dV = \int_{V(t)} \frac{\partial}{\partial t}(\rho b) \, dV + \int_{A(t)} \rho b \vec{V}_A \cdot \vec{n} \, dA \quad (4\text{-}51)$$

如果我們應用萊布尼茲定理到一個物質體積 (一個有特定成分並隨流體一起移動的系統) 的特殊情況，那麼在物質面上的任何地方 $\vec{V}_A = \vec{V}$，因為其隨流體一起移動。這裡 $\vec{V}$ 是局部流體速度，則式 (4-51) 變成，

萊布尼茲定理應用到一個物質體積上：

$$\frac{d}{dt}\int_{V(t)} \rho b \, dV = \frac{dB_{\text{sys}}}{dt} = \int_{V(t)} \frac{\partial}{\partial t}(\rho b) \, dV + \int_{A(t)} \rho b \vec{V} \cdot \vec{n} \, dA \quad (4\text{-}52)$$

式 (4-52) 在任何時間的瞬間都是成立的。我們定義的控制體積使得在這個時間 t，控制體積與系統佔據相同的空間；換言之，它們是一致的。在某個稍後的時間 $t + \Delta t$，系統已經隨著流體移動並變形了，但是控制體積有可能有不同的移動與變形 (圖 4-62)。然而關鍵是在時間 t，系統 (物質體積) 與控制體積合而為一並且是相同的。因此，式 (4-52) 右邊的體積積分可以對時間 t 的控制體積積分，且表面積分可以對在時間 t 的控制面積分。因此

一般的 RTT，非固定 CV：

$$\frac{dB_{\text{sys}}}{dt} = \int_{\text{CV}} \frac{\partial}{\partial t}(\rho b) \, dV + \int_{\text{CS}} \rho b \vec{V} \cdot \vec{n} \, dA \quad (4\text{-}53)$$

這個表示式與式 (4-42) 相同，並且對在時間 t 的任意形狀，移動及 (或) 變形的控制體積都是成立的。記住在式 (4-53) 的 $\vec{V}$ 是絕對流體速度。

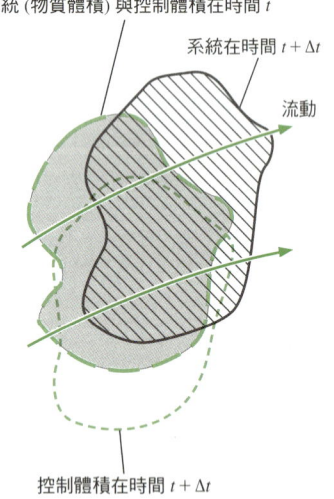

圖 4-62 物質體積 (系統) 與控制體積在時間 t 時佔據相同的空間 (灰色的陰影區)，但是有不同的移動與變形。在一個稍後的時間，它們並不重合在一起。

> **例題 4-11** 以相對速度表示的雷諾輸運定理

從萊布尼茲定理與給任意移動及變形的一般雷諾輸運定理，式 (4-53) 開始，證明式 (4-44) 是成立的。

解答：要證明式 (4-44)。

解析：萊布尼茲定理的一般三維版本式 (4-50) 適用於任何體積。我們選擇將其應用到我們有興趣的控制體積上，其移動及 (或) 變形可以跟物質體積不同 (圖 4-62)。令 G 為 ρb，式 (4-50) 變成

$$\frac{d}{dt}\int_{CV}\rho b\, dV = \int_{CV}\frac{\partial}{\partial t}(\rho b)\, dV + \int_{CS}\rho b\vec{V}_{CS}\cdot\vec{n}\, dA \tag{1}$$

我們從式 (4-53) 解出控制體積積分，

$$\int_{CV}\frac{\partial}{\partial t}(\rho b)\, dV = \frac{dB_{sys}}{dt} - \int_{CS}\rho b\vec{V}\cdot\vec{n}\, dA \tag{2}$$

將式 (2) 代入式 (1)，我們得到

$$\frac{d}{dt}\int_{CV}\rho b\, dV = \frac{dB_{sys}}{dt} - \int_{CS}\rho b\vec{V}\cdot\vec{n}\, dA + \int_{CS}\rho b\vec{V}_{CS}\cdot\vec{n}\, dA \tag{3}$$

將後兩項結合並重新整理，

$$\frac{dB_{sys}}{dt} = \frac{d}{dt}\int_{CV}\rho b\, dV + \int_{CS}\rho b(\vec{V}-\vec{V}_{CS})\cdot\vec{n}\, dA \tag{4}$$

但是回憶相對速度的定義，式 (4-43)。因此，

以相對速度表示的 RTT：
$$\frac{dB_{sys}}{dt} = \frac{d}{dt}\int_{CV}\rho b\, dV + \int_{CS}\rho b\vec{V}_r\cdot\vec{n}\, dA \tag{5}$$

討論：式 (5) 真的與式 (4-44) 相同，如此展示了萊布尼茲定理的能力與優雅。

隨質點導數與 RTT 的關係

你可能已經注意到在 4-1 節中討論的隨質點導數與這裡討論的雷諾輸運定理之間的相似性或類比性。事實上兩種分析都代表從基本的拉格朗日觀念轉換到歐拉對那個觀念的解釋方法。雖然雷諾輸運定理討論的是有限大小的控制體積而隨質點導數討論的是微小的流體質點，同樣的基本物理解釋應用到兩者 (圖 4-63)。事實上雷諾輸運定理可以被想成是隨質點導數的積分對等形式。在任一種情況中，跟隨著一個特定的流體部分的某個性質的總變化率由兩個部分組成：有一個局部的或不穩定部分考慮了流場對時間的改變 [比較在式 (4-12) 與式 (4-45) 右邊的第一項]。同時也有一個遷移的部分考慮了流體從流場的一個區域到另一個區域的移動 [比較在式

(4-12) 與式 (4-45) 的第二項]。

　　正如隨質點導數可以應用到任何流場性質，純量或向量，雷諾輸運定理也可應用到任何純量或向量性質。在第 5、6 章，我們應用雷諾輸運定理在質量、能量、動量和角動量的守恆定理上，藉由分別選擇參數 B 為質量、能量、動量和角動量。以這種方式，我們可以輕易的把系統的基本守恆定理 (拉格朗日觀點) 轉換成在控制體積的分析 (歐拉觀念) 上成立且有用的形式。

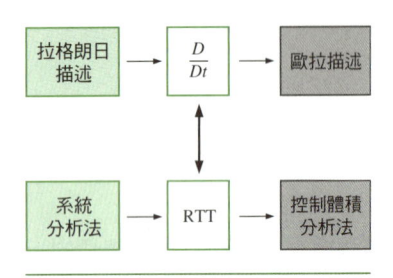

圖 4-63 給有限體積 (積分分析) 的雷諾輸運定理類似給微小體積 (微分分析) 的隨質點導數。在此兩種情況中，我們從拉格朗日或系統的觀點轉換成歐拉或控制體積觀點。

總結

　　流體運動學關心的是描述流體的運動，而不需要分析對這些運動負責的力量。流體運動的基本描述法有兩種 —— 拉格朗日與歐拉法。在拉格朗日描述法中，我們跟隨個別的流體質點或流體質點的集合；而在歐拉描述法中，我們定義一個流體可以進出的控制體積。我們把運動方程式從拉格朗日轉換到歐拉描述法中，對於微小的流體質點是藉由隨質點導數，而對於有限積的系統則是藉由雷諾輸運定理。對於某外延性質 B 或其對應的內延性質 b，

隨質點導數：
$$\frac{Db}{Dt} = \frac{\partial b}{\partial t} + (\vec{V}\cdot\vec{\nabla})b$$

一般 RTT，非固定 CV：
$$\frac{dB_{sys}}{dt} = \int_{CV} \frac{\partial}{\partial t}(\rho b)\, dV + \int_{CS} \rho b \vec{V}\cdot\vec{n}\, dA$$

在此兩方程式中，跟隨一個流體質點或跟隨一個系統的性質的總變化由兩部分組成：一個局部的 (不穩定) 部分與一個遷移的 (移動) 部分。

　　有各種方法來可視化與分析流場 —— 流線、煙線、路徑線、時間線、表面攝影、陰影照相術、腎來侖紋線照相、外形圖、向量圖與等高線圖。在本章中，我們定義這些方法並提供範例。在一般的非穩定流場中，流線、煙線與路徑線是不同的，但在穩定流中，流線、煙線與路徑線是重合一致的。

　　為了完全描述流體流動的運動學，需要四種基本的運動變化率 (變形率)：速度 (平移變化率)、角速度 (旋轉率)、線性應變率與剪應變率。渦度是流體流動的一個性質，用來指示流體質點的旋轉度。

渦度向量：
$$\vec{\zeta} = \vec{\nabla}\times\vec{V} = \text{curl}(\vec{V}) = 2\vec{\omega}$$

如果流場的一個區域的渦度為零，則此區域是無旋。

　　本章所學到的觀念在本書的其它部分都會重複的被使用。在第 5、6 章中我們用 RTT 把守恆定理從封閉系統的轉換成控制體積的，又在第 9 章中應用來導出流體運動的微分方程式。在第 10 章中，我們會再重新更詳細的探討渦度與無旋度，我們將會展示無旋度近似導致在求解流場時，複雜度大為降低。最後，我們會使用各種形式的流場可視化與數據圖來描述本書中幾乎每一章中範例流場的運動學。

應用聚焦燈 ── 流子致動器

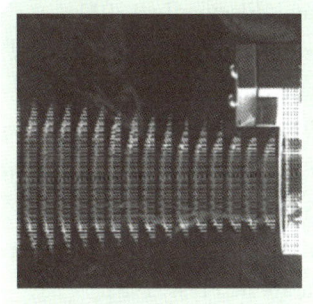

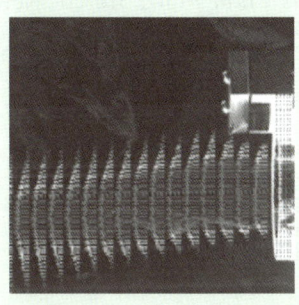

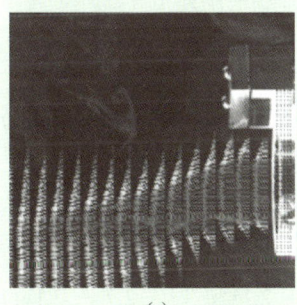

客座作者：Ganesh Raman, Illinois Institute of Technology

流子致動器 (fluidic actuators) 是一種利用流體邏輯線路，可以在噴束與剪流層中產生振盪速度或壓力擾動的裝置，藉此用來延遲剝離、增強混合，與壓制噪音。流子致動器在剪流控制的應用上是非常有用的，其理由很多：它們沒有可動件；它們可以產生頻率、振幅及相位都可控制的擾動；它們可以在嚴苛的熱環境下操作且不受電磁波的干擾；並且它們很容易整合進入功能性裝置。雖然流子技術已經存在許多年，近來在微型化與微製造的進展，已經使它們成為實際用途的非常具有吸引力的候選者。流子致動器使用在裝置內的微小通道中所發生的貼壁及逆流效應來製造出能自我維持的振盪流。

圖 4-64 展示了流子致動器在噴射推進轉向的應用。流子推力轉向對於未來的航空器設計非常重要，因為其可改進操控性而避免了在靠近噴嘴出口的額外表面的複雜性。在圖 4-64 的三張照片中，主要的噴束從右到左噴出，並且有一個唯一的流子致動器位於其上，圖 4-64a 顯示的是沒有受到擾動的噴束。圖 4-64b 與 c 顯示的是在兩個流子致動水平的轉向效果。利用粒子成像測速法 (PIV) 來記述主要噴束改變的特徵。一個簡要的解說如下：在這項技術中，追蹤粒子被加入流場中並用一個薄雷射光頁的閃光照明，閃光用來定住運動粒子的瞬間位置。使用一個數位照相機來記錄在兩個時間瞬間被粒子散射的雷射光。利用一個空間的交互對比，就可得到局部位移向量。結果顯示將多重流子次元件整合進入航空器的元件中來增進性能是具有很大潛力的。

圖 4-64 事實上是向量圖與等高線圖的結合。速度向量被重疊在速度大小 (速率) 的等高線圖上。灰色色階的明暗，分別代表流速的低速與高速區域。

參考資料

Raman, G., Packiarajan, S., Papadopoulos, G., Weissman, C., and Raghu, S., "Jet Thrust Vectoring Using a Miniature Fluidic Oscillator," ASME FEDSM 2001-18057, 2001.

Raman, G., Raghu, S., and Bencic, T. J., "Cavity Resonance Suppression Using Miniature Fluidic Oscillators," AIAA Paper 99-1900, 1999.

圖 4-64 一個流子致動器噴流的時間平均速度場。結果得自 150 張 PIV 寫實照，將其重疊在一張被加入粒子的流場相片上。每個第七與第二個速度向量分別被顯示在水平與垂直方向。灰色色階水平的高低指示速度場的大小。(a) 無致動；(b) 單一致動器在 20 kPa (錶) 下操作；(c) 單一致動器在 60 kPa (錶) 下操作。

參考資料和建議讀物

1. R. J. Adrian. "Particle-Imaging Technique for Experimental Fluid Mechanics," *Annual Reviews in Fluid Mechanics*, 23, pp. 261-304, 1991.
2. J. M. Cimbala, H. Nagib, and A. Roshko. "Large Structure in the Far Wakes of Two-Dimensional Bluff Bodies," *Journal of Fluid Mechanics*, 190, pp. 265-298, 1988.
3. R. J. Heinsohn and J. M. Cimbala. *Indoor Air Quality Engineering*. New York: Marcel-Dekker, 2003.
4. P. K. Kundu and I. M. Cohen *Fluid Mechanics*. Ed. 5, London, England: Elsevier Inc. 2011.
5. W. Merzkirch. *Flow Visualization*, 2nd ed. Orlando, FL: Academic Press, 1987.
6. G. S. Settles. *Schlieren and Shadowgraph Techniques: Visualizing Phenomena in Transparent Media*. Heidelberg: Springer-Verlag, 2001.
7. M. Van Dyke. *An Album of Fluid Motion*. Stanford, CA: The Parabolic Press, 1982.
8. F. M. White. *Viscous Fluid Flow*, 3rd ed. New York: McGraw-Hill, 2005.

習題

有 "C" 題目是觀念題,學生應儘量作答。

介紹性問題

4-1C 簡單討論一下導數運算子 d 與 ∂ 的區別。如果導數 $\partial u/\partial x$ 出現在一個方程式中,關於變數 u,這暗示什麼呢?

4-2 考慮流經一個軸對稱園藝水管噴嘴的穩定水流 (圖 P4-2),水速從 $u_{entrance}$ 增加至 u_{exit}。量測顯示中心線的水速在流經噴嘴時呈現拋物線式增加。根據這裡所給的參數,寫出中心線速度 $u(x)$ 從 $x=0$ 到 $x=L$ 的一個方程式。

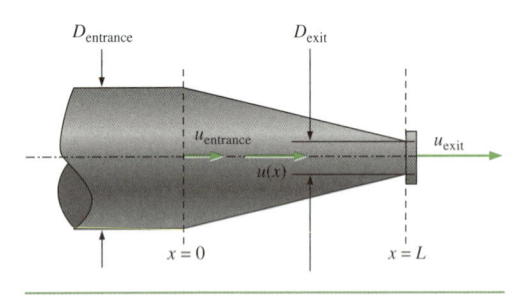

圖 P4-2

4-3 考慮以下的穩定二維速度場:

$$\vec{V} = (u, v) = (a^2 - (b-cx)^2)\vec{i} + (-2cby + 2c^2xy)\vec{j}$$

是否有一個停滯點在此流場中?如果是,位置在哪裡呢?

4-4 一個穩定的二維速度場如下:

$$\vec{V} = (u, v)$$
$$= (-0.781 - 4.67x)\vec{i} + (-3.54 + 4.67y)\vec{j}$$

試求停滯點的位置。

4-5 考慮如下的穩定二維速度場:

$$\vec{V} = (u, v) = (0.66 + 2.1x)\vec{i} + (-2.7 - 2.1y)\vec{j}$$

是否有一個停滯點在此流場中?如果是,位置在哪裡呢?

(Answer: 是;$x = -0.314$, $= -1.29$)

拉格朗日與歐拉描述

4-6C 什麼是流體運動的歐拉描述?其與拉格朗日描述有何不同?

4-7C 流體流動的拉格朗日分析方法與系統或控制體積的分析方法,哪個較為相似?解釋之。

4-8C 什麼是流體運動的拉格朗日描述?

4-9C 靜置於流場中的一個探針用來量測流場中

一個固定位置的壓力與溫度跟時間的函數關係 (圖 P4-9C)。這是一個拉格朗日或是歐拉量測呢？解釋之。

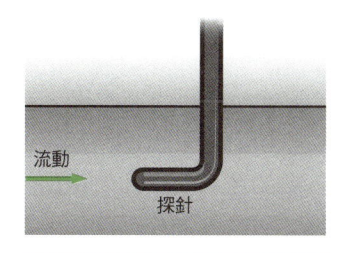

圖 P4-9C

4-10C 一個微小而具有中性浮力的電子壓力探針被釋放進入一個水泵的入口管路，並且當其流經水泵時，每秒傳遞了 2000 個壓力讀值。這是一個拉格朗日或一個歐拉量測呢？解釋之。

4-11C 定義一個在歐拉參考座標的穩定流場。在這樣的穩定流場中，一個流體質點是否可能體驗到一個非零加速度？

4-12C 列出至少三個隨質點導數的另名，並為每一個名稱為什麼是適當的寫一個簡短的解釋。

4-13C 一個氣象氣球被氣象學家釋放進入大氣層中。當氣球達到一個中性浮力的高度時，就開始傳遞關於氣象情況的訊息給地面上的監控站 (圖 P4-13C)。這是一個拉格朗日或歐拉量測呢？解釋之。

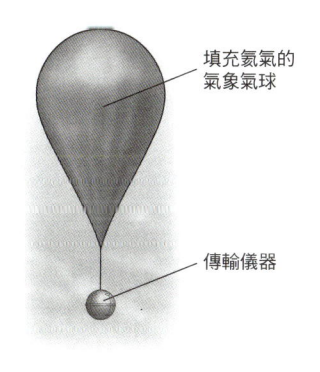

圖 P4-13C

4-14C 一個皮托–靜壓探針經常可以被看到從飛機的下面伸出 (圖 P4-14C)。當飛機飛行時，探計可量測相對風速。這是一個拉格朗日或歐拉量測呢？解釋之。

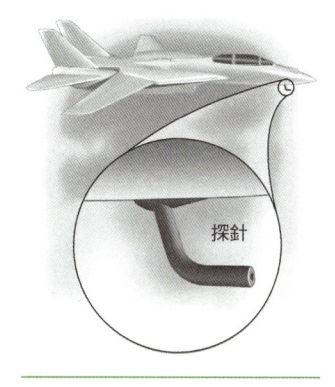

圖 P4-14C

4-15C 流體流動的歐拉分析方法與系統或控制體積的分析方法，哪個較為相似呢？解釋之。

4-16 考慮經過一個收縮流道的穩定、不可壓縮的二維流動 (圖 P4-16)。這個流動的一個簡單近似速度場是

$$\vec{V} = (u, v) = (U_0 + bx)\vec{i} - by\vec{j}$$

其中 U_0 是在 $x = 0$ 的水平速率。注意這個方程式忽略了沿壁面的黏滯效應，但對大部分的流場是合理的近似。試計算流體質點經過這個流道的隨質點加速度。以兩種方式給出你的答案：(a) 以加速度分量 a_x 及 a_y，(b) 以加速度向量 $\vec{a}$。

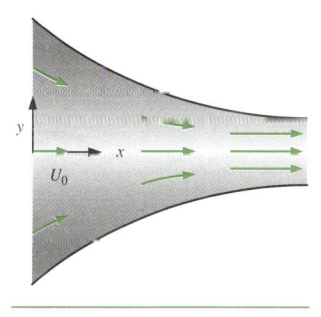

圖 P4-16

4-17 以習題 4-16 的穩定，二維速度場來模擬收縮流動的壓力場為

$$P = P_0 - \frac{\rho}{2}\left[2U_0 bx + b^2(x^2 + y^2)\right]$$

其中 P_0 是在 $x = 0$ 的壓力。推導跟隨一個流體質點的壓力變化率的表示式。

4-18 一個穩定、不可壓縮的二維速度場用以下在 xy-平面的分量方程式來表示：

$$u = 1.85 + 2.33x + 0.656y$$
$$v = 0.754 - 2.18x - 2.33y$$

計算加速度場 (求出加速度分量 a_x 與 a_y 的表示式)，並計算在點 $(x, y) = (-1, 2)$ 的加速度。
(Answer: $a_x = 0.806$，$a_y = 2.21$)

4-19 一個穩定、不可壓縮的二維速度場，其在 xy-平面的分量方程式被表示如下：

$$u = 0.205 + 0.97x + 0.851y$$
$$v = -0.509 + 0.953x - 0.97y$$

計算加速度場 (求出加速度分量 a_x 與 a_y 的表示式)，並計算在點 $(x, y) = (2, 1.5)$ 的加速度。

4-20 一個流動的速度場被表示為 $\vec{V} = u\vec{i} + v\vec{j} + w\vec{k}$，其中 $u = 3x$、$v = -2y$、$w = 2z$。試求通過點 $(1, 1, 0)$ 的流線。

4-21 考慮空氣穩定的流過一個風洞的擴散器部分 (圖 P4-21)。沿著擴散器的中心線，空氣的速率從 u_{entrance} 減小至 u_{exit}，如圖所示。量測顯示中心線的空氣速率在經過擴散器時呈現拋物線式遞減。根據這裡所給的參數，寫出一個中心線速率 $u(x)$ 的方程式，從 $x = 0$ 到 $x = L$。

4-22 對於習題 4-21 的速度場，試計算沿著擴散器中心線的加速度與 x 及其它給定參數的函數關係。設 $L = 1.56$ m、$u_{\text{entrance}} = 24.3$ m/s 及 $u_{\text{exit}} = 16.8$ m/s，試計算在 $x = 0$ 與 $x = 1.0$ m 的加速度。
(Answer: 0，-131 m/s^2)

4-23 一個穩定、不可壓縮的二維 (在 xy-平面) 的速度場被給定如下，

$$\vec{V} = (0.523 - 1.88x + 3.94y)\vec{i}$$
$$+ (-2.44 + 1.26x + 1.88y)\vec{j}$$

試計算在點 $(x, y) = (-1.55, 2.07)$ 的加速度。

4-24 對習題 4-2 的速度場，試計算沿著噴嘴中心線的加速度與 x 及其它給定參數的函數關係。

流動型態與流動可視化

4-25C 什麼是路徑線的定義？路徑線指示什麼呢？

4-26C 考慮流體流過一個 12° 圓錐體的流場可視化圖像，如圖 P4-26C 所示。你看到的是

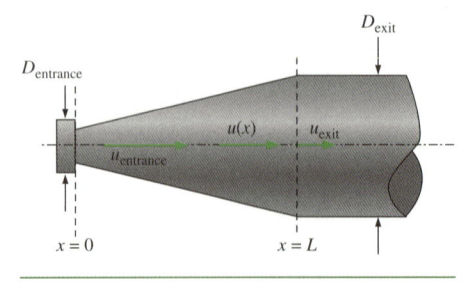

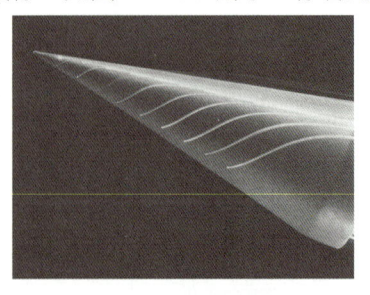

圖 P4-21

圖 P4-26C　流體以 15,000 的雷諾數流過一個 12° 圓錐體 (攻角 16°) 的可視化圖像。這圖像是將染色流體從圓錐體上一些孔注射進入水流中所形成的。
Courtesy ONERA. Photograph by Werlé.

第 4 章　流體運動學　**187**

流線、煙線、路徑線或時間線呢？解釋之。

4-27C　什麼是流線的定義？流線指示什麼呢？

4-28C　什麼是煙線的定義？煙線與流線是如何區別的？

4-29C　考慮流體流過一個 15° 三角翼的可視化圖像，如圖 P4-29C 所示。我們看到的是流線、煙線、路徑線或時間線呢？解釋之。

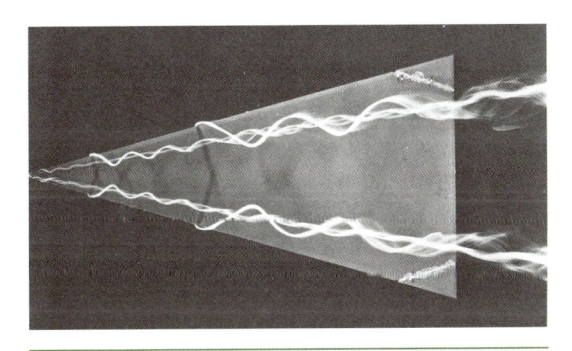

圖 P4-29C　流體以 20,000 的雷諾數流過一個 15° 三角翼 (攻角 20°) 的可視化圖像。這圖像是將染色流體從機翼下方的注入口注射進入水流中所形成的。
Courtesy ONERA. Photograph by Werlé.

4-30C　考慮示於圖 P4-30C 的地面渦流的可視化圖像。我們看到的是流線、煙線、路徑線或時間線呢？解釋之。

圖 P4-30C　地面渦流的可視化圖像。一個高速圓形射流沖擊地表，同時存在著從左到右的空氣自由流 (地表在照片的底端)。噴流往上游運動的部分形成一個迴流區，稱為地面渦流 (ground vortex)。這張可視化圖像是由一根發煙線 (設置在視圖的左邊) 所製造出來的。
Photo by John M. Cimbala.

4-31C　考慮流體流過一個圓球的可視化圓形，圖 P4-31C。我們看到的是流線、煙線、路徑線或時間線呢？解釋之。

圖 P4-31C　流體以 15,000 的雷諾數流過一個圓球的可視化圖像。這圖像由在水中的空氣泡的長時間曝光所製造而成的。
Courtesy ONERA. Photograph by Werlé.

4-32C　什麼是時間線的定義？時間線在水中是如何製成的？説出一個時間線比煙線更有用的應用名稱。

4-33C　考慮一個熱交換器管陣列的截面圖 (如圖 P4-33C 所示)。對每一種想要的資訊，選擇哪一種流動可視化圖 (向量圖或等高線圖) 會是最適當的？解釋為什麼。
(a) 流體速率最大的位置要被可視化。
(b) 位於管子後面的流動分離要被可視化。
(c) 整個流動平面的溫度場要被可視化。
(d) 垂直流動平面的渦度分量要被可視化。

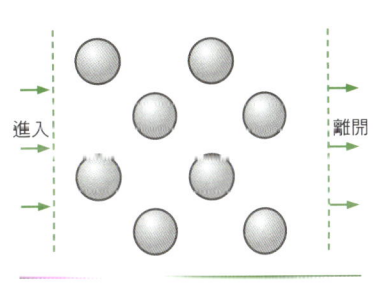

圖 P4-33C

4-34 在習題 4-16 中用一個穩定的二維速度場來模擬收縮流道 (圖 P4-16)。試求這個流場的流線的一個解析的表示式。
(Answer: $y = C/U_0 + bx$)

4-35 一個流動的速度場是由 $\vec{V} = (4x)\vec{i} + (5y+3)\vec{j} + (3t^2)\vec{k}$ 來描述。當時間 $t = 1$ s 時，位置在 (1 m, 2 m, 4 m) 的流體質點的路徑線為何？

4-36 考慮以下的穩定、不可壓縮的二維速度場：
$$\vec{V} = (u, v) = (4.35 + 0.65x)\vec{i} + (-1.22 - 0.656y)\vec{j}$$

試求這個流場的流線的一個解析表示式並畫出一些在第一象限從 $x = 0$ 至 5 與從 $y = 0$ 至 6 的流線。

4-37 考慮習題 4-36 的穩定、不可壓縮的二維速度場。試產生一個速度向量圖，範圍在第一象限從 $x = 0$ 到 5 與 $y = 0$ 到 6。

4-38 考慮習題 4-36 的穩定、不可壓縮的二維速度場。試產生一個加速度場的向量圖，範圍在第一象限從 $x = 0$ 到 5 與 $y = 0$ 到 6。

4-39 一個穩定、不可壓縮的二維速度場給定如下：
$$\vec{V} = (u, v) = (1 + 2.5x + y)\vec{i} + (-0.5 - 3x - 2.5y)\vec{j}$$

其中 x- 與 y- 座標用 m，而速度用 m/s。
(a) 此流場中是否有任何停滯點？如有，則其位置在哪裡？
(b) 畫出在第一象限從 $x = 0$ 到 4 m 與 $y = 0$ 到 4 m 的一些位置上的速度向量，並定性的描述一下流場。

4-40 考慮習題 4-39 的穩定、不可壓縮的二維速度場，
(a) 計算在點 ($x = 2$ m, $y = 3$ m) 的隨質點加速度。(Answer: $a_x = 8.50$ m/s^2, $a_y = 8.00$ m/s^2)
(b) 畫出與習題 4-39 在相同的 x- 與 y- 值的陣列位置上的隨質點加速度向量。

4-41 在 $r\theta$- 平面的固體式轉動的速度場 (圖 P4-41) 被給定如下
$$u_r = 0 \qquad u_\theta = \omega r$$

其中 ω 是角速度的大小 ($\vec{\omega}$ 指向 z- 方向)。若 $\omega = 1.5$ s^{-1}，試畫出一個速度大小 (速率) 的等高線圖。特別畫出等速率 $V = 0.5$、1.0、1.5、2.0 與 2.5 m/s 的等高線。要記得在你的圖上標示出這些速率。

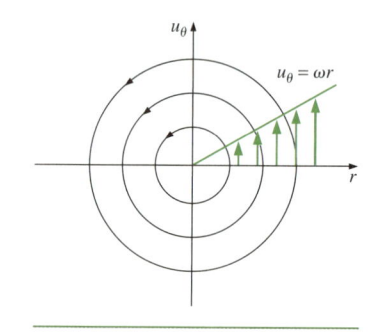

圖 P4-41

4-42 在 $r\theta$- 平面的線性渦旋的速度場 (圖 P4-42) 被給定如下：
$$u_r = 0 \qquad u_\theta = \frac{K}{r}$$

其中 K 是線性渦旋強度。若 $K = 1.5$ m/s^2，試畫出一個速度大小 (速率) 的等

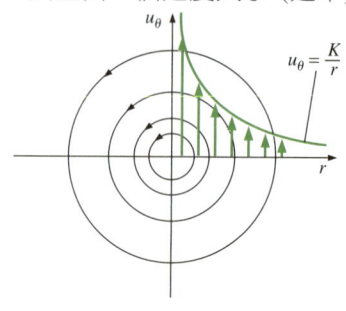

圖 P4-42

高線圖。特別畫出等速率 $V = 0.5$、1.0、1.5、2.0 與 2.5 m/s 的等高線。要記得在你的圖上標示出這些速率。

4-43 在 $r\theta$- 平面的線性源流 (圖 P4-43) 的速度場被給定如下：

$$u_r = \frac{m}{2\pi r} \qquad u_\theta = 0$$

其中 m 是線性源流的強度。若 $m/(2\pi) = 1.5$ m²/s，試畫出一個速度大小 (速率) 的等高線圖。特別畫出速率 $V = 0.5$、1.0、1.5、2.0 與 2.5 m/s 的等高線。要記得在你的圖上標示出這些速率。

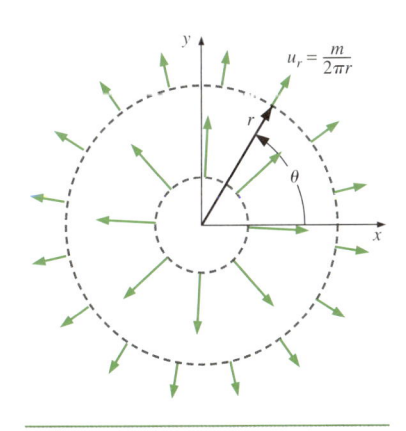

圖 P4-43

4-44 一個半徑為 R_i 的細小圓柱以角速度 ω_i 轉動，在其外面有一個具有較大半徑 R_o 的圓柱以角速度 ω_o 轉動。被包含在兩圓柱中間的流體具有密度 ρ、黏度 μ，如圖 P4-44 所示。重力與邊端效應可以被忽略 (流動是進入頁面的二維流)。若 $\omega_i = \omega_o$ 且已經過了一段長時間，試導出一個切線速度 u_θ 的形狀，表示成 (最多是) r、ω、R_i、R_o、ρ 與 μ 的函數。同時，計算作用在外圓柱與作用在內圓柱的扭力。

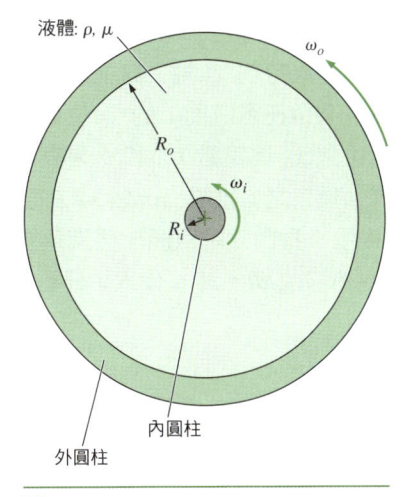

圖 P4-44

4-45 考慮與習題 4-44 相同的兩個圓柱。然而這一次內圓柱是旋轉的，而外圓柱是固定的。在極限的情況，當外圓柱與內圓柱相比是很大時 (想像成內圓柱在其半徑變得很小時，其轉速變成非常大)，這個流場近似成哪一種流動呢？解釋之。經過一段長時間後，試推導出一個切線速度 u_θ 的形狀，表示成 (最多) r、ω_i、R_i、R_o、ρ 與 μ 的函數。提示：你的解答可能含有一個 (未知) 常數，其決定可以藉由指定在內圓柱表面上的一個邊界條件來達成。

流體元素的運動與變形：渦度與旋轉度

4-46C 解釋渦度與旋轉度之間的關係。

4-47C 說出並簡潔的描述流體質點的四種基本運動或變形的形式。

4-48 使用習題 4-16 的穩定的二維速度場來模擬收縮的流道 (圖 P4-16)。這個流場是旋轉的或無旋的呢？展示你的所有求解過程。(Answer: 無旋的)

4-49 使用習題 4-16 的穩定的二維的速度場來模擬收縮的流道。一個流體質點 (A) 在時間 $t = 0$ 位於 x- 軸的 $x = x_A$ (圖 P4-49)。在某個稍後的時間 t，流體質點已經往下游流動到新的位置 $x = x_{A'}$，如圖所示。因為流動對 x- 軸是對稱的，流體質點在所有時間都維持在 x- 軸。試推導這個流體質點在某個任意時間 t 的 x- 位置，用其開始位置 x_A 與常數 U_0 和 b 來表示的表示式。換言之，推導出一個 $x_{A'}$ 的表示式。(提示：我們知道跟隨一個流體質點時，$u = dx_{particle}/dt$。將 u 代入，分離變數，並積分。)

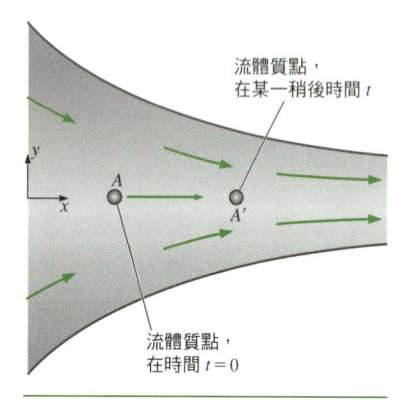

圖 P4-49

4-50　使用習題 4-16 的穩定的二維速度場來模擬收縮流道。因為流動對稱於 x- 軸，沿 x- 軸的線段 AB 維持在軸上，但在其沿流道中心線流動時，長度從 ξ 被拉伸成為 $\xi + \Delta\xi$ (圖 P4-50)。試推導出一個這個線段長度改變的解析表示式，$\Delta\xi$。(提示：利用習題 4-49 的結果。) (Answer: $(x_B - x_A)/(e^{bt} - 1)$)

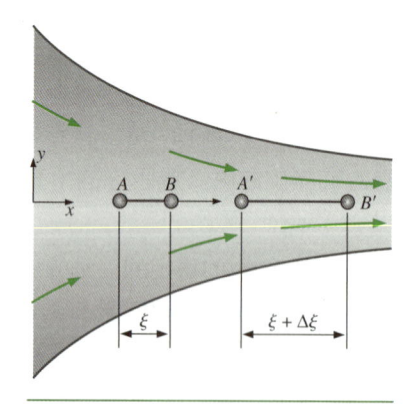

圖 P4-50

4-51　使用習題 4-50 的結果與線性應變率的基本定義 (每單位長度的長度增加率)，幫位於流道中心線的流體質點推導出一個在 x- 方向的線性應變率 (ε_{xx}) 的表示式。將你的結果與 ε_{xx} 用速度場表示的一般式，即 $\varepsilon_{xx} = \partial u/\partial x$，互相比較。(提示：取時間 $t \to 0$ 的極限，你可能要用到 e^{bt} 的截斷級數表示式。) (Answer: b)

4-52　使用習題 4-16 的穩定的二維速度場來模擬收縮的流道。在時間 $t = 0$ 時，一個流體質點 (A) 位於 $x = x_A$ 及 $y = y_A$ (圖 P4-52)。在某一個稍後的時間 t，流體質點已經隨流動移動到 $x = x_{A'}$, $y = y_{A'}$，如圖所示。試推導出在某一個任意時間 t，流體質點用其開始位置 y_A 與常數 b 來表示的 y- 位置的解析表示式。換言之，推導出 $y_{A'}$ 的一個表示式。(提示：我們知道跟隨一個流體質點時 $v = dy_{particle}/dt$。代入 v 的方程式，變數分離，並積分。) (Answer: $y_A e^{-bt}$)

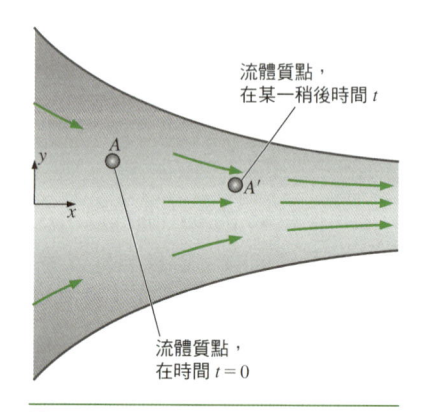

圖 P4-52

4-53　使用習題 4-16 的穩定的二維速度場來模擬收縮的流道。當垂直線段 AB 往下游移動時，其長度從 η 收縮為 $\eta + \Delta\eta$，如圖 P4-53 所示。試推導一個線段長度變化 $\Delta\eta$ 的一個解析表示式。注意本題的長度變化 $\Delta\eta$ 是負值。(提示：使用習題 4-52 的結果。)

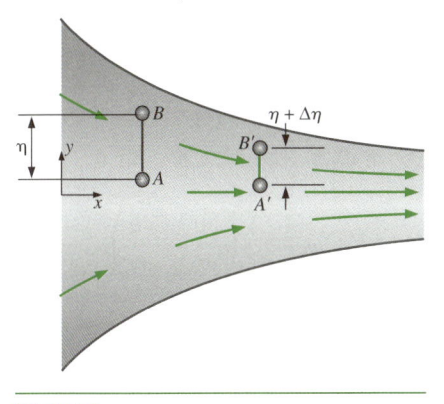

圖 P4-53

4-54 使用習題 4-53 的結果與線性應變率的基本定義 (每單位長度的長度增加率)，為往下游移動的流體質點推導出一個在 y- 方向的線性應變率 (ε_{yy}) 的表示式。將你的結果與用速度場來表示的 ε_{yy} 的一般式 (即 $\varepsilon_{yy} = \partial v/\partial y$) 作比較。(提示：取時間 $t \to 0$ 的極限，你可能需要用到 e^{-bt} 的一個截斷的級數表示式。)

4-55 使用習題 4-16 的穩定的二維速度場來模擬收縮的流道。使用體積應變率的方程式來證明這個流場是不可壓縮的。

4-56 一個穩定的二維速度場在兩個空間方向 (x 與 y) 都是線性的，

$$\vec{V} = (u, v) = (U + a_1 x + b_1 y)\vec{i} + (V + a_2 x + b_2 y)\vec{j}$$

其中 U, V 與所有係數都是常數，且假設因次都是適當定義的。試求加速度場的 x- 與 y- 分量。

4-57 在習題 4-56 的速度場，其係數間必須存在什麼關係才能確保流場是不可壓縮的？(Answer: $a_1 + b_2 = 0$)

4-58 在習題 4-56 的速度場，計算其在 x- 與 y- 方向的線性應變率。(Answers: a_1, b_2)

4-59 在習題 4-56 的速度場，計算其在 xy- 平面的剪應變率。

4-60 結合習題 4-58 與習題 4-59 中你的結果來形成在 xy- 平面的一個二維剪應變率張量 ε_{ij}，

$$\varepsilon_{ij} = \begin{pmatrix} \varepsilon_{xx} & \varepsilon_{xy} \\ \varepsilon_{yx} & \varepsilon_{yy} \end{pmatrix}$$

在什麼條件下，x- 與 y- 軸會是主軸呢？(Answer: $b_1 + a_2 = 0$)

4-61 在習題 4-56 的速度場中，試計算渦度向量。此渦度向量指向哪個方向呢？[Answer: $(a_2 - b_1)\vec{k}$，在 z (或 $-z$) 方向]

4-62 考慮穩定、不可壓縮的二維剪流，其速度場如下：

$$\vec{V} = (u, v) = (a + by)\vec{i} + 0\vec{j}$$

其中 a、b 為常數。畫在圖 P4-62 中的是在時間 t 時，邊長為 dx 與 dy 的一個小矩形流體元素。此流體元素隨著流動而移動與變形，使得在一個稍後的時間 ($t + dt$)，此流體質點不再是矩形的，如圖所示。此流體質點的四個角的開始位置標示於圖 P4-62。在時間 t，其左下角位於 (x, y)，此處速度的 x- 分量是 $u = a + by$。在稍後的時間，此角移動至 ($x + u\, dt, y$)，或

$$(x + (a + by)\, dt, y)$$

(a) 用類似的作法，計算此流體質點其它三角落在時間 $t + dt$ 的位置。
(b) 從線性應變率的定義 (每單位長度的長度增加率)，計算線性應變率 ε_{xx} 與 ε_{yy}。(Answer: 0, 0)
(c) 將你的結果與在卡氏座標的 ε_{xx} 與 ε_{yy} 的方程式，即

$$\varepsilon_{xx} = \frac{\partial u}{\partial x} \quad \varepsilon_{yy} = \frac{\partial v}{\partial y}$$

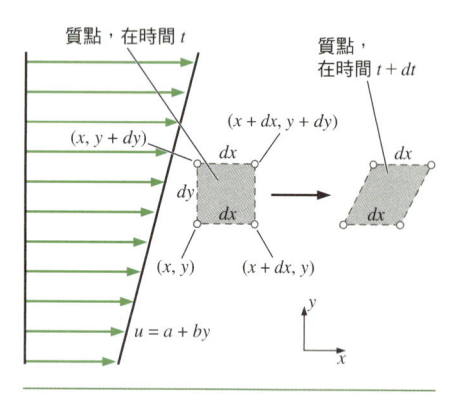

圖 P4-62

4-63 使用兩種方法來證明習題 4-62 的流場是不可壓縮的：(a) 計算在兩個時間的流體質點的體積，與 (b) 計算體積應變率。注意習題 4-62 在做本題前必須已經完成。

4-64 考慮習題 4-62 的穩定、不可壓縮的二維流場。使用習題 4-62(a) 的結果，做以下問題：
(a) 由剪應變率的基本定義 (兩條開始時相交於一點並互相垂直的直線，其夾角的減小率的一半)，計算在 xy- 平面的剪應變率 ε_{xy}。(提示：使用流體質點的左邊與下邊，此兩邊在開始時，以 90° 相交於左下角。)
(b) 將你的結果與在卡氏座標的 ε_{xy} 方程式的計算結果做比較，即

$$\varepsilon_{xy} = \frac{1}{2}\left(\frac{\partial u}{\partial y} + \frac{\partial v}{\partial x}\right)$$

(Answer: (a) $b/2$，(b) $b/2$)

4-65 考慮習題 4-62 的穩定、不可壓縮的二維流場。使用習題 4-62(a) 的結果，做以下的問題：
(a) 從旋轉率的基本定義 (兩條開始時相交於一點並互相垂直的線，其旋轉率的平均值)，計算流體質點在 xy- 平面的旋轉率 ω_z。(提示：使用流體質點的左邊及下邊，此兩邊在開始時，以 90° 相交於左下角。)
(b) 將你的結果與在卡氏座標的 ω_z 方程式的計算結果作比較，即

$$\omega_z = \frac{1}{2}\left(\frac{\partial v}{\partial x} - \frac{\partial u}{\partial y}\right)$$

(Answer: (a) $-b/2$，(b) $-b/2$)

4-66 從習題 4-65 的結果，
(a) 此流動是旋轉的或無旋的？
(b) 計算此流場渦度的 z- 分量。

4-67 一個邊長為 dx 與 dy 的二維流體元素在微分時間區間 $dt = t_2 - t_1$ 的移動與變形如圖 P4-67 所示。開始時，在 P 點的 x- 與 y- 方向的速度分量分別是 u 與 v。證明在 xy- 平面上，繞 P 點的旋轉率 (角速度) 的大小是

$$\omega_z = \frac{1}{2}\left(\frac{\partial v}{\partial x} - \frac{\partial u}{\partial y}\right)$$

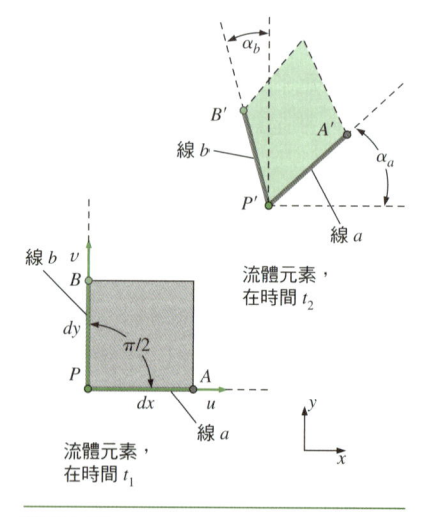

圖 P4-67

4-68 一個邊長為 dx 與 dy 的二維流體元素在微分時間區間 $dt = t_2 - t_1$ 的移動與變形如圖 P4-67 所示。開始時，在 P 點的 x- 與 y- 方向速度分別是 u 與 v。考慮在圖 P4-67

的線段 PA，並證明其在 x- 方向的線性應變率的大小是

$$\varepsilon_{xx} = \frac{\partial u}{\partial x}$$

4-69 一個邊長為 dx 與 dy 的二維流體元素在微分時間區間 $dt = t_2 - t_1$ 的移動與變形如圖 P4-67 所示。開始時，在 P 點的 x- 與 y- 方向速度分別是 u 與 v。證明在 xy- 平面的 P 點上的剪應變率的大小是

$$\varepsilon_{xy} = \frac{1}{2}\left(\frac{\partial u}{\partial y} + \frac{\partial v}{\partial x}\right)$$

4-70 考慮在 xy- 平面的一個穩定、二維的不可壓縮流場。在 x- 方向的線性應變率是 2.5 s^{-1}。試求在 y- 方向的線性應變率。

4-71 一個圓柱形水桶繞其垂直軸以角速率 $\dot{n} = 175$ rpm 在逆時鐘方向作固體式旋轉 (圖 P4-71)。試求桶內流體質點的渦度。(Answer: 36.7 $\vec{k}$ rad/s)

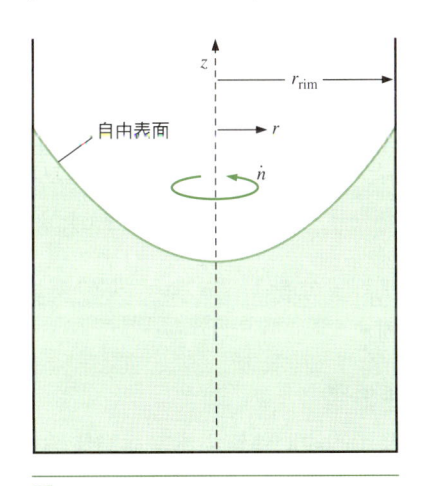

圖 P4-71

4-72 一個圓柱形水桶繞其垂直軸旋轉 (圖 P4-71)。一個 PIV 系統被用來量測此流動的渦度場。在 z- 方向的渦度量測值是 −45.4 rad/s，並且量測誤差保持在 ±0.5% 以內。試計算此桶以 rpm 表示的轉動角速率。此桶繞垂直軸是在作順時鐘或逆時鐘運動呢？

4-73 一個半徑 $r_{rim} = 0.354$ m 的桶子繞其垂直軸旋轉 (圖 P4-71)。此桶的一部分裝油。桶邊的速率是 3.61 m/s，在逆時鐘方向 (從上往下看)，且桶旋轉的時間夠久而達到固體式旋轉狀態。對桶內的任一個流體質點，試求渦度在 z- 方向的分量的大小。(Answer: 20.4 rad/s)

4-74 考慮一個二維的不可壓縮流場，其中一個開始時為正方形的流體質點隨流移動並變形。流體質點的邊長在時間 t 時為 a 並且平行於 x- 與 y- 軸，如圖 P4-74 所示。在某一個稍後的時間，此流體質點仍然平行於 x- 與 y- 軸，但已經變形成為矩形，其水平邊長為 2a。在這個稍後的時間，此矩形流體質點的垂直邊長是多少呢？

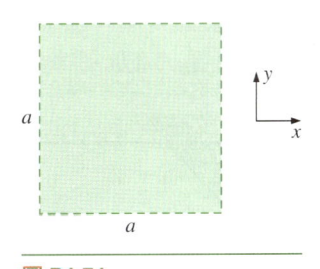

圖 P4-74

4-75 考慮一個二維的可壓縮流場，其中一個開始時為正方形的流體質點隨流移動並變形。流體質點的邊長在時間 t 時為 a，並且平行於 x- 與 y- 軸，如圖 P4-74 所示。在某一個稍後的時間，此流體質點仍然平行於 x- 與 y- 軸，但已經變形成為矩形，其水平邊長為 1.08a，垂直邊長為 0.903a。(因為是二維流動，此質點在 z- 方向的邊長不變。) 試問此流體質點的密度增加或減少了多少百分比？

4-76 考慮以下的穩定的二維速度場：

$$\vec{V} = (u, v, w)$$
$$= (3.0 + 2.0x - y)\vec{i} + (2.0x - 2.0y)\vec{j}$$
$$+ (0.5xy)\vec{k}$$

試求渦度向量，表示成空間 (x, y, z) 的函數。

4-77 考慮完全發展的克維特流 (Couette flow)，在兩塊距離為 h 的無窮大平行板之間的流動，上平板移動而下平板固定如圖 P4-77 所示。此流動是穩定的、不可壓縮的，且在 xy- 平面是二維的。速度場被給定如下：

$$\vec{V} = (u, v) = V\frac{y}{h}\vec{i} + 0\vec{j}$$

此流動是旋轉的或無旋的？如果是旋轉的，計算在 z- 方向的渦度分量。這個流場中的流體質點是順時鐘或逆時鐘旋轉呢？(Answer: 是，$-V/h$，順時鐘)

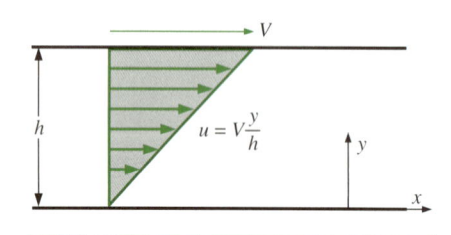

圖 P4-77

4-78 對圖 P4-77 的克維特流，計算在 x- 與 y- 方向的線性應變率，並計算剪應變率 ε_{xy}。

4-79 結合你在習題 4-78 的結果來形成二維的應變率張量 ε_{ij}，

$$\varepsilon_{ij} = \begin{pmatrix} \varepsilon_{xx} & \varepsilon_{xy} \\ \varepsilon_{yx} & \varepsilon_{yy} \end{pmatrix}$$

x- 與 y- 軸是否為主軸呢？

4-80 一個穩定的三維速度場給定如下：

$$\vec{V} = (u, v, w)$$
$$= (2.49 + 1.36x - 0.867y)\vec{i}$$
$$+ (1.95x - 1.36y)\vec{j} + (-0.458xy)\vec{k}$$

試計算渦度向量，表示成空間變數 (x, y, z) 的函數。

4-81 一個穩定的二維速度場給定如下：

$$\vec{V} = (u, v)$$
$$= (2.85 + 1.26x - 0.896y)\vec{i}$$
$$+ (3.45x + cx - 1.26y)\vec{j}$$

試計算常數 c 來使流場是無旋的。

4-82 一個穩定的三維速度場給定如下：

$$\vec{V} = (1.35 + 2.78x + 0.754y + 4.21z)\vec{i}$$
$$+ (3.45 + cx - 2.78y + bz)\vec{j}$$
$$+ (-4.21x - 1.89y)\vec{k}$$

試計算 b 與 c 來使流場是無旋的。

4-83 一個穩定的三維速度場給定如下：

$$\vec{V} = (0.657 + 1.73x + 0.948y + az)\vec{i}$$
$$+ (2.61 + cx + 1.91y + bz)\vec{j}$$
$$+ (-2.73x - 3.66y - 3.64z)\vec{k}$$

試計算常數 a、b 與 c 來使流場是無旋的。

雷諾輸運定理

4-84C 簡潔的說明隨質點導數與雷諾輸運定理的相似性與差異性。

4-85C 簡潔的說明雷諾輸運定理 (RTT) 的目的。以「字語方程式」的方式寫出給外延性質 B 的 RTT，用你自己的字語解釋每一項。

4-86C 真或假：對每一個敘述，選擇此敘述是真或假並簡潔的討論一下你的選擇。

(a) 雷諾輸運定理在將守恆方程式從它們比較自然出現的控制體積形式轉換成系統的形式很有用處。

(b) 雷諾輸運定理僅適用不會變形的控制體積。

(c) 雷諾輸運定理同時適用於穩定的與不穩定的流場。

(d) 雷諾輸運定理同時適用於純量與向量。

4-87 考慮積分 $\dfrac{d}{dt}\displaystyle\int_{t}^{2t} x^{-2}dx$。用兩種方法求解：

(a) 先作積分再對時間微分。

(b) 使用萊布尼茲定理，比較你的結果。

4-88 盡你所能來求解積分 $\dfrac{d}{dt}\displaystyle\int_{t}^{2t} x^{t}dx$。

4-89 考慮雷諾輸運定理 (RTT) 的一般式：

$$\dfrac{dB_{sys}}{dt} = \dfrac{d}{dt}\int_{CV}\rho b\, dV + \int_{CS}\rho b\vec{V}_r\cdot\vec{n}\, dA$$

其中 $\vec{V}_r$ 是流體相對於控制面的速度。令 B_{sys} 為一個流體質點組成的封閉系統的質量。我們知道對於一個系統，$dm/dt = 0$，因為根據定義沒有質量可以流進或流出系統。利用給定的方程式導出一個控制體積的質量守恆方程式。

4-90 考慮習題 4-89 所提及的雷諾輸運定理的一般形式。令 B_{sys} 為一個由流體質點組成的封閉系統的線性動量 $m\vec{V}$。我們知道對一個系統，牛頓第二定律是

$$\sum\vec{F} = m\vec{a} = m\dfrac{d\vec{V}}{dt} = \dfrac{d}{dt}(m\vec{V})_{sys}$$

使用 RTT 與牛頓第二定律來導出一個控制體積的線性動量方程式。

4-91 考慮如習題 4-89 所提及的雷諾輸運定理的一般形式。令 B_{sys} 為一個由流體質點組成的封閉系統的角動量 $\vec{H} = \vec{r}\times m\vec{V}$，其中 $\vec{r}$ 是力矩臂。我們知道對一個系統，角動量守恆是

$$\sum\vec{M} = \dfrac{d}{dt}\vec{H}_{sys}$$

其中 $\sum\vec{M}$ 是作用在系統的淨力矩。使用 RTT 與上面的方程式來導出一個控制體積的角動量守恆方程式。

4-92 儘可能的簡化以下的表示式：

$$F(t) = \dfrac{d}{dt}\int_{x=At}^{x=Bt} e^{-2x^2}dx$$

(提示：使用一維的萊布尼茲定理。)
(Answer: $Be^{-B^2t^2} - Ae^{-A^2t^2}$)

複習題

4-93 考慮在 xy- 平面的一個穩定的二維流場，其速度的 x- 分量為

$$u = a + b(x - c)^2$$

其中 a、b、c 是具有適當因次的常數。若流場是不可壓縮的，則速度的 y- 分量的形式是什麼呢？換言之，導出一個 v 的表示式，表示成 x、y 與已知方程式中的常數的函數，使得流動是不可壓縮的。
(Answer: $-2b(x - c)y + f(x)$)

4-94 在 xy- 平面的一個穩定的二維流場，速度的 x- 分量是

$$u = ax + by + cx^2$$

其中 a、b 與 c 是具有適當因次的常數。導出速度分量 v 的一個一般表示式使得流場是不可壓縮的。

4-95 考慮完全發展的二維普修爾流 (Poiseuille flow)，兩塊距離為 h，互相平行的無限大平板之間的流動，上下平板都是靜止的，

一個強制的壓力梯度 dP/dx 驅動流體，如圖 P4-95 所示。(dP/dx 是常數且為負值。) 流動是穩定、不可壓縮的，且是在 xy- 平面的二維流動。速度的分量如下：

$$u = \frac{1}{2\mu}\frac{dP}{dx}(y^2 - hy) \quad v = 0$$

其中 μ 是流體的黏度。此流動是旋轉的或無旋的呢？若其為旋轉的，試計算在 z- 方向的渦度分量。在此流場中的流體質點是順時鐘或逆時鐘旋轉的呢？

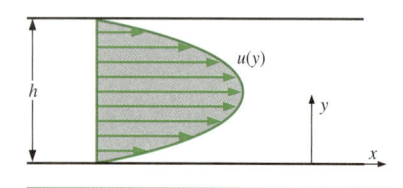

圖 P4-95

4-96 對習題 4-95 的二維普修爾流，試計算在 x- 與 y- 方向的線性應變率，並計算剪應變率 ε_{xy}。

4-97 結合習題 4-96 中你的結果來形成在 xy- 平面的二維應變率張量 ε_{ij}，

$$\varepsilon_{ij} = \begin{pmatrix} \varepsilon_{xx} & \varepsilon_{xy} \\ \varepsilon_{yx} & \varepsilon_{yy} \end{pmatrix}$$

x- 與 y- 軸是否為主軸呢？

4-98 考慮習題 4-95 中的二維普修爾流。平板之間的流體是 40°C 的水。令間隔高度 $h = 1.6$ mm 且壓力梯度為 $dP/dx = -230$ N/m³。計算並畫出 7 條路徑線，從 $t = 0$ 到 $t = 10$ s。流體質點被釋放的位置在 $x = 0$ 與 $y = 0.2, 0.4, 0.6, 0.8, 1.0, 1.2$ 與 1.4 mm。

4-99 考慮習題 4-95 的二維普修爾流。平板之間的流體是 40°C 的水。設間隙高度 $h = 1.6$ mm 且壓力梯度 $dP/dx = -230$ N/m³。計算並畫出 7 條煙線。染料由染料耙在 $x = 0$ 與 $y = 0.2, 0.4, 0.6, 0.8, 1.0, 1.2$ 及 1.4 mm 的位置注入 (圖 P4-99)。染料注入的時間從 $t = 0$ 至 $t = 10$ s，要畫出在 $t = 10$ s 時的煙線。

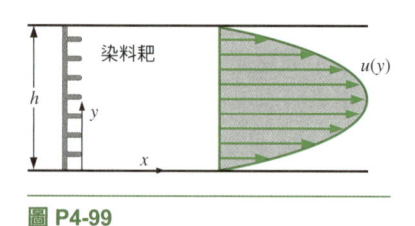

圖 P4-99

4-100 重做習題 4-99，染料注入的時間從 $t = 0$ 至 $t = 10$ s。但要畫出的是在 $t = 12$ s 的煙線，而不是在 $t = 10$ s 的。

4-101 比較習題 4-99 與 4-100 的結果，並且評論一下在 x- 方向的線性應變率。

4-102 考慮習題 4-95 的二維普修爾流。平板之間的流體是 40°C 的水。設間隙高度 $h = 1.6$ mm 且壓力梯度 $dP/dx = -230$ N/m³。假設有一條氫氣泡產生線被垂直跨越流道伸張放在 $x = 0$ 的位置 (圖 P4-102)。通過此線的電流脈衝被週期性的開／關來產生時間線。五條不同的時間線在 $t = 0, 2.5, 5.0, 7.5$ 及 10.0 s 被產生出來。計算並畫出在 $t = 12.5$ s 時的這五條時間線。

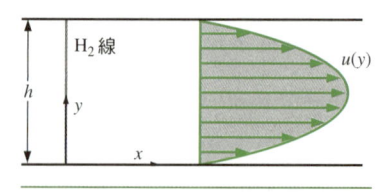

圖 P4-102

4-103 已知一個流動的流場為 $\vec{V} = k(x^2 - y^2)\vec{i} - 2kxy\vec{j}$，其中 k 是常數。如果一條流線的曲率是 $R = [1 + y'^2]^{3/2}/\cdot y''$，試求流經 $x = 1$、$y = 2$ 的質點的法線加速度 (垂直流線)。

4-104 已知一個不可壓縮流的速度場為 $\vec{V} = 5x^2\vec{i} - 20xy\vec{j} + 100t\vec{k}$。決定這個流動

是否是穩定的。並求一個在 $t = 0.2$ s，位於 $(1, 3, 3)$ 的質點的速度與加速度。

4-105 考慮一個完全發展的軸對稱普修爾流。在一根半徑為 R (直徑 $D = 2R$) 的圓管中，由強制壓力梯度 dP/dx 驅動的流動，如圖 P4-105 所示。(dP/dx 是常數且為負值。) 這個流動是穩定的、不可壓縮的，且對稱於 x- 軸。其速度分量如下給定：

$$u = \frac{1}{4\mu}\frac{dP}{dx}(r^2 - R^2) \quad u_r = 0 \quad u_\theta = 0$$

其中 μ 是流體的黏度。這個流動是旋轉的還是無旋的呢？如果是旋轉的，計算在 θ-方向的渦度分量並討論旋轉的方向。

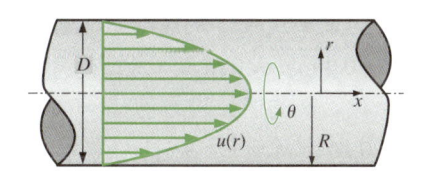

圖 P4-105

4-106 對於習題 4-105 的軸對稱普修爾流，計算在 x- 與 y- 方向的線性應變率，並計算剪應變率 ε_{xr}。在圓柱座標 (r, θ, x) 與 (u_r, u_θ, u_x) 的應變率張量是

$$\varepsilon_{ij} = \begin{pmatrix} \varepsilon_{rr} & \varepsilon_{r\theta} & \varepsilon_{rx} \\ \varepsilon_{\theta r} & \varepsilon_{\theta\theta} & \varepsilon_{\theta x} \\ \varepsilon_{xr} & \varepsilon_{x\theta} & \varepsilon_{xx} \end{pmatrix}$$

$$= \begin{pmatrix} \frac{\partial u_r}{\partial r} & \frac{1}{2}\left(r\frac{\partial}{\partial r}\left(\frac{u_\theta}{r}\right) + \frac{1}{r}\frac{\partial u_r}{\partial \theta}\right) & \frac{1}{2}\left(\frac{\partial u_r}{\partial x} + \frac{\partial u_x}{\partial r}\right) \\ \frac{1}{2}\left(r\frac{\partial}{\partial r}\left(\frac{u_\theta}{r}\right) + \frac{1}{r}\frac{\partial u_r}{\partial \theta}\right) & \frac{1}{r}\frac{\partial u_\theta}{\partial \theta} + \frac{u_r}{r} & \frac{1}{2}\left(\frac{1}{r}\frac{\partial u_x}{\partial \theta} + \frac{\partial u_\theta}{\partial x}\right) \\ \frac{1}{2}\left(\frac{\partial u_r}{\partial x} + \frac{\partial u_x}{\partial r}\right) & \frac{1}{2}\left(\frac{1}{r}\frac{\partial u_x}{\partial \theta} + \frac{\partial u_\theta}{\partial x}\right) & \frac{\partial u_x}{\partial x} \end{pmatrix}$$

4-107 結合你在習題 4-106 所得的結果來形成軸對稱應變率張量 ε_{ij}，

$$\varepsilon_{ij} = \begin{pmatrix} \varepsilon_{rr} & \varepsilon_{rx} \\ \varepsilon_{xr} & \varepsilon_{xx} \end{pmatrix}$$

x- 與 r- 軸是否為主軸？

4-108 我們把流進吸塵器吸頭的中心平面上的空氣流動的速度分量用以下的近似式來表示：

$$u = \frac{-\dot{V}x}{\pi L}\frac{x^2 + y^2 + b^2}{x^4 + 2x^2y^2 + 2x^2b^2 + y^4 - 2y^2b^2 + b^4}$$

與

$$v = \frac{-\dot{V}y}{\pi L}\frac{x^2 + y^2 - b^2}{x^4 + 2x^2y^2 + 2x^2b^2 + y^4 - 2y^2b^2 + b^4}$$

其中 b 是吸頭與地板的距離，L 是吸頭的長度，$\dot{V}$ 是被吸入管子的空氣的體積流率 (圖 P4-108)。試求這個流場中任何停滯點的位置。(Answer: 在原點)

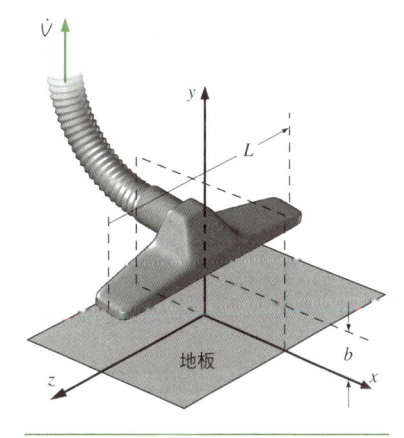

圖 P4-108

4-109 考慮習題 4-108 的吸塵器。設 $b = 2.0$ cm、$L = 35$ cm 與 $\dot{V} = 0.1098$ m³/s，試建立一張速度向量圖，在 xy- 平面的上半部，從 $x = -3$ cm 至 3 cm 及從 $y = 0$ cm 至 2.5 cm。儘可能多畫出一些向量以便對流場有足夠好的感覺。注意：速度在點 $(x, y) = (0, 2.0$ cm$)$ 是無限大，所以不要企圖在那個點畫出任何速度向量。

4-110 考慮習題 4-108 的吸塵器的近似速度場。計算沿著地板上的速率。灰塵粒子在最大速率的時候,最有可能被吸入。試問此位置在哪裡?你認為吸塵器對於直接在入口下 (在原點) 的灰塵,是否可以很成功的將其吸入?為什麼?

4-111 在一個位於 xy- 平面的穩定二維流場中,其速度的 x- 分量是

$$u = ax + by + cx^2 - dxy$$

其中 a、b、c 與 d 是具有適當因次的常數。如果流場是不可壓縮的,試導出速度分量 v 的一般表示式。

4-112 在很多情況中會看到一個相當均勻的自由流碰到一根垂直於流動方向的長圓柱體 (圖 P4-112)。例如空氣流過一根汽車天線,風吹過一根旗桿或電話桿,風吹過電線,與海流流過鑽油平台的支撐柱等。在所有這些情況中,在圓柱後面的流動是分離而不穩定的,並且經常是紊流的。然而,在圓柱前半部的流動就比較穩且可預測。事實上,除了靠近圓柱表面一層很薄的邊界層外,其流場可以用以下在 xy- 平面或 rθ- 平面的穩定、二維速度分量來近似:

$$u_r = V\cos\theta\left(1 - \frac{a^2}{r^2}\right) \quad u_\theta = -V\sin\theta\left(1 + \frac{a^2}{r^2}\right)$$

此流場是旋轉的或不旋轉的呢?解釋之。

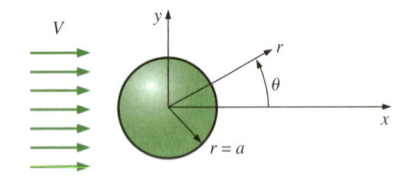

圖 P4-112

4-113 考慮習題 4-112 的流場 (流體流過一根圓柱)。只考慮這個流場的前半部 ($x<0$),其處有一個停滯點,試問此點在哪裡呢?將你的答案同時用 (r, θ) 座標與 (x, y) 座標來回答。

4-114 考慮習題 4-112 流場的上游半部分 ($x<0$) (流體流過一根圓柱)。我們導入一個參數,稱為流線函數 ψ,其在二維流場中,沿著流線是常數 (圖 P4-114)。與習題 4-112 的速度場對應的流線函數為

$$\psi = V\sin\theta\left(r - \frac{a^2}{r}\right)$$

(a) 設定 ψ 為一個常數,產生一條流線的方程式。(提示:使用二次式通解來求出 r 與 θ 的函數關係。)

(b) 若 $V = 1.00$ m/s,圓柱半徑 $a = 10.0$ cm,畫出在流場上游半部 ($90° < \theta < 270°$) 的幾條流線,為了一致,畫圖範圍是 -0.4 m $<x<0$ m、-0.2 m $<y<0.2$ m,流線函數的值平均分佈在 -0.16 m²/s 與 0.16 m²/s。

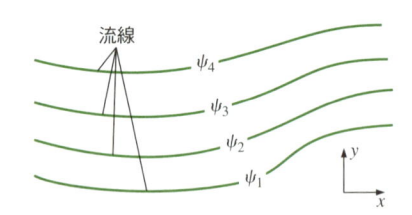

圖 P4-114

4-115 考慮習題 4-112 的流場 (流體流過一根圓柱)。計算在 rθ- 平面的兩個線性應變率,即 ε_{rr} 與 $\varepsilon_{\theta\theta}$。討論在這個流場的流體線段是否被拉伸 (或收縮)。(提示:圓柱座標的應變率張量在習題 4-106 中給定。)

4-116 根據你在習題 4-115 得到的結果,討論這個流動的可壓縮性 (或不可壓縮性)。
(Answer: 流動是不可壓縮的)

4-117 考慮習題 4-112 的流場 (流體流過一根圓柱)。計算在 rθ- 平面的剪應變率 $\varepsilon_{r\theta}$。討論這個流場的流線質點是否因為剪力而變形。(提示:圓柱座標的應變率張量在習題 4-106 中給定。)

基礎工程學 (FE) 試題

4-118 一個穩定、不可壓縮的二維速度場如下給定：

$$\vec{V} = (u, v) = (2.5 - 1.6x)\vec{i} + (0.7 + 1.6y)\vec{j}$$

其中 x- 與 y- 座標單位為 m，速度的單位為 m/s。在停滯點的 x 與 y 值分別為

(a) 0.9375 m, 0.375 m

(b) 1.563 m, −0.4375 m

(c) 2.5 m, 0.7 m

(d) 0.731 m, 1.236 m

(e) −1.6 m, 0.8 m

4-119 水在一條 3 cm 直徑的園藝水管中以 30 L/min 流動。一個長 20 cm 的噴嘴與水管連接來使直徑減小至 1.2 cm。沿噴嘴中心線流下的流體質點的加速度大小是

(a) 9.81 m/s²   (b) 14.5 m/s²

(c) 25.4 m/s²   (d) 39.1 m/s²

(e) 47.6 m/s²

4-120 一個穩定、不可壓縮的二維速度場如下給定：

$$\vec{V} = (u, v) = (2.5 - 1.6x)\vec{i} + (0.7 + 1.6y)\vec{j}$$

其中 x- 與 y- 座標單位為 m，速度單位為 m/s。加速度向量的 x 分量是

(a) 0.8y   (b) −1.6x

(c) 2.5x − 1.6   (d) 2.56x − 4

(e) 2.56x + 0.8y

4-121 一個穩定、不可壓縮的二維速度場如下給定：

$$\vec{V} = (u, v) = (2.5 - 1.6x)\vec{i} + (0.7 + 1.6y)\vec{j}$$

其中 x- 與 y- 座標單位為 m，速度單位為 m/s。隨質點加速度的 x- 與 y- 分量 a_x 與 a_y 在點 (x = 1 m, y = 1 m) 上分別是 (單位 m/s²)

(a) −1.44, 3.68   (b) −1.6, 1.5

(c) 3.1, −1.32   (d) 2.56, −4

(e) −0.8, 1.6

4-122 一個穩定、不可壓縮的二維速度場如下給定：

$$\vec{V} = (u, v) = (0.65 + 1.7x)\vec{i} + (1.3 - 1.7y)\vec{j}$$

其中 x- 與 y- 座標單位為 m，速度單位為 m/s。加速度向量的 y- 分量 a_y 是

(a) 1.7y   (b) −1.7y

(c) 2.89y − 2.21   (d) 3.0x − 2.73

(e) 0.84y + 1.42

4-123 一個穩定、不可壓縮的二維速度場如下給定：

$$\vec{V} = (u, v) = (0.65 + 1.7x)\vec{i} + (1.3 - 1.7y)\vec{j}$$

其中 x- 與 y- 座標單位為 m，速度單位為 m/s。加速度向量的 x- 與 y- 分量 a_x 與 a_y 在點 (x = 0 m, y = 0 m) 分別是 (單位 m/s²)

(a) 0.37, −1.85   (b) −1.7, 1.7

(c) 1.105, −2.21   (d) 1.7, −1.7

(e) 0.65, 1.3

4-124 一個穩定、不可壓縮的二維速度場如下給定：

$$\vec{V} = (u, v) = (0.65 + 1.7x)\vec{i} + (1.3 - 1.7y)\vec{j}$$

其中 x- 與 y- 座標單位為 m，速度單位為 m/s。速度的 x- 與 y- 分量 u 與 v 在點 (x = 1 m, y = 2 m) 分別是 (單位 m/s)

(a) 0.54, −2.31   (b) −1.9, 0.75

(c) 0.598, 2.21   (d) 2.35, −2.1

(e) 0.65, 1.3

4-125 由一個流體質點在某一段時間區間內所實際經過的路徑稱為

(a) 路徑線   (b) 流線管

(c) 流線   (d) 煙線

(e) 時間線

4-126 由依序通過流場中某一個指定點的所有流體質點所形成的軌跡線稱為
(a) 路徑線 (b) 流線管
(c) 流線 (d) 煙線
(e) 時間線

4-127 一條線上的每一點都與瞬間的局部速度向量相切，此線稱為
(a) 路徑線 (b) 流線管
(c) 流線 (d) 煙線
(e) 時間線

4-128 一個箭頭的陣列用來指示在一個瞬間的向量的大小與方向的分佈，稱為
(a) 外形圖 (b) 向量圖
(c) 等高線圖 (d) 速度圖
(e) 時間圖

4-129 CFD 代表
(a) 可壓縮流體力學
(b) 可壓縮流體範圍
(c) 圓周流體力學
(d) 對流流體力學
(e) 計算流體力學

4-130 以下哪一個不是在流體力學中，一個元素可能經歷的運動或變形的基本型態？
(a) 轉動 (b) 收縮
(c) 平移 (d) 線性變形
(e) 剪變形

4-131 一個穩定、不可壓縮的二維速度場如下給定：

$$\vec{V} = (u, v) = (2.5 - 1.6x)\vec{i} + (0.7 + 1.6y)\vec{j}$$

其中 x- 與 y- 座標的單位為 m，速度的單位為 m/s。在 x- 方向的線性應變率是 (單位 s^{-1})
(a) -1.6 (b) 0.8 (c) 1.6
(d) 2.5 (e) -0.875

4-132 一個穩定、不可壓縮的二維速度場如下給定：

$$\vec{V} = (u, v) = (2.5 - 1.6x)\vec{i} + (0.7 + 1.6y)\vec{j}$$

其中 x- 與 y- 座標的單位為 m，速度的單位為 m/s。剪應變率是 (單位 s^{-1})
(a) -1.6 (b) 1.6 (c) 2.5
(d) 0.7 (e) 0

4-133 一個穩定、不可壓縮的二維速度場如下給定：

$$\vec{V} = (u, v) = (2.5 - 1.6x)\vec{i} + (0.7 + 0.8y)\vec{j}$$

其中 x- 與 y- 座標的單位為 m，速度的單位為 m/s。體積應變率是 (單位 s^{-1})
(a) 0 (b) 3.2 (c) -0.8
(d) 0.8 (e) -1.6

4-134 如果一個流場的渦度是零，則此流場是
(a) 不動的 (b) 不可壓縮的
(c) 可壓縮的 (d) 無旋的
(e) 旋轉的

4-135 一個流體質點的角速度是 20 rad/s。這個流體質點的渦度是
(a) 20 rad/s (b) 40 rad/s (c) 80 rad/s
(d) 10 rad/s (e) 5 rad/s

4-136 一個穩定、不可壓縮的二維速度場如下給定：

$$\vec{V} = (u, v) = (0.75 + 1.2x)\vec{i} + (2.25 - 1.2y)\vec{j}$$

其中 x- 與 y- 座標的單位為 m，速度的單位為 m/s。此流場的渦度是
(a) 0 (b) $1.2y\vec{k}$ (c) $-1.2y\vec{k}$
(d) $y\vec{k}$ (e) $1.2xy\vec{k}$

4-137 一個穩定、不可壓縮的二維速度場如下給定：

$$\vec{V} = (u, v) = (2xy + 1)\vec{i} + (-y^2 - 0.6)\vec{j}$$

其中 x- 與 y- 座標的單位為 m，速度的單位為 m/s。此流場的角速度是

(a) 0   (b) $-2y\vec{k}$ (c) $2y\vec{k}$
(d) $-2x\vec{k}$ (e) $-x\vec{k}$

4-138 一輛車以等絕對速度 $\vec{V}_{cart} = 5$ km/h 向右移動。一高速水流噴束以絕對速度 $\vec{V}_{jet} = 15$ km/h 向右沖擊此車的尾部。則水的相對速度是

(a) 0 km/h   (b) 5 km/h
(c) 10 km/h   (d) 15 km/h
(e) 20 km/h

Chapter 5

伯努利與能量方程式

學習目標

讀完本章後，你將能夠

- 應用質量守恆方程式來平衡一個流動系統的流進與流出流率。
- 認出機械能的各種形式，及使用能量轉換效率。
- 瞭解伯努利定埋的使用與限制，並且應用它來求解一些流體流動的問題。
- 使用以水頭表示的能量方程式，並用其來決定透平機的功率輸出與需求的泵功率。

世界各地都正在建立風力發電場，以從風中得到動能並轉換成電能。風機的設計會應用到質量、能量、動量與角動量守恆。伯努利方程式在前置設計階段也非常有用。
© J. Luke/PhotoLink/Getty RF

　　本章討論流體力學中經常會使用到的三個方程式：質量、伯努利與能量方程式。質量方程式是質量守恆定理的表示式。伯努利方程式關心的是動能、位能以及流能的守恆與它們之間的轉換，適用於流動淨黏滯效應可以忽略的區域及其它限制條件適用的場合。能量方程式是能量守恆定理的敘述。在流體力學中，適切的作法是將機械能與熱能分開，並將機械能由於摩擦作用轉換成熱能的效應當成機械能損失，因此能量方程式變成機械能平衡。

　　在本章的開始，我們先概述守恆定理與質量守恆關係式。接著討論機械能的各種形式與機械工作裝置的效率，例如泵與透平機。然後對沿著流線移動的流體元素應用牛頓第二定律來導出伯努利方程式，並且展示其在各種應用的使用。我們繼續推導適合在流體力學中使用的能量方程式，並且導入水頭損失的觀念。最後，我們將能量方程式應用在各種工程系統上。

5-1 簡介

你已經熟悉許多**守恆定理** (conservation laws)，例如質量守恆定理、能量守恆定理與動量守恆定理。歷史上，守恆定理首先被應用到一個固定量的物質，稱為封閉系統或簡稱為系統，然後再擴展應用到空間的一個區域，稱為控制體積。守恆方程式也稱為平衡方程式，因為任何守恆量在一個過程中必須平衡。我們現在對質量與能量守恆，以及線性動量方程式作一個簡潔的說明。

圖 5-1 許多流體流動裝置，例如這個佩爾頓水力輪機，是應用質量與能量守恆定理，配合線性動量方程式來作分析的。
Courtesy of Hydro Tasmania, www.hydro.com.au. Used by permission.

質量守恆

一個封閉系統經歷一個改變的質量守恆關係式被表示為 m_{sys} = 常數，或 $dm_{sys}/dt = 0$，即系統的質量在一個過程中維持為一個常數。對一個控制體積 (CV)，質量守恆以變化率的形式來表示：

質量守恆：
$$\dot{m}_{in} - \dot{m}_{out} = \frac{dm_{CV}}{dt} \tag{5-1}$$

其中 $\dot{m}_{in}$ 與 $\dot{m}_{out}$ 分別表示流進與流出控制體積的質量流率，而 dm_{CV}/dt 代表在控制體積邊界內的質量的變化率。在流體力學中，一個微分控制體積的質量守恆關係式通常被稱為連續方程式 (continuity equation)。質量守恆在 5-2 節中討論。

線性動量方程式

物體的質量 m 與速度 $\vec{V}$ 的乘積稱為這個物體的線性動量或簡稱動量，$m\vec{V}$。根據牛頓第二定律，物體的加速度正比於其所受的淨力，而反比於其質量，即此物體的動量的改變率等於作用在此物體上的淨力。因此系統的動量只有當作用於其上的淨力為零時才維持是個常數，從而這個系統的動量是守恆的。此稱為動量守恆定理。在流體力學中，牛頓第二定律常被稱為線性動量方程式，將在第 6 章中與角動量方程式一起討論。

能量守恆

能量可以從一個封閉的系統以熱或功的形式傳遞，而能量守恆定理要求在一個過程中傳進或傳出系統的淨能量等於系統內含能量的變化。控制體積的能量傳遞還包含經由質量流動所傳遞的能量，因此能量守恆定理，也稱為能量守恆，被表示為能量守恆：
$$\dot{E}_{in} - \dot{E}_{out} = \frac{dE_{CV}}{dt} \tag{5-2}$$

其中 $\dot{E}_{in}$ 與 $\dot{E}_{out}$ 分別是傳進與傳出控制體積的能量傳遞率，而 dE_{CV}/dt 則是在控制體積內部的總能量變化率。在流體力學中，我們經常限制於僅考慮能量的機械能形式。能量守恆將在 5-6 節中討論。

5-2 質量守恆

質量守恆定理是自然界中最基本的定理中的一個。我們都熟悉這個定理，且其並不難瞭解。一個人並不需要是火箭科學家也能知道油醋醬是如何由 100 g 的油和 25 g 的醋混合調製而成。即使化學方程式也是根據質量守恆定理來平衡的。當 16 kg 的氧與 2 kg 的氫反應時，就生成 18 kg 的水 (圖 5-2)。在一個電解過程，水被分解，恢復成 2 kg 的氫與 16 kg 的氧。

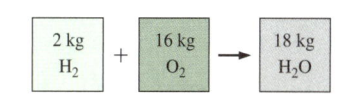

圖 5-2 即使在化學反應中，質量也是守恆的。

技術上，質量並不是完全守恆的。事實上，質量 m 與能量 E 可以相互轉換，根據的是愛因斯坦 (1879-1955) 所提出的著名公式：

$$E = mc^2 \tag{5-3}$$

其中 c 是真空中的光速，即 $c = 2.9979 \times 10^8$ m/s。這個方程式指出質量與能量之間有一種等價關係。所有的物理與化學系統都呈現與它們的環境之間的能量交互作用，但是牽涉到的能量的等價質量相對於系統的總質量是一個極小的量。例如，在 1 大氣壓下，從氧與氫生成 1 kg 的液態水會釋放出 15.8 MJ 的能量，與此等價的質量僅是 1.76×10^{-10} kg。然而在核能反應中，交互作用能量的等價質量，在牽涉到的總質量中所佔的比例就很顯著。因此，在大多數工程分析中，我們將質量與能量兩者都當成守恆量。

對於封閉系統，質量守恆定理要求在一個過程中，系統的質量維持是個常數。然而，對於控制體積，質量可以穿過邊界，因此我們必須追蹤進入與離開控制體積的質量。

質量與體積流率

每單位時間流過一個截面的質量的量稱為質量流率 (mass flow rate)，記為 $\dot{m}$。符號上面的小點被用來指示對時間的變化率。

流體可以從控制體積流進或流出，通常經過管道。流體流過一根管子的截面積上的一個小面積元素 dA_c 的微分質量流率正比於 dA_c 本身、流體的密度 ρ 與垂直於

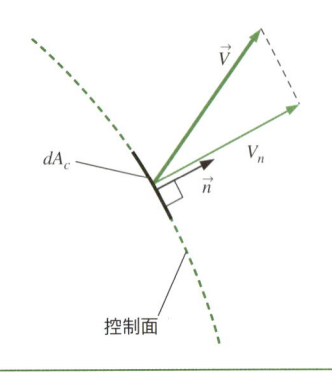

圖 5-3 一個表面的正向速度 V_n 是速度垂直於此面的分量。

dA_c 的速度分量，我們將其表示為 V_n，因此可以表示為 (圖 5-3)

$$\delta \dot{m} = \rho V_n dA_c \tag{5-4}$$

注意 δ 與 d 兩種符號都用來表示微分量，但 δ 通常用在路徑函數 (path function) 的量 (例如熱、功與質量傳遞)，因此是非正微分量 (inexact differentials)，而 d 通常用在點函數 (point function) 的量 (例如性質)，因此是正微分量 (exact differentials)。例如流過一個內半徑為 r_1，外半徑為 r_2 的圓環，$\int_1^2 dA_c = A_{c2} - A_{c1} = \pi(r_2^2 - r_1^2)$，但是 $\int_1^2 \delta \dot{m} = \dot{m}_{\text{total}}$ (通過圓環的總質量流率)，而不是 $\dot{m}_2 - \dot{m}_1$。對於指定 r_1 與 r_2 的值，dA_c 的積分的值是固定的 (因此有點函數與正微分的名稱)，但是 $\delta \dot{m}$ 的積分的值就不是這樣 (因此有路徑函數與非正微分的名稱)。

通過一個管道的整個截面的質量流率可以經由積分來獲得：

$$\dot{m} = \int_{A_c} \delta \dot{m} = \int_{A_c} \rho V_n dA_c \quad (\text{kg/s}) \tag{5-5}$$

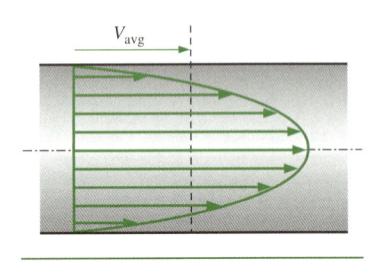

圖 5-4 平均速度 V_{avg} 定義為在一個截面的平均速率。

雖然式 (5-5) 總是成立的 (事實上它是正確的)，但由於需要作積分，對於工程分析它並不總是實用的。取而代之，我們喜歡將質量流率用跨過管子整個截面的平均值來表示。在一個一般的可壓縮流中，ρ 與 V_n 兩者在跨越管子時都會改變。然而在許多實際的應用中，密度在一個管子的一個截面上幾乎是均勻的，因此我們可以將 ρ 從式 (5-5) 的積分中取出。但是速度在一個管子的截面上從來就不是均勻的，這是在壁面上的無滑動條件所造成的，即速度會從在壁面上的零值變化到在靠近中心線的最大值。我們定義平均速度 V_{avg} 為 V_n 在橫跨整個管子截面的平均值 (圖 5-4)，

平均速度：

$$V_{\text{avg}} = \frac{1}{A_c} \int_{A_c} V_n dA_c \tag{5-6}$$

其中 A_c 是與流動方向垂直的截面的面積。注意若在整個截面上的速率都是 V_{avg}，則質量流率會與用實際速度形狀作積分所得的結果是一樣的。因此對於不可壓縮流，或可壓縮流但其密度在跨過截面 A_c 的方向可視為均勻的情況，式 (5-5) 變成

$$\dot{m} = \rho V_{\text{avg}} A_c \quad (\text{kg/s}) \tag{5-7}$$

對於可壓縮流，我們可以將 ρ 視為整個截面上的平均密度，因此式 (5-7) 可以用來當作合理的近似式。為簡單計算，我們將去掉平均速度的下標。除非另有提及，V 就代表在流動方向的平均速度。再者 A_c 代表與流動方向垂直的截面積。

每單位時間流過一個截面的流體體積稱為體積流率 (volume flow rate) $\dot{V}$ (圖 5-5)，表示為

$$\dot{V} = \int_{A_c} V_n \, dA_c = V_{avg} A_c = V A_c \quad (\text{m}^3/\text{s}) \quad (5\text{-}8)$$

式 (5-8) 的早期形式由義大利僧侶卡斯特里 (1577-1644) 在 1628 年發表。注意在許多流體力學的教科書中，體積流率是用 Q 而不是 $\dot{V}$ 來表示。我們使用 $\dot{V}$ 是為了避免與熱傳符號混淆。

質量與體積流率之間的相關式為

$$\dot{m} = \rho \dot{V} = \frac{\dot{V}}{v} \quad (5\text{-}9)$$

其中 v 是比容。這個關係式與 $m = \rho V = V/v$ 相似，此為在一個容器內流體的質量與體積的相關式。

質量守恆定理

一個控制體積的**質量守恆定理** (conservation of mass principle) 可以表示為：在一個時間區間 Δt 內，傳入或傳出一個控制體積的淨質量傳遞等於控制體積內部的總質量的淨改變量 (增加或減少)。也就是

$$\begin{pmatrix} \text{在 } \Delta t \text{ 時間內進入} \\ \text{CV 的總質量} \end{pmatrix} - \begin{pmatrix} \text{在 } \Delta t \text{ 時間內離開} \\ \text{CV 的總質量} \end{pmatrix} = \begin{pmatrix} \text{在 } \Delta t \text{ 時間內 CV 內部} \\ \text{的質量淨改變量} \end{pmatrix}$$

或

$$m_{in} - m_{out} = \Delta m_{CV} \quad (\text{kg}) \quad (5\text{-}10)$$

其中 $\Delta m_{CV} = m_{final} - m_{initial}$ 是在這個過程中控制體積的質量改變 (圖 5-6)。它也可以用變化率的形式來表示：

$$\dot{m}_{in} - \dot{m}_{out} = dm_{CV}/dt \quad (\text{kg/s}) \quad (5\text{-}11)$$

其中 $\dot{m}_{in}$ 與 $\dot{m}_{out}$ 是進入與離開控制體積的總質量流率，而 dm_{CV}/dt 是控制體積內部的質量變化率。式 (5-10) 與 (5-11) 經常被稱為質量平衡 (mass balance) 並且對於任

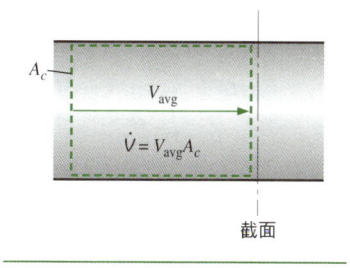

圖 5-5 體積流率是每單位時間內流體流過一個截面的體積。

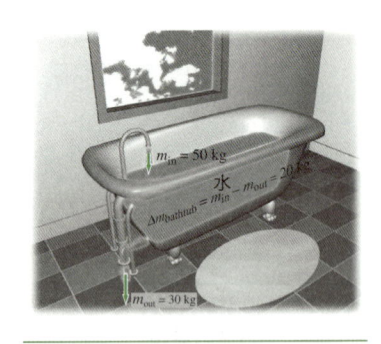

圖 5-6 一個普通浴缸的質量守恆。

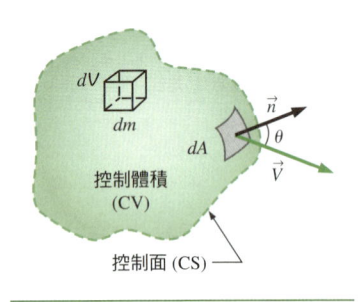

圖 5-7 微分控制體積 dV 與微分控制表面 dA，使用在質量守恆關係式的推導。

何控制體積經歷任何過程都是適用的。

考慮一個任意形狀的控制體積，如圖 5-7 所示。在控制體積內部的一個微分體積 dV 的質量是 $dm = \rho \, dV$。此控制體積在任何瞬間 t 的質量可經由積分來決定，

在 CV 內的總質量： $$m_{CV} = \int_{CV} \rho \, dV \tag{5-12}$$

這個控制體積內部質量的時間變化率被表示為

在 CV 內的質量的變化率： $$\frac{dm_{CV}}{dt} = \frac{d}{dt}\int_{CV} \rho \, dV \tag{5-13}$$

對於沒有質量穿越控制面的特殊情況 (即控制體積是一個封閉系統)，質量守恆定理簡化成 $dm_{CV}/dt = 0$。不管控制體積是固定的、移動的或變形的，此關係式都是成立的。

現在考慮質量經由一個固定的控制體積的控制面上的一個微分面積 dA 流進或流出這個控制體積。設 $\vec{n}$ 為 dA 上面垂直於 dA 的向外單位向量，而 $\vec{V}$ 則為在 dA 上相對一個固定的座標系統的流體速度，如圖 5-7 所示。一般而言，速度會與 dA 的垂直方向成一個夾角 θ 而穿越 dA，質量流率正比於速度的垂直分量 $V_n = V\cos\theta$，範圍從 $\theta = 0$ 時的最大向外流動 (流動垂直於 dA，向外) 到 $\theta = 90°$ 時的零進出 (流動與 dA 相切)，再到 $\theta = 180°$ 時的最大向內流動 (流動垂直於 dA，向內)。使用兩個向量的點積的觀念，則速度的垂直分量的大小是

速度的垂直分量： $$V_n = V\cos\theta = \vec{V}\cdot\vec{n} \tag{5-14}$$

穿過 dA 的質量流率正比於流體密度 ρ、垂直速度 V_n 與流動面積 dA，其表示式為

微分質量流率： $$\delta\dot{m} = \rho V_n \, dA = \rho(V\cos\theta) \, dA = \rho(\vec{V}\cdot\vec{n}) \, dA \tag{5-15}$$

經過整個控制面流進或流出控制體積的淨質量流率可藉由將 $\delta\dot{m}$ 對整個控制面積分而求得

淨質量流率： $$\dot{m}_{net} = \int_{CS} \delta\dot{m} = \int_{CS} \rho V_n \, dA = \int_{CS} \rho(\vec{V}\cdot\vec{n}) \, dA \tag{5-16}$$

注意 $V_n = \vec{V}\cdot\vec{n} = V\cos\theta$ 對 $\theta < 90°$ (外流) 是正值，而對 $\theta > 90°$ (內流) 是負值。因此流動的方向自動被考慮到了，並且式 (5-16) 的面積分直接就得到淨質量流率。

若 $\dot{m}_{net}$ 為正值，表示有淨質量外流，而 $\dot{m}_{net}$ 為負值則表示淨質量內流。

將式 (5-11) 重新整理成 $dm_{CV}/dt + \dot{m}_{out} - \dot{m}_{in} = 0$，則一個固定的控制體積的質量守恆關係式可以被表示成

質量守恆的一般式：
$$\frac{d}{dt}\int_{CV} \rho \, dV + \int_{CS} \rho(\vec{V}\cdot\vec{n}) \, dA = 0 \qquad (5\text{-}17)$$

其敘述為控制體積內的質量的時間變化率加上經過控制面的淨質量流率等於零。

控制體積的質量守恆的一般式也可以使用雷諾輸運定理 (RTT)，藉由取性質 B 為質量 m (第 4 章) 來導出。因此我們有 $b=1$，因為將質量除以質量得到每單位質量的性質為 1。再者，因為封閉系統的質量是常數，其時間導數為零，即 $dm_{sys}/dt = 0$。因此雷諾輸運定理馬上簡化成式 (5-17)，如圖 5-8 所示，這就說明了雷諾輸運定理真的是一個非常有力的工具。

將式 (5-17) 的面積分拆成兩部分，其中一個是外流的部分 (正值)，另一個是內流的部分 (負值)，則質量守恆的一般式可以表示成

$$\frac{d}{dt}\int_{CV} \rho \, dV + \sum_{out} \rho |V_n| A - \sum_{in} \rho |V_n| A = 0 \qquad (5\text{-}18)$$

其中 A 代表入口或出口的面積，而使用加總符號是要強調所有的入口或出口都被考慮。使用質量流率的定義，式 (5-18) 也可被表示成

$$\frac{d}{dt}\int_{CV} \rho \, dV = \sum_{in}\dot{m} - \sum_{out}\dot{m} \quad 或 \quad \frac{dm_{CV}}{dt} = \sum_{in}\dot{m} - \sum_{out}\dot{m} \qquad (5\text{-}19)$$

當求解一個問題時，控制體積的選擇有很大的自由度。可供選擇的控制體積很多，但有些使用起來較為方便。控制體積不應該導入任何不必要的複雜度。聰明的選擇控制體積可以使一個似乎很複雜的問題的求解變得很簡單。選擇控制體積的一個簡單法則就是儘量使控制面在所有流體進出的地方都與流動方向垂直。這樣做使點積 $\vec{V}\cdot\vec{n}$ 很簡單的變成是速度的大小，而積分 $\int_A \rho(\vec{V}\cdot\vec{n}) \, dA$ 很簡單的成為 $\rho V A$ (圖 5-9)。

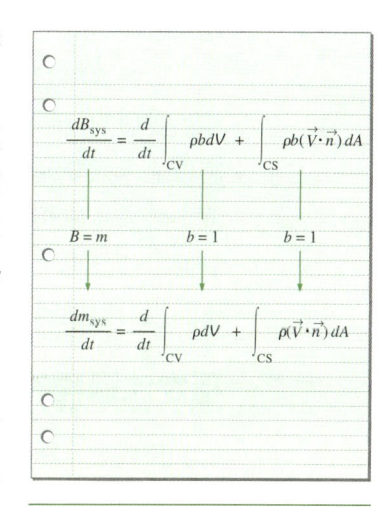

圖 5-8 在雷諾輸運定理中，用 m 取代 B，用 1 取代 b ($b = B/m = m/m = 1$)，即可獲得質量守恆定理。

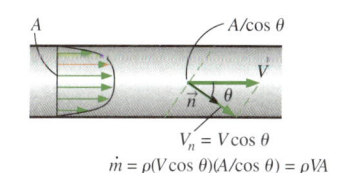

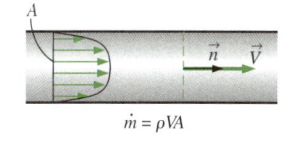

圖 5-9 控制面的選擇應該使其在流體穿過控制面的所有地方都與流動方向垂直來避免複雜性，雖然結果都是一樣的。

移動或變形的控制體積

式 (5-17) 與 (5-19) 也適用於移動的控制體積，只要絕對速度 $\vec{V}$ 以相對速度 $\vec{V}_r$ [這是相對於控制面的速度 (第 4 章)] 來取代。在控制體積移動但不變形的情況下，相對速度是與控制體積一起移動的人所觀察到的流體速度，表示為 $\vec{V}_r = \vec{V} - \vec{V}_{CS}$，其中 $\vec{V}$ 是流體速度而 $\vec{V}_{CS}$ 是控制面的速度，兩者都是相對於外面的一個固定點。注意這裡的減法是向量減法。

一些實際的習題 (例如針筒內經由栓塞的強制移動使得藥劑經過針頭射出) 牽涉到變形的控制體積。已經導出的質量守恆關係式仍然可以使用在這種變形的控制體積上，只要流體穿越控制面的變形部分的速度表示成相對於控制面 (即流體的速度應該表示成相對於一個固定在控制面的移動部分的參考座標)。在此情況下，控制面上任意點上的相對速度仍然被表示成 $\vec{V}_r = \vec{V} - \vec{V}_{CS}$，其中 $\vec{V}_{CS}$ 是控制面在那一點相對於控制體積外面一個固定點的局部速度。

穩定流過程的質量守恆

在穩定流過程中，控制體積內部的總質量不會隨時間而變 (m_{CV} = 常數)。質量守恆定理要求進入控制體積的總質量等於離開的總質量。例如在穩定操作的一條園藝水管，每單位時間進入噴嘴的水量與每單位時間離開的水量是相等的。

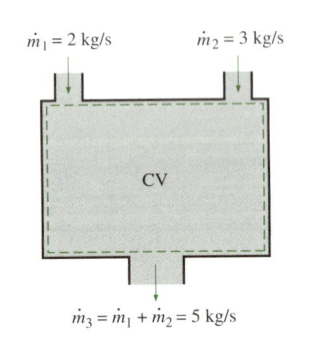

當研究穩定流過程時，我們有興趣的並不是在一個時間區間，從控制體積進出的質量大小；相反的，我們有興趣的是每單位時間流動的質量大小，即質量流率 $\dot{m}$。對於一個具有多入口與多出口的穩定流系統的質量守恆定理，其變化率的表示式為 (圖 5-10)：

穩定流： $$\sum_{in} \dot{m} = \sum_{out} \dot{m} \quad (kg/s) \tag{5-20}$$

圖 5-10 具有兩出口、一入口的穩定流系統的質量守恆原理。
$\dot{m}_1 = 2$ kg/s，$\dot{m}_2 = 3$ kg/s，$\dot{m}_3 = \dot{m}_1 + \dot{m}_2 = 5$ kg/s

其敘述為進入控制體積的總質量流率等於離開的總質量流率。

許多工程裝置，例如噴嘴、擴散器、透平機、壓縮機與泵僅包含單一流束 (僅一個入口與一個出口)。在這些情況下，我們通常用下標 1 代表入口狀態，用下標 2 代表出口狀態，並且省去加總符號。因此對於單一流束的穩定流系統，式 (5-20) 化簡成

穩定流 (單一流束)： $$\dot{m}_1 = \dot{m}_2 \quad \rightarrow \quad \rho_1 V_1 A_1 = \rho_2 V_2 A_2 \tag{5-21}$$

特殊情況：不可壓縮流

當流體是不可壓縮時，液體通常可視為是此情況，質量守恆關係式可進一步簡化。將密度從一般的穩定流關係式的兩邊消去可得到

穩定、不可壓縮流： $$\sum_{in} \dot{V} = \sum_{out} \dot{V} \quad (m^3/s) \tag{5-22}$$

對於單一流束的穩定流系統，式 (5-22) 變成

穩定、不可壓縮流 (單一流束)： $$\dot{V}_1 = \dot{V}_2 \rightarrow V_1 A_1 = V_2 A_2 \tag{5-23}$$

應該隨時記住，沒有「體積守恆」定理這回事。因此進出一個穩定流裝置的體積流率可能會不一樣。一個空氣壓縮機出口的體積流率比其入口的少很多，雖然通過這個壓縮機的質量流率是個常數 (圖 5-11)。這是由於壓縮機出口的密度較高的緣故。然而，對於液體的穩定流，體積流率就幾乎是常數，因為液體本質上就是不可壓縮的 (等密度) 物質。通過園藝水管的噴嘴的水流就是後面情況的一個例子。

質量守恆定理要求在一個過程中，每一分的質量都要考慮到。如果你能夠平衡你的支票簿 (藉由追蹤存款與提款，或是藉由遵守「金錢守恆」)，在應用質量守恆定理到工程系統上應該沒有困難。

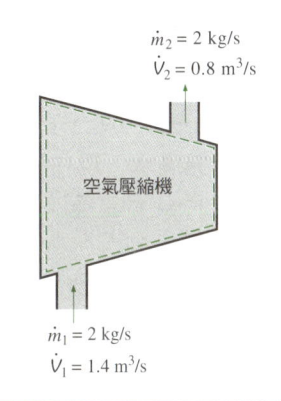

圖 5-11 在一個穩定流過程中，雖然質量流率是守恆的，但體積流率則未必是守恆的。

例題 5-1 ▶ 水流過一個園藝水管噴嘴

一條附有噴嘴的園藝水管被用來填充一個 40 L 的水桶。水管的內直徑是 2 cm，在噴嘴的出口縮減為 0.8 cm (圖 5-12)。如果需要 50 s 來將水桶裝滿水，試求 (a) 水流經水管的體積與質量流率，(b) 在噴嘴出口的平均水流速度。

解答：一條園藝水管被用來將水桶注滿。要決定水在出口的體積與質量流率與出口的速度。

假設：1. 水幾乎是不可壓縮物質。 2. 流經水管的水流是穩定的。 3. 沒有因為濺出而浪費的水。

性質：我們取水的密度為 1000 kg/m³ = 1 kg/L。

分析：(a) 注意在 50 s 內，40 L 的水被排出，水的體積與質量流率是

$$\dot{V} = \frac{V}{\Delta t} = \frac{40\ L}{50\ s} = \mathbf{0.800\ L/s}$$

圖 5-12 例題 5-1 的示意圖。
Photo by John M. Cimbala.

212 流體力學

$$\dot{m} = \rho \dot{V} = (1 \text{ kg/L})(0.800 \text{ L/s}) = \mathbf{0.800 \text{ kg/s}}$$

(b) 噴嘴出口的截面積為

$$A_e = \pi r_e^2 = \pi(0.4 \text{ cm})^2 = 0.5027 \text{ cm}^2 = 0.5027 \times 10^{-4} \text{ m}^2$$

流過水管與噴嘴的體積流率是常數。因此水在噴嘴出口的平均速度變成

$$V_e = \frac{\dot{V}}{A_e} = \frac{0.800 \text{ L/s}}{0.5027 \times 10^{-4} \text{ m}^2}\left(\frac{1 \text{ m}^3}{1000 \text{ L}}\right) = \mathbf{15.9 \text{ m/s}}$$

討論：可以證明在水管中水的平均速度是 2.5 m/s，因此噴嘴增加水速超過 6 倍。

例題 5-2 ▶ 水從一個桶子排出

一個 1.2 m 高、0.9 m 直徑的圓柱形水桶，其頂端對大氣開放並在開始時充滿水。現在接近桶底的止水栓被拔開了，一個水流噴束以 1.3 cm 的直徑流出 (圖 5-13)。噴束的平均速度可以近似為 $V = \sqrt{2gh}$，其中 h 是從開口中心量起的桶內水高 (這是一個變數)，而 g 是重力加速度。試求需要多久才能使桶內的水深掉至 0.6 m。

解答：靠近水桶底部的止水栓被拔出。要求出桶內的水流出一半所需要的時間。

假設：**1.** 水幾乎是不可壓縮物質。**2.** 桶底與開口中心的距離比起水的總高度是可以忽略的。**3.** 重力加速度是 9.81 m/s^2。

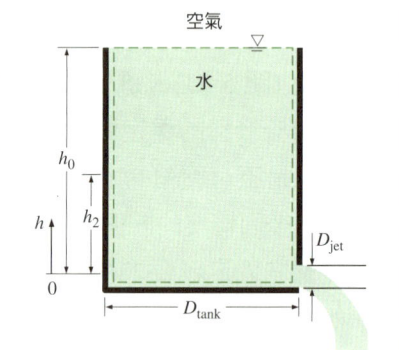

圖 5-13 例題 5-2 的示意圖。

分析：我們取水所佔的體積為控制體積。在此情況下，控制體積的大小隨著水面降低而減小，因此這是一個可變的控制體積。(我們也可以取一個固定的控制體積，由木桶的內部體積所構成，並忽略取代水被排出空間的空氣。) 顯然這是一個不穩定流問題，因為在控制體積內部的性質 (例如質量的大小) 會隨時間而變。

經歷任何過程的控制體積的質量守恆的關係式用變化率的表示形式為

$$\dot{m}_{\text{in}} - \dot{m}_{\text{out}} = \frac{dm_{\text{CV}}}{dt} \tag{1}$$

在此過程中沒有質量進入控制體積 ($\dot{m}_{\text{in}} = 0$)，而排出水的質量流率是

$$\dot{m}_{\text{out}} = (\rho V A)_{\text{out}} = \rho\sqrt{2gh}\,A_{\text{jet}} \tag{2}$$

其中 $A_{\text{jet}} = \pi D_{\text{jet}}^2/4$ 是噴束的截面積，這是一個常數。注意水的密度是一個常數，而在任意時間，桶內水的質量為

$$m_{\text{CV}} = \rho V = \rho A_{\text{tank}} h \tag{3}$$

其中 $A_{\text{tank}} = \pi D_{\text{tank}}^2/4$ 是圓柱形水桶的底面積。將式 (2) 和 (3) 代入質量守恆關係式 (1) 得

$$-\rho\sqrt{2gh}A_{\text{jet}} = \frac{d(\rho A_{\text{tank}}h)}{dt} \rightarrow -\rho\sqrt{2gh}(\pi D_{\text{jet}}^2/4) = \frac{\rho(\pi D_{\text{tank}}^2/4)dh}{dt}$$

消去密度與其它共同項並分離變數,得

$$dt = -\frac{D_{\text{tank}}^2}{D_{\text{jet}}^2}\frac{dh}{\sqrt{2gh}}$$

積分,從 $t=0$、$h=h_0$ 到 $t=t$、$h=h_2$,得

$$\int_0^t dt = -\frac{D_{\text{tank}}^2}{D_{\text{jet}}^2\sqrt{2g}}\int_{h_0}^{h_2}\frac{dh}{\sqrt{h}} \rightarrow t = \frac{\sqrt{h_0}-\sqrt{h_2}}{\sqrt{g/2}}\left(\frac{D_{\text{tank}}}{D_{\text{jet}}}\right)^2$$

代入值,求出排水的時間為

$$t = \frac{\sqrt{1.2\text{ m}}-\sqrt{0.6\text{ m}}}{\sqrt{9.81/2\text{ m/s}^2}}\left(\frac{0.9\text{ m}}{0.013\text{ m}}\right)^2 = 694\text{ s} = \mathbf{11.6\text{ min}}$$

因此,出水口的止水栓被拔出後,需要 11.6 min 來排出桶內一半的水量。

討論:若 $h_2 = 0$,使用同樣的關係式得 $t = 39.5$ min,這是排空桶內所有水量的時間。因此,排空後面一半的水量所需時間大於排空前面一半的水量所需的時間。這是因為排水速度會隨液面高度減小的原因。

5-3 機械能和效率

　　許多流體系統被設計以指定的流率、速度及高度差從一個地點輸運流體到另一個地點,並且在過程中此系統可以在一個透平機中產生機械功,或在一個泵或風扇中消耗機械功 (圖 5-14)。這些系統中沒有核能、化學能或熱能轉換為機械能。同時也不含有任何顯著的熱傳量,並且基本上是在常溫下操作。這些系統的分析,可以簡單的只考慮機械能以及摩擦效應造成的機械能損失 (此損失轉換成熱能,並且通常不能再有任何用途)。

圖 5-14 機械能對於沒有牽涉到顯著熱傳或能量轉換的流動是很有用的觀念,例如汽油從地下油槽輸送到汽車的流動。
Royalty-Free/CORBIS

　　機械能 (mechanical energy) 定義為能量可以經由一個理想的機械裝置,例如理想透平機,完全而直接的轉換成機械功的一種能量形式。動能和位能是最常見的機械能形式。然而,熱能不是機械能,因為其不能直接而完全的轉換成功 (熱力學第二定律)。

　　泵藉由提升壓力將機械能傳遞給流體,而透平機則藉由降低壓力將機械能從

流體抽出。因此，流動流體的壓力也與其機械能有關。事實上，壓力的單位 Pa 相當於 Pa = N/m² = N·m/m³ = J/m³，其為每單位體積的能量，而乘積 Pv 或 P/ρ 的單位 J/kg，是每單位質量的能量。注意壓力本身並不是一種能量形式。但是作用在一個流體的壓力，經過一段距離就產生功，稱為流功，其每單位質量的大小為 P/ρ。流功用流體的性質來表示，可以方便的將其視為流動流體所具有能量的一部分，稱為流能 (flow energy)。因此，流動流體的每單位質量的機械能可以表示為

$$e_{mech} = \frac{P}{\rho} + \frac{V^2}{2} + gz$$

其中 P/ρ 是流能，$V^2/2$ 是動能，gz 是位能，都是每單位質量的流體所具有的各種能量，則流體在不可壓縮流動中的機械能改變成為

$$\Delta e_{mech} = \frac{P_2 - P_1}{\rho} + \frac{V_2^2 - V_1^2}{2} + g(z_2 - z_1) \quad \text{(kJ/kg)} \quad (5\text{-}24)$$

因此流動的流體若其壓力、密度、速度與高度都維持是常數，則其機械能不會改變。若沒有任何不可逆損失時，機械能的改變代表對流體所作的機械功 (若 $\Delta e_{mech} > 0$) 或從流體抽出機械功 (若 $\Delta e_{mech} < 0$)。例如，由一個透平機所生產的最大 (理想) 功率為 $\dot{W}_{max} = \dot{m} \Delta e_{mech}$，如圖 5-15 所示。

考慮一個高度為 h，充滿水的容器，如圖 5-16 所示，其參考高度選擇在底部平面。在自由表面的 A 點的錶壓力和每單位質量的位能分別是 $P_{gage,A} = 0$ 和 $pe_A = gh$，而在容器底部平面的 B 點分別是 $P_{gage,B} = \rho gh$ 和 $pe_B = 0$。一個位於底部高度的理想透平機不管接受的水 (或其它等密度的流體) 是從容器的頂部或底部，其所生產的每單位質量的功 $w_{turbine} = gh$ 都是一樣。注意我們假設水經過從容器到透平機的水管是理想流動 (沒有不可逆損失)，且在透平機出口的動能為可忽略。因此水的總可用機械能在底部與在頂部是相等的。

機械能的轉換通常是經由轉軸來完成的，因此機械功常被稱為軸功 (shaft work)。泵或風扇接受軸功 (通常從一個電動馬達) 並且將其以機械能傳遞給流體 (減掉摩擦損失)。相反的，透平機將流體的機械能轉換成軸功。由於不可逆性，例如摩擦，

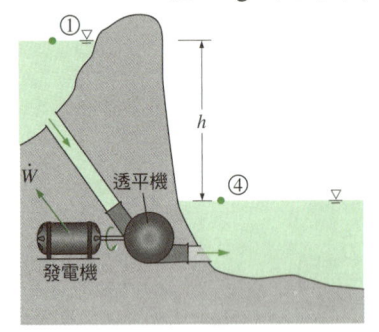

$\dot{W}_{max} = \dot{m}\Delta e_{mech} = \dot{m}g(z_1 - z_4) = \dot{m}gh$
因為 $P_1 \approx P_4 = P_{atm}$ 與 $V_1 = V_4 \approx 0$
(a)

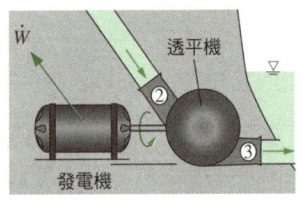

$\dot{W}_{max} = \dot{m}\Delta e_{mech} = \dot{m}\frac{P_2 - P_3}{\rho} = \dot{m}\frac{\Delta P}{\rho}$
因為 $V_2 \approx V_3$ 與 $z_2 \approx z_3$
(b)

圖 5-15 機械能可以由一個理想透平機與一個理想發電機的耦合來作說明。在沒有不可逆損失時，最大生產的功率正比於 (a) 從上游到下游的水體的水面高度差異，或 (b) (近視圖) 從透平機的上游到下游的水壓下降量。

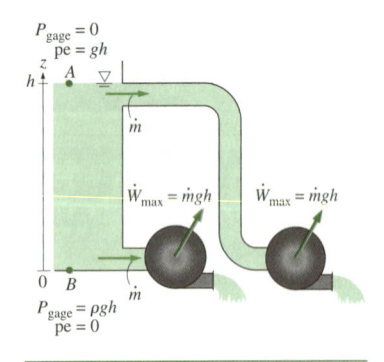

圖 5-16 水在容器底部的可用機械能等於在任何深度的可用機械能，包括在容器的自由表面。

機械能無法從一種形式完全轉換成另一種形式，因此一個裝置或過程的機械效率就被定義為

$$\eta_{mech} = \frac{\text{機械能輸出}}{\text{機械能輸入}} = \frac{E_{mech,\,out}}{E_{mech,\,in}} = 1 - \frac{E_{mech,\,loss}}{E_{mech,\,in}} \quad (5\text{-}25)$$

低於 100% 的轉換效率表示轉換不是完美的，有些損失在轉換中發生了。一個 74% 的機械效率表示 26% 的機械能輸入，由於摩擦生熱的結果被轉換成熱能 (圖 5-17)，這在流體溫度的些微升溫就可自我說明了。

在流體系統中，我們經常有興趣於增加一個流體的壓力、速度及 (或) 高度。這可藉由泵、風扇或壓縮機 (這些我們將通稱為泵) 供給機械能給流體來達成。若我們的興趣在於相反的過程，則可藉由透平機來從流體中抽取機械能，並產生轉軸形式的機械功率來驅動一個發電機或任何其它旋轉裝置。

提供流體或從流體輸出機械能的轉換過程的完美程度被表示成泵效率與透平機效率。用變化率的形式來表示，它們的定義對泵為

$$\eta_{pump} = \frac{\text{流體增加的機械功率}}{\text{輸入的機械功率}} = \frac{\Delta \dot{E}_{mech,\,fluid}}{\dot{W}_{shaft,\,in}} = \frac{\Delta \dot{W}_{pump,\,u}}{\dot{W}_{pump}} \quad (5\text{-}26)$$

其中 $\Delta \dot{E}_{mech,\,fluid} = \dot{E}_{mech,\,out} - \dot{E}_{mech,\,in}$ 是流體機械能的增加率，是等於提供給流體的可用泵馬力 $\dot{W}_{pump,\,u}$，而對透平機為

$$\eta_{turbine} = \frac{\text{輸出的機械功率}}{\text{流體減少的機械功率}} = \frac{\dot{W}_{shaft,\,out}}{|\Delta \dot{E}_{mech,\,fluid}|} = \frac{\dot{W}_{turbine}}{\dot{W}_{turbine,\,u}} \quad (5\text{-}27)$$

其中 $|\Delta \dot{E}_{mech,\,fluid}| = \dot{E}_{mech,\,in} - \dot{E}_{mech,\,out}$ 是流體機械能的減少率，是透平機從流體所抽取的機械功率 $\dot{W}_{turbine,\,e}$，我們使用絕對值符號來避免效率成為負值。泵或透平機效率若為 100% 就表示在軸功與流體機械能之間有完美的轉換，當摩擦效應被極小化時，可以逼近這個值 (但永遠無法達到)。

機械效率永遠不可與馬達效率及發電機效率混淆，這些被定義為

馬達：
$$\eta_{motor} = \frac{\text{輸出的機械功率}}{\text{輸入的電功率}} = \frac{\dot{W}_{shaft,\,out}}{\dot{W}_{elect,\,in}} \quad (5\text{-}28)$$

與

發電機：
$$\eta_{generator} = \frac{\text{輸出的電功率}}{\text{輸入的機械功率}} = \frac{\dot{W}_{elect,\,out}}{\dot{W}_{shaft,\,in}} \quad (5\text{-}29)$$

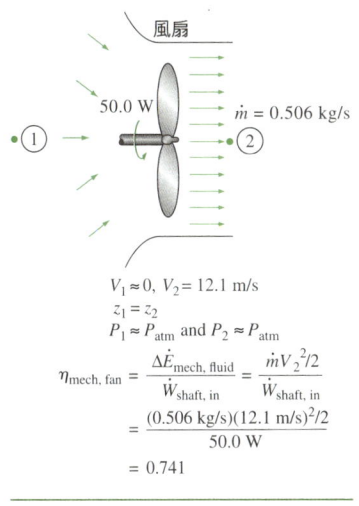

風扇
50.0 W
$\dot{m} = 0.506$ kg/s

$V_1 \approx 0$, $V_2 = 12.1$ m/s
$z_1 = z_2$
$P_1 \approx P_{atm}$ and $P_2 \approx P_{atm}$

$$\eta_{mech,\,fan} = \frac{\Delta \dot{E}_{mech,\,fluid}}{\dot{W}_{shaft,\,in}} = \frac{\dot{m} V_2^2/2}{\dot{W}_{shaft,\,in}}$$
$$= \frac{(0.506 \text{ kg/s})(12.1 \text{ m/s})^2/2}{50.0 \text{ W}}$$
$$= 0.741$$

圖 5-17 風扇的機械效率是空氣機械能的增加率與機械功率輸入的比值。

216 流體力學

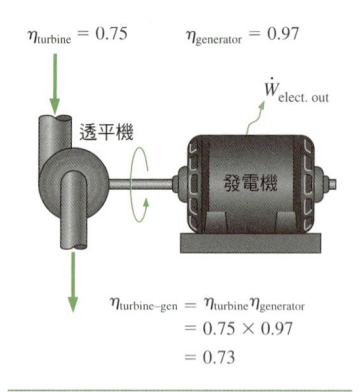

$\eta_{turbine} = 0.75$ $\eta_{generator} = 0.97$

透平機 $\dot{W}_{elect,\,out}$ 發電機

$\eta_{turbine-gen} = \eta_{turbine}\eta_{generator}$
$= 0.75 \times 0.97$
$= 0.73$

圖 5-18 透平機−發電機的總效率是透平機效率與發電機效率的乘積，代表流體的機械功率轉換成電功率的比率。

泵經常與其馬達封裝在一起，而透平機則與其發電機一起。因此我們經常有興趣於泵−馬達與透平機−發電機結合的整合的或總效率 (圖 5-18)，其定義為

$$\eta_{pump\text{-}motor} = \eta_{pump}\,\eta_{motor} = \frac{\dot{W}_{pump,\,u}}{\dot{W}_{elect,\,in}} = \frac{\Delta\dot{E}_{mech,\,fluid}}{\dot{W}_{elect,\,in}} \quad (5\text{-}30)$$

與

$$\eta_{turbine\text{-}gen} = \eta_{turbine}\,\eta_{generator} = \frac{\dot{W}_{elect,\,out}}{\dot{W}_{turbine,\,e}} = \frac{\dot{W}_{elect,\,out}}{|\Delta\dot{E}_{mech,\,fluid}|} \quad (5\text{-}31)$$

所有剛定義的效率範圍都在 0% 到 100% 之間。下限 0% 對應的是所有機械能或電能輸入都轉換成熱能，在此情況下，裝置的功能就像是一個電阻發熱器。上限 100% 對應的是完美的轉換，沒有摩擦或其它不可逆性，因此沒有機械能或電能轉換成熱能 (沒有損失)。

例題 5-3 ▶ **水力透平機−發電機的性能**

藉由裝設一個透平機−發電機組合要利用一個大湖的水來發電。水壩上游與下游的水面高度差是 50 m (圖 5-19)。水的供給率是 5000 kg/s。如果量測到的電功率輸出是 1862 kW，而發電機效率是 95%，試求 (a) 透平機−發電機組合的總效率，(b) 透平機的機械效率，與 (c) 由透平機提供給發電機的軸功率。

解答： 一個透平機−發電機組合要從湖水來生產電力。決定總效率、透平機效率與軸功率。

假設：1. 湖面與排水場所的水面高度維持是常數。**2.** 水管中的不可逆損失可以忽略。

性質： 取水的密度為 $\rho = 1000\ \text{kg/m}^3$。

分析： (a) 我們從湖的自由表面的入口 (1) 到下游排水場所的自由表面的出口 (2) 進行分析。在兩個自由表面的壓力都是大氣壓力而速度都是小到可以忽略。水的每單位質量的機械能的變化為

$$e_{mech,\,in} - e_{mech,\,out} = \underbrace{\frac{P_{in} - P_{out}}{\rho}}_{0} + \underbrace{\frac{V_{in}^2 - V_{out}^2}{2}}_{0} + g(z_{in} - z_{out})$$

$$= gh$$

$$= (9.81\ \text{m/s}^2)(50\ \text{m})\left(\frac{1\ \text{kJ/kg}}{1000\ \text{m}^2/\text{s}^2}\right) = 0.491\,\frac{\text{kJ}}{\text{kg}}$$

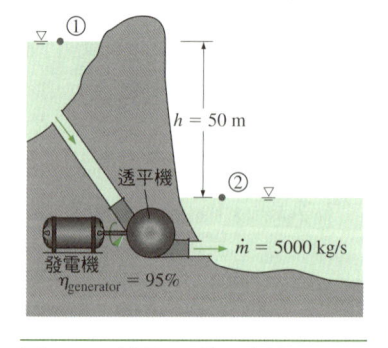

圖 5-19 例題 5-3 的示意圖。($h = 50$ m，$\dot{m} = 5000$ kg/s，$\eta_{generator} = 95\%$)

因此流體提供給透平機的機械能的變化率與總效率成為

$$|\Delta \dot{E}_{\text{mech, fluid}}| = \dot{m}(e_{\text{mech, in}} - e_{\text{mech, out}}) = (5000 \text{ kg/s})(0.491 \text{ kJ/kg}) = 2455 \text{ kW}$$

$$\eta_{\text{overall}} = \eta_{\text{turbine-gen}} = \frac{\dot{W}_{\text{elect, out}}}{|\Delta \dot{E}_{\text{mech, fluid}}|} = \frac{1862 \text{ kW}}{2455 \text{ kW}} = \mathbf{0.760}$$

(b) 知道總效率和發電機效率，透平機的機械效率可以如下決定：

$$\eta_{\text{turbine-gen}} = \eta_{\text{turbine}} \, \eta_{\text{generator}} \rightarrow \eta_{\text{turbine}} = \frac{\eta_{\text{turbine-gen}}}{\eta_{\text{generator}}} = \frac{0.76}{0.95} = \mathbf{0.800}$$

(c) 軸功率輸出可以從機械效率的定義求出，

$$\dot{W}_{\text{shaft, out}} = \eta_{\text{turbine}} |\Delta \dot{E}_{\text{mech, fluid}}| = (0.800)(2455 \text{ kW}) = 1964 \text{ kW} \approx \mathbf{1960 \text{ kW}}$$

討論：注意湖提供 2455 kW 的機械功率給透平機，其中的 1964 kW 經透平機轉換為軸功來驅動發電機，發電機則產生 1862 kW 的電功率。每一個零件都有不可逆損失。但是在水管中的不可逆損失在此是被忽略的；在第 8 章中你將學習如何將其列入考慮。

例題 5-4　振盪鋼球的能量守恆

要分析在一個半徑為 h 的半球形碗內的鋼球運動，如圖 5-20 所示。開始時，球被擺在最高點位置 A，然後就被釋放。試推導球的能量守恆的關係式，考慮無摩擦與真實運動兩種狀況。

解答：一個鋼球在碗中被釋放，要導出能量平衡關係式。
假設：對於無摩擦的情況，球、碗與空氣之間的摩擦都被忽略。
分析：當球被釋放後，在重力的作用下會加速，在碗底的 B 點達到最大速度 (最低高度)，然後向上移向對邊的 C 點。在無摩擦的理想情況，球會在 A 與 C 兩點之間振盪。真實的運動則牽涉到球的動能與位能的相互轉換，加上克服摩擦對運動的阻力 (作摩擦功)。任意系統進行任意過程的能量平衡一般式為

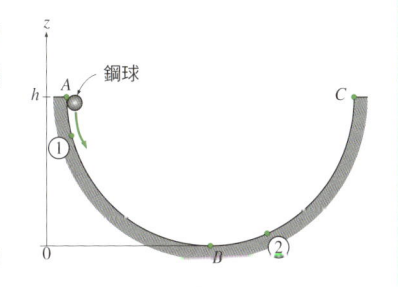

圖 5-20　例題 5-4 的示意圖。

$$\underbrace{E_{\text{in}} - E_{\text{out}}}_{\substack{\text{藉由熱、功與質量}\\\text{傳遞的淨能量傳遞}}} = \underbrace{\Delta E_{\text{system}}}_{\substack{\text{系統的內能、動能、}\\\text{位能......等能量的變化}}}$$

因此對於從點 1 到點 2 的過程，球的能量平衡 (每單位質量) 為

$$-w_{\text{friction}} = (\text{ke}_2 + \text{pe}_2) - (\text{ke}_1 + \text{pe}_1)$$

或

$$\frac{V_1^2}{2} + gz_1 = \frac{V_2^2}{2} + gz_2 + w_{\text{friction}}$$

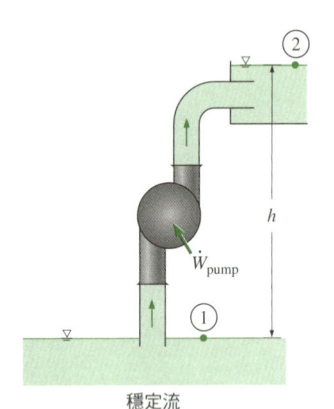

218 流體力學

因為球沒有經由熱或質量的能量傳遞，內能也沒有改變 (摩擦產生的熱耗散給周圍的空氣)。摩擦功的項 w_friction 常被表示為 e_loss 來代表機械能到熱能的損失 (轉換)。

對於無摩擦運動的理想情況，最後一個關係式化簡成

$$\frac{V_1^2}{2} + gz_1 = \frac{V_2^2}{2} + gz_2 \quad \text{或} \quad \frac{V^2}{2} + gz = C = \textbf{常數}$$

其中常數的值是 $C = gh$。亦即，當摩擦效應可以忽略時，球的動能與位能的總和維持是常數。

討論： 對於本例和其它像單擺運動的類似過程，這當然是能量守恆方程式的一個比較直覺和方便的形式。這個關係式與 5-4 節導出的伯努利方程式是相似的。

多數實際遇到的過程僅牽涉到能量的某些形式，在這些情況下，使用簡化版本的能量守恆來工作會比較方便。對於僅牽涉到能量的機械能形式，且以軸功形式傳遞能量的系統，能量守恆定理可以方便的表示成

$$E_\text{mech, in} - E_\text{mech, out} = \Delta E_\text{mech, system} + E_\text{mech, loss} \tag{5-32}$$

其中 $E_\text{mech, loss}$ 代表由於不可逆性，例如摩擦，所造成的機械能到熱能的轉換。對於一個穩定操作的系統，機械能平衡的變化率表示式為 $\dot{E}_\text{mech, in} = \dot{E}_\text{mech, out} + \dot{E}_\text{mech, loss}$ (圖 5-21)。

圖 5-21 許多流體流動的問題僅牽涉到能量的機械能形式，這樣的問題可以用機械能平衡的變化率形式來很方便的求解。

穩定流
$V_1 = V_2 \approx 0$
$z_2 = z_1 + h$
$P_1 = P_2 = P_\text{atm}$

$\dot{E}_\text{mech, in} = \dot{E}_\text{mech, out} + \dot{E}_\text{mech, loss}$
$\dot{W}_\text{pump} + \dot{m}gz_1 = \dot{m}gz_2 + \dot{E}_\text{mech, loss}$
$\dot{W}_\text{pump} = \dot{m}gh + \dot{E}_\text{mech, loss}$

5-4 伯努利方程式

伯努利方程式 (Bernoulli equation) 是一個壓力、速度與高度之間的近似關係式，並且在穩定、不可壓縮且摩擦力可忽略的流動區域是有效的 (圖 5-22)。雖然形成簡單，但它已經證明在流體力學中是一個非常有力的工具。在本節中我們應用線性動量守恆定理來導出伯努利方程式，並且說明其有用性及限制。

推導伯努利方程式的關鍵近似方法是假設黏滯效應相對於慣性，重力與高度效應是可以忽略的。因為所有流體都有黏度 (沒有「無黏性流體」這種東西)，這個近似法不能對整個流場都成立。換言之，不管流體的黏度是多麼小，我們不能對一個流場的所有地方都應用伯努利方程式。然而，事實上這個近似在許多實際流動的某些區域是合理的。我們稱這些區域為流動的無黏性區域，並且強

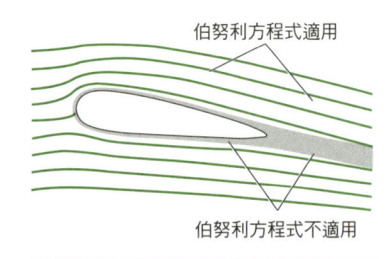

圖 5-22 伯努利方程式是一個近似方程式，僅適用於流場的無黏性區域，亦即淨黏性力與慣性力、重力或壓力比較時小到可以忽略的區域。這樣的區域發生在邊界層與尾流的外面。

調這些區域並不是流體本身無黏性或無摩擦，而是這些區域的黏性力或摩擦力與作用在流體質點的其它力量比較時甚小而可以忽略。

在使用伯努利方程式時必須很小心，因為它是僅適用於流場的無黏性區域的一個近似。通常在非常靠近固體壁 (邊界層) 與直接在物體的下游 (尾流) 的區域，黏性效應總是重要的。因此伯努利近似通常僅適用於邊界層與尾流之外的流動區域，這些區域的流體運動是由壓力與重力的聯合效應所主宰的。

流體質點的加速度

流體質點的運動及其路徑可以藉由將速度向量表示成時間與空間座標的函數與其開始位置來描述。若流動是穩定的 (在一個指定位置不會隨時間改變)，所有通過相同一點的質點都遵循相同的路徑 (這是流線)，並且速度向量在每一點都會與路徑相切。

在描述一個質點的運動時，使用沿著一條流線的距離 s 及沿著流線各點的曲率半徑通常是很方便的。質點的速率與距離的相關式是 $V = ds/dt$，其在沿流線時可能會改變。在二維的流動中，加速度可以分解成兩個分量：沿流線方向的流線加速度 a_s 與垂直流線方向的垂直加速度 a_n，其可表示為 $a_n = V^2/R$。注意流線加速度是由於沿流線的速率改變，而垂直加速度是由於方向的改變。對於沿直線路徑運動的流體質點，$a_n = 0$，因為曲率半徑是無限大，而沒有方向的改變。伯努利方程式是沿著一條流線上的力量平衡的結果。

有人可能傾向於認為在穩定流中的加速度為零，因為加速度是速度對時間的變化率，而在穩定流中沒有隨時間的速度改變。一個園藝水管的噴嘴告訴我們這個認知是錯誤的。即使在質量流率為常數的穩定流情況下，水經過噴嘴還是會加速的 (圖 5-23，就如在第 4 章曾討論過的)。穩定僅是表示在一個固定的位置不隨時間改變，但是一個量的值從一個位置到另一個位置還是可能改變的。在噴嘴的情況，水的速度在一個固定點維持不變，但是從入口到出口，它還是會改變的 (水沿噴嘴加速)。

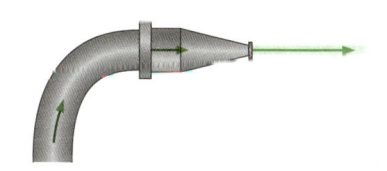

圖 5-23 在穩定流中，流體在一個固定點可能沒有加速，但有可能在空間加速。

數學上，此情況可以表示如下：我們取一個流體質點的速度為 s 與 t 的函數。對 $V(s, t)$ 作全微分並且兩邊都除以 dt 得

$$dV = \frac{\partial V}{\partial s} ds + \frac{\partial V}{\partial t} dt \quad 與 \quad \frac{dV}{dt} = \frac{\partial V}{\partial s} \frac{ds}{dt} + \frac{\partial V}{\partial t} \tag{5-33}$$

在穩定流中 $\partial V/\partial t = 0$，因此 $V = V(s)$，而沿著 s- 方向的加速度變成

$$a_s = \frac{dV}{dt} = \frac{\partial V}{\partial s}\frac{ds}{dt} = \frac{\partial V}{\partial s} V = V \frac{dV}{ds} \tag{5-34}$$

其中 $V = ds/dt$，如果我們跟隨流體質點沿著流線移動。因此，穩定流中的加速度是由於速度隨位置改變造成的。

伯努利方程式的推導

考慮流場中的一個流體質點在穩定流狀態的運動。對一個沿著流線移動的質點，應用牛頓第二定律 (在流體力學中稱為線性動量方程式) 在 s- 方向得

$$\sum F_s = ma_s \tag{5-35}$$

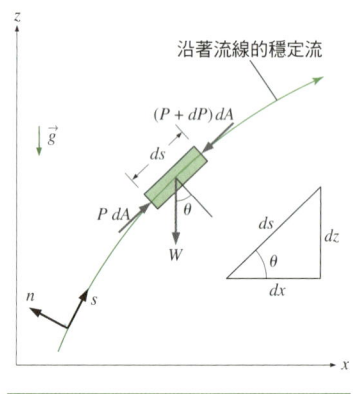

在摩擦力可以忽略的流動區域，沒有泵或透平機，且沒有沿流線的熱傳，作用在 s- 方向比較顯著的力是壓力 (作用在兩邊) 及質點的重量在 s- 方向的分量 (圖 5-24)。因此，式 (5-35) 變成

$$P\,dA - (P + dP)\,dA - W\sin\theta = mV\frac{dV}{ds} \tag{5-36}$$

其中 θ 是流線的法線與在那點上的垂直的 z- 軸的夾角，$m = \rho V = \rho\,dA\,ds$ 是質量，$W = mg = \rho g\,dA\,ds$ 是流體質點的重量，且 $\sin\theta = dz/ds$。代入後得

$$-dP\,dA - \rho g\,dA\,ds\frac{dz}{ds} = \rho\,dA\,ds\,V\frac{dV}{ds} \tag{5-37}$$

從每一項消去 dA 並化簡

$$-dp - \rho g\,dz = \rho V\,dV \tag{5-38}$$

注意 $V\,dV = \frac{1}{2}d(V^2)$ 並將每一項除以 ρ 得

$$\frac{dP}{\rho} + \frac{1}{2}d(V^2) + g\,dz = 0 \tag{5-39}$$

因為最後兩項是正微分，積分後得

穩定流： $\quad\displaystyle\int\frac{dP}{\rho} + \frac{V^2}{2} + gz = 常數 (沿著一條流線) \tag{5-40}$

在不可壓縮流的情況，第一項也變成正微分，積分後得

穩定、不可壓縮流： $\quad\displaystyle\frac{P}{\rho} + \frac{V^2}{2} + gz = 常數 (沿著一條流線) \tag{5-41}$

這就是有名的伯努利方程式 (圖 5-25)，在流體力學中通常被使用在流場的無黏性區域中，沿著一條流線的穩定的不可壓縮流動上。伯努利方程式首先出現在瑞士數學家丹尼爾·伯努利 (1700-1782) 在 1738 年寫的一本教科書中，是以文字形式敘述的，當時他正在俄國的聖彼得堡工作。其後由他的同事李奧納多·歐拉 (1707-1783) 在 1755 年以方程式的形式推導出來。

在式 (5-41) 中的常數的值可以用流線上已知壓力、密度、速度及高度的任何一點上的值來求出。伯努利方程式也可以用同一條流線上任意兩點間的關係來寫出

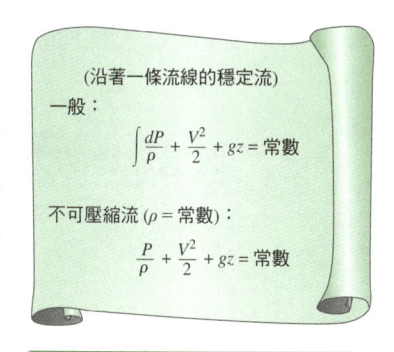

圖 5-25 不可壓縮的伯努利方程式是假設不可壓縮流而導出的，因此不能被用在有顯著壓縮效應的流動中。

穩定、不可壓縮流：$\dfrac{P_1}{\rho} + \dfrac{V_1^2}{2} + gz_1 = \dfrac{P_2}{\rho} + \dfrac{V_2^2}{2} + gz_2$ (5-42)

我們認出 $V^2/2$ 是動能，gz 是位能，而 P/ρ 是流能，都是每單位質量的值。因此伯努利方程式可以被當成機械能平衡的一個表示式，可以如下敘述 (圖 5-26)：

當壓縮與黏性效應可以忽略時，穩定流場中沿著一條流線的流體質點的動能、位能與流能的總和是常數。

就如同在 5-3 節中討論過的，動能、位能與流能都是機械能的形式，因此伯努利方程式可以視為「機械能守恆定理」。這等同於一般的能量守恆定理，但是是給機械能與熱能沒有相互轉換的系統，因此機械能與熱能分別守恆。伯努利方程式的敘述是在一個穩定的不可壓縮流中，若摩擦可以忽略，則機械能的各種形式可以互相轉換，但是其總和維持為常數。換言之，在這樣的流動中，沒有機械能的消耗，因為沒有摩擦會將機械能轉換成顯熱的能量 (內能)。

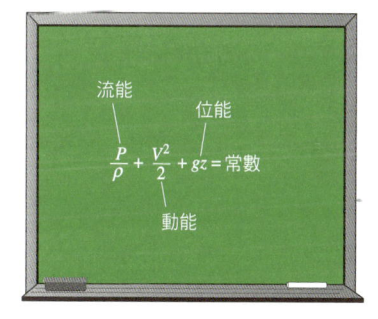

圖 5-26 伯努利方程式的敘述是：在穩定流中，沿著流線流動的一個流體質點，其動能、位能與流能 (都是每單位質量) 的總和是常數。

回想一下，當力作用在一個系統上經過一段距離時，能量就可以用功的形式傳遞給系統。根據牛頓第二運動定律，伯努利方程式可以視為：由壓力和重力對流體質點所作的功等於質點動能的增加量。

伯努利方程式是牛頓第二定律應用在沿著一條流線運動的流體質點上所導出的。它也可藉由熱力學第一定理應用在一個穩定流系統上來求得，如 5-6 節所顯示的。

雖然在其推導時，使用了高度限制的近似方法，但是伯努利方程式卻經常在實際情況中被使用，因為許多實際的流體流動問題用其來分析可得到相當合理的正確性。因為在許多具有實際工程興趣的流體問題中，流動是穩定的 (或至少平均是穩

定的)，壓縮性的影響很小，並且在流場中的某些有興趣的區域，淨摩擦力是可忽略的。

跨過流線的力平衡

以下留作練習：證明在垂直流線的 n 方向的力平衡可以導出給穩定的不可壓縮流在橫跨流線方向可以適用的關係式：

$$\frac{P}{\rho} + \int \frac{V^2}{R} dn + gz = 常數 \quad (垂直流線方向) \tag{5-43}$$

其中 R 是流線的局部曲率半徑。對於沿一條彎曲流線的流動 (圖 5-27a)，壓力朝曲率中心遞減，使得流體質點由於壓力梯度的作用體驗到一個對應的向心力與向心加速度。

若流體沿著一條直線運動，$R \to \infty$，使得式 (5-43) 簡化為 $P/\rho + gz = 常數$ 或 $P = -\rho gz + 常數$，這是在一個靜止流體中，液體靜壓力隨垂直距離改變的表示式。因此，在一個流場的無黏性區域中，沿一條直線運動的穩定不可壓縮流，其壓力隨高度的變化是與在靜止流體中的變化一樣的 (圖 5-27b)。

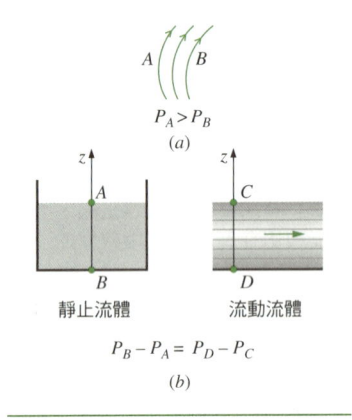

圖 5-27 (a) 當流線是彎曲的，壓力朝曲率中心遞減；(b) 沿直線運動的穩定，不可壓縮流，其壓力隨高度的變化與在靜止流體中是一樣的。

不穩定的可壓縮流

同樣的，使用在加速度表示式 (式 5-33) 中的兩個項，可以證明對於不穩定的可壓縮流，其伯努利方程式為

不穩定的可壓縮流： $$\int \frac{dP}{\rho} + \int \frac{\partial V}{\partial t} ds + \frac{V^2}{2} + gz = 常數 \tag{5-44}$$

靜壓、動壓與停滯壓

在伯努利方程式中，流體質點沿著流線的流能、動能與位能的總和是常數。因此，在流動中流體的動能與位能可被轉換成流能 (逆向轉換亦同)，造成壓力的改變。這種現象可以藉由將伯努利方程式乘以密度更容易看出來，

$$P + \rho \frac{V^2}{2} + \rho gz = 常數 \quad (沿著一條流線) \tag{5-45}$$

這個方程式的每一項都有壓力的單位，因此每一項都代表某種壓力：

- P 是**靜壓** (static pressure) (它沒有包含任何動力效應)；代表流體的真正的熱力

學壓力。此壓力與在熱力學及性質表中使用的壓力是相同的。

- $\rho V^2/2$ 是**動壓** (dynamic pressure)；代表當流體的運動被等熵的引導至靜止時所造成的壓力上升。
- ρgz 是**液靜壓** (hydrostatic pressure)；這不是真實意義上的壓力，因為其值相依於所選擇的參考高度；它考慮到高度的影響，亦即流體重量對壓力的影響 (要注意符號 — 不像液靜壓 ρgh 會隨流體深度而增加，這裡的液靜壓項 ρgz 會隨流體深度而遞減。)

靜壓、動壓與液靜壓的總和稱為總壓 (total pressure)。因此伯努利方程式可以敘述為沿著流線的總壓是常數。

靜壓與動壓的加總稱為停滯壓 (stagnation pressure)，並表示為

$$P_{stag} = P + \rho \frac{V^2}{2} \quad (\text{kPa}) \tag{5-46}$$

停滯壓代表著當流體被等熵的引導至完全靜止的那一點的壓力。靜壓、動壓與停滯壓顯示於圖 5-28。當一個特定點的靜壓及停滯壓被量測到時，此位置的流體速度可以用下式計算：

$$V = \sqrt{\frac{2(P_{stag} - P)}{\rho}} \tag{5-47}$$

式 (5-47) 在量測流體速度時非常有用，就如圖 5-28 所示，將靜壓孔與皮托管結合在一起就可以了。靜壓孔很簡單，就是在壁面上鑽一個小孔，並使孔所在的平面平行於流動方向即可。它量測的是靜壓。皮托管 (Pitot tube) 是一根小管，其開口正對著流動方向，可以用來感測流動流體的完全衝擊壓力。它量測的是停滯壓。當流動液體的靜壓及停滯壓都大於大氣壓力時，一根垂直的透明管，稱為液壓計 (piezometer tube 或 piezometer)，可以被連接到靜壓孔或皮托管，如圖 5-28 所示。液壓計的液柱中的液體上升高度 (水頭) 正比於量測壓力。如果被量測的壓力低於大氣壓力，或是量測的是氣體中的壓力，液壓計就無法工作。然而，靜壓孔與皮托管仍可被使用，它們必須被連接到某些其它種類的壓力量測裝置，例如 U 形管壓力計或一個壓力轉換器 (第 3 章)。有時候，將靜壓孔整合到皮托管上是很方便的。結果就是一根**皮托-靜壓管** (Pitot-static probe 或 Pitot-Darcy probe)，如圖 5-29 所示，並將在第 8 章中更詳細的

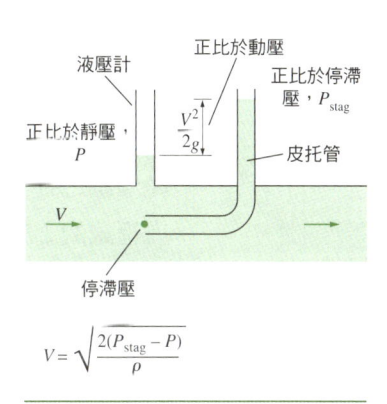

圖 5-28 利用液壓計量測靜壓、動壓與停滯壓。

圖 5-29 皮托-靜壓管的特寫，顯示停滯壓孔與五個圓周靜壓孔中的兩個。

Photo by Po-Ya Abel Chuang. Used by permission.

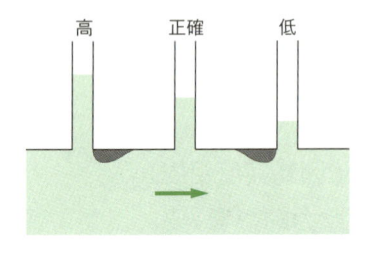

圖 5-30 靜壓孔的不小心鑽孔可能會造成在讀取靜壓頭的誤差。

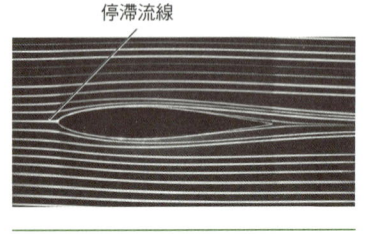

圖 5-31 在機翼上游引入的上色流體所產生的煙線；因為流動是穩定的，煙線與流線和路徑線是相同的。停滯流線被標示了。
Courtesy ONERA. Photograph by Werlé.

討論。一根連接到壓力轉換器或液壓計的皮托–靜壓管可以直接量測動壓(因此可以推論出流體速度)。

當在管壁鑽孔來量測靜壓時，必須小心確保孔的開口要與管壁一般平整，在孔之前或之後都不能有凸出物 (圖 5-30)，否則讀值會包含一些動態效應，因此量測會有誤差。

當一個靜止的物體浸在一個流動的流體中時，趨近物體鼻部的流體在鼻部會靜止 [停滯點 (stagnation point)]。從上游遠處一直延伸到停滯點的流線稱為停滯流線 (stagnation streamline) (圖 5-31)。在 xy- 平面的二維流動，停滯點其實是一條平行於 z- 軸的線，而停滯流線事實上是一個面，此面將從物體上面流過的流體與從物體下面流過的流體隔開。在不可壓縮流中，流體從其自由流速度等熵的被減速，一直到在停滯點速度為零，因此在停滯點的壓力是停滯壓力。

使用伯努利方程式的限制

伯努利方程式 [式 (5-41)] 是流體力學中最常被使用和誤用的方程式。它的廣泛性、簡單性與容易使用使其在分析上是非常有價值的工具，但是同樣的特質也使其容易被誤用。因此瞭解其應用上的限制並遵守其使用上的極限是很重要的，說明如下：

1. **穩定流** 伯努利方程式的第一個限制就是適用於穩定流。因此在暫態的起動與停機的期間，或在改變流動狀態的期間不應該被使用。注意有一個伯努利方程式的不穩定形式 [式 (5-44)]，其討論超出這本教科書的範圍 (參考 Panton, 2005)。

2. **忽略黏性效應** 每個流動都包含一些摩擦，不管是多小，而摩擦效應有些可以忽略，有些就不可以被忽略。其情況由於能夠被容許的誤差大小而變得更複雜。對於長度短但具有大截面的流動段，摩擦效應可以忽略，特別是在低流速情況。但許多情況下，摩擦效應通常是顯著的情況，如在長而窄的通道中，在一個物體下游的尾流區域，以及在擴張的流動區段，如擴散器，因為在這樣的幾何形狀，流體從壁面分離的可能性大增。摩擦效應在靠近固體表面時也是顯著的。因此伯努利方程式通常適用於流動中心區域的流線上，而不適用於接近表面的流線上 (圖 5-32)。

    干擾流動的流線結構的元件，會導致可觀的混合及逆流，例如管子的尖銳入口或在流動段中部分關閉的閥都能使伯努利方程式變成不適用。

3. **無軸功** 伯努利方程式是對沿著流線運動的流體質點作力的平衡推導出來的。

因此伯努利方程式對於包含泵、透平機、風扇或任何其它機器或葉輪的流動是不適用的，因為這些裝置打斷了流線並且進行與流體的能量交互作用。當考慮的流動段包含任何這樣的裝置，應該使用能量方程式來代替，以將軸功的輸入或輸出列入考慮。然而，伯努利方程式仍可被使用在機械之前或之後的流動區段 (當然要假設其它的使用限制都是滿足的)。在這些情況下，伯努利常數從裝置的上游到下游會改變。

4. **不可壓縮流** 在推導伯努利方程式時的一個假設是 ρ = 常數，因此流動是不可壓縮的。這個條件對液體與馬赫數小於 0.3 的氣體是滿足的，因為氣體的壓縮效應與密度變化在如此低的速度是可忽略的。注意伯努利方程式有一個可壓縮的形式 [式 (5-40) 及 (5-44)]。

5. **可忽略的熱傳** 氣體的密度反比於溫度，因此伯努利方程式不應該被用於包含顯著溫度變化的流動區段，例如加熱或冷卻區段。

6. **沿著一條流線的流動** 嚴格來說，伯努利方程式 $P/\rho + V^2/2 + gz = C$ 是沿著一條流線適用的，常數 C 的值一般對不同的流線有不同的值。然而，當一個流動區域是無旋的，也就是說流場沒有渦度，常數 C 的值在所有流線上就都一樣，伯努利方程式變成在跨越流線方向也是可用的 (圖 5-33)。因此對無旋的流動，我們就不需要考慮流線，可以在流場的無旋區域中任意兩點之間使用伯努利方程式 (第 10 章)。

為了簡單的緣故，我們在推導伯努利方程式時僅考慮到在 xy- 半面的二維流動，但只要是應用到沿著相同的一條流線的流動，此方程式對於一般的三維流動也是成立的。我們應該隨時謹記推導伯努利方程式的假設，並且在使用方程式之前，要確定這些假定是成立的。

水力坡線 (HGL) 與能量坡線 (EGL)

通常將機械能的大小在圖形上用高度來代表是很方便的，如此可以視覺化伯努利方程式的各個項。這可藉由將伯努利方程式的每一項都除以 g 來達成。

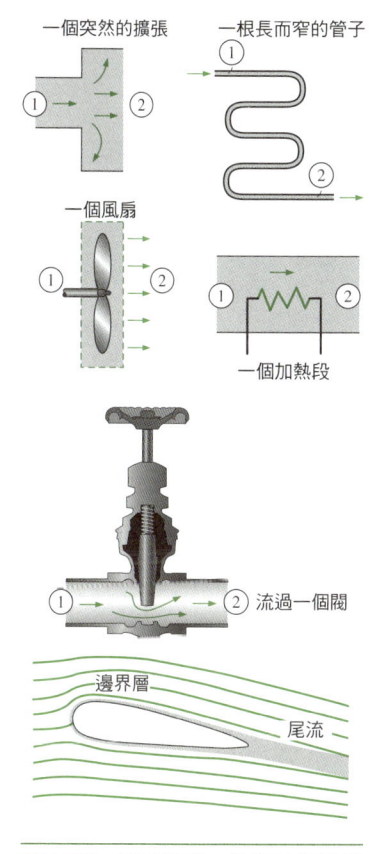

圖 5-32 摩擦效應、熱傳以及干擾流動的流線結構的元件會使得伯努利方程式無效，其不應該被使用在顯示於此的任何一個情況中。

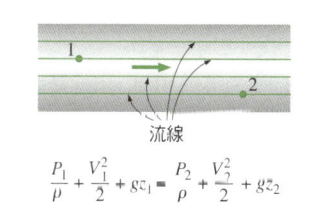

$$\frac{P_1}{\rho} + \frac{V_1^2}{2} + gz_1 = \frac{P_2}{\rho} + \frac{V_2^2}{2} + gz_2$$

圖 5-33 當流體是無旋時，伯努利方程式可以應用在流場中的任意兩點之間 (不需要在同一條流線上)。

$$\frac{P}{\rho g} + \frac{V^2}{2g} + z = H = 常數 \quad (沿著一條流線) \tag{5-48}$$

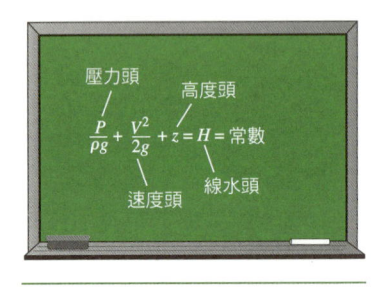

這個方程式的每一項都有長度的因次，並且代表流動流體的某種「水頭」，如下說明：

- $P/\rho g$ 是壓力頭 (pressure head)：代表可以產生靜壓 p 的液柱高度。
- $V^2/2g$ 是速度頭 (velocity head)：代表流體在無摩擦的自由落下時可以達到速度 V 的高度。
- z 是高度頭 (elevation head)：代表流體的位能。

同時，H 是流動的總水頭 (total head)。因此伯努利方程式可以用水頭來表示成為：在一個穩定流中，當壓縮性與摩擦效應可以忽略時，沿著一條流線的壓力頭、速度頭與高度頭的總和是常數 (圖 5-34)。

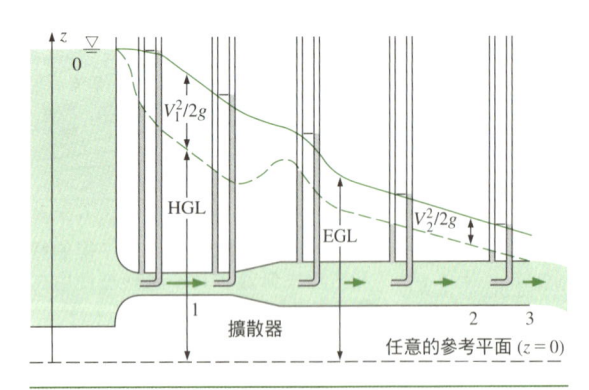

圖 5-34 伯努利方程式的另一種形式可以用水頭表示為：沿著一條流線的壓力頭、速度頭與高度頭的總和是常數。

如果一根液壓計 (用來量測靜壓) 被連接到一根加壓的管子，如圖 5-35 所示，液體會上升至管中心以上 $P/\rho g$ 的高度。藉由在沿管子的幾個不同位置如此做，並畫一條線經過這些液壓計中的液體高度，即可得水力坡線 (HGL)。高於管中心的垂直高度是管內壓力的一個量度。同樣的，一根皮托管 (量測靜壓 + 動壓) 被裝到管中，液體上升至高於管中心 $P/\rho g + V^2/2g$ 的高度，或高於 HGL 以上 $V^2/2g$ 的距離。藉由在沿管子幾個不同位置如此做，並畫一條線經過這些皮托管中的液體高度，即可得能量坡線 (EGL)。

圖 5-35 一個貯水池經由一根有擴散器的水平管的自由排水的水力坡線 (HGL) 與能量坡線 (EGL)。

注意流體也有高度頭 z (除非管的中心線取為參考高度)，HGL 與 EGL 被定義如下：代表靜壓頭與高度頭總和的線稱為**水力坡線** (hydraulic grade line)。代表流體總水頭 $P/\rho g + V^2/2g + z$ 的線稱為**能量坡線** (energy grade line)。在 EGL 與 HGL 之間的差異等於速度頭，$V^2/2g$。關於 HGL 與 EGL，我們注意到以下幾點：

- 對於靜止的物體，例如貯水池或湖泊，EGL 與 HGL 與液體的自由表面一致。在這些情況的自由表面的高度同時代表 EGL 及 HGL，因為速度為零且靜 (錶) 壓為零。
- EGL 高於 HGL 的距離總是 $V^2/2g$。當速度遞減時，此兩種曲線相互逼近，而當速度遞增時，它們會相互分離；當速度增加時，HGL 的高度減小，反向也是。

- 在一個理想的伯努利型流動，EGL 是水平的，其高度維持不變。當流動速度是常數時，HGL 的高度也維持不變 (圖 5-36)。
- 對於明渠流，HGL 與液體的自由表面一致，而 EGL 在自由表面距離 $V^2/2g$ 的高處。
- 在管子出口，壓力水頭為零 (大氣壓力)，因此 HGL 與管子出口一致 (圖 5-35 的位置 3)。
- 由於摩擦效應造成的機械能損失 (轉換成熱能) 會造成 EGL 與 HGL 在流動的方向往下游傾斜向下。傾斜度是管內水頭損失的一個量度 (在第 8 章中詳細討論)。產生顯著摩擦效應的零件，例如閥，會造成在那個位置的 EGL 與 HGL 兩者都急速下降。
- 當機械能加入流體時 (例如，藉由泵)，EGL 與 HGL 會有陡峭的躍升。同樣的，當機械能被抽出流體時 (例如，藉由透平機)，EGL 及 HGL 會有陡峭的下降，如圖 5-37 所示。
- 在 HGL 與流體相交的位置，流體的錶壓力為零。在流體區段高於 HGL 的地方，壓力為負值，在區段低於 HGL 的地方，壓力為正值 (圖 5-38)。因此正確的將 HGL 重疊畫在管路系統上可用來決定管中錶壓力為負值的區域 (低於大氣壓力)。

最後一項說明可以讓我們避免壓力下降至低於流體的蒸氣壓的情況 (此情況會造成空蝕，如第 2 章中討論過的)。在安置液體泵時為了確保吸入端壓力不會掉得太低，正確的考量是必須的，特別是在溫度較高的區域，因其蒸氣壓較在低溫區域者更高之故。

現在我們更仔細的檢視圖 5-35。在點 0 (液體表面)，EGL 與 HGL 和液面等高，因為其處沒有流動。當液體加速進入管中時，HGL 快速降低；然而，在有導圓角的管入口處 EGL 的降低就比較緩慢。沿著流動方向，EGL 持續在降低，這是肇因於摩擦及其它流動的不可逆損失。在流動方向，EGL 不可能升高，除非能量補充至流體之中。在流動方向，HGL 可能升高，也可能下降，但不可能超越 EGL。在擴散器段，由於速度減小，HGL 上升，且靜壓回復一些；然而總壓不會回復且 EGL 在經過擴散器時降低。在點 1，EGL 與 HGL 的差異為 $V_1^2/2g$，在

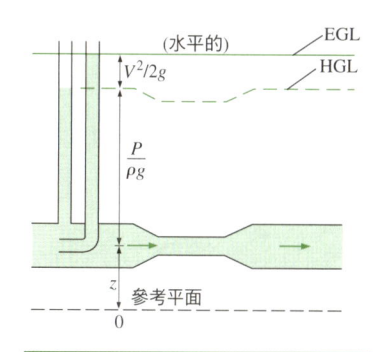

圖 5-36 在一個理想的伯努利型流動，EGL 是水平的，其高度維持不變。但當流速沿著流動會改變時，HGL 的高度就不會如這樣的維持不變。

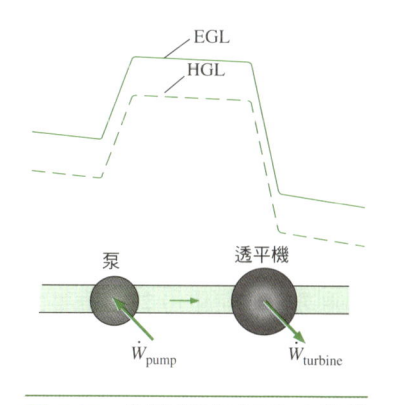

圖 5-37 當機械能經由泵加入流體中時，EGL 與 HGL 會有陡升，而當機械能經由透平機從流體中抽出時，會有陡降。

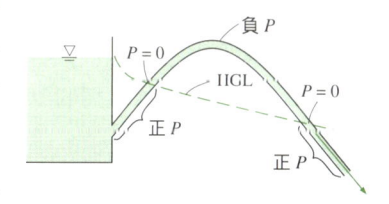

圖 5-38 在 HGL 與流體相交的位置，流體的錶壓力為零。而在流體區段高於 HGL 的位置，錶壓力為負值 (真空)。

點 2，則為 $V_2^2/2g$。因為 $V_1 > V_2$，兩種坡度線的差異在點 1 比在點 2 者為大。兩種坡度線下降的斜率，在管的小直徑區段比較大，因為其處的摩擦水頭損失較大。最後，HGL 在出口減小至液面因為其處的壓力為大氣壓力。然而 EGL 仍高於 HGL，高出的量為 $V_2^2/2g$，因為在出口 $V_3 = V_2$。

伯努利方程式的應用

我們已經討論過伯努利方程式的基本觀念。現在我們藉由例題來說明其在廣泛應用問題中的使用。

例題 5-5　水在空氣中的噴濺

水在一根園藝管子中流動 (圖 5-39)。一個孩童用他的大拇指遮住水管出口的大部分，造成水以高速的細噴束射出。在其大拇指正上游的水管中壓力為 400 kPa。如果抓著水管向上，噴速可能達到的最大高度為何？

解答：從接到主要供水處的水管，水被噴射進入空氣中。要決定水流噴束可以達到的最大高度。

假設：**1.** 流出到空氣中的水流是穩定、不可壓縮且無旋的 (因此伯努利方程式可用)。**2.** 表面張力效應可以忽略。**3.** 水與空氣間的摩擦可以忽略。**4.** 在水管出口由於急速收縮所造成的不可逆性不予考慮。

性質：我們取水的密度為 1000 kg/m³。

分析：這個問題牽涉到流能、動能與位能之間的轉換，沒有任何泵、透平機，也有沒摩擦損失大的耗能零件，因此適合使用伯努利方程式來作分析。在前述假設條件下，噴水高度會是最大值。管中的水速相對的較低 ($V_1^2 \ll V_j^2$，因此相較於 V_j，$V_1 \cong 0$)。我們取恰位於水管出口的高度當參考平面 ($z_1 = 0$)。在噴水軌跡的頂部 $V_2 = 0$ 且為大氣壓力。因此沿著流線從 1 到 2，伯努利方程式化簡為

$$\frac{P_1}{\rho g} + \frac{\cancelto{\approx 0}{V_1^2}}{2g} + \cancelto{0}{z_1} = \frac{P_2}{\rho g} + \frac{\cancelto{0}{V_2^2}}{2g} + z_2 \rightarrow \frac{P_1}{\rho g} = \frac{P_{atm}}{\rho g} + z_2$$

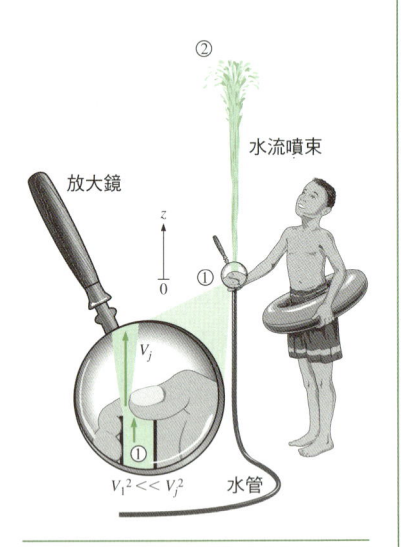

圖 5-39 例題 5-5 的示意圖。插圖顯示的是水管出口區域的放大圖。

解出 z_2 並代入數值，

$$z_2 = \frac{P_1 - P_{atm}}{\rho g} = \frac{P_{1,\,gage}}{\rho g} = \frac{400 \text{ kPa}}{(1000 \text{ kg/m}^3)(9.81 \text{ m/s}^2)} \left(\frac{1000 \text{ N/m}^2}{1 \text{ kPa}}\right)\left(\frac{1 \text{ kg·m/s}^2}{1 \text{ N}}\right)$$

$$= \mathbf{40.8 \text{ m}}$$

因此，此例中噴水高度可高達 40.8 m 的空中。

討論：由伯努利方程式得到的結果代表的是上限，因此解釋時應該小心。它告訴我們噴水不可能高於 40.8 m，而且極有可能高度會遠低於 40.8 m，因為我們忽略了不可逆損失。

例題 5-6 大型水槽的排水

一個開口的大型水槽，其注水高度從排水口往上算為 5 m (圖 5-40)。現在打開接近槽底的排水口，讓水從圓滑的排水口流出。試求在排水口的最大水流速度。

解答：打開接近水槽底部的排水口。要決定從水槽流出的最大水流速度。

假設： 1. 流動是不可壓縮且無旋的 (除非非常接近壁面)。
2. 排水夠慢，因此水流可以近似為穩定的 (事實上水槽開始排水後可視為近似穩定的)。
3. 排水口區域的不可逆損失可以忽略。

分析：這個問題牽涉到流能、動能與位能之間的轉換，沒有任何泵、透平機，也沒有摩擦損失大的耗能零件，因此適合使用伯努利方程式。我們取點 1 位於水的自由表面使得 $P_1 = P_{atm}$ (開口至大氣)，$V_1^2 \ll V_2^2$，因此與 V_2 比較，$V_1 \cong 0$ (相較於排水口，水槽很大)，$z_1 = 5$ m，$z_2 = 0$ (我們取參考平面在排水口的中心)。同時，$P_2 = P_{atm}$ (排出至大氣)。沿著流線從 1 到 2，伯努利方程式化簡成

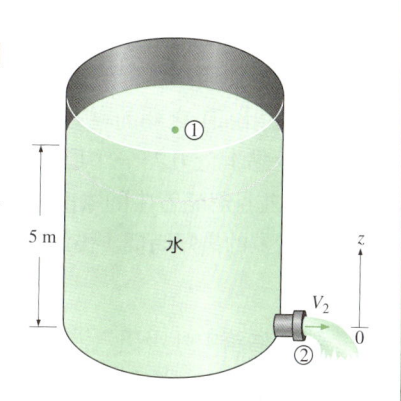

圖 5-40 例題 5-6 的示意圖。

$$\cancel{\frac{P_1}{\rho g}} + \underbrace{\frac{V_1^2}{2g}}_{\approx 0} + z_1 = \cancel{\frac{P_2}{\rho g}} + \frac{V_2^2}{2g} + \underbrace{z_2}_{0} \quad \rightarrow \quad z_1 = \frac{V_2^2}{2g}$$

解出 V_2 並代入數值，

$$V_2 = \sqrt{2gz_1} = \sqrt{2(9.81 \text{ m/s}^2)(5 \text{ m})}$$
$$= \mathbf{9.9 \text{ m/s}}$$

關係式 $V = \sqrt{2gz}$ 稱為**托里切利方程式**。

因此，水離開水槽的起始最大速度是 9.9 m/s。這跟一個固體在沒有空氣阻力下，從高度 5 m 處掉落的速度是一樣的。(如果排水口是在水槽底部而不是在旁邊，速度會是多少呢？)

討論：如果出口銳利而不是圓滑的，流動就會受到擾動，使得平均出口速度小於 9.9 m/s。使用伯努利方程式在有突然擴大或收縮的地方要很小心，因為在這些情況中摩擦與流動擾動有可能不可忽略。從質量守恆可得，$(V_1/V_2)^2 = (D_2/D_1)^4$。因此，如果 $D_2/D_1 = 0.1$，那麼 $(V_1/V_2)^2 = 0.0001$，則我們的近似 $V_1^2 \ll V_2^2$ 證明是成立的。

例題 5-7 ▶ 從油箱中虹吸出汽油

在一次海灘旅行中 (P_{atm} = 1 atm = 101.3 kPa)，一輛汽車的汽油用完了，因此必須從一位好心人的車中虹吸出汽油 (圖 5-41)。虹吸管是一條小直徑的管子，為了開始虹吸作用，必須將虹吸管的一端插入裝滿油的油箱，經由吸取將管充滿汽油，再把管的另一端放入一個低於油箱高度的油罐中，在點 1 (油箱內油的自由表面) 與點 2 (管的出口) 之間的壓力差造成汽油從高處往低處流動。此例中點 2 比點 1 低 0.75 m，而點 3 比點 1 高 2 m。虹吸管的直徑是 5 mm，並且忽略管中的摩擦損失。試求 (a) 從油箱抽取 4 L 汽油到油罐需要的最短時間，(b) 在點 3 的壓力。汽油的密度是 750 kg/m³。

解答：要從油箱中虹吸出汽油。決定從油箱抽取 4 L 汽油的最短時間及系統中最高點的壓力。

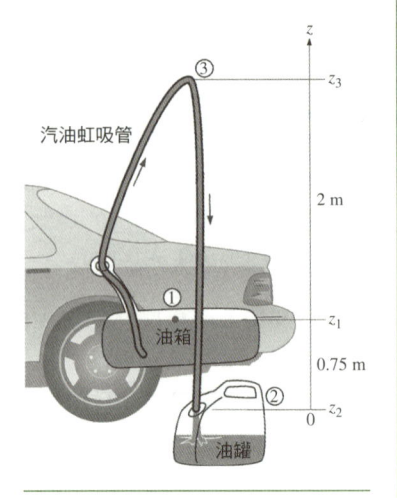

圖 5-41 例題 5-7 的示意圖。

假設：1. 流動是穩定、不可壓縮的。2. 即使因為摩擦損失，伯努利方程式並不適用於管內的流動，但我們仍將應用伯努利方程式來獲得最佳理想狀況下的估計值。3. 在虹吸期間，與 z_1 和 z_2 的高度差相比，油箱內汽油表面高度的變化是可以忽略的。

性質：已知汽油的密度是 750 kg/m³。

分析：(a) 我們取點 1 位於油箱內的自由表面上使得 $P_1 = P_{atm}$ (開放到大氣)，$V_1 \cong 0$ (油箱相對於油管是很大的)，且 $z_2 = 0$ (點 2 被取為參考平面)。而 $P_2 = P_{atm}$ (汽油被排出至大氣中)。因此伯努利方程式化簡為

$$\cancel{\frac{P_1}{\rho g}} + \cancelto{\approx 0}{\frac{V_1^2}{2g}} + z_1 = \cancel{\frac{P_2}{\rho g}} + \frac{V_2^2}{2g} + \cancelto{0}{z_2} \rightarrow z_1 = \frac{V_2^2}{2g}$$

解出 V_2 並代入數值，

$$V_2 = \sqrt{2gz_1} = \sqrt{2(9.81 \text{ m/s}^2)(0.75 \text{ m})} = 3.84 \text{ m/s}$$

管的截面積與汽油流率是

$$A = \pi D^2/4 = \pi(5 \times 10^{-3} \text{ m})^2/4 = 1.96 \times 10^{-5} \text{ m}^2$$
$$\dot{V} = V_2 A = (3.84 \text{ m/s})(1.96 \times 10^{-5} \text{ m}^2) = 7.53 \times 10^{-5} \text{ m}^3/\text{s} = 0.0753 \text{ L/s}$$

虹吸 4 L 汽油所需要的時間變成

$$\Delta t = \frac{V}{\dot{V}} = \frac{4 \text{ L}}{0.0753 \text{ L/s}} = \mathbf{53.1 \text{ s}}$$

(b) 點 3 的壓力可以經由寫出沿著流線，在點 2 與點 3 之間的伯努利方程式來決定。注意 $V_2 = V_3$ (質量守恆)，$z_2 = 0$，且 $P_2 = P_{atm}$，

$$\frac{P_2}{\rho g} + \cancel{\frac{V_2^2}{2g}} + \cancel{z_2}^0 = \frac{P_3}{\rho g} + \cancel{\frac{V_3^2}{2g}} + z_3 \quad \rightarrow \quad \frac{P_{\text{atm}}}{\rho g} = \frac{P_3}{\rho g} + z_3$$

解出 P_3 並代入數值，

$$\begin{aligned}P_3 &= P_{\text{atm}} - \rho g z_3 \\ &= 101.3 \text{ kPa} - (750 \text{ kg/m}^3)(9.81 \text{ m/s}^2)(2.75 \text{ m})\left(\frac{1 \text{ N}}{1 \text{ kg·m/s}^2}\right)\left(\frac{1 \text{ kPa}}{1000 \text{ N/m}^2}\right) \\ &= \mathbf{81.1 \text{ kPa}}\end{aligned}$$

討論：虹吸時間是經由忽略摩擦效應來決定的，因此是需要的最短時間。事實上，所需時間會長於 53.1 s，原因在汽油與管壁的摩擦與其它不可逆損失，如在第 8 章中之討論。在點 3 的壓力低於大氣壓力。如果點 1 與點 3 間的高度差太大，點 3 的壓力有可能低於汽油溫度所對應的蒸氣壓，使得一些汽油有可能蒸發 (空蝕)。蒸氣在管頂端可能形成氣室而中斷汽油的流動。

例題 5-8　用皮托管量測速度

一根液壓計與一根皮托管被裝在一根水平的水管上，如圖 5-42 所示，用來量測靜壓與停滯壓 (靜壓＋動壓)。根據顯示的水柱高度，試求水管中心的速度。

解答：量測一根水平管的靜壓與停滯壓。要決定管中心的速度。
假設：**1.** 流動是穩定、不可壓縮的。**2.** 點 1 與點 2 足夠接近使得兩點間的不可逆損失可以忽略，因此可以使用伯努利方程式。
分析：取管中心沿著一條流線的點 1 和點 2，點 1 恰好位於液壓計下方而點 2 在皮托管的尖端。這是流線直而平行的穩定流，在點 1 與點 2 的錶壓力可以表示為

$$P_1 = \rho g (h_1 + h_2)$$
$$P_2 = \rho g (h_1 + h_2 + h_3)$$

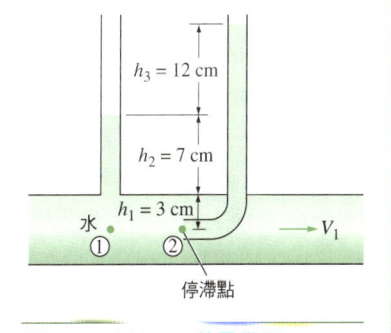

圖 5-42 例題 5-8 的示意圖。

注意 $z_1 = z_2$，點 2 是停滯點，因此 $V_2 = 0$，在點 1 與點 2 之間應用伯努利方程式得

$$\frac{P_1}{\rho g} + \frac{V_1^2}{2g} + \cancel{z_1} = \frac{P_2}{\rho g} + \cancel{\frac{V_2^2}{2g}}^0 + \cancel{z_2} \quad \rightarrow \quad \frac{V_1^2}{2g} = \frac{P_2 - P_1}{\rho g}$$

代入 P_1 與 P_2 的表示式得

$$\frac{V_1^2}{2g} = \frac{P_2 - P_1}{\rho g} = \frac{\rho g (h_1 + h_2 + h_3) - \rho g (h_1 + h_2)}{\rho g} = h_3$$

解出 V_1 並代入數值，

232 流體力學

$$V_1 = \sqrt{2gh_3} = \sqrt{2(9.81 \text{ m/s}^2)(0.12 \text{ m})} = \mathbf{1.53 \text{ m/s}}$$

討論：注意為了決定流速，我們要做的就是量測皮托管高於液壓計的液柱高度。

例題 5-9 ▶ **由於颶風造成的海面上升**

颶風是由於低氣壓在海面上形成的一種熱帶性風暴。當颶風接近陸地時，極度的海面隆起 (很高的浪潮) 會伴隨颶風。一個 5 級颶風的特徵是風速超過 250 km/h，雖然在中心「眼」的風速很低。

圖 5-43 顯示在海面隆起上方盤旋的颶風。距離颶風眼 320 km 處的大氣壓力是 762 mmHg (在點 1，比較平靜的海面處)，風力平靜。在風暴中心眼的大氣壓力是 560 mmHg。試估計海面隆起 (a) 在颶風眼的點 3，及 (b) 在風速為 250 km/h 的點 2。取海水與水銀的密度分別是 1025 kg/m³ 與 13,600 kg/m³，且在正常海平面溫度與壓力下的空氣密度是 1.2 kg/m³。

解答：一個颶風在海面上移動。要決定在颶風眼與颶風活躍區域的海面隆起的高度。

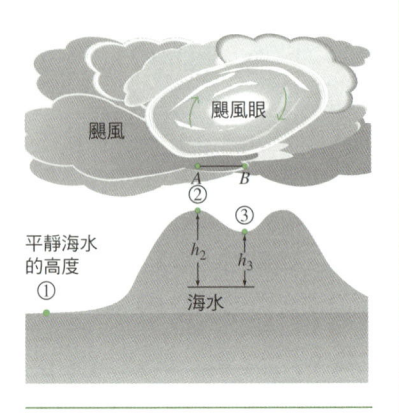

圖 5-43 例題 5-9 的示意圖。垂直方向的尺度被大幅度誇張了。

假設：**1.** 在颶風內部的空氣流是穩定，不可壓縮且無旋的 (因此伯努利方程式適用)。(對於極度的紊流，這當然是有問題的假設，但這將在討論中驗證。) **2.** 水被吸入空氣中的效應被忽略。
性質：在正常條件下的空氣、海水與水銀的密度分別是 1.2 kg/m³、1025 kg/m³ 與 13,600 kg/m³。
分析：(a) 水面上減小的大氣壓造成水面的上升。因此，點 2 相對於點 1 減小的壓力造成海水在點 2 上升。此敘述在點 3 也是成立的，其處的空氣速度是可以忽略的。用水銀柱表示的壓力差可以用海水的液柱表示為

$$\Delta P = (\rho g h)_{\text{Hg}} = (\rho g h)_{\text{sw}} \rightarrow h_{\text{sw}} = \frac{\rho_{\text{Hg}}}{\rho_{\text{sw}}} h_{\text{Hg}}$$

因此點 1 與點 3 之間的壓力差用海水高度差表示變成

$$h_3 = \frac{\rho_{\text{Hg}}}{\rho_{\text{sw}}} h_{\text{Hg}} = \left(\frac{13,600 \text{ kg/m}^3}{1025 \text{ kg/m}^3}\right)[(762 - 560) \text{ mmHg}]\left(\frac{1 \text{ m}}{1000 \text{ mm}}\right)$$

$$= \mathbf{2.68 \text{ m}}$$

這相當於在颶風眼中颶風造成的浪潮高度 (圖 5-44)，因為其處風速是可忽略的，從而沒有動效應。
(b) 為了決定在點 2 由於風的速度所造成的額外海水上升，寫出在點 A 與點 B 之間的伯努利方程式，此兩點分別位於點 2 與點 3 的上方。注意 $V_B \cong 0$ (颶風眼區域相對是很平靜的) 且 $z_A = z_B$ (兩點位於相同的水平線上)，伯努利方程式化簡成

圖 5-44 在這張衛星圖中，颶風琳達的颶風眼清晰可見。(1997 年，在靠近 Baje California 的太平洋沿岸。)
© *Brand X Pictures/PunchStock RF*

$$\frac{P_A}{\rho g} + \frac{V_A^2}{2g} + z_A = \frac{P_B}{\rho g} + \frac{V_B^2}{2g}^{\,0} + z_B \quad \rightarrow \quad \frac{P_B - P_A}{\rho g} = \frac{V_A^2}{2g}$$

代入數值，

$$\frac{P_B - P_A}{\rho g} = \frac{V_A^2}{2g} = \frac{(250 \text{ km/h})^2}{2(9.81 \text{ m/s}^2)}\left(\frac{1 \text{ m/s}}{3.6 \text{ km/h}}\right)^2 = 246 \text{ m}$$

其中 ρ 是颶風中空氣的密度。注意理想氣體在等溫下的密度正比於絕對壓力，並且在正常大氣壓力 101 kPa $\cong$ 762 mmHg 下的空氣密度是 1.2 kg/m³，因此颶風中的空氣密度是

$$\rho_{\text{air}} = \frac{P_{\text{air}}}{P_{\text{atm air}}}\rho_{\text{atm air}} = \left(\frac{560 \text{ mmHg}}{762 \text{ mmHg}}\right)(1.2 \text{ kg/m}^3) = 0.882 \text{ kg/m}^3$$

利用在 (a) 小題所得到的關係式，相當於 246 m 空氣柱高度的海水柱高度可以被決定為

$$h_{\text{dynamic}} = \frac{\rho_{\text{air}}}{\rho_{\text{sw}}} h_{\text{air}} = \left(\frac{0.882 \text{ kg/m}^3}{1025 \text{ kg/m}^3}\right)(246 \text{ m}) = 0.21 \text{ m}$$

因此，點 2 的壓力相較於點 3 的壓力低了 0.21 m 的海水柱，這造成海水額外上升了 0.21 m。因此點 2 的總風暴浪潮高度為

$$h_2 = h_3 + h_{\text{dynamic}} = 2.61 + 0.21 = \mathbf{2.89\ m}$$

討論：這個問題牽涉到極度的紊流與流線的強力破壞，因此在 (b) 小題中伯努利方程式的可用性是有問題的。再者，颶風眼區域的流動並不是無旋的，因此伯努利常數在不同的流線上是不一樣的 (參考第 10 章)。伯努利分析可以被當成一個極限的理想情況，顯示出由於高速的風所造成的海水上升不可能超過 0.21 m。

颶風的風力能量不是造成海岸地區損害的唯一原因。由於大量浪潮所造成的海水氾濫與侵蝕也是同樣嚴重，再加上還有風暴紊流與能量所造成的巨浪都是損害原因。

例題 5-10　可壓縮流的伯努利方程式

當壓縮效應不可忽略時，推導理想氣體在兩種過程的伯努利方程式，(a) 等溫過程，(b) 等熵過程。

解答：要推導理想氣體在等溫與等熵過程中的可壓縮流的伯努利方程式。
假設：**1.** 流動是穩定的，且摩擦效應可以忽略。**2.** 流體是理想氣體，關係式 $P = \rho RT$ 適用。**3.** 比熱是常數，因此在等熵過程中 $P/\rho^k =$ 常數。
分析：(a) 當壓縮效應顯著時，流動不能假設為不可壓縮，伯努利方程式是由式 (5-40) 給出的，

$$\int \frac{dP}{\rho} + \frac{V^2}{2} + gz = \text{常數} \quad (\text{沿著一條流線}) \tag{1}$$

壓縮效應可以經由求出在式 (1) 的積分 $\int dP/\rho$ 來作正確考量。但這需要過程的 P 與 ρ 的關係式。對於理想氣體的等溫膨脹或壓縮，注意到 $T =$ 常數並代入 $\rho = P/RT$，在式 (1) 的積分可以輕易求出，

$$\int \frac{dP}{\rho} = \int \frac{dP}{P/RT} = RT \ln P$$

代入式 (1) 可以得到想要的關係式，

等溫過程： $$RT \ln P + \frac{V^2}{2} + gz = 常數 \qquad (2)$$

(b) 若理想氣體流過的裝置牽涉到流體高速流過噴嘴、擴散器與透平機葉片間通道 (圖 5-45)，則更實際的可壓縮流是等熵流動。等熵流動 (可逆且絕熱) 的特徵符合關係式 $P/\rho^k = C = $ 常數，其中 k 是氣體的比熱比。解出 $P/\rho^k = C$ 中的 ρ 得 $\rho = C^{-1/k}P^{1/k}$。求出積分式，

$$\int \frac{dP}{\rho} = \int C^{1/k} P^{-1/k} \, dP = C^{1/k} \frac{P^{-1/k+1}}{-1/k+1}$$
$$= \frac{P^{1/k}}{\rho} \frac{P^{-1/k+1}}{-1/k+1} = \left(\frac{k}{k-1}\right)\frac{P}{\rho} \qquad (3)$$

圖 5-45 氣體流經透平機葉片的可壓縮流通常模擬成等熵的，因此伯努利方程式的可壓縮形式是合理的假設。
Royalty-Free/CORBIS

代入，對於理想氣體的穩定、等熵、可壓縮流動，伯努利方程式變成

等熵流動： $$\left(\frac{k}{k-1}\right)\frac{P}{\rho} + \frac{V^2}{2} + gz = 常數 \qquad (4a)$$

或

$$\left(\frac{k}{k-1}\right)\frac{P_1}{\rho_1} + \frac{V_1^2}{2} + gz_1 = \left(\frac{k}{k-1}\right)\frac{P_2}{\rho_2} + \frac{V_2^2}{2} + gz_2 \qquad (4b)$$

一個很平常的實際情況牽涉到氣體從靜止的加速（在狀態 1 為停滯情況），而高度的變化是可忽略的。在那種情況下，我們有 $z_1 = z_2$ 且 $V_1 = 0$。注意對理想氣體 $\rho = P/RT$，對等熵流動 $P/\rho^k = $ 常數，而馬赫數定義為 Ma $= V/c$，其中 $c = \sqrt{kRT}$ 是理想氣體的局部音速，式 (4b) 化簡為

$$\frac{P_1}{P_2} = \left[1 + \left(\frac{k-1}{2}\right)\text{Ma}_2^2\right]^{k/(k-1)} \qquad (4c)$$

其中狀態 1 是停滯狀態，而狀態 2 是沿著流動的任何狀態。

討論：可以證明使用可壓縮與不可壓縮方程式所得到的結果其差異在馬赫數小於 0.3 時不大於 2%。因此，理想氣體的流動當 Ma·0.3 時，可視為是不可壓縮的。對於在正常條件下大氣中的空氣，這相當於流速約 100 m/s 或 360 km/h。

5-5 能量方程式的一般式

自然界中最基本的定理之一是**熱力學第一定理** (first law of thermodynamics)，也稱為**能量守恆定理** (conservation of energy principle)，其提供一個良好的基礎來研究能量的各種形式之間的關係與能量的交互作用。其敘述為在一個過程中，能量不能被創造也不能被消滅；能量只能變換形式。因此在一個過程中的每一份能量都必須被考慮到。

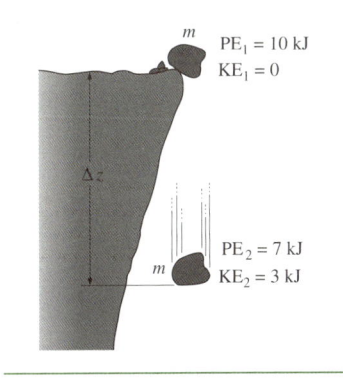

例如，當一塊岩石從山崖落下時，速度會遞增，因為其位能會轉換成動能 (圖 5-46)。實驗數據顯示，當空氣阻力可忽略時，位能的減少等於動能的增加，因此遵守了能量守恆定理。能量守恆定理也是飲食工業的基礎：一個人有較大的能量輸入 (食物)、較小的能量輸出 (運動) 將會增加體重 (以脂肪的形式儲能)；而一個人有較小的能量輸入、較大的能量輸出將會減少體重。一個系統儲能的變化量等於能量輸入與能量輸出的差值，因此任何系統的能量守恆定理可以簡單地表示為 $E_{in} - E_{out} = \Delta E$。

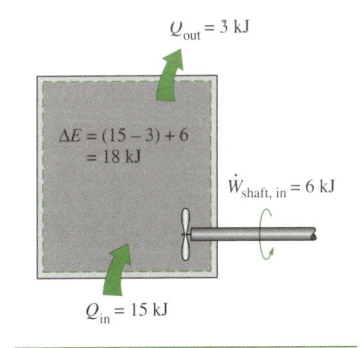

圖 5-46 在一個過程中，能量不能被創造，也不能被毀滅，能量只能改變形式。

任何量的傳遞（例如質量、動量與能量）是當這個量穿過邊界時在邊界上被認出的。一個量如果從外向內穿過邊界就稱為進入系統 (或控制體積)，但如果其為逆向移動，則稱為離開系統。一個量如果只是從系統內部的一個位置移動到另一個位置，在分析中就不被當成一個傳遞的量，因為其不進入或離開系統。因此在進行一項工程分析前，指定系統並清楚的界定其邊界是很重要的。

圖 5-47 在一個過程中，系統能量的改變等於系統與其環境之間熱與功的淨傳遞。

封閉系統 (有固定相同的質量) 的儲能可以由兩種機制改變：熱傳遞 Q 與功傳遞 W。因此封閉系統的能量守恆可以用變化率的形式表示為 (圖 5-47)：

$$\dot{Q}_{net\,in} + \dot{W}_{net\,in} = \frac{dE_{sys}}{dt} \quad \text{或} \quad \dot{Q}_{net\,in} + \dot{W}_{net\,in} = \frac{d}{dt}\int_{sys} \rho e \, dV \quad (5\text{-}49)$$

其中上方小圓點代表對時間的變化率，而 $\dot{Q}_{net\,in} = \dot{Q}_{in} - \dot{Q}_{out}$ 是進入系統的淨熱傳率 (若傳出系統則為負值)，$\dot{W}_{net\,in} = \dot{W}_{in} - \dot{W}_{out}$ 是以任何形式進入系統的淨功率 (若為功率輸出則為負值)，dE_{sys}/dt 是系統內部總能的變化率。對於簡單可壓縮系統，總能包括內能、動能與位能，以單位質量為基礎時，可以表示為 (參考第 2 章)：

$$e = u + \text{ke} + \text{pe} = u + \frac{V^2}{2} + gz \tag{5-50}$$

注意總能是性質，其值僅隨系統的狀態而改變。

熱的能量傳遞，Q

在日常生活中，我們常將內能的顯式與隱式稱為熱，並且談論著物體的熱含量。科學上，這些能量形式的更正確名稱是熱能。對於單相物質，固定質量的熱能改變會造成溫度的改變，因此溫度是熱能的良好代表。熱能會自然地向低溫移動。由於溫度差造成熱能從一個系統傳遞到另一個系統稱為熱傳 (heat transfer)。例如，一罐飲料在一個溫暖室內變溫暖的過程是由於熱傳 (圖 5-48)。熱傳的時間變化率稱為熱傳率 (heat transfer rate)，並且用 $\dot{Q}$ 表示。

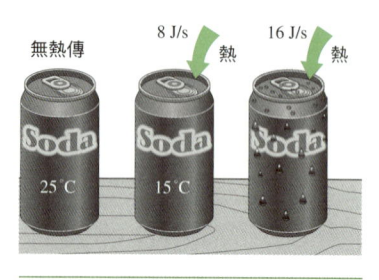

圖 5-48 溫差是熱傳的驅動力。溫差越大，熱傳率也越大。

熱傳的方向總是從高溫物體傳向低溫物體。一旦等溫建立起來，熱傳就會終止。兩個系統 (或一個系統與其環境) 如果為等溫，則相互之間不會有淨熱傳。

一個沒有熱傳的過程稱為絕熱過程 (adiabatic process)。一個過程有兩種方式變成是絕熱的：一種是系統絕熱良好使得只有可被忽視的熱傳可以傳過系統的邊界，另一種就是系統與其環境為等溫，使得沒有驅動力 (溫度差) 來造成淨熱傳。絕熱過程不可與等溫過程混淆。在一個絕熱過程中，雖然沒有淨熱傳，但系統的儲能與溫度仍然可以被其它方法 (例如功的傳遞) 所改變。

功的能量傳遞，W

能量的交互作用如果與力量作用一段距離有關就是功 (work)。一個上升的活塞、一根旋轉軸及一根穿過系統邊界的電線都與功的交互作用有關。作功的時間變化率稱為功率 (power) 並以 $\dot{W}$ 來表示。汽車引擎、火力、蒸氣與氣體透平機生產功率 ($\dot{W}_{\text{shaft, in}} < 0$)；壓縮機、泵、風扇與混合器消耗功率 ($\dot{W}_{\text{shaft, in}} > 0$)。

耗功裝置傳遞能量給流體，因此增加流體的能量。例如房間內的風扇攪動空氣，因此增加它的動能。風扇消耗的電能首先由其馬達轉換成機械能，從而帶動風扇轉軸轉動。此機械能再傳給空氣，可由空氣速度增加得到證明。此傳給空氣的能量與溫度差無關，因此不是熱傳，而是功。風扇排送的空氣最後總會停止而喪失其機械能，這是因為不同速度的空氣粒子間摩擦導致的結果。但這不是真實意涵的「損失」，這只是機械能轉換成等量的熱能 (其價值非常有限，因此才叫損失)，符合能量守恆定理。如果風扇在一個密閉室內運作一段很長的時間，我們就能由空氣溫度的上升感受到熱能的增加。

一個系統可能包含許多不同形式的功,因此總功可以表示成

$$W_{\text{total}} = W_{\text{shaft}} + W_{\text{pressure}} + W_{\text{viscous}} + W_{\text{other}} \tag{5-51}$$

其中 W_{shaft} 是由轉動軸傳遞的功,W_{pressure} 是由壓力在控制面上所作的功,W_{viscous} 是由黏滯力的正向與切向分量在控制面上所作的功,而 W_{other} 是由其它力 (例如電力、磁力及表面張力等) 所作的功,對於簡單可壓縮系統此功不重要,因此在本書中不予考慮。我們也不考慮 W_{viscous},因為移動壁面 (例如風扇葉片或透平機流道) 通常位於控制體積內部而不是控制面的一部分。但必須謹記於心的是當葉片掃過流體時,剪力所作的功在輪機的更精細分析中就必須予於考慮。

軸功

許多流動系統,例如泵、透平機、風扇或壓縮機等機械,都有軸穿過控制面,與所有這些裝置有關的功的傳遞就被稱為軸功 W_{shaft}。經由轉動軸傳遞的功率正比於軸扭力 T_{shaft} 而被表示為

$$\dot{W}_{\text{shaft}} = \omega \text{T}_{\text{shaft}} = 2\pi \dot{n}\, \text{T}_{\text{shaft}} \tag{5-52}$$

其中 ω 是軸的角速度,單位 rad/s,而 $\dot{n}$ 是軸每單位時間的轉動圈數,通常用 rev/min 或 rpm 來表示。

壓力所作的功

考慮一個汽缸－活塞裝置 (圖 5-49a) 內的氣體受到壓縮。當活塞在壓力 PA 的影響下向下移動一個微分距離 ds,其中 A 是活塞的截面積,作用在系統的邊界功是 $\delta W_{\text{boundary}} = PA\, ds$。這個關係式的兩邊除以微分時間間隔 dt 可以得到邊界功的時間變化率 (即功率)。

$$\delta \dot{W}_{\text{pressure}} = \delta \dot{W}_{\text{boundary}} = PA\, V_{\text{piston}}$$

其中 $V_{\text{piston}} = ds/dt$ 是活塞的速率,這是位於活塞面的移動表面的速率。

現在考慮一個有任意形狀的流體團塊 (一個系統),隨流體運動並且在壓力影響下可任意變形,如圖 5-49b 所示。壓力總是向內作用且垂直於表面,且壓力作用在微分面 dA 的力是 PdA。再一次注意功是力乘以距離,而每單位時間移動的距離是速度,因此壓力作用在系統的這個微分單元的功率為

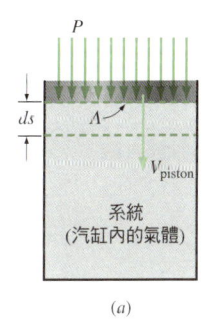

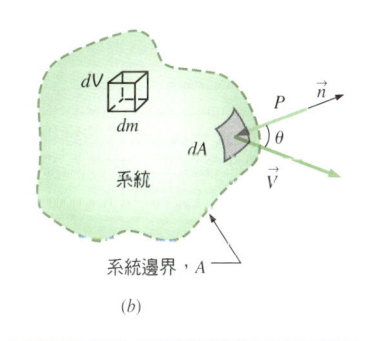

圖 5-49 壓力作用在 (a) 一個汽缸－活塞裝置系統的移動邊界上,及 (b) 一個任意形狀的系統的微分表面上。

$$\delta \dot{W}_{\text{pressure}} = -P\,dA\,V_n = -P\,dA(\vec{V}\cdot\vec{n}) \tag{5-53}$$

因為速度經過微分面積 dA 的垂直分量是 $V_n = V\cos\theta = \vec{V}\cdot\vec{n}$。注意 $\vec{n}$ 是 dA 向外的垂直單位向量，因此 $\vec{V}\cdot\vec{n}$ 對膨脹為正，而對壓縮為負。在式 (5-53) 的負號確保壓力功當作用在系統上時為正，而當系統對外作功時為負，這與我們的符號規則是一致的。壓力的總作功率可以經由把 $\delta\dot{W}_{\text{pressure}}$ 對整個表面 A 積分來獲得

$$\dot{W}_{\text{pressure, net in}} = -\int_A P(\vec{V}\cdot\vec{n})dA = -\int_A \frac{P}{\rho}\rho(\vec{V}\cdot\vec{n})dA \tag{5-54}$$

根據這些討論，淨功率傳遞可以表示為

$$\dot{W}_{\text{net in}} = \dot{W}_{\text{shaft, net in}} + \dot{W}_{\text{pressure, net in}} = \dot{W}_{\text{shaft, net in}} - \int_A P(\vec{V}\cdot\vec{n})\,dA \tag{5-55}$$

因此封閉系統的能量守恆關係式的變化率形式為

$$\dot{Q}_{\text{net in}} + \dot{W}_{\text{shaft, net in}} + \dot{W}_{\text{pressure, net in}} = \frac{dE_{\text{sys}}}{dt} \tag{5-56}$$

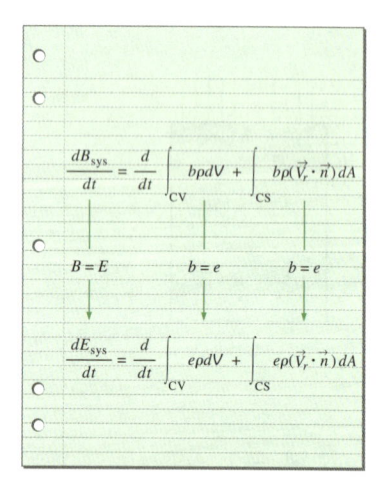

為了得到一個控制體積的能量守恆關係式，我們應用雷諾輸運定理，用總能量 E 取代 B，用每單位質量的總能 e 取代 b，其中 $e = u + \text{ke} + \text{pe} = u + V^2/2 + gz$（圖 5-50）。這會得到

$$\frac{dE_{\text{sys}}}{dt} = \frac{d}{dt}\int_{\text{CV}} e\rho\,dV + \int_{\text{CS}} e\rho(\vec{V_r}\cdot\vec{n})A \tag{5-57}$$

將式 (5-56) 的左邊代入式 (5-57)，能量方程式的一般式，可以適用於固定的或移動的或變形的控制體積，變成是

$$\dot{Q}_{\text{net in}} + \dot{W}_{\text{shaft, net in}} + \dot{W}_{\text{pressure, net in}} = \frac{d}{dt}\int_{\text{CV}} e\rho\,dV + \int_{\text{CS}} e\rho(\vec{V_r}\cdot\vec{n})\,dA \tag{5-58}$$

圖 5-50 能量守恆方程式的獲得可以經由把雷諾輸運定理中的 B 用能量 E 及 b 用 e 取代而實現。

可以用文字表示為

$$\begin{pmatrix}\text{由熱與功傳遞所}\\\text{帶入 CV 的淨能}\\\text{量傳遞率}\end{pmatrix} = \begin{pmatrix}\text{CV 的內含能量}\\\text{的時間變化率}\end{pmatrix} + \begin{pmatrix}\text{由質量流動通過控}\\\text{制面帶出 CV 的淨}\\\text{能量流動率}\end{pmatrix}$$

這裡 $\vec{V}_r = \vec{V} - \vec{V}_{CS}$ 是相對於控制面的流體速度，而乘積 $\rho(\vec{V}_r \cdot \vec{n})dA$ 代表通過面積元素 dA 進入或離開控制體積的質量流率。再次注意 dA 的向外垂直單位向量 $\vec{n}$，所以內積 $\vec{V}_r \cdot \vec{n}$ 與質量流率對向外流為正，對向內流為負。

將壓力作功的面積分式 (5-54) 代入式 (5-58)，並且與右邊的面積分結合可得

$$\dot{Q}_{\text{net in}} + \dot{W}_{\text{shaft, net in}} = \frac{d}{dt}\int_{CV} e\rho \, dV + \int_{CS}\left(\frac{P}{\rho} + e\right)\rho(\vec{V}_r \cdot \vec{n})dA \qquad (5\text{-}59)$$

這是能量方程式的一個很方便的形式，因為壓力功與穿過控制面的流體能量結合在一起，使得我們不需要再處理壓力作功。

此處 $P/\rho = Pv = w_{\text{flow}}$ 這一項是**流功** (flow work)，這是將每單位質量的流體推進或推出控制體積所作的功。注意在一個固體面上的流體速度等於固體面的速度，因為必須滿足無滑動邊界條件。結果是在控制面與無移動壁面重合的部分上的壓力功為零。因此，對於固定的控制體積，壓力功僅存在於流體進入或離開控制體積的地方，即入口與出口。

對於固定的控制體積 (控制體積沒有移動或變形)，$\vec{V}_r = \vec{V}$，能量式 (5-59) 變成

固定的 CV：

$$\dot{Q}_{\text{net in}} + \dot{W}_{\text{shaft, net in}} = \frac{d}{dt}\int_{CV} e\rho \, dV + \int_{CS}\left(\frac{P}{\rho} + e\right)\rho(\vec{V} \cdot \vec{n})dA \qquad (5\text{-}60)$$

這個方程式由於有積分項，在求解實際工程問題時不是很方便，因此最好是用經過入口與出口的平均速度與質量流率來將其改寫。如果 $P/\rho + e$ 在入口與出口幾乎是均勻的，我們就可將其取到積分外面，同時注意 $\dot{m} = \int_{A_c} \rho(\vec{V} \cdot \vec{n}) dA_c$ 是經過入口或出口的質量流率，因此經過入口或出口的能量入流率或外流率可以近似為 $\dot{m}(P/\rho + e)$。能量方程式變成 (圖 5-51)：

$$\dot{Q}_{\text{net in}} + \dot{W}_{\text{shaft, net in}} = \frac{d}{dt}\int_{CV} e\rho \, dV + \sum_{\text{out}} \dot{m}\left(\frac{P}{\rho} + e\right) - \sum_{\text{in}} \dot{m}\left(\frac{P}{\rho} + e\right) \qquad (5\text{-}61)$$

其中 $e = u + V^2/2 + gz$ [式 (5-50)] 是每單位質量的總能，對控制體積與流束皆是。因此有

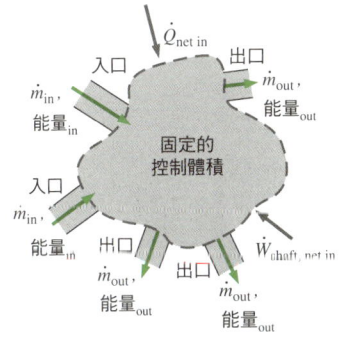

圖 5-51 在一個典型的工程問題中，控制體積可能包含很多入口和出口；在每一個入口，能量流入；在每一個出口，能量流出。能量同時也經由淨熱傳和淨軸功進入系統。

240 流體力學

$$\dot{Q}_{\text{net in}} + \dot{W}_{\text{shaft, net in}} = \frac{d}{dt}\int_{\text{CV}} e\rho\, dV + \sum_{\text{out}} \dot{m}\left(\frac{P}{\rho} + u + \frac{V^2}{2} + gz\right) - \sum_{\text{in}} \dot{m}\left(\frac{P}{\rho} + u + \frac{V^2}{2} + gz\right)$$
(5-62)

或是

$$\dot{Q}_{\text{net in}} + \dot{W}_{\text{shaft, net in}} = \frac{d}{dt}\int_{\text{CV}} e\rho\, dV + \sum_{\text{out}} \dot{m}\left(h + \frac{V^2}{2} + gz\right) - \sum_{\text{in}} \dot{m}\left(h + \frac{V^2}{2} + gz\right)$$
(5-63)

其中我們用到比焓的定義 $h = u + Pv = u + P/\rho$。最後兩個方程式是能量方程式很通用的一般表示式，但是其使用仍然限制在固定的控制體積，入口與出口是均勻流動，以及黏滯力和其它效應的作用是可忽略的情況。同時下標"net in"代表「淨輸入」，因此任何熱與功的傳遞如果是傳入系統則為正，而傳出系統則為負。

5-6 穩定流的能量分析

對於穩定流，控制體積儲能的時間變化率為零，式 (5-63) 簡化成

$$\dot{Q}_{\text{net in}} + \dot{W}_{\text{shaft, net in}} = \sum_{\text{out}} \dot{m}\left(h + \frac{V^2}{2} + gz\right) - \sum_{\text{in}} \dot{m}\left(h + \frac{V^2}{2} + gz\right) \quad (5\text{-}64)$$

其敘述為在一個穩定流過程，經由熱與功的傳遞輸入控制體積的淨能量傳遞率等於由質量流率流出的能量流率減去流入的能量流率。

許多實際的問題僅有一個入口與一個出口 (圖 5-52)。這種單一流束裝置 (single-stream device) 的質量流率在入口與出口是一樣的，式 (5-64) 簡化為

$$\dot{Q}_{\text{net in}} + \dot{W}_{\text{shaft, net in}} = \dot{m}\left(h_2 - h_1 + \frac{V_2^2 - V_1^2}{2} + g(z_2 - z_1)\right) \quad (5\text{-}65)$$

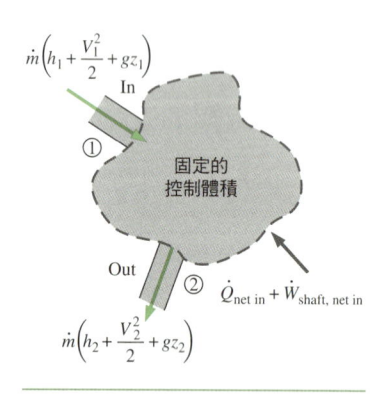

圖 5-22 一個只有一個入口與一個出口與能量交互作用的控制體積。

其中下標 1 與 2 分別指入口與出口。穩定流以每單位質量為基礎的能量方程式可以將式 (5-65) 除以質量流率 $\dot{m}$ 而求得

$$q_{\text{net in}} + w_{\text{shaft, net in}} = h_2 - h_1 + \frac{V_2^2 - V_1^2}{2} + g(z_2 - z_1) \quad (5\text{-}66)$$

其中 $q_{\text{net in}} = \dot{Q}_{\text{net in}}/\dot{m}$ 是傳給每單位質量流體的淨熱傳，而 $w_{\text{shaft, net in}} = \dot{W}_{\text{shaft, net in}}/\dot{m}$

是傳給每單位質量流體的淨軸功。使用焓的定義 $h = u + P/\rho$ 並重新整理，穩定流的能量方程式也可表示為

$$w_{\text{shaft, net in}} + \frac{P_1}{\rho_1} + \frac{V_1^2}{2} + gz_1 = \frac{P_2}{\rho_2} + \frac{V_2^2}{2} + gz_2 + (u_2 - u_1 - q_{\text{net in}}) \quad (5\text{-}67)$$

其中 u 是內能，P/ρ 是流能，$V^2/2$ 是動能，而 gz 是位能，都是以每單位質量為基礎。這些關係式對可壓縮流與不可壓縮流都是成立的。

式 (5-67) 的左邊代表的是輸入的機械能，而右邊的前三項代表的是輸出的機械能。如果流動是理想的，沒有例如摩擦的不可逆性，總機械能是守恆的，則在右邊括號內的項 $(u_2 - u_1 - q_{\text{net in}})$ 必須等於零。亦即

理想流動(沒有機械能損失)： $\qquad q_{\text{net in}} = u_2 - u_1 \qquad (5\text{-}68)$

任何 $u_2 - u_1$ 超過 $q_{\text{net in}}$ 的增加是由於不可逆性將機械能轉換成熱能，因此 $u_2 - u_1 - q_{\text{net in}}$ 代表的是每單位質量的機械能損失 (圖 5-53)。亦即，

真實流動(有機械能損失)： $\qquad e_{\text{mech, loss}} = u_2 - u_1 - q_{\text{net in}} \qquad (5\text{-}69)$

對於單相流體(氣體或液體)，$u_2 - u_1 = c_v(T_2 - T_1)$，其中 c_v 是等容比熱。

以單位質量為基礎的穩定流能量方程式可以很方便的寫成**機械能** (mechanical energy) 平衡的形式

$$e_{\text{mech, in}} = e_{\text{mech, out}} + e_{\text{mech, loss}} \quad (5\text{-}70)$$

或

$$w_{\text{shaft, net in}} + \frac{P_1}{\rho_1} + \frac{V_1^2}{2} + gz_1 = \frac{P_2}{\rho_2} + \frac{V_2^2}{2} + gz_2 + e_{\text{mech, loss}} \quad (5\text{-}71)$$

注意 $w_{\text{shaft, net in}} = w_{\text{pump}} - w_{\text{turbine}}$，機械能平衡方程式可以更清楚的寫成

$$\frac{P_1}{\rho_1} + \frac{V_1^2}{2} + gz_1 + w_{\text{pump}} = \frac{P_2}{\rho_2} + \frac{V_2^2}{2} + gz_2 + w_{\text{turbine}} + e_{\text{mech, loss}} \quad (5\text{-}72)$$

其中 w_{pump} 是機械的輸入(由於泵、風扇、壓縮機等的存在)，而 w_{turbine} 是機械能輸出(由於透平機)。當流動是不可壓縮時，P 用絕對壓力或錶壓力均可，因 P_{atm}/ρ 出

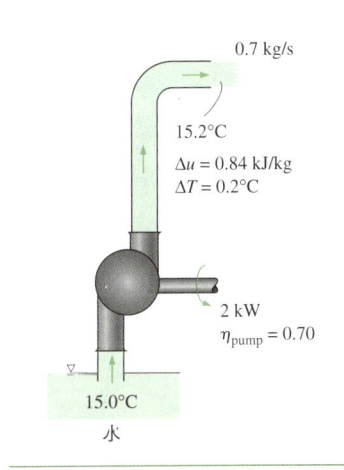

圖 5-53 流體流動系統損失的機械能導致流體內能的增加，從而增加了流體的溫度。

現在兩邊而可以相互消去。

將式 (5-72) 乘以質量流率可得

$$\dot{m}\left(\frac{P_1}{\rho_1} + \frac{V_1^2}{2} + gz_1\right) + \dot{W}_{\text{pump}} = \dot{m}\left(\frac{P_2}{\rho_2} + \frac{V_2^2}{2} + gz_2\right) + \dot{W}_{\text{turbine}} + \dot{E}_{\text{mech, loss}} \quad (5\text{-}73)$$

其中 $\dot{W}_{\text{pump}}$ 是經由泵的軸功輸入，$\dot{W}_{\text{turbine}}$ 是經由透平機的軸功輸出，而 $\dot{E}_{\text{mech, loss}}$ 是總機械能損失，包括泵和透平機的損失加上在管路系統的摩擦損失。亦即

$$\dot{E}_{\text{mech, loss}} = \dot{E}_{\text{mech loss, pump}} + \dot{E}_{\text{mech loss, turbine}} + \dot{E}_{\text{mech loss, piping}}$$

習慣上，泵與透平機的不可逆損失與管路系統的零件的不可逆損失是分開處理的 (圖 5-54)。能量方程式的最通用的形式是把式 (5-73) 中的每一項都除以 $\dot{m}g$ 來用水頭表示。結果是

$$\frac{P_1}{\rho_1 g} + \frac{V_1^2}{2g} + z_1 + h_{\text{pump}, u} = \frac{P_2}{\rho_2 g} + \frac{V_2^2}{2g} + z_2 + h_{\text{turbine}, e} + h_L \quad (5\text{-}74)$$

圖 5-54 一個典型的發電廠有各種管、彎管、閥、泵與透平機，都有不可逆損失。
© Brand X Pictures PunchStock RF

其中

- $h_{\text{pump}, u} = \dfrac{w_{\text{pump}, u}}{g} = \dfrac{\dot{W}_{\text{pump}, u}}{\dot{m}g} = \dfrac{\eta_{\text{pump}} \dot{W}_{\text{pump}}}{\dot{m}g}$ 是由泵輸入給流體的有用水頭。由於泵的不可逆損失，$h_{\text{pump}, u}$ 小於 $\dot{W}_{\text{pump}}/\dot{m}g$，其比值是 η_{pump}。

- $h_{\text{turbine}, e} = \dfrac{w_{\text{turbine}, e}}{g} = \dfrac{\dot{W}_{\text{turbine}, e}}{\dot{m}g} = \dfrac{\dot{W}_{\text{turbine}}}{\eta_{\text{turbine}} \dot{m}g}$ 是透平機由流體中所抽取的水頭，$h_{\text{turbine}, e}$ 大於 $\dot{W}_{\text{turbine}}/\dot{m}g$，其比值為 η_{turbine}。

- $h_L = \dfrac{e_{\text{mech loss, piping}}}{g} = \dfrac{\dot{E}_{\text{mech loss, piping}}}{\dot{m}g}$ 是在點 1 與點 2 之間的不可逆水頭損失，是管路系統中除了泵與透平機以外的其它零件所造成的。

注意水頭損失 h_L 代表在管路中流體流動的摩擦損失，不包括泵或透平機中由於裝置的無效率所產生的損失 —— 這些損失已經由 η_{pump} 與 η_{turbine} 加以考慮了。式 (5-74) 在示意圖 5-55 中作了說明。

如果管路系統中沒有泵、風扇或壓縮機，則泵水頭為零，而如果沒有透平機，則透平機水頭為零。

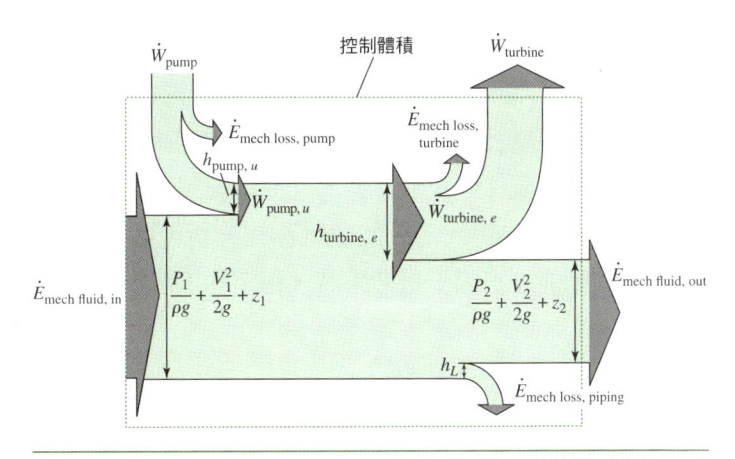

圖 5-55 一個含有泵及透平機的流體流動系統的機械能流程圖，垂直寬度代表每個能量項的大小，用等效流體柱高度表示，亦即對應式 (5-74) 中的每一項的水頭。

特例：沒有機械功裝置與摩擦力可忽略的不可壓縮流

當管路的摩擦可以忽略時，消耗機械能轉換成熱能的效應就可忽略，因此 $h_L = e_{\text{meth, loss, piping}}/g \cong 0$，就如稍後在例題 5-11 所展示的。再者，當沒有例如風扇、泵或透平機等機械功裝置時，$h_{\text{pump}, u} = h_{\text{turbine}, e} = 0$。因此式 (5-74) 簡化成

$$\frac{P_1}{\rho g} + \frac{V_1^2}{2g} + z_1 = \frac{P_2}{\rho g} + \frac{V_2^2}{2g} + z_2 \quad \text{或} \quad \frac{P}{\rho g} + \frac{V^2}{2g} + z = \text{常數} \qquad (5\text{-}75)$$

這是稍早應用牛頓第二運動定律所導出的**伯努利方程式** (Bernoulli equation)。因此伯努利方程式可以視為是能量方程式的一個退化的形式。

動能修正因子，α

平均流速 V_{avg} 的定義使得關係式 $\rho V_{\text{avg}} A$ 就是實際的質量流率，因此沒有質量流率修正因子這種東西。然而，就如 Gaspard Coriolis (1792-1843) 所證明的，從 $V^2/2$ 所得到的流體的動能與實際的流體動能並不一樣，因為加總的平方與其成分的平方的加總並不相同 (圖 5-56)。這個誤差可以經由把能量方程式的動能項 $V^2/2$ 用 $\alpha V_{\text{avg}}^2/2$ 取代來作修正，其中 α 是**動能修正因子** (kinetic energy correction factor)。使用速度隨徑向距離變化的方程式，可以證明對於圓管中完全發展的層流修正因子為 2.0，而對於圓管中完全發展的紊流，其值的範圍是 1.04 到 1.11。

在基本分析中，動能修正因子經常被忽略 (即 α 被設定為

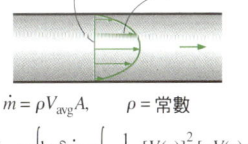

$\dot{m} = \rho V_{\text{avg}} A, \qquad \rho = \text{常數}$

$\dot{\text{KE}}_{\text{act}} = \int \text{ke}\,\delta\dot{m} = \int_A \frac{1}{2}\,[V(r)]^2\,[\rho V(r)\,dA]$

$\qquad = \frac{1}{2}\,\rho \int_A [V(r)]^3\,dA$

$\dot{\text{KE}}_{\text{avg}} = \frac{1}{2}\,\dot{m} V_{\text{avg}}^2 = \frac{1}{2}\,\rho A V_{\text{avg}}^3$

$\alpha = \dfrac{\dot{\text{KE}}_{\text{act}}}{\dot{\text{KE}}_{\text{avg}}} = \dfrac{1}{A} \int_A \left(\dfrac{V(r)}{V_{\text{avg}}}\right)^3 dA$

圖 5-56 動能修正因子的決定，使用了在一個截面的真實速度分佈 $V(r)$ 與平均速度 V_{avg}。

1)，因為 (1) 多數在實際中碰到的流動為紊流，其修正因子接近 1，(2) 在能量方程式中動能項相對於其它項通常相當小，即使得將其乘以一個小於 2.0 的因子並不會造成多少差異。當流體的速度及動能變大時，流動變成紊流，此時一個為 1 的修正因子甚為合適。然而，必須記住你可能遭遇的一些情況，在其中這些因子是會有影響的，特別是在流動為層流的情況。因此建議你在分析流體流動的問題時，總是要有動能修正因子。當動能修正因子被考慮時，穩定的不可壓縮流的能量式 [式 (5-73) 及 (5-74)] 變成

$$\dot{m}\left(\frac{P_1}{\rho} + \alpha_1 \frac{V_1^2}{2} + gz_1\right) + \dot{W}_{\text{pump}} = \dot{m}\left(\frac{P_2}{\rho} + \alpha_2 \frac{V_2^2}{2} + gz_2\right) + \dot{W}_{\text{turbine}} + \dot{E}_{\text{mech, loss}}$$

(5-76)

$$\frac{P_1}{\rho g} + \alpha_1 \frac{V_1^2}{2g} + z_1 + h_{\text{pump}, u} = \frac{P_2}{\rho g} + \alpha_2 \frac{V_2^2}{2g} + z_2 + h_{\text{turbine}, e} + h_L \qquad (5\text{-}77)$$

如果在入口或出口的流動是在管中的完全發展紊流，我們建議使用 $\alpha = 1.05$ 來當作修正因子的一個合理估計值。這會導致水頭損失的一個較保守的估計值，而在方程式中包含 α 並不需要多少額外的計算。

例題 5-11　摩擦對流體溫度與水頭損失的影響

在一個絕熱的流動段中，流體在作穩定的不可壓縮流動，試證明 (a) 當忽略摩擦時，溫度維持為常數而且沒有水頭損失，(b) 當考慮摩擦效應時，溫度會上升而且會有一些水頭損失。同時討論在這些流動中，溫度是否有可能會下降 (圖 5-57)。

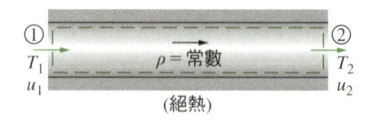

圖 5-57　例題 5-11 的示意圖。

解答：考慮流過一個絕熱段的穩定、不可壓縮流。要決定摩擦對於溫度與水頭損失的影響。
假設：**1.** 流動是穩定、不可壓縮的。**2.** 流動段是絕熱的，因此沒有熱傳，$q_{\text{net in}} = 0$。
分析：在不可壓縮流中，流動的密度維持為常數，且熵的變化為

$$\Delta s = c_v \ln \frac{T_2}{T_1}$$

這個關係式是流體流過一個絕熱段，從入口的狀態 1 到出口的狀態 2，其每單位質量的熵的改變量。熵的改變由兩個效應產生：(1) 熱傳，(2) 不可逆性。因此，當沒有熱傳時，熵的改變僅由不可逆性造成，其影響總是會使熵增加。

(a) 流體在一個絕熱段 ($q_{\text{net in}} = 0$) 且過程中沒有摩擦與旋轉等不可逆性時，熵的變化為零，因此對於可逆的流動，我們會有

溫度變化：
$$\Delta s = c_v \ln \frac{T_2}{T_1} = 0 \quad \rightarrow \quad T_2 = T_1$$

機械能損失：
$$e_{\text{mech loss, piping}} = u_2 - u_1 - q_{\text{net in}} = c_v(T_2 - T_1) - q_{\text{net in}} = 0$$

水頭損失：
$$h_L = \rho_{\text{mech loss, piping}}/g = 0$$

因此我們的結論是當熱傳與摩擦效應可以忽略時，(1) 流體的溫度維持為常數，(2) 沒有機械能轉換成熱能，(3) 沒有不可逆的水頭損失。

(b) 當例如摩擦的不可逆性被考慮時，熵的改變是正的，因此我們有：

溫度變化：
$$\Delta s = c_v \ln \frac{T_2}{T_1} > 0 \rightarrow T_2 > T_1$$

機械能損失：
$$e_{\text{mech loss, piping}} = u_2 - u_1 - q_{\text{net in}} = c_v(T_2 - T_1) > 0$$

水頭損失：
$$h_L = \rho_{\text{mech loss, piping}}/g > 0$$

因此我們的結論是當流動是絕熱且不可逆時，(1) 流體的溫度會升高，(2) 有一些機械能會轉換成熱能，及 (3) 一些不可逆的水頭損失會發生。

討論：在一個穩定、不可壓縮的絕熱流中，流體的溫度不可能下降，因為這樣會使一個絕熱系統的熵下降，而這樣會違反熱力學第二定理。

例題 5-12 泵的泵馬力與摩擦生熱

一個供水系統的泵由一個效率 90% 的 15 kW 電動馬達提供電力 (圖 5-58)。水流經泵的流動率是 50 L/s。入口管與出口管的直徑相同，而且跨過泵的高度差可以忽略。如果量測到泵的入口與出口的絕對壓力分別是 100 kPa 與 300 kPa，試求 (a) 泵的機械效率，及 (b) 當流體流過泵時由於機械的沒有效率所造成的水溫上升。

解答：已經量測了跨過泵的壓力。要決定泵的機械效率與水溫上升。

假設：1. 流動是穩定、不可壓縮的。2. 泵由一個外界的馬達驅動，因此馬達產生的熱消散到大氣中。3. 泵的入口與出口的高度差是可忽略的，$z_1 \cong z_2$。4. 泵的入口與出口的直徑相同，因此入口與出口的速度相同，$V_1 = V_2$。5. 動能修正因子相等，$\alpha_1 = \alpha_2$。

性質：我們取水的密度為 1 kg/L = 1000 kg/m³ 且其比熱為 4.18 kJ/kg·°C。

分析：(a) 水經過泵的質量流率是

$$\dot{m} = \rho \dot{V} = (1 \text{ kg/L})(50 \text{ L/s}) = 50 \text{ kg/s}$$

馬達消耗 15 kW 的功率而其效率是 90%。因此其傳輸給泵的機械 (軸) 功率為

$$\dot{W}_{\text{pump, shaft}} = \eta_{\text{motor}} \dot{W}_{\text{electric}} = (0.90)(15 \text{ kW}) = 13.5 \text{ kW}$$

要決定泵的機械效率，我們必須知道當流體流過泵時，其機械能的增加量，

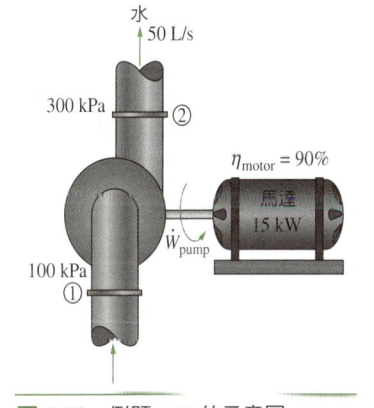

圖 5-58 例題 5-12 的示意圖。

$$\Delta \dot{E}_{\text{mech, fluid}} = \dot{E}_{\text{mech, out}} - \dot{E}_{\text{mech, in}} = \dot{m}\left(\frac{P_2}{\rho} + \alpha_2 \frac{V_2^2}{2} + gz_2\right) - \dot{m}\left(\frac{P_1}{\rho} + \alpha_1 \frac{V_1^2}{2} + gz_1\right)$$

將其簡化並代入已知值，

$$\Delta \dot{E}_{\text{mech, fluid}} = \dot{m}\left(\frac{P_2 - P_1}{\rho}\right) = (50 \text{ kg/s})\left(\frac{(300-100)\text{ kPa}}{1000 \text{ kg/m}^3}\right)\left(\frac{1 \text{ kJ}}{1 \text{ kPa} \cdot \text{m}^3}\right) = 10.0 \text{ kW}$$

因此泵的機械效率成為

$$\eta_{\text{pump}} = \frac{\dot{W}_{\text{pump, }u}}{\dot{W}_{\text{pump, shaft}}} = \frac{\Delta \dot{E}_{\text{mech, fluid}}}{\dot{W}_{\text{pump, shaft}}} = \frac{10.0 \text{ kW}}{13.5 \text{ kW}} = \mathbf{0.741} \quad \text{或} \quad \mathbf{74.1\%}$$

(b) 由泵所供給的 13.5 kW 的機械功率之中，只有 10.0 kW 是以機械能傳給流體的。剩下的 3.5 kW 由於摩擦效應轉換成熱能，因此這是「損失」的機械能，其影響是對流體的加熱作用，

$$\dot{E}_{\text{mech, loss}} = \dot{W}_{\text{pump, shaft}} - \Delta \dot{E}_{\text{mech, fluid}} = 13.5 - 10.0 = 3.5 \text{kW}$$

由於這種機械的沒有效率性所造成的水溫上升可以從熱能平衡來決定，$\dot{E}_{\text{mech, loss}} = \dot{m}(u_2 - u_1) = \dot{m}c\Delta T$。解出 ΔT，

$$\Delta T = \frac{\dot{E}_{\text{mech, loss}}}{\dot{m}c} = \frac{3.5 \text{ kW}}{(50 \text{ kg/s})(4.18 \text{ kJ/kg} \cdot °\text{C})} = \mathbf{0.017°C}$$

因此當水流過泵時，由於機械的沒有效率性會使其體驗到 0.017°C 的溫升，這是非常小的量。
討論：在實際應用中，水溫的上升可能會更小，因為部分產生的熱會傳給泵的外殼，再從殼傳給周圍的空氣。如果整個泵與馬達的組合浸入水中，那麼由於馬達的沒有效率性所產生的 1.5 kW 熱能也會傳給周圍的水。

例題 5-13　水壩的水力發電

在一個水力發電廠中，100 m³/s 的水從高度 120 m 流向一個透平機來發電 (圖 5-59)。管路系統中從點 1 到點 2 (透平機單元除外) 的總不可逆水頭損失是 35 m。如果透平機－發電機的總效率為 80%，試估算電功率的輸出。

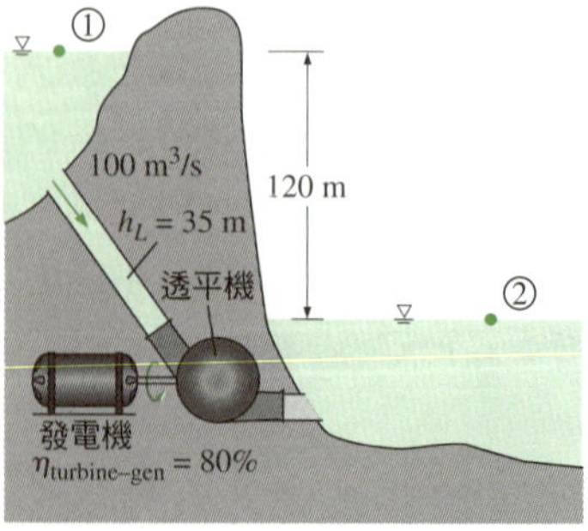

解答：已知可用的水頭、流率、水頭損失與透平機－發電機的效率。要決定電功率的輸出。
假設：**1.** 流動是穩定、不可壓縮的。**2.** 水庫與排水場所的水位高度維持為常數。
性質：我們取水的密度為 1000 kg/m³。
解析　經過透平機的水的質量流率是

$$\dot{m} = \rho \dot{V} = (1000 \text{ kg/m}^3)(100 \text{ m}^3/\text{s}) = 10^5 \text{ kg/s}$$

圖 5-59 例題 5-13 的示意圖。

我們取點 2 當作參考平面，即 $z_2 = 0$。同時，點 1 與點 2 都對開放大氣 ($P_1 = P_2 = P_{atm}$)，而且兩點的流速都可忽略 ($V_1 = V_2 = 0$)。因此穩定、不可壓縮流的能量方程式化簡為

$$\cancel{\frac{P_1}{\rho g}} + \alpha_1 \cancel{\frac{V_1^2}{2g}} + z_1 + \cancel{h_{pump,u}}^{0} = \cancel{\frac{P_2}{\rho g}} + \alpha_2 \cancel{\frac{V_2^2}{2g}} + \cancel{z_2}^{0} + h_{turbine,e} + h_L$$

或

$$h_{turbine,e} = z_1 - h_L$$

代入，透平機的輸出水頭與對應的透平機功率為

$$h_{turbine,e} = z_1 - h_L = 120 - 35 = 85 \text{ m}$$

$$\dot{W}_{turbine,e} = \dot{m}gh_{turbine,e} = (10^5 \text{ kg/s})(9.81 \text{ m/s}^2)(85 \text{ m})\left(\frac{1 \text{ kJ/kg}}{1000 \text{ m}^2/\text{s}^2}\right) = 83,400 \text{ kW}$$

因此，一個完美的透平機—發電機從這個資源可以生產 83,400 kW 的電力。實際單位所生產的電力則為

$$\dot{W}_{electric} = \eta_{turbine-gen} \dot{W}_{turbine,e} = (0.80)(83.4 \text{ MW}) = \mathbf{66.7 \text{ MW}}$$

討論：注意透平機—發電機單元的效率每增加 1 個百分點，其生產的電力就幾乎增加 1 MW。在第 8 章你將學習如何決定 h_L。

例題 5-14　氣冷式電腦的風扇選擇

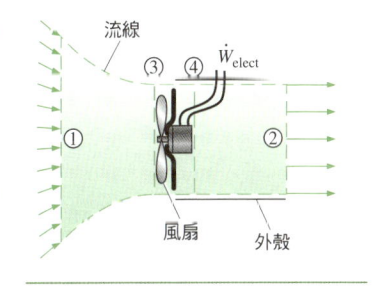

要選擇一個風扇來冷卻電腦，其機殼尺寸為 12 cm × 40 cm × 40 cm (圖 5-60)。機殼內部一半的空間估計會充滿零件，其它一半被空氣充滿。機殼背部有一個 5 cm 直徑的孔洞，可以用來安裝風扇，以便每秒鐘替換機殼內部的空氣一次。市場上有小型的低功率風扇—馬達組合單元可供選用，其效率估計為 30%。試求 (a) 要購買的風扇—馬達單元的瓦特數，與 (b) 跨過風扇的壓力差。取空氣的密度為 1.20 kg/m³。

圖 5-60 例題 5-14 的示意圖。

解答：一個風扇被用來冷卻電腦機殼，每秒必須代換內部的空氣一次。要決定風扇的功率與跨過風扇的壓力差。

假設：1. 流動是穩定、不可壓縮的。2. 除了風扇—馬達單元以外的其它沒有效率性所產生的損失可以忽略。3. 在風扇出口的流動相當均勻，除了靠近中心的區域 (由於在風扇馬達的尾流端)，且在出口的動能修正因子為 1.10。

性質：已知空氣的密度是 1.20 kg/m³。

分析：(a) 注意機殼內一半的空間被零件佔有，因此空氣的體積是

$$V = (\text{空間比例})(\text{機殼內總體積})$$

$$= 0.5(12 \text{ cm} \times 40 \text{ cm} \times 40 \text{ cm}) = 9600 \text{ cm}^3$$

空氣流過機殼的體積與質量流率為

$$\dot{V} = \frac{V}{\Delta t} = \frac{9600 \text{ cm}^3}{1\text{s}} = 9600 \text{ cm}^3/\text{s} = 9.6 \times 10^{-3} \text{m}^3/\text{s}$$

$$\dot{m} = \rho \dot{V} = (1.20 \text{ kg/m}^3)(9.6 \times 10^{-3} \text{m}^3/\text{s}) = 0.0115 \text{ kg/s}$$

機殼上開口的截面積與通過出口的空氣平均速度為

$$A = \frac{\pi D^2}{4} = \frac{\pi (0.05 \text{ m})^2}{4} = 1.96 \times 10^{-3} \text{ m}^2$$

$$V = \frac{\dot{V}}{A} = \frac{9.6 \times 10^{-3} \text{ m}^3/\text{s}}{1.96 \times 10^{-3} \text{ m}^2} = 4.90 \text{ m/s}$$

我們圍繞風扇畫的控制體積，其入口與出口都是在大氣壓力 ($P_1 = P_2 = P_{atm}$)，如圖 5-60 所示，入口很大，並且遠離風扇使得在入口的流速是可忽略的 ($V_1 \cong 0$)。注意 $z_1 = z_2$ 且流動中的摩擦損失被忽略，風扇的機械損失是唯一被考慮的機械損失，因此能量方程式 (5-76) 可以化簡為

$$\dot{m}\left(\cancel{\frac{P_1}{\rho}}^0 + \alpha_1 \cancel{\frac{V_1^2}{2}}^0 + g\cancel{z_1}\right) + \dot{W}_{fan} = \dot{m}\left(\cancel{\frac{P_2}{\rho}} + \alpha_2 \frac{V_2^2}{2} + g\cancel{z_2}\right) + \cancel{\dot{W}_{turbine}}^0 + \dot{E}_{mech\,loss,\,fan}$$

解出 $\dot{W}_{fan} - \dot{E}_{mech\,loss,\,fan} = \dot{W}_{fan,\,u}$，並代入數值，

$$\dot{W}_{fan,\,u} = \dot{m}\alpha_2 \frac{V_2^2}{2} = (0.0115 \text{ kg/s})(1.10)\frac{(4.90 \text{ m/s})^2}{2}\left(\frac{1 \text{ N}}{1\text{kg} \cdot \text{m/s}^2}\right) = 0.152 \text{ W}$$

需要輸入風扇的電功率可以如下決定：

$$\dot{W}_{elect} = \frac{\dot{W}_{fan,\,u}}{\eta_{fan-motor}} = \frac{0.152 \text{ W}}{0.3} = \mathbf{0.506 \text{ W}}$$

因此額定功率約半瓦特的風扇−馬達單元可以適用於這個任務 (圖 5-61)。

(b) 為了決定跨過風扇單元的壓力差，我們取點 3 與點 4 位於風扇的兩側，在同一條水面線上。這一次 $z_3 = z_4$ 且 $V_3 = V_4$，因為風扇有窄的截面積，能量方程式化簡為

$$\dot{m}\frac{P_3}{\rho} + \dot{W}_{fan} = \dot{m}\frac{P_4}{\rho} + \dot{E}_{mech\,loss,\,fan} \quad \rightarrow \quad \dot{W}_{fan,\,u} = \dot{m}\frac{P_4 - P_3}{\rho}$$

解出 $P_4 - P_3$ 並代入數值，

$$P_4 - P_3 = \frac{\rho \dot{W}_{fan,\,u}}{\dot{m}} = \frac{(1.2 \text{ kg/m}^3)(0.152 \text{ W})}{0.0115 \text{ kg/s}}\left(\frac{1\text{Pa} \cdot \text{m}^3}{1 \text{ Ws}}\right) = \mathbf{15.8 \text{ Pa}}$$

圖 5-61 用在電腦與電腦的電源供應器上的冷卻風扇通常很小，並且只消耗很小的電功率。
© PhotoDisc/Getty RF

因此跨過風扇的壓力差為 15.8 Pa。

討論：給定的風扇-馬達單元的效率是 30%，表示這個單元消耗的電功率 $\dot{W}_{electric}$ 的 30% 被轉換成有用的機械能，而其餘的 (70%) 能量「損失」並轉換成熱能。再者，實際的系統為了克服機殼內的摩擦損失，會需要一個更有力的風扇。注意如果我們忽略出口的動能修正因子，需要的電功率與壓力上升會比本例中的值低 10% (分別是 0.460 W 與 14.4 Pa)。

例題 5-15 　從湖中泵水到水池

軸功 5 kW，效率 72% 的沉水泵被用來將水從一個湖中，經過一根等直徑的水管，泵送到一個水池中 (圖 5-62)。水池的自由表面高於湖的自由表面 25 m。如果管路系統的不可逆水頭損失是 4 m，試求水的排放率與跨過泵的壓力差。

解答：水從湖中被泵送到一個已知高度的水池。對於已知的水頭損失，要決定流率與跨過泵的壓力差。

假設：**1.** 流動是穩定、不可壓縮的。**2.** 湖和水池都足夠大使得其液面高度維持為固定。

性質：我們取水的密度為 1 kg/L = 1000 kg/m³。

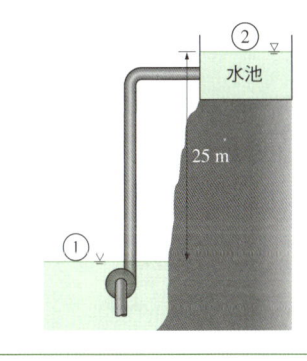

圖 5-62 例題 5-15 的示意圖。

分析：泵輸出 5 kW 的軸功率，而其效率為 72%。因此其施予水的有效機械功率為

$$\dot{W}_{pump,u} = \eta_{pump}\dot{W}_{shaft} = (0.72)(5 \text{ kW}) = 3.6 \text{ kW}$$

我們取湖的自由表面為點 1，並且取其為參考平面 ($z_1 = 0$)，而點 2 則位於水池的自由表面上。點 1 與點 2 兩者都對大氣開放 ($P_1 = P_2 = P_{atm}$)，而且其速度都是可忽略的 ($V_1 \cong V_2 \cong 0$)。因此，流過兩個表面之間的控制體積 (包括泵) 的穩定、不可壓縮流的能量方程式可以表示為

$$\dot{m}\left(\frac{P_1}{\rho} + \alpha_1\frac{V_1^2}{2} + gz_1\right) + \dot{W}_{pump,u} = \dot{m}\left(\frac{P_2}{\rho} + \alpha_2\frac{V_2^2}{2} + gz_2\right) + \dot{W}_{turbine,e} + \dot{E}_{mech\,loss,\,piping}$$

在敘述過的假設之下，能量方程式簡化成

$$\dot{W}_{pump,u} = \dot{m}gz_2 + \dot{E}_{mech\,loss,\,piping}$$

注意 $\dot{E}_{mech\,loss,piping} = \dot{m}gh_L$，水的質量與體積流率成為

$$\dot{m} = \frac{\dot{W}_{pump,u}}{gz_2 + gh_L} = \frac{\dot{W}_{pump,u}}{g(z_2 + h_L)} = \frac{3.6 \text{ kJ/s}}{(9.81 \text{ m/s}^2)(25 + 4 \text{ m})}\left(\frac{1000 \text{ m}^2/\text{s}^2}{1 \text{ kJ}}\right) = 12.7 \text{ kg/s}$$

$$\dot{V} = \frac{\dot{m}}{\rho} = \frac{12.7 \text{ kg/s}}{1000 \text{ kg/m}^3} = 12.7 \times 10^{-3} \text{ m}^3/\text{s} = \mathbf{12.7 \text{ L/s}}$$

我們現在取泵為控制體積。假設跨過泵的高度差與動能改變可以忽略，這個控制體積的能量方程式成為

$$\Delta P = P_{\text{out}} - P_{\text{in}} = \frac{\dot{W}_{\text{pump},u}}{\dot{V}} = \frac{3.6 \text{ kJ/s}}{12.7 \times 10^{-3} \text{ m}^3/\text{s}} \left(\frac{1 \text{ kN·m}}{1 \text{ kJ}}\right)\left(\frac{1 \text{ kPa}}{1 \text{ kN/m}^2}\right)$$

$$= 283 \text{ kPa}$$

討論：可以證明若是沒有水頭損失 ($h_L = 0$)，水的流率將為 14.7 L/s，增加了 16%。因此，管路中的摩擦損失應該儘量被減小，否則常會降低流率。

總結

本章討論到質量、伯努利及能量方程式與它們的應用。每單位時間流過一個截面的質量大小稱為質量流率，其表示式為

$$\dot{m} = \rho V A_c = \rho \dot{V}$$

其中 ρ 是流體的密度，V 是平均速度，$\dot{V}$ 是體積流率，而 A_c 是垂直於流動方向的截面積。控制體積的質量守恆關係式為

$$\frac{d}{dt}\int_{\text{CV}} \rho \, dV + \int_{\text{CS}} \rho(\vec{V}\cdot\vec{n}) \, dA = 0$$

其敘述為控制體積內質量的時間變化率加上從控制面所淨流出的質量流率等於零。

更簡單的表示式為

$$\frac{dm_{\text{CV}}}{dt} = \sum_{\text{in}} \dot{m} - \sum_{\text{out}} \dot{m}$$

對於穩定流裝置，質量守恆定理被表示為

穩定流：
$$\sum_{\text{in}} \dot{m} = \sum_{\text{out}} \dot{m}$$

穩定流 (單一流束)：
$$\dot{m}_1 = \dot{m}_2 \quad \rightarrow \quad \rho_1 V_1 A_1 = \rho_2 V_2 A_2$$

穩定、不可壓縮流：
$$\sum_{\text{in}} \dot{V} = \sum_{\text{out}} \dot{V}$$

穩定、不可壓縮流 (單一流速)：
$$\dot{V}_1 = \dot{V}_2 \rightarrow V_1 A_1 = V_2 A_2$$

機械能是與流體的速度、高度與壓力有關的能量形式，藉由一個理想的機械裝置，可以被完全且直接的轉換成機械功。各種實際裝置的效率定義如下：

$$\eta_{\text{pump}} = \frac{\Delta \dot{E}_{\text{mech, fluid}}}{\dot{W}_{\text{shaft, in}}} = \frac{\dot{W}_{\text{pump},u}}{\dot{W}_{\text{pump}}}$$

$$\eta_{\text{turbine}} = \frac{\dot{W}_{\text{shaft, out}}}{|\Delta \dot{E}_{\text{mech, fluid}}|} = \frac{\dot{W}_{\text{turbine}}}{\dot{W}_{\text{turbine, }e}}$$

$$\eta_{\text{motor}} = \frac{機械功率輸出}{電功率輸入} = \frac{\dot{W}_{\text{shaft, out}}}{\dot{W}_{\text{elect, in}}}$$

$$\eta_{\text{generator}} = \frac{電功率輸出}{機械功率輸入} = \frac{\dot{W}_{\text{elect, out}}}{\dot{W}_{\text{shaft, in}}}$$

$$\eta_{\text{pump-motor}} = \eta_{\text{pump}} \eta_{\text{motor}} = \frac{\Delta \dot{E}_{\text{mech, fluid}}}{\dot{W}_{\text{elect, in}}} = \frac{\dot{W}_{\text{pump, }u}}{\dot{W}_{\text{elect, in}}}$$

$$\eta_{\text{turbine–gen}} = \eta_{\text{turbine}} \eta_{\text{generator}} = \frac{\dot{W}_{\text{elect, out}}}{|\Delta \dot{E}_{\text{mech, fluid}}|} = \frac{\dot{W}_{\text{elect, out}}}{\dot{W}_{\text{turbine, }e}}$$

伯努利方程式在穩定的不可壓縮流中，是壓力、速度與高度之間的關係式，其為沿著一條流線的表示式，並且適用在淨摩擦力可忽略的區域：

$$\frac{P}{\rho} + \frac{V^2}{2} + gz = 常數$$

其也可表示為沿著一條流線上任意兩點間的關係式：

$$\frac{P_1}{\rho} + \frac{V_1^2}{2} + gz_1 = \frac{P_2}{\rho} + \frac{V_2^2}{2} + gz_2$$

伯努利方程式是機械能守恆的一個表示式，可以被敘述為：在穩定流中，當可壓縮性與摩擦效應可以忽略時，沿著一條流線運動的流體質點，其動能、位能與流能的總和是一個常數。將伯努利方程式乘以密度得到

$$P + \rho \frac{V^2}{2} + \rho gz = 常數$$

其中 P 是靜壓，代表流體的實際壓力；$\rho V^2/2$ 是動壓，代表運動中的流體被減速到靜止時的壓力上升；而 ρgz 是液靜壓，代表流體的重量在壓力上的影響。伯努利方程式敘述的是沿著一條流線的總壓是常數。靜壓和動壓的加總稱為停滯壓，代表當流體被以等熵的方式減速到完全靜止時，靜止點的壓力。將伯努利方程式的每一項都除以 g 就可以用「水頭」的形式來表示，

$$\frac{P}{\rho g} + \frac{V^2}{2g} + z = H = 常數$$

其中 $P/\rho g$ 是靜壓水頭，代表可以產生靜壓 P 的流體柱高度；$V^2/2g$ 是速度水頭，代表流體在無摩擦自由落下時，可以達到速度 V 所需要高度；而 z 是高度水頭，代表流體的位能。同時，H 是流動的總水頭。代表靜壓水頭與高度水頭加總的曲線，$P/\rho g + z$ 稱為水力坡線 (HGL)，而代表流體總水頭

的曲線，$P/\rho g + V^2/2g + z$，稱為能量坡線 (EGL)。

穩定、不可壓縮流的能量方程式為

$$\frac{P_1}{\rho g} + \alpha_1 \frac{V_1^2}{2g} + z_1 + h_{\text{pump},u}$$
$$= \frac{P_2}{\rho g} + \alpha_2 \frac{V_2^2}{2g} + z_2 + h_{\text{turbine},e} + h_L$$

其中

$$h_{\text{pump},u} = \frac{w_{\text{pump},u}}{g} = \frac{\dot{W}_{\text{pump},u}}{\dot{m}g} = \frac{\eta_{\text{pump}}\dot{W}_{\text{pump}}}{\dot{m}g}$$

$$h_{\text{turbine},e} = \frac{w_{\text{turbine},e}}{g} = \frac{\dot{W}_{\text{turbine},e}}{\dot{m}g} = \frac{\dot{W}_{\text{turbine}}}{\eta_{\text{turbine}}\dot{m}g}$$

$$h_L = \frac{e_{\text{mech loss, piping}}}{g} = \frac{\dot{E}_{\text{mech loss, piping}}}{\dot{m}g}$$

$$e_{\text{mech, loss}} = u_2 - u_1 - q_{\text{net in}}$$

質量、伯努利與能量方程式是三個最基本的流體力學關係式，它們在後續的章節中有廣泛的應用。在第 6 章，伯努利方程式或能量方程式與質量和動量方程式一起被用來決定作用在流體系統上的力與力矩。在第 8 和 14 章中，質量與能量方程式被用來決定在流體系統中需要的泵功率，也被用來分析與設計流體機械。在第 12 和 13 章中，能量方程式也在某種程度上被用來分析可壓縮流與明渠流。

參考資料和建議讀物

1. R. C. Dorf, ed. in chief. *The Engineering Handbook*, 2nd ed. Boca Raton, FL: CRC Press, 2004.

2. R. L. Panton. *Incompressible Flow*, 3rd ed. New York: Wiley, 2005.

3. M. Van Dyke. *An Album of Fluid Motion*. *Stanford*, CA: The Parabolic Press, 1982.

習題

質量守恆

5-1C 定義質量與體積流率。它們互相間的關係是什麼？

5-2C 在一個不穩定流動過程，流進一個控制體積的質量與流出的質量是否必須相等？

5-3C 流過一個控制體積的流動在什麼時候會是穩定的？

5-4C 考慮只有一個入口與一個出口的裝置。如果入口的體積流率與出口的體積流率相等，經過這個裝置的流動是否一定就是穩定的？為什麼？

5-5 在夜晚溫度很低的氣候環境中，冷卻一間房子的一個能源有效的方法是在天花板上安裝一個風扇，其可從房間內部抽取空氣再排放到一個空調的閣樓空間。考慮一個內部空氣空間為 720 m³ 的房間。如果房間內的空氣每 20 分鐘要交換一次，試求 (a) 風扇需要的流率，(b) 如果風扇的直徑為 0.5 m，則空氣的平均排放速率是多少？

5-6 密度 1.3 kg/m³ 的空氣以體積流率 12.7 m³/min 進入一個空調系統的管道。如果管道的直徑為 40 cm，試求在管道入口的空氣速度與空氣的質量流率。

5-7 一個 0.75 m³ 的堅固氣槽內部裝著密度為 1.18 kg/m³ 的空氣。槽經過一個閥連接到一根高壓的供應線。現在閥被打開，空氣被允許進入槽中直到密度上升到 4.95 kg/m³ 為止。試求進入槽中的空氣質量。
(Answer: 2.83 kg)

5-8 考慮在兩塊平行板之間的不可壓縮的牛頓流體的流動。如果上平板向右以 $u_1 = 3$ m/s 移動，而下平板向左以 $u_2 = 0.75$ m/s 移動，則在兩平板之間的一個截面上的淨流率是多少？取板的寬度 $b = 5$ cm。

5-9 考慮一個完全充滿的水槽，其截面為半圓形，半徑為 R，進入頁面方向的寬度為 b，如圖 P5-9 所示，如果水從水槽被泵出去的流率為 $\dot{V} = Kh^2$，其中 K 是一個正值常數，h 是在時間 t 的水深。試求將水面下降到一個指定高度 h_o 所需要的時間，用 R、K 和 h_o 來表示。

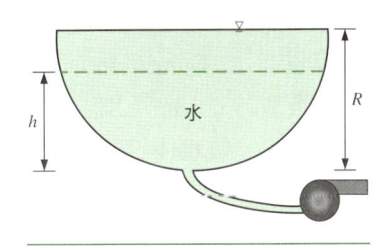

圖 P5-9

5-10 一個桌上型電腦要用一個流率為 0.40 m³/min 的風扇來冷卻。在高度 3400 m，空氣密度 0.7 kg/m³ 的地方，試求通過風扇的質量流率。如果空氣速度不能超過 110 m/min，試求風扇外殼的最小直徑。
(Answer: 0.00467 kg/s, 0.0569 m)

5-11 一間吸菸室要容納 40 個重度吸菸客。吸菸客每人需要的最小新鮮空氣被設定為 30 L/s (ASHRAE, Standard 62, 1989)。若空氣速度不能超過 8 m/s，試求必須供應到吸菸室的最小新鮮空氣流率，與流道的最小直徑。

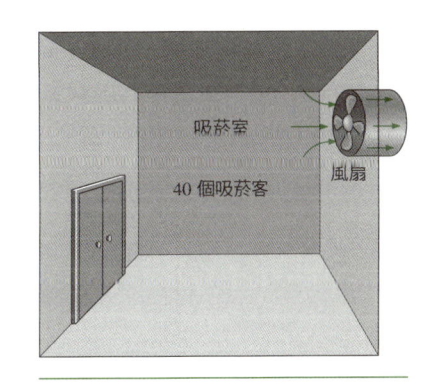

圖 P5-11

5-12 住宅建築所需要的最小新鮮空氣被指定為每小時 0.35 空氣交換量 (ASHRAE, Standard 62, 1989)。亦即，住宅內部所含的總空氣量的 35% 每一小時必須用外界的新鮮空氣替換。如果一個 2.7 m 高，200 m² 的住宅區間的空調需求要完全由一個風扇來提供，試求需要安裝的風扇的流動容量 (L/min)。同時，若平均空氣速度不超過 5 m/s，試求管道的最小直徑。

5-13 空氣穩定的以 2.21 kg/m³，20 m/s 進入噴嘴，而以 0.762 kg/m³，150 m/s 離開。如果入口面積為 60 cm²，試求 (a) 經過噴嘴的質量流率，與 (b) 噴嘴的出口面積。
(Answer: 0.265 kg/s, 23.2 cm²)

5-14 空氣在 40°C 穩定的流過圖 P5-14 的管。如果 $P_1 = 50$ kPa (錶)，$P_2 = 10$ kPa (錶)，$D = 3d$，$P_{atm} \cong 100$ kPa，截面 2 的平均速度是 $V_2 = 30$ m/s，並且空氣溫度維持幾乎是常數，試求截面 1 的平均速度。

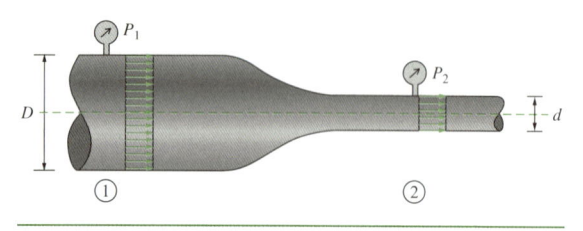

圖 P5-14

5-15 吹風機基本上是一個等直徑的管道，其中安置數層加熱電阻，一個小風扇吸入空氣並強制其通過電阻，將空氣加熱。如果空氣的密度在入口是 1.20 kg/m³，在出口是 1.05 kg/m³，當空氣流過吹風機時，試求其速度增加的百分比。

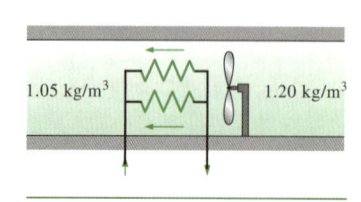

圖 P5-15

機械能與效率

5-16C 定義透平機效率、發電機效率與透平機–發電機組合效率。

5-17C 什麼是機械效率？水力透平機的機械效率 100% 的意涵是什麼呢？

5-18C 泵與馬達系統的泵–馬達組合效率如何定義？泵–馬達組合的效率有可達大於泵或馬達的個別效率嗎？

5-19C 什麼是機械能？其與熱能的差異是什麼？一個流體束的機械能形式是什麼呢？

5-20 在某一個地點，風以 8 m/s 穩定的吹著。試求空氣每單位質量的機械能與在那個地點一個葉片直徑 50 m 的風機的功率生產能力。同時決定實際生產的電功率，如果總效率為 30%。取空氣的密度為 1.25 kg/m³。

5-21 重新考慮習題 5-20。使用 EES（或其它）軟體，探討風速與葉片直徑對風能生產量的影響。風速範圍從 5 至 20 m/s，增量為 5 m/s，而葉片直徑範圍從 20 至 80 m，增量為 20 m。將結果製表並討論其意義。

5-22 在一個大型水庫的自由表面下 110 m 的地方安裝一個透平機–發電機組合來生產電力，水庫可以穩定的以 900 kg/s 供水。如果透平機的機械功率輸出為 800 kW，而發電機生產的電功率為 750 kW，試求這個電廠的透平機效率與透平機–發電機組合的效率。忽略在管路中的損失。

5-23 考慮河水流向一個湖，流動的平均速率為 4 m/s，流率為 500 m³/s，其位置高於湖面 70 m。試求每單位質量河水的總機械能與整條河在那個位置的功率生產能力。
(Answer: 347 MW)

圖 P5-23

5-24 水從湖中被泵送到在其上方 18 m 的儲水槽中，流率為 70 L/s，消耗的電功率為 20.4 kW。忽視管路中的摩擦損失與動能的改變，試求 (a) 泵-馬達單位的總效率，(b) 泵入口與出口之間的壓力差。

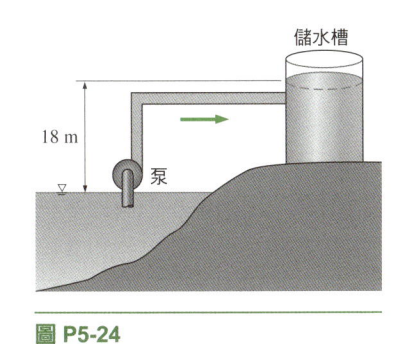

圖 P5-24

伯努利方程式

5-25C 什麼是停滯壓？說明它是如何量測的？

5-26C 用三種不同的方式來表示伯努利方程式 (a) 能量，(b) 壓力，與 (c) 水頭。

5-27C 在推導伯努利方程式時所用到的三個主要假設是什麼呢？

5-28C 定義靜壓、動壓與液靜壓。在什麼條件下它們的總和對一個流束是常數？

5-29C 什麼是流線方向的加速度？它是如何與垂直加速度區別的？在一個穩定流中流體質點可以加速嗎？

5-30C 定義一個流束的壓力水頭、速度水頭與高度水頭，並且用流束的壓力 P、速度 V 與高度 z 來表示。

5-31C 解釋虹吸管的工作原理。有人建議用虹吸管將冷水跨過 7 m 高的牆，是否可行？解釋之。

5-32C 對於明渠流，其水力坡線的位置如何決定？在一根排水到大氣的管子的出口，其位置又是如何決定的？

5-33C 在某個應用中，一根虹吸管必須跨越一面高牆，水或比重 0.8 的油是否可能跨過更高的牆？為什麼？

5-34C 什麼是水力坡線？其與能量坡線的區別是什麼？在什麼條件下，此兩種線會與液體的表面一致呢？

5-35C 一根用油當工作流體的玻璃管壓力計被連接到空氣流道中，如圖 P5-35C 所示。壓力計中的油面會像圖 P5-35C *a* 或 *b* 呢？解釋之。如果流動方向相反，你的回答會是怎樣呢？

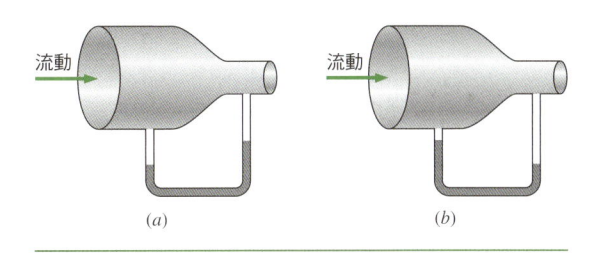

圖 P5-35C

5-36C 管中流動液體的速度要用兩種不同的皮托型水銀液壓計來量測，如圖 P5-36C 所示。你預期兩種液壓計預測的流水速度會相同嗎？如果不同，哪一個會更正確？解釋之。如果管中流動的是空氣而不是水，你的答案會是什麼呢？

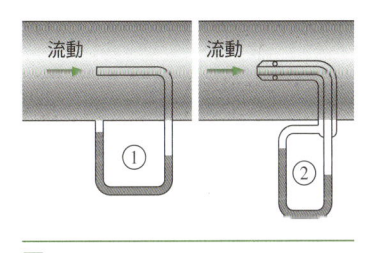

圖 P5-36C

5-37C 建築物屋頂上的一個水槽的液面高於地面 20 m。一根水管從水槽底部連接到地面。水管終端連接一個噴嘴，其出口垂直向上。噴水的最大高度是多少？什麼因素會減少高度？

5-38C 一個學生在海平面高度將水虹吸越過 8.5 m 高的牆。之後，她爬上 Shasta 山的山頂（高度 4390 m，P_{atm} = 58.5 kPa），並且嘗試同樣的實驗。評論她成功的可能。

5-39 在一個水力發電廠，水流進噴嘴的絕對壓力是 800 kPa，速度很小。如果噴嘴出口開放到大氣壓力 100 kPa。試求水被噴嘴加速，在撞擊透平機葉片之前可能達到的最大速度。

5-40 一根皮托-靜壓管被用來量測在 3000 m 高度飛行的飛機速度。如果讀到的壓差為 3 kPa，試求飛機的速度

5-41 加熱系統中管道的空氣速度，要用插入管道中平行於流動的皮托靜壓管來量測。如果連接到皮托管兩個出口端的水柱高度差為 2.4 cm，試求 (a) 流速，(b) 在測壓管尖端的壓力上升值。管道中的溫度和壓力分別是 45°C 與 98 kPa。

5-42 一間辦公室的飲水需求由一個大水瓶來供給。一根 0.6 cm 直徑的塑膠管的一端被插入放置在高腳凳的水瓶中，另一端有一個開關閥，被放置在低於瓶底 0.6 m 的地方。如果瓶滿時的水面高度為 0.45 m，試求要充滿一個 0.25 L 的玻璃瓶所需要的最少時間，(a) 當水瓶剛被打開時，(b) 當水瓶幾乎是空的時候。忽略摩擦損失。

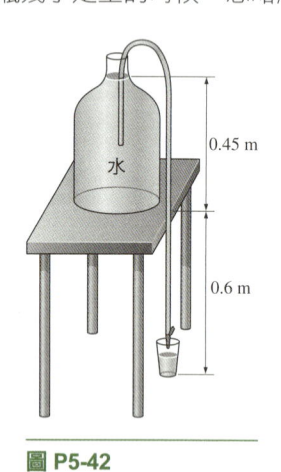

圖 P5-42

5-43 一根測壓管與一根皮托管被裝在一根 4 cm 直徑的水平的水管上，量測到的水柱高度對測壓管是 26 cm，對皮托管是 35 cm (都是從水管的上表面量起)。試求管中心的速度。

5-44 一個圓柱形水槽的直徑是 D_o，高度是 H。槽內裝滿水並且對大氣是開口的。一個有著圓滑入口直徑為 D 的孔口 (即無摩擦損失) 被開在底部。試推導一個關係式來決定要使水槽 (a) 半空與 (b) 全空所需要的時間。

5-45 一根虹吸管將水從一個大型儲水槽抽送到一個原來是空的低位水桶中。水桶有一個圓滑的孔口，其位置低於儲水槽液面 6 m 使水從水桶流出。虹吸管和孔口直徑都是 5 cm。忽略摩擦損失，試求平衡時水槽內的水位高度。

5-46 水穩定的流進一個直徑為 D_T 的水桶，其質量流率為 $\dot{m}_{in}$。在水桶底部有一個直徑為 D_o 的孔口使水從桶底流出。孔口有圓滑的進口所以可以忽略摩擦損失。如果水桶原來是空的，(a) 求桶內水所能達到的最大高度，(b) 推導一個水位高度 z 與時間的函數關係式。

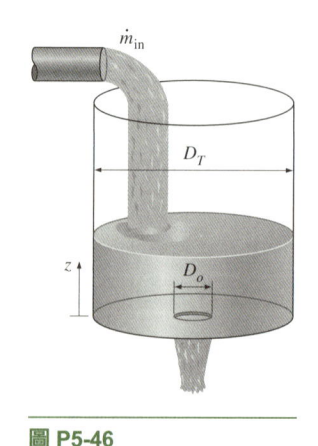

圖 P5-46

5-47 一架飛機在高度 12,000 m 飛行。如果飛機的速度為 300 km/h，試求在飛機鼻部停滯點上的錶壓力。如果飛機的速度是 1050 km/h，你將如何求解這個問題？解釋之。

5-48 在一條髒路上行駛時，車的底部撞到一顆

尖銳的岩石使油箱底部破了一個小洞。如果油箱內汽油的高度是 30 cm，試求開始時，這個孔的汽油速度是多少？討論速度會隨時間如何變化與若油箱緊閉時流動會如何受到影響。(Answer: 2.43 m/s)

5-49 一個游泳池直徑 8 m，其水面高於地面 3 m。現在要經由打開連接到游泳池底部的一根 3 cm 直徑、25 m 長的水平管來排水。試求經過這個管的最大排水率。同時解釋實際的排水率為什麼比較小。

5-50 重新考慮習題 5-49。試求完全排空游泳池的水所需要的時間。(Answer: 15.4 h)

5-51 重新考慮習題 5-50。使用 EES (或其它) 軟體。探討排水管直徑對於完全排空池水所需時間的影響，讓排水管的直徑從 1 cm 變化到 10 cm，增量為 1 cm。將結果作表與作圖。

5-52 空氣以 105 kPa，37°C 流過一根向上傾斜，直徑為 6 cm 的流道，其流率為 65 L/s，其後流道直徑經過一個縮管縮為 4 cm。跨過縮管的壓力變化用一根水的液壓計來量測。與液壓計連接的流道兩點間的高度差為 0.20 m。試求液壓計兩臂間液面高度的差值。

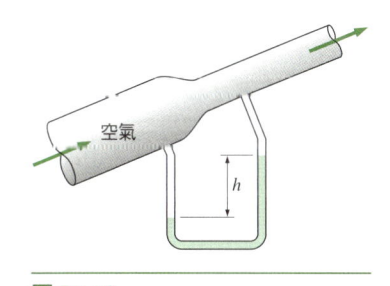

圖 P5-52

5-53 手持式自行車打氣筒可以用來當作一個霧化器，藉由強制空氣以高速流過一個小孔並在一個貯液桶與高速的空氣噴束之間置放一根小管子來產生細微的霧滴。已知對一個暴露於大氣中的次音速噴束而言，其橫向壓力幾乎是大氣壓力，同時儲液筒中的液面，也是對大氣壓力開放的。試說明液體如何從管子中吸上來。提示：請仔細閱讀 5-4 節。

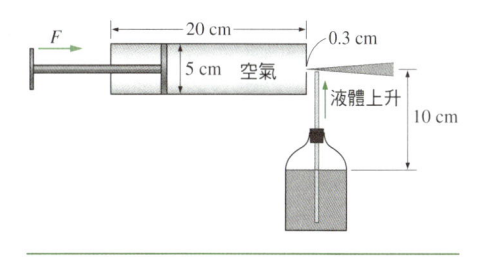

圖 P5-53

5-54 水在 20°C 被從一個蓄水池虹吸出來，如圖 P5-54 所示。若 $d = 10$ cm 且 $D = 16$ cm，試求 (a) 不會在管路系統中造成空化的情況下最小的水流率，(b) 為了避免空化發生，管路系統的最高位置。

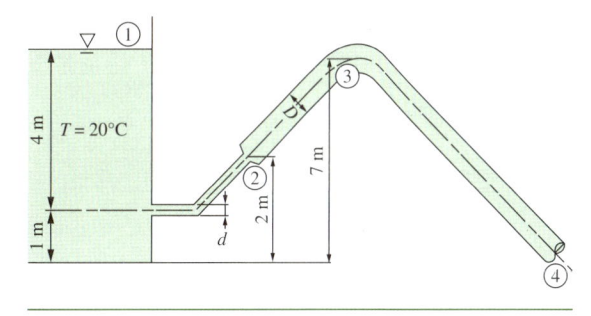

圖 P5-54

5-55 某地點的一個城市的供水主幹線中的水壓是 270 kPa (錶)。試決定這個供水主幹線是否可以服務高於其位置 25 m 的鄰近地區。

5-56 加壓水槽的底部有一個 10 cm 直徑的孔口，水可經此孔口排放至大氣中。槽內水面高於出口 2.5 m，水面上的空氣壓力是 250 kPa (絕對)，而大氣壓力是 100 kPa。忽略摩擦效應，試求水槽剛開始的排水率。(Answer: 0.147 m³/s)

258　流體力學

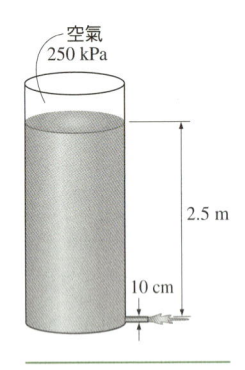

圖 P5-56

5-57　重新考慮習題 5-56。使用 EES (或其它) 軟體，探討槽內水的高度對排水速度的影響。設水的高度範圍從 0 到 5 m，增量為 0.5 m。將結果作表與作圖。

5-58　空氣流過一個文氏管其直徑在入口端 (位置 1) 為 6.6 cm，在出口端 (位置 2) 為 4.6 cm。量測到的錶壓在入口為 84 kPa，在喉部為 81 kPa。忽略摩擦效應，證明體積流率可以表示為

$$\dot{V} = A_2 \sqrt{\frac{2(P_1 - P_2)}{\rho(1 - A_2^2/A_1^2)}}$$

並且決定空氣的流率。取空氣的密度為 1.2 kg/m³。

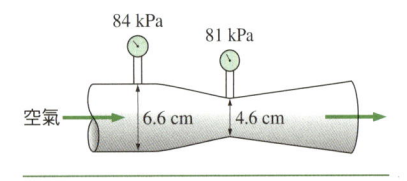

圖 P5-58

5-59　水槽內水面高於地面 15 m。一根管子連接到水槽底部，管子另一端的噴嘴垂直向上。水槽的蓋子是氣密的且水面上的空氣壓力是 3 atm (錶)。系統位於海平面高度。試求水束可以上升的最大高度。(Answer: 46.0 m)

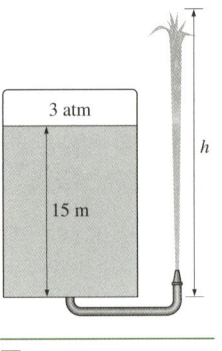

圖 P5-59

5-60　一根連接到液壓計的皮托－靜壓管被用來量測空氣速度。如果液壓計兩臂間的水柱高度差為 5.5 cm，試求空氣速度。取空氣的密度為 1.16 kg/m³。

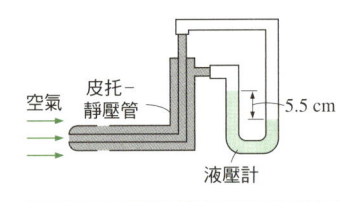

圖 P5-60

5-61　一個流道中的空氣速度要用一根連接到一個差壓計的皮托－靜壓管來量測。如果空氣的絕對壓力是 92 kPa，溫度是 20°C 而差壓計的讀值是 1.0 kPa，試求空氣速度。(Answer: 42.8 m/s)

5-62　在寒冷的氣候，如果沒有適當的預防，水管會凍結破裂。在一個事件中，一根水管曝露在地面上的部分裂開了，管內水射出達 42 m 高。試估計管內水的錶壓力。陳述你的假設並且討論真實的壓力比起你的預測值是較高或較低。

5-63　在密閉裝滿水的圓筒中有一個合適的活塞，其上有 4 個小洞，如圖 P5-63 所示。活塞以等速率 4 mm/s 被推向右邊，右邊腔室內的錶壓力維持 50 kPa。忽略摩擦影響，試求需要施加在活塞上的力 F 以維持這個運動。

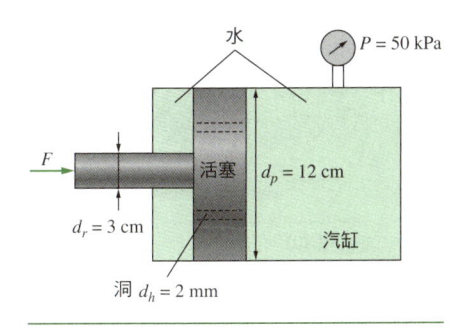

圖 P5-63

5-64 密度 ρ、黏度 μ 的流體流過一段水平的收縮–擴張管道。已知在管道的入口、喉部 (最小面積)、出口的截面積分別是 A_{inlet}、A_{throat}、A_{outlet}。量測到的出口平均壓力是 P_{outlet}，入口平均速度是 V_{inlet}。(a) 忽略任何像摩擦的不可逆性，用已知的變數來推導在入口與喉部的平均速度與平均壓力的表示式。(b) 在一個真實的流動 (有不可逆性)，你預期入口的實際壓力會高於或低於預測值？解釋之。

能量方程式

5-65C 什麼是有用的泵水頭？其與輸入泵的功率是如何相關的？

5-66C 考慮一個不可壓縮流的穩定絕熱流動。流體的溫度在流動中是否可能下降？解釋之。

5-67C 什麼是不可逆水頭損失？其與機械能損失是如何相關的？

5-68C 考慮不可壓縮流體的穩定絕熱流動。如果在流動中，流體的溫度維持為常數，那麼摩擦效應可以忽略的說法是否正確？

5-69C 什麼是動能修正因子？其是否是重要的？

5-70C 水槽內的水面高於地表 20 m。一根小管接到水槽底部，水槽另一端的噴嘴出口垂直向上。噴嘴噴出的水流上升至高於地表 25 m。解釋什麼使得從水管噴出的水可以上升到高於水槽水面的位置。

5-71C 有人用一條園藝水管對著一個與膝蓋同高的水桶注水。他拿著水管從腰部高度注水。某人建議降低水管的高度使其在膝蓋高度注水，會比較快裝滿水桶。你同意這個建議嗎？解釋之。忽略摩擦的影響。

5-72C 一個裝滿水的 3 m 高水槽有一個排水閥在底部，另一個在接近頂部的地方。(a) 如果兩個閥都被打開，兩個水流的出水速度是否會有任何不同？(b) 如果一根水管，其開放的排水端置於地面上，另一端先連接到較低位置的閥，再連接到較高位置的閥，此兩種情況下，其排水速率是否會有任何不同？忽略摩擦的影響。

5-73 一個油泵以 0.1 m³/s 的流率泵送 $\rho = 860$ kg/m³ 的油時會消耗 25 kW 的電功率。管直徑在入口與出口分別是 8 cm 和 12 cm。如果泵的油壓上升經量測到的是 250 kPa 且馬達效率是 90%，試求泵的機械效率。取動能修正因子為 1.05。

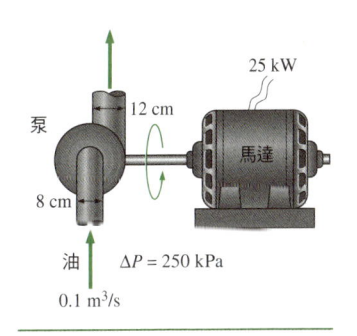

圖 P5-73

5-74 水從一個大湖泵送到比其高 25 m 的水庫中，流率為 25 L/s，泵的軸功率為 10 kW。如果管路系統的不可逆水頭損失是 5 m，試求泵的機械效率。(Answer: 73.6%)

5-75 重新考慮習題 5-74。使用 EES (或其它) 軟體，探討不可逆水頭損失對泵的機械效率的影響。讓水頭損失從 0 m 變化到 15 m，增量為 1 m。對結果作圖並討論。

5-76 一個 15 hp (軸功率) 的泵被用來將水打到 45 m 的高處。如果泵的機械效率為

82%，試求水的最大體積流率。

5-77 水以 0.035 m³/s 的流率在水平管中流動。水平管的直徑經過一個縮管，從 15 cm 縮成 8 cm。如果在縮管之前與之後的中心線壓力被量測為 480 kPa 與 445 kPa，試求縮管的不可逆水頭損失。取動能的修正因子為 1.05。(Answer: 1.18 m)

5-78 如果水槽內的水面高於地表 20 m。一根管子連接到水槽底部，其另一端出口垂直向上。水槽位於海平面並且水面對大氣是開放的。在連接槽底與噴嘴之間的水管中有一個水泵用來增加水壓。如果水流噴束可以上升到高於地面 27 m，試求由水泵提供給流水管線的最小壓力上升是多少。

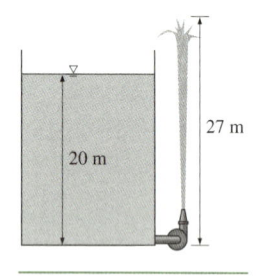

圖 P5-78

5-79 一個水力透平機有 50 m 的可用水頭，其流率為 1.30 m³/s。透平機的總透平機-發電機組合效率是 78%。試求透平機的電功率輸出。

5-80 要選擇一個風扇來替尺寸為 2 m×3 m×3 m 的浴室通風。為了減少振動與噪音，空氣速度不能超過 8 m/s。要使用的風扇-馬達單元的組合效率為 50%。如果風扇要在 10 min 內代替整個房間內的空氣，試求 (a) 要選購的風扇-馬達單元的瓦特數，(b) 風扇外殼的直徑，與 (c) 跨過風扇的壓力差。取空氣的密度為 1.25 kg/m³，並且忽略動能修正因子的效應。

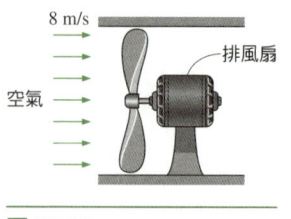

圖 P5-80

5-81 水流以流率 20 L/s 流過一根水平的管子，其直徑維持為 3 cm 的常數。跨過管中的一個閥的壓力降是 2 kPa，如圖 P5-81 所示。試求此閥的不可逆水頭損失，以及為了克服此壓力降所需要的有用泵功率。
(Answer: 0.204 m, 40 W)

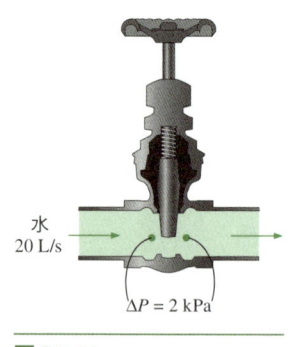

圖 P5-81

5-82 一個水槽中的水面高於地面 10 m。一根管子連接到位於地面高度的槽底，而管另一端的噴嘴則垂直向上。槽蓋是氣密的，但水面上的壓力未知。試求為了使噴嘴射出的水流可以上升至高於地面 22 m 處，所需要的槽內最小的空氣壓力 (錶)。

5-83 一個大型水槽剛開始裝水時，高度高於出口中心線 5 m。出口直徑 10 cm，有尖銳邊緣。槽內水槽開放至大氣，而出口也排水至大氣。如果系統的總不可逆水頭損失為 0.3 m，試求水槽剛開始的排水速度。取出口的動能修正因子為 1.2。

5-84 水以 0.6 m³/s 的流率從一個直徑為 30 cm 的管子流進一個水力透平機，而從一個直徑為 25 cm 的管子流出。用水銀液壓計量測到的透平機壓力降為 1.2 m。若透平機–發電機組合的效率是 83%，試求淨電功率輸出。忽略動能修正因子的影響。

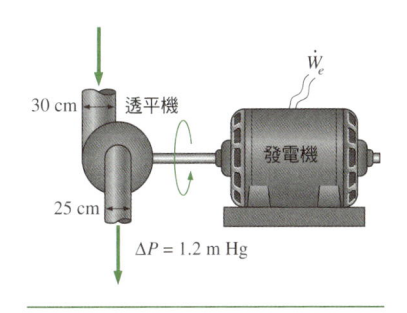

圖 P5-84

5-85 在一根圓管內的紊流的速度形狀被近似為 $u(r) = u_{max}(1 - r/R)^{1/n}$，其中 $n = 9$。試求這個流動的動能修正因子。(Answer: 1.04)

5-86 水從一個低位水庫被泵送到一個高位水庫。泵提供 20 kW 的有效機械功率給水流。高位水庫的自由表面高於低位水庫的表面 45 m。如果量測到的水流率為 0.03 m^3/s，試求這個系統的不可逆水頭損失與此過程中損失的機械功率。

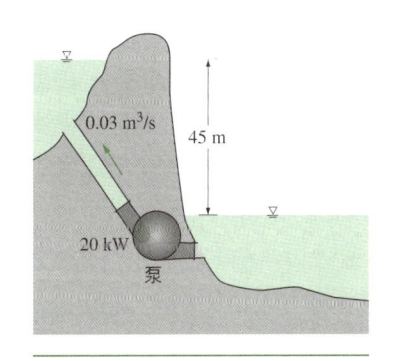

圖 P5-86

5-87 要從一個部分充滿的大型水槽供水至屋頂，屋頂高於槽內水面 8 m，供水是經過一根內徑為 2.5 cm 的水管並藉由維持槽內的空氣壓力為 300 kPa (錶) 來達成。如果管路的水頭損失為 2 m，試求供水至屋頂的排水率。

5-88 地下水要用一個 78% 效率，5 kW 的沉水泵抽送到一個水池，其自由表面比地下水的水面高出 30 m。水管的直徑在取水端是 7 cm，在供水端是 5 cm。試求 (a) 水的最小流率，(b) 跨過泵的壓力差。假設泵的入出口的高度差與動能修正因子的影響都是可忽略的。

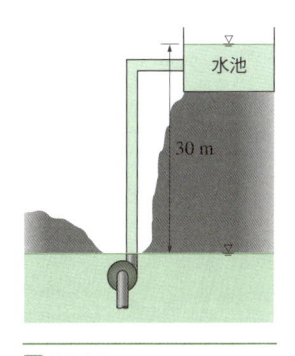

圖 P5-88

5-89 重新考慮習題 5-88。如果管路系統的不可逆水頭損失是 4 m，試求水的流率與跨過泵的壓力差。

5-90 一個 73% 效率，8.9 kW 的泵經由一根等直徑的水管把水從一個湖泵送到附近的一個水池中，水的流率是 0.035 m^3/s。水池的自由表面高於湖面 11 m。試求這個管路系統的不可逆水頭損失，用 m 表示，並求用來克服損失的機械功率。

5-91 白天對於電力的需求通常遠高於夜晚，因此電力公司通常以晚上較低的電價來鼓勵顧客使用可用的發電容量，且避免僅為了應付尖峰的短暫時段需求而興建昂貴的新電廠。電力公司也願意在白天以較高的價錢向私人公司購電。

假設有一家電力公司其夜晚的電價為 $0.06/kWh，而白天電價則為 $0.13/kWh。為了取得這個機會的好處，一個企業家考慮興建一個高於湖面 50 m 的水庫，晚上利用便宜的電力將水從湖泵送到水庫，白天則讓水從水庫流回湖中，使泵–馬達在回流時變成透平機–發電機運作來生產電力。前置分析顯示任一個方向都有 2 m³/s 的水流率，且管路系統的不可逆水頭損失是 4 m。預期的泵-馬達單元與透平機-發電機單位的組合效率都是 75%。假設在一個標準天內，系統的運作不管是以泵模式或透平機模式都是各 10 h，試求每一年這個泵-透平機系統的可能收入是多少。

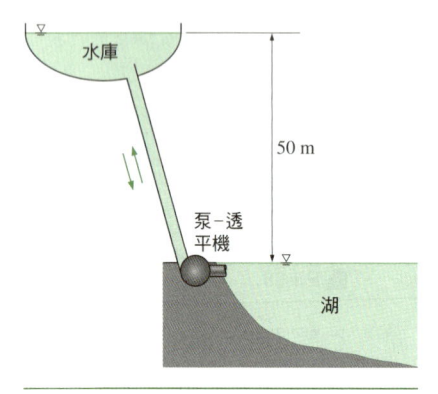

圖 P5-91

5-92 當一個系統沿著一段距離 L 以等線性加速度 a 在作線性剛體運動時，修正的伯努利方程式有如下的形式：

$$\left(\frac{P_1}{\rho} + \frac{V_1^2}{2} + gz_1\right) - \left(\frac{P_2}{\rho} + \frac{V_2^2}{2} + gz_2\right) = aL + \text{Losses}$$

其中 V_1 與 V_2 是相對於一個固定點的速度，而 "Losses" 代表的摩擦損失在摩擦效應可以忽略時為零。一個有兩根排水管的水槽，圖 P5-92，以等線性加速度 3 m/s² 向左方加速。如果兩根排水管的體積流率都是一樣，試求傾斜管的直徑 D。忽略任何摩擦影響。

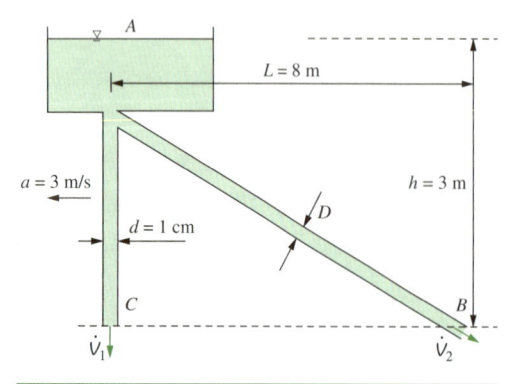

5-93 一艘消防船為了滅火以流率為 0.04 m³/s 經由一根 10 cm 直徑的管子抽取密度 1030 kg/m³ 的海水並且經由一個出口直徑為 5 cm 的噴嘴排水。系統的總不可逆水頭損失為 3 m，且噴嘴的位置高於海平面 3 m。假設泵效率為 70%，試求泵所需要的軸功率輸入與排水速度。(Answer: 39.2 kW, 20.4 m/s)

圖 P5-93

複習題

5-94 在一根半徑為 R 的圓管中流動的液體速度從在管壁為零變化到管中心的最大值。管中流體速度可以用 V(r) 代表，其中 r 是距離管中心的徑向距離。根據質量流率 $\dot{m}$ 的定義，試求一個平均速度的關係式，用 V(r)、R 和 r 來表示。

5-95 空氣流過一個入口對出口面積比值為 2:1 的噴嘴，入口的密度 2.50 kg/m³，速度 120 m/s，出口的速度 330 m/s。試求在出口的空氣密度。(Answer: 1.82 kg/m³)

5-96 一個加壓的 2 m 直徑水槽有一個 10 cm 直徑的孔口在底部，水從孔口排放到大氣中。開始時水面高於出口 3 m。槽內水面上方的空氣絕對壓力維持在 450 kPa，大氣壓力為 100 kPa。忽略摩擦影響，試求 (a) 排放槽內一半的水需要時間多少，與 (b) 時間 10 s 後，槽內水面的高度。

圖 P5-92

5-97 空氣以 120 L/s 的流率流過一根管子。管子包含兩段直徑分別是 22 cm 與 10 cm，其間有一個平滑的收縮段連接兩者。兩個管段間的壓力差用一個水壓計量測。忽略摩擦影響，試求這兩個管段間的水柱高度差。取空氣的密度為 1.20 kg/m³。(Answer: 1.37 cm)

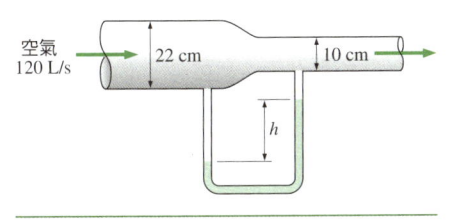

圖 P5-97

5-98 空氣 (100 kPa，25°C) 在一個不等截面積的水平流道中流動。流道中量測兩點間差異的液壓計中的水柱垂直高度差為 8 cm。如果第一點的速度很低並且可以忽略摩擦效應，試求在第 2 點的速度。同時，若液壓計讀值的可能誤差是 ±2 mm，作一個誤差分析來估計求到的速度有效範圍。

5-99 一個很大的槽內裝 102 kPa 的空氣，其所在地點的大氣壓力 100 kPa，溫度 20°C。現在一個 2 cm 直徑的小孔被打開，試求經過這個小孔的空氣最大流率。如果空氣是經過一根 2 m 長、4 cm 直徑的管子及 2 cm 直徑的噴嘴來排氣，則你的答案會是什麼？如果儲槽內的壓力為 300 kPa，你會用相同的方法來解題嗎？

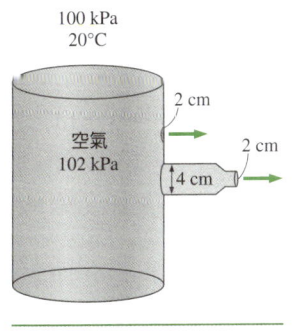

圖 P5-99

5-100 水流過一個文氏管，其直徑在進入段為 7 cm，在喉部為 4 cm。量測到的壓力在入口是 380 kPa，在喉部是 150 kPa。忽略摩擦效應，試求水流率。(Answer: 0.0285 m³/s)

5-101 水以 0.011 m³/s 的流率在一根水平管中流動。管的直徑由一個擴張段從 6 cm 增加到 11 cm。如果經過擴張段的水頭損失為 0.65 m 且在入口與出口的動能修正因子都是 1.05，試求壓力變化。

5-102 在一間 6 m×5 m×4 m 的醫院房間內的空氣每 20 min 要完全被空調過的空氣所取代。如果通到房間的圓形空氣流道的平均空氣速度不能超過 5 m/s，試求流道的最小直徑。

5-103 地下水被泵送到一個水池，其截面積為 3 m×4 m，同時水經由一個 5 cm 直徑的孔口以等平均速度 5 m/s 排出。如果水池內的水面以 1.5 cm/min 的速率上升，試求對水池的供水率，以 m³/s 表示。

5-104 一個 3 m 高的大水槽剛開始時裝滿水。槽內水面對大氣開放。槽底部有一個有銳角的 10 cm 直徑孔口，並經過一根 80 m 長的水平管排水到大氣。如果系統的總水頭損失經決定為 1.5 m，試求剛開始時從水槽流出的水流速度。忽略動能修正因子的影響。(Answer: 5.42 m/s)

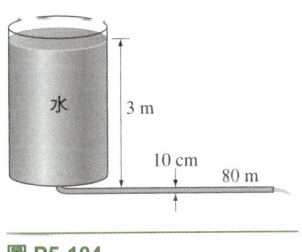

圖 P5-104

5-105 重新考慮習題 5-104。使用 EES (或其它) 軟體，探討水槽高度對於從完全裝滿的水槽排水的開始排水速度的影響。令水槽高度從 2 m 變化到 15 m，增量為 1 m，並且假設不可逆水頭損失為常數。對結果作表及作圖。

5-106 重新考慮習題 5-104。為了加快排水速度，在靠近槽的出口安裝一個水泵。試求泵的水頭輸入以建立當水槽滿水時能有平均為 6.5 m/s 的水流速度。

5-107 一個 $D_0 = 8$ m 直徑的水槽，剛開始裝滿水的水面高於其底部的一個 $D = 8$ cm 直徑的閥的中心線 2 m。水槽的表面對大氣是開放的，並且水槽經由一根接到閥的 $L = 80$ m 長的水管排水。已知水管的摩擦因子 $f = 0.015$，並且排水速度被表示為

$$V = \sqrt{\frac{2gz}{1.5 + fL/D}}$$

，其中 z 是高於閥中心的水面高度。試求 (a) 槽的起始排水速度，與 (b) 排空水槽所需的時間。當水面降低至閥中心位置，水槽可以被當成已經排空。

5-108 在某個應用中，如圖 P5-108 所示的彎管流量計被用來量測流率。管的半徑是 R，彎管的曲率半徑是 λ，而管內部跨過曲率方向量測到的壓力差是 ΔP。從勢流理論得知 $Vr = C$，其中 V 是離曲率中心 O 距離為 r 的地方的速度，而 C 是一個常數。假設流動是無黏性的穩定流且垂直流線方向的伯努利方程式可用，試推導一個流率為 ρ、g、ΔP、λ 與 R 的函數的關係式。(Answer:

$$\dot{V} = \pi \sqrt{\frac{2\Delta P}{\rho g \lambda R}} (\lambda^2 - R^2)(\lambda - \sqrt{\lambda^2 - R^2}))$$

5-109 圓柱形水槽，在其底部有一個閥，如圖 P5-109。水槽上方的空氣處在當地大氣壓力 100 kPa。完全打開水閥是否有可能完全排空水槽？如果不能，試求當水停止從完全打開的閥流出時，水槽內的水面高度。假設在排水過程中，圓形槽內的空氣溫度維持為常數。

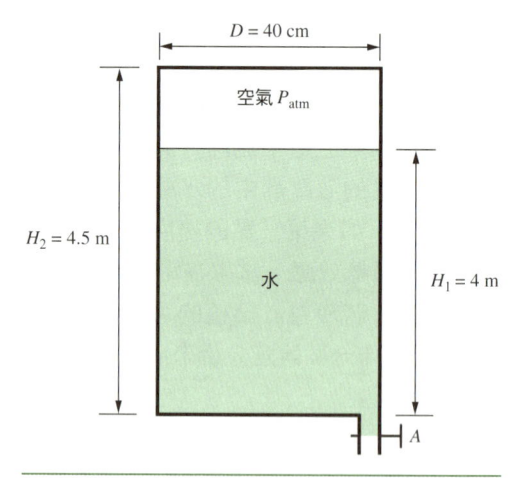

圖 P5-109

5-110 一個剛體桶，體積 1.5 m³，開始時內部含有 20°C，150 kPa 的空氣。現在打開一個壓縮機，空氣以 0.05 m³/s 的等流率供應到桶內。如果在充氣過程中，桶內空氣的壓力與密度變化關係為 $P/\rho^{1.4} =$ 常數，(a) 推導一個桶內壓力隨時間變化的關係式，(b) 計算多久才能使桶內的絕對壓力變成原來的 3 倍。

5-111 一個風洞利用位在其出口附近的一個大風扇吸入在 20°C，101.3 kPa 的大氣空氣。如果風洞中的空氣速度是 80 m/s，試求風洞中的壓力。

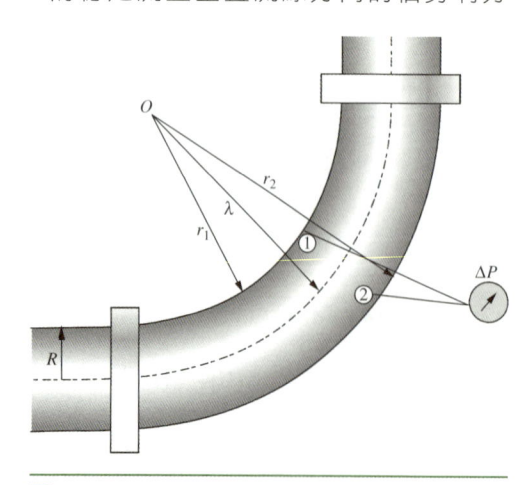

圖 P5-108

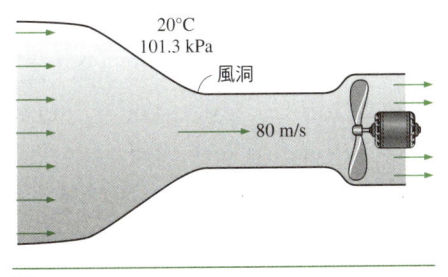

圖 P5-111

基礎工程學 (FE) 試題

5-112 水流過一根 5 cm 直徑的管子，速度為 0.75 m/s。管中的質量流率是

(a) 353 kg/min (b) 75 kg/min
(c) 37.5 kg/min (d) 1.47 kg/min
(e) 88.4 kg/min

5-113 空氣在 100 kPa，20°C 流過一根 12 cm 直徑的管子，流率為 9.5 kg/min。管中的空氣速度是

(a) 1.4 m/s (b) 6.0 m/s
(c) 9.5 m/s (d) 11.8m/s
(e) 14.0 m/s

5-114 一個水槽剛開始有 140 L 的水。現在相同流率的冷水與熱水在一段 30 分鐘的時間內流進水槽，同時溫水也以 25 L/min 的流率排出。在 30 min 的時間終止時，水槽內還有 50 L 的水。進入水槽的熱水流率是

(a) 33 L/min (b) 25 L/min
(c) 11 L/min (d) 7 L/min
(e) 5 L/min

5-115 水進入一根 4 cm 直徑的管子，速度 1 m/s。管子直徑在出口收縮為 3 cm。出口的水流速度是

(a) 1.78 m/s (b) 1.25 m/s (c) 1 m/s
(d) 0.75 m/s (e) 0.50 m/s

5-116 水壓用一個泵從 100 kPa 增加至 900 kPa。水的機械能增加是

(a) 0.9 kJ/kg (b) 0.5 kJ/kg (c) 500 kJ/kg
(d) 0.8 kJ/kg (e) 800 kJ/kg

5-117 一個 75 m 高的水體，其表面對大氣開放，可供利用。在水體的底部水以 200 L/s 的流率流過一個透平機。跨過透平機的壓力差是

(a) 736 kPa (b) 0.736 kPa (c) 1.47 kPa
(d) 1470 kPa (e) 368 kPa

5-118 一個泵被用來增加水壓，從 100 kPa 至 900 kPa，流率為 160 L/min。如果泵的軸功率輸入是 3 kW，則泵的效率是

(a) 0.532 (b) 0.660 (c) 0.711
(d) 0.747 (e) 0.855

5-119 一個水力透平機被用來利用水壩內的水來產生功率。水壩的上游與下游的自由表面的高度差為 120 m。水以流率 150 kg/s 供給透平機。如果透平機的軸功率輸出是 155 kW，透平機的效率是

(a) 0.77 (b) 0.80 (c) 0.82
(d) 0.85 (e) 0.88

5-120 一個泵的馬達消耗 1.05 hp 的電力。此泵將水壓從 120 kPa 增加至 1100 kPa，流率為 35 L/min。如果馬達的效率 94%，則泵效率是

(a) 0.75 (b) 0.78 (c) 0.82
(d) 0.85 (e) 0.88

5-121 一個水力透平機-發電機單元的效率為 85%。若發電機的效率為 96%，則透平機的效率為

(a) 0.816 (b) 0.850 (c) 0.862
(d) 0.885 (e) 0.960

5-122 哪一個參數在伯努利方程式中是無關的？
(a) 密度 (b) 速度 (c) 時間
(d) 壓力 (e) 高度

5-123 考慮一個流體在一根水平管中的不可壓縮的無摩擦流動。在一個指定點所量測到的壓力與速度為 150 kPa 與 1.25 m/s。流體的密度為 700 kg/m³。如果在另一點的壓力為 140 kPa，則該點的流體速度為

(a) 1.26 m/s (b) 1.34 m/s (c) 3.75 m/s

(d) 5.49 m/s　　(e) 7.30 m/s

5-124 考慮水在一個垂直管路中的不可壓縮的無摩擦流動。離開地面 2 m 高的壓力是 240 kPa。水流速度在此流動中不會改變。高於地面 15 m 處的壓力是
(a) 227 kPa　　(b) 174 kPa　　(c) 127 kPa
(d) 120 kPa　　(e) 113 kPa

5-125 考慮一個管路系統中的水流。在一個指定點 (點 1) 的壓力、速度與高度是 150 kPa、1.8 m/s 與 14 m。在點 2 的壓力與速度是 165 kPa 與 2.4 m/s。忽略摩擦效應，點 2 的高度是
(a) 12.4 m　　(b) 9.3 m　　(c) 14.2 m
(d) 10.3 m　　(e) 7.6 m

5-126 流體在一個管子中的靜壓與停滯壓由液壓計與皮托管量測的值分別 200 kPa 與 210 kPa。如果流體的密度是 550 kg/m^3，則流體的速度是
(a) 10 m/s　　(b) 6.03 m/s　　(c) 5.55 m/s
(d) 3.67 m/s　　(e) 0.19 m/s

5-127 流體在一個管中的靜壓與停滯壓用液壓管與皮托管來量測。液壓管和皮托管中量測到的液柱高度分別是 2.2 m 和 2.0 m。如果流體的密度是 5000 kg/m^3，則管中流體的速度是
(a) 0.92 m/s　　(b) 1.43 m/s　　(c) 1.65 m/s
(d) 1.98 m/s　　(e) 2.39 m/s

5-128 能量坡線 (EGL) 與水力坡線 (HGL) 之間高度的差別等於
(a) z　　(b) $P/\rho g$　　(c) $V^2/2g$
(d) $z + P/\rho g$　　(e) $z + V^2/2g$

5-129 水在 120 kPa (錶) 以速度 1.15 m/s 流過一根水平管。管在出口轉了 90° 角，並且在管的出口水垂直噴向空氣中。水流噴束可以上升的最大高度是
(a) 6.9 m　　(b) 7.8 m　　(c) 9.4 m
(d) 11.5 m　　(e) 12.3 m

5-130 水從一個開口的大水槽底部流出，水流速度是 6.6 m/s。槽內水的最小高度是
(a) 2.22 m　　(b) 3.04 m　　(c) 4.33 m
(d) 5.75 m　　(e) 6.60 m

5-131 水在 80 kPa (錶) 以 1.7 m/s 流進一根水平管。管在出口轉了 90° 角，並且在管的出口水垂直噴向空氣中。取修正因子為 1。如果在管的入口與出口之間的不可逆水頭損失是 3 m，水流噴束上升的高度是
(a) 3.4 m　　(b) 5.3 m　　(c) 8.2 m
(d) 10.5 m　　(e) 12.3 m

5-132 海水以流率 165 kg/min 被泵入一個大水槽。水槽對大氣是開口的且水從 80 m 高進入水槽。馬達-泵單元的總效率是 75% 且馬達消耗的電功率是 3.2 kW。取修正因子為 1。如果管路的不可逆水頭損失是 7 m，在水槽入口的水流速度是
(a) 2.34 m/s　　(b) 4.05 m/s　　(c) 6.21 m/s
(d) 8.33 m/s　　(e) 10.7 m/s

5-133 水在 350 kPa 以流率 1 kg/s 進入一個泵。離開泵的水進入一個透平機，在其間壓力被降低並產生電力。泵的軸功率輸入是 1 kW，而透平機的軸功率輸出是 1 kW。泵和透平機的效率都是 90%。如果水的高度和速度在整個流動中都維持為常數且不可逆水頭損失是 1 m，則透平機出口的水壓是
(a) 350 kPa　　(b) 100 kPa　　(c) 173 kPa
(d) 218 kPa　　(e) 129 kPa

5-134 絕熱泵被用來提升水的壓力從 100 kPa 到 500 kPa，流率為 400 L/min。如果泵的效率是 75%，水跨過泵的最大溫升是
(a) 0.096°C　　(b) 0.058°C
(c) 0.035°C　　(d) 1.52°C
(e) 1.27°C

5-135 效率 90% 的透平機的軸功率輸出是 500 kW。如果通過透平機的水流率是 575 kg/s，則透平機從流體抽取的水頭是

(a) 48.7 m　　(b) 57.5 m　　(c) 147 m
(d) 139 m　　(e) 98.5 m

設計與小論文題

5-136 使用一個已知容積的大水桶，並量測從一根園藝水管對水桶充水所需要的時間，試決定水經過水管的質量流率與平均速度。

5-137 你的公司要建立一個實驗來測量一個流道中的空氣流率，你的任務是提出適當的量測儀器。研究用來量測空氣流率的可用技術和裝置，討論每種技術的優缺點，並且做出建議。

5-138 電腦輔助設計、更好的材料、更好的製造技術，對泵、透平機與馬達的效率產生無比的改進。拜訪 1 位或更多位泵、透平機與馬達的製造商，並取得關於他們產品效率的資訊。總而言之，就是這些裝置的效率如何隨著額定功率而改變。

5-139 使用一個手持型自行車打氣筒來產生空氣噴束，一個汽水罐當作貯水器，並結合一根吸管來設計並製造一個霧化器。探討各種參數，例如管長、出口小孔的直徑與泵送速度對於性能的影響。

5-140 用一可撓式吸管與一把尺，解釋你如何量測河中的水流速度。

5-141 風機所生產的功率正比於風速的 3 次方。受到流體在一個噴嘴中加速的啟發，某人提議安裝一個收縮外殼來從比較大的面積獲得風能，並在風撞擊風機葉片前將其加速，如圖 P5-141 所示。評估這個提議的改變在設計新風機時是否值得加以考慮。

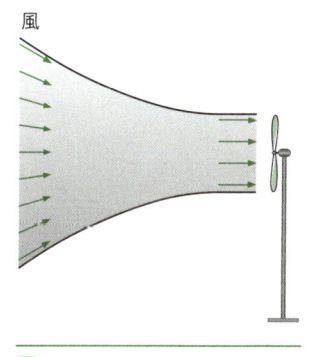

圖 P5-141

Chapter 6
流動系統的動量分析

學習目標
讀完本章後,你將能夠
- 識別作用在一個控制體積上的各種不同的力與力矩。
- 用控制體積分析來決定與流體流動有關的力。
- 用控制體積分析來決定流體流動造成的力矩與傳遞的扭力。

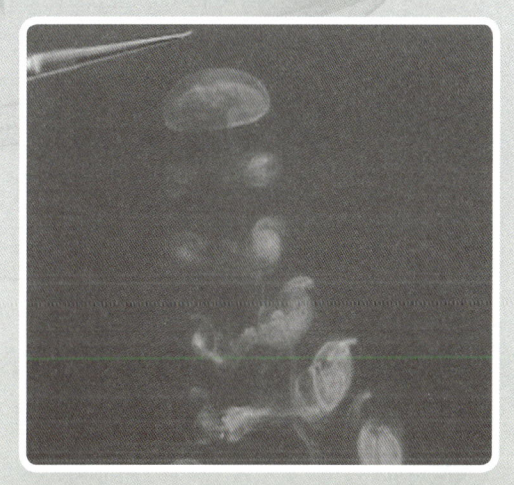

海月水母 (Aurelia Aurita) 的穩定游泳。直接放置在水母上游的螢光染料,當本體放鬆時,被抽取至鐘形體下面;當本體收縮噴出流體時,形成渦圈。渦圈誘導的水流同時提供進食與推進。
Adapted from Dabiri et al., J. Exp. Biol. 208: 1257–1265. Photo credit: Sean P. Colin and John H. Costello.

當處理工程問題時,最好能夠以最低的成本卻能夠快速而正確的獲得解答。大多數工程問題,包括那些與流體流動有關的,都可採用三個方法中的一種來分析:微分、實驗與控制體積。在微分方法中,問題可以很正確的用微分量來推導,但是產生的微分方程式的求解卻是困難的,通常需要使用數值方法與電腦軟體。實驗方法配合因次分析有高度的準確性,但通常很耗時間,費用也高。本章所介紹的有限體積法相當快速並簡單,所給的答案對於大多數工程目標而言也足夠準確。因此儘管需要一些近似,但用紙筆就能進行的基本控制體積分析,對於工程師是一種不可缺少的工具。

在第 5 章中已經介紹了流體流動系統的質量與能量的控制體積分析。本章我們要介紹流體流動問題的有限控制體積動量分析。首先將對牛頓定律與線性和角動量守恆關係式作一個概述。然後使用雷諾輸運定理,發展出給控制體積的線性動量和角動量方程式,並且使用它們來決定與流體流動有關的力和扭力。

6-1 牛頓定律

牛頓定律是物體的運動與作用於其上的力量之間的關係式。牛頓第一定律的敘述是當作用在一個物體上的淨力為零時，原來靜止的物體維持靜止，原來運動的物體則沿著直線作等速度運動。因此，物體傾向於維持其慣性狀態。牛頓第二定律的敘述是一個物體的加速度正比於作用於其上的淨力而反比於其質量。牛頓第三定律的敘述是當一個物體施力於第二個物體時，第二個物體也會施加大小相同方向相反的力在第一個物體上。因此，反作用力的方向相依於取來作為系統的物體。

對一個質量為 m 的剛體，牛頓第二定律表示為

牛頓第二定律：
$$\vec{F} = m\vec{a} = m\frac{d\vec{V}}{dt} = \frac{d(m\vec{V})}{dt} \tag{6-1}$$

其中 $\vec{F}$ 是作用在物體的淨力，而 $\vec{a}$ 是物體在 $\vec{F}$ 的影響下的加速度。

一個物體的質量和速度的乘積稱為這個物體的線性動量或簡稱為動量。一個質量為 m，速度為 $\vec{V}$ 的物體的動量是 $m\vec{V}$ (圖 6-1)。因此，在式 (6-1) 中表示的牛頓第二定律也可以被敘述為一個物體的動量改變率等於作用在這個物體的淨力 (圖 6-2)。這個敘述與牛頓原來對第二定律的敘述比較一致，並且也比較適合在流體力學中使用，即研究因為流體的速度改變而產生力量的場合。因此在流體力學中，牛頓第二定律通常被稱為線性動量方程式。

一個系統的動量只有當作用於其上的淨力為零時才維持為常數，因此這種系統的動量是守恆的。這也以動量守恆定理知名。這個定理已經證明在研究碰撞時是很有用的工具。例如球與球之間、球與球拍、球棒或球棍之間；還有在原子之間、在次原子與粒子之間；又如發生在火箭、飛彈和槍砲中的爆炸等。然而在流體力學中，作用在一個系統的淨力通常不為零，因此我們比較喜歡用線性動量方程式而不是動量守恆定理。

注意力量、加速度、速度與動量都是向量，因此它們都有大小，也有方向。再者動量是速度與質量的乘積，因此動量的方向就是速度的方向，如圖 6-1 所示。任何向量方程式對一個指定的方向，可以用其大小寫成純量形式的方程式。例如，在 x- 方向，$F_x = ma_x = d(mV_x)/dt$。

牛頓第二定律在一個旋轉的剛體的對應定理可以被表示

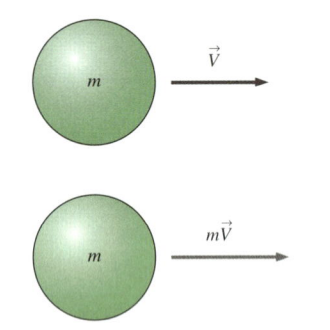

圖 6-1 線性動量是質量與速度的乘積，其方向即為速度的方向。

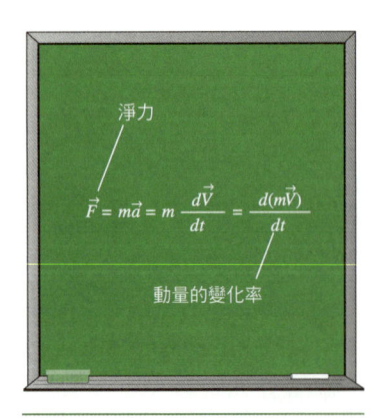

圖 6-2 牛頓第二定律也被表示為一個物體動量的變化率等於作用於其上的淨力。

$\vec{M} = I\vec{\alpha}$，其中 $\vec{M}$ 是作用在物體的淨力矩或靜扭力，I 是物體對應於旋轉軸的慣性矩，而 $\vec{\alpha}$ 是角加速度。它也可以用角動量的變化率 $d\vec{H}/dt$ 來表示為

角動量方程式： $$\vec{M} = I\vec{\alpha} = I\frac{d\vec{\omega}}{dt} = \frac{d(I\vec{\omega})}{dt} = \frac{d\vec{H}}{dt} \tag{6-2}$$

其中 $\vec{\omega}$ 是角速度。對一個繞著固定的 x 軸旋轉的剛體，角動量方程式可以用純量的形成寫成

x 軸的角動量： $$M_x = I_x \frac{d\omega_x}{dt} = \frac{dH_x}{dt} \tag{6-3}$$

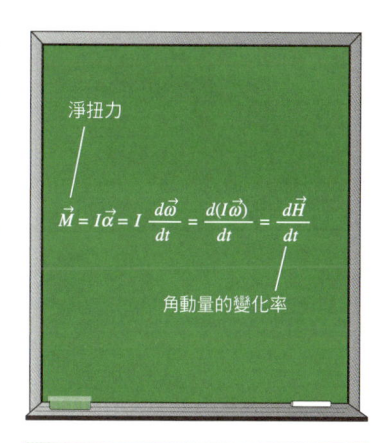

圖 6-3 一個物體的角動量的變化率等於作用於其上的淨扭力。

角動量方程式可以被敘述為一個物體的角動量的變化率等於作用於其上的淨扭力 (圖 6-3)。

當作用於旋轉物體上的淨扭力為零時，其總角動量維持常數，因此這種系統的角動量是守恆的。這就是所謂的角動量守恆定理，並且被表示為 $I\omega$ = 常數。許多有趣的現象可以很輕易地借助於角動量守恆定理來解釋，例如溜冰者將雙臂往身體收縮時可以轉得更快、潛水者從跳台跳起後收縮身體也可以轉得更快 (在此兩例中，當身體較外的部分縮向旋轉軸時，慣性矩 I 減小，因此角速度 ω 增加)。

6-2 選擇一個控制體積

我們現在簡單的討論一下如何明智地選擇控制體積。控制體積可以是空間中流體流過的任何區域，圍繞它的控制面在流動中可以是固定的、移動的，或甚至是變形的。基本守恆定理的應用是對物理量記帳的一種系統化的步驟，因此在作分析時，謹慎的定義控制體積的邊界非常重要。同時，任何量進入或離開一個控制體積的流率相依於流體相對於控制面的流速，因此知道流動中的控制體積是靜止或移動是很重要的。

許多流動系統牽涉到靜止的硬體很穩固地固定在一個靜止表面上，這種系統最好使用固定的控制體積來作分析。例如，在決定作用於被抓住管子的噴嘴上的反作用力時，控制體積的自然選擇是其垂直於噴嘴的出口平面，並且經過三角架的底部平面 (圖 6-4a)，這是一個固定的控制體積，相對於地面上一個固定點的水流速度與相對於出口平面的水流速度是一樣的。

當分析的流動系統會移動或變形時，允許控制體積移動或變形通常是比較方便的。例如，在決定一架以等速度巡航的飛機的噴射引擎所產生的推力時，控制體積的聰明選擇是其圍住整架飛機，並且切過噴嘴的出口平面 (圖 6-4b)。此例中的

控制體積以速度 $\vec{V}_{CV}$ 移動，這與飛機相對於地面的巡航速度是一樣的。當決定噴出氣體離開噴嘴的流率時，合適的速度是使用排氣相對於噴嘴出口平面的速度，亦即，相對速度 $\vec{V}_r$。因為整個控制體積以 $\vec{V}_{CV}$ 移動，相對速度變成 $\vec{V}_r = \vec{V} - \vec{V}_{CV}$，其中 $\vec{V}$ 是排氣的絕對速度，即相對於地面上一個固定點的速度。注意 $\vec{V}_r$ 是流體相對於一個與控制體積一起移動的座標系統的相對速度。這是一個向量方程式且相反方向的速度有相反的正負號。例如，飛機若是向左以 500 km/h 巡航，並且排氣速度相對於地面是向右 800 km/h，則相對於噴嘴出口的排氣速度是

$$\vec{V}_r = \vec{V} - \vec{V}_{CV} = 800\vec{i} - (-500\vec{i}) = 1300\vec{i} \text{ km/h}$$

也就是排氣相對於噴嘴出口是以 1300 km/h 向右離開噴嘴 (在與飛機相反的方向)；這是評估排氣穿過控制面的外流率所應該使用的速度 (圖 6-4b)。注意如果相對速度的大小等於飛機速度時，對一個在地面上的觀察者而言，排氣會像是不動的。

當分析一個往復式內燃機的廢氣的排氣時，控制體積的聰明選擇是取介於活塞上表面與氣缸頭之間的空間 (圖 6-4c)。這是一個變形的控制體積，因為其控制面的一部分相對於其它部分會移動。在一個控制表面的變形的部分上面的入口或出口 (在圖 6-4c 中沒有這種入口或出口) 上的相對速度是由 $\vec{V}_r = \vec{V} - \vec{V}_{CS}$ 給定，其中 $\vec{V}$ 是絕對流體速度，$\vec{V}_{CS}$ 是控制面速度，兩者都是相對於在控制體積外面的一個固定點。注意，對於移動但不變形的控制體積 $\vec{V}_{CS} = \vec{V}_{CV}$，而對於一個固定的控制體積 $\vec{V}_{CS} = \vec{V}_{CV} = 0$。

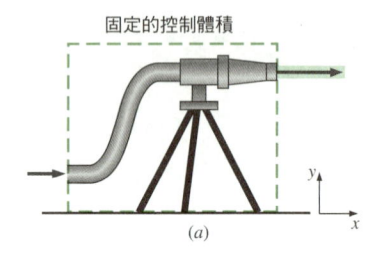

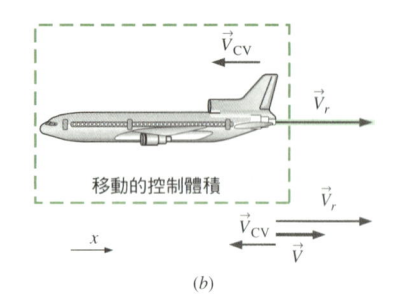

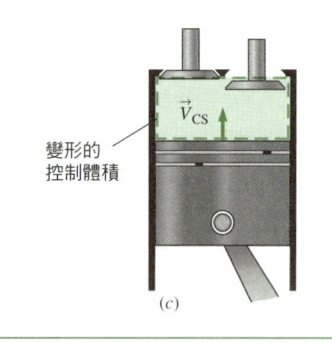

圖 6-4 (a) 固定的，(b) 移動的，(c) 變形的控制體積的例子。

6-3 作用在一個控制體積上的力

作用在一個控制體積上的力，包括**物體力** (body force)，其為作用在控制體積的整個物體上的力 (例如重力、電力與磁力)，與**表面力** (surface force)，其為作用在控制面上的力 (例如壓力、黏滯力與在接觸點上的反作用力)。在分析時，只有外部力被考慮。內部力 (例如在流體與流動部分的內表面之間的壓力) 在一個控制體積分析中不被考慮，除非藉由將控制面通過這些面而將它們曝露出來。

在控制體積分析中，一個特定時刻作用在控制體積上的所有力的總和 $\Sigma \vec{F}$ 可表示為

作用在控制體積的總力： $\sum \vec{F} = \sum \vec{F}_{\text{body}} + \sum \vec{F}_{\text{surface}}$ (6-4)

物體力作用在控制體積的每一個體積部分上。作用在控制體積內流體的一個微分體積元素 dV 上的物體力示於圖 6-5。為了得到作用在整個控制體積上的淨物體力，我們必須作體積分。表面力作用在控制面的每一個部分上。控制面上的一個微分面積元素 dA 及其向外的單位法向量 $\vec{n}$ 示於圖 6-5，一起顯示的是作用於其上的表面力。為了得到作用在整個控制面上的淨表面力，我們必須作面積分。如圖所示，表面力作用的方向與面的單位向外法向量是互相獨立的。

最常見的物體力是重力 (gravity)，其對控制體積的每一個微分元素都會施加向下的力。其它物體力，例如電力與磁力，在某些分析中可能是重要的，我們在這裡將只考慮重力。

作用在一個小流體元素 (如圖 6-6 所示) 的微分物體力 $d\vec{F}_{\text{body}} = d\vec{F}_{\text{gravity}}$ 將只是其重量，

作用在一個流體元素的重力： $d\vec{F}_{\text{gravity}} = \rho \vec{g} \, dV$ (6-5)

其中 ρ 是元素的平均密度，$\vec{g}$ 是重力加速度向量。在卡氏座標中，我們習慣上讓 $\vec{g}$ 作用在負 z- 方向，如圖 6-6 所示，因此

在卡氏座標的重力加速度向量： $\vec{g} = -g\vec{k}$ (6-6)

注意圖 6-6 中的座標軸指向使重力加速度向量向下作用在負 z- 方向。在地球的海平面高度，重力常數 g 等於 9.807 m/s^2。因為重力是唯一被考慮的物體力，對式 (6-5) 積分得到

作用在控制體積的總物體力： $\sum \vec{F}_{\text{body}} = \int_{\text{CV}} \rho \vec{g} \, dV = m_{\text{CV}} \vec{g}$ (6-7)

表面力分析起來就不是那麼簡單，因為其包括垂直與切線分量。再者，雖然作用在一個表面上的物理力與座標軸的方向無關，但用其座標分量來描述這個力卻會隨座標軸方向而改變 (圖 6-7)。加上我們很少能夠幸運到所有的控制面都能與座標軸對齊。雖然我們不打算太過於陷入張量代數之中，但是為了正確的描述作用在流場中一點的表面應力，也不得不定義一個稱為應力張量 (stress tensor) σ_{ij} 的二階張量 (second-order tensor)，

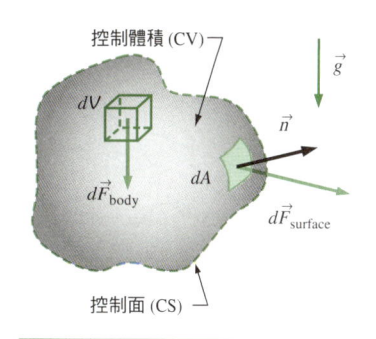

圖 6-5 作用在一個控制體積上的力包括物體力與表面力；物體力顯示於微分的體積元素上，而表面力顯示於微分的面積元素上。

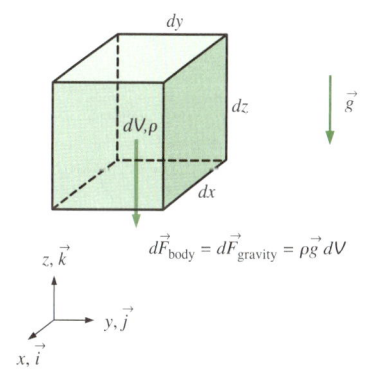

圖 6-6 作用在流體的一個微分體積元素上的重力等於其重量；座標軸的指向是使重力向量向下作用在負 z- 方向。

卡氏座標的應力張量：
$$\sigma_{ij} = \begin{pmatrix} \sigma_{xx} & \sigma_{xy} & \sigma_{xz} \\ \sigma_{yx} & \sigma_{yy} & \sigma_{yz} \\ \sigma_{zx} & \sigma_{zy} & \sigma_{zz} \end{pmatrix} \quad (6\text{-}8)$$

應力張量的對角分量 σ_{xx}、σ_{yy} 與 σ_{zz} 稱為**正向應力** (normal stress)；它們包括壓力 (總是垂直向內作用) 與黏滯應力。黏滯應力在第 9 章會有詳細討論。非對角線分量 σ_{xy}、σ_{zx} 等，稱為**剪應力** (shear stress)；因為壓力僅能垂直作用在表面上，剪應力全部都是由黏滯應力組成。

當表面與任何座標軸都不平行時，座標軸旋轉與張量的數學法則可以用來計算作用在這個面的應力的垂直與切線分量。另外，在用張量工作時，使用張量符號是很方便的，但通常其保留給研究使用。(張量的更深入分析與張量符號可以參考 Kundu and Cohen, 2011。)

在式 (6-8) 中，σ_{ij} 是在一個與 i- 方向垂直的表面上，作用方向在 j- 方向的應力 (每單位面積的力)。注意 i 與 j 只是張量的下標，與單位向量 $\vec{i}$ 與 $\vec{j}$ 是不同的。例如，σ_{xy} 被定義為正的情況是此應力作用在 y- 方向，其作用面的向外垂直線是在 x- 方向。這個應力張量的分量，與其它 8 個分量，對一個與卡氏座標軸對齊的微分流體元素，示於圖 6-8。所有圖 6-8 上的分量都被顯示在依其定義的正向面上 (右、上與前) 與正向作用方向上。在流體元素的相反面上 (未顯示出來) 的正向應力正好作用在相反方向上。

一個二階張量與一個向量的點積產生第二個向量，這種運算通常稱為張量與向量的收縮積 (contracted product) 或內積 (inner product)。在我們的情況中，應力張量 σ_{ij} 與一個微分表面元素的向外垂直單位向量 $\vec{n}$ 的內積結果，產生一個向量，其大小是作用在這個表面元素上每單位面積的力，而其方向則為表面力的方向。數學上我們寫成

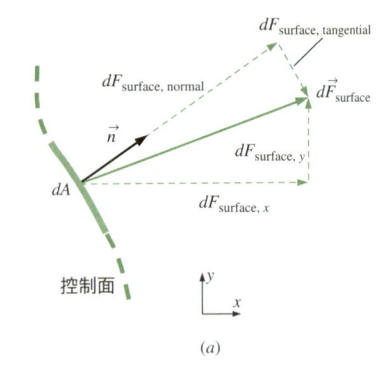

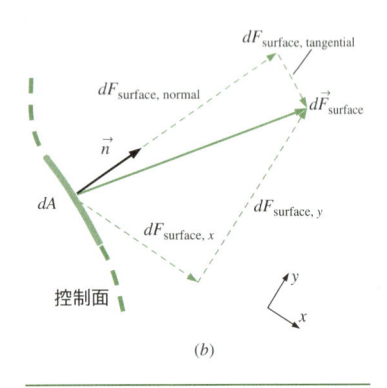

圖 6-7 當座標軸從 (a) 旋轉到 (b) 時，表面力的分量改變了，即使力本身維持不變；這裡僅顯示二維的情況。

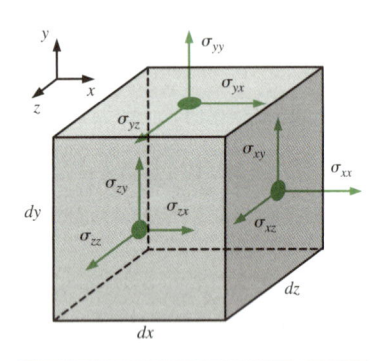

圖 6-8 在右、上與前表面上的卡氏座標上的應力張量的分量。

作用在一個微分表面元素上的表面力：
$$d\vec{F}_{\text{surface}} = \sigma_{ij} \cdot \vec{n}\, dA \quad (6\text{-}9)$$

最後，我們將式 (6-9) 對整個控制面作積分，

作用在控制面的總表面力：
$$\sum \vec{F}_{\text{surface}} = \int_{\text{CS}} \sigma_{ij} \cdot \vec{n}\, dA \quad (6\text{-}10)$$

將式 (6-7) 與 (6-10) 代入式 (6-4) 得到

$$\sum \vec{F} = \sum \vec{F}_{\text{body}} + \sum \vec{F}_{\text{surface}} = \int_{CV} \rho \vec{g}\, dV + \int_{CS} \sigma_{ij} \cdot \vec{n}\, dA \tag{6-11}$$

這個方程式在推導線性動量守恆方程式的微分形式時會非常有用，如在第 9 章中所討論的。然而，在實際的控制體積分析中，我們很少需要用到式 (6-11)，因為其包含很麻煩的面積分。

仔細地選擇控制體積使我們可以將作用在控制體積上的總力 $\Sigma \vec{F}$ 寫成更容易得到的量，像重量、壓力、反作用力等的加總。我們推薦下式給控制體積分析：

總力：
$$\underbrace{\sum \vec{F}}_{\text{總力}} = \underbrace{\sum \vec{F}_{\text{gravity}}}_{\text{物體力}} + \underbrace{\sum \vec{F}_{\text{pressure}} + \sum \vec{F}_{\text{viscous}} + \sum \vec{F}_{\text{other}}}_{\text{表面力}} \tag{6-12}$$

在式 (6-12) 右邊的第一項是物體力重量，因為重力是我們唯一考慮的物體力。其它三項組合成淨表面力；它們是作用在控制面的壓力、黏滯力與「其它」力。$\Sigma \vec{F}_{\text{other}}$ 由需要來令流體轉向的反作用力所組成；這些力作用在控制面切過的螺栓、纜線、支柱或牆上。

所有這些表面力起源於當控制體積從其環境被獨立出來作分析時，且任何被切開物件的影響是用那個位置的一個力來加以考慮。這相當於在靜力學和動力學課程中所畫的自由體圖。我們選擇控制體積應該讓不在興趣內的力維持在內部，讓它們不會使分析複雜化。一個選擇良好的控制體積僅曝露需要決定的力 (例如反作用力) 與最小量的其它力。

在應用牛頓運動定律時，一個通常的簡化是減去大氣壓力而用錶壓力來作分析。這是因為大氣壓力作用在所有方向，其影響在每一個方向互相抵消 (圖 6-9)。這表示我們可以忽略在出口處 (流體以次音速排放至大氣壓力) 的壓力，因為在這樣的情況中，排放壓力非常接近大氣壓力。

作為如何聰明選擇控制體積的例子，考慮對水穩定流過一個有著部分關閉的閘閥的水龍頭所作的控制體積分析 (圖 6-10)。想要計算凸緣上的淨力以確定凸緣螺栓是否夠強，有很多種控制體積的可能選擇。有一些工程師會限制它們的控制體積在流體本身，如圖 6-10 所示的 CV A (管內虛線所圍的控制體積)。在這控制體積中，有沿著控制面改變的壓力，有沿著管壁與閥內位置而改變的黏滯力，也有物體力，亦即在控制體積內

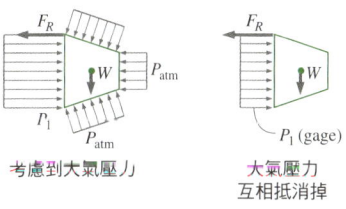

圖 6-9 大氣壓力作用在所有的方向，在作力平衡分析時可將其忽略，因為其效應在每個方向互相抵消了。

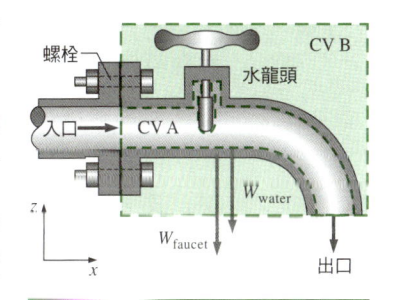

圖 6-10 經過一個水龍頭組合的截面，說明聰明選擇控制體積的重要性；CV B 比 CV A 較容易用來作分析。

水的重量。幸運的是，為了計算在凸緣上的力，我們並不需要沿著整個控制面作壓力與黏滯力的積分。取代的是，我們可以將未知的壓力與黏滯力併在一起成為一個反作用力，代表壁面作用在水上的淨力。這個力加上水與水龍頭的重量即等於作用在凸緣的淨力。(當然我們必須很小心的處理符號。)

當選擇一個控制體積時，我們並不被限制在流體本身。通常更方便的作法是令控制面切過固體物體，例如壁面、支柱或螺栓，如示於圖 6-10 的 CV B (顏色虛線所圍的控制體積)。一個控制體積甚至可能圍繞整個物件，就如展示在這裡的。控制體積 B 是一個聰明的選擇，因為我們並不關心流動的任何細節或甚至於控制體積內的幾何形狀。對 CV B 的情況，我們指定一個淨反作用力作用在控制面切過凸緣螺栓的部分。然後，我們僅需要知道的其它事情是在凸緣的水的錶壓力 (即在控制體積的入口) 與水和水龍頭組合的重量。沿著控制面其它部分的壓力是大氣壓力 (零錶壓) 並互相抵消。在 6-4 節的例題 6-4 會重新考慮這個問題。

6-4 線性動量方程式

對一個質量為 m 的系統，受到淨力 $\sum \vec{F}$ 的作用，牛頓第二定律表示為

$$\sum \vec{F} = m\vec{a} = m\frac{d\vec{V}}{dt} = \frac{d}{dt}(m\vec{V}) \tag{6-13}$$

其中 $m\vec{V}$ 是系統的**線性動量** (linear momentum)。注意在系統中，密度與速度兩者都可能有點到點的變化。牛頓第二定律可以更一般的表示為

$$\sum \vec{F} = \frac{d}{dt}\int_{\text{sys}} \rho \vec{V}\, dV \tag{6-14}$$

其中 $\rho\vec{V}\, dV$ 是一個微分元素 dV 的動量，其質量為 $\delta m = \rho dV$。因此牛頓第二定律可以被敘述為作用在一個系統的所有外力的總和等於此系統的線性動量的時間變化率。這個敘述適用於任何靜止或等速度移動的座標系統，稱為慣性座標系統或慣性參考座標。加速的系統，例如飛機起飛時，最好用固定在飛機上的非慣性 (或加速) 座標系統來作分析。注意式 (6-14) 是一個向量關係式，因此 $\vec{F}$ 和 $\vec{V}$ 有大小也有方向。

式 (6-14) 是給有固定質量的固體或流體使用的，在流體力學中的用處有限，因為大多數的流動系統使用控制體積來作分析的。在 4-6 節中推導的雷諾輸運定理提供必需的工具來將系統的方程式轉換成控制體積的方程式。令 $b = \vec{V}$，從而 $B = m\vec{V}$，則線性動量的雷諾輸運定理可以表示成 (圖 6-11)：

$$\frac{d(m\vec{V})_{sys}}{dt} = \frac{d}{dt}\int_{CV}\rho\vec{V}\,dV + \int_{CS}\rho\vec{V}(\vec{V}_r\cdot\vec{n})\,dA \tag{6-15}$$

從式 (6-13)，這個方程式的左邊等於 $\Sigma\vec{F}$，代入以後可以得到適用於固定的、移動的或變形的控制體積的線性動量方程式的一般式，

一般式： $$\sum\vec{F} = \frac{d}{dt}\int_{CV}\rho\vec{V}\,dV + \int_{CS}\rho\vec{V}(\vec{V}_r\cdot\vec{n})\,dA \tag{6-16}$$

其文字敘述為

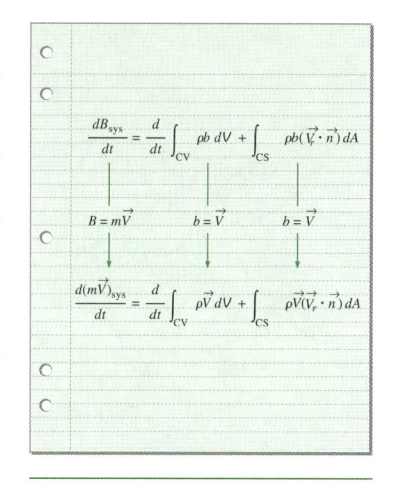

$$\begin{pmatrix}作用在\ CV\\的\ 所\ 有\ 外\\力的總和\end{pmatrix} = \begin{pmatrix}CV\ 內含的\\線性動量的\\時間變化率\end{pmatrix} + \begin{pmatrix}由質量流動所帶\\出控制面的線性\\動量的淨流動率\end{pmatrix}$$

圖 6-11 藉由在雷諾輸運定理中用動量 $m\vec{V}$ 代替 B，用每單位質量的動量 $\vec{V}$ 代替 b 可得到線性動量方程式。

此處 $\vec{V}_r = \vec{V} - \vec{V}_{CS}$ 是相對於控制面的流體速度 (用來計算在流體通過控制面的所有位置上的質量流率)，$\vec{V}$ 是從慣性座標所看到的流體速度。乘積 $\rho(\vec{V}_r\cdot\vec{n})\,dA$ 代表通過面積元素 dA 進入或離開控制體積的質量流率。

對於固定的控制體積 (沒有控制體積的移動或變形)，$\vec{V}_r = \vec{V}$，因此線性動量方程式變成

固定的 CV： $$\sum\vec{F} = \frac{d}{dt}\int_{CV}\rho\vec{V}\,dV + \int_{CS}\rho\vec{V}(\vec{V}\cdot\vec{n})\,dA \tag{6-17}$$

注意動量方程式是向量方程式，因此每一項都是向量。同時，為方便使用，這個方程式的分量可以沿著正交的座標方向被分解 (例如在卡氏座標系統的 x、y 與 z)。力的總和 $\Sigma\vec{F}$ 在許多情況中包含重量、壓力與反作用力 (圖 6-12)。動量方程式通常被用來計算由流體流動所產生的力 (通常作用在系統的支撐物或連接物上)。

圖 6-12 在大多數的流動系統中，力的總和 $\Sigma\vec{F}$ 包括重量、壓力與反作用力。錶壓力在這裡被使用因為大氣壓力作用在控制面的所有邊上而互相抵消了。

特例

本書中大多數的動量問題都是穩定的。穩定流中，控制體積中的動量含量維持為常數，因此控制體積內的線性動量的時間變化率 [式 (6-16) 的第一項] 為零。因此，

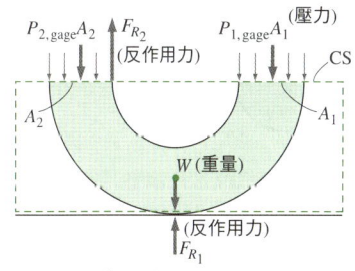

穩定流：
$$\sum \vec{F} = \int_{CS} \rho \vec{V} (\vec{V_r} \cdot \vec{n}) \, dA \qquad (6\text{-}18)$$

對於以等速度移動的非變形控制體積的例子 (一個慣性參考座標)，在式 (6-18) 的第一個 $\vec{V}$ 也可以取相對於移動的控制面的值。

雖然式 (6-17) 對一個固定的控制體積是正確的，但由於積分項在求解實際的工程問題時並不是很方便的。正如我們在質量守恆中所做的，我們以入口與出口的平均速度和質量流率來重寫式 (6-17)。換言之，我們喜歡用代數形式而不是積分形式來重寫此方程式。在許多實際的應用中，流體在一個或更多個入口或出口穿過控制體積的邊界，並且隨身攜帶一些動量進入或離開控制體積。為簡單計，我們取的控制面總是使其在每個入口或出口都是垂直於進入流或離開流的速度 (圖 6-13)。

穿過入口或出口進入或離開控制體積的質量流率 $\dot{m}$，當密度 ρ 幾乎是常數時是

穿過一個入口或出口的質量流率：
$$\dot{m} = \int_{A_c} \rho (\vec{V} \cdot \vec{n}) \, dA_c = \rho V_{avg} A_c \qquad (6\text{-}19)$$

比較式 (6-19) 與式 (6-17)，我們注意到在式 (6-17) 的面積分中多了一個速度。如果在入口或出口的 $\vec{V}$ 是均勻的 ($\vec{V} = \vec{V}_{avg}$)，我們可以直接將其取出積分外面。然後就可以將穿過入口或出口的動量流出率或流入率寫成簡單的代數形式，

穿過一個均勻的入口或出口的動量流率：
$$\int_{A_c} \rho \vec{V} (\vec{V} \cdot \vec{n}) \, dA_c = \rho V_{avg} A_c \vec{V}_{avg} = \dot{m} \vec{V}_{avg} \qquad (6\text{-}20)$$

均勻流近似在某些入口與出口是合理的，例如，在一個管子的圓滑入口，在一個風洞測試區的入口的流動，在空氣中的一個幾乎有均勻速率的水流噴束的一個截面 (圖 6-14)。每一個像這樣的入口或出口，式 (6-20) 都可以被直接應用。

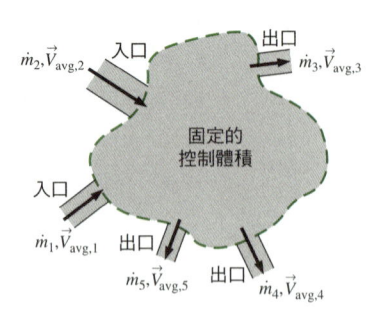

圖 6-13 在一個典型的工程問題中，控制體積可能包含多個入口與出口；在每一個入口或出口，我們定義質量流率 $\dot{m}$ 與平均速度 $\vec{V}_{avg}$。

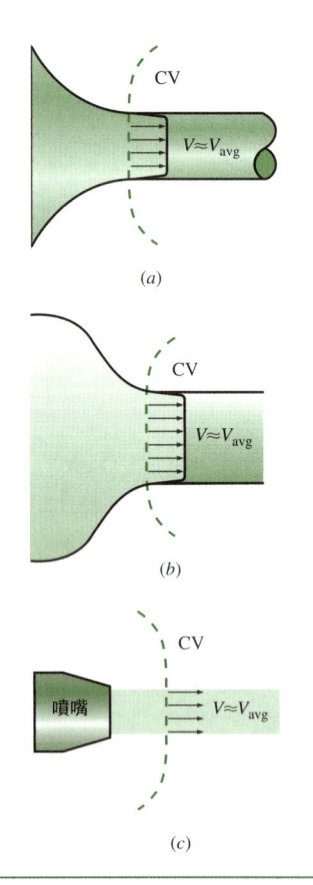

圖 6-14 均勻流近似合理的入口與出口的例子：(a) 一根管子的平滑進入口，(b) 一個風洞測試區的入口，(c) 空氣中的一個自由水流噴束的一個切面。

動量修正因子，β

不幸的是，在許多實際工程問題中，入口與出口上的速度並不是均勻的。然而，我們仍然可以將式 (6-17) 中的控制面積分轉換成代數形式，但是需要一個無因次的修正因子 β，稱為**動量修正因子** (momentum-flux correction factor)，是由法國科學家 Joseph Boussinesq (1842-1929) 首先提出的。對一個固定的控制體積，式 (6-17) 的代數形式可以寫成

$$\sum \vec{F} = \frac{d}{dt} \int_{CV} \rho \vec{V} \, dV + \sum_{out} \beta \dot{m} \vec{V}_{avg} - \sum_{in} \beta \dot{m} \vec{V}_{avg} \tag{6-21}$$

其中對每一個在控制面上的入口與出口都有一個唯一的動量修正因子。注意對於入口與出口為均勻流的情況，$\beta = 1$，如圖 6-14 所示。對於一般的情況，我們定義 β 使得在控制面上截面積為 A_c 的入口或出口的動量通量的積分可以表示成通過此入口或出口的質量流率 $\dot{m}$ 與平均速度 $\vec{V}_{avg}$ 的乘積，

穿過一個入口或出口的動量通量：
$$\int_{A_c} \rho \vec{V} (\vec{V} \cdot \vec{n}) \, dA_c = \beta \dot{m} \vec{V}_{avg} \tag{6-22}$$

對於入口或出口的密度是均勻的，並且整個入口或出口速度的 $\vec{V}$ 與 $\vec{V}_{avg}$ 有相同方向的情況，我們從式 (6-22) 解出 β，

$$\beta = \frac{\int_{A_c} \rho V (\vec{V} \cdot \vec{n}) \, dA_c}{\dot{m} V_{avg}} = \frac{\int_{A_c} \rho V (\vec{V} \cdot \vec{n}) \, dA_c}{\rho V_{avg} A_c V_{avg}} \tag{6-23}$$

這裡我們已經用 $\rho V_{avg} A_c$ 代入在分母的 $\dot{m}$。密度互相抵消，並且因為 V_{avg} 是常數，可被拿到積分裡面。若控制面垂直切過入口或出口，$(\vec{V} \cdot \vec{n}) \, dA_c = V \, dA_c$，那麼式 (6-23) 可進一步被簡化為

動量修正因子：
$$\beta = \frac{1}{A_c} \int_{A_c} \left(\frac{V}{V_{avg}} \right)^2 dA_c \tag{6-24}$$

可以證明 β 總是大於或等於 1。

例題 6-1 ▶ 管內層流的動量修正因子

考慮在一根圓管中一段很長的平直段的層流運動。第 8 章中已經證明通過管中一個截面的速度形狀是拋物線形的 (圖6-15)，其軸向速度分量被給定為

$$V = 2V_{\text{avg}}\left(1 - \frac{r^2}{R^2}\right) \tag{1}$$

其中 R 是管子內壁的半徑，而 V_{avg} 是平均速度。試計算流過管子一個截面的動量修正因子，在此管流代表在控制體積的出口的流動，如圖 6-15 所示。

解答： 對於一個已知的速度分佈，我們要計算動量修正因子。
假設： **1.** 流動是不可壓縮且穩定的。**2.** 控制體積垂直切過管子，如圖 6-15 所示。

分析： 我們將已知的速度形狀 V 代入式 (6-24) 並作積分，注意 $dA_c = 2\pi r\, dr$，

$$\beta = \frac{1}{A_c}\int_{A_c}\left(\frac{V}{V_{\text{avg}}}\right)^2 dA_c = \frac{4}{\pi R^2}\int_0^R \left(1 - \frac{r^2}{R^2}\right)^2 2\pi r\, dr \tag{2}$$

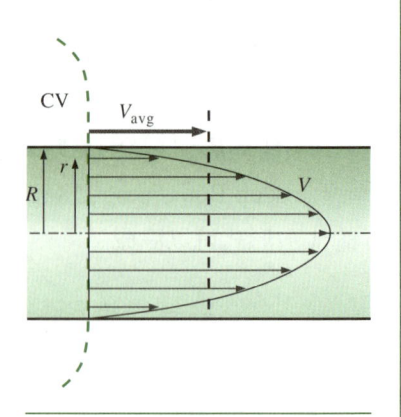

圖 6-15 在一根管子的一個截面上的速度形狀，流動是完全發展的層流。

定義一個新積分變數 $y = 1 - r^2/R^2$，因此 $dy = -2r\, dr/R^2$ (再者，$y = 1$ 當 $r = 0$ 時，且 $y = 0$ 當 $r = R$ 時)，並進行積分，則對完全發展的層流，其動量修正因子變成

層流：
$$\beta = -4\int_1^0 y^2\, dy = -4\left[\frac{y^3}{3}\right]_1^0 = \frac{4}{3} \tag{3}$$

討論： 對出口，我們已經計算得到 β，但是如果將管子截面考慮成在控制體積的入口，結果也是一樣的。

從例題 6-1，我們看出對於一個管子中的完全發展層流，β 並不是很接近 1，因此忽視 β 極有可能造成明顯的誤差。但是如果對管內完全發展的紊流而不是層流進行如同在例題 6-1 的積分，我們將會發現 β 的範圍介於 1.01 至 1.04。因為這些值很接近 1，很多從業工程師完全忽視動量修正因子。雖然在紊流的計算中忽略 β 對於最後結果的影響甚微小，但將其保留在方程式中會是明智的。如此做法不但增進計算的正確性，並且提醒我們當求解層流控制體積的問題時要包括動量修正因子。

對於紊流，β 在入口與出口的影響甚微，但是對於層流，β 可能是重要的，因此不應該被忽略。在所有動量控制體積問題中，包括 β 是明智之舉。

穩定流

如果流動也是穩定的，式 (6-21) 中的時間導數項會消失，我們會得到

穩定的線性動量方程式： $$\sum \vec{F} = \sum_{\text{out}} \beta \dot{m} \vec{V} - \sum_{\text{in}} \beta \dot{m} \vec{V} \qquad (6\text{-}25)$$

其中我們已經將下標 "avg" 從平均速度中去掉。式 (6-25) 的敘述是穩定流中作用在控制體積的淨力等於動量的外流率減去動量的內流率。這個敘述在圖 6-16 中說明，其也可被表示在任意方向上，因為式 (6-25) 是一個向量方程式。

只有一個入口與出口的穩定流

許多實際的工程問題只有一個入口與一個出口 (圖 6-17)。這種單一流束系統的質量流率維持為常數，式 (6-25) 化簡為

一個入口與一個出口： $$\sum \vec{F} = \dot{m}(\beta_2 \vec{V}_2 - \beta_1 \vec{V}_1) \qquad (6\text{-}26)$$

其中我們採用一般慣例用下標 1 表示入口，下標 2 表示出口，而 $\vec{V}_1$ 與 $\vec{V}_2$ 分別代表入口與出口的平均速度。

我們再一次強調所有前述的關係式是向量方程式，所有加法與減法都是向量的加法與減法。減去一個向量等同於將向量反向再將其相加 (圖 6-18)。當對某一個座標軸方向 (例如 x- 軸) 寫出動量方程式時，我們使用向量在那個軸方向的投影。例如，式 (6-26) 沿著 x- 軸可以寫成

沿著 x- 軸： $$\sum F_x = \dot{m}(\beta_2 V_{2,x} - \beta_1 V_{1,x}) \qquad (6\text{-}27)$$

其中 ΣF_x 是力的 x 分量的加總，而 $V_{2,x}$ 與 $V_{1,x}$ 分別是流束在出口與入口的速度的 x 分量。力與速度在正 x 方向的分量是正的，而在負 x 方向的分量是負的。通常取未知力的方向在正方向是比較好的作法 (除非問題非常明顯)。若求出的未知力是負值，表示假設的方向是錯的，應該被反向。

無外力的流動

一個有趣的情況產生在沒有外力 (例如重量、壓力與反作用力) 沿著運動方向作用在物體上時 —— 這對於太空船與衛星是常見的情況。對一個有許多入口與出口的控制體積，式 (6-21) 在

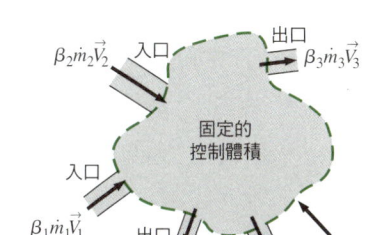

圖 6-16 穩定流中作用在控制體積上的淨力等於動量的外流率與動量的內流率之差。

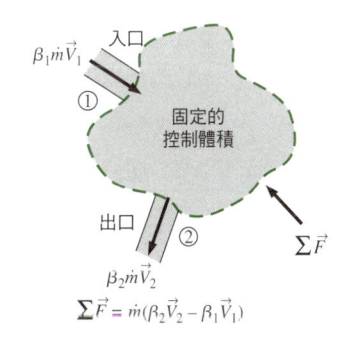

圖 6-17 只有一個入口與一個出口的控制體積。

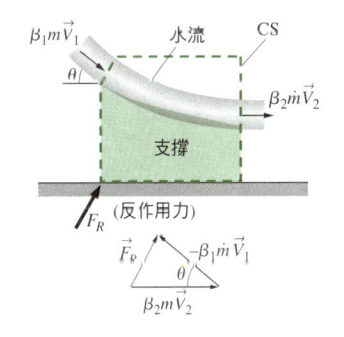

圖 6-18 用向量加法決定由於水流的轉向所造成的在支撐上的反作用力。

這種情況化簡成

無外力：
$$0 = \frac{d(m\vec{V})_{CV}}{dt} + \sum_{\text{out}} \beta \dot{m} \vec{V} - \sum_{\text{in}} \beta \dot{m} \vec{V} \qquad (6\text{-}28)$$

這是動量守恆方程式的一個表示式，可以用文字表示為在無外力作用時，控制體積的動量的變化率等於流進的動量流率減掉流出的動量流率。

當控制體積的質量維持幾乎是常數時，式 (6-28) 的第一項變成是質量乘以加速度，因為

$$\frac{d(m\vec{V})_{CV}}{dt} = m_{CV}\frac{d\vec{V}_{CV}}{dt} = (m\vec{a})_{CV} = m_{CV}\vec{a}$$

因此，這個情況的控制體積可被當成固體 (一個固定質量系統) 受到一個**淨推力** (thrust)，

推力：
$$\vec{F}_{\text{thrust}} = m_{\text{body}}\vec{a} = \sum_{\text{in}} \beta \dot{m} \vec{V} - \sum_{\text{out}} \beta \dot{m} \vec{V} \qquad (6\text{-}29)$$

在式 (6-29) 中，流體速度是相對於一個慣性參考座標，即一個固定在空間的座標系統或沿著一條直線以等速度作均勻的運動。

當分析物體沿著直線路徑作等速度的運動時，選擇與物體在相同的路徑，以相同的速度移動的慣性參考座標是很方便的。在這種情況下，流體相對於慣性參考座標的速度與相對於移動物體的速度是一樣的，但應用起來會比較簡單。這種作法對於非慣性參考座標雖然不是嚴格有效的，但也可用來計算太空船當火箭剛開始點燃時的起始加速度 (圖 6-19)。

推力是一種機械力，基本上是由一個加速的流體的反作用力所產生的。例如，在飛機的噴射引擎中，炙熱的排氣在膨脹的作用下被加速，經由引擎的背部排氣，並且藉由在相反方向的反作用力產生推力。推力的產生是基於牛頓第三運動定律，即對每一點的作用力有一個大小相等方向相反的反作用力。在噴射引擎的情況，引擎施力於排氣上，排氣也對引擎施加一個大小相等、方向相反的力，亦即 $\vec{F}_{\text{thrust}} = -\vec{F}_{\text{push}}$，其中 $\vec{F}_{\text{push}}$ 是引擎推出廢氣的力，而 $\vec{F}_{\text{thrust}}$ 是廢氣對引擎的推力。在飛機的自由體圖中，排出廢氣的影響是由導入一個與排氣運動相反方向的力來加以考慮。

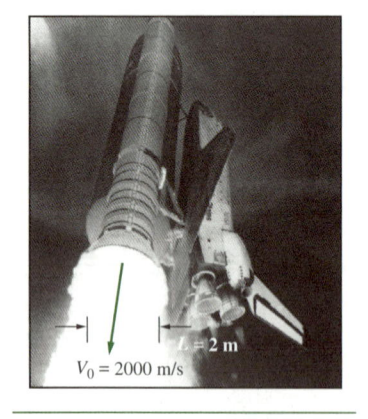

圖 6-19 太空梭起飛所需要的推力是由火箭引擎產生的。推力是燃料點燃以後其速度從零加速到在出口幾乎是 2000 m/s 所造成的動量改變的結果。
NASA.

例題 6-2　抓住一個轉向肘管在定位的力

收縮的肘管被用來使水平管中以 14 kg/s 流動的水流向上轉向 30° 並加速 (圖 6-20)。肘管排水至大氣中，其截面積在入口是 113 cm^2，在出口是 7 cm^2。出口與入口的中心的高度差是 30 cm。肘管與其內水的重量被視為是可忽略的。試求 (a) 在肘管入口中心的錶壓力，(b) 將肘管夾住不動所需要的力。

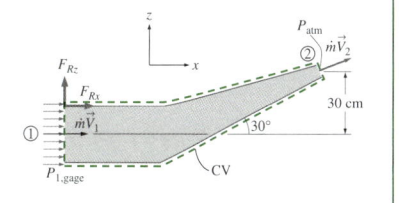

圖 6-20 例題 6-2 的示意圖。

解答： 一根肘管將水向上轉向並排放至大氣中。要決定肘管入口的壓力與將肘管夾住不動所需要的力。

假設： 1. 流動是穩定的，並且摩擦效應是可忽略的。2. 肘管與其內水的重量是可忽略的。3. 排水至大氣中，因此出口的錶壓力為零。4. 在控制體積的入口與出口的流動都是紊流且是完全發展的，因此在入口與出口，我們取動量修正因子 β 都是 1.03 (作為一個保守的估計)。

性質： 我們取水的密度為 1000 kg/m^3。

分析： (a) 我們取肘管為控制體積，並且用 1 代表入口，用 2 代表出口。我們也取 x- 與 z- 軸如圖所示。對這個 1-入口、1-出口的穩定流系統，連續方程式是 $\dot{m}_1 = \dot{m}_2 = \dot{m} = 14$ kg/s。注意 $\dot{m} = \rho AV$，在入口與出口的水流速度為

$$V_1 = \frac{\dot{m}}{\rho A_1} = \frac{14 \text{ kg/s}}{(1000 \text{ kg/m}^3)(0.0113 \text{ m}^2)} = 1.24 \text{ m/s}$$

$$V_2 = \frac{\dot{m}}{\rho A_2} = \frac{14 \text{ kg/s}}{(1000 \text{ kg/m}^3)(7 \times 10^{-4} \text{ m}^2)} = 20.0 \text{ m/s}$$

我們使用伯努利方程式 (第 5 章) 作為第一個近似來計算壓力。在第 8 章我們將學習如何考慮到沿壁面的摩擦損失。取在入口截面的中心當作參考高度 ($z_1 = 0$) 並且注意到 $P_2 = P_{atm}$，則對通過肘管中心的一條流線的伯努利方程式可被表示為

$$\frac{P_1}{\rho g} + \frac{V_1^2}{2g} + z_1 = \frac{P_2}{\rho g} + \frac{V_2^2}{2g} + z_2$$

$$P_1 - P_2 = \rho g \left(\frac{V_2^2 - V_1^2}{2g} + z_2 - z_1 \right)$$

$$P_1 - P_{atm} = (1000 \text{ kg/m}^3)(9.81 \text{ m/s}^2)$$

$$\times \left(\frac{(20 \text{ m/s})^2 - (1.24 \text{ m/s})^2}{2(9.81 \text{ m/s}^2)} + 0.3 - 0 \right)\left(\frac{1 \text{ kN}}{1000 \text{ kg·m/s}^2} \right)$$

$$P_{1,\text{gage}} = 202.2 \text{ kN/m}^2 = \mathbf{202.2 \text{ kPa}} \quad (錶)$$

(b) 穩定流的動量方程式為

$$\sum \vec{F} = \sum_{\text{out}} \beta \dot{m} \vec{V} - \sum_{\text{in}} \beta \dot{m} \vec{V}$$

我們令肘管的夾持力的 x- 與 z- 分量為 F_{Rx} 與 F_{Rz}，並且假設它們在正方向。我們也使用錶壓力，因

為大氣壓力作用在整個控制面上。因此沿著 x- 與 z- 軸的動量方程式變成

$$F_{Rx} + P_{1,\text{gage}} A_1 = \beta \dot{m} V_2 \cos\theta - \beta \dot{m} V_1$$

$$F_{Rz} = \beta \dot{m} V_2 \sin\theta$$

其中我們已經令 $\beta = \beta_1 = \beta_2$。解出 F_{Rx} 與 F_{Rz} 並代入已知數值，

$$\begin{aligned} F_{Rx} &= \beta \dot{m}(V_2 \cos\theta - V_1) - P_{1,\text{gage}} A_1 \\ &= 1.03(14 \text{ kg/s})[(20\cos 30° - 1.24) \text{ m/s}]\left(\frac{1 \text{ N}}{1 \text{ kg·m/s}^2}\right) \\ &\quad - (202{,}200 \text{ N/m}^2)(0.0113 \text{ m}^2) \\ &= 232 - 2285 = \mathbf{-2053 \text{ N}} \end{aligned}$$

$$F_{Rz} = \beta \dot{m} V_2 \sin\theta = (1.03)(14 \text{ kg/s})(20\sin 30° \text{ m/s})\left(\frac{1 \text{ N}}{1 \text{ kg·m/s}^2}\right) = \mathbf{144 \text{ N}}$$

F_{Rx} 的結果是負的，指出假設的方向是負的，應該被反向。因此 F_{Rx} 作用在負 x- 方向。

討論： 沿著肘管的內壁有非零的壓力分佈，但是因為控制體積在肘管外面，這些壓力沒有出現在我們的分析中。肘管與其內水的重量可以被加到垂直力中來增加準確度。$P_{1,\text{gage}}$ 的真實值會高於計算值，因為在肘管中會有摩擦與其它不可逆損失。

例題 6-3 ▶ 抓住一個逆向肘管在定位的力

例題 6-2 的轉向肘管被一個逆向肘管取代，使得流體在排出時作了 180° 的 U- 形轉向，如圖 6-21 所示。入口與出口中心的高度差仍然是 0.3 m。試求抓住這個肘管在定位的夾持力。

解答： 入口與出口的速度與壓力都維持相同，但此情況中在肘管與管子連接處的夾持力的垂直分量為零 ($F_{Rz} = 0$)，因為在垂直方向沒有其它力與動量通量 (我們忽略了肘管與水的重量)。夾持力的水平分量是由 x- 方向的動量方程式決定的。注意出口速度是負的，因為是在負 x- 方向，我們有

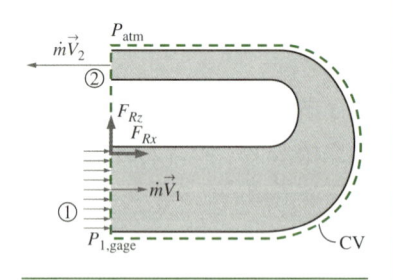

圖 6-21 例題 6-3 的示意圖。

$$F_{Rx} + P_{1,\text{gage}} A_1 = \beta_2 \dot{m}(-V_2) - \beta_1 \dot{m} V_1 = -\beta \dot{m}(V_2 + V_1)$$

解出 F_{Rx} 並代入已知數值，

$$\begin{aligned} F_{Rx} &= -\beta \dot{m}(V_2 + V_1) - P_{1,\text{gage}} A_1 \\ &= -(1.03)(14 \text{ kg/s})[(20 + 1.24) \text{ m/s}]\left(\frac{1 \text{ N}}{1 \text{ kg·m/s}^2}\right) - (202{,}200 \text{ N/m}^2)(0.0113 \text{ m}^2) \\ &= -306 - 2285 = \mathbf{-2591 \text{ N}} \end{aligned}$$

因此，在凸緣上的水平力是 2591 N，作用在負 x- 方向 (肘管試圖從管子分離)。這力約相當於 260 kg 質量的重量，因此連接器 (例如螺栓) 必須夠強壯才能抵抗此力。

討論： 因為壁面將水轉向的角度比較大，所以在 x- 方向的反作用力比例題 6-2 中的大。如果轉向肘

管被一個直噴嘴取代 (就如同消防員所用的) 使得排水是在正 x- 方向，x 方向的動量方程式變成

$$F_{Rx} + P_{1,\text{gage}} A_1 = \beta \dot{m} V_2 - \beta \dot{m} V_1 \quad \rightarrow \quad F_{Rx} = \beta \dot{m} (V_2 - V_1) - P_{1,\text{gage}} A_1$$

因為 V_1 與 V_2 兩者都是在正 x- 方向。這顯示對速度與力使用正確正負號的重要性 (正方向用正號、負方向用負號)。

例題 6-4 ▶ 撞擊一個固定平板的水流噴束

水被一個噴嘴加速到平均速度 20 m/s，並且以流率 10 kg/s，速度 20 m/s 撞擊一個垂直平板 (圖 6-22)。撞擊後，水流在平板的平面上向所有方向飛濺。試求為了阻止平板由於水流作用產生水平運動所需要的力。

解答：水流噴束正向撞擊一個垂直的固定平板。要決定抓住平板不動所需要的力。

假設：**1.** 噴嘴出口的水流是穩定的。**2.** 水飛濺的方向垂直於水流噴束的方向。**3.** 水流噴束曝露在大氣中，因此水流噴束與離開控制體積的飛濺中的水的壓力都是大氣壓力，所以可被忽略，因為大氣壓力作用在整個系統中。**4.** 垂直力與動量通量都不被考慮，因為它們對水平反作用力都沒有影響。**5.** 動量修正因子的影響都被忽略，因此在入口 $\beta \cong 1$。

分析：這個問題我們選擇的控制體積包括整個平板，並且垂直切過水流噴束與支撐桿。對於穩定流的動量方程式成為

$$\sum \vec{F} = \sum_{\text{out}} \beta \dot{m} \vec{V} - \sum_{\text{in}} \beta \dot{m} \vec{V} \tag{1}$$

將此問題的式 (1) 沿著 x- 方向寫出 (不要忘記在負 x- 方向的力與速度為負的)，並且注意 $V_{1,x} = V_1$ 與 $V_{2,x} = 0$，得到

$$-F_R - 0 - \beta \dot{m} V_1$$

代入已知數值

$$F_R = \beta \dot{m} V_1 = (1)(10 \text{ kg/s})(20 \text{ m/s})\left(\frac{1 \text{ N}}{1 \text{ kg} \cdot \text{m/s}^2}\right) = \mathbf{200 \text{ N}}$$

因此支撐桿必須在負 x- 方向 (水流噴束的逆向) 施加 200 N 的水平力 (約相當於一個 20 kg 質量的重量) 來夾持平板於定位。相似的情況發生在一架直昇機的下洗氣流 (圖 6-23)。

討論：平板吸收了水流噴束動量的完全撞擊，因為在控制體積出口的 x 方向的動量為零。如果控制體積是取介於水與平板的介面之間，將會有額外 (未知) 的壓力在分析之中。藉由令控制體積切過支撐桿，我們避免必須處理這種額外的複雜性。這是「聰明」選擇控制體積的一個例子。

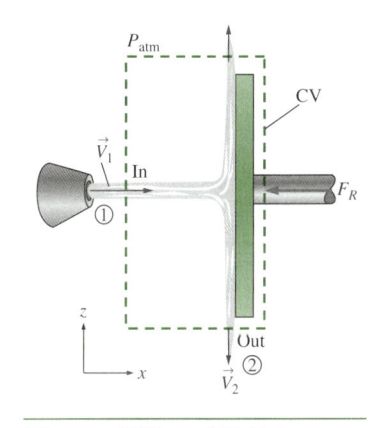

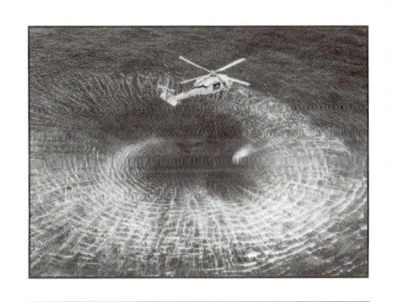

圖 6-22 例題 6-4 的示意圖。

圖 6-23 一架直昇機的下洗相似於例題 6-4 中討論的噴束。此例中噴氣撞擊水面造成這裡所看到的圓形水波。
© Purestock/SuperStock RF

286 流體力學

例題 6-5 ▶ 風機的功率生產與風負載

一個有 9 m 直徑葉片的風力發電機的切入風速 (產生電力的最小速率) 為 11 km/h，在此速度時能產生 0.4 kW 的電功率 (圖 6-24)。試求 (a) 這個風力發電機組合的效率，(b) 風對風機支撐柱施加的水平力。若風速倍增至 22 km/h，則對電功率的生產與支撐力的影響是多少？假設效率維持不變且空氣的密度是 1.22 kg/m³。

解答：要分析風機的功率生產與風負載。要決定效率與施加在支撐柱的力並且探討風速倍增的影響。

假設：1. 風的流量是穩定的，不可壓縮的。2. 風力發電機的效率與風速無關。3. 摩擦效應可以忽略，沒有動能被轉換成熱能。4. 風流過風機的平均速度與風速是相同的 (事實上，它是更小的，參考第 14 章)。5. 風機上游與下游的風流動幾乎是均勻的，因此動量修正因子為 $\beta = \beta_1 = \beta_2 \cong 1$。

性質：已知空氣的密度為 1.22 kg/m³。

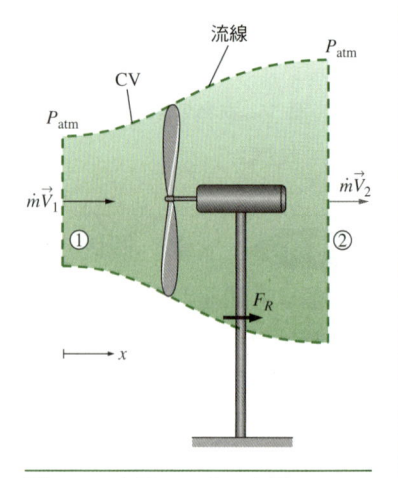

圖 6-24 例題 6-5 的示意圖。

分析：(a) 動能是機械能的一種形式，可完全轉換為功。風的功率潛能正比於其動能，即每單位質量為 $V^2/2$，因此一個已知的質量流率的最大功率為 $\dot{m}V^2/2$。

$$V_1 = (11 \text{ km/h})\left(\frac{1 \text{ m/s}}{3.6 \text{ km/h}}\right) = 3.056 \text{ m/s}$$

$$\dot{m} = \rho_1 V_1 A_1 = \rho_1 V_1 \frac{\pi D^2}{4} = (1.22 \text{ kg/m}^3)(3.056 \text{ m/s})\frac{\pi(9 \text{ m})^2}{4} = 237.2 \text{ kg/s}$$

$$\dot{W}_{\text{max}} = \dot{m}\text{ke}_1 = \dot{m}\frac{V_1^2}{2}$$

$$= (237.2 \text{ kg/s})\frac{(3.056 \text{ m/s})^2}{2}\left(\frac{1 \text{ kN}}{1000 \text{ kg·m/s}^2}\right)\left(\frac{1 \text{ kW}}{1 \text{ kN·m/s}}\right)$$

$$= 1.108 \text{ kW}$$

因此，在風速 11 km/h 時，風機的可用功率為 1.108 kW。風力發電機組合的效率為

$$\eta_{\text{wind turbine}} = \frac{\dot{W}_{\text{act}}}{\dot{W}_{\text{max}}} = \frac{0.4 \text{ kW}}{1.108 \text{ kW}} = \mathbf{0.361} \quad (\text{或 } \mathbf{36.1\%})$$

(b) 假設摩擦效應可忽略，進入風機的動能沒有被轉換成電功率的部分就是離開風機的動能。注意質量流率是常數，因此離開速度可如下決定：

$$\dot{m}\text{ke}_2 = \dot{m}\text{ke}_1(1 - \eta_{\text{wind turbine}}) \rightarrow \dot{m}\frac{V_2^2}{2} = \dot{m}\frac{V_1^2}{2}(1 - \eta_{\text{wind turbine}}) \tag{1}$$

或

$$V_2 = V_1\sqrt{1 - \eta_{\text{wind turbine}}} = (3.056 \text{ m/s})\sqrt{1 - 0.361} = 2.443 \text{ m/s}$$

為了決定作用在支撐柱的力 (圖 6-25),我們圍繞風機畫一個控制體積使得在入口與出口的風是垂直於控制面的,並且整個控制面是在大氣壓力 (圖 6-24)。穩定流的動量方程式為

$$\sum \vec{F} = \sum_{\text{out}} \beta \dot{m} \vec{V} - \sum_{\text{in}} \beta \dot{m} \vec{V} \quad (2)$$

將式 (2) 沿著 x- 方向寫出,並且注意 $\beta = 1$,$V_{1,x} = V_1$ 與 $V_{2,x} = V_2$,得到

$$F_R = \dot{m} V_2 - \dot{m} V_1 = \dot{m}(V_2 - V_1) \quad (3)$$

將已知數值代入式 (3) 得到

$$F_R = \dot{m}(V_2 - V_1) = (237.2 \text{ kg/s})(2.443 - 3.056 \text{ m/s})\left(\frac{1 \text{ N}}{1 \text{ kg·m/s}^2}\right)$$

$$= -145 \text{ N}$$

負號指出反作用力是負 x- 方向,正如預期。因此風施加在支撐柱的力變成 $F_{\text{mast}} = -F_R = \mathbf{145 \text{ N}}$。

生產的功率正比於 V^3,因為質量流率正比於 V 且動能正比於 V^2。因此,風速倍增至 22 km/h 將增加功率生產至 $2^3 = 8$ 倍,即 $0.4 \times 8 = \mathbf{3.2 \text{ kW}}$。風對支撐的施力正比於 V^2。因此,風速倍增至 22 km/h 將增加施力 $2^2 = 4$ 倍,即 $145 \times 4 = \mathbf{580 \text{ N}}$。

討論:風機在第 14 章有更詳細的討論。

圖 6-25 作用在現代風機的力與力矩可能相當大,並且隨 V^2 增加;因此,支撐柱通常都相當大且強壯。
© Ingram Publishing/SuperStock RF

例題 6-6　太空船的減速

一艘質量 12,000 kg 的太空船以等速率 800 m/s 垂直的向一個行星降落 (圖 6-26)。為了使太空船減速,一個在底部的固態燃料火箭被點燃,燃燒氣體以等流率 80 kg/s 及相對於太空船的相對速度 3000 m/s 在太空船移動的方向離開火箭,經歷的時間為 5 s。忽視太空船質量的微小變化,試求 (a) 太空船在這段時間的減速度,(b) 太空船速度的改變量,及 (c) 施加在太空船的推力。

解答:太空船的火箭在移動方向點燃,要決定減速度、速度改變量與推力。

假設:1. 燃燒氣體的流動在點火期間是穩定且一維的,但是太空船的飛行是不穩定的。2. 沒有外力作用在太空船上,並且在噴嘴出口的壓力效應是可忽略的。3. 排出燃料的質量相對於太空船的質量是可忽略的,因此太空船可被視為一個等質量的固體。4. 噴嘴的優良設計使得動量修正因子的影響可忽略,即 $\beta \cong 1$。

分析:(a) 為方便計,我們選擇一個隨著太空船以相同起始速度移動的慣性參考座標系統,於是流體束相對於此慣性參考座標的速度變成相對於太空船的速度。取太空船移動的方向當作 x- 軸的正方向。沒有外力作用在太空船上,並且其質量幾乎不變。因此太空船可以被當作一個固定質量的固

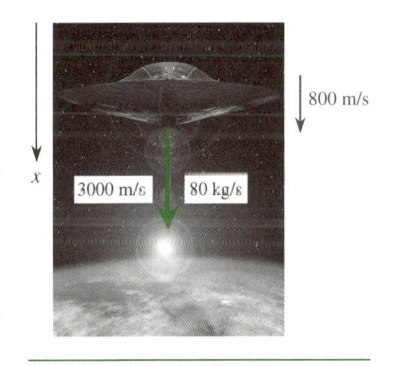

圖 6-26 例題 6-6 的示意圖。
© Brand X Pictures/PunchStock.

體,並且在此情況下的動量方程式是,從式 (6-29),

$$\vec{F}_{\text{thrust}} = m_{\text{spacecraft}} \vec{a}_{\text{spacecraft}} = \sum_{\text{in}} \beta \dot{m} \vec{V} - \sum_{\text{out}} \beta \dot{m} \vec{V}$$

其中流體束相對於慣性參考座標的速度在此情形下等於相對於太空船的速度。注意移動是在一條直線上,並且排氣是在正 x- 方向移動,我們用大小寫出動量方程式,

$$m_{\text{spacecraft}} a_{\text{spacecraft}} = m_{\text{spacecraft}} \frac{dV_{\text{spacecraft}}}{dt} = -\dot{m}_{\text{gas}} V_{\text{gas}}$$

注意氣體在正 x- 方向離開並代入數值,在開始的 5 s 間太空船的加速度決定如下,

$$a_{\text{spacecraft}} = \frac{dV_{\text{spacecraft}}}{dt} = -\frac{\dot{m}_{\text{gas}}}{m_{\text{spacecraft}}} V_{\text{gas}} = -\frac{80 \text{ kg/s}}{12{,}000 \text{ kg}} (+3000 \text{ m/s}) = -\mathbf{20 \text{ m/s}^2}$$

負號確認了太空船在正 x- 方向的減速度為 20 m/s²。
(b) 知道減速度為常數,太空船在前 5 秒的速度變化可以從加速度的定義來決定,

$$dV_{\text{spacecraft}} = a_{\text{spacecraft}} dt \rightarrow \Delta V_{\text{spacecraft}} = a_{\text{spacecraft}} \Delta t = (-20 \text{ m/s}^2)(5 \text{ s})$$
$$= \mathbf{-100 \text{ m/s}}$$

(c) 作用在太空船的推力為,從式 (6-29),

$$F_{\text{thrust}} = 0 - \dot{m}_{\text{gas}} V_{\text{gas}} = 0 - (80 \text{ kg/s})(+3000 \text{ m/s}) \left(\frac{1 \text{ kN}}{1000 \text{ kg·m/s}^2} \right) = \mathbf{-240 \text{ kN}}$$

負號指出點燃火箭對太空船產生的推力是在負 x- 方向。
討論:注意如果這個點燃的火箭是固定在一個測試台上,將會施力 240 kN (相當於 24 tons 質量的重量) 在其支撐物上,方向在排氣的相反方向。

例題 6-7 ▶ 作用在凸緣上的淨力

水以 70 L/min 的流率通過一個有凸緣的水龍頭,其閘閥是部分關閉的 (圖 6-27)。管在凸緣位置的內徑是 2 cm,此處量測到的壓力是 90 kPa (錶)。水龍頭組合加上內部水的重量是 57 N。試求在凸緣上的淨力。

解答:考慮水流過一個有凸緣的水龍頭。要計算作用在凸緣上的淨力。
假設:**1.** 流動是穩定且不可壓縮的。**2.** 在入口與出口的流動是紊流且是完全發展的,因此動量修正因子約為 1.03。**3.** 在水龍頭出口的管子直徑與在凸緣位置的直徑一樣。
性質:水在室溫的密度是 997 kg/m³。
分析:我們取水龍頭與其附近的環境當作控制體積,並且跟所有

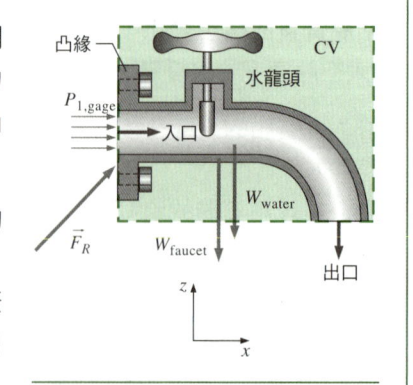

圖 6-27 例題 6-7 的控制體積,所有力都被顯示;為了方便,使用錶壓力。

作用於其上的力一起示於圖 6-27。這些力包括水的重量與水龍頭組合的重量、在控制體積入口的錶壓力與凸緣作用在控制體積的淨力 $\vec{F}_R$。為了方便，我們使用錶壓力，因為作用在控制面的其它地方的錶壓力為零 (大氣壓力)。注意在控制體積出口的壓力也是大氣壓力，因為我們假設不可壓縮流；因此在出口的錶壓力也是零。

現在應用控制體積的守恆定理。質量守恆定理很明顯，因為只有一個入口與一個出口，即進入控制體積的質量流率等於離開控制體積的質量流率。同時，進入流與離開流的平均速度是相同的，因為內直徑是常數且水是不可壓縮，並且可以被決定如下：

$$V_2 = V_1 = V = \frac{\dot{V}}{A_c} = \frac{\dot{V}}{\pi D^2/4} = \frac{70 \text{ L/min}}{\pi (0.02 \text{ m})^2/4} \left(\frac{1 \text{ m}^3}{1000 \text{ L}}\right)\left(\frac{1 \text{ min}}{60 \text{ s}}\right) = 3.714 \text{ m/s}$$

同時，

$$\dot{m} = \rho \dot{V} = (997 \text{ kg/m}^3)(70 \text{ L/min})\left(\frac{1 \text{ m}^3}{1000 \text{ L}}\right)\left(\frac{1 \text{ min}}{60 \text{ s}}\right) = 1.163 \text{ kg/s}$$

接著使用穩定流的動量方程式：

$$\sum \vec{F} = \sum_{\text{out}} \beta \dot{m} \vec{V} - \sum_{\text{in}} \beta \dot{m} \vec{V} \tag{1}$$

令凸緣上的作用力的 x- 與 z- 分量為 F_{Rx} 與 F_{Rz}，並且假設它們是在正方向。速度的 x- 分量的大小在入口是 $+V_1$，在出口是零。速度的 z- 分量在入口是零，在出口是 $-V_2$。同時，水龍頭組合與其內水的重量是作用在負 z- 方向的物體力。在 z- 方向沒有壓力或黏滯力作用在 (聰明) 選擇的控制體積上。

式 (1) 沿著 x- 與 z- 方向的分量變成

$$F_{Rx} + P_{1,\text{gage}} A_1 = 0 - \dot{m}(+V_1)$$
$$F_{Rz} - W_{\text{faucet}} - W_{\text{water}} = \dot{m}(-V_2) - 0$$

解出 F_{Rx} 與 F_{Rz} 並代入已知數值，

$$F_{Rx} = -\dot{m}V_1 - P_{1,\text{gage}} A_1$$
$$= -(1.163 \text{ kg/s})(3.714 \text{ m/s})\left(\frac{1 \text{ N}}{1 \text{ kg·m/s}^2}\right) - (90,000 \text{ N/m}^2)\frac{\pi(0.02 \text{ m})^2}{4}$$
$$= -32.6 \text{ N}$$

$$F_{Rz} = -\dot{m}V_2 + W_{\text{faucet+water}}$$
$$= -(1.163 \text{ kg/s})(3.714 \text{ m/s})\left(\frac{1 \text{ N}}{1 \text{ kg·m/s}^2}\right) + 57 \text{ N} = 52.7 \text{ N}$$

然後凸緣作用在控制體積的淨力可表示成向量形式為

$$\vec{F}_R = F_{Rx}\vec{i} + F_{Rz}\vec{k} = -32.6\vec{i} + 52.7\vec{k} \text{ N}$$

從牛頓第三定律，水龍頭組合作用在凸緣的力等於負的 $\vec{F}_R$，

$$\vec{F}_{\text{faucet on flange}} = -\vec{F}_R = 32.6\vec{i} - 52.7\vec{k} \text{ N}$$

討論：水龍頭組合向右及向下拉，這與我們的直覺吻合。即水施加一個高壓在入口，但出口的壓力是大氣壓力。再者，入口水的 x- 方向動量在轉彎處損失了，造成對管壁一個額外向右的力。水龍頭組合的重量遠大於水的動量的影響，因此我們預期力是向下的。注意用 "faucet on flange" 來作力的下標可以清楚說力的方向。

6-5 轉動與角動量的複習

一個剛體的運動可以考慮成是其質心的平移運動與繞著其質心的轉動的組合。平移運動是用線性動量方程式 (6-1) 來分析的。現在我們討論轉動 —— 一種運動，其中物體的所有點都繞著旋轉軸作圓周運動。轉動是用與角度相關的量來描述的，例如角度 θ、角速度 $\vec{\omega}$ 與角加速度 $\vec{\alpha}$。

物體上一個點的轉動量是用連接此點與轉動軸的一條距離為 r 並垂直於轉動軸的線所掃過的角度 θ 來表示的。角度用 radians (弳度，rad) 來表示，這是一個單位圓上對應於 θ 的弧長。注意，半徑為 r 的圓的周長是 $2\pi r$，在一個剛體上的任意點，轉動一圈所走的角度距離是 2π rad。一個點沿著其圓弧路徑所走的物理長度是 $l = \theta r$，其中 r 是點離轉動軸的垂直距離，θ 是以 rad 表示的角度。注意 1 rad 對應於 $360/(2\pi) \cong 57.3°$。

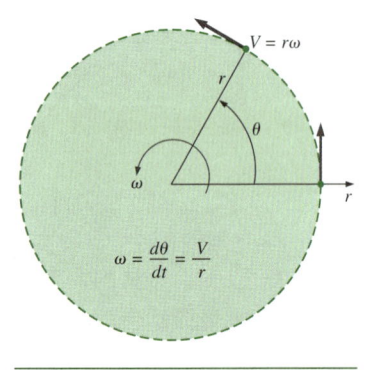

圖 6-28 在一個平面上的角度距離 θ、角速度 ω 與線性速度 V 的關係。

角速度的大小 ω 是每單位時間所走的角度，而角加速度的大小 α 是角速度的變化率。它們被表示為 (圖 6-28)：

$$\omega = \frac{d\theta}{dt} = \frac{d(l/r)}{dt} = \frac{1}{r}\frac{dl}{dt} = \frac{V}{r} \quad \text{與} \quad \alpha = \frac{d\omega}{dt} = \frac{d^2\theta}{dt^2} = \frac{1}{r}\frac{dV}{dt} = \frac{a_t}{r} \qquad (6\text{-}30)$$

或

$$V = r\omega \quad \text{與} \quad a_t = r\alpha \qquad (6\text{-}31)$$

其中 V 是線性速度，而 a_t 是線性加速度，是在一個與旋轉軸距離為 r 的一個點的切線方向上。注意對於一個旋轉的剛體上的所有點，ω 與 α 都是一樣的，但是 V 與 a_t 則不一樣 (它們正比於 r)。

牛頓第二定律要求必須有一個力作用在切線方向來造成角加速度。旋轉效應的強度，稱為力矩 (moment) 或扭力 (torque)，是正比於力的大小與其離開轉動軸的距離。從轉動軸到力的作用線的垂直距離，稱為力臂 (moment arm)，作用在距離轉動軸的垂直距離為 r 的一個點質量 m 的扭力的大小 M 被表示為

$$M = rF_t = rma_t = mr^2\alpha \tag{6-32}$$

作用在繞著一個軸旋轉的剛體上的總扭力可以將作用在一個微分質量 δm 上的扭力對整個物體作積分而得到

扭力的大小： $$M = \int_{\text{mass}} r^2\alpha\, \delta m = \left[\int_{\text{mass}} r^2\, \delta m\right]\alpha = I\alpha \tag{6-33}$$

其中 I 是物體相對於轉動軸的慣性矩 (moment of inertia)，這是物體對抗旋轉的慣性的一個量度。關係式 $M = I\alpha$ 是牛頓第二定律的一個對應式，用扭力代替力，慣性矩代替質量，而角加速度代替線性加速度 (圖 6-29)。注意不像質量，一個物體的轉動慣性也相依於這個物體相對於旋轉軸的質量分佈。因此，物體的質量比較靠向其旋轉軸堆積則其對角加速度的阻力就較小，但是若物體的質量比較集中在其外圍就對角加速度有較大的阻力。飛輪是後例的一個良好例證。

一個質量 m，速度 $\vec{V}$ 的物體的線性動量是 $m\vec{V}$，且線性動量的方向與速度的方向是相同的，注意力的力矩等於力與垂直距離的乘積，而動量矩的大小稱為角動量 (angular momentum)。一個點質量相對於一個軸的角動量為 $H = rmV = r^2m\omega$，其中 r 是從旋轉軸到動量向量的作用線的垂直距離 (圖 6-30)。一個轉動剛體的總角動量可以經由積分來決定，

角動量的大小： $$H = \int_{\text{mass}} r^2\omega\, \delta m = \left[\int_{\text{mass}} r^2\, \delta m\right]\omega = I\omega \tag{6-34}$$

其中 I 是物體相對於轉動軸的慣性矩。上式可更一般性的以向量形式表示為

$$\vec{H} = I\vec{\omega} \tag{6-35}$$

注意角速度 $\vec{\omega}$ 對於剛體內的每一點都是一樣的。

牛頓第二定律 $\vec{F} = m\vec{a}$ 在式 (6-1) 中被表示成線性動量的變化率 $\vec{F} = d(m\vec{V})/dT$。同樣的，一個轉動物體的牛頓第二定律的對應式 $\vec{M} = I\vec{\alpha}$ 在式 (6-2) 中被表示成角動量的變化率，

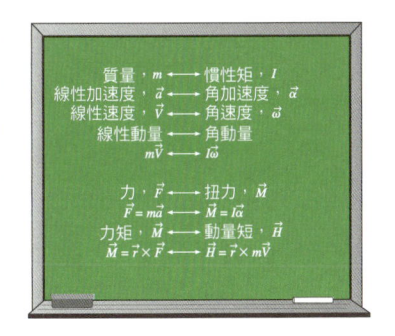

圖 6-29 線性量與角度量之間的相似性。

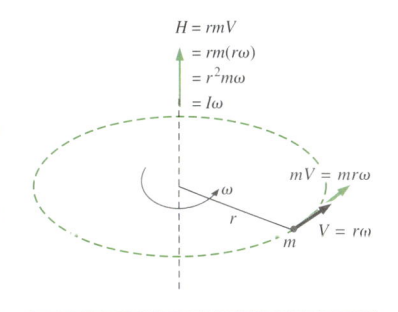

圖 6-30 一個點質量 m 以角速度 ω 在離開轉動軸的距離為 r 的地方轉動的角動量。

角動量方程式： $$\vec{M} = I\vec{\alpha} = I\frac{d\vec{\omega}}{dt} = \frac{d(I\vec{\omega})}{dt} = \frac{d\vec{H}}{dt} \tag{6-36}$$

其中 $\vec{M}$ 是相對於轉動軸作用在物體上的淨扭力。

旋轉機械的角速度通常用 rpm 表示 (每分鐘的旋轉圈數)，並且表示成 $\dot{n}$。注意速度是每單位時間所走的距離且每個旋轉所走的角度距離是 2π，一個旋轉機器的角速度是 $\omega = 2\pi\dot{n}$ rad/min 或

相對於 rpm 的角速度： $$\omega = 2\pi\dot{n} \text{ (rad/min)} = \frac{2\pi\dot{n}}{60} \text{ (rad/s)} \tag{6-37}$$

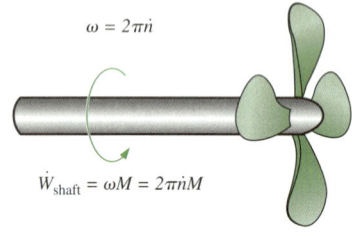

考慮一個常數力 F 沿切線方向作用在半徑為 r 以 rpm 等於 $\dot{n}$ 轉動的一根軸的外表面上。注意功 W 是力乘以距離，而功率 $\dot{W}$ 是每單位時間的功，因此是力乘以速度，我們有 $\dot{W}_{\text{shaft}} = FV = Fr\omega = M\omega$。因此一根 rpm 為 $\dot{n}$ 的轉動軸在扭力 M 的作用下所傳遞的功率是 (圖 6-31)：

軸功率： $$\dot{W}_{\text{shaft}} = \omega M = 2\pi\dot{n}M \tag{6-38}$$

圖 6-31 角速度，rpm 與經由一根轉軸傳遞的功率之間的關係。

一個質量為 m 的物體在作平移運動時的動能是 $\text{KE} = \frac{1}{2}mV^2$。注意 $V = r\omega$，一個質量為 m 的物體在離開轉動軸的距離 r 處轉動的轉動動能是 $\text{KE} = \frac{1}{2}mr^2\omega^2$，一個轉動剛體相對於轉軸的總旋轉動能是把一個微分質量 dm 的旋轉動能對整個物體作積分來決定的，

旋轉動能： $$\text{KE}_r = \frac{1}{2}I\omega^2 \tag{6-39}$$

再說一次 I 是物體的慣性矩，而 ω 是角速度。

在旋轉運動中，即使速度的大小維持不變，速度的方向也在改變。速度是向量，因此方向的改變造成速度隨時間的改變，從而有加速度。這稱為**向心加速度** (centripetal acceleration)。其大小為

$$a_r = \frac{V^2}{r} = r\omega^2$$

向心加速度指向轉動軸 (與徑向加速度的方向相反)，從而徑向加速度是負的。注意加速度與力成正比，向心加速度是一個指向轉動軸的力作用在物體上的結果，此力稱為向心力 (centripetal force)，其大小是 $F_r = mV^2/r$。切線與徑向加速度彼此垂直 (因為徑向與切向互相垂直)，而總線性加速度是由其向量和來決定的，$\vec{a} = \vec{a}_t + \vec{a}_r$。

一個作等角速度旋轉的物體，唯一的加速度是向心加速度。向心力不會產生扭力，因為其作用線與轉軸相交。

6-6 角動量方程式

在 6-4 節中所討論的線性動量方程式在決定流束的線性動量與合力之間的關係是很有用的。許多工程問題牽涉到流束的線性動量矩，及其所造成的旋轉效應。這些問題最好使用角動量方程式 (angular momentum equation)，也稱為動量矩方程式 (moment of momentum equation)，來作分析。一個流體裝置的重要分類，稱為渦輪機械，包括離心泵、透平機與風扇，是由角動量方程式來分析的。

力 $\vec{F}$ 相對於點 O 的力矩是向量積 (交叉積) (圖 6-32)，

力矩：
$$\vec{M} = \vec{r} \times \vec{F} \tag{6-40}$$

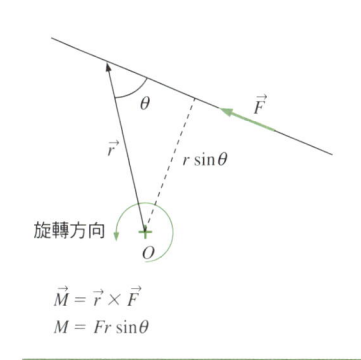

圖 6-32 一個力 $\vec{F}$ 相對於 O 的力矩是位置向量 $\vec{r}$ 和 $\vec{F}$ 的向量積。

其中 $\vec{r}$ 是從點 O 到 $\vec{F}$ 的作用線上的任意點的位置向量。兩個向量的向量積是一個向量，其作用線的方向垂直於包含兩個相乘向量 (在此例中是 $\vec{r}$ 及 $\vec{F}$) 的平面，而其大小為

力矩的大小：
$$M = Fr \sin\theta \tag{6-41}$$

其中 θ 是向量 $\vec{r}$ 和 $\vec{F}$ 的作用線之間的夾角。因此相對於點 O 的力矩的大小等於力的大小乘以從點 O 到力的作用線的垂直距離。力矩向量 $\vec{M}$ 的方向是由右手法則決定的：當右手的手指向力試圖造成旋轉的方向彎曲時，大姆指指向力矩向量的方向 (圖 6-33)。注意當力的作用線通過點 O 時，對 O 點產生的力矩為零。

位置向量 $\vec{r}$ 與動量向量 $m\vec{V}$ 的向量積給出動量矩，又稱為角動量，相對於 O 點為

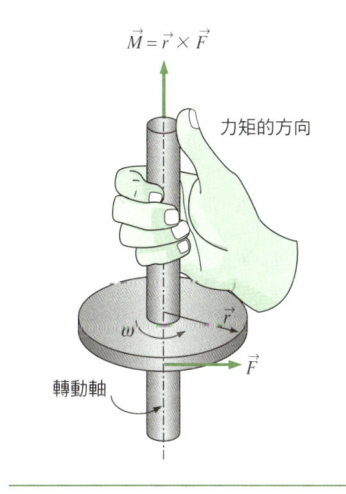

圖 6-33 用右手法則決定力矩的方向。

動量矩：
$$\vec{H} = \vec{r} \times m\vec{V} \tag{6-42}$$

因此，$\vec{r} \times \vec{V}$ 代表每單位質量的角動量，而一個微分質量 $\delta m = \rho \, dV$ 所具有的角動量是 $d\vec{H} = (\vec{r} \times \vec{V})\rho \, dV$。因此，一個系統的角動量可以經由積分來決定，

動量矩 (系統)：
$$\vec{H}_{sys} = \int_{sys} (\vec{r} \times \vec{V})\rho \, dV \tag{6-43}$$

動量矩的變化率是

動量矩的變化率：
$$\frac{d\vec{H}_{\text{sys}}}{dt} = \frac{d}{dt}\int_{\text{sys}}(\vec{r}\times\vec{V})\rho\,dV \tag{6-44}$$

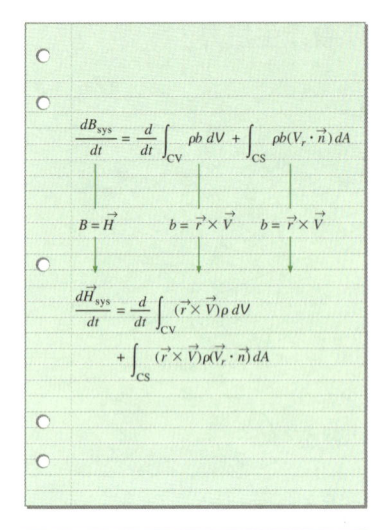

一個系統的角動量方程式在式 (6-2) 中被表示為

$$\sum\vec{M} = \frac{d\vec{H}_{\text{sys}}}{dt} \tag{6-45}$$

其中 $\sum\vec{M} = \Sigma(\vec{r}\times\vec{F})$ 是作用在系統中的淨扭力或力矩，其為所有力的力矩作用在系統上的向量和，而 $d\vec{H}_{\text{sys}}/dt$ 是系統角動量的變化率。式 (6-45) 可被敘述為一個系統的角動量的變化率等於作用在系統上的淨扭力。這個方程式是對一個固定質量的系統與一個慣性參考座標有效的；即一個固定的或沿著一條直線路徑作等速度運動的參考座標。

控制體積的角動量方程式的一般式可以應用一般的雷諾輸運定理來獲得。令 $b = \vec{r}\times\vec{V}$，$B = \vec{H}$，它給出 (圖 6-34)

$$\frac{d\vec{H}_{\text{sys}}}{dt} = \frac{d}{dt}\int_{\text{CV}}(\vec{r}\times\vec{V})\rho\,dV + \int_{\text{CS}}(\vec{r}\times\vec{V})\rho(\vec{V}_r\cdot\vec{n})\,dA \tag{6-46}$$

這個方程式的左邊，根據式 (6-45)，等於 $\sum\vec{M}$。代入後，對一個一般的控制體積 (固定的或移動的，固定形狀的或變形的) 的角動量方程式是

一般式：
$$\sum\vec{M} = \frac{d}{dt}\int_{\text{CV}}(\vec{r}\times\vec{V})\rho\,dV + \int_{\text{CS}}(\vec{r}\times\vec{V})\rho(\vec{V}_r\cdot\vec{n})\,dA \tag{6-47}$$

其可用文字敘述為

$$\begin{pmatrix}\text{作用在 CV 上的}\\\text{所有外力矩的}\\\text{總和}\end{pmatrix} = \begin{pmatrix}\text{CV 內含的}\\\text{角動量的}\\\text{時間變化率}\end{pmatrix} + \begin{pmatrix}\text{由質量流動所}\\\text{帶出控制面的角}\\\text{動量的淨流動率}\end{pmatrix}$$

再一次，$\vec{V}_r = \vec{V} - \vec{V}_{\text{CS}}$ 是相對於控制面的流體速度 (用來計算在流體通過控制面的所有位置上的質量流率)，而 $\vec{V}$ 是從一個固定的參考座標所看到的流體速度。乘積 $\rho(\vec{V}_r\cdot\vec{n})\,dA$ 代表通過 dA 進入或離開控制體積的質量流率，視符號正負而定。

對一個固定的控制體積 (控制體積沒有移動或變形)，$\vec{V}_r = \vec{V}$，角動量方程式變成

圖 6-34 角動量方程式可以藉由在雷諾輸運定理中用角動量 $\vec{H}$ 代替 B，用每單位質量的角動量 $\vec{r}\times\vec{V}$ 代替 b 來獲得。

固定的 CV：
$$\sum \vec{M} = \frac{d}{dt}\int_{CV}(\vec{r}\times\vec{V})\rho\,dV + \int_{CS}(\vec{r}\times\vec{V})\rho(\vec{V}\cdot\vec{n})\,dA \qquad (6\text{-}48)$$

同時，注意作用在控制體積的力，包括物體力 (作用在控制體積的整個物體上，例如重力) 與表面力 (作用在控制面上，例如壓力與在接觸點的反作用力)。淨扭力包括這些力的力矩與作用在控制體積上的扭力。

特例

在穩定流中，控制體積內部的角動量維持為常數，從而控制體積內含的角動量的時間變化率為零。因此

穩定流：
$$\sum \vec{M} = \int_{CS}(\vec{r}\times\vec{V})\rho(\vec{V}_r\cdot\vec{n})\,dA \qquad (6\text{-}49)$$

在許多實際的應用中，流體僅在幾個入口與出口穿過控制體積的邊界，將面積分用一個代數表示式取代比較方便，即用流體從控制體積進入或離開的截面積上的平均性質來寫出來。在這些情況中，角動量的流率可以表示成離開流束與進入流束的角動量的差。再者，在許多情況下，力臂 $\vec{r}$ 通常是沿著入口或出口為常數 (例如在徑向流動的渦輪機械中) 或是相對於進入管與離開管的管徑大很多的 (例如在旋轉的草地灑水器中，圖 6-35)。在這些情況下，$\vec{r}$ 的平均值被使用在入口或出口的整個截面上。因此，角動量方程式的一個近似形式，用入口與出口的平均性質來表示，變成

圖 6-35 一個旋轉的草地灑水器是應用角動量方程式的好例子。
© John A. Rizzo/Getty RF

$$\sum \vec{M} \cong \frac{d}{dt}\int_{CV}(\vec{r}\times\vec{V})\rho\,dV + \sum_{out}(\vec{r}\times\dot{m}\vec{V}) - \sum_{in}(\vec{r}\times\dot{m}\vec{V}) \qquad (6\text{-}50)$$

你可能會好奇為什麼我們不在式 (6-50) 中導入一個修正因子，就如我們在能量守恆 (第 5 章) 與線性動量守恆 (6-4 節) 中所做的。原因是 $\vec{r}$ 與 $\dot{m}\vec{V}$ 的向量積相依於問題的幾何形狀，從而使這樣的修正因子會隨問題而變。因此，雖然我們可以很容易的為完全發展的管流計算出動能修正因子與動量修正因子來應用到各種問題，但我們不能為角動量如此做。幸運地，在許多具實際工程問題中，使用半徑與速度的平均值所造成的誤差很小，因此式 (6-50) 的近似是合理的。

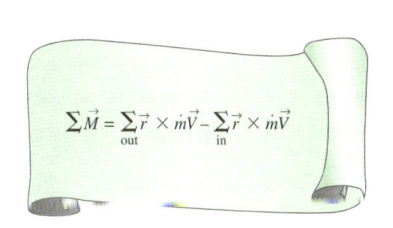

$$\sum \vec{M} = \sum_{out}\vec{r}\times\dot{m}\vec{V} - \sum_{in}\vec{r}\times\dot{m}\vec{V}$$

圖 6-36 在穩定流中作用在控制體積的淨扭力等於離開流與進入流的角動量流率的差。

如果流動是穩定的，式 (6-50) 可以進一步化簡為 (圖 6-36)：

流體力學

穩定流：
$$\sum \vec{M} = \sum_{\text{out}}(\vec{r} \times \dot{m}\vec{V}) - \sum_{\text{in}}(\vec{r} \times \dot{m}\vec{V}) \tag{6-51}$$

式 (6-51) 的敘述是在穩定流中作用在控制體積的淨扭力等於離開流與進入流的角動量流率的差。這個敘述也可以對任一個指定的方向表示出來。注意在式 (6-51) 中的速度 $\vec{V}$ 是相對於慣性座標系統的速度。

在許多問題中，所有重要的力與動量流都是在相同平面上，因此其所造成的力矩都在相同平面上且相對於相同的軸。對這樣的情況，式 (6-51) 可以用純量形式表示為

$$\sum M = \sum_{\text{out}} r\dot{m}V - \sum_{\text{in}} r\dot{m}V \tag{6-52}$$

其中 r 代表取力矩的點與力或速度的作用線的平均垂直距離，前提是力矩的符號習慣法則被遵守。亦即，所有逆時鐘方向的力矩是正的，而所有順時鐘的方向則是負的。

無外力矩的流動

當沒有受到外力矩的作用時，角動量方程式 (6-50) 化簡為

無外力矩：
$$0 = \frac{d\vec{H}_{\text{CV}}}{dt} + \sum_{\text{out}}(\vec{r} \times \dot{m}\vec{V}) - \sum_{\text{in}}(\vec{r} \times \dot{m}\vec{V}) \tag{6-53}$$

這是一個角動量守恆定理的表示式，可以被敘述為在沒有外力矩時，一個控制體積的角動量的變化率等於進入流與離開流的角動量通量之差。

當控制體積的慣性矩維持為常數時，式 (6-53) 的右邊第一項直接變成慣性矩乘以角加速度，$I\vec{\alpha}$。因此控制體積在此情況下可以被當作是一個固體物，有淨扭力 (由於角動量的變化)

$$\vec{M}_{\text{body}} = I_{\text{body}}\vec{\alpha} = \sum_{\text{in}}(\vec{r} \times \dot{m}\vec{V}) - \sum_{\text{out}}(\vec{r} \times \dot{m}\vec{V}) \tag{6-54}$$

作用在其上。當火箭在不同於其運動方向的一個方向被點燃時，這個方法可被用來決定太空船及飛機的角加速度。

徑向流裝置

許多旋轉流動裝置 (例如離心泵及風扇) 牽涉到垂直於轉動軸的徑向流動，稱為徑向流裝置 (第 14 章)。例如在一個離心泵中，流體沿軸向經過葉輪的眼流進裝置，當其流過葉輪葉片間的通道時轉向外流，在渦室中滙集並從切線方向排出，如

圖 6-37 所示。軸流式裝置很容易可以用線性動量方程式來作分析。但是徑流式裝置牽涉到流體角動量的大變化，最好藉重角動量方程式的幫助來作分析。

為了分析一個離心泵，我們選擇圍繞葉輪部分的環狀區域當作控制體積，如圖 6-38 所示。注意平均流速，一般而言，不論在葉輪的入口或出口都有垂直與切線分量。再者，當軸以角速度 ω 轉動時，葉片在入口的切線速度為 ωr_1，在出口為 ωr_2。對於穩定不可壓縮流，質量守恆方程式被寫成

$$\dot{V}_1 = \dot{V}_2 = \dot{V} \quad \rightarrow \quad (2\pi r_1 b_1)V_{1,n} = (2\pi r_2 b_2)V_{2,n} \tag{6-55}$$

其中 b_1 與 b_2 分別是在入口 (其處 $r = r_1$) 與在出口 (其處 $r = r_2$) 的流道寬度。(注意實際的圓周截面積稍小於 $2\pi rb$，因為葉片厚度並不為零。) 因此絕對速度的平均垂直分量 $V_{1,n}$ 與 $V_{2,n}$ 可以用體積流率 $\dot{V}$ 來表示為

$$V_{1,n} = \frac{\dot{V}}{2\pi r_1 b_1} \quad \text{與} \quad V_{2,n} = \frac{\dot{V}}{2\pi r_2 b_2} \tag{6-56}$$

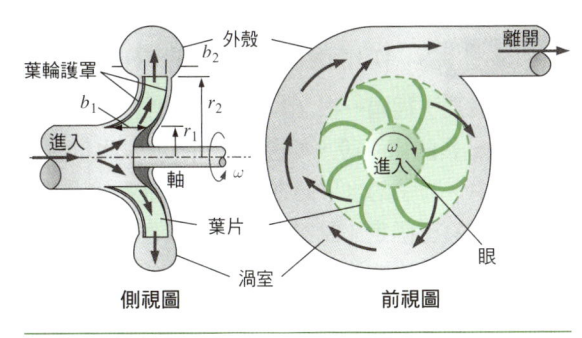

圖 6-37 一個典型的離心泵的側視圖與前視圖。

圖 6-38 一個環狀控制體積圍繞著一個離心泵的葉輪部分。

垂直速度分量 $V_{1,n}$ 與 $V_{2,n}$ 及作用在內圓周面積與外圓周面積上的壓力都通過軸中心，它們對相對於原點的扭力沒有貢獻。因此只有切線速度分量對扭力有貢獻，對控制體積應用角動量方程式 $\sum M = \sum_{\text{out}} r\dot{m}V - \sum_{\text{in}} r\dot{m}V$ 可得

歐拉透平機方程式：
$$T_{\text{shaft}} = \dot{m}(r_2 V_{2,t} - r_1 V_{1,t}) \tag{6-57}$$

上式稱為歐拉透平機方程式。當絕對速度與徑向的夾角 α_1 與 α_2 為已知時，式 (6-57) 變成

$$T_{\text{shaft}} = \dot{m}(r_2 V_2 \sin\alpha_2 - r_1 V_1 \sin\alpha_1) \tag{6-58}$$

在理想情況下，入口與出口的流體切線速度等於葉片轉動速度時，我們有 $V_{1,t} = \omega r_1$ 及 $V_{2,t} = \omega r_2$，扭力變成

$$T_{\text{shaft, ideal}} = \dot{m}\omega(r_2^2 - r_1^2) \tag{6-59}$$

其中 $\omega = 2\pi\dot{n}$ 是葉片的角速度。當扭力已知時，軸功率可以從 $\dot{W}_{\text{shaft}} = \omega T_{\text{shaft}} = 2\pi\dot{n}T_{\text{shaft}}$ 來決定之。

例題 6-8　作用在水管基部的彎曲力矩

地下水被泵送經過一根 10 cm 直徑的管子，管包括 2 m 長的垂直段與 1 m 長的水平段，如圖 6-39 所示。水以平均速度 3 m/s 排放至大氣中。管子的水平段在充滿水時是每米長度 12 kg。水管在地面上用混凝土固定。試求作用在水管基部 (A 點) 的彎曲力矩及水平段需要多長才能使在點 A 的力矩為零。

解答：水被泵送經過一個水管段。要決定作用在基部的力矩與使此力矩為零時需要的水平段長度。

假設：**1.** 流動是穩定的。**2.** 水被排放至大氣中，因此出口的錶壓力為零。**3.** 水管直徑遠小於力矩臂，因此在出口我們使用平均半徑與速度。

性質：我們取水的密度為 1000 kg/m^3。

分析：我們取整根 L 形管當作控制體積，並用 1 表示入口，用 2 表示出口。我們也取 x- 與 z- 座標如圖示。控制體積與參考座標都是固定的。

對這個 1 入口、1 出口的穩定流系統，質量守恆方程式是 $\dot{m}_1 = \dot{m}_2 = \dot{m}$，且 $V_1 = V_2 = V$，因為 $A_c =$ 常數。質量流率及水管水平段的重量為

$$\dot{m} = \rho A_c V = (1000 \text{ kg/m}^3)[\pi(0.10 \text{ m})^2/4](3 \text{ m/s}) = 23.56 \text{ kg/s}$$

$$W = mg = (12 \text{ kg/m})(1 \text{ m})(9.81 \text{ m/s}^2)\left(\frac{1 \text{ N}}{1 \text{ kg} \cdot \text{m/s}^2}\right) = 117.7 \text{ N}$$

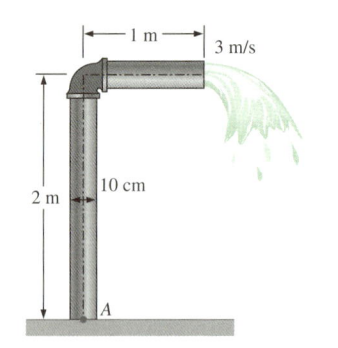

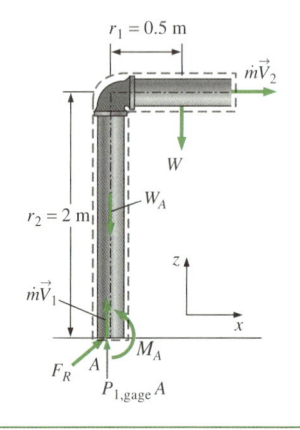

圖 6-39 例題 6-8 的示意圖和自由體圖。

為了決定 A 點作用在水管的力矩。我們必須取相對於此點的所有力的力矩與動量流率。這是一個穩定流問題，且所有力與動量流率都在相同平面上。在此情況下的角動量方程式被表示為

$$\sum M = \sum_{\text{out}} r\dot{m}V - \sum_{\text{in}} r\dot{m}V$$

其中 r 是平均力矩臂，V 是平均速度，所有逆時鐘方向的力矩是正的，所有順時鐘方向的是負的。此 L 形水管的自由體圖顯示在圖 6-39。注意所有通過 A 點的力與動量流率的力矩為零，唯一對 A 點產生力矩的是水管水平段的重量 W，而唯一產生力矩的動量流率是出口流束 (兩者皆為負值，因兩個力矩都是順時鐘的)。因此，相對於 A 的角動量方程式變成

$$M_A - r_1 W = -r_2 \dot{m} V_2$$

解出 M_A 並代入數值得到

$$M_A = r_1 W - r_2 \dot{m} V_2$$
$$= (0.5 \text{ m})(118 \text{ N}) - (2 \text{ m})(23.56 \text{ kg/s})(3 \text{ m/s})\left(\frac{1 \text{ N}}{1 \text{ kg} \cdot \text{m/s}^2}\right)$$
$$= -82.5 \text{ N} \cdot \text{m}$$

負號指出 M_A 的假設方向是錯的，應該被反向，因此一個順時鐘 82.5 N·m 的力矩作用在水管的基部。即，混凝土基部必須在順時鐘方向對水管施加 82.5 N·m 的力矩來反抗出口流束造成的多餘力矩。

水平管的重量是 $w = W/L = 117.7$ N 每 m 長度，因此長度 Lm 的重量是 Lw，力矩臂是 $r_1 = L/2$。令 $M_A = 0$ 並代入數值，會使得作用在水管基部的力矩為零的水平管長度 L 可以被決定如下：

$$0 = r_1 W - r_2 \dot{m} V_2 \quad \rightarrow \quad 0 = (L/2)Lw - r_2 \dot{m} V_2$$

或

$$L = \sqrt{\frac{2 r_2 \dot{m} V_2}{w}} = \sqrt{\frac{2(2 \text{ m})(23.56 \text{ kg/s})(3 \text{ m/s})}{117.7 \text{ N/m}} \left(\frac{\text{N}}{\text{kg} \cdot \text{m/s}^2}\right)} = 1.55 \text{ m}$$

討論：注意水管重量與出口流束對 A 點造成相反的力矩。這個例題顯示當進行動態分析與估計在關鍵截面上存在於水管材料上的應力時考慮流體流束的動量所產生的力矩是很重要的。

例題 6-9 ▶ 灑水系統生產的功率

一個有 4 支旋轉臂的大型草地灑水器 (圖 6-40)，藉由連接一個發電機到其旋轉頭上，要被轉換成一個透平機來發電，如圖 6-41 所示。水從底部以流率 20 L/s 沿著轉動軸進入灑水器，再從噴嘴沿著切線方向離開。灑水器在一個平面上以 300 rpm 的速率旋轉。每一個噴束的直徑是 1 cm，且每一個噴嘴的中心到轉動軸的距離是 0.6 m。試估計生產的電功率。

解答：一個 4 旋臂的灑水器被用來生產電力。對一個指定的流率與旋轉速率，要決定生產的電功率。

假設：**1.** 流動是旋轉性穩定的 (即相對於一個與灑水頭一起轉動的參考座標是穩定的)。**2.** 水排放至大氣中，因此在噴嘴出口的錶壓力是零。**3.** 發電機損失及旋轉零件的空氣阻力被忽略。**4.** 噴嘴直徑相對於力矩臂是很小的，因此我們使用在出口的半徑與速度的平均值。

性質：我們取水的密度為 1000 kg/m^3 = 1 kg/L。

圖 6-40 草地灑水器通常有旋轉頭來散佈水到一個較大的區域。
© Andy Sotiriou/Getty RF

分析：我們取包圍灑水器旋轉臂的圓盤當作控制體積，這是一個固定的控制體積。

這個穩定流系統的質量守恆方程式為 $\dot{m}_1 = \dot{m}_2 = \dot{m}_{\text{total}}$。注意四個噴嘴都是一樣的，我們有 $\dot{m}_{\text{nozzle}} = \dot{m}_{\text{total}}/4$ 或 $\dot{V}_{\text{nozzle}} = \dot{V}_{\text{total}}/4$，因為水的密度是常數。出口噴束相對於旋轉噴嘴的平均速度是

$$V_{\text{jet},r} = \frac{\dot{V}_{\text{nozzle}}}{A_{\text{jet}}} = \frac{5 \text{ L/s}}{[\pi(0.01 \text{ m})^2/4]} \left(\frac{1 \text{ m}^3}{1000 \text{ L}}\right) = 63.66 \text{ m/s}$$

噴嘴的角速度與切線速度為

$$\omega = 2\pi \dot{n} = 2\pi(300 \text{ rev/min})\left(\frac{1 \text{ min}}{60 \text{ s}}\right) = 31.42 \text{ rad/s}$$

$$V_{\text{nozzle}} = r\omega = (0.6 \text{ m})(31.42 \text{ rad/s}) = 18.85 \text{ m/s}$$

注意當噴嘴中的水被排出時也是以平均速度 18.85 m/s 在相反的方向移動。水流噴束的平均絕對速度 (相對於地面上一個固定位置的速度) 是其相對速度 (相對於噴嘴的噴束速度) 與絕對噴嘴速度的向量和，

$$\vec{V}_{\text{jet}} = \vec{V}_{\text{jet},r} + \vec{V}_{\text{nozzle}}$$

這三個速度都是在切線方向，並且取噴流的方向為正，則向量方程式可以用其大小寫成純量形式

$$V_{\text{jet}} = V_{\text{jet},r} - V_{\text{nozzle}} = 63.66 - 18.85 = 44.81 \text{ m/s}$$

注意這是一個旋轉性穩定的問題，且所有力與動量流動都是在相同平面上，則角動量方程式近似為 $\sum M = \sum_{out} r\dot{m}V - \sum_{in} r\dot{m}V$，其中 r 是動量臂，所有逆時鐘的力矩為正，順時鐘的力矩為負。

包圍灑水器旋轉臂的圓盤的自由體圖被示於圖 6-41。注意所有通過轉動軸的力與動量流的力矩為零。離開噴嘴的水流噴束的動量流產生順時鐘的力矩，並且發電機對控制體積的影響也是一個在順時鐘方向的力矩 (兩者皆是負的)。因此，相對於轉動軸的角動量方程式變成

$$-\text{T}_{\text{shaft}} = -4r\dot{m}_{\text{nozzle}}V_{\text{jet}} \quad 或 \quad \text{T}_{\text{shaft}} = r\dot{m}_{\text{total}}V_{\text{jet}}$$

代入數值，軸所傳遞的扭力是

$$\text{T}_{\text{shaft}} = r\dot{m}_{\text{total}}V_{\text{jet}} = (0.6 \text{ m})(20 \text{ kg/s})(44.81 \text{ m/s})\left(\frac{1 \text{ N}}{1 \text{ kg·m/s}^2}\right) = 537.7 \text{ N·m}$$

因為 $\dot{m}_{\text{total}} = \rho \dot{\mathcal{V}}_{\text{total}} = (1 \text{ kg/L})(20 \text{ L/s}) = 20 \text{ kg/s}$。

生產的 (電) 功率變成

$$\dot{W} = \omega \text{T}_{\text{shaft}} = (31.42 \text{ rad/s})(537.7 \text{ N·m})\left(\frac{1 \text{ kW}}{1000 \text{ N·m/s}}\right) = \mathbf{16.9 \text{ kW}}$$

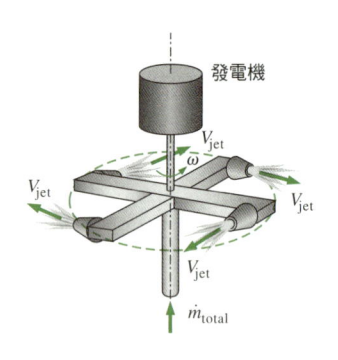

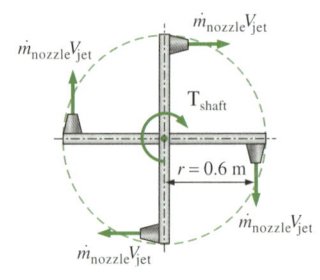

圖 6-41 例題 6-9 的示意圖與自由體圖。

因此，這個灑水器透平機有生產 16.9 kW 功率的潛力。

討論：為了比較全面性的考量獲得的結果，我們考慮兩個極限情況。在第一種情況，灑水器黏住了，角速度為零。此情況所產生的扭力為最大值，因為 $V_{\text{nozzle}} = 0$。因此 $V_{\text{jet}} = V_{\text{jet},r} = 63.66 \text{ m/s}$，可得到 $\text{T}_{\text{sfaft, max}} = 764 \text{ N·m}$。生產的電功率為零，因為發電機的轉軸沒有轉動。

在第二種極限情況，灑水器的軸與發電機的聯結被斷開 (使得有用的扭力與生產的電功率皆為零)，轉軸加速到平衡速度。在角動量方程式中令 $\text{T}_{\text{shaft}} = 0$ 得到水流噴束的絕對速度 (相對於地面上一個觀察者的噴束速度) 為零，$V_{\text{jet}} = 0$。因此相對速度 $V_{\text{jet},r}$ 與絕對速度 V_{nozzle} 大小相等方向相反。

第 6 章　流動系統的動量分析　**301**

噴束的絕對切線速度 (及扭力) 為零，水在重力作用下直接掉落就像瀑布一樣，不帶有角動量 (相對於轉軸)。此情況下灑水器的角速度為

$$\dot{n} = \frac{\omega}{2\pi} = \frac{V_{nozzle}}{2\pi r} = \frac{63.66 \text{ m/s}}{2\pi(0.6 \text{ m})}\left(\frac{60 \text{ s}}{1 \text{ min}}\right) = 1013 \text{ rpm}$$

當然，$T_{shaft} = 0$ 的情況，只有對一個理想無摩擦的噴嘴是可能的 (即 100% 噴嘴效率，就像一個無負載透平機)，否則會有因為水、軸與周圍空氣所引起的阻抗扭力。

　　生產的電功率隨角速度的變化關係繪於圖 6-42。注意生產的電功率隨 rpm 的增加而增加，達到一個最大值 (在此例中約在 500 rpm)，然後就逐漸減少。由於發電機的無效率 (第 5 章) 與其它不可逆損失，例如在噴嘴的流體摩擦 (第 8 章)、軸摩擦與空氣動力阻力 (第 11 章)，真實功率會少於此。

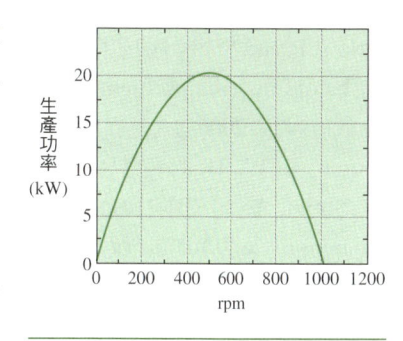

圖 6-42　例題 6-9 的透平機的生產功率 (電力) 與角速度的變化關係。

應用聚焦燈 ── 鬼蝠魟游泳

作者：Alexander Smiths、Keith Moored 與 Peter Dewey，普林斯頓大學 (Princeton University)

　　水生動物使用廣泛種類的機制來推動自己。許多魚類拍打其底部來產生推力，如此一來在每一個拍打週期會釋出兩個渦旋，製造出類似反向馮卡門渦街 (von Kármán vortex street) 的尾流。描述這種渦旋釋放的無因次參數是史特豪數 St (Strouhal number)，$St = fA/U_\infty$，其中 f 是致動頻率，A 是在半翼展尾端運動的峰到峰的拍打幅度，而 U_∞ 是穩定的游泳速度。令人注意的是，大多數的魚類與哺乳動物游泳的範圍都在 $0.2 < St < 0.35$。

　　鬼蝠魟 (圖 6-43) 的推進是由柔軟胸鰭的振動與波動組合來達成的。當蝠魟拍動鰭部時，沿著弦長方向會產生與游動方向相反的移動波。這種波動不是很明顯，因為其波長大於弦長 6 到 10 倍。相似的波動在刺魟也可看到，但較為明顯，因其波長小於弦長。現場觀察指出許多蝠魟的種類是遷移性的，牠們是很有效率的泳者。在實驗室中很難研究，因為牠們是保護類動物，並且是很脆弱的生物。但是藉著使用機械魚或機械裝置，如圖 6-44 所示，來模仿牠們的推進技術還是可以研究牠們的游泳行為的許多面向。這種鰭產生的流場顯示出在其它魚類研究中同樣會看到的釋放渦旋，並且在取時間平均值以後顯示出一個產生推力的高動量噴束 (圖 6-45)，推力與效率都可以被直接量測，結果顯示移動波的波動對蝠魟能夠產生高效率的推進力是很重要的。

圖 6-43　鬼蝠魟是魟魚類體型最大的，鰭部展開可達 8 m。牠們用大型胸鰭的振動與波動組合來移動。
© Frank & Joyce Burek/Getty RF

參考資料

G. S. Triantafyllou, M. S. Triantafyllou, and M. A. Grosenbaugh. Optimal thrust development in oscillating foils with application to fish propulsion. *J. Fluid. Struct.*, 7:205–224, 1993.

Clark, R.P. and Smits, A.J., Thrust production and wake structure of a batoid-inspired oscillating fin. *Journal of Fluid Mechanics*, 562, 415–429, 2006.

Moored, K. W., Dewey, P. A., Leftwich, M. C., Bart-Smith, H. and Smits, A. J., "Bio-inspired propulsion mechanisms based on lamprey and manta ray locomotion." *The Marine Technology Society Journal*, Vol. 45(4), pp. 110-118, 2011.

Dewey, P. A., Carriou, A. and Smits, A. J. "On the relationship between efficiency and wake structure of a batoid-inspired oscillating fin." *Journal of Fluid Mechanics*, Vol. 691, pp. 245–266, 2011.

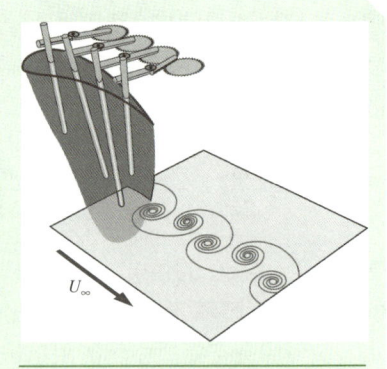

圖 6-44 鬼蝠魟的胸鰭機構，顯示出在尾流中的渦旋型態，其游泳範圍是在每個拍打週期會釋於兩個單一渦旋至尾流中。人工胸鰭是由 4 根堅固桿子來驅動的，藉由變化相鄰驅動器之間的相位差，可以產生不同波長的波動。

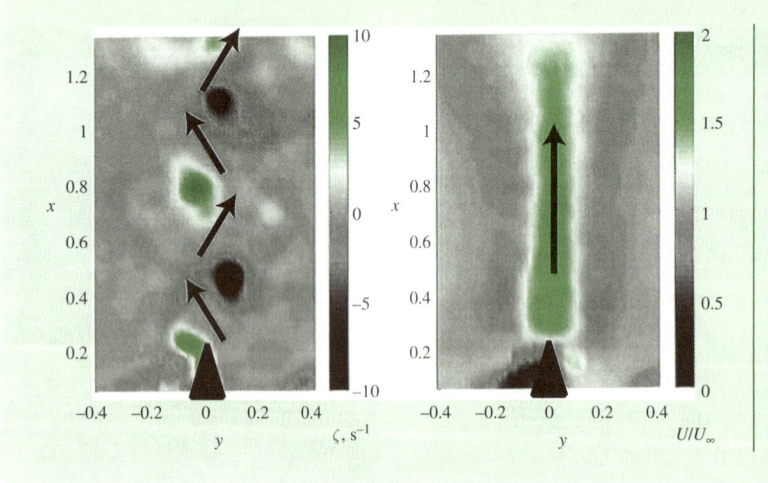

圖 6-45 當流動從底部到頂部時，對鬼蝠魟胸鰭結構的尾流的量測。在左圖中，我們看到釋放到尾流的渦旋，正渦度 (顏色) 與負渦度 (黑色) 交錯出現。誘導速度由黑色箭頭顯示，並且在此情形下，我們看到推力被產生了。在右圖中，我們看到時間平均的流場。由渦旋所誘導的不穩定流場在時間平均流場中產生一個高速度噴束。與這個噴束相關的動量通量對作用在胸鰭的總推力作出貢獻。

Image courtesy of Peter Dewey, Keith Moored and Alexander Smits. Used by permission.

總結

本章主要討論有限控制體積的動量守恆。作用在控制體積的力包括物體力，這是作用在控制體積的整個物體的力 (例如重力、電力與磁力) 與表面力，這是作用在控制面上的力 (例如壓力與在接觸點的反作用力)。在一個特定時刻所有作用在控制體積上的力用 $\Sigma \vec{F}$ 來代表，並被表示為

$$\underbrace{\sum \vec{F}}_{\text{總力}} = \underbrace{\sum \vec{F}_{\text{gravity}}}_{\text{物體力}} + \underbrace{\sum \vec{F}_{\text{pressure}} + \sum \vec{F}_{\text{viscous}} + \sum \vec{F}_{\text{other}}}_{\text{表面力}}$$

牛頓第二定律可以被敘述為所有作用在一個系統的外力總和等於此系統的線性動量的時間變化率。在雷諾輸運定理中定 $b = \vec{V}$ 及 $B = m\vec{V}$，並且應用牛頓第二定律可得一個控制體積的線性動量方程式為

$$\sum \vec{F} = \frac{d}{dt} \int_{CV} \rho \vec{V} \, dV + \int_{CS} \rho \vec{V}(\vec{V}_r \cdot \vec{n}) \, dA$$

上式在以下的特殊情況，可被簡化：

穩定流：
$$\sum \vec{F} = \int_{CS} \rho \vec{V}(\vec{V}_r \cdot \vec{n}) \, dA$$

不穩定流 (代數形式)：
$$\sum \vec{F} = \frac{d}{dt} \int_{CV} \rho \vec{V} \, dV + \sum_{\text{out}} \beta \dot{m} \vec{V} - \sum_{\text{in}} \beta \dot{m} \vec{V}$$

穩定流 (代數形式)：
$$\sum \vec{F} = \sum_{\text{out}} \beta \dot{m} \vec{V} - \sum_{\text{in}} \beta \dot{m} \vec{V}$$

無外力：
$$0 = \frac{d(m\vec{V})_{CV}}{dt} + \sum_{\text{out}} \beta \dot{m} \vec{V} - \sum_{\text{in}} \beta \dot{m} \vec{V}$$

其中 β 是動量修正因子。一個質量 m 是常數的控制體積可以被當作是一個固體 (一個固定質量系統)，帶有淨推力

$$\vec{F}_{\text{thrust}} = m_{CV} \vec{a} = \sum_{\text{in}} \beta \dot{m} \vec{V} - \sum_{\text{out}} \beta \dot{m} \vec{V}$$

作用在此物體上。

牛頓第二定律也可被敘述為一個系統的角動量的變化率等於作用在此系統的淨扭力。利用雷諾輸運定理並令 $b = \vec{r} \times \vec{V}$ 及 $B = \vec{H}$ 可以得到角動量方程式

$$\sum \vec{M} = \frac{d}{dt} \int_{CV} (\vec{r} \times \vec{V}) \rho \, dV + \int_{CS} (\vec{r} \times \vec{V}) \rho (\vec{V}_r \cdot \vec{n}) \, dA$$

上式在以下的特殊情況可被簡化：

穩定流：
$$\sum \vec{M} = \int_{CS} (\vec{r} \times \vec{V}) \rho (\vec{V}_r \cdot \vec{n}) \, dA$$

不穩定流(代數形式)：
$$\sum \vec{M} = \frac{d}{dt}\int_{CV}(\vec{r}\times\vec{V})\rho\,dV + \sum_{out}\vec{r}\times\dot{m}\vec{V} - \sum_{in}\vec{r}\times\dot{m}\vec{V}$$

穩定的均勻流：
$$\sum\vec{M} = \sum_{out}\vec{r}\times\dot{m}\vec{V} - \sum_{in}\vec{r}\times\dot{m}\vec{V}$$

給一個方向的純量形式：
$$\sum M = \sum_{out}r\dot{m}V - \sum_{in}r\dot{m}V$$

無外力矩：
$$0 = \frac{d\vec{H}_{CV}}{dt} + \sum_{out}\vec{r}\times\dot{m}\vec{V} - \sum_{in}\vec{r}\times\dot{m}\vec{V}$$

一個慣性矩 I 是常數的控制體積可以被當成一個固體(一個固定質量系統)，其承受的淨扭力為

$$\vec{M}_{CV} = I_{CV}\vec{\alpha} = \sum_{in}\vec{r}\times\dot{m}\vec{V} - \sum_{out}\vec{r}\times\dot{m}\vec{V}$$

此關係式在火箭被點燃時被用來決定太空船的角加速度。

線性動量與角動量方程式在分析渦輪機械時有基本的重要性，並在第 14 章中被廣泛使用。

參考資料和建議讀物

1. P. K. Kundu, I. M. Cohen, and D. R. Dowling. *Fluid Mechanics*, ed. 5. San Diego, CA: Academic Press, 2011.

2. Terry Wright, *Fluid Machinery: Performance, Analysis, and Design*, Boca Raton, FL: CRC Press, 1999.

習題

有 "C" 題目是觀念題，學生應盡量作答。

牛頓定律與動量守恆

6-1C 寫出旋轉物體的牛頓第二運動定律。一個有固定質量的旋轉的非剛體，如果作用於其上的淨扭力為零，對於其角速度與角動量，你有什麼看法呢？

6-2C 動量是否是向量？如果是，其所指的方向是什麼呢？

6-3C 寫出動量守恆定理。一個物體若作用於其上的淨力為零，對於此物體的動量，你有什麼看法呢？

線性動量方程式

6-4C 兩個消防員用相同的水管與噴嘴救火。其中一人直直的抓住水管，使水離開噴嘴的方向與水來的方向相同。另一人抓住水管使其向後轉了一個 U-形彎再噴水。哪一個消防員感受到更大的反作用力？

6-5C 在對控制體積作動量分析時，表面力是如何出現的？在分析時，我們如何可以最小化出現的表面力的數目？

6-6C 解釋雷諾輸運定理在流體力學中的重要性，並說明如何從它得到線性動量方程式。

6-7C 動量修正因子在對流動系統作動量分析時

有什麼重要性？它對哪一種流動型態會是顯著的，因此在分析中必須加以考慮：層流、紊流或噴流？

6-8C 寫出穩定的一維流動在沒有外力情況下的動量方程式，並解釋每一項的物理意義。

6-9C 在應用動量方程式時，解釋為什麼我們經常可以忽視大氣壓力，並且僅使用錶壓力即可。

6-10C 太空中的一個火箭（沒有對運動的摩擦或阻力），可以相對於自體以高速 V 排出氣體。V 是否是火箭最大速度的極限？

6-11C 用動量及空氣流說明一架直昇機如何可以懸空盤旋。

圖 P6-11C
© JupiterImages/ Thinkstock/ Alamy RF

6-12C 一架直昇機在高山上懸空盤旋比在海平面上需要更多、相等或更少的功率？解釋之。

6-13C 在一個已知地點，一架直昇機為了完成一項指定的動作，在夏天或冬天需要更多的能量？解釋之。

6-14C 從一個出口截面積固定的噴嘴射出的水平的水流噴束沖擊在一塊靜止的垂直平板上。需要一個特定的力 F 來抓住平板以對抗水流。如果水流速度倍增，則需要的抓持力是否也要倍增？解釋之。

6-15C 說明物體力與表面力，並解釋作用在一個控制體積上的淨力是如何決定的。流體的重量是物體力還是表面力？那壓力呢？

6-16C 一個等速度的水平水流噴束從一個靜止的噴嘴噴出並沖擊在一塊平板上，平板所在的小車與軌道無摩擦。當水撞在平板時，由於水的沖力，平板開始移動。平板的加速度會維持為常數或是改變？解釋之。

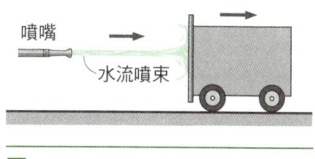

圖 P6-16C

6-17C 一個等速度 V 的水平水流噴束從一個靜止的噴嘴噴出並沖擊在一塊垂直平板上，平板所在的小車與軌道無摩擦。當水撞在平板時，由於水的沖力，平板開始移動，平板可以達到的最高速度是什麼？解釋之。

6-18 水穩定地以均勻的速度 3 m/s 進入一根 10 cm 直徑的水管，並用紊流速度分佈，$u = u_{max}(1 - r/R)^{1/7}$ 流出。如果經過水管的壓力降是 10 kPa，試求水流施加在水管上的阻力。

6-19 一個 2.5 cm 直徑的水平水流噴束相對於地面的速度是 $V_j = 40$ m/s，被一個底部直徑 25 cm 的圓錐體轉向了 60°。沿著圓錐的水流速度從在圓錐表面為零線性變化到在自由表面上的速度等於進入噴束的速度 40 m/s。忽略重力與剪力的效應，試求為了抓住圓錐體不動所需要的水平力。

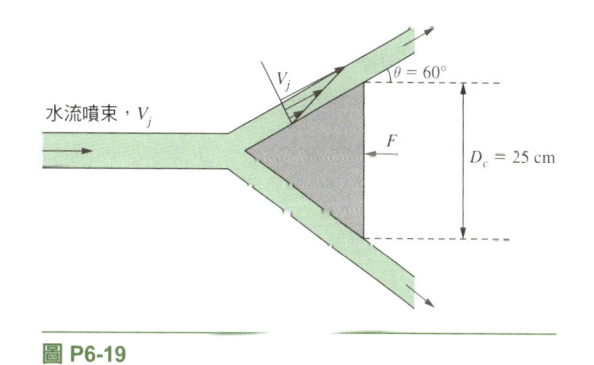

圖 P6-19

6-20 一個水平的水流噴束以等速度 V 沖擊在

一塊垂直的平板上並從周邊濺出。平板以速度 $\frac{1}{2}V$ 向水流噴束移動。若維持平板不動需要力 F，則使平板向水流噴束移動需要多少力？

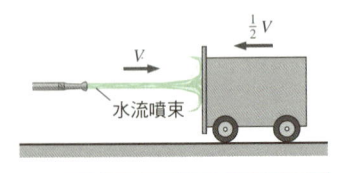

圖 P6-20

6-21 一個 $90°$ 的肘管在一根水平管上，用來導引水流以流率 40 kg/s 向上流動。整個肘管的直徑都是 10 cm。肘管排水進入大氣中，因此肘管出口的壓力是當地的大氣壓力。肘管的出口與入口的中心之間的高度差是 50 cm。肘管與其內水的重量被當成可以忽略。試求 (a) 肘管入口中心的錶壓力，與 (b) 用來抓住肘管不動所需要的夾持力。入口與出口的動量修正因子都取 1.03。

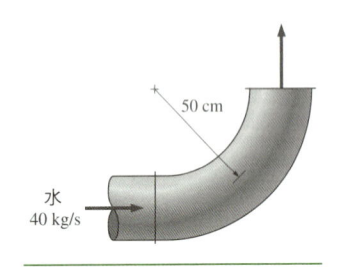

圖 P6-21

6-22 若有另外一個 (相同的) 肘管連接到習題 6-21 中已經存在的肘管上來使流體做 U- 形轉向，重做習題 6-21。(Answer: (a) 9.81 kPa, (b) -497 N)

6-23 水平水管上的一根收縮肘管被用來使水流轉向 $\theta = 45°$ 並將其加速。肘管排水進入大氣中。肘管的截面積在入口是 150 cm^2，在出口是 25 cm^2。出口與入口中心的高度差是 40 cm。肘管與其內水的質量是 50 kg。試求抓住肘管不動所需要的夾持力。入口與出口的動量修正因子都取 1.03。

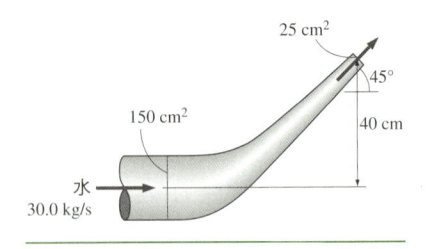

圖 P6-23

6-24 對 $\theta = 110°$ 的情形重做習題 P6-23。

6-25 水被一個噴嘴加速到 35 m/s，沖擊在一輛以 10 m/s 的等速度在流動方向水平移動的小車尾部的垂直平面上。水流過固定噴嘴的質量流率是 30 kg/s。撞擊後，水流在尾部平面，沿著平面向四面八方濺出。
(a) 試求小車的剎車必須施力多少才能避免被加速。
(b) 如果此力被用來發電而不是浪費在剎車上，試求理想上可以生產的最大電功率。

(Answer: (a) -536 N, (b) 5.36 kW)

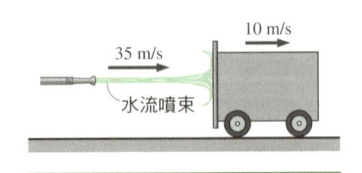

圖 P6-25

6-26 重新考慮習題 6-25。如果小車的質量是 400 kg 並且剎車壞了，試求水剛沖擊小車時的加速度。假設沾濕小車尾部平面的水的質量可以忽略。

6-27 一個 2.8 m^3/s 的水流噴束在正 x- 方向以 5.5 m/s 移動。水流撞到一個固定的分流體使一半的水流向上轉向 $45°$ 而另一半則向下轉向，兩道水流最後的平均速度都是 5.5 m/s。忽視重力的影響，試求為了對抗水力需要用來抓住分流體不動所需力的 x- 分量與 z- 分量。

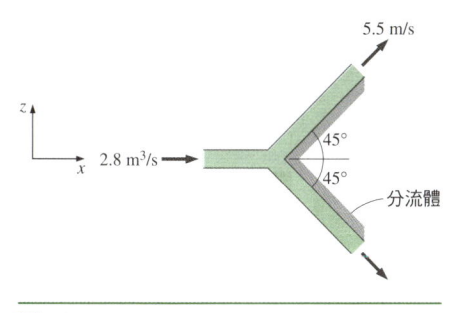

圖 P6-27

6-28 重新考慮習題 6-27。使用 EES (或其它) 軟體，探討分流體角度對作用在分流體上面的力量的影響。令分流體的半角度從 0° 變化到 180°，增量為 10°。將結果作表及作圖，並作出結論。

6-29 一個水平的 5 cm 直徑水流噴束以速度 18 m/s 沖擊一塊 1000 kg 的垂直平板。平板坐在小車上與軌道無摩擦力並且開始時是靜止的。當噴束撞擊平板時，平板開始在噴束的方向移動。水總是沿著後退平板的平面飛濺。試求 (a) 當噴束剛開始撞擊平板時 (時間＝0)，平板的加速度，(b) 平板速度達到 9 m/s 時所需要的時間，(c) 水沖擊平板 20 s 以後，平板的速度。為簡單計，當小車移動時假設噴束的速度被增加，使得噴束作用在平板上的衝力維持為常數。

6-30 一個有著 61 cm 直徑葉片的風扇推動海平面上 20°C 的空氣以 0.95 m³/s 流動。試求 (a) 抓住風扇所需要的力，(b) 風扇所需要輸入的最小功率。選擇包含風扇的一個足夠大的控制體積，其入口在上游足夠遠處使得入口的錶壓力幾乎是零。假設空氣經過一個足夠大的面積以幾乎可忽略的速度接近風扇，並且經過一個直徑等於風扇葉片直徑的虛擬圓柱以均勻的速度在大氣壓力之下離開風扇。(Answer: (a) 3.72 N, (b) 6.05 W)

6-31 消防員抓住一條水管終端的噴嘴試圖滅火。如果噴嘴出口的直徑是 8 cm，出水的流率是 12 m³/min，試求 (a) 出口的平均水流速度，(b) 消防員抓住噴嘴所需要的水平抵抗力。(Answer: (a) 39.8 m/s, (b) 7958 N)

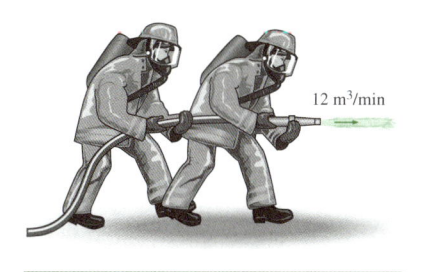

圖 P6-31

6-32 一個 5 cm 直徑的水平水流噴束以相對於地面的速度 40 m/s 沖擊在速度 10 m/s，移動方向與噴束相同的一塊平板上。水沿著平板的平面向所有方向飛濺。試求水流作用在平板上的力為多大？

6-33 重新考慮習題 6-32。使用 EES (或其它) 軟體，探討平板速度對作用在平板上的力的影響。令平板速度以增量 3 m/s 從 0 變化到 30 m/s。將結果作表及作圖。

6-34 一個 7.5 cm 直徑的水平水流噴束以速度 28 m/s 沖擊一個彎板，彎板將水以相同的速度轉向 180°。忽略摩擦效應，試求抓住平板反抗水流所需要的力。

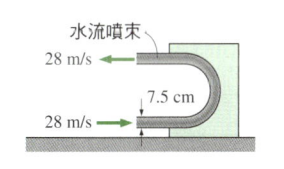

圖 P6-34

6-35 一架沒有負載的直昇機，質量為 12,000 kg，盤旋在海平面上空正要進行載貨。在無負載的盤旋模式，葉片以 550 rpm 轉動。直昇機上方的水平葉片造成直徑 18 m 範圍的空氣向下流動，其平均速度正比於上方葉片的轉速 (rpm)。一個 14,000

kg 的負載被吊掛上這架直昇機，然後直昇機慢慢上升。試求 (a) 在無負載盤旋時直昇機所產生的空氣向下的體積流率與需要的輸入功率，(b) 當直昇機負載 14,000 kg 並盤旋時，求直昇機葉片的 rpm 與需要的輸入功率。取大氣的空氣密度為 1.18 kg/m^3。假設空氣從上方以可被忽略的速度經過一個大面積向葉片流動，並被葉片驅動向下以一個均勻的速度流過一個假想的圓柱其底面為葉片的葉展面積。

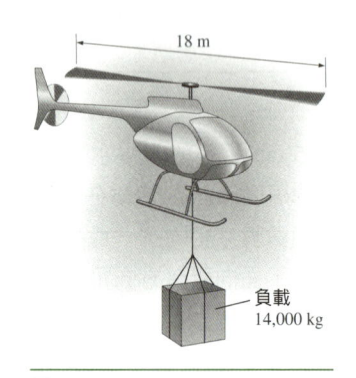

圖 P6-35

6-36　重新考慮習題 6-35 直昇機，但直昇機是在 2800 m 的高山上盤旋，山上的空氣密度是 0.928 kg/m^3。注意無負載的直昇機在海平面上葉片必須以 550 rpm 旋轉，試求在高山上盤旋時葉片的轉速。同時也決定直昇機若是在 3000 m 的高山上盤旋，其需要輸入的功率相對於海平面會增加多少百分比。(Answer: 620 rpm, 12.8%)

6-37　水流過一根 10 cm 直徑的水管，流率為 0.1 m^3/s。現在將一個 20 cm 直徑的擴散器用螺栓聯結到水管上來降低水速，如圖 P6-37 所示。忽略摩擦效應，試求由於水流作用在螺栓上的力。

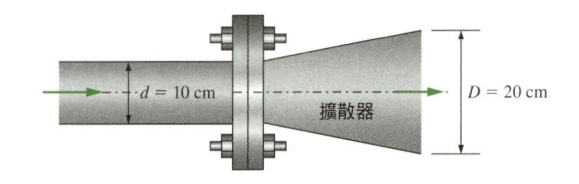

圖 P6-37

6-38　一個對大氣開口的水桶的重量用一個配重來平衡，如圖 P6-38 所示。水桶底部有一個 4 cm 直徑的孔，其排水係數為 0.90。水由水平方向進入水桶中，使其水面高度固定在 50 cm。當水桶底部的孔被打開時，試決定配重必須被加重或減重多少才能維持平衡。

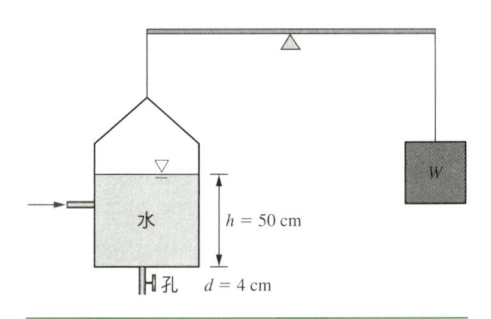

圖 P6-38

6-39　商用大型風機的葉片翼展可以大於 100 m，並在設計條件的高點能生產超過 3 MW 的電力。考慮一個有 60 m 翼展的風機承受 30 km/h 的穩定風速。如果風機-發電機組合單元的效率為 32%，試求 (a) 風機所生產的電力，(b) 風在風機支柱施加的水平力。取空氣密度為 1.25 kg/m^3，並忽略在支柱上的摩擦效應。

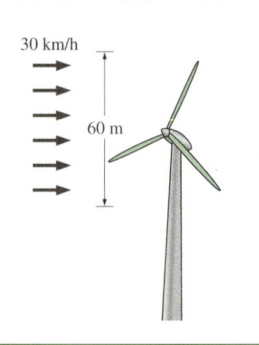

圖 P6-39

6-40 在大氣壓力的水從軸向進入一個離心泵，流率為 0.09 m³/s，流速為 5 m/s，並且從垂直方向沿著泵的外殼離開，如圖 P6-40 所示。試求作用在轉軸的軸向力 (這也是作用在軸承上的力)。

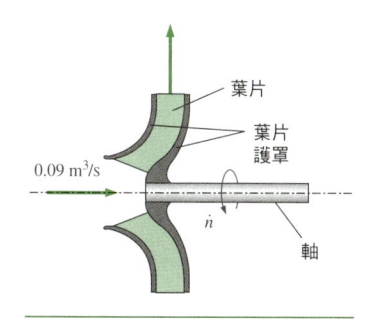

圖 P6-40

6-41 密度 ρ、黏度 μ 的不可壓縮流體流過一個將流動轉向 180° 的彎管。彎管的截面積維持為常數。已知在入口 (1) 與出口 (2) 的平均速度、動量修正因子與錶壓力如圖 P6-41。(a) 用已知變數寫出流體作用在管壁的水平力 F_x 的表示式。(b) 代入以下的數值來驗證你的表示式：$\rho = 998.2$ kg/m³、$\mu = 1.003 \times 10^{-3}$ kg/m·s、$A_1 = A_2 = 0.025$ m²、$\beta_1 = 1.01$、$\beta_2 = 1.03$、$V_1 = 10$ m/s、$P_{1,\text{gage}} = 78.47$ kPa、$P_{2,\text{gage}} = 65.23$ kPa。(Answer: (b) $F_x = 8680$ N 向右)

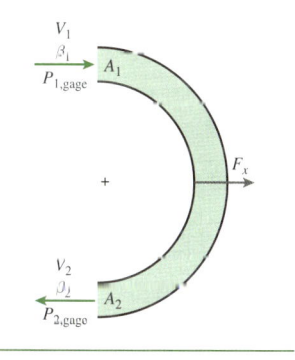

圖 P6-41

6-42 考慮習題 6-41 的彎管，但是讓截面積沿著管方向變化 ($A_1 \neq A_2$)。(a) 用已知變數寫出流體作用在管壁的水平力 F_x 的表示式。(b) 代入以下的數值來驗證你的表示式：$\rho = 998.2$ kg/m³、$A_1 = 0.025$ m²、$A_2 = 0.015$ m²、$\beta_1 = 1.02$、$\beta_2 = 1.04$、$V_1 = 20$ m/s、$P_{1,\text{gage}} = 88.34$ kPa、$P_{2,\text{gage}} = 67.48$ kPa。(Answer: (b) $F_x = 30,700$ N 向右)

6-43 本題接續習題 6-41，事實顯示面積比 A_2/A_1 夠大時，入口壓力會小於出口壓力！鑑於一定會有摩擦及因為紊流產生的不可逆性，並且沿著管道的軸向壓力必須損失來克服這些不可逆性，解釋為什麼這會是真的呢？

6-44 密度 ρ、黏度 μ 的不可壓縮流體流過一個將流動轉向 θ 角度的彎管。截面積也會改變。已知在入口 (1) 與出口 (2) 的平均速度、動量修正因子、錶壓力與面積，如圖 P6-44。(a) 用已知變數寫出作用在管壁的水平力 F_x 的表示式。(b) 代入以下的數值來驗證你的表示式：$\rho = 998.2$ kg/m³、$\mu = 1.003 \times 10^{-3}$ kg/m·s、$A_1 = 0.025$ m²、$A_2 = 0.050$ m²、$\beta_1 = 1.01$、$\beta_2 = 1.03$、$V_1 = 6$ m/s、$P_{1,\text{gage}} = 78.47$ kPa、$P_{2,\text{gage}} = 65.23$ kPa。(提示：你必須先解出 V_2。) (c) 轉向角度多少時力量為最小？(Answer: (b) $F = 5500$ N 向右，(c) 180°)

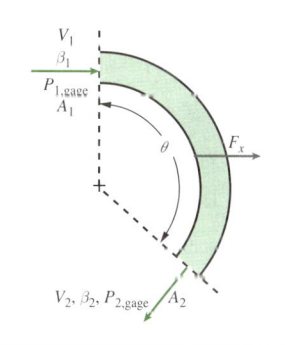

圖 P6-44

6-45 密度 $\rho = 998.2$ kg/m³ 的水流過一個消防噴嘴——一個可以加速水流的管道。入口直

徑是 $d_1 = 0.100$ m，出口直徑是 $d_2 = 0.050$ m。已知在入口 (1) 與出口 (2) 的平均速度、動量修正因子與錶壓力，如圖 P6-45。(a) 用已知變數寫出作用在管壁的水平力 F_x 的表示式，(b) 代入以下的數值來驗證你的表示式：$\beta_1 = 1.03$、$\beta_2 = 1.02$、$V_1 = 4$ m/s、$P_{1,\,gage} = 123{,}000$ Pa 與 $P_{2,\,gage} = 0$ Pa。

(Answer: (b) $F_x = 583$ N 向右)

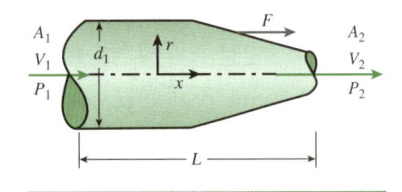

圖 P6-45

6-46 在 8 m/s 及 300 kPa (錶) 的水從一根 25 cm 直徑的水平管流進一個 90° 的收縮彎管再連接到一根 15 cm 直徑的垂直水管。彎管的入口高於出口 50 cm。忽略任何摩擦與重力效應，試求水施加在收縮管的淨合力。取動量修正因子為 1.04。

6-47 排水閘，藉由升高或降低一個垂直板來控制渠道的水流率，經常被用在灌溉系統中。由於閘門上下游的水高 y_1 與 y_2，與速度 V_1 及 V_2 的差異，會有一個力作用在閘門上。取閘門的寬度 (進入頁面) 為 w。忽略沿著渠道面的剪應力，並為簡單起見，我們假設在地點 1 與 2 是穩定的均勻流。試推導作用在閘門上的力 F_R，表示成深度 y_1 及 y_2、質量流率 $\dot{m}$、重力常數 g、閘門寬度 w 與水密度 ρ 的函數。

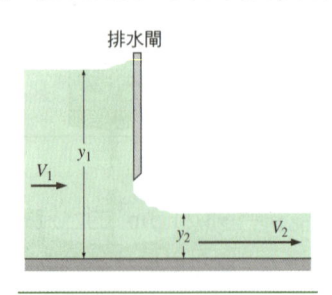

圖 P6-47

角動量方程式

6-48C 如何從雷諾輸運定理得到角動量方程式？

6-49C 對一個穩定的均勻流，寫出給固定的控制體積在某一個指定方向的角動量方程式的純量形式。

6-50C 一個慣性矩 I 不變的控制體積，沒受到外力矩的作用，其出口為速度 $\vec{V}$ 的均勻流，質量流率 $\dot{m}$，用向量形式寫出其不穩定的角動量方程式。

6-51C 考慮質量與角速度相同的兩個剛體。你認為此兩物體會有相同的角動量嗎？解釋之。

6-52 水在一根 15 cm 直徑的水管中流動。水管包括一個 3 m 長的垂直段及一個 2 m 長的水平段，水管出口有一個 90° 的肘管用來使水向下垂直流出，如圖 P6-52 所示。水以 7 m/s 排出至大氣中。水管與其內的水是每公尺 15 kg。試求在水管的垂直段與水平段的連接處 (A 點) 所受到的力矩。如果水是垂直向上而不是向下排出，你的答案會是什麼？

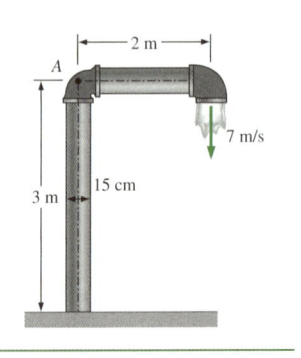

圖 P6-52

6-53 一個有兩根相同旋轉臂的大型草地灑水器，其旋轉頭被連接一個發電機，被用來發電。水沿著轉軸以流率 20 L/s 進入灑水器並且從噴嘴沿切線方向離開。灑水器在一個水平面上以 180 rpm 轉動。每個噴束的直徑是 1.3 cm，而轉軸與每個噴嘴中心的垂直距離是 0.6 m。試求最大可能生產

6-54 重新考慮習題 6-53 的草地灑水器。如果不知為什麼旋轉頭不動了，試求作用於其上的力矩。

6-55 一個離心泵的葉輪的內外直徑分別為 13 及 30 cm，在轉速 1200 rpm 的流率為 0.15 m^3/s。葉輪的葉片寬度在入口為 8 cm，在出口為 3.5 cm。如果水是從徑向進入葉輪，而在出口是與徑向呈 60° 夾角流出，試求此泵所需要輸入的最小功率。

6-56 一個離心鼓風機的葉輪在入口的半徑為 18 cm，葉片寬度為 6.1 cm，在出口半徑為 30 cm，葉片寬度為 3.4 cm。這個鼓風機輸出的大氣在 20°C 及 95 kPa。忽略任何損失並且假設在入口與出口的空氣速度的切線分量等於在個別位置的葉輪速度，試求當軸的轉速為 900 rpm 且鼓風機消耗功率為 120 W 時空氣的體積流率，並求在葉輪的入口與出口的空氣速度的徑向分量。

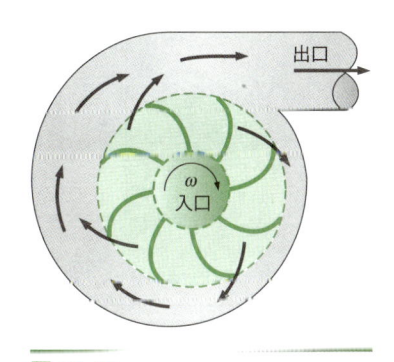

圖 P6-56

6-57 水垂直且穩定的以流率 35 L/s 進入一個灑水器，如圖 P6-57 所示，某兩支旋轉臂不等長且有不相等的排水面積。較小的噴束排水面積為 3 cm^2，與轉軸的垂直距離為 50 cm。較大的噴束排水面積為 5 cm^2，與轉軸的垂直距離為 35 cm。忽略任何摩擦效應，試求 (a) 灑水器以 rpm 表示的轉速，(b) 為了避免灑水器轉動所需的扭力。

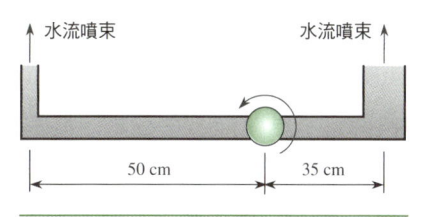

圖 P6-57

6-58 若水的流率為 50 L/s，重做習題 6-57。

6-59 一個離心鼓風機的葉輪在入口的半徑為 20 cm，葉片寬度為 8.2 cm，在出口的半徑為 45 cm，葉片寬度為 5.6 cm。鼓風機在轉速 700 rpm 時輸送空氣的流率為 0.70 m^3/s。假設空氣從徑向進入葉輪，而在出口則與徑向呈 50°C夾角流出，試求此鼓風機所消耗的最小功率。取空氣的密度為 1.25 kg/m^3。

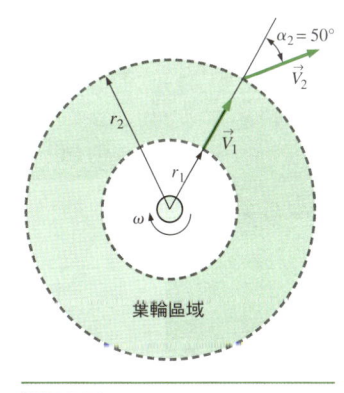

圖 P6-59

6-60 重新考慮習題 6-59。對於指定的流率，探討排水角度 α_2 對於需要輸入的最小功率的影響。假設空氣從徑向 ($\alpha_1 = 0°$) 進入葉輪，而 α_2 則從 0° 變化到 85°，增量為 5°。將功率輸入對 α_2 作圖並討論結果。

6-61 一個有 3 支相同旋轉臂的草地灑水器藉由水流所造成的衝力在一個平面旋米對花園澆水。水沿著轉軸以流率 60 L/s 進入灑水器，再從 1.5 cm 直徑的噴嘴沿切線方向離開。在預期的操作速度下，由於摩擦，軸承施了一個阻礙扭力 $T_0 = 50$

N·m。若轉軸與噴嘴中心的垂直距離為 40 cm，試求灑水器轉軸的角速度。

6-62 佩爾頓水輪機通常用在水力發電廠來生產電力。在這種水輪機中，高速的噴束以 V_j 的速度沖擊在葉片上，迫使輪機轉動。葉片使噴束的方向轉回去，噴束離開葉片的方向與其原來方向的夾角為 β，如圖 P6-62 所示。試證明一個半徑 r 的佩爾頓輪，穩定的以角速度 ω 旋轉時所產生的功率為 $\dot{W}_{shaft} = \rho\omega r \dot{V}(V_j - \omega r)(1 - \cos\beta)$，其中 ρ 是密度，而 $\dot{V}$ 是流體的體積流率。對 $\rho = 1000$ kg/m³、$r = 2$ m、$\dot{V} = 10$ m³/s、$\dot{n} = 150$ rpm、$\beta = 160°$，及 $V_j = 50$ m/s，試求其數值。

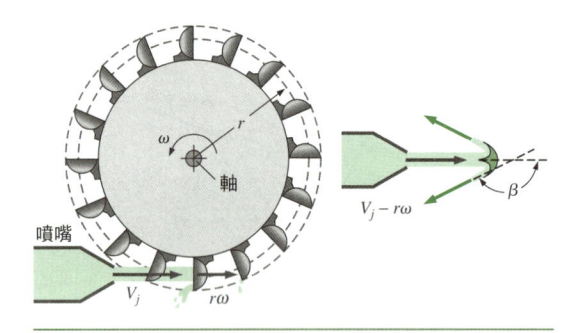

圖 P6-62

6-63 重新考慮習題 6-62。輪機的最大效率發生在 $\beta = 180°$ 時，但這是不實際的。探討 β 對於生產電力的影響，β 從 0° 變化到 180°。若我們使用 β 為 160° 的葉片，你認為我們會浪費很大比率的電力嗎？

複習題

6-64 以流率 0.16 m³/s 穩定流動的水被一個轉向肘管向下轉向如圖 P6-64 所示。若 $D = 30$ cm、$d = 10$ cm，且 $h = 50$ cm，試求作用在肘管凸緣上的力及其作用線與水平線之間的夾角。令肘管內部的體積為 0.03 m³，並且忽略肘管材料的重量與摩擦效應。

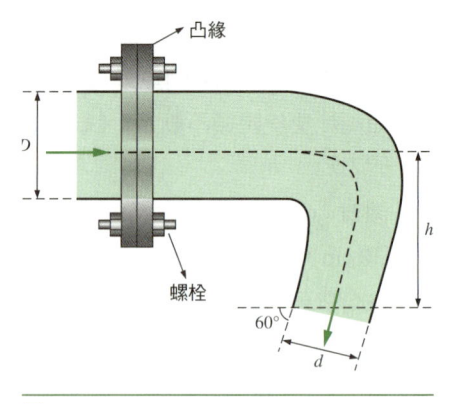

圖 P6-64

6-65 重做習題 6-64，但是將肘管質量為 5 kg 的重量加入考慮。

6-66 一個 12 cm 直徑的水平水流噴束，其相對於地面的速度是 $V_j = 25$ m/s，被一個以 $V_c = 10$ m/s 向左移動的 40° 圓錐體轉向。忽略重力與表面摩擦效應，並假設水流噴束垂直於移動方向的截面積維持常數。試求維持圓錐體移動所需要的外力 F。(Answer: 3240 N 向左)

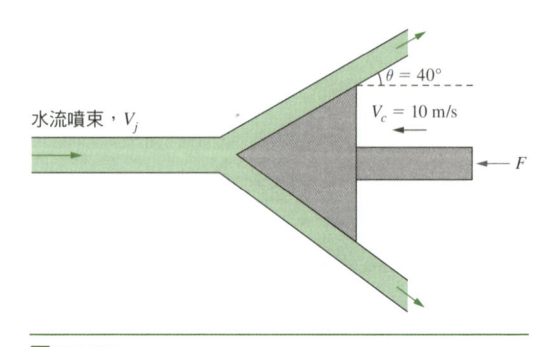

圖 P6-66

6-67 水垂直且穩定地以流率 10 L/s 進入示於圖 P6-67 的灑水器。兩個水流噴束的直徑都是 1.2 cm，忽略任何摩擦效應，試求 (a) 灑水器以 rpm 表示的轉速，(b) 為了阻止灑水器轉動所需要的扭力。

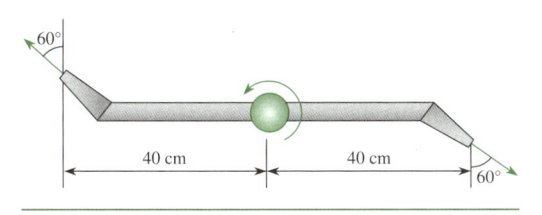

圖 P6-67

6-68 對不等長的旋轉臂重做習題 6-67 — 左邊的一支距離轉軸 60 cm，而右邊的一支則為 20 cm。

6-69 一個 6 cm 直徑的水流噴束以 25 m/s 的速度沖擊一塊垂直的靜止平板。水在平板的平面上向所有的方向飛濺。抓住平板來對抗水流需要多少力量？(Answer: 1770 N)

6-70 考慮水在接到一個水槽的一根等直徑的水平排水管中的穩定發展層流。流體以幾乎是均勻的速度 V 及壓力 P_1 進入水管。經過一段距離以後，速度變成是拋物線形，其動量修正因子為 2，且壓力降為 P_2。試求作用在螺栓 (其被用來連接水管到水槽) 上的水平力的關係式。

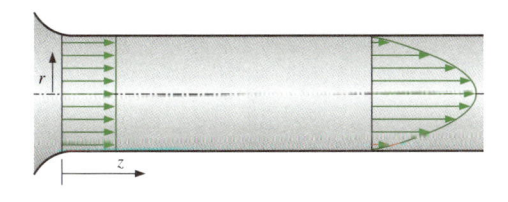

圖 P6-70

6-71 一個三腳架抓住一個噴嘴，用來導引從水管來的 5 cm 直徑的水流，如圖 P6-71 所示。噴嘴在充滿水時的質量是 10 kg。三腳架額定的抓持力是 1800 N。當三腳架突然壞了，並且放開噴嘴，站在噴嘴後方 60 cm 的一個消防員被噴嘴打到。你被聘雇為一個意外重建人員並在測試三腳架後確定當水流率增加時，三腳架的確在 1800 N 傾倒。在你的最後報告中，必須敘述傾倒時的水流速度、水流率及噴嘴打到消防員的速度。為簡單計，忽略在水管

上游的壓力與動量效應。
(Answer: 30.3 m/s, 0.0595 m³/s, 14.7 m/s)

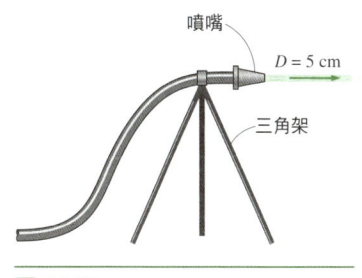

圖 P6-71

6-72 考慮一架飛機，其尾部的噴射引擎以流率 18 kg/s 噴出燃燒氣體，噴氣相對於飛機的速度是 300 m/s。在降落期間，一個推力反向器 (用來當作飛機的一個剎車來幫助飛機降落在短跑道上) 下降至噴氣的路徑上，來使噴氣向後轉向 150°。試求 (a) 插入推力反向器前，引擎所產生的推力 (向前的力)，(b) 使用推力反向器以後所產生的剎車力。

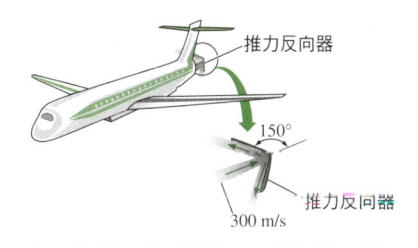

圖 P6-72

6-73 重新考慮習題 6-72。使用 EES (或其它) 軟體，探討推力轉向器對作用在飛機上的煞車力的影響。令轉向器的角度從 0° (無轉向) 到 180° (完全轉向)，增量 10°。對結果作表與作圖，並做出結論。

6-74 質量 11,000 kg 的太空船以 600 m/s 的等速度在太空中巡航。為了使太空船減速，點燃一個固體燃料火箭，燃燒氣體以等流率 70 kg/s，在太空船相同的方向以 1500 m/s 離開火箭，時間約 5 s。假設太空船的質量維持為常數，試求 (a) 在這 5 s 期

間，太空船的減速度，(b) 在這段時間內，太空船速度的改變量，(c) 作用在太空船的推力。

6-75 一個 60 kg 溜冰者穿著冰鞋 (幾乎沒有摩擦力) 站在冰上。她抓住一根柔軟水管 (幾乎是無重的) 引導 2 cm 直徑的水流平行於她的溜冰方向水平噴出。在水管出口相對於溜冰者的水流速度是 10 m/s。如果開始時她是站立不動的，試求 (a) 溜冰者的速度與她在 5 s 內滑行的距離，(b) 溜冰者移動 5 m 所需的時間及在那瞬間的速度。(Answer: (a) 2.62 m/s, 6.54 m, (b) 4.4 s, 2.3 m/s)

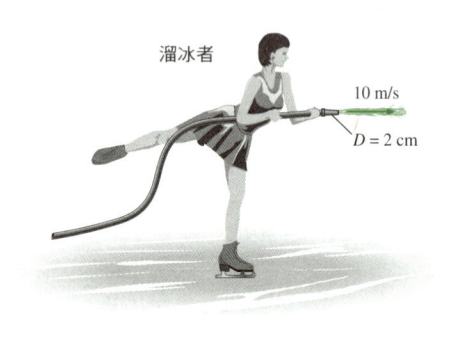

圖 P6-75

6-76 一個 5 cm 直徑的水流噴束，速度 30 m/s，沖擊一個水平圓錐體的頂端，並被從原來的方向轉向 45°。需要多少力才能抓住圓錐體來對抗水流？

6-77 水流進再流出一根水管的 U- 形段，如圖 P6-77 所示。在凸緣 (1)，絕對全壓是 200 kPa，且流進水管的流率是 55 kg/s。在凸緣 (2)，全壓是 150 kPa。在位置 (3)，15 kg/s 的水排放至大氣中，其壓力為 100 kPa。試求在連接水管的兩個凸緣處的總 x- 力與 z- 力。取整根水管內的動量因子皆是 1.03。

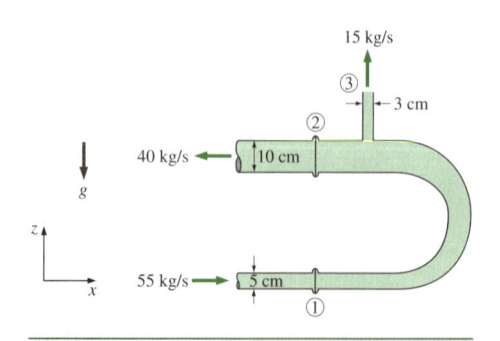

6-78 印地安那‧瓊斯需要登上一棟 10 m 高的建築物。有一根充滿高壓水的大水管從建築物頂端懸垂下來。他製造了一個正方形平台，並在平台的四個角落加掛了四個 4 cm 直徑、指向下方的噴嘴。每個噴嘴可以產生 15 m/s 速度的水流噴束。瓊斯、平台與噴嘴的組合質量是 150 kg。試求 (a) 舉起系統所需要的最小水流噴束的速度，(b) 當水流噴束的速度是 18 m/s 時，需要多久時間才能將系統舉高 10 m，並求平台在那一瞬間的速度，(c) 當平台到達高於地面 10 m 時，如果他關閉水流，則動量可以再抬高瓊斯多高呢？他有多少時間可以從平台跳到屋頂？(Answer: (a) 17.1 m/s, (b) 4.37s, 4.57 m/s, (c) 1.07 m, 0.933 s)

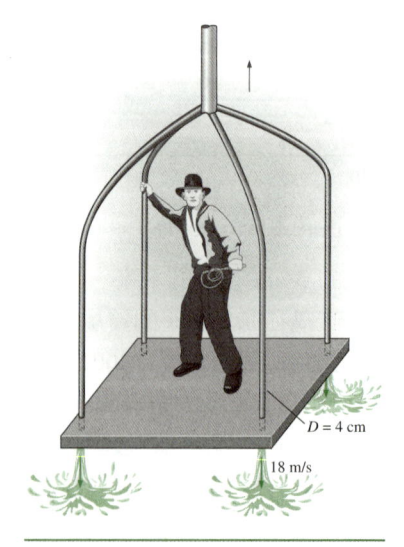

圖 P6-78

6-79 一個工程系學生打算使用風扇來做飄浮實驗。她計畫用一個箱形封閉扇來使空氣從風扇的 0.9 m 直徑的葉展區域往下吹。系統重 22 N，並且學生會確保系統不會轉動。藉由增加風扇輸入的功率，增加葉片的轉速與空氣吹出的速度直到能提供足夠的向上力來使得箱形扇能翱翔空中。試求 (a) 能產生 22 N 向上力的空氣吹出速度，(b) 需要的體積流率，(c) 需要提供給氣流的最小機械功率。取空氣密度為 1.25 kg/m³。

圖 P6-79

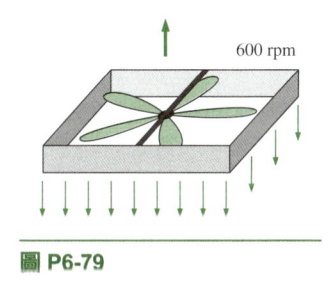

6-80 幾乎無摩擦的垂直導軌維持一個質量為 m_p 的平板在水平位置，使其可以在垂直方向自由滑動。一個噴嘴導引截面積為 A 的水流沖擊平板的底面。這個水流噴束在平板的平面上飛濺，並對平板施加一個向上的力。水流率 $\dot{m}$ (kg/s) 可以被控制。假設距離夠短使得向上噴束的速度可被視為不隨高度變化。(a) 試求恰好可以舉起平板的最小質量流率 $\dot{m}_{min}$，並且對 $\dot{m} > \dot{m}_{min}$，推導此向上移動平板的穩態速度的關係式。(b) 在時間 $t = 0$，平板是靜止的，突然間水流噴束被打開，其 $\dot{m} > \dot{m}_{min}$。對平板作力平衡分析，並推導一個速度與時間之間關係的積分式 (不必求解)。

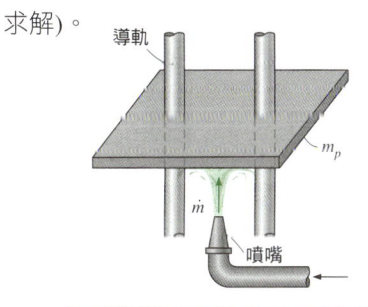

圖 P6-80

6-81 一個質量 50 g 的胡桃需要連續施加 200 N 的力 0.002 s 才能將其打開。如果要讓胡桃從高處掉落到一個硬表面上來將其打開，試求需要的最小高度。忽略空氣摩擦阻力。

6-82 一個 7 cm 直徑的垂直水流噴束被一個噴嘴以 15 m/s 向上射出。試求水流噴束可以支持的在噴嘴上方高度 2 m 處的平板的最大重量。

6-83 重做習題 6-82，但平板在噴嘴上方的高度變更為 8 m。

6-84 一個液體噴束以速度 V 離開一個靜止的噴嘴。證明噴束施力大小正比於 V^2，或 $\dot{m}^2$。假設噴束垂直於進入液體的流動管線。

6-85 一個士兵從一架飛機上跳下，當其速度達到終端速度 V_T 時打開降落傘。降落傘降低其下降速度直到達到著陸速度 V_F。在降落傘打開後，空氣阻力正比於速度的平方 (即 $F = kV^2$)。士兵、降落傘及他的裝備的總質量為 m。證明 $k = mg/V_F^2$，並且推導在士兵打開降落傘後 (在時間 $t = 0$)，其速度的關係式。

(Answer: $V = V_F \dfrac{V_r + V_F + (V_T - V_F)e^{-2gt/V_F}}{V_T + V_F - (V_T - V_F)e^{-2gt/V_F}}$)

圖 P6-85
© Corbis RF

6-86 一個水平的水流噴束，其流率為 $\dot{V}$，截面積為 A，驅動一輛質量 m_c 的有蓋小車在一條平直且無摩擦的路上移動。噴束從小車背後的一個洞進入車中並留在車內，從而增加系統質量。具有等速度 V_J 的噴束與可變速度 V 的小車之間的相對速度是 $V_J - V$。如果小車在噴流剛被啟動時是空的且靜止的，試推導小車速度相對於時間的一個關係式 (積分式也可被接受)。

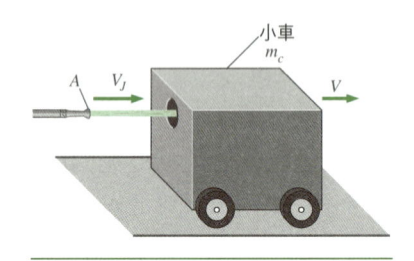

圖 P6-86

6-87 被一個噴嘴加速的水進入透平機的葉輪。水從葉輪直徑為 D 的外緣與徑向夾角為 α 的方向進入，其流速 V，質量流率 $\dot{m}$。水從徑向離開葉輪。如果透平機轉軸的角速度為 $\dot{n}$，試證明這個徑向透平機可以生產的最大功率為 $\dot{W}_{shaft} = \pi \dot{n} \dot{m} D V \sin\alpha$。

6-88 水沿著垂直軸以流率 75 L/s 進入一個雙旋臂的草地灑水器，並且從灑水器的噴嘴以 2 cm 直徑的噴束從與切線方向呈 θ 夾角噴出，如圖 P6-88 所示。每支旋轉臂的長度是 0.52 m。忽略任何摩擦效應，試求灑水器以 rev/min 表示的轉動率 $\dot{n}$，針對 (a) $\theta = 0°$, (b) $\theta = 30°$，與 (c) $\theta = 60°$。

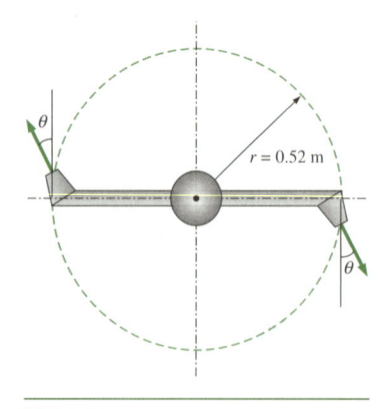

6-89 重新考慮習題 6-88。對於指定的流率，探討噴出角度 θ 對轉動率 $\dot{n}$ 的影響。令 θ 從 0° 變化到 90°，增量為 10°。將轉動率對應 θ 作圖，並討論結果。

6-90 一個裝有輪子的靜止水桶直徑為 D 並被放置在一個幾乎無摩擦的水平面上。在水桶底部有一個直徑 D_0 的平滑開孔允許水流向後水平的噴出，並讓水流噴束的力量推動系統向前運動。桶內的水重量遠大於桶與輪組合的重量，因此在本問題中只需要考慮桶內水的質量即可。考慮到水的質量會隨時間變化，試推導關係式給 (a) 加速度，(b) 速度，與 (c) 系統的運動距離與時間的函數關係。

6-91 質量為 3400 kg 的人造衛星以等速 V_0 在軌道中運行。為了改變其軌道，其附加的火箭排出從固態燃料反應所產生的 100 kg 氣體，其相對於衛星的排出速度是 3000 m/s，方向與 V_0 相反。燃料的排出率在 3 s 期間是個常數。試求 (a) 施加在衛星上的推力，(b) 在此 3 s 期間衛星的加速度，與 (c) 在此時間期間內衛星速度的改變量。

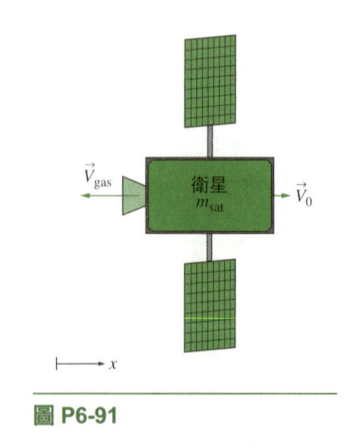

圖 P6-91

6-92 水從軸向進入一個混合水流泵，其流率為 0.3 m³/s、速度為 7 m/s，排水方向與水平方向呈 75° 夾角,並且是排放至大氣中,如圖 P6-92 所示。如果排水面積是入口面積的一半,試求作用在轉軸的軸向力。

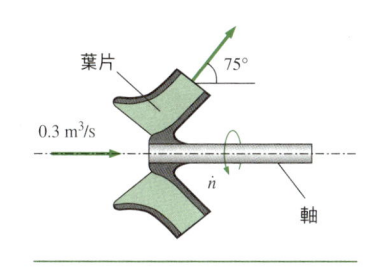

圖 P6-92

6-93 水穩定的流過一個分水管如圖 P6-93 所示。$\dot{V}_1 = 0.08$ m³/s、$\dot{V}_2 = 0.05$ m³/s、$D_1 = D_2 = 12$ cm、$D_3 = 10$ cm。如果在分水管的入口與出口的壓力讀值為 $P_1 = 100$ kPa、$P_2 = 90$ kPa 與 $P_3 = 80$ kPa,試求抓住此裝置所需要的外力。忽略重量的影響。

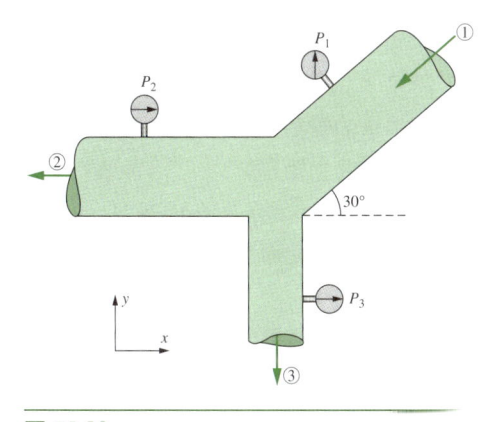

圖 P6-93

6-94 水從一根管子底部的一個 1.2 m 長、5 mm 寬的長方形狹縫排出。水流排出的速度形狀是拋物線形的,從一端的 3 m/s 變化至另一端的 7 m/s,如圖 P6-94 所示。試求 (a) 經過狹縫的排水率,與 (b) 因為這個排水過程所造成的作用在水管上的垂直力。

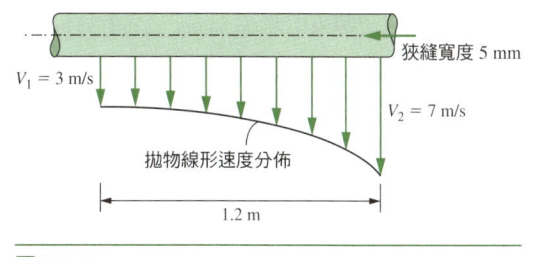

圖 P6-94

基礎工程學 (FE) 試題

6-95 當決定一個噴射引擎所產生的推力時,控制體積的聰明選擇是
(a) 固定的控制體積
(b) 移動的控制體積
(c) 變形的控制體積
(d) 移動或變形的控制體積
(e) 以上皆非

6-96 考慮一架飛機以 850 km/h 向右巡航。如果排出氣體相對於地面的速度是 700 km/h 向左,則排氣相對於噴嘴出口的速度是
(a) 1550 km/h   (b) 850 km/h
(c) 700 km/h   (d) 350 km/h
(e) 150 km/h

6-97 考慮水流過一個水平的、短的園藝水管,流率為 30 kg/min。入口速度是 1.5 m/s,出口速度是 14.5 m/s。忽略水管與水的重量。取入口與出口的動量修正因子都是 1.04,抓住水管不動所需要的夾持力是
(a) 2.8 N   (b) 8.6 N
(c) 17.5 N   (d) 27.9 N
(e) 43.3 N

6-98 考慮水流過一個水平的、短的園藝水管,流率為 30 kg/min。入口速度是 1.5 m/s,出口速度是 11.5 m/s。在水排出前,水管作了 180° 的轉彎。忽略水管與水的重量。取入口與出口的動量修正因子均為 1.04,抓住水管不動所需要的夾持力是
(a) 7.6 N   (b) 28.4 N
(c) 16.6 N   (d) 34.1 N
(e) 11.9 N

6-99 一個水流噴束以流率 5 kg/s，速度 35 km/h 水平的沖擊一塊垂直的平板。假設沖擊後，水流沿垂直方向移動。為了阻止平板在水平方向移動所需要的力是

(a) 15.5 N (b) 26.3 N
(c) 19.7 N (d) 34.2 N
(e) 48.6 N

6-100 考慮水流過一個水平的、短的園藝水管，流率為 40 kg/min。入口的速度是 1.5 m/s，出口的速度是 16 m/s。在水排出前，水管作了 90° 的轉彎到垂直方向。忽略水管與水的重量。取入口與出口的動量修正因子都是 1.04，則在垂直方向需要用來抓住水管不動的反作用力是

(a) 11.1 N (b) 10.1 N
(c) 9.3 N (d) 27.2 N
(e) 28.9 N

6-101 考慮水流過一個水平的、短的園藝水管，流率為 80 kg/min。入口的速度是 1.5 m/s，出口的速度是 16.5 m/s。在水排出前，水管作了 90° 的轉彎到垂直方向。忽略水管與水的重量。取入口與出口的動量修正因子都是 1.04，則在水平方向需要用來抓住水管不動的反作用力是

(a) 73.7 N (b) 97.1 N
(c) 99.2 N (d) 122 N
(e) 153 N

6-102 一個水流噴束以流率 18 kg/s，速度 24 m/s 垂直的沖擊一塊靜止的水平平板。平板的質量是 10 kg。假設沖擊後水流沿著水平方向移動。為了阻止平板作垂直運動所需的力是

(a) 192 N (b) 240 N
(c) 334 N (d) 432 N
(e) 530 N

6-103 吹在一個風機上的風速經過量測是 6 m/s。葉片展開的直徑是 24 m，並且風機的效率是 29%。空氣的密度是 1.22 kg/m³。風施加在風機的支撐柱上的水平力是

(a) 2524 N (b) 3127 N
(c) 3475 N (d) 4138 N
(e) 4313 N

6-104 吹在一個風機上的風速經過量測是 8 m/s。葉片展開的直徑是 12 m。空氣的密度是 1.2 kg/m³。如果風施加在風機的支撐柱上的水平力是 1620 N，則風機的效率是

(a) 27.5% (b) 31.7%
(c) 29.5% (d) 35.1%
(e) 33.8%

6-105 一個透平機的轉軸以 800 rpm 轉動。如果轉軸的扭力是 350 N·m，則軸功率是

(a) 112 kW (b) 176 kW
(c) 293 kW (d) 350 kW
(e) 405 kW

6-106 一根 3 cm 直徑的水平管子附著在一個平面上，並且在水以 9 m/s 的速度排出前作了 90° 的轉彎成為垂直向上。水管的水平段是 5 m 長，垂直段是 4 m 長。忽略管子中水的質量，則在壁面的管子底部所受到的彎曲力矩是

(a) 286 N·m (b) 229 N·m
(c) 207 N·m (d) 175 N·m
(e) 124 N·m

6-107 一根 3 cm 直徑的水平管子附著在一個平面上，並且在水以 6 m/s 的速度排出前作了 90° 的轉彎成為垂直向上。水管的水平段是 5 m 長，垂直段是 4 m 長。忽略管的質量，但考慮管內水的重量，則在壁面的管子底部所受到的彎曲力矩是

(a) 11.9 N·m (b) 46.7 N·m
(c) 127 N·m (d) 104 N·m
(e) 74.8 N·m

6-108 一個有 4 支相同旋轉臂的大草地灑水器要藉由連接一個發電器在其旋轉頭上，以便將其轉換成可以生產電力的透平機。水從底部沿著轉軸以 15 kg/s 進入灑水器，並

且從噴嘴以相對於轉動噴嘴 50 m/s 的速度沿切線方向離開噴嘴。灑水器在水平面上以 400 rpm 旋轉，轉軸與每個噴嘴中心的垂直距離是 30 cm。試估計生產的電功率

(a) 5430 W   (b) 6288 W
(c) 6634 W   (d) 7056 W
(e) 7875 W

6-109 考慮一個離心泵的葉輪，其轉速為 900 rpm，流率為 95 kg/min。葉輪的半徑在入口與出口分別是 7 cm 與 16 cm。假設在入口與出口的流體切線速度等於葉片的轉動速度，則泵所需要的功率為

(a) 83 W   (b) 291 W
(c) 409 W   (d) 756 W
(e) 1125 W

6-110 水從徑向流進一個離心泵的葉輪，流率是 450 L/min，軸的轉速是 400 rpm。在此 70 cm 外徑葉輪的出口的水的絕對速度的切線分量是 55 m/s。施加在葉輪的扭力為

(a) 144 N·m   (b) 93.6 N·m
(c) 187 N·m   (d) 112 N·m
(e) 235 N·m

設計與小論文題

6-111 拜訪消防局並獲得關於水管流率與排水直徑的資訊。利用此資訊，計算當消防員握住消防水管時所受到的衝力。

因次分析與模型製作

Chapter 7

學習目標

讀完本章後，你將能夠

- 更了解因次、單位與方程式的因次齊一性。
- 了解因次分析的眾多好處。
- 知道如何使用重複變數的方法來決定無因次變數。
- 了解動力相似的觀念與如何使用於製作實驗的模型。

美國海軍艦隊的亞里・柏克級驅逐艦的 1 艘 1:46.6 的模型船在愛荷華大學的 100 m 長的拖曳水槽中。在這種測試中，福勞數是最重要的無因次參數。
Photograph courtesy of IIHR-Hydroscience & Engineering, University of Iowa.
Used by permission.

本章中我們首先複習因次與單位的觀念，然後複習因次齊一性的基本原理，以及說明如何將其應用於方程式的無因次化並決定無因次參數群。我們討論模型與原型間的相似性觀念。我們也說明了一個給工程師與科學家的有用的工具，稱為因次分析，其中將因次變數、無因次變數與因次常數組合在一起形成無因次參數，這可以簡化問題需要的獨立參數的數目。我們提出一個漸進的方法來得到這些無因次參數，稱為重複變數法，此法僅基於變數與常數的因次。最後我們應用此技術於幾個實際的問題來說明其用法與限制。

7-1 因次與單位

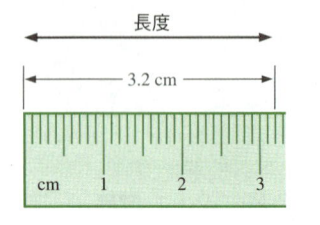

圖 7-1 因次是物理量沒有數值的一種量度,而單位則是指定數值給此因次的一個方法。例如長度是因次,而公分則是單位。

因次 (dimension) 是物理量的一種量度 (沒有數值),而**單位** (unit) 是指定數值給因次的一種方法。例如長度是一個因次,可用微米 (μm)、呎 (ft)、公分 (cm)、米 (m)、公里 (km) 等單位來量測 (圖 7-1)。有七種**主要因次** (primary dimensions) [也稱為**基礎因次** (fundamental dimensions) 或**基本因次** (basic dimensions)] — 質量、長度、時間、溫度、電流、光量與物質量。

所有非主要因次都可由這七個主要因次的某種組合形成。

例如,力與質量乘以加速度有相同的因次 (根據牛頓第二定律)。因此,用主要因次表示,

力的因次: $\quad \{\text{力}\} = \left\{ \text{質量} \frac{\text{長度}}{\text{時間}^2} \right\} = \{mL/t^2\}$ (7-1)

其中大括號代表「某量的因次」,而縮寫則取自於表 7-1。你應該注意有些作者喜好用力代替質量來當作一個主要因次 — 我們不採取這種作法。

例題 7-1 ▶ 表面張力的主要因次

一位工程師正在研究為何有些昆蟲可以在水面上行走 (圖 7-2)。這個問題的一個重要的流體性質是表面張力 (σ_s),其因次為每單位長度的力。用主要因次寫出表面張力的因次。

解答: 要決定表面張力的主要因次。

分析: 根據式 (7-1),力有質量乘以加速度的因次,或 $\{mL/t^2\}$。因此,

表面張力的因次: $\quad \{\sigma_s\} = \left\{ \frac{\text{力}}{\text{長度}} \right\} = \left\{ \frac{m \cdot L/t^2}{L} \right\} = \{m/t^2\}$ (1)

圖 7-2 水黽是一種昆蟲,可以利用表面張力在水面上行走。
NPS Photo by Rosalie LaRue.

討論: 用主要因次來表示一個變數或常數的因次的好處在討論重複變數方法時,7-4 節,會變得更明顯。

表 7-1 主要因次與相關的公制 (SI) 與英制單位

因次	符號*	公制單位	英制單位
質量	m	kg (公斤)	lbm (磅質量)
長度	L	m (米)	ft (呎)
時間†	t	s (秒)	s (秒)
溫度	T	K (克耳文)	R (朗肯)
電流	I	A (安培)	A (安培)
光量	C	cd (燭光)	cd (燭光)
物質量	N	mol (莫耳)	mol (莫耳)

* 我們對變數使用斜體，但對因次的符號則不用。
† 注意有些作者用符號 T 給時間的因次，而用 θ 給溫度的因次。我們不遵循此習慣用法來避免時間與溫度的混淆。

7-2 因次齊一性

我們都聽過這個舊說法，你不能把蘋果與橘子相加 (圖 7-3)。這事實上是一個與方程式有關的更廣泛且更基本的數學定律 (因次齊一性定理) 的簡化表示式。此定律的敘述為

方程式的每一個相加項都必須有相同的因次。

例如，考慮一個簡單可壓縮封閉系統從一個狀態或時間 (1) 到另一個狀態 (2) 的總能量的變化，如圖 7-4 所示。這個系統的總能量的變化為

系統的總能量變化： $\Delta E = \Delta U + \Delta KE + \Delta PE$ (7-2)

圖 7-3 你不能把蘋果與橘子相加！

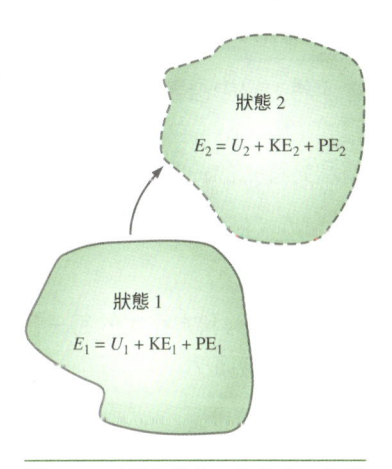

其中 E 包括三個成分：內能 (U)、動能 (KE) 與位能 (PE)。這些成分也可用系統的質量 (m)、每個狀態下可量測的量與熱力學性質如速度 (V)、高度 (z) 與比內能 (u)，及重力加速度常數 (g) 的組合來表達，

圖 7-4 系統在狀態 1 與狀態 2 的總能量。

$$\Delta U = m(u_2 - u_1) \qquad \Delta KE = \frac{1}{2}m(V_2^2 - V_1^2) \qquad \Delta PE = mg(z_2 - z_1) \qquad (7\text{-}3)$$

證明式 (7-2) 的左邊與式 (7-2) 的右邊三個相加項有相同的因次 —— 能量，是很直接的。使用式 (7-3) 的定義，我們可以寫出每一項的主要因次，

$$\{\Delta E\} = \{能量\} = \{力 \cdot 長度\} \rightarrow \{\Delta E\} = \{mL^2/t^2\}$$

$$\{\Delta U\} = \left\{質量 \frac{能量}{質量}\right\} = \{能量\} \rightarrow \{\Delta U\} = \{mL^2/t^2\}$$

$$\{\Delta KE\} = \left\{質量 \frac{長度^2}{時間^2}\right\} \rightarrow \{\Delta KE\} = \{mL^2/t^2\}$$

$$\{\Delta PE\} = \left\{質量 \frac{長度}{時間^2} 長度\right\} \rightarrow \{\Delta PE\} = \{mL^2/t^2\}$$

如果在分析的某個階段我們發現處於一種情況，即方程式中的兩個相加項有不同的因次，這表示在此分析的某個較早的階段我們出錯了（圖 7-5）。除了因次齊一性，計算也需要每一個相加項的單位都相同才是有效的。例如以上各項的能量單位可以是 J、N·m 或 kg m²/s²，這些都是相等的。然而，若是這些項的某一項中使用了 kJ 來代替 J，這項與其它項就差了 1000 倍。因此在進行數學計算時為了避免類似的錯誤，寫出所有的單位是明智之舉。

圖 7-5 一個不具有因次齊一性的方程式一定表示其中有錯。

例題 7-2 ▶ 伯努利方程式的因次齊一性

在流體力學中最著名（也最常被誤用）的方程式可能就是伯努利方程式（圖 7-6），在第 5 章中有討論。對於無旋的不可壓縮流，伯努利方程式的一個標準形式為

伯努利方程式： $$P + \frac{1}{2}\rho V^2 + \rho g z = C \tag{1}$$

(a) 證明伯努利方程式的每一個相加項有相同的因次。(b) 常數 C 的因次是什麼？

解答：我們要證明在式 (1) 中的每一個相加項的主要因次都相同並且我們要決定常數 C 的因次。

分析：(a) 每一項都用主要因次來寫出，

本日方程式

伯努利方程式
$P + \frac{1}{2}\rho V^2 + \rho g z = C$

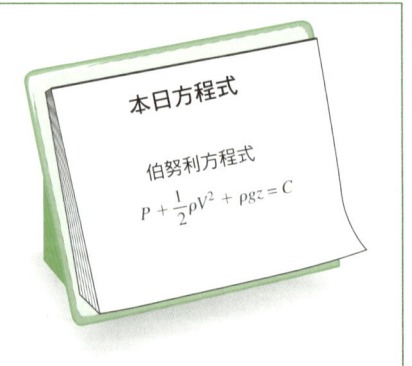

圖 7-6 伯努利方程式是一個因次齊一性方程式的良好例子。所有相加項，包括常數，都有相同的因次，即壓力的因次。用主要因次表示，每一項的因次都是 $\{m/(t^2L)\}$。

$$\{P\} = \{壓力\} = \left\{\frac{力}{面積}\right\} = \left\{質量 \frac{長度}{時間^2} \frac{1}{長度^2}\right\} = \left\{\frac{m}{t^2L}\right\}$$

$$\left\{\frac{1}{2}\rho V^2\right\} = \left\{\frac{質量}{體積}\left(\frac{長度}{時間}\right)^2\right\} = \left\{\frac{質量 \times 長度^2}{長度^3 \times 時間^2}\right\} = \left\{\frac{m}{t^2L}\right\}$$

$$\{\rho g z\} = \left\{\frac{質量}{體積} \frac{長度}{時間^2} 長度\right\} = \left\{\frac{質量 \times 長度^2}{長度^3 \times 時間^2}\right\} = \left\{\frac{m}{t^2L}\right\}$$

確實，所有相加項都有相同的因次。

(b) 從因次齊一性定律，常數與方程式中其它的相加項必須有相同的因次。因此，

伯努利常數的主要因次： $$\{C\} = \left\{\frac{m}{t^2 L}\right\}$$

討論：如果這些項當中的任何一項的因次與其它項不同，就指出在這分析中的某個地方做錯了。

方程式的無因次化

因次齊一性定律保證方程式中的每一項都有相同的因次。因此如果我們把方程式的每一項都用一個變數與常數的組合 (其乘積也有相同的因次) 來除，方程式就會被**無因次化** (nondimensional) (圖 7-7)。再者，若方程式中的每個無因次項都有單位數量級，此方程式就稱為**被正常化** (normalized)。因此正常化比無因次化的限制性更強，雖然這兩個詞語有時候被 (不正確地) 交換使用。

一個無因次方程式的每一項都是無因次的。

在一個運動方程式的無因次化過程中，**無因次參數** (nondimensional parameters) 常會出現 —— 它們大多數都會以一個有名的科學家或工程師命名 (例如雷諾數與福勞數)。這個過程被某些作者稱為**檢查分析** (inspectional analysis)。

作為一個簡單的例子，考慮在真空中的一個物體，從高度 z 在重力的作用下落下的運動方程式 (無空氣阻力)，如圖 7-8 所示。物體的初始位置是 z_0，在 z- 方向的初始速度是 w_0。從高中物理學：

運動方程式： $$\frac{d^2 z}{dt^2} = -g \qquad (7\text{-}4)$$

因次變數定義為在問題中會變化的因次量。式 (7-4) 的簡單微分方程式中，有兩個因次變數：z (長度因次) 與 t (時間因次)。無因次變數定義為在問題中變化的無因次量；例如轉動角度，以度或弧度量測，兩者都是無因次的單位。重力常數 g，雖然有因次，但維持為常數，因此被稱為因次常數。這個特定的問題中還有兩個因次常數，初始位置 z_0 與初始速度 w_0。雖然因次常數從一個問題到另一個問題可以改變，但它們對一個特定的問題是固定不變的，因此與因次變數有所區別。對於由問題中的因

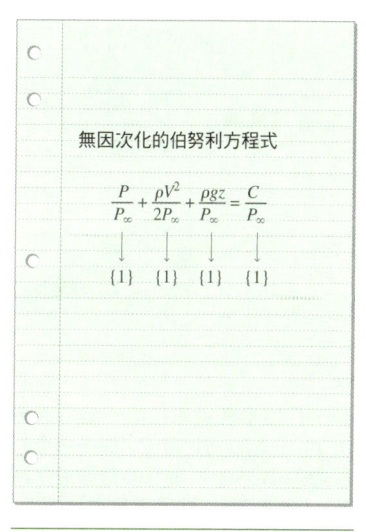

圖 7-7 伯努利方程式的一個無因次化形式是把每一個相加項都用一個壓力 (此處我們用 P_∞) 來除。結果每項都是無因次的 (因次為 {1})。

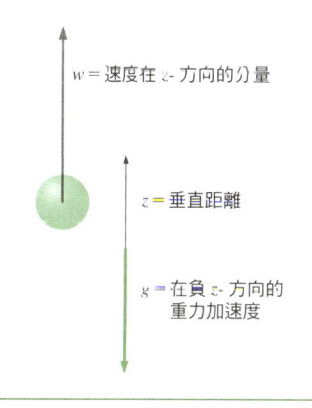

圖 7-8 在真空中掉落的物體。垂直速度畫在正方向，因此對於掉落物體，$w < 0$。

次變數、無因次變數與因次常數所形成的組合,我們使用**參數** (parameters) 這個名詞。

式 (7-4) 可以很容易經由積分兩次並代入初始條件來解出。結果是在任何時間 t 的高度 z 的表示式:

有因次的結果:
$$z = z_0 + w_0 t - \frac{1}{2} g t^2 \tag{7-5}$$

在式 (7-5) 的常數 $\frac{1}{2}$ 與指數 2 是無因次的積分常數。這種常數稱為純常數,純常數的其它常見例子是 π 與 e。

為了無因次化式 (7-4),我們需要選擇**尺度參數** (scaling parameters),是基於原始方程式中所包含的主要因次來選擇的。在流體流動的問題中,基本上至少會有三個尺度參數,例如 L、V 與 $P - P_\infty$ (圖 7-9),因為在一般問題中,至少會有三個主要因次 (例如,質量、長度與時間)。在此所討論的掉落物體的情況中,只有兩個主要因次:長度與時間,因此我們被限制僅能選擇兩個尺度參數。在選擇尺度參數時我們有一些選擇性,因為有三個可用的因次常數 g、z_0 與 w_0。我們選擇 z_0 與 w_0。你也可使用 g 與 z_0 或 g 與 w_0 來作相同的分析。使用這兩個尺度參數,我們可以將因次變數 z 與 t 無因次化。第一步是列出問題中所有因次變數與因次常數的主要因次,

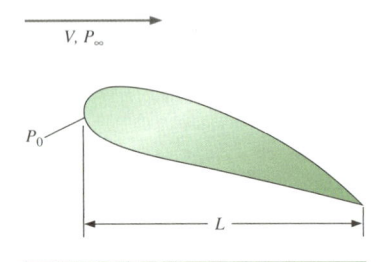

圖 7-9 在一個典型的流體流動問題,尺度參數通常包括一個特徵長度 L、一個特徵速度 V,與一個參考壓力差 $P_0 - P_\infty$。其它參數與流體性質 (例如密度、黏度與重力加速度) 也會進入問題中。

所有參數的主要因次:
$$\{z\} = \{L\} \quad \{t\} = \{t\} \quad \{z_0\} = \{L\} \quad \{w_0\} = \{L/t\} \quad \{g\} = \{L/t^2\}$$

第二步是使用選擇的兩個尺度參數來無因次化 z 與 t (用觀察法) 成為無因次變數 z^* 與 t^*,

無因次變數:
$$z^* = \frac{z}{z_0} \quad t^* = \frac{w_0 t}{z_0} \tag{7-6}$$

將式 (7-6) 代入式 (7-4) 得

$$\frac{d^2 z}{dt^2} = \frac{d^2(z_0 z^*)}{d(z_0 t^*/w_0)^2} = \frac{w_0^2}{z_0} \frac{d^2 z^*}{dt^{*2}} = -g \quad \rightarrow \quad \frac{w_0^2}{g z_0} \frac{d^2 z^*}{dt^{*2}} = -1 \tag{7-7}$$

這是我們要的無因次方程式。式 (7-7) 中的因次常數的組合是一個著名的**無因次參數** (nondimensional parameter 或 nondimensional group),**福勞數** (Froude number) 的平方。

福勞數：
$$\text{Fr} = \frac{w_0}{\sqrt{gz_0}} \tag{7-8}$$

福勞數也是會在自由表面流 (第 13 章) 中出現的無因次參數，可以視為是慣性力與重力的比值 (圖 7-10)。你應該會注意到在一些較舊的教科書中，Fr 被定義為式 (7-8) 中的參數的平方。將式 (7-8) 代入式 (7-7) 得到

圖 7-10 在自由表面流中，例如明渠流，福勞數是很重要的。這裡顯示的是一個經過水閘的流動。水閘上游的福勞數是 $\text{Fr}_1 = V_1/\sqrt{gy_1}$，水閘下游的福勞數是 $\text{Fr}_2 = V_2/\sqrt{gy_2}$。

無因次化的運動方程式：
$$\frac{d^2z^*}{dt^{*2}} = -\frac{1}{\text{Fr}^2} \tag{7-9}$$

在無因次形式中，只有一個參數留下來，即福勞數。式 (7-9) 可以輕易的積分兩次並代入初始條件來求解。結果是無因次高度 z^* 與無因次時間 t^* 之間函數關係的表示式：

無因次結果：
$$z^* = 1 + t^* - \frac{1}{2\text{Fr}^2}t^{*2} \tag{7-10}$$

比較式 (7-5) 與 (7-10) 顯示它們是對等的。事實上，當作練習，將式 (7-6) 與 (7-8) 代入式 (7-5) 可以驗證式 (7-10)。

我們似乎使用了許多額外的代數運算來產生相同的結果。那麼無因次化方程式的好處在那裡？回答這個問題之前，我們注意到對這個簡單的問題，好處並不是那麼明顯，因為我們能夠直接積分、微分的運動方程式。在更複雜的問題中，微分方程式 (或更普偏的微分方程組) 不能夠被直接積分，工程師必須對方程式作數值積分，或設計並進行物理實驗來獲取需要的結果，兩種作法都將導致可觀的時間與花費。在這些情況中，藉由將方程式無因次化所產生的無因次參數非常有用，並且最終可以節省許多精力與花費。

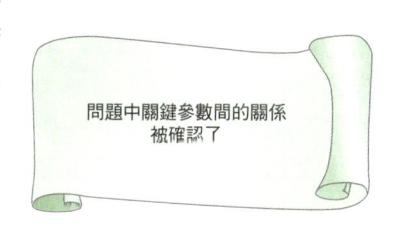

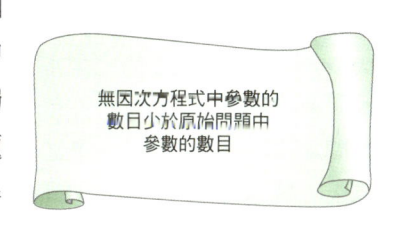

無因次化有兩個主要的好處 (圖 7-11)。首先，它增加我們對於關鍵參數之間關係的洞察力。例如式 (7-8) 揭露出將 w_0 加倍與將 z_0 減小至 1/4 倍有相同的效果。其次，它減少了問題中參數的數目。例如，原始問題包含一個相依變數，z；一個獨立變數，t；與其它三個因次常數，g、w_0 與 z_0。無因次問題包含一個相依變數，z^*；一個獨立變數 t^*；而只有一個其它參數，即無因次福勞數，Fr。其它參數的數目已經從 3 個降低成 1 個！例題 7-3 更進一步說明無因次化的好處。

圖 7-11 無因次化方程式的兩個主要好處。

328 流體力學

> **例題 7-3** 無因次化好處的說明

你弟弟的高中物理課要使用一根抽真空的大垂直管來做實驗，學生可以遙控一個鋼球從 0 到 15 m 的初始高度 z_0（從管底部量起），以 0 到 10 m/s 的初始速度釋出。一部電腦連結沿著管子分佈的光感測器讓學生可以畫出每次實驗的鋼球軌跡。(畫出高度 z 與時間 t 的函數關係。) 學生們不熟悉因次分析或無因次化技術，因此進行了許多"暴力"實驗來決定軌跡如何受到初始條件 z_0 與 w_0 的影響。首先，他們維持 w_0 固定在 4 m/s，並且對 5 個不同的 z_0 值進行實驗：3、6、9、12 與 15 m。實驗結果示於圖 7-12a。其次，他們將 z_0 固定在 10 m，並且對 5 個不同的 w_0 進行實驗：2、4、6、8 與 10 m/s。這些結果示於圖 7-12b。那天下午後，你弟弟將數據及軌跡給你看，並告訴你他們將對不同的 z_0 與 w_0 值進行更多的實驗。你向他解釋先將數據無因次化，問題可被簡化成只有一個參數，並且不需要做更多的實驗。準備一張無因次圖形來證明你的觀點並討論。

解答：要從所有可用的軌跡數據來畫出一張無因次圖形。明確的說，我們要畫 z^* 與 t^* 的函數關係。

假設：管中有足夠的真空度，所以作用在球上的空氣阻力可以忽略。

性質：重力常數是 9.81 m/s^2。

分析：式 (7-4) 對此問題是成立的，其無因次化後所產生的式 (7-9) 也是成立的。就如之前討論過的，這個問題組合三個原始的因次參數 (g、z_0 與 w_0) 成為一個無因次參數，即福勞數。在轉換成式 (7-6) 的無因次變數以後，圖 7-12a 與 b 的 10 條軌跡線可以用無因次形式重畫於圖 7-13。很清楚的，所有軌跡都屬於同一家族，而福勞數是唯一剩下來的參數。這些實驗的 Fr^2 大約從 0.041 變化到 1.0。如果要進行任何更多的實驗，其 z_0 與 w_0 組合所形成的福勞數就必須在此範圍之外。大量額外的實驗是不需要的，因為所有的軌跡都會與畫在圖 7-13 的屬於同一家族。

討論：福勞數低時，重力大於慣性力，球會在一個相當短的時間內掉落至地面。相反的，在 Fr 的值較大時，慣性力開始時較為主宰，球在往下掉前會上升一段相當大的距離；所以球需要較長的時間才能掉落地面。學生們顯然不能夠調整重力常數，但如果他們能，暴力法將需要更多的實驗才能得出 g 的影響。然而，如果他們先無因次化，已經得到並示於圖 7-13 的無因次軌跡圖將對任何 g 值都是成立的；並不需要做更多的實驗，除非 Fr 是在測試值的範圍之外。

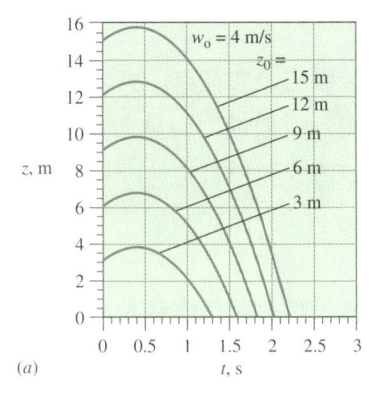

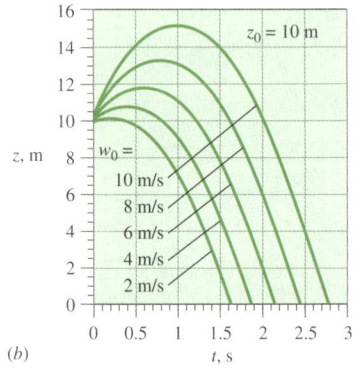

圖 7-12 鋼球在真空中掉落的軌跡圖：(a) w_0 固定在 4 m/s，與 (b) z_0 固定在 10 m (例題 7-3)。

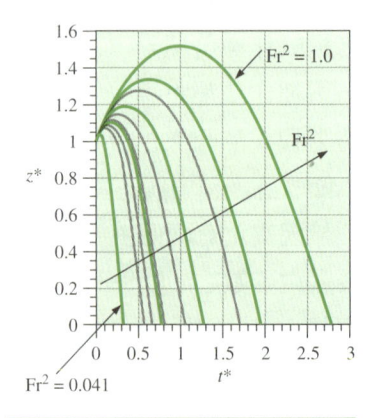

圖 7-13 鋼球在真空中掉落的軌跡圖。圖 7-12a 與 b 的數據被無因次化並組合在一張圖上。

如果你還沒有相信無因次方程式與參數有許多好處，考慮這個：為了把例題 7-3 中的軌跡對三個因次變數 g、z_0 與 w_0 的所有範圍作合理的建檔，暴力法對各種不同的 w_0 值，將額外需要幾張 (至少 4 張) 像圖 7-12a 的圖，再加上對於 g 的一個範圍也額外需要幾張像這樣的圖。對 3 個變數，且每個變數有 5 個不同值的一個完整數據組合將會需要 $5^3 = 125$ 個實驗！無因次化將參數的數目從 3 縮減成 1 ── 總共需要 $5^1 = 5$ 個實驗就可獲得相同的解析度。(對 5 個層級的值，只要 5 個像圖 7-13 的無因次軌跡就夠了，要仔細選擇 Fr 的值。)

另一個無因次化的好處是，對一個或更多個因次參數作外插至沒有測試的值是可能的。例如，例題 7-3 中的數據是在唯一的重力加速度下所取得的。假如你想要外插這些數據到不同的 g 值。例題 7-4 展示這是如何輕易地經由無因次數據來完成的。

例題 7-4　無因次數據的外插

月球表面上的重力常數僅是地球上的 1/6。月球上的一個太空人以初始速度 21.0 m/s，在月球表面 2.0 m 高的地方，向高於水平面 5° 夾角的方向丟出一個棒球 (圖 7-14)。(a) 用例題 7-3 顯示於圖 7-13 的無因次數據來預測棒球掉落地面需要多久的時間。(b) 進行一個正確的計算，並且將結果與 (a) 小題的結果作比較。

解答： 在地球上所做實驗的數據要被用來預測在月球上的一個棒球掉落地面所需要的時間。

假設： 1. 棒球的水平速度是無關的。2. 月球的表面在太空人的近處是完美的平面。3. 球上沒有任何空氣阻力，因為月球上沒有大氣。4. 月球上的重力是地球上的 1/6。

性質： 月球上的重力常數是 $g_{moon} = 9.81/6 = 1.63 \text{ m/s}^2$。

圖 7-14　在月球上丟一個棒球 (例題 7-4)。

分析： (a) 福勞數是根據 g_{moon} 的值與初始速度的垂直分量來計算的，

$$w_0 = (21.0 \text{ m/s}) \sin(5°) = 1.830 \text{ m/s}$$

從這個值可得

$$Fr^2 = \frac{w_0^2}{g_{moon} z_0} = \frac{(1.830 \text{ m/s})^2}{(1.63 \text{ m/s}^2)(2.0 \text{ m})} = 1.03$$

這個 Fr^2 的值幾乎與畫在圖 7-13 中的最大值相同。用無因次變數來表示，棒球在 $t^* \cong 2.75$ 掉落地面，如從圖 7-13 所決定的。利用式 (7-6) 轉換回因次變數，

撞到地面的估計時間：
$$t = \frac{t^* z_0}{w_0} = \frac{2.75(2.0 \text{ m})}{1.830 \text{ m/s}} = \mathbf{3.01 \text{ s}}$$

(b) 正確的計算是在式 (7-5) 中令 z 等於 0，並解出時間 t (使用二項式公式) 來獲得，

撞到地面的正確時間：

$$t = \frac{w_0 + \sqrt{w_0^2 + 2z_0 g}}{g}$$

$$= \frac{1.830 \text{ m/s} + \sqrt{(1.830 \text{ m/s})^2 + 2(2.0 \text{ m})(1.63 \text{ m/s}^2)}}{1.63 \text{ m/s}^2} = 3.05 \text{ s}$$

討論：如果福勞數落在圖 7-13 的兩條軌跡線之間，就必須使用內插。因為某些數值僅有兩個有效數字，(a) 小題與 (b) 小題結果的小小差異並無關緊要。取兩個有效數字的最後結果是 $t = 3.0$ s。

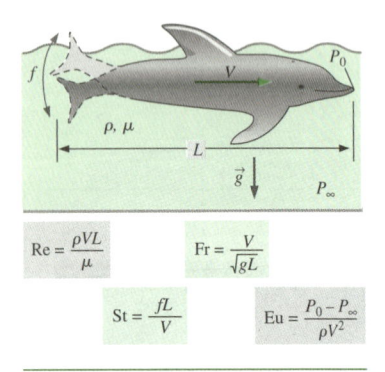

流體流動的微分運動方程式在第 9 章中推導並討論。在第 10 章中你將發現一個與在此介紹的分析法相似的分析，但卻是應用在流體流動的微分方程式上。結果是福勞數也出現在那個分析中，同時出現的還有三個重要的無因次參數 —— 雷諾數、歐拉數與史特豪數 (圖 7-15)。

$$\text{Re} = \frac{\rho VL}{\mu} \qquad \text{Fr} = \frac{V}{\sqrt{gL}}$$

$$\text{St} = \frac{fL}{V} \qquad \text{Eu} = \frac{P_0 - P_\infty}{\rho V^2}$$

圖 7-15 在一個有自由表面的一般的不穩定流體流動問題中，尺度參數包括特徵長度 L、特徵速度 V、特徵頻率 f 與參考壓力差 $P_0 - P_\infty$。流體流動的微分方程式的無因次化產生 4 個無因次參數：雷諾數、福勞數、史特豪數與歐拉數 (參考第 10 章)。

7-3 因次分析與相似性

用檢視來無因次化方程式只有當我們知道可以從那個方程式開始才會是有用的。然而在許多實際的工程問題中，不是不知道方程式，就是求解太困難；實驗經常是獲得可靠資訊的唯一方法。在許多實驗中，為了節省時間與金錢，測試是對一個幾何縮小的模型來進行的，而不是使用全尺寸的原型。在這些情況中，必須相當的小心來將結果依比例放大。我們在此介紹一個有力的技術，稱為**因次分析** (dimensional analysis)。雖然通常在流體力學中教授，但因次分析在所有學科中都很有用，特別是需要設計與進行實驗時。你被鼓勵也在其它科目中使用這個有力的工具，不只是流體力學。因次分析的三個主要目的是

- 產生無因次參數來幫助設計實驗 (物理的或數值的)，並且報告實驗的結果。
- 獲得比例定律，可以用模型性能來預測原型性能。
- (有時候) 預測參數之間關係的趨勢。

在討論因次分析的技術之前，我們首先解釋因次分析的基本觀念 —— **相似性** (similarity) 原理。模型與原型的完全相似性有三個必要條件。第一個條件是**幾何相似** (geometric similarity) —— 模型與原型必須有相同的形狀，但其尺寸必須有等比例常數關係。第二個條件是**運動相似** (kinematic similarity)，意指在模型流場中任何一

點的速度必須正比於 (以一個等比例常數) 在原型流場中對應點的速度 (圖 7-16)。

明白的說，運動相似時，對應點的速度必須在大小上成比例而且必須指向相同的相對方向。你可以將幾何相似想成長度比例相等，而運動相似則為時間比例相等。幾何相似是運動相似的先決條件。就像幾何比例常數可以小於、等於或大於 1，速度比例常數也是如此。例如在圖 7-16 中，幾何比例常數小於 1 (模型比原型小)，但速度比例則大於 1 (模型附近的速度大於原型附近的速度)。你可以從第 4 章中回憶流線是運動現象；因此當符合運動相似時，模型流場中的流線形狀是與原型流場中的流線形狀成幾何比例的拷貝版。

第三個，同時也是最嚴格的相似性條件是**動力相似** (dynamic similarity)。動力相似的達成是模型流場中的所有力與原型流場中的對應力的比例都是一個相同的比例常數 (力比例相等)。就像幾何及運動相似，力的比例常數可以小於、等於或大於 1。例如在圖 7-16 中，力比例常數小於 1，因為作用在模型建築物上的力小於作用於原型上的力。運動相似對於動力相似是一個必要的但不充分的條件，因此模型流場與原型流場兩者可能都達到幾何與運動相似，但卻不是動力相似的。為了達到完全相似，所有三個相似性條件都必須符合。

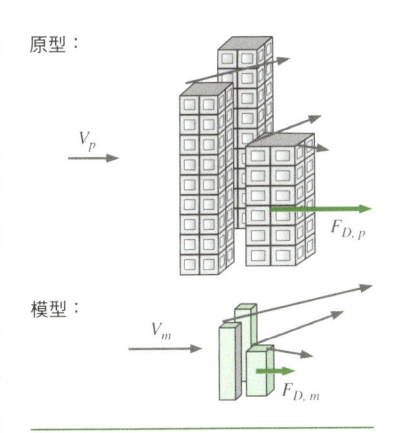

圖 7-16 運動相似的達成是在所有位置，模型流場的速率正比於在原型流場中對應點的速率，並且都指向相同的方向。

在一般的流場中，達到模型與原型之間的完全相似性只有當幾何、運動及動力相似性都達到才成立。

我們令大寫希臘字母 Π 代表無因次參數。在 7-2 節中我們已經討論過一個 Π，即福勞數，Fr。在一般的因次分析的問題中，有一個 Π 我們稱為相依 Π，給它符號 Π_1。此參數 Π_1 通常是其它幾個 Π 的函數，我們稱這些為獨立 Π。函數關係是

Π 之間的函數關係： $$\Pi_1 = f(\Pi_2, \Pi_3, \cdots, \Pi_k) \tag{7-11}$$

其中 k 表示 Π 的總數。

考慮一個實驗中，對一個比例模型作測試來模擬一個原型流場。為了確保模型與原型之間的完全相似，模型的每一個獨立 Π (下標為 m) 必須與原型中對應的獨立 Π (下標為 p) 相同，即，$\Pi_{2,m} = \Pi_{2,p}$, $\Pi_{3,m} = \Pi_{3,p}$, $\cdots$, $\Pi_{k,m} = \Pi_{k,p}$。

為了確保完全相似，模型與原型必須是幾何相似，並且所有獨立 Π 群在模型與原型之間必須是相同的。

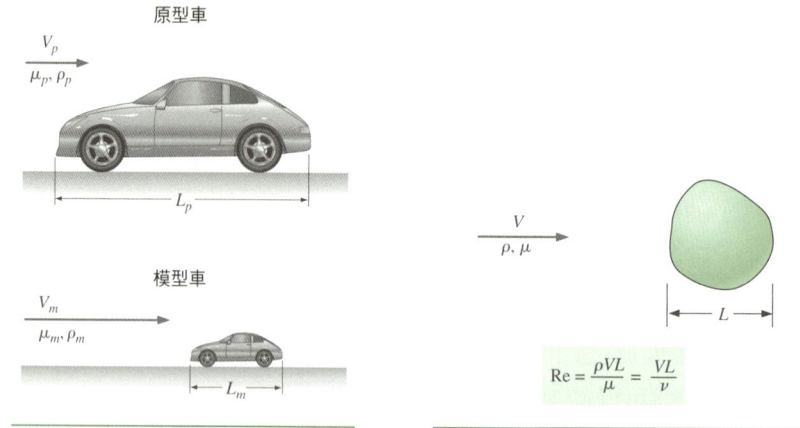

圖 7-17 一輛長度 L_p 的原型車與一輛長度 L_m 的模型車之間的幾何相似。

圖 7-18 雷諾數 Re 是由密度、特徵速度與特徵長度對黏度的比值形成的。替代的，其為特徵速度與長度對運動黏度 (定義為 $\nu = \mu/\rho$) 的比值。

$$\text{Re} = \frac{\rho V L}{\mu} = \frac{V L}{\nu}$$

在這些情況下，模型的獨立 Π ($\Pi_{1,m}$) 就保證也會等於原型的獨立 Π ($\Pi_{1,p}$)。數學上，我們寫下一個達到相似性的條件敘述，

若　　　　$\Pi_{2,m} = \Pi_{2,p}$ 且 $\Pi_{3,m} = \Pi_{3,p}$, … 且 $\Pi_{k,m} = \Pi_{k,p}$

則　　　　$\Pi_{1,m} = \Pi_{1,p}$　　　　　　　　　　　　　　　　　　　　　(7-12)

例如考慮一輛新跑車的設計，其空氣動力性能要在風洞中測試。為了省錢，希望用這輛車的一輛較小的幾何相似的模型，而不是一輛全尺寸的原型車來作測試 (圖 7-17)。對作用在一輛汽車的空氣阻力的情況，如果流動被近似為不可壓縮的，結果顯示問題中只有兩個 Π，

$$\Pi_1 = f(\Pi_2) \quad \text{其中} \quad \Pi_1 = \frac{F_D}{\rho V^2 L^2} \quad \text{且} \quad \Pi_2 = \frac{\rho V L}{\mu} \quad (7\text{-}13)$$

用來產生這些 Π 的步驟將在 7-4 節中討論。在式 (7-13) 中，F_D 是作用在車子上的空氣阻力的大小，ρ 是空氣密度，V 是車速 (或風洞中的風速)，L 是車的長度，而 μ 是空氣的黏度。Π_1 是阻力係數的一個非標準形式，而 Π_2 是**雷諾數**，Re。你將會發現在流體力學的許多問題中都會牽涉到雷諾數 (圖 7-18)。

在所有流動力學中，雷諾數是最著名也最有用的無因次參數。

現在的問題中，只有一個獨立 Π，並且式 (7-12) 保證只要獨立 Π 相等 (雷諾數相等：$\Pi_{2,m} = \Pi_{2,p}$)，則相依 Π 也相等 ($\Pi_{1,m} = \Pi_{1,p}$)。這使工程師可以量測作用在模型車上的空氣阻力，然後用這個值去預測作用在原型車上的空氣阻力。

例題 7-5　模型車與原型車之間的相似性

要預測一輛新跑車在速度 80.0 km/h、空氣溫度 25°C 時的空氣阻力。汽車工程師製作一輛 1/5 比例的汽車模型放在風洞中作測試。時序是冬天且風洞位於一棟未加熱的建築物內部；風洞中的空氣溫度只有約 5°C。工程師必須如何控制風洞中的風速才能達到模型與原型之間的相似性。

解答： 我們要應用相似性的觀念來決定風洞的風速。

假設： 1. 空氣的壓縮性是可忽略的 (這個近似的正確性稍後會討論)。2. 風洞的壁面足夠遠離，所以不會干擾到作用在模型車的空氣阻力。3. 模型與原型是幾何相似的。4. 風洞中有一條移動皮帶來模擬車下面的地面，如圖 7-19。(為了達到在流場中的每一個地方的運動相似，特別是在車下面，移動的皮帶是必要的。)

性質： 對於在大氣壓力下，溫度 $T = 25°C$ 的空氣，$\rho = 1.184$ kg/m³ 且 $\mu = 1.849 \times 10^{-5}$ kg/m·s。而在 $T = 5°C$ 時，$\rho = 1.129$ kg/m³ 且 $\mu = 1.754 \times 10^{-5}$ kg/m·s。

分析： 因為這個問題只有一個獨立 Π，相似性方程式 (式 7-12) 變成若 $\Pi_{2,m} = \Pi_{2,p}$ 則成立，其中 Π_2 示於式 (7-13)，我們稱其為雷諾數。因此可以寫出

$$\Pi_{2,m} = \text{Re}_m = \frac{\rho_m V_m L_m}{\mu_m} = \Pi_{2,p} = \text{Re}_p = \frac{\rho_p V_p L_p}{\mu_p}$$

可以從上式解出模型測試的風洞速度 V_m，

$$V_m = V_p \left(\frac{\mu_m}{\mu_p}\right)\left(\frac{\rho_p}{\rho_m}\right)\left(\frac{L_p}{L_m}\right)$$

$$= (80.0 \text{ km/h})\left(\frac{1.754 \times 10^{-5} \text{ kg/m·s}}{1.849 \times 10^{-5} \text{ kg/m·s}}\right)\left(\frac{1.184 \text{ kg/m}^3}{1.269 \text{ kg/m}^3}\right)(5) = \mathbf{354 \text{ km/h}}$$

因此，為了達到相似性，風洞應該以 354 km/h 運作 (至三位有效數字)。注意我們並沒有被給予任何一輛車的實際尺寸，但是 L_p 對 L_m 的比值是已知的，因為原型是其比例模型的五倍大。當因次參數被無因次化時 (如同這裡所作的)，單位系統是無關的。因為分子的單位與分母的單位互相抵消，因此單位轉換是不需要的。

討論： 這個速度相當高 (約 100 m/s)，風洞可能無法在此速度下操作。再者，不可壓縮近似在這樣高的速度下可能是有問題的 (在例題 7-8 中我們會再詳細討論這一點)。

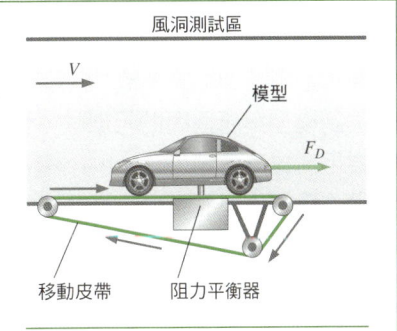

圖 7-19 一個阻力平衡器是在風洞中用來量測一個物體風阻的裝置。當測試汽車模型時，通常會在風洞的底面加一條移動皮帶來模擬移動的地面 (相對於車上的參考座標)。

一旦我們相信已經在模型測試與原型流場間達到完全相似性，式 (7-12) 可以再被用來從對模型性能的測試來預測原型的性能。這將在例題 7-6 中說明。

例題 7-6　預測作用在原型車的空氣阻力

此例題是例題 7-5 的後續。假設工程師讓風洞在 354 km/h 下操作來達到模型與原型間的相似性。作用在模型車上的空氣阻力使用阻力平衡器來量測 (圖 7-19)。有一些阻力讀值被記錄下來，並且獲得作用在模型的阻力是 94.3 N。試預測作用在原型的空氣阻力 (在 80 km/h 及 25°C 下)。

解答：由於相似性，模型上的阻力要作放大來預測作用在原型的空氣阻力。

分析：相似性方程式 (式 7-12) 顯示因為 $\Pi_{2,m} = \Pi_{2,p}$，故有 $\Pi_{1,m} = \Pi_{1,p}$，其中此問題的 Π_1 是由式 (7-13) 給定。因此，可以寫出

$$\Pi_{1,m} = \frac{F_{D,m}}{\rho_m V_m^2 L_m^2} = \Pi_{1,p} = \frac{F_{D,p}}{\rho_p V_p^2 L_p^2}$$

我們從上式解出作用在原型車上的未知的空氣阻力 $F_{D,p}$，

$$F_{D,p} = F_{D,m}\left(\frac{\rho_p}{\rho_m}\right)\left(\frac{V_p}{V_m}\right)^2\left(\frac{L_p}{L_m}\right)^2$$

$$= (94.3 \text{ N})\left(\frac{1.184 \text{ kg/m}^3}{1.269 \text{ kg/m}^3}\right)\left(\frac{80.0 \text{ km/h}}{354 \text{ km/h}}\right)^2 (5)^2 = \mathbf{112 \text{ N}}$$

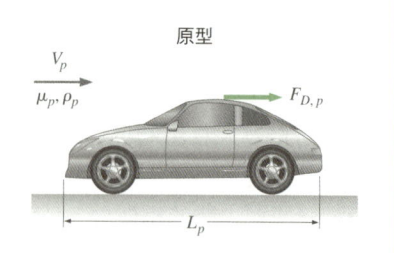

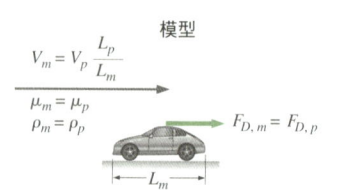

圖 7-20　在風洞中的空氣與流過原型車的空氣有相同的性質 ($\rho_m = \rho_p$、$\mu_m = \mu_p$) 的特殊情況下，並且處於相似性條件下 ($V_m = V_p L_p/L_m$)，作用在原型車上的空氣阻力等於作用在模型車上的阻力。如果兩種流體沒有相同的性質，則兩個阻力不必然相等，即使在動力相似的條件下。

討論：藉由將因次參數安排成無因次比值，單位就美妙的抵消了。因為速度與長度兩者在 Π_1 的方程式中都是平方的，在風洞中的高速度幾乎補償了模型的小尺寸，使得在模型的阻力幾乎與在原型上的相同。事實上，若是風洞中空氣的密度與黏度與流過原型的空氣是一樣的，此兩阻力也將會是一樣的 (圖 7-20)。

使用因次分析與相似性來輔助實驗分析的功能可以用因次參數 (密度、速度等) 的真實值是無關緊要的事實來作進一步的說明。只要彼此間相關的獨立 Π 群被設定為相等，就達到相似性 — 即使使用不同的流體。這解釋了為什麼汽車與飛機的性能可以在水洞中模擬 (圖 7-21)。假設在習題 7-5 與 7-6 的工程師使用水洞代替風洞來測試他們的 1/5 比例的模型。使用水在室溫下 (假設 20°C) 的性質，為了達成相似性所需要的水洞速度可以很容易的計算為

圖 7-21　相似性即使在模型流體與原型流體不同時也能達成。此處一艘潛水艇的模型是在風洞中作測試的。
Courtesy NASA Langley Research Center.

$$V_m = V_p\left(\frac{\mu_m}{\mu_p}\right)\left(\frac{\rho_p}{\rho_m}\right)\left(\frac{L_p}{L_m}\right)$$
$$= (80.0 \text{ km/h})\left(\frac{1.002 \times 10^{-3} \text{ kg/m·s}}{1.849 \times 10^{-5} \text{ kg/m·s}}\right)\left(\frac{1.184 \text{ kg/m}^3}{998.0 \text{ kg/m}^3}\right)(5) = 25.7 \text{ km/h}$$

正如所見，使用水洞的一個優點是使用相同尺寸的模型時，需要的速度遠低於風洞中需要的速度。

7-4 重複變數法與白金漢 π- 定理

我們已經看到因次分析的有用性及功能的幾個例題。現在我們準備要學習如何來產生無因次參數，即這些 Π 群。為這個目的已經發展出一些方法，但是最受歡迎 (也最簡單) 的方法是**重複變數法** (method of repeating variables)，是由愛德加‧白金漢 (1867-1940) 推廣的。此法首先由俄國科學家 Dimitri Riabouchinsky (1882-1962) 在 1911 年發表。我們可以將此法想成獲得無因次參數的逐步的步驟或菜單。總共有 6 個步驟，簡潔的在圖 7-2 中列出，或在表 7-22 中更詳細的列出。這些步驟，我們在一些例題中會有更詳細的說明。

跟大多數新的步驟一樣，學習最好的方法是藉由例題和練習。作為第一個簡單的例題，考慮一個球在真空中掉落，就如在 7-2 節中討論的。讓我們假裝不知道式 (7-4) 適合這個問題，我們對關於落體的物理知道的也不多。事實上，假設我們知道的就只是球的高度 z 必須是時間 t、初始垂直速度 w_0、初始的高度 z_0 與重力常數 g 的函數 (圖 7-23)。因次分析的妙處就在於我們唯一需要知道的就是這些量每一個的主要因次。在介紹重複變數的每個步驟時，我們會用掉落球體當作一個例子來更詳細的說明這個技術的一些微妙之處。

步驟 1

此問題中有 5 個參數 (因次變數、無因次變數與因次常數)；$n = 5$。它們被以函數的形式列出，即將相依變數列出為獨立變數與常數的函數：

列出相關參數：　　　　　　$z = f(t, w_0, z_0, g)$　　$n = 5$

重複變數法

步驟 1：列出問題的參數並計算它們的總數 n。

步驟 2：列出此 n 個參數中每一個的主要因次。

步驟 3：令減數 j 為主要因次的數目。計算 k，即 Π 的預期數目，
$$k = n - j$$

步驟 4：選擇 j 個重複變數。

步驟 5：建立 k 個 Π。必要時可作一些整理。

步驟 6：寫下最後的函數關係並檢查你的代數。

圖 7-22 構成重複變數法的六個步驟的簡要總結。

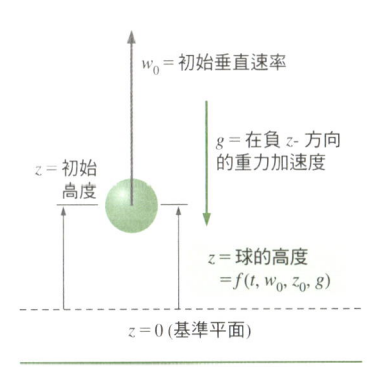

圖 7-23 在真空中一個掉落的球的因次分析的建立。高度 z 是時間 t、初始垂直速率 w_0、初始高度 z_0 與重力常數 g 的函數。

表 7-2 構成重複變數法的六個步驟的詳細說明*

步驟 1 列出參數 (因次變數、無因次變數與因次常數) 並計數。令 n 為問題中參數 (包括相依變數) 的總數。要確認任何列出的獨立參數確實與其它者是獨立的,亦即不能用其它參數來表示。(例如,不能同時包括半徑 r 與面積 $A = \pi r^2$,因為 r 與 A 不是互為獨立的。)

步驟 2 列出 n 個參數的每一個的主要因次。

步驟 3 猜測減數 j。當作初始猜測,令 j 等於足以代表問題的主要因次的數目。預期的 Π 數目 (k) 等於 n 減 j,這是依據<u>白金漢 π- 定理</u> (Buckingham Pi theorem,),

白金漢 π- 定理: $$k = n - j \tag{7-14}$$

如果在這個步驟或任何後續步驟中,分析做不下去,檢查在步驟 1 你是否已經包括足夠的參數。否則,回去將 j 值減 1 並試著重做。

步驟 4 選擇 j 個<u>重複變數</u> (repeating parameters),可以被用來建立每個 Π。因為重複變數有可能出現在每個 Π 中,必須聰明的選擇 (表 7-3)。

步驟 5 一次選擇一個剩下來的參數與 j 個重複變數組合建構一個 Π,強迫產生的每個 Π 都是無因次的。用這個方法,可以產生所有 k 個 Π 參數。習慣上取第一個 Π,記為 Π_1,作用相依 Π (即列於左邊的那一個)。需要時,可以整理 Π 來獲得比較著名的無因次群 (表 7-5)。

步驟 6 檢查所有 Π 的確是無因次的,寫出最後的函數關係,如式 (7-11) 的形式。

* 當進行因次分析時,這是找出無因次 Π 群的逐步法。

步驟 2

列出每個參數的主要因次在此。我們建議寫出每個因次的指數,因為這對於後續的代數將有幫助。

z	t	w_0	z_0	g
$\{L^1\}$	$\{t^1\}$	$\{L^1 t^{-1}\}$	$\{L^1\}$	$\{L^1 t^{-2}\}$

步驟 3

作為初始猜測,j 被設為 2,即問題中出現的主要因次的數目 (L 和 t)。

減數: $$j = 2$$

若此 j 值是正確的,由白金漢 π- 定理預測的 Π 數目為

預期的 Π 數目: $$k = n - j = 5 - 2 = 3$$

步驟 4

我們需要選擇兩個重複變數,因為 $j = 2$。這通常是重複變數法最困難 (或至少是最神秘) 的部分,選擇重複參數的一些指導方針在表 7-3 中列出。

依據表 7-3 的指導方針,兩個重複參數最聰明的選擇是 w_0 與 z_0。

重複參數: $$w_0 \ \text{及} \ z_0$$

表 7-3 重複變數法的步驟 4 中選擇重複參數的指導方針*

指導方針	評論及在本問題中的應用
1. 絕不要挑選相依變數。否則，可能會出現在所有的 Π 中，這不是想要的結果。	在此問題中我們不能選 z，必須在剩下的 4 個參數中選擇。因此必須選擇以下參數中的 2 個：t、w_0、z_0 與 g。
2. 選擇的重複參數，必須不能夠形成無因次群，否則就不可能形成其它的 Π。	在現在的問題中，根據此指導方針，任何兩個獨立參數都是有效的。然而，為了說明的目的，假設我們必須選擇 3 個而不是 2 個重複參數。例如我們不能夠選 t、w_0 與 z_0，因為它們本身就可以形成一個 Π (tw_0/z_0)。
3. 選擇的重複參數必須能代表問題中所有的主要因次。	例如假設有 3 個主要因次 (m、L 及 t)，並且只需要選 2 個重複參數。你就不能夠選一個長度、一個時間，因為主因次質量將無法用重複參數來代表。一個適當的選擇可以是密度與時間，因為它們一起將能代表問題中所有 3 個主要因次。
4. 絕不要選已經是無因次的參數，它們本身就已經是 Π 了。	假設角度 θ 是獨立參數中的一個。我們不能選 θ 當作一個重複參數，因為角度是無因次的 (弧度與度都是無因次的)。在此情況下，已知 Π 中的一個，即 θ。
5. 絕不要選兩個參數，其因次相同，或其因次只在指數上有差異。	在此問題中，z 與 z_0 這兩個參數有相同的因次 (長度)。我們不能同時選這兩個參數。(注意相依變數 z 已經被指導方針 1 排除了。) 假設一個參數的因次為長度而另一個參數的因次為體積。在因次分析中，體積僅包含一個主要因次 (長度)，因此其因次與長度並無不同 —— 我們不能同時選這兩個參數。
6. 可能的話，要選擇因次常數，而不是因次變數，這樣就只有 1 個 Π 包含此因次變數。	此問題中，如果我們選 t 當重複參數，它將出現在所有 3 個 Π 中。雖然這不是錯的，卻不是聰明的，因為最終我們希望某個無因次高度是某個無因次時間與其它無因次參數的函數。從初始的 4 個獨立參數中，這會限制我們在 w_0、z_0 與 g 作選擇。
7. 選擇常見的參數，因為它們可能出現在每個 Π 中。	在流體流動的問題中，我們通常選擇長度、速度與質量或密度 (圖 7-25)。選擇比較不常見的參數 (像黏度 μ 或表面張力 σ_s) 是不智的，因為我們通常不希望 μ 與 σ_s 出現在每一個 Π 中。在此問題中，比起 g，選擇 w_0 與 z_0 會是比較明智的。
8. 可能的話，選簡單的而不是複雜的參數。	最好選擇只有 1 個或 2 個基本因次的參數 (例如，長度，時間，質量或速度)，而不是具有好幾個基本因次的參數 (例如，能量或壓力)。

* 這個指導方針，雖然不是毫無缺點，卻能幫助你以最小的努力選擇重複參數，這通常指引至已經廣泛確立的無因次 Π 群。

步驟 5

現在將重複參數與剩下的參數一次一個組合來形成所有 Π。第一個 Π 總是相依 Π，此處由相依變數 z 形成。

相依 Π：
$$\Pi_1 = z w_0^{a_1} z_0^{b_1} \tag{7-15}$$

338 流體力學

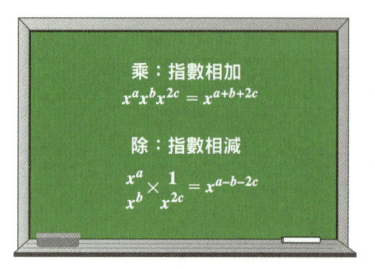

圖 7-24 在做乘法與除法時，數學規則是分別對指數相加與相減。

今日提示
對於大多數流體的問題，一個重複參數的聰明選擇是一個長度、一個速度與一個質量或密度。

圖 7-25 選擇一般的參數當作重複參數是明智的，因為它們可能出現在你的每一個獨立 Π 群之中。

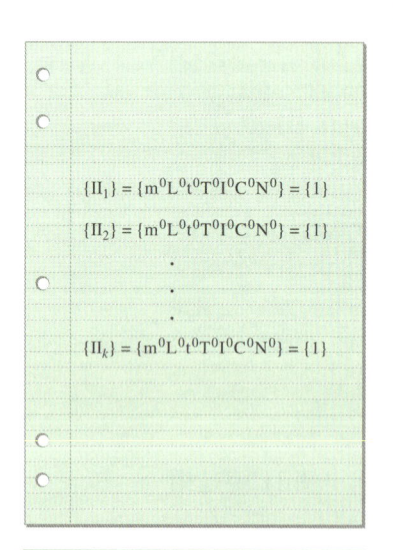

其中 a_1 及 b_1 是指數常數，其值必須被決定。將步驟 2 中的主要因次應用在式 (7-15) 中並且令每個主要因次的指數皆為零來使 Π_1 為無因次：

Π_1 的因次：$\quad \{\Pi_1\} = \{L^0 t^0\} = \{zw_0^{a_1} z_0^{b_1}\} = \{L^1(L^1 t^{-1})^{a_1} L^{b_1}\}$

因為根據定義，主要因次是相互獨立的，令左右兩邊每個主要因次的指數都各別相等來解出指數 a_1 及 b_1 (圖 7-24)。

時間：$\quad \{t^0\} = \{t^{-a_1}\} \quad 0 = -a_1 \quad a_1 = 0$

長度：$\quad \{L^0\} = \{L^1 L^{a_1} L^{b_1}\} \quad 0 = 1 + a_1 + b_1$

$\quad b_1 = -1 - a_1 \quad b_1 = -1$

式 (7-15) 從而變成

$$\Pi_1 = \frac{z}{z_0} \tag{7-16}$$

用相同的方式，藉由組合重複參數與獨立變數 t 來建立第一個獨立 Π (Π_2)。

第一個獨立 Π：$\quad \Pi_2 = tw_0^{a_2} z_0^{b_2}$

Π_2 的因次：$\quad \{\Pi_2\} = \{L^0 t^0\} = \{tw_0^{a_2} z_0^{b_2}\} = \{t(L^1 t^{-1})^{a_2} L^{b_2}\}$

令指數相等，

時間：$\quad \{t^0\} = \{t^1 t^{-a_2}\} \quad 0 = 1 - a_2 \quad a_2 = 1$

長度：$\{L^0\} = \{L^{a_2} L^{b_2}\} \quad 0 = a_2 + b_2 \quad b_2 = -a_2 \quad b_2 = -1$

Π_2 從而是

$$\Pi_2 = \frac{w_0 t}{z_0} \tag{7-17}$$

最後結合重複參數與 g，並且強迫此 Π 為無因次 (圖 7-26) 來建立第二個獨立 Π (Π_3)。

第二個獨立 Π：$\quad \Pi_3 = gw_0^{a_3} z_0^{b_3}$

Π_3 的因次：$\{\Pi_3\} = \{L^0 t^0\} = \{gw_0^{a_3} z_0^{b_3}\} = \{L^1 t^{-2}(L^1 t^{-1})^{a_3} L^{b_3}\}$

$\{\Pi_1\} = \{m^0 L^0 t^0 T^0 I^0 C^0 N^0\} = \{1\}$
$\{\Pi_2\} = \{m^0 L^0 t^0 T^0 I^0 C^0 N^0\} = \{1\}$
⋮
$\{\Pi_k\} = \{m^0 L^0 t^0 T^0 I^0 C^0 N^0\} = \{1\}$

圖 7-26 這些重複變數法所產生的 Π 群都保證是無因次的，因為我們強迫所有 7 個主要因次的指數都為零。

令指數相等，

時間： $\{t^0\} = \{t^{-2}t^{-a_3}\}$ $0 = -2 - a_3$ $a_3 = -2$

長度： $\{L^0\} = \{L^1 L^{a_3} L^{b_3}\}$ $0 = 1 + a_3 + b_3$ $b_3 = -1 - a_3$ $b_3 = 1$

Π_3 從而是

$$\Pi_3 = \frac{gz_0}{w_0^2} \tag{7-18}$$

所有 3 個 Π 都已經被發現了，但此刻仔細檢查它們來看看是否需要任何整理。我們立刻看出 Π_1 與 Π_2 和式 (7-6) 所定義的無因次變數 z^* 與 t^* 相同 — 對此兩者是不需要任何整理。然而我們認出第三個 Π 必須取 $-\frac{1}{2}$ 次方，來使其與一個已經是廣泛著名的無因次參數 [式 (7-8) 中的福勞數] 有相同的形式：

Π_3 的修正： $$\Pi_{3,\text{modified}} = \left(\frac{gz_0}{w_0^2}\right)^{-1/2} = \frac{w_0}{\sqrt{gz_0}} = \text{Fr} \tag{7-19}$$

這種整理經常是需要的，才能將 Π 轉換成眾所周知的形式。式 (7-18) 中的 Π 並不是錯的，並且式 (7-19) 相對於式 (7-18) 並沒有確定的數學好處。換一種說法，我們喜歡說式 (7-19) 比式 (7-18) 更為大家接受，因為它是一個已被命名、為大家廣泛接受的無因次參數，並且在文獻中普遍被使用。表 7-4 中列出一些指導方針來整理無因次 Π 群，使其變成已經被廣泛接受的無因次參數。

表 7-5 列出的一些被廣泛接受的無因次參數，大多數是以有名的科學家或工程師命名 (參考圖 7-27 與 P. 343 的歷史聚光燈)。這個列表絕不是完整的。可能的話，你應該整理你的 Π 參數，為的是將其轉換成已經被廣泛接受的無因次參數。

步驟 6

我們應該重複檢查所有的 Π 是否確實都是無因次的 (圖 7-28)。對於現在的問題，你可以自己對此點作檢查。我們終於要寫下這些無因次參數之間的函數關係。結合式 (7-16)、(7-17) 和 (7-19) 成為式 (7-11) 的形式，

Π 之間的關係式： $\Pi_1 = f(\Pi_2, \Pi_3)$ $\rightarrow$ $\dfrac{z}{z_0} = f\left(\dfrac{w_0 t}{z_0}, \dfrac{w_0}{\sqrt{gz_0}}\right)$

圖 7-27 常見的無因次參數通常是用有名的科學家或工程師命名的。

表 7-4　對從重複變數法所得到的 Π 群作整理的指導方針

指導方針	評論及在本問題中的應用
1. 我們可以施加一個常數 (無因次) 的指數在 Π 上或對 Π 作函數運算。	我們可以施加任何指數 n 在 Π 上 (將其變成 Π^n 而不會改變此 Π 的無因次狀態)。例如在此問題中，我們施加 $-1/2$ 的指數在 Π_3 上。同樣的，我們可以進行函數運算 $\sin(\Pi)$、$\exp(\Pi)$、……等而不會改變 Π 的因次。
2. 我們可以把 Π 與一個純常數 (無因次的) 相乘。	有時候無因次因子像 π、$1/2$、2、4 等可以被包括在 Π 中來取得方便性。這完全沒問題，因這些因子不會影響 Π 的因次。
3. 我們可以把一個 Π 與問題中任何其它 Π 作乘法 (或除法) 形成一個新的 Π 來取代原來 Π 中之一。	我們可以用 $\Pi_3\Pi_1$、Π_3/Π_2 等來代替 Π_3。有時候為了轉換我們的 Π 成為一個常見的 Π，這種操作是必須的。在許多情況中，如果我們選擇不同的重複參數，我們就可以建立常見的 Π 參數。
4. 我們可以對指導方針 1 到 3 作任意的組合。	一般而言，我們可以用某個新 Π [例如 $A\Pi_3{}^B \sin(\Pi_1{}^C)$] 來代替任何一個 Π，其中 A、B 及 C 是純常數。
5. 我們可以把 Π 中的一個因次參數，用有相同因次的其它參數來替換。	例如，Π 中可能包含長度的平方或立方，我們可以分別用已知的面積或體積來替換，目的是使此 Π 符合常用的習慣。

* 這些指導方針在重複變數方法的步驟 5 中非常有用，在此列出來幫助你轉換無因次 Π 群作為標準常見的無因次參數，它們之中的許多個被列在表 7-5 中。

圖 7-28　快速檢查一下你的代數通常是明智的。

（所有的 Π 都是無因次的嗎？）

或者用之前由式 (7-6) 所定義的無因次變數 z^* 與 t^* 及福勞數的定義來寫出，

因次分析的最後結果：　　　　　$z^* = f(t^*, \text{Fr})$　　　(7-20)

比較因次分析的結果，式 (7-20)，與正確的解析結果，式 (7-10)，是很有用的。重複變數分析正確的預測了無因次參數之間的函數關係。然而，

重複變數法無法預測方程式的正確數學形式。

這是因次分析與重複變數法的基本限制。但是對於一些簡單的問題，方程式的形式可以被預測到一個未知常數之內，如例題 7-7 將要說明。

表 7-5 在流體力學與熱傳學中常用的無因次參數或 Π^*

名稱	定義	物理意義
阿基米德數	$\mathrm{Ar} = \dfrac{\rho_s g L^3}{\mu^2}(\rho_s - \rho)$	$\dfrac{\text{重力}}{\text{黏滯力}}$
寬長比	$\mathrm{AR} = \dfrac{L}{W}$ 或 $\dfrac{L}{D}$	$\dfrac{\text{長度}}{\text{寬度}}$ 或 $\dfrac{\text{長度}}{\text{直徑}}$
必歐數	$\mathrm{Bi} = \dfrac{hL}{k}$	$\dfrac{\text{表面熱阻}}{\text{內部熱阻}}$
邦德數	$\mathrm{Bo} = \dfrac{g(\rho_f - \rho_v)L^2}{\sigma_s}$	$\dfrac{\text{重力}}{\text{表面張力}}$
空化數	$\mathrm{Ca}\,(\text{有時}\,\sigma_c) = \dfrac{P - P_v}{\rho V^2}$ $\left(\text{有時}\,\dfrac{2(P - P_v)}{\rho V^2}\right)$	$\dfrac{\text{壓力}-\text{蒸氣壓力}}{\text{慣性壓力}}$
達西摩擦因子	$f = \dfrac{8\tau_w}{\rho V^2}$	$\dfrac{\text{壁面摩擦力}}{\text{慣性力}}$
阻力係數	$C_D = \dfrac{F_D}{\frac{1}{2}\rho V^2 A}$	$\dfrac{\text{阻力}}{\text{動力}}$
艾科特數	$\mathrm{Ec} = \dfrac{V^2}{c_P T}$	$\dfrac{\text{動能}}{\text{焓能}}$
歐拉數	$\mathrm{Eu} = \dfrac{\Delta P}{\rho V^2}\left(\text{有時}\,\dfrac{\Delta P}{\frac{1}{2}\rho V^2}\right)$	$\dfrac{\text{壓力差}}{\text{動壓}}$
范寧摩擦因子	$C_f = \dfrac{2\tau_w}{\rho V^2}$	$\dfrac{\text{壁面摩擦力}}{\text{慣性力}}$
傅立葉數	$\mathrm{Fo}\,(\text{有時}\,\tau) = \dfrac{\alpha t}{L^2}$	$\dfrac{\text{物理時間}}{\text{熱擴散時間}}$
福勞數	$\mathrm{Fr} = \dfrac{V}{\sqrt{gL}}\left(\text{有時}\,\dfrac{V^2}{gL}\right)$	$\dfrac{\text{慣性力}}{\text{重力}}$
格拉秀夫數	$\mathrm{Gr} = \dfrac{g\beta|\Delta|T L^3 \rho^2}{\mu^2}$	$\dfrac{\text{浮力}}{\text{黏滯力}}$
雅各數	$\mathrm{Ja} = \dfrac{c_p(T - T_{sat})}{h_{fg}}$	$\dfrac{\text{顯熱}}{\text{潛熱}}$
努生數	$\mathrm{Kn} = \dfrac{\lambda}{L}$	$\dfrac{\text{自由路徑長度}}{\text{特徵長度}}$
路易士數	$\mathrm{Le} = \dfrac{k}{\rho c_p D_{AB}} = \dfrac{\alpha}{D_{AB}}$	$\dfrac{\text{熱擴散}}{\text{成分擴散}}$
升力係數	$C_L = \dfrac{F_L}{\frac{1}{2}\rho V^2 A}$	$\dfrac{\text{升力}}{\text{動力}}$

表 7-5　在流體力學與熱傳學中常用的無因次參數或 Π^*（續）

名稱	定義	物理意義
馬赫數	$\text{Ma}\ (\text{有時}\ M) = \dfrac{V}{c}$	$\dfrac{\text{流速}}{\text{音速}}$
紐塞數	$\text{Nu} = \dfrac{Lh}{k}$	$\dfrac{\text{對流熱傳}}{\text{傳導熱傳}}$
佩克萊數	$\text{Pe} = \dfrac{\rho L V c_p}{k} = \dfrac{LV}{\alpha}$	$\dfrac{\text{體熱傳}}{\text{傳導熱傳}}$
功率數	$N_P = \dfrac{\dot{W}}{\rho D^5 \omega^3}$	$\dfrac{\text{功率}}{\text{旋轉慣性}}$
普朗特數	$\text{Pr} = \dfrac{\nu}{\alpha} = \dfrac{\mu c_p}{k}$	$\dfrac{\text{黏性擴散}}{\text{熱擴散}}$
壓力係數	$C_p = \dfrac{P - P_\infty}{\frac{1}{2}\rho V^2}$	$\dfrac{\text{靜壓差}}{\text{動壓}}$
雷萊數	$\text{Ra} = \dfrac{g\beta|\Delta T|L^3 \rho^2 c_p}{k\mu}$	$\dfrac{\text{浮力}}{\text{黏滯力}}$
雷諾數	$\text{Re} = \dfrac{\rho V L}{\mu} = \dfrac{VL}{\nu}$	$\dfrac{\text{慣性力}}{\text{黏滯力}}$
瑞查生數	$\text{Ri} = \dfrac{L^5 g \Delta\rho}{\rho \dot{V}^2}$	$\dfrac{\text{浮力}}{\text{慣性力}}$
施密特數	$\text{Sc} = \dfrac{\mu}{\rho D_{AB}} = \dfrac{\nu}{D_{AB}}$	$\dfrac{\text{黏性擴散}}{\text{成分擴散}}$
雪伍德數	$\text{Sh} = \dfrac{VL}{D_{AB}}$	$\dfrac{\text{總質量擴散}}{\text{成分擴散}}$
比熱比	$k\ (\text{有時}\ \gamma) = \dfrac{c_p}{c_V}$	$\dfrac{\text{焓能}}{\text{內能}}$
史坦頓數	$\text{St} = \dfrac{h}{\rho c_p V}$	$\dfrac{\text{熱傳}}{\text{熱容量}}$
史托克數	$\text{Stk}\ (\text{有時 St}) = \dfrac{\rho_p D_p^2 V}{18\mu L}$	$\dfrac{\text{質點鬆弛時間}}{\text{特徵流動時間}}$
史特豪數	$\text{St}\ (\text{有時 S 或 Sr}) = \dfrac{fL}{V}$	$\dfrac{\text{特徵流動時間}}{\text{振盪週期}}$
韋伯數	$\text{We} = \dfrac{\rho V^2 L}{\sigma_s}$	$\dfrac{\text{慣性力}}{\text{表面張力}}$

*A 是特徵面積，D 是特徵直徑，f 是特徵頻率 (Hz)，L 是特徵長度，t 是特徵時間，T 是特徵 (絕對) 溫度，V 是特徵速度，W 是特徵寬度，$\dot{W}$ 是特徵功率，ω 是特徵角速度 (rad/s)，在這些 Π 中的其它參數與流體性質包括：$c =$ 音速，C_p, $C_v =$ 比熱，$D_p =$ 質點直徑，$D_{AB} =$ 成分擴散係數，$h =$ 對流熱傳係數，$h_{fg} =$ 蒸發潛熱，$k =$ 熱傳導率，$P =$ 壓力，$T_{\text{sat}} =$ 飽和溫度，$\dot{V} =$ 體積流率，$\alpha =$ 熱擴散係數，$\beta =$ 熱膨脹係數，$\lambda =$ 平均自由路徑，$\mu =$ 黏度，$\nu =$ 運動黏度，$\rho =$ 流動密度，$\rho_f =$ 液體密度，$\rho_p =$ 質點密度，$\rho_s =$ 固體密度，$\rho_v =$ 蒸氣密度，$\sigma_s =$ 表面張力，$\tau_w =$ 沿壁面的剪應力。

歷史聚光燈 —— 無因次參數榮耀的名人

客座作者：Glenn Brown，奧克拉荷馬州立大學

為了方便，常用的無因次參數都會被命名，同時也可以榮耀對科學與工程學的發展有貢獻的名人。在許多情況中，被命名的人並不是第一個定義此數的人，但通常他／她曾在他／她的工作中使用此數或一個相似的參數。以下列出一些這樣的名人。同時記住，有些無因次數可能有多於一個的命名。

阿基米德 (287-212BC)，希臘數學家。他定義了浮力。

必歐・尚貝普帝斯特 (1774-1862)，法國數學家。他在熱學、電學及彈力學作出了開創性的工作。他也幫助測量了子午線的弧線作為公制系統發展的一部分。

達西・亨利 P. G. (1803-1853)，法國工程師。他做了廣泛的管流實驗及第一個可量化的過濾測試。

艾科特・恩斯特 R. G. (1904-2004)，德－美工程師，施密特的學生。他在邊界層熱傳做出了先鋒性的工作。

歐拉・李奧納多 (1707-1783)，瑞士數學家，丹尼爾・伯努利的同事。他導出了流體運動方程式，並且介紹了離心機的觀念。

范寧・約翰 T. (1837-1911)，美國工程師，教科書作者。他在 1877 年發表了魏斯巴哈方程式的修正形式及從達西的數據計算出來阻力表格。

傅立葉・尚 B. J. (1768-1830)，法國數學家。他在熱傳學及其它幾個主題上做了一些開創性的工作。

福勞・威廉 (1810-1879) 英國工程師。他發展船模試驗方法及從模型到原型的波浪阻力與邊界層阻力的轉換法。

格拉秀夫・法朗茲 (1826-1893) 德國工程師及教育家。是出版界出名的多產作家、編輯、校對員與調度員。

雅各・馬克斯 (1879-1955)，德－美物理學家、工程師及教科書作者。他在熱傳學做了開創性的工作。

紐塞・馬丁 (1871-1949)，丹麥物理學家。他幫助開發了氣體動力論。

路易士・華倫 K. (1882-1975)，美國工程師。他研究分餾、淬取及流體床反應。

馬赫・恩斯特 (1838-1916)，奧地利物理學家。他第一個了解到運動速度比音速快的物體會激烈的改變流體的性質。他的觀念對 20 世紀的思想有重大的影響。在物理學與哲學上都是，並且影響愛因斯坦發展出相對論。

紐塞・魏漢 (1882-1957)，德國工程師。他是第一個把相似性理論應用到熱傳學的人。

佩克萊・尚 C. E. (1793-1857)，法國教育家、物理學家及工業研究者。

普朗特・路得偉 (1875-1953)，德國工程師及邊界層理論的開發者。他被視為現代流體力學的開創者。

雷萊爵士・約翰 W. 史特魯特 (1842-1919)，英國科學家。他研究動力相似性、空化及氣泡崩潰。

雷諾・歐斯拜 (1842-1912)，英國工程師。他研究管內流動並開發了基於平均速度的黏性流方程式。

瑞查生・路易士 F (1881-1953)，英國數學家、物理學家及心理學家。他是應用流體力學來模擬大氣紊流的開創者。

施密特・恩斯特 (1892-1975)，德國科學家及熱傳學與質傳學領域的開創者。他是第一個量測在自然對流邊界層內的速度與溫度場的人。

雪伍德・湯馬士，K. (1903-1976)，美國工程師與教育家。他研究質傳及其與流動、化學反應和工業製程操作的相互作用。

> 史坦頓・湯馬士，E. (1865-1931)，英國工程師，雷諾的學生。他在流體流動的許多領域作出了貢獻。
>
> 史托克・喬治，G. (1819-1903)，愛爾蘭科學家。他開發了黏性流的運動與擴散的方程式。
>
> 史特豪・文森 (1850-1922)，捷克物理學家。他證明了一條線所發散的振盪頻率與流過線的空氣速度是相關的。
>
> 韋伯・莫里茲 (1871-1951)，德國教授。他應用相似性分析到毛細管流之中。

例題 7-7 肥皂泡內的壓力

幾個小孩在玩肥皂泡，這使你對肥皂泡的半徑與肥皂泡內的壓力的關係產生好奇 (圖 7-29)。你推理肥皂泡內的壓力必定高於大氣壓力，且肥皂泡的外膜處於張力中，就像汽球的皮一樣。你也知道表面張力這個性質在此問題中必定是重要的。由於不了解其它相關的物理學，你決定使用因次分析來處理這個問題。建立一個壓力差 $\Delta P = P_內 - P_外$、肥皂泡半徑與肥皂膜的表面張力 σ_s 的關係。

解答：要用重複變數法分析肥皂泡內部與外部空氣之間的壓力差。

假設：1. 肥皂泡在空氣中是中性飄浮的，且重力是無關的。2. 在此問題中無其它變數或常數是重要的。

分析：採用重複變數的逐步分析法。

步驟 1 此問題中有 3 個變數與常數；$n = 3$。它們以函數形式被列出，相依變數列出成為獨立變數與常數的函數：

列出相關參數： $\Delta P = f(R, \sigma_s) \quad n = 3$

步驟 2 列出每個參數的主要因次。表面張力的因次從例題 7-1 獲得，而壓力的因次從例題 7-2 獲得。

$$\begin{array}{ccc} \Delta P & R & \sigma_s \\ \{m^1 L^{-1} t^{-2}\} & \{L^1\} & \{m^1 t^{-2}\} \end{array}$$

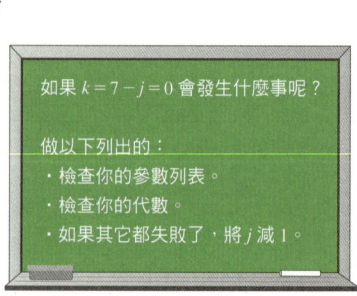

圖 7-29 肥皂泡內的壓力大於圍繞在其外面的壓力，這是肥皂膜的表面張力造成的。

步驟 3 當作初始猜測，j 被設為 3，即此問題中主要因次 (m, L, t) 的數目。

減數 (初始猜測)： $j = 3$

如果 j 的值是正確的，Π 的預期數目是 $k = n - j = 3 - 3 = 0$。但如何可以有零個 Π 呢？顯然有些事不對勁 (圖 7-30)。像這種狀況，我們首先需要回去並確認是否忽略了某個問題中的重要變數或常數。因為我們有信心壓力差應該只是肥皂泡半徑與表面張力的函數，我們將 j 的值減 1。

> 如果 $k = 7 - j = 0$ 會發生什麼事呢？
>
> 做以下列出的：
> - 檢查你的參數列表。
> - 檢查你的代數。
> - 如果其它都失敗了，將 j 減 1。

圖 7-30 如果重複變數法顯示 Π 數為零，我們不是做錯了，就是需要將 j 減 1，再重做。

減數 (第二次猜測)： $\qquad j = 2$

如果此 j 值是正確的，$k = n - j = 3 - 2 = 1$。因此我們預期一個 Π，這比零個 Π 在物理上是更可能的。

步驟 4 因為 $j = 2$，我們需要選擇兩個重複變數。遵循表 7-3 的指導方針，我們只能選 R 和 σ_s，因為 ΔP 是相依變數。

步驟 5 結合這兩個重複變數與相依變數 ΔP，形成一個乘積來建立相依 Π。

相依 Π：
$$\Pi_1 = \Delta P R^{a_1} \sigma_s^{b_1} \qquad (1)$$

我們將步驟 2 的主要因次代入式 (1) 中，並強迫此 Π 為無因次。

Π_1 的因次：
$$\{\Pi_1\} = \{m^0 L^0 t^0\} = \{\Delta P R^{a_1} \sigma_s^{b_1}\} = \{(m^1 L^{-1} t^{-2}) L^{a_1} (m^1 t^{-2})^{b_1}\}$$
$$= \{\Delta P R^{a_1} \sigma_s^{b_1}\}$$
$$= \{(m^1 L^{-1} t^{-2}) L^{a_1} (m^1 t^{-2})^{b_1}\}$$

令每個主要因次的指數相等來解出 a_1 及 b_2：

時間： $\qquad \{t^0\} = \{t^{-2} t^{-2b_1}\} \qquad 0 = -2 - 2b_1 \qquad b_1 = -1$

質量： $\qquad \{m^0\} = \{m^1 m^{b_1}\} \qquad 0 = 1 + b_1 \qquad b_1 = -1$

長度： $\qquad \{L^0\} = \{L^{-1} L^{a_1}\} \qquad 0 = -1 + a_1 \qquad a_1 = 1$

幸運的，前兩個結果彼此吻合，從而式 (1) 變成

$$\Pi_1 = \frac{\Delta P R}{\sigma_s} \qquad (2)$$

表 7-5 中與式 (2) 最相似的無因次參數是韋伯數，定義為動壓 (ρV^2) 乘以長度再除以表面張力。此處無須對 Π_1 作進一步整理。

步驟 6 我們寫下最後的函數關係。現在的情況，只有一個 Π，不是任何變數的函數。唯一的可能是 Π 為一個常數。將式 (2) 代入式 (7-11) 的函數形式中，

Π 之間的關係：
$$\Pi_1 = \frac{\Delta P R}{\sigma_s} = f(無) = 常數 \quad \rightarrow \quad \Delta P = 常數 \frac{\sigma_s}{R} \qquad (3)$$

討論： 這是一個我們有時候可以用因次分析預測趨勢的例子，即使在對問題的物理了解不多的情況下。例如，從結果可以知道如果肥皂泡的半徑倍增，則壓力差減半。相同的，若表面張力的值倍增，ΔP 也增加成 2 倍。因次分析無法預測式 (3) 中的常數；更進一步的分析 (或作一個實驗) 揭露出常數等於 4 (第 2 章)。

例題 7-8 — 機翼上的升力

幾位航空工程師正在設計一架飛機,並且希望預測新機翼設計能產生的升力 (圖 7-31)。機翼的弦長 L_c 是 1.12 m,而其平面形狀面積 A (當攻角為零時從上方下視的面積) 是 10.7 m^2。原型靠近地面時,溫度 $T = 25°C$,要在 $V = 52.0$ m/s 時飛行。他們建造一個機翼的 $\frac{1}{10}$ 比例的模型要在一個加壓的風洞中作測試。此風洞可以被加壓至最大 5 atm 的壓力。為了達到動力相似,他們必須在什麼速度與壓力下操作此風洞?

解答:為了達到動力相似,我們要決定操作風洞的速度與壓力。
假設: 1. 原型機翼在標準大氣壓力下的空氣中飛行。 2. 模型與原型是幾何相似的。
分析:首先,重複變量的逐步法被用來獲得無因次參數。然後讓原型與模型的相依 Π 互相吻合。

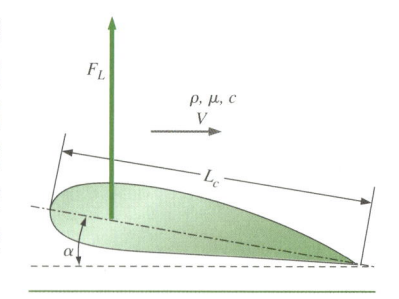

圖 7-31 一個機翼,弦長 L_c,攻角 α,在一個速度 V、密度 ρ、黏度 μ 及音速 c 的自由流中,及作用於其上的升力 F_L。攻角 α 是相對於自由流的方向來量測的。

步驟 1 此問題中有 7 個參數 (變數及常數):$n = 7$。它們被以函數形式列出,相依變數列出成為獨立參數的函數:

相關參數的列表: $\qquad F_L = f(V, L_c, \rho, \mu, c, \alpha) \quad n = 7$

其中 F_L 是機翼上的升力,V 是流速,L_c 是弦長,ρ 是流體密度,μ 是流體黏度,c 是流體中的音速,而 α 是機翼的攻角。

步驟 2 列出每個參數的主要因次;角度 α 是無因次的:

$$\begin{array}{ccccccc} F_L & V & L_c & \rho & \mu & c & \alpha \\ \{m^1 L^1 t^{-2}\} & \{L^1 t^{-1}\} & \{L^1\} & \{m^1 L^{-3}\} & \{m^1 L^{-1} t^{-1}\} & \{L^1 t^{-1}\} & \{1\} \end{array}$$

步驟 3 作為初始猜測,j 被設為 3,即問題中主要因次 (m、L 及 t) 的數目。

減數: $\qquad j = 3$

如果 j 值是正確的,預期的 Π 的數目是 $k = n - j = 7 - 3 = 4$。

步驟 4 因為 $j = 3$,我們必須選擇 3 個重複參數,遵循列在表 7-3 的指導方針,不能選相依變數 F_L,也不能選 α,因為其已經是無因次的。我們不能同時選 V 和 c,因為其因次是相同的。讓 μ 出現在每個 Π 中也是不好的。最佳重複變數的選擇不是 V、L_c 及 ρ 就是 c、L_c 及 ρ。當然前者是較佳的選擇,因為音速在表 7-5 的常用無因次參數中只出現在一個參數中,而速度則較為常見並出現在好幾個參數中 (圖 7-32)。

重複參數: $\qquad V$、L_c 及 ρ

圖 7-32 通常在進行重複變數法時,最困難的步驟在於選擇重複參數。然而,經由練習,你將學會聰明的選擇這些參數。

步驟 5　產生相依 Π：

$$\Pi_1 = F_L V^{a_1} L_c^{b_1} \rho^{c_1} \quad \rightarrow \quad \{\Pi_1\} = \{(m^1 L^1 t^{-2})(L^1 t^{-1})^{a_1}(L^1)^{b_1}(m^1 L^{-3})^{c_1}\}$$

藉由強制此 Π 為無因次的，可以算出這些指數 (代數沒有顯示)。我們得到 $a_1 = -2$、$b_1 = -2$ 及 $c_1 = -1$。此相依 Π 從而為

$$\Pi_1 = \frac{F_L}{\rho V^2 L_c^2}$$

從表 7-5，常見的無因次參數最接近我們的 Π_1 是升力係數，是用機翼平面形狀面積 A 而不是弦長的平方定義的，並且在分母中有一個 1/2 的因子。因此，可以根據列在表 7-4 中的指導方針來整理此 Π 如下：

修正的 Π_1：
$$\Pi_{1,\text{modified}} = \frac{F_L}{\frac{1}{2}\rho V^2 A} = \text{升力係數} = C_L$$

同樣的，可以產生第一個獨立 Π：

$$\Pi_2 = \mu V^{a_2} L_c^{b_2} \rho^{c_2} \quad \rightarrow \quad \{\Pi_2\} = \{(m^1 L^{-1} t^{-1})(L^1 t^{-1})^{a_2}(L^1)^{b_2}(m^1 L^{-3})^{c_2}\}$$

可以解出 $a_2 = -2$、$b_2 = -2$ 及 $c_2 = -1$，因此

$$\Pi_2 = \frac{\mu}{\rho V L_c}$$

我們認出此 Π 是雷諾數的倒數。因此，在倒轉後，

修正的 Π_2：
$$\Pi_{2,\text{modified}} = \frac{\rho V L_c}{\mu} = \text{雷諾數} = \text{Re}$$

第三個 Π 是由音速形成的，細節留給你自己去進行。結果是

$$\Pi_3 = \frac{V}{c} = \text{馬赫數} = \text{Re}$$

最後，因為攻角已經是無因次的，本身就是一個 Π 群 (圖 7-33)。不用作代數運算，因此

$$\Pi_4 = \alpha = \text{攻角}$$

步驟 6　我們寫下最後的函數關係

$$C_L = \frac{F_L}{\frac{1}{2}\rho V^2 A} = f(\text{Re}, \text{Ma}, \boldsymbol{\alpha}) \qquad (1)$$

> 一個已經是無因次的參數本身就是一個 Π 參數。

圖 7-33　一個無因次的參數 (像角度)，本身就已經是一個無因次 Π — 不用作進一步的代數運算，我們就知道這個 Π。

為了達到動力相似，式 (7-12) 要求式 (1) 中的所有 3 個相依無因次參數在模型與原型之間都

要吻合。雖然讓攻角吻合很簡單，但要同時讓雷諾數與馬赫數吻合就不那麼簡單。例如，假設風洞以和原型一樣的溫度及壓力操作，則流過模型的空氣的 ρ、μ 和 c 將與流過原型的空氣的 ρ、μ 和 c 一樣。雷諾數相似需要設定風洞的空氣速度是流過原型的 10 倍才能達到 (因為模型是 1：10 比例)。但是如此則馬赫數會相差 10 倍。在 25°C，c 大約是 346 m/s，原型飛機機翼上的馬赫數是 $Ma_p = 52.0/346 = 0.150$ —— 次音速。在需要的風洞速度下，馬赫數 Ma_m 將是 1.50 —— 超音速！這當然是不可以接受的，因為從次音速到超音速的情況，流動的物理會有激烈的改變。另一種極端狀況，如果我們讓馬赫數吻合，那麼模型的雷諾數，將會小了 10 倍。

我們該怎麼辦呢？一個通用的法則是如果馬赫數小於 0.3，本例題很幸運的就是，壓縮效應基本上可以忽略。因此並不需要很正好讓馬赫數吻合；而是，只要 Ma_m 維持低於 0.3，近似的動力相似就可以藉由吻合雷諾數來達成。問題現在變成如何在維持低馬赫數時讓 Re 吻合。這就是風洞具有加壓能力的原因。在等溫下，密度正比於壓力，但黏度及音速與壓力的函數關係就很弱。如果風洞可以被加壓至 100 atm，我們就可用與原型相同的速度作模型測試，但卻達到 Re 與 Ma 兩者都幾乎是完美的吻合。然而在最大風洞壓力為 5 atm 時，需要的風洞速度將是原型的 2 倍，或 104 m/s。風洞模型的馬赫數因此是 104/346 = 0.301 —— 根據通用法則大概是在不可壓縮性的極限範圍。總結是，風洞的運轉應該大約是在 100 m/s、5 atm 及 25°C。

討論： 這個例題說明了因次分析的一個 (令人挫折) 的極限；亦即，你有可能沒有辦法同時吻合一個模型測試的所有獨立 Π 參數。必須作出妥協，即只有最重要的 Π 參數是吻合的。在流體力學的許多實際問題中，雷諾數對動力相似並不是最緊要的，只要 Re 夠高即可。如果原型的馬赫數遠大於 0.3，我們正確的吻合馬赫數而不是雷諾數會是確保合理結果的明智之舉。再者，如果一種不同的氣體要被用來測試模型，我們也將需要吻合比熱比 (k)，因為可壓縮流的行為是強烈相依於 k 的 (第 12 章)。我們將在 7-5 節中更詳細的討論這種模型測試問題。

回想在例題 7-5 及 7-6 中流過原型車的空氣速度是 80.0 km/h，而在風洞中的速度是 354 km/h。在 25°C，這相當於原型馬赫數是 $Ma_p = 0.065$，而在 5°C，風洞中的馬赫數是 0.29 —— 在不可壓縮極限的邊線上。後見之明是我們應該將音速包括在因次分析中，這將會產生馬赫數作為額外的 Π 參數。另一種維持低馬赫數而吻合雷諾數的方法是使用像水一樣的液體，因為液體即使在相當高速時也幾乎是不可壓縮的。

例題 7-9　管內的摩擦力

考慮一個密度 ρ、黏度 μ 的不可壓縮流在一根直徑 D 之圓管的很長水平段中流動。速度形狀畫在圖 7-34 中；V 是橫跨管截面積的平均速度，根據質量守恆，V 沿著管子是個常數。對於非常長的管子，流動最終會變成水力完全發展，意謂速度形狀沿著管子也不會變。由於在流體與管壁間的摩擦力，在管的內壁上存在一個剪應力 τ_w，如圖所示。在完全發展區，剪應力沿著管子也是常數。我們假設沿著管內壁的平均粗糙度的高度 ε 是常數。事實上，沿著管的長度方向唯一不是常數的參數是壓力，其在沿著管子方向必定是 (線性) 遞減的，因為要克服摩擦力將流體"推"過管子。試推導剪

應力 τ_w 與問題中其它參數之間的一個無因次的關係式。

解答： 我們要推導一個剪應力與其它參數之間的無因次關係式。

假設：1. 流動是水力完全發展的。**2.** 流體是不可壓縮的。**3.** 問題中沒有其它顯著的參數。

分析： 重複參數的逐步法被用來獲得無因次參數。

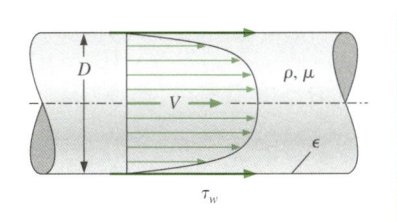

步驟 1 此問題中有 6 個變數與常數：$n = 6$。它們以函數形式列出，將相依變數當作獨立變數與常數的函數列出來。

列出相關變數： $\tau_w = f(V, \varepsilon, \rho, \mu, D)$ $n = 6$

步驟 2 每個參數的主要因次被列出來。注意剪應力是每單位面積上的力，因此和壓力有相同的因次。

$$\begin{array}{cccccc} \tau_w & V & \varepsilon & \rho & \mu & D \\ \{m^1 L^{-1} t^{-2}\} & \{L^1 t^{-1}\} & \{L^1\} & \{m^1 L^{-3}\} & \{m^1 L^{-1} t^{-1}\} & \{L^1\} \end{array}$$

步驟 3 當作初始猜測，設 j 等於 3，即問題中主要因次 (m、L 和 t) 的數目：

減數： $j = 3$

如果 j 的值是正確的，預期的 Π 的數目是 $k = n - j = 6 - 3 = 3$。

步驟 4 因為 $j = 3$，我們選擇 3 個重複變量。遵循表 7-3 的指導方針，不能選相依變數 τ_w。我們不能同時選 ε 和 D，因它們的因次相同，並且讓 μ 或 ε 出現在所有的 Π 中也不是好主意。因此最好的重複參數的選擇是 V、D 及 ρ。

重複參數： V、D 及 ρ

步驟 5 產生相依 Π：

$$\Pi_1 = \tau_w V^{a_1} D^{b_1} \rho^{c_1} \rightarrow \{\Pi_1\} = \{(m^1 L^{-1} t^{-2})(L^1 t^{-1})^{a_1} (L^1)^{b_1} (m^1 L^{-3})^{c_1}\}$$

可以解出 $a_1 = -2$、$b_1 = 0$ 及 $c_1 = -1$，因此相依 Π 是

$$\Pi_1 = \frac{\tau_w}{\rho V^2}$$

從表 7-5，與 Π_1 最相似的常見無因次參數是達西摩擦因子，其定義有一個 8 的因子在分子 (圖 7-35)。因此我們根據列在表 7-4 的指導方針來整理此 Π 如下：

修正的 Π_1： $\Pi_{1,\text{modified}} = \dfrac{8\tau_w}{\rho V^2} = $ 達西摩擦因子 $= f$

相同的，兩個獨立 Π 也可被產生出來，其細節留給你自己去進行：

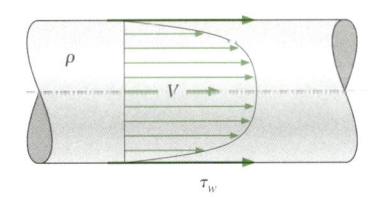

圖 7-34 管內壁的摩擦。在管壁上的剪應力 τ_w 是平均流體速度 V、平均壁面粗糙度高度 ε、流體密度 ρ、流體黏度 μ 及管內徑 D 的函數。

達西摩擦因子： $f = \dfrac{8\tau_w}{\rho V^2}$

范寧摩擦因子： $C_f = \dfrac{2\tau_w}{\rho V^2}$

圖 7-35 雖然達西摩擦因子對管流是最一般的，但是你應該注意有另外一個選擇。一個比較沒有那麼一般的摩擦因子，稱為范寧摩擦因子。此兩因子之間的關係是 $f = 4 C_f$。

$$\Pi_2 = \mu V^{a_2} D^{b_2} \rho^{c_2} \quad \rightarrow \quad \Pi_2 = \frac{\rho V D}{\mu} = 雷諾數 = Re$$

$$\Pi_3 = \varepsilon V^{a_3} D^{b_3} \rho^{c_3} \quad \rightarrow \quad \Pi_3 = \frac{\varepsilon}{D} = 粗糙度比$$

步驟 6 我們寫出最後的函數關係為

$$f = \frac{8\tau_w}{\rho V^2} = f\left(Re, \frac{\varepsilon}{D}\right) \tag{1}$$

討論：結果同時適用於層流與紊流的完全發展流；然而，事實上第二個獨立 Π (粗糙度比 ε/D) 在層流中不像在紊流中那麼重要。這個例題呈現了在幾何相似與因次分析的一個有趣的連結。即必須吻合 ε/D，因為在此問題中其為一個獨立 Π。另一個觀點是，將粗糙度想成是一個幾何性質，必須吻合 ε/D 來確保兩根管子之間的幾何相似。

為了驗證例題 7-9 中式 (1) 的有效性，我們對兩種物理上不同但動力相似的管流使用**計算流體力學** (computational fluid dynamics, CFD) 來預測速度形狀和壁面剪應力的值。

- 在 300 K 的空氣以平均速度 4.42 m/s 流過一根內直徑 0.305 m，平均粗糙度 0.305 mm 的管子。
- 在 300 K 的水以平均速度 3.09 m/s 流過一根內直徑 0.0300 m，平均粗糙度 0.03 mm 的管子。

這兩根管子顯然是幾何相似的，因為它們都是圓管，並且有相同的粗糙度比 ($\varepsilon/D = 0.0010$，對兩者都是)。我們已經仔細的選擇平均速度與直徑的值來使兩者的流動也是動力相似的。確切的說，另外一個獨立 Π (雷諾數) 在此兩種流動之間也是吻合的。

$$Re_{air} = \frac{\rho_{air} V_{air} D_{air}}{\mu_{air}} = \frac{(1.225 \text{ kg/m}^3)(4.42 \text{ m/s})(0.305 \text{ m})}{1.789 \times 10^{-5} \text{ kg/m·s}} = 9.23 \times 10^4$$

其中流體性質是內建在 CFD 軟體中的，並且

$$Re_{water} = \frac{\rho_{water} V_{water} D_{water}}{\mu_{water}} = \frac{(998.2 \text{ kg/m}^3)(3.09 \text{ m/s})(0.0300 \text{ m})}{0.001003 \text{ kg/m·s}} = 9.22 \times 10^4$$

因此根據式 (7-12)，相依 Π 參數在兩種流動之間也應該是吻合的。我們對此兩種流動的每一個產生一個計算網格，並且使用商用 CFD 軟體來算出速度形狀，再計算出剪應力。兩種管子中靠近遠端的完全發展的、時間平均的紊流速度形狀被拿來比

較。雖然兩管有不同的直徑，並且流體的差異非常大，但速度分佈的形狀看起來非常的相似。事實上當我們把正常化的軸向速度當作正常化後的半徑 (r/R) 的函數來作圖，發現兩個速度形狀的圖形彼此是重疊的 (圖 7-36)。

　　壁面剪應力同樣也是用每一種流動的 CFD 結果來計算，其比較被示於表 7-6。為什麼水管中的壁面剪應力比空氣管中的高出幾個數量級有幾個理由；亦即水比空氣稠密 800 倍，並且比空氣黏 50 倍。再者，剪應力正比於速度梯度，因水管直徑小於空氣管直徑的 1/10，這會導致其有較陡的速度梯度。然而若是表示成無因次的壁面剪應力 f，表 7-6 顯示由於兩種流動之間的動力相似，其結果是相同的，注意雖然報告中的值是到 3 位有效數字，在 CFD 中的紊流模型的可靠度最多只正確到 2 位有效數字 (第 15 章)。

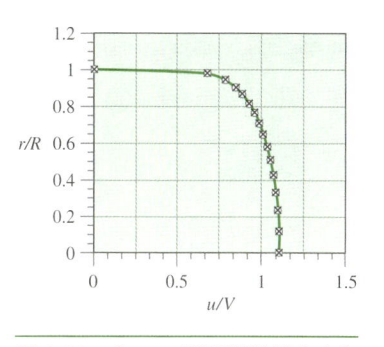

圖 7-36 由 CFD 所預測的管中完全發展流的正常化的軸向速度形狀；空氣 (符號 ○) 及水 (符號 ×) 的速度形狀被畫在同一張圖上。

7-5　實驗測試、模型製作與不完全相似性

　　因次分析的一個最有用的應用在於設計物理的或數值的實驗，與報告這些實驗的結果。本節我們將討論這兩種應用，並且指出完全動力相似無法達成的情況。

建構實驗與實驗數據的相關性分析

　　作為一個通用的例子，考慮一個有 5 個原始參數的問題 (其中一個是相依參數)。一個完整的實驗組合 (稱為全因子測試矩陣) 的執行是 4 個獨立參數的每一個都取數個水平值並對其所有可能的組合進行測試。若 4 個獨立參數的每一個都取 5 個不同水平值則完整的全因子測試將需要做 $5^4 = 625$ 個實驗。雖然實驗設計技術 (部分因子測試矩陣；參考 Montgomery, 2013) 可以明顯地減少測試矩陣的大小，但需要做的實驗數目仍是太多。然而假設問題中有 3 個主要因次，我們可以減少參數的數目從 5 變為 2 ($k = 5 - 3 = 2$ 個無因次群)，並且獨立參數的數目從 4 變為 1。因此對同樣的解析度 (每個獨立參數有 5 個測試水平值)，我們總共將只需要執行

表 7-6 由 CFD 所預測的空氣管與水管中的完全發展流的壁面剪應力與無因次的壁面剪應力的比較[*]

參數	空氣流	水流
壁面剪應力	$\tau_{w,\,air} = 0.0557 \text{ N/m}^2$	$\tau_{w,\,water} = 22.2 \text{ N/m}^2$
無因次的壁面剪應力 (達西摩擦因子)	$f_{air} = \dfrac{8\tau_{w,\,air}}{\rho_{air} V_{air}^2} = 0.0186$	$f_{water} = \dfrac{8\tau_{w,\,water}}{\rho_{water} V_{water}^2} = 0.0186$

[*] 數據是用 ANSYS-FLUENT 的標準 k-ε 紊流模型加壁函數所獲得的。

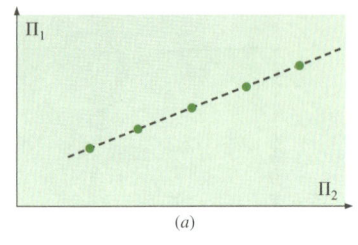

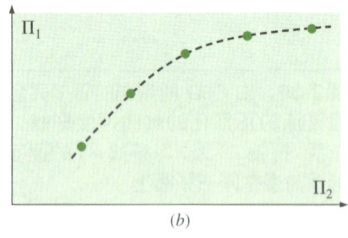

$5^1 = 5$ 個實驗。不必是天才就可以了解用 5 個實驗取代 625 個實驗在節省成本上是多麼有效。你可以明白為什麼執行實驗前先進行因次分效有多麼明智。

繼續我們對這個通用例子的討論 (一個 2 個 Π 的問題)，一旦實驗完成後，我們畫出相依的無因次參數 (Π_1) 畫成獨立的無因次參數 (Π_2) 之間的函數關係，如圖 7-37。然後我們對數據進行**迴歸分析** (regression analysis) 來決定這個關係的函數形式。如果我們是幸運的，數據可能是線性相關的。如果不是，我們可以試著在對數–線性或對數–對數座標上面作線性迴歸、作多項式擬合、……等，來建立這兩個 Π 之間的近似關係。關於這些曲線擬合技術的細節可以參考 Holman (2001)。

如果此問題中有多於兩個 Π (例如，一個 3-Π 或 4-Π 的問題)，我們需要建立一個測試矩陣來決定這個相依 Π 與這些獨立 Π 之間的關係。在許多情況下，我們發現這些相依 Π 中的一個或多個影響甚微，並且可以從需要的無因次參數列表中移除。

正如我們已經看到的 (例題 7-7)，因次分析有時候僅產生唯一的 Π。在一個 1-Π 的問題，我們知道原始參數之間的關係的形式是在一個未知的常數之內。這種情況只要做一個實驗就可以決定此常數。

不完全相似性

我們已經展示了幾個例題，在其中經由直接的使用重複變數法就可以用紙筆很輕易的得到無因次 Π 群。事實上，經由充分的練習，你應該很容易就可以得到這些 Π —— 有時候是在腦中速算或在紙上作大略估計。不幸的是，當我們應用因次分析的結果到實驗數據時，事情就相當不一樣。問題是要使所有模型與原型的 Π 都互相吻合通常是不可能的，即使我們小心的達到幾何平衡。這種情況稱為**不完全相似性** (incomplete similarity)。幸運的是，在不完全相似性的一些例子中，我們仍然可以把模型測試的數據外插來獲得合理的全尺寸原型的預測結果。

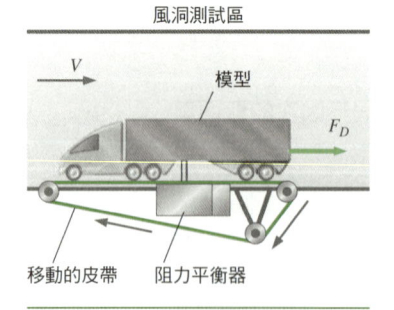

風洞測試

我們用量測一輛在風洞中的模型聯結車的空氣阻力的問題來說明不完全相似性 (圖 7-38)。假設我們購買了一輛聯結車 (18 輪) 的 1/6 比例模型。此模型車與原型車是幾何相似的，即使像

圖 7-37 對一個 2-Π 的問題，我們將相依無因次參數 (Π_1) 畫成獨立無因次參數 (Π_2) 的函數。畫成的圖形可以是 (a) 線性的或 (b) 非線性的。不管哪一種情況，都可用迴歸及曲線擬合技術來決定 Π 之間的關係。

圖 7-38 在一個有配備阻力平衡器及移動皮帶地面的風洞中對模型車的空氣阻力測試。

後視鏡、擋泥板等細節都是。模型車的長度是 0.991 m，對應的全比例原型車的長度是 15.9 m。模型車要在一個最大速度為 70 m/s 的風洞中作測試。風洞的測試區高 1.0 m、寬 1.2 m —— 對模型的大小正好適合，不需要擔心壁面干擾或阻擋效應。風洞中的空氣與流過原型車的空氣有相同的溫度與壓力。我們想要模擬流過原型車的速度為 V_p = 96.5 km/h (26.8 m/s) 的流場。

我們要做的第一件事就是要吻合雷諾數，

$$\text{Re}_m = \frac{\rho_m V_m L_m}{\mu_m} = \text{Re}_p = \frac{\rho_p V_p L_p}{\mu_p}$$

從上式可以求出模型測試所需要的風洞速度 V_m，

$$V_m = V_p \left(\frac{\mu_m}{\mu_p}\right)\left(\frac{\rho_p}{\rho_m}\right)\left(\frac{L_p}{L_m}\right) = (26.8 \text{ m/s})(1)(1)\left(\frac{16}{1}\right) = 429 \text{ m/s}$$

因此，為了吻合模型與原型之間的雷諾數，風洞必須在 429 m/s 下 (至 3 位有效數字) 操作。顯然我們在這裡碰到一個問題，因為此速度是風洞可以達到的最大速度的 6 倍。再者，即使我們可以用這麼快的速度來操作風洞，其流動將會是超音速的，因為在室溫下的空氣中，音速約為 346 m/s。原型車在空氣中移動的馬赫數是 26.8/335 = 0.080，而在風洞中空氣經過模型的馬赫數則為 429/335 = 1.28 (如果風洞可在那麼快的速度下操作)。

很清楚的是，不可能將原型與在風洞設備中的模型的雷諾數作匹配。那我們怎麼辦呢？有幾種選擇：

- 如果我們有一個較大的風洞，就可以用較大的模型作測試。汽車製造商通常在一個相當大的風洞中用 3/8 比例的模型汽車及 1/8 比例的模型卡車和巴士作測試。有些風洞甚至大到可以作全比例的汽車測試 (圖 7-39a)。就如你能想像的，越大的風洞及模型，測試的成本就越昂貴。一個有用的經驗法則是阻塞比 (模型迎風面積與測試段截面積之比) 應低於 7.5%。否則風洞壁面對於幾何相似及運動相似皆有不利的影響。
- 我們可以用不同的流體來作模型測試。例如，對於相同的尺寸大小，水洞較風洞可以達到更高的雷諾數，但是其建造與操作費用卻更為昂貴 (圖 7-39b)。

(a)

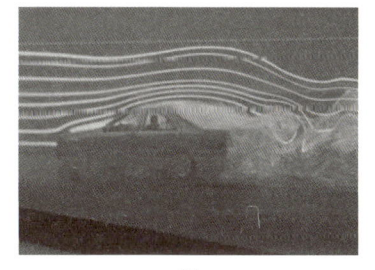

(b)

圖 7-39 (a) Langley 的全比例風洞足夠大使全比例的車輛可在其中測試。(b) 對於相同比例的模型與速度，水洞較風洞可以達到更高的雷諾數。
(b) Nasa/Eric James

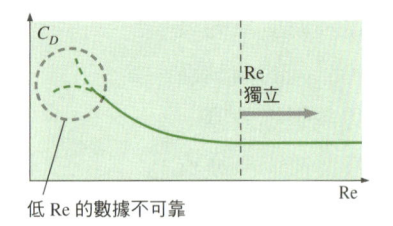

圖 7-40 對許多物體而言，當雷諾數高於某個臨界值以後，阻力係數變平了。這個幸運的情形，稱為雷諾數獨立。它讓我們可以外插至原型的雷諾數，這是在我們的實驗設備可以做到的範圍之外。

- 我們可以對風洞加壓或調整其空氣溫度來提高其最大雷諾數的能力。雖然這些技巧能有幫助，但雷諾數的增加卻是有限的。
- 如果所有其它方法都失敗了，我們可以在最大速度附近作幾個風洞測試，再將我們的結果外插到全比例尺寸的雷諾數。

幸運的是，對許多風洞測試而言，最後一個選項相當可行。雖然在低 Re 值時，阻力係數 C_D 與雷諾數的關係密切，但當 Re 高過某一數值以後，C_D 的變化通常變平了。換言之，對於流過許多物體的流場，特別是像卡車、建築物等 "鈍狀" 物體，流場在高於某個 Re 的臨界值以後，會變成與雷諾數無關 (圖 7-40)，通常是在邊界層及尾流兩者都變成完全紊流以後。

例題 7-10 ▶ 模型卡車的風洞測試

一輛 1/6 比例的聯結卡車的模型 (18 輪) 要在一個風洞中測試，如圖 7-38 所示。模型卡車長 0.991 m，高 0.257 m，寬 0.159 m。測試時，移動的地面皮帶的速度被調整成為總是可以匹配空氣流過測試段的速度。空氣阻力 F_D 是以風洞速度的函數被量測；實驗的結果列在表 7-7 中。將阻力係數 C_D 作為雷諾數 Re 的函數畫圖，其中被用來計算 C_D 的面積是模型卡車的迎風面積 (你從上游看向模型所得的截面積)，而用來計算 Re 的長度則為卡車寬度。我們是否有達到動力相似？在我們的風洞測試中，我們是否達到雷諾數獨立？估計原型卡車在高速公路上以 26.8 m/s 前進所受到的空氣阻力。假設風洞內及流過原型車的空氣都是在 25°C 及標準大氣壓力。

表 7-7 風洞數據：作用在模型卡車上的空氣阻力與風洞速率的函數關係

V, m/s	F_D, N
20	12.4
25	19.0
30	22.1
35	29.0
40	34.3
45	39.9
50	47.2
55	55.5
60	66.0
65	77.6
70	89.9

解答：我們要對一組風洞測試的結果計算，並畫出 C_D 與 Re 的函數關係，並決定動力相似及雷諾數獨立是否已經達成。最後，我們要估計作用在原型卡車上的空氣阻力。

假設：1. 模型卡車與原型卡車是幾何相似的。2. 作用在抓住模型卡車支柱上的空氣阻力可以忽略。

性質：對在大氣壓力下及 $T = 25°C$ 的空氣，$\rho = 1.184$ kg/m^3，$\mu = 1.849 \times 10^{-5}$ kg/m·s。

分析：我們對列於表 7-7 中的最後一個數據 (即風洞速率最快者) 計算其 C_D 及 Re，

$$C_{D,m} = \frac{F_{D,m}}{\frac{1}{2}\rho_m V_m^2 A_m} = \frac{89.9 \text{ N}}{\frac{1}{2}(1.184 \text{ kg/m}^3)(70 \text{ m/s})^2(0.159 \text{ m})(0.257 \text{ m})}\left(\frac{1 \text{ kg·m/s}^2}{1 \text{ N}}\right)$$

$$= 0.758$$

及

$$\text{Re}_m = \frac{\rho_m V_m W_m}{\mu_m} = \frac{(1.184 \text{ kg/m}^3)(70 \text{ m/s})(0.159 \text{ m})}{1.849 \times 10^{-5} \text{ kg/m·s}} \quad (1)$$

$$= 7.13 \times 10^5$$

對所有在表 7-7 中的數據點,我們重複這樣的計算,並且將 C_D 對應 Re 的圖畫在圖 7-41。

我們是否達到動力相似呢?當然在模型與原型之間我們有幾何相似性,但是原型卡車的雷諾數是

$$\text{Re}_p = \frac{\rho_p V_p W_p}{\mu_p} = \frac{(1.184 \text{ kg/m}^3)(26.8 \text{ m/s})[16(0.159 \text{ m})]}{1.849 \times 10^{-5} \text{ kg/m·s}} \quad (2)$$

$$= 4.37 \times 10^6$$

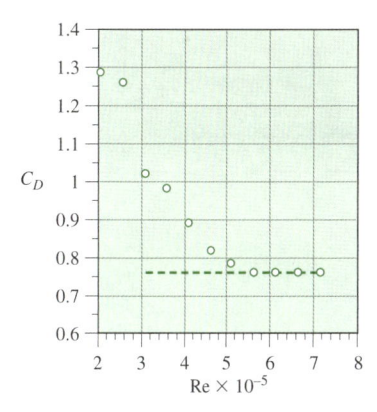

圖 7-41 阻力係數與雷諾數的函數關係。數值是從一輛模型車的風洞數據 (表 7-7) 計算而得到的。

其中原型車的寬度被設為模型車的 16 倍。比較式 (1) 和 (2) 顯示出原型車的雷諾數比模型車的大 6 倍以上。因為我們不能匹配此問題的獨立 Π 參數,因此動力相似性並未達成。

我們是否達到雷諾數獨立呢?從圖 7-41,我們看出雷諾數獨立的確已經達成了 —— 在 Re 約大於 5×10^5,C_D 已經變平了,達到約 0.76 的值 (至 2 位有效數字)。

因為已經達到雷諾數獨立,我們可以外插至全比例原型,假設當 Re 增加至全比例原型的值時,C_D 維持為常數。

作用在原型車的空氣阻力的預測值:

$$F_{D,p} = \tfrac{1}{2} \rho_p V_p^2 A_p C_{D,p}$$

$$= \tfrac{1}{2}(1.184 \text{ kg/m}^3)(26.8 \text{ m/s})^2[16^2(0.159 \text{ m})(0.257 \text{ m})](0.76)\left(\frac{1 \text{ N}}{1 \text{ kg·m/s}^2}\right)$$

$$= \mathbf{3400 \text{ N}}$$

討論:我們以 2 位有效數字給出結果。較多的有效數字是不合理的。就如一般所做的,當我們作外插時必須非常小心,因為不能保證外插的結果是正確的。

有自由表面的流動

對於有自由表面流動的模型測試的情況 (船舶、洪水、河水、渠道、水壩溢洪道、波浪與防波堤的交互作用、土壤侵蝕、……等),增加的複雜度排除了在模型與原型之間達到完全相似性的可能。例如,為了研究洪水而建造了一條模型河流,由於實驗室空間的限制,模型通常比原型小了數百倍。如果模型的垂直尺寸要有正確的比例,則模型河流的深度會太小使得表面張力效應 (由韋伯數控制) 變成是重要的,甚至於會主宰模型的流場,但是在原型流場中,表面張力的效應是可忽略的。再者,雖然真實河流中的流動應該是紊流的,但模型河流中的流動可

能是層流的，特別是在模型河流河床的斜率與原型的是幾何相似的情況。為了避免這些問題，研究者通常使用一個**扭曲的模型** (distorted model)，其中模型的垂直尺度 (例如河的深度) 相對於模型的水平尺度 (例如河的寬度) 被誇張了。再者，模型河床的斜率通常做得比原型的更陡。這些修正由於缺乏幾何相似性通常導致不完全相似性。有這些情況下，模型測試仍然是有用的，但是其它技巧 (例如故意增加模型表面的粗糙度) 與經驗修正及相關式，通常需要被用到才能正確的依比例放大模型的數據。

許多牽涉到自由表面的實際問題中，因次分析顯示雷諾數與福勞數兩者都是有關係的獨立 Π 群 (圖 7-42)。要同時匹配這兩個無因次參數是很困難的 (通常是不可能的)。對於一個有自由表面的流動，其長度尺度 L，速度尺度 V，運動黏度 ν，模型與原型之間的雷諾數匹配是

$$\text{Re}_p = \frac{V_p L_p}{\nu_p} = \text{Re}_m = \frac{V_m L_m}{\nu_m} \tag{7-21}$$

模型與原型之間的福勞數匹配是

$$\text{Fr}_p = \frac{V_p}{\sqrt{gL_p}} = \text{Fr}_m = \frac{V_m}{\sqrt{gL_m}} \tag{7-22}$$

為了匹配 Re 及 Fr 兩者，我們同時求解式 (7-21) 及 (7-22) 來得到需要的長度比例因子 L_m/L_p，

$$\frac{L_m}{L_p} = \frac{\nu_m}{\nu_p}\frac{V_p}{V_m} = \left(\frac{V_m}{V_p}\right)^2 \tag{7-23}$$

從式 (7-23) 消去比值 V_m/V_p，我們看出

為了同時匹配 Re 與 Fr 所需要的運動黏度之比： $\quad \dfrac{\nu_m}{\nu_p} = \left(\dfrac{L_m}{L_p}\right)^{3/2} \tag{7-24}$

因此，為了確保完全相似性 (假設幾何相似性是可達成的，並且沒有之前所討論的不想要的表面張力效應)，我們將需要使用一種液體，其運動黏度滿足式 (7-24)。雖然有時候是可以找到一種適合模型使用的液體，但在大多數的情況，其為不實際

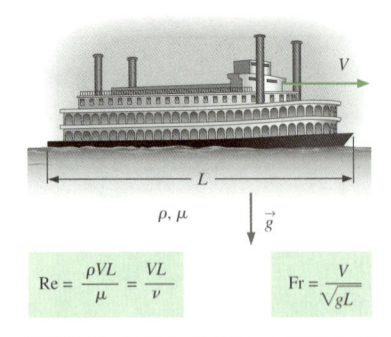

圖 7-42 許多流動牽涉到有自由液面的液體，雷諾數與福勞數兩者是有關的無因次參數。因為不總是能夠讓模型與原型的 Re 與 Fr 同時匹配，我們有時候會被迫只能達到不完全的相似性。

$\text{Re} = \dfrac{\rho VL}{\mu} = \dfrac{VL}{\nu} \qquad \text{Fr} = \dfrac{V}{\sqrt{gL}}$

(a)　　　　　　　　　　　　(b)　　　　　　　　　　　　(c)

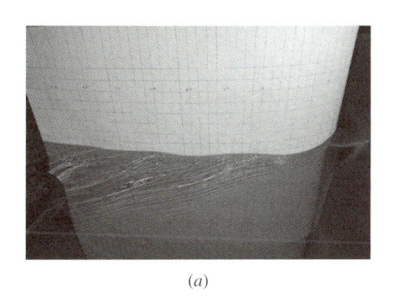

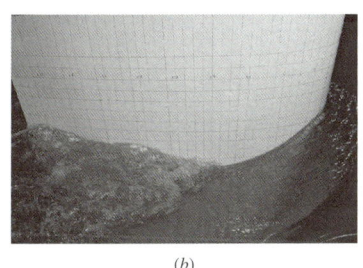

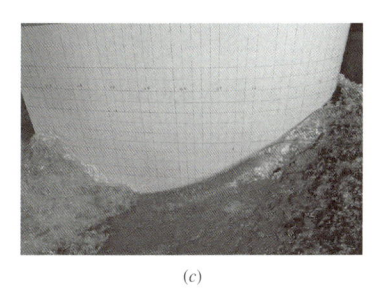

圖 7-43 一個 NACA 0024 機翼在一個拖曳水槽中測試，其 Fr = (a) 0.19，(b) 0.37，(c) 0.55。在像這樣的測試中，福勞數是最重要的參數。
Photograph courtesy of IIHR-Hydroscience & Engineering, University of Iowa. Used by permission.

或不可能，正如例題 7-11 將說明的。在這些情況時，匹配福勞數比雷諾數更為重要 (圖 7-43)。

例題 7-11　模型水閘與河流

在 1990 年代晚期，美國陸軍工程師設計一個實驗來模擬肯達基水閘和水壩下游的田納西河的流動 (圖 7-44)。由於實驗室空間的限制，他們建立一個比例模型，其長度比例因子是 $L_m/L_p = 1/100$。試建議一個合適用來做這個實驗的液體。

解答：我們要建議一種液體，可以用在一個有水閘、水壩及河流的 1/100 比例的模型實驗之中。
假設：1. 模型與原型是幾何相似的。2. 模型河流足夠深使得表面張力效應不顯著。
性質：在大氣壓力下，溫度 25°C 的水，原型的運動黏度是 $\nu_p = 1.002 \times 10^{-6}$ m²/s。
分析：從式 (7-24)，

模型液體所需要的運動黏度：$\nu_m = \nu_p \left(\dfrac{L_m}{L_p}\right)^{3/2} = (1.002 \times 10^{-6} \text{ m}^2/\text{s})\left(\dfrac{1}{100}\right)^{3/2} = 1.00 \times 10^{-9}$ m²/s　　(1)

因此我們需要找到一種液體，其黏度為 1.00×10^{-9} m²/s。快速的瀏覽一下附錄，沒有發現這樣的液體。熱水較冷水有較低的運動黏度，但是也僅差 3 倍。液態水銀有很小的運動黏度，但其大小約為

圖 7-44 一個 1：100 比例的模型被建造來研究在水壩下游 3.2 km 地方的下水閘方法對航行條件的影響。模型包括洩洪道、發電室及已經存在水閘的比例模型。除了航行以外，模型也被用來評估與新水閘以及必要的鐵路與高速公路的橋樑的移位有關的環境議題。這種視角是向著上游的水閘與水壩看過去。在這種比例下，模型上的 16 m 相當於原型上的 1.6 km。在背景中的一輛 (真實的，全比例) 小貨車可以讓你對模型比例有些感受。
Photo courtesy of the U.S. Army Corps of Engineers, Nashville.

$10^{-7} m^2/s$ —— 仍比滿足式 (1) 的值大了兩個數量級。即使液態水銀適用，其價格也太昂貴且在這種測試中也太危險。我們該怎麼辦呢？重點是在作模型測試時，我們無法同時匹配福勞數與雷諾數。

換言之，在此例中要達到模型與原型中的完全相似性是不可能的。取代的，我們可以在不完全相似性的條件下做出最好的工作。在這樣的情況中，為了方便性，我們通常會選用水來作測試。

討論：事實顯示在做這一類的實驗時，匹配福勞數比匹配雷諾數更為重要。就如之前對風洞測試所討論過的，在 Re 值過高的時候，可以達到雷諾數獨立。即使我們無法達到雷諾數獨立，也經常可以外插低雷諾數模型的數據來預測全比例雷諾數的行為 (圖 7-45)。使用這種外插的高度信心來自於對許多類似問題的實驗室經驗。

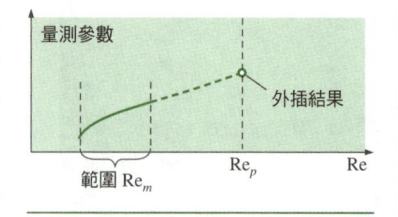

圖 7-45 在許多牽涉到自由表面的實驗，我們無法同時匹配福勞數與雷諾數。然而，我們通常可以外插低 Re 模型測試數據來預測高 Re 原型的行為。

在結束討論實驗與不完全相似性的這一節之前，我們要討論一下在製作好萊塢電影中有關模型船、火車、飛機、建築物、怪物⋯⋯等之爆破與大火時相似性的重要性。電影製作人應該要非常注意動力相似性，為的是盡量使小比例的火災與爆破場景看起像真的一般。有些低成本的電影其特效很不能令人信服。在多數的情況，這些都是由於在小模型與全比例原型之間欠缺動力相似性之故。如果模型的福勞數或雷諾數與原型的差異太大，特效看起來就不對勁，即使對沒受過訓練的眼睛也是一樣。下次你看一部電影時，請對不完全相似性保持警覺。

應用聚光燈 —— 果蠅如何飛翔

客座作者：Michael Dickinson，加州理工學院

因次分析的一個有趣的應用是在研究昆蟲如何飛翔。一隻昆蟲 (例如一隻小果蠅) 的小尺寸及翅膀的快速度，使得直接可視化其翅膀所製造的空氣流動及量測其力量非常困難。然而，使用因次分析的原理，用一個較大比例，較慢移動的模型 —— 即一隻機械昆蟲，來研究昆蟲的空氣動力學是可能的。一隻飛翔的果蠅和一隻拍動的機械昆蟲所產生的力量是動力相似，其前提是兩者的雷諾數要一樣。對於一個拍動的翅膀，Re 是由 $2\Phi RL_c \omega/\nu$ 來計算的，其中 Φ 是翅膀行程的角幅度，R 是翅膀長度，L_c 是平均翅膀寬度 (弦長)，ω 是行程的角頻率，而 ν 是周圍流體的運動黏度。一隻果蠅拍動其 2.5 mm 長、0.7 mm 寬的翅膀，在運動黏度為 1.5×10^{-5} m^2/s 的空氣中以 2.8 強度，每秒鐘拍動 200 次。其產生的雷諾數大約為 130。藉著挑選運動黏度為 1.15×10^{-4} m^2/s 的礦物油，能用一隻大 100 倍的機器果蠅，以更慢超過 1000 倍的拍動翅膀來匹配這個雷諾數！如果果蠅不是靜止的，而是在空氣中移動，就必須另外匹配一個無因次參數來確保動力相似，此即減縮頻率，$\sigma = 2\Phi R\omega/V$，這是翅膀頂端的拍動速度 ($2\Phi R\omega$) 相對於身體前進速度 (V) 的比值。為了模擬向前飛行，一組馬達拖動果蠅，以一個適當比例的速度向前經過油槽。

動力比例的果蠅已經幫助證明昆蟲使用各種不同的機制在牠們飛行時來產生力量。在每一個前後的拍動行程，昆蟲的翅膀以高攻角前進，製造出一個顯著的前端渦旋。這個大渦旋的低壓將翅膀往上拉。昆蟲可以藉由在每一次行程結束之前旋轉其翅膀來增強前端渦旋的強度。翅膀改變方向以後，可以藉由很快地飛過上一次行程的尾流來產生力量。

圖 7-46a 顯示的是一隻果蠅在拍動其翅膀，而圖 7-46b 則顯示機器果蠅拍動其翅膀。由於模型有較大的長度尺度及較短的時間尺度，量測及流場可視化都是可行的。用動力比例的昆蟲模型來做實驗，持續的教導著研究者：昆蟲是如何操縱其翅膀的運動來轉向及移動。

(a)

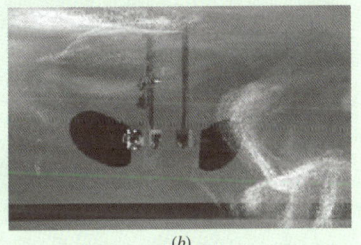

(b)

圖 7-46 (a) 果蠅 (Drosophila melanogaster) 一分鐘內拍動其微小的翅膀前後 200 次，產生了一個行程平面的模糊影像。(b) 一隻動力比例模型的機器果蠅，在一個 2 公噸礦物油槽之中每 5 秒拍動其翅膀一次。在其翅膀基部的感應器記錄了氣動力，而細小的氣泡則被用來可視化流場。機器果蠅的大小與速度，以及油的性質，都被仔細地挑選來匹配一隻真實果蠅的雷諾數。
Photos © Courtesy of Michael Dickinson, CALTECH.

參考資料

Dickinson, M. H., Lehmann, F.-O., and Sane, S., "Wing rotation and the aerodynamic basis of insect flight," *Science*, 284, p. 1954, 1999.

Dickinson, M. H., "Solving the mystery of insect flight," *Scientific American*, 284, No. 6, pp. 35-41, June 2001.

Fry, S. N., Sayaman, R., and Dickinson, M. H., "The aerodynamics of free-flight maneuvers in *Drosophila*," *Science*, 300, pp. 495-498, 2003.

總結

因次與單位是有區別的：因次是物理量的一個量度 (沒有單位)，相反的單位則是指定一個數值給因次的方法。總共有七個基本因次 —— 不單是在流動力學，而是在所有科學與工程的領域皆是。它們是質量、長度、時間、溫度、電流、光度與物質量。所有其它的因次都可用這七個基本因次組合而形成。

所有的數學方程式都必須是因次齊一的；這個基本原則可以被應用到所有方程式之中來無因次化它們並找出無因次群，也稱為無因次參數。用來把問題中需要的獨立參數的數目減少的有力工具稱為因次分析。重複變數法是用來發現無因次參數或 Π 的一種逐步的方法，是簡單的基於問題中的變數與常數的因次的方法。重複變數法的六個步驟在此總結如下：

步驟 1　列出問題中所有的 n 個參數 (變數與常數)。

步驟 2　列出每個參數的主要因次。

步驟 3　猜測減數 j，通常等於問題中基本因次的數目。如果分析失敗了，將 j 減 1 再重做。預期的 Π 數目 (k) 等於 n 減 j。

步驟 4　聰明的選擇 j 個重複變數來建立所有 Π。

步驟 5　建立這 k 個 Π，一次一個將剩下的變數或常數與 j 個重複變數作組合，並強迫其乘積是無因次的，再依需要整理這些 Π 以獲得比較著名的無因次參數。

步驟 6　檢查你的工作並寫下最後的函數關係。

若模型與原型的所有無因次群都獲得匹配，就達到動力相似，我們即可基於模型測試來直接預測原型的性能。然而當試圖獲得模型與原型的相似性時，不是總能夠匹配所有的 Π 群。在這些情況下，我們在不完全相似性的條件下進行模型測試，並盡可能地匹配最重要的 Π 群，然後再外插模型測試的結果到原型的條件下。

在本書的後續章節中，我們都會用到本章所介紹的觀念。例如因次分析被應用到在第 8 章的完全發展管流 (摩擦因子、損失係數、……等)。在第 10 章中，我們正常化在第 9 章中所導出的流體流動的微分方程式，並產生了幾個無因次參數。阻力與升力係數在第 11 章被廣泛的應用，無因次參數也出現在可壓縮流與明渠流的章節中 (第 12 與 13 章)。在第 14 章中，我們學習到動力相似性經常是設計與測試泵及透平機的基礎。最後，無因次參數也被使用在計算流體力學 (第 15 章)。

參考資料和建議讀物

1. D. C. Montgomery. *Design and Analysis of Experiments*, 8th ed. New York: Wiley, 2013.

2. J. P. Holman. *Experimental Methods for Engineers*, 7th ed. New York: McGraw-Hill, 2001.

習題

有 "C" 題目是觀念題，學生應盡量作答。

因次、單位與主要因次

7-1C 什麼是因次與單位之間的區別？各舉三個例子。

7-2 寫出萬用理想氣體常數 R_u 的主要因次。(提示：使用理想氣體定律，$PV = nR_uT$，其中 P 是壓力，V 是體積，T 是絕對溫度，而 n 是氣體的莫耳數。)
(Answer: $\{m^1L^2t^{-2}T^{-1}N^{-1}\}$)

7-3 寫出以下在熱力學領域中的每個變數的主要因次，寫出你所有的解題過程：(a) 能量 E；(b) 比能量 $e = E/m$；(c) 功率 W。
(Answer: (a) $\{m^1L^2t^{-2}\}$, (b) $\{L^2t^{-2}\}$, (c) $\{m^1L^2t^{-3}\}$)

7-4 在進行因次分析時，第一步驟中要做的一項工作就是列出每個相關參數的主要因次。有一個參數與它們的主要因次的表格是很方便的。我們已經為你們先作了一個這樣的表格 (表 P7-4)，其中包含一些在流體力學中經常遇到的基本參數。當你在做本章的習題時，可以把參數增加到這個表格。你應該可以建立一個有著成打以上參數的表格。

表 P7-4

參數名稱	參數符號	主要因次
加速度	a	L^1t^{-2}
角度	$\theta 、\phi 、……$等	1 (無)
密度	ρ	m^1L^{-3}
力	F	$m^1L^1t^{-2}$
頻率	f	t^{-1}
壓力	P	$m^1L^{-1}t^{-2}$
表面張力	σ_s	m^1t^{-2}
速度	V	L^1t^{-1}
黏度	μ	$m^1L^{-1}t^{-1}$
體積流率	$\dot{V}$	L^3t^{-1}

7-5 考慮習題 7-4 的表格，其中幾個變數的主要因次是以質量 — 長度 — 時間系統列出的。有一些工程師喜歡用力 — 長度 — 時間系統 (力代替質量當作主要因次之一)。用力 — 質量 — 時間系統寫出其中三個變數 (密度、表面張力與黏度) 的主要因次。

7-6 在元素週期表中，莫耳質量 (M)，又稱為原子量，經常被列出為無因次量 (圖 P7-6)。事實上，原子量是 1 莫耳元素的質量，例如氮的原子量是 $M_{nitrogen} = 14.0067$，我們將此解釋為 14.0067 g/mol。什麼是原子量的基本因次？

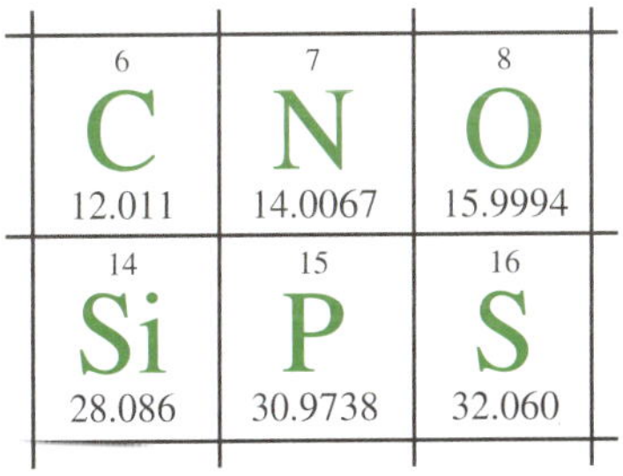

6 C 12.011	7 N 14.0067	8 O 15.9994
14 Si 28.086	15 P 30.9738	16 S 32.060

圖 P7-6

7-7 有一些作者偏好使用力代替質量來當作主要因次。在基本的流體力學問題中，四個代表性的主要因次 m、L、t 和 T 因此被 F、L、t 和 T 所取代。在此系統中，力的主要因次為 {力}={F}。使用習題 7-2 的結果，將萬用氣體常數的主要因次用這個替代的主要因次系統重新寫出。

7-8 對於一個特定的氣體，我們定義其特定氣體常數 R_{gas} 為萬用氣體常數與此氣體的莫耳質量 (又稱為分子量) 的比值，$R_{gas} = R_u/M$。因此，對一個特定的氣體，理想氣體定律被寫成如下所示：

$$PV = mR_{gas}T \quad \text{或} \quad P = \rho R_{gas}T$$

其中 P 是壓力，$\vee$ 是體積，m 是質量，T 是絕對溫度，而 ρ 是此特殊氣體的密度。什麼是 R_{gas} 的主要因次？對於空氣，在標準 SI 單位中，$R_{air} = 287.0$ J/kg·K。驗證這些單位與你的結果吻合。

7-9　力矩 ($\vec{M}$) 是由力臂 ($\vec{r}$) 與施力 ($\vec{F}$) 的向量積形成的，如圖 P7-9 所示。什麼是力矩的主要因次？將其單位用主要的 SI 單位列出。

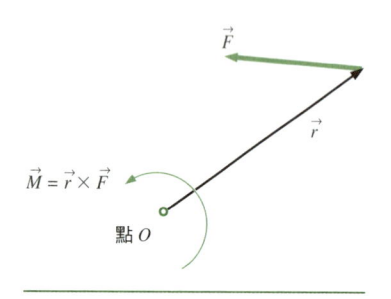

圖 P7-9

7-10　什麼是電壓 (E) 的主要因次？(提示：電功率等於電壓乘以電流。)

7-11　你可能已經熟悉電路的歐姆定律 (圖 P7-11)，其中 ΔE 是跨過電阻的電壓差或電位勢，I 是通過電阻的電流，而 R 是電阻。什麼是電阻的主要因次？
(Answer: $\{m^1 L^2 t^{-3} I^{-2}\}$)

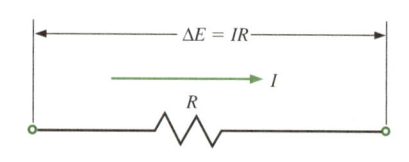

圖 P7-11

7-12　對以下每一個變數寫出其主要因次，秀出你所有的推導過程：(a) 加速度 a；(b) 角速度 ω；(c) 角加速度 α。

7-13　角動量，又稱為動量矩 ($\vec{H}$)，是流體質點的力臂 ($\vec{r}$) 與線性動量 ($m\vec{V}$) 的向量積形成的，如圖 P7-13 所示。什麼是角動量的主要因次？以主要的 SI 單位和主要的英制單位列出角動量的單位。
(Answer: $\{m^1 L^2 t^{-1}\}$, kg·m²/s, lbm·ft²/s)

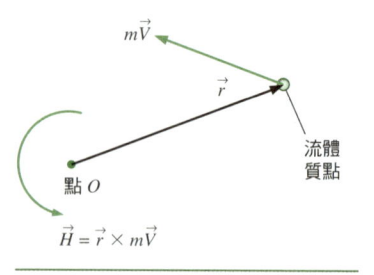

圖 P7-13

7-14　對以下每一個變數寫出其主要因次，秀出你所有的推導過程：(a) 等壓比熱 c_p；(b) 比重量 ρg；(c) 比焓 h。

7-15　熱傳導率 k 是一個材料導熱能力的一個量度 (圖 P7-15)。對經過一個垂直於 x- 方向的表面，在 x- 方向的傳導熱傳，傅立葉熱傳導定律被表示為

$$\dot{Q}_{conduction} = -kA\frac{dT}{dx}$$

其中 $\dot{Q}_{conduction}$ 是熱傳率，而 A 是垂直於熱傳方向的面積。試決定熱傳導率 (k) 的主要因次。從附錄中找出一個 k 的值，並且驗證其 SI 單位與你的結果是一致的。特別的，試寫出 k 的主要 SI 單位。

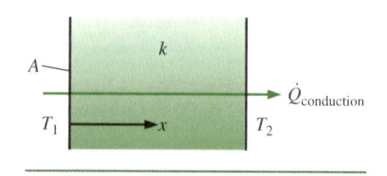

圖 P7-15

7-16　對以下在對流熱傳研究中所遭遇的每一個變數寫出其主要因次 (圖 P7-16)，秀出你所有的推導過程：(a) 熱產生率 $\dot{g}$ (提示：每單位體積的熱能轉換率)；(b) 熱通量 $\dot{q}$ (提示：每單位面積的傳熱率)；(c) 熱傳係數 h (提示：每單位溫度差的熱通量)。

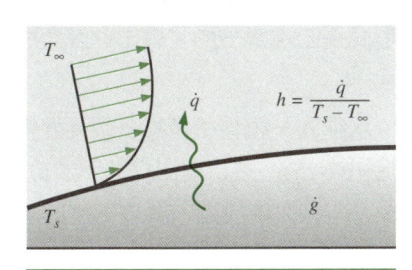

圖 P7-16

7-17 翻一翻你的熱力學課本中的附錄，找出沒有在習題 7-1 至 7-16 中提及的三個性質或常數。列出每個性質或常數的名稱及其 SI 單位。然後寫出每個性質或常數的主要因次。

因次齊一性

7-18C 用簡單的詞語解釋因次齊一性定理。

7-19 在第 4 章，我們定義了質點加速度，即追隨一個流體質點的加速度，

$$\vec{a}(x, y, z, t) = \frac{\partial \vec{V}}{\partial t} + (\vec{V} \cdot \vec{\nabla})\vec{V}$$

(a) 什麼是梯度運算子 $\vec{\nabla}$ 的主要因次？(b) 證明這個方程式中的每一個相加項都有相同的因次。
(Answer: (a) $\{L^{-1}\}$, (b) $\{L^1 t^{-2}\}$)

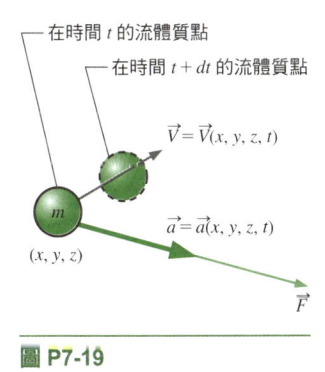

圖 P7-19

7-20 牛頓第二定律是線性動量守恆微分方程式的基礎 (將在第 9 章中討論)。採用跟隨一個流體質點的物質加速度的表示 (圖 P7-19)，我們將牛頓第二定律寫成下式：

$$\vec{F} = m\vec{a} = m\left(\frac{\partial \vec{V}}{\partial t} + (\vec{V} \cdot \vec{\nabla})\vec{V}\right)$$

或是將兩邊除以流體質點的質量 m，

$$\frac{\vec{F}}{m} = \frac{\partial \vec{V}}{\partial t} + (\vec{V} \cdot \vec{\nabla})\vec{V}$$

寫出此 (第二個) 方程式中每一個相加項的主要因次，並且證明方程式是因次齊一性的，秀出你解題的所有過程。

7-21 在第 9 章，我們討論質量守恆的微分方程式、連續方程式。在圓柱座標系統，且為穩定流時，

$$\frac{1}{r}\frac{\partial (ru_r)}{\partial r} + \frac{1}{r}\frac{\partial u_\theta}{\partial \theta} + \frac{\partial u_z}{\partial z} = 0$$

寫出此方程式中的每一個相加項的主要因次，並且證明方程式是因次齊一性的。秀出你解題的所有過程。

7-22 雷諾輸運定理 (RTT) 已經在第 4 章中討論過了。對於一個移動或變形的控制體積的普遍情況，我們可以將 RTT 書寫如下：

$$\frac{dB_{\text{sys}}}{dt} = \frac{d}{dt}\int_{CV} \rho b \, dV + \int_{CS} \rho b \vec{V}_r \cdot \vec{n} \, dA$$

其中 $\vec{V}_r$ 是相對速度，即流體相對於控制面的速度。寫出此方程式中每一個相加項的主要因次，並證明方程式是因次齊一性的。秀出你解題的所有過程。(提示：因為 B 可以是流場的任何性質 — 純量，向量，甚至是張量 — 它可以有不同的因次。因此就令 B 的因次是 B 本身即可，$\{B\}$。同時 b 定義為每單位質量的 B。)

7-23 流體力學的一個重要應用是研究房間的空調。假設有一個空氣污染的源項 S (每單位時間的質量) 在一個體積 V 的房間內 (圖 P7-23)。例子包括香菸中的一氧化碳，或一個沒有排氣的煤油加熱器，家用清潔產品產生的像氨的氣體，及從開放

性容器中揮發性有機化合物 (VOCs) 因揮發釋出的蒸氣等，我們令 c 代表質量濃度 (每單位空氣體積中，污染物的質量)。$\dot{V}$ 是新鮮空氣進入室內的體積流率。如果室內的空氣混合良好使得質量濃度 c 在室內是均勻的，但隨時間而變，則室內的質量濃度為時間的函數的微分方程式為

$$V\frac{dc}{dt} = S - \dot{V}c - cA_s k_w$$

其中 k_w 是吸收係數，且 A_s 是牆壁，地板、家具等會吸收污染物的表面面積。寫出此方程式中前三項的主要因次 (包括在左邊的項)，並且證明這些項是因次齊一的。然後試決定 k_w 的因次。秀出你解題的所有過程。

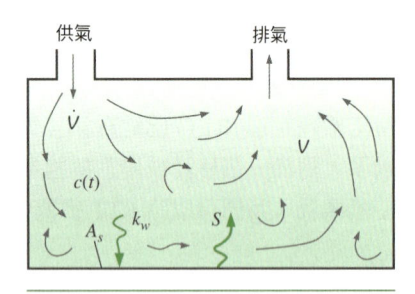

圖 P7-23

7-24　在第 4 章中，我們定義體積應變率為一個流體元素每單位體積的體積增加率 (圖 P7-24)。在卡氏座標中，我們將體積增加率寫成

$$\frac{1}{V}\frac{DV}{Dt} = \frac{\partial u}{\partial x} + \frac{\partial v}{\partial y} + \frac{\partial w}{\partial z}$$

寫出每個相加項的主要因次，並證明此方程式是因次齊一的。秀出你解題的所有過程。

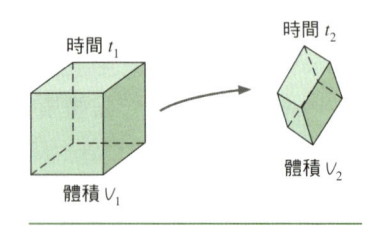

7-25　冷水進入一根管子並被一個外界熱源加熱 (圖 P7-25)。進口與出口的水溫分別是 T_{in} 及 T_{out}。從環境進入管內對水的總熱傳率 $\dot{Q}$ 是

$$\dot{Q} = \dot{m}c_p(T_{out} - T_{in})$$

其中 $\dot{m}$ 是水流過水管的質量流率，而 c_p 是水的比熱。寫出此方程式中每個相加項的主要因次，並且證明此方程式是因次齊一的。秀出你解題的所有過程。

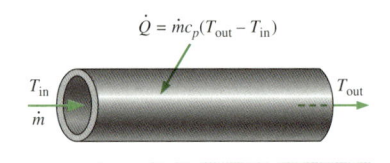

圖 P7-25

方程式的無因次化

7-26C　什麼是無因次化一個方程式的主要理由？

7-27　回憶第 4 章，可知一個穩定不可壓縮流的體積應變率為零。在卡氏座標中，我們將此表示為

$$\frac{\partial u}{\partial x} + \frac{\partial v}{\partial y} + \frac{\partial w}{\partial z} = 0$$

假設一個已知流場的特徵速度與特徵長度分別為 V 及 L (圖 P7-27)。定義如下的無因次變數：

$$x^* = \frac{x}{L}, \quad y^* = \frac{y}{L}, \quad z^* = \frac{z}{L},$$

$$u^* = \frac{u}{V}, \quad v^* = \frac{v}{V}, \quad 及 \quad w^* = \frac{w}{V}$$

無因次化此方程式，並且辨識出可能出現的任何已知 (已被命名) 的無因次參數，同時討論之。

圖 P7-27

7-28 在一個振盪的可壓縮流場中體積應變率不為零，而是跟隨一個流體質點隨時間而變。在卡氏座標中，我們將此表示為

$$\frac{1}{V}\frac{DV}{Dt} = \frac{\partial u}{\partial x} + \frac{\partial v}{\partial y} + \frac{\partial w}{\partial z}$$

假設一個已知流場的特徵速度與特徵長度分別為 V 及 L，並假設 f 是振盪的特徵頻率 (圖 P7-28)。定義如下的無因次變數：

$$t^* = ft, \quad V^* = \frac{V}{L^3}, \quad x^* = \frac{x}{L}, \quad y^* = \frac{y}{L},$$
$$z^* = \frac{z}{L}, \quad u^* = \frac{u}{V}, \quad v^* = \frac{v}{V}, \quad \text{及} \quad w^* = \frac{w}{V}$$

無因次化此方程式，並且辨識出可能出現的任何已知 (已被並名) 的無因次參數。

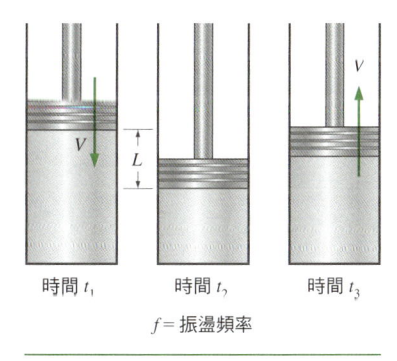

圖 P7-28

7-29 在第 9 章中，我們對在 xy- 平面上的二維不可壓縮流定義流線函數如下：

$$u = \frac{\partial \psi}{\partial y} \quad v = -\frac{\partial \psi}{\partial x}$$

其中 u 及 v 分別是 x- 與 y- 方向的速度分量。(a) 什麼是 ψ 的主要因次？(b) 假設某一個二維的流場有一個特徵長度 L 與一個時徵時間 t。定義 x、y、u、v 與 ψ 的無因次形式。(c) 用無因次形式重寫方程式，並辨識出可能出現的任何已知無因次參數。

7-30 在一個振盪的不可壓縮流場中作用在一個流體質點上的每單位質量的力可以從牛頓第二定律的內延形式獲得 (參考習題 7-20)，

$$\frac{\vec{F}}{m} = \frac{\partial \vec{V}}{\partial t} + (\vec{V}\cdot\vec{\nabla})\vec{V}$$

假設對一個已知流場的特徵速度與特徵長度分別是 V_∞ 及 L。同時假設 ω 是一個振盪的特徵角頻率 (rad/s) (圖 P7-30)。定義如下之無因次變數，

$$t^* = \omega t, \quad \vec{x}^* = \frac{\vec{x}}{L}, \quad \vec{\nabla}^* = L\vec{\nabla},$$

及 $\quad \vec{V}^* = \dfrac{\vec{V}}{V_\infty}$

因為作用在質點上面的每單位質量的力的特徵尺度為未知，我們就指定一個。注意 $\{\vec{F}/m\} = \{L/t^2\}$。亦即，我們令

$$(\vec{F}/m)^* = \frac{1}{\omega^2 L}\vec{F}/m$$

無因次化運動方程式，並辨識出任何可能出現的已知 (已被命名) 的無因次參數。

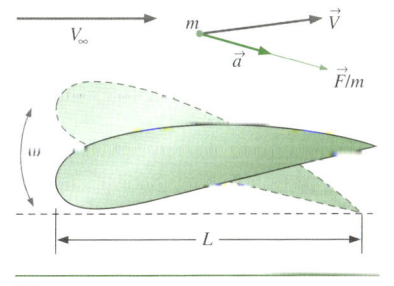

圖 P7-30

7-31 一個風洞被用來量測空氣流過一架模型飛

機的壓力分佈 (圖 P7-31)。風洞中空氣的速度夠低使得壓縮效應可以被忽略。如第 5 章中討論過的，伯努利方程式近似適用這種流場的每一個地方，除了靠近物體表面，或風洞壁面，以及模型後端的尾流區。離開模型夠遠的地方，空氣流的速度為 V_∞，壓力為 P_∞，且空氣密度幾乎是常數。重力效應在空氣流中通常是可以忽略的，因此我們可以將伯努利方程式寫成

$$P + \frac{1}{2}\rho V^2 = P_\infty + \frac{1}{2}\rho V_\infty^2$$

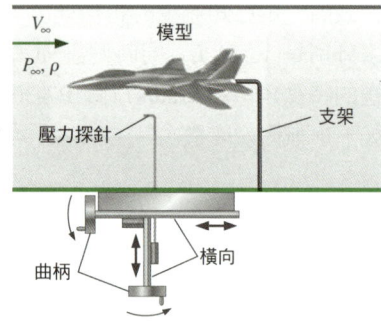

圖 P7-31

無因次化此方程式，並對流場中伯努利方程式適用的任何一點導出壓力係數 C_p 的一個表示式。C_p 定義為

$$C_p = \frac{P - P_\infty}{\frac{1}{2}\rho V_\infty^2}$$

(Answer: $C_p = 1 - V^2/V_\infty^2$)

7-32 考慮圖 P7-23 中的一間混合良好的房間的空調。房間內質量濃度為時間函數的微分方程式已經在習題 7-23 中給定，為了方便在此重複寫出，

$$V\frac{dc}{dt} = S - \dot{V}c - cA_s k_w$$

在這種情況下有三個特徵參數：L，房間的特徵長度 (假設 $L = V^{1/3}$)；$\dot{V}$，新鮮空氣進入房間的體積流率；及 c_limit，無害的最大的質量濃度。(a) 用這三個特徵參數定義此方程式中所有變數的無因次形式 (提示：例如定義 $c^* = c/c_\text{limit}$)。(b) 將方程式重寫成無因次的形式，並辨識出可能出現的任何已知的著名無因次群。

因次分析與相似性

7-33C 列出因次分析的三個主要目的。

7-34C 列出並描述模型與原型之間完全相似的三個必要條件。

7-35 一個學生團隊要為一個設計比賽設計一艘人力潛艇。原型潛艇的總長度為 4.85 m，學生設計師們希望潛艇在完全沉沒於水中時能以 0.440 m/s 移動。水是淡水 (在湖中)，溫度 $T = 15°C$。設計團隊建造一個 1/5 比例的模型在他們大學的風洞中作測試 (圖 P7-35)。一個遮板包圍阻力平衡器的支架使得支架，本身的風阻不會影響量測到的阻力，風洞中空氣的溫度是 25°C，壓力為一個標準大氣壓力。為了達到相似性，他們需要在什麼空氣速度下操作風洞？(Answer: 30.2 m/s)

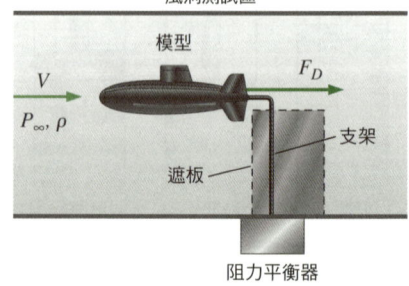

圖 P7-35

7-36 在相同條件下重做習題 7-35，但他們可以使用的唯一設備是一個更小的風洞。他們的潛水艇模型是一個 1/24 比例的模型而不是一個 1/5 比例的模型。為了達到相似性，他們需要用什麼空氣速度來操作風洞？關於你的結果，是否注意到任何困擾的或可疑的地方嗎？討論你的結果。

7-37 這是習題 7-35 的後續問題。學生們在風洞中量測作用在潛水艇上面的空氣阻力 (圖 P7-35)。他們很小心地在能確保與原型潛水艇在相似性的條件下來操作風洞。量測到的阻力是 5.70 N。試估計在習題 7-35 所給的條件下，作用在原型潛水艇的阻力。(Answer: 25.5 N)

7-38 一個輕型降落傘被設計來作軍事用途 (圖 P7-38)。其直徑 D 為 7 m，且負載、降落傘及裝備的總重量是 1020 N。在此重量下，降落傘設計的終端速度 V_t 是 5.5 m/s。降落傘的一個 1/20 比例的模型被用來在風洞中作測試。風洞中的溫度與壓力與原型的一樣，即 15°C 與標準大氣壓力。(a) 計算原型的阻力係數。(提示：在終端速度時，重量與空氣阻力相互平衡。) (b) 為了達到動力相似性，風洞應在什麼速度下操作？(c) 試估計在風洞中作用在模型降落傘的空氣阻力 (用 N 表示)。

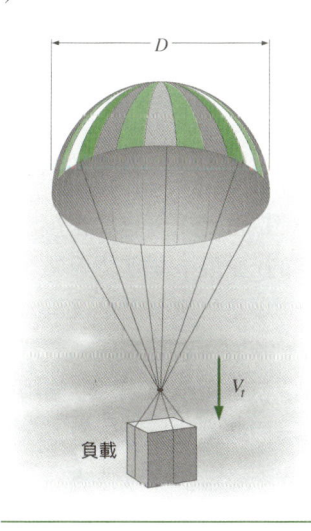

圖 P7-38

7-39 有一些風洞加壓的。討論為什麼研究單位要經歷額外的麻煩與更多的成本來加壓風洞。如果風洞中的空氣壓力被增加了 1.8 倍，其它條件相同 (相同速度、相同模型、……等)，則雷諾數可被增加幾倍？

7-40 要預測一輛新型跑車在溫度 25°C 下，速度 95 km/h 時的空氣阻力。汽車工程車製造了一輛 1/3 比例的模型車在風洞中作測試 (圖 P7-40)。風洞中的空氣溫度也是 25°C。阻力用一個阻力平衡器來量測，並用移動的皮帶來模擬移動的地面 (從汽車上的參考座標來看)。為了達到模型與原型的相似性，工程師們應該用多快的速度來操作風洞？

圖 P7-40

7-41 這是習題 7-40 的後續問題。當風洞操作的速度可以確保模型與原型的相似性時，作用在風洞中 (圖 P7-40) 模型上的空氣阻力經過量測為 150 N。試估計在習題 7-40 所給的條件下，作用在原型車上的阻力。

7-42 考慮一個工程師在一般情況下試圖要匹配一輛大型原型車與在風洞中一輛縮小比例模型車之間的雷諾數。風洞中的空氣是冷或是熱較好呢？為什麼？用風洞中空氣溫度在 10°C 與在 40°C 時 (其它條件相同) 的結果來支持你的論點。

無因次參數與重複變數法

7-43 用主要因次證明阿基米德數 (表 7-5) 確實是無因次的。

7-44 用主要因次證明格拉秀夫數 (表 7-5) 確實是無因次的。

7-45 用主要因次證明雷萊數 (表 7-5) 確實是無因次的。什麼是由 Ra 與 Gr 的比值所形成的其它著名的無因次參數？(Answer: 普朗特數)

7-46 週期性的卡曼渦街是由均勻流經過一個圓柱所形成的（圖 P7-46）。使用重複變數法來推導一個無因次關係式，將卡曼渦街的頻率 f_k 表示成自由流速度 V、流體密度 ρ、流體黏度 μ 與圓柱直徑 D 的函數。秀出你所有的推導過程。

(Answer: St = f(Re))

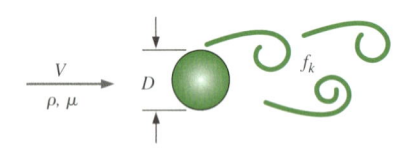

圖 P7-46

7-47 重做習題 7-46，但是再包括一個獨立參數，即流體中的音速。使用重複變數法來推導卡曼渦街釋放頻率的無因次關係式，表示成自由流速度 V、流體密度 ρ、流體黏度 μ、圓柱直徑 D 及音速 c 的函數。秀出你所有的推導過程。

7-48 一個攪拌器被用來在一個大槽中混合化學物質（圖 P7-48）。輸入給攪拌葉片的功率 $\dot{W}$ 是攪拌器直徑 D、液體密度 ρ、液體黏度 μ 與轉動葉片的角速度 ω 的函數。使用重複變數法來推導出這些參數間的無因次關係式。秀出你所有的推導過程並記得要辨識出你的 Π 群，並視需要整理它們。(Answer: $N_p = f$(Re))

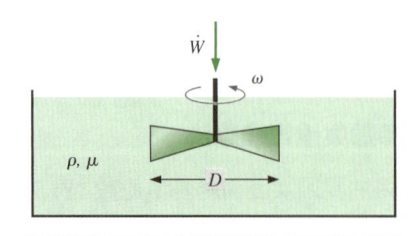

圖 P7-48

7-49 重做習題 7-48，但是不要假設槽體很大，增加全槽的直徑 D_tank 與平均液體深度 h_tank 當作額外的相關參數。

7-50 阿爾伯特‧愛因斯坦正在沉思如何寫出他的（即將成名）方程式。他知道能量 E 是質量 m 與光速的函數，但是他不知道函數關係（$E = m^2c$? $E = mc^4$?）。假設愛因斯坦不知道因次分析，但是因為你正在修流體力學，你可以幫助愛因斯坦寫出他的方程式。使用重複變數的逐步法來推導出這些參數間的無因次關係式，秀出你推導的所有過程。將此方程式與愛因斯坦著名的方程式作比較 —— 因次分析是否讓你寫出此方程式的正確形式？

圖 P7-50

7-51 瑞查生數定義為

$$\text{Ri} = \frac{L^5 g\, \Delta\rho}{\rho \dot{V}^2}$$

米顧爾正在做一個問題，其特徵長度為 L、特徵速度 V、特徵密度差 $\Delta\rho$、特徵（平均的）密度 ρ 與重力常數 g。他想要定義一個瑞查生數，但是沒有一個特徵體積流率。利用可供運用的參數幫助米顧爾定義一個特徵體積流率，然後用這些參數來定義一個適當的瑞查生數。

7-52 考慮完全發展的克維特流 —— 在相隔距離為 h 的兩塊無限大的平板之間的流動，其上平板在移動，而下平板為靜止的，如圖 P7-52 所示。此流動是在 xy- 平面的穩定、不可壓縮的二維流場。使用重複變數法來替 x- 方向的速度分量 u 推導一個無因次的關係式，將其表示成流體黏度 μ、

上平板速度 V、距離 h、流體密度 ρ 及距離 y 的函數。秀出你所有的推導過程。
(Answer: $u/V = f(\text{Re}, y/h)$)

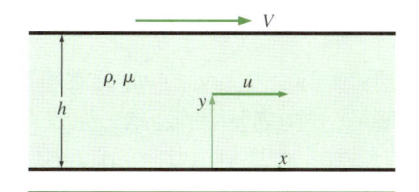

圖 P7-52

7-53 考慮發展中的克維特流 —— 與習題 7-52 相同的流動，但流動尚未達到穩定狀態，會隨時間發展。換言之，時間 t 是問題中的一個額外參數。導出所有變數之間的一個無因次關係式。

7-54 理想氣體中的音速 c 已經知道是比熱比 k、絕對溫度 T 與特定理想氣體常數 R_{gas} 的函數 (圖 P7-54)。秀出你所有的推導過程，使用因次分析來找出這些參數之間的函數關係。

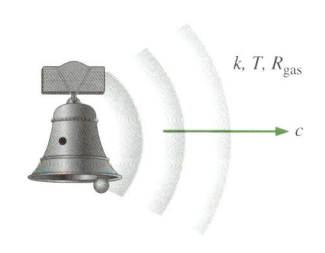

圖 P7-54

7-55 重做習題 7-54，但是令理想氣體中的音速 c 為絕對溫度 T、萬用氣體常數 R_u、氣體的莫耳質量 (分子量) M 與比熱比 k 的函數。秀出你所有的推導過程，使用因次分析來找出這些參數之間的函數關係。

7-56 重做習題 7-54，但是令理想氣體中的音速 c 只是絕對溫度 T 與特定理想氣體常數 R_{gas} 的函數。秀出你所有的推導過程，使用因次分析來找出這些參數之間的函數關係。(Answer: $c/\sqrt{R_{\text{gas}} T} = $ 常數)

7-57 重做習題 7-54，但是令理想氣體中的音速 c 只是壓力 P 與氣體密度 ρ 的函數。秀出你所有的推導過程，使用因次分析來找出這些參數之間的函數關係。證明你的結果與在一個理想氣體中音速的方程式 ($c = \sqrt{k R_{\text{gas}} T}$) 是一致的。

7-58 當一顆很小的氣懸膠粒子或微生物在空氣中或水中移動時，其雷諾數非常小 (Re<<1)。這種流動被稱為蠕動流 (creeping flows)。在蠕動流中作用在一個物體上的空氣阻力是其速度 V、此物體的某個特徵長度 L 與流體黏度的函數 (圖 P7-58)。使用因次分析來推導一個 F_D 與獨立變數的函數關係。

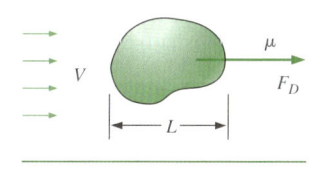

圖 P7-58

7-59 一個細小的氣懸膠粒子、密度 ρ_p、特徵直徑 D_p，在密度為 ρ 且黏度為 μ 的空氣中落下 (圖 P7-59)。如果粒子足夠小，蠕動流的近似是成立的，且此粒子的終端沉降速度 V 僅相依於 D_p、μ、重力常數 g 與密度差 $(\rho_p - \rho)$。使用因次分析來替 V 推導一個與獨立變數之間的函數關係。說出在你的分析中出現的任何已知的著名無因次參數。

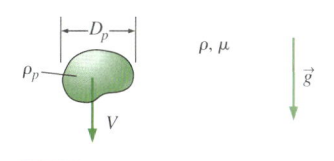

圖 P7-59

7-60 結合習題 7-58 與 7-59 的結果來為一個在空氣中落下的氣懸膠粒子的沉降速度 V 導出一個方程式 (圖 P7-59)。證明你的結果與在習題 7-59 中所得到的函數關係是一致的。為了一致性，使用習題 7-59 的符號。(提示：對一個以等沉降速度落下的粒子，此粒子的淨重量必定等於其空氣阻力，你的最後結果應該是一個 V 的方程式，其適用性可以在某一個未知的常數之內。)

7-61 你將會需要習題 7-60 的結果來做這個習題。一個細小的氣懸膠粒子以穩定的沉降速度 V 落下。其雷諾數夠小使得蠕動流近似是成立的。如果粒子的大小加倍，其它條件相同，則沉降速度會以多少比例上升？如果密度差 $(\rho_p - \rho)$ 加倍，其它條件相同，則沉降速度會以多少比例上升？

7-62 一種密度 ρ、黏度 μ 的不可壓縮流體以平均速度 V 流過一根很長的圓管的一段長度為 L 的水平段，管內徑 D 且內表面的粗糙度高度 ε (圖 P7-62)。圓管夠長使得流動是完全發展的，意即速度形狀不會沿著管子改變。壓力沿管往下游遞減 (線性) 為的是將流體"推"過管子來克服摩擦力。使用重複變數法推導一個壓力降 $\Delta P = P_1 - P_2$ 與問題中其它參數之間的一個關係式。要記得視需要修正你的 Π 群來獲得已知的著名無因次參數，並說明其名稱。(提示：為了一致性，選擇 D 而不是 L 或 ε 來作為你的重複變數之一。)

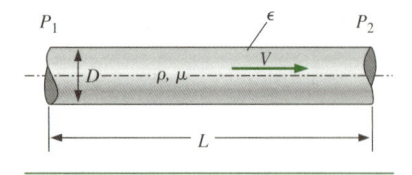

(Answer: Eu $= f$(Re, ε/D, L/D))

圖 P7-62

7-63 考慮經過一段很長管段的層流，如圖 P7-62。對層流，除非 ε 很大，結果顯示壁粗糙度不是一個有關係的參數。經過管子的體積流率 $\dot{V}$ 是管子直徑 D、流體黏度 μ 與軸向壓力梯度 dP/dx 的函數。如果管直徑被加倍，其它條件相同，則體積流率會增加幾倍？使用因次分析。

7-64 你在物理課程中最先學到的事情之一就是萬有引力定律，$F = G\dfrac{m_1 m_2}{r^2}$，其中 F 是兩物體間的引力，m_1 與 m_2 是此兩物體的質量，r 是兩物體間的距離，而 G 是萬有引力常數，等於 $(6.67428 \pm 0.00067) \times 10^{-11}$ [G 的單位在此沒給]。(a) 算出 G 的 SI 單位。為了一致性，你的答案要用 kg、m 與 s 表示。(b) 假設你不記得萬有引力定律，但是你夠聰明去知道 F 是 G、m_1、m_2 與 r 的函數。用因次分析與重複變數法 (秀出你所有的過程) 來導出一個給 $F = F(G, m_1, m_2, r)$ 的無因次表示式。將你的答案寫成 $\Pi_1 = f(\Pi_2, \Pi_3, \cdots)$ 的函數關係。(c) 因次分析不能產生函數的正確形式。然而，將你的結果與萬有引力定律比較來找出函數的形式。(例如，$\Pi_1 = \Pi_2^2$ 或其它的函數形式。)

7-65 珍正在做一個彈簧–質量–阻尼系統，如圖 P7-65 所示。她從動力系統課程上記得阻尼比 ζ 是這種系統的一個無因次性質，並且 ζ 是彈簧常數 k、質量 m 與阻尼係數 c 的函數。不幸的，她不記得 ζ 的方程式的正確形式。然而，她正在修一門流體力學的課程，並且決定應用她剛獲得的有關因次分析的知識來回憶此方程式的形式。用重複變數法幫助珍推導出 ζ 的方程式，要秀出你的所有推導過程。(提示：k 的典型單位是 N/m，c 是 N·s/m。)

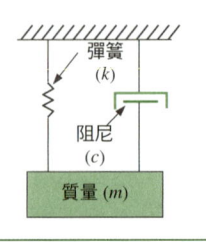

圖 P7-65

7-66 比爾正在做一個電路問題。他從電機工程的課程中記得電壓降 ΔE 是電流 I 與電阻 R 的函數。不幸的，他不記得 ΔE 的方程式的正確形式。然而，他正在修一門流體力學的課程，並且決定應用他剛獲得的有關因次分析的知識來回憶此方程式的形式。用重複變數法幫助比爾推導出 ΔE 的方程式，要秀出你的所有推導過程。將結果與歐姆定律比較 — 因次分析是否給你此方程式的正確形式？

7-67 邊界層是一層很薄的區域 (通常沿著一個壁面)，在其內黏滯力很顯著，同時流場是旋轉的。考慮一個邊界層沿著一塊細平板成長 (圖 P7-67)。流動是穩定的。在下游任何距離 x 位置的邊界層厚度 δ 是位置 x、自由流速度 V_∞ 與流體的性質 ρ (密度) 及 μ (黏度) 的函數。使用重複變數法來推導 δ 與其它參數的無因次函數關係。秀出你所有的推導過程。

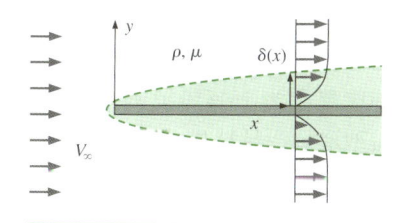

圖 P7-67

7-68 一種密度 ρ、黏度 μ 的液體以體積流率 $\dot{V}$ 被泵送經過一個直徑 D 的液體泵。泵的葉片以角速度 ω 旋轉。此泵對流體給予 ΔP 的壓力提升。使用因次分析，為 ΔP 與問題中其它參數之間推導一個無因次的函數關係。辨識出在你的結果中出現的任何已知的著名無因次參數。提示：為了一致性 (並且儘可能)，選擇長度、密度和一個速度 (或角速度) 作為重複變數是聰明的。

7-69 一個直徑 D 的螺旋槳在密度 ρ、黏度 μ 的液體中以角速度 ω 旋轉。需要的扭矩 T 經決定是 D、ω、ρ 及 μ 的函數。使用因次分析，推導一個無因次關係式。辨識在你的結果中出現的任何已知的著名無因次參數。提示：為了一致性 (並且儘可能)，選擇長度、密度和速度 (或角速度) 作為重複變數是聰明的。

7-70 重做習題 7-69，但是令螺旋槳在一個可壓縮氣體中操作而不是在液體中。

7-71 在研究紊流時，紊流黏滯消散率 ε (每單位質量的能量損失率) 已知是一個長度尺度 l 和大尺度紊流渦旋的速度尺度 u' 的函數。使用因次分析 (白金漢 π- 定理及重複變數法)，並且秀出你所有的推導過程，導出一個 ε 為 l 及 u' 的函數的表示式。

7-72 對在管中流動的水的熱傳率在習題 7-25 中已經分析過了。讓我們處理相同的問題，但是現在用因次分析。冷水進入一根管子，在那它被一個外面的熱源加熱 (圖 P7-72)。入口及出口的水溫分別是 T_{in} 及 T_{out}。從環境進入管內水中的總熱傳率 $\dot{Q}$ 已知是質量流率 $\dot{m}$、水的比熱 c_p 及入口與出口的水的溫度差的函數。秀出你所有的推導過程，使用因次分析來找出在這些參數之間的函數關係，並且與在習題 7-25 中的解析方程式作比較。(注意：我們假裝不知道解析方程式。)

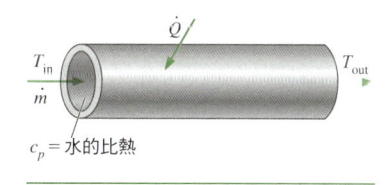

圖 P7-72

7-73 考慮在一個圓柱形容器中的液體，容器與液體都像剛體一樣在轉動 (固體般轉動)。在液體表面中心與液體表面邊緣的高度差 h 是角度 ω、流體密度 ρ、重力加速度 g 與半徑 R 的函數 (圖 P7-73)。使用因次分析來找出在這些參數之間的無因次關係式。顯示出你的所有推導過程。
(Answer: $h/R = f(\text{Fr})$)

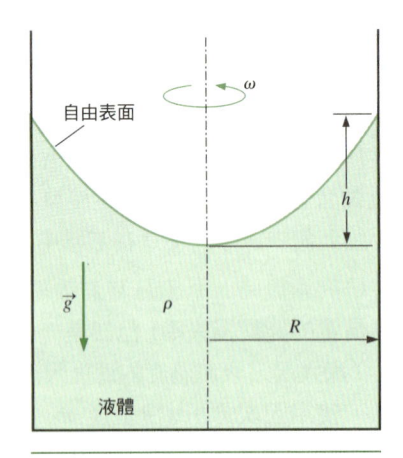

圖 P7-73

7-74 考慮習題 7-73 中的容器與液體在起始時是靜止的情形。在 $t = 0$ 時，容器開始旋轉。需要花一些時間來使液體達到像剛體一般旋轉，並且我們預期在這個不穩定的問題中，液體的黏度是一個額外的相關參數。重做習題 7-73，但是多了兩個額外的相關參數，即流體黏度 μ 和時間 t。(我們有興趣於高度 h 作為一個時間與其它參數的函數的發展情形。)

實驗測試與不完全相似性

7-75C 雖然我們通常認為模型總是小於原型。請描述三種情況，其中最好使用大於原型的模型。

7-76C 討論移動的地面皮帶在流體流過模型汽車的風洞測試中的目的為何。如果移動的地面皮帶不可得，想出一個替代的方法。

7-77C 重新考慮在 7-5 節討論的模型卡車例子，但風洞的最大速度只有 50 m/s。所取的空氣阻力的數據只在風洞速度介於 $V = 20$ 與 50 m/s 之間 —— 假設數據與在表 7-7 中在這個速度範圍的一樣。只根據這些數據，研究者是否有信心他們已經達到雷諾數獨立？

7-78C 討論風洞遮蔽效應。對於風洞測試，可以接受的最大遮蔽率的經驗法則是什麼？解釋為什麼如果遮蔽率高於這個值時會有量測誤差。

7-79C 為了使不可壓縮流的近似為合理，什麼是馬赫數極限的經驗法則？如果經驗法則被違反了，解釋為什麼風洞測試的結果會是不正確的。

7-80 一輛新型跑車的 1/6 比例的模型在風洞中作測試。原型車是 4.37 m 長、1.30 m 高及 1.69 m 寬。在測試中，調整移動的地面皮帶的速度，為的是能夠與測試段空氣的移動速度互相匹配。空氣阻力 F_D 作為風洞速度的函數被量測；量測結果列於表 P7-80。將阻力係數 C_D 作為雷諾數 Re 的函數作圖，其中用來計算 C_D 的面積是模型車的迎風面積 (假設 $A = $ 寬度×高度)，並且用來計算 Re 的長度尺度是 W。我們是否已經達到動力相似？風洞測試是否已經達到雷諾數獨立？若原型車在高速公路上以 31.3 m/s 移動，試估算作用於其上的空氣阻力。假設風洞中的空氣與流過原型車的空氣都是在 25°C 與大氣壓力。
(Answer: 否，是，408 N)

表 P7-80

V, m/s	F_D, N
10	0.29
15	0.64
20	0.96
25	1.41
30	1.55
35	2.10
40	2.65
45	3.28
50	4.07
55	4.91

7-81 水在 20°C，流過一根長的直管。沿著此管的一段 $L = 1.3$ m 的長度，壓力降與平均速度 V 的函數關係被量測 (表 P7-81)。此管的內徑是 $D = 10.4$ cm。(a) 將數據無因次化，並且畫出歐拉數與雷諾數的函數關係。實驗的操作是否已經到夠高的速度來達到雷諾數獨立？(b) 外插實驗數據來預測平均速度 80 m/s 的壓力降。
(Answer: 1,940,000 N/m^2)

表 P7-81

V, m/s	ΔP, N/m^2
0.5	77.0
1	306
2	1218
4	4865
6	10,920
8	19,440
10	30,340
15	68,330
20	121,400
25	189,800
30	273,200
35	372,100
46	485,300
45	614,900
50	758,700

7-82 在 7-5 節中討論的模型卡車例題中，風洞測試段是 3.5 m 長、0.85 m 高及 0.90 m 寬。比例 1/6 的模型卡車是 0.991 m 長、0.257 m 高及 0.159 m 寬。此模型卡車對風洞的遮蔽率是多少？根據經驗法則，其是否在可接受的範圍之內？

7-83 在一間大學的大學部的流力實驗室中的一座小型風洞，有一個測試段的截面積是 50 cm×50 cm，而其長度是 1.2 m。其最大速度是 44 m/s。幾個學生想要製造一輛 18 輪的模型拖車來研究將拖車尾部圓弧化以後對空氣阻力的影響。一輛全尺寸的 (原型) 拖車是 16 m 長、2.5 m 寬及 3.7 m 高。在風洞中的空氣與流過原型車的空氣同樣都是在 25°C 及大氣壓力下。(a) 為了符合遮蔽率的經驗法則的指導方針，他們可以製造的最大的比例模型是什麼？什麼是以英寸表示的模型卡車的尺寸？(b) 這些學生的模型車可以達到的最大雷諾數是什麼？(c) 學生們是否可以達到雷諾數獨立？討論之。

7-84 使用因次分析來證明牽涉到淺水水波的問題中 (圖 P7-84)，福勞數與雷諾數兩者都是有關的無因次參數。在一個液體表面的水波的速度 c 是深度 h、重力加速度 g、流體密度 ρ 及流體黏度 μ 的函數。整理你的 Π 參數變成如下的形式：

$$\text{Fr} = \frac{c}{\sqrt{gh}} = f(\text{Re}) \quad \text{其中 Re} = \frac{\rho c h}{\mu}$$

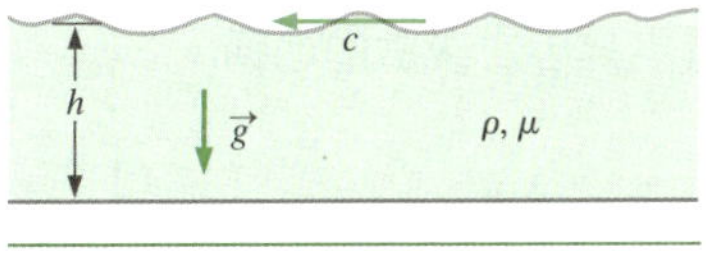

圖 P7-84

複習題

7-85C 除了表列於表 7-5 中的以外，還有許多已知的著名無因次參數。在網路上作文獻搜尋找出至少三個沒有列在表 7-5 的著名無因次參數。對於每一個提供其定義及其比值的意義，可以依照表 7-5 的形式。如果你的方程式中包含沒有在表 7-5 中列出的變數，記得要加以定義。

7-86C 想出並描述一個原型流及其對應的模型流，它們之間為幾何相似，但不是運動相似，即使它們的雷諾數是匹配的。解釋之。

7-87C 對每一個敘述，選擇其為是或非，並簡短的討論你的答案。
(a) 運動相似對於動力相似是一個充分且必要條件。
(b) 幾何相似對於動力相似是一個必要條

(c) 幾何相似對於運動相似是一個必要條件。

(d) 動力相似對於運動相似是一個必要條件。

7-88 對以下幾個固體力學領域中的變數寫出其主要因次，秀出你所有的推導過程：(a) 慣性矩 I；(b) 彈性模數 E，又稱為楊氏模數；(c) 應變 ε；(d) 壓力 σ；(e) 最後，證明應力與應變之間的關係式 (虎克定律) 是一個因次齊一的方程式。

7-89 力 F 作用在一根長度 L、慣性矩 I 的懸臂樑的尾端 (圖 P7-89)。此樑材料的彈性模數是 E。當施力以後，樑尾端的位移是 z_d。使用因次分析來導出一個 z_d 與獨立變數的函數關係。說出在你的分析中出現的著名無因次參數的名稱。

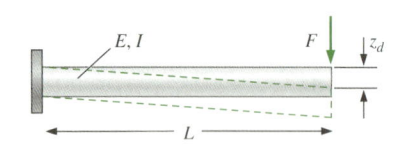

圖 P7-89

7-90 當一顆防空飛彈射中其目標時，大氣中產生了一個爆炸 (圖 P7-90)。震波從爆炸點沿徑向往外傳播。跨過震波的壓力差 ΔP 及其離開中心點的距離 r 是時間 t、音速 c 與爆炸釋放的總能量 E 的函數。(a) 導出 ΔP 及 r 與其它參數之間的無因次關係。(b) 對一個給定的爆炸，如果時間 t 加倍了，其它因素相同，則 ΔP 減少的比例是多少？

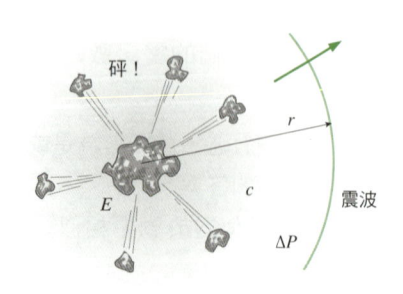

圖 P7-90

7-91 列於表 7-5 中的阿基米德數適用於在一個流體中的懸浮粒子。作一個文獻調查或一個網路調查，並找出阿基米德數的一個替代定義，其是適用於浮力流體的 (例如，浮力射束及浮力煙柱、加熱與空調應用)。提供其定義及其比例的意義，遵循表 7-5 中的形式。如果你的方程式包含任何沒有在表 7-5 中定義的變數，要記得定義這些變數。最後，遍查表 7-5 中的著名無因次參數，並且找出一個與此相似的阿基米德數的替代形式。

7-92 考慮穩定的、層流的、完全發展的、二維的普修爾流 — 在兩塊無窮大平板間的流動，平板間隔距離 h，上下平板都是靜止的，並且是由壓力梯度 dp/dx 驅動流體，如圖 P7-92 所示 (dp/dx 是常數且負值)。流動是穩定的、不可壓縮的，並且是在 xy- 平面的二維流動。流動也是完全發展的，即速度形狀不隨往下游的距離 x 而改變。由於流動的完全發展特性，沒有慣性效應且密度在問題中不重要。結果顯示 x- 方向的速度分量 u 是距離 h、壓力梯度 dp/dx、流體黏度與垂直座標 y 的函數。進行一個因次分析 (秀出你推導的所有過程)，並且推導出這些已知變數之間的無因次關係式。

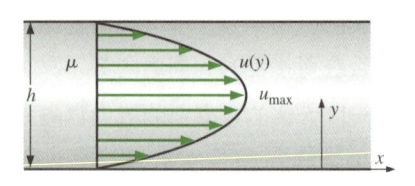

圖 P7-92

7-93 考慮習題 7-92 中穩定的、層流的、完全發展的、二維的普修爾流。最大速度 u_{max} 發生在通道的中線。(a) 為 u_{max} 導出一個無因次的關係式，作為平板間距離 h，壓

力梯度 dp/dx 與流體黏度的函數。(b) 若平板間的距離 h 加倍，其它因素不變，則 u_{max} 改變的倍數是多少呢？(c) 若壓力梯度 dp/dx 倍增，其它因素不變，則 u_{max} 改變的倍數是多少呢？(d) 需要多少實驗才能描述 u_{max} 與問題中其它參數之間的完全關係呢？

7-94 經過一根圓管的長管段的壓力降 $\Delta P = P_1 - P_2$ 可以用沿著管壁的剪應力 τ_w 來寫出。顯示於圖 P7-94 的是由管壁作用在流體的剪應力。陰影區域是一個控制體積，由管中介於軸向位置的位置 1 與 2 間的流體所組成。有兩個關於壓力降的無因次參數：歐拉數 Eu 及達西摩擦因子 f。(a) 使用圖 P7-94 的控制體積，用 Eu 導出一個 f 的關係式 (如需要可以包括問題中任何其它性質或參數)。(b) 使用實驗數據與習題 7-81 (表 P7-81) 的條件，將達西摩擦因子作為 Re 的函數畫圖。在 Re 的值大的時候，f 是否顯示出雷諾數獨立？如果是，在 Re 很大時，f 的值是多少？(Answer: (a) $f = 2\dfrac{D}{L}\text{Eu}$；(b) 是，0.0487)

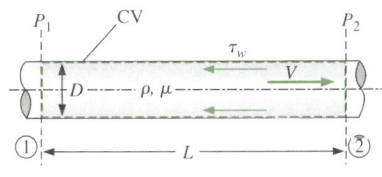

圖 P7-94

7-95 我們經常希望使用著名的無因次參數來工作，但是可以使用的特徵尺度與用來定義此參數的並不匹配。在此情況下，我們基於因次推理 (經常用目視法) 來創造出需要的特徵尺度。例如假設我們有特徵速度 V、特徵面積 A、流體密度 ρ 及流體黏度 μ，並且希望定義一個雷諾數。我們創造一個長度尺度 $L = \sqrt{A}$，並且定義

$$\text{Re} = \frac{\rho V \sqrt{A}}{\mu}$$

用相似的作法，對以下每一種情況定義需要的著名的無因次參數：(a) 定義一個福勞數，已知 $\dot{V}'$ = 每單位深度的體積流率、長度尺度 L 及重力常數 g。(b) 定義一個雷諾數，已知 $\dot{V}'$ = 每單位深度的體積流率及運動黏度 ν。(c) 定義瑞查生數 (參考表 7-5)，已知 $\dot{V}'$ = 每單位深度的體積流率、長度尺度 L、特徵密度差 $\Delta\rho$、特徵密度 ρ 及重力常數 g。

7-96 一個密度 ρ、黏度 μ 的液體在重力作用下從一個直徑 D 的桶子底部的一個直徑 d 的孔洞中流出 (圖 P7-96)。在實驗開始時，液體表面離桶底的高度為 h。液體以噴束形式離開桶子，平均速度為 V，垂直向下如圖所示。使用因次分析，導出 V 與問題中其它參數的無因次關係式。辨識出在你的結果中出現的任何著名的無因次參數。(提示：此問題有三個長度尺度，為了一致，選擇 h 作為你的長度尺度。)

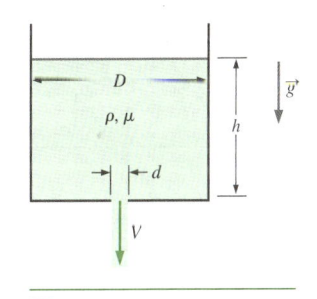

圖 P7-96

7-97 重做習題 7-96，但有一個不同的相依參數，即桶子排空所需的時間 t_{empty}。為 t_{empty} 導出一個無因次關係式，作為以下獨立參數的函數：孔洞直徑 d、桶直徑 D、密度 ρ、黏度 μ、起始液面高度 h 與重力加速度 g。

7-98 要設計一個液體輸送系統使得乙二醇從一個大桶底部的一個孔洞流出，如圖 P7-

98 所示。設計者需要預測乙二醇完全排空所需要的時間。因為使用乙二醇在一個全尺寸的原型作實驗非常昂貴，他們決定建立一個 1/4 比例的模型來做實驗測試，並且打算使用水作為測試液體。模型與原型是幾何相似的 (圖 P7-98)。(a) 在原型桶內乙二醇的溫度是在 60°C，其黏度 $\nu = 4.75 \times 10^{-6}$ m²/s。為了確保在模型與原型之間的完全相似性，模型實驗中的水的溫度應該設計為多少？(b) 實驗是在水溫設定為從 (a) 小題所計算的適當溫度下進行的。排空實驗桶所需要的時間是 3.27 分。試預測要排空原型桶中的乙二醇需要多少時間。

(Answer: (a) 45.8°C, (b) 6.54 分)

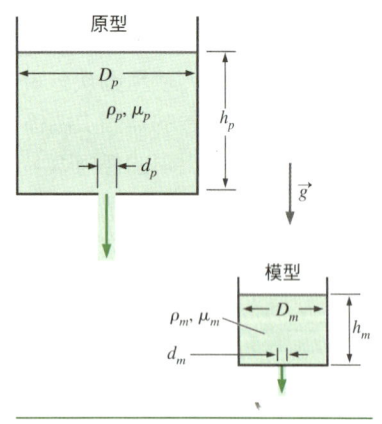

圖 P7-98

7-99　液體從桶底的一個孔洞流出，如圖 P7-96 所示。考慮孔洞遠小於桶子的情況 ($d \ll D$)。實驗顯示平均噴束的速度 V 幾乎是獨立於 d、D、ρ 或 μ。事實上，在這些參數的一個很大的範圍內，V 僅相依於液面高度 h 及重力加速度 g。如果液面高度加倍，所有其它因素相等，則平均噴束速度增加幾倍？(Answer: $\sqrt{2}$)

7-100　一個氣懸膠粒子，其特徵大小 D_p，在特徵長度 L、特徵速度 V 的空氣流中移動。當空氣速度突然改變時，粒子調適所需要的特徵時間稱為粒子鬆弛時間 τ_p：

$$\tau_p = \frac{\rho_p D_p^2}{18\mu}$$

證明 τ_p 的主要因次是時間。然後導出 τ_p 的一個無因次形式，其於空氣流的某一個特徵速度 V 與某一個特徵長度 L (圖 P7-100)。你導出的著名無因次參數是什麼？

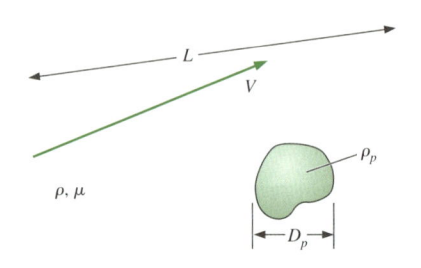

圖 P7-100

7-101　比較以下每一個性質在基於質量的主要因次系統 (m, L, t, T, I, C, N) 與在基於力量的主要因次系統 (F, L, t, T, I, C, N) 中的主要因次：(a) 壓力或應力；(b) 力矩或扭矩；(c) 功或能量。基於你的結果，解釋何時及為什麼有些作者偏好使用力代替質量為主要因次。

7-102　史坦頓數列在表 7-5 中作為一個已知的著名無因次參數。然而仔細的分析顯示事實上其可用一個雷諾數、紐塞數及普朗特數的組合來表示。找出這四個無因次群之間的關係式，要秀出你的所有推導過程。你是否可以也是僅用其它兩個有名的無因次參數來將史坦頓數表示出來？

7-103　考慮習題 7-52 中完全發展的克維特流的一個變化——即兩塊間隔距離為 h 的無窮大平板之間的流動，其上平板以 V_{top} 的速度移動，而下平板以 V_{bottom} 的速度移動，如圖 P7-103 所示。流動是穩定的、不可壓縮的，並且是在 xy- 平面的二維流。導出一個流體速度的 x- 分量 u 的無因次關係式，作為流體黏度 μ、平板速度 V_{top} 及 V_{bottom}、距離 h、流體密度 ρ 與距離 y 的函數。(提示：在作數學運算前，對列出的參數，要仔細的思考。)

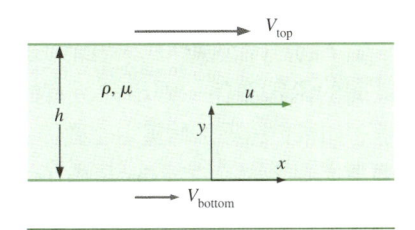

圖 P7-103

7-104　什麼是電荷 q 的主要因次，其單位是庫侖 (Columb, C)？(提示：查一查電流的基本定義。)

7-105　什麼是電容 C 的主要因次，其單位是法拉 (farads)？(提示：查一查電容的基本定義。)

7-106　在許多電路中會牽涉到某種形式的時間尺度，例如濾波與時間延遲電路 (圖 P7-106 — 一種低通濾波)，你常常會看到電阻 (R) 與電容 (C) 成串出現。事實上，R 與 C 的乘積被稱為電時間常數，RC。秀出你的推導過程，什麼是 RC 的主要因次？僅僅使用因次推理，解釋為什麼在定時電路中，電阻與電容經常被發現一起出現。

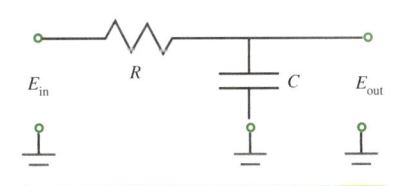

圖 P7-106

7-107　從基本電路學中知道，任何時間經過電容的電流等於電容乘以跨過電容器的壓力改變率，

$$I = C \frac{dE}{dt}$$

寫出此方程式兩邊的主要因次，並且證明此方程式是因次齊一的。秀出你的所有推導過程。

7-108　靜電集塵器 (ESP) 是一個可以在各種應用中清除空氣中懸浮粒子的裝置。首先，佈滿灰塵的空氣經過 ESP 的充電段，在此灰塵粒子被充電離子線賦予正電荷 q_p (庫侖) (圖 P7-108)。灰塵空氣然後進入此裝置的收集器段，在此其會流過兩個充滿相反電荷的平板。平板間施加的電場強度是 E_f (每單位距離的電壓差)。在圖 P7-108 所示的是一個直徑 D_p 的充電灰塵粒子，被具有負電荷的平板吸引並且以漂移速度 w 移向平板。如果平板夠長，灰塵粒子會撞擊帶負電的平板並且附著在上面，然後乾淨空氣從裝置離開。事實顯示對於很小的粒子，漂移速度相依於 q_p、E_f、D_p 及空氣黏度 μ。(a) 導出在通過 ESP 收集器段的漂移速度與已知參數間的無因次關係式。秀出你所有的推導過程。(b) 如果電場強度倍增，其它因素不變，則漂移速度改變多少倍呢？(c) 對於一個給定的 ESP，如果粒子直徑加倍，其它因素不變，則漂移速度改變多少倍呢？

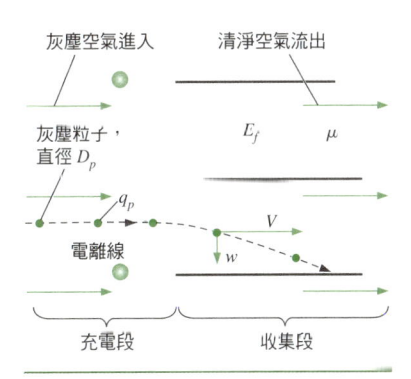

圖 P7-108

7-109　設計實驗來量測作用在一個消防噴嘴上的水平力，如圖 P7-109 所示。力 F 是速度 V_1、壓力差 $\Delta P = P_1 - P_2$、密度 ρ、黏度 μ、入口面積 A_1、出口面積 A_2 及長度

L 的函數。對 $F = f(V_1, \Delta P, \rho, \mu, A_1, A_2, L)$ 進行因次分析。為了一致，使用 V_1、A_1 與 ρ 作為重複參數並推導一個無因次關係式。辨識出現在你的結果中任何已知的無因次參數。

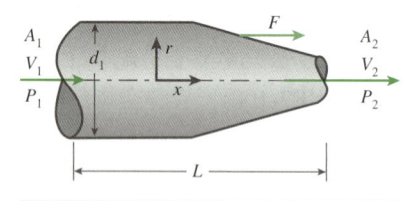

圖 P7-109

7-110 當一根小直徑 D 的毛細管被插入一個液體容器時，管內的液體上升了 h 的高度 (圖 P7-110)，h 是液體密度 ρ、管直徑 D、重力常數 g、接觸角 ϕ 及液體的表面張力 σ_s 的函數。(a) 為 h 與給定參數之間的函數關係推導一個無因次式。(b) 將你的結果與在第 2 章所給的正確解析方程式作比較。你的因次分析結果是否與正確解是一致的？討論之。

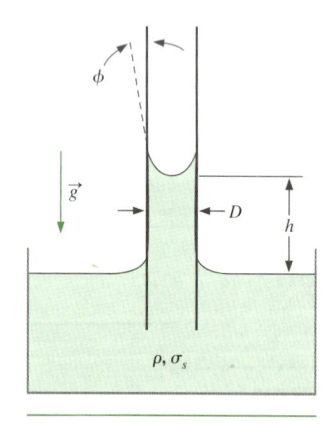

圖 P7-110

7-111 重做習題 7-110 的 (a) 小題，但取代高度 h，要找的函數關係是讓液體可以爬升至其毛細管中的最後高度所需的時間尺度 t_{rise} 的函數關係。(提示：檢查在習題 7-100 中獨立參數的列表。是否有任何額外的相關參數？)

7-112 音強 (sound intensity) I 是從一個音源所放射出來的每單位面積的聲音功率。我們知道 I 是聲壓水平 (壓力的因次) 及流體性質 ρ (密度) 與音速 c 的函數，(a) 使用重複變數法 (以質量為基礎的主要因次) 來導出一個 I 的無因次關係式，表示成與其它參數間的函數關係。秀出你所有的推導過程。如果你選擇三個重複變數，會發生什麼事情呢？討論之。(b) 重做 (a) 小題，但是使用以力為基礎的主要因次系統。討論之。

7-113 重做習題 7-112，但是用離開音源的距離 r 作為一個額外的獨立參數。

7-114 在 MIT 的工程師已經開發出來一條鮪魚的機械模型來研究其運動。示於圖 P7-114 中的"機械鮪魚"為 1 m 長並以高至 2.0 m/s 的速度游泳。真實的藍鰭鮪魚長度可以超過 3.0 m，並且經過計時，速度可以大於 13 m/s。為了與一條長度 2 m 且游泳速度 10 m/s 的真實鮪魚的雷諾數匹配，機械鮪魚需要以多快的速度游泳？

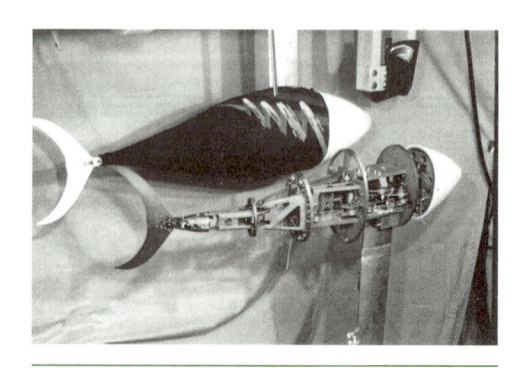

圖 P7-114

Photo by David Barrett of MIT. Used by permission.

7-115 在例題 7-7 中，以質量為基礎的主要因次系統被用來建立一個肥皂泡內的壓力差 $\Delta P = P_{inside} - P_{outside}$ 與肥皂泡半徑 R 及肥皂膜表面張力 σ_s 之間的函數關係 (圖 P7-115)。用重複變數法重做這個因次分析，但是使用以力為基礎的主要因次系統。秀出你推導的所有過程。你是否得到相同的結果？

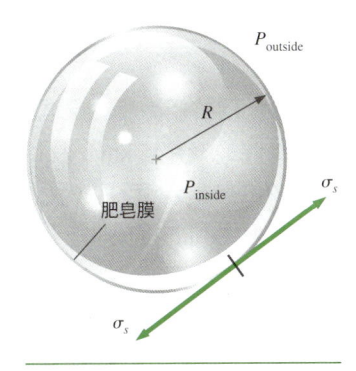

圖 P7-115

7-116 許多列於表 7-5 中的著名無因次參數可以由其它兩個著名的無因次參數的乘積或比值來形成。對於下列中每一對無因次參數，找出由這兩個已知參數做某種操作所能形成的第三個著名的無因次參數：(a) 雷諾數及普朗特數；(b) 施密特數及普朗特數；(c) 雷諾數及施密特數。

7-117 一個在各種應用中用來清潔負載灰塵粒子的空氣的普通裝置是逆流式離心器 (圖 P7-117)。灰塵空氣 (體積流率 $\dot{V}$，密度 ρ) 從離心器旁邊的一個開口以切線方向進入且繞著離心器的圓筒旋轉。灰塵粒子被甩向外面並掉至底端，而乾淨空氣則從上端抽離。被研究的離心器都是幾何相似的；因此，直徑 D 代表唯一的長度尺度，被用來設定整個離心器的幾何。工程師關心的是經過離心器的壓力降 δP。(a) 推導一個經過離心器的壓力降與已知參數之間的無因次關係式，秀出你所有的推導過程。(b) 如果離心器的尺寸被加倍了，其它因素相同，則壓力降會變化多少倍呢？(c) 如果體積流率加倍了，其它因素相同，則壓力降會變化多少倍呢？(Answers: (a) $D^4 \delta P/\rho \dot{V}^2 = $ 常數, (b) 1/16, (c) 4)

圖 P7-117

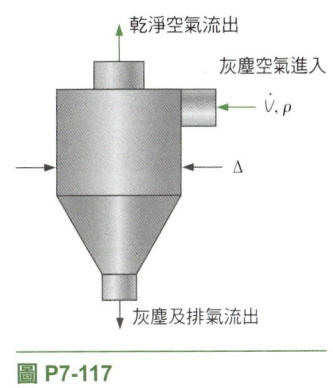

基礎工程學 (FE) 試題

7-118 下列哪一個不是主要因次？
(a) 速度   (b) 時間
(c) 電流   (d) 溫度
(e) 質量

7-119 運動黏度的主要因次是
(a) $m \cdot L/t^2$ (b) $m/L \cdot t$
(c) L^2/t (d) $L^2/m \cdot t$
(e) $L/m \cdot t^2$

7-120 物質的熱傳導率可以定義為每單位長度每單位溫度差的熱傳率。熱傳導率的主要因次是
(a) $m^2 \cdot L/t^2 \cdot T$ (b) $m^2 \cdot L^2/t \cdot T$
(c) $L^2/m \cdot t^2 \cdot T$ (d) $m \cdot L/t^3 \cdot T$
(e) $m \cdot L^2/t^3 \cdot T$

7-121 氣體常數除以萬用氣體常數 R/R_u 的主要因次是
(a) $L^2/t^2 \cdot T$ (b) $m \cdot L/N$
(c) $m/t \cdot N \cdot T$ (d) m/L^3
(e) N/m

7-122 萬用氣體常數 R_u 的主要因次是
(a) $m \cdot L/t^2 \cdot T$ (b) $m^2 \cdot L/N$
(c) $m \cdot L^2/t^2 \cdot N \cdot T$ (d) $L^2/t^2 \cdot T$
(e) $N/m \cdot t$

7-123 在一個方程式中有四個相加項，它們的單位如下給定，哪一項在此方程式中是不一致的？

(a) J (b) W/m
(c) kg·m^2/s^2 (d) Pa·m^3
(e) N·m

7-124 熱傳係數是一個無因次參數，其為黏度 μ、比熱 c_p (kJ/kg·K) 與熱傳率 k (W/m·K) 的函數。此無因次參數可以被表示為
(a) $c_p/\mu k$ (b) $k/\mu c_p$
(c) $\mu/c_p k$ (d) $\mu c_p/k$
(e) $c_p k/\mu$

7-125 無因次熱傳係數是對流係數 h (W/m^2·K)、熱傳導率 k (W/m·K) 與特徵長度 L 的函數。此無因次參數被表示為
(a) hL/k (b) h/kL
(c) L/hk (d) hk/L
(e) kL/h

7-126 阻力係數 C_D 是一個無因次參數，並且是阻力 F_D、密度 ρ、速度 V 及面積 A 的函數。阻力係數被表示為
(a) $\dfrac{F_D V^2}{2\rho A}$ (b) $\dfrac{2F_D}{\rho VA}$
(c) $\dfrac{\rho VA^2}{F_D}$ (d) $\dfrac{F_D A}{\rho V}$
(e) $\dfrac{2F_D}{\rho V^2 A}$

7-127 哪一個相似性條件與力尺度的對等有關係？
(a) 幾何的 (b) 運動的
(c) 動力的 (d) 運動的與動力的
(e) 幾何的與運動的

7-128 一輛 1/3 比例的模型車在風洞中被測試。實車的條件是 $V = 75$ km/h 及 $T = 0°C$，而在風洞中的空氣溫度是 20°C。

在 1 atm 及 0°C 的空氣性質：$\rho = 1.292$ kg/m^3，$\nu = 1.338 \times 10^{-5}$ m^2/s。

在 1 atm 及 20°C 的空氣性質：$\rho = 1.204$ kg/m^3，$\nu = 1.516 \times 10^{-5}$ m^2/s。

為了達到模型與原型之間的相似性，風洞中速度應是
(a) 255 km/h (b) 225 km/h
(c) 147 km/h (d) 75 km/h
(e) 25 km/h

7-129 一輛 1/4 比例的模型車在風洞中被測試。實車的條件是 $V = 45$ km/h 及 $T = 0°C$，而在風洞中的空氣溫度是 20°C。為了達到模型與原型之間的相似性，風洞是在 204 km/h 下操作的。

在 1 atm 及 0°C 的空氣性質：$\rho = 1.292$ kg/m^3，$\nu = 1.338 \times 10^{-5}$ m^2/s。

在 1 atm 及 20°C 的空氣性質：$\rho = 1.204$ kg/m^3，$\nu = 1.516 \times 10^{-5}$ m^2/s。

如作用在模型車上的平均空氣阻力經量測為 70 N，則作用在原型車的空氣阻力是
(a) 17.5 N (b) 58.5 N
(c) 70 N (d) 93.2 N
(e) 280 N

7-130 一架 1/3 比例的模型飛機在水中被測試，飛機在 $-50°C$ 的空氣中速度為 900 km/h。在測試段的水溫為 10°C。

在 1 atm 及 $-50°C$ 的空氣性質：$\rho = 1.582$ kg/m^3，$\mu = 1.474 \times 10^{-5}$ kg/m·s。

在 1 atm 及 10°C 的水性質：$\rho = 999.7$ kg/m^3，$\mu = 1.307 \times 10^{-3}$ kg/m·s。

為了達到模型與原型之間的相似性，在模型上的水速應該是
(a) 97 km/h (b) 186 km/h
(c) 263 km/h (d) 379 km/h
(e) 450 km/h

7-131 一架 1/4 比例的模型飛機在水中被測試。飛機在 $-50°C$ 的空氣中速度為 700 km/h。在測試段的水溫為 10°C。為了達到模型與原型間的相似性，測試是在水速為 393 km/h 下進行的。

在 1 atm 及 $-50°C$ 的空氣性質：$\rho = 1.582$ kg/m^3，$\mu = 1.474 \times 10^{-5}$ kg/m·s。

在 1 atm 及 10°C 的水性質：$\rho = 999.7 \text{ kg/m}^3$，$\mu = 1.307 \times 10^{-3}$ kg/m·s。

如果作用在模型上的平均阻力經過量測為 13,800 N，則在原型上的阻力是

(a) 590 N　　　(b) 862 N
(c) 1109 N　　(d) 4655 N
(e) 3450 N

7-132 考慮一個邊界層沿著一塊薄平板成長。此問題牽涉到以下之參數：邊界層厚度 δ，往下游距離 x，自由流速度 V，流體密度 ρ 及流體黏度 μ。預期在此問題中無因次參數 Π 的數目是幾個？

(a) 5　　　(b) 4
(c) 3　　　(d) 2
(e) 1

7-133 考慮一個不穩定的完全發展克維特流——在兩塊無限大平行板之間的流動。此問題牽涉到以下之參數：速度分量 u，平板間距離 h，垂直距離 y，上平板速度 V，流體密度 ρ，流體黏度 μ 及時間 t。此問題中預期的無因參數 Π 的數目是幾個？

(a) 6　　　(b) 5
(c) 4　　　(d) 3
(e) 2

7-134 考慮一個沿著一塊薄平板發展的邊界層。此問題牽涉到以下之參數：邊界層厚度 δ，往下游距離 x，自由流速度 V，流體密度 ρ 及流體黏度 μ。此問題中代表的主要因次的數目是

(a) 1　　　(b) 2
(c) 3　　　(d) 4
(e) 5

7-135 考慮一個邊界層沿著一塊薄平板發展。此問題包含以下之參數：邊界層厚度 δ，往下游距離 x，自由流速度 V，流體密度 ρ 及流體黏度 μ。相依參數是 δ。如果我們選擇的三個重複變數是 x、ρ 及 V，則相依 Π 是

(a) $\delta x^2/V$　　　(b) $\delta V^2/x\rho$
(c) $\delta \rho/xV$　　　(d) $x/\delta V$
(e) δ/x

Chapter 8 內部流

學習目標

讀完本章後，你將能夠

- 對於管流中的層流與紊流及完全發展流的分析有深入的了解。
- 對於管路系統中的管流的主要與次要損失能夠作計算，並且決定需要的泵馬力。
- 了解各種速度與流量的量測技術，並且學習它們的優點與缺點。

經過管、肘管、T 型管、閥……等的內部流，就如同在這一間石油精煉廠中的，幾乎在每一種工業中都可以發現到。
Royalty Free/CORBIS.

流體流動被分類為外部流與內部流，端視流體是被強迫從一個表面上流過或是在流道中流動而定。本章中我們考慮內部流，其流道被流體完全充滿，並且流動主要是由壓力差所驅動。切勿將其與明渠流互相混淆 (第 13 章)，那裡的流道只有部分被流體充滿，因此只有流動的一部分被固體表面圍繞，例如一個灌溉溝渠，並且其流動只是由重力所驅動。

本章將對管流與通道流的內部流作一個一般性的物理描述，包括入口區與完全發展區，接著討論無因次的雷諾數及其物理意義，然後我們對管流中的層流與紊流流動介紹其相關的壓力降相關式。之後討論次要損失與如何決定在真實世界中管路系統的壓力降與需要的泵馬力。最後我們對流動量測裝置作簡潔的回顧。

8-1 介紹

經過管與通道的液體與氣體流動經常被使用在加熱與冷卻應用及流體的配送網路中。在這些應用中的流體通常是被風扇或泵驅動而流過一個流動段。我們特別注意摩擦，因其在流體流過管或通道時是與壓力降及水頭損失直接有關的。壓力降隨後會被用來決定需要的泵馬力。一個典型的管路系統包含各種不同管徑的管，彼此用各種配件或肘管連接來運送流體，用閥來控制流率，並用泵來加壓流體。

管道的英文名稱 pipe、duct 及 conduit 在流動段中常被互換地使用。一般而言，有著圓形截面的流動段常被稱為 pipes (特別當流體是液體時)，而有著非圓形截面的流動段被稱為 ducts (特別當流體是氣體時)。小直徑的 pipes，通常被稱為 tubes。因為有著這種不確定性，在有需要避免任何誤解的情況下，我們將使用更具有描述性的片語 (例如一個圓管或矩形流道)。

你可能已經注意到多數流體，特別是液體，是在圓管中傳遞的。這是因為有著圓形截面的管道可以承受較大的內外壓力差而不會造成顯著的變形。非圓形管道通常使用在建築物的加熱與冷卻應用中，因為其壓力差通常是相當小的，其製造與安裝成本也較低，且其可利用的空間也被限制為必須用非圓形管道 (圖 8-1)。

雖然流體流動的理論已經有了相當好的了解，但是理論解只有對少數幾個相當簡單的例子求得，例如在圓管中的完全發展層流。因此對大多數流體流動的問題，我們必須依賴實驗結果與經驗式而不是有封閉形式的解析解。注意實驗結果是在仔細控制的實驗條件下獲得的，並且沒有兩個系統是完全相似的，我們不應該無知的認為所獲得的結果是 "正確的"。使用本章中的關係式所計算的摩擦因子有 10% (或更多) 的誤差是很 "平常" 而不是 "例外"。

在管內的流體速度的變化在管壁因無滑動條件為零，而在管中心線則為最大值。在管流中，使用平均速度 V_{avg} 來工作是很方便的，因其在不可壓縮流中當管的截面不變時維持為常數 (圖 8-2)。在加熱與冷卻應用中的平均速度可能會有些微的變化，因為密度會隨溫度而改變。但在實際應用中，我們用某個平均溫度來估算流體的性質，並將其視為常數。使用不變的性質來工作的便利性多少會彌補在正確性的些微損失。

再者，管內流體質點之間的摩擦會造成流體溫度的些微上

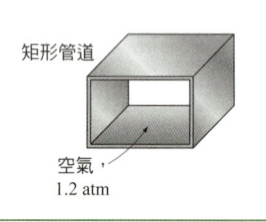

圖 8-1 圓管可以承受內外間較大的壓力差而不會造成顯著的變形，但是非圓形管道則不能。

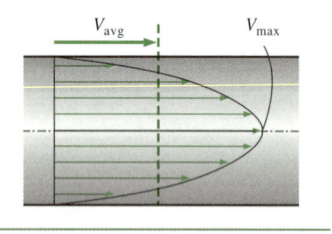

圖 8-2 平均速度 V_{avg} 定義為經過截面的平均速率。對於完全發展的層流，V_{avg} 是最大速度的一半。

升，這是因為機械能轉換成熱的顯能的結果。但是由於摩擦加熱所造成的溫升通常很小而不值得在計算中加以考慮，因此通常被忽略了。例如，當沒有任何熱傳時，流過一根管子的水溫，在入口與出口並沒有偵測到明顯的差異。摩擦在管流中的主要後果是壓力降，任何流體的明顯溫度變化是由於熱傳之故。

在某個流動方向的截面上的平均速度 V_avg 的值是從要求滿足質量守恆定理來決定的 (圖 8-2)。亦即

$$\dot{m} = \rho V_\text{avg} A_c = \int_{A_c} \rho u(r)\, dA_c \qquad (8\text{-}1)$$

其中 $\dot{m}$ 是質量流率，ρ 是密度，A_c 是截面積，而 $u(r)$ 是速度形狀。在一個半徑為 R 的圓管中的不可壓縮流的平均速度可以被表示為

$$V_\text{avg} = \frac{\int_{A_c} \rho u(r)\, dA_c}{\rho A_c} = \frac{\int_0^R \rho u(r) 2\pi r\, dr}{\rho \pi R^2} = \frac{2}{R^2}\int_0^R u(r) r\, dr \qquad (8\text{-}2)$$

因此當我們知道流動率或速度形狀時，平均速度就可以很容易被決定。

8-2 層流與紊流

如果你曾在吸菸者旁邊，可能已經注意到香菸的煙在起始的幾公分內是以平滑的煙柱上升，然後當其繼續上升時會開始隨意的往所有方向抖動。其它煙柱也有相似的行為 (圖 8-3)。同樣地，仔細觀察管內的流動，顯示在低流速時流體的流動呈流線形，但是當速度增加而高於某個臨界值以後，流動變成混亂的，如圖 8-4 所示。第一種情形的流動型態被稱為**層流** (laminar)，特徵是平滑的流線與高度有秩序的流動，而第二種情形稱為**紊流** (turbulent)，其特徵是速度擾動及高度無序的流動。從層流**過渡** (transition) 到紊流並不是突然發生的；而是會發生在一段逐漸改變的區域中，其間流體在變成完全紊流之前，會在層流與紊流之間擺盪。在現實中遇到的大多數流動是紊流。層流現象只發生在高黏滯性的流體，例如油，在細管或窄通道中流動時。

我們可以藉著在玻璃管中注入某種染料來證明層流、過渡

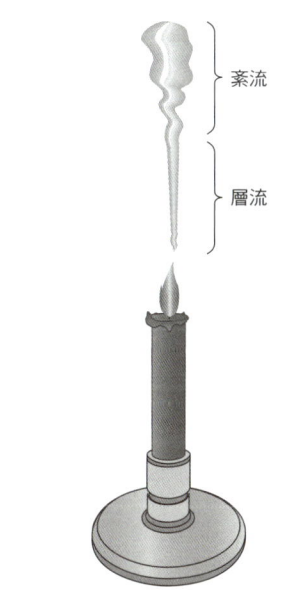

圖 8-3 蠟燭煙柱的層流與紊流的流動型態。

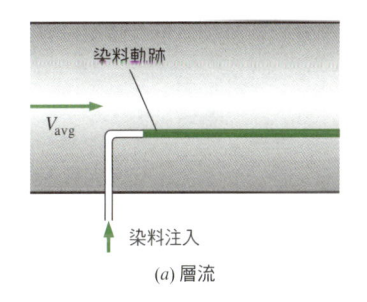

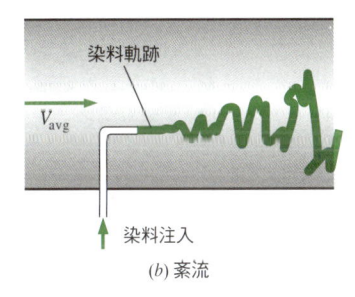

圖 8-4 上色流體被注入流場中的行為。在管中的 (a) 層流及 (b) 紊流。

流及紊流的存在，就如英國工程師奧斯朋·雷諾 (1842-1912) 在一個世紀以前所作的一樣。我們觀察到在低速時的流動是層流，染料形成一條平直光滑的線 (我們可能會看到由於分子擴散所造成的些微模糊)，而在過渡狀態時，染料會有突發的抖動。當流動變成完全紊流以後，染料會急速且作不規則的曲折盤旋。這些曲折盤旋和染料的擴散是主流擾動及相鄰流體層間流體質點快速混合的一種指示。

紊流時由於流體的快速擾動所造成的強烈混合增強流體質點間的動量傳遞，這會增加在管壁上的摩擦力，從而增加需要的泵馬力。當流動變成完全紊流時，摩擦因子會達到最大值。

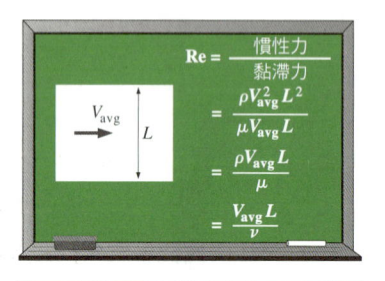

雷諾數

從層流到紊流的過渡相依於幾何、表面粗糙度、流速、壁溫、流體種類及其它一些因素。在 1880 年代的徹底實驗以後，奧斯朋·雷諾發現流動狀態主要相依於流體中慣性力與黏滯力的比值 (圖 8-5)。這個比值被稱為**雷諾數** (Reynolds number)，並且在圓管中的內部流時被表示為

$$\text{Re} = \frac{\text{慣性力}}{\text{黏滯力}} = \frac{V_{\text{avg}} D}{\nu} = \frac{\rho V_{\text{avg}} D}{\mu} \tag{8-3}$$

其中 V_{avg} = 平均流速 (m/s)，D = 特徵長度 (本例中為直徑，m)，而 $\nu = \mu/\rho$ = 流體的運動黏度 (m²/s)。注意雷諾數是一個無因次量 (第 7 章)。同時，運動黏度的單位為 m²/s，可以被視為黏性擴散率或動量擴散率。

在大雷諾數時，慣性力正比於密度及流速的平方，相對於黏滯力較大，因此黏滯力不能夠阻止流體隨機且快速的擾動。然而在雷諾數較小或中等時，黏滯力夠大可以壓制這些擾動而能維持流體"線性對齊"。因此流體在第一種情形是紊流，而在第二種情形則是層流。

流體變成紊流的雷諾數稱為臨界雷諾數，Re_{cr}，臨界雷諾數的值對不同的幾何及流動條件是不同的。對於圓管中的內部流，一般接受的臨界雷諾界的值是 $\text{Re}_{cr} = 2300$。

對於經過非圓形管的流動，雷諾數是基於**水力直徑** (hydraulic diameter) D_h 的。D_h 定義為 (圖 8-6)

水力直徑： $$D_h = \frac{4A_c}{p} \tag{8-4}$$

圖 8-5 雷諾數可以視為是作用在流體元素上的慣性力對黏滯力的比值。

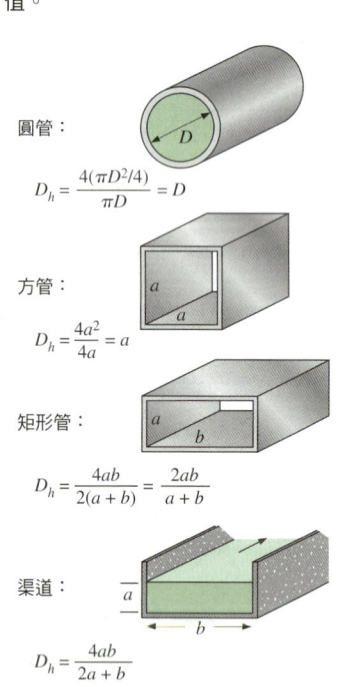

圖 8-6 水力直徑 $D_h = 4A_c/p$ 的定義使其對圓管時會等於一般的直徑。當有一個自由面時，例如在明渠流，溼邊周長只包括與流體有接觸的壁面。

其中 A_c 是管的截面積,而 p 是溼邊周長。水力直徑的定義是使其對圓管時會等於一般的直徑 D,

圓管: $$D_h = \frac{4A_c}{p} = \frac{4(\pi D^2/4)}{\pi D} = D$$

對於層流、過渡流及紊流,當然希望其各有精確對應的雷諾數,但在實際情況中並非如此。事實上,從層流過渡到紊流也相依於由表面粗糙度、管的振動及上游流動的擾動對流動擾動度的影響。在大多數實際的條件下,圓管中的流動當 $\text{Re} \lesssim 2300$ 時是層流,當 $\text{Re} \gtrsim 4000$ 是紊流,而介於此兩者之間的是過渡流。亦即

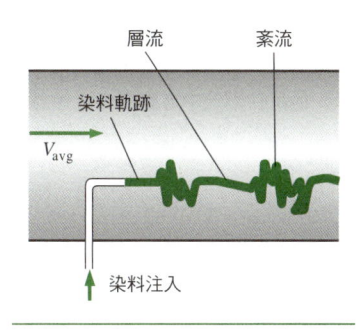

$$\text{Re} \lesssim 2300 \quad 層流$$
$$2300 \lesssim \text{Re} \lesssim 4000 \quad 過渡流$$
$$\text{Re} \gtrsim 4000 \quad 紊流$$

圖 8-7 在 $2300 \lesssim \text{Re} \lesssim 4000$ 的過渡流區域,流動隨機的在層流與紊流之間切換。

在過渡流時,流動在層流與紊流之間作不規則形式的切換 (圖 8-7)。應該注意在非常光滑的管中藉著避免流動的擾動與管振動,可以在相當高雷諾數時還能維持層流。在這種小心控制的實驗中,一直到雷諾數高達 100,000 仍可以維持層流。

8-3 入口區

考慮一種流體以均勻的速度進入一根圓管。由於無滑動條件,在與管壁接觸的那一層流體的質點會完全停止不動。這層流體經由摩擦作用會造成相鄰層的流體質點也慢下來。為了彌補這種速度降低,中心區域流體的速度必須增加來保持流經管中的質量流率為常數。結果是,沿著管子就發展出來一個速度梯度。

流體的一個區域,其中由於流體的黏度所造成的黏滯剪應力的效應能被感受到的稱為**速度邊界層** (velocity boundary layer) 或簡稱為**邊界層** (boundary layer)。一個假想的邊界面將管內的流場分隔成兩個區域:一為邊界層區域,其內的黏滯效應與速度變化是顯著的;另一為無旋 (中心) 流區域,其內的摩擦效應可以忽略且速度在徑內方向維持幾乎是常數。

邊界層的厚度隨流動方向而增加直到邊界層到達管中心,從而充滿整個管子,如圖 8-8 所示,然後速度在稍微下游的地方變成完全發展。從管子入口一直到速度形狀完全發展的點的區域稱為**水力入口區** (hydrodynamic entrance region),並且這一區的長度稱為**水力入口長度** (hydrodynamic entry length) L_h。在入口區的流動稱為**水力發展流** (hydrodynamically developing flow),因為此區是速度形狀發展

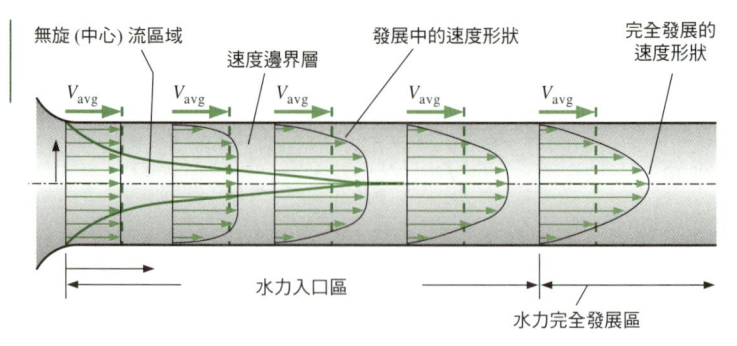

圖 8-8 管內速度邊界層的發展 (在層流中發展的平均速度形狀是拋物線的，如圖中所示，但是在紊流中會更平、更飽滿)。

的區域。超過入口區，速度形狀完全發展且維持不變的區域稱為**水力完全發展區** (hydrodynamically fully developed region)。當正常化溫度形狀也維持不變時，流場被稱為**完全發展** (fully developed)。水力完全發展流在管內流體沒有被加熱或冷卻時等於完全發展流，因為流體的溫度在這種情況下基本上到處都是維持常數的。

完全發展區的速度形狀對層流是拋物線形的，而對紊流則是更平 (更飽滿)，這是因為渦旋運動及在徑向更強烈的混合所導致的。當流動是完全發展流時，時間平均的速度形狀維持不變，因此

水力完全發展：
$$\frac{\partial u(r, x)}{\partial x} = 0 \quad \rightarrow \quad u = u(r) \tag{8-5}$$

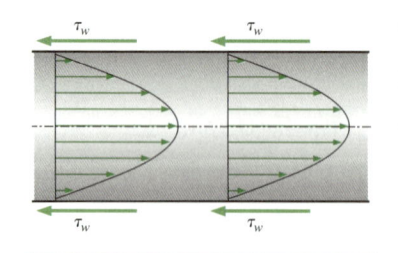

管壁的剪應力 τ_w 與速度形狀在壁面的斜率有關。注意速度形狀在水力完全發展區維持不變，使得壁面剪應力在那個區域也維持是常數 (圖 8-9)。

考慮在一根管子的水力入口區域的流體流動。壁面剪應力在管入口處是最高的，因為其處邊界層的厚度較小，並且逐漸減小至完全發展區的值，如圖 8-10 所示。因此壓力降在管的入口區較高，使入口區的影響是會增加整根管的平均摩擦因子。這種增加對短管會是顯著的，但對長管則是可忽略的。

圖 8-9 在管內的完全發展區，其速度形狀在往下游的方向未改變，因此管壁的剪應力也維持是常數。

入口長度

水力入口長度通常取從管入口一直到壁面剪應力 (或摩擦因子)，達到完全發展區的值接近到 2% 以內的距離。對於層流，無因次的水力入口長度近似地被給定為 [參考 Kays and Crawford (2004) 及 Shah and Bhatti (1987)]

$$\frac{L_{h,\text{laminar}}}{D} \cong 0.05\text{Re} \tag{8-6}$$

對 Re = 20，水力入口長度大約等於直徑，但是會隨速度呈線性增加。在層流的極

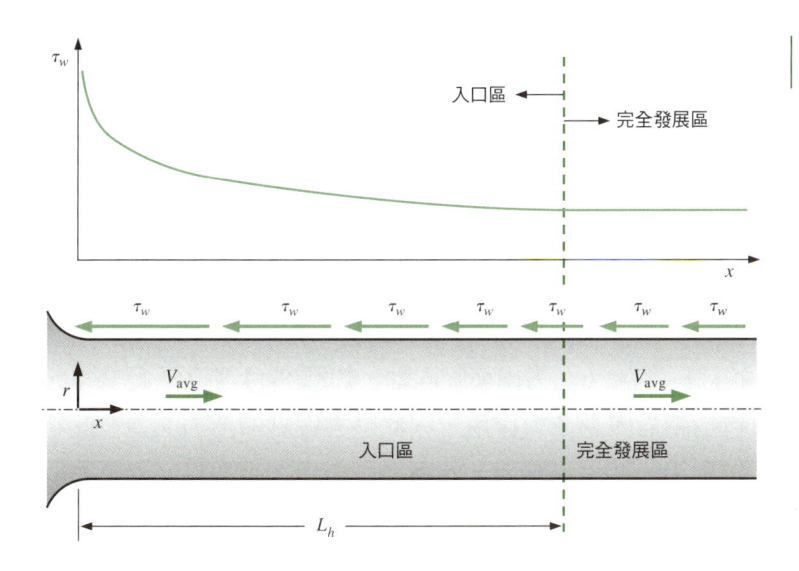

圖 8-10 管流在流動方向的壁面剪應力的變化，從入口區到完全發展區。

限情形 Re = 2300，水力入口長度是 115 D。

在紊流時，隨機擾動所造成的強烈混合通常會蓋過分子擴散的影響。紊流的無因次水力入口長度被近似為 [參考 Bhatti and Shah (1987) 及 Zhi-qing (1982)]

$$\frac{L_{h,\text{ turbulent}}}{D} = 1.359\text{Re}^{1/4} \qquad (8\text{-}7)$$

正如預期，入口長度在紊流中較短許多，並且與雷諾數的關係也較弱。在許多有工程興趣的管流中，入門效應在管長超過約 10 個直徑長度以後就變成不重要，因此無因次的水力入口長度被近似為

$$\frac{L_{h,\text{ turbulent}}}{D} \approx 10 \qquad (8\text{-}8)$$

計算在入口區的摩擦水頭損失的精確關係式可以在文獻中找到。然而，實務上所使用的管子通常是入口區長度的數倍以上，使得管中的流動經常被假設為全管都是完全發展的。這種簡單的作法對於長管可以得到合理的結果，但是對於短管有時候會得到不好的結果，因為低估了壁面剪應力及摩擦因子。

8-4 管中的層流

我們在 8-2 節中提到 Re ≤ 2300 的管流是層流，並且若管子夠長 (相對於入口長度) 以致於入口效應可以忽略時，流動是完全發展的。本節中，我們將考慮一根直圓管中的穩定、不可壓縮層流，流體的性質是常數，並且是完全發展流。藉著對一個微分體積元素應用動量平衡，我們得到動量方程式，並且對其求解來獲得速度

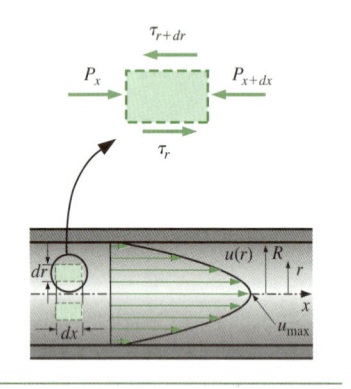

圖 8-11 一個圓環狀的微分流體元素的自由體圖。其半徑為 r，厚度為 dr，並且長度為 dx，方向與管同軸。流動是在水平直管中的完全發展層流。(為了清楚，流體元素的大小被大大的誇張了。)

形狀，然後用它來獲得摩擦因子的關係式。這個分析的一個重要層面是其為黏滯流少數有分析解中的一個。

在完全發展的層流中，每一個流體質點，以等軸向速度沿著一條流線移動，並且速度形狀 $u(r)$ 在流動方向維持不變。沒有在徑向的移動，因此垂直管軸方向的速度分量都是零。沒有加速度，因為流動是穩定且完全發展的。

現在考慮一個圓環狀的微分體積元素，半徑為 r，厚度為 dr，並且長度為 dx，方向與管同軸，如圖 8-11 所示。此體積元素只包括壓力與黏滯力作用，因此壓力與黏滯剪力必須彼此平衡。作用在一個沉浸平面上的壓力是作用在平面形心的壓力與平面面積的乘積。此體積元素在流動方向的力平衡給出

$$(2\pi r\, dr\, P)_x - (2\pi r\, dr\, P)_{x+dx} + (2\pi r\, dx\, \tau)_r - (2\pi r\, dx\, \tau)_{r+dr} = 0 \tag{8-9}$$

上式指出在水平圓管的完全發展流中，黏滯力與壓力彼此平衡。除以 $2\pi\, drdx$ 並且重新整理，

$$r\frac{P_{x+dx} - P_x}{dx} + \frac{(r\tau)_{r+dr} - (r\tau)_r}{dr} = 0 \tag{8-10}$$

當取 dr、$dx \to 0$ 的極限得到

$$r\frac{dP}{dx} + \frac{d(r\tau)}{dr} = 0 \tag{8-11}$$

將 $\tau = -\mu(du/dr)$ 代入，除以 r，並且取 $\mu =$ 常數，就得到想要的方程式，

$$\frac{\mu}{r}\frac{d}{dr}\left(r\frac{du}{dr}\right) = \frac{dP}{dx} \tag{8-12}$$

在管流中，du/dr 這個量是負的，因此包括負號是為了獲得正值的 τ。(或是，$du/dr = -du/dy$，若我們可定義 $y = R - r$。) 式 (8-12) 的左邊是一個 r 的函數，而右邊是一個 x 的函數。等號必須對任何 r 及 x 的值成立，而一個像 $f(r) = g(x)$ 形式的等式只有在 $f(r)$ 及 $g(x)$ 都等於相同的常數時才能成立，因此我們的結論是 $dP/dx = $ 常數。這也可以藉由對一個半徑 R、厚度 dx 的體積元素 (如在圖 8-12 中的管的一個切塊) 寫出其力的平衡來證明，如此會得到

$$\frac{dP}{dx} = -\frac{2\tau_w}{R} \tag{8-13}$$

這裡 τ_w 是常數，因為黏度與速度形狀在完全發展區都是常數。因此，dP/dx = 常數。

式 (8-12) 的求解可以將其重新整理並積分兩次來得出

$$u(r) = \frac{r^2}{4\mu}\left(\frac{dP}{dx}\right) + C_1 \ln r + C_2 \tag{8-14}$$

應用邊界條件 $\partial u/\partial r = 0$ 在 $r = 0$ (因為中心線的對稱性) 及 $u = 0$ 在 $r = R$ (管壁上的無滑動條件) 即可得到速度形狀，

$$u(r) = -\frac{R^2}{4\mu}\left(\frac{dP}{dx}\right)\left(1 - \frac{r^2}{R^2}\right) \tag{8-15}$$

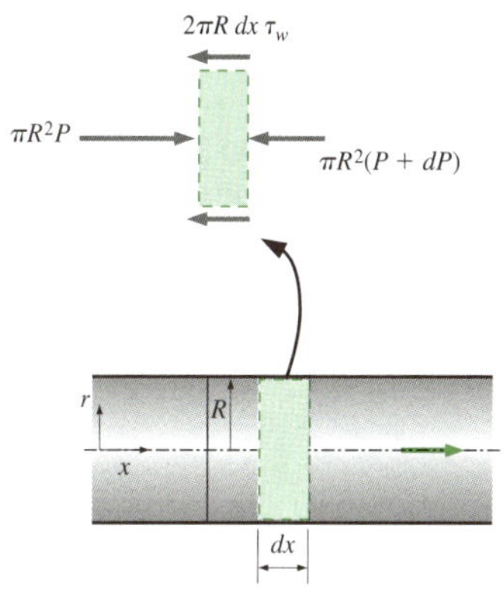

因此，管中完全發展層流的速度形狀是拋物線形的，其最大值在中心線，而最小值 (零) 在管壁。同時，軸向速度 u 對任一個 r 都是正的，因此軸向壓力梯度 dP/dx 必須是負的 (即由於黏滯效應，壓力在流通方向必須遞減 — 需要壓力來將流體推過管子)。

平均速度可以由其定義來決定：將式 (8-15) 代入式 (8-12)，並且進行積分，可以得出

$$V_{\text{avg}} = \frac{2}{R^2}\int_0^R u(r)r\,dr = \frac{-2}{R^2}\int_0^R \frac{R^2}{4\mu}\left(\frac{dP}{dx}\right)\left(1 - \frac{r^2}{R^2}\right)r\,dr = -\frac{R^2}{8\mu}\left(\frac{dP}{dx}\right) \tag{8-16}$$

結合以上兩個方程式，則速度形狀可以重寫為

$$u(r) = 2V_{\text{avg}}\left(1 - \frac{r^2}{R^2}\right) \tag{8-17}$$

這是速度形狀的一個方便的形式，因為 V_{avg} 可以很容易從流率的資訊中求出。

最大速度發生在中心線，並且可以從式 (8-17) 中代入 $r = 0$ 求出來，

$$u_{\max} = 2V_{\text{avg}} \tag{8-18}$$

因此，當管流是完全發展的層流時，平均速度是最大速度的一半。

圖 8-12 在一根水平管的完全發展層流的一個盤狀流體元素 (半徑 R、長度 dx) 的自由體圖。

力平衡：
$$\pi R^2 P - \pi R^2(P + dP) - 2\pi R\,dx\,\tau_w = 0$$

化簡：
$$\frac{dP}{dx} = -\frac{2\tau_w}{R}$$

壓力降與水頭損失

在分析管流時，一個有興趣的量是壓力降 ΔP，因其直接與用來維持流動所需要的風扇或泵的功率有關。注意 $dP/dx =$ 常數，我們從壓力降是 P_1 的 $x = x_1$ 積分到壓力降是 P_2 的 $x = x_1 + L$ 得出

$$\frac{dP}{dx} = \frac{P_2 - P_1}{L} \tag{8-19}$$

將式 (8-19) 代入 V_{avg} 的表示式式 (8-16) 中，可將壓力降表示為

層流：
$$\Delta P = P_1 - P_2 = \frac{8\mu L V_{\text{avg}}}{R^2} = \frac{32\mu L V_{\text{avg}}}{D^2} \tag{8-20}$$

符號 Δ 一般是用來表示最後值與起始值之差，就像 $\Delta y = y_2 - y_1$。但在流體的流動中，ΔP 被用來表示壓力降，因此是 $P_1 - P_2$。由黏滯效應所產生的壓力降代表一種不可逆的壓力損失，因此有時候被稱為**壓損** (pressure loss) ΔP_L 來強調其為一種損失 (就像水頭損失 h_L，我們將會看到其是正比於 ΔP_L 的)。

從式 (8-20) 注意到壓力降正比於流體的黏度 μ，若是無摩擦時壓力降會是零。因此，此例中從 P_1 到 P_2 的壓力降完全是由黏滯效應所造成的，式 (8-20) 代表一個黏度 μ 的流體以平均速度 V_{avg} 流過一根等直徑 D 且長度 L 的管子的壓力損失 ΔP_L。

事實上，可以將所有形式的完全發展的內部流 (層流或紊流、圓管或非圓管、平滑或粗糙表面、水平或傾斜管) 的壓力損失表示為 (圖 8-13)，

壓損：
$$\Delta P_L = f \frac{L}{D} \frac{\rho V_{\text{avg}}^2}{2} \tag{8-21}$$

其中 $\rho V_{\text{avg}}^2 / 2$ 是動壓，而 f 是達西摩擦因子，

$$f = \frac{8\tau_w}{\rho V_{\text{avg}}^2} \tag{8-22}$$

它也被稱為達西－偉士巴哈摩擦因子 (Darcy-Weisbach friction factor)，以法國人亨利·達西 (Henry Darcy, 1803-1858) 及德國人朱流斯·偉士巴哈 (Julius Weisbach, 1806-1871) 來命名，這兩位工程師對其發展作出重大的貢獻。千萬不要將其與摩擦係數 C_f [friction coefficient，又稱為范寧摩擦因子 (Fanning friction factor)，是以美國工程師約翰·范寧 (John Fanning, 1837-1911)

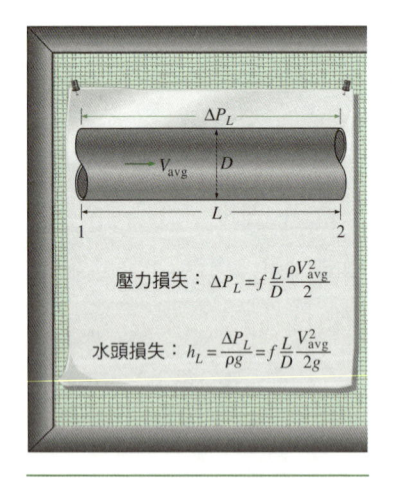

圖 8-13 壓力損失 (及水頭損失) 是流體力學中最常見的關係式之一，它對層流或紊流、圓管或非圓管、平滑面或粗糙表面，都是適用的。

壓力損失：$\Delta P_L = f \dfrac{L}{D} \dfrac{\rho V_{\text{avg}}^2}{2}$

水頭損失：$h_L = \dfrac{\Delta P_L}{\rho g} = f \dfrac{L}{D} \dfrac{V_{\text{avg}}^2}{2g}$

命名的] 混淆了，C_f 被定義為 $C_f = 2\tau_w/(\rho V_{\text{avg}}^2) = f/4$。

令式 (8-20) 及 (8-21) 彼此相等並解出 f，就得到在一根圓管中的完全發展層流的摩擦因子，

圓管，層流：
$$f = \frac{64\mu}{\rho D V_{\text{avg}}} = \frac{64}{\text{Re}} \tag{8-23}$$

這個方程式指出在層流時，摩擦因子只是雷諾數的函數，而與管壁的粗糙度無關 (當然是在假設粗糙度並不是很極端的情形下)。

在分析管路系統時，壓力損失一般用等效液柱高度來表示，稱為**水頭損失** (head loss) h_L。從流體靜力學中注意到 $\Delta P = \rho g h$，因此 ΔP 的壓力相當於液柱高度 $h = \Delta P/\rho g$。管水頭損失可以將 ΔP_L 除以 ρg 來得到

水頭損失：
$$h_L = \frac{\Delta P_L}{\rho g} = f \frac{L}{D} \frac{V_{\text{avg}}^2}{2g} \tag{8-24}$$

水頭損失代表流體需要由泵提供的額外高度來克服管中的摩擦損失。水頭損失由黏度造成，直接與管壁的剪應力有關。式 (8-21) 及 (8-24) 對圓管及非圓管中的層流及紊流都是適用的，但式 (8-23) 只對圓管中的完全發展層流適用。

一旦知道壓力損失 (或水頭損失)，則克服壓力損失所需要的泵馬力可以如下決定：

$$\dot{W}_{\text{pump, }L} = \dot{V} \Delta P_L = \dot{V} \rho g h_L = \dot{m} g h_L \tag{8-25}$$

其中 $\dot{V}$ 是體積流率，而 $\dot{m}$ 是質量流率。

水平管中層流的平均速度是，從式 (8-20)，

水平管：
$$V_{\text{avg}} = \frac{(P_1 - P_2)R^2}{8\mu L} = \frac{(P_1 - P_2)D^2}{32\mu L} = \frac{\Delta P D^2}{32\mu L} \tag{8-26}$$

因此流過一根直徑 D 且長度 L 的水平管中的層流的體積流率變成

$$\dot{V} = V_{\text{avg}} A_c = \frac{(P_1 - P_2)R^2}{8\mu L} \pi R^2 = \frac{(P_1 - P_2)\pi D^4}{128\mu L} = \frac{\Delta P \pi D^4}{128\mu L} \tag{8-27}$$

這個方程式被稱為**普修爾定律** (Poiseuille's Law)，而這種流動被稱為海根–普修爾流來紀念海根 (G. Hagen, 1797-1884) 及普修爾 (J. Poiseuille, 1799-1869) 在這個題目上的貢獻。從式 (8-27) 可以注意到對一個指定的流率，壓力降，從而使得泵馬力正比於管長及流體黏度，但與管的半徑 (或直徑) 的四次方是成反比的。因此對於一

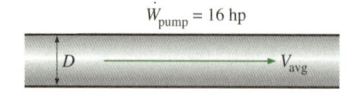

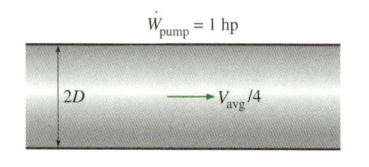

個層流的管路系統需要的泵馬力可以藉由加倍管直徑而減小 16 倍 (圖 8-14)。當然能量成本降低的好處必須與由於使用大直徑的管所增加的建造成本作權衡取捨。

在一根水平管的情形中，壓力降等於壓力損失，但對於傾斜管或有不等截面積的管，則情況就不一樣。這可以用水頭寫出穩定、不可壓縮的一維流動之能量方程式來作說明 (參考第 5 章)，

$$\frac{P_1}{\rho g} + \alpha_1 \frac{V_1^2}{2g} + z_1 + h_{\text{pump},u} = \frac{P_2}{\rho g} + \alpha_2 \frac{V_2^2}{2g} + z_2 + h_{\text{turbine},e} + h_L \quad (8\text{-}28)$$

其中 $h_{\text{pump},u}$ 是傳遞給流體的可用泵水頭，$h_{\text{turbine},e}$ 是從流體中抽取的透平機水頭，h_L 是在位置 1 與 2 之間的不可逆水頭損失，V_1 與 V_2 分別是在位置 1 與 2 的平均速度，而 α_1 與 α_2 是在位置 1 與 2 的動能修正因子 (可以證明對完全發展的層流 $\alpha = 2$，而對完全發展的紊流，$\alpha \approx 1.05$)。式 (8-28) 可以重新整理成

$$P_1 - P_2 = \rho(\alpha_2 V_2^2 - \alpha_1 V_1^2)/2 + \rho g[(z_2 - z_1) + h_{\text{turbine},e} - h_{\text{pump},u} + h_L] \quad (8\text{-}29)$$

因此，對於一個已知的流動段壓力降 $\Delta P = P_1 - P_2$ 及與壓力損失 $\Delta P_L = \rho g h_L$ 是相等的，如果 (1) 流動段是水平的，以致於沒有靜水力或重力效應 ($z_1 = z_2$)；(2) 流動段不含有任何作功裝置，例如泵或透平機，因為它們會改變流體壓力 ($h_{\text{pump},u} = h_{\text{turbine},e} = 0$)；(3) 流動段的截面積為常數，因此平均速度為常數 ($V_1 = V_2$)；及 (4) 在位置 1 與 2 的速度形狀是相同的 ($\alpha_1 = \alpha_2$)。

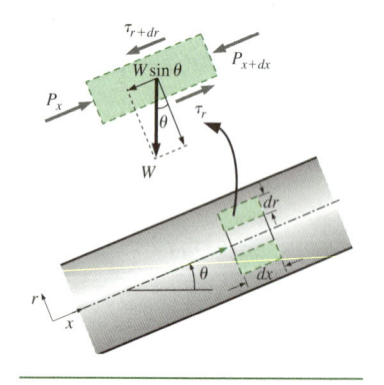

層流中重力對速度與流率的影響

重力對於在水平管中的流動沒有影響，但對於上坡或下坡的管子，重力不管對速度或流率都有很顯著的影響。傾斜管的關係式可以用同樣的方式在流動方向作力平衡來求得。此例中唯一多出來的力是流體重量在流動方向的分量，其大小是

$$W_x = W \sin \theta = \rho g \mathcal{V}_{\text{element}} \sin \theta = \rho g (2\pi r \, dr \, dx) \sin \theta \quad (8\text{-}30)$$

其中 θ 是水平方向與流動方向的夾角 (圖 8-15)。在式 (8-9) 中的力平衡現在變成

$$(2\pi r\, dr\, P)_x - (2\pi r\, dr\, P)_{x+dx} + (2\pi r\, dx\, \tau)_r$$
$$- (2\pi r\, dx\, \tau)_{r+dr} - \rho g(2\pi r\, dr\, dx)\sin\theta = 0 \tag{8-31}$$

整理後會產生以下的微分方程式：

$$\frac{\mu}{r}\frac{d}{dr}\left(r\frac{du}{dr}\right) = \frac{dP}{dx} + \rho g\sin\theta \tag{8-32}$$

遵循與之前相同的解題步驟，速度形狀是

$$u(r) = -\frac{R^2}{4\mu}\left(\frac{dP}{dx} + \rho g\sin\theta\right)\left(1 - \frac{r^2}{R^2}\right) \tag{8-33}$$

從式 (8-33)，流過傾斜管的平均速度與體積流率的關係式分別為

$$V_{\text{avg}} = \frac{(\Delta P - \rho g L\sin\theta)D^2}{32\mu L} \quad \text{與} \quad \dot{V} = \frac{(\Delta P - \rho g L\sin\theta)\pi D^4}{128\mu L} \tag{8-34}$$

除了 ΔP 被 $\Delta P - \rho g L\sin\theta$ 取代以外，其與水平管中對應的關係式是相同的。只要用 $\Delta P - \rho g L\sin\theta$ 取代 ΔP，則水平管中已經得到的結果也可以被使用在傾斜管中 (圖 8-16)。注意對於上坡流 $\theta > 0$ 且 $\sin\theta > 0$，而對下坡流 $\theta < 0$ 且 $\sin\theta < 0$。

在傾斜管中，壓力差與重力的複合作用驅動流體。重力幫助下坡流但是對抗上坡流。因此在上坡流中要維持一個指定的流率，需要施加更大的壓力差，但是這只有對流體才是重要的，因為氣體的密度一般都很小。在沒有流動的特殊情況下 ($\dot{V} = 0$)，從式 (8-34) 得到 $\Delta P = \rho g L\sin\theta$，這正是我們從流體靜力學中所得到的 (第 3 章)。

非圓形管中的層流

在各種不同截面積的管子中，其完全發展層流的摩擦因子列在表 8-1。這些管子中的雷諾數是基於水力直徑 $D_h = 4A_c/p$ 計算的，其中 A_c 是管的截面積，P 是溼邊周長。

圓管的層流

(完全發展流，在流動方向沒有泵或透平機，並且 $\Delta P = P_1 - P_2$)

水平管：$\dot{V} = \frac{\Delta P\, \pi D^4}{128\mu L}$

傾斜管：$\dot{V} = \frac{(\Delta P - \rho g L\sin\theta)\pi D^4}{128\mu L}$

上坡流：$\theta > 0$ 且 $\sin\theta > 0$
下坡流：$\theta < 0$ 且 $\sin\theta < 0$

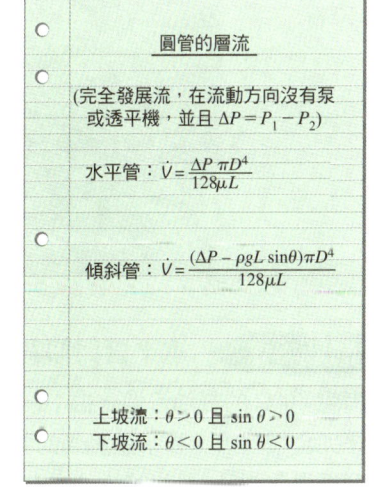

圖 8-16 對流過水平管的完全發展層流所推導出來的關係式也可被用在傾斜管上，但要用 $\Delta P - \rho g L\sin\theta$ 代替 ΔP。

表 8-1　在各種不同截面積的管子中的完全發展層流的摩擦因子
($D_h = 4A_c/p$，且 $Re = V_{avg} D_h/\nu$)

管形狀	a/b 或 $\theta°$	摩擦因子 f
圓形	—	64.00/Re
矩形	a/b	
	1	56.92/Re
	2	62.20/Re
	3	68.36/Re
	4	72.92/Re
	6	78.80/Re
	8	82.32/Re
	∞	96.00/Re
橢圓形	a/b	
	1	64.00/Re
	2	67.28/Re
	4	72.96/Re
	8	76.60/Re
	16	78.16/Re
三角形	θ	
	10°	50.80/Re
	30°	52.28/Re
	60°	53.32/Re
	90°	52.60/Re
	120°	50.96/Re

例題 8-1　水平管與傾斜管中的層流

考慮 40°C 的甘油流過一根 70 m 長、4 cm 直徑的水平圓管，流動是完全發展流。如果量測到的中心線速度是 6 m/s，試求速度形狀及經過此 70 m 長的管段的壓力差，及維持這個流動所需要的泵功率。若是可用的泵功率不變，試求管向下傾斜 15° 所增加的流率及管向上傾斜 15° 所減小的流率。泵位於這個管段之外。

解答：在一根水平管中的完全發展流的中心速度被量測。要決定速度形狀、流過管段的壓力差及需要的泵功率。也要研究管段向上傾斜及向下傾斜對流率的影響。

假設：**1.** 流動是穩定的、層流的、不可壓縮的，並且是完全發展的。**2.** 在流動方向沒有泵或透平機。**3.** 沒有閥、肘管或其它會造成局部損失的裝置。

性質：甘油在 40°C 的密度與動態黏度分別為 $\rho = 1252 \text{ kg/m}^3$ 及 $\mu = 0.3073 \text{ kg/m·s}$。

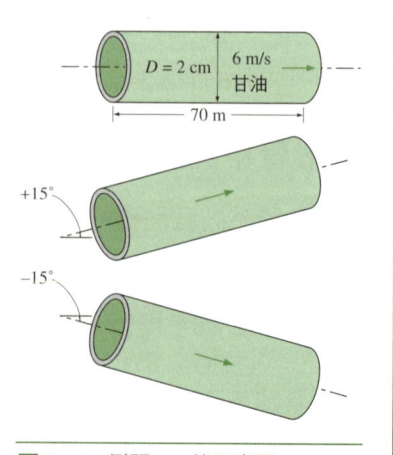

圖 8-17　例題 8-1 的示意圖。

分析：在圓管中的完全發展層流的速度形狀為

$$u(r) = u_{\max}\left(1 - \frac{r^2}{R^2}\right)$$

代入已知數值，得到速度形狀為

$$u(r) = (6 \text{ m/s})\left(1 - \frac{r^2}{(0.02 \text{ m})^2}\right) = \mathbf{6(1 - 2500r^2)}$$

其中 u 的單位是 m/s，而 r 的單位是 m。平均速度、流率與雷諾數為

$$V = V_{\text{avg}} = \frac{u_{\max}}{2} = \frac{6 \text{ m/s}}{2} = 3 \text{ m/s}$$

$$\dot{V} = V_{\text{avg}} A_c = V(\pi D^2/4) = (3 \text{ m/s})[\pi(0.04 \text{ m})^2/4] = 3.77 \times 10^{-3} \text{ m}^3\text{/s}$$

$$\text{Re} = \frac{\rho V D}{\mu} = \frac{(1252 \text{ kg/m}^3)(3 \text{ m/s})(0.04 \text{ m})}{0.3073 \text{ kg/m·s}} = 488.9$$

Re 的值比 2300 小，因此流動確實是層流。摩擦因子與水頭損失為

$$f = \frac{64}{\text{Re}} = \frac{64}{488.9} = 0.1309$$

$$h_L = f\frac{L}{D}\frac{V^2}{2g} = 0.1309\frac{(70 \text{ m})}{(0.04 \text{ m})}\frac{(3 \text{ m/s})^2}{2(9.81 \text{ m/s}^2)} = 105.1 \text{m}$$

穩定、不可壓縮的一維流動的能量平衡由式 (8-28) 給定為

$$\frac{P_1}{\rho g} + \alpha_1 \frac{V_1^2}{2g} + z_1 + h_{\text{pump, u}} = \frac{P_2}{\rho g} + \alpha_2 \frac{V_2^2}{2g} + z_2 + h_{\text{turbine, e}} + h_L$$

對一根等直徑的管子中的完全發展流，在沒有泵與透平機時，上式化簡為

$$\Delta P = P_1 - P_2 = \rho g(z_2 - z_1 + h_L)$$

因此對於水平管的情形，壓力差及需要的有用泵功率變成

$$\Delta P = \rho g(z_2 - z_1 + h_L)$$

$$= (1252 \text{ kg/m}^3)(9.81 \text{ m/s}^2)(0 + 105.1 \text{ m})\left(\frac{1 \text{ kPa}}{1000 \text{ kg/m·s}^2}\right)$$

$$= \mathbf{1291 \text{ kPa}}$$

$$\dot{W}_{\text{pump, u}} = \dot{V}\Delta P = (3.77 \times 10^{-3} \text{ m}^3\text{/s})(1291 \text{ kPa})\left(\frac{1 \text{ kW}}{\text{kPa·m}^3\text{/s}}\right) = \mathbf{4.87 \text{ kW}}$$

對一根向上傾斜 15° 的管子，高度差及壓力差為

$$\Delta z = z_2 - z_1 = L\sin 15° = (70 \text{ m})\sin 15° = 18.1 \text{ m}$$

$$\Delta P_{\text{upward}} = (1252 \text{ kg/m}^3)(9.81 \text{ m/s}^2)(18.1 \text{ m} + 105.1 \text{ m})\left(\frac{1 \text{ kPa}}{1000 \text{ kg/m·s}^2}\right)$$

$$= 1366 \text{ kPa}$$

因此經過向上傾斜的直管的流率變成

$$\dot{V}_{\text{upward}} = \frac{\dot{W}_{\text{pump},u}}{\Delta P_{\text{upward}}} = \frac{4.87 \text{ kW}}{1366 \text{ kPa}}\left(\frac{1 \text{ kPa·m}^3/\text{s}}{1 \text{ kW}}\right) = 3.57 \times 10^{-3} \text{ m}^3/\text{s}$$

即流率減少了 5.6%。同樣地也可以證明當管子向下傾斜 15° 時，流率會增加 5.6%。

討論：注意，流動是由泵及重力的複合影響所驅動的。正如預期，重力抵抗上坡流，但加強下坡流，而對水平流無影響。即使在沒有泵所提供的壓力差之下，下坡流也可以發生。對於 $P_1 = P_2$ 的情況 (即無施加的壓力差)，整根管子中的壓力維持為常數，此時流體在重力的影響下可以流過管子，其流率視傾斜角而定，當管子垂直時，會達到最大值。解答管流問題時，計算雷諾數來驗證流動型態──層流或紊流，是個好主意。

例題 8-2　管流的壓力降與水頭損失

溫度 5°C 的水 ($\rho = 1000 \text{ kg/m}^3$ 且 $\mu = 1.519 \times 10^{-3} \text{ kg/m·s}$) 以平均速度 0.9 m/s 穩定地流過一根 0.3 cm 直徑、9 m 長的水平管 (圖 8-18)。試求 (a) 水頭損失，(b) 壓力降，及 (c) 克服這個壓力降所需要的泵功率。

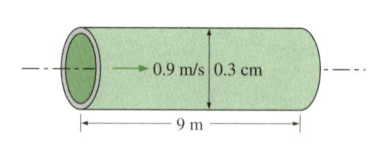

圖 8-18　例題 8-2 的示意圖。

解答：已知在一根管中的平均流速，要決定水頭損失、壓力降與泵功率。
假設：**1.** 流動是穩定、不可壓縮的。**2.** 入口效應被忽略，因此流動是完全發展的。**3.** 管不包含像彎管、閥及連接器等零件。
性質：已知水的密度與動力黏度分別是 $\rho = 1000 \text{ kg/m}^3$ 及 $\mu = 1.519 \times 10^{-3} \text{ kg/m·s}$。
分析：(a) 首先我們必須決定流動型態。雷諾數是

$$\text{Re} = \frac{\rho V_{\text{avg}} D}{\mu} = \frac{(1000 \text{ kg/m}^3)(0.9 \text{ m/s})(0.003 \text{ m})}{1.519 \times 10^{-3} \text{ kg/m·s}} = 1777$$

其值小於 2300，因此流動是層流。摩擦因子及水頭損失變成

$$f = \frac{64}{\text{Re}} = \frac{64}{1777} = 0.0360$$

$$h_L = f\frac{L}{D}\frac{V_{\text{avg}}^2}{2g} = 0.0360 \frac{9 \text{ m}}{0.003 \text{ m}} \frac{(0.9 \text{ m/s})^2}{2(9.81 \text{ m/s}^2)} = \mathbf{4.46 \text{ m}}$$

(b) 注意管是水平的，且其直徑是常數，此管的壓力降完全由摩擦損失造成，並且等於壓力損失

$$\Delta P = \Delta P_L = f\frac{L}{D}\frac{\rho V_{\text{avg}}^2}{2} = 0.0360 \frac{9 \text{ m}}{0.003 \text{ m}} \frac{(1000 \text{ kg/m}^3)(0.9 \text{ m/s})^2}{2}\left(\frac{1 \text{ N}}{1 \text{ kg·m/s}^2}\right)$$

$$= 43{,}740 \text{ N/m}^2 = \mathbf{43.7 \text{ kPa}}$$

(c) 體積流率與需要的泵功率為

$$\dot{V} = V_{\text{avg}} A_c = V_{\text{avg}}(\pi D^2/4) = (0.9 \text{ m/s})[\pi(0.003 \text{ m})^2/4] = 6.36 \times 10^{-6} \text{ m}^3/\text{s}$$

$$\dot{W}_{\text{pump}} = \dot{V} \Delta P = (6.36 \times 10^{-6} \text{ m}^3/\text{s})(43{,}740 \text{ N/m}^2)\left(\frac{1 \text{ W}}{1 \text{ N·m/s}}\right) = \mathbf{0.28 \text{ W}}$$

因此需要輸入 0.28 W 的功率來克服由於黏度在此流動中所造成的摩擦損失。

討論：泵所提供的壓力上升在泵製造商的列表中通常是用水頭的單位列出的 (第 14 章)。因此在這個流動中，泵需要提供 4.46 m 的水頭來克服不可逆的水頭損失。

8-5 管中的紊流

在實際的工程應用中大多數流動是紊流，因此了解紊流如何影響壁面剪應力非常重要。然而，紊流是一個非常複雜的機制，由擾動所主宰，而且雖然研究者在這個領域作了大量的研究，仍然無法完全了解紊流。因此我們必須依賴實驗與開發給各種情況使用的經驗或半經驗關係式。

紊流的特徵是極度不規則與快速擾動的流體的旋轉區域，稱為**渦旋** (eddies)，充滿整個流場 (圖 8-19)。這些擾動對動量與能量的傳遞提供額外的機制。在層流中，流體質點以有秩序的方式沿著路徑線流動，而跨越流線的動量與能量的傳遞則依靠分子擴散。在紊流中迴旋的旋渦傳遞質量、動量及能量到流場的其它區域，其速度遠大於分子的擴散，因此大幅地增強對質量、動量與能量的傳遞。結果是紊流總是會與較高數值的摩擦係數、熱傳係數及質傳係數有關 (圖 8-20)。

即使平均流動是穩定的，紊流中的旋渦運動也會造成速度、溫度、壓力，甚至密度 (在可壓縮流中) 的強烈擾動。圖 8-21 顯示在一個特定位置的瞬時流體速度分量 u 隨著時間的變化，這可以由一個熱線式風速探針或其它儀器量測到。我們觀測到瞬時速度在一個平均值上下擾動，這建議速度可以表示成一個平均值 $\bar{u}$ 與一個擾動成分 u' 的加總，

$$u = \bar{u} + u' \quad (8\text{-}35)$$

這也是其它性質的情形，像是 y- 方向的速度分量 v，因此有 $v = \bar{v} + v'$、$P = \bar{P} + P'$ 及 $T = \bar{T} + T'$。一個性質在某個位置的平均值的決定是取其在一個時間區間內的平均值，此區間必須大

圖 8-19 水從一根水管流出：(a) 在低流率的層流，(b) 在高流率的紊流，(c) 與 (b) 相同但是快門曝光時間較短可以捕捉到各別的渦旋。
Photos by Alex Wouden.

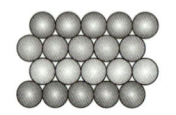

圖 8-20 紊流的強烈混合作用，使不同動量的流體質點密切接觸，從而增強力動量傳遞。

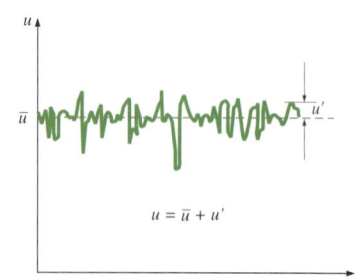

圖 8-21 紊流中在一個特定位置的速度分量 u 隨時間的擾動。

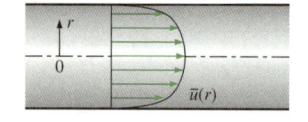

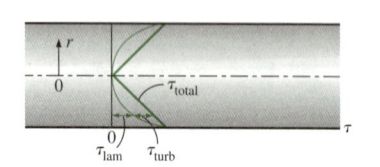

圖 8-22 管中紊流的速度形狀及剪應力隨徑向距離的變化。

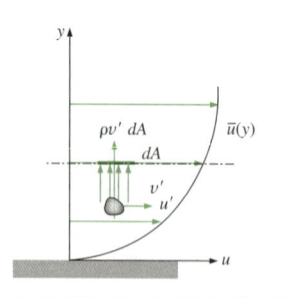

圖 8-23 流體質點受到速度擾動 v' 的影響向上經過一個微分面積 dA。

到使平均值會趨近一個常數。因此，擾動成分的時間平均為零，即 $\bar{u}'=0$。u' 的大小通常只是 $\bar{u}$ 的幾個百分點，但是渦旋的高頻率 (每秒上千次的大小) 使得它們在傳遞動量、能量及質量上非常有效。在時間平均的穩定紊流中，性質的平均質 (由上橫槓指示) 與時間無關。流體質點的混亂的擾動在壓力降上扮演著重要的角色，因此這些隨機運動在分析時必須與平均速度一起被考慮。

也許在決定剪應力時的第一個想法是採用像在層流中的類似方式，用 $\tau = -\mu \, d\bar{u}/dr$，其中 $\bar{u}(r)$ 是紊流的平均速度形狀。但是實驗研究顯示情況並非如此，而是有效剪應力很大程度地決定於紊流的擾動。因此，方便的作法是將紊流的剪應力視為由兩部分組成：層流的部分，來自流動層之間的摩擦 (表示成 $\tau_{\text{lam}} = -\mu \, d\bar{u}/dr$)；與紊流部分，來自流體質點之間及其與流體中物體之間的摩擦 (用 τ_{turb} 表示並且與速度的擾動分量有關)。因此紊流的總剪應力可以表示成

$$\tau_{\text{total}} = \tau_{\text{lam}} + \tau_{\text{turb}} \tag{8-36}$$

管中紊流的典型平均速度形狀及其剪應力的層流與紊流分量的相對大小顯示於圖 8-22。注意雖然速度形狀在層流時大約是拋物線形的，但是在紊流中它會變得比較平或"飽滿"，並且在接近管壁時急速下降。飽滿度隨著雷諾數增加而增加使得速度形狀變成幾乎是均勻的，這對管流中完全發展紊流一般採用均勻速度形狀的近似法提供支持。然而，要記住在一根靜止管的壁面上的速度總是為零 (無滑動條件)。

紊流剪應力

考慮一根水平管中的紊流，及其內一個流體質點的向上渦旋運動。由於速度擾動分量 v' 的作用，流體質點通過一塊微分面積由速度較低的一層移動到相鄰的速度較高的一層，如圖 8-23 所示。流體質點向上經過 dA 的質量流率是 $\rho v' dA$，其對在 dA 之上的流體層的淨效應是造成平均流速減小，這是因為受到有較低平均流速的流體質點的動量傳遞所造成的。這個動量傳遞造成流體質點的水平速度增加 u'，從而使其在水平方向的動量增加率為 $(\rho v' \, dA)u'$，這必須等於上面流體層動量的減少率。

注意在一個給定方向的力等於那個方向的動量改變率,在 dA 上面的流體層所受到的水平力,由於流體質點通過 dA,等於 $\delta F = (\rho v'dA)(-u') = -\rho u'v'dA$。因此,由於流體質點的渦旋運動所造成的每單位面積的剪力 $\delta F/dA = -\rho u'v'$ 可被視為是紊流的瞬間剪應力。因此,**紊流剪應力** (turbulent shear stress) 可以被表示為

$$\tau_{\text{turb}} = -\rho \overline{u'v'} \tag{8-37}$$

其中 $\overline{u'v'}$ 是擾動速度分量 u' 及 v' 乘積的時間平均值。注意雖然 $\overline{u'} = 0$ 及 $\overline{v'} = 0$ (因此 $\overline{u'}\,\overline{v'} = 0$),但是 $\overline{u'v'} \cdot 0$,並且實驗結果顯示 $\overline{u'v'}$ 通常是一個負量。類似像 $-\rho\overline{u'v'}$ 或 $-\rho\overline{u'^2}$ 的這些項,被稱為**雷諾應力** (Reynolds stress) 或**紊流應力** (turbulent stresses)。

許多半經驗公式,用平均速度梯度來模擬雷諾應力,已經被發展出來,主要目的是提供數學封閉給運動方程式。這些模型稱為**紊流模型** (turbulence models),並且會在第 15 章作更詳細的討論。

流體質點群的隨機的迴旋運動類似於氣體中分子的隨機運動 —— 在移動一段距離以後,彼此互相拉撞並在過程中交換動量。因此紊流中渦旋的動量傳遞相似於分子的動量擴散。在許多較簡單的紊流模型,紊流剪應力被用一種相似的方式來表示,就如法國數學家布西內斯克 (Joseph Boussinesq, 1842-1929) 在 1877 年所建議的,

$$\tau_{\text{turb}} = -\rho \overline{u'v'} = \mu_t \frac{\partial \overline{u}}{\partial y} \tag{8-38}$$

其中 μ_t 是**渦旋黏度** (eddy viscosity) 或**紊流黏度** (turbulent viscosity),其考慮渦旋的動量傳遞。因此,總剪力可以被方便的表示為

$$\tau_{\text{total}} = (\mu + \mu_t)\frac{\partial u}{\partial y} - \rho(\nu + \nu_t)\frac{\partial u}{\partial y} \tag{8-39}$$

其中 $\nu_t = \mu_t/\rho$ 是**運動渦旋黏度** (kinematic eddy viscosity) 或**運動紊流黏度** (kinematic turbulent viscosity) (也稱為渦旋動量擴散係數)。渦旋黏度的觀念很吸引人,但是除非其值可以被決定,否則是沒有實際用處的。換言之,渦旋黏度必須被模擬成平均流動變數的函數;我們稱其為渦旋黏度封閉。例如,在 1900 年代早期,德國工程師普朗特 (L. Prandtl) 介紹**混合長度** (mixing length) l_m 的觀念,其與主要負責混合旋渦的平均大小有關,並且將紊流剪應力表示為

$$\tau_{\text{turb}} = \mu_t \frac{\partial \overline{u}}{\partial y} = \rho l_m^2 \left(\frac{\partial \overline{u}}{\partial y}\right)^2 \tag{8-40}$$

但是這個觀念的用處也是有限的，因為 l_m 對一個流動並不是常數 (例如在壁面附近，l_m 幾乎是正比於離壁面的距離)，而且其決定並不容易。最後的數學封閉只有當 l_m 可以寫成平均流動變數、與壁面距離……等的函數才能得到。

渦旋運動及渦旋擴散係數在紊流邊界層的中心區域遠大於它們的分子的對應量。渦旋運動在靠近壁面附近失去其強度並在壁面上消失，其原因在於無滑動條件 (u' 與 v' 在壁面上為零)。速度形狀在紊流邊界層的中心區域變化非常緩慢，但在很靠近壁面的薄層內變化非常陡。因此毫無意外，壁面剪應力的值在紊流中遠大於其在層流中的值 (圖 8-24)。

注意分子的動量擴散係數 ν (μ 也是一樣) 是流體的性質，其值列於流力手冊中。然而，渦旋擴散係數 ν_t (μ_t 也是一樣) 不是一個流體性質，其值相依於流動條件。渦旋擴散係數朝向壁面遞減，在壁面上變成零。其值從在壁面的零到在中心區域為分子擴散係數的數千倍。

紊流速度形狀

不像層流，紊流的速度形狀的表示式同時基於實驗與分析，因此其本質是半經驗式，帶有從實驗數據所決定的常數。考慮在管中的完全發展紊流，並令 u 代表在軸向的時間平均速度 (因此將頂上橫槓從 $\bar{u}$ 中去掉來使其化簡)。

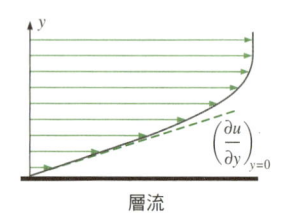

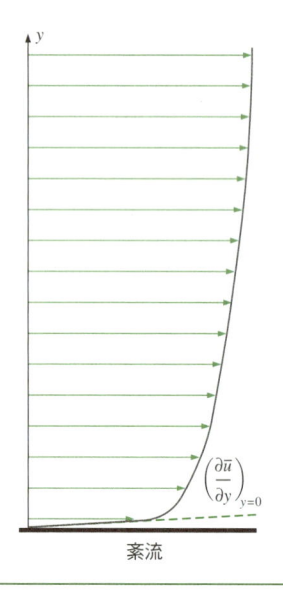

圖 8-24 在壁面上的速度梯度，及對應的壁面剪應力，在紊流中的值遠大於在層流中的值，即使在相同的自由流速度下，紊流邊界層的厚度遠大於層流邊界層的厚度。

完全發展的層流與紊流的典型速度形狀被示於圖 8-25。注意層流的速度形狀是拋物線形的，但在紊流中則較為飽滿，且在靠近管壁處陡急下降。沿著壁面的紊流可以被考慮成由四個區域組成，其特徵視離壁面距離而定 (圖 8-25)。緊鄰壁面的一個細薄層，由黏滯效應主宰的區域是黏滯 (或層流，或線性，或壁面) 次層。此層中的速度形狀非常接近線性的，並且其流動是流線式的。與黏滯次層相鄰的是**緩衝層** (buffer layer)，其內紊流效應逐漸變成顯著，但是流動仍是受黏滯效應主宰。在緩衝層外面是重疊 (或過渡) 層，也稱為慣性次層，其內紊流效應變得更顯著，但仍不是主宰的。再其上則是外 (或紊流) 層，在流場的其餘部分，其紊流效應已經勝於分子擴散效應。

每一個區域的流動特性都相當不同，因此要提出一個適用於整個流場的速度形狀的解析式，就如我們在層流中所作的，是非常困難的。在紊流情況下，最好的作法是用因次分析法來辨識出關鍵變數及其函數形式，然後用實驗數據來決定任何常數的數值。

黏滯次層的厚度非常小 (一般遠小於管直徑的 1/100)，但是鄰近壁面的這一細層在流動特性上扮演著關鍵性的角色，因為其速度梯度很大。壁面阻滯任何渦旋的運動，使得此層的流動基本上是層流的，剪應力由層流剪應力構成，與流體黏度是成正比。考慮跨過有時候比一根頭髮還細的細層，流體速度從零變化到幾乎等於中心區域的值 (幾乎像階梯函數般的變化)，我們預期此層中的速度形狀幾乎是線性的，並且實驗也證實如此。因此在黏滯次層的速度梯度維持幾乎是 $du/dy = u/y$ 的常數，並且壁面剪應力可以被表示為

$$\tau_w = \mu \frac{u}{y} = \rho \nu \frac{u}{y} \quad 或 \quad \frac{\tau_w}{\rho} = \frac{\nu u}{y} \tag{8-41}$$

其中 y 是離壁面的距離 (注意，對圓管 $y = R - r$)。τ_w/ρ 這個量在分析紊流的速度形狀時經常會碰到，其平方根有速度的因次，因此將其視為一個假想的速度，稱為摩擦速度 (friction velocity)，表示為 $u_* = \sqrt{\tau_w/\rho}$。將其代入式 (8-41)，黏滯次層的速度形狀可以用無因次的形狀表示為

黏滯次層：
$$\frac{u}{u_*} = \frac{yu_*}{\nu} \tag{8-42}$$

此方程式以壁面定律 (law of the wall) 知名，而且發現對於光滑平面在 $0 \leq yu_*/\nu \leq 5$ 間，此式與實驗結果相符。因此黏滯次層的厚度大約是

黏滯次層的厚度：
$$y = \delta_{\text{sublayer}} = \frac{5\nu}{u_*} = \frac{25\nu}{u_\delta} \tag{8-43}$$

其中 u_δ 是在黏滯次層外邊的流動速度 (其處 $u_\delta \approx 5u_*$)，其與管中的平均速度密切相關。因此我們的結論是黏滯次層的厚度正比於運動黏度並且與平均流速成反比。換言之，當速度 (從而使雷諾數) 增加時，黏滯次層受到壓制而變細。結果使得在雷諾數很大時，速度形狀變成幾乎是平的，從而使速度分佈變成更均勻。

ν/u_* 這個量有長度的因次，並且被稱為黏滯長度 (viscous length)，常被用來無因次化離壁面的距離 y。在邊界層分析中，用無因次距離及無因次速度來工作是很方便的，其定義為

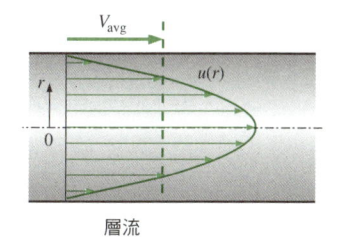

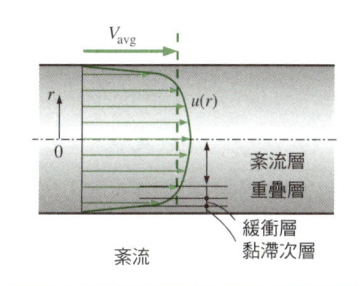

無因次變數：
$$y^+ = \frac{yu_*}{\nu} \quad 及 \quad u^+ = \frac{u}{u_*} \tag{8-44}$$

圖 8-25 完全發展管流的速度形狀在層流中是拋物線形的，但在紊流中則較飽滿。注意 $u(r)$ 在穩流的情況中是在軸向的時間平均的速度分量 (u 頂上的橫槓被去掉來將其簡化)。

因此壁面定律 [式 (8-42)] 變成

正常化後的壁面定律： $$u^+ = y^+ \tag{8-45}$$

注意摩擦速度 u_* 被用來同時無因次化 y 與 u，而 y^+ 類似雷諾數的表示法。

在重疊層，觀測到的速度的實驗數據若是將其相對於離開壁面距離的對數值作圖會排列成一直線。因次分析顯示並經過實驗證實，重疊層的速度正比於距離的對數值，其速度形狀可以被表示為

對數定律： $$\frac{u}{u_*} = \frac{1}{\kappa} \ln \frac{yu_*}{\nu} + B \tag{8-46}$$

其中 κ 與 B 是常數，其值經由實驗決定分別為 0.40 與 5.0。式 (8-46) 被稱為對數定律 (logarithmic law)。將常數值代入，速度形狀經決定為

重疊層： $$\frac{u}{u_*} = 2.5 \ln \frac{yu_*}{\nu} + 5.0 \quad 或 \quad u^+ = 2.5 \ln y^+ + 5.0 \tag{8-47}$$

事實顯示式 (8-47) 的對數定律能夠很令人滿意地代表整個流動區域的實驗數據，除了非常靠近壁面及管中心的區域之外，如圖 8-26 所示，因此其被視為管內或流過表面的紊流的萬用速度形狀。注意此圖顯示對數定律的速度形狀對 $y^+ > 30$ 相當正確，但是在緩衝層，即 $5 < y^+ < 30$，兩種速度形狀都不正確。再者，圖中顯示的黏滯次層看起來較實際大很多，這是因為對離開壁面的距離是用對數尺度來表示之故。

管流的外紊流層的一個良好的近似可以從式 (8-46) 獲得，但是常數 B 的值是要求最大速度要發生在管中心處，即 $r = 0$。從式 (8-46) 中，令 $y = R - r = R$ 及 $u = u_{\max}$，來解出 B，並將其代回式 (8-46) 中，與 $\kappa = 0.4$ 一起，可以得出

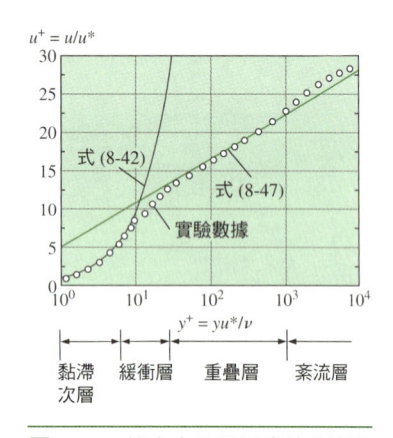

圖 8-26 管中完全發展紊流的實驗數據與壁面定律及對數定律的速度形狀的比較。

外紊流層： $$\frac{u_{\max} - u}{u_*} = 2.5 \ln \frac{R}{R - r} \tag{8-48}$$

速度與中心線速度的偏移值 $u_{\max} - u$ 被稱為速度折減 (velocity defect)，而式 (8-48) 被稱為速度折減定律 (velocity-defect law)。這個關係式顯示管流中心區域的紊流的正常化後的速度形狀相依於離開中心線的距離而與流體的黏度無關。這並不意外，因為此區是渦旋運動主宰的，而流體黏度的影響是可忽略的。

管中紊流的速度形狀還存在著許多經驗式。其中最簡單、最著名的是冪定律速度形狀 (power-law velocity profile)，表示為

冪定律速度形狀：$\quad \dfrac{u}{u_{\max}} = \left(\dfrac{y}{R}\right)^{1/n} \quad$ 或 $\quad \dfrac{u}{u_{\max}} = \left(1 - \dfrac{r}{R}\right)^{1/n}$ (8-49)

其中指數 n 是個常數，其值依雷諾數而定，雷諾數越大，n 值越大。對許多實際流動而言，$n = 7$ 是個通用的近似值，因此稱為 1/7 冪定律速度形狀。

各種冪定律速度形狀，其中 $n = 6, 8,$ 及 10，與完全發展層流的速度形狀放在一起顯示在圖 8-27 之中互相比較。注意紊流的速度形狀較層流的更為飽滿，並且當 n (從而是雷諾數) 增加時，速度形狀變得更平。同時注意，冪定律速度形狀不能被用來計算壁面剪應力，因其在壁面上的速度梯度是無限大，同時其也不能給出在中心線的零斜率。但是這些有矛盾的區域僅佔整個流場的一小部分，因此冪定律速度形狀對管中的紊流給出高度正確的結果。

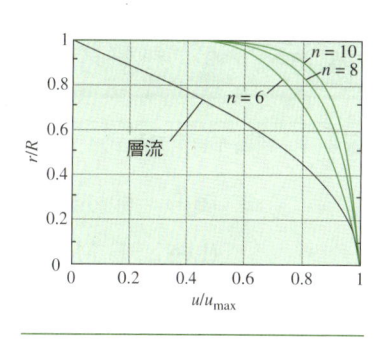

圖 8-27 管中完全發展紊流在不同指數時的冪定律速度形狀，及其與層流速度形狀的比較。

儘管黏滯次層的厚度很小 (通常遠小於管直徑的 1%)，此層中流動的特性卻非常重要，因為其為管中其它部分的流動作了準備。任何壁面上的不規則或粗糙度都會干擾此層而影響流動。因此不像層流，紊流中的摩擦因子是壁面粗糙度的強烈函數。

必須注意粗糙度是一個相對觀念，只有當其高度 ϵ 與黏滯次層的厚度 (為雷諾數的函數) 相當時才是重要的。所有材質在具有足夠放大倍率的顯微鏡下都是 "粗糙的"。在流體力學中，當粗糙度的高度突出黏滯次層外面時就被視為是粗糙的。一個表面若是其粗糙度元素完全被黏滯次層淹沒時，稱為是水力平滑的。玻璃及塑膠表面通常被視為是水力平滑的。

穆迪圖與科爾布魯克方程式

管中完全發展的紊流的摩擦因子相依於雷諾數及相對粗糙度 (relative roughness) ϵ/D，這是粗糙度的平均高度與管直徑的比值。這個相依性的函數形式無法從理論分析中獲得，並且現有可用的結果都是從使用人造粗糙度表面的辛苦實驗中得到的 (通常是將已知大小的沙粒膠黏在管的內壁表面之上而形成的)。大多數這樣的實驗是普朗特的學生尼克拉得斯 (J. Nikuradse) 在 1933 年所進行的，並且由其它人的工作接續。摩擦因子是從流率與壓力降的量測經計算而得到的。

實驗結果被用表、圖及對實驗數據作曲線擬合所得的函數形式來呈現。在 1939 年，科爾布魯克 (Cyril F. Colebrook, 1910-1997) 整合平滑管及粗糙管中的過渡流與紊流的可用數據，得到以下的隱式關係式 (圖 8-28)，稱為科爾布魯克方程式

$$\frac{1}{\sqrt{f}} = -2.0 \log\left(\frac{\varepsilon/D}{3.7} + \frac{2.51}{\text{Re}\sqrt{f}}\right)$$

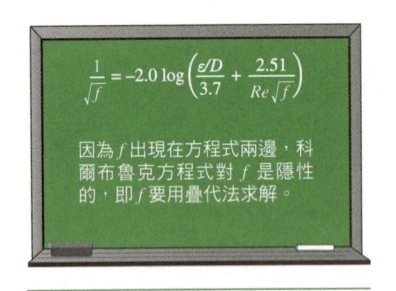

因為 f 出現在方程式兩邊，科爾布魯克方程式對 f 是隱性的，即 f 要用疊代法求解。

圖 8-28 科爾布魯克方程式。

(Colebrook equation)：

$$\frac{1}{\sqrt{f}} = -2.0 \log\left(\frac{\varepsilon/D}{3.7} + \frac{2.51}{\text{Re}\sqrt{f}}\right) \quad (紊流) \tag{8-50}$$

注意到式 (8-50) 中的對數是以 10 為基底的，而不是自然對數。在 1942 年，美國工程師勞斯 (Hunter Rouse, 1906-1996) 驗證科爾布魯克方程式，並且製作了一個 f 作為 Re 及 $\text{Re}\sqrt{f}$ 的函數圖形。他同時也發表層流的關係式及一個商業用管粗糙度的表。兩年以後，穆迪 (Lewis, F. Moody, 1880-1953) 重繪勞斯的圖成為今日通用的形式。這個著名的**穆迪圖** (Moody chart) 在附錄中被列為圖 A-12。他將管流的達西摩擦因子在一個廣泛的範圍內表示成雷諾數與 ε/D 的函數。這可能是工程上最被廣泛使用的圖形之一。雖然其是從圓管中發展出來的，但也可以被使用在非圓管中，只要用水力直徑替代直徑即可。

表 8-2 新的商業用管的等效粗糙度值*

材質	粗糙度，ε ft	mm
玻璃、塑膠	0 (滑的)	
混凝土	0.003-0.03	0.9-9
木頭	0.0016	0.5
橡膠，光滑的	0.000033	0.01
銅管或黃銅管	0.000005	0.0015
鑄鐵	0.00085	0.26
電鍊鐵	0.0005	0.15
精鍊鐵	0.00015	0.046
不鏽鋼	0.000007	0.002
商用鋼	0.00015	0.045

* 這些值的不確定性可以大到 ±60%。

商業用管與實驗用管不同之處在於其粗糙度並不是均勻的且很難給予一個精確的描述。某些商業用管的等效粗糙度的值被列出在表 8-2 及穆迪圖中。但必須記住的是這些值是新管的，而管的相對粗糙度在使用後會因為腐蝕、結垢及沉澱物而增加。結果可能會使摩擦因子增加 5 至 10 倍。在設計管路系統時，實際的操作條件必須加以考慮。同時，穆迪圖及其對等的科爾布魯克方程式牽涉到許多不確定性 (粗糙度大小、實驗誤差、曲線擬合……等)，因此得到的結果不應該被當作是"正確的"。它們在整個圖形的範圍內通常被認為正確度在 ±15% 之間。

科爾布魯克方程式對 f 是隱式的，決定摩擦因子時需要用到疊代。一個 f 的近似的顯式關係式由哈蘭德 (S. E. Haaland) 在 1983 年提出

$$\frac{1}{\sqrt{f}} \cong -1.8 \log\left[\frac{6.9}{\text{Re}} + \left(\frac{\varepsilon/D}{3.7}\right)^{1.11}\right] \tag{8-51}$$

從這個關係式得到的結果與從科爾布魯克方程式得到的差異在 2% 以內。如果希望得到更正確的結果，式 (8-51) 可以被用來在牛頓疊代法中當作一個很好的初次猜測值，並用一個可程式計算器或一個試算表來從式 (8-50) 中解出 f。

我們從穆迪圖中作出以下的觀察：

- 對於層流，摩擦因子隨雷諾數增加而減小，並且與表面粗糙度無關。
- 摩擦因子對於平滑管是最小值 (但由於無滑動條件，其值仍不是零)，並且隨粗糙度增加 (圖 8-29)。科爾布魯克方程式對平滑管 ($\epsilon = 0$) 簡化成普朗特方程式，表示為 $1/\sqrt{f} = 2.0 \log(\text{Re}\sqrt{f}) - 0.8$。
- 從層流到紊流的過渡區 ($2300 < \text{Re} < 4000$) 在穆迪圖中以陰影區域表示 (圖 8-30 及 A-12)。此區域中的流動可能是層流或紊流，依流場中的擾動而定，或者可能在層流與紊流間交替互換，使得摩擦因子的值也在層流與紊流的值之間交替互換。此區域間的數據最不可靠，在小的相對粗糙度下，摩擦因子在過渡區內漸增並趨近平滑管的值，
- 在很大雷諾數時 (穆迪圖中虛線的右邊)，每一個相對粗糙度的摩擦因子幾乎是水平的，因此摩擦因子與雷諾數無關 (圖 8-30)。那個區域的流動稱為完全粗糙紊流，或簡稱完全粗糙流，因為黏滯次層的厚度隨雷諾數增加而變小，由於變得太小使其相對於表面粗糙度的高度小到可以被忽略的程度。此情況下的黏滯效應主要是在主流中由突出的粗糙度元素造成的，而黏滯次層的貢獻可以被忽略。在完全粗糙區 ($\text{Re} \to \infty$)，科爾布魯克方程式化簡成馮卡門方程式，表示為 $1/\sqrt{f} = -2.0 \log[(\epsilon/D)/3.7]$，其對 f 是顯式的。有些作者稱呼此區為完全紊流區，但這是誤導的，因為圖 8-30 中虛線的左邊也是完全紊流的。

在作計算時，我們必須確定使用的是管的真正內直徑，因為其與公稱直徑可能是不同的。例如一根公稱直徑為 1 英寸的鋼管，其內部直徑是 1.049 英寸 (表 8-3)。

相對粗糙度, ϵ/D	摩擦因子, f
0.0*	0.0119
0.00001	0.0119
0.0001	0.0134
0.0005	0.0172
0.001	0.0199
0.005	0.0305
0.01	0.0380
0.05	0.0716

* 平滑表面。所有值的雷諾數都是 $\text{Re} = 10^6$ 並且從科爾布魯克方程式計算得來。

圖 8-29 摩擦因子對平滑管最小，並隨粗糙度增加。

表 8-3 分類 40 號鋼管的標準尺寸

公稱尺寸, in	真實內部直徑, in
$\frac{1}{8}$	0.269
$\frac{1}{4}$	0.364
$\frac{3}{8}$	0.493
$\frac{1}{2}$	0.622
$\frac{3}{4}$	0.824
1	1.049
$1\frac{1}{2}$	1.610
2	20.67
$2\frac{1}{2}$	2.469
3	3.068
5	5.047
10	10.02

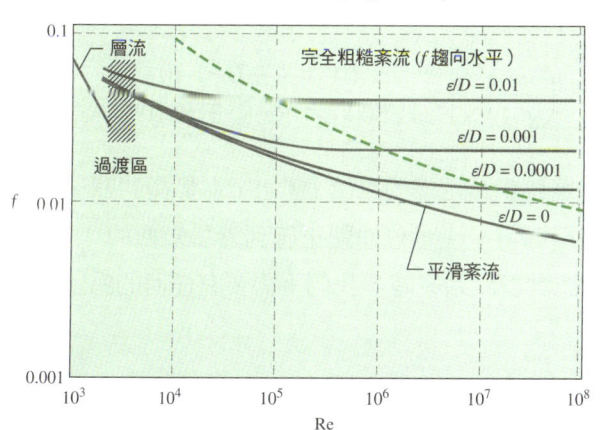

圖 8-30 在很大雷諾數時，穆迪圖上的摩擦因子幾乎是水平的，因此摩擦因子與雷諾數無關。參考圖 A-12 全頁面的穆迪圖。

流體流動問題的分類

在使用穆迪圖 (或科爾布魯克方程式) 設計及分析管路系統時，我們通常遇到三種型態的問題 (假設流體與管粗糙度已經被指定) (圖 8-31)：

1. 決定壓力降 (或水頭損失)，當管長與直徑已經對一個指定流率 (或速度) 被給定時。
2. 決定流率，當管長與直徑已經對一個指定壓力降 (或水頭損失) 被給定時。
3. 決定管直徑，當管長與流率已經對一個指定壓降 (或水頭損失) 被給定時。

第一型的問題很直接，可以直接使用穆迪圖來解出。第二型與第三型的問題經常在作工程設計時遇到 (例如選擇管徑來最小化建造與泵功率的成本)，但是在這類問題中使用穆迪圖需要使用疊代方法 —— 建議使用一個方程式求解器 (如 EES)。

在第二型的問題中，直徑已知但流率未知。這種情況下摩擦因子的一個良好猜測是對已知的粗糙度從完全紊流區域去獲得。這對大雷諾數時為真，在實際流動中常是如此。一旦得到流率，摩擦因子可以使用穆迪圖或科爾布魯克方程式來作修正，其後重複步驟直到解收斂為止。(一般只需要少數幾次疊代，就可以收斂到三至四個數字的精確性。)

在第三型的問題中，直徑是未知數，因此雷諾數與相對粗糙度無法計算。我們可以假設一個直徑來開始計算。由此假設直徑所算出來的壓力降與指定的壓力降作比較，並且用另一個管直徑作計算，如此重複疊代直到收斂為止。

為了避免在水頭損失、流率與直徑計算時的冗長疊代計算，史萬迷與簡 (Swamee and Jain, 1976) 建議以下的顯式關係式，其可正確到穆迪圖的 2% 內：

$$h_L = 1.07 \frac{\dot{V}^2 L}{gD^5} \left\{ \ln\left[\frac{\varepsilon}{3.7D} + 4.62\left(\frac{\nu D}{\dot{V}}\right)^{0.9} \right] \right\}^{-2} \quad \begin{array}{l} 10^{-6} < \varepsilon/D < 10^{-2} \\ 3000 < \text{Re} < 3 \times 10^8 \end{array} \quad (8\text{-}52)$$

$$\dot{V} = -0.965 \left(\frac{gD^5 h_L}{L}\right)^{0.5} \ln\left[\frac{\varepsilon}{3.7D} + \left(\frac{3.17\nu^2 L}{gD^3 h_L}\right)^{0.5} \right] \quad \text{Re} > 2000 \quad (8\text{-}53)$$

$$D = 0.66 \left[\varepsilon^{1.25} \left(\frac{L\dot{V}^2}{gh_L}\right)^{4.75} + \nu \dot{V}^{9.4} \left(\frac{L}{gh_L}\right)^{5.2} \right]^{0.04} \quad \begin{array}{l} 10^{-6} < \varepsilon/D < 10^{-2} \\ 5000 < \text{Re} < 3 \times 10^8 \end{array} \quad (8\text{-}54)$$

注意所有量都是有因次的，並且其單位化為希望的單位 (例如，在最後的關係式中為 m 或 ft)，只要協調的單位被使用即可。注意穆迪圖正確到實驗數據的 15% 以內，因此使用這些近似的關係式來設計管路系統時，我們不需要有任何的保留。

題型	已知	求解
1	$L, D, \dot{V}$	ΔP (or h_L)
2	$L, D, \Delta P$	$\dot{V}$
3	$L, \Delta P, \dot{V}$	D

圖 8-31 管流中遇到的三類題型。

例題 8-3 決定水管中的水頭損失

溫度 15°C 的水 (ρ = 999 kg/m³ 且 μ = 1.138×10⁻³ kg/m·s) 以流率 6 L/s 穩定地流過 5 cm 直徑、由不鏽鋼製造的水平管 (圖 8-32)。試求流過此管的一段 60 m 長的管段的壓力降、水頭損失及需要輸入的泵功率。

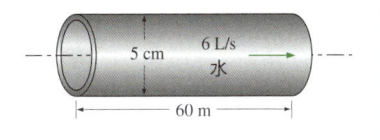

圖 8-32 例題 8-3 的示意圖。

解答：已知經過一根指定水管的流率。要決定壓力降、水頭損失及需要的泵功率。

假設：1. 流動是穩定且不可壓縮的。2. 入口效應可以忽略，因此流動是完全發展的。3. 此管不含有像彎管閥、連接段等零件。4. 管段不含有功的裝置，像泵或透平機。

性質：已知水的密度與動力黏度為 ρ = 999 kg/m³，且 μ = 1.138×10⁻³ kg/m·s。

分析：這是第一型的問題，因為流率、管長及管直徑都是已知。首先計算平均速度與雷諾數來決定流動型態：

$$V = \frac{\dot{V}}{A_c} = \frac{\dot{V}}{\pi D^2/4} = \frac{0.006 \text{ m}^3}{\pi(0.05 \text{ m})^2/4} = 3.06 \text{ m/s}$$

$$\text{Re} = \frac{\rho V D}{\mu} = \frac{(999 \text{ kg/m}^3)(3.06 \text{ m/s})(0.05 \text{ m})}{1.138 \times 10^{-3} \text{ kg/m·s}} = 134{,}300$$

因為 Re 大於 4000，流動是紊流。管的相對粗糙度可以使用表 8-2 來作估算

$$\varepsilon/D = \frac{0.002 \text{ mm}}{50 \text{ mm}} = 0.000040$$

與這個相對粗糙度與雷諾數對應的摩擦因子可以用穆迪圖來決定。為了避免讀圖誤差，我們用穆迪圖所依據的科爾布魯克方程式來決定 f：

$$\frac{1}{\sqrt{f}} = -2.0 \log\left(\frac{\varepsilon/D}{3.7} + \frac{2.51}{\text{Re}\sqrt{f}}\right) \rightarrow \frac{1}{\sqrt{f}} = -2.0 \log\left(\frac{0.000040}{3.7} + \frac{2.51}{134{,}300\sqrt{f}}\right)$$

使用方程式求解器或用疊代法，摩擦因子被決定為 f = 0.0172。壓力降 (此例中等於壓力損失)、水頭損失及需要輸入的功率變成

$$\Delta P = \Delta P_L = f \frac{L}{D} \frac{\rho V^2}{2} = 0.0172 \frac{60 \text{ m}}{0.05 \text{ m}} \frac{(999 \text{ kg/m}^3)(3.06 \text{ m/s})^2}{2} \left(\frac{1 \text{ N}}{1 \text{ kg·m/s}^2}\right)$$
$$= 96{,}540 \text{ N/m}^2 = 96.5 \text{ kPa}$$

$$h_L = \frac{\Delta P_L}{\rho g} = f \frac{L}{D} \frac{V^2}{2g} = 0.0172 \frac{60 \text{ m}}{0.05 \text{ m}} \frac{(3.06 \text{ m/s})^2}{2(9.81 \text{ m/s}^2)} = 9.85 \text{ m}$$

$$\dot{W}_{\text{pump}} = \dot{V} \Delta P = (0.006 \text{ m}^3/\text{s})(96{,}540 \text{ N/m}^2)\left(\frac{1 \text{ W}}{1 \text{ N·m/s}}\right) = 579 \text{ W}$$

因此，需要輸入 579 W 的功率來克服管內的摩擦損失。

討論：一般的作法是將最後的答案寫到三位有效數字，即使我們知道結果最多只有兩位有效數字，這是因為科爾布魯克方程式有其固有的不正確性，如之前討論過的。摩擦因子也可以比較容易地使用哈蘭德關係式 [式 (8-51)] 來決定。它將給出 $f = 0.0170$，其值相當接近 0.0172。同時此例中對應於 $\epsilon = 0$ 的摩擦因子是 0.0169，這指出對於此不鏽鋼管，將其近似為平滑管誤差是很小的。

例題 8-4　決定一個空氣管道的直徑

在 1 atm，35°C 的加熱空氣，其流率為 0.3 m³/s，要用一根 150 m 長的圓形塑膠管來輸送 (圖 8-33)。如果此管中的水頭損失不能超過 20 m，試求管道的最小直徑。

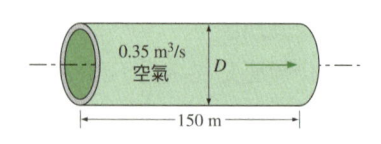

解答：已知在一個空氣管道的流率與水頭損失，要決定管道的直徑。

圖 8-33　例題 8-4 的示意圖。

假設：1. 流動是穩定且不可壓縮的。**2.** 入口效應可以忽略，因此流動是完全發展的。**3.** 管道沒有包含像彎管、閥及連接器等零件。**4.** 空氣是理想氣體。**5.** 管道是平滑的，因其是由塑膠製成的。**6.** 流動是紊流 (要被證明)。

性質：空氣在 35°C 的密度、動力黏度及運動黏度是 $\rho = 1.145$ kg/m³，$\mu = 1.895 \times 10^{-5}$ kg/m·s，及 $\nu = 1.655 \times 10^{-5}$ m²/s。

分析：這個問題屬於第三型，因為其在指定流率與水頭損失下要決定直徑。我們可用三種不同的作法來求解這個問題：(1) 用疊代法，假設一個管直徑，計算水頭損失，將結果與指定的水頭損失比較，重作計算直到計算的水頭損失與指定值吻合為止；(2) 寫出所有相關的方程式 (將直徑留下來當成未知數)，再用一個方程式求解器來求解這些聯立方程式；及 (3) 使用第三個史萬迷–簡計算式。我們將示範後兩種作法的使用。

平均速度、雷諾數、摩擦因子及水頭損失的關係式被表示為 (D 用 m，V 用 m/s，而 Re 及 f 是無因次的)

$$V = \frac{\dot{V}}{A_c} = \frac{\dot{V}}{\pi D^2/4} = \frac{0.35 \text{ m}^3/\text{s}}{\pi D^2/4}$$

$$\text{Re} = \frac{VD}{\nu} = \frac{VD}{1.655 \times 10^{-5} \text{ m}^2/\text{s}}$$

$$\frac{1}{\sqrt{f}} = -2.0 \log\left(\frac{\epsilon/D}{3.7} + \frac{2.51}{\text{Re}\sqrt{f}}\right) = -2.0 \log\left(\frac{2.51}{\text{Re}\sqrt{f}}\right)$$

$$h_L = f \frac{L}{D} \frac{V^2}{2g} \quad \rightarrow \quad 20 \text{ m} = f \frac{150 \text{ m}}{D} \frac{V^2}{2(9.81 \text{ m/s}^2)}$$

粗糙度對塑膠管近似為零 (表 8-2)。因此，有四個方程式，要求解四個未知數。用一個像 EES 的求解器來解它們，得到

$$D = 0.267 \text{ m}，f = 0.0180，V = 6.24 \text{ m/s} 及 \text{Re} = 100,800$$

因此若水頭損失不能超過 20 m，流道的直徑應該大於 26.7 cm。注意 Re > 4000，因此紊流的假設是

成立的。

直徑也可以直接從第三個史萬迷-簡計算式求得

$$D = 0.66\left[\varepsilon^{1.25}\left(\frac{L\dot{V}^2}{gh_L}\right)^{4.75} + \nu\dot{V}^{9.4}\left(\frac{L}{gh_L}\right)^{5.2}\right]^{0.04}$$

$$= 0.66\left[0 + (1.655 \times 10^{-5}\ \text{m}^2/\text{s})(0.35\ \text{m}^3/\text{s})^{9.4}\left(\frac{150\ \text{m}}{(9.81\ \text{m/s}^2)(20\ \text{m})}\right)^{5.2}\right]^{0.04}$$

$$= \mathbf{0.271\ m}$$

討論：注意這兩個結果的差異小於 2%。因此，簡單的史萬迷-簡關係可以比較放心的被使用。最後，第一個作法 (疊代) 需要 D 的一個起始猜測值。如果我們用史萬迷-簡的結果當作我們的起始猜測值，直徑將很快收斂至 $D = 0.267\ \text{m}$。

例題 8-5　決定空氣在流道中的流率

重新考慮例題 8-4。現在將流道長度加倍但維持其直徑為常數。如果總水頭損失要維持為常數，試決定經過此流道的流率下降多少？

解答：已知一個空氣流道的直徑和水頭損失。要決定流率下降多少。

分析：這是第二型的問題，因為它是在已知管直徑和水頭損失下要決定流率。求解會包含疊代過程，因為流率 (從而使流速) 是未知的。

平均速度、雷諾數、摩擦因子及水頭損失的關係式被表示為 (D 用 m，V 用 m/s，而 Re 和 f 是無因次的)

$$V = \frac{\dot{V}}{A_c} = \frac{\dot{V}}{\pi D^2/4} \quad \rightarrow \quad V = \frac{\dot{V}}{\pi (0.267\ \text{m})^2/4}$$

$$\text{Re} = \frac{VD}{\nu} \quad \rightarrow \quad \text{Re} = \frac{V(0.267\ \text{m})}{1.655 \times 10^{-5}\ \text{m}^2/\text{s}}$$

$$\frac{1}{\sqrt{f}} = -2.0\log\left(\frac{\varepsilon/D}{3.7} + \frac{2.51}{\text{Re}\sqrt{f}}\right) \quad \rightarrow \quad \frac{1}{\sqrt{f}} = -2.0\log\left(\frac{2.51}{\text{Re}\sqrt{f}}\right)$$

$$h_L = f\frac{L}{D}\frac{V^2}{2g} \quad \rightarrow \quad 20\ \text{m} = f\frac{300\ \text{m}}{0.267\ \text{m}}\frac{V^2}{2(9.81\ \text{m/s}^2)}$$

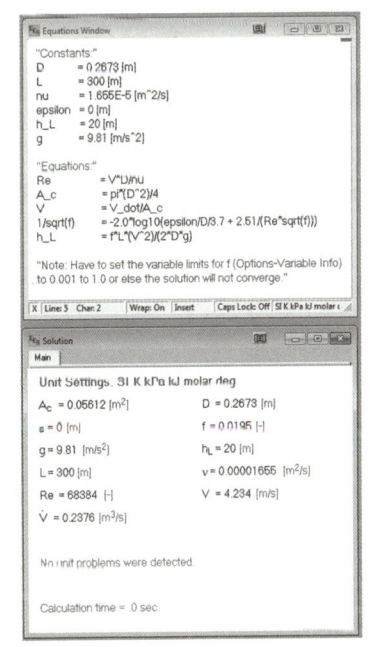

圖 8-34　例題 8-5 的 EES 的解答。

這是四個方程式解四個未知數的問題，用像 EES 一樣的求解器 (圖 8-34) 求解，得出

$$\dot{V} = 0.24\ \text{m}^3/\text{s}, \quad f = 0.0195, \quad V = 4.23\ \text{m/s} \quad \text{與} \quad \text{Re} = 68{,}300$$

因此流率的下降為

$$\dot{V}_{\text{drop}} = \dot{V}_{\text{old}} - \dot{V}_{\text{new}} = 0.35 - 0.24 = \mathbf{0.11\ m^3/s} \qquad (\text{下降了 31\%})$$

因此，對一個指定的水頭損失 (或可用的水頭，或風扇泵功率)，當流道長度加倍以後，流率下降了 31%，從 0.35 m³/s 下降至 0.24 m³/s。

另解：如果沒有電腦可用 (就像在考試時一樣)，另一個作法就是建立一個人工疊代迴圈。我們發現收斂最好的方法是先猜摩擦因子 f，再求解速度 V。V 作為 f 的函數的方程式是

流過管子的平均速度：
$$V = \sqrt{\frac{2gh_L}{fL/D}}$$

一旦算出 V，就能算出雷諾數，再用穆迪圖或科爾布魯克方程式即可得到修正的摩擦因子。我們用這個修正的 f 值重作計算，直到收斂為止。我們先猜 $f = 0.04$ 來作說明：

疊代	f(猜測)	V, m/s	Re	修正的 f
1	0.04	2.955	4.724×10^4	0.0212
2	0.0212	4.059	6.489×10^4	0.01973
3	0.01973	4.207	6.727×10^4	0.01957
4	0.01957	4.224	6.754×10^4	0.01956
5	0.01956	4.225	6.756×10^4	0.01956

注意只用三次疊代就收斂至三個數字，用四次疊代就收斂至四個數字。最後的結果與使用 EES 得到的一樣，但不需要電腦。

討論：新的流率也可以直接使用史萬迷-簡的第二個計算式來求得

$$\dot{V} = -0.965 \left(\frac{gD^5 h_L}{L}\right)^{0.5} \ln\left[\frac{\varepsilon}{3.7D} + \left(\frac{3.17\nu^2 L}{gD^3 h_L}\right)^{0.5}\right]$$

$$= -0.965 \left(\frac{(9.81 \text{ m/s}^2)(0.267 \text{ m})^5 (20 \text{ m})}{300 \text{ m}}\right)^{0.5}$$

$$\times \ln\left[0 + \left(\frac{3.17(1.655 \times 10^{-5} \text{ m}^2/\text{s})^2 (300 \text{ m})}{(9.81 \text{ m/s}^2)(0.267 \text{ m})^3 (20 \text{ m})}\right)^{0.5}\right]$$

$$= 0.24 \text{ m}^3/\text{s}$$

注意從史萬迷-簡計算式得到的結果與使用 EES (用到科爾布魯克方程式) 或使用人工疊代技術所得的結果是相同的 (至兩個有效數字)。因此，簡單的史萬迷-簡關係式可以被很有信心的使用。

8-6 次要損失

在一個典型的管路系統中，流體除了流過管路的直管段以外，還會流過各種配件、閥、彎管、肘管、T 形管、入口、出口、擴管與縮管。這些配件干擾了流體的平順流動，並且造成額外的損失，因為它們會造成流體的分離與混合之故。在一個管子很長的典型系統中，這些損失比起直管段中的水頭損失 [**主要損失** (major losses)] 是較為次要的，因此稱為**次要損失** (minor losses)。雖然一般說來這是真

的，但在某些情況下，次要損失可能大於主要損失。例如一個系統若在一段很短的距離中有許多彎管和閥就是這種情形。一個幾乎完全打開的閥所導入的水頭損失可能是可以忽略的。但是一個部分打開的閥在系統中有可能造成最大的水頭損失，這可以由流率的下降得到證明。流經過閥與配件的流動是非常複雜的，理論分析通常是不可能的。因此次要損失都是實驗決定的，通常由零件的製造商來做。

次要損失通常是用損失係數 (loss coefficient) K_L 或阻力係數 (resistance coefficient) 來表示的，定義為 (圖 8-35)

損失係數：
$$K_L = \frac{h_L}{V^2/(2g)} \tag{8-55}$$

其中 h_L 是在管路系統中由於插入零件所造成額外的不可逆水頭損失，並且定義為 $h_L = \Delta P_L/\rho g$。例如，想像用一段從位置 1 到位置 2 的直管來替換圖 8-35 中的閥，ΔP_L 定義為從 1 到 2 有閥的情形下的壓力降，$(P_1 - P_2)_{\text{valve}}$，減掉從 1 到 2 是想像的直管而沒有閥的情形下的壓力降，$(P_1 - P_2)_{\text{pipe}}$，條件是在相同的流率下。雖然不可逆的水頭損失主要是發生在閥的附近，但是其一小部分會發生在閥的下游，原因是閥會造成旋轉的紊流渦旋並被帶向下游。這些渦旋會"浪費"機械能，因為它們最終會以熱的形式耗散，而在管的下游處流動最後會回復至完全發展的情況。當量測某些次要損失零件的次要損失時，例如肘管，位置 2 必須在足夠下游的位置 (管徑的 10 倍以上)，為的是要完全考慮這些消散渦旋所造成的額外的不可逆損失。

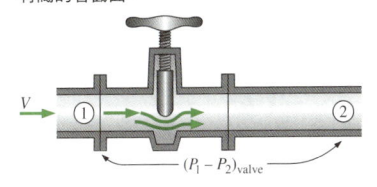

當這些零件下游的管直徑改變時，決定次要損失就變得更複雜。然而在所有的情況中，它都是基於機械能的額外的不可逆損失，這個損失在次要損失零件不在那裡時是不存在的。為簡單起見，你可以把次要損失想像成只發生在次要損失零件的局部附近，但必須記住零件對流動的影響往下游延伸了好幾個直徑之遠。順便一提，這也是多數流量計的製造商建議要將他們的流量計裝設在任何肘管或閥的下游至少 10 至 20 倍直徑遠的下游的原因 —— 這會讓肘管或閥所造成的旋轉紊流渦旋大部分都消失了，並且使流體在進入流量計之前已經變成完全發展流了。(多數流量的校正都是在流量計入口為完全發展流的條件下做的，因此在實際應用時，若入口也是在相同的條件時就能給出最佳的正確性。)

當入口直徑等於出口直徑時，一個零件的損失係數可以量測跨過零件的壓力損失，並將其除以動壓來決定之，$K_L = \Delta P_L/(\frac{1}{2}\rho V^2)$。當一個零件的損失係數可用時，那個零件的水頭損失，就可以如下決定：

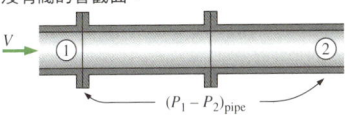

圖 8-35 一根管子的等直徑的管段帶有一個次要損失零件時，零件的損失係數 (例如圖中所示的閘閥) 的決定是量測其所造成的額外的水頭損失，並且將其除以在管內的動壓而得到。

次要損失：
$$h_L = K_L \frac{V^2}{2g} \tag{8-56}$$

一般而言，損失係數相依於零件的幾何與雷諾數，就如同摩擦因子。然而，一般會假設其獨立於雷諾數。這是一個合理的近似，因為多數實際的流動都有很大的雷諾數，而在大雷諾數時，損失係數 (包括摩擦因子) 傾向於獨立於雷諾數。

次要損失有時也用等效長度 (equivalent length) L_{equiv} 來表示，定義為 (圖 8-36)

等效長度：
$$h_L = K_L \frac{V^2}{2g} = f \frac{L_{equiv}}{D} \frac{V^2}{2g} \rightarrow L_{equiv} = \frac{D}{f} K_L \tag{8-57}$$

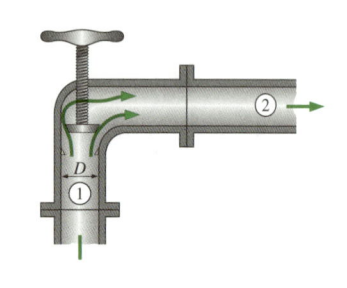

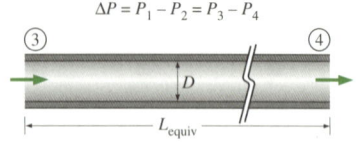

圖 8-36 一個零件所造成的水頭損失 (就如圖中所示的角閥) 與一個長度等於等效長度的管段所造成的水頭損失是等效的。

其中 f 是摩擦因子，而 D 是包含此次要零件的管的直徑。由零件所造成的水頭損失與由於一個長度為 L_{equiv} 的管段所造成的水頭損失是等效的。因此，一個次要零件對水頭損失的貢獻就用在原來管長之上再加上 L_{equiv} 的長度來予以考量。

兩種作法在實務上都會用到，但是使用損失係數比較常見。因此本書中也採用此種作法。一旦所有的損失係數都有了，管路系統的總水頭損失就可決定如下：

總水頭損失 (一般式)：
$$h_{L,\,total} = h_{L,\,major} + h_{L,\,minor}$$
$$= \sum_i f_i \frac{L_i}{D_i} \frac{V_i^2}{2g} + \sum_j K_{L,j} \frac{V_j^2}{2g} \tag{8-58}$$

其中 i 代表每一個等直徑的管段，而 j 代表每一個會造成次要損失的零件。如果整個被分析的管路系統只有一個常數直徑，式 (8-58) 就化簡為

總水頭損失 ($D =$ 常數)：
$$h_{L,\,total} = \left(f \frac{L}{D} + \sum K_L \right) \frac{V^2}{2g} \tag{8-59}$$

其中 V 是經過整個系統的平均流速 (注意 $V =$ 常數，因為 $D =$ 常數)。

入口、出口、彎管、急劇的與漸近的面積改變及閥等的代表性的損失係數 K_L 在表 8-4 中被列出來。這些值具有可觀的不準度，因為損失係數一般隨管直徑、表面粗糙度、雷諾數及設計的細節而改變。兩個不同的製造商所提供的幾乎相同的兩個閥的損失係數可能有 2 倍或以上的差異。因此在管路系統的最後的設計階段，應該參考特定製造商的數據，而不是依賴手冊上的數值。

管入口的水頭損失是幾何形狀的強烈函數。對非常圓滑的入口其值幾乎是可

忽略的 ($K_L = 0.03$ 對 $r/D > 0.2$)，但對有尖銳邊緣的入口則會增加到約 0.50 (圖 8-37)。亦即，銳緣入口會造成速度頭的一半損失。這是因為流體不能夠輕易的作 90° 轉彎，特別是高速時。結果，流體在角落處分離了，而流場被收縮使得在管中形成**縮流頸** (vena contracta) 的區域 (圖 8-38)。因此一個銳緣入口有像流體收縮的作用。流體因為有效流動面積的減少，而使得縮流頸區域的速度加快。然後當流體充滿管的整個截面積時，速度又減小了。如果壓力遵循伯努利方程式一般的增加，損失就會是可忽略的 (速度頭轉換成壓力頭)。然而減速過程通常不是很理想，使得黏滯耗造成強烈的混合，而紊流渦旋將部分動能變成摩擦生熱，這可從流體溫度的輕微上升得到證明。最後的結果是速度減小了，卻沒有得到對應的壓力回升，入口損失就是這種不可逆壓力降的一個量度。

即使只是輕微的導圓入口銳緣，也能造成 K_L 的顯著降低，如圖 8-39 所示。當管凸出進入貯水槽時，損失係數急劇上升 (至約 $K_L = 0.8$)，因為此情形中某些在邊緣的流體必須作 180° 轉向，才能進入管中。

一個沉埋管出口的損失係數，在手冊中列出的值通常是 $K_L = 1$。然而，更精確的說，在管的出口，K_L 等於動能修正因子 α。雖然對完全發展的管中紊流，α 值的確接近 1，但對完全發展的管中層流，其值為 2。為了避免在分析管中層流的可能的錯誤，在一個沉浸管的出口，最好總是令 $K_L = \alpha$。在任何這樣的出口，不管是層流或紊流，離開管的流體與貯水槽中的流體混合，並在黏度的不可逆作用下失去其動能，至最後靜止下來。這個過程不管出口的形狀是什麼，都是真的 (表 8-4 及圖 8-40)。因此對管出口的銳緣導圓並沒有好處。

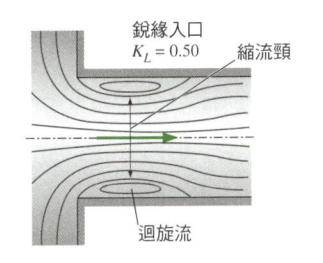

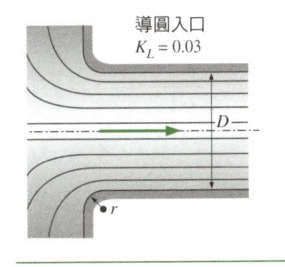

圖 8-37 一個管的入口的水頭損失對一個非常圓滑的入口幾乎是可忽略的 (對 $r/D > 0.2$，$K_L = 0.03$)，但是對銳緣入口會增加至大約 0.5。

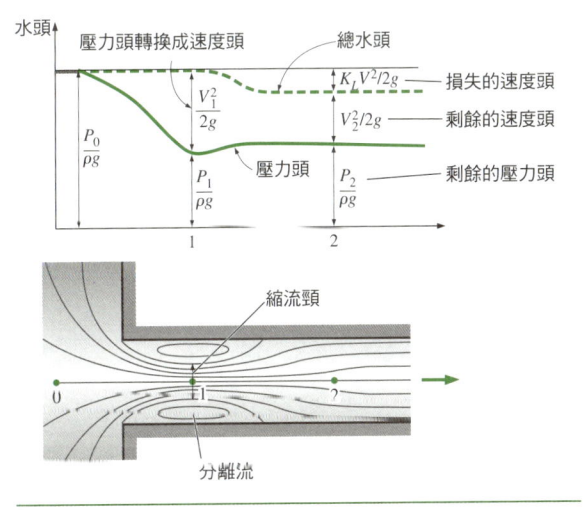

圖 8-38 在銳緣管入口的流動收縮與相關的水頭損失的代表圖形。

表 8-4 各種管零件在紊流中的損失係數 [使用在關係式 $h_L = K_L V^2/(2g)$，其中 V 是包含此管零件的管中的平均速度]*

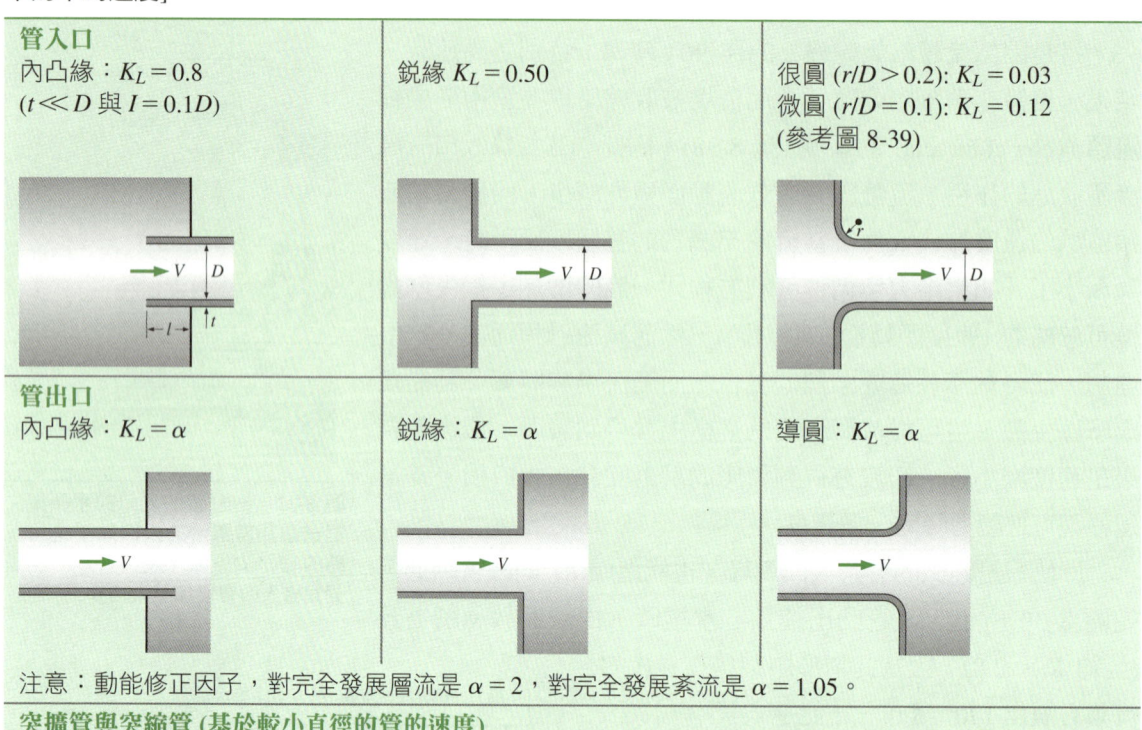

管入口

內凸緣：$K_L = 0.8$
($t \ll D$ 與 $I = 0.1D$)

銳緣 $K_L = 0.50$

很圓 ($r/D > 0.2$)：$K_L = 0.03$
微圓 ($r/D = 0.1$)：$K_L = 0.12$
(參考圖 8-39)

管出口

內凸緣：$K_L = \alpha$

銳緣：$K_L = \alpha$

導圓：$K_L = \alpha$

注意：動能修正因子，對完全發展層流是 $\alpha = 2$，對完全發展紊流是 $\alpha = 1.05$。

突擴管與突縮管 (基於較小直徑的管的速度)

突擴管：$K_L = \alpha \left(1 - \dfrac{d^2}{D^2}\right)^2$

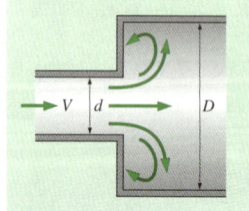

突縮管：見圖。

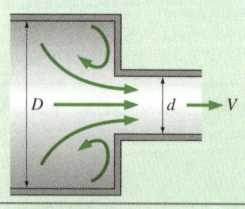

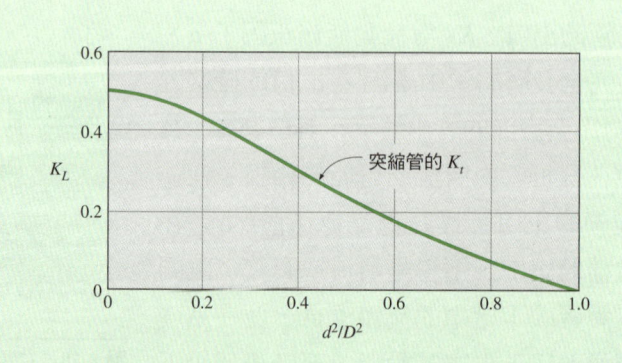

漸擴管與漸縮管 (基於較小直徑的管的速度)

漸擴 ($\theta = 20°$)：
$K_L = 0.30$，$d/D = 0.2$
$K_L = 0.25$，$d/D = 0.4$
$K_L = 0.15$，$d/D = 0.6$
$K_L = 0.10$，$d/D = 0.8$

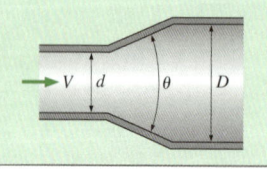

漸縮：
$K_L = 0.02$，$\theta = 30°$
$K_L = 0.04$，$\theta = 45°$
$K_L = 0.07$，$\theta = 60°$

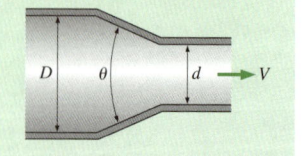

表 8-4 （續前）

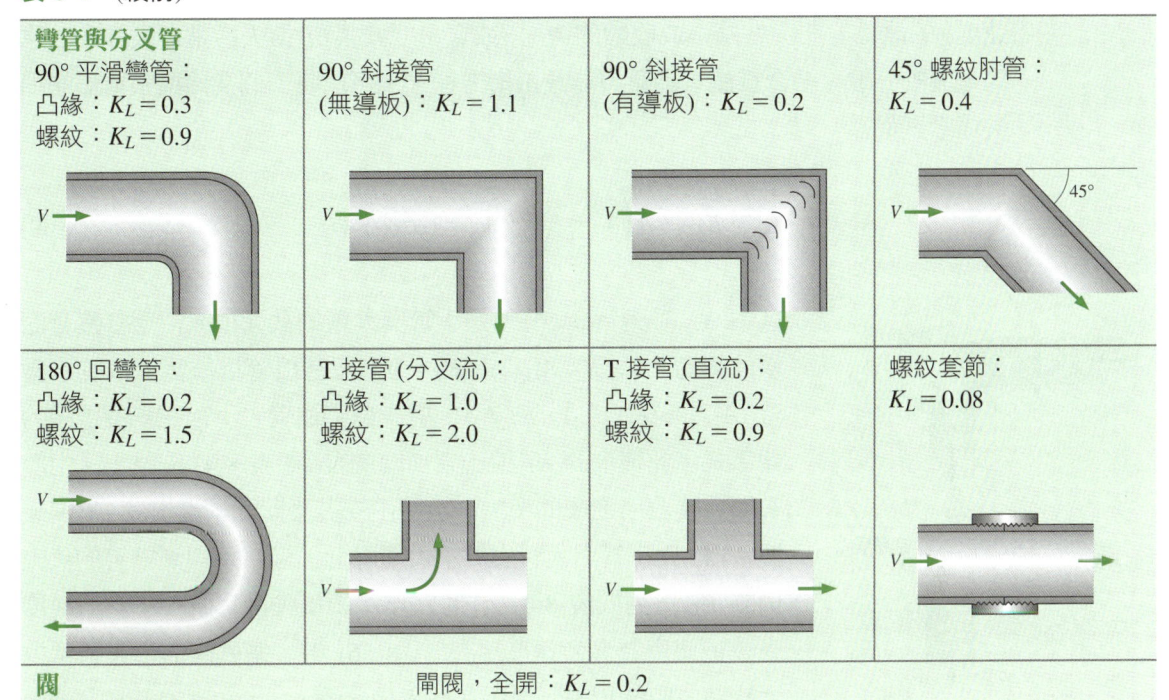

彎管與分叉管			
90° 平滑彎管： 凸緣：$K_L = 0.3$ 螺紋：$K_L = 0.9$	90° 斜接管 (無導板)：$K_L = 1.1$	90° 斜接管 (有導板)：$K_L = 0.2$	45° 螺紋肘管： $K_L = 0.4$
180° 回彎管： 凸緣：$K_L = 0.2$ 螺紋：$K_L = 1.5$	T 接管 (分叉流)： 凸緣：$K_L = 1.0$ 螺紋：$K_L = 2.0$	T 接管 (直流)： 凸緣：$K_L = 0.2$ 螺紋：$K_L = 0.9$	螺紋套節： $K_L = 0.08$

閥

球閥，全開：$K_L = 10$ 　　　　　　閘閥，全開：$K_L = 0.2$
角閥，全開：$K_L = 5$ 　　　　　　$\frac{1}{4}$ 閥：$K_L = 0.3$
球形閥，全開：$K_L = 0.05$ 　　　 $\frac{1}{2}$ 閥：$K_L = 2.1$
擺動止回閥：$K_L = 2$ 　　　　　　$\frac{3}{4}$ 閥：$K_L = 17$

* 這些是損失係數的代表值。實際值強烈相依零件的設計與製造，並且與這些給定值可能差異很大 (特別是閥)。在最後的設計中應該使用製造商的實際值。

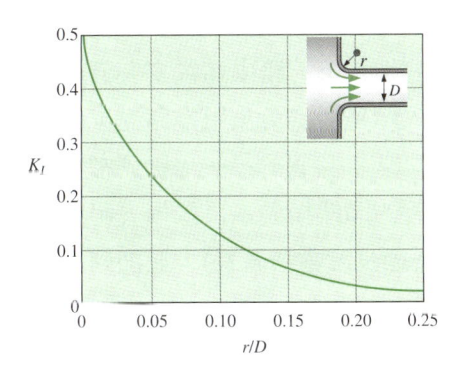

圖 8-39 在管的入口導圓對損失係數的影響。

Data from ASHRAE Handbook of Fundamentals.

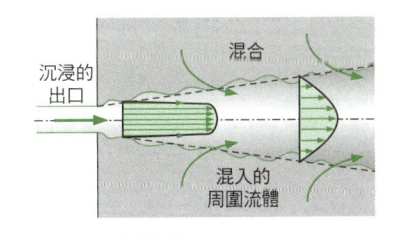

圖 8-40 在一個沉浸的出口，所有流動的動能在噴流減速並與周圍流體混合時都經由摩擦而"損失"了 (轉變成熱能)。

管路系統通常會包含突然或漸近的擴張或收縮段來適應流率或性質 (如密度和速度) 的改變。在突然擴張或收縮的情況 (或寬角度擴張)，損失通常會大許多，原因是流動分離。結合質量，動量與能量平衡方程式，可以將一個突然擴張情形的損失係數近似為

$$K_L = \alpha \left(1 - \frac{A_{\text{small}}}{A_{\text{large}}}\right)^2 \quad \text{(突擴)} \tag{8-60}$$

其中 A_{small} 與 A_{large} 分別是小管與大管的截面積。注意當沒有面積改變時 ($A_{\text{small}} = A_{\text{large}}$)，$K_L = 0$，而當根管排放至一個貯水槽時 ($A_{\text{large}} \gg A_{\text{small}}$)，$K_L = \alpha$。對一個突縮管，不存在一個這樣的關係式，此情況的 K_L 值必須從圖或表 (如表 8-4) 來讀出。由於突擴或突收所造成的損失，可藉由安裝錐狀面積漸變管 (噴嘴或擴張器) 於小管與大管之間來大幅降低。漸擴管與漸縮管的代表例的 K_L 值列於表 8-4。注意在作水頭損失計算時，小管的速度應該被使用為參考速度用在式 (8-56) 中。擴張時的損失通常遠大於縮收時的損失，原因在於流動分離。

管路系統也包含方向改變，而直徑不變，這種流動段稱為彎管或肘管。這些裝置的損失是由於流動分離 (就向一輛車轉彎太快而被甩離路面一樣) 發生在內側而造成旋轉的二次流。轉彎所造成的損失可以被最小化，方法是使用圓弧 (如 90° 肘管) 代替急轉彎 (如斜接管) 來讓流體 "容易" 轉彎 (圖 8-41)。但是使用急轉彎 (從而承受損失係數上的懲罰) 在空間上受到限制的地方可能是必須的。在這些情況下，藉由適當安裝導板來幫助流動，並以一種有序的方式轉彎而避免被甩離路徑，就可最小化損失。一些肘管、斜接管與 T 接管的損失係數列在表 8-4 中。這些係數不包括沿著彎管的摩擦損失。這些損失可以像直管一樣被計算出來 (使用中心線長度當作管長)，並加到其它損失之上。

閥經常被使用在管路系統中來控制流率，方法是簡單的控制水頭損失直到達到希望的流率。對於閥，希望的是當其全開時可以有很小的損失係數，例如球形閥，使其在全負荷操作時所造成的水頭損失為最小 (圖 8-42b)。有幾種目前在使用的閥的設計，每一種都有其優缺點。閘閥像閘門一樣上下滑動，球閥 (圖 8-42a) 關閉置於閥中的一個洞，角閥是一個轉了 90° 的球形

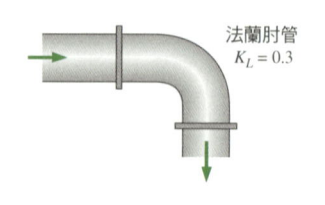

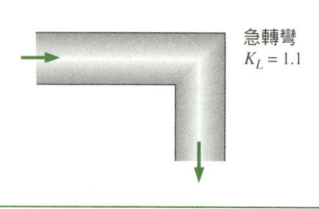

圖 8-41 轉彎所造成的損失可以藉由使用圓弧代替急轉的方法來使流體 "容易" 轉彎而被最小化。

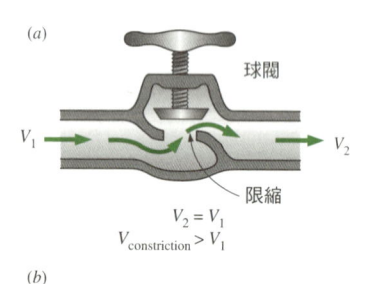

法蘭肘管 $K_L = 0.3$

急轉彎 $K_L = 1.1$

圖 8-42 (a) 一個部分關閉的球閥有很大的損失係數，原因是不可逆的減速、流動分離及從狹窄閥流道流出的高速流體所造成的混合作用。(b) 一個完全打開的球形閥，所造成的水頭損失相當小。
Photo by John M. Cimbala.

球閥

限縮
$V_2 = V_1$
$V_{\text{constriction}} > V_1$

閥,而止回閥允許流體只在一個方向流動就像在電路中的二極體。表 8-4 列出一些受歡迎設計的代表性損失係數。注意當閥關閉時,損失係數急速上升。同時不同製造商的閥的損失係數差異非常大,因為其幾何形狀是非常複雜的。

> **例題 8-6** 漸擴的水頭損失與壓力上升
>
> 一根 6 cm 直徑的水平水管逐漸擴張至一根 9 cm 直徑的水管 (圖 8-43)。擴張段的壁面與軸的角度是 $10°$。在擴張段之前水的平均速度與壓力分別是 7 m/s 與 150 kPa。試決定擴張段的水頭損失與較大直徑的管子中的壓力。
>
> **解答:**一根水平的水管漸擴至一根較大直徑的水管。要決定漸擴以後的水頭損失與壓力。
>
> **假設: 1.** 流動是穩定且不可壓縮的。**2.** 在位置 1 與 2 的流動是完全發展的紊流,$\alpha_1 = \alpha_2 \cong 1.06$。
>
> **性質:**我們取水的密度為 $\rho = 1000 \text{ kg/m}^3$。一個總擴張角度 $\theta = 20°$ 且直徑比 $d/D = 6/9$ 的漸擴管的損失係數是 $K_L = 0.133$ (使用表 8-4 作內插求得)。
>
> **分析:**注意水的密度是常數,水在下游的速度從質量守恆定理可以決定之
>
> $$\dot{m}_1 = \dot{m}_2 \rightarrow \rho V_1 A_1 = \rho V_2 A_2 \rightarrow V_2 = \frac{A_1}{A_2} V_1 = \frac{D_1^2}{D_2^2} V_1$$
>
> $$V_2 = \frac{(0.06 \text{ m})^2}{(0.09 \text{ m})^2} (7 \text{ m/s}) = 3.11 \text{ m/s}$$
>
> 擴張段的不可逆水頭損失變成
>
> $$h_L = K_L \frac{V_1^2}{2g} = (0.133) \frac{(7 \text{ m/s})^2}{2(9.81 \text{ m/s}^2)} = \mathbf{0.333 \text{ m}}$$
>
> 注意 $z_1 = z_2$,並且沒有泵或透平機,擴張段的能量方程式可以用水頭的形式表示為
>
> $$\frac{P_1}{\rho g} + \alpha_1 \frac{V_1^2}{2g} + \cancel{z_1} + \cancel{h_{pump,u}}^{0} = \frac{P_2}{\rho g} + \alpha_2 \frac{V_2^2}{2g} + \cancel{z_2} + \cancel{h_{turbine,e}}^{0} + h_L$$
>
> 或
>
> $$\frac{P_1}{\rho g} + \alpha_1 \frac{V_1^2}{2g} = \frac{P_2}{\rho g} + \alpha_2 \frac{V_2^2}{2g} + h_L$$
>
> 解出 P_2 並代入數值
>
> $$P_2 = P_1 + \rho \left\{ \frac{\alpha_1 V_1^2 - \alpha_2 V_2^2}{2} - g h_L \right\} = (150 \text{ kPa}) + (1000 \text{ kg/m}^3)$$
>
> $$\times \left\{ \frac{1.06(7 \text{ m/s})^2 - 1.06(3.11 \text{ m/s})^2}{2} - (9.81 \text{ m/s}^2)(0.333 \text{ m}) \right\}$$

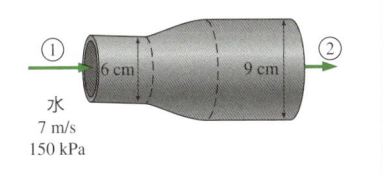

圖 8-43 例題 8-6 的示意圖。

$$\times \left(\frac{1 \text{ kN}}{1000 \text{ kg·m/s}^2}\right)\left(\frac{1 \text{ kPa}}{1 \text{ kN/m}^2}\right)$$

$$= 168 \text{ kPa}$$

因此，儘管有水頭 (及壓力) 損失，但擴張後的壓力從 150 增加到 168 kPa。這是因為平均速度在較大的管子中減速時，動壓轉換成靜壓之故。

討論： 眾所周知，上游需要有較大的壓力來造成流動，因此儘管會有損失，你可能會驚訝於壓力居然在擴張之後就上升了。這是因為流動是由三種水頭組成總水頭之和所驅動的 (即壓力頭、速度頭及高度頭)。在流動擴張時，上游較高的速度頭被轉換成下游的壓力頭，而此增加勝過不可回收的水頭損失。同時，你可能被誘使去使用伯努利方程式來解這個問題。這個解法忽略水頭損失 (及其有關的壓力損失)，而導致流體在下游得到較高的不正確壓力。

8-7 管網路與泵的選擇

管的串聯與並聯

實務上碰到的大多數管路系統，例如在城市或在商業及住宅建築的輸水系統中，都包含許多並聯和串聯的連接，也包含各種源 (輸送流體到系統) 和負載 (從系統排出流體) (圖 8-44)。一個管路專案可能牽涉到設計一個新系統或一個既有系統的擴張。這些專案的工程目標就是要設計一個管路系統用設定的壓力以最小的總成本 (初始成本加操作成本加維修成本) 來可靠的輸送指定的流率。一旦系統的佈置圖準備好了，要在維持經費的限制下，決定管直徑與整個系統的壓力，通常都需要對系統重複的求解直到取得最佳的解決方案。對這種系統的電腦模擬與分析使這項煩人的工作變成簡單的例行公事。

管路系統通常都包含許多管子彼此用串聯或並聯的方式連接，如圖 8-45 及圖 8-46 所示。用串聯連接時，整個系統的流率維持常數，不管系統中個別管子的直徑大小都一樣。這是質量守恆定理在一個穩定、不可壓縮流動系統中的自然結果。這種情形的總水頭損失包括次要損失，等於在系統中的每一個個別管子的水頭損失的加總。在擴張或收縮的連接處的損失被考慮為屬於較小直徑的管子，因為擴張和收縮的損失係數的定義是基於小直徑管子的平均速度來定義的。

一根管子先分叉成兩根 (或更多) 平行管子，然後在下游的一個會合點再會合，其總流率是每根管子流率的加總。並聯中

圖 8-44 在一個工業設備的管網路。
Courtesy UMDE Engineering, Contracting, and Trading. Used by permission.

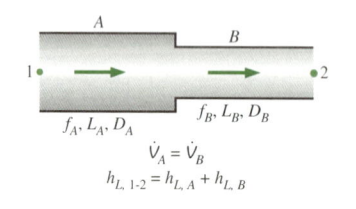

圖 8-45 在串聯的管子中，每一根管的流率是相同的，而總水頭損失是每一根管的水頭損失的加總。

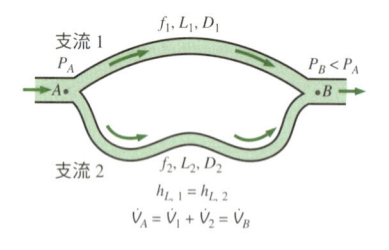

f_A, L_A, D_A　f_B, L_B, D_B
$\dot{V}_A = \dot{V}_B$
$h_{L, 1\text{-}2} = h_{L, A} + h_{L, B}$

圖 8-46 在並聯的管子中，每一根管的水頭損失是相同的，而總流率是每一根管的流率的加總。

支流 1　f_1, L_1, D_1
P_A　　　　　　$P_B < P_A$
支流 2　f_2, L_2, D_2
$h_{L,1} = h_{L,2}$
$\dot{V}_A = \dot{V}_1 + \dot{V}_2 = \dot{V}_B$

的每一根管子的壓力降 (或水頭損失) 必須相同，因為 $\Delta P = P_A - P_B$，每一根管子在連接點的壓力 P_A 與 P_B 都是相同的。一個在連接點 A 與 B 之間有兩根並聯管子 1 與 2 的系統，若次要損失可以忽略，可以表示成

$$h_{L,1} = h_{L,2} \quad \rightarrow \quad f_1 \frac{L_1}{D_1} \frac{V_1^2}{2g} = f_2 \frac{L_2}{D_2} \frac{V_2^2}{2g}$$

這兩根平行管之間的平均速度比及流率比變成

$$\frac{V_1}{V_2} = \left(\frac{f_2}{f_1} \frac{L_2}{L_1} \frac{D_1}{D_2} \right)^{1/2} \quad 與 \quad \frac{\dot{V}_1}{\dot{V}_2} = \frac{A_{c,1} V_1}{A_{c,2} V_2} = \frac{D_1^2}{D_2^2} \left(\frac{f_2}{f_1} \frac{L_2}{L_1} \frac{D_1}{D_2} \right)^{1/2}$$

因此，平行管的相對流率是建立在要求每根管子的水頭損失都相同之上。這個結果可以被延伸至有任意數目的管子被並聯的情況。結果對次要損失顯著的管子也是成立的，只要將零件的次要損失的等效長度加到管長上就可以了。注意並聯的每一個分叉管上的流率正比於其直徑的 5/2 次方，但卻是反比於其長度及摩擦因子的平方根。

管網路的分析，不管它們是如何複雜，都基於兩個主要定律：

1. 質量守恆在整個系統中都必須被滿足。也就是要求流進一個連接點的總量要等於從連接點流出的總流量，對系統中所有的連接點都是。同時，以串聯連接的管子流率都必須相同，不管其直徑如何改變。
2. 兩個連接點之間的壓力降 (或水頭損失)，對在此兩連接點之間的所有路徑都必須相同。這是因為壓力是一個點函數，在一個指定點不可能有兩個值。在實際中，這個定律的使用是要求在一個迴路中 (對所有迴路都是)，其水頭損失的代數和為零。(順時針方向流動的水頭損失取正值，而逆時針方向流動的水頭損失取負值。)

因此管網路的分析與電網路的分析 (科西定律) 非常相似，流率對應電流，而壓力對應電位勢。然而，此處的情況更為複雜，不同於電阻，"流阻" 是高度非線性的函數，因此管網路的分析需要解非線性聯立方程式，這就需要用到像 EES、Mathcad、Matlab 等專門設計來提供給這種應用的商業軟體。

有泵與透平機的管路系統

當一個管路系統包含泵及透平機時，以每單位質量為基礎的穩定流方程式被表示為 (參考 5-6 節)

$$\frac{P_1}{\rho} + \alpha_1 \frac{V_1^2}{2} + gz_1 + w_{\text{pump, }u} = \frac{P_2}{\rho} + \alpha_2 \frac{V_2^2}{2} + gz_2 + w_{\text{turbine, }e} + gh_L \qquad (8\text{-}61)$$

或是以水頭來表示為

$$\frac{P_1}{\rho g} + \alpha_1 \frac{V_1^2}{2g} + z_1 + h_{\text{pump, }u} = \frac{P_2}{\rho g} + \alpha_2 \frac{V_2^2}{2g} + z_2 + h_{\text{turbine, }e} + h_L \qquad (8\text{-}62)$$

其中 $h_{\text{pump, }u} = w_{\text{pump, }u}/g$ 是傳輸給流體的有用的泵水頭，$h_{\text{turbine, }e} = w_{\text{turbine, }e}/g$ 是從流體抽取的透平機水頭，α 是動能修正因子，其值對實務上所遇到的大多數 (紊流) 流動約為 1.05，而 h_L 是管路 1、2 點之間的總水頭損失 (包括次要損失，如果其作用明顯)。如果管路系統中沒有泵或風扇，則泵水頭為零；如果系統中沒有透平機，則透平機水頭為零，而若系統中沒有任何製造機械功或消耗機械功的裝置，則兩者皆為零。

許多實際的管路系統都有一個泵來將流體從一個貯水槽移到另一個。在貯水槽的自由表面上，取點 1 與 2 (圖 8-47)，對能量方程式解答可得到需要的有用的泵水頭，

$$h_{\text{pump, }u} = (z_2 - z_1) + h_L \qquad (8\text{-}63)$$

因為對於大型貯水槽其自由表面上的速度是可忽略的並且其壓力是大氣壓力。因此，有用的泵水頭等於兩個貯水槽之間的高度差加上水頭損失。如果水頭損失與 $z_2 - z_1$ 比較可以忽略，有用的泵水頭等於兩個貯水槽之間的高度差。在 $z_1 > z_2$ 的情形 (第一個貯水槽的高度高於第二個)，且沒有泵，流動是由重力驅動的，其流率造成的損失等於高度差。對一個水力發電廠的透平機水頭也可給予相同的討論，只是把式 (8-63) 中的 $h_{\text{pump, }u}$ 替換成 $-h_{\text{turbine, }e}$。

一旦知道了有用的泵水頭，必須由泵傳輸給流體的機械功率與泵的馬達所消耗的電功率在某一個指定流率下可以被決定如下：

$$\dot{W}_{\text{pump, shaft}} = \frac{\rho \dot{V} g h_{\text{pump, }u}}{\eta_{\text{pump}}} \quad \text{與} \quad \dot{W}_{\text{elect}} = \frac{\rho \dot{V} g h_{\text{pump, }u}}{\eta_{\text{pump-motor}}} \qquad (8\text{-}64)$$

其中 $\eta_{\text{pump-motor}}$ 是泵－馬達組合的效率，其為泵及馬達效率的乘積 (圖 8-48)。泵－馬達組合的效率定義為泵傳給流體的淨機械

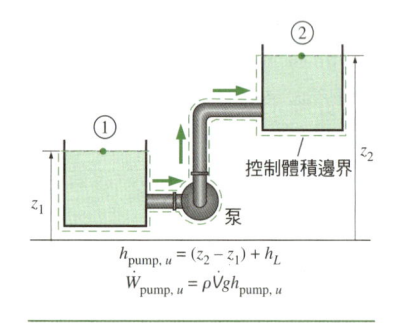

圖 8-47 當泵將流體從一個貯水槽移到另一個時，需要的有用的泵水頭等於兩個貯水槽的高度差加上水頭損失。

$h_{\text{pump, }u} = (z_2 - z_1) + h_L$
$\dot{W}_{\text{pump, }u} = \rho \dot{V} g h_{\text{pump, }u}$

$\eta_{\text{pump-motor}} = \eta_{\text{pump}} \eta_{\text{motor}}$
$= 0.70 \times 0.90 = 0.63$

圖 8-48 泵－馬達組合的效率是泵與馬達效率的乘積。

Photo by Yunus Çengel.

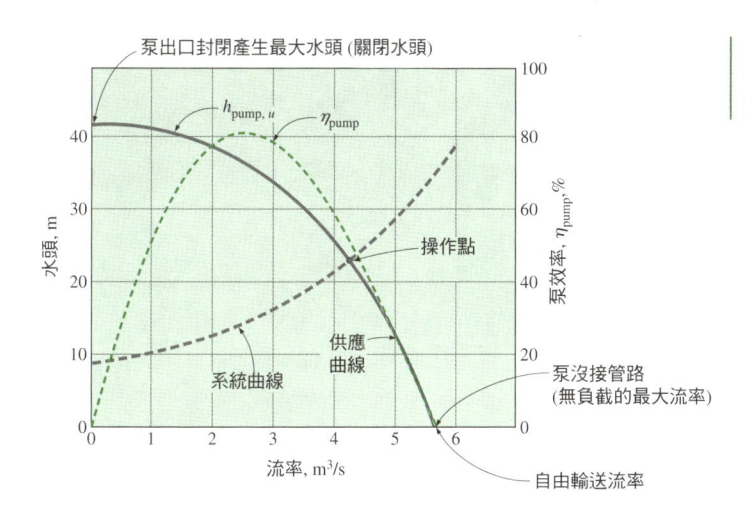

圖 8-49 離心泵的特性曲線、管路系統的系統曲線與操作點。

能相對於泵的馬達所消耗的電能的比值，其大小一般介於 50% 至 85% 之間。

管路系統的水頭損失隨流率而增加 (通常是二次方)。需要的有用的泵水頭 $h_{\text{pump},u}$ 與流率的函數關係的圖形稱為系統曲線 (system curve) 或需求曲線 (demand curve)。一個泵所產生的水頭也不是一個常數。泵水頭與泵效率兩者都隨流率而變，泵製造商用表或圖的形式提供這一類的變化關係，如圖 8-49 所示。這些實驗決定的 $h_{\text{pump},u}$ 與 $\eta_{\text{pump},u}$ 相對 $\dot{V}$ 的曲線稱為特性曲線 (characteristic curve) 或供給曲線 (supply curve) 或性能曲線 (performance curve)。注意當需要的水頭減小時，泵的流率增加了。泵水頭曲線與垂直軸的交點一般代表泵所能提供的最大的水頭 [稱為關閉水頭 (shutoff head)]，而其與水平軸的交點則指示泵所能提供的最大流率 [稱為自由輸送流率 (tree delivery)]。

泵的效率在某個水頭與流率的組合時為最大值。因此，一個可以提供需要的水頭與流率的泵不見得對那個管路系統是最好的選擇，除非泵的效率在那些條件下足夠高。安裝在一個管路系統中的泵會在系統曲線與特性曲線相交點操作。這個相交點稱為操作點 (operating point)，如圖 8-49 所示。泵所提供的有用水頭在此點匹配系統在那個流率下所需要的水頭。同時，操作中的泵效率是對應那個流率下的值。

例題 8-7　泵送水流經過兩根並聯管

溫度 20°C 的水從一個貯水槽 ($z_A = 5$ m) 經過兩根 36 m 長的並聯管子被泵送到另一個位置較高 ($z_B = 13$ m) 的貯水槽，如圖 8-50 所示。管子由商用鋼製成，其直徑分別是 4 cm 及 8 cm。水由一個效率 70% 的馬達 —— 泵組合泵送，操作時消耗的電功率是 8 kW。次要損失及連接並聯管到兩個貯水槽的連接管的水頭損失可以忽略。試決定兩個貯水槽之間的總流率，及通過並聯管的每一根的流率。

圖 8-50 例題 8-7 中討論的管路系統。

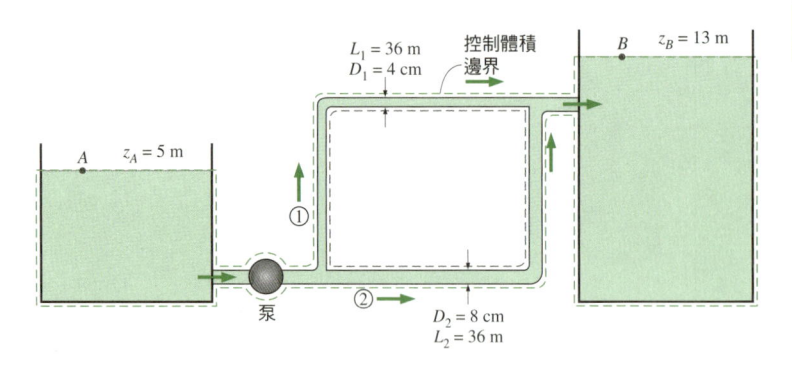

解答：已知一個有兩根並聯管子的管路系統的輸入泵功率。要決定流率。

假設：**1.** 流動是穩定的 (因為貯水槽很大) 且不可壓縮的。**2.** 入口效應可以忽略，因此流動是完全發展的。**3.** 貯水槽的高度維持為常數。**4.** 次要損失與除了並聯管以外的管水頭損失是可以忽略的。**5.** 兩根管中的流動都是紊流 (需要被證明)。

性質：水在 20°C 的密度與動力黏度為 $\rho = 998$ kg/m³ 及 $\mu = 1.002 \times 10^{-3}$ kg/m·s。商用鋼管的粗糙度是 $\epsilon = 0.000045$ m (表 8-2)。

分析：此問題不能直接求解，因為在管中的速度 (或流率) 是未知數。此處我們通常會使用試誤法。然而，像 EES 之類的方程式求解器如今已經是垂手可得。因此，我們將建立方程式組，再用方程式求解器來求解。由泵所提供給流體的有用水頭可以被決定如下：

$$\dot{W}_{\text{elect}} = \frac{\rho \dot{V} g h_{\text{pump},u}}{\eta_{\text{pump-motor}}} \quad \rightarrow \quad 8000 \text{ W} = \frac{(998 \text{ kg/m}^3)\dot{V}(9.81 \text{ m/s}^2)h_{\text{pump},u}}{0.70} \tag{1}$$

我們選擇在兩個貯水槽的自由表面之上的點 A 與 B。注意：因為貯水槽很大，所以此兩點上的流體都對大氣開放 (因此 $P_A = P_B = P_{\text{atm}}$)，並且兩點上的流體速度幾乎為零 ($V_A \approx V_B \approx 0$)，這兩點之間的能量方程式可以簡化如下

$$\cancel{\frac{P_A}{\rho g}} + \alpha_A \cancel{\frac{V_A^2}{2g}}^0 + z_A + h_{\text{pump},u} = \cancel{\frac{P_B}{\rho g}} + \alpha_B \cancel{\frac{V_B^2}{2g}}^0 + z_B + h_L$$

或

$$h_{\text{pump},u} = (z_B - z_A) + h_L$$

或

$$h_{\text{pump},u} = (13 \text{ m} - 5 \text{ m}) + h_L \tag{2}$$

其中

$$h_L = h_{L,1} = h_{L,2} \tag{3)(4)}$$

我們指定 4 cm 直徑的管子為 1，而 8 cm 直徑的管子為 2。每一根管的平均速度、雷諾數、摩擦因子及水頭損失的方程式為

$$V_1 = \frac{\dot{V}_1}{A_{c,1}} = \frac{\dot{V}_1}{\pi D_1^2/4} \quad \rightarrow \quad V_1 = \frac{\dot{V}_1}{\pi(0.04 \text{ m})^2/4} \tag{5}$$

$$V_2 = \frac{\dot{V}_2}{A_{c,2}} = \frac{\dot{V}_2}{\pi D_2^2/4} \quad \rightarrow \quad V_2 = \frac{\dot{V}_2}{\pi(0.08 \text{ m})^2/4} \tag{6}$$

$$\text{Re}_1 = \frac{\rho V_1 D_1}{\mu} \quad \rightarrow \quad \text{Re}_1 = \frac{(998 \text{ kg/m}^3)V_1(0.04 \text{ m})}{1.002 \times 10^{-3} \text{ kg/m·s}} \tag{7}$$

$$\text{Re}_2 = \frac{\rho V_2 D_2}{\mu} \quad \rightarrow \quad \text{Re}_2 = \frac{(998 \text{ kg/m}^3)V_2(0.08 \text{ m})}{1.002 \times 10^{-3} \text{ kg/m·s}} \tag{8}$$

$$\frac{1}{\sqrt{f_1}} = -2.0 \log\left(\frac{\varepsilon/D_1}{3.7} + \frac{2.51}{\text{Re}_1\sqrt{f_1}}\right)$$

$$\rightarrow \quad \frac{1}{\sqrt{f_1}} = -2.0 \log\left(\frac{0.000045}{3.7 \times 0.04} + \frac{2.51}{\text{Re}_1\sqrt{f_1}}\right) \tag{9}$$

$$\frac{1}{\sqrt{f_2}} = -2.0 \log\left(\frac{\varepsilon/D_2}{3.7} + \frac{2.51}{\text{Re}_2\sqrt{f_2}}\right)$$

$$\rightarrow \quad \frac{1}{\sqrt{f_2}} = -2.0 \log\left(\frac{0.000045}{3.7 \times 0.08} + \frac{2.51}{\text{Re}_2\sqrt{f_2}}\right) \tag{10}$$

$$h_{L,1} = f_1 \frac{L_1}{D_1} \frac{V_1^2}{2g} \quad \rightarrow \quad h_{L,1} = f_1 \frac{36 \text{ m}}{0.04 \text{ m}} \frac{V_1^2}{2(9.81 \text{ m/s}^2)} \tag{11}$$

$$h_{L,2} = f_2 \frac{L_2}{D_2} \frac{V_2^2}{2g} \quad \rightarrow \quad h_{L,2} = f_2 \frac{36 \text{ m}}{0.08 \text{ m}} \frac{V_2^2}{2(9.81 \text{ m/s}^2)} \tag{12}$$

$$\dot{V} = \dot{V}_1 + \dot{V}_2 \tag{13}$$

這是一個 13 個方程式組，有 13 個未知數，使用 EES 求它們的聯立解得到

$\dot{V} = \mathbf{0.0300} \text{ m}^3\text{/s}, \quad \dot{V}_1 = \mathbf{0.00415} \text{ m}^3\text{/s}, \quad \dot{V}_2 = \mathbf{0.0259} \text{ m}^3\text{/s}$

$V_1 = 3.30 \text{ m/s}, \quad V_2 = 5.15 \text{ m/s}, \quad h_L = h_{L,1} = h_{L,2} = 11.1 \text{ m}, \quad h_{\text{pump}} = 19.1 \text{ m}$

$\text{Re}_1 = 131{,}600, \quad \text{Re}_2 = 410{,}000, \quad f_1 = 0.0221, \quad f_2 = 0.0182$

注意對兩根管子皆有 Re＞4000，因此紊流的假設是成立的。

討論：此兩根並聯管有相同的長度與粗糙度，但是第一根管的直徑是第二根管的直徑的一半。但只有 14% 的水流過第一根管。這證明流率與直徑強烈相依。同時，可以證明如果兩個貯水槽的液面等高時 (即 $z_A = z_B$)，流率會增加 20% 從 0.0300 到 0.0361 m³/s。取而代之的是，如果貯水槽如原先給定的，但卻可以忽略不可逆的水頭損失，則流率會變成 0.0715 m³/s (增加了 138%)。

例題 8-8 ▶ 管內由重力驅動的水流

溫度 10°C 的水從一個大貯水槽流經一個 5 cm 直徑的鑄鐵管路系統而流向一個較小的貯水槽，如圖 8-51 所示。試決定流率為 6 L/s 所需要的高度 z_1。

解答： 已知流過連接兩個貯水槽的管路系統的流率。要決定水源的高度。

假設： **1.** 流動是穩定、不可壓縮的。**2.** 貯水槽的高度維持為常數。**3.** 管線內沒有泵或透平機。

性質： 溫度 10°C 的水，其密度和動力黏度為 $\rho = 999.7 \text{ kg/m}^3$，$\mu = 1.307 \times 10^{-3} \text{ kg/m·s}$。鑄鐵管的粗糙度是 $\epsilon = 0.00026$ m (表 8-2)。

分析： 此管路系統包含 89 m 的管長、一個銳緣入口 ($K_L = 0.5$)、兩個標準法蘭肘管 ($K_L = 0.3$/每一個)、一個全開的閘閥 ($K_L = 0.2$) 及一個沉浸的出口 ($K_L = 1.06$)。我們令 1 與 2 代表兩個貯水槽的自由表面。注意此兩點的流體對大氣開放 ($P_1 = P_2 = P_{atm}$)，並且在此兩點的流體速度幾乎為零 ($V_1 \approx V_2 \approx 0$)。介於此兩點之間的控制體積的能量方程式簡化為

$$\cancel{\frac{P_1}{\rho g}} + \cancel{\alpha_1 \frac{V_1^2}{2g}}^0 + z_1 = \cancel{\frac{P_2}{\rho g}} + \cancel{\alpha_2 \frac{V_2^2}{2g}}^0 + z_2 + h_L \quad \rightarrow \quad z_1 = z_2 + h_L$$

其中

$$h_L = h_{L,\text{total}} = h_{L,\text{major}} + h_{L,\text{minor}} = \left(f\frac{L}{D} + \sum K_L\right)\frac{V^2}{2g}$$

因為管路系統的直徑是常數。管內的平均速度與雷諾數為

$$V = \frac{\dot{V}}{A_c} = \frac{\dot{V}}{\pi D^2/4} = \frac{0.006 \text{ m}^3/\text{s}}{\pi(0.05 \text{ m})^2/4} = 3.06 \text{ m/s}$$

$$\text{Re} = \frac{\rho V D}{\mu} = \frac{(999.7 \text{ kg/m}^3)(3.06 \text{ m/s})(0.05 \text{ m})}{1.307 \times 10^{-3} \text{ kg/m·s}} = 117,000$$

因為 Re > 4000，流動是紊流。注意 $\epsilon/D = 0.00026/0.05 = 0.0052$，摩擦因子是從科爾布魯克方程式 (或穆迪圖) 決定的，

$$\frac{1}{\sqrt{f}} = -2.0 \log\left(\frac{\epsilon/D}{3.7} + \frac{2.51}{\text{Re}\sqrt{f}}\right) \quad \rightarrow \quad \frac{1}{\sqrt{f}} = -2.0 \log\left(\frac{0.0052}{3.7} + \frac{2.51}{117,000\sqrt{f}}\right)$$

圖 8-51 例題 8-8 中討論的管路系統。

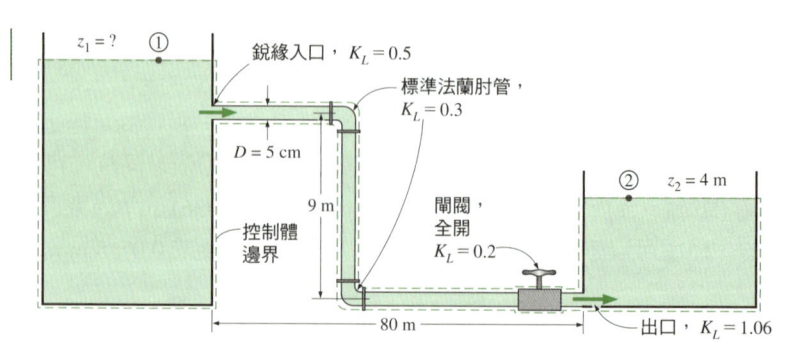

解出 $f = 0.0315$。損失係數的加總是

$$\sum K_L = K_{L,\text{entrance}} + 2K_{L,\text{elbow}} + K_{L,\text{valve}} + K_{L,\text{exit}}$$
$$= 0.5 + 2 \times 0.3 + 0.2 + 1.06 = 2.36$$

總水頭損失與水源高度變成

$$h_L = \left(f\frac{L}{D} + \sum K_L\right)\frac{V^2}{2g} = \left(0.0315\frac{89\text{ m}}{0.05\text{ m}} + 2.36\right)\frac{(3.06\text{ m/s})^2}{2(9.81\text{ m/s}^2)} = 27.9\text{ m}$$

$$z_1 = z_2 + h_L = 4 + 27.9 = \textbf{31.9 m}$$

因此，第一個貯水槽的自由表面必須高於地面 31.9 m，才能確保兩個貯水槽之間的流率為指定的流率。

討論： 注意此例題中 $fL/D = 56.1$，其值約為總次要損失係數的 24 倍。因此若忽略次要損失會導致約 4% 的誤差。可以證明在相同的流率下，如果閥是 3/4 關閉，總水頭損失將為 35.9 m (而不是 27.9 m)。若在兩個貯水槽之間的管路是直的，並且是在地面高度 (這將去除肘管與管的垂直段部分)，則水頭損失降為 24.8 m。藉由導圓入口，水頭損失可以進一步降低 (從 24.8 m 減為 24.6 m)。藉由將鑄鐵管用像塑膠做成的平滑管來替換，可以大幅降低水頭損失 (從 27.9 m 降為 16.0 m)。

例題 8-9　馬桶沖水對洗澡蓮蓬頭流率的影響

一棟建築的浴室水管系統由 1.5 cm 直徑的銅管與螺紋接頭所組成，如圖 8-52 所示。(a) 如果此系統進口的錶壓力在洗澡時為 200 kPa，並且馬桶水箱是滿的 (在那個分叉無流動)，試決定水通過蓮蓬頭的流率。(b) 試求馬桶沖水對蓮蓬頭流率的影響。蓮蓬頭與水箱的損失係數分別各取為 12 及 14。

解答： 已知一間浴室的冷水水管系統。要決定蓮蓬頭的流率與馬桶沖水對流率的影響。

假設： 1. 流動是穩定、不可壓縮的。2. 流動是完全發展的紊流。3. 水箱對大氣是開放的。4. 速度頭可以忽略。

性質： 水在 20°C 的性質為 $\rho = 998$ kg/m³，$\mu = 1.002 \times 10^{-3}$ kg/m·s，且 $\nu = \mu/\rho = 1.004 \times 10^{-6}$ m²/s。銅管的粗糙度是 $\epsilon = 1.5 \times 10^{-6}$ m。

分析： 這是第二型的問題，因為其為在指定管直徑與壓力降下要決定流率的問題。因為流率 (從而使流體的速度) 為未知數，故求解過程中需要作疊代。

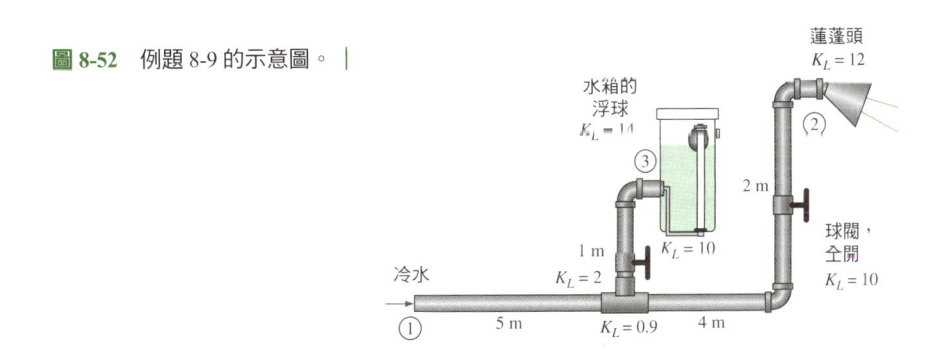

圖 8-52　例題 8-9 的示意圖。

(a) 蓮蓬頭本身的管路系統包含 11 m 的管路、一個順流 T 接頭 ($K_L = 0.9$)、兩個標準肘管 ($K_L = 0.9$，每個)、一個全開的球閥 ($K_L = 10$) 及一個蓮蓬頭 ($K_L = 12$)。因此 $\Sigma K_L = 0.9 + 2 \times 0.9 + 10 + 12 = 24.7$。注意蓮蓬頭對大氣開放，且其速度頭可以忽略，在點 1 與 2 之間的控制體積的能量方程式化簡為

$$\frac{P_1}{\rho g} + \alpha_1 \frac{V_1^2}{2g} + z_1 + h_{\text{pump}, u} = \frac{P_2}{\rho g} + \alpha_2 \frac{V_2^2}{2g} + z_2 + h_{\text{turbine}, e} + h_L$$

$$\rightarrow \quad \frac{P_{1,\text{gage}}}{\rho g} = (z_2 - z_1) + h_L$$

因此，水頭損失是

$$h_L = \frac{200{,}000 \text{ N/m}^2}{(998 \text{ kg/m}^3)(9.81 \text{ m/s}^2)} - 2 \text{ m} = 18.4 \text{ m}$$

同時，

$$h_L = \left(f \frac{L}{D} + \sum K_L \right) \frac{V^2}{2g} \quad \rightarrow \quad 18.4 = \left(f \frac{11 \text{ m}}{0.015 \text{ m}} + 24.7 \right) \frac{V^2}{2(9.81 \text{ m/s}^2)}$$

因為水管系統的直徑是常數。管內的平均速度、雷諾數及摩擦因子為

$$V = \frac{\dot{V}}{A_c} = \frac{\dot{V}}{\pi D^2 / 4} \quad \rightarrow \quad V = \frac{\dot{V}}{\pi (0.015 \text{ m})^2 / 4}$$

$$\text{Re} = \frac{VD}{\nu} \quad \rightarrow \quad \text{Re} = \frac{V(0.015 \text{ m})}{1.004 \times 10^{-6} \text{ m}^2/\text{s}}$$

$$\frac{1}{\sqrt{f}} = -2.0 \log \left(\frac{\varepsilon/D}{3.7} + \frac{2.51}{\text{Re}\sqrt{f}} \right)$$

$$\rightarrow \quad \frac{1}{\sqrt{f}} = -2.0 \log \left(\frac{1.5 \times 10^{-6} \text{ m}}{3.7(0.015 \text{ m})} + \frac{2.51}{\text{Re}\sqrt{f}} \right)$$

這是有四個未知數的四個聯立方程式組，用一個像 EES 的方程式求解器求解得到

$$\dot{V} = 0.00053 \text{ m}^3/\text{s}, \quad f = 0.0218, \quad V = 2.98 \text{ m/s}, \quad \text{與} \quad \text{Re} = 44{,}550$$

因此，經過蓮蓬頭的流率是 **0.53 L/s**。

(b) 當馬桶沖水時，浮球作動並打開閥門。水箱重新開始裝水，造成在 T 接管之後的平行流動，蓮蓬頭的水頭損失及次要損失在 (a) 中分別被決定為 $h_{L,2} = 18.4$ m 及 $\Sigma K_{L,2} = 24.7$。水箱分叉中相對應的量可用相似的方法決定為

$$h_{L,3} = \frac{200{,}000 \text{ N/m}^2}{(998 \text{ kg/m}^3)(9.81 \text{ m/s}^2)} - 1 \text{ m} = 19.4 \text{ m}$$

$$\sum K_{L,3} = 2 + 10 + 0.9 + 14 = 26.9$$

此例中一些相關的方程式如下：

$$\dot{V}_1 = \dot{V}_2 + \dot{V}_3$$

$$h_{L,2} = f_1 \frac{5 \text{ m}}{0.015 \text{ m}} \frac{V_1^2}{2(9.81 \text{ m/s}^2)} + \left(f_2 \frac{6 \text{ m}}{0.015 \text{ m}} + 24.7\right) \frac{V_2^2}{2(9.81 \text{ m/s}^2)} = 18.4$$

$$h_{L,3} = f_1 \frac{5 \text{ m}}{0.015 \text{ m}} \frac{V_1^2}{2(9.81 \text{ m/s}^2)} + \left(f_3 \frac{1 \text{ m}}{0.015 \text{ m}} + 26.9\right) \frac{V_3^2}{2(9.81 \text{ m/s}^2)} = 19.4$$

$$V_1 = \frac{\dot{V}_1}{\pi(0.015 \text{ m})^2/4}, \quad V_2 = \frac{\dot{V}_2}{\pi(0.015 \text{ m})^2/4}, \quad V_3 = \frac{\dot{V}_3}{\pi(0.015 \text{ m})^2/4}$$

$$\text{Re}_1 = \frac{V_1(0.015 \text{ m})}{1.004 \times 10^{-6} \text{ m}^2/\text{s}}, \quad \text{Re}_2 = \frac{V_2(0.015 \text{ m})}{1.004 \times 10^{-6} \text{ m}^2/\text{s}}, \quad \text{Re}_3 = \frac{V_3(0.015 \text{ m})}{1.004 \times 10^{-6} \text{ m}^2/\text{s}}$$

$$\frac{1}{\sqrt{f_1}} = -2.0 \log\left(\frac{1.5 \times 10^{-6} \text{ m}}{3.7(0.015 \text{ m})} + \frac{2.51}{\text{Re}_1 \sqrt{f_1}}\right)$$

$$\frac{1}{\sqrt{f_2}} = -2.0 \log\left(\frac{1.5 \times 10^{-6} \text{ m}}{3.7(0.015 \text{ m})} + \frac{2.51}{\text{Re}_2 \sqrt{f_2}}\right)$$

$$\frac{1}{\sqrt{f_3}} = -2.0 \log\left(\frac{1.5 \times 10^{-6} \text{ m}}{3.7(0.015 \text{ m})} + \frac{2.51}{\text{Re}_3 \sqrt{f_3}}\right)$$

使用方程式求解此 12 個聯立方程式中的 12 個未知數，求得的流率如下：

$$\dot{V}_1 = 0.00090 \text{ m}^3/\text{s}, \quad \dot{V}_2 = 0.00042 \text{ m}^3/\text{s}, \quad 與 \quad \dot{V}_3 = 0.00048 \text{ m}^3/\text{s}$$

因此，馬桶沖水減少流過淋浴的冷水約 21%，從 0.53 L/s 降為 0.42 L/s，造成淋浴的水瞬間變成很熱 (圖 8-53)。

討論：如果有考慮到速度水頭，淋浴的水流率將是 0.43 L/s 而不是 0.42 L/s，因此忽略速度水頭的假設在此例中是合理的。注意在管路系統中的一個洩漏處也會造成同樣的影響，因此在末端的一個不明原因的流率下降可能是系統中有洩漏的一個信號。

圖 8-53 通過淋浴的冷水的流率可能因為附近一個馬桶的沖水而受到顯著的影響。

8-8 流率與速度量測

流體力學的一個主要應用領域就是決定流體的流率。多年來已經為測量流量開發出許多裝置。流量計的範圍廣闊，因其精密程度、大小、成本、準確度、多樣性、容量、壓力降與操作原理而不同。我們將總結常被用來量測管道內液體和氣體流率的流量計，但將只限於討論不可壓縮流。

有些流量計用一個已知容量的容器，對其連續充填與排空，並計算單位時間內的排空次數來直接量測流率。但是大多數的流量計都是間接地量測流率 —— 它們量測平均速度或與平均速度有關的量，例如壓力和阻力，然後從下式決定體積流率：

$$\dot{V} = VA_c \tag{8-85}$$

其中 A_c 是流動的截面積。因此，量測流率經常是由量測流速來完成的，許多流量計事實上是速度計被用來量測流量的用途。

管中的速度從在壁面上的零值變化到在中心線上的最大值，記住這種變化在作速度量測時是很重要的。例如在層流中，平均速度是中心速度的一半，但在紊流中情況就非如此，因此對幾個局部速度的量測值作加權平均或積分來決定平均速度就是必要的。

流率的量測從極簡單到極精緻都有，例如，經過一條園藝水管的水流率可以很簡單地將水注滿一個已知體積的水桶，再將體積除以注水時間就可以簡單的量測出來 (圖 8-54)。估計一條河川流速的一個粗糙方法是將一個浮標丟進河中，再量測浮標通過已知距離的兩個定點之間的時間即可。而另一種極端是有些流量計使用到聲音在流動流體中的傳遞原理，而有些流量計則用到當流體通過一個磁場時所產生的電動力。本節將討論常被用來量測速度和流率的裝置，從在第 5 章中所介紹的皮托靜壓管開始。

圖 8-54 一個用來量測水通過一根園藝水管的水流率的原始方法 (但是相當準確) 包括收集在一個水桶中的注水量，以及記錄注水時間。

皮托管與皮托靜壓管

皮托管和**皮托靜壓管** (Pitot-static probes)，以法國工程師皮托 (Henri de Pitot, 1695-1771) 命名，廣泛地被用來作流速量測。皮托管只是一根在靜滯點有測壓孔的管子，可以用來量測停滯壓，而皮托靜壓管則同時有停滯測壓孔與數個周緣測靜壓孔，可以同時量測停滯壓與靜壓 (圖 8-55 與 8-56)。皮托是使用指向上游的管子來量測速度的第一人，而法國工程師達西 (Henry Darcy, 1803-1858) 則開發出我們現今所使用儀器的大部分特徵，包括使用許多小孔，並且將靜壓管放置在相同的組合

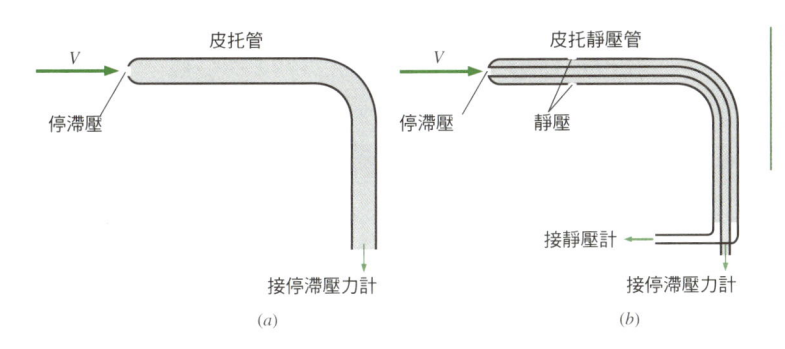

圖 8-55 (a) 皮托管量測在探針鼻部的停滯壓，(b) 皮托靜壓管同時量測停滯壓與靜壓，從而可以計算出流速。

上，因此皮托靜壓管的一個更適當的稱呼應該是皮托達西管。

皮托靜壓管藉由量測壓差並使用伯努利方程式來量測局部速度。其包括一根與流動方向對齊的細長雙套管，並且與一個差壓計連接。其內管的鼻部對流動完全開放，因此它量測在那個位置的停滯壓 (點 1)。而外管的鼻部則是封閉的，但在外管的側邊則有一些小孔 (點 2)，因此量測的是靜壓。對於速度夠高的不可壓縮流 (因此點 1 與點 2 之間的摩擦效應可以忽略)，伯努利方程式可用，並且被表示為

$$\frac{P_1}{\rho g} + \frac{V_1^2}{2g} + z_1 = \frac{P_2}{\rho g} + \frac{V_2^2}{2g} + z_2 \quad (8\text{-}66)$$

注意 $z_1 \cong z_2$ 因為皮托靜壓管的靜壓孔被安排在管的周邊且 $V_1 = 0$，因其是在停滯條件下，則流速 $V = V_2$ 變成

皮托公式：
$$V = \sqrt{\frac{2(P_1 - P_2)}{\rho}} \quad (8\text{-}67)$$

此式稱為皮托公式。如果速度量測被安排在其局部速度等於平均速度的位置，則體積流率可以從 $\dot{V} = VA_c$ 決定之。

皮托靜壓管是一個簡單、便宜並且高度可靠的裝置，因為沒有可動件 (圖 8-57)。同時只造成很小的壓力降，並且對流動的擾動並不明顯。然而，重要的是要將其正確的對齊流動方向，以免因為沒有對齊而造成明顯的誤差。同時靜壓與停滯壓的壓差 (即動壓) 正比於流體的密度與流速的平方。其可被用來量測液體與氣體的速度。注意氣體的密度很小，當皮托靜壓管被用來量測氣流的流速時，流速必須夠高才能發展出可以被量測到的動壓。

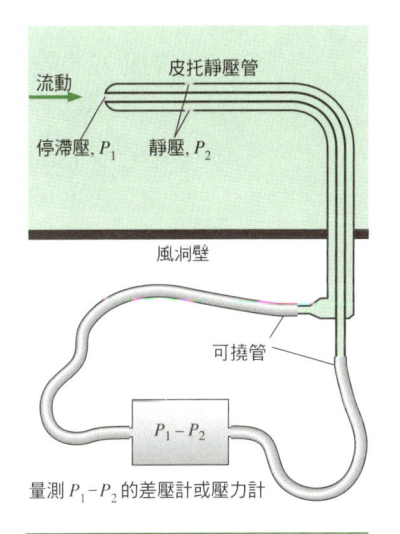

圖 8-56 使用皮托靜壓管量測流速。(可以用一個液壓計來代替壓差轉換器。)

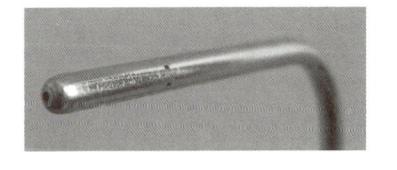

圖 8-57 一個皮托靜壓管的放大圖，顯示出動壓孔及周邊 5 個靜壓孔當中的 2 個。
Photo by Po-Ya Abel Chuang.

阻塞型流量計：孔口計、文氏管與噴嘴計

考慮流體在一根直徑 D 的水平管中的穩定不可壓縮流動，並且流動被限制在直徑 d 的面積範圍，如圖 8-58 所示。在限縮位置之前 (點 1) 與限縮位置 (點 2) 之間的質量守恆與伯努利方程式可以被寫成

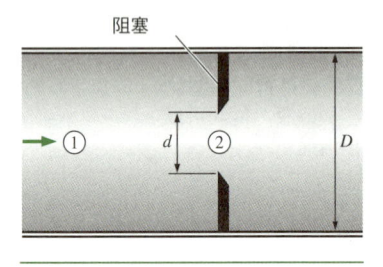

圖 8-58　流體流過一根管子中的限縮位置。

質量守恆：　$\dot{V} = A_1 V_1 = A_2 V_2 \rightarrow V_1 = (A_2/A_1)V_2 = (d/D)^2 V_2$ (8-68)

伯努利方程式 $(z_1 = z_2)$：　$\dfrac{P_1}{\rho g} + \dfrac{V_1^2}{2g} = \dfrac{P_2}{\rho g} + \dfrac{V_2^2}{2g}$ (8-69)

結合式 (8-68) 與 (8-69) 並且求解 V_2 得到

阻塞 (沒有損失)：　$V_2 = \sqrt{\dfrac{2(P_1 - P_2)}{\rho(1 - \beta^4)}}$ (8-70)

其中 $\beta = d/D$ 是直徑比。一旦知道 V_2，即可從 $\dot{V} = A_2 V_2 = (\pi d^2/4)V_2$ 決定流率。

這個簡單的分析顯示，通過一根管中的流率可以經由限縮流動並量測因為在限縮位置的速度增加所造成的壓力降來決定。注意沿著流動的兩點之間的壓力降可以簡單地用一個差壓轉換器或一個液壓計來量測，顯然簡單的流率量測裝置可以經由阻塞流動來建置。基於這個原理的流量計被稱為**阻塞型流量計** (obstruction flow-meters)，並且廣泛用來量測氣體和液體的流率。

式 (8-70) 中的速度是假設沒有損失所得出的，因此其為在限縮位置可以發生的最大速度。事實上，由於摩擦效應造成的壓力損失是無法避免的，使得實際速度會比較小。同時流束在通過限縮位置後會繼續收縮，使得縮流頸面積小於限縮位置的面積。此兩種損失可以導入一個修正因子稱為排放係數 (discharge coefficient) C_d 來加以考慮，其值 (通常小於 1) 是由實驗決定的。因此，阻塞型流量計的流率可以被表示為

阻塞型流量計：　$\dot{V} = A_0 C_d \sqrt{\dfrac{2(P_1 - P_2)}{\rho(1 - \beta^4)}}$ (8-71)

其中 $A_0 = A_2 = \pi d^2/4$ 是喉部或孔口的截面積，且 $\beta = d/D$ 是喉部直徑對管直徑的比值。C_d 的值隨 β 與雷諾數 $\mathrm{Re} = V_1 D/\nu$ 而變，並且對於各種阻塞型流量計的 C_d 值有各種圖表及曲線擬合關係式可供使用。

在許多可用的阻塞型流量計中，最被廣泛使用的是孔口計、流動噴嘴及文氏管 (圖 8-59)。對於標準化的幾何形狀，實驗決定的排放係數的數據被表示成 (Miller, 1997)：

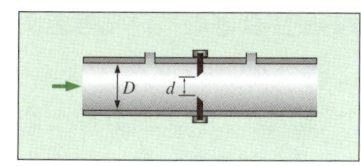

(a) 孔口計

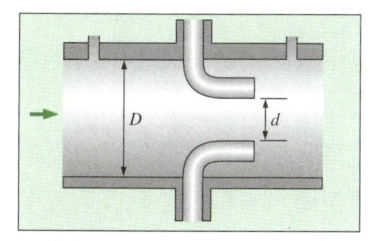

(b) 噴嘴計

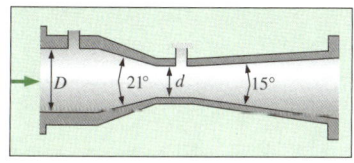

(c) 文氏管

圖 8-59 常用的阻塞型流量計。

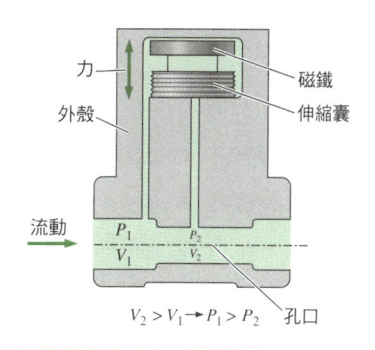

圖 8-60 一個孔口計及其內建壓力轉換器與數值讀錶的示意圖。

孔口計：
$$C_d = 0.5959 + 0.0312\beta^{2.1} - 0.184\beta^8 + \frac{91.71\beta^{2.5}}{Re^{0.75}} \quad (8\text{-}72)$$

噴嘴計：
$$C_d = 0.9975 - \frac{6.53\beta^{0.5}}{Re^{0.5}} \quad (8\text{-}73)$$

這些關係式成立的範圍是 $0.25 < \beta < 0.75$ 且 $10^4 < Re < 10^7$。精確的 C_d 值相依於阻塞的特定設計，因此如果可能，應該儘量參考製造商的數據。再者，雷諾數相依於事先並不知道的流速，因此當曲線擬合的 C_d 關係式被使用時，答案通常需要用到疊代過程。對於高雷諾數 (Re > 30,000) 的流動，C_d 的值對噴嘴計通常可以取 0.96，對於孔口計可以取 0.61。

歸因於流線形設計，文氏管的排放係數通常很高，對於大多數的流動，其範圍在 0.95 到 0.99 之間 (較高的值是給雷諾數較高者)。在缺乏特定數據時，我們對文氏管取 $C_d = 0.98$。

孔口計的設計最簡單並且佔據最小的空間，因為其僅包含一個中心有洞的平板，但是其設計仍有許多不同的變化 (圖 8-60)。有些孔口計有銳邊，其它則有斜角或導圓。孔口計中突然的流動面積變化造成可觀的旋渦，從而有可觀的水頭損失或永久的壓力損失，如圖 8-61 所示。在噴嘴計中，孔口板被一個噴嘴取代，因此噴嘴中的流動是流線形的。結果消除縮流頸並有較小的水頭損失，然而噴嘴計較孔口計更為昂貴。

文氏管由美國工程師賀許 (Clemens Herschel, 1842-1930) 發明並由他為紀念義大利人文吐利 (Giovanni Venturi, 1746-1822) 而命名，以紀念其在錐形流動段上的開創性工作。這是此一群組中最正確的流量計，也是最昂貴的。其漸變的收縮與擴張避免流動分離與旋轉，並且只承受內壁面些微的摩擦損失。文氏

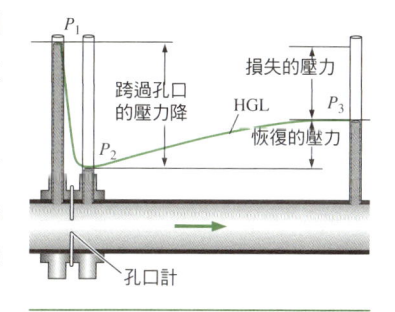

圖 8-61 沿著一個有孔口計的流動段由壓力計所量測到的壓力變化；圖中顯示出壓力損失及壓力恢復。

434 流體力學

管只有些微的水頭損失，因此對於不能承受較大壓力降的應用就應該被優先考慮使用。

當一個阻塞型壓力計被裝置於一個管路系統時，對流動系統的淨效應就像一個次要損失。流量計的次要損失係數從製造商就可得到，並且在加總系統的次要損失時應該被包括進來。一般而言，孔口計有最大的損失係數，而文氏管則有最小值。注意用來計算流率所量測到的壓力降 $P_1 - P_2$ 與阻塞型流量計所造成的總壓力降並不相同，這是測壓孔放置位置所造成的。

最後，阻塞型流量計也被用來量測可壓縮氣體的流率，但是一個用來考慮壓縮效應的額外修正因子必須被加進式 (8-71) 中。在這種情況時，方程式是以質量流率的形式寫出的，而不是體積流率，而其壓縮修正因子一般是一個經驗的曲線擬方程式 (就像 C_d 的式子)，並且可以從製造商取得。

例題 8-10 ▶ 用孔口計量測流率

甲醇在 20°C ($\rho = 788.4$ kg/m³，$\mu = 5.857 \times 10^{-4}$ kg/m·s) 流過一根 4 cm 直徑的管子的流率要用一個 3 cm 直徑的孔口計及跨過孔口計配備一個水銀壓力計的組合來量測，如圖 8-62 所示。如果壓力計的高度差是 11 cm，試決定甲醇流過管子的流率與平均流速。

解答：要用孔口計量測甲醇的流率。已知跨過孔口計的壓力降，要決定流率與平均流速。

假設：**1.** 流動是穩定且不可壓縮的。**2.** 我們對孔口計的排出係數的起始猜值是 $C_d = 0.61$。

性質：已知甲醇的密度與動力黏度分別是 $\rho = 788.4$ kg/m³ 及 $\mu = 5.857 \times 10^{-4}$ kg/m·s。我們取水銀的密度為 13,600 kg/m³。

分析：孔口計的直徑比與喉部面積為

$$\beta = \frac{d}{D} = \frac{3}{4} = 0.75$$

$$A_0 = \frac{\pi d^2}{4} = \frac{\pi (0.03 \text{ m})^2}{4} = 7.069 \times 10^{-4} \text{ m}^2$$

跨過孔口計的壓力降是

$$\Delta P = P_1 - P_2 = (\rho_{Hg} - \rho_{met})gh$$

阻塞型流量計的流率關係式變成

$$\dot{V} = A_0 C_d \sqrt{\frac{2(P_1 - P_2)}{\rho(1 - \beta^4)}} = A_0 C_d \sqrt{\frac{2(\rho_{Hg} - \rho_{met})gh}{\rho_{met}(1 - \beta^4)}} = A_0 C_d \sqrt{\frac{2(\rho_{Hg}/\rho_{met} - 1)gh}{1 - \beta^4}}$$

代入，流率被決定為

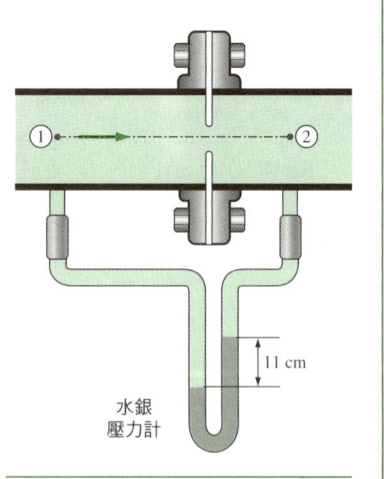

圖 8-62 在例題 8-10 中考慮的孔口計的示意圖。

$$\dot{V} = (7.069 \times 10^{-4} \text{ m}^2)(0.61)\sqrt{\frac{2(13{,}600/788.4 - 1)(9.81 \text{ m/s}^2)(0.11 \text{ m})}{1 - 0.75^4}}$$
$$= 3.09 \times 10^{-3} \text{ m}^3/\text{s}$$

其值相當於 3.09 L/s。管中平均流速的決定可將流率除以管的截面積而得出

$$V = \frac{\dot{V}}{A_c} = \frac{\dot{V}}{\pi D^2/4} = \frac{3.09 \times 10^{-3} \text{ m}^3/\text{s}}{\pi(0.04 \text{ m})^2/4} = 2.46 \text{ m/s}$$

流過此管的雷諾數為

$$\text{Re} = \frac{\rho V D}{\mu} = \frac{(788.4 \text{ kg/m}^3)(2.46 \text{ m/s})(0.04 \text{ m})}{5.857 \times 10^{-4} \text{ kg/m·s}} = 1.32 \times 10^5$$

將 $\beta = 0.75$ 與 $\text{Re} = 1.32 \times 10^5$ 代入孔口計排出係數的關係式中

$$C_d = 0.5959 + 0.0312\beta^{2.1} - 0.184\beta^8 + \frac{91.71\beta^{2.5}}{\text{Re}^{0.75}}$$

得出 $C_d = 0.601$，其值與起始猜測值 0.61 不同。使用這個修正過的 C_d 值，流率變成 3.04 L/s，與我們原先的結果差 1.6%。經過幾次疊代，最後收斂的流率為 3.04 L/s，而平均流速為 2.42 m/s (至三位有效數字)。

討論： 如果此問題使用像 EES 的方程式求解器求解，則可以使用 C_d 的曲線擬合公式 (其式相依於雷諾數)，配合其它方程式來聯立求解，並讓方程式求解器依需要進行疊代解答。

正排量型流量計

當我們為汽車購買汽油時，關切的是充填油箱的期間從加油嘴流出的汽油總量，而不是汽油的流率。同樣地，我們關切的是收費期間我們的家中所使用的水或瓦斯的總量。在這些與其它許多應用中，有興趣的量是在一段時間內從一根管的截面積流過的流體的總質量或總體積，而不是流率的瞬時值，因此正排量型流量計 (positive displacement flowmeters) 特別適合這些應用。排量型流量計有各種形式，它們的根據都是連續地對一個量測腔室作充填與排出。其運作是捕捉一定量的流入流體，將它們挪移至流量計的排出端，並計算這種排出 — 重填循環的次數來決定排出流體的總量。

圖 8-63 顯示出一個由流動液體所驅動的有著兩個旋轉葉輪的正排量型流量計。每個葉輪有三個齒輪葉瓣，每當一個葉瓣經過一個非侵入式感測器時就產生一個脈衝輸出信號。每個脈衝代表一個已知體積的液體被捕捉在葉輪的葉瓣之間，而一個電子控制器就可把脈衝轉換成體積單位。葉輪與機殼間的空隙必須小心控制來避免洩漏造成的誤差。這種特殊的流量計可以

圖 8-63 一個有雙螺旋三葉瓣設計的正排量型流量計。
Courtesy Flow Technology, Inc.
Source: www.ftimeters.com.

正確到 0.1%，有很小的壓力降，並且可以用在高或低黏度的液體，溫度可以高到 230°C，壓力大於 7 MPa，而流率則可以高達 50 L/s。

量測液體體積最常使用的流量計是擺盤式流量計 (nutating disk meters)，如圖 8-64 所示。它們常被用來作為水量計或汽油量計。液體從腔室 A 進入擺盤式流量計中。這造成擺盤 (B) 擺動，並引起轉軸 (C) 轉動並啟動磁鐵 (D)。這個訊號傳過流量計的外殼到第二個磁鐵 (E)。藉由計算在排放過程中的這些信號的次數就可得到總體積。

氣體流動的量，例如建築內使用的天然氣的量，一般使用伸縮型流量計來量測，其會在每一循環中排出定量的氣體體積 (或質量)。

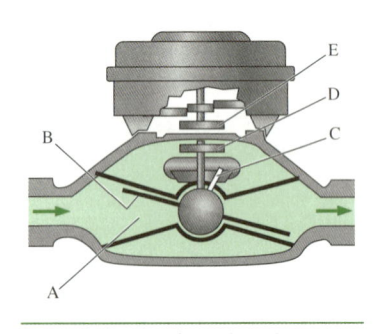

圖 8-64 一個擺盤式流量計。
(Top) Courtesy Badger Meter, Inc. Used by Permission.

渦輪流量計

我們從經驗知道當一個螺旋槳被置於風中會轉動，且轉速隨風速增加而增加。你可能也看過一個風力機的輪葉在低風速時轉動很慢，但在高風速時卻相當快。這些觀察建議管中的流速可以把一個可自由轉動的葉輪放在管段之中並作適當的校準就可以量測出來。使用這個原理的流體量測裝置稱為渦輪流量計 (turbine flowmeters) 或螺旋槳流量計 (propeller flowmeters)，雖然後者是一個誤稱，因為根據定義，螺旋槳對流體輸入能量，而渦輪則從流體抽取能量。

一個渦輪流量計包含一個圓柱型的流動段，其內裝有一個可自由旋轉的渦輪 (一個葉片式轉子)，在入口的固定葉，用來導直流動，以及一個感應器，每當渦輪的一個特定點通過時都會產生一個脈衝，可以用來決定轉速。渦輪的轉速幾乎正比於流體的流率。渦輪流量計若在預期的流動條件下作了適當的校正，可以在一個廣泛的流動範圍內給出高度正確的結果 (可以正確到 0.25%)。當用來量測液體流動時，渦輪流量計只有很少的葉片 (有時只有兩葉)，但是用在量測氣體流動時葉片較多為的是產生足夠的扭力。渦輪所造成的水頭損失很小。

渦輪流量計從 1940 年代起就被廣泛的使用於流動量測，原因在於其簡單性、低成本及在廣泛的流動條件下有很好的正確性。不管對液體或氣體與各種尺寸的管子中的應用，它們在商業上都是輕易可得的。渦輪流量計也常被用來量測非受限流中的流速，例如風、河流與洋流等。圖 8-65c 中的手持型裝置被用來量測風速。

轉子式流量計

轉子式流量計 (paddlewheel flowmeters) 是渦輪流量計的低成本替代品，被用

第 8 章　內部流　**437**

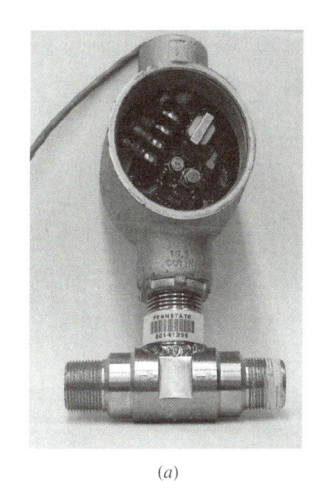

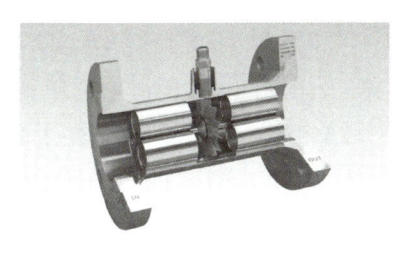

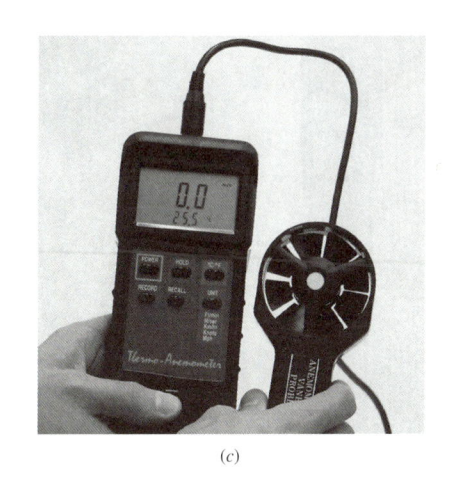

(a)　　　　　　　　　　(b)　　　　　　　　　　(c)

來量測不需要有很高正確性的流動。在轉子式流量計中，轉子(轉子與葉片)垂直流動方向，如圖 8-66 所示，而不是像渦輪流量計中是平行的。轉子只遮住流動截面積的小部分 (一般小於一半)，因此水頭損失比渦輪流量計的小，但是轉子插入流動的深度對正確性有關鍵性的影響。同時，過濾器是不需要的，因為其轉子比較不受結垢影響。一個感應器偵測轉子葉片每一次的通過並傳送出一個信號。一個微處理器再將此轉動訊息轉換成流率或集成的流動量。

可變面積流量計 (浮子流量計)

一種簡單、可靠、便宜並容易裝置的流量計，其壓力降夠小，沒有電線連接，可以直接讀取流率且適用於許多液體和氣體的就是可變面積流量計 (variable-area flowmeter)，也稱為浮子流量計 (rotameter 或 floatmeter)。可變面積流量計包括一根由玻璃或塑膠製成的垂直的透明傾斜圓錐管，其內有一個可以自由移動的浮子，如圖 8-67 所示。當流體流過圓錐管時，管中浮子上升至一個浮子重量，阻力與浮力相互平衡的位置，此時作用在浮子的淨力為零。流率可以從浮子在透明管上所對齊的刻度輕易的決定出來。浮子本身一般不是一個球就是一個鬆匹配的活塞狀圓柱 (如圖 8-67a)。

我們從經驗知道高風速吹倒樹木、吹壞電線，並且吹走帽子和雨傘。這是因為阻力隨流速增加。作用在浮子的重力與浮力為常數，但是阻力隨流速而變，同時在圓錐管中的流速在流動的方向遞減，因為流動截面積遞增的緣故。在某個流速時，

圖 8-65 (a) 一個同軸的渦輪流量計用來量測液體流動，流動方向從左到右，(b) 流量計內部渦輪葉片的剖視圖，與 (c) 一個手持式渦輪流量計用來量測風速。照相時沒有量測到流動使得渦輪葉片清晰可見。(c) 中的流量計為了方便計可同時量測溫度。
Photos (a) and (c) by John M. Cimbala. Photo (b) Courtesy Hoffer Flow Controls.

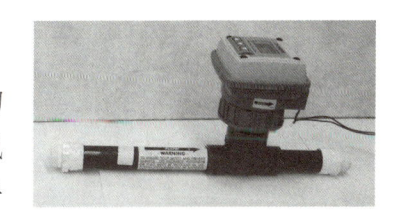

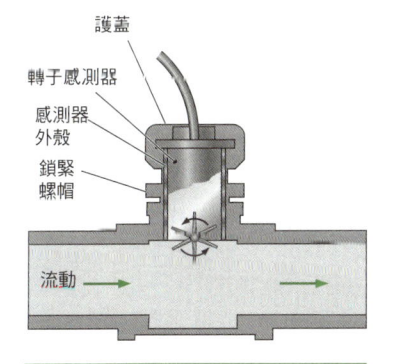

護蓋
轉子感測器
感測器外殼
鎖緊螺帽
流動

圖 8-66 用來量測液體流的轉子流量計，流動從左到右，及其操作原理的示意圖。
Photo by John M. Cimbala.

圖 8-67 兩個可變面積流量計：(a) 一個平常的重力式流量計，與 (b) 一個彈簧式流量計。
(a) Photo by Luke A. Cimbala and (b) Courtesy Insite, Universal Flow Monitors, Inc. Used by permission.

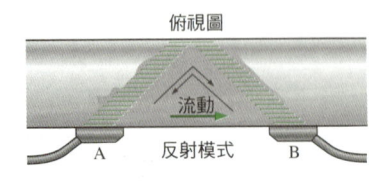

圖 8-68 傳遞時間型超音波流量計的操作裝備有兩個換能器。

所產生的阻力正好平衡浮子重量與浮力，這個速度發生的位置即為浮子靜定下來的位置。圓錐管的傾斜度可以做成使垂直上升的高度與流率成線性變化。透明管也使流體的流動可以被看見。

有許多可變面積流量計的種類。重力式流量計，如圖 8-67a 所示，必須被垂直安置，流體從下面進入，從上面流出。而彈簧式流量計 (圖 8-67b) 的阻力是由彈簧力平衡的，因此流量計允許被水平地安置。

可變面積流量計的正確度一般是 ±5%。因此此流量計不適合需要高精度量測的應用。然而，有些製造商聲稱可以作到 1% 的正確度。同時，這種流量計依靠對浮子位置的目視，因此它們不能被用來量測不透明或髒流體的流率，因為這種流體會妨礙目視。最後，玻璃因為容易破裂，在處理有毒流體時會有安全問題。在這種應用時，可變面積流量計應被安置於人員機具交通量最少的位置。

超音波流量計

當石頭被丟入靜水中時，一般可以觀察到其所產生的水波在所有的方向均勻地以同心圓向外傳播。但是當石頭丟入像河流的流水中時，水波在流動方向移動較快 (波速與流速因同方向而相加)，而水波在往上游方向則移動較慢 (波速與流速因逆向而相減)。結果是水波在往下游方向會比較散開，而在往上游方向會比較密集。在上游與下游方向每單位長度的水波數目的差異正比於流速，這建議流速可以藉著比較波在水流向前與向後方向的傳播來量測。超音波流量就是根據這個原理來操作的，使用的是在超音波範圍的聲波 (超出人類聽力範圍，通常在約 1 MHz 的頻率)。

超音波 (或音波) 流量計的操作是藉由用一個換能器產生音波並量測音波在流動流體的傳遞。有兩種形式的超音波流量計：傳遞時間型與都卜勒效應型 (或頻率轉移型) 流量計。傳遞時間型流量計向上游及下游傳遞音波並量測傳遞時間的差異。一個典型的傳遞時間型流量計的示意圖，如圖 8-68 所示。其包含兩個換能器輪流發出與接收超音波，一次在流動的方向，一次則與流動逆向。每一個方向的傳遞時間都可以被正確的量測到，再計算量測時間的差值。管內的平均流速正比於傳遞時間差 Δt，並可從下式決定：

$$V = kL\, \Delta t \tag{8-74}$$

其中 L 是換能器間的距離，而 K 是常數。

都卜勒效應型超音波流量計

你可能已經注意到當一輛鳴著喇叭的汽車接近時，喇叭的高頻聲音在汽車通過後會變成比較低頻。這是因為汽車前面的音波被壓縮了，而其後面的音波則散開了。這種頻率的轉移稱為都卜勒效應 (Doppler effect)，而它形成大多數超音波流量計的操作基礎。

都卜勒效應型超音波流量計量測沿著聲音路徑的平均流速。這是藉著在管壁外側夾住一個壓電換能器 (手持式裝置可以將換能器壓在管壁上)。換能器以固定的頻率送出音波，穿過管壁進入流動的液體中。音波經由雜質反射，例如懸浮的固體粒子或伴隨的汽泡，再傳遞給一個接收換能器。反射波的頻率改變正比於流速，並且由一個微處理器藉著比較發射波與反射波的頻率轉移來決定流速 (圖 8-69 與 8-70)。使用量測到的速度並對一個給定的管子與流動條件作適當設計，此流量計也可以用來決定流率與總流量。

超音波流量計的操作依靠的是超音波被密度的不連續性所反射。一般的超音波流量計需要液體所含的雜質溶度大於 25 ppm，其尺寸至少要大於 30 μm。但是先進型的超音波流量計可以藉由感應在流束中的紊流迴旋或旋渦所反射的波來量測到乾淨流體的速度，只要在其被安置的位置，這些擾動是非對稱的並且強度夠高，例如在一個 90° 肘管下游的一個流動段。

超音波流量計具備以下的優點：

- 它們可以輕易且快速的被裝置，只要夾住直徑在 0.6 cm 到比 3 m 還大的管子的外壁即可 (圖 8-70)，甚至可以被用在明渠流。
- 它們是非侵入式的。因為流量計只要夾住即可，因此不需要停止操作，也不須在管子上鑽洞，因此沒有製程停機的問題。
- 沒有壓力降，因為流量計不干擾流動。
- 因為與流體沒有直接接觸，沒有腐蝕或阻塞的問題。
- 它們適用於廣泛的流體，從有毒化學物、漿液到清潔液體，對永久或暫時的量測都可以。
- 沒有可動件，因此流量計可以提供可靠且不需要維護的操作。
- 它們也可以量測在回流中的流動量。
- 它們紀錄中的正確度是 1% 到 2%。

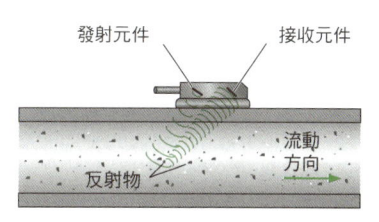

圖 8-69 具備一個換能器的都卜勒效應型超音波流量計被壓在管壁上的操作。

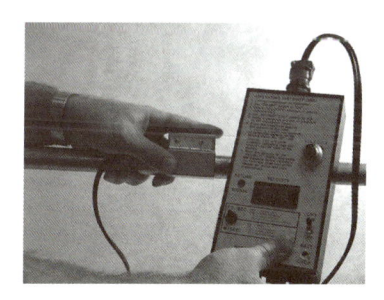

圖 8-70 超音波夾住式流量計可以不用接觸 (或干擾) 流體就可量測到流速，只要簡單的將換能器壓住管的外壁即可。
Photo by J. Matthew Deepe.

超音波流量計是非侵入式裝置，並且超音波換能器發射的信號可以穿過聚氯乙烯 (PVC)、鋼、鐵與玻璃管壁。然而，鍍膜管與水泥管並不適合使用這種量測技術，因為它們會吸收超音波。

電磁式流量計

自從法拉第在 1930 年代的實驗以後，大家都知道當導體在一個磁場移動時，在導體中會產生電動勢，這是磁感應的結果。法拉第定律敘述當任何導體以直角通過一個磁場時，其感應電壓正比於導體的速度。這建議我們可以把固體導體用導電流體代替並以之來決定流速，電磁式流量計即是根據此原理操作的。電磁式流量計從 1950 年代中期就被使用了，它們有各種不同的設計，例如全流式 (full flow) 與插入式 (insertion types)。

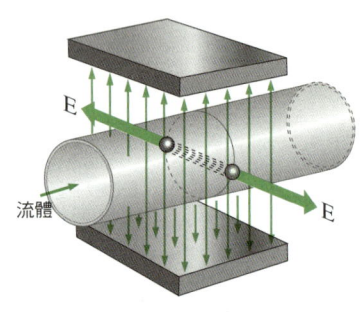

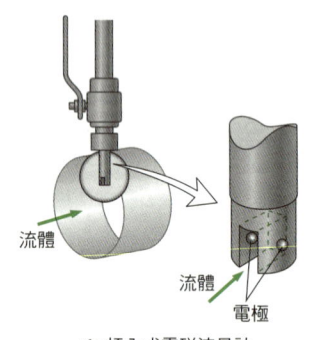

全流式電磁流量計是一個非侵入式裝置包括一個圍繞管子的電磁線圈，以及沿著直徑方向鑽入管子的兩個電極。電極與管內壁對齊，可以和流體接觸但不會干擾流動，因此不會造成水頭損失 (圖 8-71a)。電極連接到一個電壓計。電流通過線圈時會產生一個磁場，而電壓計則可以量測兩個電極之間的電壓差。電壓正比於導電流體的流速，因此根據產生的電壓就可以計算出流速。

插入式電磁流量計的操作原理類似，但是磁場只侷限在伸入流場中的一根桿子尖的一個小流動通道之中，如圖 8-71b 所示。

電磁式流量計很適合用來量測液態金屬的流速，例如用在核反應爐的水銀、鈉與鉀。它們也可用在劣質導體的液體上，例如水，只要其帶有適當數量的帶電粒子。例如血液與海水包含適量的離子，因此電磁式流量計可以用來量測其流率。電磁式流量計也可以用來量測化學物、藥劑、化妝品、腐蝕液體、飲料、肥料及許多漿液和污泥的流率，只要這些物質含有夠高的導電物。電磁式流量計不適用於蒸餾水或去離子水。

電磁式流量計用不直接的方式量測流速，因此在裝設時必須作小心的校正。它們的使用受限於其相對較高的成本、耗電量，以及可以被使用流體的種類。

渦流式流量計

你可能已經注意到當流束 (例如河流) 遭遇像岩石等阻礙物

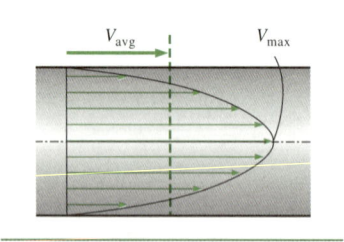

圖 8-71 (a) 全流式與 (b) 插入式電磁流量計。
www.flocat.com.

時，流體會分離並繞過岩石。岩石的存在經由所產生的渦旋，一直到下游的一段距離都會被感覺到。

大多數實際遇到的流動是紊流，而一個置於流場中的盤子或短圓柱會洩放出同軸的渦旋 (參考第 4 章)。可以觀察到這些渦旋會週期性的被洩放，而洩放頻率會正比於平均流速。這建議可以在流場中放置一個障礙物，並量測洩放頻率就可以決定流率。根據這個原理的流動量測裝置稱為渦流式流量計 (vortex flowmeter)。在此情況的史特豪數 (Strouhal number)，定義為 St = fd/V，其中 f 是渦旋的洩放頻率，d 是特徵直徑或障礙物的寬度，而 V 是衝擊障礙物的流速，也維持是一個常數，只要流速夠高的話。

一個渦流式流量計包括一個銳緣的扁平體 (支柱)，置於流場中作為渦流產生器，和一個偵測器 (例如一個量測壓力振盪的壓力換能器)，置於下游一段距離後的內壁之上用來量測洩放頻率。偵測器可以是一個超音波、電子或光纖感測器，可以監視渦流型態的變化並傳遞一個脈衝輸出信號 (圖 8-72)。一個微處理器使用此頻率資訊來計算並顯示出流速或流率。渦旋洩放的頻率在一個很廣的雷諾數範圍內是正比於平均流速的，因此渦流式流量在雷諾數從 10^4 到 10^7 之間都能可靠並且正確地操作。

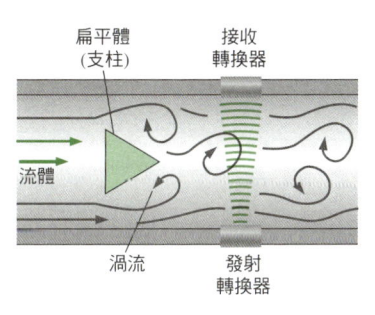

圖 8-72 渦流式流量計的示意圖。

渦流式流量計的優點是沒有可動件，因此可靠、靈活且相當正確 (通常在很廣的流率範圍是 ±1%)，但是會阻礙流動並造成可觀的水頭損失。

加熱式風速計 (熱線式與熱膜式)

加熱式風速計在 1950 年代晚期出現，從那時之後就經常被流力研究單位或實驗室所使用。如其名稱所指示的，加熱式風速計包括一個電加熱感應器，如圖 8-73 所示，並採用熱效應來決定流速。加熱式風速計有極小的感應器，因此可以被用來量測流場中任何一點的瞬時速度而不會對流場造成明顯的干擾。它們每秒可以取得上千次速度量測值，並且有優異的空間及時間解析度，因此可以被用來研究紊流中的擾動的細節。它們可以在一個廣泛的範圍正確地量測在液體或氣體中的速度 —— 從每秒幾公分到幾百公尺都可以。

一個加熱式風速計如果其感應元件是一條線則稱為**熱線式風速計** (hot-wire anemometer)，如果其感應器是一片細金屬膜 (厚度小於 0.1 μm)，通常貼在一塊厚度相對較厚，直徑約 50 μm 的陶瓷支撐片上面，則稱為**熱膜式風速計** (hot-film

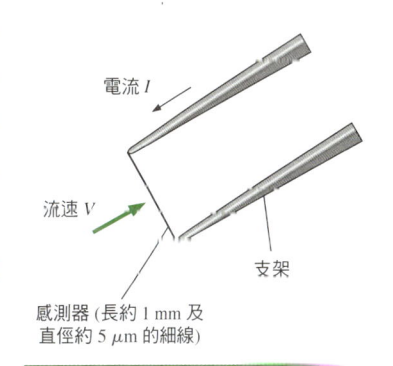

圖 8-73 熱線式探針的零件，包括電加熱感應器及其支柱。

anemometer)。熱線式風速計的特徵是其非常細小的感應線 —— 通常直徑是幾微米，而長度為幾毫米。感應器通常是由鉑、鎢或鉑-銥合金製成，而常使用針狀的夾持物附著在探針上。熱線式風速計的細線感應器由於尺寸很小而非常脆弱，如果液體或氣體中有太多污染物或粒子很容易弄壞。這情況在高速時尤其容易發生。在這些情況時，應該使用比較堅固的熱膜式風速計。但是熱膜式風速計的感應器較大，其頻率響應很顯著地較低，並且也較容易干擾流場，因此在研究紊流的細節時有時候並不適用。

等溫式風速計 (CTA) 是最常被使用的型式，其示意圖如圖 8-74，其操作原理如下：感應器用電加熱至一個特定溫度 (通常約 200°C)。感應器在周圍流動的液體中會趨向於冷卻，但是電子控制元件藉著依需要改變電流 (這是經由改變電壓來達成的) 來維持感應器等溫。流速越高，感應器損失的熱傳率就越大，從而需要施加更大的電壓在感應器兩端來維持其等溫。在流速與電壓之間有一個密切的相關性，藉由量測放大器施加的電壓或經過感應器的電流就可以決定流速。

在操作時感應器被維持等溫，因此其熱能維持為常數。能量守恆定理要求感應器的通電焦耳加熱量 $\dot{W}_{elect} = I^2 R_w = E^2/R_w$ 必須等於從感應器損失的總熱傳率 $\dot{Q}_{total}$，主要由對流熱傳造成，因為熱線支撐物的熱傳導與環境的熱輻射都很小，可以忽略。使用熱對流的適當關係式，能量守恆定理可以被表示為金恩定律 (King's Law)，如

$$E^2 = a + bV^n \tag{8-75}$$

其中 E 是電壓，而常數 a、b 和 c 是針對每一個給定探針校正而得的。一旦測得電壓，這個關係式就直接給出流速。

大多數熱線式感應器的直徑為 5 μm，長度約 1 mm，並且由鎢所製成。線點銲固定在一個探針本體的分叉頭上，並連到風速計的電子線路上。加熱式風速計可以用來同時量測二維或三維的速度分量，經由分別同時使用兩個或三個感應器的探針來達成的 (圖 8-75)。選擇探針時，應該考慮流體的種類與污染程度、量測的速度分量的數目、需要的空間與時間的解析度和量測場所。

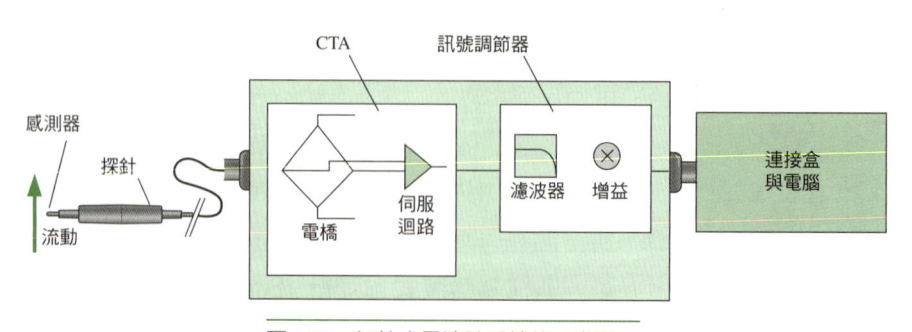

圖 8-74 加熱式風速計系統的示意圖。

雷射都卜勒測速法

雷射都卜勒測速法 (Laser Doppler velocimetry, LDV)，也稱為雷射測速法 (laser velocimetry, LV)，或雷射都卜勒測風法 (laser Doppler anemometry, LDA)，是一種不會干擾流場，可以在任何需要點量測流速的光學技術。不像加熱式測風術，LDV 沒有插入流場中的探針或線，因此是一種非侵入式方法。像加熱式測風法，可以精細地量測在一個小體積的速度，所以也可以用來研究在局部位置的流場細節，包括紊流擾動，並且不需要侵入就可以在整個流場中移動。

LDV 技術在 1960 年代中期開發出來以後已得到廣泛的接受，因為其在氣體流與液體流中都提供高度的正確性，在空間上提供很高的解析度，並在近幾年，它也具備量測所有三個速度分量的能力。其缺點是相對較高的成本；雷射源與流場的目標位置之間需要足夠的透明度，需要光偵測器，並且需要仔細的調準入射與反射光束來達到正確性。最後一項缺點在使用光纖 LDV 系統的情況時被消除，因為其調準在工廠中就完成了。

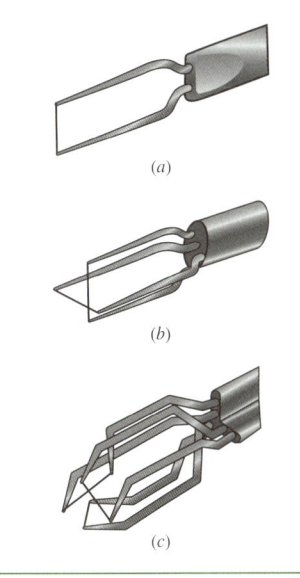

圖 8-75 加熱式風速計探針具有單一、兩個及三個感應器可以同時量測 (a) 一維，(b) 二維，(c) 三維的速度分量。

LDV 的操作原理是基於朝向目標送出一個高度同調的單色光束 (所有光波有相同相位與相同波長)，收集在目標區域的小質點的反射光，決定反射光中由於都卜勒效應所造成的頻率改變，並且將此頻率轉移對應成為在目標區域中流體的流速。

LDV 系統有許多不同的配置可用。一個用來量測單一速度分量的雙光束 LDV 系統，如圖 8-76 所示。所有 LDV 系統的心臟是一個雷射能量源，通常是氦-氖雷射或氬離子雷射，其功率輸出為 10 mW 至 20 W。雷射光較其它光源受到愛好是因為其有高同調性及高對焦性。例如氦氖雷射發射波長為 0.6328 μm 的輻射，在紅-橙色的範圍。雷射光先經過一個稱為分波器 (beam splitter) 的半鍍銀鏡片，分叉成兩個強度一樣的平行光束。其後此兩個光束經過一個收縮透鏡讓光束聚焦在流場中的一點 (目標)。兩個光束相交的區域的小流動體積是速度量測的位置，稱為量測體

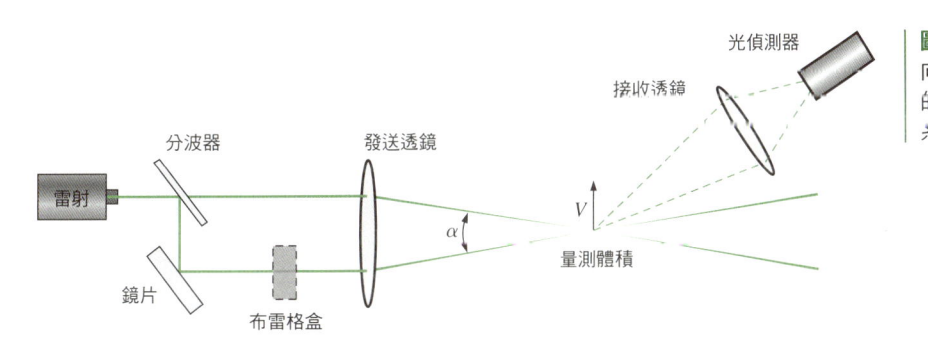

圖 8-76 一個向前散射模式的雙光束 LDV 系統。

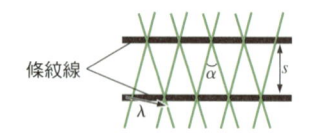

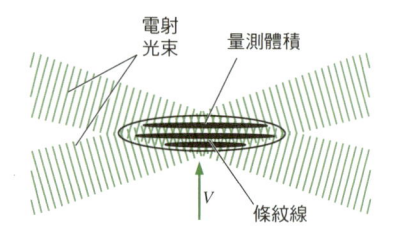

圖 8-77 一個 LDV 系統的兩個雷射光束交集處由於干涉所造成的條紋 (線代表波峰)。上圖是兩條干涉條紋的放大圖。

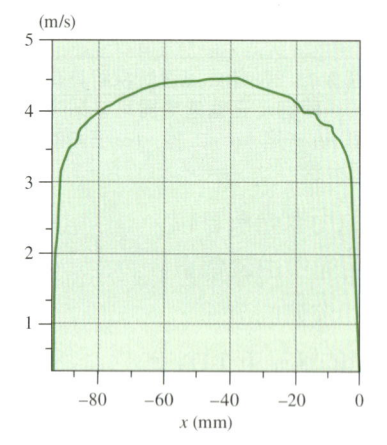

圖 8-78 用 LDV 系統得到的管內紊流的時間平均速度形狀。
Courtesy Dantec Dynamics, www.dantecdynamics.com. Used by permission.

積或聚焦體積。量測體積像一個橢圓體，一般為直徑 0.1 mm，且長度 0.5 mm。雷射光被通過這個量測體積的粒子散射，並且在某一個特定方向的散射光被一個接收透鏡收集並進入一個光偵測器，其功能為將光波強度的擾動轉換成速度信號的擾動。最後一個信號處理器決定電壓信號的頻率，從而得到流場的流速。

通過量測體積相交的兩個雷射光束的波的示意圖如圖 8-77。這兩個光束的波在量測體積內互相干涉，當它們同相時互相幫助形成亮條紋，而當它們異相時互相抵消形成暗條紋。明暗條紋形成與兩個入射雷射光束的中平面互相平行的線。利用三角學，條紋線之間的距離 (可被視為條紋線的波長) 可以被表示為 $s = \lambda/[2 \sin(\alpha/2)]$，其中 λ 是雷射光的波長，而 α 是兩個雷射光束之間的夾角。當一個粒子以速度 V 通過這些條紋線時，被散射的條紋線的頻率是

$$f = \frac{V}{s} = \frac{2V \sin(\alpha/2)}{\lambda} \tag{8-76}$$

這個基本的關係式顯示流速正比於頻率，被稱為 LDV 方程式。當一個粒子通過量測體積時，反射光由於條紋圖案的作用而忽明忽暗，藉由量測反射光的頻率就可以決定流速。例如，在一根管子截面上的速度形狀，可以從跨過管子的速度映射圖得到 (圖 8-78)。

LDV 方法明顯地相依於散射條紋線的存在，因此流場中必須含有足夠數量的小粒子，稱為種子或種子粒子 (seeding particle)。這些粒子必須夠小才能緊跟著流體流動使得粒子速度等於流速，但也必須夠大 (相對於雷射光的波長) 才能散射適當數量的光線。直徑約 1 μm 的粒子通常可以很好的滿足這個條件。有些流體 (像自來水) 自然就含有適當數量的這些粒子，因此不需要佈種。像空氣之類的氣體通常用煙或由乳膠、油與其它材質形成的粒子來佈種。藉著使用有不同波長的三對雷射束，LDV 系統也可以被用來得到流場中任何一點的三個速度分量。

粒子成像測速法

粒子成像測速法 (particle image velocimetry, PIV) 是一種雙脈衝雷射技術，用於測量流場中一個平面的瞬時速度分佈，其法為在一個很小的時間區間內用圖形法決定在一個平面的粒子的位移。不像熱線測速法與 LDV 法等方法僅量測一點的速度，PIV 法同時提供在整個截面的速度值，因此是一種全流場技術。PIV 法結合 LDV 法的正確性，同時具有流場可視化的能力，並且提供瞬時的流場圖像。例如，在一根管的一整個截面的瞬時速度可以用一個單一的 PIV 量測獲得。一個 PIV 系統可以被視為是能對流場中的任何一個希望平面的速度分佈作瞬時照相的照相機。平常的流場僅可以對流動細節給出一個定性的照片。PIV 對各種流動量也可以提供正確的定量描述，例如速度場，從而可以使用所提供的速度數據來對流場作數值化分析的能力。由於其全場化的能力，PIV 也被用來驗證計算流體力學 (CFD) 的程式 (第 15 章)。

PIV 技術從 1980 年代中期就已經被使用了，近年來由於畫面捕捉器及電荷耦合裝置 (CCD) 照相機技術的進步使其應用與能力更形成長。PIV 系統由於其在次微秒的曝光時間內可以捕捉全流場影像的能力，同時兼具正確性、靈活性與多樣性，已經使其成為非常有價值的工具，可以用來研究超音速流、爆炸、火焰傳播、汽泡成長與崩潰、紊流及不穩定流。

用來量測速度的 PIV 技術包括兩個步驟：可視化與影像處理。第一步是用適當的粒子對流場佈種，目的是追蹤流體的運動。然後用一個雷射光頁的脈衝照亮流場一個細切面，而在那個平面上的粒子的位置是偵測粒子所散射的光在一台與光頁成直角設置的數位照相機上的成相來決定的 (圖 8-79)。在一個很小的時間間隔 Δt [一般是用微秒 (μs)] 之後，粒子被第二個雷射光頁的脈衝照亮，並且記錄其新

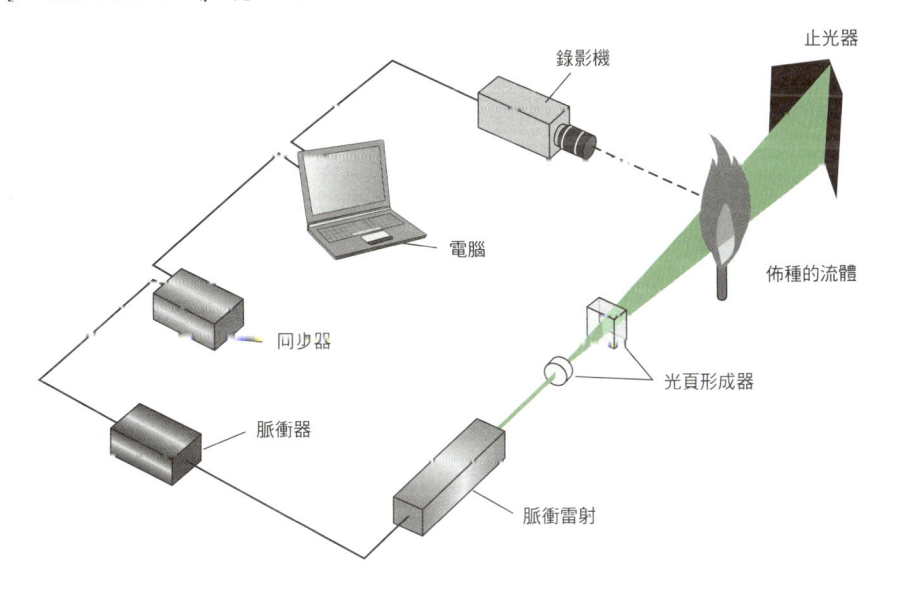

圖 8-79 用來量測火焰穩定度的 PIV 系統。

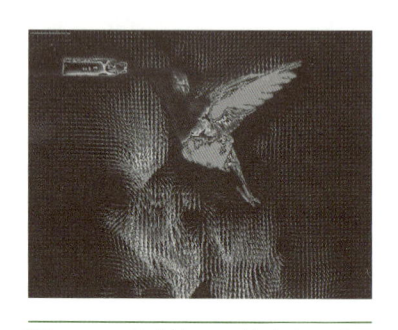

圖 8-80 瞬時的 PIV 速度向量重疊在一隻飛翔的蜂鳥上。

位置。使用此兩張重疊照片上的資訊，所有粒子的位移 Δs 可以被決定，而在雷射光頁的平面上的每一個粒子的速度大小就用 Δs/Δt 來決定。粒子的運動方向也可以用這兩個位置來決定，因此平面上速度的兩個分量就可計算出來。PIV 系統內建的演算法可以決定分佈在整個平面上稱為訊問區域的面積元素上的上百點或上千點的速度，並且可以用任何形式把速度場呈現在電腦螢幕上 (圖 8-80)。

PIV 技術依賴粒子所散射的雷射光，因此依需要而要使用粒子 (也稱標示劑) 來對流場佈種，目的是得到正確的反射訊號。種子粒子必須能夠在流場中遵循軌跡線，使其運動可以代表流場，這需要粒子密度等於流體密度，使其成為浮力中性，或是粒子夠小 (一般是微米尺寸) 使其相對於流體的運動不顯著。有各種不同的粒子可以用來對氣體流或液體流佈種。高速流必須使用非常小的粒子。碳化矽粒子 (平均直徑 1.5 μm) 對液體流或氣體流都適用；二氧化鈦粒子 (平均直徑 0.2 μm) 一般用在氣體流中，並且適用於高溫的應用而聚苯乙烯乳膠粒子 (公稱直徑 1.0 μm) 適用於低溫的應用。鍍金屬粒子 (平均直徑 9 μm) 也被用在水流中佈種來作 LDV 量測，原因在於其高反射率。氣泡與某些液體，像橄欖油或矽利康油，在其被霧化成微米尺寸的小球以後也可被用來作為佈種粒子。

有各種雷射光源，例如氬、銅蒸氣與釹雅鉻，可以被用在 PIV 系統中，依對於脈衝時間長度、功率與脈衝時間間隔的要求而定。釹雅鉻雷射在一個很廣泛的應用範圍內經常在 PIV 系統所使用。一個光束發射系統，例如一個光臂或一個光纖系統被用來產生並發射一個高能量且具有指定厚度的脈衝雷射光頁。

有了 PIV，其它流動性質 (例如渦度與應變率) 也可以被獲得，因此紊流的細節可以被研究。最近在 PIV 技術的進展已經使利用兩台照相機來獲得在流場中的一個截面的三維速度形狀變成是可能的 (圖 8-81)。這是藉由用兩個不同角度的照相機同時記錄目標平面的影像，處理資訊來產生兩個不同的二維速度圖，再結合這兩張圖來產生瞬時的三維的速度場而達成的。

圖 8-81 一個三維的 PIV 系統設置，用來研究一個空氣射束與橫向管流的混合。

生物流體力學的簡介[1]

生物力學可以包括很多人體內的生理系統，但是這個詞語也可以應用到所有的動物種類中，只要其具有許多基本的流體系統，即一系列用來傳輸流體 (不管是液體或氣體，或兩者皆有) 的管路系統。如果我們聚焦在人類，這些流體系統可以列舉的有心血管、呼吸、淋巴、視覺與胃腸系統。我們應該記住所有這些系統相似於其它機械管路系統，即管路的基本組成包括泵、管、閥及一種流體。對我們的目的而言，將聚焦在心血管系統上來說明人體內管網路的基本觀念。

圖 8-82 繪圖說明心血管系統，更明確一點，是系統循環或血管 (管子) 攜帶血液 (流體) 從心臟，更明確一點是左心室 (泵)，到身體的其它部分。記住有一個不同的血管網路從右心室到肺臟去重新對血液加氧。這一系列管路在系統循環的獨特點是其幾何或截面積不是圓形的，而是橢圓形的，並且不像機械系統的管網路會有配件來將一種尺寸的管子變化到另一種尺寸的管子，心血管系統從主動脈 (從左心室開始的血管) 大約直徑 25 mm，逐漸縮小到直徑大約 5 μm 的微血管，然後直徑又逐漸增加到約 25 mm 的大靜脈，這是連接到右心室的血管。此循環的另一個重要元素特別是血管，即其為適應性的，並且可以膨脹來依需要容納血液的體積以調節壓力變化來維持恆定性。

心血管系統是一個複雜的管網路，它們是活的，會對壓力反應，就如血液元素當平均狀況改變時也會反應。即使是這種管路，其流動是由心臟所激發的脈動來驅動血液經過血管網路而持續地流動，其現象是極複雜的。這種脈動經過血液與血管壁傳遞造成波的相互作用及在系統內的反射。因為有分支、分叉與曲率變化等不連續性，如圖 8-82 所示，其起始與邊界條件不是直接可得的。由於血管網路及其零件本身的複雜性，要了解血液流動是一個具挑戰性的工作。

流體量測技術像 PIV 與 LDV 在了解醫學裝置相關或其內部的流動特性時非常有用，特別是那些移植在心血管系統中的裝置。使用這些技術來了解血液如何流過或如何在心血管裝置中流動，可以得到許多相關資訊，並可以改進裝置的設計。再者，我們可以利用這些量測來估計血液的損傷程度與凝塊發生的可能性。為了確保我們在實驗桌上有一個心血管系統的正確代表，工程師已經設計一個循環迴路或流動迴路的模型，可以讓實驗者模擬心臟血液流動與壓力波形，來進行實驗桌上的研究。例如羅森柏格博士 (Gus Rosenberg) 在 1970 年代早期所建立的賓州大學模擬循環迴路 (Rosenberg *et al.* 1981)。我們也需要為這個特別的流動量測技術尋找模擬血液來確保流體是透明的，但也可以模擬血液的非牛頓流體的行為。我們已經開發出一種血液的類比物可以達到這些要求，同時其折射率與代表心血管裝置的壓克力模

---

[1]. 此節由賓州州立大學的曼寧 (Keef Manning) 教授所提供。

448　流體力學

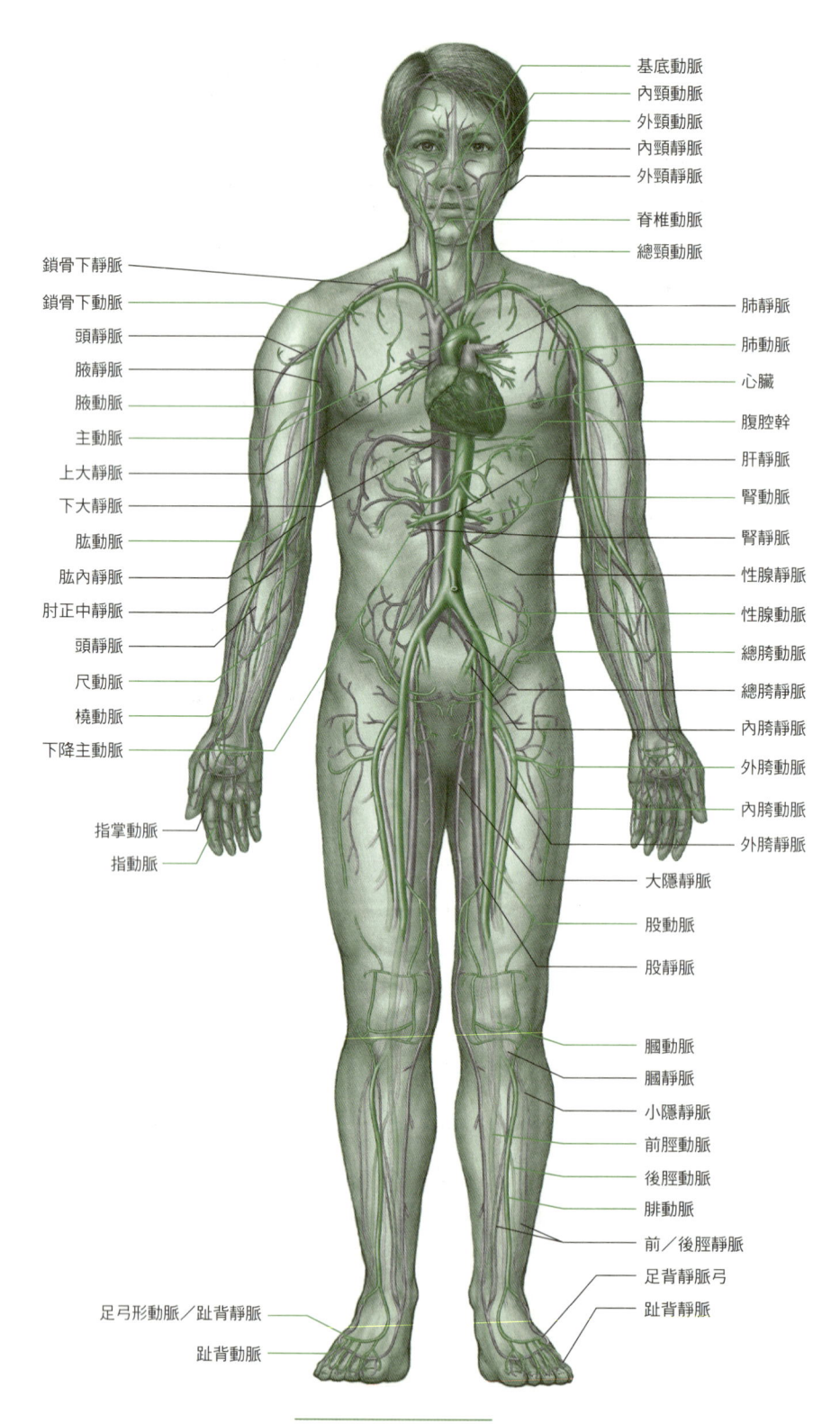

圖 8-82　心血管系統。

McGraw-Hill Companies, Inc.

型互相匹配，因此可以允許雷射光經過壓克力進入流場而不會有任何折射。模擬迴路與流體在確保量測是在可控制的生理條件下取得，並且具有足夠的正確性是很重要的。

賓州州立大學自從 1970 年代以後一直都在發展機械式循環支援裝置 (血泵)，這是當病人在等待心臟移植時可以幫助病人活下去的裝置 [前美國副總統錢尼 (Dick cheney) 在等待心臟移植前就使用過這種技術]。多年以來，PIV 與 LDV 已經很成功的被用來研究流動並做出設計上的變化來減少凝塊的發生。我們最近的研究焦點是在開發一種脈動式兒童心室輔助裝置 (PVAD)，來幫助兒童在他們可以得到一個捐贈心臟之前維持生命。這個裝置是氣動操作的，讓脈動的空氣進入一個腔室，其會造成一個膜片相對一個聚胺甲酸脂尿素氣囊膨脹 (此為 PVAD 內與血液的接觸面)。血液從一根連接到左心室的管子導入此裝置，經過一個機械心瓣進入 PVAD，然後經過另一個機械式心瓣流出這個裝置的出口，進入連接到下降大動脈的一根管子中，如圖 8-83a 所示。圖 8-83b 顯示經過 PVAD 流動路徑，應該注意此裝置的大小可以置於一個成人的手掌之中。一個最早的 PIV PVAD 研究是決定哪一種型式的機械式心瓣 (傾斜盤式或雙葉式) 要被用在這個裝置上。圖 8-84 說明 PIV 研

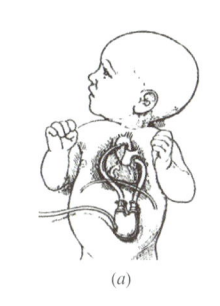

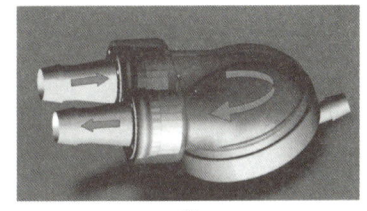

圖 8-83 (a) 賓州州大 12 cc. 的脈動心室輔助裝置。其進口連接到左心房，而入口連接到下降的大動脈。這是一個畫家的效果圖。(b) 經過 PVAD 的血液流向。

Photo (b) Permission granted from ASME, Cooper et al. JBME, 2008.

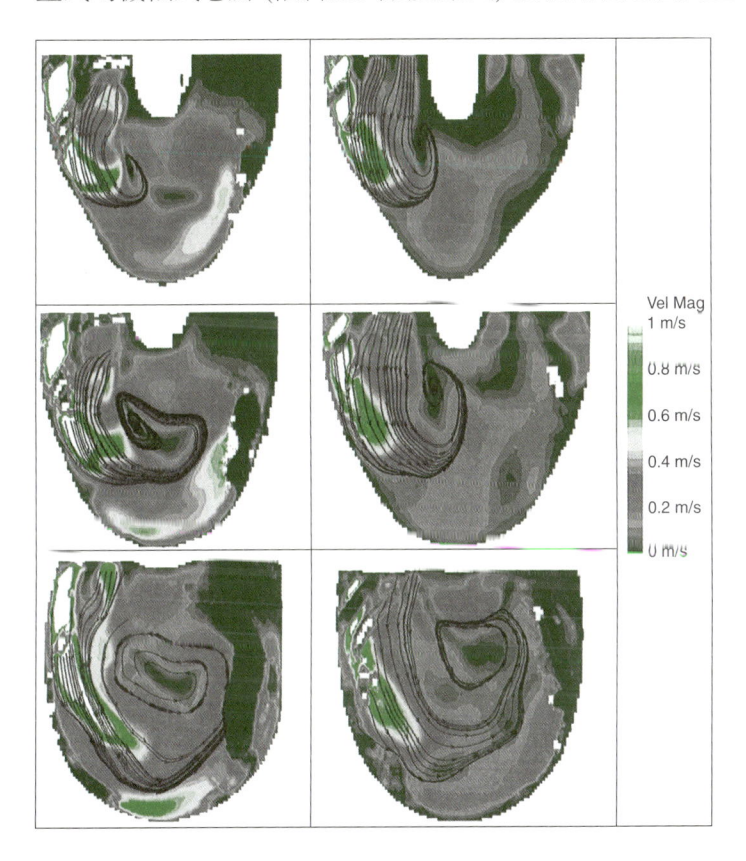

圖 8-84 BSM 心瓣在 250 ms (左列圖) 與 CM 心瓣在 350 ms 的粒子軌跡，從上到下的切面分別是位於 7 mm (上排)、8.2 mm (中排) 與 11 mm (下排)。這些圖像說明了旋轉流動型態完全發展的第一步時間。

Permission granted from ASME, Cooper et al. JBME, 2008.

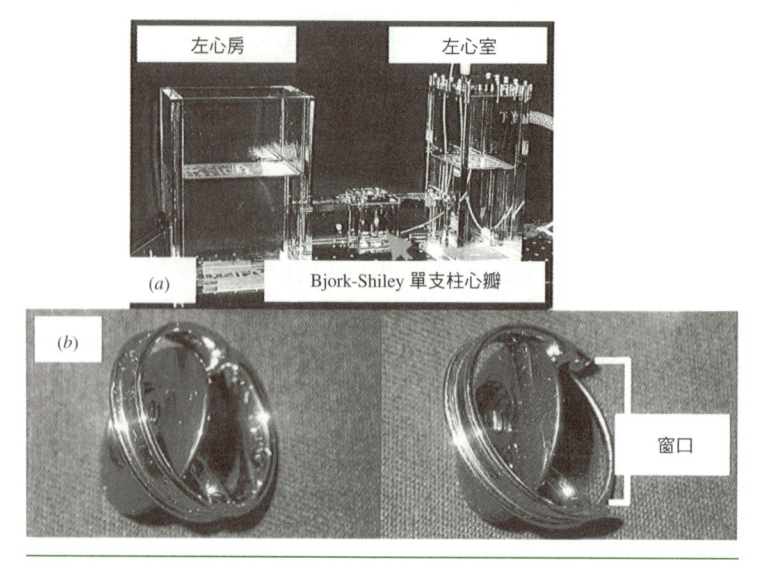

圖 8-85 (a) 單發式腔室模擬 Bjork-Shiley 單支柱心瓣關閉的動力學。(b) 左邊是完整的 Bjork-Shiley 單支柱心瓣的一個視圖。右邊則展視一個改裝過的心瓣。窗口隨後用壓克力充填來維持相同的流體動力型態與剛性。
Permission granted from ASME, Manning et al. JBME, 2008.

究的部分結果 (Cooper et al. 2008)。這裡我們使用粒子軌跡作為一種檢視這個裝置內旋渦結構如何發展的一個方法，對這個技術而言，這是一種確保正確壁面沖洗 (足夠的壁面剪力) 的方法，為的是避免在裝置的血液接觸面上產生凝塊。較密集的旋渦會造成在整個心臟循環中更多的動量，因而產生較大的旋渦結構。

我們的研究團隊也對通過機械式心瓣的流動特徵做了研究。在一個研究中 (Manning et al., 2008)，我們聚焦在一個 Bjork-Shiley 單支柱心瓣 (傾斜盤式心瓣) 腔室內的流動，如圖 8-85b 所示。我們移除腔室的一部分，並且插入一個光學窗口來作為 LDV 系統的入口。此研究中我們不採用流動循環迴路，而是使用一個單發式腔室 (圖 8-85a) 來模擬二尖瓣的位置，因為我們對關閉時的流體動力學更有興趣。二尖瓣位於左心房與左心室之間。自然的心瓣，就如二尖瓣，是被動式的，就像一個止回閥，會對心臟內不同結構的壓力變化作出反應。在此研究中，我們量測了流體如何快速流過在傾斜盤與腔室壁之間的小間隙，與傾斜盤關閉時所產生的旋渦是多大。圖 8-86 是說明這個流動的示意圖，而圖 8-87 是流動的時序圖，這是在關閉時流體衝擊心瓣腔室的數毫秒內用 LDV 所量測的結果。可以量測到正在衝擊時刻的強烈旋渦。這些數據涵蓋了上百個心臟的跳動。我們隨後使用這些速度量測來估計可能的血液損傷量，是藉由時間間隔與剪應力大小的相關性來得到的。

第 8 章　內部流　**451**

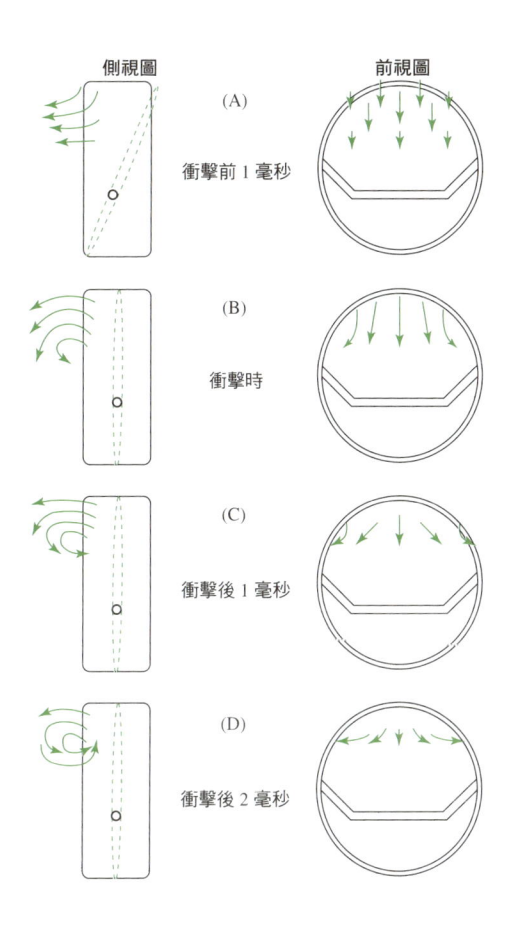

圖 8-86 這些示意圖說明閥關閉的四個連續時間所產生的總體流動結構的側視圖與前視圖。
Permission granted from ASME, Manning et al. JBME, 2008.

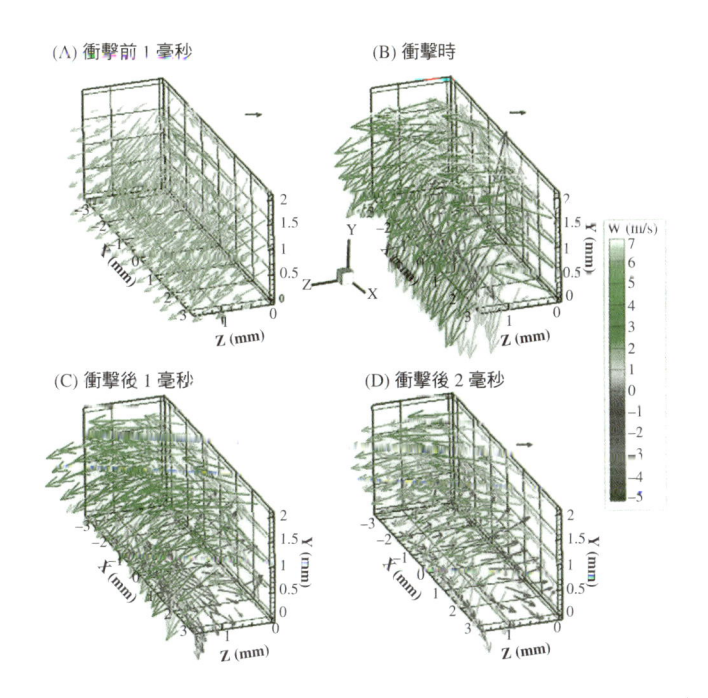

(A) 衝擊前 1 毫秒
(B) 衝擊時
(C) 衝擊後 1 毫秒
(D) 衝擊後 2 毫秒

圖 8-87 三維的流動結構,是由指示方向的向量與指示軸向速度強度的顏色所建構而成的。瓣從右到左關閉,以 $x=0$ 代表瓣葉的中線。四個圖分別代表 (a) 衝擊前 1 ms,(b) 衝擊時,(c) 關閉後 1 ms,及 (d) 關閉後 2 ms。
Permission granted from ASME, Manning et al. JBME, 2008.

(A) 衝擊前 1 毫秒
(B) 衝擊時
(C) 衝擊後 1 毫秒
(D) 衝擊後 2 毫秒

452　流體力學

例題 8-11　經過大動脈分叉的血液流動

血液從心臟流出 (更清楚地說，從左心室) 進入大動脈來供給身體其它部分氧氣。當血流從上升的大動脈下降至腹部大動脈時，有一些血液被一個分叉網路結帶走了。當血液到達髖骨區域時，有一個分叉 (參考圖 8-88) 到左／右總胯動脈。這個分叉是對稱的，但是總胯動脈的血管並不是等直徑的。已知血液的運動黏度是 4 cSt (centistokes)，腹部大動脈的直徑是 15 mm，右總胯動脈的直徑是 10 mm，而左總胯動脈的直徑是 8 mm，試決定經過右總胯動脈的平均流率，如果腹部大動脈的平均流速是 30 cm/s，而左總胯動脈的平均流速是 40 cm/s。

解答： 已知三條血管中其中兩條的平均流速與所有三條血管的直徑。將這些管都近似為鋼體管。

假設：1. 流動是穩定的，雖然實際上心臟每分鐘收縮 75 下造成脈動流。**2.** 入口效應被忽略，而流動被視為完全發展的。**3.** 血液當作牛頓流體。

性質： 在 37°C 時的運動黏度是 4 cSt。

分析： 使用質量守恆，我們可以說腹部大動脈的流率 $\dot{V}_1$ 等於兩條總胯動脈流率的加總 ($\dot{V}_2$ 給左邊，而 $\dot{V}_3$ 給右邊)。因此，

$$\dot{V}_1 = \dot{V}_2 + \dot{V}_3$$

因為我們使用平均速度，並且知道直徑與血液的密度在這段循環系統中到處都是一樣的，可以將方程式重寫成

$$V_1 A_1 = V_2 A_2 + V_3 A_3 \quad \text{其中 } V \text{ 是平均速度，而 } A \text{ 是面積}$$

重新整理並解出 V_3，方程式變成

$$V_3 = (V_1 A_1 - V_2 A_2)/A_3$$

代入已知的數值，

圖 8-88 人體的解剖。注意大動脈與左／右總胯動脈。

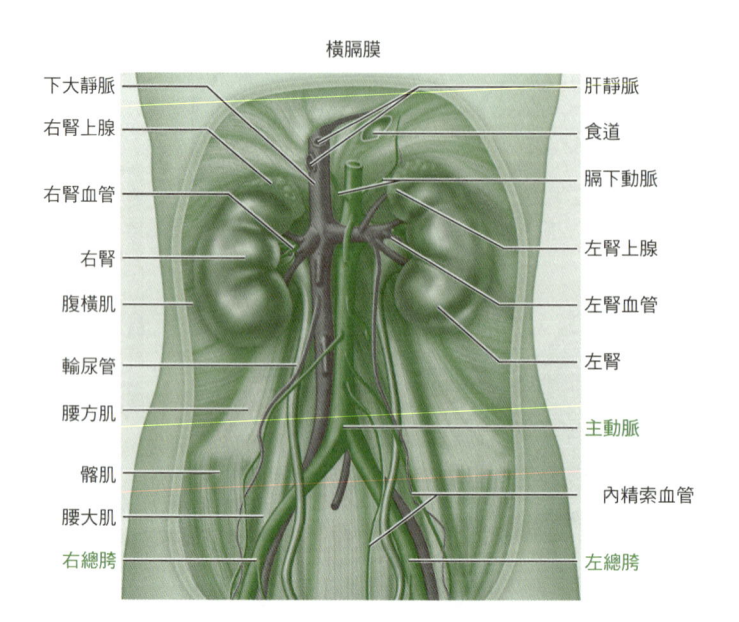

$$V_3 = (30 \text{ cm/s} \times (1.5 \text{ cm})^2 - 40 \text{ cm/s} \times (0.8 \text{ cm})^2)/(1.0 \text{ cm})^2$$

$$V_3 = 41.9 \text{ cm/s}$$

討論：因為我們假設穩定流，平均速度是適當的，但事實上會有一個最大正向速度，而在舒張期時，當左心室充血時會有一些回到心臟的逆流。經過這些血管與許多較大的動脈的速度形狀在一個心臟循環中是會變化的。同時血液的行為也假設是牛頓流體，即使其為黏彈性流體。許多研究者使用這個假設，因為在這個特定的位置，剪應力足夠達到血液黏度的趨近值。

應用聚焦燈 —— PIV 應用在心臟流動上

客座作者：Jean Hertzberg[1]、Brett Fenster[2]、Jamey Browning[1] 與 Joyce Schroeder[2]

[1] Department of Mechanical Engineering, University of Colorado, Boulder, CO.
[2] National Jewish Health Center, Denver, CO.

MRI (磁共振照相術) 可以量測血液流過人體心臟的速度場，包括所有 3 個速度分量 (u, v, w)，並在 3-D 空間與時間上都有合理的解析度 (Bock *et al.*, 2010)。圖 8-89 顯示一個正常的志願者的心臟在舒張期的尖峰時刻 (心臟充血週期)，血液從右心房到右心室的流動，黑色箭頭指示出心室的長軸。小箭頭顯示出速度向量場。

在大約 1 秒長的心臟週期中，流動型態快速的變化，並且顯示複雜的幾何。流體的流動用一種微妙的螺旋路徑從右心房進入右心室，如白色流管所示。在心房與心室之間的三尖瓣是一組三片的組織翼片，其在這組數據中是不可見的。這個瓣對流動型態的影響可以從流動在瓣片附近的轉彎看出來。這個流動的細節 (包括渦度，第 4 章) 預期可以揭露心臟與肺臟相互作用的物理機制，並且可以改進對肺循環高血壓的病理條件診斷 (Fenster *et. al.*, 2012)。

在右心室充血以後，三尖瓣關閉，心室收縮，並且血液注入通到肺臟的肺動脈，並在那裡吸收氧氣。之後血液流到心臟的左側，其在該處經由左心室的收縮而升壓。含氧的血液隨後注入大動脈並被輸送到身體的各部分。以此方式，心臟就如同兩個正排量型泵在工作著。

因為校正這些數據是困難的，因此驗證數據的一致性很重要。一個有用的測試是驗證一個心臟循環中心室的質量守恆。即計算在舒張期進入心室的血液流量，並且將其與收縮期離開的流量作比較。同樣地，一個循環中心臟右側的淨流量必須匹配心臟左側的淨流量。

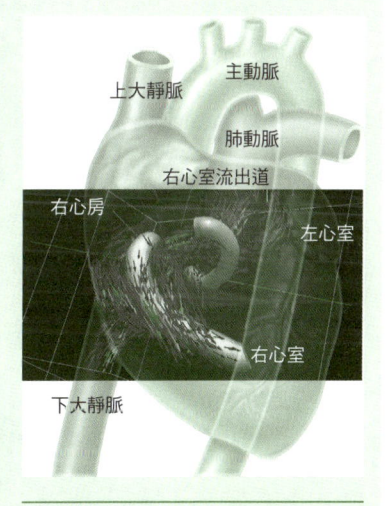

圖 8-89 人體心臟流動的 MRI-PIV 量測。
Photo courtesy of Jean Hertzberg.

參考資料

Bock J, Frydrychowicz A, Stalder AF, Bley TA, Burkhardt H, Hennig J, and Markl M. 2010. 40 phase contrast MRI at 3 T: Effect of standard and bloodpool contrast agents on SNR, PC-MRA, and blood flow visualization. *Magnetic Resonance in Medicine* 63(2):330-338.

Fenster BE, Schroeder JD, Hertzberg JR, and Chung JH. 2012. 4-Dimensional Cardiac Magnetic Resonance in a Patient With Bicuspid Pulmonic Valve: Characterization of Post-Stenotic Flow. *J Am Coll Cardiol* 59(25):e49.

總結

在內部流中，一根管子完全被流體充滿。層流的特徵是平滑的流線與高度有秩序的流動，而紊流的特徵是不穩定且無序的速度擾動，及高度無序的運動。

雷諾數定義為

$$\text{Re} = \frac{\text{慣性力}}{\text{黏滯力}} = \frac{V_{\text{avg}}D}{\nu} = \frac{\rho V_{\text{avg}}D}{\mu}$$

在大多數實際情況下，當 Re < 2300 時，管流中是層流；當 Re > 4000 時是紊流，而在其間則為過渡流。

黏性剪應力在其內可以被感覺到的流動區域稱為速度邊界層。從管子入口到流動變成完全發展流的位置的這一段區域稱為水力入口區，此區的長度稱為水力入口長度 L_h。其可被給定如下：

$$\frac{L_{h,\text{laminar}}}{D} \cong 0.05\,\text{Re} \quad \text{與} \quad \frac{L_{h,\text{turbulent}}}{D} \cong 10$$

在完全發展流區域內的摩擦係數是常數。一根圓管中的完全發展層流的最大速度與平均速度為

$$u_{\max} = 2V_{\text{avg}} \quad \text{與} \quad V_{\text{avg}} = \frac{\Delta P D^2}{32\mu L}$$

水平管中層流的體積流率與壓力降為

$$\dot{V} = V_{\text{avg}} A_c = \frac{\Delta P \pi D^4}{128\mu L} \quad \text{與} \quad \Delta P = \frac{32\mu L V_{\text{avg}}}{D^2}$$

所有內部流的壓力損失與水頭損失(層流或紊流、圓管或非圓管、平滑面或粗糙表面)可以表示為

$$\Delta P_L = f\frac{L}{D}\frac{\rho V^2}{2} \quad \text{與} \quad h_L = \frac{\Delta P_L}{\rho g} = f\frac{L}{D}\frac{V^2}{2g}$$

其中 $\rho V^2/2$ 是動壓，無因次量 f 是摩擦因子。圓管中的完全發展層流其摩擦因子是 $f = 64/\text{Re}$。

對於非圓管，前面關係式中的直徑要用水力直徑(定義為 $D_h = 4A_c/p$)來代替，其中 A_c 是管的截面積，而 p 是溼邊周長。

在完全發展的紊流中，摩擦因子相依於雷諾數與相對粗糙度 ε/D。紊流的摩擦因子由科爾布魯克方程式給定，表示為

$$\frac{1}{\sqrt{f}} = -2.0\log\left(\frac{\varepsilon/D}{3.7} + \frac{2.51}{\text{Re}\sqrt{f}}\right)$$

根據此式畫出的圖稱為穆迪圖。管路系統的設計與分析包括決定水頭損失、流率與管直徑。使用史萬迷−簡公式可以避免這些計算中煩人的疊代過程，其表示式為

$$h_L = 1.07\frac{\dot{V}^2 L}{gD^5}\left\{\ln\left[\frac{\varepsilon}{3.7D} + 4.62\left(\frac{\nu D}{\dot{V}}\right)^{0.9}\right]\right\}^{-2}$$

$$10^{-6} < \varepsilon/D < 10^{-2}$$
$$3000 < \text{Re} < 3 \times 10^8$$

$$\dot{V} = -0.965\left(\frac{gD^5 h_L}{L}\right)^{0.5}\ln\left[\frac{\varepsilon}{3.7D} + \left(\frac{3.17\nu^2 L}{gD^3 h_L}\right)^{0.5}\right]$$

$$\text{Re} > 2000$$

$$D = 0.66\left[\varepsilon^{1.25}\left(\frac{L\dot{V}^2}{gh_L}\right)^{4.75} + \nu \dot{V}^{9.4}\left(\frac{L}{gh_L}\right)^{5.2}\right]^{0.04}$$

$$10^{-6} < \varepsilon/D < 10^{-2}$$
$$5000 < \text{Re} < 3 \times 10^8$$

發生在管路零件，例如配件、閥、彎管、肘管、T 形管、入口、出口、擴張與收縮的損失稱為次要損失。次要損失通常使用損失係數 K_L 來表示。一個零件的水頭損失可以用下式決定：

$$h_L = K_L \frac{V^2}{2g}$$

當所有損失係數都知道以後，管路系統的總水頭損失為

$$h_{L,\text{total}} = h_{L,\text{major}} + h_{L,\text{minor}} = \sum_i f_i \frac{L_i}{D_i}\frac{V_i^2}{2g} + \sum_j K_{L,j}\frac{V_j^2}{2g}$$

如果整個管路系統為等直徑時，總水頭損失化簡為

$$h_{L,\text{total}} = \left(f\frac{L}{D} + \sum K_L\right)\frac{V^2}{2g}$$

管路系統的分析基於兩個主要的原理：(1) 整個系統都要滿足質量守恆；且 (2) 兩點之間所有路徑的壓力降都要一樣。當管以串聯方式連接時，通過整個系統的流率維持為常數，不管各別管子的直徑是多大。一根管子若分叉成兩根 (或更多根) 平行管，然後在下游的一個連接點再重新結合成一管時，其總流率等於各別管子流率的加總，但是每個分支的水頭損失都是相同的。

當一個管路系統包含泵或透平機時，穩定流能量方程式可以表示為

$$\frac{P_1}{\rho g} + \alpha_1\frac{V_1^2}{2g} + z_1 + h_{\text{pump},u} = \frac{P_2}{\rho g} + \alpha_2\frac{V_2^2}{2g} + z_2 + h_{\text{turbine},e} + h_L$$

當有用的泵水頭 $h_{\text{pump},u}$ 為已知時，需要由泵提供給流體的機械功率及在一個指定流率下，由泵的馬達所消耗的電功率為

$$\dot{W}_{\text{pump, shaft}} = \frac{\rho \dot{V} g h_{\text{pump}, u}}{\eta_{\text{pump}}} \quad \text{與} \quad \dot{W}_{\text{elect}} = \frac{\rho \dot{V} g h_{\text{pump}, u}}{\eta_{\text{pump-motor}}}$$

其中 $\eta_{\text{pump-motor}}$ 是泵－馬達組合的效率，其為泵與馬達效率的乘積。

水頭損失相對於流率 $\dot{V}$ 的圖稱為系統曲線。一個泵所產生的水頭不是一個常數，$h_{\text{pmp}, u}$ 與 η_{pump} 相對於 $\dot{V}$ 的曲線稱為特徵曲線。一個安裝在管路系統上的泵會在操作點上操作，即系統曲線與特徵曲線相交的點。

流體量測技術與裝置可以被歸類成三個主要分類：(1) 體積 (或質量) 流率量測技術與裝置，例如阻塞型流量計、渦輪型流量計、正排量型流量計、浮子流量計與超音波流量計；(2) 點速度量測技術，例如皮托靜壓管、熱線式與 LDV；與 (3) 全場速度量測技術，例如 PIV。

本章的重點是經過管 (包括血管) 的流動。對於各種泵與透平機的詳細討論，包括其工作原理與性能參數，將在第 14 章進行。

參考資料和建議讀物

1. H. S. Bean (ed.). *Fluid Meters: Their Theory and Applications*, 6th ed. New York: American Society of Mechanical Engineers, 1971.

2. M. S. Bhatti and R. K. Shah. "Turbulent and Transition Flow Convective Heat Transfer in Ducts." *In Handbook of Single-Phase Convective Heat Transfer*, ed. S. Kakaç, R. K. Shah, and W. Aung. New York: Wiley Interscience, 1987.

3. B. T. Cooper, B. N. Roszelle, T. C. Long, S. Deutsch, and K. B. Manning. "The 12 cc Penn State pulsatile pediatric ventricular assist device: fluid dynamics associated with valve selection." *J. of Biomechonicol Engineering*. 130 (2008) pp. 041019.

4. C. F. Colebrook. "Turbulent Flow in Pipes, with Particular Reference to the Transition between the Smooth and Rough Pipe Laws," *Journal of the Institute of Civil Engineers London*. 11 (1939), pp. 133–156.

5. F. Durst, A. Melling, and J. H. Whitelaw. *Principles and Practice of Laser-Doppler Anemometry*, 2nd ed. New York: Academic, 1981.

6. *Fundamentals of Orifice Meter Measurement.* Houston, TX: Daniel Measurement and Control, 1997.

7. S. E. Haaland. "Simple and Explicit Formulas for the Friction Factor in Turbulent Pipe Flow," *Journal of Fluids Engineering*, March 1983, pp. 89-90.

8. I. E. Idelchik. *Handbook of Hydraulic Resistance*, 3rd ed. Boca Raton, FL: CRC Press, 1993.

9. W. M. Kays, M. E. Crawford, B. Weigand. *Convective Heat and Mass Transfer*, 4th ed. New York: McGraw-Hill, 2004.

10. K. B. Manning, L. H. Herbertson, A. A. Fontaine, and S. S. Deutsch. "A detailed fluid mechanics study of tilting disk mechanical heart valve closure and the implications to blood damage." *J. Biomech. Eng.* 130(4) (2008), pp. 041001-1-4.

11. R. W. Miller. *Flow Measurement Engineering Handbook*, 3rd ed. New York: McGraw-Hill, 1997.

12. L. F. Moody. "Friction Factors for Pipe Flows," *Transactions of the ASME* 66 (1944), pp. 671-684.

13. G. Rosenberg, W. M. Phillips, D. L. Landis, and W. S. Pierce. "Design and evaluation of the Pennsylvania State University mock circulatory system." *ASAIO J.* 4 (1981) pp. 41-49.
14. O. Reynolds. "On the Experimental Investigation of the Circumstances Which Determine Whether the Motion of Water Shall Be Direct or Sinuous, and the Law of Resistance in Parallel Channels." *Philosophical Transactions of the Royal Society of London*, 174 (1883), pp. 935-982.
15. H. Schlichting. *Boundary Layer Theory*, 7th ed. New York: Springer, 2000.
16. R. K. Shah and M. S. Bhatti. "Laminar Convective Heat Transfer in Ducts." In *Handbook of Single-Phase Convective Heat Transfer*, ed. S. Kakaç, R. K. Shah, and W. Aung. New York: Wiley Interscience, 1987.
17. P. L. Skousen. *Valve Handbook*. New York: McGraw-Hill, 1998.
18. P. K. Swamee and A. K. Jain. "Explicit Equations for Pipe-Flow Problems," *Journal of the Hydraulics Division. ASCE* 102, no. HY5 (May 1976), pp. 657-664.
19. G. Vass. "Ultrasonic Flowmeter Basics," *Sensors*, 14, no. 10 (1997).
20. A. J. Wheeler and A. R. Ganji. *Introduction to Engineering Experimentation*. Englewood Cliffs, NJ: Prentice-Hall, 1996.
21. W. Zhi-qing. "Study on Correction Coefficients of Laminar and Turbulent Entrance Region Effects in Round Pipes," *Applied Mathematical Mechanics*, 3 (1982), p. 433.

習題

有 "C" 題目是觀念題，學生應儘量作答。

層流與紊流

8-1C 考慮在一根圓管中的層流。壁剪應力在靠近入口處或靠近出口處會較高呢？為什麼？若流動是紊流，則你的回答會是什麼？

8-2C 什麼是水力直徑？它是如何定義的？對一根直徑 D 的圓管，會等於什麼？

8-3C 對於管內之流動，水力入口長度是如何定義的？入口長度對層流或紊流，哪個較長？

8-4C 為什麼液體通常用圓管傳遞？

8-5C 雷諾數的物理意義是什麼？對於 (a) 在一根內徑為 D 的圓管中之流動與 (b) 在一根截面積為 $a \times b$ 的長方形管中之流動雷諾數是如何定義的？

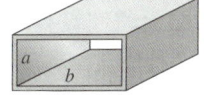

圖 P8-5C

8-6C 考慮一個人先在空氣中，然後在水中以相同速度行走，哪一種運動的雷諾數會較高？

8-7C 證明在一根直徑為 D 的圓管中的雷諾數可以被表示為 $Re = 4\dot{m}/(\pi D \mu)$。

8-8C 在一根已知管，哪一種流體在室溫下以一個指定速度流動需要一個較大的泵：水或機油？為什麼？

8-9C 在平滑管內一般會認為當雷諾數高於什麼值時，圓管中的流動會變成紊流？

8-10C 如果管中的流動是紊流時，表面相對糙度會如何影響壓力降？如果流動是層流時，你的回答會是如何呢？

管內的完全發展流

8-11C 有人聲稱圓管中層流的體積流率可以量測在完全發展區的中線速度，將其乘以截面積，再除以 2 來決定之。你同意嗎？請解釋。

8-12C 有人聲稱圓管中完全發展的層流的平均速度可以簡單地量測在 $R/2$ 的速度 (在壁面與中心線的一半位置上) 來決定之。你同意嗎？請解釋。

8-13C 有人聲稱在一根圓管中心的剪應力在流動是完全發展流時為零。你是否同意這個聲明？請解釋。

8-14C 有人聲稱當管內是完全發展的紊流時，剪應力在管壁上是最大值。你是否同意這個聲明？請解釋。

8-15C 在完全發展區域的壁剪應力是如何沿流動方向改變的？(a) 在層流中與 (b) 在紊流中。

8-16C 什麼流體性質要為速度邊界層的發展負責？什麼流體在管中沒有速度邊界層？

8-17C 在一根圓管中的完全發展區，速度形狀是否會在流動方向改變？

8-18C 在管中的摩擦因子是如何與壓力損失相關的？對一個已知的流率，壓力損失是如何與泵功率相關的？

8-19C 討論完全發展的管流是一維、二維或是三維的。

8-20C 考慮在一根圓管中的完全發展流，其入口效應可以忽略。若管長加倍時，則水頭損失會 (a) 加倍，(b) 比加倍更多，(c) 比加倍更少，(d) 減少，或 (e) 不變。

8-21C 考慮一根圓管中的完全發展層流。當管徑減半而流率與管長維持為常數時，水頭損失會增加成為 (a) 兩倍，(b) 三倍，(c) 四倍，(d) 八倍，或 (e) 十六倍。

8-22C 解釋為什麼摩擦因子在雷諾數很大時，是與雷諾數無關的。

8-23C 什麼是紊流黏度係數？是由什麼造成的？

8-24C 已知某一根圓管的水頭損失為 $h_L = 0.0826 fL(\dot{V}^2/D^5)$，其中 f 是摩擦因子（無因次），L 是管長，$\dot{V}$ 是體積流率，而 D 是管直徑。試決定 0.0826 是一個有因次或無因次的常數。此方程式是否是因次齊一的？

8-25C 考慮一根圓管的完全發展層流，當流率維持在常數時，若加熱使流體的黏度減半時，其水頭損失會如何變化？

8-26C 水頭損失如何與壓力損失相關？對一個已知流體，解釋你如何將水頭損失轉換成壓力損失。

8-27C 考慮空氣在一根完美平滑壁面的圓管中的層流流動，你認為在此種流動中的摩擦因子會是零嗎？請解釋。

8-28C 什麼是造成紊流的摩擦因子較高的物理機制？

8-29 已知一個牛頓流體在兩塊很大的平行板之間的完全發展層流的速度形狀為

$$u(y) = \frac{3u_0}{2}\left[1 - \left(\frac{y}{h}\right)^2\right]$$

其中 $2h$ 是兩塊平行板之間的距離，u_0 是在中心面上的速度，而 y 是從中心面算起的垂直座標。若平行板的寬度為 b，試求流過平板之間流率的關係式。

8-30 水穩定的流過一根漸縮的管段。管段上游的半徑是 R_1，流動是層流，速度形狀是 $u_1(r) = u_{01}(1-r^2/R_1^2)$。管段下游的流動是紊流，速度形狀是 $u_2(r) = u_{02}(1-r/R_2)^{1/7}$。若 $R_2/R_1 = 4/7$ 且流動是不可壓縮的，試決定中心速度比 u_{01}/u_{02}。

8-31 溫度 10°C 的水 ($\rho = 999.7$ kg/m², $\mu = 1.307 \times 10^{-3}$ kg/m·s) 在一根 0.12 cm 直徑、15 m 長的圓管中穩定地以 0.9 m/s

的平均速度流動。試決定 (a) 壓力降，(b) 水頭損失，與 (c) 需要用來克服此壓力降的泵功率。(Answer：(a) 392 kPa, (b) 40.0 m, (c) 0.399 W)

8-32 考慮一個空氣太陽能收集器，其為 1 m 寬、5 m 長，並且玻璃蓋與收集板之間有 3 cm 的等間距。空氣以平均溫度 45°C，流率 0.15 m³/s 從收集器 1 m 寬的一端流入，經過 5 m 長的流道。忽略入口、粗糙度與 90° 的轉彎效應，決定收集器的壓降。(Answer: 32.3 Pa)

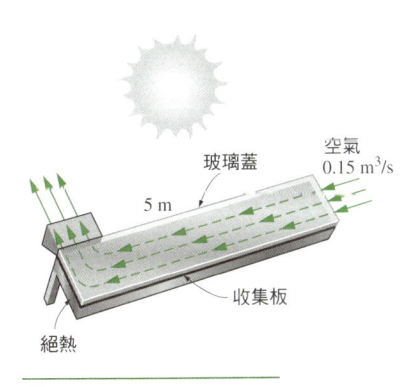

圖 P8-32

8-33 在 1 atm，40°C 的熱空氣要在一根 120 m 長的圓形塑膠流道中以流率 0.35 m³/s 輸送。如果此流道中的水頭損失不能超過 15 m，試求流道的最小直徑。

8-34 圓管中的完全發展層流，在 $R/2$ 處（中心線與管壁的中間）測得的速度為 11 m/s。試決定管中心的速度。(Answer: 14.7 m/s)

8-35 一根內半徑 $R = 2$ cm 的圓管在完全發展層流時的速度形狀為 $u(r) = 4(1 - r^2/R^2)$。試求管內的平均速度與最大速度，並求體積流率。

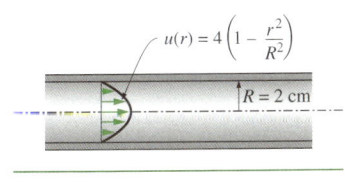

圖 P8-35

8-36 對內徑 7cm 的管子重作習題 8-35。

8-37 溫度 15°C 的水（$\rho = 999.1$ kg/m³，$\mu = 1.138 \times 10^{-3}$ kg/m·s）穩定的流過一根 30 m 長、5 cm 直徑的水平不鏽鋼管，流率是 9 L/s。試決定 (a) 壓力降，(b) 水頭損失，與 (c) 需要用來克服此壓力降的泵功率。

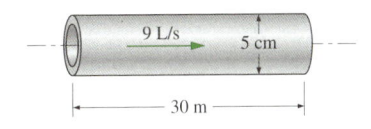

圖 P8-37

8-38 考慮在一根 28 cm 直徑的管線中的油流，其密度 $\rho = 894$ kg/m³，黏度 $\mu = 2.33$ kg/m·s，而平均速度為 0.5 m/s。其中有一段 330 m 長的油管經過一個湖的結冰表面。忽略入口效應，試決定為了克服壓力損失，並且維持油在管中的流動所需要的泵功率。

8-39 考慮流體通過一個具有平滑表面的正方形流道的層流流動。若平均流速被增加成兩倍。試決定此流體的水頭損失改變多少？假設流動狀態不變。

8-40 對平滑管中的紊流重做習題 8-39。其摩擦係數由 $f = 0.184 \text{Re}^{-0.2}$ 給定。若流動是粗糙管中的完全紊流，則你的答案會是什麼？

8-41 空氣在 1 atm，35°C 以平均速度 7 m/s 進入一根 10 m 長的矩形管道，其截面為 15 cm×20 cm，材質為商用鋼。忽略入口效應，試決定為了克服這一段管道的壓力損失所需要的風扇功率。(Answer: 7.00 W)

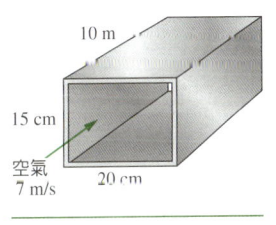

圖 P8-41

8-42 水在 20°C，以流率 0.23 kg/s 通過一根 2 cm 內徑的銅管。試決定以指定的流率維持此流動所需的每 m 管長的泵馬力。

8-43 油 ($\rho = 876$ kg/m^3，$\mu = 0.24$ kg/m·s) 穩定的流過一根 1.5 cm 直徑的管子，並排出至 88 kPa 的大氣。出口前 15 m，量測到的絕對壓力是 135 kPa。試決定油通過此管的流率，若管子是：(a) 水平的，(b) 從水平方位向上傾斜 8°，與 (c) 從水平方位向下傾斜 8°。

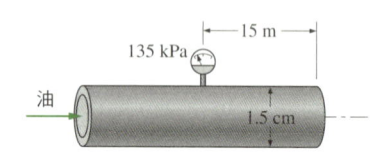

圖 P8-43

8-44 溫度 40°C 的甘油，$\rho = 1252$ kg/m^3，$\mu = 0.27$ kg/m·s，流過一根 2 cm 直徑、25 m 長的管子，並排放到在 100 kPa 的大氣之中。經過管子的流率是 0.048 L/s。(a) 決定在管出口前 25 m 位置的絕對壓力。(b) 管子必須從水平位置向下傾斜多少角度 θ 才能將整根管子的壓力維持在大氣壓力，並維持流率不變？

8-45 水進入一個高度 H、半徑 R 的圓錐體。入口是在圓錐底部的小孔，其截面積為 A_h 且損失係數為 C_d，入口平均速度為 V。試求從圓錐底面算起的水的高度 h 與時間的變化關係。當水從底部進入圓錐體時，空氣從圓錐體的頂部尖端排出。

8-46 半徑 R 的圓管，其不可壓縮紊流的速度形狀是 $u(r) = u_{max}(1 - r/R_2)^{1/7}$。試決管內平均速度的表示式。

8-47 密度 850 kg/m^3，運動黏度 0.00062 m^2/s 的油從一個對大氣開放的儲存槽中用一根 8 mm 直徑，40 m 長度的水平管來排放。液面高度在管中心線以上 4 m 處。忽略次要損失，試求油流過管子的流率。

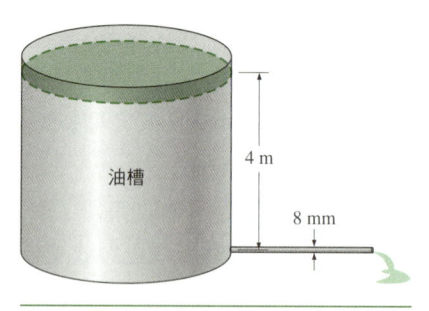

圖 P8-47

8-48 在一個空氣加熱系統中，在 40°C 且絕對壓力 105 kPa 的加熱空氣經由商用鋼製成的 0.2 m×0.3 m 的矩形通道輸送，其流率為 0.5 m^3/s。試決定 40 m 長的這個管道所造成的壓力降與水頭損失。(Answer: 124 Pa, 10.8 m)

8-49 在 40°C 的甘油 ($\rho = 1252$ kg/m^3，$\mu = 0.27$ kg/m·s) 流過一根水平的平滑管，其直徑 4 cm 且平均流速為 3.5 m/s。試決定此管每 10 m 長的壓力降。

8-50 重新考慮習題 8-49。使用 EES (或其它) 軟體，探討相同流率時，管直徑對壓力降的影響。令管直徑從 1 cm 變化到 10 cm，增量為 1 cm。將結果作表及作圖，並作出結論。

8-51 溫度為 −20°C 的液態氨流過一根直徑為 5 mm 的銅管的一段 20 m 長的管段，流率為 0.09 kg/s，試求壓力降、水頭損失及克服管內摩擦損失所需要的泵功率。(Answer: 1240 kPa, 189 m, 0.167 kW)

次要損失

8-52C 在更新一個流體流動系統以降低其泵功率的專案中，有人建議斜彎頭中安裝導流片或將 90° 急轉彎頭用比較平滑的彎頭取代。哪一個作法在降低泵功率的需求上會產生較大的效果？

8-53C 定義管流中次要損失的等效長度，其與次要損失係數是如何相關的？

8-54C 將管入口導圓對損失係數的影響是 (a) 可忽略的，(b) 有一點影響，或 (c) 影響很大。

8-55C 將管出口導圓對損失係數的影響是 (a) 可忽略的，(b) 有一點影響，或 (c) 影響很大。

8-56C 哪一個在管流中有較大的次要損失係數：漸擴或漸縮？為什麼？

8-57C 一個管路系統包含有急彎頭，因此會有很大的水頭損失。降低水頭損失的一個方法是用圓彎頭取代急彎頭。還有其它什麼方法呢？

8-58C 什麼是管流中的次要損失？次要損失係數是如何定義的？

8-59 水要從一個 8 m 高的蓄水槽中抽出，是藉由在其底部平面上鑽一個 2.2 cm 直徑的孔。忽略動能修正因子的影響，試求經過此孔的水流率，如果 (a) 孔的入口是圓角的，及 (b) 孔的入口是銳角的。

8-60 考慮水槽內的水經過在側壁，離開的自由表面垂直距離 H 的一個直徑口的圓孔排水。經過具有銳緣入口 ($K_L = 0.5$) 的真實圓孔，其流率遠低於假設圓孔沒有損失的"無摩擦"流動的流率。忽略動能修正因子的影響，若要將銳緣圓孔使用在無摩擦流動的關係式中，試推導其"等效直徑"的關係式。

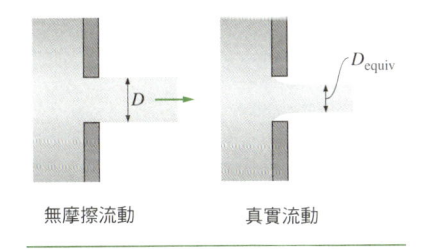

圖 P8-60

8-61 對一個輕微導圓的入口 ($K_L = 0.12$) 重做習題 8-60。

8-62 一根水平管有一個從 $D_1 = 8$ cm 到 $D_2 = 16$ cm 的突擴，在較小端的水流速度是 10 m/s 且流動是紊流的。較小端的壓力是 $P_1 = 410$ kPa。入口端和出口端的動能修正因子都取為 1.06，試決定下游的壓力 P_2，並估計若使用伯努利方程式時可能產生的誤差。(Answer: 432 kPa, 25.4 kPa)

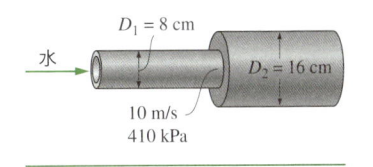

圖 P8-62

管系統與泵的選擇

8-63C 水從一個大的低位儲水槽被泵送到一個高位儲水槽。某人聲稱如果水頭損失可以忽略時，需要的泵水頭等於兩個儲水槽之間自由液面的高度差。你是否同意？

8-64C 一個配置泵的管路系統穩定地操作。解釋操作點 (流率與水頭損失) 是如何建立的。

8-65C 一個人正在用一條園藝水管對一個水桶注水，突然想到裝一個噴嘴在水管上可以增加注水的速度，並且好奇這個增加的速度是否會減少對這個水桶的填充時間。如果一個噴嘴被裝到水管上，則其填充時間會發生什麼變化呢？會增加、減少，還是沒有影響呢？為什麼？

8-66C 考慮兩個注滿水的 2 m 高開放水桶被放置在一個 1 m 高的桌子上。其中一個水桶的排水閥連接一條水管，其另一端開口並放置於地面上，而另一個水桶的排水閥則沒有連接水管。現在兩個水桶的排水閥都被打開，忽略在水管中的任何摩擦損失，你認為哪一個水桶會先完全排光？為什麼？

8-67C 一個管路系統包含兩根不同直徑的管子 (但是其長度、材質與粗糙度都相同) 以串聯方式連接。你如何比較在此兩根管子中的 (a) 流率與 (b) 壓力降？

8-68C 一個管路系統包含兩根不同直徑的管子 (但是其長度、材質與粗糙度都相同) 以並聯方式連接。你如何比較在此兩根管子中的 (a) 流率與 (b) 壓力降？

8-69C 一個管路系統包含兩根相同直徑但不同長度的管子以並聯方式連接。你如何比較在此兩根管子中的壓力降？

8-70C 對於一個管路系統，在一個水頭相對於流率的圖上，定義系統曲線、特性曲線與操作點。

8-71 一個 4 m 高的圓柱形水槽截面積為 $A_T = 1.5 \text{ m}^2$，其內部裝滿等體積的水與密度 SG = 0.75 的油。現在水桶底部一個 1 cm 直徑的孔被打開使水開始流出。如果此孔的排放係數 $C_d = 0.85$，試決定需要多久才能使這個對大氣開放的水桶裡的水完全排光。

8-72 一個半徑 R 的半球形水槽充滿水。現在位於水槽底部的一個排水孔完全打開並開始排水。排水孔的截面積為 A_h，排水係數為 C_d。試推導水槽完全排空所需時間的關係式。

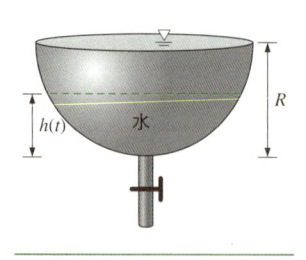

圖 P8-72

8-73 小型農場的需水量要用一個能夠持續的以 4 L/s 的流率供水的水井來滿足。水井內的水面低於地面 20 m，因此水必須先泵送到山上的一個大水槽內，其位置在水井上方 58 m 處。水流是使用 5 cm 內徑的塑膠管輸送的。需要的管長經過量測為 420 m，並且因為使用肘管、導管等造成的總次要損失估計為 12。取泵的效率為 75%，試決定需要購滿的泵的額定功率，單位用 kW。在預期的操作條件下，水的密度和黏度分別為 1000 kg/m^3 及 0.00131 kg/m·s。買一個適當的泵來滿足總功率的需足是否是明智的？或者必須特別留意此案例之大的高度水頭？請解釋。(Answer: 6.0 kW)

8-74 溫度 20°C 的水從一個高位大儲水槽藉由重力流到一個低位小儲水槽。輸水管是一條 18 m 長、5 cm 直徑的鑄鐵管系統，包括 4 個標準凸緣肘管、一個鐘形入口、一個方形出口及一個全開的閘閥。取低位儲水槽的自由表面當作參考平面，試決定要得到 0.3 m^3/min 的流率，所需要的高位儲水槽的高度 z_1。(Answer: 4.55 m)

8-75 一個直徑 2.4 m 的水槽開始裝水時深度高於一個直徑 10 cm 的銳緣孔口中心 4 m。水槽的水面對大氣開始，並且孔口排水至大氣中。忽略動能修正因子的影響，計算：(a) 水槽的起始排水速度，與 (b) 水槽排空所需時間。孔口的損失係數是否對水槽的排水時間造成顯著的影響？

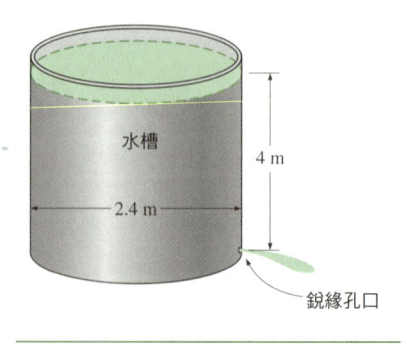

圖 P8-75

8-76 一個 3 m 直徑的水桶起始裝水的高度在一個 10 cm 直徑的孔口的中心點之上 2 m 處。水桶的水面對大氣是開放的，而孔口的排水經過一根 100 m 長的水管排放至大氣中。水管的摩擦係數為 0.015，而動能修正因子的影響則可以被忽略。試求 (a) 水桶的初始排水速度，及 (b) 水桶排空需要的時間。

8-77 重新考慮習題 8-76。為了使水槽排水更快，一個泵被裝在靠近水槽出口的位置，如圖 8-81。當水槽在 $z = 2$ m 的滿水位時，若要建立 4 m/s 的平均流速，決定其所需要輸入的泵的功率。同時，若排水速度維持不變，試供計水槽排空所需時間。

有人誤以為將泵裝在管子前端或尾端不會有差別，即兩種情況的性能會一樣，但另外一個人誤以為將泵裝在管的尾端有可能造成空蝕。在水溫 30°C 時的蒸氣壓是 $P_v = 4.246$ kPa $= 0.43$ m-H_2O，且系統位於海平面。若我們應該關心泵的裝設位置，探討是否有空蝕的可能？

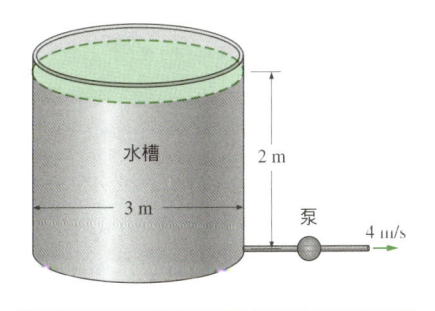

圖 P8-77

8-78 對住宅區的供水是用 70 cm 內徑、表面粗糙度 3 mm 且總長度 1500 m 的混凝土管輸送的，且流率為 1.5 m^3/s。為了減小需求的泵功率，有人建議在混凝土管內部表面使用 2 cm 厚的石化材料內襯，其表面粗糙厚度為 0.04 mm。有人擔心這樣會減小管直徑，成為 66 cm，使平均速度增加，因此導致好／壞處相互抵消。對水取 $\rho = 1000$ kg/m^3 與 $v = 1 \times 10^{-6}$ m^2/s，試決定對混凝土管裝內襯以減小摩擦損失對需求的泵功率增加或減小的百分比。

8-79 溫度 20°C 油流過一個垂直的玻璃漏斗。漏斗包含一個 20 cm 高的圓柱形貯液槽及一根 1 cm 直徑、40 cm 高的管子。藉由從一個油桶填油使得漏斗永遠維持是滿的。假設入口效應可以忽略，試求油經過漏斗的流率並計算「漏斗有效性」，其定義是經過漏斗的實際流率與「無摩擦」情況下最大流率的比值。

(Answer: 3.83×10^{-6} m^3/s, 1.4%)

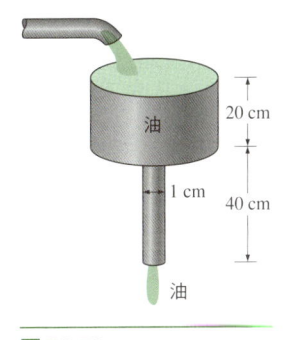

圖 P8-79

8-80 重做習題 8-79，假設：(a) 管的直徑變成三倍，與 (b) 管長變成三倍，但直徑維持一樣。

8-81 大水槽中在 15°C 的水要用兩根串聯的塑膠管來排水。第一根管的長度是 20 m，直徑 10 cm；而第二根管的長度是 35 m，直徑 4 cm。槽內水的高度在渦的中心線之上 18 m。管入口是銳緣，且兩管間的連接處的收縮是很陡然的。忽略動能修正因子的影響，試決定從水槽的排水率。

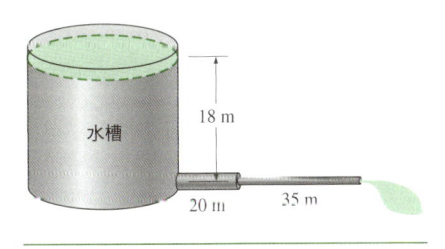

圖 P8-81

8-82 一個農夫要從一條河流泵送 20°C 的水到鄰近的一個貯水槽，使用的塑膠管長度 40 m、直徑 12 cm，有三個平滑的 90° 凸緣肘管。靠近河流水面的水流速度是 1.8 m/s，水管入口置於河流中正對著水流方向來利用動壓的好處。河流與貯水槽自由表面的高度差為 3.5 m。若流率為 0.042 m³/s，水泵的總效率為 70%，試求泵需要輸入的電功率。

8-83 重新考慮習題 8-82。使用 EES (或其它) 軟體，試研究管直徑對泵需求的電功率輸入的影響。令管直徑從 2 cm 到 20 cm，增量是 2 cm。將結果列表並畫圖，並提出結論。

8-84 水桶內充滿太陽能加熱成 40°C 的水，要使用重力驅動水流的方式供淋浴使用。若系統包括 35 m 長、15 cm 直徑的白鐵管、4 個沒有導葉的斜彎管 (90°)，與一個全開的球形閥。如果蓮蓬頭出水的流率為 1.2 L/s，試求水桶面必須高於蓮蓬頭出口的高度多少？忽略在入口與蓮蓬頭的損失，並且忽視動能修正因子的影響。

8-85 兩個貯水槽 A 與 B 彼此用一根 40 m 長、2 cm 直徑，有方形入口的鑄鐵管連接。此管也包含一個擺動止回閥及一個全開的閘閥。兩個貯水槽的水面高度相同，但貯水槽 A 有空氣加壓，而貯水槽 B 則是對 88 kPa 的大氣是開放的。如果經過此管的起始流率是 1.2 L/s，試求在貯水槽 A 上面的絕對空氣壓力。取水的溫度為 10°C。(Answer: 733 kPa)

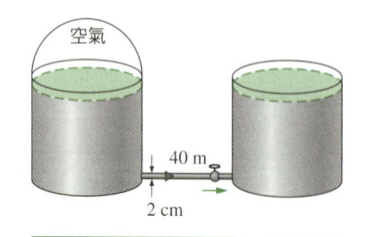

圖 P8-85

8-86 油罐車要從地下油槽充罐 ρ = 920 kg/m³，μ = 0.045 kg/m·s 的燃油。使用的塑膠管為 25 m 長、4 cm 直徑，並且入口輕微導圓，並有兩個 90° 的圓滑彎管。油槽的油面與管子排油位置的油罐頂部的高度差為 5 m。油罐的容量是 18 m³ 且充填時間為 30 min。取管子出口的動能修正因子為 1.05，且假設泵的總效率為 82%，試決定泵需要輸入功率。

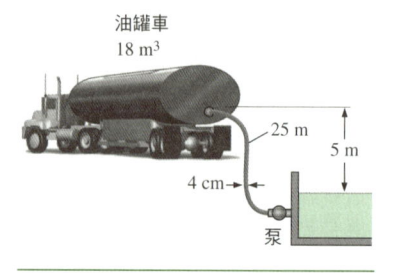

圖 P8-86

8-87 兩條並聯的管有相同的長度與材質。管 A 的直徑是管 B 的 2 倍。假設兩者有相同的摩擦因子，並且忽略次要損失，試決定兩管中流率的比值。

8-88 一個鑄鐵管的配水管路系統的某一部分包含一個平行管路段。平行管的兩條管路都有 30 cm 的直徑，且其流動是紊流的。分支的其中一個 (管 A) 為 1500 m 長，而另一個 (管 B) 則為 2500 m 長。如果經過管 A 的流率是 0.4 m³/s，試求經過管 B 的流率。忽略次要損失並且假設水溫是 15°C。證明流動是完全粗糙的，因此摩擦因子與雷諾數無關。(Answer: 0.310 m³/s)

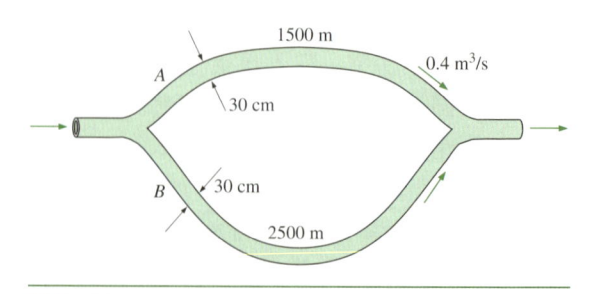

圖 P8-88

8-89 重做習題 8-88。假設管 A 有一個半開的球閥 (K_L = 2.1)，而管 B 則有一個全開的

球形閥 ($K_L = 10$)，並且可以忽視其它的次要損失。

8-90 一個地熱加熱系要把地熱井提供的 110°C 的地熱水輸送到一個高度幾乎相同的城市。輸送距離是 12 km，供水率是 1.5 m³/s，供水管是 60 cm 直徑的不銹鋼管。在熱井頭與城市抵達點的流體性質不變。由於有很大的長度對直徑比，同時造成次要損失的零件數目也很少，所以可忽略次要損失。(a) 假設泵-馬達效率為80%，試決定系統需要的電功率消耗率。你會建議使用單一的大型泵，或是保持總泵功率相同，但卻是許多小型泵組成，沿管線分佈配置的系統？請解釋。(b) 若電力成本是 \$0.06/kWh，試決定系統功率消耗的每日成本。(c) 若地熱水的溫度，經過這麼長的流動會下降 0.5°C。試決定流動時的摩擦生熱是否可以補償此溫度降。

8-91 對相同直徑的鑄鐵管，重做習題 8-90。

8-92 水靠重力輸送，經過 12 cm、800 m 長的塑膠管，坡度是 0.01 (即每 100 m 管長，高度下降 1 m。) 對水取 $\rho = 1000$ kg/m³ 及 $\nu = 1 \times 10^{-6}$ m²/s，試決定水通過此管的流率。若水管是水平的，且若要維持相同的流率，則需要多少功率？

8-93 汽油 ($\rho = 680$ kg/m³，$\nu = 4.29 \times 10^{-7}$ m²/s) 以流率 240 L/s 被傳遞經過 2 km 的距離。管路的表面粗糙度是 0.03 mm，如果管摩擦造成的水頭損失不能超過 10 m，試求最小的管直徑。

8-94 一座大建築物中，熱水在一個迴路中循環，使得使用者在熱水開始流出前不需要先等待很長管路中的所有水先行流出。某個循環迴路包含 40 m 長、1.2 cm 直徑的鑄鐵管，並有 6 個 90° 的螺紋圓滑彎管與兩個全開的閘閥。如果通過此迴路的平均流速是 2 m/s，試求循環泵需要的輸入功率。取平均水溫為 60°C 且泵的效率為 70%。(Answer: 0.111 kW)

8-95 重新考慮習題 8-94。使用 EES (或其它) 軟體，探討平均流速對循環泵功率輸入的影響。令速度從 0 m/s 到 3 m/s，增量為 0.3 m/s。對結果列表並作圖。

8-96 對塑膠 (平滑) 管重做習題 8-96。

8-97 水在 20°C 要從一個水槽 ($z_A = 2$ m) 泵送到另一個位置較高的水槽 ($z_B = 9$ m)。輸送管是兩根並聯的 25 m 長的管子。兩根管的直徑分別是 3 cm 與 5 cm。水利用一個效率 68% 的馬達-泵單元輸送，操作時需要 7 kW 的電功率。次要損失及連接並聯管子到水槽的水頭損失可以忽略。試決定水槽間的總流率及每一條管各別的流率。

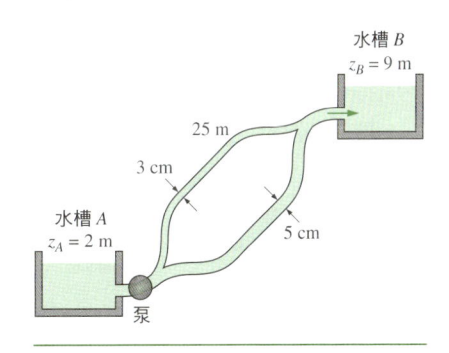

圖 P8-97

8-98 一個 6 m 高的煙囪，如圖 P8-98 所示，要設計來從一個 180°C 的壁爐以等流率 0.15 m³/s 排放熱氣到空氣溫度為 20°C 的大氣中。假設煙囪沒有熱傳，並且取煙囪進口的損失係數為 1.5 及煙囪的摩擦係數為 0.020，試決定要以希望流率排放熱氣時的煙囪直徑。注意 $P_3 = P_4 = P_{atm}$ 且 $P_2 = P_1 = P_{atm} + \rho_{atm\,air} g h$，並且假設在煙囪的整個區域熱氣都是 180°C。

圖 P8-98

8-99 圖 P8-99 所示的一個 3 m 高的倒圓錐形容器，起始時裝滿 2 m 高的水。在時間 $t = 0$ 時打開一個水龍頭，以流率 3 L/s 對容器注水。同時打開容器底部一個 4 cm 直徑的水孔，其排水係數為 0.90。試決定容器內水面下降 1 m 所需要的時間。

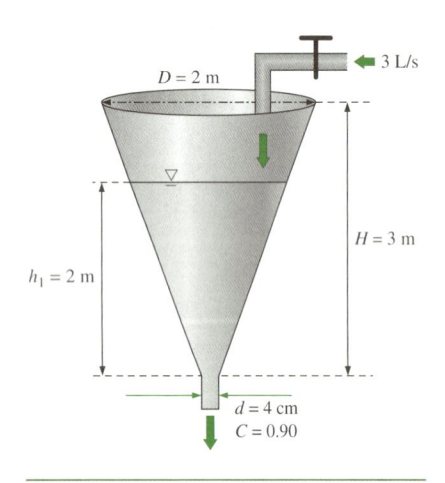

圖 P8-99

流率與速度量測

8-100C 什麼是加熱式風速計與雷射都卜勒風速計的操作原理的區別？

8-101C 什麼是雷射都卜勒測速度 (LDV) 與粒子影像測速法 (PIV) 的區別？

8-102C 當選擇一個流量計來量測一個流體的流率時，什麼是最主要的考量點？

8-103C 解釋如何用一個皮托靜壓管來量測流率，針對成本、壓力降、可靠度與正確度來討論其優缺點。

8-104C 解釋流率是如何用阻塞型流量計測量的。比較孔口計、噴嘴流量計與文氏管流量計的成本、大小、水頭損失與正確度。

8-105C 正排量型流量計是如何操作的？為什麼它們常被用來量測汽油、水與天然氣。

8-106C 解釋如何使用渦輪式流量計來量測流率，並針對成本、水頭損失與正確度討論其與他種流量計的比較。

8-107C 什麼是可變面積式流量計 (浮子式流量計) 的操作原理？針對成本、水頭損失與正確度討論其與他種流量計的比較。

8-108 溫度 20°C 的水 ($\rho = 998$ kg/m^3, $\mu = 1.002 \times 10^{-3}$ kg/m·s) 通過一根 60 cm 直徑的水管，使用一個開口為 30 cm 直徑的孔口計量測到的流率為 400 L/s。試求孔口計所指示的壓力差與水頭損失。

8-109 一根皮托–靜壓管裝在一根 2.5 cm 內徑的管子上，裝設位置的局部流速約等於平均流速。管中的油的密度為 $\rho = 860$ kg/m^3 與黏度為 $\mu = 0.0103$ kg/m·s。量測到的壓差是 95.8 kPa。試計算管內的體積流率，用 m^3/s 表示。

8-110 計算習題 8-109 流動的雷諾數。它是層流或紊流？

8-111 一流動噴嘴，配備一個差壓計被用來量測 10°C 的水 ($\rho = 999.7$ kg/m^3, $\mu = 1.307 \times 10^{-3}$ kg/m·s) 通過一根 3 cm 直徑的水平管的流率。噴嘴出口的直徑是 1.5 cm，且量測到的壓力降是 3 kPa。試求水的體積流率、通過水管的平均速度與水頭損失。

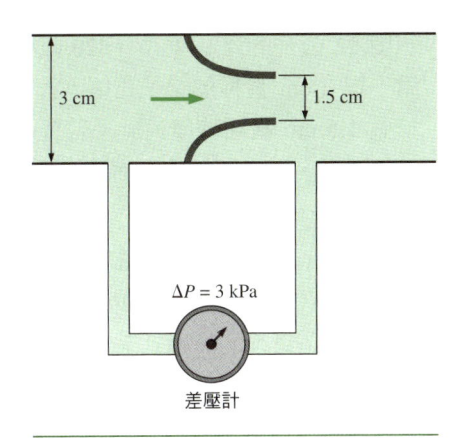

圖 P8-111

8-112 水在一根 10 cm 直徑的管子中的流率要藉由量測一個截面上的幾個位置的流速來決定。對表中列出的一組量測數據，試決定流率。

r, cm	V, m/s
0	6.4
1	6.1
2	5.2
3	4.4
4	2.0
5	0.0

8-113 一個孔口板的開口直徑是 4.6 cm，要被用來量測水在 15°C ($\rho = 999.1$ kg/m^3，$\mu = 1.138 \times 10^{-3}$ kg/m·s) 流過一根 10 cm 直徑的水平圓管的質量流率。用一個水銀壓力計來量測跨過孔口板的壓力差。如果壓力計的高度差是 18 cm，試決定水流過圓管的體積流率、平均速度，與孔口板造成的水頭損失。

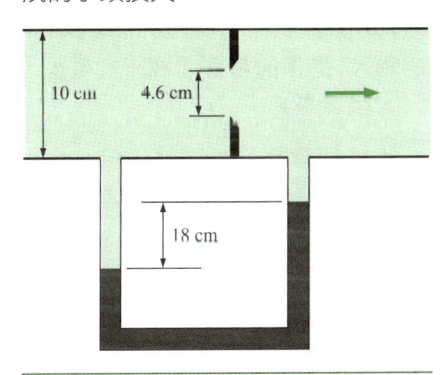

圖 P8-113

8-114 重做習題 8-113，高度換成 25 cm。

8-115 空氣 ($\rho = 1.225$ kg/m^3，$\mu = 1.789 \times 10^{-5}$ kg/m·s) 流過一個風洞，並且使用皮托靜壓管量測風洞速度，在某一個測試中，量測到的停滯壓是 472.6 kPa，而靜壓是 15.43 kPa。計算風洞的速度。

8-116 文氏計與差壓計的組合要用來量測 15°C 的水 ($\rho = 999.1$ kg/m^3) 流過一根 5 cm 直徑的水平管的流率。文氏計的頸部直徑是 3 cm 且量測到的壓力降是 5 kPa。取排放係數為 0.98，試決定水通過圓管的體積流率與平均速度。(Answer: 2.35 L/s 及 1.20 m/s)

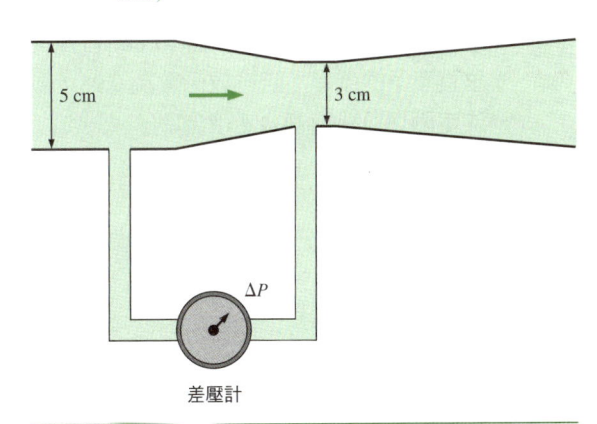

圖 P8-116

8-117 重新考慮習題 8-116。令壓差從 1 kPa 變化到 10 kPa，增量為 1 kPa。評估流率的變化，並將其相對於壓降畫圖。

8-118 溫度 20°C 的空氣 ($\rho = 1.204$ kg/m^3) 流過一個 18 cm 直徑流道的質量流率，要使用一個配備水柱壓力計的文氏計來量測。文氏計頸部的直徑為 5 cm，且壓力計的最大高度差為 40 cm。若取流量係數為 0.98，試求這個文氏管／壓力計可以量測的最大質量流率。(Answer: 0.188 kg/s)

圖 P8-118

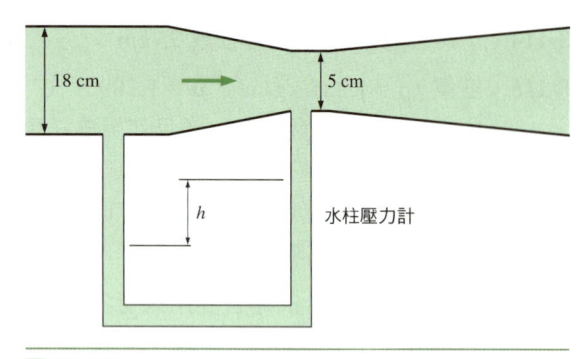

8-119 若文氏計頸部直徑為 6 cm，重做習題 8-118。

8-120 一個配備差壓計的垂直文氏計，如圖 P8-120 所示，要用來量測 15°C 的液態丙烷 ($\rho = 514.7$ kg/m^3) 流過一根 10 cm 直徑的垂直管子的流率。若排放係數為 0.98，試決定丙烷通過圓管的體積流率。

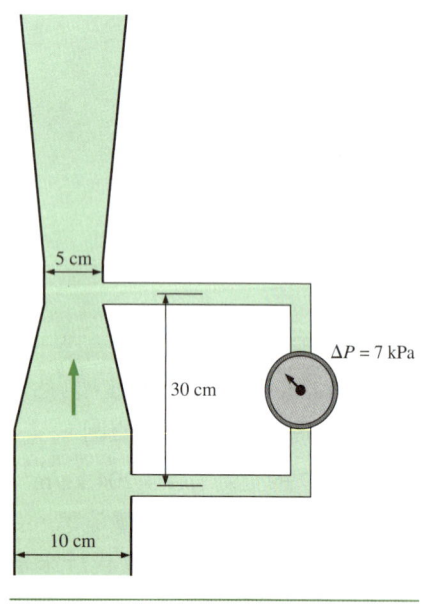

圖 P8-120

8-121 溫度 $-10°C$ 的液態冷媒 R-134a ($\rho = 1327$ kg/m^3) 的體積流率要用一個進口為 12 cm、喉部 5 cm 的水平文氏計來量測。如果差壓計顯示 44 kPa 的壓力降，試求冷媒的流率。取文氏計的流量係數為 0.98。

8-122 一個 22 公升的煤油桶 ($\rho = 820$ kg/m^3) 要用一根 2 cm 直徑的管子充填，管子裝備一個 1.5 cm 直徑的噴嘴計。若費時 20 s 填滿油桶，試求噴嘴計所指示的壓差。

8-123 水在 20°C ($\rho = 998$ kg/m^3，$\mu = 1.002 \times 10^{-3}$ kg/m·s) 通過一根 4 cm 直徑的圓管，其流率要使用一個裝備倒轉空氣–水壓力計的 2 cm 直徑的噴嘴計來量測。若壓力計指示的水的高度差為 44 cm，試決定水的體積流率與噴嘴計造成的水頭損失。

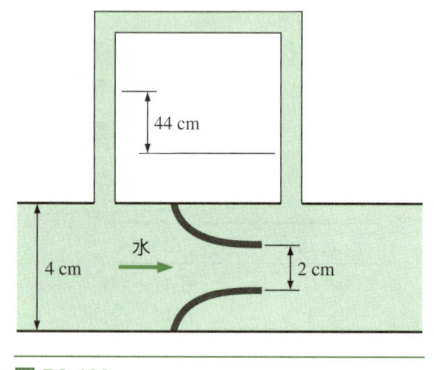

圖 P8-123

8-124 溫度 10°C 的氨 ($\rho = 624.6$ kg/m^3，$\mu = 1.697 \times 10^{-4}$ kg/m·s) 經過一根 2 cm 直徑的管子的流率要用 1.5 cm 直徑，配備有差壓計的流動噴嘴來量測。若差壓計讀到 4 kPa 的壓差，試求氨流過此管的流率與平均流速。

複習題

8-125 在一根半徑 R 的圓管中的層流，在其一個截面上的速度與溫度形狀為 $u = u_0(1 - r^2/R^2)$ 與 $T(r) = A + Br^2 - Cr^4$，其中 A、B 與 C 是正的常數。試求此截面上整體溫度的表示式。

8-126 圓錐狀容器，其底部連接一根細小水平管，如圖 P8-126 所示，要用來量測一種油的黏度。流過管子的流動是層流。使用碼錶量測油面高度從 h_1 降到 h_2 所需要的排放時間。試推導容器內油的黏度與排放

時間 t 之間函數關係的表示式。

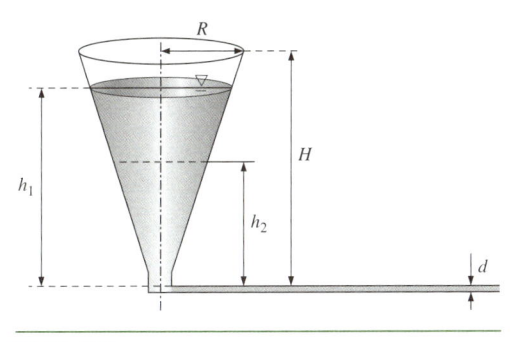

圖 P8-126

8-127 在一個殼中，有好幾百根管子的殼式熱交換器是實務上兩種流體間熱交換經常會用到的。在一個主動式太陽能熱水系統中，此種熱交換器被用來在流過殼側及太陽能收集器的抗凍水溶液與流過管側的純水之間傳熱。純水的平均溫度是 60°C 且流率為 15 L/s。熱交換的黃銅管內部直徑是 1 cm 且長度是 1.5 m。忽略入口、出口與集管箱的損失，試決定流過熱交換器管側的單一圓管的壓降及需要的泵功率。經過長時間運轉後，管內壁長出 1 mm 厚的污垢，其等效粗糙高度是 0.4 mm。若輸入相同的泵功率，試決定水流過圓管的流率減小的百分比。

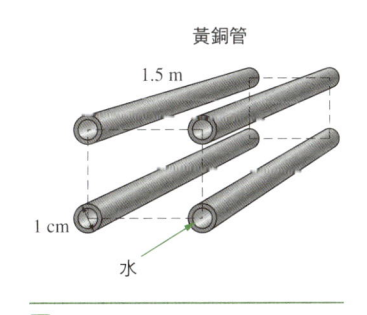

圖 P8-127

8-128 一個生產設備對於壓縮空氣的需求是由一個 120 hp 的壓縮機從外界經由一條鍍鋅鐵板所製成的 9 m 長、22 cm 直徑的流道吸入空氣來達成的。壓縮機以流率 0.27 m³/s 吸入在室外條件為 15°C、95 kPa 的空氣。忽略任何次要損失，試求為了克服流道的摩擦損失，壓縮機必須消耗的有用功率。(Answer: 6.74 W)

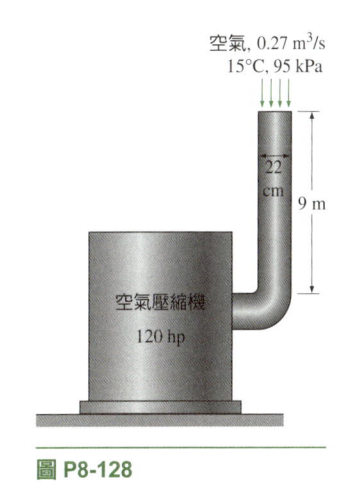

圖 P8-128

8-129 建在河濱的房子夏天要利用河中的冷水來冷卻。一根直徑 20 cm 的不鏽鋼圓管有 15 m 的管段通過河水。空氣通過此圓管的水下管段時流速是 3 m/s，平均溫度是 15°C。若風扇的總效率是 62%，試決定需要用來克服此管段的流動阻力的風扇功率。

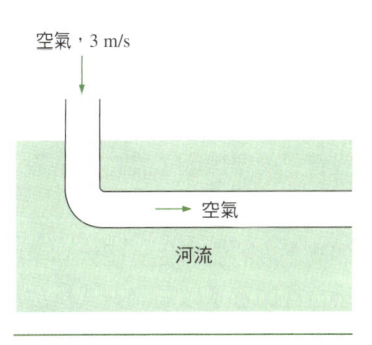

圖 P8-129

8-130 圓管中完全發展層流的速度形狀是 $u(r) = 6(1 - 100r^2)$，單位 m/s，其中 r 是圓管中心線算起的徑向距離，單位 m。試決定：(a) 圓管的半徑，(b) 通過圓管的平均速度，與 (c) 圓管中的最大速度。

8-131 溫度 5°C 的水在一根 75 m 長的水平圓管中以完全發展的層流流動，其速度形狀

為 $u(r) = 0.24(1 - 6945r^2)$，其中 r 是離開管的中心線的距離，單位為 m。試求 (a) 水通過管的體積流率，(b) 跨過管的壓力降，及 (c) 為了克服此壓力降所需要的有用泵功率。

8-132 重做習題 8-131。假設管子從水平傾斜 12° 且流動是上坡的。

8-133 20°C 的油穩定地流過一根 5 cm 直徑、40 m 長的圓管。管入口與出口的壓力分別測得為 745 kPa 及 97.0 kPa，並且預期流動是層流的。試決定油通過管的流率，假設完全發展流且管子是 (a) 水平的，(b) 向上傾斜 15°，與 (c) 向下傾斜 15°。同時證明通過管的流動是層流。

8-134 考慮從一個水槽經過一根水平管的流動。水平管長度為 L、直徑為 D，並且從離自由表面垂直距離為 H 的側壁穿入水槽。經過一根入口有內凸緣 ($K_L = 0.8$) 的實際管子的流率遠低於經過一根有理想的入口管子的無摩擦流動，因此沒有損失的流率。對有內凸緣的管子推導出一個"等效直徑"的關係式，使其可以使用在經過一個孔口的"無摩擦"流動的關係式中，並對一根摩擦因子、長度與直徑分別為 0.018、10 m 與 0.04 m 的管子決定其值。假設管子的摩擦因子維持為常數，且動能修正因子的影響可忽略。

8-135 一個高黏度的流體從一個大容器經過一根細小直徑的管子以層流方式排放。忽略入口效應與速度頭，推導一個容器中液體高度隨時間變化的關係式。

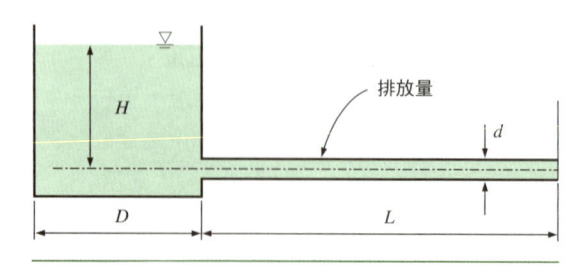

圖 P8-135

8-136 一個學生要用習題 8-135 的系統決定一種油的運動黏度。桶內流體起始的高度是 $H = 40$ cm，圓管直徑是 $d = 6$ mm，管長是 $L = 0.65$ m，並且桶的直徑是 $D = 0.63$ m。學生觀察到桶內流體高度降至 34 cm 需時 1400 s。試決定流體黏度。

8-137 一根圓水管有從 $D_1 = 8$ cm 到 $D_2 = 24$ cm 突擴。較小管子中的壓力與平均流速分別是 $P_1 = 135$ kPa 與 10 m/s，並且是紊流。應用連續、動量與能量方程式，並忽略動能與動量修正因子的影響，試證明突擴的損失係數是 $K_L = (1 - D_1^2/D_2^2)^2$，並對所給的案例計算 K_L 及 P_2。

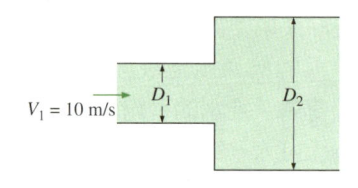

圖 P8-137

8-138 在地熱區域加熱系統，10,000 kg/s 的熱水必須在一根水平管中輸送 10 km 的距離。次要損失可忽略，唯一有影響的能量損失是由於管摩擦，取摩擦因子為 0.015。指定大直徑的管子將會減小速度、速度頭、管摩擦與功率消耗。但較大的管子開始時需要花較多的錢去購買及安裝。換言之，存在一個最佳的管直徑可以最小化管的成本及未來的電功率成本。

假設系統在 30 年期間，每天每時都在運轉，此期間電價維持為 \$0.06/kWh 不變。假設系統性能在此期間也不變 (可能非真，特別是礦物質含量高的水，經過管線時會有結垢累積)。泵的總效率是 80%。購買、安裝，並絕熱 10 km 長的管子的成本相依於直徑 D，其公式為成本 = \$10^6 D^2，D 的單位是 m。為了簡單起見，假設通膨與利率都是零，並且回收價值與維護成本也都是零，試決定最佳的管直徑。

(c) 4.45 kW (d) 4.99 kW
(e) 5.54 kW

8-165 一個給定流動的壓力降經決定為 100 Pa。對相同的流率，若我們減小管降成為一半，則壓力降成為
(a) 25 Pa (b) 50 Pa (c) 200 Pa
(d) 400 Pa (e) 1600 Pa

8-166 空氣在 1 atm 及 25°C ($v = 1.562 \times 10^{-5}$ m^2/s) 以速度 5 m/s 在一個 9 cm 直徑的鑄鐵管中流動。管的粗糙度是 0.26 mm。對一段 24 m 長的管段的水頭損失是
(a) 8.1 m (b) 10.2 m (c) 12.9 m
(d) 15.5 m (e) 23.7 m

8-167 空氣在一個 10 cm 直徑的圓管中流動。因為速度快，所以雷諾數很大。管的粗糙度是 0.002 mm。此流動的摩擦因子是
(a) 0.0311 (b) 0.0290 (c) 0.0247
(d) 0.0206 (e) 0.0163

8-168 空氣在 1 atm 及 40°C 以流率 2500 L/min 在 8 cm 直徑的圓管中流動。從穆迪圖決定的摩擦因子是 0.027。對一段 150 m 長的管段，克服其壓力降所需輸入的功率是
(a) 310 W (b) 188 W (c) 132 W
(d) 81.7 W (e) 35.9 W

8-169 水在 10°C ($\rho = 999.7$ kg/m^3, $\mu = 1.307 \times 10^{-3}$ kg/m·s) 要在一根 5 cm 直徑、30 m 長的圓管中輸送。管的粗糙度是 0.22 mm。若此管的壓力降不能超過 19 kPa，則水的最大流率是
(a) 324 L/min (b) 281 L/min
(c) 243 L/min (d) 195 L/min
(e) 168 L/min

8-170 一個管路系統中的閥造成 3.1 m 水頭損失。若流速是 6 m/s，此閥的損失係數是
(a) 0.87 (b) 1.69 (c) 1.25
(d) 0.54 (e) 2.03

8-171 圓管中流體的完全發展層流有一個銳緣的管出口。若流速是 4 m/s，則與次要損失相等的水頭損失是
(a) 0.72 m (b) 1.16 m (c) 1.63 m
(d) 2.0 m (e) 4.0 m

8-172 一個水流系統包含一個 180° 的回彎管 (螺紋) 及一個 90° 斜接管 (無導板)。水的速度是 1.2 m/s。與這些彎管的次要損失相等的壓力降是
(a) 648 Pa (b) 933 Pa (c) 1255 Pa
(d) 1872 Pa (e) 2600 Pa

8-173 一個等直徑的管路系統包含多個限流裝置，其總損失係數是 4.4。管的摩擦因子是 0.025 且管的直徑是 7 cm。這些次要損失與多長的管子損失是相等的？
(a) 12.3 m (b) 9.1 m (c) 7.0 m
(d) 4.4 m (e) 2.5 m

8-174 空氣以速度 5.5 m 在一根 8 cm 直徑、33 m 長的圓管中流動，管路系統包含多個限流裝置，其總損失係數是 2.6。從穆迪圖得到的管子摩擦因子是 0.025。此管路系統的總水頭損失是
(a) 13.5 m (b) 7.6 m (c) 19.9 m
(d) 24.5 m (e) 4.2 m

8-175 考慮一根管子分叉成兩根並聯的管子，然後在下游重合。兩根並聯的管子有相同長度與摩擦因子，而管的直徑分別是 2 cm 與 4 cm。若其中一根管的流率是 10 L/min，則另一根管的流率是
(a) 10 L/min (b) 3.3 L/min
(c) 100 L/min (d) 40 L/min
(e) 56.6 L/min

8-176 考慮一根管子分叉成兩根並聯的管子，然後在下游重合。兩根並聯的管子有相同長度與摩擦因子，而管的直徑分別是 2 cm 與 4 cm。若其中一根管的水頭損失是 0.5 m，則另一根管的水頭損失是
(a) 0.5 m (b) 1 m (c) 0.25 m
(d) 2 m (e) 0.125 m

空所需時間的影響。令直徑從 1 cm 變化到 10 cm，增量為 1 cm。將結果列表與作圖。

8-154 對管的入口為 $K_L = 0.5$ 的銳緣入口重做習題 8-152。此"次要"損失是否真的是"次要"的？

8-155 一位老婦人因心臟病發作被緊急送到醫院。急診室醫師通知她需要立刻作冠狀動脈 (包圍心臟的血管) 繞道移植手術，因為一條冠狀動脈有 75% 的堵塞 (由動脈粥樣硬化斑造成)。這個手術使用一個人造的嫁接 (一般由達克龍製成) 引導血液繞過冠狀動脈的阻塞並在另一端重合，如圖 P8-155 所示。冠狀動脈的直徑是 5.0 mm 及長度是 15.0 mm。旁路嫁接的直徑是 4 mm 且長度是 20.0 mm。旁路嫁接內的流率是 0.45 L/min (注意 1 ml = 1 cm^3)，血液的密度是 1060 kg/m^3 且動力黏度是 3.5 centipoise。假設達克龍和冠狀動脈有相同的材料性質，並忽略次要損失。假設兩條管子有相同的摩擦因子。在決定冠狀動脈的水頭損失時忽略硬化斑，試計算流過硬化斑與冠狀動脈之間的小間隙的速度。

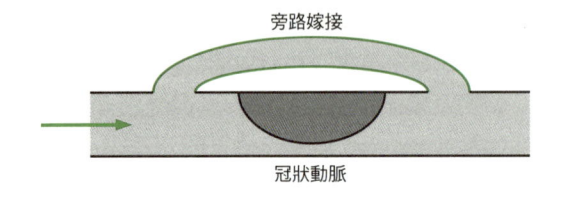

圖 P8-155

基礎工程學 (FE) 試題

8-156 圓管中的完全發展層流的平均速度是
(a) $V_{max}/2$ (b) $V_{max}/3$ (c) V_{max}
(d) $2V_{max}/3$ (e) $3V_{max}/4$

8-157 雷諾數不是下列何者的函數？
(a) 流體速度 (b) 流體密度
(c) 特徵長度 (d) 表面精糙度
(e) 流體黏度

8-158 空氣在 1 atm 及 15°C 以速度 4 m/s 流過一個 5 cm × 8 cm 的矩形截面流道。此流動的雷諾數是
(a) 13,605 (b) 16,745 (c) 17,690
(d) 21,770 (e) 23,235

8-159 空氣在 1 atm 及 20°C 流過一個 4 cm 直徑的圓管，若要維持層流的流動，則空氣的最大速度是
(a) 0.872 m/s (b) 1.52 m/s
(c) 2.14 m/s (d) 3.11 m/s
(e) 3.79 m/s

8-160 考慮水以流率 1.15 L/min 在 0.8 cm 直徑圓管中的層流。在管壁與管中心的一半位置的水流速度是
(a) 0.381 m/s (b) 0.762 m/s
(c) 1.15 m/s (d) 0.874 m/s
(e) 0.572 m/s

8-161 考慮 15°C 的水以速度 0.4 m/s 在 0.7 cm 直徑管中的層流。若管長是 50 m，則水的壓力降是
(a) 6.8 kPa (b) 8.7 kPa
(c) 11.5 kPa (d) 14.9 kPa
(e) 17.3 kPa

8-162 機油在 40°C ($\rho = 876$ kg/m^3, $\mu = 0.2177$ kg/m·s) 以速度 1.2 m/s 在 20 cm 直徑的圓管中流動。對一段 20 m 長的管段，油的壓力降是
(a) 4180 Pa (b) 5044 Pa (c) 6236 Pa
(d) 7419 Pa (e) 8615 Pa

8-163 流體以速度 4.5 m/s 在 25 cm 直徑的圓管中流動。若沿著管子的壓力降是 6400 Pa，為了克服此壓力降需要的泵功率是
(a) 452 W (b) 640 W (c) 923 W
(d) 1235 W (e) 1508 W

8-164 水以速度 1.8 m/s 在 15 cm 直徑的圓管中流動。若沿著管子的水頭損失是 16 m，為了克服此水頭損失需要的泵功率是
(a) 3.22 kW (b) 3.77 kW

0.15 mm 的鍍鋅鋼管輸送到生產區域。管內壓縮空氣的平均溫度是 60°C。壓縮空氣管線有 8 個肘管，每個的損失係數都是 0.6。如果壓縮效率為 85%，試決定壓力降與消耗在輸送管線中的功率。

(Answer: 1.40 kPa, 0.125 kW)

8-146 重新考慮習題 8-145。為了減小管路的水頭損失與浪費的功率，有人建議將 83 m 長的壓縮空氣管的直徑加倍。計算此舉對浪費功率的減少量，並決定這是否是有價值的主意。若考慮替換成本，這個建議對你是否是合理的？

8-147 遠端位置要安裝一個水龍頭，其與主水管用一根鑄鐵管連接。主水管中流動的水是 20°C、400kPa (錶)。連接管的入口是銳緣，長度 15 m，中間有三個 90° 的斜接管，沒有導流葉，另有一個全開的球閥及一個全開始損失係數為 5 的角閥。若系統供水的流率是 75 L/min，並忽略管與水龍頭高度差，試決定管路系統的最小直徑。

(Answer: 1.92 cm)

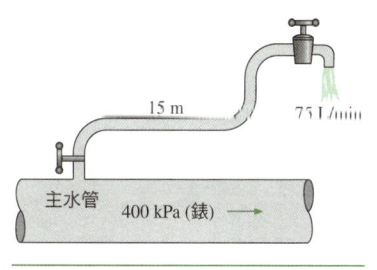

圖 P8-147

8-148 對塑膠 (平滑) 管重做習題 8-147。

8-149 在一個水力發電廠中，溫度 26°C 的水經過一條 200 m 長、0.35 m 直徑的鑄鐵管以流率 0.6 m³/s 輸送到一個渦輪機。水庫的自由表面與渦輪機出口的高度差為 140 m，並且渦輪機－發電機的組合效率是 80%。由於有比較大的長度對直徑比，可以忽略次要損失，試求此電廠的電功率輸出。

8-150 若習題 8-149 中的管直徑被增大成 3 倍來減小管損失。試決定這個修改的結果會增加多少百分比的淨功率輸出。

8-151 要從一個 7 m 高的水槽中抽水，藉由在底部鑽一個很圓的 4 cm 直徑的水孔，其損失可以忽略，並連接一個水平的 90° 彎管，其長度可忽略。取動能修正因子為 1.05，試決定水經過彎管的流率，考慮：(a) 彎管是法蘭連接的平滑彎管，與 (b) 彎管是沒有導板的斜接管。

(Answer: (a) 12.7 L/s, (b) 10.0 L/s)

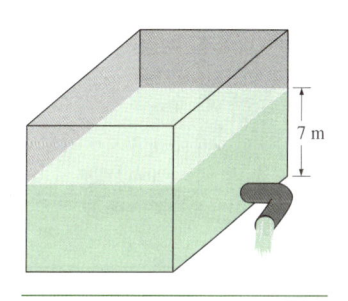

圖 P8-151

8-152 在一個 10 m 直徑，高於地面 2 m 的游泳池中溫度為 20°C 的水要被排空。排水是經由打開一根連接到游泳池底部，直徑為 5 cm、長度為 25 m 的水平塑膠管來完成的。試求水經過此管的起始排水率，及完全排空游泳池需要的時間 (小時)，假設管入口完全平滑可以忽略入口損失。取管的摩擦因子為 0.022。使用起始排水速度，檢查此摩擦因子的值是否合理。

(Answer: 3.55 L/s, 24.6 h)

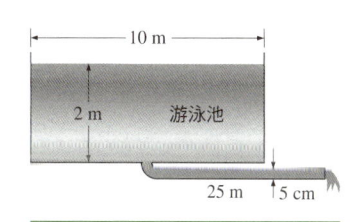

圖 P8-152

8-153 重新考慮習題 8-152。使用 EES (或其它) 軟體，探討排水管直徑對游泳池完全排

第 8 章　內部流　**471**

8-139　溫度 15°C 的水要使用兩根串聯相接的鑄鐵管及在兩管之間的一個水泵從一個貯水槽中以 18 L/s 的流率來排放。第一根管子長度為 20 m，直徑為 6 cm，而第二根管子的長度為 35 m，直徑為 4 cm。水槽的水面在管子中心線之上 30 m。管之入口為方形的，並且與水泵連接有關的損失可以忽略。忽略動能修正因子的影響，試求需要的泵水頭及要維持指定流率時所需要的最小泵功率。

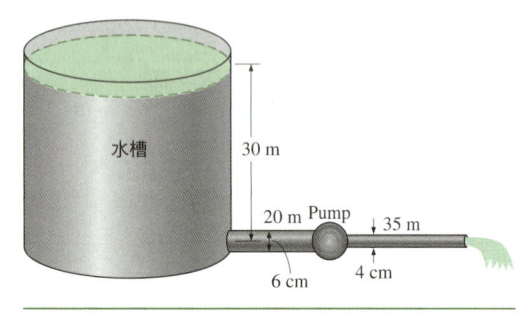

圖 P8-139

8-140　重新考慮習題 8-139。使用 EES (或其它) 軟體，探討為了維持指定的流率，第二根管子的直徑對所需泵水頭的影響。令直徑從 1 cm 變化到 10 cm，增量為 1 cm。將結果列表並作圖。

8-141　兩根相同直徑與材質的管子以並聯方式連接。管 A 的長度為管 B 的 5 倍。假設兩管內的流動為完全紊流，即其摩擦因子與雷諾數無關，並且忽略次要損失，試求此兩管中流率的比值。(Answer: 0.447)

8-142　一根管線輸送 40°C 的油，流率是 3 m³/s。管線分叉成兩個根商用不銹鋼管的並聯，並在下游再度重合。管 A 的長度是 500 m、直徑是 30 cm；而管 B 的長度是 800 m、直徑是 45 cm。次要損失可以忽略。試決定並聯管子中每根管的流率。

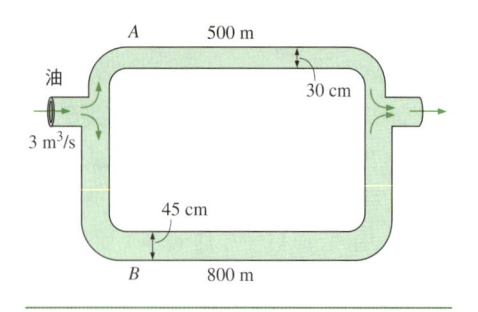

圖 P8-142

8-143　對地區加熱系統中 100°C 的熱水流動，重做習題 8-142。

8-144　一個系統包括兩個互相連接的圓柱形水槽，其中 $D_1 = 30$ cm，$D_2 = 12$ cm，要用來決定一個直徑 $D_0 = 5$ mm 孔口的排放係數。開始時 ($t = 0$ s)，水槽內流體的高度是 $h_1 = 50$ cm 及 $h_2 = 15$ cm，如圖 P8-144 所示。若費時 170 s 來讓兩槽中的液面等高並停止流動，試決定孔口的排放係數。忽略與流動有關的其它損失。

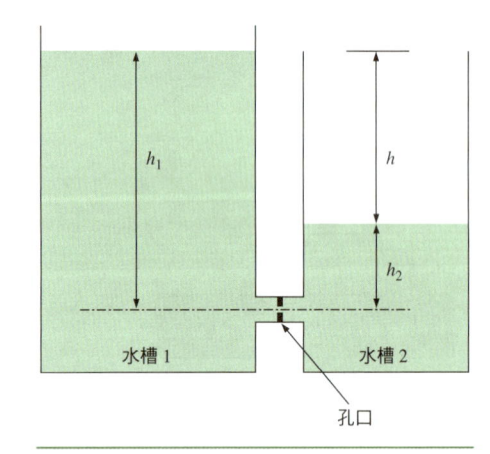

圖 P8-144

8-145　一間紡織工廠對壓縮空氣的需求由一個大型壓縮機提供。此壓縮機從 20°C 且 1 bar (100 kPa) 的大氣狀況下以 0.6 m³/s 抽取空氣，並且在操作時消耗 300 kW 的電功率。空氣被壓縮至錶壓力 8 bar（絕對壓力 900 kPa），並且壓縮空氣經由一條 15 cm 內徑、83 m 長且表面粗糙度為

8-177 一個泵從一個水槽把水經過一個管路系統以流率 0.15 m³/min 輸送到另一個水槽。兩個水槽都對大氣開放。兩水槽的高度差是 35 m，且估計的總水頭損失是 4 m。若馬達-泵單元的效率是 65%，輸入到泵的馬達的電功率是

(a) 1664 W　　(b) 1472 W　　(c) 1238 W
(d) 983 W　　 (e) 805 W

8-178 考慮一根管子分叉成三根並聯的管子，然後在下游重合。兩根並聯的管子有相同直徑 ($D = 3$ cm)與摩擦因子 ($f = 0.018$)。管 1 與管 2 的長度為 5 m 和 8 m，而在管 2 與管 3 的流速分別為 2 m/s 和 4 m/s，管 3 的長度是

(a) 8 m　　(b) 5 m　　(c) 4 m
(d) 2 m　　(e) 1 m

設計與小論文

8-179 像電腦的電子箱一般利用風扇冷卻。寫一篇小論文討論電子箱的強制空氣冷卻，以及如何為電子裝置選擇風扇。

8-180 設計一個量測液體黏度的實驗，使用一個垂直的漏斗，包含一個高度 h 的圓柱形儲存槽與一根直徑為 D、長度為 L 的狹窄流動段。作適當的假設，並推導一個黏度的關係式，用容易量測的量，例如密度與體積流率等來表示。是否有需要使用修正因子？

8-181 要選擇一個泵給花園中的瀑布使用。水用底部的水池收集，水池的自由表面與供水位置的高度差是 3 m，水的流率最少是 8 L/s。為這項工作選擇適當的馬達-泵單元。找出兩家製造商及其產品的型號與價格，作出選擇並說明為何你選擇那個特定產品。同時估計這個單元年度功率消耗的成本，假設是持續運轉。

8-182 在一次露營旅行中，你注意到水從一個高位水槽經過一根 30 cm 直徑的塑膠管流入山谷中的小溪。水槽的自由表面與小溪的高度差是 70 m。你想到一個從此水流中生產功率的主意。設計一個動力廠可以從這個來源生產最多的功率。並探討功率生產對排水率的影響。什麼排水率能最大化功率的生產？

Chapter 9

流體流動的微分解析

學習目標

讀完本章後，你將能夠

- 了解質量守恆的微分方程式與線性動量微分方程式是如何推導與應用的。
- 對一個已知的速度場，計算流線函數與壓力場，並畫出流線。
- 對於簡單流場的運動方程式，得到其解析解。

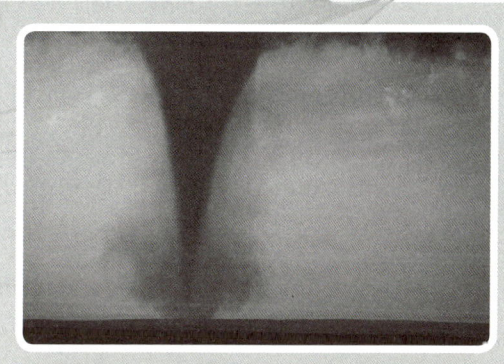

本章中導出了流體運動的基本微分方程式，並且展示對於某些簡單的流動，如何用解析法來對它們求解。比較複雜的流動，如圖中由龍捲風所造成的空氣流動，還無法正確地求解。
Royalty-Free/CORBIS

本章將推導流體運動的微分方程式，亦即，質量守恆 (連續方程式) 與牛頓第二定律 (納維－斯托克斯方程式)。這些方程式適用於流場中的每一點，從而使我們可以解出在流動區域內所在位置上的流動細節。不幸地，大多數在流體力學中碰到的微分方程式的求解都非常困難，經常必須使用計算機的幫助。再者，當這些方程式需要時必須與其它方程式結合，例如狀態方程式、能量方程式及／或成分方程式。我們提供一個求解這個流體運動的微分方程組的漸進步驟，並且對一些簡單的例題得出其解析解。我們也介紹流線函數的觀念；流線函數是常數的曲線在二維的流場中顯示代表的就是流線。

9-1 介紹

在第 5 章中，我們導出質量與能量守恆的控制體積版本，並且在第 6 章中對動量也做了同樣的事情。當我們對流場的整體特徵有興趣時，控制體積的技術是很有用的，例如從控制體積進入或流出的質量流率或作用在物體上的淨力。一個例子是圖 9-1a 中所示的碟形衛星接收器周圍風的流動。環繞碟形衛星接收器的附近取一個矩形的控制體積，如圖所示。如果我們知道了沿著整個控制面上的空氣速度，就可以計算出作用在支架上的淨反作用力，甚至於不需要知道碟形天線幾何形狀的任何細節。事實上，在控制體積的分析中，被像"黑盒子"一般的對待，我們不能獲得流場性質 (例如在控制體積內部每一點上的速度與壓力) 的詳細資訊。

另一方面，**微分解析法** (differential analysis) 牽涉到將流體運動的微分方程式應用到被稱為流域 (flow domain) 中的流場裡任意或每一點上。你可以把微分解析技術想像成數百萬個前後左右、上上下下互相在流場上堆疊連接在一起的細小控制體積同時進行的解析。在細小控制體積的數目趨近無窮大的極限，或是每個細小控制體積的大小縮收到一點的極限時，守恆方程式就簡化成對流場中每一點都成立的一組微分方程式。當求解時，這些微分方程式就可以得到整個流域中每一點的速度、密度、壓力……等的細節。例如，在圖 9-1b 中，針對碟形天線周圍空氣流所作的微分解析，可以得到環繞碟形天線的流線形狀與詳細的壓力分佈等。從這些細節中，我們可以作積分來發現流場的整體特徵，例如作用在碟形天線上的淨力。

在一個像圖 9-1 所說明的流體流動的問題中，其空氣的密度和溫度的變化並不顯著，只要對兩個微分運動方程式求解就夠了 —— 即質量守恆與牛頓第二定律 (線性動量方程式)。對於三維的不可壓縮流，共有四個未知數 (速度分量 u、v、w 與壓力 P) 及四個方程式 (一個是質量守恆，這是一個純量方程式；另三個來自牛頓第二定律，這是一個向量方程式)。如我們即將看到的，這些方程式是偶合的 (coupled)，意即某些變數會出現在所有四個方程式中；因此這些微分方程式組必須對所有四個未知數同時求解。再者，這些變數的邊界條件 (boundary conditions) 必須在流域中的所有邊界上被指定，包括入口、出口與壁面。最後，如果流動是不穩定的，當流場變化時，我們必須沿著時間軸推進解答，你可以看出流體流動的微分解析是如何變得非常複雜且困難的。計算機在此可以提供強大的幫

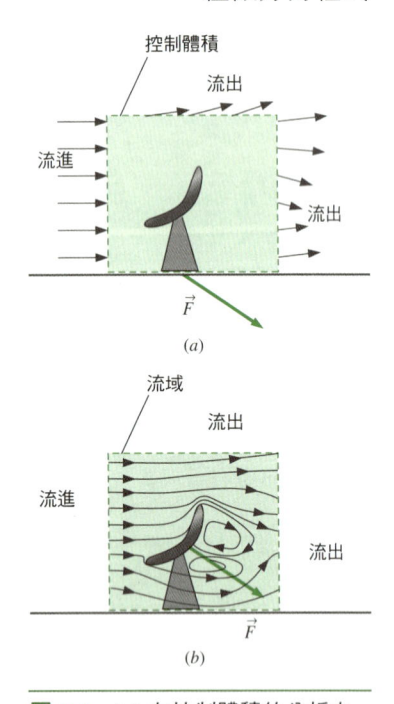

圖 9-1 (a) 在控制體積的分析中，控制體積的內部被像"黑盒子"一般對待，但 (b) 在微分解析中，流場中所有的細節在流域中的每一點都被求解。

助,如在第 15 章中將討論到的。不過,還是有許多我們可以作解析的地方,首先將推導質量守恆的微分方程式。

9-2 質量守恆–連續方程式

藉由應用雷諾輸送定理 (第 4 章) 到一個控制體積上,我們得到以下質量守恆定理的一般表示式:

控制體積的質量守恆:
$$0 = \int_{CV} \frac{\partial \rho}{\partial t} dV + \int_{CS} \rho \vec{V} \cdot \vec{n} \, dA \qquad (9\text{-}1)$$

注意式 (9-1) 對固定及移動的控制體積都適用,只要速度向量是絕對速度 (如一個固定的觀察者所看到的) 即可。如果有定義明確的入口與出口,式 (9-1) 可重寫成

$$\int_{CV} \frac{\partial \rho}{\partial t} dV = \sum_{in} \dot{m} - \sum_{out} \dot{m} \qquad (9\text{-}2)$$

用文字來說,控制體積內質量的淨改變率等於進入控制體積的質量流率減去流出控制體積的質量流率。式 (9-2) 可以適用在任何控制體積上,不論其大小如何。為了導出質量守恆的微分程式,我們讓控制體積收縮至無限小,其大小為 dx、dy 與 dz (圖 9-2)。在極限時,整個控制體積收縮成流場中的一點。

使用散度定理推導

推導質量守恆的微分式最快且最直接的方法是應用散度定理到式 (9-1) 中。散度定理也稱為高斯定理,是以德國數學家高斯 (Johann Carl Friedrich Gauss, 1777-1855) 來命名的。散度定理允許我們把一個向量的散度的體積分轉換成對定義此體積的表面的面積分。對任何一個向量 $\vec{G}$,$\vec{G}$ 的散度定義為 $\vec{\nabla} \cdot \vec{G}$,而散度定理可被寫成

散度定理:
$$\int_V \vec{\nabla} \cdot \vec{G} \, dV = \oint_A \vec{G} \cdot \vec{n} \, dA \qquad (9\text{-}3)$$

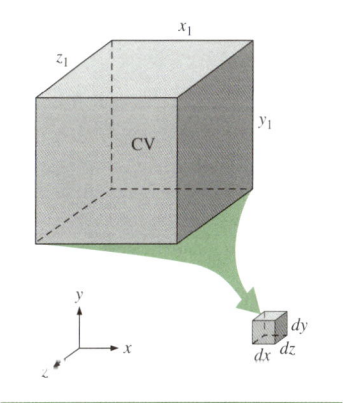

圖 9-2 為了推導微分的守恆方程式,我們讓控制體積收縮至無限小。

面積分上的圓圈被用來強調積分必須對環繞體積 V 的整個封閉面積 A 來進行。注意式 (9-1) 中的控制面是一個封閉面積,即使我們通常不會在積分符號上加上圓圈。式 (9-3) 適用於任何體積,因此可以選擇式 (9-1) 的控制體積。我們也令 $\vec{G} = \rho \vec{V}$,因為 $\vec{G}$ 可以是任何向量。將式 (9-3) 代入式 (9-1) 中,將面積分轉換成體積分,

$$0 = \int_{CV} \frac{\partial \rho}{\partial t}\, dV + \int_{CV} \vec{\nabla}\cdot(\rho\vec{V})\, dV$$

現在我們將兩個體積分結合成一個，

$$\int_{CV} \left[\frac{\partial \rho}{\partial t} + \vec{\nabla}\cdot(\rho\vec{V}) \right] dV = 0 \tag{9-4}$$

最後，我們認為式 (9-4) 必須對任何控制體積 (不論其大小與形狀) 都要成立，這只有在被積分項 (中括號內的項) 必須是零的情況才能成立。因此我們得到一個質量守恆的一般微分方程式，通常稱為連續方程式 (continuity equation)：

連續方程式：
$$\frac{\partial \rho}{\partial t} + \vec{\nabla}\cdot(\rho\vec{V}) = 0 \tag{9-5}$$

式 (9-5) 是質量守恆的可壓縮形式，因為我們並沒有假設是不可壓縮流動，此方程式適用在流域中的每一點上。

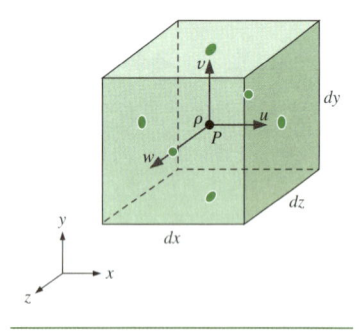

使用無限小的控制體積來推導

我們要用一個不同的方式來導出連續方程式，即從一個控制體積開始，將質量守恆定理作用於其上。考慮一個與卡氏座標的軸對齊的無限小的盒狀控制體積 (圖 9-3)。此盒的大小為 dx、dy 與 dz，且盒子中心顯示是在離開原點的任意點 P 上 (盒子可以位於流場中的任何位置)。我們定義盒中心的密度為 ρ，且速度分量為 u、v 與 w，如圖所示。在離開盒中心的位置上，我們相對於盒中心 (P 點) 使用泰勒級數展開。[級數展開的命名，是為了榮耀其建立者，英國數學家 Brook Taylor (1685-1731)]。例如，此盒最右邊表面的中心是位於離盒子中心在 x-方向距離為 $dx/2$ 的地方，在那一點上的 ρu 值為

圖 9-3 一個中心點在 P 的微小盒狀控制體積被用來推導在卡氏座標系統的質量守恆微分方程式；顏色圓點指示每個面的中心點。

$$(\rho u)_{\text{center of right face}} = \rho u + \frac{\partial(\rho u)}{\partial x}\frac{dx}{2} + \frac{1}{2!}\frac{\partial^2(\rho u)}{\partial x^2}\left(\frac{dx}{2}\right)^2 + \cdots \tag{9-6}$$

然而，當代表控制體積的盒子收縮至一點時，二階及更高階的項變成可以忽略的。例如，假設 $dx/L = 10^{-3}$，其中 L 是流域的某個特徵長度大小。那麼 $(dx/L)^2 = 10^{-6}$，比 dx/L 小了一千倍的比例。事實上，當 dx 越小時，二階項可以忽略的假設就越好。將密度乘以正向速度分量的截斷的泰勒級數展開式應用到此盒子的 6 個面的每一個面其中心點時，我們有

右面中心點： $$(\rho u)_{\text{center of right face}} \cong \rho u + \frac{\partial(\rho u)}{\partial x}\frac{dx}{2}$$

左面中心點： $$(\rho u)_{\text{center of left face}} \cong \rho u - \frac{\partial(\rho u)}{\partial x}\frac{dx}{2}$$

前面中心點： $$(\rho w)_{\text{center of front face}} \cong \rho w + \frac{\partial(\rho w)}{\partial z}\frac{dz}{2}$$

後面中心點： $$(\rho w)_{\text{center of rear face}} \cong \rho w - \frac{\partial(\rho w)}{\partial z}\frac{dz}{2}$$

上面中心點： $$(\rho v)_{\text{center of top face}} \cong \rho v + \frac{\partial(\rho v)}{\partial y}\frac{dy}{2}$$

下面中心點： $$(\rho v)_{\text{center of bottom face}} \cong \rho v - \frac{\partial(\rho v)}{\partial y}\frac{dy}{2}$$

從這些表面中的任何一個流進或流出的質量流率，等於密度乘以面中心點的法向速度分量再乘以此面的面積。換言之，在每個面上 $\dot{m} = \rho V_n A$，其中 V_n 是通過此面的法向速度分量，而 A 是此面的面積 (圖 9-4)，通過我們的無限小的控制體積的每個面上的質量流率繪於圖 9-5。我們也可以對在每個面的中心點的其它 (非法向) 速度分量建立其截斷的泰勒級數展開式，但這並不需要，因為這些分量對被考慮的表面而言是切向的。例如在右面中心點上的 ρv 的值可以用類似的展開式來作估計，但是因為 v 對此盒的右面而言是切向的，其對進入或流出那個面的質量流率共無貢獻。

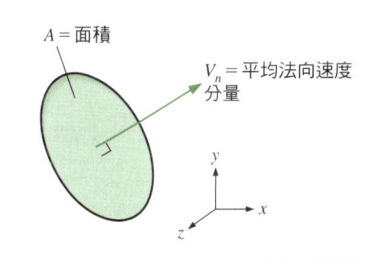

圖 9-4 通過一個表面的質量流率等於 $\rho V_n A$。

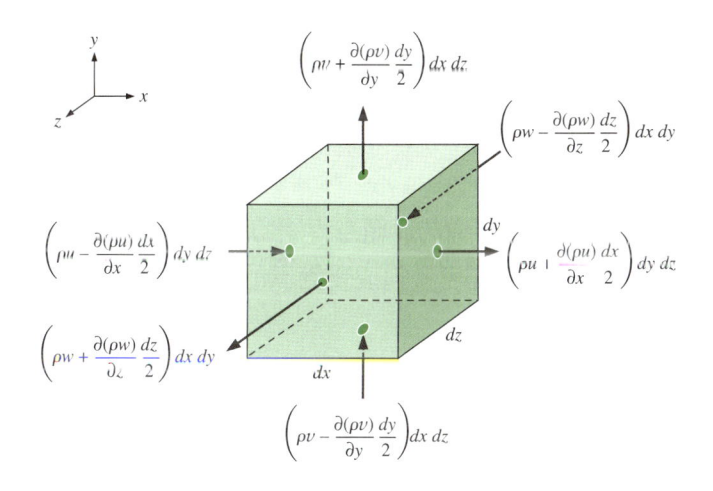

圖 9-5 通過微分控制體積的每個面的質量的流入率與流出率；大圓點指示每個面上的中心點。

當控制體積收縮至一點時，在式 (9-2) 左邊的體積分的值變成

在 CV 內部的質量變化率：
$$\int_{CV} \frac{\partial \rho}{\partial t} dV \cong \frac{\partial \rho}{\partial t} dx\, dy\, dz \tag{9-7}$$

因為此盒的體積為 $dx\, dx\, dz$。我們現在應用圖 9-5 中的近似到式 (9-2) 中的右邊。我們對經過這些面流進及流出控制體積的質量流率作加總。左面、底面及背面對流進的質量有貢獻，式 (9-2) 中右邊的第一項變成

進入 CV 的淨質量流率：
$$\sum_{in} \dot{m} \cong \underbrace{\left(\rho u - \frac{\partial(\rho u)}{\partial x}\frac{dx}{2}\right)dy\, dz}_{\text{左面}} + \underbrace{\left(\rho v - \frac{\partial(\rho v)}{\partial y}\frac{dy}{2}\right)dx\, dz}_{\text{底面}} + \underbrace{\left(\rho w - \frac{\partial(\rho w)}{\partial z}\frac{dz}{2}\right)dx\, dy}_{\text{背面}}$$

類似地，右面、上面及前面對流出的質量有貢獻，式 (9-2) 右邊的第二項變成

流出 CV 的淨質量流率：
$$\sum_{out} \dot{m} \cong \underbrace{\left(\rho u + \frac{\partial(\rho u)}{\partial x}\frac{dx}{2}\right)dy\, dz}_{\text{右面}} + \underbrace{\left(\rho v + \frac{\partial(\rho v)}{\partial y}\frac{dy}{2}\right)dx\, dz}_{\text{上面}} + \underbrace{\left(\rho w + \frac{\partial(\rho w)}{\partial z}\frac{dz}{2}\right)dx\, dy}_{\text{前面}}$$

我們把式 (9-7) 及這兩個質量流率的方程式代入式 (9-2)。許多項會彼此抵消；在結合與簡化剩下的項以後，我們得到

$$\frac{\partial \rho}{\partial t} dx\, dy\, dz = -\frac{\partial(\rho u)}{\partial x} dx\, dy\, dz - \frac{\partial(\rho v)}{\partial y} dx\, dy\, dz - \frac{\partial(\rho w)}{\partial z} dx\, dy\, dz$$

盒子的體積 $dx\, dy\, dz$ 出現在每一項中，可以被消去。重新整理以後，我們最後得到在卡氏座標系統中質量守恆的微分方程式：

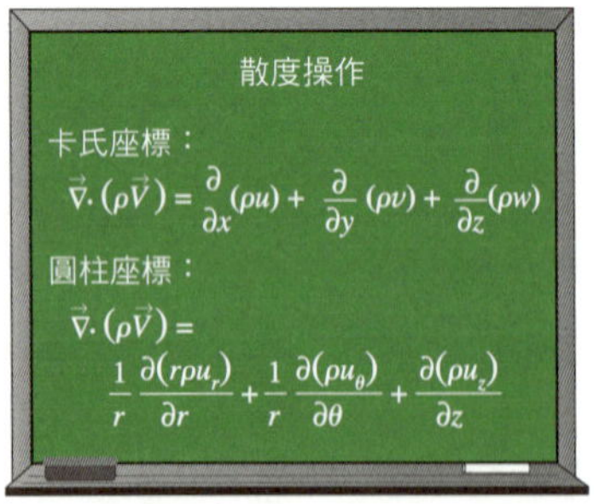

卡氏座標中的連續方程式： $\dfrac{\partial \rho}{\partial t} + \dfrac{\partial(\rho u)}{\partial x} + \dfrac{\partial(\rho v)}{\partial y} + \dfrac{\partial(\rho w)}{\partial z} = 0$
$$\tag{9-8}$$

式 (9-8) 是卡氏座標中的連續方程式的可壓縮形式。藉由認出散度操作 (圖 9-6)，它可被寫成更簡潔的形式，即得到與式 (9-5) 相同的方程式。

散度操作

卡氏座標：
$\vec{\nabla} \cdot (\rho \vec{V}) = \dfrac{\partial}{\partial x}(\rho u) + \dfrac{\partial}{\partial y}(\rho v) + \dfrac{\partial}{\partial z}(\rho w)$

圓柱座標：
$\vec{\nabla} \cdot (\rho \vec{V}) = \dfrac{1}{r}\dfrac{\partial(r\rho u_r)}{\partial r} + \dfrac{1}{r}\dfrac{\partial(\rho u_\theta)}{\partial \theta} + \dfrac{\partial(\rho u_z)}{\partial z}$

圖 9-6 在卡氏與圓柱座標中的散度操作。

例題 9-1 ▶ 空氣-燃料混合物的壓縮

空氣-燃料混合物在一個內燃機引擎的汽缸中被活塞壓縮（圖 9-7）。座標 y 的原點在汽缸的頂部，y 直接指向下面，如圖所示。假設活塞以等速率 V_p 向上移動。汽缸頂與活塞間的距離 L 隨著時間以線性近似式 $L = L_{bottom} - V_p t$ 的方式減少，其中 L_{bottom} 是在時間 $t = 0$ 時，活塞在其循環的底部的位置，如在圖 9-7 所繪出的。在 $t = 0$，在汽缸中的空氣-燃料混合物的密度到處都等於 $\rho(0)$。試估計當活塞在向上行程時空氣-燃料混合物的密度與時間及其它已知參數之間的函數關係。

解答：要估計空氣-燃料混合物的密度與時間及在問題敘述中所給的參數之間的函數關係。

假設：1. 密度隨時間 (不是空間) 變化；換言之，在任何給定時間時，密度在整個汽缸中是均勻的，但是會隨時間而變：$\rho = \rho(t)$。2. 速度分量 v 隨 y 與 t 而變，但不隨 x 或 z 變化。換言之，$v = v(y, t)$ 而已。3. $u = w = 0$。4. 在壓縮時沒有質量會從汽缸逃脫。

解析：首先我們需要建立一個速度分量 v 與 y 及 t 的函數關係表示式。顯然在 $y = 0$ 處 (活塞頂部)，$v = 0$，並且在 $y = L$ 處，$v = -V_p$。為簡單計，我們將 v 近似成在這兩個邊界條件之間呈線性變化，

垂直速度分量：
$$v = -V_P \frac{y}{L} \tag{1}$$

其中 L 如給定的，是一個時間的函數。在卡氏座標中的可壓縮連續方程式 (9-8) 適用於這個問題的求解

$$\frac{\partial \rho}{\partial t} + \underbrace{\frac{\partial(\rho u)}{\partial x}}_{0 \text{ 因為 } u=0} + \frac{\partial(\rho v)}{\partial y} + \underbrace{\frac{\partial(\rho w)}{\partial z}}_{0 \text{ 因為 } w=0} = 0 \quad \rightarrow \quad \frac{\partial \rho}{\partial t} + \frac{\partial(\rho v)}{\partial y} = 0$$

根據假設 1，密度不是 y 函數，因此可以從對 y 的微分項中提出。代入式 (1) 給 v 及給 L 的表示式，微分並化簡，我們得到

$$\frac{\partial \rho}{\partial t} = -\rho \frac{\partial v}{\partial y} = -\rho \frac{\partial}{\partial y}\left(-V_P \frac{y}{L}\right) = \rho \frac{V_P}{L} = \rho \frac{V_P}{L_{bottom} - V_p t} \tag{2}$$

再根據假設 1，我們用 $d\rho/dt$ 取代式 (2) 中的 $\partial \rho / \partial t$。分離變數後，得到一個可以被解析地積分的表示式，

$$\int_{\rho=\rho(0)}^{\rho} \frac{d\rho}{\rho} = \int_{t=0}^{t} \frac{V_P}{L_{bottom} - V_p t} dt \quad \rightarrow \quad \ln \frac{\rho}{\rho(0)} = \ln \frac{L_{bottom}}{L_{bottom} - V_p t} \tag{3}$$

最後我們得到密度 ρ 作為時間的函數的表示式，

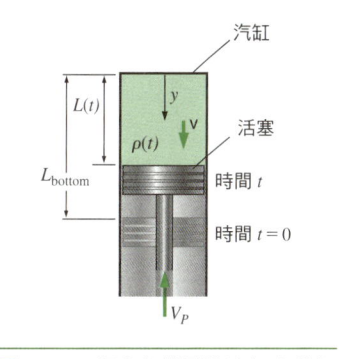

圖 9-7 一個內燃機引擎汽缸中的燃料與空氣被一個活塞所壓縮。

$$\rho = \rho(0) \frac{L_{\text{bottom}}}{L_{\text{bottom}} - V_P t} \quad (4)$$

為了遵循將結果無因次化的習慣，式 (4) 被重寫成

$$\frac{\rho}{\rho(0)} = \frac{1}{1 - V_P t/L_{\text{bottom}}} \quad \rightarrow \quad \rho^* = \frac{1}{1 - t^*} \quad (5)$$

其中 $\rho^* = \rho/\rho(0)$，而 $t^* = V_P t/L_{\text{bottom}}$。式 (5) 被繪於圖 9-8 中。

討論：在 $t^* = 1$，活塞碰到汽缸的頂部且 ρ 趨近無限大。在一個真實的內燃機引擎中，活塞在接觸汽缸的頂部之前就會停止，形成所謂的餘隙容積，其通常占最大汽缸容積的 4% 至 12%。汽缸內均勻密度的假設是這個簡化解析中最弱的一點。事實上，ρ 可能同時是空間與時間的函數。

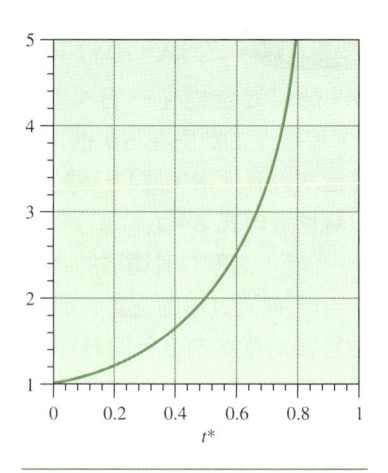

圖 9-8 例題 9-1 中，無因次密度與無因次時間的函數關係。

連續方程式的替代形式

我們使用乘積律將式 (9-5) 中的散度項展開

$$\frac{\partial \rho}{\partial t} + \vec{\nabla} \cdot (\rho \vec{V}) = \underbrace{\frac{\partial \rho}{\partial t} + \vec{V} \cdot \vec{\nabla}\rho}_{\rho \text{ 的隨質點導數}} + \rho \vec{\nabla} \cdot \vec{V} = 0 \quad (9\text{-}9)$$

辨識出在式 (9-9) 中的隨質點導數 (參考第 4 章)，並除以 ρ，我們將可壓縮的連續方程式寫成另一個替代形式，

連續方程式的替代形式：
$$\frac{1}{\rho}\frac{D\rho}{Dt} + \vec{\nabla} \cdot \vec{V} = 0 \quad (9\text{-}10)$$

式 (9-10) 顯示當我們跟隨一個流體元素通過流場時 (稱此為物質元素)，其密度當 $\vec{\nabla} \cdot \vec{V}$ 改變時，也跟著改變 (圖 9-9)。另一方面，當元素在移動時，若物質元素的密度的改變比速度梯度 $\vec{\nabla} \cdot \vec{V}$ 的大小為可忽略時，$\rho^{-1} D\rho/Dt \cong 0$，則流動可以被近似為是**不可壓縮的** (incompressible)。

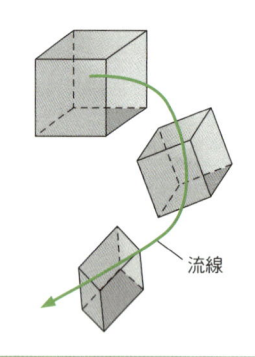

圖 9-9 當一個物質元素在流場中移動時，其密度根據式 (9-10) 變化。

在圓柱座標系統中的連續方程式

許多流體力學的問題在圓柱座標系統 (r, θ, z) 中，而不是在卡氏座標系統，求解會比較方便。為簡單計，我們先介紹在二維中的圓柱座標 (圖 9-10a)。按照習慣，r 是從原點到某一點 (P) 的徑向距離，而 θ 是從 x- 軸量起的角度 (θ 在數學上總是被定義為在逆時針方向為正)。速度分量 u_r

及 u_θ 與單位向量 $\vec{e}_r$ 及 $\vec{e}_\theta$，也被顯示在圖 9-10a 中。在三維時，想像把在圖 9-10a 中的一切沿著 z- 軸 (垂直 xy- 平面) 滑出頁某段距離 z。我們試著將這些繪於圖 9-10b 中。在三維中，我們有第三個速度分量 u_z 與第三個單位向量 $\vec{e}_z$，也繪於圖 9-10b 中。

以下的座標轉換可從圖 9-10 中得到

座標轉換：

$$r = \sqrt{x^2 + y^2} \quad x = r\cos\theta \quad y = r\sin\theta \quad \theta = \tan^{-1}\frac{y}{x} \quad (9\text{-}11)$$

座標 z 在圓柱與卡氏座標系統中是一樣的。

為了獲得一個在圓柱座標系統中連續方程式的表示式，我們有兩個選擇：第一種可以直接使用式 (9-5)，因為其推導沒有參考到我們對於座標系統的選擇，我們只要簡單的從向量微積分的書 (例如，Spiegel, 1968；同時參考圖 9-6) 查出在圓柱座標中散度運算子的表示式即可；第二種可以畫出在圓柱座標中一個三維的無限小流體元素，並且分析流進與流出此元素的質量流率，就像我們在卡氏座標中所做的一樣。不管哪一種方法都可以得到

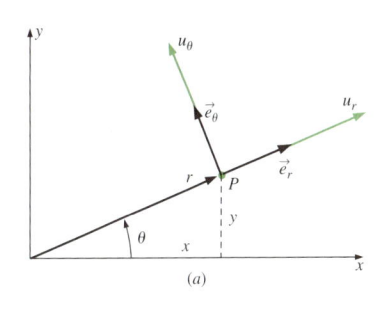

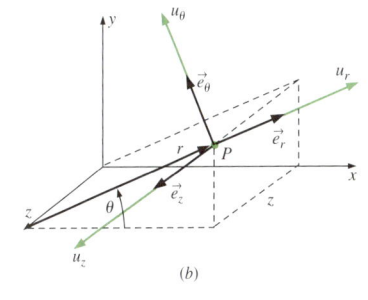

圖 9-10 在圓柱座標中的速度分量與單位向量：(a) 在 x- 或 rθ- 平面上的二維流動，(b) 三維流動。

圓柱座標中的連續方程式：
$$\frac{\partial \rho}{\partial t} + \frac{1}{r}\frac{\partial(r\rho u_r)}{\partial r} + \frac{1}{r}\frac{\partial(\rho u_\theta)}{\partial \theta} + \frac{\partial(\rho u_z)}{\partial z} = 0 \quad (9\text{-}12)$$

第二種方法的細節可以從 Fox 與 McDonald (1998) 的書中找出。

連續方程式的特例

我們現在來看看連續方程式的兩個特例或簡化。更明確一點，將先考慮穩定可壓縮流，然後是不可壓縮流。

特例 1：穩定可壓縮流

如果流動為可壓縮但是穩定的，任何變數的 $\partial/\partial t$ 為零。因此，式 (9-5) 簡化為

穩定的連續方程式：
$$\vec{\nabla} \cdot (\rho\vec{V}) = 0 \quad (9\text{-}13)$$

在卡氏座標中，式 (9-13) 簡化為

$$\frac{\partial(\rho u)}{\partial x} + \frac{\partial(\rho v)}{\partial y} + \frac{\partial(\rho w)}{\partial z} = 0 \quad (9\text{-}14)$$

在圓柱座標中，式 (9-13) 簡化為

$$\frac{1}{r}\frac{\partial(r\rho u_r)}{\partial r} + \frac{1}{r}\frac{\partial(\rho u_\theta)}{\partial \theta} + \frac{\partial(\rho u_z)}{\partial z} = 0 \qquad (9\text{-}15)$$

特例 2：不可壓縮流

如果流動被近似為不可壓縮的，密度不是時間或空間的函數。因此在式 (9-5) 中 $\partial \rho / \partial t \cong 0$，並且 ρ 可以被提出散度運算子的外面。所以式 (9-5) 簡化為

不可壓縮流的連續方程式： $\qquad \vec{\nabla}\cdot\vec{V} = 0 \qquad (9\text{-}16)$

如果我們從式 (9-10) 開始，並且認識到對於一個不可壓縮流，在跟隨一個流體質點時，密度不會有顯著的變化，如同之前所指出的，那麼我們也會得到相同的結果。因此 ρ 的物質導數近似為零，而式 (9-10) 立刻簡化為式 (9-16)。

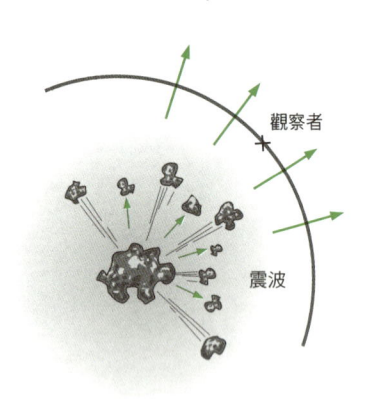

你可能已經注意到沒有時間導數留在式 (9-16) 中。我們從這裡得到的結論是，即使流動是不穩定的，式 (9-16) 也適用於在時間的任何一個時刻上。物理上，這表示在一個不可壓縮的流場中，當任何一個部分的速度場改變時，整個流場的其它部分立刻對此變化作出調整，使得式 (9-16) 在任何時間點上都是滿足的。對於可壓縮流，就不是這種情況。事實上，在流場中的一個部分上的擾動，並不會被一段距離以外的流體質點感受到，一直到從擾動發生的聲波達到那個距離為止。非常響亮的噪音，例如從槍枝或爆炸發生的，產生一個震波 (shock wave)，其移動速度事實上會大於聲波 (爆炸所產生的震波顯示於圖 9-11)。震波與其它可壓縮流的表現將在第 12 章討論。

圖 9-11 從一個爆炸產生的擾動不會被察覺，直到震波達到觀察者為止。

在卡氏座標中，式 (9-16) 為

卡氏座標中不可壓縮流的連續方程式： $\qquad \dfrac{\partial u}{\partial x} + \dfrac{\partial v}{\partial y} + \dfrac{\partial w}{\partial z} = 0 \qquad (9\text{-}17)$

式 (9-17) 可能是你最常接觸到的連續方程式的形式。它可以被用在穩定或不穩定的不可壓縮的三維流動中，記住它會讓你更好做事。

在圓柱座標中，式 (9-16) 為

圓柱座標中不可壓縮流的連續方程式： $\qquad \dfrac{1}{r}\dfrac{\partial(r u_r)}{\partial r} + \dfrac{1}{r}\dfrac{\partial(u_\theta)}{\partial \theta} + \dfrac{\partial(u_z)}{\partial z} = 0 \qquad (9\text{-}18)$

例題 9-2　設計一個可壓縮流的收縮流道

要設計一個二維的收縮流道給一個高速風洞。流道的下壁面是平而水平的，而其上壁面彎曲的方式要使得軸向風速 u 近似線性的增加，從在斷面 (1) 的 $u_1 = 100$ m/s 增加至在斷面 (2) 的 $u_2 = 300$ m/s (圖 9-12)。同時，空氣密度 ρ 會呈線性的減小，從在斷面 (1) 的 $\rho_1 = 1.2$ kg/m^3 減小至在斷面 (2) 的 $\rho_2 = 0.85$ kg/m^3。收縮流道為 2.0 m 長且在斷面 (1) 為 2.0 m 高。(a) 預測在流道中速度的 y-分量 $v(x,y)$。(b) 畫出流道的近似形狀，忽略在壁面上的摩擦。(c) 在斷面 (2)，即流道的出口，流道應該是多高？

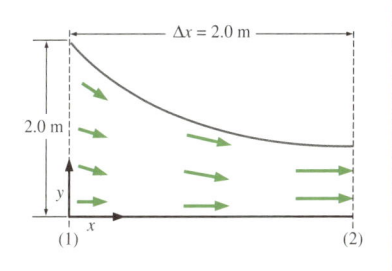

圖 9-12　收縮流道，設計給高速風洞用的 (沒有遵照比例)。

解答：對給定的速度分量 u 與密度，我們要預測速度分量 v，畫出流道的近似形狀，並預測在流道出口的高度。

假設：**1.** 流動是穩定的，並且在 xy-平面是二維的。**2.** 在壁面上的摩擦被忽略。**3.** 軸向速度 u 隨 x 呈線性增加，而密度 ρ 隨 x 呈線性減小。

性質：流體是室溫 (25°C) 下的空氣。音速約 346 m/s，因此流動是次音速的，但是可壓縮的。

解析：我們寫下 u 與 ρ 的表示式，強迫它們對 x 是線性的，

$$u = u_1 + C_u x \quad \text{其中} \quad C_u = \frac{u_2 - u_1}{\Delta x} = \frac{(300 - 100) \text{ m/s}}{2.0 \text{ m}} = 100 \text{ s}^{-1} \quad (1)$$

及

$$\rho = \rho_1 + C_\rho x \quad \text{其中} \quad C_\rho = \frac{\rho_2 - \rho_1}{\Delta x} = \frac{(0.85 - 1.2) \text{ kg/m}^3}{2.0 \text{ m}} \quad (2)$$

這個二維可壓縮流的穩定連續方程化簡為

$$\frac{\partial(\rho u)}{\partial x} + \frac{\partial(\rho v)}{\partial y} + \underbrace{\frac{\partial(\rho w)}{\partial z}}_{0 \text{ (2-D)}} = 0 \quad \rightarrow \quad \frac{\partial(\rho v)}{\partial y} = -\frac{\partial(\rho u)}{\partial x} \quad (3)$$

將式 (1) 與 (2) 代入式 (3)，並注意 C_u 及 C_ρ 是常數

$$\frac{\partial(\rho v)}{\partial y} = -\frac{\partial[(\rho_1 + C_\rho x)(u_1 + C_u x)]}{\partial x} = -(\rho_1 C_u + u_1 C_\rho) - 2 C_u C_\rho x$$

對 y 積分得到

$$\rho v = -(\rho_1 C_u + u_1 C_\rho) y - 2 C_u C_\rho x y + f(x) \quad (4)$$

注意，因為積分是個偏積分，我們已經加上一個 x 的任意函數，而不僅是一個簡單的積分常數。接下來，我們應用邊界條件，因為底板是平而水平的，對任意 x，v 必須在 $y = 0$ 處為零。這只有當 $f(x) = 0$ 時才是可能的。對式 (4) 求解 v 得到

$$v = \frac{-(\rho_1 C_u + u_1 C_\rho)y - 2C_u C_\rho xy}{\rho} \rightarrow$$

$$v = \frac{-(\rho_1 C_u + u_1 C_\rho)y - 2C_u C_\rho xy}{\rho_1 + C_\rho x} \quad (5)$$

(b) 使用式 (1) 和 (5) 及在第 4 章中說明的技術，我們在圖 9-13 中繪出介於 $x = 0$ 和 $x = 2.0$ m 間的幾條流線。從 $x = 0$、$y = 2.0$ m 開始的流線就近似流道的上壁面。

(c) 在斷面 (2)，頂部流線在 $x = 2.0$ m 處通過 $y = 0.941$ m。因此，流道在斷面 (2) 的預測高度是 **0.941 m**。

討論：你可以證明式 (1)、(2) 與 (5) 的結合滿足連續方程式。然而，單單這個不能保證密度與速度會真的遵循這些方程式，如果流道要根據這裡的設計建造。真實的流動相依於斷面 (1) 與 (2) 之間的壓力降；只有唯一的壓力降可產生希望的流動加速。在這種空氣朝向音速加速的可壓縮流中，溫度的變化也可能是很可觀的。

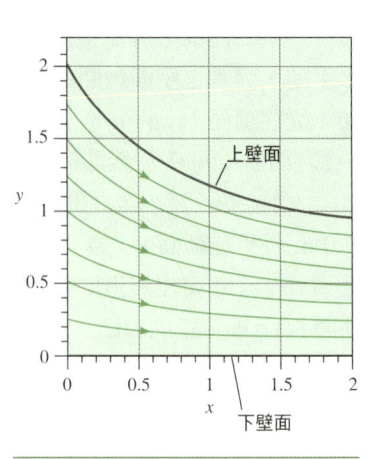

圖 9-13 例題 9-2 中收縮流道的流線。

例題 9-3　不穩定的二維流的不可壓縮性

考慮例題 4-5 中的速度場 —— 一個不穩定的二維速度場，由於 $\vec{V} = (u, v) = (0.5 + 0.8x)\vec{i} + [1.5 + 2.5 \sin(\omega t) - 0.8y]\vec{j}$ 給定，其中角頻率 ω 等於 2π rad/s (物理頻率為 1 Hz)。證明這個流場可以被近似為不可壓縮的。

解答：我們要證明一個給定的流場是不可壓縮的。

假設：1. 流動是二維的，意即沒有速度的 z- 分量，並且 u 與 v 不隨 z 而變化。

解析：速度在 x 與 y- 方向的分量分別是

$$u = 0.5 + 0.8x \quad \text{與} \quad v = 1.5 + 2.5 \sin(\omega t) - 0.8y$$

如果流動是不可壓縮的，式 (9-16) 必須成立。更明確地，在卡氏座標式 (9-17) 必須成立。讓我們檢驗：

$$\underbrace{\frac{\partial u}{\partial x}}_{0.8} + \underbrace{\frac{\partial v}{\partial y}}_{-0.8} + \underbrace{\frac{\partial w}{\partial z}}_{0 \text{ 因為二維}} = 0 \rightarrow 0.8 - 0.8 = 0$$

因此我們看到不可壓縮的連續方程式的確在任何時刻都是滿足的，**所以此流場可被近似為不可壓縮的。**

討論：雖然在 v 中有一個不穩定項，但因其無 y 微分而從連續方程式中被消去了。

例題 9-4　找出遺失的速度分量

已知一個穩定、不可壓縮的三維流場的兩個速度分量，即 $u = ax^2 + by^2 + cz^2$ 與 $w = axz + byz^2$，其中 a、b 與 c 是常數。但其 y 速度分量遺失了 (圖 9-14)。推導一個給 v 的表示式，表示成 x、y 與 z 的函數。

解答： 我們要找出速度的 y-分量 v，使用已知的 u 及 w 的表示式。

假設： **1.** 流動是穩定的。**2.** 流動是不可壓縮的。

解析： 因為流動是穩定且不可壓縮的，並且因為我們使用卡氏座標系統，將式 (9-17) 應用在此流場上。

不可壓縮性的條件：
$$\frac{\partial v}{\partial y} = -\underbrace{\frac{\partial u}{\partial x}}_{2ax} - \underbrace{\frac{\partial w}{\partial z}}_{ax + 2byz} \rightarrow \frac{\partial v}{\partial y} = -3ax - 2byz$$

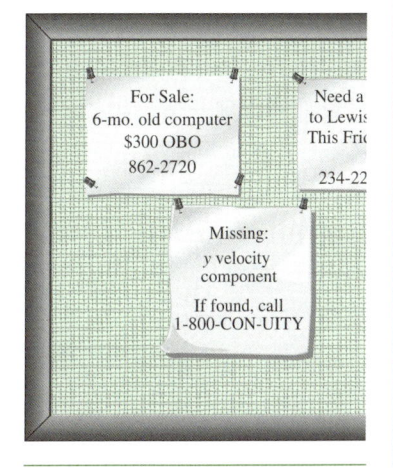

圖 9-14　連續方程式可以被用來發現遺失的速度分量。

接下來我們對 y 積分。因為積分是偏積分，加上一個 x 及 z 的任意函數來取代一個簡單的積分常數。

解答：
$$v = -3axy - by^2z + f(x, z)$$

討論： 任何函數 $f(x, z)$ 都產生一個滿足連續方程式的 v，因為在連續方程式中沒有 v 對 x 或 z 的微分。

例題 9-5　二維、不可壓縮的渦旋流

考慮在圓柱座標中的一個二維的不可壓縮流；其切向速度分量為 $u_\theta = K/r$，其中 K 是一個常數。這代表一個渦旋流的種類，推導出另一個速度分量 u_r 的表示式。

解答： 已知切向速度分量，我們要推導出徑向速度分量的表示式。

假設： **1.** 流動在 xy-($r\theta$-) 平面是二維的 (速度不是 z 的函數，並且到處都是 $u_z = 0$)。**2.** 流動是不可壓縮的。

解析： 不可壓縮的連續方程式 (9-18) 對此二維的情況可以化簡成

$$\frac{1}{r}\frac{\partial(ru_r)}{\partial r} + \frac{1}{r}\frac{\partial u_\theta}{\partial \theta} + \underbrace{\frac{\partial u_z}{\partial z}}_{0\,(2\text{-}D)} = 0 \rightarrow \frac{\partial(ru_r)}{\partial r} = -\frac{\partial u_\theta}{\partial \theta} \tag{1}$$

已知的 u_θ 表示式不是 θ 的函數，因此式 (1) 化簡成

$$\frac{\partial(ru_r)}{\partial r} = 0 \rightarrow ru_r = f(\theta, t) \tag{2}$$

其中我們導入一個 θ 與 t 的任意函數來替代一個積分常數，因為是相對於 r 作偏積分。解出 u_r，

$$u_r = \frac{f(\theta, t)}{r} \qquad (3)$$

因此，任何由式 (3) 給定的徑向速度分量都能得到一個二維的不可壓縮速度場，並滿足連續方程式。

我們討論一些特例。最簡單的情況是當 $f(\theta, t) = 0$ ($u_r = 0$，$u_\theta = K/r$)。這會得到在第 4 章中討論過的**線渦旋** (line vortex)，如畫在圖 9-15a 中的。另一個簡單的情況是當 $f(\theta, t) = C$ 時，其中 C 是一個常數。這會產生一個徑向速度，其大小隨 $1/r$ 而減小。對負值的 C，想像一個旋轉的線渦旋／沉流，其流體元素不只繞著原點旋轉，並被位於原點的沉吸入 (事實上是一個沿著 z- 軸的線沉)。這情況被畫在圖 9-15b 中。

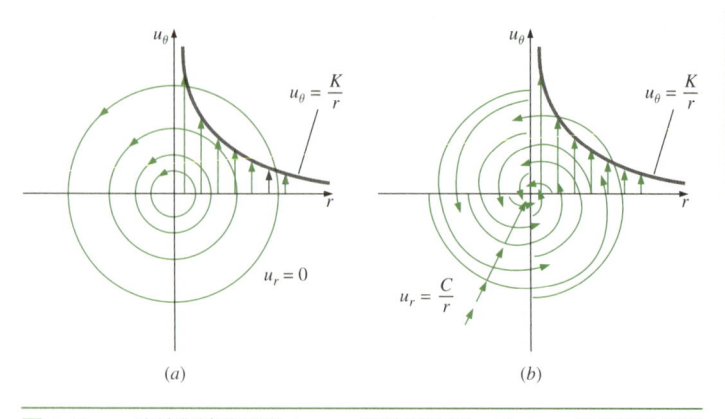

圖 9-15 流線與速度形狀：(a) 一個線渦旋流，及 (b) 一個旋轉的線渦旋／沉流。

討論：其它更複雜的流動令 $f(\theta, t)$ 為某些其它函數而得到。對於任何 $f(\theta, t)$ 的函數，其流動滿足在任何給定時刻的二維的不可壓縮連續方程式。

例題 9-6 ▶ 比較連續性與體積應變率

回想在第 4 章定義的體積應變率。在卡氏座標中為

$$\frac{1}{V}\frac{DV}{Dt} = \varepsilon_{xx} + \varepsilon_{yy} + \varepsilon_{zz} = \frac{\partial u}{\partial x} + \frac{\partial v}{\partial y} + \frac{\partial w}{\partial z} \qquad (1)$$

證明不可壓縮流的體積應變率為零。討論不可壓縮與可壓縮流的體積應變率的物理意義。

解答：我們要證明不可壓縮流的體積應變率為零，並且討論其在不可壓縮與可壓縮流的物理意義。

解析：如果流動是不可壓縮的，式 (9-16) 適用。更明確地，在卡氏座標中，式 (9-17) 適用，將式 (9-17) 與式 (1) 比較，

$$\frac{1}{V}\frac{DV}{Dt} = 0 \quad \text{對不可壓縮流}$$

因此，在一個不可壓縮流場中，體積應變率是零。事實上，你可以用 $DV/Dt = 0$ 來定義不可壓縮性。物理上，當我們追蹤一個流體元素時，其一部分會伸長，而其它部分會收縮，同時元素可能平移、變形與旋轉，但其體積在其經過整個流場的路徑上維持為常數 (圖 9-16a)。只要其為不可壓縮的，不管流動是穩定或不穩定，這都是事實。如果流動是可壓縮的，體積應變率將不會是

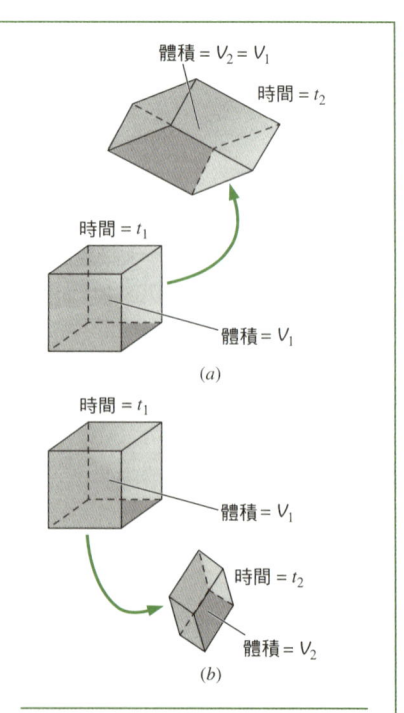

圖 9-16 (a) 在一個不可壓縮流中，流體元素可能平移、變形及旋轉，但其體積不會膨脹，也不會收縮；(b) 在一個可壓縮流中，當流體元素在平移、變形與旋轉時，其體積可能膨脹或收縮。

零，暗示流體元素當在流場中平移時有可能膨脹，也可能收縮 (圖 9-16b)。明確地，考慮式 (9-10)，此為可壓縮流連續方程式的另一種形式。根據定義，$\rho = m/V$，其中 m 是流體元素的質量。對一個物質元素 (當流體元素在流場中運動時追蹤它)，m 必須是一個常數。對式 (9-10) 作一些運算得到

$$\frac{1}{\rho}\frac{D\rho}{Dt} = \frac{V}{m}\frac{D(m/V)}{Dt} = -\frac{V}{m}\frac{m}{V^2}\frac{DV}{Dt} = -\frac{1}{V}\frac{DV}{Dt} = -\vec{\nabla}\cdot\vec{V} \quad \rightarrow \quad \frac{1}{V}\frac{DV}{Dt} = \vec{\nabla}\cdot\vec{V}$$

討論：最後的結果是通用的 —— 不限制只有於卡氏座標中，同時可用在穩定流與不穩定流中。

例題 9-7　不可壓縮流的條件

考慮一個穩定的流場，$\vec{V} = (u, v, w) = a(x^2y + y^2)\vec{i} + bxy^2\vec{j} + cx\vec{k}$，其中 a、b 與 c 是常數。在什麼條件下此流場為不可壓縮的？

解答：我們要決定常數 a、b 與 c 之間的關係來保證不可壓縮性。

假設：**1.** 流動是穩定的。**2.** 流動是不可壓縮的 (在某些要被決定的限制條件下)。

解析：我們將式 (9-17) 應用到給定的流場上，

$$\underbrace{\frac{\partial u}{\partial x}}_{2axy} + \underbrace{\frac{\partial v}{\partial y}}_{2bxy} + \underbrace{\frac{\partial w}{\partial z}}_{0} = 0 \quad \rightarrow \quad 2axy + 2bxy = 0$$

因此為了保證不可壓縮性，常數 a 與 b 的大小必須相等，但符號必須相反。

不可壓縮性的條件：
$$a = -b$$

討論：如果 a 不等於 $-b$，這仍有可能是一個有用的流場，但密度在流場中必須隨位置改變。換言之，流動會是可壓縮的，而式 (9-14) 必須取代式 (9-17) 被滿足。

9-3　流線函數

卡氏座標中的流線函數

考慮在 xy- 平面的不可壓縮的二維流動的簡單情況。在卡氏座標的連續方程式 (9-17) 簡化為

$$\frac{\partial u}{\partial x} + \frac{\partial v}{\partial y} = 0 \tag{9-19}$$

一個聰明的變數轉換使我們可以用一個相依變數 (ψ) 取代兩個相依變數 (u 和 v) 來重寫式 (9-18)。我們定義**流線函數** (stream function) ψ 為 (圖 9-17)

492 流體力學

流線函數

- 2-D、不可壓縮、卡氏座標：
$$u = \frac{\partial \psi}{\partial y} \quad 與 \quad v = -\frac{\partial \psi}{\partial x}$$

- 2-D、不可壓縮、圓柱座標：
$$u_r = \frac{1}{r}\frac{\partial \psi}{\partial \theta} \quad 與 \quad u_\theta = -\frac{\partial \psi}{\partial r}$$

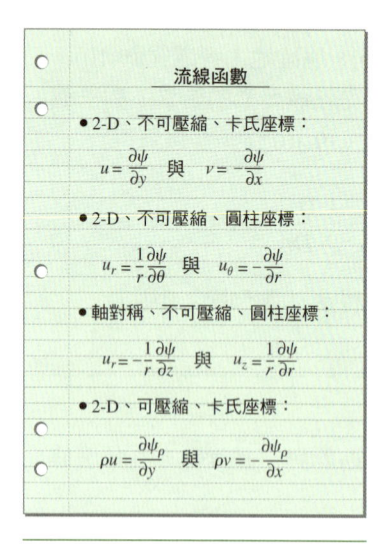

- 軸對稱、不可壓縮、圓柱座標：
$$u_r = -\frac{1}{r}\frac{\partial \psi}{\partial z} \quad 與 \quad u_z = \frac{1}{r}\frac{\partial \psi}{\partial r}$$

- 2-D、可壓縮、卡氏座標：
$$\rho u = \frac{\partial \psi_\rho}{\partial y} \quad 與 \quad \rho v = -\frac{\partial \psi_\rho}{\partial x}$$

圖 9-17 有幾種流線函數的定義，端視考慮中的流動型態與使用的座標系統而定。

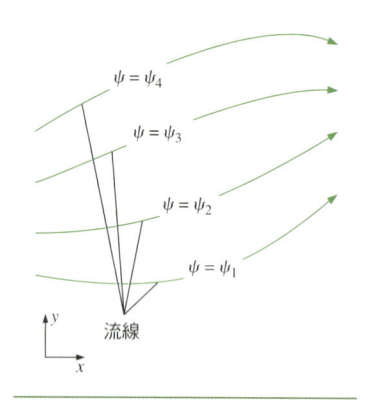

圖 9-18 流線函數是常數的曲線代表此流動的流線。

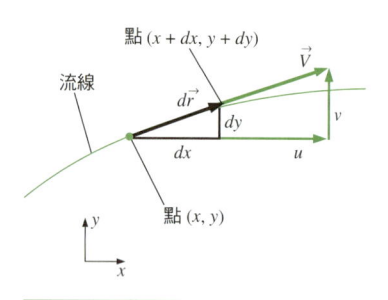

圖 9-19 沿著一條在 xy- 平面上的二維流線上的線段 $d\vec{r} = (dx, dy)$ 與當地速度向量 $\vec{V} = (u, v)$。

卡氏座標中不可壓縮的二維流線函數：

$$u = \frac{\partial \psi}{\partial y} \quad 與 \quad v = -\frac{\partial \psi}{\partial x} \qquad (9\text{-}20)$$

流線函數與相關的速度勢函數 (第 10 章) 首先被義大利數學家拉格朗日 (Joseph Louis Lagrange, 1736-1813) 推導出來。將式 (9-20) 代入式 (9-19) 中得到

$$\frac{\partial}{\partial x}\left(\frac{\partial \psi}{\partial y}\right) + \frac{\partial}{\partial y}\left(-\frac{\partial \psi}{\partial x}\right) = \frac{\partial^2 \psi}{\partial x\,\partial y} - \frac{\partial^2 \psi}{\partial y\,\partial x} = 0$$

其對任意平滑函數 $\psi(x, y)$ 自然成立，因為其微分的順序 (先 y 再 x 對應先 x 再 y) 是無關的。

你可能會問為什麼我們選擇將負號放在 v 上，而不是 u 上 (如果我們用相反的正負號來定義流線函數，連續函數仍會被自動滿足)。答案是雖然正負號是任意的，但式 (9-20) 的定義會使得當 ψ 在 y- 方向增加時，流動是從左到右，這通常是我們比較喜歡的。大多數流體力學的書都以這種方式定義 ψ，雖然有時候 ψ 會以相反的正負號來定義 (例如，某些英國教科書與室內空氣品質領域方面，如 Heinsohn 與 Cimbala, 2003)。

我們從這個轉換得到什麼呢？首先，如已經提及的，一個單一變數 (ψ) 取代了兩個變數 (u 與 v) — 一旦知道 ψ，我們可以經由式 (9-20) 產生 u 與 v，並且我們被保證解答會滿足連續方程式 (9-19)。第二，事實顯示流線函數具備有用的物理意義 (圖 9-18)。亦即，

ψ 為常數的曲線是流動的流線。

這可以輕易地考慮在 xy- 平面上的一條流線來證明，如繪於圖 9-19 中的。從第 4 章的回想，知道沿著這樣的一條流線

沿著一條流線： $\qquad \dfrac{dy}{dx} = \dfrac{v}{u} \quad \rightarrow \quad \underbrace{-v}_{\partial \psi/\partial x}\,dx + \underbrace{u}_{\partial \psi/\partial y}\,dy = 0$

其中我們已經應用式 (9-0)，ψ 的定義。因此，

沿著一條流線： $\qquad \dfrac{\partial \psi}{\partial x}dx + \dfrac{\partial \psi}{\partial y}dy = 0 \qquad (9\text{-}21)$

但是對任何一個兩個變數 x 與 y 的平滑函數 ψ，我們從數學上的鎖鏈律知道 ψ 從點 (x, y) 到距離為無限小的另一點 (x + dx, y + dy) 的全變化是

ψ 的全變化：
$$d\psi = \frac{\partial \psi}{\partial x} dx + \frac{\partial \psi}{\partial y} dy \qquad (9\text{-}22)$$

比較式 (9-21) 與 (9-22)，我們得知沿著一條流線 $d\psi = 0$；因此已經證明沿著一條流線 ψ 是常數的這個敘述。

例題 9-8　從流線函數計算速度場

一個 xy- 平面上的穩定、二維、不可壓縮流場有一個流線函數，由 $\psi = ax^3 + by + cx$ 給定，其中 a、b 與 c 是常數：$a = 0.50$ (m·s)$^{-1}$、$b = -2.0$ m/s 及 $c = -1.5$ m/s。(a) 求速度分量 u 與 v 的表示式。(b) 證明流場滿足不可壓縮的連續方程式。(c) 在右上邊的第一象限上畫出幾條流線。

解答：對一個給定的流線函數，我們要計算速度分量，證明不可壓縮性，並畫出流線。

假設：1. 流動是穩定的。2. 流動是不可壓縮的 (這個假設將要被證實)。3. 流動在 xy- 平面是二維的，暗示 $w = 0$ 且 u 與 v 都與 z 無關。

解析：(a) 我們使用式 (9-20)，將流線函數微分，來獲得 u 與 v 的表示式，

$$u = \frac{\partial \psi}{\partial y} = b \quad \text{與} \quad v = -\frac{\partial \psi}{\partial x} = -3ax^2 - c$$

(b) 因為 u 不是 x 的函數，且 v 不是 y 的函數，我們立刻看出二維、不可壓縮的連續方程式 (9-19) 是滿足的。事實上，因為 ψ 是 x 與 y 的平滑函數，則在 xy- 平面上，此二維不可壓縮的連續方程式由 ψ 的定義是自動滿足的。我們的結論是**此流動的確是不可壓縮的**。

(c) 為了畫流線，我們對給定的方程式求解 y，作為 x 與 ψ 的函數；或求解 x，作為 y 與 ψ 的函數。對於本例，前者較簡單，因此得出

流線的方程式：
$$y = \frac{\psi - ax^3 - cx}{b}$$

對於一些 ψ 值，這個方程式被畫在圖 9-20 中，使用到提供的 a、b 與 c 的值。對於較大的 x 值，流動幾乎是直接向下的，但對 $x < 1$ m 則轉向上。

討論：你可以證明在 $x = 1$ m 處 $v = 0$。事實上，對 $x > 1$ m，v 是負的；而對 $x < 1$ m，v 是正的。流動的方向也可以在流場中選擇任意的點來決定，例如 ($x = 3$ m, $y = 4$ m)，並計算該處的速度。在該點，我們得到 $u = -2.0$ m/s 與 $v = -12.0$ m，這顯示在流場的這一個區域，流體的流動是向左下方向的。為求清楚起見，在這一點上的速度向量，也畫在圖 9-20 中；顯然其是與靠近該點的流線平行的。在其它三個位置上的速度向量也被畫在圖上。

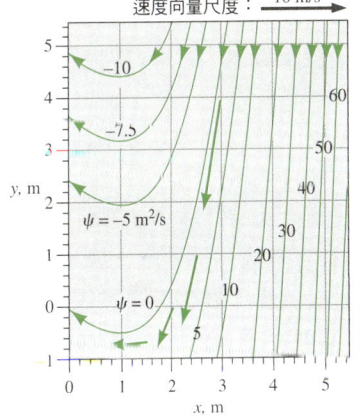

圖 9-20　例題 9-8 的速度場的流線；每條流線上的 ψ 常數值被顯示出來，並且在 4 個位置上的速度向量也被顯示了。

例題 9-9 ▶ 為一個已知的速度場計算流線函數

考慮一個穩定的、二維、不可壓縮速度場，其 $u = ax + b$ 且 $v = -ay + cx$，其中 a、b 與 c 是常數：$a = 0.50 \text{ s}^{-1}$、$b = 1.5 \text{ m/s}$ 且 $c = 0.35 \text{ s}^{-1}$。推導出一個流線函數的表示式，並且在右上象限上畫出此流動的一些流線。

解答：對一個給定的速度場，我們要推導出一個 ψ 的表示式，並且對給定的常數值 a、b 與 c 畫出幾條流線。

假設：1. 流動是穩定的。**2.** 流動是不可壓縮的。**3.** 流動在 xy- 平面上是二維的，暗示 $w = 0$ 且 u 及 v 與 z 無關。

解析：我們從定義流線函數的式 (9-20) 中的兩個部分中選出一個來開始 (我們選擇哪一個部分並不重要，解答會是相同的)。

$$\frac{\partial \psi}{\partial y} = u = ax + b$$

接下來，我們對 y 作積分，注意此為一個偏積分，因此我們加上一個為另一個變數 x 的任意函數，而不僅只是個積分常數，

$$\psi = axy + by + g(x) \tag{1}$$

現在我們選擇式 (9-20) 中的另一個部分，微分式 (1) 並重新整理如下：

$$v = -\frac{\partial \psi}{\partial x} = -ay - g'(x) \tag{2}$$

其中 $g'(x)$ 代表 dg/dx，因為 g 僅是單一變數 x 的函數。我們現在有兩個速度分量 v 的表示式，在問題敘述中所給的及式 (2)。令兩者相等，並對 x 積分來找出 $g(x)$，

$$v = -ay + cx = -ay - g'(x) \rightarrow g'(x) = -cx \rightarrow g(x) = -c\frac{x^2}{2} + C \tag{3}$$

注意，這裡我們加了一個任意的積分常數 C，因為 g 只是一個 x 的函數。最後，將式 (3) 代入式 (1) 就得到 ψ 的最後表示式。

解答：
$$\psi = axy + by - c\frac{x^2}{2} + C \tag{4}$$

為了畫出流線，我們注意到式 (4) 代表一組曲線，對每一個 ($\psi - C$) 的常數值，都對應一條特定的曲線。因為 C 是任意的，通常將其設為零，雖然其可被設成任何高興的值。為簡單計，我們設 $C = 0$ 並從式 (4) 解出 y 作為 x 的函數，得到

流線的方程式：
$$y = \frac{\psi + cx^2/2}{ax + b} \tag{5}$$

對給定的常數 a、b 與 c 的值，將幾個 ψ 的值將式 (5) 畫在圖 9-21 中。從圖 9-21 看出這是一個在右上象限的平滑的收縮流。

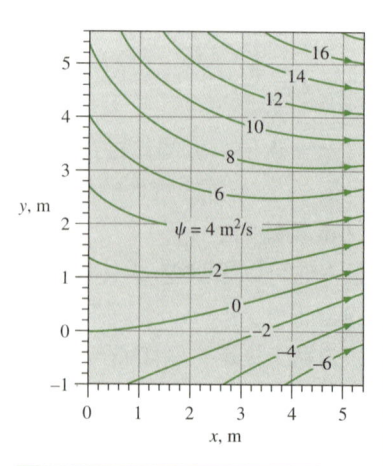

圖 9-21 例題 9-9 中速度場的流線；每一條流線上都標示出其 ψ 的常數值。

討論：檢查你的數學運算通常是個好主意。以本例而言，你應該將式 (4) 代入式 (9-20) 中去驗證是否得到正確的速度分量。

關於流線函數，另外有一個物理意義：

從一條流線到另一條流線的 ψ 的差值等於兩條流線之間每單位寬度的體積流率。

這個敘述被畫在圖 9-22 中。考慮兩條流線 ψ_1 與 ψ_2，並且想像這是在 xy- 平面上的二維流線，在進入頁面方向是單位寬度 (在 $-z-$ 方向是 1 m)。根據定義，沒有流動能穿越流線。因此佔據這兩條流線之間的空間的流體，一直被限制在這兩條流線之間。穿過介於此兩條流線之間的任何一個截面的質量流率在任何時刻都是相同的。截面可以是任意的形狀，只要其從流線 1 開始，並終止於流線 2 即可。例如在圖 9-22 中，截面 A 是從一條流線到另一條流線的平滑曲面，而截面 B 則是波動面。對於在 xy- 平面上的穩定、不可壓縮的三維流動，此兩條流線之間的體積流率 $\dot{V}$ (每單位寬度) 也必須是一個常數。如果此兩條流線向外分開，就如它們從截面 A 到截面 B 一樣，則兩條流線之間的平均速度也隨之減小，使得體積流率維持相同 ($\dot{V}_A = \dot{V}_B$)。在例題 9-8 的圖 9-20 中，流場中介於 $\psi = 0$ m²/s 與 $\psi = 5$ m²/s 的流線之間，有四個位置上的速度向量被畫出來。你可以清楚地看到當流線彼此分開時，速度向量的大小隨著減小。同樣地，當流線收縮時，它們之間的平均速度也隨著增加。

我們要用數學證明給定的敘述。考慮圖 9-22 中介於兩條流線及截面 A 與截面 B 之間的控制體積 (圖 9-23)。在圖 9-23a 中顯示一個沿著截面 B 的無限小的長度 ds，也顯示其單位法向量 $\vec{n}$。為了清晰起見，這個區域的一個放大圖被畫在圖 9-23b 中。如圖所示，ds 的兩個分量是 dx 與 dy；因此單位法向量為

$$\vec{n} = \frac{dy}{ds}\vec{i} - \frac{dx}{ds}\vec{j}$$

湧過控制面上的 ds 線段的每單位寬度的體積流率為

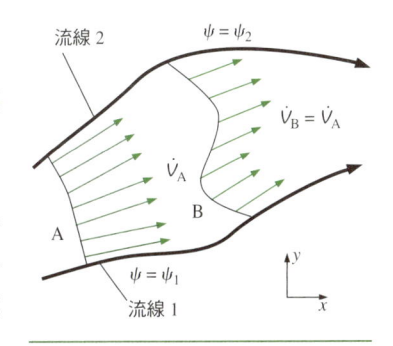

圖 9-22 對於在 xy- 平面上的二維流線，兩條流線之間每單位寬度的體積流率 $\dot{V}$ 在湧過任意截面時都是相同的。

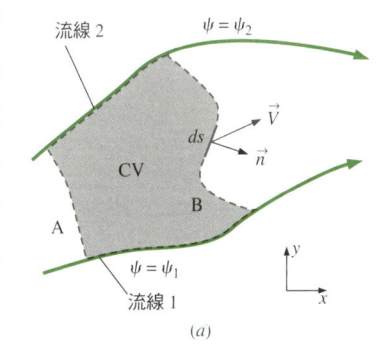

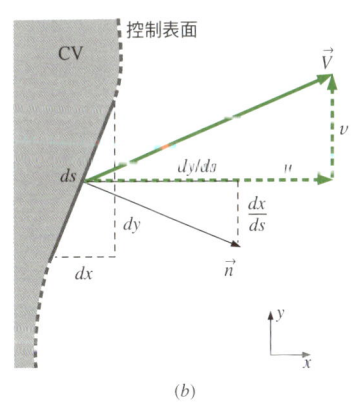

圖 9-23 (a) 在 xy- 平面上被流線 ψ_1 與 ψ_2 及截面 A 與 B 所圍成的控制體積；(b) 在無限小的長度 ds 附近區域的放大圖。

$$d\dot{V} = \vec{V}\cdot\vec{n}\underbrace{dA}_{ds} = (u\vec{i} + v\vec{j})\cdot\left(\frac{dy}{ds}\vec{i} - \frac{dx}{ds}\vec{j}\right)ds \tag{9-23}$$

其中 $dA = ds \times 1 = ds$，其中 1 是指進入頁面的單位寬度，不管是用什麼單位系統。當我們展開式 (9-23) 的點積，並應用式 (9-20) 時，得到

$$d\dot{V} = u\,dy - v\,dx = \frac{\partial\psi}{\partial y}dy + \frac{\partial\psi}{\partial x}dx = d\psi \tag{9-24}$$

將式 (9-24) 從流線 1 積分到流線 2，我們可以求出經過截面 B 的總體積流率，

$$\dot{V}_B = \int_B \vec{V}\cdot\vec{n}\,dA = \int_B d\dot{V} = \int_{\psi=\psi_1}^{\psi=\psi_2} d\psi = \psi_2 - \psi_1 \tag{9-25}$$

因此，通過截面 B 的每單位寬度的體積流率等於圍著截面 B 的兩個流線函數的值的差。現在考慮圖 9-23a 中的整個控制體積。因為我們知道沒有流動可以穿過流線，質量守恆要求經過截面 A 進入控制體積的體積流率等於通過截面 B 流出控制體積的體積流率。最後，因為在此兩流線之間，我們可以選擇在任何位置，具有任何形狀的截面，此敘述得到證明。

當處理流線函數時，流動的方向是由我們稱為 "左側慣例" 的方式來決定的。亦即，如果你在 xy- 平面，往 z- 軸的方向看 (圖 9-24)，並且隨著流動的方向移動，流線函數往你的左邊增加。

在 xy- 平面上，ψ 的值是往流動方向的左邊增加。

例如，在圖 9-24 中，流線函數往流動方向的左邊增加，不管流動如何扭曲轉彎。同時也注意當流線分隔比較開時 (圖 9-24 中的右下區)，在那附近的速度大小 (流速) 較小，相對當流線較接近時 (圖 9-24 的中間區域)，流速較大。這很容易可以用質量守恆來解釋。當流線收縮時，它們之間的截面積變小，速度必須增加才能維持流線間的流率不變。

圖 9-24 "左側慣例" 的說明。在 xy- 平面上，流線函數的值總是往流動方向的左邊增加。

例題 9-10　從流線推論相對速度

Hele-Shaw 流動是強迫流體流過介於兩塊平行平板之間的細縫所製造出來的。一個 Hele-Shaw 流動的例子由圖 9-25 中流過一個傾斜平板的流動所提供。煙線的產生是在可視區域上游幾個等間隔的點上釋出染料來形成的。因為流動是穩定的，煙線與流線是一致的。流體是水，而玻璃板之間隔為 1.0 mm。討論你如何可以從流線的型態知道在流場的一個特定區域的流速是 (相對) 較大或較小。

解答： 對於給定的一組流線，我們要討論如何可以知道流體相對速度的大小。

假設：**1.** 流動是穩定的。**2.** 流動是不可壓縮的。**3.** 流動模擬在 xy-平面上的二維勢流。

解析：當一個流線函數的等間隔的流線彼此散開時，它指示出那個區域的流速已經減小了。同樣地，如果流線彼此靠攏，在那個區域的流線已經增加了。在圖 9-25 中，我們推論在平板的比較上游的區域，流動是直的，並且是均勻的，因為流線是等間隔的。當流體接近平板的上半部時，它會減速，特別當接近停滯點時，這可由流線之間的寬間距指示出來。在繞過平板的急轉彎區域，流體快速地增加至高速，這可由靠得很近的流線指示出來。

討論：結果顯示 Hele-Shaw 流動的煙線很像勢流的流動，其將於第 10 章中討論。

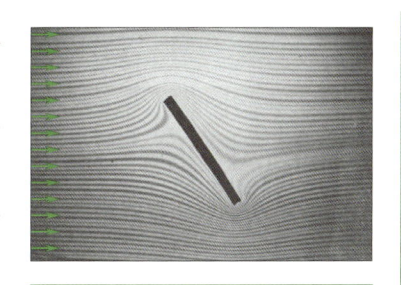

圖 9-25 流過一個傾率平板的 Hele-Shaw 流動所產生的煙線。這個煙線模擬勢流 (第 10 章) 流過有相同截面形狀的一個二維的傾斜平板的流線。
Courtesy Howell Peregrine, School of Mathematics, University of Bristol. Used by permission.

例題 9-11 從流線推論的體積流率

水從一個水道的底部壁面上的狹縫中被吸走。水道中的水從左向右以均勻速度 $V = 1.0$ m/s 流動。細縫垂直於 xy- 平面，並沿著 z- 軸跨過整個流道，其寬度為 $w = 2.0$ m。因此流道在 xy- 平面上近似是二維的。此流動的數條流線在圖 9-26 中畫出並標示出來。

圖 9-26 中較粗的流線稱為分界流線 (dividing streamline)，因為它將流場分成兩部分。即，此分界流線以下所有的水都被吸入細縫中，而分界流線以上的水則繼續往下游流動。被吸入細縫的水的體積流率是多少呢？估計在點 A 的速度大小。

解答：對於給定的一組流線，我們要決定通過細縫的體積流率且估計在一點上的流速。

假設：**1.** 流動是穩定的。**2.** 流動是不可壓縮的。**3.** 流動在 xy- 平面是二維的。**4.** 沿著底壁面的摩擦被忽略。

解析：由式 (9-25)，在底壁面 ($\psi_{\text{wall}} = 0$) 與分界流線 ($\psi_{\text{dividing}} = 1.0$ m^2/s) 之間每單位寬度的體積流率是

$$\frac{\dot{V}}{w} = \psi_{\text{dividing}} - \psi_{\text{wall}} = (1.0 - 0) \text{ m}^2/\text{s} = 1.0 \text{ m}^2/\text{s}$$

所有這些流動必須通過細縫。因為流道是 2.0 m 寬，通過細縫的總體積流率為

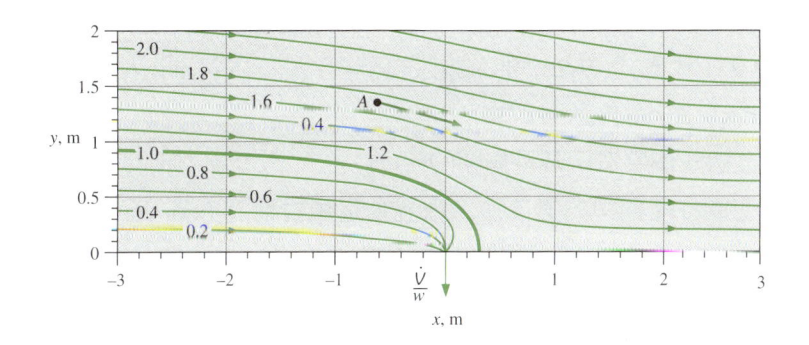

圖 9-26 沿著一個有一條吸入細縫的壁面的自由流的流線；流線值的單位用 m^2/s 顯示；粗的流線是分界流線。在 A 的速度向量的方向由左側慣例決定。

$$\dot{V} = \frac{\dot{V}}{w}w = (1.0 \text{ m}^2/\text{s})(2.0 \text{ m}) = \mathbf{2.0 \text{ m}^3/\text{s}}$$

為了估計 A 點的速率，我們量測圍住 A 點的兩條流線間的距離 δ。我們發現 A 點附近流線 1.8 與流線 1.6 的距離大約是 0.21 m。此兩條流線間每單位寬度 (進入頁面) 的體積流率等於流線函數值的差。因此估計 A 的速率為

$$V_A \cong \frac{\dot{V}}{w\delta} = \frac{1}{\delta}\frac{\dot{V}}{w} = \frac{1}{\delta}(\psi_{1.8} - \psi_{1.6}) = \frac{1}{0.21 \text{ m}}(1.8 - 1.6) \text{ m}^2/\text{s} = \mathbf{0.95 \text{ m/s}}$$

我們的估計值接近已知的自由流速率 (1.0 m/s)。顯示在 A 點附近流體以幾乎等於自由流的速率流動，但流向稍微向下。

討論：圖 9-26 中的流線是重疊一個均勻流與一個線沉流而形成的，並假設是無旋流 (勢流)，在第 10 章將討論這種重疊。

圓柱座標中的流線函數

對於 xy- 平面上的二維流動，我們也可以定義在圓柱座標的流線函數，其對於許多問題更為適當。注意所謂二維，我們的意思是只有兩個相關的空間獨立變數 — 與第三個分量是無關的。有兩種可能，第一是**平面流** (planar flow)，就像圖 9-19 與 9-20，但是用 (r, θ) 及 (u_r, u_θ) 表示，而不是用 (x, y) 及 (u, v) (參考圖 9-10a)。在這種情況下，與座標 z 是無關的。對於在 rθ- 平面的二維的平面流，我們簡化不可壓縮的連續方程式 (9-18)，成為

$$\frac{\partial(ru_r)}{\partial r} + \frac{\partial(u_\theta)}{\partial \theta} = 0 \tag{9-26}$$

我們如下定義流線函數：

圓柱座標上不可壓縮的平面流線函數：

$$u_r = \frac{1}{r}\frac{\partial \psi}{\partial \theta} \quad \text{與} \quad u_\theta = -\frac{\partial \psi}{\partial r} \tag{9-27}$$

我們再注意到正負號在某些教科書中是相反的。你可以將式 (9-27) 代入式 (9-26) 中來說服自己對於任何平滑的函數 $\psi(r, \theta)$，式 (9-26) 是自動滿足的，因為微分的順序 (先 r 再 θ 對應先 θ 再 r) 對一個平滑函數是無關的。

在圓柱座標中的第二種二維流動是**軸對稱流** (axisymmetric flow)，其中 r 與 z 是相關的空間變數，u_r 與 u_z 是非零的速度分量，並且與 θ 是無關的 (圖 9-27)。軸對稱流的例子包括經過

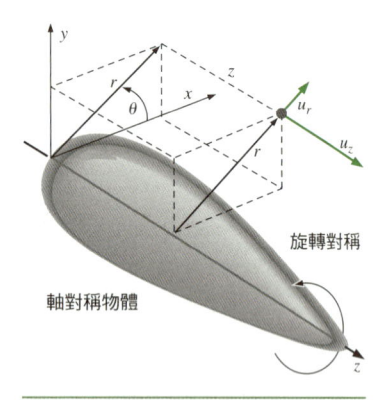

圖 9-27 流體流過一個在圓柱座標的軸對稱物體，其相對於 z- 軸是旋轉對稱的；不管在幾何上，或在速度場上都與 θ 無關，並且 $u_\theta = 0$。

球、子彈的流動與在許多像魚雷與飛彈等前端的流動，如果不包括它們的鰭片，這些流動是到處軸對稱的。對於不可壓縮的軸對稱流，連續方程式是

$$\frac{1}{r}\frac{\partial(ru_r)}{\partial r} + \frac{\partial(u_z)}{\partial z} = 0 \qquad (9\text{-}28)$$

流線函數要被定義成其會正好滿足式 (9-28)，當然 ψ 必須是 r 與 z 的平滑函數，

圓柱座標上不可壓縮的軸對稱流線函數：

$$u_r = -\frac{1}{r}\frac{\partial \psi}{\partial z} \quad \text{與} \quad u_z = \frac{1}{r}\frac{\partial \psi}{\partial r} \qquad (9\text{-}29)$$

我們也注意到有另一種方式來描述軸對稱流，亦即，使用卡氏座標 (x, y) 與 (u, v)，但是強迫 x 為對稱軸。這可能導致混淆，因為運動方程式必須作適當修改來考慮到軸對稱性。然而，這種作法常被用在 **CFD** 程式中。優點是一個人一旦在 xy-平面上建立了網格，同樣的網格可以同時用在平面流 (流動在 xy- 平面上，與 z 無關) 與軸對稱流 (流動在 xy- 平面上且對 x- 軸是旋轉對稱的)。我們對這個替代的軸對稱流動不討論其方程式。

例題 9-12 圓柱座標中的流線函數

考慮一個線渦旋，定義為一個穩定的、平面的不可壓縮流動，其速度分量為 $u_r = 0$ 及 $u_\theta = K/r$，其中 K 是一個常數，這個流動顯示於圖 9-15a。推導流線函數 $\psi(r, \theta)$ 的一個表示式，並且證明流線為圓形的。

解答：對在圓柱座標上的一個給定速度場，我們要推導流線函數的一個表示式，並證明流線是圓形的。

假設：**1.** 流動是穩定的。**2.** 流動是不可壓縮的。**3.** 流動在 $r\theta$- 平面是平面的。

解析：我們使用式 (9-27) 所給的流線函數的定義。可以選擇從任一個分量開始，選切向分量，

$$\frac{\partial \psi}{\partial r} = -u_\theta = -\frac{K}{r} \quad \rightarrow \quad \psi = -K \ln r + f(\theta) \qquad (1)$$

現在我們選式 (9-27) 的另一個分量，

$$u_r = \frac{1}{r}\frac{\partial \psi}{\partial \theta} = \frac{1}{r}f'(\theta) \qquad (2)$$

其中撇號代表對 θ 微分。將 u_r 給定的資訊代入式 (2)，我們看出來

$$f'(\theta) = 0 \quad \rightarrow \quad f(\theta) = C$$

其中 C 是一個任意的積分常數。式 (1) 因此成為

解答：
$$\psi = -K \ln r + C \tag{3}$$

最後我們從式 (3) 看出來 ψ 為常數的曲線是令 r 為一個常數值所產生出來的。因為根據定義 r 為常數的圖形是圓形，**流線 (ψ 為常數的曲線)** 因此必須是相對於原點的圓形，如圖 **9-15a** 所示。
對給定的 C 與 ψ 的值，我們從式 (3) 解出 r 來畫流線，

流線的方程式：
$$r = e^{-(\psi - C)/K}$$

對應 $K = 10 \text{ m}^2/\text{s}$ 且 $C = 0$ 的流線從 $\psi = 0$ 到 22 被畫在圖 9-28 中。

討論： 當 ψ 的值均勻地增加時，其流線在原點的附近會越來越接近，而切線速度會越來越快。這是敘述"從一條流線到另一條流線的 ψ 值的差等於此兩條流線間每單位寬度的體積流率"的直接結果。

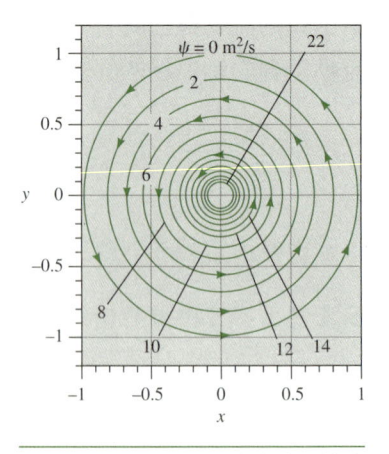

圖 9-28 例題 9-12 的速度場的流線，$K = 10 \text{ m}^2/\text{s}$ 且 $C = 0$；ψ 的值被標示在幾條流線上。

可壓縮的流線函數*

我們將流線函數的觀念延伸到在 xy- 平面上的穩定、可壓縮的二維流動。在卡氏座標可壓縮的連續方程式 (9-14) 對於穩定的二維流動化簡為下式：

$$\frac{\partial(\rho u)}{\partial x} + \frac{\partial(\rho v)}{\partial y} = 0 \tag{9-30}$$

我們定義一個可壓縮流線函數，並用 ψ_ρ 來表示，

卡氏座標中的穩定的可壓縮的二維的流線函數：

$$\rho u = \frac{\partial \psi_\rho}{\partial y} \quad \text{與} \quad \rho v = -\frac{\partial \psi_\rho}{\partial x} \tag{9-31}$$

根據此定義，式 (9-31) 的 ψ_ρ 自動滿足式 (9-30)，只要 ψ_ρ 是 x 與 y 的平滑函數即可。許多可壓縮流線函數的特徵與之前討論過的不可壓縮 ψ 是相同的。例如，等 ψ_ρ 的曲線仍然是流線。然而，從一條流線到另一條 ψ_ρ 的差值是每單位寬度的質量流率，而不是每單位寬度的體積流率。雖然不像其不可壓縮的對手那樣受歡迎，但可壓縮流線函數在某些商業 CFD 軟體中還是有人使用。

---

*本節可以跳過，不會影響連續性。

9-4 線性動量微分方程式 — 科西方程式

透過雷諾輸運定理的應用 (第 4 章)，我們得到對於一個控制體積的線性動量方程式的一般式，

$$\sum \vec{F} = \int_{CV} \rho \vec{g}\, dV + \int_{CS} \sigma_{ij} \cdot \vec{n}\, dA = \int_{CV} \frac{\partial}{\partial t}(\rho \vec{V})\, dV + \int_{CS} (\rho \vec{V})\vec{V} \cdot \vec{n}\, dA \qquad (9\text{-}32)$$

其中 σ_{ij} 是在第 6 章中定義的**應力張量** (stress tensor)，在一個無限小的矩形控制體積的正向表面上的 σ_{ij} 的分量被顯示在圖 9-29 中。式 (9-32) 同時適用於固定的與移動的控制體積。前提是 $\vec{V}$ 為絕對速度 (一個固定的觀察者所看到的)。對於有著定義良好的入口與出口的流動，式 (9-32) 被化簡成下式：

$$\sum \vec{F} = \sum \vec{F}_{\text{body}} + \sum \vec{F}_{\text{surface}} = \int_{CV} \frac{\partial}{\partial t}(\rho \vec{V})\, dV + \sum_{\text{out}} \beta \dot{m} \vec{V} - \sum_{\text{in}} \beta \dot{m} \vec{V} \qquad (9\text{-}33)$$

其中在最後兩項中的 $\vec{V}$ 是取在一個入口或出口上的平均速度，而 β 是動量通量修正因子 (第 6 章)。以文字表示，作用在控制體積上的總力等於控制體積內動量的變化率加流出控制體積的動量流率減流進控制體積的動量流率。式 (9-33) 適用於任何控制體積，不管其大小如何。為了導出一個線性動量的微分式，我們想像一個縮至無限小的控制體積。在極限時，整個控制體積縮成流場中的一點 (圖 9-2)。在此我們採用對質量守恆所用的相同作法，即我們展示推導線性動量的微分方程式的多種方法。

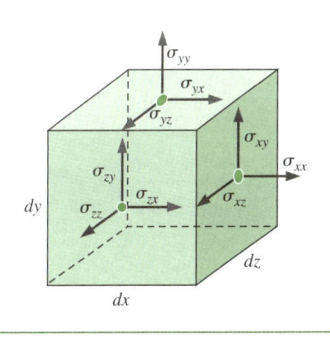

圖 9-29 卡氏座標中在一個無限小的矩形控制體積的正表面上 (右、上與前) 的應力張量的正分量。圓點指示出每個面上的中心點。在負表面上 (左、下與背) 的正分量的方向與圖中所示的方向相反。

使用散度定理來推導

推導動量方程式的微分形式的最直接 (且最優雅) 的方法是應用式 (9-3) 的散度定理。散度定理的一個更一般的形式不只適用於向量，也適用於他種量，例如張量，如圖 9-29 中所示。顯然地，如果我們把圖 9-30 中延伸的散度定理中的 G_{ij} 用 $(\rho \vec{V})\vec{V}$ (一個二階張量) 來取代，則式 (9-32) 中的最後一項變成

$$\int_{CS} (\rho \vec{V})\vec{V} \cdot \vec{n}\, dA = \int_{CV} \vec{\nabla} \cdot (\rho \vec{V} \vec{V})\, dV \qquad (9\text{-}34)$$

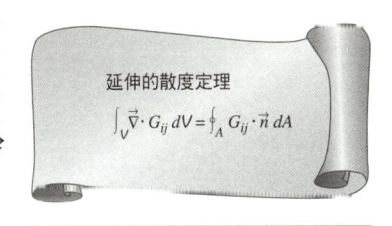

延伸的散度定理

$$\int_V \vec{\nabla} \cdot G_{ij}\, dV = \oint_A G_{ij} \cdot \vec{n}\, dA$$

圖 9-30 一個散度定理的延伸形式不只對向量有用，對張量也是。在此方程式中，G_{ij} 是一個二階張量，V 是體積，而 A 是包圍並定義體積的表面積。

其中 $\vec{V}\vec{V}$ 這個向量積稱為速度向量跟它自己的外積 (兩個向量的外積與內積或點積不同，也與兩個向量的交叉積不同)。類似地，如果我們用應力張量 σ_{ij} 取代圖 9-30 中的 G_{ij}，式 (9-32) 中左邊的第二項變成

$$\int_{CS} \sigma_{ij} \cdot \vec{n}\, dA = \int_{CV} \vec{\nabla} \cdot \sigma_{ij}\, dV \tag{9-35}$$

因此式 (9-32) 中的兩個面積分藉著應用式 (9-34) 與 (9-35) 變成體積分。我們結合並重新整理這些項，重寫式 (9-32) 如下：

$$\int_{CV} \left[\frac{\partial}{\partial t}(\rho \vec{V}) + \vec{\nabla} \cdot (\rho \vec{V}\vec{V}) - \rho \vec{g} - \vec{\nabla} \cdot \sigma_{ij} \right] dV = 0 \tag{9-36}$$

最後，我們推論式 (9-36) 對任何控制體積都必須成立，不管其大小與形狀。這只有在被積分式 (中括號內部的項) 正好等於零時才成立。因此，我們得到一個線性動量微分方程式的一般式，稱為科西方程式 (Cauchy's equation)，

科西方程式：
$$\frac{\partial}{\partial t}(\rho \vec{V}) + \vec{\nabla} \cdot (\rho \vec{V}\vec{V}) = \rho \vec{g} + \vec{\nabla} \cdot \sigma_{ij} \tag{9-37}$$

式 (9-37) 是為紀念法國工程師與數學家科西 (Augustin Louis de Cauchy, 1789-1857) 而命名的。它對可壓縮流與不可壓縮流都成立，因為我們沒有對不可壓縮性作任何假設。它在流域中的任何一點都成立 (圖 9-31)。注意式 (9-37) 是一個向量方程式，因此代表 3 個純量方程式，任三維問題的每一個座標軸各有一個與之對應。

圖 9-31 科西方程式是線性動量方程式的一個微分形式。它適用於任何流體種類。

使用無限小的控制體積來推導

我們用第二種方法來推導科西方程式，使用一個無限小的控制體積，並將線性動量定理應用於其上 (圖 9-33)。在盒子中心，如前所述，我們定義密度 ρ 與速度分量 u、v 與 w，也定義在盒中心的應力張量 σ_{ij}。為求簡單計，我們考慮式 (9-33) 的 x- 分量，即取 $\Sigma \vec{F}$ 的 x- 分量 ΣF_x，並取 $\vec{V}$ 的 x- 分量 u。這不僅簡化圖形，並讓我們可以用一個純量方程式來工作，亦即

$$\Sigma F_x = \Sigma F_{x,\text{body}} + \Sigma F_{x,\text{surface}} = \int_{CV} \frac{\partial}{\partial t}(\rho u)\, dV + \sum_{\text{out}} \beta \dot{m} u - \sum_{\text{in}} \beta \dot{m} u \tag{9-38}$$

當控制體積縮成一點時，式 (9-38) 中右邊的第一項變成

第 9 章 流體流動的微分解析 **503**

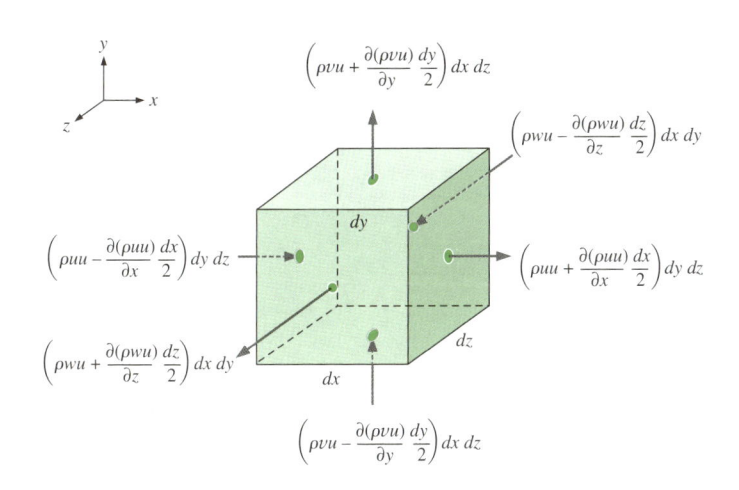

圖 9-32 通過一個無限小控制體積的每個面上的線性動量的 x- 分量的流進量與流出量，圓點指示出每一個面的中心點。

控制體積內 x- 動量的變化率：

$$\int_{CV} \frac{\partial}{\partial t}(\rho u)\, dV \cong \frac{\partial}{\partial t}(\rho u)\, dx\, dy\, dz \qquad (9\text{-}39)$$

因為微分元素的體積是 $dx\, dy\, dz$。在離開控制體積中心的位置上，我們應用截斷的泰勒級數的一階展開式來近似動量 x- 方向的流進率與流出率。圖 9-32 中顯示出在無限小的控制體積其六個表面之每一個面中心點上的動量通量。在每一個面上只需要考慮正向速度分量，因為切向速度分量對流進 (或流出) 表面的質量流率沒有貢獻，因此也對通過此面的動量流率沒有貢獻。

將顯示在圖 9-32 中的所有外流相加，並減去所有的入流，我們得到式 (9-38) 中最後兩項的近似式，

通過控制面的 x- 動量的淨流出率：

$$\sum_{\text{out}} \beta \dot{m} u - \sum_{\text{in}} \beta \dot{m} u \cong \left(\frac{\partial}{\partial x}(\rho uu) + \frac{\partial}{\partial y}(\rho vu) + \frac{\partial}{\partial z}(\rho wu) \right) dx\, dy\, dz \qquad (9\text{-}40)$$

其中 β 在每個面上都被設成 1，與我們的一階近似一致。

接下來，我們將作用在無限小的控制體積上的所有 x- 方向的力加總。就如在第 6 章所作的，我們必須同時考慮物體力或表面力。重力 (重量) 是我們考慮的唯一的物體力。對於重力可能不沿著 z- 軸 (或任何一個座標軸) 的一般情況，如圖 9-33 中所示的，重力向量可以寫成

$$\vec{g} = g_x \vec{i} + g_y \vec{j} + g_z \vec{k}$$

因此，在 x- 方向，作用在控制體積的物體力為

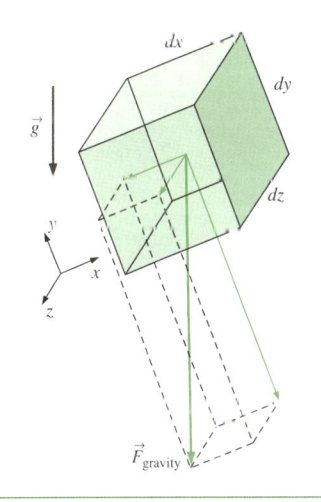

圖 9-33 一般而言，重力向量不一定平行於任何特定軸，並且作用在一個無限小的流體元素上的物體力有 3 個分量。

圖 9-34 在微分控制體積的每個面上的應力張量對作用在 x- 方向的表面力有貢獻的分量的圖示；圓點指示出每個面上的中心點。

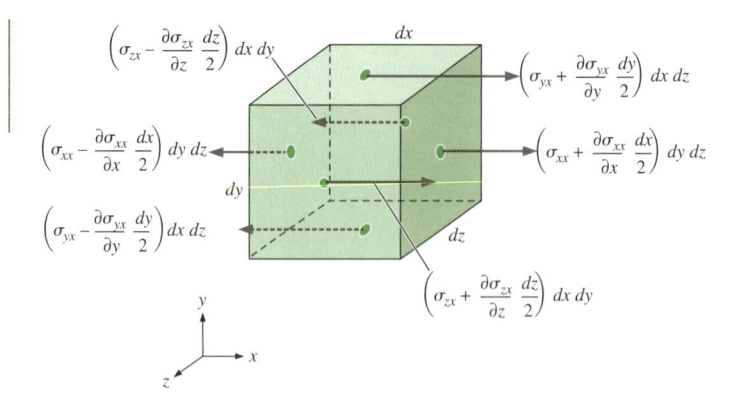

$$\sum F_{x,\text{body}} = \sum F_{x,\text{gravity}} \cong \rho g_x \, dx \, dy \, dz \tag{9-41}$$

接下來我們考慮在 x- 方向的淨表面力。回憶應力張量 σ_{ij} 的因次是每單位面積上的力。因此，為了得出力，我們必須將每個張量分量乘以其作用面的表面積。我們只需要考慮指向 x- 方向 (或 $-x$- 方向) 的分量 (應力張量的其它分量，雖然可能不為零，但對 x- 方向的淨力沒有貢獻)。使用截斷的泰勒級數展開式，我們畫出作用在我們的微分流體元素上對表面力的 x- 分量的淨力有貢獻的所有表面力 (圖 9-34)。

對畫在圖 9-34 中的所有表面力作加總，我們得到一個作用在微分流體元素上的 x- 方向的淨表面力

$$\sum F_{x,\text{surface}} \cong \left(\frac{\partial}{\partial x} \sigma_{xx} + \frac{\partial}{\partial y} \sigma_{yx} + \frac{\partial}{\partial z} \sigma_{zx} \right) dx \, dy \, dz \tag{9-42}$$

現在我們將式 (9-39) 到 (9-42) 都代入式 (9-38) 中，注意微分流體元素的體積 $dx \, dy \, dz$ 出現在每一項中，可以被消去。重新整理以後，我們得到 x- 動量方程式的微分形式

$$\frac{\partial(\rho u)}{\partial t} + \frac{\partial(\rho uu)}{\partial x} + \frac{\partial(\rho vu)}{\partial y} + \frac{\partial(\rho wu)}{\partial z} = \rho g_x + \frac{\partial}{\partial x} \sigma_{xx} + \frac{\partial}{\partial y} \sigma_{yx} + \frac{\partial}{\partial z} \sigma_{zx} \tag{9-43}$$

同樣的作法，我們可以分別導出 y- 與 z- 動量方程式的微分形式，

$$\frac{\partial(\rho v)}{\partial t} + \frac{\partial(\rho uv)}{\partial x} + \frac{\partial(\rho vv)}{\partial y} + \frac{\partial(\rho wv)}{\partial z} = \rho g_y + \frac{\partial}{\partial x} \sigma_{xy} + \frac{\partial}{\partial y} \sigma_{yy} + \frac{\partial}{\partial z} \sigma_{zy} \tag{9-44}$$

與

$$\frac{\partial(\rho w)}{\partial t} + \frac{\partial(\rho uw)}{\partial x} + \frac{\partial(\rho vw)}{\partial y} + \frac{\partial(\rho ww)}{\partial z} = \rho g_z + \frac{\partial}{\partial x} \sigma_{xz} + \frac{\partial}{\partial y} \sigma_{yz} + \frac{\partial}{\partial z} \sigma_{zz} \tag{9-45}$$

第 9 章　流體流動的微分解析　**505**

最後，可以將式 (9-43) 到 (9-45) 結合成一個向量方程式，

科西方程式：$$\frac{\partial}{\partial t}(\rho \vec{V}) + \vec{\nabla}\cdot(\rho \vec{V}\vec{V}) = \rho \vec{g} + \vec{\nabla}\cdot \sigma_{ij}$$

這個方程式與科西方程式 (9-37) 相同；因此我們確認使用微分流體元素的推導得到與使用散度定理的推導一樣的結果。注意，乘積 $\vec{V}\vec{V}$ 是一個二階張量 (圖 9-35)。

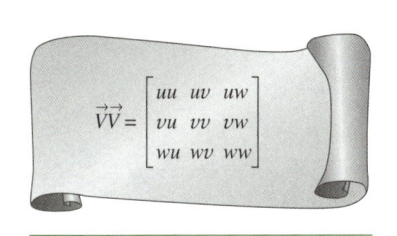

圖 9-35　向量 $\vec{V} = (u, v, w)$ 與其自己的外積是一個二階張量。顯示的乘積是在卡氏座標上的，並用一個 9 分量的矩陣來表示。

$$\vec{V}\vec{V} = \begin{bmatrix} uu & uv & uw \\ vu & vv & vw \\ wu & wv & ww \end{bmatrix}$$

科西方程式的替代形式

應用乘積律到式 (9-37) 中左邊的第一項，我們得到

$$\frac{\partial}{\partial t}(\rho \vec{V}) = \rho \frac{\partial \vec{V}}{\partial t} + \vec{V}\frac{\partial \rho}{\partial t} \tag{9-46}$$

式 (9-37) 中的第二項被寫成

$$\vec{\nabla}\cdot(\rho \vec{V}\vec{V}) = \vec{V}\vec{\nabla}\cdot(\rho \vec{V}) + \rho(\vec{V}\cdot\vec{\nabla})\vec{V} \tag{9-47}$$

因此，我們消去由 $\vec{V}\vec{V}$ 代表的二階張量。重新整理，並將式 (9-46) 與 (9-47) 代入式 (9-37) 中得到

$$\rho \frac{\partial \vec{V}}{\partial t} + \vec{V}\left[\frac{\partial \rho}{\partial t} + \vec{\nabla}\cdot(\rho \vec{V})\right] + \rho(\vec{V}\cdot\vec{\nabla})\vec{V} = \rho \vec{g} + \vec{\nabla}\cdot \sigma_{ij}$$

但是根據連續方程式 (9-5)，這個方程式中在中括號內的表示式等於零。將左邊剩下來的兩項結合，我們可以寫出

方程式的替代形式：$$\rho\left[\frac{\partial \vec{V}}{\partial t} + (\vec{V}\cdot\vec{\nabla})\vec{V}\right] = \rho \frac{D\vec{V}}{Dt} = \rho \vec{g} + \vec{\nabla}\cdot \sigma_{ij} \tag{9-48}$$

其中我們已經辨識出中括號內的表示式為隨質點加速度 ── 跟隨一個流體質點的加速度 (參考第 4 章)。

使用牛頓第二定律推導

我們用第三種方法來推導出科西方程式；亦即，取一個微分流體元素當作一個物質元素，而不是一個控制體積。換言之，我們把在這個元素內的流體當成有固定組成的系統，隨著流體移動 (圖 9-36)。根據物質加速度的定義，這個流體元素的加速度是 $\vec{a} = D\vec{V}/Dt$。將牛頓第二定律應用到一個流體的物質元素上，

$$\sum \vec{F} = m\vec{a} = m\frac{D\vec{V}}{Dt} = \rho\, dx\, dy\, dz \frac{D\vec{V}}{Dt} \tag{9-49}$$

在圖 9-36 所代表的瞬間，作用在此微分流體元素上的淨力，藉由之前處理微分控制體積的方式計算出來。因此作用在此流體元素上的總力是式 (9-41) 與 (9-42) 的加總，並推廣成向量形式。將這些代入式 (9-49) 並除以 $dx\, dy\, dz$，我們再一次導出科西方程式的替代形式，

$$\rho \frac{D\vec{V}}{Dt} = \rho\vec{g} + \vec{\nabla} \cdot \sigma_{ij} \tag{9-50}$$

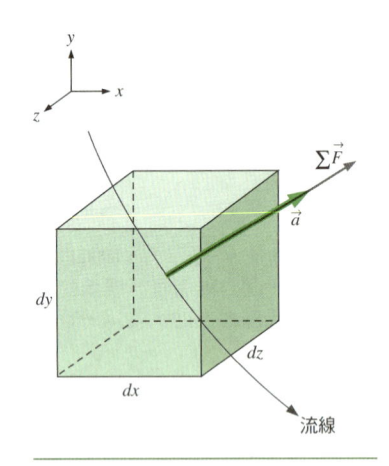

圖 9-36 如果微分流體元素是一個物質元素，它隨著流體移動且可以直接應用牛頓第二定律。

式 (9-50) 與 (9-48) 相同。後見之明，我們可以一開始就應用牛頓第二定律，避免一些數學運算。然而，用三種方法推導科西方程式增強我們對於此方程式成立的信心！

當展開式 (9-50) 中的最後一項時，其為一個二階張量的散度，我們必須很小心。在卡氏座標中，科西方程式的 3 個分量為

x- 分量：
$$\rho \frac{Du}{Dt} = \rho g_x + \frac{\partial \sigma_{xx}}{\partial x} + \frac{\partial \sigma_{yx}}{\partial y} + \frac{\partial \sigma_{zx}}{\partial z} \tag{9-51a}$$

y- 分量：
$$\rho \frac{Dv}{Dt} = \rho g_y + \frac{\partial \sigma_{xy}}{\partial x} + \frac{\partial \sigma_{yy}}{\partial y} + \frac{\partial \sigma_{zy}}{\partial z} \tag{9-51b}$$

z- 分量：
$$\rho \frac{Dw}{Dt} = \rho g_z + \frac{\partial \sigma_{xz}}{\partial x} + \frac{\partial \sigma_{yz}}{\partial y} + \frac{\partial \sigma_{zz}}{\partial z} \tag{9-51c}$$

在結束本節前，我們注意到使用科西方程式本身 (即使與連續方程式結合)，我們仍無法求解任何流體力學的問題。問題在於應力張量 σ_{ij} 需要用問題中的主要變數 (即密度、壓力與速度) 表示出來。在 9-5 節中，這將對最一般的流體種類來作出來。

9-5 納維–斯托克斯方程式

介紹

科西方程式 [式 (9-37)] 或其替代形式 [式 (9-48)] 對我們並不是很有用，因為應力張量 σ_{ij} 包含 9 個分量，其中 6 個是獨立的 (因為對稱性)。因此，除了密度與 3 個速度分量外，還有 6 個未知數，總共是 10 個未知數 (在卡氏座標中，未知數為 ρ、u、v、w、σ_{xx}、σ_{xy}、σ_{xz}、σ_{yy}、σ_{yz} 與 σ_{zz})。同時，我們至今只討論 4 個方程

式 ── 連續 (一個方程式) 與科西方程式 (三個方程式)。當然，為了數學上可解，方程式的數目必須等於未知數的數目，因此還需要 6 個方程式。這些方程式稱為**組成方程式** (constitutive equations)，它們讓我們可以將應力張量的分量用速度場與壓力場寫出來。

我們做的第一件事就是分離壓應力與黏應力。當一個流體靜止時，作用在任何流體元素的任何表面上唯一應力是局部的靜液壓 P，其總是向內垂直作用在表面上 (圖 9-37)，因此，不管座標軸的方向如何，對一個靜止的流體，應力張量簡化成

靜止的流體： $\sigma_{ij} = \begin{pmatrix} \sigma_{xx} & \sigma_{xy} & \sigma_{xz} \\ \sigma_{yx} & \sigma_{yy} & \sigma_{yz} \\ \sigma_{zx} & \sigma_{zy} & \sigma_{zz} \end{pmatrix} = \begin{pmatrix} -P & 0 & 0 \\ 0 & -P & 0 \\ 0 & 0 & -P \end{pmatrix}$ (9-52)

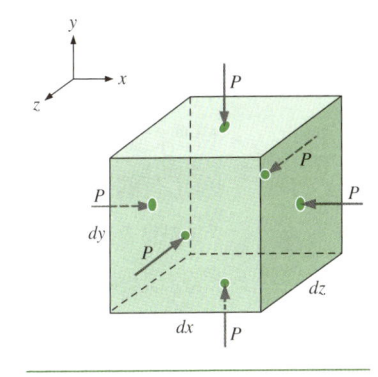

圖 9-37 對於靜止的流體，作用在流體元素上的唯一應力是靜液壓，其總是向內垂直作用於任何表面上。

在式 (9-52) 中的靜液壓 P 等同於熱力學壓力，其為我們在研習熱力學時所熟悉的。P 透過狀態方程式的某種形式 (例如理想氣體定律) 與溫度和密度相關。要注意的是，這使得可壓縮的分析更複雜，因為我們導入另一個未知數，即溫度。這個新的未知數需要另一個方程式 ── 能量方程式的微分形式 ── 其將不會在本文中討論。

當一個流體移動時，壓力作用方向仍是垂直向內的，但是黏應力也可能存在。對於移動流體，我們把式 (9-52) 一般化為

流動的流體： $\sigma_{ij} = \begin{pmatrix} \sigma_{xx} & \sigma_{xy} & \sigma_{xz} \\ \sigma_{yx} & \sigma_{yy} & \sigma_{yz} \\ \sigma_{zx} & \sigma_{zy} & \sigma_{zz} \end{pmatrix} = \begin{pmatrix} -P & 0 & 0 \\ 0 & -P & 0 \\ 0 & 0 & -P \end{pmatrix} + \begin{pmatrix} \tau_{xx} & \tau_{xy} & \tau_{xz} \\ \tau_{yx} & \tau_{yy} & \tau_{yz} \\ \tau_{zx} & \tau_{zy} & \tau_{zz} \end{pmatrix}$

(9-53)

其中我們介紹一個新的張量 τ_{ij}，稱為**黏應力張量** (viscous stress tensor) 或**軸差應力張量** (deviatoric stress tensor)。數學上，我們並沒有改善情況，因為只是用 τ_{ij} 的 6 個未知數取代 σ_{ij} 的 6 個未知數。同時又增加一個未知數，壓力 P。然而幸運的是，存在著組成方程式可以將 τ_{ij} 用速度場與可量測的流體性質 (例如黏度) 來表示。組成關係式的實際形式相依於流體的種類，這即將討論。

另外，要注意的是，關於在式 (9-53) 中的壓力有一些微妙之處。如果流體是不可壓縮的，我們沒有狀態方程式 (它被方程式 ρ = 常數取代)，不再能把 P 定義為熱力學的壓力。取而代之的是，我們將式 (9-53) 中的 P 定義為**機械壓力** (mechanical pressure)，

機械壓力：
$$P_m = -\frac{1}{3}(\sigma_{xx} + \sigma_{yy} + \sigma_{zz}) \tag{9-54}$$

我們從式 (9-54) 中看出機械壓力是正向應力的平均值，並向內作用在流體元素上，因此有些作者稱其為平均壓力 (mean pressure)。當處理不可壓縮流體的流動時，壓力變數 P 總是被解釋為機械壓力 P。但是對於可壓縮流場，式 (9-53) 中的壓力 P 是熱力學的壓力，但一個流體元素的表面上感受到的平均正向壓力不一定與 P 相同 (壓力變數 P 與機械壓力 P_m 不一定相等)。機械壓力更詳細的討論可以參考 Panton (1996) 或 Kundu *et al.* (2011)。

牛頓與非牛頓流體

對於流動流體的變形的研究稱為**流變學** (rheology)；各種流體的流變行為畫在圖 9-38 中。本書中，我們專注於**牛頓流體** (Newtonian fluids)，定義為剪應力線性正比於剪應變率的流體。牛頓流體 (應力正比於應變率) 與彈性固體 (虎克定律：應力正比於應變) 類似。許多常見的流體，例如空氣與其它氣體，水、甘油、汽油與其它油類液體，都是牛頓流體。若剪應力與剪應變率不是線性相關的流體，則稱為**非牛頓流體** (non-Newtonian fluids)。例如漿體、懸膠體、聚合物溶液、血液、漿糊及餅乾麵糊。有些非牛頓流體顯示出"記憶性" — 剪應力不只與局部應變率有關，同時也與其歷史有關。一個流體當施加於其上的應力釋放以後會恢復 (全部或部分) 其原來形狀的，稱為**黏彈性的** (viscoelastic)。

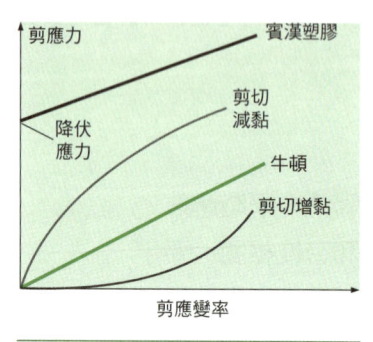

圖 9-38 流體的流變行為 — 剪力與剪應變率的函數關係。

有一些非牛頓流體被稱為**剪切減黏流體** (shear thinning fluids) 或擬塑性流體 (pseudoplastic fluids)，因為當流體被剪切越厲害，就變得越不黏。一個好例子是油漆。當從罐中倒出時或被油漆刷沾到時，因為剪切率很小，油漆是很黏的。然而當我們將油漆刷到牆上時，在油漆刷與牆面之間很薄的油漆層受到很大的剪切率，它就變得比較不黏。塑性流體的剪切減黏效應很極端。對於某些流體需要受到大於一個稱為降伏應力的有限應力，才會開始流動；這種流體稱為賓漢塑性流體 (Bingham plastic fluids)。有些漿糊，例如青春痘藥膏及牙膏是賓漢塑性流體的例子。如果你將漿糊膏管子朝下，漿糊膏不會流動，即使由於重力，會有非零的應力存在。然而，如果你擠壓管子 (很大地增加應力)，漿糊膏會像很黏的流體一樣地流下。其它流體顯示出相反的效應則被稱為**剪切增黏流體** (shear thickening fluids) 或膨脹流體 (dilatant fluids)；流體被剪切得越厲害，就會變得越黏。最好的例子是流沙，一種沙與水的厚混合物。從好萊塢的電影中，我們都知道，在流沙中慢慢地移動是容易的，因為黏度較低；但如果你心慌而快速移動，黏性阻力大幅增加，就會讓你被"陷"住了 (圖 9-39)。你可以做出自己的流沙，將 2 份芡粉混合 1 份水即可 — 試試看吧！剪切增黏流體被使用在一些運動裝備中 — 你拉得越快，你受到的阻力就越大。

推導不可壓縮且等溫流動的納維－斯托克斯方程式

從這裡開始，我們將只限於討論牛頓流體，根據定義，其應力張量是線性正比於應變率張量的。一般性的結果 (給可壓縮流的) 比較複雜，不在此討論。取代地，我們假設不可壓縮流 (ρ = 常數)。我們也假設幾乎是等溫流動 — 即溫度的局部變化很小或不存在，這去除了對微分能量方程式的需要。後一項假設的進一步結果是流體性質 (例如動力黏度 μ 與運動黏度 ν) 也會是常數 (圖 9-40)。有了這些假設，可以證明黏應力向量化簡成 (Kundu et al., 2011)

一個等性質的不可壓縮牛頓流體的黏應力張量：

$$\tau_{ij} = 2\mu\varepsilon_{ij} \qquad (9\text{-}55)$$

圖 9-39 當一個工程師掉入流沙 (一種膨脹流體) 中時，他試圖動得越快，流體就越黏。

圖 9-40 不可壓縮流近似暗示著等密度，而等溫近似暗示著等黏度。

其中 ε_{ij} 是在第 4 章中所定義的應變率張量。式 (9-55) 顯示應力是線性正比於應變率張量的。在卡氏座標中，黏應力張量的 9 個分量被列出來，由於對稱性，其中只有 6 個是獨立的：

$$\tau_{ij} = \begin{pmatrix} \tau_{xx} & \tau_{xy} & \tau_{xz} \\ \tau_{yx} & \tau_{yy} & \tau_{yz} \\ \tau_{zx} & \tau_{zy} & \tau_{zz} \end{pmatrix} = \begin{pmatrix} 2\mu\dfrac{\partial u}{\partial x} & \mu\left(\dfrac{\partial u}{\partial y}+\dfrac{\partial v}{\partial x}\right) & \mu\left(\dfrac{\partial u}{\partial z}+\dfrac{\partial w}{\partial x}\right) \\ \mu\left(\dfrac{\partial v}{\partial x}+\dfrac{\partial u}{\partial y}\right) & 2\mu\dfrac{\partial v}{\partial y} & \mu\left(\dfrac{\partial v}{\partial z}+\dfrac{\partial w}{\partial y}\right) \\ \mu\left(\dfrac{\partial w}{\partial x}+\dfrac{\partial u}{\partial z}\right) & \mu\left(\dfrac{\partial w}{\partial y}+\dfrac{\partial v}{\partial z}\right) & 2\mu\dfrac{\partial w}{\partial z} \end{pmatrix} \qquad (9\text{-}56)$$

因此在卡氏座標中，式 (9-53) 的應力張量變成

$$\sigma_{ij} = \begin{pmatrix} -P & 0 & 0 \\ 0 & -P & 0 \\ 0 & 0 & -P \end{pmatrix} + \begin{pmatrix} 2\mu\dfrac{\partial u}{\partial x} & \mu\left(\dfrac{\partial u}{\partial y}+\dfrac{\partial v}{\partial x}\right) & \mu\left(\dfrac{\partial u}{\partial z}+\dfrac{\partial w}{\partial x}\right) \\ \mu\left(\dfrac{\partial v}{\partial x}+\dfrac{\partial u}{\partial y}\right) & 2\mu\dfrac{\partial v}{\partial y} & \mu\left(\dfrac{\partial v}{\partial z}+\dfrac{\partial w}{\partial y}\right) \\ \mu\left(\dfrac{\partial w}{\partial x}+\dfrac{\partial u}{\partial z}\right) & \mu\left(\dfrac{\partial w}{\partial y}+\dfrac{\partial v}{\partial z}\right) & 2\mu\dfrac{\partial w}{\partial z} \end{pmatrix} \qquad (9\text{-}57)$$

現在將式 (9-57) 代入科西方程式的三個卡氏分量中。讓我們先考慮 x- 分量。式 (9-51a) 變成

$$\rho \frac{Du}{Dt} = -\frac{\partial P}{\partial x} + \rho g_x + 2\mu \frac{\partial^2 u}{\partial x^2} + \mu \frac{\partial}{\partial y}\left(\frac{\partial v}{\partial x} + \frac{\partial u}{\partial y}\right) + \mu \frac{\partial}{\partial z}\left(\frac{\partial w}{\partial x} + \frac{\partial u}{\partial z}\right) \quad (9\text{-}58)$$

注意，因為壓力只包含正向應力，其對式 (9-85) 只貢獻 1 項。然而因為黏應力張量同時包含正向與切向應力，它貢獻出 3 項 (順便一提，這是對二階張量取散度的直接結果)。

我們注意到只要速度分量是 x、y 與 z 的平滑函數，微分順序就無關緊要。例如在式 (9-58) 中最後一項的第一個部分可以重寫成

$$\mu \frac{\partial}{\partial z}\left(\frac{\partial w}{\partial x}\right) = \mu \frac{\partial}{\partial x}\left(\frac{\partial w}{\partial z}\right)$$

經過對式 (9-58) 中的黏性項作一些聰明的重新整理以後，

$$\rho \frac{Du}{Dt} = -\frac{\partial P}{\partial x} + \rho g_x + \mu\left[\frac{\partial^2 u}{\partial x^2} + \frac{\partial}{\partial x}\frac{\partial u}{\partial x} + \frac{\partial}{\partial x}\frac{\partial v}{\partial y} + \frac{\partial^2 u}{\partial y^2} + \frac{\partial}{\partial x}\frac{\partial w}{\partial z} + \frac{\partial^2 u}{\partial z^2}\right]$$

$$= -\frac{\partial P}{\partial x} + \rho g_x + \mu\left[\frac{\partial}{\partial x}\left(\frac{\partial u}{\partial x} + \frac{\partial v}{\partial y} + \frac{\partial w}{\partial z}\right) + \frac{\partial^2 u}{\partial x^2} + \frac{\partial^2 u}{\partial y^2} + \frac{\partial^2 u}{\partial z^2}\right]$$

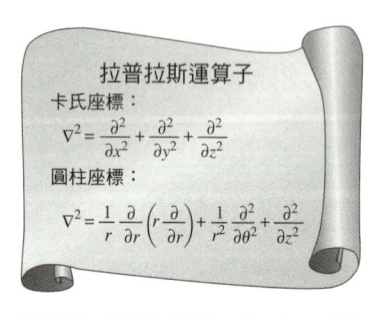

拉普拉斯運算子

卡氏座標：
$$\nabla^2 = \frac{\partial^2}{\partial x^2} + \frac{\partial^2}{\partial y^2} + \frac{\partial^2}{\partial z^2}$$

圓柱座標：
$$\nabla^2 = \frac{1}{r}\frac{\partial}{\partial r}\left(r\frac{\partial}{\partial r}\right) + \frac{1}{r^2}\frac{\partial^2}{\partial \theta^2} + \frac{\partial^2}{\partial z^2}$$

圖 9-41 拉普拉斯運算子，在此同時用卡氏座標與圓柱座標的形式來顯示，出現在不可壓縮流的納維–斯托克斯方程式的黏性項中。

由於不可壓縮流的連續方程式 (9-17)，在小括號內的項為零。同時我們也認出最後 3 項是卡氏座標中速度分量 u 的拉普拉斯運算 (圖 9-41)。因此，將動量方程式的 x- 分量寫成

$$\rho \frac{Du}{Dt} = -\frac{\partial P}{\partial x} + \rho g_x + \mu \nabla^2 u \quad (9\text{-}59a)$$

相似地，動量方程式的 y- 分量與 z- 分量分別為

$$\rho \frac{Dv}{Dt} = -\frac{\partial P}{\partial y} + \rho g_y + \mu \nabla^2 v \quad (9\text{-}59b)$$

與

$$\rho \frac{Dw}{Dt} = -\frac{\partial P}{\partial z} + \rho g_z + \mu \nabla^2 w \quad (9\text{-}59c)$$

最後，我們結合這三個分量方程式為一個向量方程式；結果就是給具有等黏度的不可壓縮流的**納維–斯托克斯方程式** (Navier-Stokes equation)。

不可壓縮的納維－斯托克斯方程式：

$$\rho \frac{D\vec{V}}{Dt} = -\vec{\nabla}P + \rho\vec{g} + \mu\nabla^2\vec{V} \qquad (9\text{-}60)$$

雖然我們是在卡氏座標中推導出式 (9-60) 的分量，但是式 (9-60) 的向量形式適用於任何正交的座標系統。這個有名的方程式是為紀念法國工程師納維 (Louis Marie Henri Navier, 1785-1836) 及法國數學家斯托克斯 (Sir George Gabriel Stokes, 1819-1903) 而命名的，他們都推導出黏性項，但彼此是獨立完成的。

圖 9-42 納維－斯托克斯方程式是流體力學的里程碑。

納維－斯托克斯方程式是流體力學的里程碑 (圖 9-42)。它看起來好像沒什麼，但卻是一個不穩定的非線性的二階偏微分方程式。如果我們能夠對流過任何形狀的流動解出這個方程式，本書將只有一半的厚度。不幸地，除了非常簡單的流場以外，解析解是不可得的。要說本書接下來的部分完全都是在討論如何求解式 (9-60) 應該是離事實不遠吧！事實上，許多研究者已經奉獻他們的一生在求解納維－斯托克斯方程式上。

式 (9-60) 有 4 個未知數 (3 個速度分量加壓力)，但是其只代表 3 個方程式 (因為其為向量方程式，有 3 個分量)。我們顯然需要另一個方程式才能使問題可解。第 4 個方程式是不可壓縮的連續方程式 (9-16)。在我們試圖求解這組方程式之前，需要選擇一個座標系統，並在那個系統上展開此方程組。

卡氏座標的連續與納維－斯托克斯方程式

連續方程式 (9-16) 與納維－斯托克斯方程式 (9-60) 在卡氏座標 (x, y, z) 與 (u, v, w) 中被展開：

不可壓縮的連續方程式：

$$\frac{\partial u}{\partial x} + \frac{\partial v}{\partial y} + \frac{\partial w}{\partial z} = 0 \qquad (9\text{-}61a)$$

不可壓縮的納維－斯托克斯方程式的 x- 分量：

$$\rho\left(\frac{\partial u}{\partial t} + u\frac{\partial u}{\partial x} + v\frac{\partial u}{\partial y} + w\frac{\partial u}{\partial z}\right) = -\frac{\partial P}{\partial x} + \rho g_x + \mu\left(\frac{\partial^2 u}{\partial x^2} + \frac{\partial^2 u}{\partial y^2} + \frac{\partial^2 u}{\partial z^2}\right) \qquad (9\text{-}61b)$$

不可壓縮的納維－斯托克斯方程式的 y- 分量：

$$\rho\left(\frac{\partial v}{\partial t} + u\frac{\partial v}{\partial x} + v\frac{\partial v}{\partial y} + w\frac{\partial v}{\partial z}\right) = -\frac{\partial P}{\partial y} + \rho g_y + \mu\left(\frac{\partial^2 v}{\partial x^2} + \frac{\partial^2 v}{\partial y^2} + \frac{\partial^2 v}{\partial z^2}\right) \qquad (9\text{-}61c)$$

不可壓縮的納維-斯托克斯方程式的 z- 分量：

$$\rho\left(\frac{\partial w}{\partial t} + u\frac{\partial w}{\partial x} + v\frac{\partial w}{\partial y} + w\frac{\partial w}{\partial z}\right) = -\frac{\partial P}{\partial z} + \rho g_z + \mu\left(\frac{\partial^2 w}{\partial x^2} + \frac{\partial^2 w}{\partial y^2} + \frac{\partial^2 w}{\partial z^2}\right) \quad (9\text{-}61\text{d})$$

圓柱座標的連續與納維-斯托克斯方程式

連續方程式 (9-16) 與納維-斯托克斯方程式在圓柱座標，(r, θ, z) 與 (u_r, u_θ, u_z) 中被展開：

不可壓縮的連續方程式：$\dfrac{1}{r}\dfrac{\partial(ru_r)}{\partial r} + \dfrac{1}{r}\dfrac{\partial(u_\theta)}{\partial \theta} + \dfrac{\partial(u_z)}{\partial z} = 0 \quad (9\text{-}62\text{a})$

不可壓縮的納維-斯托克斯方程式的 r- 分量：

$$\rho\left(\frac{\partial u_r}{\partial t} + u_r\frac{\partial u_r}{\partial r} + \frac{u_\theta}{r}\frac{\partial u_r}{\partial \theta} - \frac{u_\theta^2}{r} + u_z\frac{\partial u_r}{\partial z}\right)$$

$$= -\frac{\partial P}{\partial r} + \rho g_r + \mu\left[\frac{1}{r}\frac{\partial}{\partial r}\left(r\frac{\partial u_r}{\partial r}\right) - \frac{u_r}{r^2} + \frac{1}{r^2}\frac{\partial^2 u_r}{\partial \theta^2} - \frac{2}{r^2}\frac{\partial u_\theta}{\partial \theta} + \frac{\partial^2 u_r}{\partial z^2}\right]$$
(9-62b)

黏性項的替代形式
可以證明
$$\frac{1}{r}\frac{\partial}{\partial r}\left(r\frac{\partial u_r}{\partial r}\right) - \frac{u_r}{r^2}$$
$$= \frac{\partial}{\partial r}\left(\frac{1}{r}\frac{\partial}{\partial r}(ru_r)\right)$$
與
$$\frac{1}{r}\frac{\partial}{\partial r}\left(r\frac{\partial u_\theta}{\partial r}\right) - \frac{u_\theta}{r^2}$$
$$= \frac{\partial}{\partial r}\left(\frac{1}{r}\frac{\partial}{\partial r}(ru_\theta)\right)$$

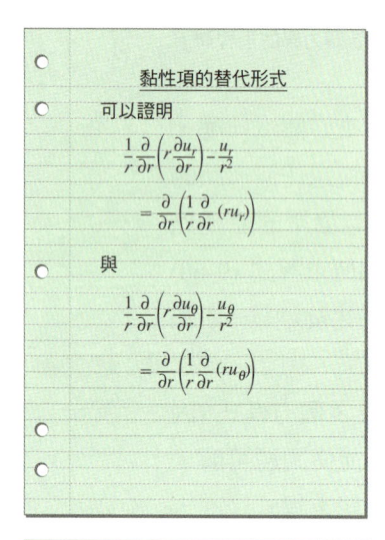

圖 9-43 納維-斯托克斯方程式的 r- 與 θ- 分量中的黏性項的前兩項的替代形式。

不可壓縮的納維-斯托克斯方程式的 θ- 分量：

$$\rho\left(\frac{\partial u_\theta}{\partial t} + u_r\frac{\partial u_\theta}{\partial r} + \frac{u_\theta}{r}\frac{\partial u_\theta}{\partial \theta} + \frac{u_r u_\theta}{r} + u_z\frac{\partial u_\theta}{\partial z}\right)$$

$$= -\frac{1}{r}\frac{\partial P}{\partial \theta} + \rho g_\theta + \mu\left[\frac{1}{r}\frac{\partial}{\partial r}\left(r\frac{\partial u_\theta}{\partial r}\right) - \frac{u_\theta}{r^2} + \frac{1}{r^2}\frac{\partial^2 u_\theta}{\partial \theta^2} + \frac{2}{r^2}\frac{\partial u_r}{\partial \theta} + \frac{\partial^2 u_\theta}{\partial z^2}\right]$$
(9-62c)

不可壓縮的納維-斯托克斯方程式的 z- 分量：

$$\rho\left(\frac{\partial u_z}{\partial t} + u_r\frac{\partial u_z}{\partial r} + \frac{u_\theta}{r}\frac{\partial u_z}{\partial \theta} + u_z\frac{\partial u_z}{\partial z}\right)$$

$$= -\frac{\partial P}{\partial z} + \rho g_z + \mu\left[\frac{1}{r}\frac{\partial}{\partial r}\left(r\frac{\partial u_z}{\partial r}\right) + \frac{1}{r^2}\frac{\partial^2 u_z}{\partial \theta^2} + \frac{\partial^2 u_z}{\partial z^2}\right]$$
(9-62d)

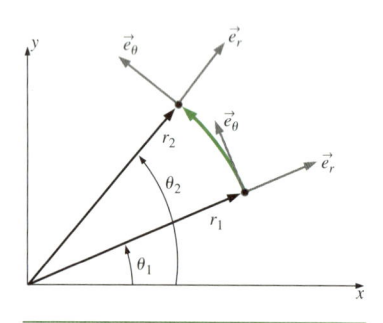

圖 9-44 在圓柱座標中，單位向量 $\vec{e}_r$ 與 $\vec{e}_\theta$ 是耦合的：在 θ 方向移動會使 $\vec{e}_r$ 改變方向，並導致在納維-斯托克斯方程式中出現額外的項。

在式 (9-62b) 與 (9-62c) 中的前兩項黏性項可以被操作成不同的形式，使其在求解方程式時更為有用 (圖 9-43)。其推導過程留作練習。納維-斯托克斯方程式的 r 與 θ 分量中兩邊的 "額外" 項是由於圓柱座標的特性而出現的。亦即，當我們在 θ 方向移動時，單位向量 $\vec{e}_r$ 會改變方向；使得 r- 與 θ- 分量變成是耦合的 (圖 9-44)。[這種耦合效應在卡氏座標中並未出現，因此式 (9-61) 中沒有 "額外" 項。]

為了完整性，在此列出圓柱座標中的黏應力張量的 6 個獨立分量：

$$\tau_{ij} = \begin{pmatrix} \tau_{rr} & \tau_{r\theta} & \tau_{rz} \\ \tau_{\theta r} & \tau_{\theta\theta} & \tau_{\theta z} \\ \tau_{zr} & \tau_{z\theta} & \tau_{zz} \end{pmatrix}$$

$$= \begin{pmatrix} 2\mu\dfrac{\partial u_r}{\partial r} & \mu\left[r\dfrac{\partial}{\partial r}\left(\dfrac{u_\theta}{r}\right) + \dfrac{1}{r}\dfrac{\partial u_r}{\partial \theta}\right] & \mu\left(\dfrac{\partial u_r}{\partial z} + \dfrac{\partial u_z}{\partial r}\right) \\ \mu\left[r\dfrac{\partial}{\partial r}\left(\dfrac{u_\theta}{r}\right) + \dfrac{1}{r}\dfrac{\partial u_r}{\partial \theta}\right] & 2\mu\left(\dfrac{1}{r}\dfrac{\partial u_\theta}{\partial \theta} + \dfrac{u_r}{r}\right) & \mu\left(\dfrac{\partial u_\theta}{\partial z} + \dfrac{1}{r}\dfrac{\partial u_z}{\partial \theta}\right) \\ \mu\left(\dfrac{\partial u_r}{\partial z} + \dfrac{\partial u_z}{\partial r}\right) & \mu\left(\dfrac{\partial u_\theta}{\partial z} + \dfrac{1}{r}\dfrac{\partial u_z}{\partial \theta}\right) & 2\mu\dfrac{\partial u_z}{\partial z} \end{pmatrix} \quad (9\text{-}63)$$

9-6 流體流動問題的微分解析

本節中我們將展示如何在卡氏與圓柱座標中應用運動方程式的微分式。微分方程式 (連續與納維－斯托克斯) 對兩種形式的問題有用：

- 對已知速度場，計算壓力場。
- 對已知幾何形狀與邊界條件的流動，同時計算速度與壓力場。

為了簡單計算，我們只考慮不可壓縮流，去除了對 ρ 這個變數的計算。再者，在 9-5 節中導出的納維－斯托克斯方程式的形式只適用於性質 (黏度、熱傳導率等) 為常數的牛頓流體。最後我們假設溫度的變化可以忽視，使得 T 不是一個變數。我們只剩下 4 個變數或未知數 (壓力和速度分量)，同時有 4 個微分方程式 (圖 9-45)。

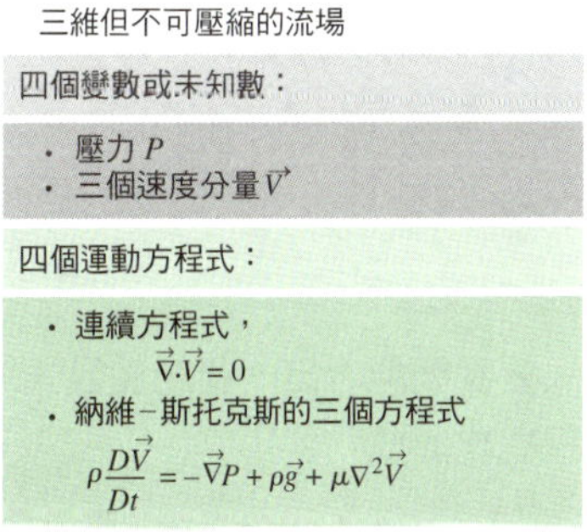

三維但不可壓縮的流場

四個變數或未知數：
- 壓力 P
- 三個速度分量 $\vec{V}$

四個運動方程式：
- 連續方程式，
  $\vec{\nabla} \cdot \vec{V} = 0$
- 納維－斯托克斯的三個方程式
  $\rho\dfrac{D\vec{V}}{Dt} = -\vec{\nabla}P + \rho\vec{g} + \mu\nabla^2\vec{V}$

圖 9-45　一個一般的三維但不可壓縮的流場，其性質為常數，需要 4 個方程式來求解 4 個未知數。

對已知速度場計算其壓力場

第一組例題是有關對一個已知速度場計算其壓力場。因為壓力不出現在連續方程式中，理論上可以只基於質量守恆來導出一個速度場。然而，因為速度同時出現在連續方程式與納維－斯托克斯方程式中，這兩組方程式是耦合的。再者，壓力出現在納維－斯托克斯方程式的 3 個分量中，因此速度與壓力場也是耦合的，這種速度與壓力間的密切耦合使我們能對一個已知速度場計算其流場。

例題 9-13　計算在卡氏座標中的壓力場

考慮例題 9-9 的穩定、二維的不可壓縮速度場，即 $\vec{V} = (u, v) = (ax + b)\vec{i} + (-ay + cx)\vec{j}$。計算壓力，表示成 x 與 y 的函數。

解答：對一個給定速度場，我們要計算其壓力場。

假設：**1.** 流動是穩定且不可壓縮的。**2.** 流體具有常數性質。**3.** 流動在 xy- 平面是二維的。**4.** 重力不管在 x 或 y- 方向都沒有作用。

解析：首先我們檢查給定的速度場是否滿足二維的不可壓縮連續方程式：

$$\underbrace{\frac{\partial u}{\partial x}}_{a} + \underbrace{\frac{\partial v}{\partial y}}_{-a} + \underbrace{\frac{\partial w}{\partial z}}_{0 (二維)} = a - a = 0 \tag{1}$$

因此，給定的流場的確滿足連續方程式。如果連續方程式沒有滿足，我們將會停止解析 — 給定的流場將會是物理上不可能的，因此我們無法計算出一個壓力場。

接下來，我們考慮納維－斯托克斯方程式的 y- 分量：

$$\rho \left(\underbrace{\frac{\partial v}{\partial t}}_{0 (穩定)} + \underbrace{u \frac{\partial v}{\partial x}}_{(ax+b)c} + \underbrace{v \frac{\partial v}{\partial y}}_{(-ay+cx)(-a)} + \underbrace{w \frac{\partial v}{\partial z}}_{0 (二維)} \right) = -\frac{\partial P}{\partial y} + \underbrace{\rho g_y}_{0} + \mu \left(\underbrace{\frac{\partial^2 v}{\partial x^2}}_{0} + \underbrace{\frac{\partial^2 v}{\partial y^2}}_{0} + \underbrace{\frac{\partial^2 v}{\partial z^2}}_{0 (二維)} \right)$$

此 y- 動量方程式化簡成

$$\frac{\partial P}{\partial y} = \rho(-acx - bc - a^2 y + acx) = \rho(-bc - a^2 y) \tag{2}$$

只要我們能導出一個能滿足式 (2) 的壓力場，則 y- 動量方程式是滿足的。用相同的方式，x- 動量方程式化簡成

$$\frac{\partial P}{\partial x} = \rho(-a^2 x - ab) \tag{3}$$

只要我們能導出一個能滿足式 (3) 的壓力場，則 x- 動量方程式也是滿足的。

為了能使穩定流的解存在，P 不能是時間的函數。再者，一個物理上真實的穩定、不可壓縮流場需要一個壓力場 $P(x, y)$ 是 x 與 y 的平滑函數 (不管 P 或 P 的導數都不能夠有突然的不連續)。數學上，這需要微分的順序 (先 x 再 y 對比先 y 再 x) 無關 (圖 9-46)。我們檢查這是否為真，將式 (2) 與 (3) 分別作交叉微分：

$$\frac{\partial^2 P}{\partial x \, \partial y} = \frac{\partial}{\partial x}\left(\frac{\partial P}{\partial y}\right) = 0 \quad 與 \quad \frac{\partial^2 P}{\partial y \, \partial x} = \frac{\partial}{\partial y}\left(\frac{\partial P}{\partial x}\right) = 0 \tag{4}$$

方程式顯示出 P 是 x 與 y 的平滑函數。因此，此給定的流場滿足穩定、二維、不可壓縮的納維－斯托克斯方程式。

交叉微分，xy- 平面
如果微分的順序不重要，$P(x, y)$ 就只是一個 x 與 y 的平滑函數：

$$\frac{\partial^2 P}{\partial x \, \partial y} = \frac{\partial^2 P}{\partial y \, \partial x}$$

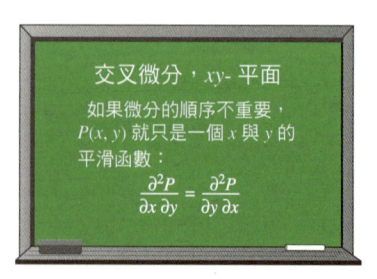

圖 9-46 對於一個在 xy- 平面的二維流場，交叉微分可以揭露出壓力場 P 是否是一個平滑函數。

如果在解析的這一時刻，壓力的交叉微分會產出兩個不一致的關係式 (換言之，如果在圖 9-44 中的方程式不被滿足)，我們可以下結論說給定的速度場不滿足穩定、二維的不可壓縮的納維-斯托克斯方程式，同時放棄要計算一個穩定壓力場的企圖。

為了計算 $P(x, y)$，我們從偏積分式 (2) (相對於 y) 來獲得一個 $P(x, y)$ 的表示式，

從 y- 動量得到的壓力場：
$$P(x, y) = \rho\left(-bcy - \frac{a^2y^2}{2}\right) + g(x) \quad (5)$$

注意，我們加了一個另一個變數 x 的任意函數，而不是一個積分常數，因為這是一個偏積分。然後我們將式 (5) 相對於 x 作偏微分而得到

$$\frac{\partial P}{\partial x} = g'(x) = \rho(-a^2x - ab) \quad (6)$$

其中我們已經將結果等於式 (3) 來取得一致性。現在積分式 (6) 來獲得函數 $g(x)$，

$$g(x) = \rho\left(-\frac{a^2x^2}{2} - abx\right) + C_1 \quad (7)$$

其中 C_1 是一個任意的積分常數。最後將式 (7) 代入式 (5) 中來獲得 $P(x, y)$ 的最後表示式，結果是

$$P(x, y) = \rho\left(-\frac{a^2x^2}{2} - \frac{a^2y^2}{2} - abx - bcy\right) + C_1 \quad (8)$$

討論：作為練習，並作為對我們的計算過程的一個檢查，應該將式 (8) 相對於 y 及 x 作微分，並與式 (2) 及 (3) 作比較。再者，試著從式 (3) 開始，而不是從式 (2) 開始，來求得式 (8)；你應該會得到相同的答案。

注意在例題 9-13 中給壓力的最後方程式 [式 (8)] 含有一個任意常數 C_1。這也說明在不可壓縮流中關於壓力場的一個重要點；亦即

一個不可壓縮流的速度場不是受壓力的絕對值影響，而是受壓力差影響。

如果我們檢視納維-斯托克斯方程式，其中的壓力只是以梯度形式 (而不是壓力本身) 出現，那麼這個結果並不令人驚訝。另一個解釋這個敘述的方法是，有影響的不是壓力的絕對大小，而是壓力差 (圖 9-47)。這個敘述的一個直接結果是，我們可以計算壓力場至有一個任意常數的範圍，但為了決定那個常數 (例題 9-13 中的 C_1)，我們必須在流場的某個地方量測 (或者獲得) P。換言之，我們需要一個壓力邊界條件。

我們用一個由計算**流體力學** (computational fluid dynamics, CFD) 所產生的例子來說明這一點，其中的連續與納維-斯托克

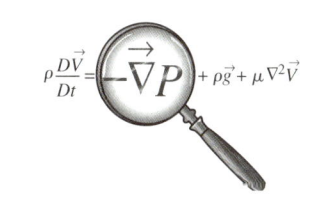

圖 9-47 因為壓力只以梯度的形式出現在不可壓縮的納維-斯托克斯方程式中，壓力的絕對大小不重要——只有壓力差才是重要的。

516 流體力學

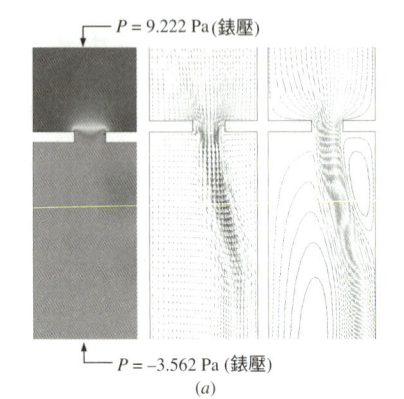

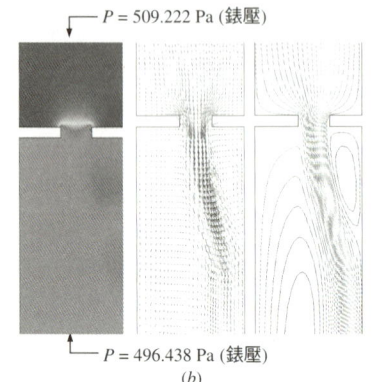

← P = 9.222 Pa (錶壓)

← P = −3.562 Pa (錶壓)
(a)

← P = 509.222 Pa (錶壓)

← P = 496.438 Pa (錶壓)
(b)

圖 9-48 空氣通過一個有障礙物的向下流動的壓力輪廓圖、速度向量與流線圖：(a) 情況 1；(b) 情況 2 與情況 1 相同，除了到處的壓力都增加了 500 Pa。在輪廓圖中，淺色是低壓，深色是高壓。

斯方程式是用數值方法求解的 (第 15 章)。考慮空氣通過一個有著不對稱障礙物的流道向下流動 (圖 9-48)。(注意計算的流域較圖 9-48 中所顯示的更往上游及下游延展。) 我們計算兩個相同的情況，除了壓力條件以外。情況 1 中我們設定在障礙物下游遠處的錶壓力為零；情況 2 中我們在相同的位置設定錶壓力為 500 kPa。在視野頂部中心與在視野底部中心的錶壓力對兩種情況都被顯示於圖 9-48 中，都是由 CFD 解答所產生出的結果。你可以看出情況 2 的壓力場與情況 1 的是相同的，除了到處的壓力都增加 500 Pa。每一種情況的速度向量圖與流線圖也同時顯示在圖 9-48 中。結果是一樣的，證實我們關於速度場不是由壓力的絕對大小，而是由壓力差所影響的敘述。將底部的壓力從頂部的壓力減去，看出兩種情況都是 ΔP = 12.784 kPa。

關於壓力差的敘述對可壓縮流場非真，那裡的 P 是熱力壓力，而不是機械壓力。在這種情況下，P 經由狀態方程式與密度和溫度耦合，且壓力的絕對大小是重要的。一個可壓縮流的解，不只需要質量與動量方程式，也需要能量方程式和狀態方程式。

我們藉此機會再對顯示於圖 9-48 中的 CFD 結果作進一步的評論。你可以從研究像這個相對簡單的流動學習到許多有關流體流動的物理。注意大部分的壓力降都發生在跨過流道喉部的位置，那裡的流動被迅速地加速。在障礙物下游也有流動剝離；迅速流動的空氣在一個尖銳角落處無法隨著轉彎，當其從開口處流出時流動從壁面剝離。流線顯示在障礙物下游流道的兩邊有大型的迴流區。速度向量顯示出一個倒鐘形的速度形狀從開口流出 — 跟一個排出噴束非常相像。由於幾何上不對稱的特性，噴束轉向右邊，並且流動與右壁面的重新附著也比左壁面快。如你所預期的，在噴束衝擊右壁的附近，壓力增加了一些。最後，注意當空氣加速擠壓通過孔口時，流線收縮 (如在 9-3 節中討論的)。當空氣在下游處呈扇狀流出時，流線擴張了一些。同時注意在迴流區中的流線彼此間隔較遠，指出在那裡的速度是相對較小的；這可以從速度向量圖中得到證實。

最後，我們注意到大多數的 CFD 程式不是像在例題 9-13 中所作的一樣，直接積分納維-斯托克斯方程式來計算壓力。取代的是，採用某種壓力修正算法 (pressure correction algorithm)。大部分常被使用的算法是結合連續與納維-斯托克斯方程式來使壓力出現在連續方程式中的一種方式。最受歡迎的壓力修算法產生一個從疊代 (n) 到下一個疊代 (n + 1) 的壓力變化 ΔP 的帕松方程式 (Poisson's equation),

ΔP 的帕松方程式:
$$\nabla^2(\Delta P) = \text{RHS}_{(n)} \tag{9-64}$$

然後,電腦朝向解疊代,修正的連續方程式被用來"修正"壓力場,將其在疊代 (n) 的值修正到疊代 $(n+1)$ 的值,

修正 P:
$$P_{(n+1)} = P_{(n)} + \Delta P$$

有關壓力修正算法的細節超出本書的範圍。一個二維流場的例子可參考 Gerhart、Gross 與 Hochstein (1992) 的推導。

例題 9-14 ▶ 計算在圓柱座標的壓力場

考慮在例題 9-5 中的穩定、二維、不可壓縮的速度場,令其函數 $f(\theta, t)$ 等於 0。這代表一個線渦旋,其軸沿著 z 座標 (圖 9-49)。速度分量是 $u_r = 0$ 及 $u_\theta = K/r$,其中 K 是常數。計算壓力,表示成 r 與 θ 的函數。

解答:對一個給定的速度場,我們要計算其壓力場。

假設:**1.** 流動是穩定的。**2.** 流體是不可壓縮的,其性質為常數。**3.** 流動在 $r\theta$- 平面是二維的。**4.** 重力在 r- 或 θ- 方向都沒有作用。

解析:流場必須滿足連續與動量方程式,式 (9-62)。對於穩定、二維的不可壓縮流,

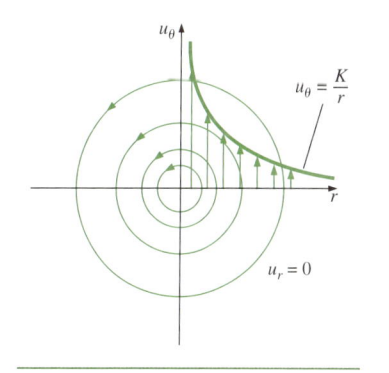

圖 9-49 一個線渦旋的流線與速度形狀。

不可壓縮連續方程式:
$$\frac{1}{r}\underbrace{\frac{\partial(ru_r)}{\partial r}}_{0} + \frac{1}{r}\underbrace{\frac{\partial(u_\theta)}{\partial \theta}}_{0} + \underbrace{\frac{\partial(u_z)}{\partial z}}_{0} = 0$$

因此,不可壓縮的連續方程式是滿足的。現在我們檢視納維−斯托克斯方程的 θ- 分量 [式 (9-62c)],

$$\rho\left(\underbrace{\frac{\partial u_\theta}{\partial t}}_{0(\text{穩定})} + \underbrace{u_r\frac{\partial u_\theta}{\partial r}}_{(0)\left(-\frac{K}{r^2}\right)} + \underbrace{\frac{u_\theta}{r}\frac{\partial u_\theta}{\partial \theta}}_{\left(\frac{K}{r^2}\right)(0)} + \underbrace{\frac{u_r u_\theta}{r}}_{0} + \underbrace{u_z\frac{\partial u_\theta}{\partial z}}_{0(\text{二維})}\right)$$

$$= -\frac{1}{r}\frac{\partial P}{\partial \theta} + \underbrace{\rho g_\theta}_{0} + \mu\left(\underbrace{\frac{1}{r}\frac{\partial}{\partial r}\left(r\frac{\partial u_\theta}{\partial r}\right)}_{\frac{K}{r^3}} - \underbrace{\frac{u_\theta}{r^2}}_{\frac{K}{r^3}} + \underbrace{\frac{1}{r^2}\frac{\partial^2 u_\theta}{\partial \theta^2}}_{0} + \underbrace{\frac{2}{r^2}\frac{\partial u_r}{\partial \theta}}_{0} + \underbrace{\frac{\partial^2 u_\theta}{\partial z^2}}_{0(\text{二維})}\right)$$

因此 θ 動量方程式化簡成

θ 動量:
$$\frac{\partial P}{\partial \theta} = 0 \qquad (1)$$

因此如果我們能導出一個適當的壓力場來滿足式 (1)，則 θ 動量方程式是滿足的。相同作法，r 動量方程式 (9-62b) 化簡成

r 動量:
$$\frac{\partial P}{\partial r} = \rho \frac{K^2}{r^3} \qquad (2)$$

因此，如果我們能導出一個滿足式 (2) 的壓力場，則 r 動量方程式是滿足的。

為了得到一個穩定流的解，P 不能是時間的函數。再者，一個物理真實的穩定、不可壓縮的流場，要求其壓力場 $P(r, \theta)$ 是一個 r 與 θ 的平滑函數。數學上，這要求微分的順序 (r 然後 θ 相對於 θ 然後 r) 不重要 (圖 9-50)。我們將壓力交叉微分來檢驗這一點:

$$\frac{\partial^2 P}{\partial r \partial \theta} = \frac{\partial}{\partial r}\left(\frac{\partial P}{\partial \theta}\right) = 0 \quad 與 \quad \frac{\partial^2 P}{\partial \theta \partial r} = \frac{\partial}{\partial \theta}\left(\frac{\partial P}{\partial r}\right) = 0 \qquad (3)$$

式 (3) 顯示 P 的確是一個 r 與 θ 的平滑函數。因此，給定的流場滿足穩定的二維的不可壓縮的納維–斯托克斯方程式。

我們將式 (1) 對 θ 積分來獲得一個 $P(r, \theta)$ 的表示式，

從 θ 動量得到的壓力場:
$$P(r, \theta) = 0 + g(r) \qquad (4)$$

注意我們加了一個另一個變數 r 的任意函數，而不是一個積分常數，因為這是一個偏積分。我們將式 (4) 對 r 作偏微分而得到

$$\frac{\partial P}{\partial r} = g'(r) = \rho \frac{K^2}{r^3} \qquad (5)$$

其中為了一致性，我們令結果等於式 (2)。我們將式 (5) 積分來得到函數 $g(r)$:

$$g(r) = -\frac{1}{2} \rho \frac{K^2}{r^2} + C \qquad (6)$$

其中 C 是一個任意的積分常數。最後將式 (6) 代入式 (4) 中來得到 $P(r, \theta)$ 的最後表示式。結果為

$$P(r, \theta) = -\frac{1}{2} \rho \frac{K^2}{r^2} + C \qquad (7)$$

因此一個線渦旋的壓力場，當我們接近原點時，像 $1/r^2$ 般的遞減 (原點本身是一個奇異點)。這個流場是一個龍捲風或颶風的簡化模型，而其中心的低壓是"暴風眼" (圖 9-51)。我們注意到此流

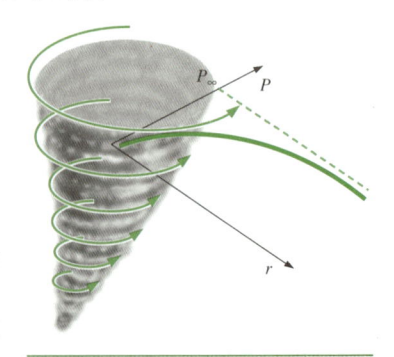

圖 9-50 對於一個在 rθ- 平面的二維流場，交叉微分揭露出壓力 P 是否是一個平滑函數。

圖 9-51 二維的線渦旋是一個龍捲風的簡單近似，最小壓力發生在渦旋的中心點。

場是無旋的，因此伯努利方程式可以替代地被用來計算壓力。我們稱離原點很遠 ($r \to \infty$) 的壓力為 P_∞，其相對的當地速度趨近 0，伯努利方程式顯示離原點距離為 r 的地方，

伯努利方程式： $$P + \frac{1}{2}\rho V^2 = P_\infty \quad \to \quad P = P_\infty - \frac{1}{2}\rho \frac{K^2}{r^2} \tag{8}$$

如果我們令常數 C 等於 P_∞，式 (8) 與從納維－斯托克斯方程式得到的解吻合。接近原點的一個旋轉流的區域，可以避免其處的奇異性，並且將產生一個龍捲風的物理上更真實的模型。

討論：作為練習，試著從式 (2)，而不是式 (1) 開始來得到式 (7)；你將得到相同的答案。

連續與納維－斯托克斯方程式的正解

本節中剩餘的例題是不可壓縮的連續與納維－斯托克斯方程式所形成的微分方程組的正解。如你將看到的，這些問題必須是簡單的，那麼它們才是可解的。它們的大多數假設具有無窮大的邊界且是完全發展的，這些條件使得在納維－斯托克斯方程式左邊的對流項消失了。再者，它們是層流的、二維的，並且是穩定的，或是以一種事先定義的方式相依於時間。解這些問題時，有 6 個基本步驟，如在圖 9-52 中所列出來的。步驟 2 最關鍵，因為邊界條件決定解答的單一性。步驟 4 除了對於簡單問題以外，解析上是不可能的。步驟 5，要有足夠的邊界條件才能解出第 4 步驟中產生的積分常數。步驟 6 要驗證所有的微分方程式與邊界條件都是滿足的。我們忠告你遵循這些步驟，即使某些步驟對一些案例似乎很明顯，為的是學習這些步驟。

雖然這裡顯示的例題都很簡單，但它們正確地說明了用來求解這些微分方程式的步驟。在第 15 章中將討論電腦如何使我們能夠用計算流體力學 (CFD) 來對更複雜的流動使用數值方法來求解納維－斯托克斯方程式，你將看到使用的步驟與這裡相同 —— 設定幾何、應用邊界條件、積分微分方程式……等等，雖然不會總是以相同的順序來採用這些步驟。

步驟 1：設定問題與幾何 (畫草圖有幫助)；定出所有的相關因次與參數。

步驟 2：列出所有適當的假設、近似、簡化及邊界條件。

步驟 3：儘可能簡化運動微分方程式 (連續與納維－斯托克斯)。

步驟 4：積分方程式，得到一個或更多常數。

步驟 5：用邊界條件解出積分常數。

步驟 6：驗證結果。

圖 9-52 求解不可壓縮的連續與納維－斯托克斯方程式的步驟。

邊界條件

因為邊界條件對於一個適當的解答非常關鍵，我們要討論在流體流動的分析中一般會遭遇到邊界條件的型態。最常用到的邊界條件是**無滑動條件** (no-slip condition)，亦即一個與固體壁接觸的流體，流體的速度必須等於固體的，

無滑動邊界條件： $$\vec{V}_{\text{fluid}} = \vec{V}_{\text{wall}} \tag{9-65}$$

520 流體力學

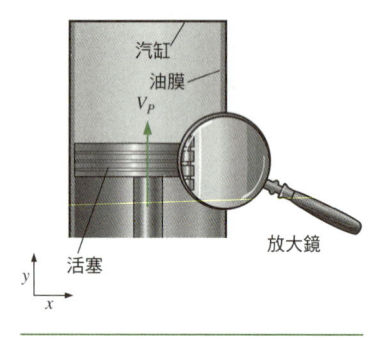

圖 9-53 一個在汽缸中以速率 V_P 移動的活塞。在活塞與汽缸之間有一層細薄油膜受到剪力；油膜的一個放大鏡被顯示出來。無滑動邊界條件要求與壁面接觸的流體速度等於壁面速度。

換言之，如其名稱暗示的，在流體與壁面之間沒有"滑動"。接觸壁面的流體質點附著到壁面上並與壁面相同的速度移動。一個式 (9-65) 的特例是對於一個固定的壁面 $\vec{V}_{wall}=0$；則與壁面接觸的流體的速度為零。對於溫度效應也被考慮的例子，流體的溫度必須等於壁溫，即 $T_{fluid}=T_{wall}$。你必須根據你的參考座標，仔細地設定你的無滑動條件。例如，考慮活塞與汽缸壁之間的細薄油膜 (圖 9-53)。從一個固定的參考座標來看，與汽缸壁接觸的流體質點是靜止的，而與活塞接觸的流體具有速度 $\vec{V}_{fluid}=\vec{V}_{wall}=V_P\vec{j}$。從一個與活塞一起移動的參考座標來看，與活塞接觸的流體有零速度，但是與汽缸接觸的流體具有速度 $\vec{V}_{fluid}=\vec{V}_{wall}=-V_P\vec{j}$。無滑動條件的一個例外發生在稀薄流體中，例如太空船正在重新進入大氣層之中，或在對極小粒子 (次微米) 運動的研究中。在這些流動中，空氣事實上可以沿壁面滑動，但是這些流動超出本書的範圍之外。

當兩種流體 (流體 A 與流體 B) 在介面相遇時，介面的邊界條件為

介面邊界條件： $\qquad \vec{V}_A = \vec{V}_B \quad 及 \quad \tau_{s,A} = \tau_{s,B}$ (9-66)

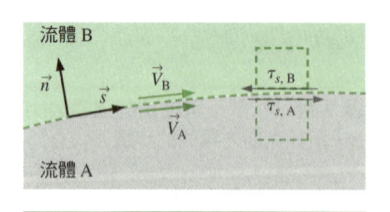

圖 9-54 在兩種流體的介面上，兩種流體的速度必須相同。再者，與壁面平行的剪應力在兩種流體中也必須相等。

其中，除了兩種流體的速度必須相等的條件以外，平行於介面方向作用在與介面接觸的流體質點的剪應力 τ_s 在此兩種流體之中也要相同 (圖 9-54)。注意圖中，$\tau_{s,A}$ 是畫在流體 A 的流體質點之上，其中 $\tau_{s,B}$ 是在流體 B 的流體質點之下，並且我們已經仔細考慮剪應力的作用方向。由於剪應力的正負號慣例，圖 9-54 中的箭頭方向是相對的。我們注意到雖然速度在跨過界面處是連續的，但其斜率則不是。另外，若溫度效應被考慮在介面上 $T_A=T_B$，但是在介面上同樣可能有溫度的斜率的不連續性。

那麼介面上的壓力又是如何呢？如果表面張力效應是可忽略或介面幾乎是平的，$P_A=P_B$。然而，如果介面彎曲得很厲害，例如在一根毛細管中上升液體的彎月面，介面一邊與另一邊的壓力可能會差異很大。你應該可從第 2 章中回想到跨過一個介面的壓力跳躍是反比於介面曲率半徑，這是表面張力效應的結果。

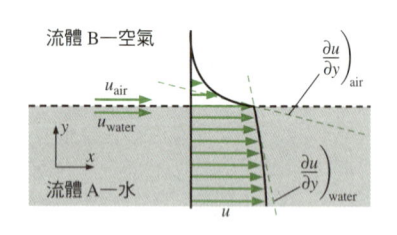

圖 9-55 沿著一個水與空氣的水平的自由表面上，水與空氣的速度必須相等且剪應力必須匹配。然而，因為 $\mu_{air} \ll \mu_{water}$，一個良好的近似是在水面上的剪應力小到可以忽略。

一個介面邊界條件的退化形式發生在液體的自由表面上，即流體 A 是液體而流體 B 是氣體 (通常是空氣)。我們用圖 9-55

中的簡單例子來作說明,其中流體 A 是液態水,流體 B 是空氣。介面是平的且表面張力效應可以忽略,其中水在水平的移動 (就像水在一條平靜的河流中流動)。在這例子中,介面上的空氣與水的速度必須匹配,並且作用在水面上的水質點上的剪應力必須等於正好作用在介面上的空氣粒子上的剪應力。根據式 (9-66),

在水–空氣介面上的邊界條件:

$$u_{\text{water}} = u_{\text{air}} \quad \text{與} \quad \tau_{s,\text{water}} = \mu_{\text{water}} \left.\frac{\partial u}{\partial y}\right)_{\text{water}} = \tau_{s,\text{air}} = \mu_{\text{air}} \left.\frac{\partial u}{\partial y}\right)_{\text{air}} \qquad (9\text{-}67)$$

迅速的看一下流體的性質表,顯示 μ_{water} 大於 μ_{air} 50 倍以上。為了使剪應力相等,式 (9-67) 要求斜率 $(\partial u/\partial y)_{\text{air}}$ 大於 $(\partial u/\partial y)_{\text{water}}$ 50 倍以上。因此,相較作用在水中其它部分的剪應力,將作用在水面上的剪應力近似成可忽略的是合理的近似。這個現象的另一種說法是,移動的水拖曳著空氣一起移動而幾乎沒有受到空氣的阻力。相對地,空氣並沒有用任何顯著的力拖慢水。總結是,對於液體與氣體接觸的情況,並且在表面張力效應可以忽略的情況下,自由表面的邊界條件是 (free-surface boundary conditions)

自由表面的邊界條件:
$$P_{\text{liquid}} = P_{\text{gas}} \quad \text{與} \quad \tau_{s,\text{liquid}} \cong 0 \qquad (9\text{-}68)$$

根據問題的建立,會有其它邊界條件出現。例如,我們常常需要在一個流體進入一個流域的邊界處定義入口邊界條件 (inlet boundary conditions)。同樣地,我們在外流處定義出口邊界條件 (outlet boundary conditions)。沿著一個對稱軸或對稱面,對稱邊界條件 (symmetry boundary coditions) 常是有用的。例如,圖 9-56 中所示的就是沿著一個水平對稱面的適當的對稱邊界條件,對於不穩定的流動問題,我們也需要定義初始條件 (在初始時間上,通常 $t = 0$)。

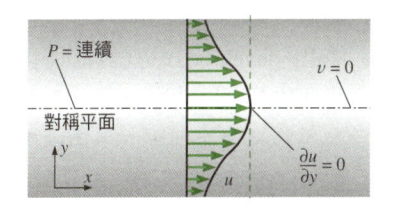

圖 9-56 沿著一個水平對稱面的邊界條件的定義是要確保在對稱面的一邊的流場是另一邊的鏡面圖像。例如此處對一個水平對稱面所顯示的。

在例題 9-15 至 9-19 中,我們將在合適的位置上應用從式 (9-65) 至 (9-68) 的邊界條件。這些以及其它邊界條件將會在第 15 章中作更詳細的討論,並將它們應用到 CFD 的求解上。

例題 9-15　完全發展的克維特流

考慮在兩塊無限大的平板之間其狹縫中的一個牛頓流體的穩定,不可壓縮的層流。上平板以速度 V 移動,而下平板是固定的。兩塊平板間的距離是 h,並且重力作用在 $-z-$ 方向 (進入圖 9-57 的頁面)。除了重力引起的靜水壓力外,沒有施加的壓力。此流動稱為

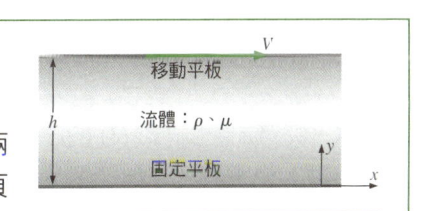

圖 9-57 例題 9-15 的幾何形狀:在兩塊無限大平板之間的黏滯流;上平板移動而下平板固定。

克維特流 (Couette flow)。試計算速度與壓力場,並估計作用在下平板上每單位面積的剪力。

解答:對於給定的幾何與邊界條件,我們要計算速度與壓力場,並估計作用在下平板上每單位面積的剪力。

假設:1. 平板在 x 與 z- 方向是無限的。2. 流動是穩定的,即任何量的 $\partial/\partial t$ 為零。3. 這是一個平行流 (假設速度的 y- 分量 v 是零)。4. 流體是不可壓縮的,並且是牛頓流體,具有等性質,並且流動是層流。5. 相對於 x,壓力 P = 常數。換言之,在 x- 方向沒有施加的壓力梯度在 x- 方向推壓流體;流動是因為移動的上平板所造成的黏滯應力建立起來的。6. 流場僅是二維的,亦即 $w = 0$ 且任何速度分量的 $\partial/\partial z$ 為零。7. 重力作用在 $-z$- 方向 (進入圖 9-57 的頁面)。我們可以數學表示此點為 $\vec{g} = -g\vec{k}$,或 $g_x = g_y = 0$ 且 $g_z = -g$。

解析:為了獲得速度與壓力場,我們遵循在圖 9-52 中所列出來的逐步步驟。

步驟 1 建立問題及其幾何。參考圖 9-57。

步驟 2 列出假設與邊界條件。我們已經編號並列出 7 個假設 (如上)。邊界條件來自於施加無滑動條件:(1) 在下平板上 ($y = 0$),$u = v = w = 0$。(2) 在上平板上 ($y = h$)、$u = V$、$v = 0$ 且 $w = 0$。

步驟 3 簡化微分方程式。我們從卡氏座標上的不可壓縮連續方程式,式 (9-61a) 開始。

$$\frac{\partial u}{\partial x} + \underbrace{\frac{\partial v}{\partial y}}_{\text{假設 3}} + \underbrace{\frac{\partial w}{\partial z}}_{\text{假設 6}} = 0 \quad \rightarrow \quad \frac{\partial u}{\partial x} = 0 \tag{1}$$

式 (1) 告訴我們 u 不是一個 x 的函數,換言之,不管我們將原點放在哪裡 — 在任何 x- 位置上的流動都是相同的。**完全發展** (fully developed) 這個片語通常用來描述這種情況 (圖 9-58)。這也可從假設 1 直接得到,其告訴我們 x- 位置沒有什麼特別,因為平板長度為無限大。再者,因為 u 不是時間 (假設 2) 與 z (假設 6) 的函數,我們結論 u 最多只是一個 y 的函數,

連續方程式的結果: $\qquad u = u(y) \qquad (2)$

圖 9-58 一個流域的完全發展區是其速度形狀不隨著往下游的距離而改變的區域。完全發展流會在長的、直的流道或管道中遭遇。這裡顯示的是完全發展的克維特流 — 在 x_2 的速度形狀與在 x_1 是相同的。

現在我們儘可能地來簡化 x- 動量方程式 (式 9-61b)。
在劃掉一個項時列出理由是一個良好的練習,如我們這裡所作的:

$$\rho\left(\underbrace{\frac{\partial u}{\partial t}}_{\text{假設 2}} + \underbrace{u\frac{\partial u}{\partial x}}_{\text{連續}} + \underbrace{v\frac{\partial u}{\partial y}}_{\text{假設 3}} + \underbrace{w\frac{\partial u}{\partial z}}_{\text{假設 6}}\right) = -\underbrace{\frac{\partial P}{\partial x}}_{\text{假設 5}} + \underbrace{\rho g_x}_{\text{假設 7}}$$

$$+ \mu\left(\underbrace{\frac{\partial^2 u}{\partial x^2}}_{\text{連續}} + \frac{\partial^2 u}{\partial y^2} + \underbrace{\frac{\partial^2 u}{\partial z^2}}_{\text{假設 6}}\right) \quad \rightarrow \quad \frac{d^2 u}{dy^2} = 0 \tag{3}$$

注意,物質加速度 [式 (3) 的左邊] 為零,暗示流體質點在流場中沒有加速度,沒有局部 (不穩定) 加速度,也沒有對流加速度。因為對流加速度項會使納維-斯托克斯方程式為非線性的,這將會大幅簡化問題。事實上,所有在式 (3) 的其它項都消失了,除了一個黏滯項,其本身也必須是

零。同時注意作為式 (2) 的一個直接結果,我們已經把式 (3) 中的偏微分 ($\partial/\partial y$) 改成一個全微分 (d/dy)。此處並沒有呈現出細節,但你可以用同樣的方式證明在 y- 動量方程式 (9-61c) 中的每一項,除了壓力項外都是零,因此強迫剩下的孤獨項也必須是零,

$$\frac{\partial P}{\partial y} = 0 \tag{4}$$

換言之,P 不是 y 的函數。因為 P 也不是一個時間 (假設 2) 或 x (假設 5) 的函數,P 最多只是一個 z 的函數,

y- 動量的結果:
$$P = P(z) \tag{5}$$

最後,由於假設 6,納維–斯托克斯方程式的 z- 分量 [式 (9-61d)] 化簡為

$$\frac{\partial P}{\partial z} = -\rho g \quad \rightarrow \quad \frac{dP}{dz} = -\rho g \tag{6}$$

其中我們使用式 (5) 來將偏微分轉換成全微分。

步驟 4 求解微分方程式。連續與 y- 動量方程式已經被"解出",分別產生式 (2) 及 (5)。式 (3) 被積分兩次來得到

$$u = C_1 y + C_2 \tag{7}$$

其中 C_1 及 C_2 是積分常數。式 (6) (z- 動量) 被積分一次,產生

$$P = -\rho g z + C_3 \tag{8}$$

步驟 5 應用邊界條件。我們從式 (8) 開始。因為我們還沒有為壓力指定邊界條件,C_3 還是一個任意常數 (回想對於不可壓縮流,絕對壓力只有在 P 在流場中的某處已知時才能決定)。例如,如果在 $z = 0$,我們令 $P = P_0$,則 $C_3 = P_0$,且式 (8) 變成

壓力場的最後解:
$$P = P_0 - \rho g z \tag{9}$$

有警覺的讀者會注意到式 (9) 代表一個簡單的靜液壓分佈 (當 z 增加時壓力線性減小)。我們的結論是,至少對這個問題,靜液壓力的作用與流動無關。更一般地,我們作出以下的敘述 (也參考圖 9-59):

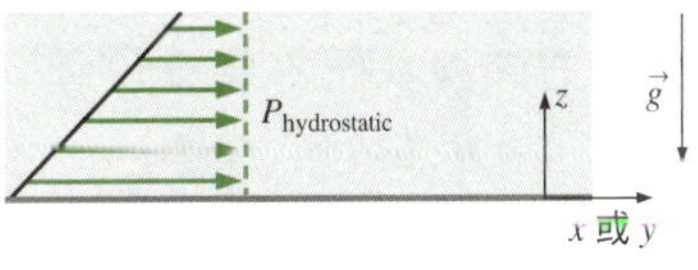

> 對於沒有自由表面的不可壓縮流場,
> 靜液壓對流場的動力沒有貢獻。

圖 9-59 對於沒有自由表面的不可壓縮流場,靜液壓對流場的動力沒有貢獻。

事實上,在第 10 章中,我們將展示經由使用修正壓力,靜液壓如何可以實際地被從運動方程式移去。

其次,我們將步驟 2 的邊界條件代入來得到常數 C_1 及 C_2,

邊界條件 (1):
$$u = C_1 \times 0 + C_2 = 0 \quad \rightarrow \quad C_2 = 0$$

與

邊界條件 (2)： $\quad u = C_1 \times h + 0 = V \quad \to \quad C_1 = V/h$

最後，式 (7) 變成

速度場的最後結果： $\quad u = V \dfrac{y}{h} \quad$ (10)

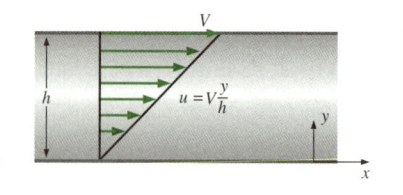

速度場顯示出一個簡單的線性速度形狀，從在下平板的 $u = 0$ 到在上平板的 $u = V$，如圖 9-60 所畫的。

圖 9-60 例題 9-15 的線性速度形狀；平行平板之間的克維特流。

步驟 6 驗證結果。使用式 (9) 和 (10)，你可以驗證所有的微分方程式和邊界條件都是滿足的。

為了計算作用在下平板上每單位面積的剪力，我們考慮一個矩形流體元素其底面與下平板接觸 (圖 9-61)。數學上為正的黏應力被顯示在圖上。在此例中，這些應力都是在適當的方向上，因為微分元素上面的流體將其拉向右邊，而元素下面的壁面將其拉向左邊。從式 (9-56)，我們寫出黏應力張量的分量，

$$\tau_{ij} = \begin{pmatrix} 2\mu \dfrac{\partial u}{\partial x} & \mu\left(\dfrac{\partial u}{\partial y} + \dfrac{\partial v}{\partial x}\right) & \mu\left(\dfrac{\partial u}{\partial z} + \dfrac{\partial w}{\partial x}\right) \\ \mu\left(\dfrac{\partial v}{\partial x} + \dfrac{\partial u}{\partial y}\right) & 2\mu \dfrac{\partial v}{\partial y} & \mu\left(\dfrac{\partial v}{\partial z} + \dfrac{\partial w}{\partial y}\right) \\ \mu\left(\dfrac{\partial w}{\partial x} + \dfrac{\partial u}{\partial z}\right) & \mu\left(\dfrac{\partial w}{\partial y} + \dfrac{\partial v}{\partial z}\right) & 2\mu \dfrac{\partial w}{\partial z} \end{pmatrix} = \begin{pmatrix} 0 & \mu \dfrac{V}{h} & 0 \\ \mu \dfrac{V}{h} & 0 & 0 \\ 0 & 0 & 0 \end{pmatrix} \quad (11)$$

因為根據定義應力的因次是每單位面積的力，作用在流體元素底面上每單位面積的力等於 $\tau_{yx} = \mu V/h$，並且作用在 $-x-$ 方向，如圖所示。壁面上每單位面積的剪力與此相等並逆向 (牛頓第三定律)；因此

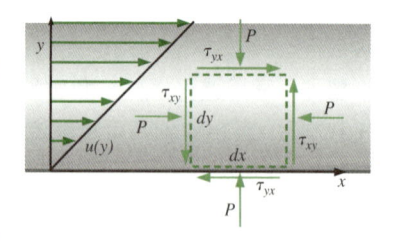

作用在壁面上每單位面積的剪力： $\quad \dfrac{\vec{F}}{A} = \mu \dfrac{V}{h} \vec{i} \quad$ (12)

圖 9-61 作用在一個微分的二維矩形流體元素上的應力其底面與例題 9-15 中的下平板相接觸。

此力的方向與我們的直覺吻合；亦即，流體試圖拉著下壁面向右，原因是黏滯效應 (摩擦)。

討論： 線性動量的 $z-$ 分量與其它方程式是非耦合的；這解釋為什麼我們會得到在 $z-$ 方向的液靜壓力分佈，即使流體不是靜止的，而是移動的。式 (11) 顯示出黏應力張量在流場中到處都是一樣的，而不只是在下壁面上 (注意沒有一個 τ_{ij} 的分量是位置的函數)。

你可能會懷疑例題 9-15 最後的結果的有用性。畢竟，什麼時候我們會遇到兩塊無限大的平板，其中一塊是運動的？事實上有許多實際的流動，對它們而言，克維特流是一個很好的近似。一個這樣的流動發生在一個轉動黏性計中 (圖 9-62)，一個用來量測黏度的儀器。它是由兩個同心而長度為 L 的圓筒構成的 —— 一個是實心的，半徑為 R_i 的旋轉內圓筒；另一個是空心的，半徑為 R_o 的固定外圓筒 (L

是進入圖 9-62 頁面的長度；z- 軸穿出頁面)。兩個圓筒間的間隙非常小，其內含有要被量測黏度的流體。圖 9-62 的放大區域幾乎與圖 9-57 的配置相同，因為間隙是很細小的，即 $(R_o - R_i) \ll R_o$。在一個黏度量測中，內圓筒的角速度 ω 被量測，同時也量測需要用來轉動內圓筒的力矩 $T_{applied}$。從例題 9-15，我們知道作用在與內圓筒接觸的流體元素上的黏性剪應力是近似等於

$$\tau = \tau_{yx} \cong \mu \frac{V}{R_o - R_i} = \mu \frac{\omega R_i}{R_o - R_i} \tag{9-69}$$

其中在圖 9-57 中移動上平板的速度 V 被以內圓筒的轉動壁面的逆時鐘速度 ωR_i 所取代。在圖 9-62 底部的放大區域中，τ 向右作用在與內圓筒壁面接觸的流體元素上；因此，在此位置上作用在內圓筒上每單位面積的力向左作用，其大小由式 (9-69) 給定。由於流體的黏度作用在內圓筒壁上的總順時鐘方向的力矩，等於此剪應力乘以壁面積，再乘以力臂，

$$T_{viscous} = \tau A R_i \cong \mu \frac{\omega R_i}{R_o - R_i} \left(2\pi R_i L\right) R_i \tag{9-70}$$

在穩定條件下，順時鐘力矩 $T_{viscous}$ 是由施加的逆時鐘力矩 $T_{applied}$ 來平衡的。令兩者相等，並解式 (9-70) 來得到流體的黏度

流體的黏度：
$$\mu = T_{applied} \frac{(R_o - R_i)}{2\pi \omega R_i^3 L}$$

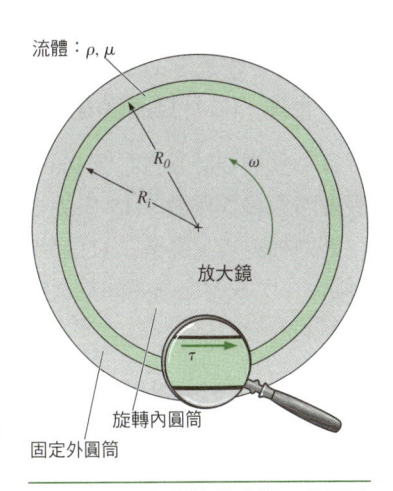

圖 9-62 一個旋轉黏度計；內圓筒以角速度 ω 旋轉，並且被施加一個力矩 $T_{applied}$，由此就可計算出流體的黏度。

一個相似的分析可以施行在一個無負載的軸頸軸承上，其中一種黏性油在內轉軸與一個固定的外殼之間的小細縫中流動 (當軸承受到負載，內圓筒與外圓筒不再是同心的，並且需要更複雜的分析)。

例題 9-16　受到壓力梯度作用的克維特流

考慮與例題 9-15 相同的幾何，但壓力在 x- 方向不是一個常數，而是一個壓力梯度作用在 x- 方向 (圖 9-63)。明確地，令在 x- 方向的壓力梯度 $\partial P/\partial x$ 是某個常數：

施加的壓力梯度：
$$\frac{\partial P}{\partial x} = \frac{P_2 - P_1}{x_2 - x_1} = 常數 \tag{1}$$

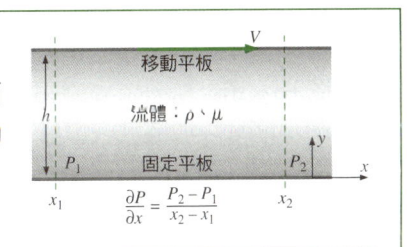

圖 9-63 例題 9-16 的幾何：兩個無限大平板之間的黏性流，其受到一個常數的壓力梯度的作用；上平板在移動而下平板是固定的。

其中 x_1 與 x_2 是沿 x- 軸的兩個任意位置，而 P_1 與 P_2 是在此兩個位置上的壓力。其它方面都與例題 9-15 相同。(a) 計算速度場與壓力場。(b) 用無因次形式畫出一組速度形狀。

解答： 我們要計算畫在圖 9-63 中流動的速度與壓力場，並用無因次的形式畫出一組速度形狀。

假設： 假設與例題 9-15 中的相同，但假設 5 由以下取代：一個常數的壓力梯度作用在 x- 方向，使得壓力相對於 x 遵循式 (1) 呈線性變化。

解析： (a) 我們遵循如同在例題 9-15 的相同步驟。大部分的數學步驟都相同，為了節省空間，只討論不同的。

步驟 1 參考圖 9-63。

步驟 2 與例題 9-15 相同，除了假設 5。

步驟 3 連續方程式用像在例題 9-15 的相同方法作化簡，

連續方程式的結果： $$u = u(y) \tag{2}$$

x- 動量方程式用像在例題 9-15 的相同方法作化簡，但是壓力梯度項留下來。結果是

x- 動量的結果： $$\frac{d^2 u}{dy^2} = \frac{1}{\mu} \frac{\partial P}{\partial x} \tag{3}$$

同樣地，y- 動量與 z- 動量化簡為

y- 動量的結果： $$\frac{\partial P}{\partial y} = 0 \tag{4}$$

與

z- 動量的結果： $$\frac{\partial P}{\partial z} = -\rho g \tag{5}$$

在式 (5) 中我們無法從偏微分轉換成全微分，因為在本例題中，P 同時是 x 與 z 的函數，不像在例題 9-15 中，那裡 P 只是 z 的函數。

步驟 4 我們積分式 (3) (x- 動量) 兩次，注意 $\partial P/\partial x$ 是一個常數，

x- 動量的積分： $$u = \frac{1}{2\mu} \frac{\partial P}{\partial x} y^2 + C_1 y + C_2 \tag{6}$$

其中 C_1 與 C_2 是積分常數。式 (5) (z- 動量) 被積分一次，得到

z- 動量的積分： $$P = -\rho g z + f(x) \tag{7}$$

注意，因為現在 P 同時是 x 與 z 的函數，我們在式 (7) 中加了一個 x 的函數來代替積分常數。這是一個相對於 z 的偏積分，因此當進行偏積分時必須很小心 (圖 9-64)。

步驟 5 從式 (7)，我們看出壓力在 z- 方向是呈現靜液壓的變化，同時我們指定一個在 x- 方向壓力的線性變化。因此函數 $f(x)$ 必須等於一個常數加 $\partial P/\partial x$ 乘以 x。如果令 $P = P_0$ 沿著線

圖 9-64 關於偏積分的警告。

$x = 0$、$z = 0$ (即 y- 軸)，式 (7) 變成

壓力場的最後結果：
$$P = P_0 + \frac{\partial P}{\partial x} x - \rho g z \qquad (8)$$

接下來我們應用例題 9-15 中步驟 2 的速度場邊界條件 (1) 與 (2) 來得到常數 C_1 與 C_2，

邊界條件 (1)：$\quad u = \frac{1}{2\mu}\frac{\partial P}{\partial x} \times 0 + C_1 \times 0 + C_2 = 0 \quad \rightarrow \quad C_2 = 0$

與

邊界條件 (2)：$\quad u = \frac{1}{2\mu}\frac{\partial P}{\partial x} h^2 + C_1 \times h + 0 = V \quad \rightarrow \quad C_1 = \frac{V}{h} - \frac{1}{2\mu}\frac{\partial P}{\partial x} h$

最後，式 (6) 變成

$$u = \frac{Vy}{h} + \frac{1}{2\mu}\frac{\partial P}{\partial x}(y^2 - hy) \qquad (9)$$

式 (9) 指出速度場包含兩個部分的疊加：一個線性速度形狀從在下平板的 $u = 0$ 到在上平板的 $u = V$，與一個拋物線分佈，其為相依於施加壓力梯度的大小。如果壓力梯度是零，式 (9) 中的拋物線部分消失，使得形狀是線性的，就像在例題 9-15 中的一樣；這在圖 9-65 中用顏色虛線畫出來。如果壓力梯度是負的 (壓力在 x- 方向遞減，造成流體從左被推向右)，$\partial P/\partial x < 0$ 且速度形狀就像在圖 9-65 中畫出來的。一個特例是當 $V = 0$ 時 (上平板靜止)；式 (9) 中的線性部分消失，速度形狀是拋物線的，並且相對於通道中心線是對稱的 ($y = h/2$)；這在圖 9-65 中被用點虛線畫出來。

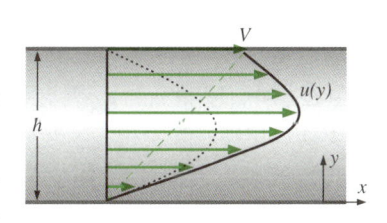

圖 9-65 例題 9-16 的速度形狀：兩平行板之間帶有施加負壓力梯度的克維特流；顏色虛線指示出零壓力梯度的形狀，而點虛線指示出具有負壓力梯度，且上平板靜止 ($V = 0$) 的形狀。

步驟 6 你可以用式 (8) 與 (9) 來驗證所有的微分方程式與邊界條件都是滿足的。

(b) 我們要用因次分析來產生無因次群 (Π 群)。我們將速度分量 u 來表示成 y、h、V、μ 與 $\partial P/\partial x$ 的函數來建置這個問題。總共有 6 個變數 (包括相依變數 u)，因為問題中有 3 個主要因次 (質量、長度與時間)，我們預期有 $6 - 3 = 3$ 個無因次群。當我們選擇 h、V 及 μ 作為重複變數時，使用重複變數法，我們得到以下的結果 (細節留給你去做 —— 這是第 7 章內容的良好複習)：

因次分析的結果：
$$\frac{u}{V} = f\left(\frac{y}{h}, \frac{h^2}{\mu V}\frac{\partial P}{\partial x}\right) \qquad (10)$$

使用這二個無因次群，我們重寫式 (9) 如下：

速度場的無因次形式：
$$u^* = y^* + \frac{1}{2} P^* y^* (y^* - 1) \qquad (11)$$

其中無因次參數是

528 流體力學

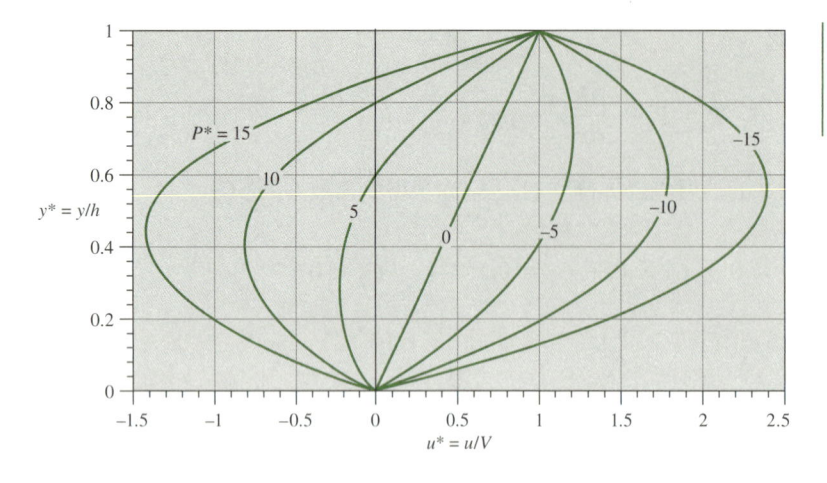

圖 9-66 具有施加的壓力梯度的克維特流的無因次速度形狀；幾個無因次壓力梯度的速度形狀被顯示出來。

$$u^* = \frac{u}{V} \qquad y^* = \frac{y}{h} \qquad P^* = \frac{h^2}{\mu V}\frac{\partial P}{\partial x}$$

在圖 9-66 中，使用式 (11)。對幾個 P^* 的值，u^* 被畫成 y^* 的函數。

討論：當結果被無因次化後，我們看出來式 (11) 代表一組速度形狀，也看到當壓力梯度為正值時 (流場被從右推向左) 且數值夠大時，在流道的底下部分，我們會有逆流。在所有的情況中，邊界條件化簡成在 $y^* = 0$、$u^* = 0$ 及在 $y^* = 1$、$u^* = 1$。如果有壓力梯度，但兩壁面都是靜止的，則流動稱為二維通道流，或平面或平面普修爾流 (planar Poiseuille flow，圖 9-67)。然而，我們注意到，大部分的作者保留普修爾流這個名稱給完全發展管流──二維通道流的軸對稱的對應流動 (參考例題 9-18)。

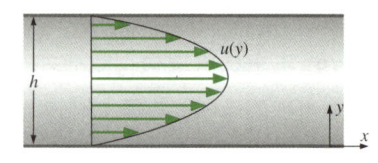

圖 9-67 給完全發展的二維的通道流動 (平面普修爾流) 的速度形狀。

例題 9-17 油膜被重力作用流下一個垂直壁面

考慮一個油膜的穩定、不可壓縮的平行的層流從一個無限大的垂直平板緩慢地流下 (圖 9-68)。油膜厚度是 h，且重力作用在 $-z-$ 方向 (在圖 9-68 中向下)。沒有施加的 (強制的) 壓力驅動此流動──油膜僅靠重力作用流下。試計算在油膜中的速度與壓力場，並畫出正常化後的速度形狀。你可以忽略周圍空氣中靜液壓力的變化。

解答：對給定的一個幾何及一組邊界條件，我們要計算速度場與壓力場並畫出速度形狀。

假設：**1.** 壁面在 $yz-$ 平面是無限大的 (對一個右手座標系統，y 進入頁面)。**2.** 流動是穩定的 (所有相對於時間的偏微分為零)。**3.** 流動是平行的 (速度的 $x-$ 分量 u 到處都為零)。**4.** 流體是不可壓縮且牛頓的，具有常數性質，並且流動是層流。**5.** 在自由表面，$P = P_{atm} = $ 常數。換言之，沒有施加的壓力梯度推動流體；流動是由於重力與黏力的平衡而自行建立的。再者，因為在水平方向沒有重力，到處都是 $P = P_{atm}$。**6.** 流場是單純的二維流動，亦即速度

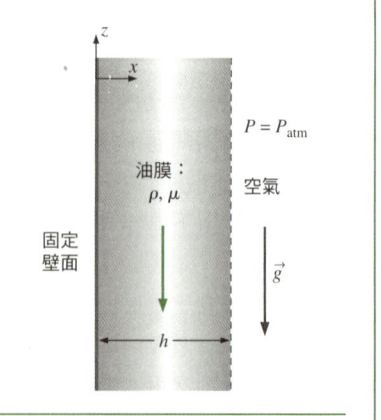

圖 9-68 例題 9-17 的幾何：黏性油膜藉由重力而沿著一個垂直面滑下。

分量 $v = 0$ 且所有相對於 y 的偏微分為零。**7.** 重力作用在 $-z$- 方向。我們數學地表示這點為 $\vec{g} = -g\vec{k}$ 或 $g_x = g_y = 0$ 且 $g_z = -g$。

解析：我們遵循對微分流動問逐步求解的方法來得到速度場與壓力場 (圖 9-52)。

步驟 1　建立問題及其幾何。參考圖 9-68。

步驟 2　列出假設與邊界條件。我們已經列出了 7 個假設。邊界條件為：(1) 壁面沒有滑動，在 $x = 0$，$u = v = w = 0$。(2) 在自由表面 $(x = h)$，剪力可以忽略 [式 (9-68)]，對在此座標系統的一個垂直自由表面，表示在 $x = h$、$\partial w/\partial x = 0$。

步驟 3　寫出並化簡微分方程式。我們從在卡氏座標中的不可壓縮連續方程式開始，

$$\underbrace{\frac{\partial u}{\partial x}}_{\text{假設 3}} + \underbrace{\frac{\partial v}{\partial y}}_{\text{假設 6}} + \frac{\partial w}{\partial z} = 0 \quad \rightarrow \quad \frac{\partial w}{\partial z} = 0 \tag{1}$$

式 (1) 告訴我們 w 不是 z 的函數；即不論將原點放在哪裡 —— 流動在任何 z- 位置都是相同的。換言之，流動是完全發展的。因為 w 不是時間 (假設 2)、z [式 (1)] 或 y (假設 6) 的函數。我們作出結論：w 最多只是 x 的函數，

連續的結果：
$$w = w(x) \tag{2}$$

現在儘可能地來簡化納維–斯托克斯方程式的每個分量。因為到處都有 $u = v = 0$，且重力在 x- 或 y- 方向沒有作用，x 與 y- 動量正確地被滿足了 (事實上兩個方程式中的每一項都是零)。z- 動量方程式化簡成

$$\rho\left(\underbrace{\frac{\partial w}{\partial t}}_{\text{假設 2}} + \underbrace{u\frac{\partial w}{\partial x}}_{\text{假設 3}} + \underbrace{v\frac{\partial w}{\partial y}}_{\text{假設 6}} + \underbrace{w\frac{\partial w}{\partial z}}_{\text{連續}}\right) = -\underbrace{\frac{\partial P}{\partial z}}_{\text{假設 5}} + \underbrace{\rho g_z}_{-\rho g}$$

$$+ \mu\left(\frac{\partial^2 w}{\partial x^2} + \underbrace{\frac{\partial^2 w}{\partial y^2}}_{\text{假設 6}} + \underbrace{\frac{\partial^2 w}{\partial z^2}}_{\text{連續}}\right) \quad \rightarrow \quad \frac{d^2 w}{dx^2} = \frac{\rho g}{\mu} \tag{3}$$

隨質點加速度 [式 (3) 的左邊] 是零，暗示流體質點在流場中沒有加速度，沒有局部加速度，也沒有對流加速度。因為對流加速度項使納維–斯托克斯方程式是非線性的，這大幅地簡化問題。根據式 (2) 的結果，我們已經把在式 (3) 的偏微分 $(\partial/\partial x)$ 變成全微分 (d/dx)，使偏微分方程式 (PDE) 簡化成常微分方程式 (ODE)。當然 ODES 比 PDES 好解太多了 (圖 9-69)。

步驟 4　求解微分方程式。連續及 x- 與 y- 動量方程式已經被 "解出"。式 (3) (z- 動量) 被積分兩次，得到

$$w = \frac{\rho g}{2\mu}x^2 + C_1 x + C_2 \tag{4}$$

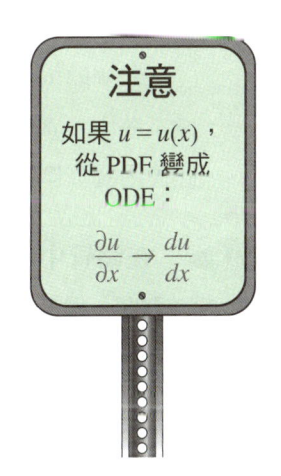

圖 9-69　從例題 9-15 到 9-18，運動方程式都從偏微分方程式被簡化成常微分方程式，使它們更容易求解。

步驟 5 應用邊界條件。我們應用步驟 2 的邊界條件 (1) 與 (2) 來得到常數 C_1 和 C_2，

邊界條件 (1)：
$$w = 0 + 0 + C_2 = 0 \quad C_2 = 0$$

與

邊界條件 (2)：
$$\left.\frac{dw}{dx}\right)_{x=h} = \frac{\rho g}{\mu} h + C_1 = 0 \quad \rightarrow \quad C_1 = -\frac{\rho g h}{\mu}$$

最後，式 (4) 變成

速度場：
$$w = \frac{\rho g}{2\mu} x^2 - \frac{\rho g}{\mu} hx = \frac{\rho g x}{2\mu}(x - 2h) \tag{5}$$

因為在油膜中 $x < h$，w 到處都是負的，就如預期的 (流動是向下的)。壓力場很明顯；亦即，到處都是 $P = P_{\text{atm}}$。

步驟 6 驗證結果。你可以證明所有的微分方程式和邊界條件都是滿足的。

我們用檢視來正常化式 (5)；令 $x^* = x/h$ 及 $w^* = w\mu/(\rho g h^2)$。式 (5) 變成

正常化速度形狀：
$$w^* = \frac{x^*}{2}(x^* - 2) \tag{6}$$

我們在圖 9-70 中畫出正常化的速度形狀。

討論：速度形狀在靠近壁面處由於那裡的無滑動條件 (在 $x = 0$，$w = 0$) 有很大的斜率，但在自由表面斜率為零，其位置的邊界條件是零剪應力 (在 $x = h$，$\partial w/\partial x = 0$)。我們在定義 w^* 時可以導入一個 -2 的因子，來使 w^* 在自由表面上等於 1 而不是 $-\frac{1}{2}$。

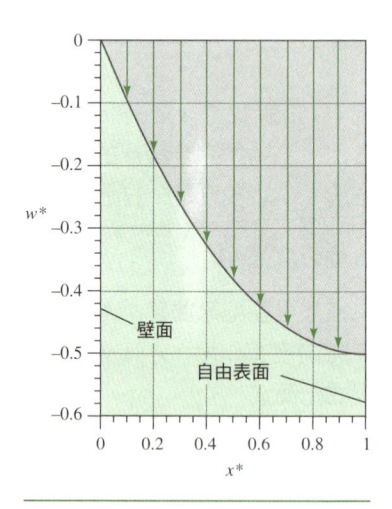

圖 9-70 例題 9-17 的正常的速度形狀：油膜流下一個垂直壁面。

從例題 9-15 到 9-17，在卡氏座標中使用的解題步驟也可以被用在任何其它座標系統中。在例題 9-18 中，我們將介紹在一個圓管中完全發展流的古典問題，對此使用圓柱座標。

例題 9-18　在圓管中的完全發展流──普修爾流

考慮一個牛頓流體在一根直徑 D 或半徑 $R = D/2$ 的無限長圓管中的穩定、不可壓縮的層流 (圖 9-71)。我們忽略重力效應。一個常數的壓力梯度 $\partial P/\partial x$ 作用在 x- 方向，

施加的壓力梯度：
$$\frac{\partial P}{\partial x} = \frac{P_2 - P_1}{x_2 - x_1} = 常數 \tag{1}$$

其中 x_1 與 x_2 是沿著 x- 軸的兩個任意位置，且 P_1 與 P_2 是在此兩個位置上的壓力。注意此處我們採用一個修正的圓柱座標系統，

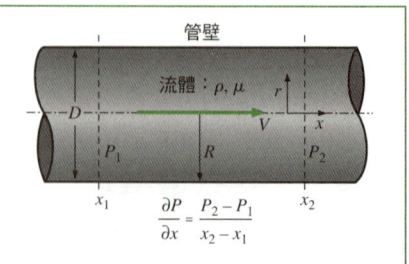

圖 9-71 例題 9-18 的幾何：在一根很長的圓管中，受到一個壓力梯度 $\partial P/\partial x$ 推動流體流過管子的穩定的層流。壓力梯度通常是由一個泵或重力所產生的。

第 9 章　流體流動的微分解析　**531**

用 x 代替 z 作為軸分量，即 (r, θ, x) 與 (u_r, u_θ, u)。試推導在管內速度場的一個表示式，並且估計作用在管壁上每單位面積的黏性剪應力。

解答：對於在一根圓管中的流動，我們要計算速度場，然後估計作用在管壁的黏性剪應力。

假設：**1.** 管在 x- 方向是無限長的。**2.** 流動是穩定的 (所有的時間導數為零)。**3.** 這是一個平行流 (速度的 r- 分量 u_r 為零)。**4.** 流體是不可壓縮的牛頓流體，性質為常數且流動是層流 (圖 9-72)。**5.** 一個常數的壓力梯度施加在 x- 方向，使得壓力相對於 x 根據式 (1) 而呈線性變化。**6.** 流場是軸對稱的，沒有旋轉，亦即 $u_\theta = 0$ 且所有相對於 θ 的偏微分都是零。**7.** 我們忽略重力的效應。

解析：為了獲得速度場，我們遵循勾勒在圖 9-52 的逐步方法。

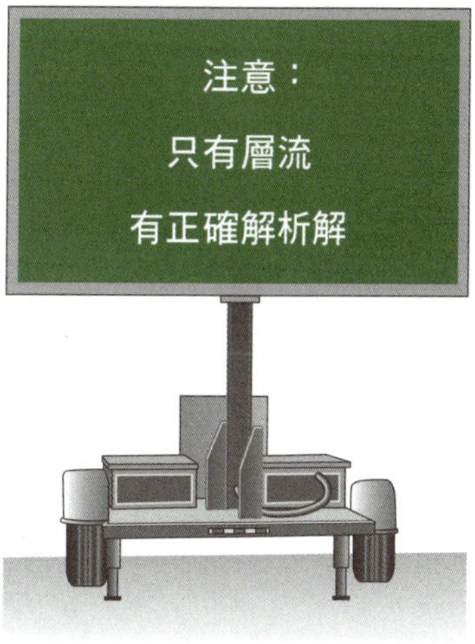

步驟 1　建立問題與幾何。參考圖 9-71。

步驟 2　列出假設和邊界條件。我們已經列出 7 個假設。第一個邊界條件是從在管壁上應用無滑動條件而來：(1) 在 $r = R$，$\vec{V} = 0$。第二個邊界條件是從管的中心線是對稱軸這個事實而來；(2) 在 $r = 0$，$\partial u/\partial r = 0$。

步驟 3　寫出並化簡微分方程式。我們從圓柱座標的不可壓縮的連續方程式開始，式 (9-62a) 的一個修正式是

圖 9-72　納維-斯托克斯方程式的正確解析解，就如這裡所提供的例題，對於紊流是不可能的。

$$\underbrace{\frac{1}{r}\frac{\partial(ru_r)}{\partial r}}_{\text{假設 3}} + \underbrace{\frac{1}{r}\frac{\partial(u_\theta)}{\partial \theta}}_{\text{假設 6}} + \frac{\partial u}{\partial x} = 0 \quad \rightarrow \quad \frac{\partial u}{\partial x} = 0 \tag{2}$$

式 (2) 告訴我們 u 不是一個 x 的函數。換言之，不論將原點放在哪裡 —— 流動在任何 x- 位置都是相同的。這也可以直接從假設 1 推論而得，其告訴我們任何 x- 位置都沒什麼特別的，因為管長是無限的 —— 流動是完全發展的。再者，因為 u 不是時間 (假設 2) 或 θ (假設 6) 的函數，我們結論 u 最多只是 r 的函數，

連續的結果：　　　　　　　　　　　　$u = u(r)$ 　　　　　　　　　　　　　　(3)

現在儘可能地來簡化軸向動量方程式 [式 (9-62d) 的一個修正式]：

$$\rho\left(\underbrace{\frac{\partial u}{\partial t}}_{\text{假設 2}} + \underbrace{u_r\frac{\partial u}{\partial r}}_{\text{假設 3}} + \underbrace{\frac{u_\theta}{r}\frac{\partial u}{\partial \theta}}_{\text{假設 6}} + \underbrace{u\frac{\partial u}{\partial x}}_{\text{連續}}\right)$$

$$= -\frac{\partial P}{\partial x} + \underbrace{\rho g_x}_{\text{假設 7}} + \mu\left(\frac{1}{r}\frac{\partial}{\partial r}\left(r\frac{\partial u}{\partial r}\right) + \underbrace{\frac{1}{r^2}\frac{\partial^2 u}{\partial \theta^2}}_{\text{假設 6}} + \underbrace{\frac{\partial^2 u}{\partial x^2}}_{\text{連續}}\right)$$

或

$$\frac{1}{r}\frac{d}{dr}\left(r\frac{du}{dr}\right) = \frac{1}{\mu}\frac{\partial P}{\partial x} \quad (4)$$

就像例題 9-15 至 9-17 一樣，隨質點加速度 (x- 動量方程式的整個左邊) 是零，暗示流體質點在整個這個流場中，都沒有加速，且納維－斯托克斯方程式被線性化了 (圖 9-73)。由於式 (3) 我們已經把對 u 的偏微分用全微分代替了。

用同樣的方式，在 r 動量方程式 (9-62b) 中的每一項，除了壓力梯度項以外都是零，迫使剩下的孤獨項也必須是零，

r 動量：
$$\frac{\partial P}{\partial r} = 0 \quad (5)$$

換言之，P 不是一個 r 的函數，因為 P 也不是時間 (假設 2) 或 θ (假設 6) 的函數，P 最多只能是 x 的函數

r 動量的結果：
$$P = P(x) \quad (6)$$

因此，我們可以把式 (4) 中壓力梯度的偏微分用全微分取代，因為 P 只隨 x 改變。最後，納維－斯托克斯方程式的 θ- 分量 [式 (9-62c)] 的所有項都是零。

步驟 4 求解微分方程式。連續和 r 動量已經被 "解出"，分別得到式 (3) 與 (6)，而 θ 動量方程式已經消失了，因此剩下式 (4) (x- 動量)。對兩邊同乘以 r 以後，我們積分一次來得到

$$r\frac{du}{dr} = \frac{r^2}{2\mu}\frac{dP}{dx} + C_1 \quad (7)$$

其中 C_1 是一個積分常數。注意，壓力梯度 dP/dx 在這裡是一個常數。將式 (7) 的兩邊同除以 r，我們積分第二次來得到

$$u = \frac{r^2}{4\mu}\frac{dP}{dx} + C_1 \ln r + C_2 \quad (8)$$

其中 C_2 是第二個積分常數。

步驟 5 應用邊界條件。首先對式 (7) 應用邊界條件 (2)，

邊界條件 (2)：
$$0 = 0 + C_1 \quad \rightarrow \quad C_1 = 0$$

另一個解釋這個邊界條件的方法是 u 在圓管中心必須維持有限值。這只有當 C_1 等於 0 才有可能，因為在式 (8) 中的 $\ln(0)$ 是無定義的。現在應用邊界條件 (1)，

邊界條件 (1)：
$$u = \frac{R^2}{4\mu}\frac{dP}{dx} + 0 + C_2 = 0 \quad \rightarrow \quad C_2 = -\frac{R^2}{4\mu}\frac{dP}{dx}$$

最後，式 (8) 變成

軸向速度：
$$u = \frac{1}{4\mu}\frac{dP}{dx}(r^2 - R^2) \quad (9)$$

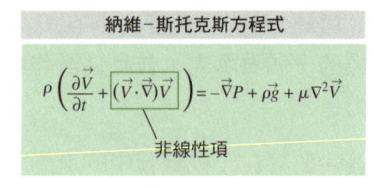

圖 9-73 對不可壓縮流的解而言，若在納維－斯托克斯方程式中的對流項是零，則方程式變成線性的，因為對流項是這個方程式中的唯一非線性項。

因此軸向速度是一個拋物面的形狀，就如圖 9-74 所畫出來的。

步驟 6 驗證結果。我們可以證明所有微分方程式與邊界條件都是滿足的。

我們同時也計算管流的完全發展層流的其它性質。例如最大軸向速度顯然發生在圓管中心線上 (圖 9-74)。令式 (9) 中的 $r = 0$ 得到

最大的軸向速度： $$u_{max} = -\frac{R^2}{4\mu}\frac{dP}{dx} \tag{10}$$

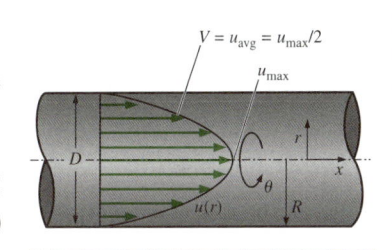

圖 9-74 例題 9-18 中的軸向速度形狀：在一根長的圓管中的穩定層流，其受到一個常數的壓力梯度作用而推動流體流過管子。

經過管的體積流率可以用式 (9) 對管的一個截面作積分而求得

$$\dot{V} = \int_{\theta=0}^{2\pi}\int_{r=0}^{R} ur\, dr\, d\theta = \frac{2\pi}{4\mu}\frac{dP}{dx}\int_{r=0}^{R}(r^2 - R^2)r\, dr = -\frac{\pi R^4}{8\mu}\frac{dP}{dx} \tag{11}$$

因為體積流率也等於平均軸向速度乘以截面積，我們可以輕易決定平均軸向速度 V：

平均軸向速度： $$V = \frac{\dot{V}}{A} = \frac{(-\pi R^4/8\mu)(dP/dx)}{\pi R^2} = -\frac{R^2}{8\mu}\frac{dP}{dx} \tag{12}$$

比較式 (10) 與 (12)，我們發現對於完全發展的管中層流，平均軸向速度正好等於最大軸向速度的一半。

為了計算作用在管壁上每單位面積的黏性剪力，我們考慮接近管底部壁面的一個微分流體元素 (圖 9-75)。壓應力與數學上為正的黏應力被顯示出來。從式 (9-63) (針對我們的座標系統作了修正)，寫出黏應力張量如：

$$\tau_{ij} = \begin{pmatrix} \tau_{rr} & \tau_{r\theta} & \tau_{rx} \\ \tau_{\theta r} & \tau_{\theta\theta} & \tau_{\theta x} \\ \tau_{xr} & \tau_{x\theta} & \tau_{xx} \end{pmatrix} = \begin{pmatrix} 0 & 0 & \mu\frac{\partial u}{\partial r} \\ 0 & 0 & 0 \\ \mu\frac{\partial u}{\partial r} & 0 & 0 \end{pmatrix} \tag{13}$$

圖 9-75 壓力與黏性剪應力作用在一個微分流體元素上，其底面與管壁接觸。

我們使用式 (9) 給 u，並且在管壁上令 $r = R$；式 (13) 的 τ_{rx}-分量簡化為

在管壁的黏性剪力： $$\tau_{rx} = \mu\frac{du}{dr} = \frac{R}{2}\frac{dP}{dx} \tag{14}$$

對從左至右的流動，dP/dx 是負的，因此在壁面上流體元素的底部黏性剪應力的方向與圖 9-75 中指示的方向相反 (這與我們的直覺相符，因為管壁對流體會施加一個阻力)。作用在壁面上的每單位面積的剪力與此大小相等，但方向相反；因此

作用在管壁上每單位面積的黏性剪力： $$\frac{\vec{F}}{A} = -\frac{R}{2}\frac{dP}{dx}\vec{i} \tag{15}$$

534 流體力學

此力的方向再次與我們的直覺相符，即流體試圖拖拉底部壁面向右，原因是摩擦力，此為當 dP/dx 為負值時。

討論：因為在管中心線的 $du/dr=0$，其處的 $\tau_{rx}=0$。你被鼓勵使用一個替代的控制體積法來試著得到式 (15)。你的控制體積取在管子中介於任兩個 x- 位置 (x_1 與 x_2) 中間的流體區域。你應該會得到相同的答案 (提示：因為流動是完全發展的，在位置 1 的軸向速度形狀與在位置 2 的相同)。注意當流過此管的體積流率超過某個臨界值時，會產生流動的不穩定性，並且這裡所得到的解不再有效。明確地說，管中的流動變成是紊流，而不是層流；管中紊流在第 8 章中已有詳細討論。此問題在第 8 章中也被使用替代的方法求解。

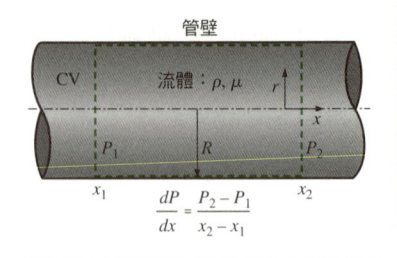

圖 9-76 例題中 9-18 中利用一個替代方法來求得式 (15) 的控制體積。

到此為止，所有的納維－斯托克斯方程式的解都是針對穩定流的。我們可以想像如果流動被允許是不穩定的，解將變得更加複雜，且在納維－斯托克斯方程式中的時間微分項不會消失。然而，仍然有一些不穩定的流動問題可以被解析地求解，在例題 9-19 中會介紹其中的一個。

例題 9-19 一個無限大平板的突然運動

考慮一個無限大的平板，躺在 xy- 平面上的 $z=0$ 上，平板上面是一種黏性的牛頓流體 (圖 9-77)。流體是靜止的，直到 $t=0$ 時，平板突然開始以速度 V 在 x- 方向運動。重力作用在 $-z$- 方向。試決定壓力場與速度場。

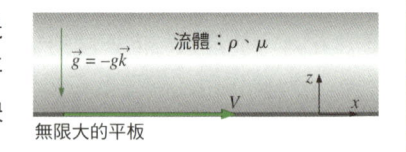

圖 9-77 例題 9-19 的幾何與建立；y 座標是進入頁面的。

解答：無限大的平板突然開始運動，要計算在平板上面流體的速度場與壓力場。

假設：**1.** 壁面在 x- 與 y- 方向是無限大的；因此任何特定的 x- 或 y- 位置都沒有什麼特別的。**2.** 流動到處都是平行的 ($w=0$)。**3.** 相對於 x，壓力 $P=$ 常數。換言之，沒有施加的壓力梯度來推動流體沿 x- 方向移動，流動的發生是由移動平板的黏性應力造成的。**4.** 流體是不可壓縮的牛頓流體，具有常數性質，並且流動是層流。**5.** 流場在 xz- 平面是二維的；因此，$v=0$，且所有相對於 y 的偏微分都是零。**6.** 重力作用在 $-z$- 方向。

解析：為了獲得速度與壓力場，我們遵循勾勒在圖 9-52 的逐步方法。

步驟 1 建立問題及其幾何 (參考圖 9-77)。

步驟 2 列出假設與邊界條件。我們已經列出 6 個假設。邊界條件是：(1) 在 $t=0$，到處都是 $u=0$ (直到平板移動前，沒有流動)；(2) 在 $z=0$，$u=V$ 對所有 x 與 y 的值都是 (在平板上的無滑動條件)；(3) 當 $z \to \infty$，$u=0$ (遠離平板處，移動平板的效應沒有被感覺到)；(4) 在 $z=0$，$P=P_\text{wall}$ (壁面上的壓力在沿著平板上的任何 x 或 y- 位置上是一個常數)。

步驟 3 寫出並簡化微分方程式。我們從在卡氏座標的不可壓縮連續方程式 (9-61a) 開始，

$$\frac{\partial u}{\partial x} + \underbrace{\frac{\partial \cancel{v}}{\partial y}}_{\text{假設 5}} + \underbrace{\frac{\partial \cancel{w}}{\partial z}}_{\text{假設 2}} = 0 \quad \to \quad \frac{\partial u}{\partial x} = 0 \tag{1}$$

式 (1) 告訴我們 u 不是一個 x 的函數。再者，因為 u 也不是一個 y 的函數 (假設 5)，我們作出結論：u 最多只是一個 z 與 t 的函數。

連續的結果： $$u = u(z, t) \text{ only} \tag{2}$$

y-動量方程式化簡成

$$\frac{\partial P}{\partial y} = 0 \tag{3}$$

這是根據假設 5 與 6 而得到的 (所有 v 的項、速度的 y-分量都消失了，且重力不作用在 y-方向)。式 (3) 只是告訴我們，壓力不是一個 y 的函數；因此

y-動量的結果： $$P = P(z, t) \text{ only} \tag{4}$$

類似地，z-動量方程式化簡成

$$\frac{\partial P}{\partial z} = -\rho g \tag{5}$$

我們現在儘可能化簡 x-動量方程式 (9-61b)，

$$\rho\left(\underbrace{\frac{\partial u}{\partial t}}_{} + \underbrace{u\frac{\partial u}{\partial x}}_{\text{連續}} + \underbrace{v\frac{\partial u}{\partial y}}_{\text{假設 5}} + \underbrace{w\frac{\partial u}{\partial z}}_{\text{假設 2}}\right) = -\underbrace{\frac{\partial P}{\partial x}}_{\text{假設 3}} + \underbrace{\rho g_x}_{\text{假設 6}}$$
$$+ \mu\left(\underbrace{\frac{\partial^2 u}{\partial x^2}}_{\text{連續}} + \underbrace{\frac{\partial^2 u}{\partial y^2}}_{\text{假設 5}} + \frac{\partial^2 u}{\partial z^2}\right) \quad \rightarrow \quad \rho\frac{\partial u}{\partial t} = \mu\frac{\partial^2 u}{\partial z^2} \tag{6}$$

將黏度與密度組合成運動黏度會是方便的，定義 $\nu = \mu/\rho$。式 (6) 化簡成有名的一維的擴散方程式 (圖 9-78)，

x-動量的結果： $$\frac{\partial u}{\partial t} = \nu\frac{\partial^2 u}{\partial z^2} \tag{7}$$

步驟 4 求解微分方程式。連續與 y 動量已經被"解出"了，分別產生式 (2) 與 (4)。式 (5) 被積分一次，得到

$$P = -\rho g z + f(t) \tag{8}$$

其中我們加了一個時間的函數來取代一個積分常數，因為 P 是兩個變數 z 與 t 的函數 [參考式 (4)]。式 (7) (x-動量) 是一個線性偏微分方程式，其解的求得是把兩個獨立變數 z 與 t 結合成一個獨立變數。其結果稱為一個相似解 (similarity solution)，其細節超出本書的範圍。注意，一維的擴散問題發生在許多工程領域中，例如種群的擴散 (質傳) 與熱擴散 (傳導)；求解的細節可在討論這些論題的書中找到。式 (7) 的解與平板突然移動的邊界條件密切相關，其結果為

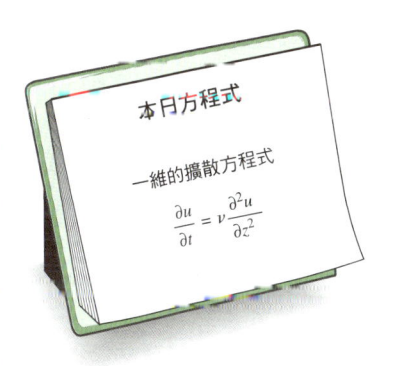

圖 9-78 一維的擴散方程式是線性的，但它是一個偏微分方程式 (PDE)。它發生在許多科學與工程的領域中。

本日方程式

一維的擴散方程式

$$\frac{\partial u}{\partial t} = \nu\frac{\partial^2 u}{\partial z^2}$$

x- 動量的積分： $$u = C_1\left[1 - \text{erf}\left(\frac{z}{2\sqrt{\nu t}}\right)\right] \tag{9}$$

其中在式 (9) 的 erf 是誤差函數 (error function) (Çengel, 2010)，定義為

誤差函數： $$\text{erf}(\xi) = \frac{2}{\sqrt{\pi}} \int_0^\xi e^{-\eta^2} d\eta \tag{10}$$

誤差函數一般用在機率理論中，並被畫在圖 9-79。誤差函數的表在許多參考書中可以發現，並且某些計算器與試算表可以直接算出誤差函數。在 EES 軟體中也有提供這個函數。

步驟 5 應用邊界條件。我們從給壓力的式 (8) 開始。邊界條件 (4) 要求對所有時間，在 $z = 0$ 處，$P = P_\text{wall}$，因此式 (8) 變成

邊界條件 (4)： $P = 0 + f(t) = P_\text{wall} \rightarrow f(t) = P_\text{wall}$

換言之，時間的任意函數，$f(t)$，結果顯示並不是一個時間的函數，而只是一個常數。因此，

壓力場的最後結果： $P = P_\text{wall} - \rho g z \tag{11}$

這是一個簡單的靜液壓。我們結論是靜液壓與流動無關。步驟 2 的邊界條件 (1) 與 (3) 已經在步驟 4 中被用來求得 x- 動量方程式的解。因為 erf(0) = 0，第二個邊界條件產生

邊界條件 (2)： $u = C_1(1 - 0) = V \rightarrow C_1 = V$

而式 (9) 變成

速度場的最後結果： $$u = V\left[1 - \text{erf}\left(\frac{z}{2\sqrt{\nu t}}\right)\right] \tag{12}$$

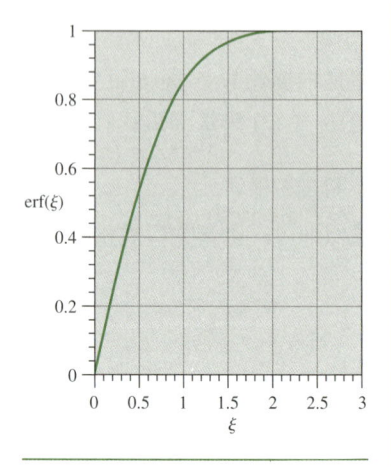

圖 9-79 誤差函數的範圍，從在 $\xi = 0$ 的 0 到當 $\xi \to \infty$ 的 1。

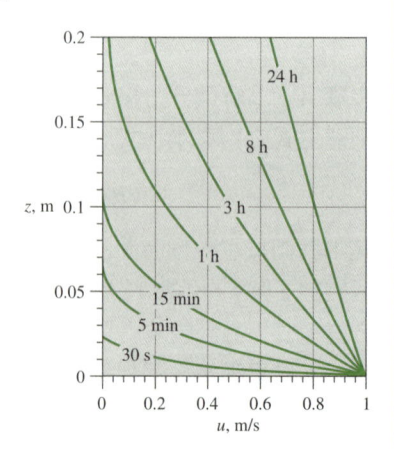

對於在室溫下 ($\nu = 1.004 \times 10^{-6}$ m²/s) 且 $V = 1.0$ m/s 的特例，有幾個速度形狀被畫在圖 9-80 中。在 $t = 0$ 時，沒有流動。當時間增加時，平板的運動，如同預期的，被越來越遠的流體感受到。注意在流動開始後 15 分鐘，移動平板的效應對高於平板 10 cm 以上的流體並不被感覺到。

我們定義正常化後的 u^* 與 z^* 為

正常化的變數： $u^* = \dfrac{u}{V}$ 與 $z^* = \dfrac{z}{2\sqrt{\nu t}}$

然後我們用正常化參數來改寫式 (12)：

正常化的速度場： $u^* = 1 - \text{erf}(z^*) \tag{13}$

在此 1 減去誤差函數的組合常出現在工程中，並被給予一個

圖 9-80 例題 9-19 的速度形狀：水在一塊突然起動的無限大平板之上的流動；$\nu = 1.004 \times 10^{-6}$ m²/s，與 $V = 1.0$ m/s。

特別名稱，互補誤差函數 (complementary error function)，符號 erfc。因此式 (13) 也可以寫成

速度場的替代形式： $\qquad u^* = \text{erfc}\,(z^*) \qquad$ (14)

正常化的漂亮之處在於這個 u^* 作為 z^* 的函數的這一個方程式對任何流體都是成立的，即在任何以速率 V 移動的平板之上，運動黏度為 ν 的流體之中的任何位置 z，在任何時間 t 的速度均可！式 (13) 的正常化後的速度形狀被畫在圖 9-81 中。所有在圖 9-80 中的速度形狀都收縮成在圖 9-81 中的單位的形狀曲線；這一條形狀曲線被稱為相似形狀 (similarity profile)。

步驟 6 驗證結果。你可以證明所有的微分方程式和邊界條件都是滿足的。

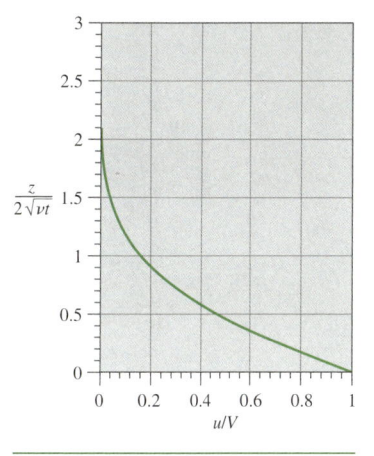

圖 9-81 例題 9-19 的正常化速度形狀；在一塊突然起動的無限大平板上的一個黏性流體的層流。

討論： 動量擴散進入流體所需的時間似乎比根據我們的直覺所預期的時間更久。這是因為這裡所提出的解只對層流是有效的。事實上如果平板的速度夠大，或平板有很顯著的振動，或在流體中有擾動，則流動會變成是紊流的。在紊流中，大量的小旋渦會混合靠近壁面的快速移動的流體，與離壁面較遠的移動較慢的流體。這個混合過程發生得相當快速，使得紊流擴散通常比層流擴散通常大了好幾個數量級。

例題 9-15 到 9-19 針對的是不可壓縮的層流。相同的微分方程組 (不可壓縮的連續與納維–斯托克斯) 對不可壓縮的紊流也是成立的。然而，紊流的解更加複雜，因為流動包含無規則不穩定的三維的小旋渦，其會混合流體。再者，這些旋渦的大小範圍跨越好幾個數量級。在一個紊流的流場，方程式中沒有一項可以被忽略 (在某些情況下，重力項也許可以)，因此解只能經由數值計算求得，計算流體力學 (CFD) 將在第 15 章中討論。

生物流體力學的微分分析[*]

例題 9-18 中我們導出在一根圓管中的完全發展流，通常稱為普修爾流。這個特定例題的納維–斯托克斯方程式的解相當直接，但卻是基於一些假設與近似。這些近似對於大多數水系統中的標準管流是成立的。然而，當應用於人體中的血液流動時，這些近似的可用性必須被仔細的檢視和評估。傳統上作為一階的嘗試，心血管流體動力學已經使用了普修爾流的結果來了解血管中的血液流動。這可以提供工程師關於速度與流率的一階近似，但如果工程師有興趣於更精細的，坦白說更實際的，了解血液的流動，那麼檢視用在得到普修爾流的主要近似會是重要的。

在深入以前，讓我們保留關於流體 (此例子中為血液) 的基本假設。流體會維

---

[*] 本節由賓州州立大學的 Keefe Manning 教授所貢獻。

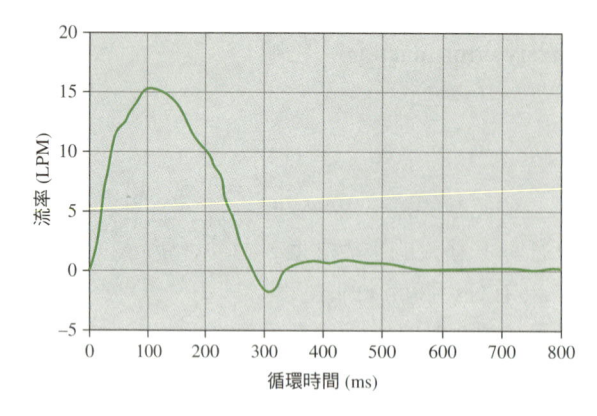

圖 9-82 一個模擬循環迴路的心室軸助裝置在收縮時所產生的流動波形。這與左心室在收縮時所產生的波形是相似的。

持為不可壓縮的，流動也繼續是層流，並且重力維持為可忽略的。完全發展流的近似也被保留，雖然在血管流中這事實上是不成立的。只基於這些近似，剩下來的其它主要近似是穩定、平行的軸對稱牛頓流動，以及管被近似成一根剛體圓管。

回想一個在休息中的健康成人，其心臟持續地以每分鐘 75 次脈動的平均速率泵送血液。作為一個例子，由一個模擬循環系統的心室收縮模擬所產生的流動波形中 (圖 9-82)，流率在這個 800 ms 的循環中隨時間而變化。因此，要模擬血液流過血管時，穩定流的近似基本上是不適當的，使得將血液流動模擬成普修爾流，單就這個近似而言就是不適當的。在一個短時間區間 (~300 ms) 內，流動有很快的加速跟減速。然而，在心臟所啟動的波傳遞隨著離開心臟的距離漸減，並且當血管逐漸縮小至血小管的層面時，脈動的大小降低了。當焦點是在靜脈端的血液流回心臟時，穩定流近似可以比較有信心的被應用，但必須注意仍然存在著流動破裂，特別是在下肢部分當靜脈閥 (與心閥相似) 幫助血液流回心臟時。

堅固的圓管的近似當應用到心血管的血液流動時同樣是不適當的。如同在第 8 章提及的，血管持續地變小，從主血管 (主動脈) 到較小的血管 (動脈、小動脈及微血管)。不像在商用管網路所看到的，沒有突然的直徑變化。因此，一個幾何上的考量是事實上血管的一段會從一端到另一端有持續的直徑變化。對圓管的截面積而言，血管並不是完美的圓形，而是其截面會比較橢圓，因此有一個主軸與一個次軸。這裡應用到普修爾流的最重要的近似事實上是其管子一般是被考慮成堅固的。然而，健康的血管並不堅固，它們的結構是順應性且可撓的。例如，從左心室伸出的主動脈直徑可以倍增來容納左心室在一個很短時間區間內收縮造成血液容積急速的增加。使用這個近似的主要例外之一是，當研究像動脈粥狀硬化的病態生理狀態，或是在研究年長者的血液流動時。兩種狀態的主要結果是血管會硬化。因此，堅固性的近似可以被使用。當血管硬化時，會有一個次要效應，即血液的脈動性會消失得比較快，這會對這些特定的病人人口，影響在其小動脈中穩定流的近似。

對於平行流與軸對稱流，當應用到血液流時，只要聚焦在心血管系統的一個

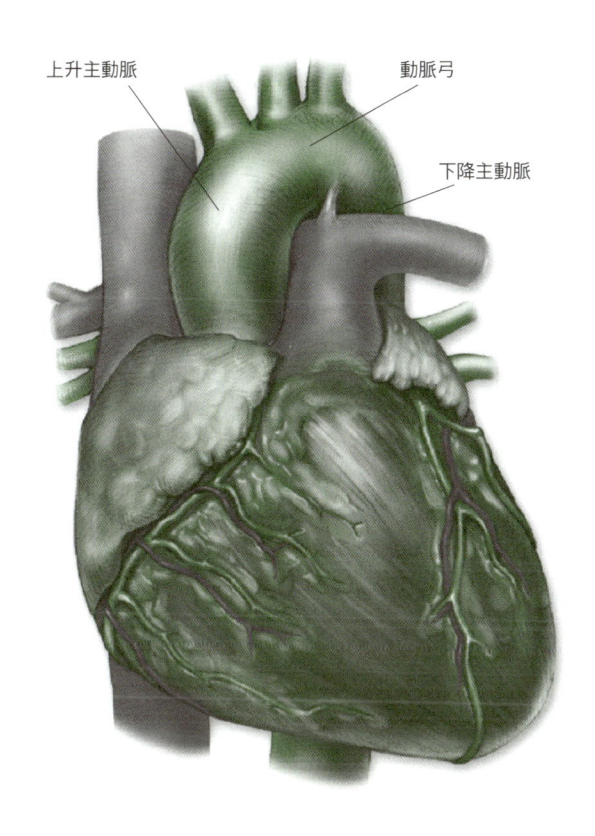

圖 9-83 一張解剖圖說明從左心室 (在本視圖心臟的後方) 出發的上升主動脈、動脈弓及下降主動脈。這張圖說明主動脈如何向脊髓移動。
McGraw-Hill Education

位置，這兩者可以被當作不適當的近似而廢止。考慮在圖 9-83 中的主動脈 (從左心室上升、動脈弓與從動脈弓下降)，幾何上有很顯著的變化從而影響流場。在心血管系統的二維圖像中 (像圖 8-82)，一般不會展示出來的事實是主動脈不像一般顯示的維持在一個平面上。事實上，主動脈 (如一個人看著另一個人時) 會從左心室開始，並且向脊索方向移動 (朝向這個人的背面)，純粹基於解剖學的原因將流動移向其它平面。這個幾何所做的是在此區域創造出迪恩流 (Dean flow)。結果是，創造出來的流動繞過這個彎向後，形成雙螺旋轉動型態 (想像一下 DNA 的雙螺旋，但此雙螺旋是流線)。因為有這種螺旋運動，平行與軸對稱流的近似是不適當的，這是人體中流動的最極端例子 (除了病理學或有醫學裝置干涉的例子以外)。平行與軸對稱流的近似在循環系統的其它部分可以被更有信心地使用。

應該提一下微血管中的流動不是普修爾流，因為紅血球必須擠進這些血管中而產生一種兩相流，其紅血球後面跟隨血漿，再其後又跟隨著紅血球；這種情況繼續，產生一種獨特的流場來幫助氧與養分的交換。最後，血液不是牛頓流體，如例題 9-20 中所說明的。

> **例題 9-20** 一根圓管中的完全發展流，使用一個簡單的血液黏度模型

考慮例題 9-18 及其所有的近似，從而得到普修爾流與顯示在圖 9-74 中的軸向速度形狀。在此例題中，我們將改變牛頓流體的基本假設，並用一個非牛頓流體黏度模型取代。血液的行為像黏彈流體，但是為了我們的目的，將假設一個剪切減黏或類塑性模型，並採用一個一般化的冪定律黏度模型。此冪定律模型有效地從黏應力張量而來，並且是 $\tau_{rz} = -\mu\left(\frac{du}{dr}\right)^n$，其中我們為方向導入一個負號，且 $0 < n < 1$。

解答： 我們採用例題 9-18，一直到那個例題的式 (4) $\frac{1}{r}\frac{d}{dr}\left(r\frac{du}{dr}\right) = \frac{1}{\mu}\frac{dP}{dx}$。重新整理，並相對於 r 積分一次，得到 $\frac{r}{2}\frac{dP}{dx} = \mu\frac{dP}{dx}$，這也是 $\frac{r}{2}\frac{dP}{dx} = \mu\frac{dP}{dx} = \tau_{rz}$。

然後將冪定律模型代入此式，並得到一個新關係式，$\frac{r}{2}\frac{dP}{dx} = -\mu\left(\frac{du}{dr}\right)^n$。當我們將負號移至另一邊，兩邊同乘以 $1/n$，並解出 $\frac{du}{dr}$，得到 $\frac{du}{dr} = \left(-\frac{r}{2\mu}\frac{dP}{dx}\right)^{\frac{1}{n}}$。

我們積分並應用從例題 9-18 中的第二個邊界條件 (圓管中心線是對稱軸)，速度變成

$$u = \frac{R^{\left(\frac{n+1}{n}\right)} - r^{\left(\frac{n+1}{n}\right)}}{\left(\frac{n+1}{n}\right)}\left(\frac{1}{2\mu}\frac{dP}{dx}\right)^{\frac{1}{n}}$$

我們現在對於一個冪定律流體或一種非牛頓流體有了一個一般的速度形狀，這可能是血液的一個初步模型。如所提過的，我們將血液近似為一個類塑性流體，因此隨意地令 $n = 0.5$。實際的速度因此變成

$$u = \frac{R^3 - r^3}{3}\left(\frac{1}{2\mu}\frac{dP}{dx}\right)^2$$

注意，如果我們使用 $n = 1$ 來替代，將得到下式，$u = (R^2 - r^2)\left(\frac{1}{4\mu}\frac{dP}{dx}\right)$，這是牛頓流體的軸向速度。

將牛頓與類塑性流體的速度形狀同時畫在圖 9-84。注意黏度如何將速度形狀改變得比較鈍。為了計算體積流率，使用方程式 $\dot{V} = \int_0^R 2\pi r u \, dr$ 對管子的一個截面積作積分，並使用給 u 的一般式。一旦作了積分並作了一些數學上的運算以後，流率變成

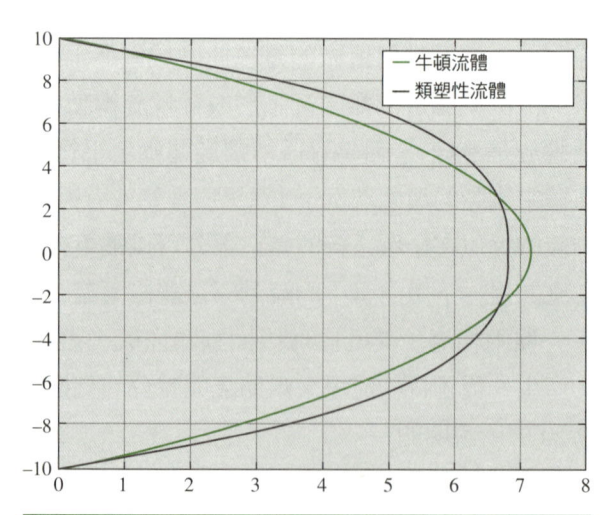

圖 9-84 假設在速度方程式中所有的值都相同並且管子的直徑也一樣，類塑性流體造成的速度形狀較鈍，當其與牛頓流體所產生的拋物線形狀相比時。

$$\dot{V} = \frac{n\pi R^3}{3n+1}\left(\frac{R}{2\mu}\frac{dP}{dx}\right)^{\frac{1}{n}}$$

對於我們的類塑性流體 ($n = 0.5$) 的例子，流率化簡成

$$\dot{V} = \frac{\pi R^5}{5}\left(\frac{1}{2\mu}\frac{dP}{dx}\right)^2$$

討論：當 $n = 1$ 時，給體積流率的一般式簡化成給普修爾流的，如它所必須的。

應用聚焦燈 ── 無滑動邊界條件

邀請作者：Minami Yoda，喬治亞理工學院

流體與固體接觸的邊界條件的敘述是在流體與固定之間沒有"滑動"。一種流體與另一個不同的流體接觸時，其邊界條件的敘述也是兩種流體之間沒有滑動。然而為什麼不同的物質 ── 流體與固體分子，或不同流體的分子 ── 有相同的行為呢？無滑動的邊界條件廣被接受，因為其已經被觀察者所證實，並且因為對於從速度場導出的量的量測，例如剪應力，也都與假設其切向速度分量在靜止壁面上是零的速度形狀相符合。

有趣的是，納維 (納維–斯托克斯方程式中的那一位) 並沒有提出一個無滑動的邊界條件，他提出的是一個部分滑動邊界條件 (圖 9-85)。給一個流體與一個固體接觸的邊界：流體在壁面上與壁面平行的速度分量 u_f 是正比於流體在壁面上的剪應力 τ_s：

$$u_f = b\tau_s = b\mu_f\left.\frac{\partial u}{\partial y}\right)_f \quad (1)$$

圖 9-85 納維的部分滑動條件。

其中比例常數 b，其因次為長度，被稱為滑動長度。無滑動條件是式 (1) 中當 $b = 0$ 的特例。雖然最近在很小 (直徑 < 0.1 mm) 的流道中的某些研究建議在靠近壁面數奈米以內 (1 nm = 10^{-9} m = 10 Ångstroms)，無滑動條件可能不成立，但無滑動條件似乎對於一個流體與壁面或一個連體的流體接觸時，似乎仍然是一個正確的邊界條件。

無論如何，工程師也試圖利用無滑動邊界條件來減少摩擦 (黏性) 阻力。如在本章中討論的，在自由表面或在水 ── 空氣介面上，無滑動邊界條件會使黏性應力 τ_s，從而使摩擦阻力，在液體上非常小 [式 (9 68)]。一個在固體表面上創造出自由表面的方法，例如在船殼上，是注入空氣來創造出空氣膜 (至少是部分的) 來覆蓋船殼表面 (圖 9-86)。理論上，船的阻力從而使其燃料消耗，藉著在船殼上創造出自由表面的邊界條件，可以被很大地減少。然而，維持一個穩定的空氣膜仍然是工程上的主要挑戰。

圖 9-86 在一般貨輪的船殼底部被建議注入空氣來形成一層空氣膜 [Courtesy of Y. Murai and Y. Oishi, Hokkaido University and the Monohakobi Technology Institute (MTI), Nippon Yusen Kaisha (NYK) and NYK-Hinode Lines]。

參考資料：

Lauga, E., Brenner, M. and Stone, H., "Microfluidics: The No-Slip Boundary Condition," *Springer Handbook of Experimental Fluid Mechanics* (eds. C. Tropea, A. Yarin, J. F. Foss), Ch. 19, pp. 1219-1240, 2007.

http://www.nature.com/news/2008/080820/full/454924a.html

總結

本章中我們推導了質量守恆 (連續方程式) 與線性動量方程式 (納維–斯托克斯方程式) 的微分形式。對於具有常數性質的一個牛頓流體的不可壓縮流，連續方程式為

$$\vec{\nabla} \cdot \vec{V} = 0$$

而納維–斯托克斯方程式為

$$\rho \frac{D\vec{V}}{Dt} = -\vec{\nabla}P + \rho \vec{g} + \mu \nabla^2 \vec{V}$$

對於不可壓縮的二維流動，我們也定義流線函數 ψ。在卡氏座標中，

$$u = \frac{\partial \psi}{\partial y} \quad v = -\frac{\partial \psi}{\partial x}$$

我們證明了從一條流線到另一條流線的 ψ 值差，等於在此兩條流線間每單位寬度的體積流率，並且 ψ 為常數的曲線是流動的流線。

我們提供了幾個例題來說明流體運動的微分方程式如何用來對一個給定的速度場產生一個壓力場的表示式，並且對一個指定幾何與邊界條件的問題，如何同時產生速度場與壓力場的表示式。這裡學到的解題步驟可以被延伸。至更複雜的流動，其求解需要計算機的輔助。

納維–斯托克斯方程式是流體力學的里程碑。雖然我們知道描述流體運動所需要的微分方程式 (連續與納維–斯托克斯)，但對它們求解是另一件事。對於某些簡單的 (通常是無限大的) 幾何，方程式簡化成可以被解析解的方程式。對於更複雜的幾何，方程式是非線性的、耦合的、二階的偏微分方程式，不能以筆和紙直接求解，必須訴諸近似解 (第 10 章) 或數值解 (第 15 章)。

參考資料和建議讀物

1. Y. A. Çengel. *Heat Transfer: A Practical Approach*, 4th ed. New York: McGraw-Hill, 2010.
2. R. W. Fox and A. T. McDonald. *Introduction to Fluid Mechanics*, 8th ed. New York: Wiley, 2011.
3. P. M. Gerhart, R. J. Gross, and J. I. Hochstein. *Fundamentals of Fluid Mechanics*, 2nd ed. Reading, MA: Addison-Wesley, 1992.
4. R. J. Heinsohn and J. M. Cimbala. *Indoor Air Quality Engineering*. New York: Marcel-Dekker, 2003.
5. P. K. Kundu, I. M. Cohen., and D. R. Dowling. *Fluid Mechanics*, ed. 5. San Diego, CA: Academic Press, 2011.
6. R. L. Panton. *Incompressible Flow*, 2nd ed. New York: Wiley, 2005.
7. M. R. Spiegel. *Vector Analysis, Schaum's Outline Series, Theory and Problems*. New York: McGraw-Hill Trade, 1968.
8. M. Van Dyke. *An Album of Fluid Motion*. Stanford, CA: The Parabolic Press, 1982.

習題

有"C"題目是觀念題,學生應儘量作答。

一般的與數學背景的問題

9-1C 解釋流域與控制體積的基本差別。

9-2C 當我們說兩個或更多個微分方程式是耦合的,意思是什麼呢?

9-3C 對於三維、不穩定的不可壓縮流場,當其溫度變化不顯著時,有多少未知數呢?列出解這些未知數所需要的方程式。

9-4C 對於一個不穩定、可壓縮的流場,其在 xy- 平面是二維的,並且其溫度與密度變化是顯著的,共有多少未知數呢?列出解這些未知數所需要的方程式。(注意:假設其它流動性質像黏度、熱傳導率等可被視為常數。)

9-5C 對一個不穩定、不可壓縮的流場,其在 xy- 平面是二維的,並且其溫度變化不顯著者,共有多少未知數?列出解這些未知數所需要的方程式。

9-6 將位置 $\vec{x} = (2, 4, -1)$ 從卡氏座標 (x, y, z) 轉換成圓柱座標 (r, θ, z),包括單位。$\vec{x}$ 的值是用 m 的單位表示。

9-7 轉換位置 $x = (5\text{m}, \pi/3 \text{ radians}, 1.27\text{m})$ 從圓柱座標 (r, θ, z) 到卡氏座標 (x, y, z),包括單位。$\vec{x}$ 的 3 個分量都用 m 的單位寫出。

9-8 函數 $f(x)$ 對某 x- 位置 x_0 的泰勒展開式是

$$f(x_0 + dx) = f(x_0) + \left(\frac{df}{dx}\right)_{x=x_0} dx$$
$$+ \frac{1}{2!}\left(\frac{d^2f}{dx^2}\right)_{x=x_0} dx^2 + \frac{1}{3!}\left(\frac{d^3f}{dx^3}\right)_{x=x_0} dx^3$$
$$+ \cdots$$

考慮函數 $f(x) = \exp(x) = e^x$。假設我們知道 $f(x)$ 在 $x = x_0$ 的值,即知道 $f(x_0)$ 的值,並且想估計這個函數在某靠近 x_0 的位置 x 的值。為所給函數寫出其泰勒級數展開式的首 4 項(一直到 dx^3,如上式所示)。若 $x_0 = 0$ 且 $dx = -0.1$。使用你得到的泰勒級數展開式的截斷式來估計 $f(x_0 + dx)$。將你的結果與正確值 $e^{-0.1}$ 比較。使用你截斷的泰勒級數,所得到的正確數字達到幾位數呢?

9-9 令向量 $\vec{G}$ 由 $\vec{G} = 2xz\vec{i} - \frac{1}{2}x^2\vec{j} - z^2\vec{k}$ 給定。計算 $\vec{G}$ 的散度,並儘量地化簡。你的結果有任何特別的嗎?(Answer: 0)

9-10 兩個向量的外積是一個有 9 個分量的二階張量。在卡氏座標中，它是

$$\vec{F}\vec{G} = \begin{bmatrix} F_xG_x & F_xG_y & F_xG_z \\ F_yG_x & F_yG_y & F_yG_z \\ F_zG_x & F_zG_y & F_zG_z \end{bmatrix}$$

乘法律適用於兩個向量乘積的散度，寫成 $\vec{\nabla}\cdot(\vec{F}\vec{G}) = \vec{G}(\vec{\nabla}\cdot\vec{F}) + (\vec{F}\cdot\vec{\nabla})\vec{G}$。在卡氏座標中展開此程式的兩邊，並證明其為正確的。

9-11 用習題 9-10 的乘法律證明 $\vec{\nabla}\cdot(\rho\vec{V}\vec{V}) = \vec{V}\vec{\nabla}\cdot(\rho\vec{V}) + \rho(\vec{V}\cdot\vec{\nabla})\vec{V}$。

9-12 在許多場合中，我們需要將速度從卡氏座標 (x, y, z) 轉換至圓柱座標 (r, θ, z) (或反向)。使用圖 P9-12 作為一個引導，將圓柱座標的速度分量 (u_r, u_θ, u_z) 轉換成卡氏座標分量 (u, v, w)。(提示：因為速度的 z-分量在這一個轉換中維持不變，我們僅需要考慮 xy- 平面，如圖 P9-12。)

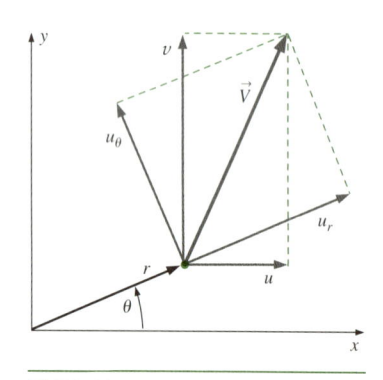

圖 P9-12

9-13 使用圖 P9-12 作為指導，轉換卡氏速度分量 (u, v, w) 成為圓柱速度分量 (u_r, u_θ, u_z)。(提示：因為速度的 z- 分量在此轉換中不變，我們只需要考慮 xy- 平面)。

9-14 貝絲在風洞中研究旋轉流，她使用熱線風速計量測速度的 u 和 v 分量。在 $x = 0.40$ m 及 $y = 0.20$ m、$u = 10.3$ m/s 及 $v = -5.6$ m/s。不幸地，數據分析程式需要用圓柱座標輸入 (r, θ) 及 (u_r, u_θ)。幫助貝絲轉換她的數據到圓柱座標，即計算所給數據點的 r、u、u_r 和 u_θ。

9-15 一個穩定、二維的不可壓縮速度場有卡氏速度分量 $u = Cy/(x^2 + y^2)$ 及 $v = -Cx/(x^2 + y^2)$，其中 C 是一個常數。轉換這個卡氏速度分量成為圓柱速度分量 u_r 及 u_θ，儘可能地簡化。你應該認識這個流動。這是哪一種流動呢？
(Answer: 0, $-C/r$, 線渦旋)

9-16 考慮在 xy- 平面或 $r\theta$- 平面的一個旋轉的線渦/沉流動，如圖 P9-16所示。此流場的二維圓柱速度分量 (u_r, u_θ) 是 $u_r = C/2\pi r$ 及 $u_\theta = \Gamma/2\pi r$，其中 C 與 Γ 是常數 (C 是負的，Γ 是正的)。將此二維圓柱速度分量轉換成二維卡氏速度分量 (u, v)。你的最終答案應該不含 r 或 θ — 只有 x 和 y。作為你計算的驗證，用卡氏座標計算 V^2，並與用給的圓柱速度分量計算的 V^2 作比較。

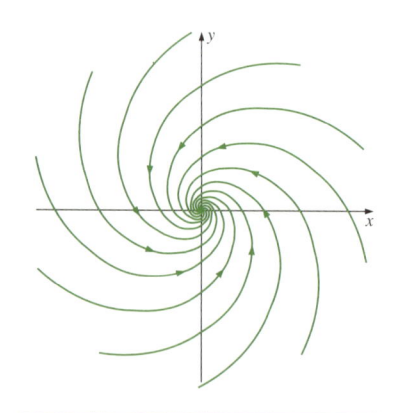

圖 P9-16

9-17 令向量 $\vec{G}$ 為 $\vec{G} = 4xz\vec{i} - y^2\vec{j} + yz\vec{k}$ 且令 $\vee$ 是一角在原點，每邊長度為 1 的正方體體積。正方體由 $x = 0$ 到 1、$y = 0$ 到 1，且 $z = 0$ 到 1 所圍成 (圖 P9-17)。面積 A 是正方體的表面積。執行散度定理中的兩個積分，並證明它們是相等的。展示你的作法。

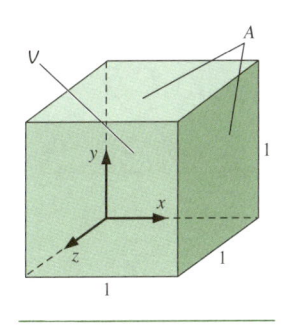

圖 P9-17

9-18 相乘律可以應用到純量 f 乘以向量 $\vec{G}$ 的散度上，成為：$\vec{\nabla} \cdot (f\vec{G}) = \vec{G} \cdot \vec{\nabla} f + f \vec{\nabla} \cdot \vec{G}$。在卡氏座標展開這個方程式的兩邊，並證明這是正確的。

連續方程式

9-19C 本章中我們用兩種方法導出連續方程式：使用散度定理與加總通過一個無限小的控制體積上的每一個面的質量流率。解釋為什麼前者較後者不那麼複雜。

9-20C 如果一個流場是可壓縮的，關於密度的物質導數，我們能說些什麼呢？如果流場是不可壓縮的，那又如何呢？

9-21 重做例題9-1（空氣在汽缸中被活塞壓縮），但是不要使用連續方程式。取代的，從考慮密度的基本定義著手，即質量除以體積。證明例題 9-1 的式 (5) 是正確的。

9-22 連續方程式的可壓縮的形式是 $(\partial \rho / \partial t) + \vec{\nabla} \cdot (\rho \vec{V}) = 0$。在卡氏座標 (x, y, z) 及 (u, v, w) 中儘可能的展開這個方程式。

9-23 我們在例題 9-6 中推導出體積應變率方程式，$(1/V)(DV/Dt) = \vec{\nabla} \cdot \vec{V}$。將此式寫成文字方程式，並且討論當一個流體元素在一個可壓縮流場中移動時，其體積會發生什麼事（圖 P9-23）？

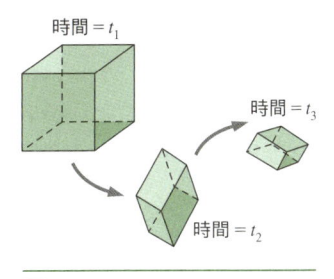

圖 P9-23

9-24 證明習題 9-16 中在 $r\theta$- 平面上的旋轉線渦／線沉流動滿足二維的不可壓縮連續方程式。在原點的質量守恆會發生什麼事？請討論。

9-25 證明習題 9-15 中穩定的二維不可壓縮流場滿足連續方程式。維持在卡氏座標，並展示你所有的作法。

9-26 考慮由 $\vec{V} = (u, v) = (1.6 + 1.8x)\vec{i} + (1.5 - 1.8y)\vec{j}$ 給定的穩定的二維速度場。證明此流場是不可壓縮的。

9-27 考慮通過一個軸對稱園藝噴嘴的穩定水流（圖 P9-27）。速度的軸向分量從 $u_{z,\text{entrance}}$ 到 $u_{z,\text{exit}}$ 線性增加，如圖所示。在 $z = 0$ 到 $z = L$ 之間，軸向速度分量是 $u_z = u_{z,\text{entrance}} + [(u_{z,\text{exit}} - u_{z,\text{entrance}})/L]z$。推導在 $z = 0$ 到 $z = L$ 之間徑向速度分量的表示式。你可以忽略在壁面上的摩擦效應。

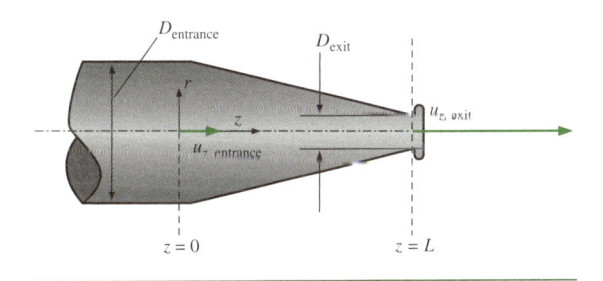

圖 P9-27

9-28 考慮以下在卡氏座標中穩定的三維速度場：$\vec{V} = (u, v, w) = (axy^2 - b)\vec{i} - 2cy^3\vec{j} + dxy\vec{k}$，其中 a、b、c 與 d 是常數。在什麼條件下，此流場是不可壓縮的？(Answer: $a = 6c$)

9-29 考慮以下在卡氏座標中穩定的三維速度場：$\vec{V} = (u, v, w) = (axy^2 + b)\vec{i} + cxy^2\vec{j} + dx^2y\vec{k}$，其中 a、b、c 與 d 是常數。在什麼條件下，此流場是不可壓縮的？

9-30 一個穩定、二維不可壓縮流場的 u 速度分量是 $u = ax + b$，其中 a、b 是常數，速度分量 v 為未知。推導 v 作為 x 與 y 的函數表示式。

9-31 想像一個穩定、二維的不可壓縮流，其在 xy- 或 $r\theta$- 平面是純圓形的。換言之，速度分量 u_θ 不為零，但 u_r 到處都是零（圖 P9-31）。什麼是速度分量 u_θ 的最一般形式而不會違反質量守恆？

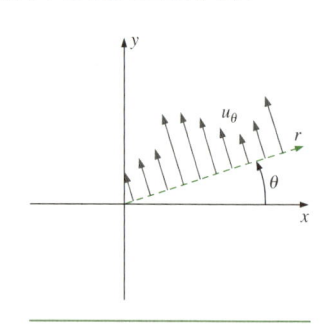

圖 P9-31

9-32 一個穩定、二維不可壓縮流場的 u 速度分量是 $u = ax + by$，其中 a、b 是常數。速度分量 v 為未知。推導 v 作為 x 與 y 的函數表示式。(Asnwer: $-ay + f(x)$)

9-33 一個穩定、二維不可壓縮流場的 u 速度分量是 $u = 3ax^2 - 2bxy$，其中 a、b 是常數的。速度 v 為未知。推導 v 作為 x 與 y 的函數表示式。

9-34 想像一個穩定、二維的不可壓縮流，其在 xy- 或 $r\theta$- 平面是純徑向的。換言之，速度分量 u_r 不為零，但 u_θ 到處都是零（圖 P9-34）。什麼是速度分量 u_r 的最一般形式而不會違反質量守恆？

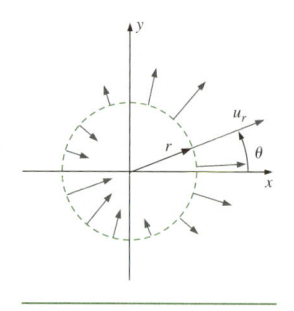

圖 P9-34

9-35 一個穩定、二維不可壓縮流場的兩個速度分量為已知：$u = 2ax + bxy + cy^2$ 及 $v = axz - byz^2$，其中 a、b 與 c 是常數。缺少速度分量 w。推導 w 作為 x、y 與 z 的函數表示式。

9-36 一個二維的漸擴流道要用來將高速空氣排出風洞。流道的中心線是 x- 軸（流場對稱於 x- 軸）。流道的頂面與底面適當彎曲，使軸向風速從在截面 1 的 $u_1 = 300$ m/s 線性遞減至在截面 2 的 $u_2 = 100$ m/s（圖 P9-36）。同時，空氣密度從截面 1 的 $\rho_1 = 0.85$ kg/m^3 線性遞增至截面 2 的 $\rho_2 = 1.2$ kg/m^3。擴張流道是 2.0 m 長，且在截面 1 是 1.60 m 高（圖 P9-36 只畫出上半部；所以截面 1 的半高是 0.80 m）。
(a) 預測流道中速度的 y- 分量。(b) 畫出流道的大致形狀，忽略在壁面的摩擦。(c) 流道在截面 2 的半高是多少？

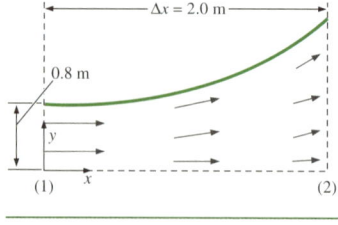

圖 P9-36

流線函數

9-37C 考慮在 xy- 平面的二維流動。什麼是流線函數從一條流線到另一條流線差值的意義？

9-38C 用 CFD 行話，流線函數常被稱為非原始變數，而速度與壓力則被稱為原始變數。你認為為什麼情況會這樣呢？

9-39C 什麼限制或條件被加在流線函數上，使其根據定義正好滿足二維的不可壓縮的連續方程式？為什麼這些限制是必須的？

9-40C 流線函數是常數的曲線有什麼意義？解釋為什麼流線函數在流體力學中是有用的。

9-41 考慮穩定、二維不可壓縮的均勻流流場。流體到處的速度都是 V，且流動對齊 x-軸 (圖 P9-41)。卡氏速度分量是 $u = V$ 及 $v = 0$。推導此流動的流線函數關係式。若 $V = 6.94$ m/s，且 ψ_2 是在 $y = 0.5$ m 的水平線，而沿著 x-軸的 ψ 值為零，試計算此兩流線間每單位寬度 (進入頁面，圖 P9-41) 的體積流速。

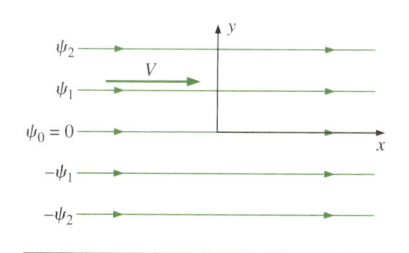

圖 P9-41

9-42 一個實際常會碰到的流動是流體以自由流速 U_∞ 橫向流過一根半徑為 R 的長圓柱。對於不可壓縮的無黏性流動，此流動的速度場被給定為

$$u_r = U_\infty \left(1 - \frac{R^2}{r^2}\right) \cos\theta$$

$$u_\theta = -U_\infty \left(1 + \frac{R^2}{r^2}\right) \sin\theta$$

證明此速度場滿足連續方程式，並決定對應此速度場的流線函數。

9-43 一個不穩定、二維流場的流線函數為

$$\psi = \frac{4x}{y^2} t$$

對此 xy-平面的給定流場，畫出幾條流線，並推出速度分量 $u(x, y, t)$ 及 $v(x, y, t)$ 的表示式。同時決定在 $t = 0$ 的路徑線。

9-44 考慮完全發展的克維特流 —— 相隔距離為 h 的兩塊無限大平板之間的流動，上平板在移動，而下平板靜止，如圖 P9-44 所示。此流動是穩定、不可壓縮的，且在 xy-平面是二維的。速度場由 $\vec{V} = (u, v) = (Vy/h)\vec{i} + 0\vec{j}$ 給定。推導出在圖 P9-44 中沿著垂直虛線的流線函數 ψ 的一個表示式。令沿著流道底部壁面的 $\psi = 0$。什麼是沿著上壁面的 ψ 的值？
(Answer: $Vy^2/2h$, $Vh/2$)

圖 P9-44

9-45 作為習題 9-44 的後續，從第一原則 (積分速度場)，計算每單位寬度 (在進入圖 P9-44 的頁片方向) 的體積流率。將你的結果與直接從流線函數得到的作比較。請討論。

9-46 考慮圖 P9-44 的克維特流。對 $V = 3$ m/s 及 $h = 3$ cm 的情況，畫出幾條流線，使用流線函數的均勻分佈的值。

9-47 考慮完全發展的二維通道流 —— 相隔距離為 h 的兩塊無限大平板之間的流動，上下兩平板都是靜止的，並且有一個強制的壓力梯度 dP/dx 驅動流場，如圖 P9-47。(dP/dx 是常數且為負的。) 此流動是穩定的、不可壓縮的，且在 xy-平面是二維的。速度分量由 $u = (1/2\mu)(dP/dx)(y^2 - hy)$ 與 $v = 0$ 給定，其中 μ 是流體的黏度。試導出沿著圖 P9-47 的垂直虛線的流線函數的一個表示式。為方便計，令沿著

流道底部壁面的 $\psi = 0$。什麼是沿著上壁面的 ψ 的值？

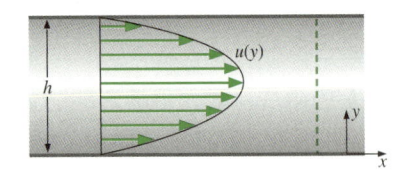

圖 P9-47

9-48 這是習題 9-47 的後續，從第一原則 (積分速度場)，計算每單位寬度 (進入圖 P9-47 的頁片方向) 的體積流率。將你的結果與直接從流線函數獲得的作比較。請討論。

9-49 考慮圖 P9-47 的通道流。流體是在 20°C 的水。對 $dP/dx = -20{,}000$ N/m^3 及 $h = 1.20$ mm 的情況，使用均勻間隔的流線函數畫出幾條流線。流線本身是否平均間隔？討論原因。

9-50 在空氣污染控制的領域中，一個人常需要對移動的空氣流的品質取樣。在此種量測中一根取樣管被對準流動，如圖 P9-50。一個吸入泵以體積流率 $\dot{V}$ 吸取通過取樣管的空氣。為了正確取樣，通過取樣管的空氣速度與空氣流中的必須相同 (等動力取樣)。然而，如果吸力太大，如圖 P9-50 中畫出的，經過取樣管的空氣速度會大於空氣流的速度 (超動力取樣)。為求簡單，考慮一個二維的例子，其取樣管的高度是 $h = 4.58$ mm，而其寬度 (進入圖 P9-50 的頁面) 是 $W = 39.5$。流線函數的值，對應於上下分隔流線，分別是 $\psi_l = 0.093$ m^2/s 與 $\psi_u = 0.150$ m^2/s。計算通過取樣管的體積流率 (以 m^3/s 為單位)，及通過取樣管空氣被吸入的平均速度。

(Answer: 0.00225 m^3/s, 12.4 m/s)

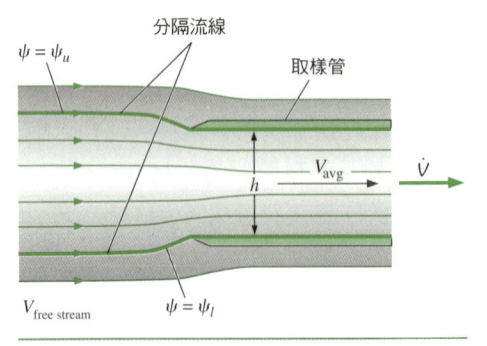

9-51 假設習題 9-50 中，對取樣管施加的吸力太弱而非太強。畫出此情狀下的流線的樣子。你將如何稱這種取樣呢？標示出低位與高位的分割流線。

9-52 考慮習題 9-50 中的取樣管。若低位與高位流線在遠離取樣管的上游流場中相離 6.24 mm。試估計自由流的速度 $V_{\text{free stream}}$。

9-53 在很多情況下，一個相當均勻的自由流，其在 x- 方向的速度為 V 會碰到一根半徑為 a 的長圓柱，其安置方向垂直於流動方向 (圖 P9-53)。例子包括空氣流過一根天線、風吹過旗桿或電線桿、風吹過電線、海流沖擊支撐鑽油平台的水中圓柱。在這些例子中，圓柱背部的流動是分離、不穩定的，且通常是紊流。然而在圓柱前半部的流動是比較穩定且可預測的。事實上，除了靠近圓柱表面一層很薄的邊界層以外，流場可用以下在 xy- 或 $r\theta$- 平面的穩定的、二維的流線函數來近似，其以圓柱的圓心作為原點：$\psi = V \sin\theta (r - a^2/r)$。試導出徑向與切向速度分量的表示式。

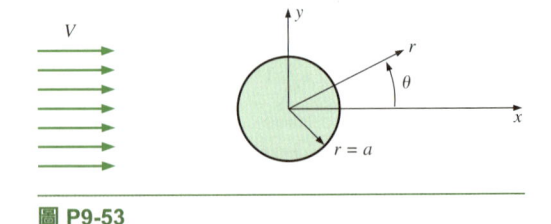

圖 P9-53

9-54 考慮穩定、不可壓縮、軸對稱的流動，(r, z) 與 (u_r, u_z)，其流線函數定義為 $u_r = -(1/r)(\partial\psi/\partial z)$，$u_z = (1/r)(\partial\psi/\partial z)$。證明如此定義的 ψ 滿足連續方程式。對 ψ 需要

什麼條件或限制？

9-55 速率 V 的均勻流與 x- 軸的傾斜角為 α (圖 P9-55)。流動是穩定、二維且不可壓縮的。卡氏速度分量是 $u = V \cos \alpha$ 及 $v = V \sin \alpha$。推導此流場的流線函數表示式。

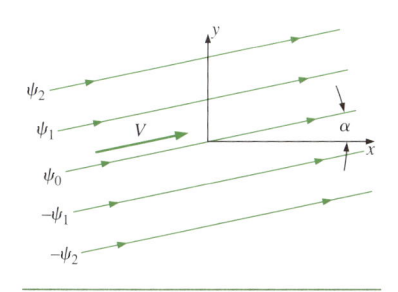

圖 P9-55

9-56 一個在 xy- 平面的穩定、二維的不可壓縮流場具有以下的流線函數：$\psi = ax^2 + bxy + cy^2$，其中 a、b 與 c 是常數。(a) 導出給速度分量 u 與 v 的表示式。(b) 證明流場滿足不可壓縮的連續方程式。

9-57 對習題 9-56 的速度場，畫出流線 $\psi = 0$、1、2、3、4、5 及 6 m^2/s。令常數 a、b、c 有以下的值：$a = 0.50$ s^{-1}、$b = 0.50$ s^{-1} 及 $c = 0.50$ s^{-1}。為了統一，畫出介於 $x = -2$ 和 2 m，及 $y = -4$ 和 4 m 的流線。用箭頭指出流動方向。

9-58 一個在 xy- 平面的穩定、二維、不可壓縮的流場，其流線函數為 $\psi = ax^2 + by^2 + cx + dxy$，其中 a、b、c 與 d 是常數。(a) 導出速度分量 u 及 v 的表示式。(b) 證明流場滿足不可壓縮連續方程式。

9-59 重做習題 9-58，但是用你自己作出的流線函數。你可創造出任何喜歡的函數 $\psi(x, y)$，只要其至少含有 3 項，並且與本書的例題或習題中所給的都不一樣即可。請討論。

9-60 對於流動通過一個不對稱、二維的分叉流道所做的一個穩定、不可壓縮的二維的 CFD 計算，顯示出如圖 P9-60 的流線型態，其中 ψ 值的單位是 m^2/s，而 W 是流道進入頁面的寬度。在流道壁面上的流線函數的值被標示於圖上。通過流道上分支的流動比例是多少？(Answer: 53.9%)

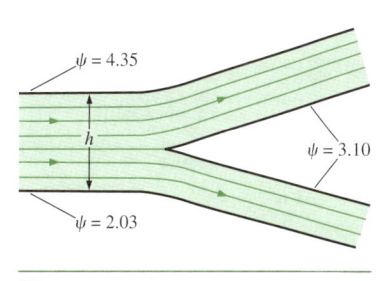

圖 P9-60

9-61 若習題 9-60 的流道主分叉的平均速度是 13.4 m/s，試計算流道高度 h，單位用 cm。用兩種方法得到答案，展示你所有的作法。你只能使用習題 9-60 的結果在兩種方法中之一。

9-62 考慮習題 9-27 的園藝噴嘴。試推導對應此流場的流線函數表示式。

9-63 考慮習題 9-27 與 9-62 的園藝噴嘴，令噴嘴入口與出口的直徑分別是 1.25 及 0.35 cm，且令噴嘴長度是 5 cm。通過噴嘴的體積流率是 8 L/min。(a) 計算噴嘴入口與出口的軸向速度 (m/s)。(b) 畫出噴嘴內部的 rz- 平面上的數條流線，並設計適當的噴嘴形狀。

9-64 流動在沿著一個壁面的急轉彎角落產生分離，並形成一個迴轉的分離泡，如圖 P9-64 所示 (流線被顯示)。壁面上的流線函

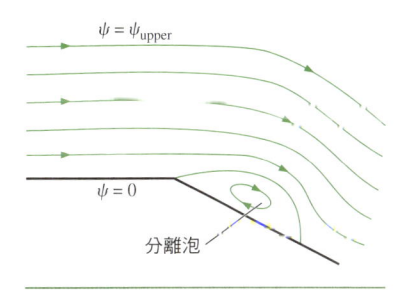

圖 P9-64

數值為零，而顯示的最上面一條流線具有某個正值 ψ_{upper}。討論在分離泡內部的流線函數的值，特別是其為正值或負值？為什麼？在流場的哪裡 ψ 是最小值？

9-65 一個研究生為碩士論文在跑一個 CFD 軟體，並產生一個流線 (流線函數的等位線) 圖形。等位線的流線函數取相等差值。Flows 教授看著圖形，並立即指著流場的一個區域說：「看！這裡流速很快！」Flows 教授在區域的流線注意到什麼？為什麼她知道那個區域的流速很快呢？

9-66 圖 P9-66 的煙線顯示水流過一個鈍的軸對稱圓柱且圓柱對齊流向。煙線是由上游等間隔注入流場的氣泡產生的。因流動水平軸對稱，所以只顯示上半部圖形。因為是穩定流、煙線與流線重合。從流線的型態討論你如何辨識流場中一個特定區域的流速大小。

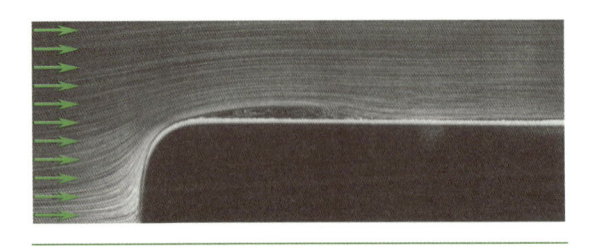

圖 P9-66

Courtesy ONERA. Photograph by Werlé.

9-67 一個流動的流線草圖 (等流線函數的輪廓圖) 被示於圖 9-67，其為空氣在一個彎曲流道中的穩定、不可壓縮的二維的流動。

(a) 在流線上畫箭頭來指示流向。(b) 若 $h = 4$ cm，在 P 點，空氣的近似流速是什麼？(c) 如果流體是水，而不是空氣，重做 (b) 小題。請討論。

(Answer: (b) 0.3 m/s, (c) 0.3 m/s)

9-68 本章簡短的介紹可壓縮流線函數 ψ_ρ，在卡氏座標中定義為 $\rho u = (\partial \psi_\rho / \partial y)$ 與 $\rho v = -(\partial \psi_\rho / \partial x)$。$\psi_\rho$ 的主要因次是什麼？用主要的 SI 單位寫出 ψ_ρ 的單位。

9-69 在例題 9-2 中，我們提供給流體流過一個可壓縮的收縮流道的 u、v 與 ρ 的表示式。試推導用來描述這個流場的可壓縮的流線函數 ψ_ρ 的一個表示式。為了一致起見，令沿著 x- 軸的 $\psi_\rho = 0$。

9-70 在習題 9-36 中，我們對流過一個高速風洞的漸擴流道的可壓縮二維流動推導出給 u、v 與 ρ 的表示式。對此流場試推導一個可壓縮流線函數 ψ_ρ 的表示式。為了統一，令沿著 x- 軸的 $\psi_\rho = 0$。畫出幾條流線，並證明其與你在習題 9-36 中畫的一樣。漸擴流道頂壁的 ψ_ρ 的值是什麼？

9-71 穩定、不可壓縮、二維的流動，通過一個新設計的小型水翼，其弦長 $c = 9.0$ mm。此流場使用商用計算流體力學 (CFD) 軟體模擬。圖 P9-71 顯示的是流線 (流線函數的等高線) 的近視圖。流線函數的單位是 m^2/s。流體是室溫的水。(a) 在圖中的 A 點畫一個箭頭來指示流向和速度的相對

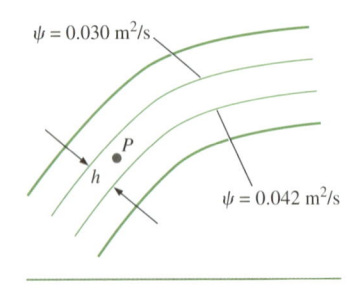

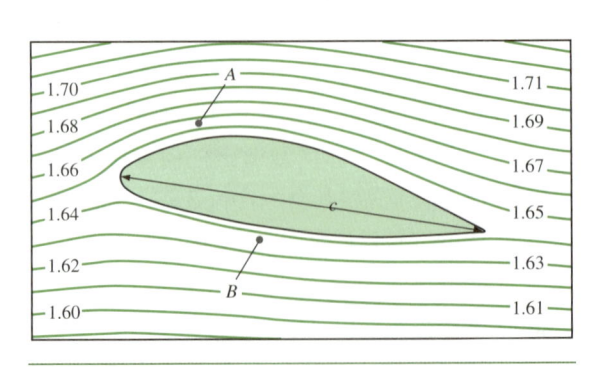

圖 P9-67

圖 P9-71

大小,對 B 點也做同樣的事。討論你的結果如何可以用來解釋此物體如何產生升力。(b) A 點的空氣速度大約是多少?(圖中 A 點在流線 1.65 與 1.66 之間。)

9-72 利用計算流體力學程式 (CFD) 模擬一個時間平均的、紊流的、不可壓縮的二維流動,經過一塊坐在地上,大小為 $h = 1$ m 的正方形固體塊。一個流線的特寫圖 (等流線函數的輪廓圖) 被示於圖 P9-72。流體是在室溫的空氣。注意畫在圖 P9-72 中的是可壓縮流線函數的輪廓圖,雖然流動本身是被近似為不可壓縮的。ψ_ρ 的值用 kg/m·s 的單位。(a) 在 A 點畫一個箭頭來表示其流向與相對大小。(b) 什麼是空氣在 B 點的近似速度?(B 點在圖 P9-72 中介於流線 5 與 6 之間。)

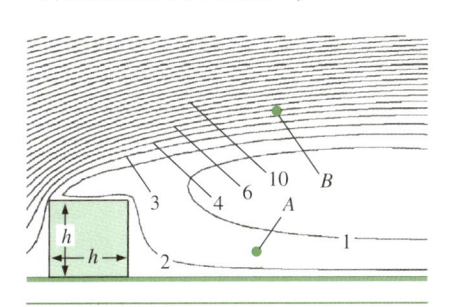

圖 P9-72

9-73 考慮在原點的線源所造成的穩定、不可壓縮、二維流動 (圖 P9-73)。原點釋出流體並在 xy- 平面上的所有方向沿徑向上外散佈。每單位寬度 (圖 P9-73 進入頁面的方向) 釋出流體的淨體積流率是 $\dot{V}/L$,其中 L 是進入圖 P9-73 中頁面方向的線源寬度。因為除了源點 (一個奇異點) 以外,到處都要質量守恆,任何半徑 r 的圓上,每單位寬度的體積流率必須也是 $\dot{V}/L$。若我們 (隨意的) 指定沿正 x- 軸 ($\theta = 0$) 的流線函數 ψ 為 0,則沿正 y- 軸 ($\theta = 90°$) 的 ψ 值是多少?沿負 x- 軸 ($\theta = 180°$) 的 ψ 值是多少?

9-74 對線沉取代線源的情況重做習題 9-73。含 $\dot{V}/L$ 為一個正值,但每個位置的流動都是逆向的。

線性動量方程式、邊界條件與應用

9-75C 什麼是機械壓力 P_m,及其在一個不可壓縮流的解中是如何被使用的?

9-76C 什麼是組成方程式,及它們是被應用在哪一個流體力學方程式中的?

9-77C 一架飛機以等速度 $\vec{V}_{airplane}$ 飛行 (圖 P9-77C)。從兩個參考座標討論與飛機表面接觸的空氣速度的邊界條件:(a) 站立在地面上,與 (b) 隨飛機移動。同樣地,什麼是這兩個參考座標中的空氣速度的遠場邊界條件 (離開飛機很遠的位置)。

圖 P9-77C

9-78C 什麼是一個牛頓流體與一個非牛頓流體的主要區別?說出至少三個牛頓流體與三個非牛頓流體。

9-79C 定義或描述每一種流體種類:(a) 黏彈性流體,(b) 類塑性流體,(c) 膨脹流體 (剪力增黏流體),(d) 賓漢塑膠流體。

9-80C 線性動量方程式的一般控制體積形式為

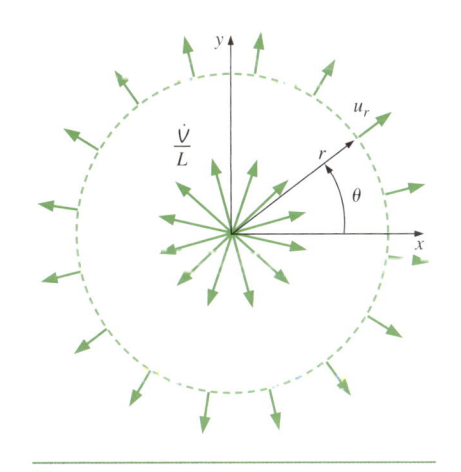

圖 P9-73

$$\int_{CV} \rho \vec{g}\, dV + \int_{CS} \sigma_{ij}\cdot \vec{n}\, dA$$
$$\text{I} \qquad\qquad \text{II}$$
$$= \int_{CV} \frac{\partial}{\partial t}\left(\rho \vec{V}\right) dV + \int_{CS}\left(\rho \vec{V}\right)\vec{V}\cdot\vec{n}\, dA$$
$$\text{III} \qquad\qquad \text{IV}$$

討論這個方程式每一項的意義。每一項都為方便加上標示。將此方程式寫成文字方程式。

9-81 考慮圓柱形桶內的液體。桶與液體都像固體一般旋轉（圖 P9-81）。液體的自由表面對室內空氣是開放的，忽略表面張力。討論解題需要的邊界條件；即在所有表面，包括桶壁與自由表面，用圓柱座標 (r, θ, z) 與速度分量 (u_r, u_θ, u_z) 表示的速度邊界條件是什麼？此流場合適的壓力邊界條件是什麼？為每一個條件寫出數學方程式並討論。

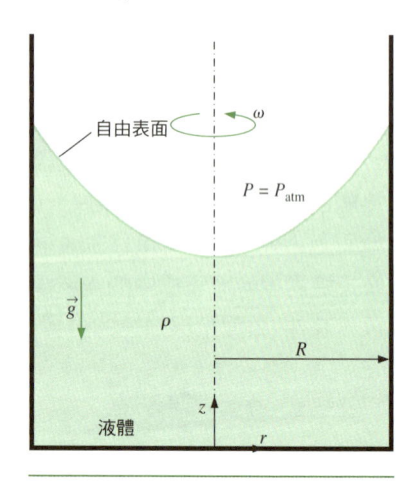

圖 P9-81

9-82 圓柱座標中的黏滯應力張量的 $r\theta$- 分量是

$$\tau_{r\theta} = \tau_{\theta r} = \mu\left[r\frac{\partial}{\partial r}\left(\frac{u_\theta}{r}\right) + \frac{1}{r}\frac{\partial u_r}{\partial \theta}\right] \quad (1)$$

一些作者將此分量寫成

$$\tau_{r\theta} = \tau_{\theta r} = \mu\left[\frac{1}{r}\left(\frac{\partial u_r}{\partial \theta} - u_\theta\right) + \frac{\partial u_\theta}{\partial r}\right] \quad (2)$$

這些是一樣的嗎？即式 (2) 是否等於式 (1)，或者這些作者定義的是不同的黏滯應力張量？展示你的工作。

9-83 機油在 $T=60°C$ 被強制流過兩塊很大的靜止平行平板，其間隔細縫高度是 $h=3.60$ mm（圖 P9-83）。平板的大小為 $L=1.25$ m 與 $W=0.550$ m。出口壓力是大氣壓力，而入口壓力是 1 atm 錶壓力。試估計油的體積流率，同時也根據間隙高度 h 與平均速度來計算雷諾數。此流動是層流或紊流？
(Answer: 2.39×10^{-3} m³/s, 51.8，層流)

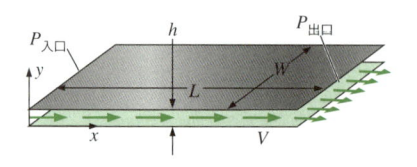

圖 P9-83

9-84 考慮穩定、二維、不可壓縮的速度場，$\vec{V}=(u, v)=(ax+b)\vec{i}+(-ay+c)\vec{j}$，其中 a、b 與 c 是常數。試計算壓力為 x 與 y 的函數。

9-85 考慮穩定、二維、不可壓縮的速度場：$\vec{V}=(u, v)=(-ax^2)\vec{i}+(2axy)\vec{j}$，其中 a 是常數。試計算壓力為 x 與 y 的函數。

9-86 考慮由於一個盤旋的線渦／線沉流動，以 z- 軸為其中心點。流線與速度分量被標示於圖 P9-86。速度場是 $u_r=C/r$ 與 $u_\theta=K/r$，其中 C 與 K 是常數。試計算壓力場，表示成 r 與 θ 的函數。

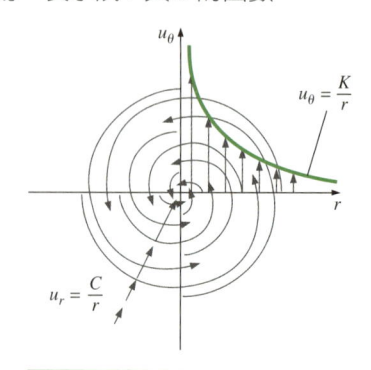

圖 P9-86

9-87 考慮以下的穩定、二維、不可壓縮速度場：$\vec{V} = (u, v) = (ax + b)\vec{i} + (-ay + cx^2)\vec{j}$，其中 a、b 與 c 是常數。試計算壓力為 x 與 y 的函數。(Answer: 找不到)

9-88 考慮一個黏性流體的穩定、不可壓縮的平行的層流，在兩個無限大的垂直壁之間流下 (圖 P9-88)。兩壁之間的距離是 h，且重力作用在 $-z-$ 方向 (圖中往下的方向)。沒有施加的 (強制) 壓力驅動流動—流體僅受到重力而向下流。在流場的到處壓力都是常數。試計算速度場，並且以適當的無因次變數畫出速度形狀。

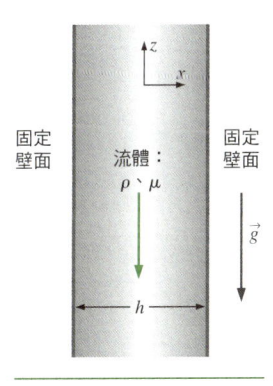

圖 P9-88

9-89 流體在兩個平行的垂直壁之間往下流動 (習題 9-88)，為每單位寬度的體積流率 ($\dot{V}/L$) 推導一個表示式，使其為 ρ、μ、h 與 g 的函數。將你的結果與相同流體沿一個垂直壁流下，而另一壁則由自由表面取代 (例題 9-17) 的結果作比較。討論兩者的差異，並提供物理理解釋。
(Answer: $\rho g h^3/12\mu$ 向下)

9-90 重做例題 9-17，但是把壁面傾斜一個角度 α (圖 P9-90)。試推導壓力場與速度場的表示式。作為一個驗證，確定當 $\alpha = 90°$ 時你的結果與例題 9-17 所給的相符合。[提示：使用 (s, y, n) 座標系統與速度分量 (u_s, v, u_n) 是最方便的，其中 y 在圖 P9-90 中進入頁面。對 $\alpha = 60°$ 的情況畫出無因次的速度形狀，u_s^* 相對於 n^*。]

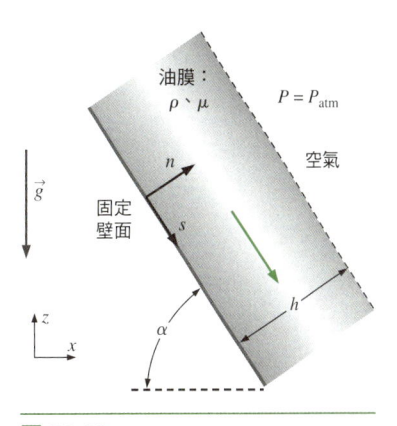

圖 P9-90

9-91 對習題 9-90 的往下流油膜，為每單位寬度流下壁面的油膜的體積流率 ($\dot{V}/L$) 推導一個表示式，作為 ρ、μ、h 與 g 的函數。對厚度 5.0 mm，$\rho = 888$ kg/m^3 及 $\mu = 0.80$ kg/m·s 的油膜，計算其 $\dot{V}/L$。

9-92 納維–斯托克斯方程式的 θ- 分量 [式 (9-62c)] 的首兩個黏滯項是 $\mu\left[\dfrac{1}{r}\dfrac{\partial}{\partial r}\left(r\dfrac{\partial u_\theta}{\partial r}\right) - \dfrac{u_\theta}{r^2}\right]$。用乘法律將此表示式儘量展開，產生三項。現在將所有三項結合成一項。(提示：使用逆向乘法律 — 需要作一些試誤法。)

9-93 一個不可壓縮的牛頓液體被限制在兩個無限長的同心圓筒之間 — 一個固體內圓筒，半徑 R_i 與一個空心的靜止外圓筒，半徑 R_o (圖 9-93，z- 軸穿出頁面)。內圓筒以等角速度 ω_i 旋轉。流動是穩定的層流且在 $r\theta$- 平面是二維的。流動也是旋轉對稱的，亦即無任何東西是座標 θ 的函數 (u_θ 與 P 只是半徑 r 的函數而已)。流動也是圓形的，亦即速度分量到處都是 $u_r = 0$。試導出速度分量 u_θ 作為 r 與其它問題中參數的函數正確表示式。你可以忽略重力。(提示：習題 9-92 的結果是有用的。)

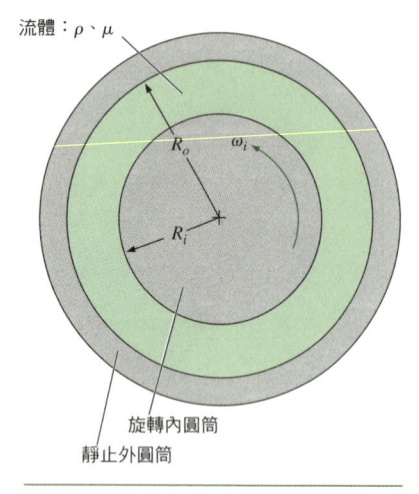

圖 P9-93

9-94 重做習題 9-93，但令內圓柱固定，而外圓柱以角速度 ω_o 旋轉。使用本章討論的逐步法，推導出正確解 $u_\theta(r)$。

9-95 分析並討論習題 9-93 的兩個極限解：(a) 間隙很小，證明速度形狀從外圓柱壁到內圓柱壁趨近線性的。換言之，對很小的間隙，速度形狀化簡成簡單的二維克維特流。(提示：定義 $y = R_o - r$、$h =$ 間隙厚度 $= R_o - R_i$、$V =$ "上板"的速度 $= R_i\omega_{io}$) (b) 外圓柱半徑趨近無限大，而內圓柱半徑非常小。這個作法流動會趨近什麼？

9-96 為一個更一般的情況重做習題 9-93。亦即，令內圓筒以角速度 ω_i 旋轉，且令外圓筒以角速度 ω_o 旋轉。其它都與習題 9-93 中的相同。試推導出速度分量 u_θ 作為 r 與其它問題中的參數的函數正確表示式。證明當 $\omega_o = 0$ 時，你的結果化簡成習題 9-93 中的結果。

9-97 分析並討論習題 9-96 的一個極限情況，即沒有內圓柱 ($R_i = \omega_i = 0$)。推導 u_θ 作為 r 的函數表示式。這是哪一種流動？討論實驗上如何建立這種流動。

(Answer: $\omega_o r$)

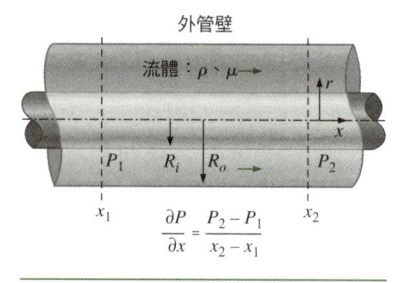

9-98 考慮一個牛頓流體在一個無限長的圓柱環 (內徑 R_i 及外徑 R_o) 中的穩定、不可壓縮的層流 (圖 P9-88)。忽略重力效應。一個常數的負壓力梯度 $\partial P/\partial x$ 被施加在 x- 方向，$(\partial P/\partial x) = (P_2 - P_1)/(x_2 - x_1)$，其中 x_1 與 x_2 是沿著 x- 軸的兩個任意位置，而 P_1 與 P_2 是在這兩個位置上的壓力。壓力梯度可能是由泵或重力造成的。注意這裡採用一個修正的圓柱座標系統，用 x 代替 z 作為軸向分量，即 (r, θ, x) 與 (u_r, u_θ, u)。推導在管的圓環空間的速度場的一個表示式。

圖 P9-98

9-99 再一次考慮圖 P9-98 所畫的圓柱環。假設到處的壓力都是常數 (沒有壓力梯度驅動的流動)。令內圓柱以穩定速度 V 向右移動，而外圓柱則固定。(這是軸對稱克維特流。)推導速度的 x- 分量 u 的一個表示式，作為 r 與問題中其它參數的函數。

9-100 重做習題 9-99，但是固定與移動的圓柱角色互換。即內圓柱固定，但外圓柱以穩定速度 V 向右移動，其它不變。推導速度的 x- 分量 u 的一個表示式，作為 r 與問題中其它參數的函數。

9-101 考慮克維特流的一個修正形式，即兩種不互相混合的流體被夾在兩個無限長且寬的平行平板之間 (圖 P9-101)。流動是穩定、不可壓縮的平行層流。上平板以速度 V 向右移動，而下平板是靜止的。重力作用在 $-z$- 方向 (在圖中向下)。沒有強制的壓力梯度推動流體流過通道 —— 流動的建立純粹是由移動上平板所造成的黏力效應。你可以忽略表面張力效應並假設介面是水平的。在流動底部 ($z = 0$) 的壓力等於 P_0。(a) 列出速度與壓力的所有適當的邊界條件。(提示：共需要 6 個邊界條件。) (b) 解出速度場。(提示：將解拆開成兩部分，每一種流體一份。分別導出 u_1 與 u_2 作為 z 的函數表示式。) (c) 解出壓力場。(提示：同樣將解拆開。分別解出 P_1 與 P_2。) (d) 令流體 1 為水，流體 2 為沒有用過的機油，都是在 80°C。同時令 $h_1 = 5.0$ mm，$h_2 = 8.0$ mm，且 $V = 10.0$ m/s。跨過整個流道，畫出 u 與 z 的函數關係。討論結果。

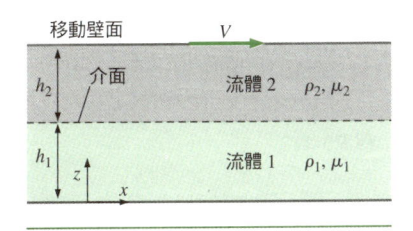

圖 P9-101

9-102 考慮一根無限長的圓管，直徑 D 或半徑 $R = D/2$，傾斜角度 α (圖 P9-102)。一個牛頓流體在其內部作穩定、不可壓縮的層流流動。沒有施加的壓力梯度 ($\partial P/\partial x = 0$)。流體只靠重力從管子流下。我們採用圖示的座標系統，x 沿管下向下，推導速度的 x- 分量 u 的一個表示式，作為半徑 r 及問題中其它參數的函數。計算通過管子的體積流率及平均軸向速度。(Answer: $\rho g(\sin\alpha)(R^2 - r^2)/4\mu$, $\rho g(\sin\alpha)\pi R^4/8\mu$, $\rho g(\sin\alpha)R^2/8\mu$)

9-103 一個攪拌器在一個大桶內混合液態化學物質 (圖 P9-103)。液體的自由表面對室內空氣開放。表面張力效應是可忽略的。討論求解這個問題需要的邊界條件。特別是什麼是在所有表面上的速度邊界條件，用圓柱座標 (r, θ, z) 與速度分量 (u_r, u_θ, u_z) 來表示？對這個流場什麼是適當的壓力邊界條件？寫出每個邊界條件的數學方程式，並討論之。

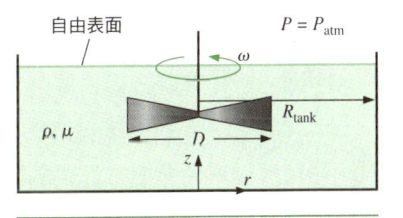

圖 P9-103

9-104 重做習題 9-103，但是從一個與攪動葉片一起以角速度 ω 旋轉的參考座標為觀點來進行。

複習題

9-105C 列出用來解具有常數流體性質的不可壓縮流的納維-斯托克斯與連續方程式的 6 個步驟。(你應能在不偷瞄本章內容下寫出答案。)

9-106C 針對每一個部分，寫出微分方程式的正式名稱，討論它的限制，並描述此方程式物理上代表什麼。

(a) $\dfrac{\partial \rho}{\partial t} + \vec{\nabla}\cdot(\rho\vec{V}) = 0$

(b) $\dfrac{\partial}{\partial t}(\rho\vec{V}) + \vec{\nabla}\cdot(\rho\vec{V}\vec{V}) = \rho\vec{g} + \vec{\nabla}\cdot\sigma_{ij}$

(c) $\rho\dfrac{D\vec{V}}{Dt} = -\vec{\nabla}P + \rho\vec{g} + \mu\nabla^2\vec{V}$

9-107C 解釋為什麼不可壓縮流近似與等溫度近似經常綁在一起。

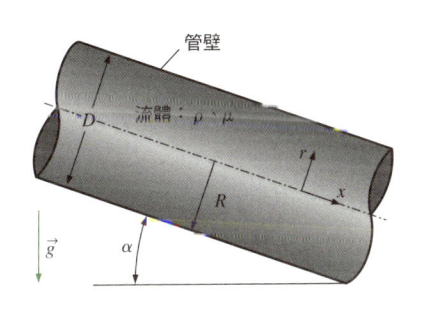

圖 P9-102

9-108C 對每一個敘述，選擇此敘述是真或假，並簡潔的討論一下你的答案。對每一個敘述，假設適當的邊界條件及流體性質皆為已知。
(a) 一個流體性質為常數的一般的不可壓縮流問題有 4 個未知數。
(b) 一個一般的可壓縮流問題有 5 個未知數。
(c) 對一個不可壓縮的流體力學問題，連續方程式與科西方程式提供足夠的方程式來匹配未知數的數目。
(d) 對於一個性質為常數的牛頓流體的不可壓縮的流體力學問題，連續方程式和納維-斯托克斯方程式提供足夠的方程式來匹配未知數的數目。

9-109C 討論體積應變率和連續方程式的關係。你的討論要基於基本的定義。

9-110 重做例題 9-17，不同的是本題中壁面向上以速率 V 移動。作為一個檢驗，要確定你的結果當 $V=0$ 時會與例題 9-17 中的一樣。用在例題 9-17 中相同的正常化方法無因次化你的速度形狀方程式，並證明會出現一個福勞數與一個雷諾數。畫出 w^* 相對於 x^* 的形狀，其中 Fr = 0.5 且 Re = 0.5、1.0 與 5.0。討論之。

9-111 對習題 9-110 的往下流油膜，計算每單位寬度的體積流率 ($\dot{V}/L$)，作為壁面速度 V 與問題中其它參數的函數。計算不管是往上或往下都沒有油的淨體積流率所需要的壁面速度。給出你給 V 的答案，用問題的其它參數表示，即 ρ、μ、h 與 g。對油膜厚度 4.12 mm，及 $\rho = 888$ kg/m³，$\mu = 0.801$ kg/m·s，計算零體積流率的 V。
(Answer: 0.0615 m/s)

9-112 考慮以下在卡氏座標的穩定、三維的速度場：$\vec{V} = (u, v, w) = (axz^2 - by)\vec{i} + cxyz\vec{j} + (dz^3 + exz^2)\vec{k}$，其中 a、b、c、d 與 e 是常數。在什麼情況下，流場是不可壓縮的？常數 a、b、c、d 與 e 的主要因次是什麼？

9-113 對一個不可壓縮的液體被像剛體一樣在一個任意方向上被加速的情況 (圖 P9-113)，儘可能的化簡納維-斯托克斯方程式。重力作用在 $-z-$ 方向。從納維-斯托克斯方程式的不可壓縮的向量形式開始，解釋某些項如何與為何可以被化簡，並將你的結果用向量方程式表示。

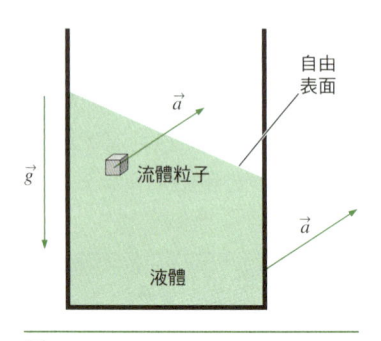

圖 P9-113

9-114 在不可壓縮的靜水力條件下儘量化簡納維-斯托克斯方程式。考慮重力作用在負 $z-$ 方向。從納維-斯托克斯方程式的不可壓縮的向量形式開始，解釋為什麼與如何化簡某些項，並將你最後的結果用向量方程式表示。(Answer: $\vec{\nabla}P = -\rho g\vec{k}$)

9-115 包伯使用計算流體力學軟體模擬不可壓縮流體通過一個二維突縮流道的穩定流動，如圖 P9-115 所示。流道高度從 $H_1 = 2.0$ cm 變成 $H_2 = 4.6$ cm。在計算區域的左邊界設定均勻速度 $\vec{V}_1 = 18.5\vec{i}$。CFD 軟體使用的數值方法需要在計算區域的所有邊界指定流線函數。如圖 P9-115 所示，沿著整個流道的整個底壁，ψ 被指定為零。(a) 對流道的頂壁，包伯需要指定的 ψ 值是什麼？(b) 計算區域的左邊，包括要如何指定 ψ？(c) 計算區域的右邊，討論包伯要如何設定 ψ。

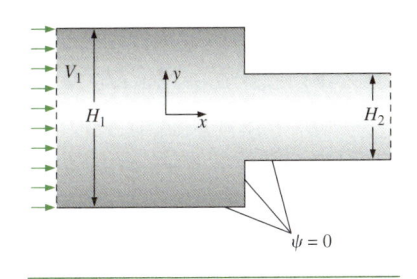

圖 P9-115

9-116 對於每個列出的方程式，用向量形式寫出方程式，並決定其為線性或非線性的。如果其為非線性的，哪一項使其變成如此？(a) 不可壓縮的連續方程式，(b) 可壓縮的連續方程式，與 (c) 不可壓縮的納維–斯托克斯方程式。

9-117 邊界層是靠近壁面的一個細薄區域，其內部的黏滯（摩擦）力由於無滑動邊界條件而變成非常重要。沿著一塊對齊自由流的平板發展的穩定、不可壓縮、二維的邊界層，如圖 P9-117 所示。平板上游的流動是均勻的，由於黏滯效應，邊界層厚度 δ 沿著平板隨著 x 而增厚。畫幾條流線，有些在邊界層之內，有些在邊界層之外。$\delta(x)$ 是不是一條流線？（提示：要特別留意，對穩定、不可壓縮、二維流動，任何兩條流線之間每單位寬度的體積流率是常數。）

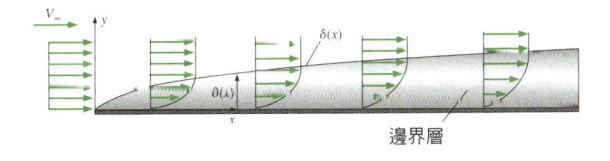

圖 P9-117

9-118 考慮穩定、二維的不可壓縮流在 xz- 平面上，而不是 xy- 平面。等流線函數的曲線示於圖 P9-118。不為零的速度分量是 (u, w)。定義一個流線函數使得當 ψ 在 xz- 方向增加時，流動是從右到左。

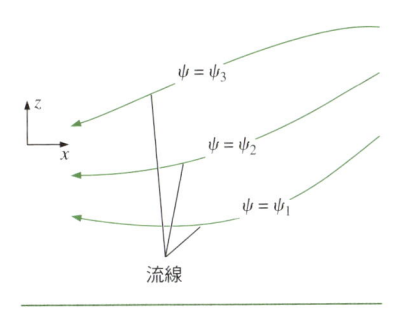

圖 P9-118

9-119 一個物塊以速度 V 從一個長又直的斜面滑下，物塊騎在一個厚度為 h 的細油膜上（圖 P9-119）。物塊的重量為 W，其與油膜的接觸面積為 A。假設測得 V，且 W、A、角度 α 與黏度 μ 皆為已知。油膜厚度 h 是未知數。(a) 推導一個給 h 的正確的解析表示式，表示成已知參數 V、A、W、α 與 μ 的函數。(b) 使用因次分析來導出一個給 h 的無因次表示式，表示成已知參數的函數。建構在你的 Π 之間的關係式，並能與 (a) 小題的正確解析表示式相符合。

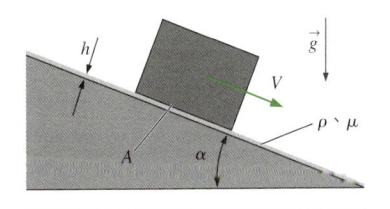

圖 P9-119

9-120 從你的數學課本或從網路查出帕松方程式的定義。寫出帕松方程式的標準形式。帕松方程式與拉普拉斯方程式是如何相似的？這兩個方程式又是如何區分的？

9-121 水從一根長又直的傾斜管流下，其直徑為 D，長度為 L（圖 P9-121）。在點 1 與點 2 之間沒有強制的壓力梯度；換言之，水只靠重力流下管子，且 $P_1 = P_2 = P_{atm}$。流動是穩定的完全發展的層流。我們採用一個座標系統其 x- 方向沿著管軸的方向。(a) 使用第 8 章的控制體積技術來導出平均

速度 V 作為已知參數 ρ、g、D、Δz、μ 與 L 的函數的一個表示式。(b) 使用微分分析來導出速度 V 作為已知參數的函數的一個表示式。與 (a) 小題的結果比較並討論。(c) 使用因次分析來導出速度 V 作為已知參數的函數的一個無因次表示式。建構一個你的 Π 之間的關係式,並且能與正確的解析表示式相符合。

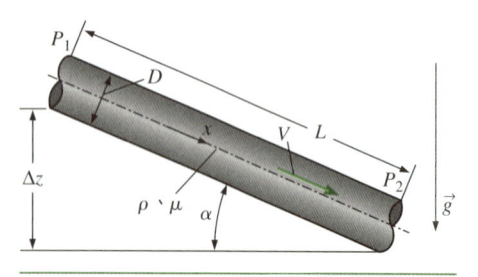

圖 P9-121

9-122 我們用圓柱座標的流線函數

$$\psi = \frac{-\dot{V}}{2\pi L} \arctan \frac{\sin 2\theta}{\cos 2\theta + b^2/r^2}$$

來近似空氣流入一個吸塵器的地板吸嘴中心平面 (xy- 平面)的流動,L 是吸嘴的寬度,b 是吸嘴離地板的高度,$\dot{V}$ 是空氣被吸入管中的體積流率。圖 P9-122 是一個三維視圖,地板在 xz- 平面上。我們模擬切過吸嘴中心線的一個 xy- 平面上的二維流動。注意,我們令沿正 x- 軸 ($\theta = 0$) 方向的 $\psi = 0$。(a) 流線函數的主要因次是什麼?(b) 定義 $\psi^* = (2\pi L/\dot{V})\psi$ 及 $r^* = r/b$,將流線函數無因次化。(c) 解無因次化方程式來得到 r^* 作為 ψ^* 與 θ 的函數。使用這個方程式來畫出這個流動的數條無因次流線。繪圖範圍為 $-2 < x^* < 2$ 及 $0 < y^* < 4$,其中 $x^* = x/b$ 及 $y^* = y/b$。(提示:為了得到正確的流向,ψ^* 必須是負的。)

9-123 除了不是牛頓流體以外,採用普修爾流的所有近似來決定血液流動的速度形狀與流率。假設血液是賓漢塑性流體,其剪應力關係如下式:

$$\tau_{rz} = -\mu \frac{du}{dr} + \tau_y$$

畫出一個牛頓流體、一個擬塑性流體及一個賓漢塑性流體的速度形狀。它們是如何不同?

基礎工程學 (FE) 試題

9-124 連續方程式也稱為
(a) 質量守恆　　(b) 能量守恆
(c) 動量守恆　　(d) 牛頓第二定律
(e) 科西方程式

9-125 納維-斯托克斯方也稱為
(a) 牛頓第一定律　(b) 牛頓第二定律
(c) 牛頓第三定律　(d) 連續方程式
(e) 能量方程式

9-126 哪一個選項是一個控制體積的連續方程式的一般微分形式?

(a) $\int_{CS} \rho \vec{V} \cdot \vec{n} \, dA = 0$

(b) $\int_{CV} \frac{\partial \rho}{\partial t} dV + \int_{CS} \rho \vec{V} \cdot \vec{n} \, dA = 0$

(c) $\vec{\nabla} \cdot (\rho \vec{V}) = 0$

(d) $\frac{\partial \rho}{\partial t} + \vec{\nabla} \cdot (\rho \vec{V}) = 0$

(e) 以上皆非

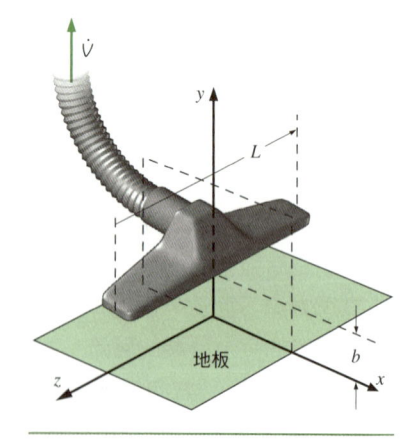

圖 P9-122

9-127 哪一個選項是二維不可壓縮連續方程式？

(a) $\int_{CS} \rho \vec{V} \cdot \vec{n} \, dA = 0$

(b) $\dfrac{1}{r}\dfrac{\partial(ru_r)}{\partial r} + \dfrac{1}{r}\dfrac{\partial(u_\theta)}{\partial \theta} = 0$

(c) $\vec{\nabla} \cdot (\rho \vec{V}) = 0$

(d) $\vec{\nabla} \cdot \vec{V} = 0$

(e) $\dfrac{\partial u}{\partial x} + \dfrac{\partial v}{\partial y} = 0$

9-128 一個穩定的速度場由 $\vec{V}=(u,v,w)=2ax^2y\vec{i}+3bxy^2\vec{j}+cy\vec{k}$ 給定，其中 a、b 與 c 是常數。在什麼條件下，這個流場是不可壓縮的？

(a) $a=b$ (b) $a=-b$ (c) $2a=-3b$
(d) $3a=2b$ (e) $a=2b$

9-129 一個穩定、二維的不可壓縮流場在 xy- 平面的流線為 $\psi = ax^2 + by^2 + cy$，其中 a、b 與 c 是常數。速度分量的表示是

(a) $2ax$ (b) $2by+c$ (c) $-2ax$
(d) $-2by-c$ (e) $2ax+2by+c$

9-130 一個穩定、二維的不可壓縮流場在 xy- 平面的流線為 $\psi = ax^2 + by^2 + cy$，其中 a、b 與 c 是常數。速度分量 v 的表示式

(a) $2ax$ (b) $2by+c$ (c) $-2ax$
(d) $-2by-c$ (e) $2ax+2by+c$

9-131 如果一個流體的流動是不可壓縮且等溫的，則哪一個性質不被期望是常數？

(a) 溫度   (b) 密度   (c) 動力黏度
(d) 運動黏度   (e) 比熱

9-132 哪一個選項是等黏度的不可壓縮納維–斯托克斯方程式？

(a) $\rho \dfrac{D\vec{V}}{Dt} + \vec{\nabla}P - \rho\vec{g} = 0$

(b) $-\vec{\nabla}P + \rho\vec{g} + \mu\vec{\nabla}^2\vec{V} = 0$

(c) $\rho \dfrac{D\vec{V}}{Dt} = -\vec{\nabla}P - \mu\vec{\nabla}^2\vec{V}$

(d) $\rho \dfrac{D\vec{V}}{Dt} = -\vec{\nabla}P + \rho\vec{g} + \mu\vec{\nabla}^2\vec{V}$

(e) $\rho \dfrac{D\vec{V}}{Dt} = -\vec{\nabla}P + \rho\vec{g} + \mu\vec{\nabla}^2\vec{V} + \vec{\nabla}\cdot\vec{V} = 0$

9-133 關於納維–斯托克斯方程式，哪一個選項不正確？

(a) 非線性方程式   (b) 不穩定方程式
(c) 二階方程式   (d) 偏微分方程式
(e) 以上皆非

9-134 在流體流動分析時，哪一個邊界條件可以表示為 $\vec{V}_{fluid} = \vec{V}_{wall}$？

(a) 無滑動   (b) 介面   (c) 自由表面
(d) 對稱   (e) 入口

Chapter 10
納維–斯托克斯方程式的近似解

學習目標

讀完本章後,你將能夠

- 明白為什麼解決許多流體流動問題近似是必要的,並且知道在何時及在何處這樣的近似是適用的。
- 了解在蠕動流近似中缺乏慣性項的影響,包括方程式中密度的消失。
- 明白用線性疊加原理解勢流問題的方法。
- 預測邊界層厚度,以及其它邊界層性質。

在本章中,我們將討論一些化簡納維–斯托克斯方程式的近似方法,包括蠕動流,其中黏滯項遠大於慣性項。從火山流出的熔岩就是一個蠕動流的例子 —— 熔岩的黏度是如此之大,以致雷諾數很小,即使長度尺度都很大。
StockTrek/Getty Images

在這一章,檢視幾種藉由消去某些項,將納維–斯托克斯方程式化簡成易於求解的形式的近似方法。有時這些近似方法對整個流場而言是正確的,但大多數的情形,它們只在流場的特定區域適用。我們首先考慮雷諾數甚低,以致黏滯項遠大於(因而消去)慣性項的蠕動流。接著,我們著眼於兩個適用於遠離壁面及尾流區域的流動的近似法:非黏滯性流及無旋流(又稱為勢流)。在這些區域反過來慣性項凌駕黏滯項。最後,我們討論邊界層近似,在這個近似中,黏滯項與慣性項保留,但某幾個黏滯項省略。最後的這個近似法適用於非常高的雷諾數(與蠕動流相反),以及靠近壁面的流動,與勢流相反。

10-1 導論

在第 9 章，我們導出具有定常性質的不可壓縮牛頓流體的線動量的微分方程式 ── 納維–斯托克斯方程式。我們提出幾個具有簡單 (通常是無限大的) 幾何的連續方程式及納維–斯托克斯方程式的解析解的例子，在這些例子中，我們消去分量方程式中大部分的項，化簡後的微分方程式可以得到解析解。不幸的是，在文獻中並沒有找到太多已知的解析解；事實上，這些解析解的數目屈指可數。大多數實際的流體力學問題無法用解析法求解，而是需要 (1) 作進一步的近似後求解或 (2) 借助電腦求解。在此考慮選項 (1)，而選項 (2) 將在第 15 章討論。為簡化起見，在本章只考慮牛頓流體的不可壓縮流。

首先強調，納維–斯托克斯方程式本身並不精確，只不過是一個包含許多內在的近似 (牛頓流體，定常的熱力學性質及傳輸性質等) 的流體流動模型。然而，它是一個很好的模型且是近代流體力學的基礎。在本章，我們區別精確解與近似解 (圖 10-1)。"精確"一詞是用在當求解是從完整的納維–斯托克斯方程式開始。在第 9 章討論的解是精確解，因為從完整的納維–斯托克斯方程式著手。根據問題中指定的幾何邊界或其它的簡化假設，在特定的問題中某些項會被刪掉。在不同的求解，刪掉的項並不相同，依特定問題的幾何邊界及假設而定。從另一個角度來看，我們定義的近似解是在真正求解前，化簡在某些流動區域的納維–斯托克斯方程式。換言之，事先要消去那些項與問題類型有關，因不同的流動區域而異。

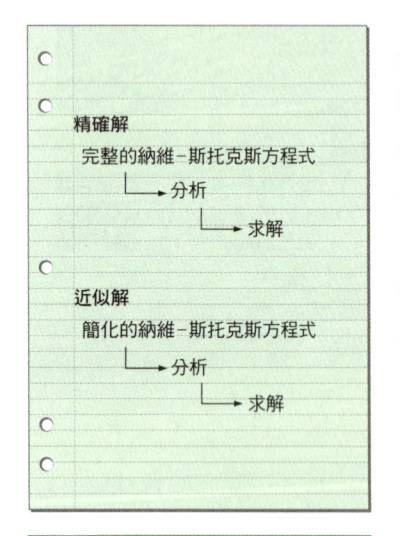

圖 10-1 "精確"解從完整的納維–斯托克斯方程式著手，而近似解一開始就從簡化的納維–斯托克斯方程式著手。

例如，我們已經討論過一個近似解，即流體靜力學 (第 3 章)。這個可以被看成納維–斯托克斯方程式在流速不為零，但接近停滯的流動區域的一個近似，所以我們忽略了所有含有速度的項。在這個近似中，納維–斯托克斯方程式化簡成兩項，壓力與重力，即 $\vec{\nabla} P = \rho \vec{g}$。這個近似就是慣性與黏滯性兩項，跟壓力項與重力項相較相對小很多，以致可忽略不計。

雖然近似法使得方程式更容易處理，但是任何近似解都有連帶的危險。也就是，若開始的假設不適當，縱使推導的數學都正確，所得的解答還是不正確。為什麼？因為我們從不適用於眼前問題的方程式著手。例如，我們也許會應用蠕動流假設來解一個問題，並且得到一個滿足所有假設及邊界條件的解。然而，假如流動的雷諾數太高，蠕動流假設一開始就不適用，我們的解 (不管我們有多驕傲) 是物理

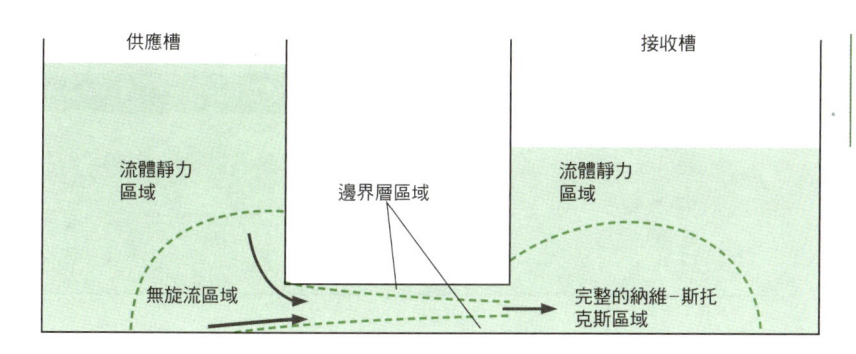

圖 10-2 一個納維－斯托克斯方程式的特殊近似只適用於某個流場區域；其它近似也許適用於流場的其它區域。

供應槽　　接收槽
流體靜力區域　　流體靜力區域
邊界層區域
無旋流區域　　完整的納維－斯托克斯區域

上不正確的。另一個常見的錯誤是在無旋假設不適用的流動區域假設無旋流。基本要求是對於採用的近似法必須非常小心謹慎，應該儘可能地經常核對與驗證我們的近似方法。

最後，我們強調大多數實際的流體流動問題，一個特殊近似方法也許適用於某個流場區域，但不一定適用於其它區域，也許別的近似方法較為適用。圖 10-2 定性地畫出從一個液槽到另一個液槽的液體流動來說明這一點。流體靜力學近似適用於遠離連接管的供應槽區域，以及接受槽的較小範圍。無旋流假設適用於靠近連接管入口，以及很強的黏滯效應消失的連接管中心區域。靠近壁面適用邊界層近似。在某些區域的流動無法滿足任何近似的準則，在這些區域必須用完整的納維－斯托克斯方程式求解 (例如，在接受槽端的連接管出口的下游區域)。我們如何判定一個近似方法是否適用？我們的作法是藉由比較運動方程式中不同項的數量級來看，是否有任何項跟其它項比起來是小到可以忽略。

10-2　無因次化運動方程式

在本節中的目標在於無因次化運動方程式，使我們可以正確的比較方程式中不同項的數量級。我們從不可壓縮連續方程式，

$$\vec{\nabla}\cdot\vec{V} = 0 \tag{10-1}$$

以及適用於具有定常性質的牛頓流體的不可壓縮流的納維－斯托克斯方程式的向量形式

$$\rho\frac{D\vec{V}}{Dt} = \rho\left[\frac{\partial\vec{V}}{\partial t} + (\vec{V}\cdot\vec{\nabla})\vec{V}\right] = -\vec{\nabla}P + \rho\vec{g} + \mu\nabla^2\vec{V} \tag{10-2}$$

出發。在表 10-1，我們引進某些用來無因次化運動方程式的特徵 (參考) 尺度參數。

表 10-1 用來無因次化連續及動量方程式的尺度參數及其主要因次

尺度參數	描述	主要因次
L	特徵長度	{L}
V	特徵速度	{Lt^{-1}}
f	特徵頻率	{t^{-1}}
$P_0 - P_\infty$	參考壓力差	{mL^{-1}t^{-2}}
g	重力加速度	{Lt^{-2}}

接著根據表 10-1 中的尺度參數定義數個無因次變數及一個無因次算符，

$$t^* = ft \qquad \vec{x}^* = \frac{\vec{x}}{L} \qquad \vec{V}^* = \frac{\vec{V}}{V}$$

$$P^* = \frac{P - P_\infty}{P_0 - P_\infty} \qquad \vec{g}^* = \frac{\vec{g}}{g} \qquad \vec{\nabla}^* = L\vec{\nabla} \tag{10-3}$$

注意，根據在第 9 章關於壓力與壓力差的討論，我們用壓力差定義無因次壓力變數。式 (10-3) 中的每一個帶星號的量均為無因次化量。舉例來說，雖然每一個梯度算符 $\vec{\nabla}$ 的分量有 {L^{-1}} 的因次，每一個 $\vec{\nabla}^*$ 的分量的因次均為 {1} (圖 10-3)。我們將式 (10-3) 代入式 (10-1) 及式 (10-2)，很小心地處理每一項。例如，$\vec{\nabla} = \vec{\nabla}^*/L$ 及 $\vec{V} = V\vec{V}^*$，式 (10-2) 中的對流加速度項變為

$$\rho(\vec{V}\cdot\vec{\nabla})\vec{V} = \rho\left(V\vec{V}^*\cdot\frac{\vec{\nabla}^*}{L}\right)V\vec{V}^* = \frac{\rho V^2}{L}\left(\vec{V}^*\cdot\vec{\nabla}^*\right)\vec{V}^*$$

我們對式 (10-1) 及式 (10-2) 的每一項施以相同的代數運算。式 (10-1) 用無因次變數表示可改寫成

$$\frac{V}{L}\vec{\nabla}^*\cdot\vec{V}^* = 0$$

兩邊同除以 V/L 使方程式無因次化，我們得到

無因次化連續方程式： $\qquad \vec{\nabla}^*\cdot\vec{V}^* = 0 \tag{10-4}$

同樣地，式 (10-2) 改寫成

$$\rho V f\frac{\partial \vec{V}^*}{\partial t^*} + \frac{\rho V^2}{L}\left(\vec{V}^*\cdot\vec{\nabla}^*\right)\vec{V}^* = -\frac{P_0 - P_\infty}{L}\vec{\nabla}^* P^* + \rho g\vec{g}^* + \frac{\mu V}{L^2}\nabla^{*2}\vec{V}^*$$

卡氏座標

$$\vec{\nabla} = \left(\frac{\partial}{\partial x}, \frac{\partial}{\partial y}, \frac{\partial}{\partial z}\right)$$

$$= \left(\frac{\partial}{L\partial\left(\frac{x}{L}\right)}, \frac{\partial}{L\partial\left(\frac{y}{L}\right)}, \frac{\partial}{L\partial\left(\frac{z}{L}\right)}\right)$$

$$= \frac{1}{L}\left(\frac{\partial}{\partial x^*}, \frac{\partial}{\partial y^*}, \frac{\partial}{\partial z^*}\right) = \frac{1}{L}\vec{\nabla}^*$$

圓柱座標

$$\vec{\nabla} = \left(\frac{\partial}{\partial r}, \frac{1}{r}\frac{\partial}{\partial\theta}, \frac{\partial}{\partial z}\right)$$

$$= \left(\frac{\partial}{L\partial\left(\frac{r}{L}\right)}, \frac{1}{L\left(\frac{r}{L}\right)}\frac{\partial}{\partial\theta}, \frac{\partial}{L\partial\left(\frac{z}{L}\right)}\right)$$

$$= \frac{1}{L}\left(\frac{\partial}{\partial r^*}, \frac{1}{r^*}\frac{\partial}{\partial\theta}, \frac{\partial}{\partial z^*}\right) = \frac{1}{L}\vec{\nabla}^*$$

圖 10-3 用式 (10-3) 無因次化梯度算符，不管我們座標系的選擇。

乘上常數組 $L/(\rho V^2)$ 使每一項無因次後，變成

$$\left[\frac{fL}{V}\right]\frac{\partial \vec{V}^*}{\partial t^*} + \left(\vec{V}^*\cdot\vec{\nabla}^*\right)\vec{V}^* = -\left[\frac{P_0 - P_\infty}{\rho V^2}\right]\vec{\nabla}^*P^* + \left[\frac{gL}{V^2}\right]\vec{g}^* + \left[\frac{\mu}{\rho VL}\right]\nabla^{*2}\vec{V}^* \quad (10\text{-}5)$$

式 (10-5) 中每一個方括號中的項均為參數的無因次組合 ── Π 群 (第 7 章)。藉由表 7-5 的幫助，我們將這些無因次參數一一命名：在方程式左邊是史特豪數，St = fL/V；方程式右邊第一個為歐拉數，Eu = $(P_0 - P_\infty)/\rho V^2$，方程式右邊第二個為福勞數的平方的倒數，Fr^2 = V^2/gL；最後一個是雷諾數的倒數，Re = $\rho VL/\mu$。因此式 (10-5) 變成

無因次化納維-斯托克斯方程式：

$$[St]\frac{\partial \vec{V}^*}{\partial t^*} + (\vec{V}^*\cdot\vec{\nabla}^*)\vec{V}^* = -[Eu]\vec{\nabla}^*P^* + \left[\frac{1}{Fr^2}\right]\vec{g}^* + \left[\frac{1}{Re}\right]\nabla^{*2}\vec{V}^* \quad (10\text{-}6)$$

在我們詳細討論特定的近似方法之前，對於組成式 (10-4) 及 (10-6) 的無因次方程組有很多附註：

- 無因次連續方程程式不含額外的無因次化參數，因此無法進一步簡化連續方程式，因為所有項均有相同的數量級。
- 假如無因次變數是用流場的特徵長度、速率、頻率等無因次化，它們的數量級為 1。因此，$t^* \sim 1$、$\vec{x}^* \sim 1$、$\vec{V}^* \sim 1$ 等，其中我們用 ~ 表示數量級。由此可見，在式 (10-6) 中諸如 $(\vec{V}^*\cdot\vec{\nabla}^*)\vec{V}^*$ 以及 $\vec{\nabla}^*P^*$ 等項也是數量級 1，並且彼此有相同的數量級。因此，在式 (10-6) 中相對重要的項只與無因次參數 St、Eu、Fr 及 Re 的相對大小有關。例如，假如 St 與 Eu 的數量級為 1，但 Fr 與 Re 非常大，我們可以考慮忽略納維-斯托克斯方程式中的重力項與黏滯項。
- 因為在式 (10-6) 中有四個無因次參數，模型與原型間的動力學相似性要求模型中這四個參數都要與原型中的參數相同 (St$_{模型}$ = St$_{原型}$、Eu$_{模型}$ = Eu$_{原型}$、Fr$_{模型}$ = Fr$_{原型}$、Re$_{模型}$ = Re$_{原型}$)，如圖 10-4 所示。
- 若流動為穩態，則 $f = 0$ 且史特豪數從無因次參數表中剔除 (St = 0)。於是式 (10-6) 的左邊第一項消失，同樣地，在式 (10-2) 中，它的對應非穩態項消失。若特徵頻率非常小，使得 St $\ll$ 1，這種流動稱為**準穩態** (quasi-steady)。意思就

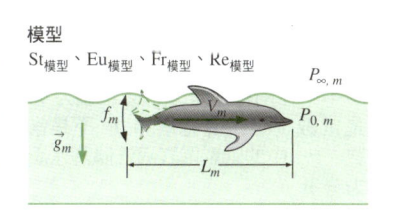

圖 10-4 對於原型 (下標 p) 和模型 (下標 m) 之間的完全動力學相似，模型的幾何形狀必須相似於原型，並且 (一般) 四個無因次參數，St、Eu、Fr 和 Re 必須匹配。然而，如同第 7 章所討論的，在模型測試中，這並非總是可能的。

(Top) © James Gritz/Getty RF

是，在任何瞬間 (或任何緩慢週期循環的相位)，解題時我們可以將流動看成宛如穩態一般，再次剔除掉式 (10-6) 中的非穩態項。

- 重力效應通常只在具有自由表面效應的流動重要 (例如，波、船的運動、水力發電水壩的洩洪、河川的流動)。對多數的工程問題沒有自由表面 (管流、潛艇或魚雷周圍的潛流、汽車運動、飛機、小鳥、昆蟲的飛翔等)。在這些例子中，重力對流動動力學的唯一效應是在因流體流動而產生的壓力場上疊加一個垂直方向的流體靜水壓力分佈。換言之，

> 對於沒有自由表面效應的流動，重力對流動的動力沒有影響 —— 它的唯一效應是在動態壓力場中疊加一個靜水壓力。

- 我們定義修正壓力 P' 來吸收掉流體靜水壓力的效應。對於定義 z 為垂直向上 (與重力向量方向相反) 的情形，我們定義 $z = 0$ 為任一參考觀測平面，

修正壓力：
$$P' = P + \rho g z \quad (10\text{-}7)$$

這個主意是應用式 (10-7) 中的修正壓力將式 (10-2) 中的 $-\vec{\nabla} P + \rho \vec{g}$ 這兩項用一項 $-\vec{\nabla} P'$ 取代。納維−斯托克斯方程式 (10-2) 改寫成如下修正形式：

$$\rho \frac{D\vec{V}}{Dt} = \rho \left[\frac{\partial \vec{V}}{\partial t} + (\vec{V} \cdot \vec{\nabla}) \vec{V} \right] = -\vec{\nabla} P' + \mu \nabla^2 \vec{V} \quad (10\text{-}8)$$

用 P' 取代 P，重力項從式 (10-2) 中移除，福勞數從無因次參數表中剔除。好處是我們可以解一種不帶重力項形式的納維−斯托克斯方程式。在求解帶有修正壓力 P' 的納維−斯托克斯方程式後，只要用式 (10-7) 將流體靜壓分佈加回去即可。圖 10-5 顯示二維克維特流的例子。修正壓力經常用於計算流體力學 (CFD) 軟體，用來將重力效應 (垂直方向的流體靜水壓力) 與流體流動 (動力學) 效應分離。

現在我們已經作了一些近似，在這些近似中藉由比較在式 (10-6) 中對應項相關之無因次參數的相對大小來消去式 (10-2) 中的一項或多項。

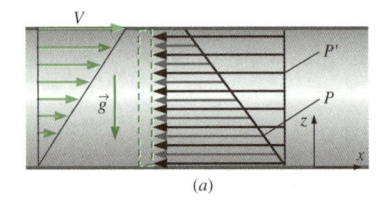

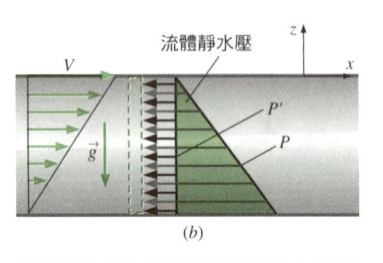

圖 10-5 在兩無限平行水平平板間的克維特流中的流體元素的右面的壓力與修正壓力分佈：(a) 在底部平板，$z = 0$，以及 (b) 在頂部平板，$z = 0$。在兩種情況下，修正壓力 P' 是常數，但是實際壓力 P 不是常數。(b) 中的陰影區表示流體靜水壓力分量。

10-3 蠕動流近似

我們第一個近似是一類稱作**蠕動流** (creeping flow) 的流體流動。這類流動的其它名稱包括斯托克斯流及低雷諾數流,如同最後一個名稱隱含著這些流動的雷諾數非常小 (Re ≪ 1)。檢查雷諾數的定義,Re = $\rho VL/\mu$,我們發現蠕動流發生在 ρ、V、L 非常小或是黏度非常大 (或這幾個的組合)。你在倒糖漿 (一種非常黏的液體) 在鬆餅上,或當你用湯匙從瓶中挖取蜂蜜 (同樣非常黏) 加到茶中 (圖 10-6) 會碰到蠕動流。

另一個蠕動流的例子在我們身邊且在我們體內,雖然無法看到,就是環繞微生物的流動。微生物終其一生都活在蠕動流的國度,因為它們非常小,其尺寸約為數微米數量級 (1 μm = 10^{-6} m),而且它們移動得很慢,縱使它們是在黏度不能歸類為 "大" 的空氣中移動或水中游泳 (在室溫 $\mu_{空氣} \cong 1.8 \times 10^{-5}$ N·s/m² 以及 $\mu_{水} \cong 1.0 \times 10^{-3}$ N·s/m²)。圖 10-7 展示的是在水中游動的沙門氏菌。細菌的身體只有約 1 μm 長,它作為推進機構的鞭毛 (像頭髮的尾巴) 自身體後方延伸數微米。伴隨它的運動的雷諾數遠小於 1。

蠕動流也在潤滑軸承的非常小縫隙及凹槽中潤滑油的流動中發現。在這些例子中,速率也許未必很小,但縫隙的尺寸非常小 (約數十微米等級) 且黏度相對大 (在室溫 $\mu_{油} \sim 1$ N·s/m²)。

為化簡起見,我們假設重力效應是可忽略的,或者它們的貢獻只在於流體靜壓分量,如之前所討論的。我們也假設不是穩態流就是振盪流,其史特豪數的數量級約為 1 (St~1) 或更小,以致非穩定加速度項 [St]$\partial \vec{V}^*/\partial t^*$ 的數量級小於黏滯項 [1/Re]$\vec{\nabla}^{*2}\vec{V}^*$ (雷諾數非常小)。式 (10-6) 中的遷移項的數量級約為 1,$(\vec{V}^* \cdot \vec{\nabla}^*)\vec{V}^* \sim 1$,所以這一項也可以刪去。因此,將式 (10-6) 左邊整個忽略而化簡為

蠕動流近似: $$[\text{Eu}]\vec{\nabla}^* P^* \cong \left[\frac{1}{\text{Re}}\right]\nabla^{*2}\vec{V}^* \quad (10\text{-}9)$$

總而言之,流動中的壓力 (左邊) 必須夠大以平衡右邊 (相對) 大的黏滯力。然而,因為式 (10-9) 中的無因次變數均為 1 的等

圖 10-6 像蜂蜜這樣非常黏的稠液體的緩慢流動歸類為蠕動流。

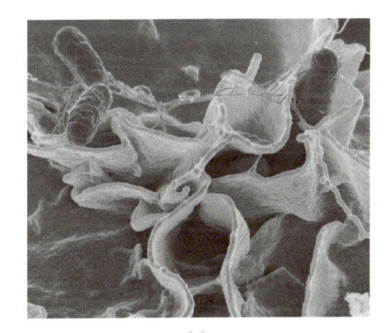

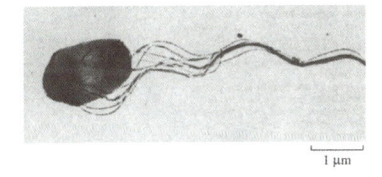

圖 10-7 (a) 鼠傷寒沙門氏菌入侵培養的人類細胞。(b) 馬流產沙門氏菌在水中游泳。

(a) *NIAID, NIH, Rocky Mantain Laboratories*
(b) *From* Comparative Physiology Functional Aspects of Structural Materials: Proceedings of the International Conference on Comparative Physiology, *Ascona, 1974, published by North-Holland Pub. Co., 1975.*

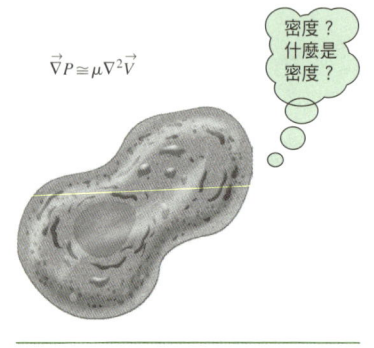

圖 10-8 在蠕動流近似中，密度不會出現在動量方程式。

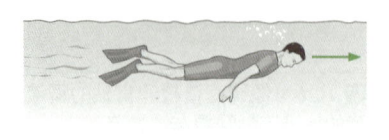

圖 10-9 一個人以非常高的雷諾數游泳，並且慣性項很大；這樣的人能夠沒有運動而滑行很長的距離。

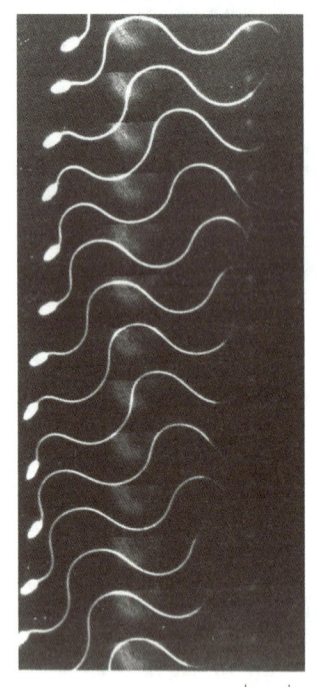

圖 10-10 玻璃海鞘的精子在海水中游泳；以每秒 200 幀照片的閃光燈攝影，每個圖像直接定位於前一張的下方。

Courtesy of Professor Charlotte Omoto, Washington State University, School of Biological Sciences.

級，使兩邊平衡的唯一方法是 Eu 與 1/Re 有相同的數量級。令兩者相等，

$$[\text{Eu}] = \frac{P_0 - P_\infty}{\rho V^2} \sim \left[\frac{1}{\text{Re}}\right] = \frac{\mu}{\rho V L}$$

經由一番代數運算，

蠕動流的壓力尺度： $\quad P_0 - P_\infty \sim \dfrac{\mu V}{L} \qquad$ (10-10)

式 (10-10) 揭露兩個蠕動流的有趣性質。第一，我們習慣以慣性為主的流動，在這種流動中，壓力差尺度像 ρV^2 (例如伯努利方程式)。然而，在此壓力差的尺度換成 $\mu V/L$，因為蠕動流是一種以黏滯性為主的流動。事實上，在蠕動流中納維-斯托克斯方程式的所有慣性項消失不見。第二，作為納維-斯托克斯方程式中的參數的密度完全剔除。我們可以從式 (10-9) 的有因次的形式看得更清楚，

蠕動流的近似納維-斯托克斯方程式： $\quad \vec{\nabla} P \cong \mu \nabla^2 \vec{V} \qquad$ (10-11)

機警的讀者也許會指出，密度在蠕動流中仍然扮演一個較小的角色。也就是，計算雷諾數時需要它。然而，一旦我們已經限定 Re 非常小，密度就不再需要，因為它並沒有在式 (10-11) 中出現。密度也出現在流體靜水壓力項中，但在蠕動流中這個影響通常可忽略，因為所含的垂直距離常常是以毫米或微米計。除此之外，假如沒有自由表面效應，在式 (10-11) 中，我們可以用修正壓力來代替物理壓力。

讓我們對式 (10-11) 缺乏慣性項作更詳細一點討論。當你游泳時，依賴慣性 (圖 10-9)。例如，你划水一下，然後在下一次划水前，你能滑行一段距離。當你游泳時，在納維-斯托克斯方程式中的慣性項遠比黏滯項大得多，因為雷諾數很大。(相不相信，即使游得非常慢的泳者也是以非常大的雷諾數移動！)

然而，對於游泳在蠕動流國度的微生物，慣性是可忽略的，因此無法滑行。事實上，在式 (10-11) 中缺乏慣性項對微生物如何游泳有重大的影響。像海豚一樣的拍動尾狀物，將使它們寸步難行；取而代之的是，它們長且窄的尾巴 (鞭毛) 像弦波

一樣的擺動推動它們前進，如圖 10-10 所示為精子的例子。沒有任何慣性，除非尾巴運動，否則精子是不移動的。精子尾巴停止的瞬間，它也停止移動。假如你曾看過游泳的精子或其它微生物的影片，你也許會注意到它們要移動一小段距離需要多辛苦的工作。這就是蠕動流的特性，而這是由於缺乏慣性所致。仔細研究圖 10-10 揭露，當精子的尾巴完成約兩個完整週期的擺動，可使精子的頭往左移動約兩個頭的距離。

對我們人類而言，在蠕動流的條件下移動是很難想像的，因為我們很習慣於慣性的效應。有些作者曾建議你想像你試圖在一大桶蜂蜜中游泳的情形。我們建議你到一家有兒童遊戲區的快餐店，並觀看在塑膠球池中玩的小孩 (圖 10-11)。當小孩試圖在這些球中"游泳" (沒有觸碰到牆壁及底部) 時，他或她只能以一種像蛇一樣扭動身體的方式向前移動。小孩停止扭動的瞬間，所有運動停止，因為有可忽略的慣性。這種兒童"游泳"的情況與微生物在蠕動流的狀況下中游泳有點相似。

圖 10-11 一個試圖在塑膠球池中移動的小孩子，類似於一個試圖不靠慣性幫忙而推動自己的微生物。
Photo by Laura L. Pauley.

接著討論在式 (10-11) 中缺少的密度。在高雷諾數，物體上的氣動阻力隨著 ρ 正比例的增加。(當流體衝擊物體，越稠密的流體施加越多的壓力在物體上。) 然而，這實際上是慣性效應，而慣性在蠕動流中是可忽略的。事實上，在蠕動流中氣動阻力甚至不是密度的函數，因為密度從納維-斯托克斯方程式中消失。在例題 10-1 中，藉由使用因次分析來說明這種情形。

例題 10-1　蠕動流中作用在物體上的阻力

因為密度從納維-斯托克斯方程式中消失，在蠕動流中作用在一物體的氣動阻力只是速率 V 的函數，物體的某個特徵長度大小 L，以及流體黏度 μ (圖 10-12)。使用因次分析來產生 F_D 與前述三個變量間的關係式。

解答：我們將使用因次分析來產生 F_D 與變量 V、L、μ 間的關係式。

假設：1. 我們假設 Re $\ll$ 1，所以蠕動流假設適用。2. 重力效應沒有影響。3. 與本題目有關的參數除了問題敘述中所列者外並沒有其它參數。

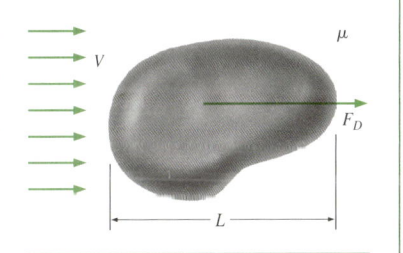

圖 10-12 對於流過三維物體的蠕動流，在物體上的氣動阻力與密度無關，只與速率 V，某個物體的特徵尺寸 L 及流體黏度 μ 有關。

分析：我們仿傚第 7 章中的重複變數循序漸進法；細節留作習題。在本題中有四個參數 ($n = 4$)。有三個主要因次：質量、長度與時間，所以設 $j = 3$，並且使用獨立變數 V、L 與 μ 作為重複變數。我們預期只有一個 Π，因為 $k = n - j = 4 - 3 = 1$，且這個 Π 必須等於常數。結果是

$$F_D = 常數 \cdot \mu V L$$

因此，我們證明對於環繞任何三維物體的在蠕動流，氣動阻力只不過是一個常數乘以 μVL。

討論：這個結果很重要，因為所剩下的只是去找出這個常數，它是一個只跟物體形狀有關的函數。

在蠕動流中，作用在球體的阻力

如同例題 10-1 所示，在蠕動流的條件下，特徵長度為 L 的三維物體以速率 V 通過黏度為 μ 的流體，作用在它上面的阻力為 $F_D = $ 常數 $\cdot \mu VL$。因次分析無法預測常數的值，因為它與在流場中的物體的形狀與指向有關。

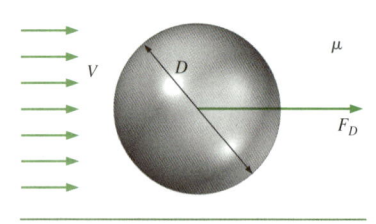

對於球體這一特殊案例，式 (10-11) 有解析解。推導細節超過本書的範圍，但可以在研究所程度的流體力學書籍找到 (White, 2005; Panton, 2005)。它的結果是假如 L 為球體的直徑 D，則阻力方程式中的常數等於 3π (圖 10-13)。

圖 10-13 在蠕動流中，直徑 D 的球體上的氣動阻力等於 $3\pi\mu VD$。

在蠕動流中作用在球體的阻力： $\qquad F_D = 3\pi\mu VD \qquad (10\text{-}12)$

順便一提，三分之二的阻力來自於黏滯力，而其它的三分之一則來自於壓力。這證實了前面所述，在式 (10-11) 中的黏滯項與壓力項有相同的數量級。

例題 10-2 ▶ **來自火山的粒子的終端速度**

火山爆發，將石頭、蒸氣及灰燼噴到大氣中數千米 (圖 10-14)。些許時間之後，顆粒開始下落到地面。考慮直徑 50 μm 的一個幾乎是球體的灰粒，在溫度為 $-50°C$、壓力 55 kPa 的空氣中下落。顆粒的密度為 1240 kg/m³。估計在這個高度時，這個顆粒的終端速度。

解答：我們將估計下落灰燼顆粒的終端速度。

假設：**1.** 雷諾數非常小 (在我們獲得解答後，必須驗證這個假設)。**2.** 顆粒為球體。

性質：在已知溫度與壓力的情況下，理想氣體定律給出 $\rho = 0.8588$ kg/m³。因為黏度幾乎與壓力無關，我們採用在 $-50°C$ 及 1 大氣壓力的值，$\mu = 1.474 \times 10^{-5}$ kg/m·s。

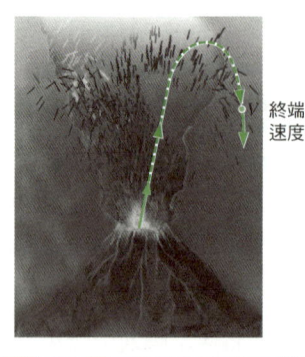

圖 10-14 從火山爆發噴出的小灰粒緩慢下沉地面；對這種類型的流場，蠕動流近似是合理的。

分析：我們將這個問題用準穩態處理。一旦下落顆粒達到其終端下降速度，淨向下力 (重量) 與淨向上力 (氣動阻力 + 浮力) 平衡，如圖 10-15 所示。

向下力： $\qquad F_{\text{down}} = W = \pi \dfrac{D^3}{6} \rho_{\text{particle}} g \qquad (1)$

由式 (10-12) 可得作用在顆粒的氣動阻力，而浮力是排開空氣的重量。因此

向上力：　　$F_{up} = F_D + F_{buoyancy} = 3\pi\mu VD + \pi\dfrac{D^3}{6}\rho_{air}g$　　(2)

令式 (1) 與式 (2) 相等，並求解終端速度 V，

$$V = \dfrac{D^2}{18\mu}(\rho_{particle} - \rho_{air})g$$

$$= \dfrac{(50 \times 10^{-6}\text{ m})^2}{18(1.474 \times 10^{-5}\text{ kg/m·s})}[(1240 - 0.8588)\text{ kg/m}^3](9.81\text{ m/s}^2)$$

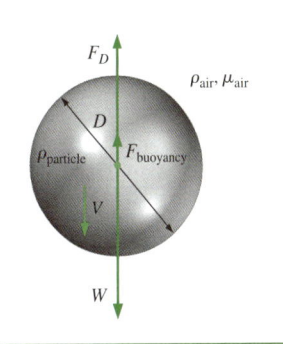

$$= \mathbf{0.115\text{ m/s}}$$

圖 10-15　一個以穩定的終端速度下落的顆粒沒有加速度；因此，它的重量與氣動阻力及作用在顆粒的浮力達成平衡。

最後，我們驗證雷諾數足夠小到蠕動流可以成為一個適當的近似，

$$\text{Re} = \dfrac{\rho_{air}VD}{\mu} = \dfrac{(0.8588\text{ kg/m}^3)(0.115\text{ m/s})(50 \times 10^{-6}\text{ m})}{1.474 \times 10^{-5}\text{ kg/m·s}} = 0.335$$

因此雷諾數小於 1，但無疑地不是遠小於 1。

討論：雖然我們是在 Re << 1 的條件下導出在球體上的蠕動流阻力方程式 (10-12)，但結果是這個假設到 Re ≅ 1 都還是適用的。經由更複雜的計算，包括雷諾數修正及基於空氣分子的平均自由徑修正得到終端速度等於 0.110 m/s (Heinsohn 與 Cimbala, 2003)；蠕動流近似的誤差小於 5%。

密度從蠕動流運動方程式中消失的結果在例題 10-2 看得很清楚，那就是空氣密度除了用來驗證雷諾數很小外，在任何計算中都不重要。(注意，因為 $\rho_{空氣}$ 與 $\mu_{顆粒}$ 相比是如此的小以致在可忽略誤差範圍下，浮力是可以忽略的。) 假設在例題 10-2 中空氣的密度用真實密度的一半代替，而所有其它性質不變。除了雷諾數縮小一半外，終端速度是相同 (到三位有效數字) 的。

> 在蠕動流的條件下一個稠密小顆粒的終端速度與流體的密度無關，但與流體的黏度高度有關。

因為空氣的黏度隨高度變化僅約 25%，一個小顆粒以近乎定常速度掉落與高度無關，縱使當顆粒從 15,000 m 的高度落到海平面，空氣的密度增加超過十倍。

對於非球狀的三維物體，蠕動流氣動阻力仍然寫成 $F_D = 常數 \cdot \mu VL$；然而，常數不再是 3π，而是與物體的形狀與指向有關。這個常數可以想像成某種對於蠕動流的阻力係數。

10-4 流動的無黏滯區的近似

在流體力學文獻中對於無黏滯性這個字及**無黏滯性流** (inviscid flow) 這一詞有很多的混淆。無黏滯性字面上的意思是沒有黏滯性。那麼無黏滯性流似乎是指沒有黏度的流體的流動。然而，那不是無黏滯性流一詞的真正意義！所有與工程有關的流體都有黏滯性，不管流體怎麼流動。用無黏滯性流的作者，他真正的意思是黏滯性流體的流動在流動的一個區域中其淨黏滯力與壓力或 (與) 慣性力相較是可忽略的 (圖 10-16)。有些作者用"無摩擦流"一詞作為無黏滯性流的同義字。這造成更多的困惑，因為縱使在淨黏滯力可忽略的流動區域，摩擦力仍然作用在流體單元上，並且可能仍然有顯著的黏滯應力。只是這些應力彼此抵消，在流體單元上剩下不顯著的淨黏滯力，可以證明顯著的黏滯損耗也可能存在這區域。如同 10-5 節所討論，在無旋流區中的流體單元也有可忽略的淨黏滯力 — 不是因為沒有摩擦力，而是因為摩擦 (黏滯) 力互相抵消。因為由術語產生的混淆，筆者不建議使用"無黏滯性流"以及"無摩擦流"等詞彙，而是提議用流動的無黏滯性區域或具有可忽略淨黏滯力的流動的區域等詞來代替。

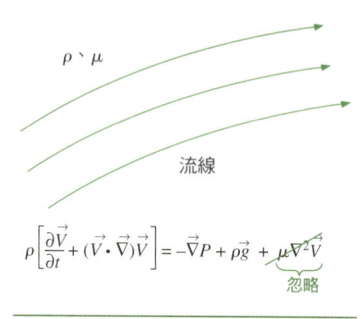

圖 10-16 無黏性流動區域是一個區域，在那裡因為雷諾數大，淨黏滯力與慣性力和／或壓力相比是可以忽略不計；流體本身仍然是有黏性的流體。

不管術語的用法，假如淨黏滯力跟慣性力與 (或) 壓力相較非常小，式 (10-6) 右邊的最後一項可忽略。這只有 1/Re 很小才成立。因此，流動的無黏滯性區域就是高雷諾數區域 — 蠕流區的相反。在這個區域，納維–斯托克斯方程式 (10-2) 失去其黏滯項，化簡成歐拉方程式，

歐拉方程式：
$$\rho \left[\frac{\partial \vec{V}}{\partial t} + (\vec{V} \cdot \vec{\nabla})\vec{V} \right] = -\vec{\nabla} P + \rho \vec{g} \tag{10-13}$$

歐拉方程式不過是忽略黏滯項的納維–斯托克斯方程式；它是納維–斯托克斯方程式的一個近似。

因為在固體壁上的無滑移條件，摩擦力在非常靠近壁面的流動區域是不可忽略的。在這些區域，稱作**邊界層** (boundary layer)，垂直壁面的速度梯度大到足夠抵消小的 1/Re 值。另一個說明是在邊界層中物體的特徵長度大小 (L) 不再是最適當的特徵長度，而是必須用與壁面距離有關的較小特徵長度大小取代。當我們用這一個較小的長度定義雷諾數，Re 不再是很大，在納維–斯托克斯方程式中的黏滯項不能被忽略。

在速度梯度相對的大且黏滯項與慣性項相較是無法忽略的物體的尾流中 (圖

10-17) 可作出相同的論點。因此，事實上，結果是

> 歐拉方程式近似解適用於遠離壁面及尾流的高雷諾數區，在那裡淨黏滯力是可忽略的。

在納維-斯托克斯方程式的歐拉近似中所忽略的項 ($\mu\nabla^2\vec{V}$) 是包含速度最高階導數的項。數學上，這項的消失減少我們可以指定的邊界條件的數目。結果是當我們使用歐拉方程式近似，無法指定在固體壁面上的無滑移邊界條件，雖然我們仍然指定流體無法流通過壁面(壁面為不通透的)。因此，歐拉方程式的解在鄰近壁面處是沒有物理意義的，因為在那裡流體允許滑動。然而，如同在 10-6 節所示，歐拉方程式常常用來作為在邊界層近似中的第一步，就是應用歐拉方程式於整個流場，包括鄰近壁面與尾流區域，在那裡我們知道這個近似不適用。然後，一層薄的邊界層插入這些區域作為說明黏滯效應的修正。

最後，我們指出為了減少 CPU 時間(與成本)，歐拉方程式 (10-13) 有時作為 CFD 計算中的一階近似。

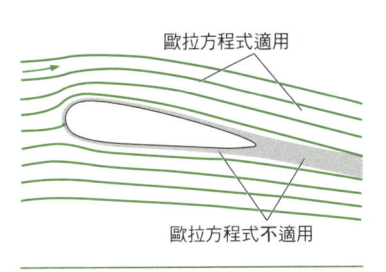

圖 10-17 歐拉方程是納維-斯托克斯方程式的一個近似，只適用於雷諾數大且淨黏滯力與慣性力和／或壓力相可以忽略不計的區域。

在流體的無黏滯性區中的伯努利方程式的推導

在第 5 章，我們導出沿著一條流線的伯努利方程式。在這裡提出基於歐拉方程式的另一個推導。為了簡化起見，我們假設穩態不可壓縮流。藉由向量恆等式的使用，式 (10-13) 中的遷移項可以被改寫成

向量恆等式：
$$(\vec{V}\cdot\vec{\nabla})\vec{V} = \vec{\nabla}\left(\frac{V^2}{2}\right) - \vec{V}\times(\vec{\nabla}\times\vec{V}) \tag{10-14}$$

其中 V 為向量 $\vec{V}$ 的大小。我們認出在右邊括號中的第二項為渦度向量 $\vec{\zeta}$ (見第 4 章)；因此，

$$(\vec{V}\cdot\vec{\nabla})\vec{V} = \vec{\nabla}\left(\frac{V^2}{2}\right) - \vec{V}\times\vec{\zeta}$$

而穩態歐拉方程式的另一形式可寫成

$$\vec{\nabla}\left(\frac{V^2}{2}\right) - \vec{V}\times\vec{\zeta} = -\frac{\vec{\nabla}P}{\rho} + \vec{g} = \vec{\nabla}\left(-\frac{P}{\rho}\right) + \vec{g} \tag{10-15}$$

其中我們已經將每一項除以密度，並將 ρ 移入梯度算符中，因為在不可壓縮流中密度為常數。

我們進一步假設重力只作用在 $-z$- 方向 (圖 10-18)，使得

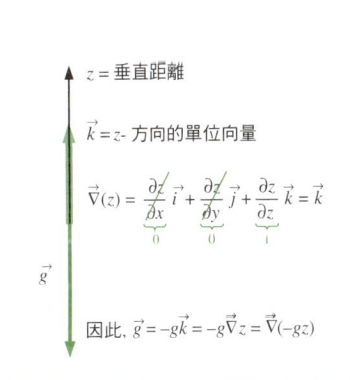

圖 10-18 當重力作用在 $-z$- 方向，重力向量 $\vec{g}$ 可以寫成 $\vec{\nabla}(-gz)$。

$$\vec{g} = -g\vec{k} = -g\vec{\nabla}z = \vec{\nabla}(-gz) \tag{10-16}$$

其中我們已經用到座標 z 的梯度為在 z- 方向的單位向量 $\vec{k}$ 這一事實。也注意到 g 為常數，這允許我們將它 (以及負號) 移進梯度算符中。我們將式 (10-16) 代入式 (10-15)，並重新整理將三項併到一個梯度算符中，

$$\vec{\nabla}\left(\frac{P}{\rho} + \frac{V^2}{2} + gz\right) = \vec{V} \times \vec{\zeta} \tag{10-17}$$

根據兩個向量的外積定義，$\vec{C} = \vec{A} \times \vec{B}$，向量 $\vec{C}$ 同時垂直 $\vec{A}$ 與 $\vec{B}$。因此，式 (10-17) 的左邊必為一個處處垂直於局部速度向量 $\vec{V}$ 的向量，因為 $\vec{V}$ 出現在式 (10-17) 中的右邊的外積運算中。現在考慮沿著三維流線 (圖 10-19) 的流動，由流線的定義，它處處平行局域速度向量。因此在流線上的每一點，$\vec{\nabla}(P/\rho + V^2/2 + gz)$ 必須垂直流線。現在開始複習你的向量代數課本，並回想一個純量的梯度指向純量的最大增量的方向。再者，一個純量的梯度為一個方向垂直該純量等於常數的假像曲面的向量。因此，我們認為沿著流線，純量 $(P/\rho + V^2/2 + gz)$ 必為常數。縱使流動為旋流性 ($\vec{\zeta} \neq 0$)，這個還是對的。因此，我們已經推導出穩態不可壓縮伯努利方程式的另一個版本，適用於淨黏滯力可忽略的流動區域，即所謂的流動的無黏滯性區域。

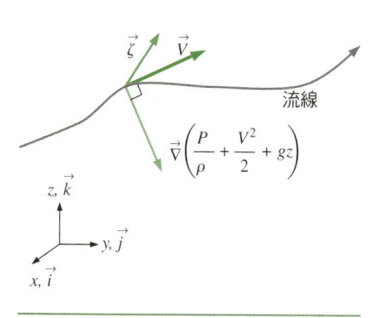

圖 10-19 沿著流線，$\vec{\nabla}(P/\rho + V^2/2 + gz)$ 是一個處處與流線垂直的向量；因此，沿流線 $P/\rho + V^2/2 + gz$ 是常數。

在流動的無黏滯性區域中的穩態不可壓縮伯努利方程式：

$$\frac{P}{\rho} + \frac{V^2}{2} + gz = C = \text{沿著流線為常數} \tag{10-18}$$

注意在式 (10-18) 中的伯努利 "常數" C，只有在沿著某一流線上為常數；這常數會隨著不同流線而改變。

我們也許會想知道是否物理上有可能存在一個流動的旋流區同時是無黏滯性的。是的，這是可能的，並且我們給一個簡單的例子 — 固體轉動 (圖 10-20)。隨然轉動可能由黏滯力產生，固體轉動中流動的區域沒有剪力且沒有淨黏滯力，它是一個無黏滯性的流動區域，縱使也是旋轉的。這種流場旋轉的特性的結果，式 (10-18) 適用於每一條流線，但是伯努利常數 C 在不同流線上有不同值。

例題 10-3 固體轉動運動中的壓力場

某流體繞著 z- 軸如同剛體般地轉動 (固體轉動)，如圖 10-20 所示。穩態不可壓縮速度場為 $u_r = 0$、$u_\theta = \omega r$ 及 $u_z = 0$。在原點的壓力等於 P_0。計算流場中每一點的壓力場，並決定沿每一條流線的伯努利常數。

解答：已知速度場，我們要計算壓力場與沿著每一條流線的伯努利常數。

假設：**1.** 穩態與不可壓縮流。**2.** 因為沒有 z (垂直) 方向的流動，在垂直方向存在流體靜壓力分佈。**3.** 因為黏滯力為零，整個流場近似為無黏滯性的流動區域。**4.** 任何流場變數在 θ- 方向是沒有變動的。

分析：因為假設 3，式 (10-18) 可以直接應用，

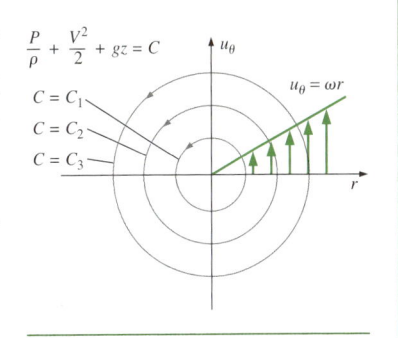

圖 10-20 固體旋轉是無黏滯性同時也是旋轉的流動區域的一個例子。在不同的流線，伯努利常數 C 有不同值，但沿著任意特定的流線上其值不變。

伯努利方程式：
$$P = \rho C - \frac{1}{2}\rho V^2 - \rho g z \quad (1)$$

其中 C 為伯努利常數，如圖 10-20 所示沿著徑向變化。對在任一徑向位置 r，$V^2 = \omega^2 r^2$，式 (1) 變成

$$P = \rho C - \rho \frac{\omega^2 r^2}{2} - \rho g z \quad (2)$$

在原點 ($r = 0, z = 0$)，壓力等於 P_0 (由已知的邊界條件)。因此我們計算在原點 ($r = 0$) 的 $C = C_0$，

在原點的邊界條件：
$$P_0 = \rho C_0 \quad \rightarrow \quad C_0 = \frac{P_0}{\rho}$$

但是要怎樣才能求出在任一徑向位置 r 的 C 值呢？單靠式 (2) 是不夠的，因為 C 與 P 兩者均為未知。答案是我們必須利用歐拉公式。因為沒有自由表面，我們使用式 (10-7) 的修正壓力。圓柱座標中，歐拉方程式的 r- 分量 [見沒有黏滯項的式 (9-62b)] 化簡為

歐拉方程式的 r- 分量：
$$\frac{\partial P'}{\partial r} - \rho \frac{u_\theta^2}{r} = \rho \omega^2 r \quad (3)$$

其中我們已將 $u_\theta = \omega r$ 代入。因為流體靜壓力已併入修正壓力中，P' 並非 z 的函數。分別由假設 1 與 4 知，P' 亦非 t 或 θ 的函數。因此 P' 只是 r 的函數，我們將式 (3) 的偏導數換成全導數。積分得

修正壓力場：
$$P' = \rho \frac{\omega^2 r^2}{2} + B_1 \quad (4)$$

其中 B_1 為積分常數。在原點，因為 $z = 0$，修正壓力 P' 等於實際壓力 P。所以結果是 B_1 等於 P_0。我們用式 (10-7) 將式 (4) 轉變回實際壓力 $P = P' - \rho g z$，

實際壓力：
$$P = \rho \frac{\omega^2 r^2}{2} + P_0 - \rho g z \quad (5)$$

在參考平面 $(z=0)$，我們將無因次壓力對無因次半徑的函數作圖，其中我們選取流場中的某個徑向位置 $r=R$ 作為特徵長度 (圖 10-21)。壓力分佈為以 r 為變數的拋物線。

最後，我們令式 (2) 與 (5) 相等以求解 C，

隨 r 而變的伯努利常數： $$C = \frac{P_0}{\rho} + \omega^2 r^2 \qquad (6)$$

在原點，$C = C_0 = P_0/\rho$，與先前計算結果吻合。

討論：對於像固體般轉動的流體，伯努利常數隨 r^2 遞增。這點不令人訝異，因為隨 r 值越大，流體移動得越快，因此它們擁有更多的能量。事實上，由式 (5) 可看出壓力本身也隨 r^2 遞增。物理上，徑向 (向內的) 壓力梯度提供保持流體質點繞原點旋轉所必需的向心力。

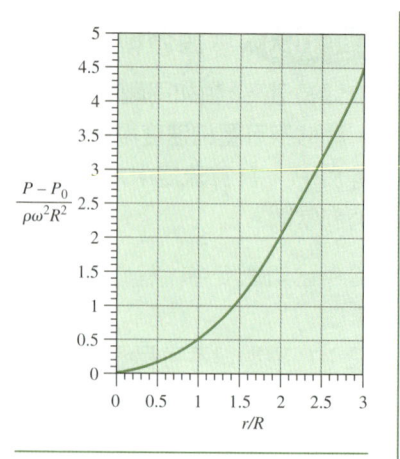

圖 10-21 對於做固體旋轉的流體，在高度為零處，無因次壓力為無因次徑向位置的函數。

10-5 無旋流近似

如同第 4 章所指出，存在著流體質點無淨轉動運動的流動區域，這些區域稱作**無旋** (irrotational) 區域。你必須記住無旋假設是一個近似，它只有在流場的某些區域適用，但在其它區域並不適用 (圖 10-22)。雖然如同之前所指出的，存在無黏滯的流動區域可能不為無旋的情況 (例如，固體轉動)，不過通常遠離固體壁面及物體尾流區的流動的無黏滯區也是無旋的，因此這類定義為無旋性的流動的解是完整納維－斯托克斯解的近似。數學上，這個近似就是渦度小到可忽略。

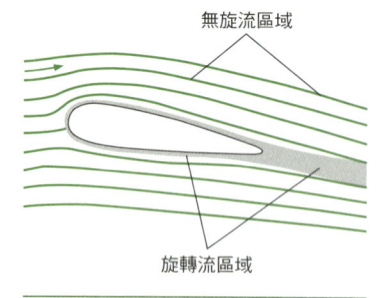

圖 10-22 在無旋流近似只適用在渦度是可以忽略的某些流動區域。

無旋假設： $$\vec{\zeta} = \vec{\nabla} \times \vec{V} \cong 0 \qquad (10\text{-}19)$$

我們現在檢查這個近似在連續方程式及動量方程式的影響。

連續方程式

假如你將向量代數課本拍掉更多的灰塵，會發現一個關於任何純量函數 ϕ 的梯度的旋度，即任一向量 $\vec{V}$ 的旋度，的向量恆等式，

向量恆等式： $\vec{\nabla} \times \vec{\nabla}\phi = 0$　因此，若 $\vec{\nabla} \times \vec{V} = 0$，則 $\vec{V} = \vec{\nabla}\phi$ 　(10-20)

在卡氏座標系，這個恆等式可以容易的得證 (圖 10-23)，但只要 ϕ 是一個平滑函

數,這個結果可以推廣到任何正交座標系。簡言之,若一個向量的旋度為零,這個向量可以表示成某個稱為**勢函數** (potential function) ϕ 的純量函數的梯度。在流體力學中,向量 $\vec{V}$ 為速度向量,它的旋度為渦度向量 $\vec{\zeta}$,因此稱 ϕ 為速度勢函數。我們寫為

對無旋的流動區域: $\qquad \vec{V} = \vec{\nabla}\phi \qquad$ (10-21)

我們應該指出在式 (10-21) 中的符號慣例並非普遍性的 —— 在某些流體力學課本,會在速度勢函數前加上一個負號。簡要敘述式 (10-21) 如下:

> 在無旋性的流動區域,速度向量可以表示成一個稱為速度勢函數的純量函數的梯度。

無旋流動區域因此也稱為**勢流區域** (regions of potential flow)。注意,我們並沒有限定在二維流動。只要無旋性近似適用於我們研究的流動區域,式 (10-21) 對三維流場是成立。在卡氏座標系中,

$$u = \frac{\partial \phi}{\partial x} \quad v = \frac{\partial \phi}{\partial y} \quad w = \frac{\partial \phi}{\partial z} \qquad (10\text{-}22)$$

而在圓柱座標系中,

$$u_r = \frac{\partial \phi}{\partial r} \quad u_\theta = \frac{1}{r}\frac{\partial \phi}{\partial \theta} \quad u_z = \frac{\partial \phi}{\partial z} \qquad (10\text{-}23)$$

當式 (10-21) 代入不可壓縮連續方程式 (10-1),它的用處就很明顯:$\vec{\nabla} \cdot \vec{V} = 0 \rightarrow \vec{\nabla} \cdot \vec{\nabla}\phi = 0$,或是

對於無旋流動區域: $\qquad \nabla^2 \phi = 0 \qquad$ (10-24)

其中拉普拉斯算符 ∇^2 為一純量算符,定義為 $\vec{\nabla} \cdot \vec{\nabla}$,而式 (10-24) 稱為拉普拉斯方程式。我們強調式 (10-24) 只在無旋流近似適用的區域 (圖 10-24) 成立。在卡氏座標系中,

$$\nabla^2 \phi = \frac{\partial^2 \phi}{\partial x^2} + \frac{\partial^2 \phi}{\partial y^2} + \frac{\partial^2 \phi}{\partial z^2} = 0$$

而在圓柱座標系中,

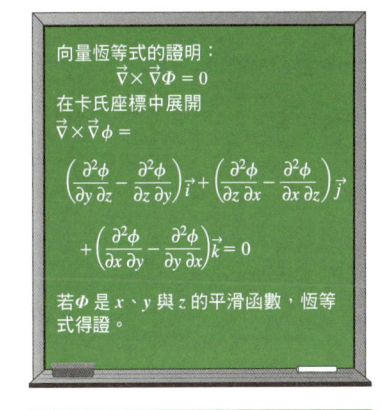

圖 10-23 藉由在卡氏座標系中各項地展開很容易證明式 (10-20) 的向量恆等式。

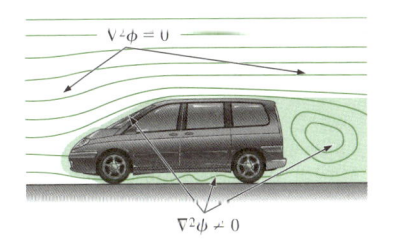

圖 10-24 速度勢函數 ϕ 的拉普拉斯方程式,同時適用於二度空間與三度空間,以及任何座標系統,但僅適用於無旋流動區域 (一般遠離壁面與尾流)。

$$\nabla^2\phi = \frac{1}{r}\frac{\partial}{\partial r}\left(r\frac{\partial\phi}{\partial r}\right) + \frac{1}{r^2}\frac{\partial^2\phi}{\partial\theta^2} + \frac{\partial^2\phi}{\partial z^2} = 0$$

這個近似漂亮的地方在於我們結合三個未知速度分量 (u、v、w 或 u_r、u_θ、u_z，依所選的座標系而定) 於一個未知純量變數 ϕ 中，消去兩個求解所需的方程式 (圖 10-25)。一旦解得式 (10-24) 中的 ϕ，可以用式 (10-22) 或 (10-23) 計算所有三個速度分量。

拉普拉斯方程式很有名，因為它在物理學、應用數學與工程學的諸多領域中出現。在文獻中可找到很多解析的或數值的求解技巧。拉普拉斯方程式的解受幾何邊界的支配 (即邊界條件)。雖然式 (10-24) 由質量守恆而來，質量本身 (或密度，它是單位體積的質量)卻在方程式中剔除。對於某組圍繞整個無旋流場區域的已知邊界條件，我們可以用式 (10-24) 求解 ϕ，不用考慮流體的性質。一旦求出 ϕ，不用去求解納維－斯托克斯方程式就可以接著計算流場區中每一點的 $\vec{V}$ [用式 (10-21)]。求得的解對任何在無旋近似適用的流動區域的不可壓縮流體都正確，與流體密度及黏滯性無關。

這個甚至對不穩定流亦成立，因為時間並沒有出現在不可壓縮連續方程式。換言之，在時間的任一瞬間，不可壓縮流場即刻自我調整以滿足存於該瞬間的拉普拉斯方程式及邊界條件。

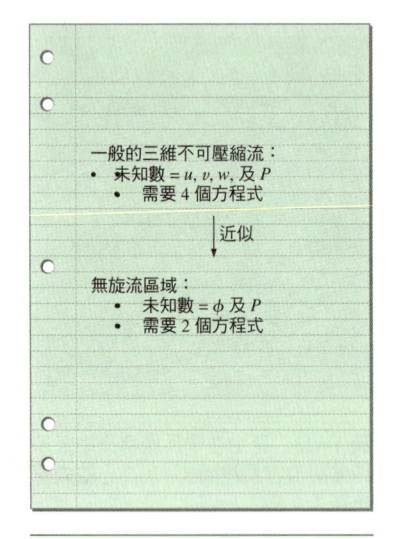

圖 10-25 在無旋的流動區域，速度向量的三個未知純量分量合併成一個未知純量函數 —— 速度勢函數。

一般的三維不可壓縮流：
- 未知數 = u, v, w, 及 P
- 需要 4 個方程式

↓ 近似

無旋流區域：
- 未知數 = ϕ 及 P
- 需要 2 個方程式

動量方程式

我們現在將注意力轉移到微分形式的線性動量方程式 —— 納維－斯托克斯方程式 (10-2)。剛剛已證明在無旋的流動區域，不需要應用納維－斯托克斯方程式就可以求得速度場。那麼到底為什麼還需要它呢？答案是，一旦我們藉由速度勢函數的使用建立速度場，就可利用納維－斯托克斯方程式求解壓力場。一個化簡的納維－斯托克斯方程式是在圖 10-25 中所述在無旋流動區域中，求解兩個未知量 ϕ 與 P 的第二個必須的方程式。

我們的分析從應用無旋流近似 [式 (10-21)] 於納維－斯托克斯方程式 [式 (10-2)] 的黏滯項開始。假設 ϕ 是一個平滑函數，納維－斯托克斯方程式的黏滯項變成

$$\mu\nabla^2\vec{V} = \mu\nabla^2(\vec{\nabla}\phi) = \mu\vec{\nabla}(\underbrace{\nabla^2\phi}_{0}) = 0$$

其中我們已應用了式 (10-24)。因此，在無旋流動區域中，納維－斯托克斯方程化簡

為歐拉方程式，

對於無旋流動區域： $\rho\left[\dfrac{\partial \vec{V}}{\partial t} + (\vec{V}\cdot\vec{\nabla})\vec{V}\right] = -\vec{\nabla}P + \rho\vec{g}$ (10-25)

我們強調，雖然我們得到與在無黏性流動區域所得到相同形式的歐拉方程式 (10-13)，但是此處黏滯項的消失的原因不同，就是在這個區域的流動是假設為無旋的，而非無黏滯性的 (圖 10-26)。

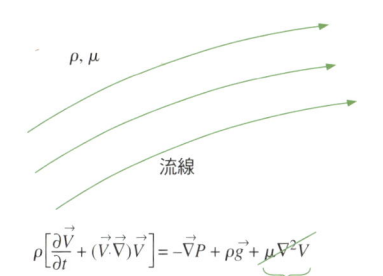

圖 10-26 無旋的流動區域是一個區域，在那裡因無旋近似，淨黏滯力與慣性力和／或壓力相比可以忽略不計。所有無旋的流動區域因此也是無黏性的，但不是所有無黏性的流動區域都是無旋的。在兩種情況下的流體，本身仍然是有黏性的流體。

在無旋流動區域的伯努利方程式的推導

在 10-4 節，基於歐拉方程式，我們推導出在無黏滯流動區域中沿著流線的伯努利方程式。現在從式 (10-25) 開始，對於無旋流動區域做相似的推導。為簡化起見，我們再一次假設穩態不可壓縮流。我們用之前所用的相同的向量恆等式 (10-14)，導出式 (10-15) 的歐拉方程式的另一種形式。在此，渦度向量 $\vec{\zeta}$ 小到可忽略，因為我們考慮的是無旋流動區域 [式 (10-19)]。因此，對於重力作用於負 z- 方向的情形，式 (10-17) 化簡為

$$\vec{\nabla}\left(\dfrac{P}{\rho} + \dfrac{V^2}{2} + gz\right) = 0 \qquad (10\text{-}26)$$

現在我們主張假如某個純量的梯度 [在式 (10-26) 括號中的量] 處處為零，此純量本身為一常數。因此，我們導出無旋流動區域的伯努利方程式，

在無旋流動區域中的穩態、不可壓縮伯努利方程式：

$$\dfrac{P}{\rho} + \dfrac{V^2}{2} + gz = C = 到處都是同一常數 \qquad (10\text{-}27)$$

比較式 (10-18) 與 (10-27) 是很有用的。在一個無黏滯性流動區域，伯努利方程式是沿流線適用的，伯努利常數因不同流線而異。在無旋流動區域，伯努利常數處處相同，因此伯努利方程式在無旋流動區域中處處有效，縱使跨越流線亦然。因此，無旋近似要比無黏滯性近似有更高的限制性。

適用於無旋流區域的方程式及求解步驟總結在圖 10-27 中。在一個無旋流區域，首先解速度勢函數 ϕ 的拉普拉斯方程式 (10-24)，接著利用式 (10-21) 來求出速度場。為了解拉普拉斯方程式，沿著有興趣的流場的邊界，我們必須提供 ϕ 的邊界條件。一旦知道速度場，我們使用伯努利方程式 (10-27) 來求得

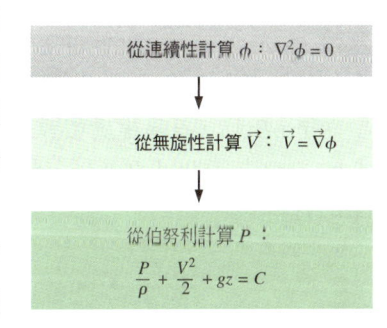

圖 10-27 在無旋的流動區域求解的流程圖。速度場是從連續性和無旋性得到的，然後壓力從伯努利方程求得。

壓力場，其中伯努利常數 C 是應用在流場中某處的 P 作為邊界條件來得到的。

例題 10-4 說明流場由兩個不同區域組成的情況 —— 一個是無黏性的旋轉區域及一個無黏性的無旋區域。

例題 10-4 ▶ 龍捲風的兩區域模型

龍捲風的一個水平切片 (圖 10-28) 分成兩個不同區域。內部或核心區域 ($0<r<R$) 用固體旋轉建模 —— 如同先前所討論的一個旋轉但無黏滯性的流動區域。外部區域 ($r>R$) 用無旋流動區域建模。流動為在 $r\theta$- 平面上的二維流動，速度場的分量 $\vec{V}=(u_r, u_\theta)$ 可寫成

速度分量：
$$u_r = 0 \qquad u_\theta = \begin{cases} \omega r & 0<r<R \\ \dfrac{\omega R^2}{r} & r>R \end{cases} \qquad (1)$$

其中 ω 為內部區域中的角速度大小。周遭的壓力 (遠離龍捲風) 等於 P_∞。計算在龍捲風的一個水平切片 ($0<r<\infty$) 上的壓力場。在 $r=0$ 的壓力若干？畫出壓力場與速度場。

圖 10-28 透過龍捲風的水平切片可用兩個區域進行建模 —— 一個無黏滯性但旋轉的內流區 ($r<R$)，與一個無旋的外流區 ($r>R$)。

解答：速度分量近似如式 (1) 的一個龍捲風的水平切片，我們將要計算其壓力場 $P(r)$，也將計算在這個水平切片上 $r=0$ 處的壓力。

假設：1. 流動為穩態且不可壓縮。**2.** 雖然 R 隨高度 z 遞增，而 ω 隨高度 z 遞減，當考慮特定水平切片時，在同一切面上 R 與 ω 假設為常數。**3.** 在水平切片上的流動為在 $r\theta$- 平面的二維流動 (與 z 無關且無速度的 w- 分量)。**4.** 在同一特定水平切片上，重力效應可忽略 (當然在 z- 方向存在額外的流體靜壓力場，但這並不影響流動的動力學特性，如同先前所討論的)。

分析：在內部區域歐拉方程式是納維–斯托克斯方程式的一個合理的近似，壓力場可由積分求得。在例題 10-3，我們已證明對於固體旋轉，

內部區域的壓力場 ($r<R$)：
$$P = \rho \frac{\omega^2 r^2}{2} + P_0 \qquad (2)$$

其中 P_0 為在 $r=0$ 處的 (未知) 壓力，並且我們忽略重力項。因為外部區域為無旋的流動區域，伯努利方程式適用且伯努利常數從 $r=R$ 到 $r\to\infty$ 處處相等。使用遠離龍捲風的邊界條件，即當 $r\to\infty$、$u_\theta\to 0$ 且 $P\to P_\infty$ (圖 10-29)，可求得伯努利常數。由式 (10-27) 得

當 $r\to\infty$：
$$\underbrace{\frac{P}{\rho}}_{P_\infty/\rho} + \underbrace{\frac{\cancel{V^2}}{2}}_{V\to 0\,當\,r\to\infty} + \underbrace{g\cancel{z}}_{假設\,4} = C \quad\to\quad C = \frac{P_\infty}{\rho} \qquad (3)$$

本日提示

看向遠場。
在那，
你會發現
你所尋找的。

圖 10-29 獲得問題的邊界條件的好地方是遠場；這適用於許多流體力學上的問題。

將式 (3) 的常數 C 的值代入伯努利方程式 (10-27) 中，求得外部區

第 10 章 納維-斯托克斯方程式的近似解 **581**

域中任何一點的壓力場。忽略重力，

在外部區域 $(r>R)$： $$P = \rho C - \frac{1}{2}\rho V^2 = P_\infty - \frac{1}{2}\rho V^2 \qquad (4)$$

我們注意到 $V^2 = u_\theta^2$。將式 (1) 的 u_θ 代入後，式 (4) 化簡為

在外部區域的壓力場 $(r>R)$： $$P = P_\infty - \frac{\rho}{2}\frac{\omega^2 R^4}{r^2} \qquad (5)$$

在 $r=R$，內部區域與外部區域間的交界面，壓力必須連續 (沒有壓力 P 的突躍)，如圖 10-30 所畫。在此交界面上，令式 (2) 與式 (5) 相等，得

在 $r=R$ 的壓力： $$P_{r=R} = \rho\frac{\omega^2 R^2}{2} + P_0 = P_\infty - \frac{\rho}{2}\frac{\omega^2 R^4}{R^2} \qquad (6)$$

由此可得在 $r=0$ 處的壓力 P_0，

在 $r=0$ 處的壓力 P_0： $$P_0 = P_\infty - \rho\omega^2 R^2 \qquad (7)$$

式 (7) 給出在龍捲風中心 — 暴風眼的壓力值。這是流場中最低壓力。將式 (7) 代入式 (2)，使我們能用已知的遠場周遭壓力 P_∞ 來表示，而將式 (2) 改寫為

在內部區域 $(r<R)$： $$P = P_\infty - \rho\omega^2\left(R^2 - \frac{r^2}{2}\right) \qquad (8)$$

我們不直接對在這個水平切片上的 P 與 r 作圖，取而代之的是以對無因次化壓力分佈作圖，使得圖可適用於任何水平切片。用無因次變數表示，

內部區域 $(r<R)$： $$\frac{u_\theta}{\omega R} = \frac{r}{R} \qquad \frac{P-P_\infty}{\rho\omega^2 R^2} = \frac{1}{2}\left(\frac{r}{R}\right)^2 - 1$$

外部區域 $(r>R)$： $$\frac{u_\theta}{\omega R} = \frac{R}{r} \qquad \frac{P-P_\infty}{\rho\omega^2 R^2} = -\frac{1}{2}\left(\frac{R}{r}\right)^2 \qquad (9)$$

圖 10-31 顯示作為無因次徑向位置的函數的無因次切線速度與無因次壓力之圖。

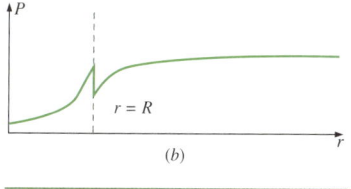

圖 10-30 為了我們的龍捲風模型的正確性，壓力的斜率在 $r=R$ 可以不連續，但在那裡壓力不能有數值上的突躍；(a) 是正確的，但 (b) 不是。

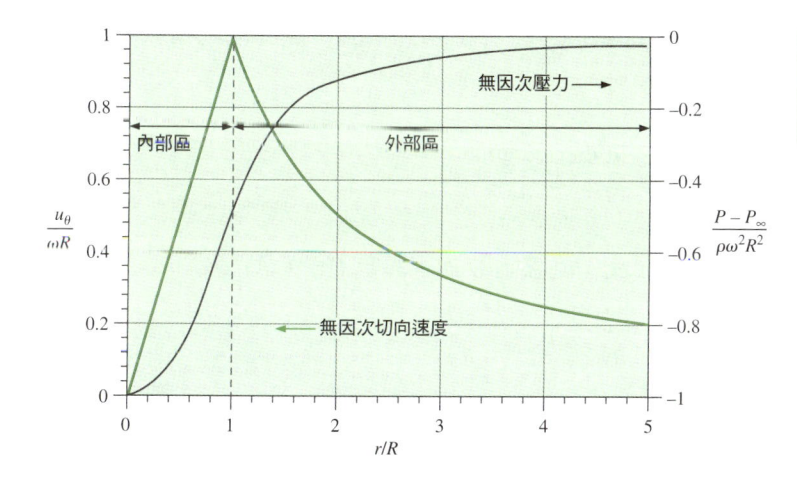

圖 10-31 沿通過龍捲風的水平徑向切片的無因次切向速度分佈 (顏色曲線) 與無因次壓力分佈 (黑線)。內流區和外流區被標記出。

討論： 在外部區域，壓力隨速率遞減而遞增 —— 這是伯努利方程式在整個外部區都使用相同伯努利常數的結果。我們鼓勵你使用另一種方法 —— 不用伯努利方程式，直接積分歐拉方程式，去計算外部區域的 P；你應該得到相同的結果。在內部區域，P 隨 r 成拋物線狀遞增，縱使速率也遞增；這是因為伯努利常數隨著不同流線而變 (如同在例題 10-3 指出的)。注意，縱使切線速度的斜率在 $r/R = 1$ 處有不連續點存在，壓力在內部區域與外部區域間卻是相當平滑的變化。壓力在龍捲風的中心處最低而在遠場處升到大氣壓 (圖 10-32)。最後，在內部區域的流動為旋轉但無黏滯性的，因為黏度在那個流動區域不扮演任何角色。在外部區域的流動為無旋但有黏滯性的。然而，注意，黏滯性仍然作用在外部區域的流體質點。(黏滯性造成流體質點的切變與扭變，縱使作用在外部區域的流體質點的淨黏滯力為零。)

圖 10-32 最低壓力發生在龍捲風的中心，並且在該區域的流動可以近似為固體的旋轉。

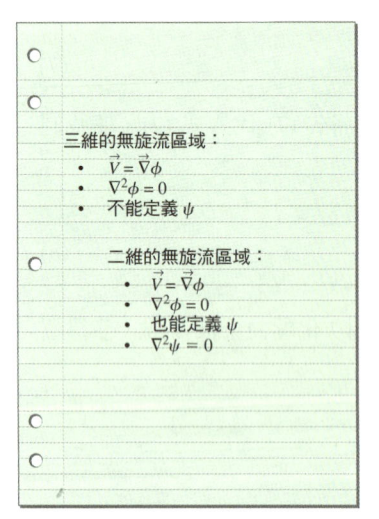

三維的無旋流區域：
- $\vec{V} = \vec{\nabla}\phi$
- $\nabla^2\phi = 0$
- 不能定義 ψ

二維的無旋流區域：
- $\vec{V} = \vec{\nabla}\phi$
- $\nabla^2\phi = 0$
- 也能定義 ψ
- $\nabla^2\psi = 0$

圖 10-33 二維流是三維流的一個子集；在二維流動區域，我們可以定義流線函數，但在三維流我們無法這樣做。然而，速度勢函數，可以定義在任何無旋流動區域。

二維無旋流動區域

在無旋流動區域，式 (10-24) 與 (10-21) 同時適用於二維與三維流場，並且藉由速度勢函數 ϕ 的拉普拉斯方程式求解，解得這些區域的速度場。假如流動也是二維的，我們還可以利用流線函數 (圖 10-33)。二維近似不限於 xy- 平面上的流動，也不限於卡氏座標。事實上，我們可以在只有兩個運動方向是重要的且在第三個運動方向沒有明顯變動的任何流動區域假設為二維。兩個最常見的例子是**平面流** (planar flow，在垂直平面方向的變動可忽略的平面上流動) 以及**軸對稱流** (axisymmetric flow，對某個軸有旋轉對稱性的流動)。依據手邊問題的幾何，我們可以選擇在卡氏座標、圓柱座標或球面極座標中處理。

平面無旋流動區域

我們首先考慮平面流，因為它最簡單。對於一個在卡氏座標 xy- 平面上的穩態、不可壓縮、平面、無旋流動區域 (圖 10-34)，對於 ϕ 的拉普拉斯方程式為

$$\nabla^2\phi = \frac{\partial^2\phi}{\partial x^2} + \frac{\partial^2\phi}{\partial y^2} = 0 \tag{10-28}$$

對於在 xy- 平面上的不可壓縮平面流，流線函數 ψ 定義為 (第 9 章)

流線函數： $$u = \frac{\partial \psi}{\partial y} \qquad v = -\frac{\partial \psi}{\partial x} \tag{10-29}$$

注意，不論流動區域是有旋還是無旋，式 (10-29) 都成立。事實上，根據流線函數的定義使它永遠滿足連續方程式，與旋轉性無關。假如侷限我們的近似在無旋流動區域，式 (10-19) 必須同時成立；即渦度為零或是可忽略的小。對於一般的 xy- 平面上的二維流，渦度的 z- 分量為唯一的非零分量。因此，在無旋流動區域，

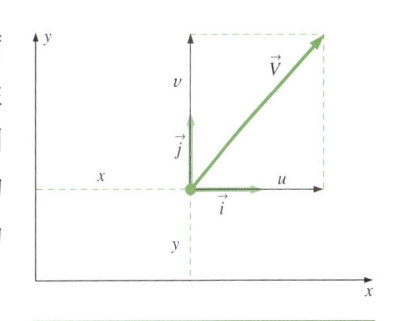

$$\zeta_z = \frac{\partial v}{\partial x} - \frac{\partial u}{\partial y} = 0$$

將式 (10-29) 代入這個方程式得

$$\frac{\partial}{\partial x}\left(-\frac{\partial \psi}{\partial x}\right) - \frac{\partial}{\partial y}\left(\frac{\partial \psi}{\partial y}\right) = -\frac{\partial^2 \psi}{\partial x^2} - \frac{\partial^2 \psi}{\partial y^2} = 0$$

在前面的方程式中，我們看出拉普拉斯算符。因此，

$$\nabla^2 \psi = \frac{\partial^2 \psi}{\partial x^2} + \frac{\partial^2 \psi}{\partial y^2} = 0 \tag{10-30}$$

圖 10-34 對於在 xy- 平面內的平面二維流，卡氏座標中的速度分量和單位向量。在垂直於該平面的方向沒有任何變動。

結論是在穩態、不可壓縮、無旋、平面流動區域中，拉普拉斯方程式不僅可應用於 ϕ [式 (10-28)]，也可應用於 ψ [式 (10-30)]。

ψ 等於常數的曲線定義為流動的流線，而 ϕ 等於常數的曲線定義為等勢線。(注意，有些作者用等勢線一詞同時表示流線及 ϕ 等於常數的曲線，而非專門指 ϕ 等於常數的曲線。) 在平面無旋流動區域，結果為流線與等勢線以直角相交，這個條件稱為互相正交性 (圖 10-35)。此外，勢函數 ϕ 與 ψ 彼此關係密切──兩者均滿足拉普拉斯方程式，並且我們可以從 ψ 或 ϕ 兩者之一來決定速度場。數學家稱 ψ 與 ϕ 的解為調諧函數，並且 ψ 與 ϕ 稱為互為調和共軛。雖然 ψ 與 ϕ 有關係，它們的由來有些相反，也許最好的說法是 ϕ 與 ψ 是互補的：

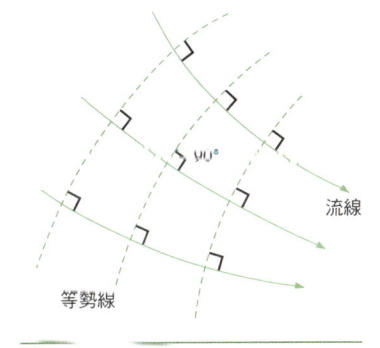

圖 10-35 在平面無旋的流動區域，等 ϕ 曲線 (等位線) 與等 ψ 曲線 (流線) 是相互正交的，這意味著它們處處以 90° 角相交。

- 流線函數定義自連續方程式；ψ 的拉普拉斯方程式來自於無旋性。
- 速度勢定義自無旋性；ϕ 的拉普拉斯方程式來自於連續方程式。

實際上，我們可以用 ψ 或 ϕ 兩者之一來作勢流分析，而且不管用哪一種方法，都應該得到相同的結果。然而，通常用 ψ 比較方便，因為 ψ 的邊界條件通常比較容易設定。

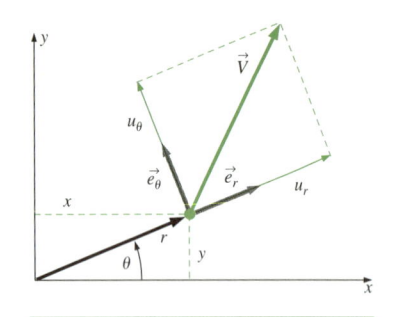

圖 10-36 對 $r\theta$- 平面中的平面流，在圓柱座標中的速度分量和單位向量。在垂直於該平面的方向沒有任何變動。

在 xy- 平面上的平面流也可以用圓柱座標 (r, θ) 與 (u_r, u_θ) 來描述，如圖 10-36 所示。再一次地，沒有速度的 z- 分量，而且速度在 z- 方向沒有變動。在圓柱座標，

拉普拉斯方程式，在 (r, θ) 的平面流：

$$\frac{1}{r}\frac{\partial}{\partial r}\left(r\frac{\partial \phi}{\partial r}\right) + \frac{1}{r^2}\frac{\partial^2 \phi}{\partial \theta^2} = 0 \tag{10-31}$$

在卡氏座標中平面流的流線函數由式 (10-29) 所定義，無旋條件使得 ψ 也滿足拉普拉斯方程式。我們在圓柱座標中執行相似的分析。還記得第 9 章，

流線函數：
$$u_r = \frac{1}{r}\frac{\partial \psi}{\partial \theta} \qquad u_\theta = -\frac{\partial \psi}{\partial r} \tag{10-32}$$

證明對於二維平面無旋流動區域，由式 (10-32) 所定義的流線函數同樣滿足圓柱座標中的拉普拉斯方程式，留給你作為習題。[藉由用 ψ 取代式 (10-31) 中 ϕ 以得到流線函數的拉普拉斯方程式來驗證你的結果。]

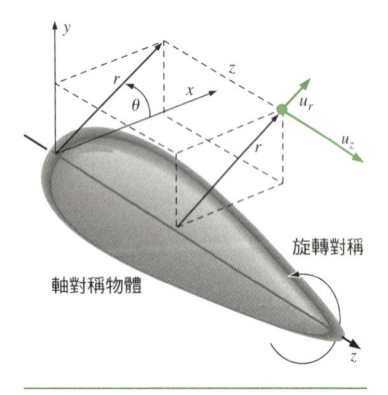

軸對稱無旋流動區域

軸對稱流是可以用圓柱座標或球面極座標來描述的二維流動的一個特例。在圓柱座標中，r 與 z 為恰當的空間變數，而 u_r 與 u_z 為非零的速度分量 (圖 10-37)。因為旋轉對稱性被定義為繞著 z- 軸，所以沒有角度 θ 的相依性。這是二維流動的類型，因為只有兩個獨立的空間變數，r 與 z。(在圖 10-37 中，想像把徑向分量 r 在 θ- 方向繞 z- 軸旋轉，但沒有改變 r 的大小。) 因為 z- 軸的旋轉對稱性，經過旋轉後，速度分量 u_r 與 u_z 的大小保持不變。對於軸對稱無旋流動區域，速度勢 ϕ 的拉普拉斯方程式用圓柱座標表示為

$$\frac{1}{r}\frac{\partial}{\partial r}\left(r\frac{\partial \phi}{\partial r}\right) + \frac{\partial^2 \phi}{\partial z^2} = 0$$

圖 10-37 圓柱座標中流過軸對稱的物體，且對 z- 軸為旋轉對稱的流動。幾何形狀與速度場均與 θ 無關；並且 $u_\theta = 0$。

為了得到軸對稱流的流線函數的表達式，我們從用 r- 與 z- 座標表示的不可壓縮連續方程式著手，

$$\frac{1}{r}\frac{\partial}{\partial r}(ru_r) + \frac{\partial u_z}{\partial z} = 0 \tag{10-33}$$

經過一些代數運算，定義完全滿足式 (10-33) 的流線函數，

流線函數：$$u_r = -\frac{1}{r}\frac{\partial \psi}{\partial z} \quad u_z = \frac{1}{r}\frac{\partial \psi}{\partial r}$$

依循著同平面流相同的步驟，藉由強制令渦度為零，導出一個在軸對稱無旋流動區域中的 ψ 的方程式。在這個案例中，只有渦度的 θ- 分量是有意義的，因為速度向量永遠落橫躺在 rz- 平面中。因此，在無旋流動區域，

$$\frac{\partial u_r}{\partial z} - \frac{\partial u_z}{\partial r} = \frac{\partial}{\partial z}\left(-\frac{1}{r}\frac{\partial \psi}{\partial z}\right) - \frac{\partial}{\partial r}\left(\frac{1}{r}\frac{\partial \psi}{\partial r}\right) = 0$$

將 r 移出 z- 導數 (因為 r 不是 z 的函數) 後，我們得到

$$r\frac{\partial}{\partial r}\left(\frac{1}{r}\frac{\partial \psi}{\partial r}\right) + \frac{\partial^2 \psi}{\partial z^2} = 0 \tag{10-34}$$

注意，式 (10-34) 與 ψ 的拉普拉斯方程式不一樣。在軸對稱無旋流動區域，你無法使用連線函數的拉普拉斯方程式 (圖 10-38)。

在平面無旋流動區域，拉普拉斯方程式同時適用於 ϕ 與 ψ；但是在軸對稱無旋流動區域，拉普拉斯方程式只適用於 ϕ，但不適用於 ψ。

這個敘述的一個直接的推論是，在軸對稱無旋流動區域，ψ 等於常數的曲線與 ϕ 等於常數的曲線並不互相正交。這是平面流與軸對稱流的基本差異。最後，縱使式 (10-34) 與拉普拉斯方程式並不相同，但它仍是一個線性偏微分方程式。這允許我們在求解軸對稱無旋流動區域的流場時，對 ψ 或 ϕ 使用線性疊加的技巧。馬上討論線性疊加。

圖 10-38 軸對稱無旋流的流線函數方程式 (10-34) 並非拉普拉斯方程式。

二維無旋流動區域的總結

對於平面與軸對稱無旋流動區域兩者的速度分量方程式總結於表 10-2 中。

無旋流動區域中的線性疊加

因為拉普拉斯方程式為一線性齊次微分方程式，方程式的兩個或多個解的線性組合必定也是一個解。例如，若 ϕ_1 與 ϕ_2 同為拉普拉斯方程式的解，則 $A\phi_1$、$(A + \phi_1)$、$(\phi_1 + \phi_2)$ 及 $(A\phi_1 + B\phi_2)$ 也都是解，其中 A 與 B 為任意常數。以此類

表 10-2 各種座標系統下，穩定、不可壓縮、無旋且二維的流動區域的速度分量用速度勢函數及流線函數的表示式

流場及座標系統	速度分量 1	速度分量 2
平面流；卡氏座標	$u = \dfrac{\partial \phi}{\partial x} = \dfrac{\partial \psi}{\partial y}$	$v = \dfrac{\partial \phi}{\partial y} = -\dfrac{\partial \psi}{\partial x}$
平面流；圓柱座標	$u_r = \dfrac{\partial \phi}{\partial r} = \dfrac{1}{r}\dfrac{\partial \psi}{\partial \theta}$	$u_\theta = \dfrac{1}{r}\dfrac{\partial \phi}{\partial \theta} = -\dfrac{\partial \psi}{\partial r}$
軸對稱流；圓柱座標	$u_r = \dfrac{\partial \phi}{\partial r} = -\dfrac{1}{r}\dfrac{\partial \psi}{\partial z}$	$u_z = \dfrac{\partial \phi}{\partial z} = \dfrac{1}{r}\dfrac{\partial \psi}{\partial r}$

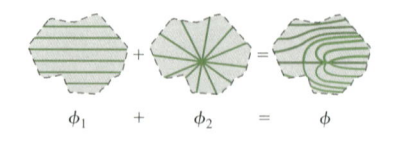

圖 10-39 線性疊加是將兩個或兩個以上的無旋流解相加，以產生第三個 (更複雜) 的解的過程。

推，你可以組合數個拉普拉斯方程式的解，而這個組合保證也是一個解。假如一個無旋流動區域是由兩個或多個不同的無旋流場之和所建模，例如，一個位於自由流中的流源，我們只要將每一個個別流動的速度勢函數相加就可以描述合成的流場。這種將兩個或多個已知解相加以產生第三個更複雜的解的過程，就是線性疊加 (圖 10-39)。

在二維無旋流動區域的情況，可以將速度勢函數改用流線函數來作相似的分析。我們強調，線性疊加的觀念是有用的，但只在無旋流場適用，因為 ϕ 與 ψ 的方程式是線性的。你必須十分仔細的確保兩個你想作向量加法的流場都是無旋的。例如，噴流的流場絕對不應該與入口流或自由流的流場相加，因為與噴流相關聯的速度場強烈受到黏滯性的影響，並非無旋的且無法用勢函數描述。

結果表明，因為合成場的勢函數是個別流場的勢函數之和，在合成場中任一點的速度是個別流場的速度的向量和。我們在卡氏座標中藉由考慮下標為 1 與 2 的兩個獨立平面流場的線性疊加的平面無旋流場來證明這一點。已知合成的速度勢函數為

兩個無旋流場之線性疊加： $\qquad \phi = \phi_1 + \phi_2$

用表 10-2 中在卡氏座標的平面無旋流方程式，合成流得速度的 x- 分量為

$$u = \frac{\partial \phi}{\partial x} = \frac{\partial (\phi_1 + \phi_2)}{\partial x} = \frac{\partial \phi_1}{\partial x} + \frac{\partial \phi_2}{\partial x} = u_1 + u_2$$

你可以得到對於 v 的類似的表達式。因此，線性疊加讓我們能簡單的從流動區域中任何位置的個別速度的向量，和得到在該位置的合成流場的速度 (圖 10-40)。

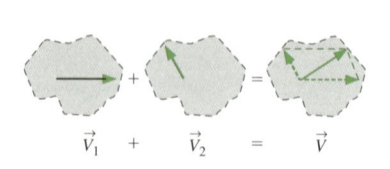

圖 10-40 兩種無旋流解線性疊加，在流動區域中的任何點，兩個速度向量做向量的加法，以產生該點的合速度。

由線性疊加而得的合成速度場： $\qquad \vec{V} = \vec{V}_1 + \vec{V}_2 \qquad (10\text{-}35)$

基本的平面無旋流

線性疊加使我們能將兩個或多個無旋流解相加,以得到更複雜 (但願是更有物理意義的) 的流場。因此,建立基本的無旋流構件的集合是很有用的,我們可以用這些集合建構各式各樣更實際的流動 (圖 10-41)。基本平面無旋流用 xy 座標或 $r\theta$ 座標描述,取決於在特定問題中哪一個組合最有用。

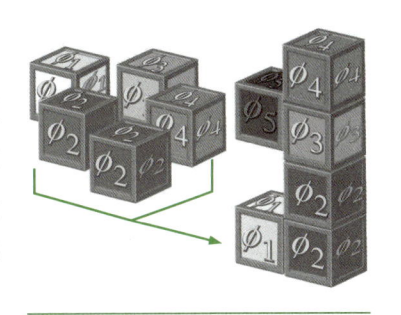

圖 10-41 用線性疊加,我們藉由將基本無旋流場構件加在一起,建立一個複雜的無旋流場。

構件 1 ── 均勻流

我們能想到最簡單的流動構件是沿著 x- 方向 (向左或向右) 以定常速度流動的均勻流。用速度勢與流線函數 (表 10-2) 表示,

均勻流: $\quad u = \dfrac{\partial \phi}{\partial x} = \dfrac{\partial \psi}{\partial y} = V \qquad v = \dfrac{\partial \phi}{\partial y} = -\dfrac{\partial \psi}{\partial x} = 0$

將第一個方程式對 x 積分,然後將結果對 y 微分,我們可以得到均勻流的速度勢函數的表達式,

$$\phi = Vx + f(y) \quad \rightarrow \quad v = \dfrac{\partial \phi}{\partial y} = f'(y) = 0 \quad \rightarrow \quad f(y) = 常數$$

常數為任意的,因為速度分量永遠為 ϕ 的導數。令常數等於零,因為我們知道如果必要,總是能夠在以後再加上一個任意常數。因此,

均勻流的速度勢函數: $\qquad \phi = Vx \qquad$ (10-36)

用相似的方法,導出基本平面無旋流的流線函數,

均勻流的流線函數: $\qquad \psi = Vy \qquad$ (10-37)

圖 10-42 中所示為數條均勻流的流線及等勢線。注意其正交性。

用圓柱座標表示流線函數與速度勢函數常常要比卡氏座標方便,特別是當均勻流與某些其它平面無旋流作線性疊加時。轉換關係式可由圖 10-36 的幾何關係得到,

$$x = r\cos\theta \qquad y = r\sin\theta \qquad r = \sqrt{x^2 + y^2} \qquad (10\text{-}38)$$

由式 (10-38) 及一些三角運算,我們推導在圓柱座標中的 u 與 v 的關係式,

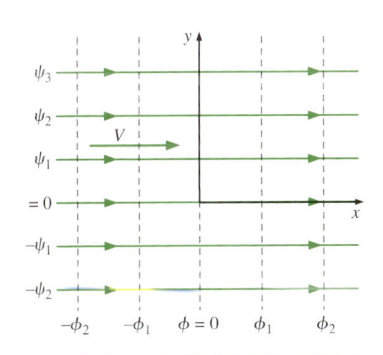

圖 10-42 在 x- 方向上均勻流的流線 (實線) 和等位線 (虛線)。

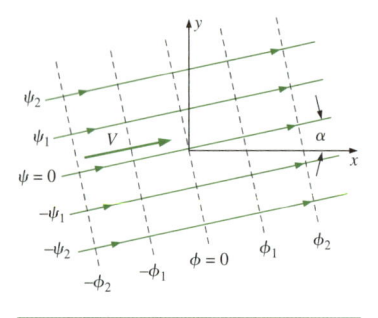

圖 10-43 傾斜 α 角度的均勻流的流線 (實線) 和等位線 (虛線)。

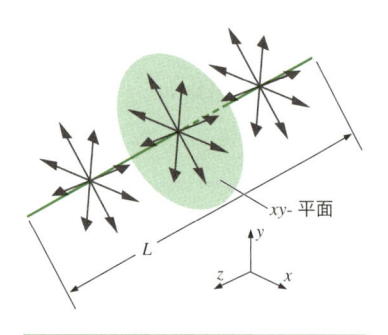

圖 10-44 有限長度 L 的線段湧出的流體。當 L 趨於無窮大時，流場就變成線源，xy- 平面取為垂直於源的軸。

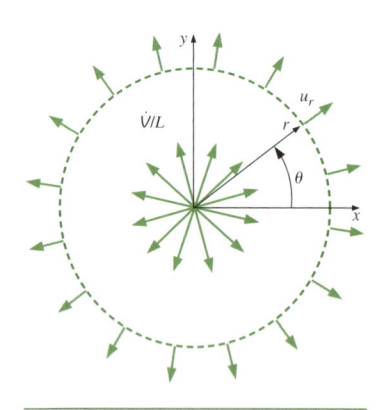

圖 10-45 強度 $\dot{V}/L$ 的線源位於在 xy- 平面上的原點，通過半徑為 r 的圓的每單位深度的總體積流率必須等於 $\dot{V}/L$，與 r 的值無關。

變換： $u = u_r \cos\theta - u_\theta \sin\theta \quad v = u_r \sin\theta + u_\theta \cos\theta$ (10-39)

在圓柱座標中，式 (10-36) 與 (10-37) 中的 ϕ 與 ψ 變成

均勻流： $\phi = Vr\cos\theta \quad \psi = Vr\sin\theta$ (10-40)

我們可以修改均勻流使得流體以速率 V 與 x- 軸成 α 傾斜角均勻地流動。在這種情況下，如圖 10-43 所示，$u = V\cos\alpha$ 且 $v = V\sin\alpha$。傾斜 α 角的均勻流的速度勢函數與流線函數為

傾斜 α 角的均勻流：
$$\begin{aligned}\phi &= V(x\cos\alpha + y\sin\alpha) \\ \psi &= V(y\cos\alpha - x\sin\alpha)\end{aligned}$$ (10-41)

必要時，經由式 (10-38) 的使用，式 (10-41) 可以很容易地轉變成圓柱座標。

構件 2 ── 線源與線沉

我們的第二塊流動構件為線源。想像一段平行 z- 軸長度 L 的線段，流體沿著這線段湧出，並且向垂直線段的各個方向往外均勻的流動 (圖 10-44)。全部的體積流率等於 $\dot{V}$。當長度 L 趨近於無窮大，流動變成在與線垂直的平面上的二維流動，這條溢出流體的線稱為線源。對於一條無限長的線，$\dot{V}$ 也趨近於無窮大；因此考慮單位深度的體積流率較為方便，$\dot{V}/L$ 稱為線源強度 (通常用符號 m 表示)。

一條線沉正好與線源相反；流體從垂直線段的各個方向流進線沉。為了方便起見，正的 $\dot{V}/L$ 意味著線源，而負的 $\dot{V}/L$ 表示線沉。

最簡單的案例發生在當線源位於 xy- 平面的原點，而線本身沿著 z- 軸。在 xy- 平面中，線源看起來像在原點的一個點，在平面上，流體從這個點向四面八方湧出 (圖 10-45)。在離線源徑向距離 r 處的徑向速度分量 u_r 可以應用質量守恆求出，也就是來自線源的單位深度的體積流率必須全部通過半徑為 r 的圓。因此，

$$\frac{\dot{V}}{L} = 2\pi r u_r \quad u_r = \frac{\dot{V}/L}{2\pi r}$$ (10-42)

很清楚的，如同我們所預料的，u_r 隨 r 的增加而遞減。同時注

意，u_r 在原點為無窮大，因為在式 (10-42) 的分母中的 r 為零。這個我們稱為奇點 —— 這個確實是物理上不可能的，但是作為無旋流線性疊加的構件，線源仍是很有用的。只要我們遠離緊鄰線源中心的附近區域，由線源與其它構件線性疊加所產生的其它部分的流場，仍是在物理上真實流場中的無旋流區域的一個很好的表述。

我們現在推導一個強度為 $\dot{V}/L$ 的線源的速度勢函數與流線函數的表達式。用圓柱座標，從式 (10-42) 的 u_r 著手，也看出 u_θ 處處為零。用表 10-2，速度分量為

線源：
$$u_r = \frac{\partial \phi}{\partial r} = \frac{1}{r}\frac{\partial \psi}{\partial \theta} = \frac{\dot{V}/L}{2\pi r} \qquad u_\theta = \frac{1}{r}\frac{\partial \phi}{\partial \theta} = -\frac{\partial \psi}{\partial r} = 0$$

為了導出流線函數，我們 (任意的) 選取其中的一個方程式 (選第二個)，對 r 積分，然後對另一個變數 θ 微分，

$$\frac{\partial \psi}{\partial r} = -u_\theta = 0 \quad \rightarrow \quad \psi = f(\theta) \quad \rightarrow \quad \frac{\partial \psi}{\partial \theta} = f'(\theta) = ru_r = \frac{\dot{V}/L}{2\pi}$$

由此，我們積分以得到

$$f(\theta) = \frac{\dot{V}/L}{2\pi}\theta + 常數$$

再一次令任意的積分常數等於零，因為必要時，我們可以隨時加回一個常數而不會改變流動。對 ϕ 施以相似的分析後，對於在原點的線源，得到下面表達式：

在原點的線源：
$$\phi = \frac{\dot{V}/L}{2\pi}\ln r \quad 與 \quad \psi = \frac{\dot{V}/L}{2\pi}\theta \tag{10-43}$$

線源的若干流線與等勢線繪於圖 10-46。如我們所預料的，流線為射線 (θ 等於常數的線) 而等勢線為圓 (r 等於常數的線)。流線與等勢線處處相互正交，除了原點之外，它是一個奇點。

當我們想將線源放在原點以外的地方的，我們必須小心地變換式 (10-43)。圖 10-47 所畫的是一個在 xy- 平面上位於任意點 (a, b) 的源。我們定義 r_1 為流場中從源到某一點 P 的距離，其中 P 位於 (x, y) 或 (r, θ)。相似的，我們定義 θ_1 為從源到點 P 連線的夾角，從與 x- 軸平行的線量起。在分析流場時把源看成位於絕對位置 (a, b) 的新原點。對於 ϕ 與 ψ 的式 (10-43) 仍然適用，但 r 與 θ 必須換成 r_1 與 θ_1。將 r_1 與 θ_1 轉換回 (x, y) 或 (r, θ) 需要一些三角運算。例如，在卡氏座標中，

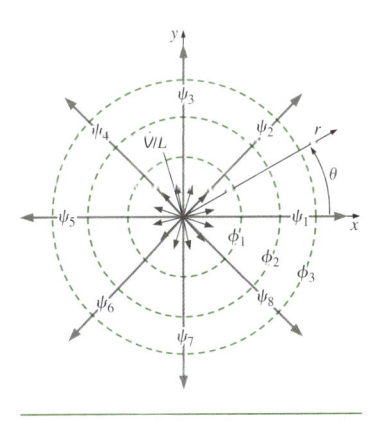

圖 10-46 強度 $\dot{V}/L$ 位於在 xy- 平面上的原點的線源的流線 (實線) 和等勢線 (虛線)。

590 流體力學

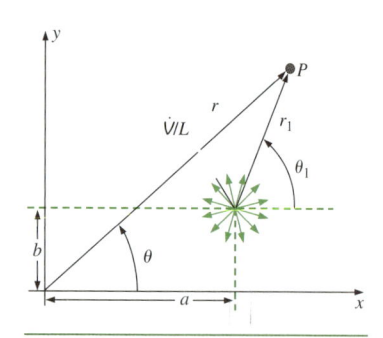

圖 10-47 強度 $\dot{V}/L$ 的線源位於 xy-平面上的某任意點 (a, b)。

在點 (a, b) 的線源：

$$\phi = \frac{\dot{V}/L}{2\pi} \ln r_1 = \frac{\dot{V}/L}{2\pi} \ln \sqrt{(x-a)^2 + (y-b)^2}$$

$$\psi = \frac{\dot{V}/L}{2\pi} \theta_1 = \frac{\dot{V}/L}{2\pi} \arctan \frac{y-b}{x-a}$$

(10-44)

例題 10-5　等強度的源與沉的線性疊加

考慮一個由位於 $(-a, 0)$ 強度 $\dot{V}/L$ 的線源與位於 $(a, 0)$ 相同強度(但符號相反)的線沉所構成的無旋流動區域，如圖 10-48 所繪。導出流線函數的卡氏座標與圓柱座標表達式。

解答：我們將要將源與沉作線性疊加以，產生 ψ 的卡氏座標與圓柱座標表達式。

假設：所考慮的流動區域為不可壓縮與無旋的。

分析：我們用式 (10-44) 以得到源的 ψ 函數，

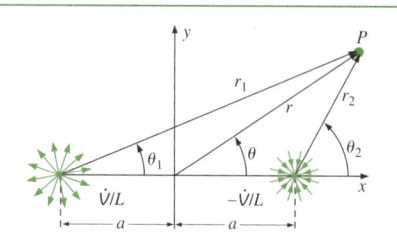

圖 10-48　在 $(-a, 0)$ 強度 $\dot{V}/L$ 的線源與在 $(a, 0)$ 的線沉 (強度 $-\dot{V}/L$) 的線性疊加。

在 $(-a, 0)$ 的線源：
$$\psi_1 = \frac{\dot{V}/L}{2\pi} \theta_1 \quad 其中 \quad \theta_1 = \arctan \frac{y}{x+a} \tag{1}$$

同樣地，對於沉：

在 $(a, 0)$ 的線沉：
$$\psi_2 = \frac{-\dot{V}/L}{2\pi} \theta_2 \quad 其中 \quad \theta_2 = \arctan \frac{y}{x-a} \tag{2}$$

線性疊加使我們能僅僅將兩個流線函數，式 (1) 與 (2) 相加就可以得到合成流線函數。

合成流線函數：
$$\psi = \psi_1 + \psi_2 = \frac{\dot{V}/L}{2\pi}(\theta_1 - \theta_2) \tag{3}$$

重新整理式 (3)，並於兩邊分別取正切後得到

$$\tan \frac{2\pi\psi}{\dot{V}/L} = \tan(\theta_1 - \theta_2) = \frac{\tan\theta_1 - \tan\theta_2}{1 + \tan\theta_1 \tan\theta_2} \tag{4}$$

其中我們已用到一個三角恆等式 (圖 10-49)。

我們將 θ_1 與 θ_2 用式 (1) 與 (2) 替換，作一點代數運算，得到流線函數的表達式，

$$\tan \frac{2\pi\psi}{\dot{V}/L} = \frac{\dfrac{y}{x+a} - \dfrac{y}{x-a}}{1 + \dfrac{y}{x+a}\dfrac{y}{x-a}} = \frac{-2ay}{x^2 + y^2 - a^2}$$

有用的三角恆等式

$\sin(\alpha + \beta) = \sin\alpha\cos\beta + \cos\alpha\sin\beta$
$\cos(\alpha + \beta) = \cos\alpha\cos\beta - \sin\alpha\sin\beta$
$\tan(\alpha + \beta) = \dfrac{\tan\alpha + \tan\beta}{1 - \tan\alpha\tan\beta}$
$\cot(\alpha + \beta) = \dfrac{\cot\beta\cot\alpha - 1}{\cot\beta + \cot\alpha}$

圖 10-49　一些有用的三角恆等式。

或者我們將等號兩邊分別取反正切，

最後結果，卡氏座標：
$$\psi = \frac{-\dot{V}/L}{2\pi} \arctan \frac{2ay}{x^2 + y^2 - a^2} \tag{5}$$

我們用式 (10-38) 將上式轉換圓柱座標，

最後結果，圓柱座標：
$$\psi = \frac{-\dot{V}/L}{2\pi} \arctan \frac{2ar \sin \theta}{r^2 - a^2} \tag{6}$$

討論：假如源與沉對調，除了在源強度 $\dot{V}/L$ 前的負號消失外，結果不變。

構件 3 ── 線渦

　　第三個構件為一條平行 z- 軸的線渦。如同前面的構件，我們從位於原點的線渦 (圖 10-50) 這一簡單的情況著手。為了方便起見，再次用到圓柱座標。速度分量為

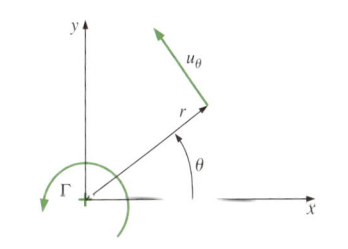

線渦：
$$u_r = \frac{\partial \phi}{\partial r} = \frac{1}{r}\frac{\partial \psi}{\partial \theta} = 0 \quad u_\theta = \frac{1}{r}\frac{\partial \phi}{\partial \theta} = -\frac{\partial \psi}{\partial r} = \frac{\Gamma}{2\pi r} \tag{10-45}$$

圖 10-50 強度 Γ 位於 xy- 平面上的原點的線渦。

其中 Γ 稱為環流或渦強度。依循標準數學協定，正 Γ 表示逆時針旋轉的旋渦，而負 Γ 表示順時針旋轉的旋渦。積分式 (10-45) 以得到流線函數與速度勢函數，詳細推導留作習題，

在原點的線渦：
$$\phi = \frac{\Gamma}{2\pi}\theta \quad \psi = -\frac{\Gamma}{2\pi} \ln r \tag{10-46}$$

比較式 (10-43) 與 (10-44)，我們發現就 ϕ 與 ψ 的表達式互相顛倒來看，線源與線渦是互補的。

　　在很多情況下，我們可能想要將旋渦置於原點外的某處，此時就必須將式 (10-46) 做變換，做法與處理線源一般。圖 10-51 所畫的是位於 xy- 平面上任意點 (a, b) 的一條線渦。跟前面一樣 (圖 10-47)，我們定義 r_1 與 θ_1。為了得到 ϕ 與 ψ 的表達式，我們將式 (10-46) 中的 r 與 θ 用 r_1 與 θ_1 取代，然後變換成一般的座標，卡式或圓柱。在卡氏座標，

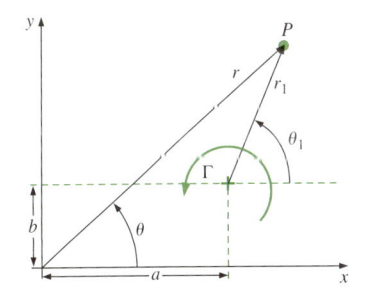

圖 10-51 強度 Γ 位於 xy- 平面上某任意點 (a, b) 的線渦。

在 (a, b) 的線渦：
$$\phi = \frac{\Gamma}{2\pi}\theta_1 = \frac{\Gamma}{2\pi} \arctan \frac{y-b}{x-a}$$
$$\psi = -\frac{\Gamma}{2\pi} \ln r_1 = -\frac{\Gamma}{2\pi} \ln \sqrt{(x-a)^2 + (y-b)^2} \tag{10-47}$$

例題 10-6　由三個構件所合成流場中的速度

一個無旋流動區域是由一條在 $(x, y) = (0, -1)$，強度 $(\dot{V}/L)_1 = 2.00$ m²/s 的線源，一條在 $(x, y) = (1, -1)$，強度 $(\dot{V}/L)_2 = -1.00$ m²/s 的線源，以及一條在 $(x, y) = (1, 1)$，強度 $\Gamma = 1.50$ m²/s 的線渦所組成，其中所有空間座標以米為單位。[2 號線源事實上為一條線沉，因為 $(\dot{V}/L)_2$ 為負值。] 三個構件的位置如圖 10-52 所示。計算在點 $(x, y) = (1, 0)$ 處的流體速度。

解答： 已知兩條線源與一條線渦的線性疊加，要計算在點 $(x, y) = (1, 0)$ 處的速度。

假設：1. 流動區域被建模成穩態、不可壓縮且無旋。**2.** 在每一個構件處的速度為無窮大 (它們為奇點)，這些奇點的鄰近區域的流動是沒有物理意義的，然而，在目前的分析中我們忽略這些區域。

分析： 這個題目有很多解法。可以用式 (10-44) 與 (10-47) 將三個流線函數相加，然後對合成流線函數微分來計算速度分量，或者可以用相同方法但流線函數換成速度勢函數。一個更簡單的方法是我們看出速度本身可以線性疊加的，只要將由這三個個別的奇點的每個所導出的速度向量相加以形成在特定點的合成速度。如圖 10-53 所示。因為旋渦位於點 (1, 0) 上方 1 m 處，由旋渦引起的速度方向向右且大小為

$$V_{\text{vortex}} = \frac{\Gamma}{2\pi r_{\text{vortex}}} = \frac{1.50 \text{ m}^2/\text{s}}{2\pi(1.00 \text{ m})} = 0.239 \text{ m/s} \quad (1)$$

同樣，第一個源對點 (1, 0) 所產生的速度方向與 x- 軸成 45° 角，如圖 10-53 所示。其大小為

$$V_{\text{source 1}} = \frac{|(\dot{V}/L)_1|}{2\pi r_{\text{source 1}}} = \frac{2.00 \text{ m}^2/\text{s}}{2\pi(\sqrt{2} \text{ m})} = 0.225 \text{ m/s} \quad (2)$$

最後，第二個源 (沉) 產生一個向下的速度，大小為

$$V_{\text{source 2}} = \frac{|(\dot{V}/L)_2|}{2\pi r_{\text{source 2}}} = \frac{|-1.00 \text{ m}^2/\text{s}|}{2\pi(1.00 \text{ m})} = 0.159 \text{ m/s} \quad (3)$$

我們將這些速度用平行四邊形法作向量的加法，如圖 10-54 所繪。用式 (10-35)，合成速度為

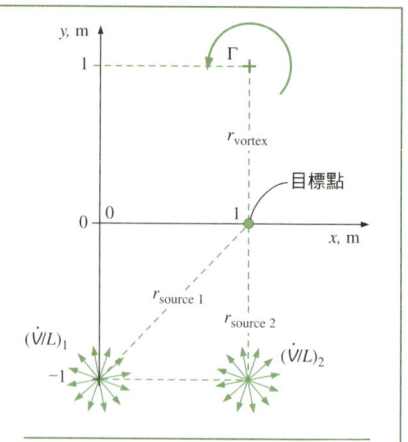

圖 10-52　在 xy- 平面上的兩線源與一線渦線性疊加 (例題 10-6)。

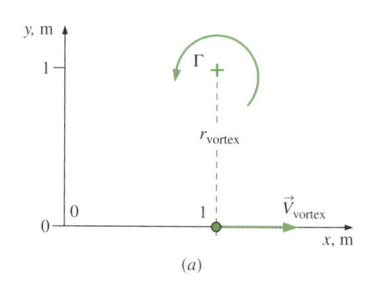

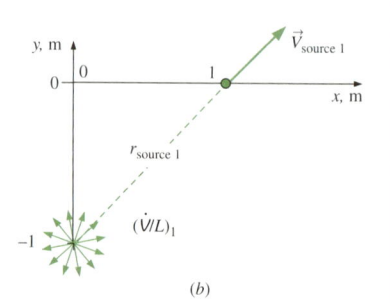

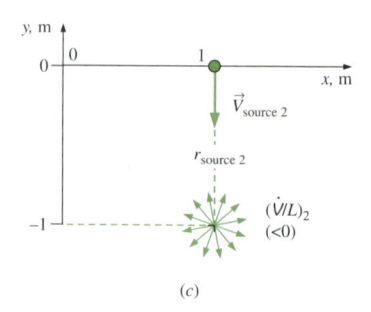

圖 10-53　由 (a) 旋渦，(b) 源 1，以及 (c) 源 2 (注意源 2 為負) 所產生的速度 (例題 10-6)。

$$\vec{V} = \underbrace{\vec{V}_{\text{vortex}}}_{0.239\vec{i} \text{ m/s}} + \underbrace{\vec{V}_{\text{source 1}}}_{\left(\frac{0.225}{\sqrt{2}}\vec{i} + \frac{0.225}{\sqrt{2}}\vec{j}\right) \text{m/s}} + \underbrace{\vec{V}_{\text{source 2}}}_{-0.159\vec{j} \text{ m/s}} = (0.398\vec{i} + 0\vec{j}) \text{ m/s} \quad (4)$$

在點 (1, 0) 經由線性疊加後的速度為 0.398 m/s，方向向右。

討論：這個例題說明速度可以線性疊加，正如同流線函數或速度勢函數可以線性疊加一樣。速度的線性疊加只有在無旋流區域有效，因為 ϕ 與 ψ 的微分方程式是線性的，這個線性的特性同樣也可以擴展到它們的導數。

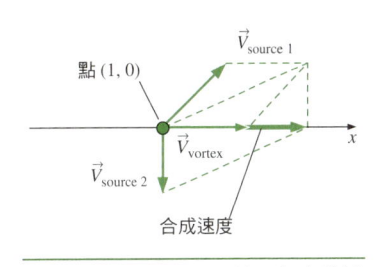

圖 10-54 例題 10-6 的三個產生速度的向量和。

構件 4 —— 偶極

第四個構件流稱作偶極。雖然我們把它看作用來作線性疊加的構件，偶極本身卻是由兩個先前的構件經由線性疊加所產生的，這兩個構件為相同大小的線源與線沉，如例題 10-5 所討論過的。由例題 10-5 可得合成的流線函數，結果在此再寫一次：

合成流線函數：
$$\psi = \frac{-\dot{V}/L}{2\pi} \arctan \frac{2ar \sin \theta}{r^2 - a^2} \quad (10\text{-}48)$$

現在想像從原點到源的距離，以及從原點到沉的距離 a 趨近於 0（圖 10-55）。你應該還記得對於非常小的角度 β（以弧度為單位），$\arctan \beta$ 趨近於 β。因此當距離 a 趨近於 0 時，式 (10-48) 化簡為

流線函數當 $a \to 0$：
$$\psi \to \frac{-a(\dot{V}/L)r \sin \theta}{\pi(r^2 - a^2)} \quad (10\text{-}49)$$

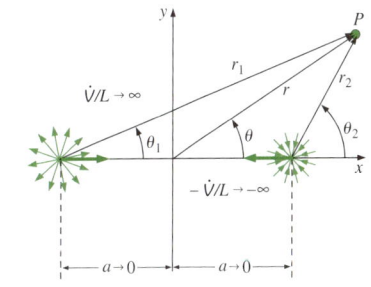

圖 10-55 偶極是由在 $(-a, 0)$ 的線源與 $(a, 0)$ 的線沉線性疊加形成的；a 遞減至零，而 $\dot{V}/L$ 遞增到無窮大，使得乘積保持常數。

假如我們收縮 a 而保持相同的源與沉的強度（$\dot{V}/L$ 與 $-\dot{V}/L$），則當 $a = 0$ 時，源與沉彼此抵消，結果是一點也沒有流動。然而，設想源與沉彼此靠近，而它們的強度與距離 a 成反比，使得乘積 $a(\dot{V}/L)$ 保持常數。在這種情況下，除了那些相當靠近原點的點之外，原點到任一點 P 的距離 r 均有 $r \gg a$，式 (10-49) 化簡為

沿著 x-軸的偶極：
$$\psi = \frac{-a(\dot{V}/L)}{\pi} \frac{\sin \theta}{r} = -K \frac{\sin \theta}{r} \quad (10\text{-}50)$$

其中為了方便起見，我們定義偶極強度 $K = a(\dot{V}/L)/\pi$。用相同的方式可得速度勢函數，

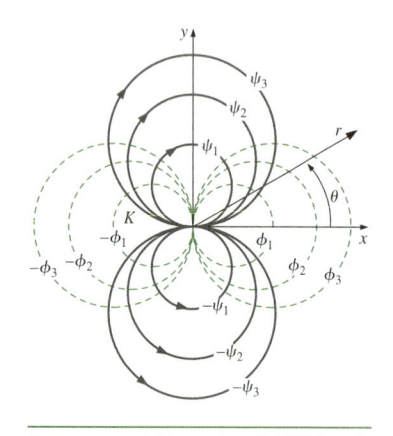

沿著 x- 軸的偶極：
$$\phi = K\frac{\cos\theta}{r} \tag{10-51}$$

偶極的數條流線與等勢線繪於圖 10-56 中。由圖中可以看出流線為與 x- 軸相切的圓，而等勢線為與 y- 軸相切的圓。除了原點之外，那是一個奇點，兩組圓處處以 90° 角相交。

若 K 為負，偶極為"反向"，沉位於 $x = 0^-$ (由左向原點無限逼近) 而源位於 $x = 0^+$ (由右向原點無限逼近)。在哪種情況，在圖 10-56 中的所有流線形狀相同，但流動的方向相反。建構與 x- 軸成 α 角排列的偶極的表達式留作習題。

圖 10-56 位於 xy- 平面的原點，方向對準 x- 軸，強度為 K 的偶極的流線 (實線) 和等位線 (虛線)。

由線性疊加所形成的無旋流

現在我們有一組無旋流構件，已經可以利用線性疊加技巧來建構出一些很有趣的無旋流場。我們將例題限定在 xy- 平面中的平面流；軸對稱流的線性疊加例題可以在更進階的教科書中找到 (例如 Kundu et al., 2011; Panton, 2005; Heinsohn 與 Cimbala, 2003)。注意，雖然軸對稱流的 ψ 並不滿足拉普拉斯方程式，但是 ψ 的微分方程式 (10-34) 仍為線性，因此線性疊加仍是有效的。

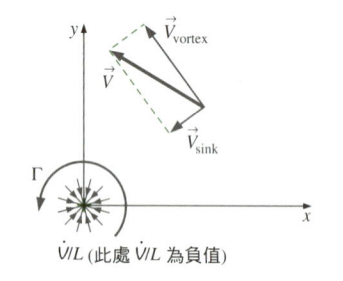

線沉與線渦的線性疊加

我們的第一個例題為強度 $\dot{V}/L$ 的線源 ($\dot{V}/L$ 在這個例子是一個負的量) 與強度 Γ 的線渦的線性疊加，二者均位於原點 (圖 10-57)。這相當於在一個水槽或浴缸的排水孔上方的流動區域，其中流體朝著排水孔盤旋而入。我們可以對 ψ 或 φ 兩者之一作線性疊加。我們選擇 ψ，將源的 ψ [式 (10-43)] 與線渦的 φ [式 (10-46)] 相加以產生合成的流線函數，

圖 10-57 強度 $\dot{V}/L$ 的線源與強度 Γ 位於原點的線渦的線性疊加。圖中顯示出 xy- 平面上的某個任意位置上的速度的向量和。

線性疊加：
$$\psi = \frac{\dot{V}/L}{2\pi}\theta - \frac{\Gamma}{2\pi}\ln r \tag{10-52}$$

為了繪製流動的流線圖，我們選一個 ψ 的值，然後解出 r 為 θ 的函數或 θ 為 r 的函數。我們選擇前者；經過一些代數運算後得到

流線：
$$r = \exp\left(\frac{(\dot{V}/L)\theta - 2\pi\psi}{\Gamma}\right) \tag{10-53}$$

我們挑某個任意的 $\dot{V}/L$ 與 Γ 以便能夠繪圖，就是令 $\dot{V}/L = -1.00$ m²/s 及 Γ = 1.50 m²/s。注意對於沉而言，$\dot{V}/L$ 為負。同時注意，我們很容易地得出 $\dot{V}/L$ 與 Γ 的單

位，因為知道在平面流中流線函數的因次為 {長度^2 / 時間}。流線可以用式 (10-53) 對數個 ψ 值算出，並繪於圖 10-58。

在這個無旋流中的任一點的速度分量可以藉由對式 (10-52) 微分而得

速度分量：$\quad u_r = \dfrac{1}{r}\dfrac{\partial \psi}{\partial \theta} = \dfrac{\dot{V}/L}{2\pi r} \qquad u_\theta = -\dfrac{\partial \psi}{\partial r} = \dfrac{\Gamma}{2\pi r}$

我們注意到在這個簡單的例題中，徑向速度分量完全是來自於沉，因為沒有來自旋渦的徑向速度分量。同樣地，切線速度分量完全來自於旋渦；在這個流場中任一點的合成速度為這兩個分量的向量和，如圖 10-57 所繪。

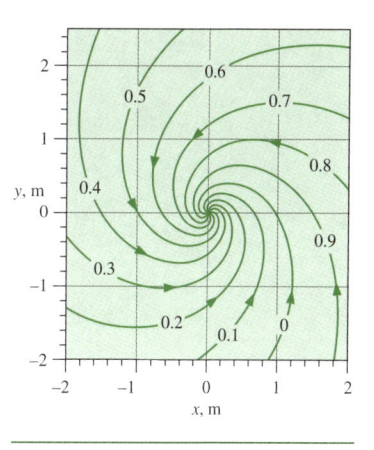

圖 10-58 經由在原點的線源與線渦線性疊加所產生的流線。ψ 值的單位為 m^2/s。

均勻流與偶極的線性疊加 — 經過圓柱的流動

下一個例題是流體力學領域的一個經典，那就是速度為 V_∞ 的均勻流與位於原點，強度為 K 的偶極 (圖 10-59) 的線性疊加。我們將均勻流的式 (10-40) 與在原點的偶極的式 (10-50) 相加來作流線函數的線性疊加。因此合成的流線函數為

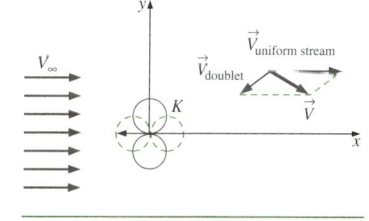

線性疊加：$\qquad \psi = V_\infty r \sin\theta - K\dfrac{\sin\theta}{r} \qquad (10\text{-}54)$

圖 10-59 均勻流與偶極的線性疊加；圖中顯示出 xy- 平面上的某個任意位置上的速度的向量和。

為了方便起見，我們令 $r = a$ 時，$\psi = 0$ (這樣做的理由很快就可以看出來)。這麼一來，從式 (10-54) 中可以解得偶極強度 K，

偶極強度：$\qquad K = V_\infty a^2$

而式 (10-54) 變成

流線函數的另一形式：$\qquad \psi = V_\infty \sin\theta \left(r - \dfrac{a^2}{r} \right) \qquad (10\text{-}55)$

從式 (10-55) 很清楚地可以看出，流線的其中一條 ($\psi = 0$) 為半徑 a 的圓 (圖 10-60)。藉由對式 (10-55) 求解得 r 為 θ 的函數或反之亦然，我們可以畫出這一條流線以及其它流線。到目前為止，你應該察覺結果用無因次參數來表示通常較好。透過審視，我們定義三個無因次參數，

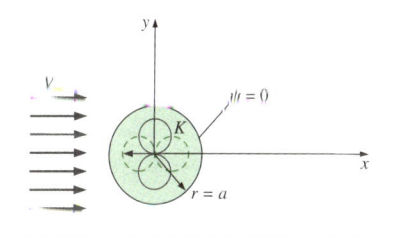

$$\psi^* = \dfrac{\psi}{V_\infty a} \qquad r^* = \dfrac{r}{a} \qquad \theta$$

圖 10-60 均勻流與偶極子的線性疊加產生圓形流線。

其中 θ 已經是無因次了。用這些參數表示，式 (10-55) 可以寫成

$$\psi^* = \sin\theta\left(r^* - \frac{1}{r^*}\right) \tag{10-56}$$

用二次方程式求根公式，我們解式 (10-56) 以求得 r^* 為 θ 的函數，

無因次流線：
$$r^* = \frac{\psi^* \pm \sqrt{(\psi^*)^2 + 4\sin^2\theta}}{2\sin\theta} \tag{10-57}$$

用式 (10-57)，在圖 10-61 中繪出幾條無因次流線。現在你看出為什麼我們選圓 $r = a$ (或 $r^* = 1$) 為零值流線 —— 這一條流線可以想像為固體壁面，而此流動表示流經圓柱的勢流。圓內部的流線並未出示 —— 它們是存在的，但是並非我們所關心的。

在這個流場中有兩個停滯點：一個在圓柱的前端；一個在尾部。靠近停滯點的流線分得很開，因為在那裡流動非常緩慢。相反地，靠近圓柱頂端與底端的流線非常靠近，表明是快速流動區域。物理上，流體必須環繞圓柱加速，因為對流動而言圓柱作用如同一障礙物。

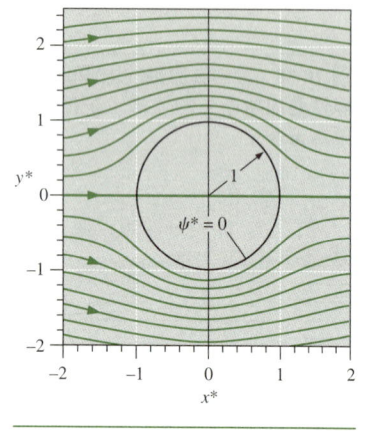

圖 10-61　由均勻流與在原點的偶極線性疊加所產生的無因次流線；$\psi^* = \psi/(V_\infty a)$、$\Delta\psi^* = 0.2$、$x^* = x/a$ 與 $y^* = y/a$，其中 a 是圓柱半徑。

同時注意流動對 x- 軸與 y- 軸均為對稱。雖然上下的對稱並沒什麼好意外的，前後對稱卻可能是意想不到的，因為我們知道真實繞著圓柱的流動會在圓柱後面產生尾流，流線並不對稱。然而我們必須牢記於心，在這裡的結果只是真實流動的近似。我們已在流場中的每一處假設無旋性，因而知道這個假設在靠近壁面及在尾流區域是不正確的。

我們藉由對式 (10-55) 微分來計算在流場中的每一處的速度分量，

$$u_r = \frac{1}{r}\frac{\partial\psi}{\partial\theta} = V_\infty\cos\theta\left(1 - \frac{a^2}{r^2}\right) \quad u_\theta = -\frac{\partial\psi}{\partial r} = -V_\infty\sin\theta\left(1 + \frac{a^2}{r^2}\right) \tag{10-58}$$

一個特殊情況是在圓柱表面 ($r = a$) 上，在那裡式 (10-58) 變成

在圓柱表面上：
$$u_r = 0 \quad u_\theta = -2V_\infty\sin\theta \tag{10-59}$$

作無旋近似時，在圓柱表面是有滑移的，因為在固體壁面上的無滑移條件無法滿足。事實上，在圓柱的頂端 ($\theta = 90°$) 處，在壁面上的流體速率為均勻流的兩倍。

例題 10-7　圓柱上的壓力分佈

用無旋流近似，計算並畫出在速率為 V_∞ 的均勻流中的一個半徑為 a 的圓柱上無因次的靜壓力分佈 (圖 10-62)。討論所得結果。遠離圓柱處的壓力為 P_∞。

解答：我們要計算並畫出在自由流中沿著圓柱表面無因次靜壓力分佈。

假設：1. 流動區域被建模成穩態、不可壓縮且無旋。2. 流場是二維的，在 xy- 平面上。

分析：首先，靜壓力是由隨流體移動的壓力探針所量得的壓力。實驗上，我們經由靜壓取壓分接頭的使用來測量表面上的壓力，它基本上是一個垂直表面鑽出的極微小的洞 (圖 10-63)。在分接管的另一頭是一條通到壓力測量裝置的管子。沿著圓柱表面的靜壓力分佈的實驗數據可以在文獻中查到，我們將結果與那些實驗數據作比較。

從第 7 章，我們確認恰當的無因次壓力為壓力係數，

壓力係數：
$$C_p = \frac{P - P_\infty}{\frac{1}{2}\rho V_\infty^2} \quad (1)$$

因為在我們感興趣的區域的流動是無旋的，用伯努利方程式 (10-27) 來計算在流場中任一點的壓力。忽略重力效應，

伯努利方程式：
$$\frac{P}{\rho} + \frac{V^2}{2} = 常數 = \frac{P_\infty}{\rho} + \frac{V_\infty^2}{2} \quad (2)$$

重新整理式 (2) 並代入式 (1)，得到

$$C_p = \frac{P - P_\infty}{\frac{1}{2}\rho V_\infty^2} = 1 - \frac{V^2}{V_\infty^2} \quad (3)$$

我們用表達式代入圓柱表面上的切線速度，式 (10-59)，因為沿著表面 $V^2 = u_\theta^2$；式 (3) 變成

表面壓力係數：
$$C_p = 1 - \frac{(-2V_\infty \sin\theta)^2}{V_\infty^2} = 1 - 4\sin^2\theta$$

用角度 β 表示，定義自物體的前端 (圖 10-62)，我們使用變換 $\beta = \pi - \theta$ 得到

用角度 β 表示的 C_p：
$$C_p = 1 - 4\sin^2\beta \quad (4)$$

我們將圓柱上半部的壓力係數對角度 β 作圖，如圖 10-64 中的實線。(因為上下對稱，不需要再畫出圓柱下半部的壓力分佈。) 注

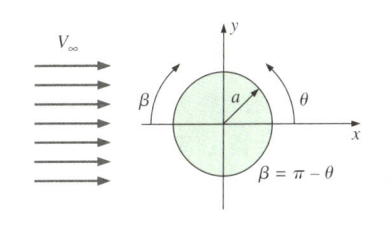

圖 10-62　通過圓柱的平面流，該圓柱半徑為 a，沉浸於 xy- 平面中速率為 V_∞ 的均勻流中。按照慣例，角度 β 從圓柱前端開始算起。

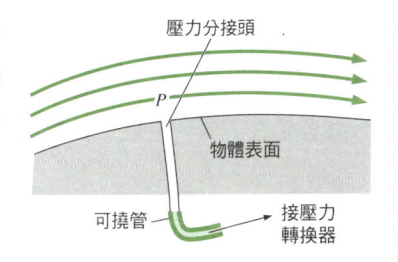

圖 10-63　在表面上的靜壓力是經由接到壓力計或電子式壓力轉換器的靜壓分接頭的使用測得的。

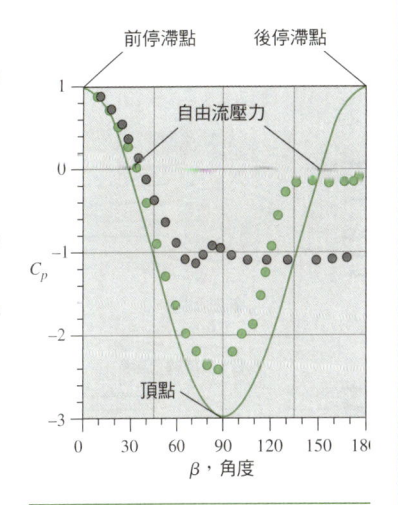

圖 10-64　壓力係數為沿著圓柱表面的角度 β 的函數；實曲線是無旋流近似，深灰色的圓圈是來自於 $Re = 2 \times 10^5$ 的實驗數據 ── 層流邊界層分離層，顏色圓圈來自於 $Re = 7 \times 10^5$ 的典型實驗數據 ── 紊流邊界層分離。
Data from Kundu et al., (2011).

意到的第一件事是，壓力分佈前後對稱。這並不令人意外，因為我們已經知道流線也是前後對稱 (圖 10-61)。

前停滯點與後停滯點 (分別在 $\beta = 0$ 與 $180°$) 標示在圖 10-64 中。壓力係數在那裡為 1，在整個流場中這兩點有最高壓力。用物理變數表示，在停滯點的靜壓力 P 等於 $P_\infty + \rho V_\infty^2/2$。換言之，當流體在停滯點減速到零速率，迎面而來的流體的全部動壓力 (也稱作衝擊壓力) 被感應成在物體突出部分上的靜壓力。在圓柱的正上方 ($\beta = 90°$)，沿著表面的速率是自由流速的兩倍 ($V = 2V_\infty$)，而在那裡的壓力係數最低 ($C_p = -3$)。同樣標在圖 10-64 中的是兩個 $C_p = 0$ 的位置，那就是 $\beta = 30°$ 以及 $\beta = 150°$。在這些位置，沿著表面的靜壓力等於自由流的靜壓力 ($P = P_\infty$)。

討論：流經圓柱表面的層流與紊流的代表性實驗數據，分別用深灰色圓圈與紅色圓圈標示在圖 10-64 中。很明顯地，在靠近圓柱的前面，無旋流近似是一個非常好的近似。然而，當 β 大於 $60°$，特別是靠近圓柱的後部 (圖的右邊)，無旋流的結果與實驗數據並沒有符合得非常好。事實上，結果表明經過像這種肥型體的流動，無旋流近似通常在物體的前半部有很好的效果但在物體的後半部效果很差。無旋流近似對於紊流數據的吻合要比對層流數據來的好。這是因為在紊流邊界層的情況，流動分離發生在下游更遠處，我們將在 10-6 節有更詳盡的討論。

在圖 10-64 中壓力分佈對稱性的一個直接的結果，就是沒有淨壓阻力作用在圓柱上 (在物體前半面的壓力恰好與物體後前半面的壓力平衡)。在這個無旋近似下，壓力在後停滯點處完全地恢復原狀，以至於在那裡的壓力與在前停滯點處的壓力相同。我們也預料到在物體上無淨黏滯阻力，因為在作了無旋近似後無法在物體表面指定無滑移條件。因此，在無旋流中，圓柱上的淨氣動阻力等於零。當我們作無旋流近似時，這是一個適用於任何形狀的物體更一般的陳述的其中一例，那就是在 1752 年首先由達朗貝特 (1717-1783) 所陳述的著名的悖論：

達朗貝特悖論：用無旋流近似，作用在沉浸於均勻流中任何形狀的任何非升力體的氣動阻力為零。

當然達朗貝特承認他的陳述是悖論，因為他知道有氣動阻力作用於沉浸於真實流體中的真實物體。在真實流中在物體背面的壓力明顯比在物體前面的壓力小，導致非零壓阻作用於物體上。假如物體是肥型的且有流動分離，此壓力差會增強，如圖 10-65 所繪。縱使對於流線形物體 (例如處於低攻角的機翼)，靠近物體背面的壓力也不可能完全恢復原狀。此外，在物體表面的無滑移條件也導致非零的黏滯阻力。因此，無旋流近似無法預測氣動阻力，原因有兩個：它預測出無壓力阻力，且無黏滯阻力的結果。

在任何圓體形前端的壓力分佈性質上相似於圖 10-64 所繪，就是在前停滯點的壓力為作用在物體上的最高壓力：

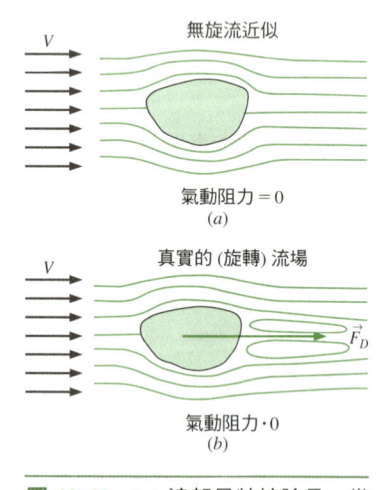

圖 10-65 (a) 達朗貝特悖論是，當引用無旋流近似時，在任何形狀的任何非升力體的氣動阻力為零；(b) 在真實的流動中，在沉浸於均勻流中的物體上有一個非零的阻力。

$P_{SP} = P_\infty + \rho V^2/2$，其中 V 為自由流速 (已去掉下標 ∞)，而在那裡 $C_p = 1$。沿著物體表面往下游移動，壓力掉到某個最小值，使得 P 小於 P_∞ ($C_p < 0$)。在物體表面正上方的速度為最大，而壓力為最小的這一點通常稱為物體的氣動肩。越過氣動肩，壓力緩慢上升。用無旋流近似，壓力總會在後停滯點升回到動壓力，在那裡 $C_p = 1$。然而，在真實流體中，壓力不可能恢復原狀，這導致如前所討論的壓力阻力。

在前停滯點與氣動肩之間的某處有一點，在那裡速度等於 V，壓力 P 等於 P_∞，且 $C_p = 0$。這一點稱為零壓點，這個詞的由來很明顯的是根據錶壓，而非絕對壓力。這一點，不管物體在流體中移動有多麼快，垂直作用在物體表面的壓力與自由流的壓力均是相同的 ($P = P_\infty$)。這個事實是影響魚眼位置的一個因素 (圖 10-66)。假如魚的眼睛位置較接近其鼻端，當魚在水中游動，眼睛將感受到水壓的增高 —— 游得越快，在牠眼睛的水壓越高，這將會造成軟質的眼球變形，影響魚的視力。同樣地，假如眼睛位於更遠的背部，靠近氣動肩，當魚游動時，眼睛將感受到一股相對的吸壓，再一次使得眼睛變形，使牠的視力變模糊。實驗已揭露，魚的眼睛反而是位於非常接近零壓點，在那裡 $P = P_\infty$，魚能夠以任何速度游動而不會扭曲其視力。附帶地，鰓的背部在靠近氣動肩處，使得在那裡的吸壓可以幫助魚"吐氣"。心臟也鄰近這個最低壓力點，以便在快速游動時增加心臟的心搏出量。

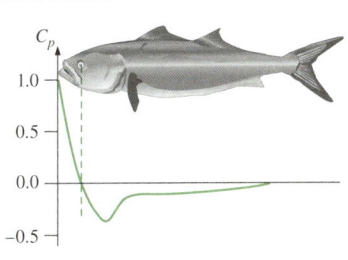

圖 10-66 魚的身體被設計成使得其眼睛位於靠近零壓力點，以便使牠在游泳時視力不失真。所示的數據是沿著魚的側面。

假如我們更進一步思考無旋流近似，意識到在例題 10-7 中作為固體圓柱模型的圓根本不是真正的壁面 —— 它只是一條在流場中被我們建模成固體壁面的流線。我們建模為固體壁面的這條特殊流線恰巧是一個圓，可以輕易挑選流場中的其它流線作為固體壁面的模型。因為根據定義，流動無法跨越流線，並且因為我們無法滿足在壁面上的無滑移條件，陳述如下：

在無旋流近似，任何流線都可以被看成是一個固體壁面。

例如，可以將圖 10-61 中的任一條流線建模成固體壁面。讓我們取在圓上方的一條流線，並將它建模成一個壁面。(這條流線的無因次數值為 $\psi^* = 0.2$。) 數條流線繪於圖 10-67；我們並未出示在流線 $\psi^* = 0.2$ 以下的流線 —— 它們仍然在那裡，只是我們不再關心它們。這表示什麼樣的流？想像風流過山丘；圖 10-67 所示的無旋流近似典型地反映這種流動。我們也許會預期在非常靠近地面及在山丘的下游側有矛盾之處，但是這個近似有可能在山丘的前面非常好。

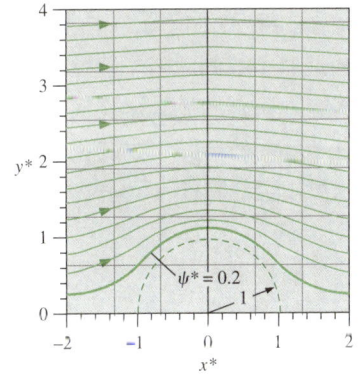

圖 10-67 同樣的無因次流線如圖 10-61 所示，除了流線 $\psi^* = 0.2$ 建模為固體壁面。這個流動表示空氣流過對稱山丘的流動。

你可能已經注意到這類線性疊加的問題所在。那就是我們先做線性疊加，然後再試圖定義一些可以用我們產生的流場所建模的物理問題。雖然作為一個學習的工具是有用的，但是這個技巧在真實的工程上並不見得有實用價值的。例如，我們所遇到的山丘其形狀不可能完全與在圖 10-67 所建模的一樣。相反地，我們通常已經先有一個幾何形狀，而希望建立流過或通過這個幾何形狀的流動模型。有更精緻的線性疊加技巧可用，它們更適合工程設計與分析，就是有一些技巧是將很多的源與沉置於適當的位置以作為通過預先確定的幾何形狀的流動的建模。這些技巧甚至可以推廣到完全的三維無旋流場，但需要使用電腦，因為包含大量的計算 (Kundu et al., 2011)。在這裡並不打算討論這些技巧。

例題 10-8　進入吸塵器附件的流動

考慮進入一個典型家用吸塵器的地板吸嘴附件的空氣流動 (圖 10-68a)。吸嘴入口狹縫寬度為 $w = 2.0$ mm，長度為 $L = 35.0$ cm。狹縫保持在地板上方 $b = 2.0$ cm 的距離，如圖所示。經過真空軟管的全部體積流率為 $\dot{V} = 0.110$ m³/s。預測在附件的中心平面 (在圖 10-68a 中的 xy- 平面) 的流場。明確地畫出幾條流線，並計算沿 x- 軸的速度與壓力分佈。沿著地板的最大速率若干？發生於何處？在沿著地板的哪一個地方吸塵器最有效？

解答：我們要預測在吸塵器附件的中心平面上的流場，畫出沿著地板 (x- 軸) 的速度與壓力，預測沿著地板的最大速度的位置與數值，並且預測在沿著地板的哪一個地方吸塵器最有效。

假設：1. 流動為穩態且不可壓縮。2. 在 xy- 平面的流動是二維的 (平面的)。3. 大部分的流場是無旋的。4. 房間無窮大，且沒有影響流動的氣流。

分析：我們將吸塵器附件上的狹縫近似為一條線沉 (一條具有負源強的線源)，位於 x- 軸上方距離 b 處，如圖 10-68b 所繪。用這個近似，我們忽略了狹縫的有限寬度 (w)；取而代之的是，我們將進入狹縫的流動建模成進入線沉的流動，在 xy- 平面只不過是在 (0, b) 的一點。我們也忽略軟管或附件本體的任何影響。線源強度由全部體積流率除以狹縫長度 L 可得

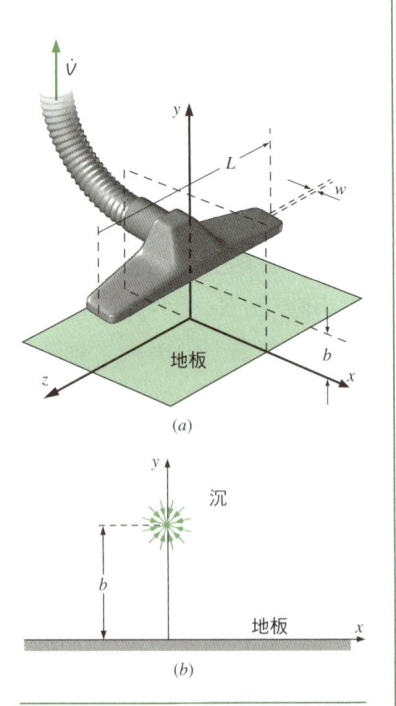

圖 10-68　有地板附件的吸塵器軟管；(a) 地板在 xz- 平面的三維視圖，以及 (b) 在 xy- 平面吸頭建模成線沉的剖面圖。

線源強度：
$$\frac{\dot{V}}{L} = \frac{-0.110 \text{ m}^3/\text{s}}{0.35 \text{ m}} = -0.314 \text{ m}^2/\text{s} \tag{1}$$

其中我們加上負號，因為這是沉而不是源。

很清楚的，單獨線沉並不足以作為流動的模型，因為空氣將從各個方向流進沉，包括通過地板向上流。為了避免這一個問題，我們加上另一個基本無旋流 (構件) 來模擬地板的效應。達成這個目的的一個聰明方法就是借用鏡像法。用這個技巧，我們放置第二條相同的線沉在地板下的點 (0, −b) 處。我們稱第二條線沉為像沉。因為 x- 軸現在是對稱線，x- 軸本身也是一條流線，因此可

以想像成是地板。被分析的無旋流場繪於圖 10-69。顯示出兩個強度 $\dot{V}/L$ 的源。上面的那一個稱作流動源，表示吸塵器附件的吸入；下面的那一個為像源。記住在這個題目中，源強度 $\dot{V}/L$ 為負值 [式 (1)]，所以兩個源事實上是沉。

我們用線性疊加來產生這個流場在無旋近似下的流線函數。在此處的代數運算與例題 10-5 類似；在那個例子中，我們有一個源與一個沉在 x- 軸上，而在此有兩個源在 y- 軸上。我們用式 (10-44) 求得流源的 ψ，

在 (0, b) 的線源：$\quad \psi_1 = \dfrac{\dot{V}/L}{2\pi} \theta_1 \quad$ 其中 $\theta_1 = \arctan \dfrac{y - b}{x}$ (2)

圖 10-69 一個在 (0, b) 強度 $\dot{V}/L$ 的線源與在 (0, −b) 強度相同的線源的線性疊加。底部的線源是頂部線源的鏡像，使得 x- 軸是一條流線。

同樣的，對於像源，

在 (0, −b) 的線源：$\quad \psi_2 = \dfrac{\dot{V}/L}{2\pi} \theta_2 \quad$ 其中 $\theta_2 = \arctan \dfrac{y + b}{x}$ (3)

線性疊加讓我們能夠只將兩個流線函數 —— 式 (2) 與 (3)，相加就可以得到合成的流線函數，

合成的流線函數：$\quad \psi = \psi_1 + \psi_2 = \dfrac{\dot{V}/L}{2\pi} (\theta_1 + \theta_2)$ (4)

我們重新整理式 (4)，並對兩邊取正切後得到

$$\tan \dfrac{2\pi\psi}{\dot{V}/L} = \tan(\theta_1 + \theta_2) = \dfrac{\tan\theta_1 + \tan\theta_2}{1 - \tan\theta_1 \tan\theta_2} \quad (5)$$

在這裡，我們再次用到一個三角恆等式 (圖 10-49)。

我們用式 (2) 與 (3) 替換 θ_1 與 θ_2，經過一些代數運算，得到在卡氏座標中的流線函數最終表達式，

$$\psi = \dfrac{\dot{V}/L}{2\pi} \arctan \dfrac{2xy}{x^2 - y^2 + b^2} \quad (6)$$

用式 (10-38) 轉換成圓柱座標並無因次化。經過一番代數運算後，

無因次流線函數：$\quad \psi^* = \arctan \dfrac{\sin 2\theta}{\cos 2\theta + 1/r^{*2}}$ (7)

其中 $\psi^* = 2\pi\psi/(\dot{V}/L)$、$r^* = r/b$，並且我們使用圖 10-49 的三角恆等式。

因為對 x- 軸的對稱性，所有由上面的線源所產生的空氣必須留在 x- 軸上方。同樣地，所有在下方線源所產生的像空氣必定留在 x- 軸下方。假如我們將來自上 (北) 方源的空氣塗上灰色，而來自下 (南) 方源的空氣塗上顏色 (圖 10-70)，所有灰色的空氣將留

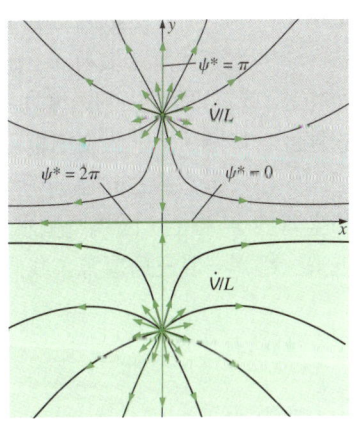

圖 10-70 x- 軸是將頂部源所產生的空氣 (灰色) 與底部源所產生的空氣 (顏色) 分隔的分割流線。

在 x- 軸上方,而所有顏色的空氣將留在 x- 軸下方。因此,x- 軸充當分隔流線,將灰色與顏色分開。再者,還記得從第 9 章我們知道,在平面流中,兩條相鄰流線 ψ 值之差等於流經這兩條流線間單位寬度的體積流率。我們令沿著正 x- 軸的 ψ 等於零。根據第 9 章所引入的左邊慣例,我們知道在負 x- 軸的 ψ 必定等於由上面線源所產生的單位寬度全部體積流率,即 $\dot{V}/L$,那就是

$$\psi_{-x\text{-axis}} - \underbrace{\psi_{+x\text{-axis}}}_{0} = \dot{V}/L \quad \rightarrow \quad \psi^*_{-x\text{-axis}} = 2\pi \tag{8}$$

這些流線被標註在圖 10-70。除此之外,我們也標出無因次流線 $\psi^* = \pi$。它與 y- 軸重合,因為對該軸也有對稱性。原點 (0, 0) 為一個停滯點,因為由下部的源所感生的速度剛好與由上源所感生的速度抵消。

此處所建立的吸塵器模型,源強度為負值 (它們是沉)。因此,流動的方向顛倒,ψ^* 的值與在圖 10-70 中的符號相反。再次用左邊慣例,我們繪出 $-2\pi < \psi^* < 0$ 的無因次流線函數 (圖 10-71)。為了這樣做,針對各種不同的 ψ^* 值,我們所求解式 (7) 來得出 r^* 為 θ 的函數。

無因次流線函數:
$$r^* = \pm \sqrt{\frac{\tan \psi^*}{\sin 2\theta - \cos 2\theta \tan \psi^*}} \tag{9}$$

我們只繪出上半部,因為下半部是對稱的,只是上半部的鏡像。對於這個負的 $\dot{V}/L$ 的案例,空氣從四面八方被吸塵器吸入,如同流線上的箭頭所示。

為了計算在地板上 (x- 軸) 的速度分佈,我們可以微分式 (6) 及應用平面流的流線函數的定義 [式 (10-29)],或是可以作向量的加法。後者比較簡單,沿著 x- 軸上的任意一點繪於圖 10-72。從上面的源 (或沉) 所產生的速度大小為 $(\dot{V}/L)(2\pi r_1)$,其方向在 r_1 所在的線上,如圖所示。因為對稱性,從像源 (或沉) 所感生的速度有相同大小,但它的方向在 r_2 所在的線上。這兩個感生速度的向量和坐落於 x- 軸上,因為兩個水平分量相加,但兩個垂直分量互相抵消。經過一點三角運算,我們推論

沿著 x- 軸的軸速度:
$$u = V = \frac{(\dot{V}/L)x}{\pi(x^2 + b^2)} \tag{10}$$

其中 V 是沿著地板的合速度大小,如圖 10-72 所繪。因為我們已作了無旋流近似,可以用伯努利方程式來求得壓力場。忽略重力,

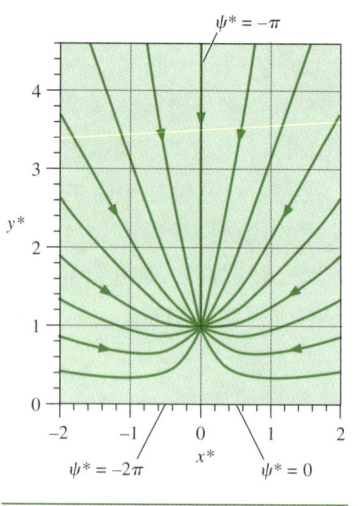

圖 10-71 在圖 10-69 中,源強度為負的兩個源 (它們是沉) 的情況下的無因次流線。ψ^* 是均勻地從 -2π (負 x- 軸) 遞增到 0 (正 x- 軸),並且只有圖示出流場的上半部分。流動是朝向位於 (0, 1) 的沉。

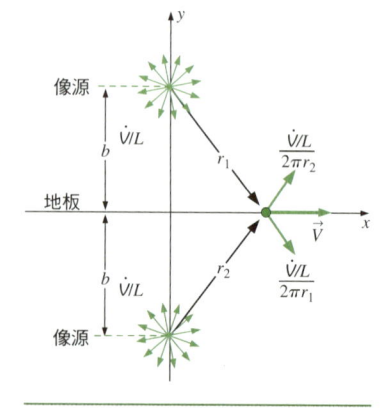

圖 10-72 由兩個源誘導出的速度的向量和;由於對稱性,沿 x- 軸的任何位置的合速度方向均為水平的。

伯努利方程式：
$$\frac{P}{\rho} + \frac{V^2}{2} = 常數 = \frac{P_\infty}{\rho} + \underbrace{\frac{V_\infty^2}{2}}_{0} \tag{11}$$

為了得出壓力係數，我們需要一個參考速度作為分母。從已知的參數中產生一個，就是 $V_{\text{ref}} = -(\dot{V}/L)/b$，其中插入一個負號使得 V_{ref} 為正 (因為我們的吸塵器模型的 $\dot{V}/L$ 為負值)。於是，定義 C_p 為

壓力係數：
$$C_p = \frac{P - P_\infty}{\frac{1}{2}\rho V_{\text{ref}}^2} = -\frac{V^2}{V_{\text{ref}}^2} = -\frac{b^2 V^2}{(\dot{V}/L)^2} \tag{12}$$

其中我們已用了式 (11)。將 V 用式 (10) 代入，得到

$$C_p = -\frac{b^2 x^2}{\pi^2 (x^2 + b^2)^2} \tag{13}$$

我們引入軸速度與距離的無因次變數，

無因次變數：
$$u^* = \frac{u}{V_{\text{ref}}} = -\frac{ub}{\dot{V}/L} \qquad x^* = \frac{x}{b} \tag{14}$$

注意到 C_p 早已是無因次的。用無因次形式，式 (10) 與 (13) 變成

沿著地板：
$$u^* = -\frac{1}{\pi} \frac{x^*}{1 + x^{*2}} \qquad C_p = -\left(\frac{1}{\pi} \frac{x^*}{1 + x^{*2}}\right)^2 = -u^{*2} \tag{15}$$

圖 10-73 中畫出 u^* 與 C_p 為 x^* 的函數的曲線。

從圖 10-73 中看出 u^* 從在 $x^* = -\infty$ 時的 0 緩慢地遞增到在 $x^* = -1$ 時的最大值約 0.159。如所預料的，在負的 x^* 時速度為正 (向右)，因為空氣被吸入吸塵器。當速率遞增，壓力遞減；在 $x = -\infty$ 時 C_p 為 0，而在 $x^* = -1$ 時遞減到最小值約 -0.0253。在 $x^* = -1$ 到 $x^* = 0$ 之間，速率遞減而壓力遞增，兩者的值在吸塵器吸嘴正下方的滯點處均趨近於零。在吸嘴右邊 (正 x^*)，速度為反對稱而壓力為對稱的。

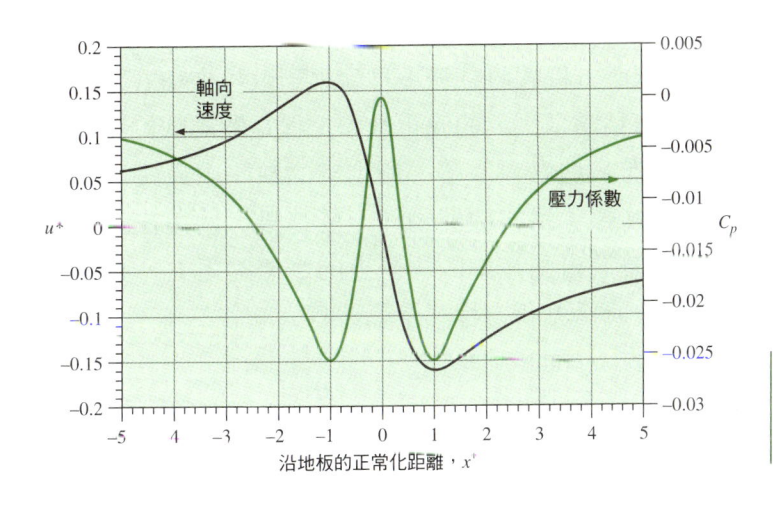

圖 10-73 沿著建模為一個無旋流動區域的吸塵器下方地板的無因次軸向速度 (黑色曲線) 和壓力係數 (顏色曲線)。

沿著地板的最大速率 (最小壓力) 發生在 $x^* = \pm 1$，那是與吸嘴在地板上的高度相同的距離 (圖 10-74)。用有因次表示，**沿著地板的最大速率發生在 $x = \pm b$ 處**，在那裡的速率為

沿著地板的最大速率：

$$|u|_{max} = -|u^*|_{max}\frac{\dot{V}/L}{b} = -0.159\left(\frac{-0.314 \text{ m}^2/\text{s}}{0.020 \text{ m}}\right) = \mathbf{2.50 \text{ m/s}} \quad (16)$$

我們預期當沿著地板的速率最大而壓力最小時吸塵器的吸塵效果最好。因此，跟你所想的相反，最好的最佳性能並不是在吸嘴的正下方，而是在 $x = \pm b$ 處，如圖 10-74 所繪。

討論：注意，在我們的分析中，我們從未用到真空吸嘴的寬度 w，因為線沉沒有長度。你可以用一台吸塵器，以及一些放在硬質地板上的顆粒狀物質 (像糖或鹽) 的簡單實驗，來讓你自己相信一台吸塵器在 $x \cong \pm b$ 處運作效果最佳。結果表明，無旋近似對於進入吸塵器入口的流動在很多地方是相當實際的，除了很接近地板處之外，因為在那裡，流動是旋轉的。

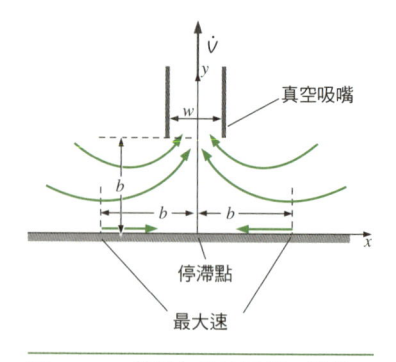

圖 10-74 基於無旋流近似，沿著吸塵器吸嘴下方地板的最大速率發生在 $x \cong \pm b$。一個滯流點發生在吸嘴的正下方。

雖然無旋流近似在數學處理上簡單，速度與壓力場很容易求得，但是使用的地方必須要很小心，我們強調這一點來作為本節的總結。無旋流近似在有不可忽略旋渦的區域失效，特別是靠近固體壁面，在那裡，因為在壁面的無滑移條件所造成的黏滯應力，流體質點旋轉。這引導我們到本章的最後一節 (10-6 節)，在那裡我們討論邊界層近似。

10-6 邊界層近似

如同 10-4 節及 10-5 節所討論過的，至少有兩種流動情況下納維–斯托克斯方程式中的黏滯項可以忽略：第一個發生在高雷諾數的流動區域，在那裡黏滯力與慣性力或壓力相比是可忽略的，稱為無黏滯性流動區域；第二種情況發生在當渦度小到可忽略的時候，稱為無旋或勢流流動區域。不管這兩種情況的哪一種，從納維–斯托克斯方程式將黏滯項移除得到歐拉方程式 [式 (10-13) 及式 (10-25)]。儘管丟掉黏滯項大大的簡化數學，但是關於歐拉方程式在實際的工程流動問題的應用有一些嚴重缺陷。所列出的缺陷中最嚴重的是，無法在固體壁面指定無滑移條件。這導致非物理上的結果，例如在固體壁面上的零黏滯剪力，以及在沉浸於自由流中的物體上的零氣動阻力。我們因此可以想像歐拉方程式與納維–斯托克斯方程式是隔著巨大峽谷的兩座高山 (圖 10-75a)。關於邊界層近似我們作了下面敘述：

邊界層近似為歐拉方程式與納維–斯托克斯方程式間，以及在固體壁面上滑

移條件與非滑移條件間的鴻溝的橋梁。

從歷史的觀點，在 1800 年代中前，納維-斯托克斯方程式就已知道，但除了非常簡單的幾何邊界的流動外，它是不可能被求解的。此期間，數學家可以求得複雜幾何邊界的歐拉方程式與勢流方程式的漂亮解析解，但是它們的解通常沒有物理意義。因此研究流體流動唯一可靠的方法就是憑經驗，即用實驗。一個流體力學重要的突破點發生在 1904 年路德維希·普朗特 (1875-1953) 引進**邊界層近似** (boundary layer approximation)。普朗特的構想是將流動分成兩個區域：無黏滯性的或無旋的外流區，以及稱為**邊界層** (boundary layer) 的內流區 — 靠近固體壁面的一個非常薄的流動區域，其黏滯力與旋轉性不能被忽略 (圖 10-76)。在外流區，我們利用連續方程式與歐拉方程式求解外流區的速度場，並且用伯努利方程式求得壓力場。或者，假如外流區是無旋的，可以用 10-5 節所討論的勢流技巧 (例如線性疊加) 求得外流區的速度場。不管是哪一種情況，我們首先求解外流區，然後在旋轉性與黏滯力不可忽略的區域裝配一層薄的邊界層。在邊界層內，求解**邊界層方程式** (boundary layer equations) 馬上就會討論到。(注意，我們將會看到邊界層方程式本身也是納維-斯托克斯方程的近似。)

邊界層近似提供一個強制無滑移條件在固體壁面上的方法，修正了歐拉方程式的一些主要缺陷。因此，黏滯剪力可以沿著壁面存在，沉浸在自由流的物體可以感受到氣動阻力，而且逆向壓力梯度區的流動分離可以更精確的預測。因此在整個 1900 年代的大部分時間，邊界層的觀念變成工程流體力學的主力。然而，在二十世紀後半葉，快速、價格低廉的電腦，以及計算流體力學 (CFD) 軟體的問世，使得對於複雜幾何邊界的流動的納維-斯托克斯方程式的數值解成為可能。因此，今天不再需要將流動劃分成外流區與邊界層區 — 對整個流場，都可以用 CFD 來解整組的運動方程式 (連續方程式加上納維-斯托克斯方程式)。然而，邊界層理論在某些工程應用仍然是有用的，因為它求解所花的時間比較少。附帶地，藉由邊界層的研究，我們可以了解很多流動流體的行為。再次強調，邊界層解只是完整納維-斯托克斯方程式的近似，在應用這個或任何近似都必須非常小心。

成功的應用邊界層近似的關鍵是假設邊界層非常的薄。典型的例子是平行地流經沿著 x- 軸方向的平板的均勻流。在沿著平板的某一個位置 x 的**邊界層厚度**

圖 10-75 (a) 一個巨大的缺口存在於歐拉方程 (允許在壁面滑移) 與納維-斯托克斯方程式 (支持無滑移條件) 之間；(b) 邊界層近似橋接該缺口。

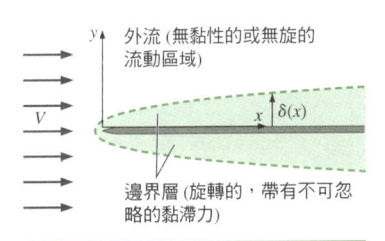

圖 10-76 普朗特的邊界層概念將流場劃分成外流區和薄的邊界層區域 (未按比例)。

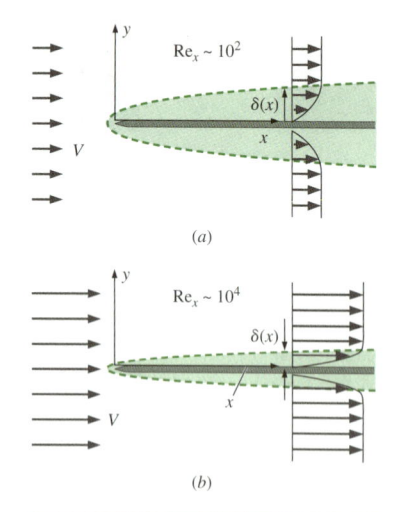

圖 10-77 平行平板的均勻流流場 (圖中未按比例)：(*a*) $\text{Re}_x \sim 10^2$，(*b*) $\text{Re}_x \sim 10^4$。雷諾數越大，沿著平板在給定的 *x*- 位置的邊界層越薄。

圖 10-78 層流平板邊界層輪廓的流場可視化。照片由 F. X. 沃特曼在 1953 年用碲法可視化所拍攝。流動是從左至右，並且平板的前邊緣在左側遠離視野。
Wortmann, F. X. 1977 AGARD Conf. Proc. no. 224, paper 12.

(boundary layer thickness) δ 畫在圖 10-77 中。按照慣例，δ 通常定義為從壁面到平行壁面的速度分量為邊界層外面流體速率的百分之九十九處的距離。事實證明，對給定的流體與平板，自由流速 *V* 越高，邊界層越薄 (圖 10-77)。表成無因次的形式，我們用沿著壁面的距離 *x* 定義雷諾數，

沿平板的雷諾數：
$$\text{Re}_x = \frac{\rho V x}{\mu} = \frac{V x}{\nu} \qquad (10\text{-}60)$$

因此，

某一給定的 x- 位置，雷諾數越高，邊界層越薄。

換句話說，在其它條件都相等的情況下，雷諾數越高，邊界層近似越可靠。我們確信當 δ ≪ *x* (或用無因次表示，δ/*x* ≪ 1) 時，邊界層是薄的。

邊界層輪廓的形狀可以用流動可視化實驗求得。圖 10-78 所示為一個在平板上的層流邊界層的例子。這照片是在 60 年前由 F. X. 沃特曼所攝，現在被認為是一張有關層流平板邊界層輪廓的經典照片。無滑移條件很清楚地在壁面得到驗證，離開壁面流速的平滑遞增證實流動確實是層流。

注意，雖然我們討論的邊界層與靠近固體壁面的淺薄區域有關，但是邊界層近似不受限於有壁面邊界的流動區域。相同的方程式可以應用於像是噴流、尾流及混合層等的自由剪力層 (圖 10-79)，只要雷諾數足夠大且這些區域是薄的。這些黏滯力不可忽略，且渦度是有限大的流場的區域，也可以被看成邊界層，縱使固體壁面一點也不存在。邊界層厚度 δ(*x*) 被標註在圖 10-79 中的每一張圖。如你所見的，依照慣例，δ 通常用定義為自由剪力層厚度的一半。我們定義 δ 為從中心線到邊界層邊緣上一點的距離，中心線與此點之間的速度變化為從中心線到外流區的最大速度變化的百分之九十九。邊界層厚度不是常數，而是隨下游距離 *x* 而變。在此所討論的例子裡 (平板、噴流、尾流及混合層)，δ(*x*) 隨 *x* 遞增。然而，有一流動的情況，例如沿著壁面快速加速的外部流，δ(*x*) 隨 *x* 遞減。

初學流體力學學生的一個常見的誤解是，把 δ 與 *x* 的函數關係曲線描繪成是流場裡的一條流線 — 這是錯的！在圖 10-80 中，我們同時畫出流線及在平板增長的

邊界層 δ(x)。當邊界層厚度往下游增長，通過邊界層的流線稍微向上發散以便滿足質量守恆。向上的位移比 δ(x) 的增長還小。因為流線穿過曲線 δ(x)，δ(x) 很顯然不是流線 (流線彼此不能相交，否則質量無法守恆)。

對於層流邊界層在平板增長的情形，如圖 10-80 所示，邊界層厚度至多為 V、x 與流體性質 ρ 與 μ 的函數。證明 δ/x 是 Re_x 的函數是一個因次分析的簡單習題。事實證明 δ 正比於 Re_x 的平方根。然而，你必須注意這個結果只適用於平板的層流邊界層。當我們沿著平板向下游移動到越來越大的 x 值，Re_x 隨 x 線性遞增。到了某一點，流場中極微小的擾動增加，邊界層不再保持層流 —— 開始向紊流過渡的過程。對於流過平滑平板的均勻流，過渡過程啟始於臨界雷諾數，$Re_{x,臨界} \cong 1 \times 10^5$，並且延伸到過渡雷諾數，$Re_{x,過渡} \cong 3 \times 10^6$ 邊界層完全變成紊流 (圖 10-81)。過渡過程相當複雜，超出本書範圍。

注意，在圖 10-81 垂直方向的刻度已被大大地誇大而水平刻度被縮短 (實際上，因為 $Re_{x,過渡}$ 約等於 $Re_{x,臨界}$ 的 30 倍，過渡區要比圖中所示的來得長)。為了讓你對邊界層真正有多薄有更好的感受，我們在圖 10-82 中按比例的畫出 δ 為 x 的函數。為了產生這張畫，我們小心的選擇參數使得 $Re_x = 100{,}000x$，不管 x 的單位。因此，$Re_{x,臨界}$ 發生在 $x \cong 1$，而 $Re_{x,過渡}$ 發生在 $x \cong 30$。當按等比例作圖時，注意邊界層有多薄及過渡區有多長。

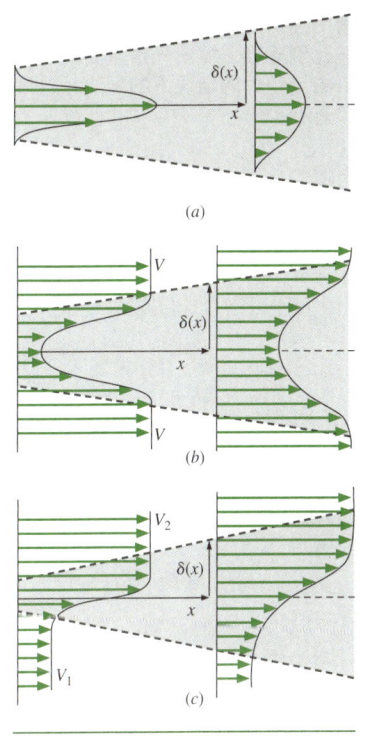

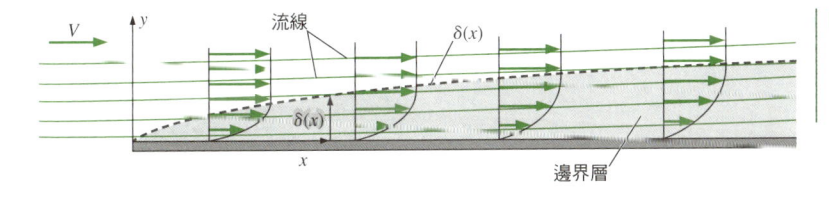

圖 10-79 邊界層近似可適用的三個額外的流動區域：(a) 噴流，(b) 尾流，和 (c) 混合層。

圖 10-80 流線與平板邊界層表示 δ 為 x 的函數的曲線的比較。因為流線與曲線 δ(x) 相交，δ(x) 本身不能為流場中的流線。

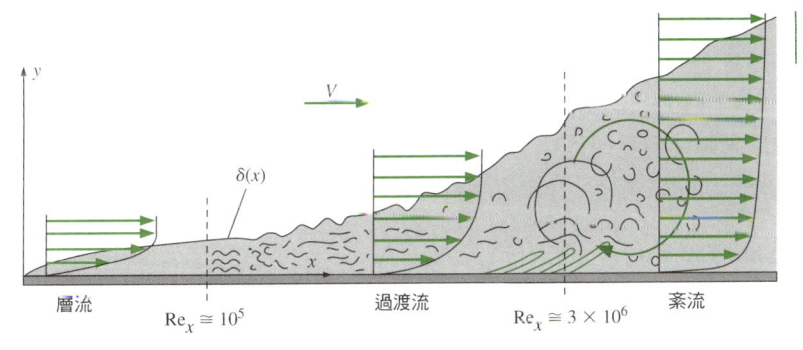

圖 10-81 在平板上的層流邊界層過渡到完全紊流邊界層 (未按比例)。

圖 10-82 在平板上的邊界層厚度，按比例繪製。標出光滑壁面與平靜自由流條件的情況下的層流、過渡和紊流區域。

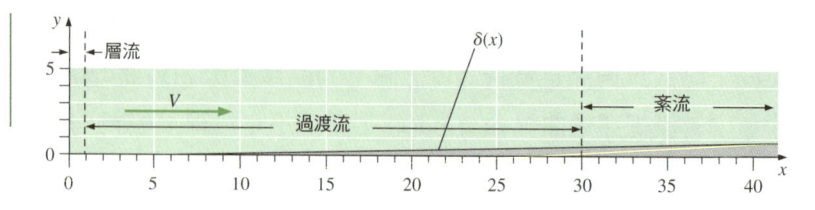

現實生活中的工程流動，與在平滑平板及平靜的自由流的值相比，紊流的過渡通常發生得更突然且更容易 (在較低的 Re_x 值)。諸如沿著表面的粗糙度、自由流擾動、聲學噪聲、流動不穩定性、振動以及壁面的曲率等因素有助於過度位置的提前。就因為如此，$Re_{x,過渡} = 5 \times 10^5$ 的工程臨界雷諾數常常用來判定邊界層是否最有可能為層流 ($Re_x < Re_{x,過渡}$)，或是最有可能為紊流 ($Re_x > Re_{x,過渡}$)。用這個值作為臨界 Re 也常見於熱傳遞學；事實上，平均摩擦力、熱傳係數等關係式都是在 "Re_x 低於 $Re_{x,過渡}$ 時為層流，除此之外為紊流" 的假設下導出的。在這裡的邏輯是忽略過渡區，將過渡區的前部視為層流，而將其餘部分視為紊流。我們按照這個慣例貫穿本書的其餘部分，除非另有說明。

過渡過程也是非穩態的，並且很難預測，縱使使用近代的 CFD 軟體。在某些情況下，工程師沿著表面安裝粗糙的砂紙或稱為激紊絲的線，以便使在所希望的位置發生過渡 (圖 10-83)。從激紊絲產生的渦流引起增強的局部混合，並產生很快地導致紊流邊界層的擾動。再一次，為了說明的目的，圖 10-83 的垂直比率被誇大很多。

圖 10-83 激紊絲經常被用來在邊界層中提前過渡到紊流 (未按比例)。

例題 10-9 ▶ 層流還是紊流邊界層？

水以速率 $V = 10$ km/h 流過一台小型水下載具的鰭板 (圖 10-84)。水的溫度為 5°C，鰭板的弦長 c 為 0.5 m。在鰭板表面的邊界層是層流、紊流，抑或是過渡呢？

解答：我們要評估在鰭板表面的邊界層是層流，還是紊流，抑或是過渡呢？

假設：1. 流動為穩態且不可壓縮。2. 鰭板表面是平滑的。

性質：在 $T = 5°C$ 時水的密度與黏度分別為 999.9 kg/m³ 及 1.519×10^{-3} kg/m.s，因此動態黏度 $\nu = 1.519 \times 10^{-6}$ m²/s。

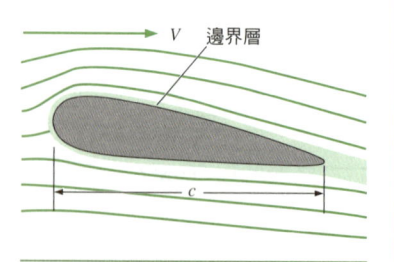

圖 10-84 邊界層沿水下航行器的鰭片增長。為了清晰起見，邊界層厚度被誇大。

分析：雖然鰭板並非平板，但作為用來判定邊界層是否為層流或紊流合理的一階近似平板的邊界層值還是有用的。我們計算在鰭板後緣的雷諾數，用 c 作為平板沿流動方向距離的近似值，

$$Re_x = \frac{Vx}{\nu} = \frac{(10 \text{ km/h})(0.5 \text{ m})}{1.519 \times 10^{-6} \text{ m}^2/\text{s}} \left(\frac{1000 \text{ m}}{\text{km}}\right)\left(\frac{\text{h}}{3600 \text{ s}}\right) = 9.14 \times 10^5 \qquad (1)$$

在非常乾淨、低噪音自由流的條件下，平滑平板過渡到紊流的臨界雷諾數為 1×10^5。我們的雷諾數比這個值大。對於真實工程上的流動，臨界雷諾數的工程數值為 $Re_{x,\text{臨界}} = 5 \times 10^5$。因為 Re_x 大於 $Re_{x,\text{臨界}}$ 但小於 $Re_{x,\text{過渡}}$ (30×10^5)，**邊界層最有可能是過渡的，但通過鰭板後緣可能為完全紊流。**
討論： 在現實生活中的情況，自由流並不是非常"乾淨" —— 有渦流及其它擾動，鰭板表面並非絕對地平滑，並且載具可能會振動。因此，過渡與紊流可能會發生得比平滑平板所預估的更早。

邊界層方程式

現在我們已有邊界層的物理感覺，需要用於邊界層計算的運動方程 —— **邊界層方程式** (boundary layer equations)。為簡化起見，我們只考慮穩態的，在卡氏座標 xy- 平面的二維流。然而，在此所用的方法可以推廣到軸對稱邊界層，或在任何座標系的三維邊界層。我們忽略重力，因為不處理自由表面流或浮力驅動流（自由對流），在那些情況重力起主導地位。我們只考慮層流邊界層；紊流邊界層方程式超出本書的範圍。對於沿著固體壁面的邊界層的情形，我們採用一種座標系，在這種座標系中 x 處處與壁面平行而 y 處處與壁面垂直（圖 10-85）。這個座標系稱作邊界層座標系。當我們解邊界層方程式，一次在一個 x- 位置上解，局部地使用這個座標系，這個座標系是局部的正交。我們在哪裡定義 $x = 0$ 是無關緊要的，但對於通過物體的流動，如圖 10-85，通常將 $x = 0$ 設於前停滯點。

從本章一開始所導出的無因次化納維-斯托克斯方程式著手。隨著非穩態項與重力項的省略，式 (10-6) 變成

$$(\vec{V}^* \cdot \vec{\nabla}^*)\vec{V}^* = -[\text{Eu}]\vec{\nabla}^* P^* + \left[\frac{1}{\text{Re}}\right]\nabla^{*2}\vec{V}^* \qquad (10\text{-}61)$$

因為在邊界層外面的壓力差由伯努利方程式決定，且 $\Delta P = P - P_\infty \sim \rho V^2$，歐拉數的數量級約為 1。我們注意 V 為外部流的特徵速度尺度，對於沉浸於均勻流的物體通常等於自由流速度。用於無因次化的特徵長度尺度 L，為物體的某個特徵尺寸。對於邊界層，x 大約是 L 的數量級，在式 (10-61) 中的雷諾數可以被想成是 Re_x [式 (10-60)]。在邊界層近似的典型應用裡，Re_x 非常大。於是看起來我們好像在邊界層中可以省略式 (10-61) 的最後一項。然而，這麼做將得到歐拉方程式及它的所有前面討論過的缺陷，所以在式 (10-61) 至少必須保留黏滯項的某幾項。

我們如何決定哪一項保留、哪一項省略？為了回答這個問題，我們基於邊界層中的適當的長度與速度尺度重作運動方程式的無因次化。圖 10-85 中的邊界層一部分的放大圖繪於圖 10-86。因為 x 的數量級為 L，我們用 L 作為在流動方向的距離與

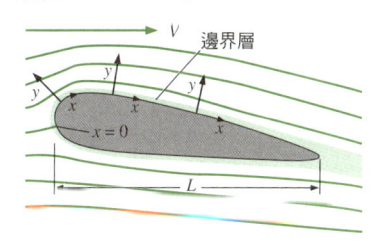

圖 10-85 通過一物體的流動的邊界層座標系；x 沿著表面，並且通常設在物體的前停滯點為零，而 y 處局部地垂直於表面。

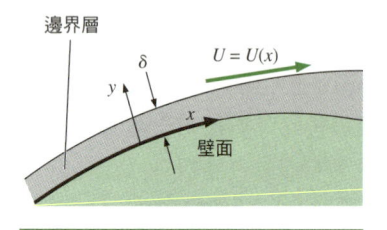

圖 10-86 沿物體表面的邊界層的放大圖，顯示出長度尺度 x 和 δ，及速度尺度 U。

速度及壓力對 x 的導數的適當長度尺度。然而，這個長度尺度對 y 的導數而言太大了。用 δ 作為在方向垂直流動方向的距離與對 y 的導數的長度尺度。同樣地，雖然整個流場的特徵速度尺度為 V，但用 U 作為邊界層的特徵速度尺度更為恰當，其中 U 為邊界層正上方某個位置的平行壁面的速度分量大小 (圖 10-86)。U 通常是 x 的函數。因此在邊界層內的某個 x 值，數量級為

$$u \sim U \quad P - P_\infty \sim \rho U^2 \quad \frac{\partial}{\partial x} \sim \frac{1}{L} \quad \frac{\partial}{\partial y} \sim \frac{1}{\delta} \tag{10-62}$$

在式 (10-62) 中，速度分量 v 的數量級並未具體指定，而是要從連續方程式求得。將式 (10-62) 中的數量級代入二維不可壓縮連續方程式，

$$\underbrace{\frac{\partial u}{\partial x}}_{\sim U/L} + \underbrace{\frac{\partial v}{\partial y}}_{\sim v/\delta} = 0 \quad \rightarrow \quad \frac{U}{L} \sim \frac{v}{\delta}$$

因為兩項必須互相平衡，它們必須有相同的數量級，因此我們得到速度分量 v 的數量級，

$$v \sim \frac{U\delta}{L} \tag{10-63}$$

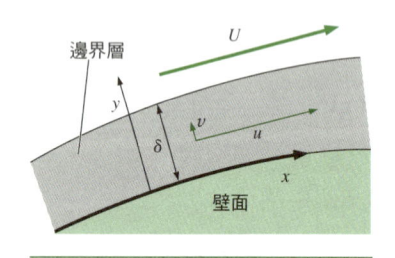

圖 10-87 沿物體表面的邊界層的高度放大視圖，顯示出速度分量 v 比 u 小得多。

因為在邊界層中 $\delta/L \ll 1$ (邊界層相當的薄)，我們推論在邊界層中 $v \ll u$ (圖 10-87)。從式 (10-62) 與 (10-63)，定義下列在邊界層中的無因次變數：

$$x^* = \frac{x}{L} \quad y^* = \frac{y}{\delta} \quad u^* = \frac{u}{U} \quad v^* = \frac{vL}{U\delta} \quad P^* = \frac{P - P_\infty}{\rho U^2}$$

因為我們用了適當的尺度，所有的無因次變數均為數量級 1 — 即它們為正規化變數 (第 7 章)。

我們考慮納維–斯托克斯方程式的 x- 分量與 y- 分量，將這些無因次變數代入 y- 動量方程式，給出

$$\underbrace{u}_{u^*U} \underbrace{\frac{\partial v}{\partial x}}_{\frac{\partial}{\partial x^*} \frac{v^*U\delta}{L^2}} + \underbrace{v}_{v^*\frac{U\delta}{L}} \underbrace{\frac{\partial v}{\partial y}}_{\frac{\partial}{\partial y^*} \frac{v^*U\delta}{L\delta}} = \underbrace{-\frac{1}{\rho}\frac{\partial P}{\partial y}}_{\frac{1}{\rho}\frac{\partial}{\partial y^*}\frac{P^*\rho U^2}{\delta}} + \underbrace{\nu \frac{\partial^2 v}{\partial x^2}}_{\nu \frac{\partial^2}{\partial x^{*2}} \frac{v^*U\delta}{L^3}} + \underbrace{\nu \frac{\partial^2 v}{\partial y^2}}_{\nu \frac{\partial^2}{\partial y^{*2}} \frac{v^*U\delta}{L\delta^2}}$$

經過一些代數運算，並將每一項乘上 $L^2/(U^2\delta)$，我們得到

$$u^* \frac{\partial v^*}{\partial x^*} + v^* \frac{\partial v^*}{\partial y^*} = -\left(\frac{L}{\delta}\right)^2 \frac{\partial P^*}{\partial y^*} + \left(\frac{\nu}{UL}\right) \frac{\partial^2 v^*}{\partial x^{*2}} + \left(\frac{\nu}{UL}\right)\left(\frac{L}{\delta}\right)^2 \frac{\partial^2 v^*}{\partial y^{*2}} \quad (10\text{-}64)$$

比較式 (10-64) 中的各項，方程式右邊的中間項很明顯的數量級小於其它項，因為 $\text{Re}_L = UL/\nu \gg 1$。相同的理由，右邊的最後一項遠小於右邊的第一項。忽略這兩項後剩下左邊的兩項與右邊的第一項。然而因為 $L \gg \delta$，壓力梯度項的數量級大於方程式左邊的對流項。因此在式 (10-64) 中唯一留下的為壓力項。因為在方程式中沒有其它項可以跟那一項平衡，我們別無選擇唯有將它設為零。因此，無因次 y-動量方程式化簡為

$$\frac{\partial P^*}{\partial y^*} \cong 0$$

或者用物理變數表示

通過邊界層的垂直壓力梯度： $\quad \dfrac{\partial P}{\partial y} \cong 0 \quad (10\text{-}65)$

換言之，雖然壓力可能沿著壁面 (在 x- 方向) 變動，在垂直壁面方向的壓力變化是可忽略的。這繪於圖 10-88。在 $x = x_1$，對穿過邊界層所有從壁面到外部流的 y 值，$P = P_1$。在某個其它 x-位置，$x = x_2$，壓力也許會改變，但對穿過邊界層的那個部分的所有 y 值，$P = P_2$。

穿過邊界層 (y- 方向) 的壓力幾乎為常數。

物理上，因為邊界層很薄，當在以邊界層厚度的尺度觀察，邊界層中的流線的曲率是可忽略的。彎曲的流線需要向心加速度，它來自於沿著曲率半徑的壓力梯度。因為在薄的邊界層中流線彎曲得不顯著，沒有顯著的壓力梯度穿越邊界層。

式 (10-65) 的一個直接的結果，以及剛剛才提出的陳述乃是在沿著壁面的任何 x- 位置，在邊界層外緣 ($y \cong \delta$) 壓力與在壁面上 ($y = 0$) 的壓力相同。這導致一個很棒的實際應用，就是在邊界層外緣的壓力可以用在邊界層正下方壁面上的靜壓分接頭通過實驗來測得 (圖 10-89)。實驗科學家一直善用這種幸運的境遇，在過去的一個世紀，無數的飛機機翼的形狀以及渦輪機葉

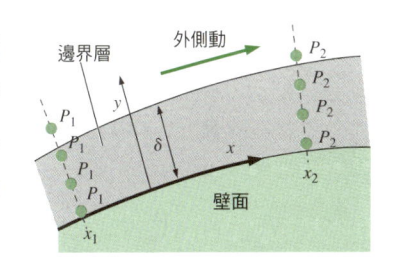

圖 10-88 壓力可能沿著邊界層 (x-方向) 變化，但在穿過邊界層 (y- 方向) 的壓力變化是可以忽略不計的。

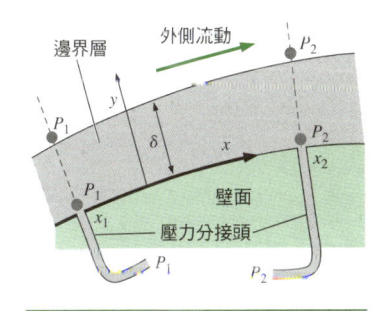

圖 10-89 在邊界層外部的無旋流動區域的壓力可以通過在壁面靜壓分接頭進行測量。圖中畫出兩個這樣的壓力分接頭。

都是用這種壓力分接頭做測試。

圖 10-64 中所示的通過圓柱的流動的實驗壓力數據是用在圓柱表面的壓力分接頭所測得的,而它們是用來與使用無旋外部流近似所算出的壓力做比較。這個比較是有根據的,因為在邊界層外部所得之壓力 (用歐拉方程式或勢流分析結合伯努利方程式) 通過邊界層到壁面一路適用。

回到邊界層方程式的推導過程,我們用式 (10-65) 來大幅簡化動量方程式的 x- 分量。特別地,因為 P 不是 y 的函數,我們用 dP/dx 取代 $\partial P/\partial x$,其中 P 為從我們的外部流近似計算所得的壓力值 (不論是使用連續方程式加歐拉方程式,或是勢流方程式加伯努利方程式)。納維–斯托克斯方程式的 x- 分量變成

$$\underbrace{u}_{u^*U} \underbrace{\frac{\partial u}{\partial x}}_{\frac{\partial}{\partial x^*}\frac{u^*U}{L}} + \underbrace{v}_{v^*\frac{U\delta}{L}} \underbrace{\frac{\partial u}{\partial y}}_{\frac{\partial}{\partial y^*}\frac{u^*U}{\delta}} = \underbrace{-\frac{1}{\rho}\frac{dP}{dx}}_{\frac{1}{\rho}\frac{\partial}{\partial x^*}\frac{P^*\rho U^2}{L}} + \underbrace{\nu\frac{\partial^2 u}{\partial x^2}}_{\nu\frac{\partial^2}{\partial x^{*2}}\frac{u^*U}{L^2}} + \underbrace{\nu\frac{\partial^2 u}{\partial y^2}}_{\nu\frac{\partial^2}{\partial y^{*2}}\frac{u^*U}{\delta^2}}$$

在一些代數運算後,並且將每一項乘上 L/U^2,得到

$$u^*\frac{\partial u^*}{\partial x^*} + v^*\frac{\partial u^*}{\partial y^*} = -\frac{dP^*}{dx^*} + \left(\frac{\nu}{UL}\right)\frac{\partial^2 u^*}{\partial x^{*2}} + \left(\frac{\nu}{UL}\right)\left(\frac{L}{\delta}\right)^2\frac{\partial^2 u^*}{\partial y^{*2}} \qquad (10\text{-}66)$$

比較式 (10-66) 中的各項,右邊的中間項的數量級很明顯比左邊各項小,因為 $\text{Re}_L = UL/\nu \gg 1$。至於方程式右邊的最後一項又怎樣?假如我們忽略這一項,就丟掉了所有的黏滯項,於是又回到歐拉方程式。很清楚地,這一項必須保留。此外,因為式 (10-66) 中所有留下的項均為數量級 1,在式 (10-66) 右邊的最後一項的括號內的參數組合必須也是數量級 1,

$$\left(\frac{\nu}{UL}\right)\left(\frac{L}{\delta}\right)^2 \sim 1$$

再次認出 $\text{Re}_L = UL/\nu$,我們立刻看出

$$\frac{\delta}{L} \sim \frac{1}{\sqrt{\text{Re}_L}} \qquad (10\text{-}67)$$

這證實了我們先前的說法,在一個給定沿著壁面的順流位置,雷諾數越大,邊界層越薄。假如我們用 x 取代式 (10-67) 中的 L,也得到結論,就是對於在平板上的層流邊界層,其中 $U(x) = V =$ 常數,δ 像 x 的平方根般地增加 (圖 10-90)。

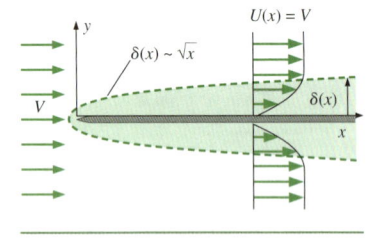

圖 10-90 沿平板的層流邊界層方程式的數量級分析表明 δ 的增長像 $\sqrt{x}$ 一樣 (未按比例)。

用原來的 (物理的) 變數表示，式 (10-66) 寫成

x- 動量邊界層方程式：
$$u\frac{\partial u}{\partial x} + v\frac{\partial u}{\partial y} = -\frac{1}{\rho}\frac{dP}{dx} + \nu\frac{\partial^2 u}{\partial y^2} \qquad (10\text{-}68)$$

注意在邊界層中式 (10-68) 的最後一項是不可忽略的，因為速度梯度 $\partial u/\partial y$ 的 y 導數足夠大到能抵消動態黏度 ν 的數值 (通常很小)。最後，因為從我們的 y- 動量方程式分析，知道穿過邊界層的所有壓力與邊界層外面的壓力相同 [式 (10-65)]，我們應用伯努利方程式於外流區。對 x 微分後得到

$$\frac{P}{\rho} + \frac{1}{2}U^2 = 常數 \quad \rightarrow \quad \frac{1}{\rho}\frac{dP}{dx} = -U\frac{dU}{dx} \qquad (10\text{-}69)$$

其中注意到 P 與 U 兩者均只是 x 的函數，如圖 10-91 所繪。將式 (10-69) 代入式 (10-68) 得到

$$u\frac{\partial u}{\partial x} + v\frac{\partial u}{\partial y} = U\frac{dU}{dx} + \nu\frac{\partial^2 u}{\partial y^2} \qquad (10\text{-}70)$$

我們已經從邊界層方程式中消去壓力。

我們對這組在 xy- 平面上的穩態的、不可壓縮的、沒有明顯重力效應的層流邊界層運動方程式作總結，

邊界層方程式：
$$\frac{\partial u}{\partial x} + \frac{\partial v}{\partial y} = 0$$
$$u\frac{\partial u}{\partial x} + v\frac{\partial u}{\partial y} = U\frac{dU}{dx} + \nu\frac{\partial^2 u}{\partial y^2} \qquad (10\text{-}71)$$

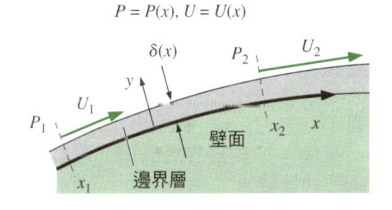

圖 10-91 從外部流動壓力 $P(x)$ 得到的平行於壁面的外部流動速率為 $U(x)$。這個速率出現在邊界層動量方程式 (10-70) 的 x- 分量。

數學上，完整的納維－斯托克斯方程式在空間上為橢圓形，意思是整個流動區域的邊界都需要賦予邊界條件。物理上，流動資訊從四面八方傳達，包括上游及下游。相反地，x- 動量邊界層方程式 (10-71) 第二個方程式為拋物線形。這意味著我們只需在 (二維的) 流動區域的三個邊賦予邊界條件。物理上，流動資訊不會向流動的相反方向 (從下游) 傳達。這個事實，大大的減少求解邊界層方程式的困難程度。特別是我們不需要指定下游的邊界條件，只要流動區域的上游、上部及底部 (圖 10-92)。對於一個沿著壁面的典型邊界層問題，我們在壁面上 (在 $y = 0$，$u = v = 0$) 指定無滑移條件，在邊界層的邊緣及遠離邊界層處 [$u = U(x)$，當 $y \rightarrow \infty$] 指定外流條件，並且在上游的某個位置指定啟始速度輪廓 [在 $x = x_{啟始}$，$u = $

圖 10-92 邊界層方程組是拋物線形的，所以邊界條件只需要在流場定義域三個面指定。

$u_{啟始}(y)$，其中 $x_{啟始}$ 可以為零也可以不為零]。用這些邊界條件，我們只要向 x- 方向下游前進，一邊行進一邊解邊界層方程式。這對數值邊界層計算特別具有吸引力，因為一旦我們知道在某個 x- 位置 (x_i) 的速度輪廓，就可以前進到下一個 x- 位置 (x_{i+1})，然後用這個新計算得到的速度輪廓作為啟始速度輪廓，以便前進到下一個 x- 位置 (x_{i+2}) 等等。

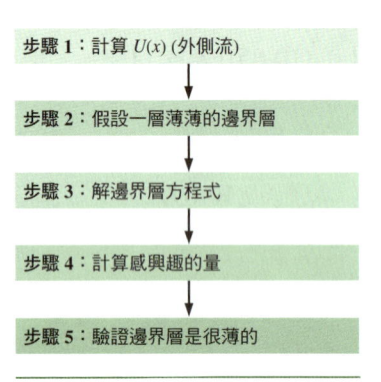

邊界層步驟

在使用邊界層近似時，我們採用一般的循序漸進步驟。在此略述這個步驟，並將扼要的形式展示在圖 10-93。

步驟 1 解外部流，忽略邊界層 (假設在邊界層外面的流動區域近似於無黏滯性的或無旋性的)。必要時變換座標以得到 $U(x)$。

步驟 2 假設一層薄薄的邊界層 —— 事實上，薄到不影響步驟 1 的外流解。

步驟 3 解邊界層方程式 (10-71)，用適當的邊界條件：在壁面的無滑移條件，在 $y = 0$，$u = v = 0$；在邊界層邊緣的已知外流條件，$u = U(x)$，當 $y \to \infty$；以及某個已知的啟始速度輪廓，在 $x = x_{啟始}$，$u = u_{啟始}(x)$。

步驟 4 計算流場中感興趣的量。例如，一旦邊界層方程式得解 (步驟 3)，我們計算 $\delta(x)$、沿著壁面的剪應力、全部表面摩擦阻力等等。

步驟 5 驗證邊界層近似的適當性。換言之，驗證邊界層是薄的 —— 否則，這個近似是不恰當的。

在作任何例題之前，我們在此列出邊界層近似的一些限制。這些都是在執行邊界層計算時要避免的：

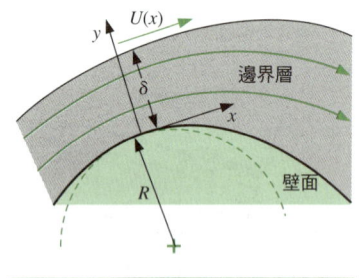

圖 10-93 在 xy- 平面上的穩態，不可壓縮，二維邊界層的邊界層計算過程的摘要。

- 假如雷諾數不夠大，邊界層近似失效。多大才足夠呢？這取決於所期望的近似精度。用式 (10-67) 作為指引，$\text{Re}_L = 1000$ 時，$\delta/L \sim 0.03$ (百分之 3)，而 $\text{Re}_L = 10{,}000$ 時，$\delta/L \sim 0.01$ (百分之 1)。
- 假如壁面曲率跟 δ 的數量級相同，在 y- 方向的零壓力梯度的假設 [式 (10-65)] 失效 (圖 10-94)。在這種情況，流線曲率所造成的向心加速度效應不能夠忽略。物理上，當 δ 不是 $\ll R$，邊界層不夠薄到能讓近似適用。
- 當雷諾數太高，邊界層不再保持層流，如同前面討論過。

圖 10-94 當壁面 (R) 的的局部曲率半徑足夠小到與 δ 有相同的數量級，向心加速度的影響不能忽視並且 $\partial P/\partial y \neq 0$)。在這樣的區域，薄的邊界層近似是不適用的。

邊界層近似本身仍然適用，但假如流動是過渡的或完全紊流的，式 (10-71) 是不正確的。如同前面提到過，在一個平滑平板上的層流邊界層，在乾淨的流動條件下，在 $Re_x \cong 1 \times 10^5$ 時開始過渡到紊流。在實際的工程應用，壁面可能不平滑，在壁面上可能有振動、噪音及自由流漲落，這些都會造成過渡過程更早開始。

- 假如流動分離發生，邊界層近似不再適用於流動分離區域。對此的主要的原因是流動分離區域包含逆流，而邊界層方程式的拋物線形特性消失。

例題 10-10　在平板上的層流邊界層

速率 V 的均勻流平行流經一片無限薄的半無限平板，如圖 10-95 所繪。定義座標系統使得平板從原點開始。因為流動對稱於 x- 軸，只考慮上半部的流場。計算沿著平板的邊界層速度輪廓並討論。

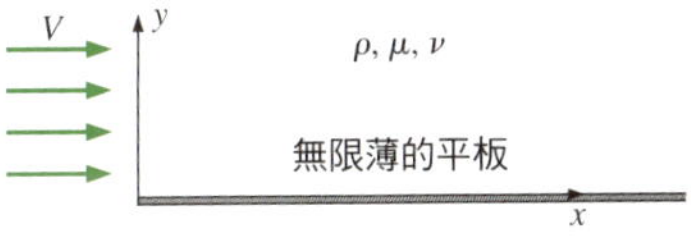

解答：我們要計算邊界層速度輪廓 (u 為 x 與 y 的函數)，當邊界層沿著平板增長。

假設：1. 流動為穩態、不可壓縮、二維的，在 xy- 平面。2. 雷諾數足夠高以致邊界層近似是合理的。3. 在整個感興趣的範圍邊界層保持層流。

分析：我們照著摘錄於圖 10-93 的漸進步驟來做。

圖 10-95　例題 10-10 的設置；均勻流的流動平行於沿 x- 軸的半無限平板。

步驟 1　藉由完全忽略邊界層求得外部流，因為假設邊界層非常非常的薄。還記得在無旋流中的任一條流線可以被想像成是一個壁面，因為沒有穿過流線的流動。在這種情況，x- 軸可以被想像成均勻自由流，我們在 10-5 節一個構件的一條流線；這條流線也可以被想像成是一片無限薄的平板 (圖 10-96)。因此，

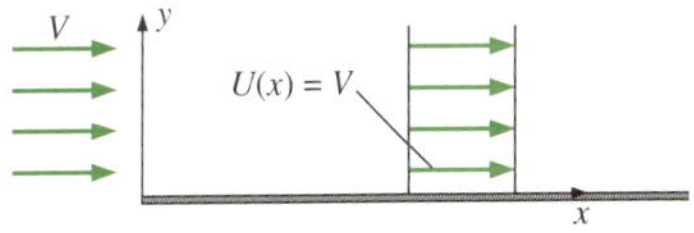

圖 10-96　例題 10-10 的外部流動是不重要的，因為 x- 軸是流場中的一條流線，並且 $U(x) = V = $ 常數。

外部流：
$$U(x) = V = 常數 \tag{1}$$

為了方便起見，從此處開始，我們用 U 代替 $U(x)$，因為它是一個常數。

步驟 2　我們假設沿著壁面的邊界層非常薄 (圖 10-97)。在此的關鍵是邊界層是如此之薄，以至於可以忽略它對步驟 1 計算的外部流所產生的效應。

步驟 3　我們必須解邊界層方程式。從式 (1) 看出 $dU/dx = 0$；換言之，在 x- 動量邊界層方程式中不保留壓力梯度。這就是為什麼在平板上的邊界層常常被稱為零壓力梯度邊界層。對於邊界層的連續方程式及 x- 動量方程式 (10-71) 變成

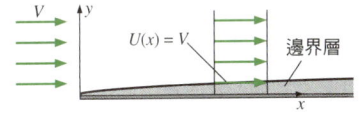

圖 10-97　邊界層是如此之薄，以致它不影響外部流動；為了清晰起見，這裡的邊界層厚度被誇大了。

$$\frac{\partial u}{\partial x} + \frac{\partial v}{\partial y} = 0 \qquad u\frac{\partial u}{\partial x} + v\frac{\partial u}{\partial y} = \nu\frac{\partial^2 u}{\partial y^2} \tag{2}$$

有四個必須的邊界條件，

$$u = 0 \text{ at } y = 0 \quad u = U \text{ as } y \to \infty$$
$$v = 0 \text{ at } y = 0 \quad u = U \text{ for all } y \text{ at } x = 0 \quad (3)$$

式 (3) 中的最後一個邊界條件為啟始速度輪廓；我們假設在平板的起始位置 ($x=0$)，平板尚未對流動造成影響。

這些方程式與邊界條件似乎相當簡單，但不幸的是，沒有合宜的解析解可用。然而，式 (2) 的級數解由 P. R. 海因里希·布列修士 (1883-1970) 在 1908 年得到。作為一個側面說明，布列修士是普朗特的博士生。當然，在那個年代，電腦尚未問世，所有的計算都是用手算。今天我們可以在電腦上以幾秒鐘的時間求解這些方程式。這個解的關鍵是相似性假設。簡單地來說，在此可以假設相似性是因為在問題的幾何邊界沒有特徵長度尺度。物理上，因為平板在 x- 方向是無限長，我們總是看到相同的流態，不管放大或縮小多少 (圖 10-98)。

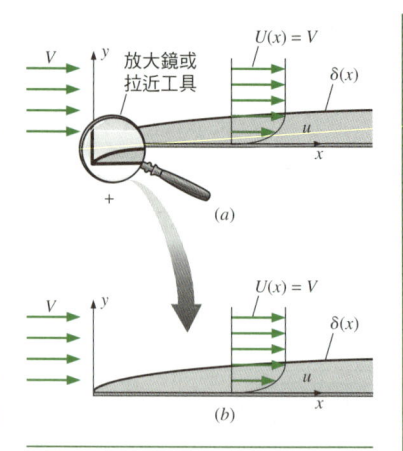

圖 10-98 相似性假設的一個有用的結果是流場看起來一樣 (相似) 不管我們如何放大或縮小；(a) 從遠處看，就像一個人可能會看到的，(b) 自近處看，就像一隻螞蟻可能會看到的。

布列修士引進一個相似變數 η，它結合獨立變數 x 與 y 成為一個無因次的獨立變數，

$$\eta = y\sqrt{\frac{U}{\nu x}} \quad (4)$$

並且他求解速度的 x- 分量的無因次形式，

$$f' = \frac{u}{U} = \eta \text{ 的函數} \quad (5)$$

當我們將式 (4) 與 (5) 代入式 (2)，施以邊界條件式 (3)，得到無因次速率 $f'(\eta) = u/U$ 對相似變數 η 的常微分方程式。我們使用常用的倫基－庫達數值技巧求得顯示於表 10-3 及圖 10-99 的結果。詳細的數值技巧超過本書的範圍 (見 Heinsohn 與 Cimbala, 2003)。離開壁面速度也有一個小的 y- 分量 v，但 $v \ll u$，在此並不討論。相似解的漂亮之處在於，當我們用相似性變數繪圖，這個唯一的速度輪廓形狀適用於任何 x- 位置，如圖 10-99 所示。在圖 10-99 中計算所得輪廓形狀與實驗所的數據 (圖 10-99 中的圓圈)，以及圖 10-78 的可視輪廓形狀的一致性是相當顯著的。布列修士解有相當驚人的成就。

步驟 4 我們接著計算幾個在邊界層中感興趣的量。首先，基於比表 10-3 所列有更精細解析度的數值解，發現在 $\eta \cong 4.91$，$u/U = 0.990$。這個 99% 的邊界層厚度繪於圖 10-99 中。用式 (4) 及 δ 的定義，我們推論 $y = \delta$，當

$$\eta = 4.91 = \sqrt{\frac{U}{\nu x}}\delta \quad \rightarrow \quad \frac{\delta}{x} = \frac{\mathbf{4.91}}{\sqrt{\mathbf{Re}_x}} \quad (6)$$

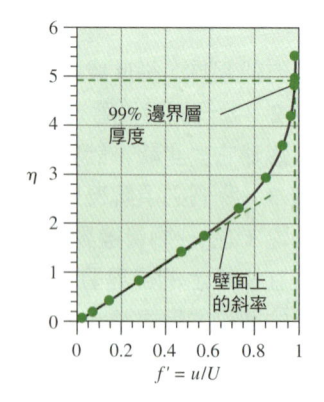

圖 10-99 在半無限平板增長的邊界層的布列修士輪廓用相似變數表示。實驗數據（圓圈）是在 $\text{Re}_x = 3.64 \times 10^5$。

表 10-3 平板邊界層的布列修士相似變數解*

η	f''	f'	f	η	f''	f'	f
0.0	0.33206	0.00000	0.00000	2.4	0.22809	0.72898	0.92229
0.1	0.33205	0.03321	0.00166	2.6	0.20645	0.77245	1.07250
0.2	0.33198	0.06641	0.00664	2.8	0.18401	0.81151	1.23098
0.3	0.33181	0.09960	0.01494	3.0	0.16136	0.84604	1.39681
0.4	0.33147	0.13276	0.02656	3.5	0.10777	0.91304	1.83770
0.5	0.33091	0.16589	0.04149	4.0	0.06423	0.95552	2.30574
0.6	0.33008	0.19894	0.05973	4.5	0.03398	0.97951	2.79013
0.8	0.32739	0.26471	0.10611	5.0	0.01591	0.99154	3.28327
1.0	0.32301	0.32978	0.16557	5.5	0.00658	0.99688	3.78057
1.2	0.31659	0.39378	0.23795	6.0	0.00240	0.99897	4.27962
1.4	0.30787	0.45626	0.32298	6.5	0.00077	0.99970	4.77932
1.6	0.29666	0.51676	0.42032	7.0	0.00022	0.99992	5.27923
1.8	0.28293	0.57476	0.52952	8.0	0.00001	1.00000	6.27921
20.	0.26675	0.62977	0.65002	9.0	0.00000	1.00000	7.27921
2.2	0.24835	0.68131	0.78119	10.0	0.00000	1.00000	8.27921

* η 是定義於上面的式 (4) 中的相似性變數,而 $f(\eta)$ 是用倫基-庫達數值技巧解出的。注意 f'' 正比於剪應力 τ,f' 正比於邊界層中的速度的 x-分量 ($f' = u/U$),而 f 本身正比於流線函數。在圖 10-99 中,f' 是畫成 η 的函數。

這個結果在定性上與用簡單的數量級分析而得的式 (10-67) 符合。很多作者將式 (6) 中的常數 4.91 進位成 5,但為了與其它從布列修士輪廓得到的量一致,我們寧可將結果表成三位有效數字。

另一個感興趣的量是在壁面上的剪應力 τ_w,

$$\tau_w = \mu \left.\frac{\partial u}{\partial y}\right)_{y=0} \tag{7}$$

在壁面 ($y = 0$ 與 $\eta = 0$) 上的無因次速度輪廓的斜率值繪於圖 10-99。從我們的相似性結果 (表 10-3),在壁面的無因次斜率為

$$\left.\frac{d(u/U)}{d\eta}\right)_{\eta=0} = f''(0) = 0.332 \tag{8}$$

將式 (8) 代入式 (7) 並經過一些代數運算 (相似性變數轉換回物理變數) 後,我們得到

用物理變數表示的剪應力:
$$\tau_w = 0.332 \frac{\rho U^2}{\sqrt{\text{Re}_x}} \tag{9}$$

因此,我們看到壁面剪應力隨著 x 成 $x^{-1/2}$ 的形式衰減,如圖 10-100 所繪。在 $x = 0$,式 (9) 預言

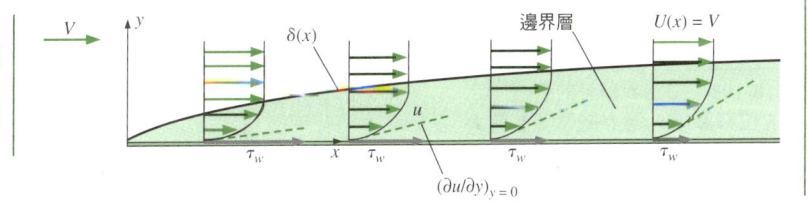

圖 10-100 對於層流平板邊界層,當在壁面的斜率 $\partial u/\partial y$ 往下游遞減,壁面剪應力像 $x^{-1/2}$ 般地衰減。平板的前部比後部貢獻更多的表面摩擦。

τ_w 為無窮大,這是沒有物理意義的。邊界層近似不適用於平板前緣 $(x = 0)$,因為邊界層厚度與 x 相比並不小。此外,任何真實平板為有限的厚度,在平板前端有停滯點,隨著外部流很快地加速到 $U(x) = V$。在不失流場其餘部分的準確度下,我們可以忽略非常靠近 $x = 0$ 的區域。

藉由定義表面摩擦係數(也叫做局部摩擦係數)將式 (9) 無因次化,

局部摩擦係數,層流平板:
$$C_{f,x} = \frac{\tau_w}{\frac{1}{2}\rho U^2} = \frac{0.664}{\sqrt{\text{Re}_x}} \tag{10}$$

注意式 (10) 的 $C_{f,x}$ 與式 (6) 的 δ/x 有相同的形式,但常數不一樣 —— 兩者均依循著雷諾數的平方根的倒數衰減。在第 11 章,我們積分式 (10) 得到在長度 L 的平板上的全部摩擦阻力。

步驟 5 我們需要證明邊界層是很薄的。考慮當你在一個熱天,以 30 km/h 的時速開車前往商圈,流過你的引擎蓋流動的實際例子(圖 10-101)。空氣的運動黏度為 $\nu = 1.7 \times 10^{-5}$ m²/s。我們將引擎蓋近似為長度 1.2 m 以水平速度 $V = 30$ km/h 移動的平板。首先,用式 (10-60) 近似求得在引擎蓋末端的雷諾數,

$$\text{Re}_x = \frac{Vx}{\nu} = \frac{(30 \text{ km/h})(1.2 \text{ m})}{1.7 \times 10^{-5} \text{ m}^2/\text{s}}\left(\frac{1000 \text{ m}}{\text{km}}\right)\left(\frac{\text{h}}{3600 \text{ s}}\right) = 5.9 \times 10^5$$

圖 10-101 邊界層在汽車的引擎蓋增長。為了清晰起見,這裡的邊界層厚度被誇大了。

因為 Re_x 非常接近約略估計的臨界雷諾數,$\text{Re}_{x,cr} = 5 \times 10^5$,層流的假設也許適用也許不適用。然而我們用式 (6) 來估計邊界層厚度,假設流動保持層流,

$$\delta = \frac{4.91x}{\sqrt{\text{Re}_x}} = \frac{4.91(1.2 \text{ m})}{\sqrt{5.9 \times 10^5}}\left(\frac{100 \text{ cm}}{\text{m}}\right) = 0.77 \text{ cm} \tag{11}$$

到引擎蓋的末端,邊界層只約為 1/4 英寸厚,我們非常薄的邊界層的假設得證。

討論: 布列修士邊界層解只適用流動方向完全平行於平板的流動。然而,它常常用來作為沿著既非平坦,亦非完全平行流動的固體壁面上的邊界層發展的一個快速近似,就像引擎蓋的例子。如同在步驟 5 中所示,在實際工程問題中要達到雷諾數大於過渡紊流的臨界值並不難。你必須很小心,當邊界層變成紊流時不要使用在此所示的層流邊界層解。

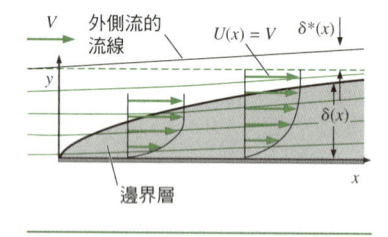

圖 10-102 由邊界層外的流線所定義的位移厚度。邊界層厚度被誇大了。

位移厚度

如同圖 10-80 所示,當邊界層厚度往下游增長,為了滿足質量守恆,在邊界層內部及外部的流線必須輕微地向外往離開壁面方向彎曲。這是因為速度的 y- 分量 v 很小,但有限且為正值。在邊界層外,外部流受流線偏轉影響。我們定義位移厚度 δ^* 為剛好在邊界層外面的流線所偏轉的距離,如圖 10-102 所繪。

第 10 章 納維−斯托克斯方程式的近似解 **619**

位移厚度 δ^* 為由於邊界層的效應，剛好在邊界層外面的流線偏轉遠離壁面的距離。

藉由使用質量守恆的控制體積分析，我們導出沿著平板的邊界層的 δ^* 的表達式。詳細推導留給讀者作為習題；沿著平板在任意 x- 位置的結果為

位移厚度：
$$\delta^* = \int_0^\infty \left(1 - \frac{u}{U}\right) dy \qquad (10\text{-}72)$$

注意，式 (10-72) 中的積分上限為 ∞，但是因為在邊界層上方處處 $u = U$，只需要積分到 δ 上方的某個有限距離。很明顯地，當邊界層增長，δ^* 隨 x 增長 (圖 10-103)。對於層流平板，我們積分例題 10-10 的數值 (布列修士) 解得到

位移厚度，層流平板：
$$\frac{\delta^*}{x} = \frac{1.72}{\sqrt{\text{Re}_x}} \qquad (10\text{-}73)$$

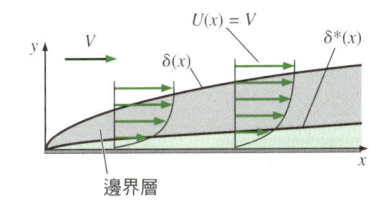

圖 10-103 對於層流平板邊界層，位移厚度是約略為 99% 的邊界層厚度的三分之一。

δ^* 的方程式與 δ 相同，只有常數不同。事實上，對於通過平板的層流，在任意 x- 位置的 δ^* 證明大概比在相同 x- 位置的 δ 小三倍 (圖 10-103)。有另外一種方式來說明 δ^* 的物理意義，證明 δ^* 對實際的工程應用更為有用；就是從無黏滯性的或無旋的外流區域的觀點，我們可以將位移厚度想像成一個假想的或視在的壁面厚度增量。對於我們的平板例題，外部流不再"看到"一片無限薄的平板，而是看到一片形如式 (10-73) 的位移厚度的有限厚度平板，如圖 10-104 所繪。

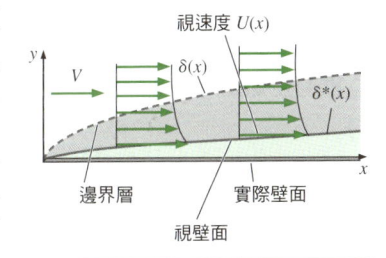

圖 10-104 邊界層以一種使壁面看似與位移厚度相同形狀的方式影響無旋的外部流動。因為較厚的壁面使得視在的 $U(x)$ 與原來近似不同。

位移厚度是由於逐漸增長的邊界層的效應，外部流所見到的假想的壁面厚度增量。

假如我們求解環繞這個假想較厚平板的歐拉方程式，外部流速度分量 $U(x)$ 將異於原來的計算，於是可以用這個視在的 $U(x)$ 來改善邊界層分析。你可以想像是一個對圖 10-93 的邊界層步驟的修正，我們作圖中的前四個步驟，計算 $\delta^*(x)$，然後回到第一步，這一次用假想的 (較厚的) 物體形狀計算視在的 $U(x)$。接著，重新解邊界層方程式。我們可以依需要重複這個迴圈任意次直到收斂。用這種方法，外部流與邊界層將彼此有更好的一致性。

假如我們考慮流進一條由兩片平行壁面所圍渠道的均勻流 (圖 10-105)，位移厚度的解釋的實用性變得明顯。當邊界層在上壁與下壁增長，無旋核心流必須加速以滿足質量守恆 (圖 10-105a)。從邊界層間的核心流的觀點，邊界層造成渠道壁面出

圖 10-105 邊界層增長對流進二維渠道的影響：(a) 實際速度輪廓，以及 (b) 由於邊界層的位移厚度所造成的視在核心流的改變指出在頂部邊界層和底部邊界層之間的無旋流加速 (為了清晰起見，邊界層誇大許多)。

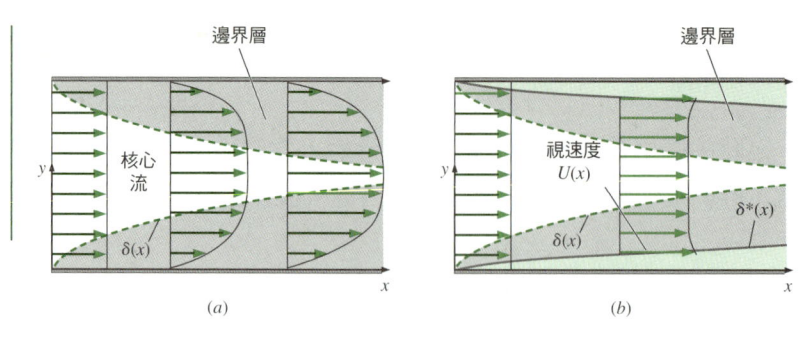

現聚合 —— 當 x 遞增，在壁面間的視在距離遞減。其這個假想的壁面厚度增量等於 $\delta^*(x)$，於是核心流的視在的 $U(x)$ 必須遞增，如圖所示，以滿足質量守恆。

例題 10-11 位移厚度在風洞的設計上

一台小型低速風洞 (圖 10-106) 設計用來作為熱線的校正。空氣在 19°C。風洞的測試段直徑 30 cm 且長度 30 cm。通過測試段的流動必須是儘可能地均勻。風洞速率範圍從 1 到 8 m/s，設計在通過測試段之空氣速率 $V = 4.0$ m/s 時性能為最佳。(a) 對於在測試段入口速率為 4.0 m/s 近乎均勻流的情況，在到達測試段末端時，中心線的空氣速率加速若干？(b) 建議一個設計使測試段的流動更均勻。

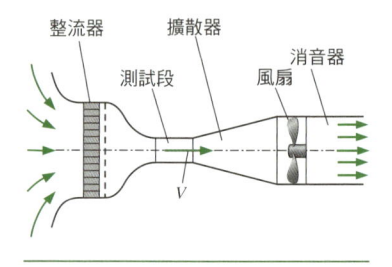

圖 10-106 例題 10-11 的風洞示意圖。

解答：我們要計算空氣經由風洞的的圓形測試段的加速度並建議重新設計測試段。

假設：**1.** 流動為穩態且不可壓縮。**2.** 壁面為光滑的，擾動與振動保持最小。**3.** 邊界層為層流邊界層。

性質：在 19°C 空氣的運動黏度 $\nu = 1.507 \times 10^{-5}$ m²/s。

分析：(a) 在測試段的末端的雷諾數近似為

$$\text{Re}_x = \frac{Vx}{\nu} = \frac{(4.0 \text{ m/s})(0.30 \text{ m})}{1.507 \times 10^{-5} \text{ m}^2/\text{s}} = 7.96 \times 10^4$$

因為 Re_x 比工程臨界雷諾數 $\text{Re}_{x,cr} = 5 \times 10^5$ 小，甚至比 $\text{Re}_{x,\text{臨界}} = 1 \times 10^5$ 小，同時因為壁面是平滑的且流動是乾淨的，我們可以假設在整段測試段壁面上的邊界層保持成層流。當邊界層沿著風洞測試段壁面增長，為了滿足質量守恆，在測試端中心部分的無旋流區的空氣加速，如圖 10-105。我們用式 (10-73) 來估計在測試段末端的位移厚度，

$$\delta^* \cong \frac{1.72x}{\sqrt{\text{Re}_x}} = \frac{1.72(0.30 \text{ m})}{\sqrt{7.96 \times 10^4}} = 1.83 \times 10^{-3} \text{ m} = 1.83 \text{ mm} \quad (1)$$

測試段的兩個剖視圖如圖 10-107 所示，一個是在測試段的開始，

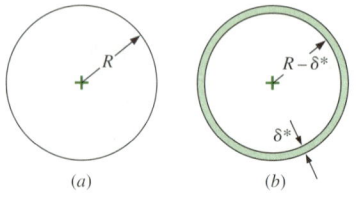

圖 10-107 例題 10-11 的風洞試驗段截面圖：(a) 試驗段的前端，以及 (b) 試驗段的末端。

一個在測試段的末端。測試段末端的等效半徑縮小了 δ^*，如式 (1) 所算出。我們應用質量守恆來計算在測試段末端的平均空氣速度，

$$V_{end}A_{end} = V_{beginning}A_{beginning} \rightarrow V_{end} = V_{beginning}\frac{\pi R^2}{\pi(R - \delta^*)^2} \quad (2)$$

由上式可得

$$V_{end} = (4.0 \text{ m/s})\frac{(0.15 \text{ m})^2}{(0.15 \text{ m} - 1.83 \times 10^{-3} \text{ m})^2} = \mathbf{4.10 \text{ m/s}} \quad (3)$$

因此，通過測試段，由於位移厚度的效應，空氣速率增加了約 2.5%。

(b) 我們對於更好的設計能提供什麼建議？一個可能性是將測試段設計成漸擴的導管，而非直筒狀 (圖 10-108)。假如將半徑設計成如同 $\delta^*(x)$ 一般沿著測試段長度增加，邊界層的位移效應被消除，測試段空氣的速率將保持相當恆定。注意，在壁面仍然有邊界層增長，如圖 10-108 所示。然而，在邊界層外的核心流速保持恆定，跟圖 10-105 的情況不同。漸擴壁的建議對於 4.0 m/s 的操作條件的設計效果很好，而對於其它的流速也有一些幫助。另一個選擇是沿著測試段的壁面採用抽吸方式，以移除沿著壁面的部分空氣。這種設計的好處是，當風洞的速率改變時，可以很仔細地調整抽吸，以確保整條測試段在任何操作條件下均能保持恆定的空氣速率。這個建議較為複雜且可能比較貴，只是選項之一。

討論：不管是漸擴壁選項的風洞，或是可以仔細地控制整條風洞測試段空氣速率的均勻度的壁面抽吸選項的風洞都已經被建造成功。相同的位移厚度技術也被應用於邊界層為紊流的更大的風洞；然而，$\delta^*(x)$ 需要用不一樣的方程式。

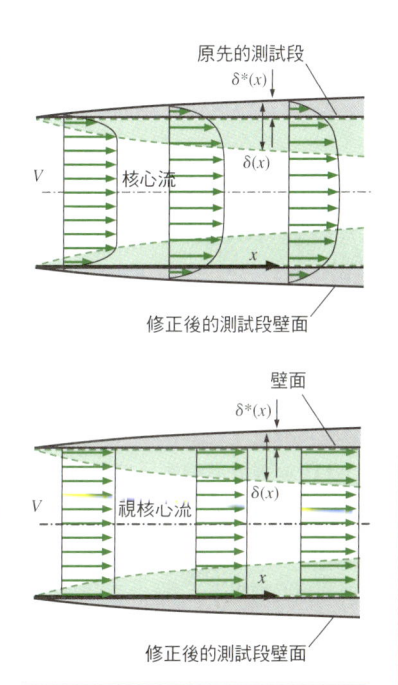

圖 10-108 一個漸擴的試驗段將消除由於邊界層的位移效應造成的流動加速：(a) 實際流動和 (b) 視在無旋核心流。

動量厚度

邊界層厚度的另一個度量為動量厚度，通常用符號 θ 表示。藉由分析圖 10-109 平板邊界層的控制體積可以對動量厚度作很好地說明。因為控制體積的底部為平板本身，沒有質量或動量穿過該面。我們取一條外部流的流線作為控制體積的頂端。因為沒有可以穿越流線的流動，所以沒有質量或動量可以穿過控制體積的上表面。當我們應用質量守恆於控制體積，發現從左端 (在 $x = 0$) 進入控制體積的質量流必須等於從右端 (在沿著平板的某個位置 x) 離開的質量流，

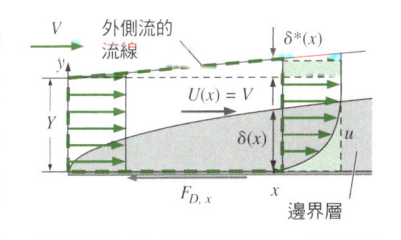

圖 10-109 一個控制體積是由粗虛線所定義，上方由邊界層外面的流線所限定，而下方由平板所界定；$F_{D,x}$ 為作用在控制體積上的平板黏滯力。

$$0 = \int_{CS} \rho \vec{V} \cdot \vec{n}\, dA = \underbrace{w\rho \int_0^{Y+\delta^*} u\, dy}_{\text{在位置 } x} - \underbrace{w\rho \int_0^Y U\, dy}_{\text{在 } x = 0} \qquad (10\text{-}74)$$

其中 w 為圖 10-109 中進入紙面方向的寬度。因為沿著控制體積的左表面上的每一點 $u = U =$ 常數，並且因為沿著控制體積的右表面的 $y = Y$ 到 $y = Y + \delta^*$ 之間 $u = U$，式 (10-74) 化簡為

$$\int_0^Y (U - u)\, dy = U\delta^* \qquad (10\text{-}75)$$

物理上，在邊界層內質量流的缺損 (圖 10-109 中的下方顏色區域) 被一大塊厚度 δ^* 的自由流 (圖 10-109 中的上方顏色區域) 取代。式 (10-75) 證明兩塊顏色的區域有相同的面積。我們將圖放大繪於圖 10-110，以更清楚地呈現這些面積。

現在考慮控制體積動量方程式的 x- 分量。因為沒有動量穿過上部及下部控制表面，作用於控制體積的淨力必須等於離開控制體積的動量通量減去進入控制體積的動量通量，

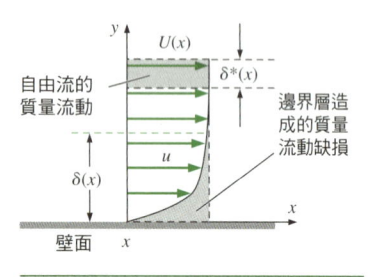

圖 10-110 邊界層輪廓下方的面積，代表質量流量的缺損，與由一塊厚度為 δ^* 的自由流流體所產生的面積的比較。為了滿足質量守恆，這兩塊面積必須相等。

控制體積的 x- 動量守恆：

$$\sum F_x = -F_{D,x} = \int_{CS} \rho u \vec{V} \cdot \vec{n}\, dA = \underbrace{\rho w \int_0^{Y+\delta^*} u^2\, dy}_{\text{在位置 } x} - \underbrace{\rho w \int_0^Y U^2\, dy}_{\text{在 } x = 0} \qquad (10\text{-}76)$$

其中 $F_{D,x}$ 為平板上從 $x = 0$ 到位置 x 的摩擦力所產生的阻力。經過一些代數運算後，包括代入式 (10-75)，式 (10-76) 化簡成

$$F_{D,x} = \rho w \int_0^Y u(U - u)\, dy \qquad (10\text{-}77)$$

最後，我們定義動量厚度 θ 使得平板上單位進入頁面寬度的黏滯阻力等於 ρU^2 乘上 θ，即

$$\frac{F_{D,x}}{w} = \rho \int_0^Y u(U - u)\, dy \equiv \rho U^2 \theta \qquad (10\text{-}78)$$

換言之，

動量厚度被定義成由於增大的邊界層的存在，而造成單位寬度的動量通量損失除以 ρU^2。

式 (10-78) 化簡為

$$\theta = \int_0^Y \frac{u}{U}\left(1 - \frac{u}{U}\right) dy \tag{10-79}$$

流線高度 Y 可以為任意值，只要被取為控制體積的上表面的流線在邊界層上方。因為對於任意比 Y 大的 y，$u = U$，我們可以將式 (10-79) 中的 Y 用無窮遠取代而不會改變 θ 的值，

動量厚度：

$$\theta = \int_0^\infty \frac{u}{U}\left(1 - \frac{u}{U}\right) dy \tag{10-80}$$

對於層流平板邊界層的布列修士解這一特例 (例題 10-10)，我們數值積分式 (10-80) 得

動量厚度，層流平板：

$$\frac{\theta}{x} = \frac{0.664}{\sqrt{\text{Re}_x}} \tag{10-81}$$

注意到 θ 的方程式除了常數不一樣外，與 δ 或 δ^* 的方程式有相同形式。事實上，對於流過平板的層流，在任意 x- 位置，θ 證明約為 δ 的 13.5%，如圖 10-111 所示。θ/x [式 (10-81)] 等於 $C_{f,x}$ [例題 10-10 的式 (10)] 並非巧合──二者都是從平板的表面摩擦阻力所導出的。

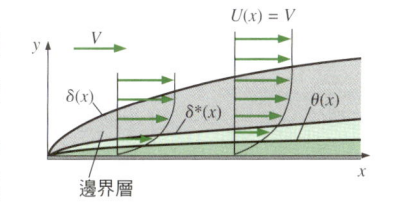

圖 10-111 對於層流平板邊界層，位移厚度是 δ 的 35.0%，而動量厚度是 δ 的 13.5%。

紊流平板邊界層

推導或試圖求解紊流邊界層方程式超本書的範圍。邊界層速度輪廓形狀的表達式及其它紊流邊界層性質都是由實驗得到 (或充其量是半實驗)，因為我們無法解紊流邊界層方程式。同時注意到紊流本質上是非穩態的，瞬時速度輪廓形狀隨時間而變 (圖 10-112)。因此，在此所討論的所有紊流表達式均用對時間的平均值表示。一個常見的紊流平板邊界層的時間平均速度輪廓的經驗近似為 1/7 冪定律，

$$\frac{u}{U} \cong \left(\frac{y}{\delta}\right)^{1/7} \text{ 若 } y \leq \delta, \quad \rightarrow \quad \frac{u}{U} \cong 1 \text{ 若 } y > \delta \tag{10-82}$$

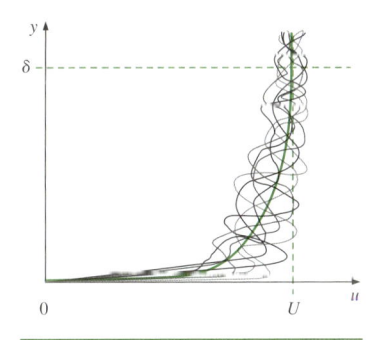

圖 10-112 紊流邊界層的不規則性的插圖；細的波浪狀的黑色線條為瞬間輪廓，粗的顏色線是一段長的時間平均輪廓。

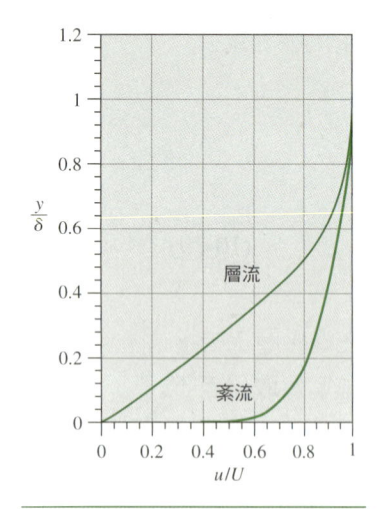

圖 10-113 層流和紊流平板邊界層輪廓的比較，以邊界層厚度無因次化。

注意，在式 (10-82) 的近似中，δ 並非 99% 邊界層厚度，而是真正的邊界層邊緣，不同於層流的 δ 的定義。式 (10-82) 繪於圖 10-113。為了做比較，層流平板邊界層的速度輪廓 (布列修士方程式的數值解的圖 10-99) 同時繪於圖 10-113 中，用 y/δ 做垂直軸代替相似變數 η。你可以看出假如層流邊界層與紊流邊界層有相同的厚度，紊流的輪廓要比層流的輪廓更為飽滿。換句話說，紊流邊界層更貼近壁面，在靠近壁面處高速流充滿了邊界層。這是由於從邊界層外部傳輸高速流體到邊界層底部 (反之亦然) 的巨大紊流旋渦所引起的。換句話說，與層流邊界層相較，紊流邊界層有更大程度的混合。在層流的情況，由於黏滯性擴散，流體混合緩慢。然而，在紊流中的大旋渦促進更快速及更徹底的混合。

式 (10-82) 的近似紊流邊界層速度輪廓形狀在非常靠近壁面 ($y \to 0$) 處沒有什麼物理意義，因為它預言在 $y = 0$ 時斜率 ($\partial u/\partial y$) 為無窮大。然而，對於紊流邊層而言，在壁面的斜率非常大，不過它還是有限的。這個很大的壁面斜率導致非常高的壁面剪應力，$\tau_w = \mu(\partial u/\partial y)_{y=0}$，因此，對應到沿平板表面有很高的表面摩擦力 (與具有相同厚度的層流邊界層做比較)。由層流及紊流邊界層產生的表面摩擦阻力將在第 11 章有詳盡的討論。

像圖 10-113 這樣的無因次化圖畫有一些誤導，因為在相同雷諾數，紊流邊界層事實上比對應的層流邊界層來得厚，這個事實將在例題 10-12 以物理變數繪出。

我們比較表 10-4 中在光滑平板上的層流邊界層與紊流邊界層的 δ、δ*、θ 及 $C_{f,x}$ 表達式。紊流的表達式是以式 (10-82) 的 1/7 冪定律為基礎。注意，在表 10-4

表 10-4 平行於均勻流的光滑平板的層流與紊流邊界層的各種表達式*

性質	層流	(a) 紊流(†)	(b) 紊流(‡)
邊界層厚度	$\dfrac{\delta}{x} = \dfrac{4.91}{\sqrt{\text{Re}_x}}$	$\dfrac{\delta}{x} \cong \dfrac{0.16}{(\text{Re}_x)^{1/7}}$	$\dfrac{\delta}{x} \cong \dfrac{0.38}{(\text{Re}_x)^{1/5}}$
位移厚度	$\dfrac{\delta^*}{x} = \dfrac{1.72}{\sqrt{\text{Re}_x}}$	$\dfrac{\delta^*}{x} \cong \dfrac{0.020}{(\text{Re}_x)^{1/7}}$	$\dfrac{\delta^*}{x} \cong \dfrac{0.048}{(\text{Re}_x)^{1/5}}$
動量厚度	$\dfrac{\theta}{x} = \dfrac{0.664}{\sqrt{\text{Re}_x}}$	$\dfrac{\theta}{x} \cong \dfrac{0.016}{(\text{Re}_x)^{1/7}}$	$\dfrac{\theta}{x} \cong \dfrac{0.037}{(\text{Re}_x)^{1/5}}$
局部表面摩擦係數	$C_{f,x} = \dfrac{0.664}{\sqrt{\text{Re}_x}}$	$C_{f,x} \cong \dfrac{0.027}{(\text{Re}_x)^{1/7}}$	$C_{f,x} \cong \dfrac{0.059}{(\text{Re}_x)^{1/5}}$

* 層流的值是精確值並列出 3 位有效數字，但紊流的值只列出 2 位有效數字。因為紊流流場本質上就有很大的不確定性。
† 從 1/7 冪定律得到。
‡ 從結合 1/7 冪定律與流過平滑管的紊流的經驗數據得到的。

中對於紊流邊界層的表達式只適用於非常光滑的表面。縱使很小量的表面粗糙度也會大大地影響紊流邊界層的性質，諸如動量厚度及局部表面摩擦係數。表面粗糙度對紊流平板邊界層的影響在第 11 章有詳盡的討論。

例題 10-12　層流與紊流邊界層的比較

空氣在 20°C 以 $V = 10.0$ m/s 流過一長度 $L = 1.52$ m 的光滑平板 (圖 10-114)。(a) 在 $x = L$ 處，以物理變數 (u 為 y 的函數) 畫出，並比較層流與紊流邊界層速度輪廓。(b) 比較這兩個個案在 $x = L$ 的局部表面摩擦係數的值。(c) 畫出並比較層流與紊流邊界層的增長。

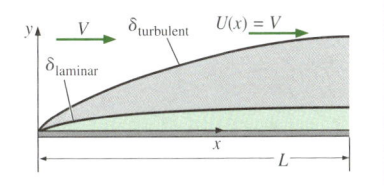

圖 10-114 例題 10-12 中的空氣流過平板的層流與紊流邊界層的比較 (邊界層厚度被誇大了)。

解答：我們將要在平板末端比較層流與紊流邊界層的速度輪廓、局部表面摩擦係數，以及邊界層厚度。

假設：**1.** 平板為光滑，自由流為平靜的且均勻的。**2.** 從平均的觀點來看流動是穩態的。**3.** 平板無限薄且平行於自由流的流動方向。

性質：在 20°C 空氣的運動黏度為 $\nu = 1.516 \times 10^{-5}$ m²/s。

分析：(a) 首先我們計算在 $x = L$ 的雷諾數，

$$\text{Re}_x = \frac{Vx}{\nu} = \frac{(10.0 \text{ m/s})(1.52 \text{ m})}{1.516 \times 10^{-5} \text{ m}^2/\text{s}} = 1.00 \times 10^6$$

根據圖 10-81，這個 Re_x 值在介於層流與紊流的過渡區。因此層流與紊流速度輪廓的比較是恰當的。對於層流的情況，我們將圖 10-113 的 y/δ 值乘以 $\delta_{層流}$，其中

$$\delta_{層流} = \frac{4.91x}{\sqrt{\text{Re}_x}} = \frac{4.91(1520 \text{ mm})}{\sqrt{1.00 \times 10^6}} = \mathbf{7.46 \text{ mm}} \tag{1}$$

這給了我們以 mm 為單位的 y 值。同樣地，將圖 10-113 的 u/U 值乘以 U ($U = V = 10.0$ m/s)，得到以 m/s 為單位的 u。我們將以物理變數表示的層流邊界層速度輪廓繪於圖 10-115 中。

用表 10-4 (a) 欄所提供的方程式，我們計算在相同的 x- 位置的紊流邊界層厚度，

$$\delta_{紊流} \cong \frac{0.16x}{(\text{Re}_x)^{1/7}} = \frac{0.16(1520 \text{ mm})}{(1.00 \times 10^6)^{1/7}} = \mathbf{34 \text{ mm}} \tag{2}$$

[基於表 10-4 的 (b) 欄而得的 δ 紊流值稍微高了點，即 36 mm。] 比較式 (1) 與 (2)，我們看出在雷諾數 1.0×10^6 時紊流邊界層大約是層流邊界層的 4.5 倍。式 (10-82) 的紊流邊界層速度輪廓已轉換成物理變數，並繪於圖 10-115，以便與層流的輪廓作比較。圖 10-115 的兩個最引人注目的特徵是 (1) 紊流邊界層遠比與層流邊界層厚；(2) 對紊流而言，靠近壁面，u 對 y 的斜率更加陡峭。(當然，你要記住，在非常靠近壁面時 1/7 冪定律無法很精確地描繪

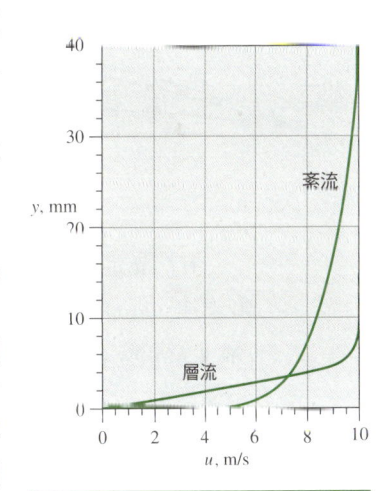

圖 10-115 在相同的 x- 位置用物理變量表示的層流與紊流邊界層輪廓的比較。雷諾數為 $\text{Re}_x = 1.0 \times 10^6$。

真實的紊流邊界層速度輪廓。)
(b) 我們用表 10-4 中的表達式來比較兩種情況的局部表面摩擦係數。對於層流邊界層，

$$C_{f,x,\text{層流}} = \frac{0.664}{\sqrt{\text{Re}_x}} = \frac{0.664}{\sqrt{1.00 \times 10^6}} = \mathbf{6.64 \times 10^{-4}} \qquad (3)$$

以及對於紊流邊界層，(a) 欄，

$$C_{f,x,\text{紊流}} \cong \frac{0.027}{(\text{Re}_x)^{1/7}} = \frac{0.027}{(1.00 \times 10^6)^{1/7}} = \mathbf{3.8 \times 10^{-3}} \qquad (4)$$

比較式 (3) 與 (4)，紊流表面摩擦力值要比層流表面摩擦力值大 5 倍以上。假如我們用另一個紊流表面摩擦係數的表達式，表 10-4 的 (b) 欄，我們將得到 $C_{f,x,\text{紊流}} = 3.7 \times 10^{-3}$，非常接近式 (4) 所計算的值。

(c) 紊流的計算假設邊界層從平板頭開始就是紊流。實際上是先有一個層流區，接著是過渡區，最後才是紊流區，如圖 10-81 所示。然而，對於這個流動，我們感興趣的是在假設全部是層流或全部是紊流時，比較 $\delta_{\text{層流}}$ 與 $\delta_{\text{紊流}}$ 是如何以 x 的函數的形式增長。用表 10-4 的表達式，兩者繪於圖 10-116 以供比較。

討論： 為了清楚起見，圖 10-116 的縱座標單位為 mm，而橫座標單位為 m —— 邊界層薄到不可思議，縱使在紊流的情況也是。紊流案例 (a) 與案例 (b) (見表 10-4) 間的差異的原因在於，實驗曲線擬合與用來得到表 10-4 中的表達式的半經驗近似間的不一致。這加深我們對於報告紊流邊界層數值到至多到兩位有效數字的決定。δ 的真實值最可能落於圖 10-116 中層流值與紊流值之間的某處，因為在平板末端的雷諾數在過渡區裡。

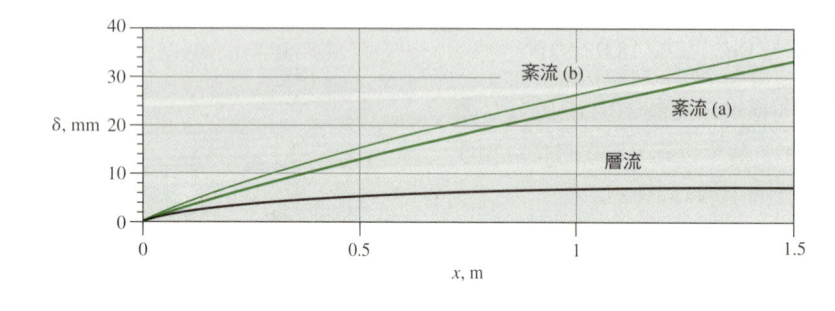

圖 10-116 例題 10-12 中的平板層流邊界層與紊流邊界層的增長比較。

1/7 冪定律並非唯一用於流體力學的紊流邊界層近似。另一個常用的近似為對數定律，一個被證明不僅適用於平板邊界層也適用於完全發展紊流的管流速度輪廓 (第 8 章) 的半經驗表達式。事實上，對數定律經證明幾乎適用於所有有牆為界的紊流邊界層，不只適用於通過平板的流動。(這個幸運的境遇使我們能將非常靠近固體壁面處的對數定律近似用於計算流體力學程式中，如同第 15 章所討論的。) 對數定律通常以被稱為摩擦速度 u_* 的一個特徵速度所無因次化的變數表示。[注意多數的作者用 u^* 來代替 u_*。我們用下標來將 u_* (一個有因次的量) 與 u^* (我們用它來表示無因次速度) 作區別。]

對數定律：
$$\frac{u}{u_*} = \frac{1}{\kappa} \ln \frac{yu_*}{\nu} + B \qquad (10\text{-}83)$$

其中

摩擦速度：
$$u_* = \sqrt{\frac{\tau_w}{\rho}} \qquad (10\text{-}84)$$

κ 與 B 為常數；它們通常的值為 $\kappa = 0.40$ 到 0.41，而 $B = 0.5$ 到 0.55。很不幸的對數定律位於非常靠近壁面時行不通的困擾 ($\ln 0$ 是沒有定義的)。它也偏離靠近邊界層邊緣的實驗值。然而，式 (10-83) 對於紊流平板邊界層的一些重要部分的應用相當普遍而且有用，因為通過式 (10-84)，它將速度輪廓形狀與壁面剪應力的局域值關聯起來。

D. B. 史伯丁在 1961 年開創出一個一路適用到壁面的聰明的表達式，稱為史伯丁壁面定律，

$$\frac{yu_*}{\nu} = \frac{u}{u_*} + e^{-\kappa B}\left[e^{\kappa(u/u_*)} - 1 - \kappa(u/u_*) - \frac{[\kappa(u/u_*)]^2}{2} - \frac{[\kappa(u/u_*)]^3}{6} \right] \qquad (10\text{-}85)$$

儘管在非常靠近壁面，式 (10-85) 做得比式 (10-83) 好，但兩者都不適用於邊界層的外部，通常稱為外層或紊流層。科爾斯 (1956) 引進一個稱為尾流函數或尾流定律的經驗公式，該公式很好地擬合這個區域的數據。將科爾斯的方程式加到對數定律產生所謂的壁面-尾流定律，

$$\frac{u}{u^*} = \frac{1}{\kappa} \ln \frac{yu^*}{\nu} + B + \frac{2\Pi}{\kappa} W\left(\frac{y}{\delta}\right) \qquad (10\text{-}86)$$

其中對於平板邊界層 $\Pi = 0.44$，而對於 W 有很多表達式被提出，所有的這些表達式都是使 W 從在壁面的 0 ($y/\delta = 0$) 到邊界層外緣的 1 ($y/\delta = 1$) 之間平滑地改變。一個廣為流傳的表達式為

$$W\left(\frac{y}{\delta}\right) = \sin^2\left(\frac{\pi}{2}\left(\frac{y}{\delta}\right)\right) \quad \text{當} \quad \frac{y}{\delta} < 1 \qquad (10\text{-}87)$$

例題 10-13　紊流邊界層輪廓方程式的比較

空氣在 20°C 以 $V = 10.0$ m/s 流過一片長度 $L = 15.2$ m 的光滑平板 (圖 10-117)。畫出在 $x = L$ 處用物理變數 (u 為 y 的函數) 表示的紊流邊界層輪廓。比較用 1/7 冪定律、對數定律及史伯丁壁面定律所產生的輪廓，假設邊界層從平板前端開始就是完全的紊流。

解答： 我們將要用三種不同的近似方法，畫出在平板末端的平均邊界層輪廓 $u(y)$。

假設： 1. 平板是光滑的，但是有自由流的擾動造成邊界層比平常更快過渡到紊流 —— 邊界層從平板前端開始就是完全的紊流。2. 從平均的觀點來看流動是穩態的。3. 平板無限薄且平行於自由流的流動方向。

性質： 空氣在 20°C 的運動黏度是 $\nu = 1.516 \times 10^{-5}$ m²/s。

分析： (a) 首先我們計算在 $x = L$ 的雷諾數，

$$\text{Re}_x = \frac{Vx}{\nu} = \frac{(10.0 \text{ m/s})(15.2 \text{ m})}{1.516 \times 10^{-5} \text{ m}^2/\text{s}} = 1.00 \times 10^7$$

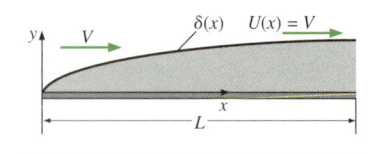

圖 10-117 例題 10-13 中的空氣流過平板所產生的紊流邊界層 (邊界層厚度被誇大了)。

這個 Re_x 值遠高於平板邊界層的過渡雷諾數 (圖 10-81)，所以從平板前端開始就是紊流的假設是合理的。

用表 10-4 (a) 欄的值，我們估計在平板末端的邊界層厚度及局部表面摩擦係數，

$$\delta \cong \frac{0.16x}{(\text{Re}_x)^{1/7}} = 0.240 \text{ m} \qquad C_{f,x} \cong \frac{0.027}{(\text{Re}_x)^{1/7}} = 2.70 \times 10^{-3} \qquad (1)$$

再用摩擦速度的定義 [式 (10-84)] 與 $C_{f,x}$ 的定義 [例題 10-10 中式 (10) 的左邊] 來計算摩擦速度，

$$u_* = \sqrt{\frac{\tau_w}{\rho}} = U\sqrt{\frac{C_{f,x}}{2}} = (10.0 \text{ m/s})\sqrt{\frac{2.70 \times 10^{-3}}{2}} = 0.367 \text{ m/s} \qquad (2)$$

其中對於平板，處處 $U =$ 常數 $= V$。對 1/7 冪定律作圖不費吹灰之力 [式 (10-82)]，但是對數定律 [式 (10-83)] 隱含著 y 的函數 u。我們解式 (10-83) 求得 y 為 u 的函數，

$$y = \frac{\nu}{u_*} e^{\kappa(u/u_* - B)} \qquad (3)$$

因為我們知道 u 的變動從壁面的 0 到邊界層邊緣的 U，可以用式 (3) 畫出以物理變數表示的對數定律速度輪廓。最後，史伯丁壁面定律 [式 (10-85)] 也寫成 y 為 u 的函數。我們將這三個輪廓畫在同一張圖上作比較 (圖 10-118)。三個圖形很接近，在這個比例中，我們無法分辨對數定律與史伯丁壁面定律。

取代圖 10-118 線性座標軸的物理變數圖，無因次變數的半對數圖通常用來放大靠近壁面的區域。在邊界層文獻中對無因次變

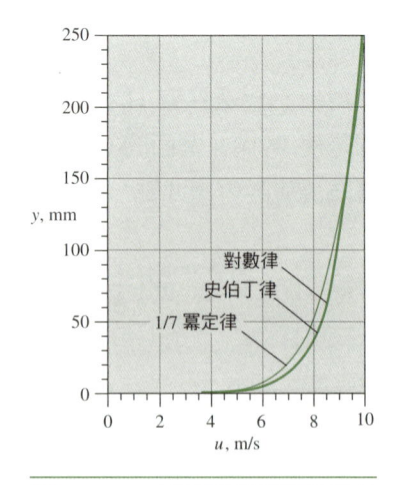

圖 10-118 紊流平板邊界層速度輪廓的比較，使用物理變數，條件為在 $\text{Re}_x = 1.0 \times 10^7$：1/7 冪近似、對數定律及史伯丁壁面定律。

數最常見的記號是 y^+ 與 u^+ (內變數或壁面定律變數)，其中

壁面定律變數：
$$y^+ = \frac{yu_*}{\nu} \quad u^+ = \frac{u}{u_*} \tag{4}$$

如你看到的，y^+ 是某種形式的雷諾數，而摩擦速度 u_* 用來無因次化 u 與 y。用壁面定律變數將圖 10-118 重畫於圖 10-119。用這種方式繪圖，三個近似間的差異，特別是靠近壁面更加清楚。典型的實驗數據也同時繪於圖 10-119 作為比較。史伯丁的公式整體而言效果最好，並且是唯一在靠近壁面時跟實驗數據最接近的表達式。在邊界層的外部，u^+ 的實驗數據在超過某個 y^+ 的值後呈平緩狀態，跟 1/7 冪定律一樣。然而在這張半對數圖中，對數定律與史伯丁的公式無界定地延伸成為一條直線。

討論：同樣畫在圖 10-119 中的是線性方程式 $u^+ = y^+$，這個非常靠近壁面的區域 ($0 < y^+ < 5$ 或 6) 稱作**黏性次層**。在這個區域，由於靠近壁面近旁，紊流擾動被抑制，速度輪廓幾乎為線性。這個區域的其它名稱有**線性次層**及**層流次層**。我們看到史伯丁的方程式捕獲黏性次層並平滑地融入對數定律。1/7 冪定律與對數定律在這個靠近壁面的區域均不適用。

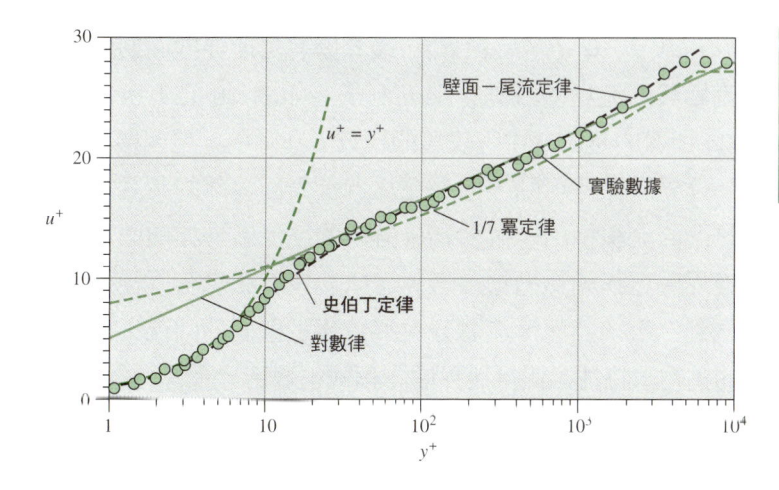

圖 10-119 紊流平板邊界層速度輪廓的比較，用壁面變數，條件為在 $\text{Re}_x = 1.0 \times 10^7$；1/7 冪近似、對數定律、史伯丁壁面定律及壁面－尾流定律。典型的實驗數據及黏性次層方程式 ($u^+ = y^+$) 也示出以供比較。

有壓力梯度的邊界層

到目前為止，我們花了大部分的時間在平板邊界層的討論，在任意形狀的壁面上的邊界層更是工程師所實際關心的。這些包括流過沉浸於自由流的物體的外流場 (圖 10-120a)，還有一些內流場，像是風洞的壁面及其它大型導管，在裡面邊界層沿著壁面發展 (圖 10-120b)。跟先前討論過的具有零壓力梯度的平板邊界層一樣，有非零壓力梯度的邊界層可能是層流，也可能是紊流。我們通常用平板邊界層的結果作為對過渡到紊流的位置、邊界層厚度、表面摩擦力等約略的估計。然而，在需要有更高的準確度時，我們必須用圖 10-93 所摘錄的步驟求解邊界層方程式 [式 (10-71) 對穩態層流二維的情況]。分析要比平板還要難，因為 x- 動量方程式的壓力梯度項 ($U\, dU/dx$) 不是零。這種分析可能很快地變得很複雜，特別是對於三維流場

630 流體力學

的情況。因此我們只討論有壓力梯度的邊界層的一些定性的特徵，邊界層方程式的詳細求解留給進階的流體力學教科書 (例如 Panton, 2005 及 White, 2005)。

首先是一些術語。當在無黏滯或無旋外流區域 (在邊界層的外部) 中的流動加速時，$U(x)$ 遞增而 $P(x)$ 遞減。我們稱此為有利的壓力梯度。它是有利的或可取的，因為在這種加速度流中的邊界層通常很薄貼近壁面，因此不可能從壁面分離。當外部流減速，$U(x)$ 遞減，$P(x)$ 遞增，於是我們有不利的或逆向的壓力梯度。正如其名稱所暗示，這個條件是不利的，因為邊界層通常較厚，並不貼近壁面，故非常可能從壁面分離。

在一個典型的外流場中，諸如通過機翼的流動 (圖 10-121)，在物體前部的邊界層受制於有利的壓力梯度，而在物體後部的邊界層受制於逆向的壓力梯度。假如逆向的壓力梯度夠強 ($dP/dx = -U\,dU/dx$ 很大)，邊界層有可能從壁面剝離。對於外流場與內流場的流動分離的例子，如圖 10-122 所示。圖 10-122a 所畫的是處於中等攻角的機翼。在圖中，整個機翼的下表面，邊界層保持平貼，但是在靠近上表面後部的某處發生分離。封閉的流線指出一個稱為分離泡的回流區。如前面所指出的，邊界層方程式為拋物線形，意味著沒有訊息可以從下游邊界傳遞到上游。然而，流體分離導致靠近壁面的回流，破壞了流場的拋物線特性，使得邊界層方程式不適用。

由於在分離泡中的回流，邊界層方程式不適用於分離點的下游。

在這種情況下，必須使用整套的納維–斯托克斯方程式以取代邊界層近似。從圖 10-93 的邊界層步驟的觀點，因為當分離發生時，特別是分離點之後 (比較圖 10-121 與圖 10-122a)，在步驟 1 所計算的外部流不再適用，所以步驟 1 失效。

圖 10-122b 顯示一個攻角太高的機翼的典型案例，在那裡分離點移近機翼的前

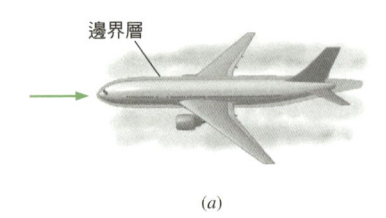

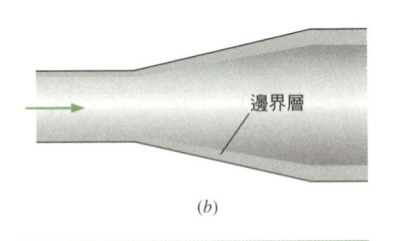

圖 10-120 具有非零壓力梯度的邊界層同時出現在外流場與內流場：(a) 邊界層沿著一架飛機的機身發展並進入尾流，以及 (b) 在擴散器壁面增長的邊界層 (兩種情況的邊界層厚度均被誇大了)。

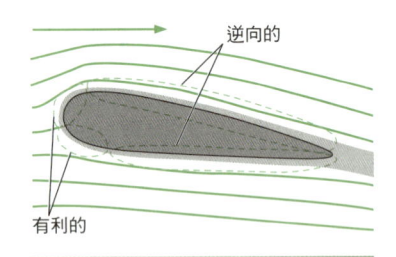

圖 10-121 沿著沉浸在自由流中的物體的邊界層通常顯現在物體的前部的有利壓力梯度，以及在物體的後部的不利壓力梯度。

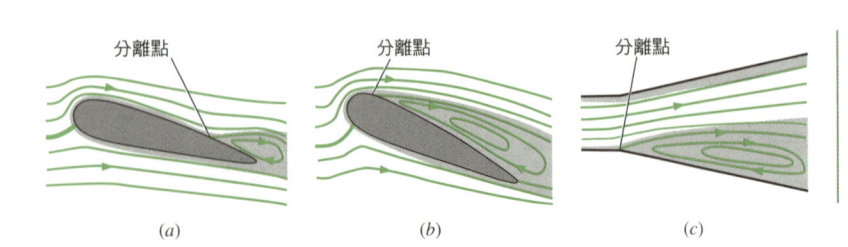

圖 10-122 在逆向壓力梯度的區域，邊界層分離的例子：(a) 在中等攻角的飛機翼，(b) 在高攻角同一機翼 (失速翼)，和 (c) 邊界層無法保持附著，並且在一側上分離的廣角擴散器。

端;分離泡幾乎蓋住整個機翼的上表面 —— 一個稱為**失速** (stall) 的條件。失速伴隨著升力損失,以及氣動阻力顯著的增加,在第 11 章將有詳盡的討論。流體分離也可能發生在內流場,像是在擴散器的壓力梯度區 (圖 10-122c)。如圖中所繪,分離通常不對稱地只有在擴散器的一邊發生。跟有流體分離的機翼一樣,在擴散器的外部流計算不再有意義,邊界層方程式不適用。在擴散器的流體分離導致明顯的減小壓力恢復,在擴散器裡的這種條件也稱為失速條件。

藉由檢驗在壁面正上方的邊界層動量方程式,我們已經學到很多關於不同壓力梯度的條件下的速度輪廓形狀。因為在壁面上速度為零 (無滑移條件),式 (10-71b) 的整個左邊消失,只留下壓力梯度項與黏滯項,它們必須平衡,

在壁面:
$$\nu \left(\frac{\partial^2 u}{\partial y^2}\right)_{y=0} = -U\frac{dU}{dx} = \frac{1}{\rho}\frac{dP}{dx} \quad (10\text{-}88)$$

在有利的壓力梯度條件下 (加速的外部流),dU/dx 為正,由式 (10-88),在壁面 u 的二次導數為負,即 $(\partial^2 u/\partial y^2)_{y=0} < 0$。我們知道在邊界層邊緣,$u$ 趨近 $U(x)$,$\partial^2 u/\partial y^2$ 必須保持為負。因此,我們期望穿過邊界層的速度輪廓變圓,沒有任何反曲點,如圖 10-123a 所示。在零壓力梯度的條件下,$(\partial^2 u/\partial y^2)_{y=0}$ 為零,表示靠近壁面 u 隨著 y 線性地增長,如圖 10-123b 所示。(用如圖 10-99 所示,在平板上零壓力梯度邊界層的布列修士邊界層輪廓可以驗證。) 對於逆向的壓力梯度,dU/dx 為負且式 (10-86) 要求 $(\partial^2 u/\partial y^2)_{y=0}$ 為正。然而,因為在邊界層邊緣,u 趨近 $U(x)$,$\partial^2 u/\partial y^2$ 必須保持為負,因此必定在邊界的某處有反曲點 $(\partial^2 u/\partial y^2 = 0)$,如圖 10-123c 所示。

在壁面上 u 對 y 的一階導數正比於 τ_w,壁面剪應力 $[\tau_w = \mu(\partial u/\partial y)_{y=0}]$。由圖 10-123a 到 c 中對 $(\partial u/\partial y)_{y=0}$ 的比較顯示在有利壓力梯度時 τ_w 最大,而在逆向梯度時最小。在壓力梯度變號時邊界層厚度增加,如圖 10-123 所示。假如逆向壓力梯度夠大,$(\partial u/\partial y)_{y=0}$ 變為零 (圖 10-123d);在壁上的這個位置是為分離點,超過這個點有逆流存在,因而有分離泡 (圖 10-123e)。注意超過分離點由於 τ_w 的值為負,所以 $(\partial u/\partial y)_{y=0}$ 為負值。如同前面提過的,邊界層方程式在逆流區失效。因此,邊界層近似只適用到分離點,超過了就不適用。

我們用計算流體力學 (CFD) 來說明流過一個凸塊沿著壁面的流動分離。流動為穩態且二維,圖 10-124a 顯示用

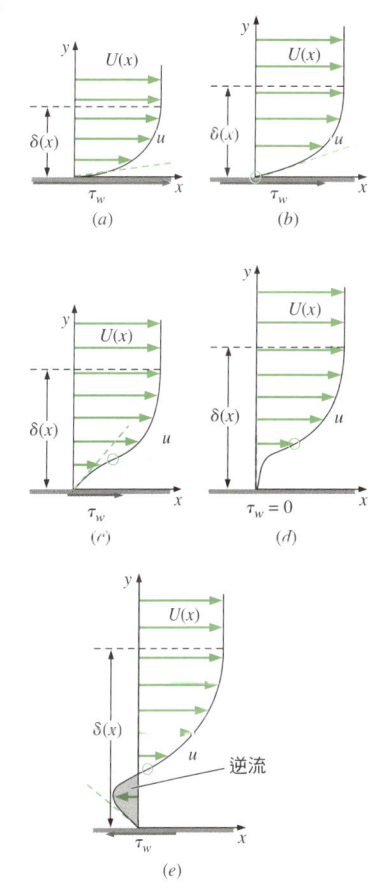

圖 10-123 邊界層輪廓形狀作為壓力梯度的函數 $(dP/dx = -U\,dU/dx)$ 的比較:(a) 有利的,(b) 零,(c) 溫和逆向,(d) 臨界逆向 (分離點),以及 (e) 大逆向;反曲點用紅色圓圈指出,並且畫出每種情況的壁面切應力 $\tau_w = \mu(\partial u/\partial y)_{y=0}$。

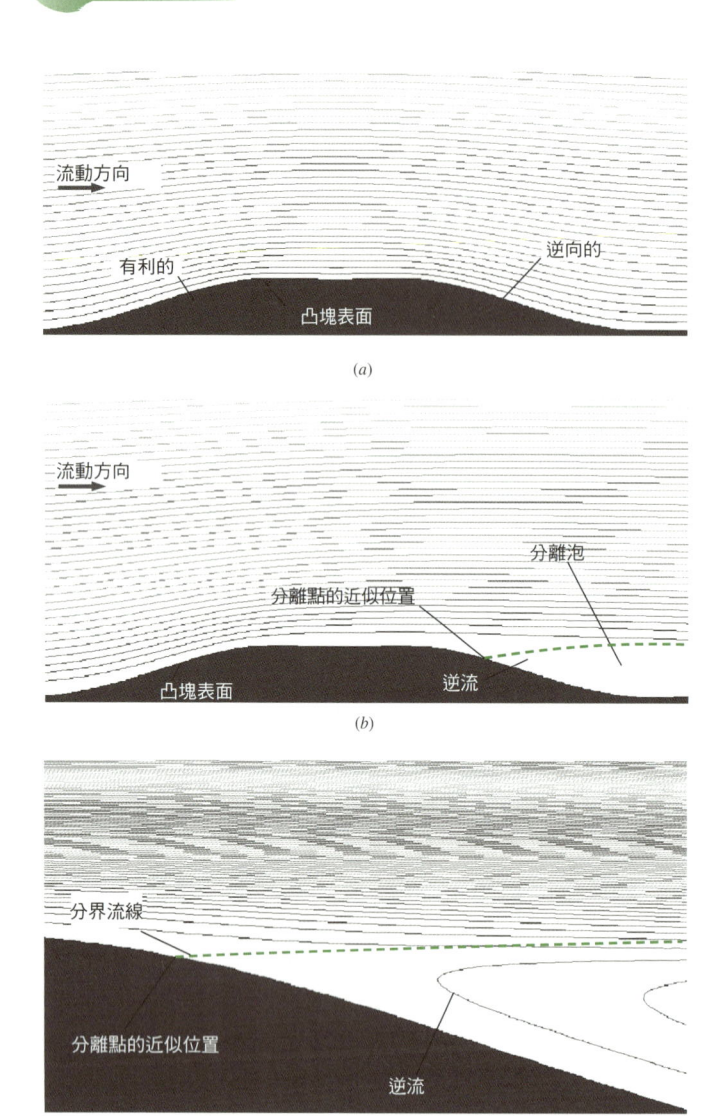

圖 10-124 流過二維凸塊的 CFD 計算：(*a*) 畫出外部流的流線的歐拉方程式解（無流動分離），(*b*) 層流解，顯示在凸塊的下游側上的流動分離，(*c*) 靠近分離點的流線的特寫圖，和 (*d*) 速度向量的特寫圖，與 (*c*) 相同的觀察。顏色虛線是一條分割流線 —— 在這條流線下方的流體"困"在回流的分離泡中。

歐拉方程式的解所產生的外部流流線。因為沒有黏滯項，所以沒有分離且流線前後對稱。如圖上所指出的，凸塊的前部感受到加速流動，因此產生有利的壓力梯度。後部感受到減速流動，因此產生逆向壓力梯度。當完整 (層流) 納維－斯托克斯方程式得解，黏滯項導致凸塊的後部流體分離，如圖 10-124b 所看到的。記住這是納維－斯托克斯解，不是邊界層解；然而它說明了在邊界層裡的流體分離過程。在圖 10-124b 中指出分離點的近似位置，虛線為一種形式的分界流線。在這條流線下方的流動陷在分離泡中，而在這條流線上方的流線延伸到下游。圖 10-124c 顯示流線的特寫，用相同的特寫，速度向量圖繪於圖 10-124d。在分離泡的下部中的逆向流動可以很清楚地看見。同樣地，越過分離點，有很強的速度 y- 分量，外部流不再是幾乎平行壁面。事實上，分離的外部流一點也不像原來圖 10-124a 的外部流。這是典型的並且代表邊界層方法的一個嚴重的缺陷，就是邊界層方程式或許可以用來很好地預測分離點的位置，但是無法預測越過分離點的任何東西。在某些情況，分離點上游的外部流也會很顯著地改變，導致邊界層近似給出錯誤的結果。

邊界層近似只適用於外部流很好的解的情況；假如外部流很顯著地被流動分離所改變，邊界層近似是錯誤的。

繪於圖 10-123 的邊界層及畫在圖 10-124 的流動分離速度向量是針對層流流動。紊流邊界層定性上有相似的行為，雖然如前面所討論過的，紊流邊界層的平均速度輪廓要比在相同條件下的層流邊界層還要飽滿。因此需要有更強的逆向壓力梯度來分離紊流邊界層。我們作了下面的一般性陳述：

處於相同逆向壓力梯度下，紊流邊界層要比層流邊界層更能抵抗流動分離。

這個陳述的實驗證據如圖 10-125 所示，在圖中，外部流動試圖通過一個 20° 角的急轉彎。層流邊界層 (圖 10-125a) 無法與急轉彎妥協，在轉角處分離。在另一方

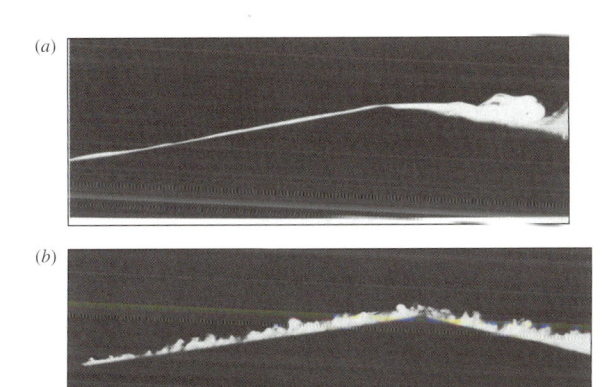

圖 10-125 在逆向壓力梯度中的層流與紊流邊界層流量的可視化比較；流動是從左至右。(a) 層流邊界層在轉角處分離，但是 (b) 紊流並沒有。
Head, M. R. 1982 in Flow Visualization II, W. Merzkirch, ed., pp. 399–403, Washington: Hemisphere.

圖 10-126 流過與圖 10-124 相同的凸塊的紊流 CFD 計算。與圖 10-124b 的層流結果相比,紊流邊界層對流動分離更具有抵抗性,而在凸塊後部的逆向壓力梯度區沒有分離。

面,紊流邊界層(圖 10-125b)儘可能地保持附著於尖角。

作為另一個例子,重新計算通過跟圖 10-124 相同凸塊的流動,但是這次使用紊流模型模擬。由紊流 CFD 計算所產生的流線顯示於圖 10-126。注意紊流邊界層保持平貼(沒有流動分離),跟剝離凸塊後部的層流邊界層相反。在紊流的情形,在整個凸塊上外部流歐拉解(圖10-124a)是一個合理的近似,因為沒有流動分離且邊界層保持很薄。

同樣的狀況發生在通過像球之類的鈍體的流動。例如,一個光滑的高爾夫球將在其表面保持層流邊界層,而且邊界層將會相當容易地分離,導致很大的氣動阻力。為了容易過渡到紊流邊界層,高爾夫球上有很多小凹坑(某種形式的表面粗糙度)。流動仍然從高爾夫球表面分離,但是在邊界層下游更遠處,結果是顯著的降低氣動阻力。我們將於第 11 章有更仔細的討論。

邊界層的動量積分技巧

在很多的實際工程應用中,並不需要知道邊界層內部的所有細節;反倒是我們尋求合理的邊界層總體特徵(諸如邊界層厚度與表面摩擦係數)的估算。邊界層的動量積分技巧使用控制體積方法,來得到這些沿著表面具有零或非零壓力梯度的邊界層特性的定量近似。動量積分技巧很直觀,並且在很多應用中不需使用電腦,它同時適用於層流與紊流邊界層。

我們從繪於圖 10-127 的控制體積開始。控制體積的底部為壁面 $y=0$,而頂部在 $y=Y$ 處,足夠地高以便能圍住邊界層的整個高度。控制體積是一片在 x-方向寬度 dx 的無限薄的切片。根據邊界層近似,$\partial P/\partial y = 0$,所以我們假設作用於整個控制體積的左面的壓力 P,

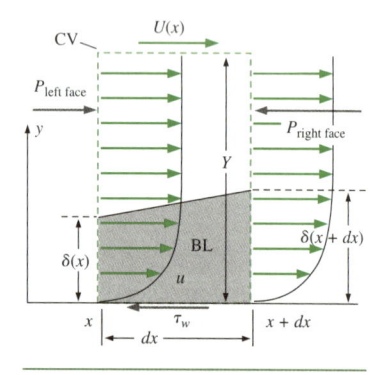

$$P_{\text{left face}} = P$$

圖 10-127 用於動量積分方程式的推導的控制體積(顏色虛線)。

在非零壓力梯度的一般情形,在控制體積的右面的壓力與左面不同。用一階截斷泰勒級數近似 (第 9 章),令

$$P_{\text{right face}} = P + \frac{dP}{dx} dx$$

同樣的方法,我們將通過左面的進入質量流寫成

$$\dot{m}_{\text{left face}} = \rho w \int_0^Y u \, dy \tag{10-89}$$

以及通過右面的離開質量流寫成

$$\dot{m}_{\text{right face}} = \rho w \left[\int_0^Y u \, dy + \frac{d}{dx} \left(\int_0^Y u \, dy \right) dx \right] \tag{10-90}$$

其中 w 為控制體積進入圖 10-127 所在頁面的寬度。假如你高興可以設 w 為單位寬度,無論如何它將在後面被消掉。

因為式 (10-90) 與 (10-89) 不同,並且因為沒有通過控制體積底部 (壁面) 的流動,質量必須流進或流出控制體積的頂部。對於 $\dot{m}_{\text{right face}} < \dot{m}_{\text{left face}}$ 且 $\dot{m}_{\text{top}}$ 為正 (質量流出) 的增厚邊界層的情況,我們畫在圖 10-128 中。由整個控制體積的質量守恆可得

$$\dot{m}_{\text{top}} = -\rho w \frac{d}{dx} \left(\int_0^Y u \, dy \right) dx \tag{10-91}$$

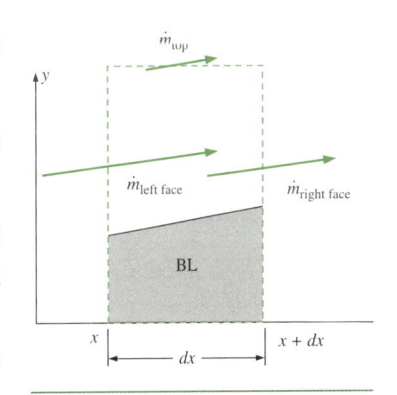

圖 10-128 在圖 10-127 的控制體積的質量流量平衡。

現在將 x- 動量守恆應用於所選定的控制體積。x- 動量是從控制體積的左面代入;而從控制體積的右面及上面移走。離開控制體積的淨動量流必須與因作用於控制體積壁面上的剪應力產生的作用力,以及在控制體積上的淨壓力平衡,如圖 10-127 所示。因此穩態控制體積 x- 動量方程式為

$$\underbrace{\sum F_{x,\text{body}}}_{\text{忽略重力}} + \underbrace{\sum F_{x,\text{surface}}}_{YwP - Yw\left(P + \frac{dP}{dx}dx\right) - w\,dx\,\tau_w}$$
$$= \underbrace{\int_{\text{left face}} \rho u \vec{V} \cdot \vec{n} \, dA}_{-\rho w \int_0^Y u^2 \, dy} + \underbrace{\int_{\text{right face}} \rho u \vec{V} \cdot \vec{n} \, dA}_{\rho w \left[\int_0^Y u^2 \, dy + \frac{d}{dx}\left(\int_0^Y u^2 \, dy\right)dx\right]} + \underbrace{\int_{\text{top}} \rho u \vec{V} \cdot \vec{n} \, dA}_{\dot{m}_{\text{top}} U}$$

其中通過控制體積上面的動量流取為通過該面的質量流率乘上 U。消去一些項,我們將方程式改寫為

$$-Y\frac{dP}{dx} - \tau_w = \rho \frac{d}{dx}\left(\int_0^Y u^2\,dy\right) - \rho U\frac{d}{dx}\left(\int_0^Y u\,dy\right) \qquad (10\text{-}92)$$

其中已經用到式 (10-89) 的 $\dot{m}_{\text{top}}$，並且 w 與 dx 從剩下的項中消除。為了方便起見，我們記為 $Y = \int_0^Y dy$。從外部流 (歐拉方程式)，$dP/dx = -\rho U\,dU/dx$。將式 (10-90) 的每一項除以密度 ρ，我們得到

$$U\frac{dU}{dx}\int_0^Y dy - \frac{\tau_w}{\rho} = \frac{d}{dx}\left(\int_0^Y u^2\,dy\right) - U\frac{d}{dx}\left(\int_0^Y u\,dy\right) \qquad (10\text{-}93)$$

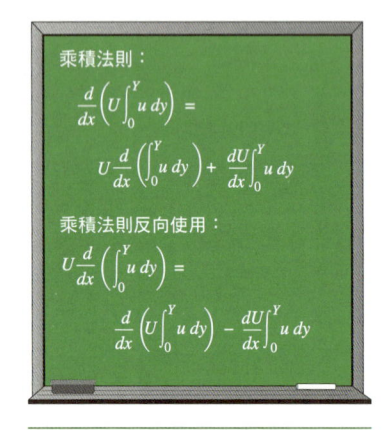

反向使用微分的乘積法則 (圖 10-129) 來化簡式 (10-93)。經過一些整理，式 (10-91) 變成

$$\frac{d}{dx}\left(\int_0^Y u(U-u)\,dy\right) + \frac{dU}{dx}\int_0^Y (U-u)\,dy = \frac{\tau_w}{\rho}$$

其中可以將 U 放入積分中，因為在任意的 x- 位置，U 相對於 y 為常數 (U 只是 x 的函數)。

我們從第一項的積分中提出 U^2 而從第二項的積分中提出 U，得到

$$\frac{d}{dx}\left(U^2\int_0^\infty \frac{u}{U}\left(1-\frac{u}{U}\right)dy\right) + U\frac{dU}{dx}\int_0^\infty \left(1-\frac{u}{U}\right)dy = \frac{\tau_w}{\rho}$$
$$(10\text{-}94)$$

其中將每一個積分的上限 Y 用無限大取代，因為對於所有大於 Y 的 y，$u = U$，因此積分值不因代換而改變。

我們先前定義過平板邊界層的位移厚度 δ^* [式 (10-72)]，以及動量厚度 θ [式 (10-80)]。在這個非零壓力梯度的一般性案例，我們用同樣的方法定義 δ^* 與 θ，除了在給定的 x- 位置使用外部流速度的局部值，$U = U(x)$，取代常數的 U 值，因為 U 隨 x 而變。式 (10-94) 因此寫成更簡潔的形式，

卡門積分方程式： $$\frac{d}{dx}(U^2\theta) + U\frac{dU}{dx}\delta^* = \frac{\tau_w}{\rho} \qquad (10\text{-}95)$$

式 (10-95) 稱為卡門積分方程式以紀念西奧多・馮・卡門 (1881-1963)，普朗特的一個學生，卡門在 1921 年首度推導出這個公式。

對第一項執行乘積法則，除以 U^2，加以整理後得到式 (10-95) 的另一個形式，

圖 10-129 乘積法則被反向使用於積分方程式的推導。

乘積法則：
$$\frac{d}{dx}\left(U\int_0^Y u\,dy\right) = U\frac{d}{dx}\left(\int_0^Y u\,dy\right) + \frac{dU}{dx}\int_0^Y u\,dy$$

乘積法則反向使用：
$$U\frac{d}{dx}\left(\int_0^Y u\,dy\right) = \frac{d}{dx}\left(U\int_0^Y u\,dy\right) - \frac{dU}{dx}\int_0^Y u\,dy$$

第 10 章　納維-斯托克斯方程式的近似解　**637**

卡門積分方程式的另一個形式：
$$\frac{C_{f,x}}{2} = \frac{d\theta}{dx} + (2 + H)\frac{\theta}{U}\frac{dU}{dx} \quad (10\text{-}96)$$

其中我們定義形狀因子 H 為

形狀因子：
$$H = \frac{\delta^*}{\theta} \quad (10\text{-}97)$$

以及局部表面摩擦係數 $C_{f,x}$ 為

局部表面摩擦係數：
$$C_{f,x} = \frac{\tau_w}{\frac{1}{2}\rho U^2} \quad (10\text{-}98)$$

注意對於沿著表面發展的非零壓力梯度的邊界層的一般性案例，H 與 $C_{f,x}$ 兩者均為 x 的函數。

我們再次強調卡門積分方程式的推導，以及從式 (10-95) 到式 (10-98) 適用於任何沿著壁面的穩態不可壓縮的邊界層，不論是否邊界層為層流，紊流還是在兩者之間的某處。對於在平板的邊界層這個特例，$U(x) = U = $ 常數，式 (10-96) 化簡為

卡門積分方程式，平板邊界層：
$$C_{f,x} = 2\frac{d\theta}{dx} \quad (10\text{-}99)$$

例題 10-14　用卡門積分方程式的平板邊界層分析

關於在平板上紊流邊界層假設我們只知道兩件事，就是局部表面摩擦係數 (圖 10-130)，

$$C_{f,x} \cong \frac{0.027}{(\text{Re}_x)^{1/7}} \quad (1)$$

以及對於邊界層輪廓的 1/7 冪定律近似，

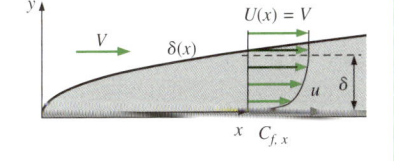

$$\frac{u}{U} \cong \left(\frac{y}{\delta}\right)^{1/7} \quad \text{當 } y \leq \delta \quad \frac{u}{U} \cong 1 \quad \text{當 } y > \delta \quad (2)$$

圖 10-130　例題 10-14 中由通過平板的流動產生的紊流邊界層 (邊界層厚度被誇大了)。

使用位移厚度及動量厚度的定義並運用卡門積分方程，估計 δ、δ^* 及 θ 是如何隨 x 而變。

解答：我們要用式 (1) 與 (2) 來估計 δ、δ^* 及 θ。

假設：**1**. 流動為紊流，但平均值為穩態。**2** 平板很薄並平行自由流的方向排列，使得 $U(x) = V = $ 常數。

分析：首先我們將式 (2) 代入式 (10-80) 並積分，以得到動量厚度

$$\theta = \int_0^\infty \frac{u}{U}\left(1 - \frac{u}{U}\right)dy = \int_0^\delta \left(\frac{y}{\delta}\right)^{1/7}\left(1 - \left(\frac{y}{\delta}\right)^{1/7}\right)dy = \frac{7}{72}\delta \quad (3)$$

同樣地我們對式 (10-72) 積分，以得到位移厚度

$$\delta^* = \int_0^\infty \left(1 - \frac{u}{U}\right) dy = \int_0^\delta \left(1 - \left(\frac{y}{\delta}\right)^{1/7}\right) dy = \frac{1}{8}\delta \qquad (4)$$

對於平板邊界層，卡門方程式化簡為式 (10-97)。我們將式 (3) 代入式 (10-97)，經過重新整理後得到

$$C_{f,x} = 2\frac{d\theta}{dx} = \frac{14}{72}\frac{d\delta}{dx}$$

從上式

$$\frac{d\delta}{dx} = \frac{72}{14}C_{f,x} = \frac{72}{14}0.027(\text{Re}_x)^{-1/7} \qquad (5)$$

其中我們已經用式 (1) 取代局部表面摩擦係數。式 (5) 可以直接積分，結果為

邊界層厚度：

$$\frac{\delta}{x} \cong \frac{0.16}{(\text{Re}_x)^{1/7}} \qquad (6)$$

最後將式 (3) 與 (4) 代入式 (6) 得到 δ^* 與 θ 的近似，

位移厚度：

$$\frac{\delta^*}{x} \cong \frac{0.020}{(\text{Re}_x)^{1/7}} \qquad (7)$$

以及

動量厚度：

$$\frac{\theta}{x} \cong \frac{0.016}{(\text{Re}_x)^{1/7}} \qquad (8)$$

討論： 結果與表 10-4(a) 欄所給的表達式吻合到兩位有效數字。事實上，表 10-4 中的很多表達式都是藉由卡門積分方程的幫助產生的。

圖 10-131 在使用卡門積分方程式時，需要對已知的 (或假設的) 速度輪廓積分。

儘管使用相當簡單，但動量積分技巧受到一個很嚴重的缺陷的困擾，就是為了應用卡門積分方程，我們必須知道 (或猜) 邊界層速度輪廓形狀 (圖 10-131)。對於有壓力梯度的邊界層的情況，邊界層形狀隨 x 而變 (如圖 10-123 所示)，會使分析更複雜。所幸，速度輪廓的形狀並不需要明確地知道，因為積分是非常寬容的。很多使用卡門積分方程式預測邊界層總體特徵的技巧已發展出。這些技巧中有些對層流邊界層非常有用，例如斯威特法 (Thwaite's method)。不幸的是，對於紊流所提出的技巧並不像層流那樣的成功。很多技巧需要電腦的幫助，超出本書的範圍。

例題 10-15　風洞測試段的壁面上的阻力

一邊界層沿著矩形風洞的壁面發展。空氣在 20°C 且大氣壓力的條件下。邊界層從收縮段的上游開始往測試段增長 (圖 10-132)。在它靠近測試段時，邊界層為完全紊流。同時在風洞測試段的底部壁面的起點 $(x = x_1)$ 與末端 $(x = x_2)$ 測量邊界層輪廓及其厚度。測試段長 1.8 m 且寬 0.50 m (進入頁面的方向)。測得結果如下：

$$\delta_1 = 4.2 \text{ cm} \quad \delta_2 = 7.7 \text{ cm} \quad V = 10.0 \text{ m/s} \tag{1}$$

在兩個位置，邊界層輪廓用 1/8 冪律近似擬合要比標準的 1/7 冪律近似還來得好，

$$\frac{u}{U} \cong \left(\frac{y}{\delta}\right)^{1/8} \text{ 當 } y \leq \delta \quad \frac{u}{U} \cong 1 \text{ 當 } y > \delta \tag{2}$$

估計作用在風洞測試段的底部壁面的總表面摩擦阻力 F_D。

解答：我們要估計風洞測試段的底部壁面的摩擦阻力 (在 $x = x_1$ 與 $x = x_2$ 之間)。

性質：在 20°C 的空氣，$\nu = 1.516 \times 10^{-5}$ m²/s 且 $\rho = 1.204$ kg/m³。

假設：1. 流動在平均值意義下為穩態。2. 風洞壁面稍微發散，以保證 $U(x) = V = $ 常數。

分析：首先我們將式 (2) 代入式 (10-80) 並積分，以求得動量厚度 θ，

$$\theta = \int_0^\infty \frac{u}{U}\left(1 - \frac{u}{U}\right) dy = \int_0^\delta \left(\frac{y}{\delta}\right)^{1/8} \left[1 - \left(\frac{y}{\delta}\right)^{1/8}\right] dy = \frac{4}{45}\delta \tag{3}$$

對於平板邊界層，卡門積分方程式化簡成式 (10-97)。用沿壁面的剪應力表示，式 (10-97) 為

$$\tau_w = \frac{1}{2}\rho U^2 C_{f,x} = \rho U^2 \frac{d\theta}{dx} \tag{4}$$

我們對式 (4) 積分，從 $x = x_1$ 到 $x = x_2$ 以求得表面摩擦阻力，

$$F_D = w \int_{x_1}^{x_2} \tau_w \, dx = w\rho U^2 \int_{x_1}^{x_2} \frac{d\theta}{dx} dx = w\rho U^2 (\theta_2 - \theta_1) \tag{5}$$

其中 w 為圖 10-132 中進入頁面的壁面寬度。再將式 (3) 代入式 (5)，得到

$$F_D = w\rho U^2 \frac{4}{45}(\delta_2 - \delta_1) \tag{6}$$

最後，將已知的數值代入式 (6) 得到阻力，

$$F_D = (0.50 \text{ m})(1.204 \text{ kg/m}^3)(10.0 \text{ m/s})^2 \frac{4}{45}(0.077 - 0.042) \text{ m} \left(\frac{\text{s}^2 \cdot \text{N}}{\text{kg} \cdot \text{m}}\right) = \mathbf{0.19 \text{ N}}$$

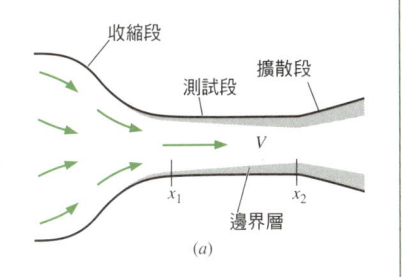

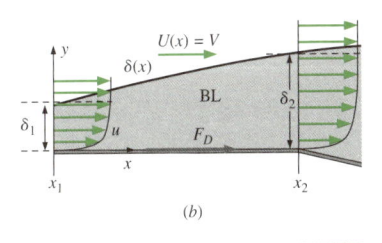

圖 10-132 邊界層沿例題 10-15 的風洞壁面發展：(a) 整體視圖，和 (b) 測試段的底部壁面的特寫視圖 (邊界層厚度被誇大了)。

討論：這是一個非常小的力，因為牛頓本身是一個小的力量單位。假如外部流速度 $U(x)$ 不是常數，卡門積分方程式將變得更難以應用。

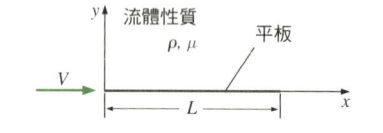

圖 10-133 通過一個長度 L 的無限薄平板的流動。Re_L 從 10^{-1} 到 10^5 的 CFD 計算。

我們用一些流體平行通過無限薄的平板 (圖10-133) 的二維流動的 CFD 計算所得結果說明作為本章的結束。在全部的案例中，平板長為 1 m ($L = 1$ m)，而流體為具有常數性質 $\rho = 1.23$ kg/m^3，以及 $\mu = 1.79 \times 10^{-5}$ kg/m·s 的空氣。我們變動自由流速度使得在平板末端的雷諾數 ($Re_L = \rho V L / \mu$) 範圍從 10^{-1} (蠕動流) 到 10^5 (層流但快要開始過渡到紊流)。所有案例均為不可壓縮、穩態，用商用 CFD 程式產生的層流納維－斯托克斯解。在圖 10-134 中，對 4 個雷諾數的案例中，我們各在三個位置：$x = 0$ (平板的起點)、$x = 0.5$ m (平板中央)，以及 $x = 1$ m (平板末端)，畫出速度向量。對於每一個案例，我們也畫出在平板附近的流線。

在圖 10-134a，$Re_L = 0.1$，蠕動流近似是合理的。流場幾乎前後對稱 — 典型通過對稱物體的蠕動流。注意流場是如何繞著平板發散宛如它是有限厚度，這是因為由黏度與無滑移條件所造成的大位移效應。本質上，靠近平板的流速是如此的小，以至於流場的其餘部分將其視為流動必須改道繞過的堵塞。靠近平板的前端與後端的速度的 y- 分量是顯著的。最後，平板的影響延伸到平板長度的幾十倍從各個方向進入流場的其餘部分，那也是典型的蠕動流。

在圖 10-134b 中所顯示的結果，雷諾數增加兩個數量級到大 $Re_L = 10$。這個雷諾數太高以致無法被看成蠕動流，但又太低以致邊界層近似無法適用。我們注意跟那些低雷諾數案例的一些相同特徵，例如流線的大位移以及靠近平板的前、後端顯著的速度 y- 分量。然而，位移效應並沒有一樣的強並且流場也不再前後對稱。當流體離開平板末端，我們看到慣性的效應；慣性將流體沖進平板後面發展中的尾流。平板對流場其它部分的影響仍然很大，但跟 $Re_L = 0.1$ 的流場比較小得多。

在圖 10-134c 顯示在 $Re_L = 1000$ 的 CFD 計算結果，再增加兩個數量級。在這個雷諾數，遍佈大部分的流場，慣性效應開始超越黏滯效應，我們可以開始稱此為邊界層 (雖然還是相當的厚)。在圖 10-135 中用表 10-4 所給的層流表達式計算邊界層厚度。$\delta(L)$ 的預測值約為平板長度的 15%，這個跟畫在圖 10-134c 中 $x = L$ 處的速度向量圖相當的一致。跟圖 10-134a 與 b 的低雷諾數案例作比較，位移效應大幅減小，沒有任何前後對稱的痕跡。

最後，在圖 10-134d 所顯示的結果中，雷諾數再次增加兩個數量級到 $Re_L = 100,000$。在這麼大的雷諾數，邊界層近似的適用性無庸置疑。CFD 結果顯示一個可忽略外部流動效應的極薄邊界層。圖 10-134d 的流線幾乎處處平行，你必須很靠

第 10 章 納維-斯托克斯方程式的近似解 **641**

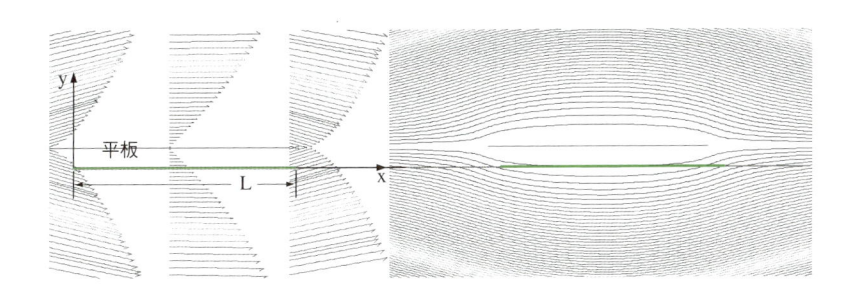

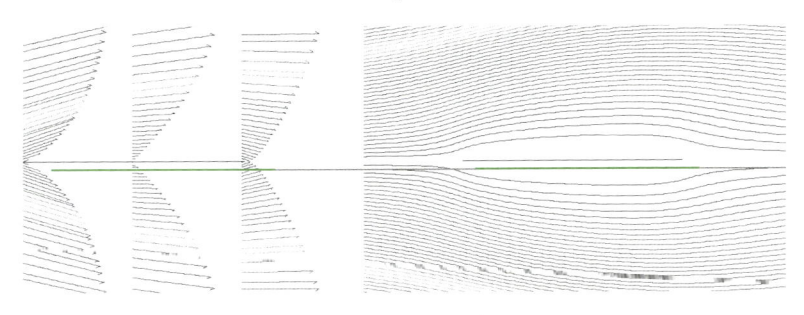

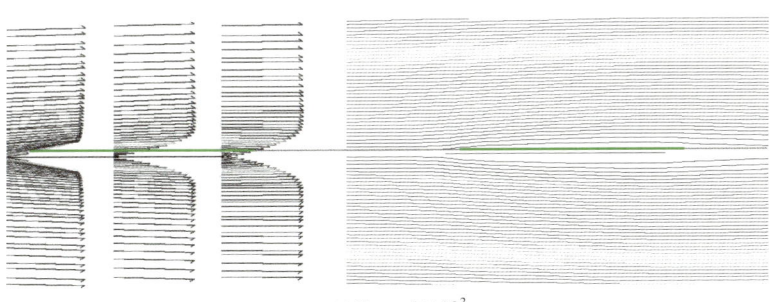

(a) $Re_L = 1 \times 10^{-1}$

(b) $Re_L = 1 \times 10^{1}$

(c) $Re_L = 1 \times 10^{3}$

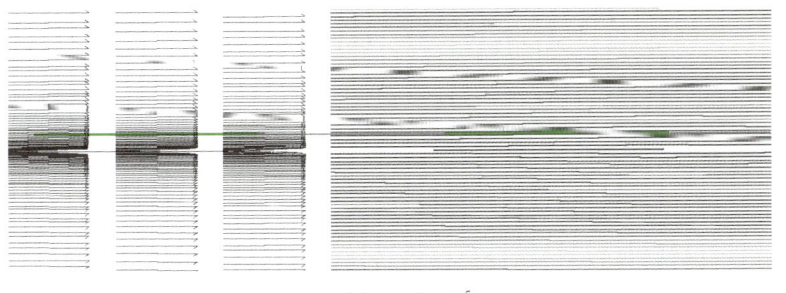

(d) $Re_L = 1 \times 10^{5}$

圖 10-134 穩態、不可壓縮、二維層流的 CFD 計算，流動由左到右經過 1 m 長的無限薄平板；沿著平板的三個位置的速度向量畫在左欄，而靠近平板的流線畫於右欄。Re_L = (a) 0.1、(b) 10，(c) 1000，以及 (d) 100,000；僅求解流場的上半部 —— 下半部是鏡像。計算域擴展數百倍的平板長度超出這裡所示出的，以便用計算域的邊緣來近似"無限遠"的遠場條件。

$$\delta(L) = \frac{4.91(1\text{ m})}{\sqrt{1000}} = 0.155\text{ m}$$

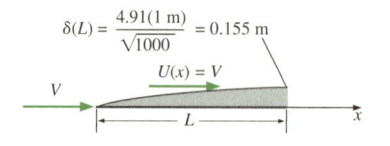

圖 10-135 在 $\text{Re}_L = 1000$ 的平板層流邊界層的邊界層厚度的計算。這個結果與在同一雷諾數顯示於圖 10-134c 中的 CFD 所產生在 $x = L$ 的速度輪廓作比較。

近的觀察才能看到在平板後面的薄尾流區。在尾流區中的流線比起流場的其它區域分離得稍為更遠，因為在尾流區，速度比起自由流速度明顯地更小。速度的 y- 分量是可忽略的，如同在非常薄的邊界層中所預期的，因為位移厚度是如此的小。

對於圖 10-134 中的四個雷諾數，再加上一些額外的 Re_L 值，對應每一個雷諾數的速度 x- 分量的輪廓繪於圖 10-136。垂直軸使用對數刻度 (y 的單位為 m)，因為 y 跨越好幾個數量級。我們將橫軸無因次成 u/U 使得速度輪廓形狀可以被比較。當我們用這種方式作圖，所有輪廓的形狀都有幾分相似。然而，我們注意到有些輪廓在靠近輪廓外部有顯著的速度過衝 ($u > U$)，這是之前討論過的位移效應及慣性效應的直接結果。在非常低的 Re_L 值 ($\text{Re}_L \leq 10^0$)，位移效應最為重要，速度過衝幾乎不存在。這可以用在這些低雷諾數時慣性的缺乏解釋。沒有慣性就沒有加速繞著平板的流動的機制；相反地，在鄰近平板處，黏度處處使流動減速，平板的影響從各個方向延伸到數十倍平板長度外。例如，在 $\text{Re}_L = 10^{-1}$ 時，u 要到 $y \cong 320$ m — 超過 300 倍平板長度，才會到達 U 的 99%！在中等的雷諾數 (Re_L 介於 10^1 到 10^4)，位移效應顯著，慣性項不再是可忽略。因此，流體可以繞著平板加速，速度過衝顯著。例如，在 $\text{Re}_L = 10^2$ 時，速度過衝最大值約 5%。在非常高的雷諾數 ($\text{Re}_L \geq 10^5$)，慣性項凌駕黏滯項，邊界層是如此的薄以致位移效應幾乎可以忽略。小的位移效應導致非常小的速度過衝。例如，在 $\text{Re}_L = 10^6$，速度過衝最大值約只有 0.4%。超過 $\text{Re}_L = 10^6$，層流不再具有物理上的真實性，CFD 計算將需要紊流效應算入。

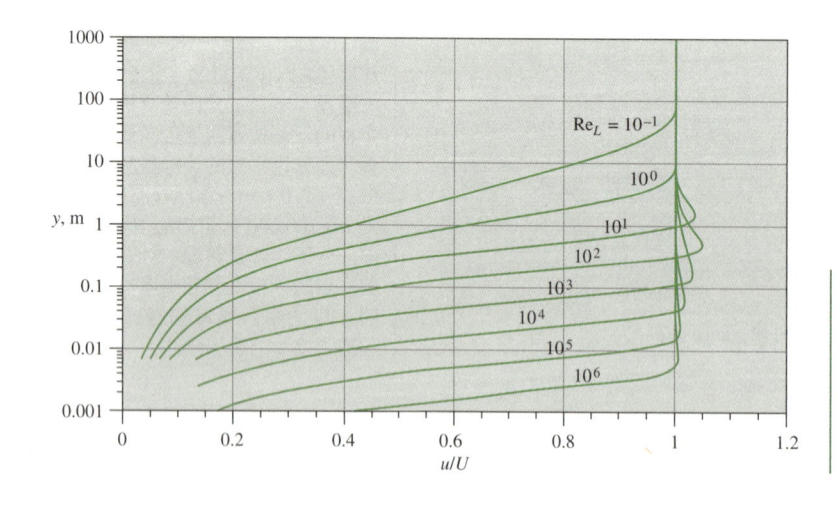

圖 10-136 流過無窮小厚度的平板的穩態、不可壓縮、二維層流的 CFD 計算：在平板末端 ($x = L$) 的無因次 x 速度分量 u/U 對從平板算起的垂直距離 y 作圖。突出的速度過衝在中等雷諾數被觀察到，但在低與非常高的 Re_L 值消失。

總結

因為納維–斯托克斯方程式求解困難，近似的方法常常用於實際的工程分析。然而，對於任何的近似方法我們必須確保近似方法在被分析的流動區域是適用的。在本章中檢視了幾種近似方法並給出適用流動情況的例題。首先我們將納維–斯托克斯方程式無因次化，得到幾個無因次參數：史特豪數 (St)、福勞數 (Fr)、歐拉數 (Eu) 以及雷諾數 (Re)。此外，對於沒有自由表面效應的流動，由於重力產生的流體靜壓力分量可以併入修正壓力 P'，有效地從納維–斯托克斯方程式中消去重力項 (以及福勞數)。帶有修正壓力的無因次化納維–斯托克斯方程式為

$$[\text{St}] \frac{\partial \vec{V}^*}{\partial t^*} + (\vec{V}^* \cdot \vec{\nabla}^*)\vec{V}^* = -[\text{Eu}]\vec{\nabla}^* P'^* + \left[\frac{1}{\text{Re}}\right]\vec{\nabla}^{*2}\vec{V}^*$$

當無因次變數 (用 * 表示) 為數量級 1，在方程式中的每一項的相對重要性取決於無因次參數的相對大小。

對於雷諾數非常小的流動區域，方程式的最後一項在方程式左邊各項中佔主要地位，因此壓力必須平衡黏滯力。假如完全忽略慣性力，我們作蠕動流近似，納維–斯托克斯方程式化簡成

$$\vec{\nabla} P' \cong \mu \nabla^2 \vec{V}$$

蠕動流對於我們日常的觀察而言是陌生的，因為我們的身體、汽車等等都以相當高的雷諾數移動。在蠕動流近似中慣性的缺乏導致一些非常有趣的特性，在本章有討論。

我們定義無黏滯流動區域為黏滯項與慣性項相比為可忽略 (與蠕動流相反) 的區域。在這樣的流動區域中，納維–斯托克斯方程式化簡成歐拉方程式，

$$\rho\left(\frac{\partial \vec{V}}{\partial t} + (\vec{V} \cdot \vec{\nabla})\vec{V}\right) = -\vec{\nabla} P'$$

在無黏滯流動區域，歐拉方程式可以用來導出適用於整條流線的伯努利方程式。

個別流體質點不旋轉的流動區域稱為無旋流動區域。在這樣的流動區域中，流體質點的渦度小到可以忽略，納維–斯托克斯方程式中的黏滯項可以忽略，再度留給我們歐拉方程式。除此之外，伯努利方程式限制較少，因為伯努利常數處處相等，而非只是沿著流線相等。無旋流的一個很好的特徵是基本流場解 (流場構件) 可以被加在一起，以產生更複雜的流場解一個稱作線性疊加的過程。

因為歐拉方程式無法支持在壁面的無滑移邊界條件，作為介於歐拉方程式與完整的納維–斯托克斯方程式間的橋梁，邊界層近似是有用的。我們假設除了在靠近壁面或在尾流、噴流以及混合層中的一層非常薄的區域外，其它地方都是無黏滯的或無旋的外部流。邊界層近似適用於高雷諾數流場。然而，我們知道不論雷諾數多大，納維–斯托克斯方程式中的黏滯項在薄的邊界層中仍然很重要，在那裡流場是旋轉的且黏滯性的。對於穩態的、不可壓縮的、二維的、層流的流場的邊界層方程式為

$$\frac{\partial u}{\partial x} + \frac{\partial v}{\partial y} = 0 \quad \text{與} \quad u\frac{\partial u}{\partial x} + v\frac{\partial u}{\partial y} = U\frac{dU}{dx} + \nu\frac{\partial^2 u}{\partial y^2}$$

我們定義了幾個邊界層厚度的度量，包括 99% 厚度 δ、位移厚度 δ^*，以及動量厚度 θ。對於在零壓力梯度的條件下，沿著平板增長的層流邊界層，這些量可以完全地被計算出的。當雷諾數往平板下游遞增，邊界層過渡到紊流；在本章我們給出平板紊流邊界層的半經驗公式。

卡門積分方程式同時適用於任意非零壓力梯度的層流與紊流邊界層，

$$\frac{d}{dx}(U^2\theta) + U\frac{dU}{dx}\delta^* = \frac{\tau_w}{\rho}$$

這個方程式對於總體邊界層性質，諸如邊界層厚度與表面摩擦等的"簡便"估計是有用的。

在本章所出現的近似方法已應用於很多工程上的實際問題。勢流分析對於機翼升力的計算是有用的 (第 11 章)。我們將無黏滯近似用於壓縮流 (第 12 章)、明渠流 (第 13 章)，以及渦輪機 (第 14 章) 的分析。

在這些近似方法不適用的情況，或只是需要更精密的計算時，用 CFD 數值求解連續方程式與納維-斯托克斯方程式 (第 15 章)。

參考資料和建議讀物

1. D. E. Coles. "The Law of the Wake in the Turbulent Boundary Layer," *J. Fluid Mechanics*, 1, pp. 191-226.
2. R. J. Heinsohn and J. M. Cimbala. *Indoor Air Quality Engineering*. New York: Marcel-Dekker, 2003.
3. P. K. Kundu, I. M. Cohen., and D. R. Dowling. *Fluid Mechanics*, ed. 5. San Diego, CA: Academic Press, 2011.
4. R. L. Panton. *Incompressible Flow*, 3rd ed. New York: Wiley, 2005.
5. M. Van Dyke. *An Album of Fluid Motion*. Stanford, CA: The Parabolic Press, 1982.
6. F. M. White. *Viscous Fluid Flow*, 3rd ed. New York: McGraw-Hill, 2005.
7. G. T. Yates. "How Microorganisms Move through Water," *American Scientist*, 74, pp. 358-365, July-August, 1986.

應用聚焦燈 —— 液滴的形成

客座作者：James A. Liburdy 與 Brian Daniels，俄勒岡州立大學

液滴的形成是慣性、表面張力與黏滯力的複雜交互作用。真實狀況的液滴從一道液流分離，雖然研究了近 200 年，但是仍然沒有得到充分的解釋。噴墨技術 (DOD) 被使用於像是噴墨列印和在微尺度的"晶片上的實驗室"器件的 DNA 分析等各種應用的。噴墨技術需要非常均勻的液滴尺寸，控制速度和軌跡，並且高速率的連續液滴形成。舉例來說，在噴墨印刷中，液滴的典型尺寸是 25 至 50 μm (勉強用肉眼可見的)，該速度在 10 m/s 的數量級上，液滴形成速率可以高於每秒

20,000 滴。

用於形成液滴的最常見的方法包括加速液流，然後使表面張力誘發液流中的不穩定性，它分離成個別的小滴。1879 年，瑞利勛爵發展一套與這個分離有關的不穩定性的經典理論；他的理論至今仍然廣泛用於定義液滴分離的條件。液流表面的一個微擾沿著液流的長度發展出波浪狀起伏的圖案，這導致液流分離成液滴，其大小由液流的半徑和液體的表面張力來確定。然而，大多數的噴墨技術系統依賴液流的加速度，它是以壓力波的形式作用在噴嘴入口的時變作用力的函數。假如壓力波非常迅速，在壁面上的黏滯效應可以忽略不計，勢流近似可以用來預測流場。

在噴墨技術中的兩個重要的無因次參數是：翁索吉數 $Oh = \mu/(\rho \sigma_s a)^{1/2}$ 和韋伯數 $We = \rho V a/\sigma_s$，其中 a 是噴嘴的半徑，σ_s 是表面張力，V 是速度。翁索吉數決定什麼時候黏滯力比表面張力重要。此外，形成不穩定的流束所需的無因次壓力，$P_c = Pa/\sigma_s$，稱為毛細管壓力，而與形成液滴相關聯的毛細管的時間尺度為 $t_c = (\rho a/\sigma_s)^{1/2}$。當 Oh 小，勢流近似是適用的，並且表面形狀是由表面張力和流體加速度間的平衡所控制。

從噴嘴露出流動的表面的實例顯示於圖 10-137a 和 b。表面形狀取決於壓力振幅和微擾的時間尺度，並且用勢流近似預測得很好。當壓力足夠大，且脈衝足夠快時，表面起漣漪，並且在中心形成一個最終分離成液滴的噴流 (圖10-137c)。如何控制這些微滴的大小和速度，以每秒產生數以千計的液滴是一個活躍的研究領域。

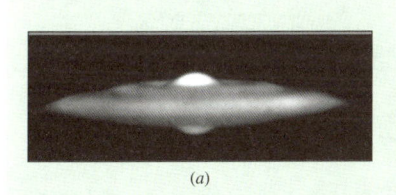

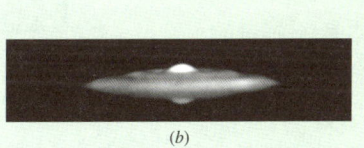

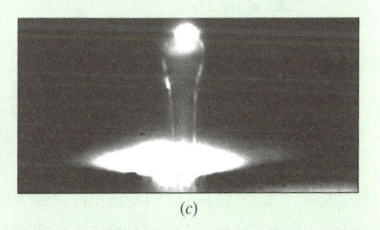

(a) (b) (c)

圖 10-137 當表面對壓力脈衝變得不穩定時，液滴的形成開始。這裡所展示的是水的表面在 (a) 800 μm 的小孔以 5000 Hz 脈衝擾動。(b) 1200 μm 的小孔以 8100 Hz 脈衝擾動。從表面的反射導致影像看起來彷彿是上下都有表面波。波是軸對稱的，至少對於小振幅的壓力脈衝而言。頻率越高，波長越短並且中央節點更小。中央節點的大小定義了噴液的直徑，它隨後分離成液滴。(c) 來自高頻壓力脈衝的液滴形成從 50 μm 直徑的噴嘴噴出。中心液流產生液滴，並且僅約是小孔直徑的 25%。理想情況下，一個單一的小滴的形式，但多餘的"衛星"液滴往往與主液滴一起產生。

Courtesy James A. Liburdy and Brian Daniels, Oregon State University. Used by permission.

習題

有 "C" 的題目是觀念題，學生應儘量作答。

入門的問題與修正壓力

10-1C 一個箱形風扇坐落在一個非常大的房間的地板 (圖 P10-1C)。標出可能近似為靜態流場的區域。標出無旋近似可能適用的區域。標出邊界層近似可能適用的區域。最後，標示出最可能需要求解完整納維–斯托克斯方程式的區域。(即沒有近似適用的區域。)

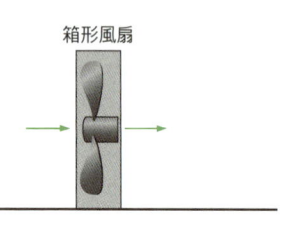

圖 P10-1C

10-2C 解釋納維–斯托克斯方程式精確解 (第 9 章討論的) 與近似解 (在本章所討論的) 的區別。

10-3C 在無因次方程納維–斯托克斯方程式的哪個無因次參數可以用修正壓力代替實際壓力的方法消除？請解釋。

10-4C 你可以用什麼準則來決定一個納維–斯托克斯方程的近似是否適用？請解釋。

10-5C 在無因次不可壓縮納維–斯托克斯方程式 (10-5)，有四個無因次參數。寫出每一個，解釋其物理的重要性 (例如壓力與黏滯力的比值)，並且討論當參數非常小或非常大時，意味著什麼物理意義。

10-6C 對於在納維–斯托克斯方程式的解中使用修正壓力 P' 取代熱力學壓力 P，什麼是最重要的準則？

10-7C 與納維–斯托克斯方程式的近似解關聯的最顯著危險是什麼？舉出一個不同於這一章所給的例子。

10-8 在卡氏座標系中，用修正壓力寫出來的納維–斯托克斯方程式的三個分量。插入修正壓力的定義，並證明 x- 分量、y- 分量及 z- 分量與使用一般的壓力表示的結果相同。使用修正壓力的好處是什麼？

10-9 考慮在兩個平行的水平板間的穩態、不可壓縮的、層流、完全發展的普修爾流 (速度和壓力分佈示於圖 P10-9)。在某個水平位置 $x = x_1$，壓力與垂直距離 z 呈線性變化，如圖。選擇一個適當的基準平面 ($z = 0$)，繪製所有沿著垂直切片的修正壓力的分佈，並將代表流體靜壓力分量的區域著色。請討論。

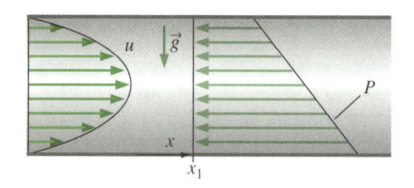

圖 P10-9

10-10 考慮習題 10-9 的普修爾流。討論修正壓力如何隨著下游的距離 x 變化。也就是說，修正壓力是隨著 x 遞增，保持不變，還是遞減？如果 P' 隨 x 增加或減小，它是什麼樣的形式 (例如線性、二次、指數)？用圖來說明你的答案。

10-11 在第 9 章中 (例題 9-15)，我們得到重力作用在負 z- 方向 (進入圖 P10-11 頁面) 的兩個水平平板之間的完全發展克維特流 (圖 P10-11) 的納維–斯托克斯方程式的 "精確" 解。在那個例子中，我們使用實際的壓力。重複求解速度 u 和壓力 P 的 x- 分量，但在你的方程式中使用修正壓力。壓力在 $z = 0$ 為 P_0。證明你會得到與先前相同的結果。請討論。
(Answer: $u = Vy/h$, $P = P_0 - \rho gz$)

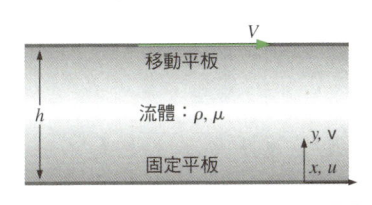

圖 P10-11

10-12 考慮穿過大圓柱形水槽底部小孔的水流（圖 P10-12）。流場處處為層流。噴流直徑 d 遠比水槽直徑 D 小，但 D 與水槽高度 H 有相同的數量級。凱莉推論除了靠近洞口處外，她可以在水槽的每個地方使用靜止流體近似，但她想要用數學方法確認這個近似是正確的。令在水槽中的特徵速度尺度為 $V = V_{水槽}$。特徵長度尺度為水槽高度 H，特徵時間為水槽排水所需時間 $t_{水槽}$，而參考壓差為 $\rho g H$（水面到水槽底部的壓差，假設流體是靜止的）。將這些尺度代入無因次不可壓縮納維–斯托克斯方程式 (10-6)，並用數量級分析證實 $d \ll D$，只有壓力與重力項保留。特別地，比較每一項及四個無因次參數，St、Eu、Fr 與 Re 的數量級。（提示：$V_{噴流} \sim \sqrt{gH}$。）在什麼準則下，凱莉的近似是恰當的？

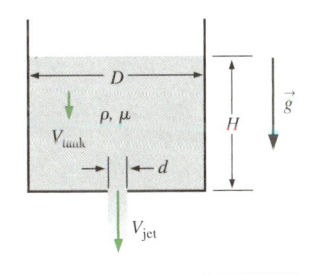

圖 P10-12

10-13 用計算流體力學程式模擬一個流場，在計算中使用修正壓力。沿著垂直切面的修正壓力分佈繪於圖 P10-13。在切面的中點的真實壓力為已知，標記在圖 P10-13 上。畫出沿著垂直切面的真實壓力的輪廓圖。請討論。

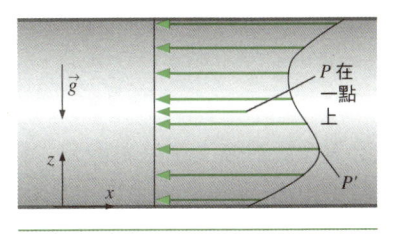

圖 P10-13

10-14 在例題 9-18 裡求解在圓管中的穩態，完全發展，層流納維–斯托克斯方程式（普修爾流），忽略重力。現在，加回重力效應並重新解題，但使用修正壓力 P' 代替真實壓力 P。特別地，計算真實的壓力場與速度場。假設水管為水平的，令基準平面 $z = 0$ 在水管下的某個任意距離。在水管頂端的真實壓力是大於、等於還是小於在水管底端的真實壓力？請討論。

蠕動流

10-15C 討論為何流體的密度對作用於蠕動流區域移動的小顆粒的氣動阻力的影響是可忽略的？

10-16C 分別用一個字描述不可壓縮納維–斯托克斯方程式中的五個項，

$$\underbrace{\rho \frac{\partial \vec{V}}{\partial t}}_{\text{I}} + \underbrace{\rho (\vec{V} \cdot \vec{\nabla}) \vec{V}}_{\text{II}} = \underbrace{-\vec{\nabla} P}_{\text{III}} + \underbrace{\rho \vec{g}}_{\text{IV}} + \underbrace{\mu \nabla^2 \vec{V}}_{\text{V}}$$

當作蠕動流近似時，這五項只有兩項保留。保留了哪兩項，以及為什麼這是重要的？

10-17 某人將直徑 2 mm、4 mm 與 10 mm 的三顆鋁球丟進裝滿 22°C 的甘油（$\mu = 1$ kg/m·s）的液槽，並測得終端速度分別為 3.2 mm/s、12.8 mm/s 與 60.4 mm/s。測量結果用來與作用於直徑 D 的球體的阻力的斯托克斯定律的理論公式 $F_D = 3\pi\mu DV$ (Re ≪ 1) 作比較。比較速度的實驗值與

10-18 考慮斯托克斯定律的一般形式，$F_D = 3\pi\mu DV + (9\pi/16)\rho V^2 D^2$，重做習題 10-17。

10-19 苜蓿蜂蜜的黏度作為溫度的函數列表於表 P10-19。蜂蜜的比重約為 1.42 並且不是溫度的強函數。蜂蜜從倒過來的蜂蜜罐的蓋子上直徑 $D = 6.0$ mm 的小孔擠出。室溫及蜂蜜溫度均在 $T = 20°C$。估計使得穿過小孔的蜂蜜的流動可以近似為蠕動流的最大速率。(假設蠕動流近似適用的 Re 必須小於 0.1。) 假如溫度為 $50°C$，重做你的計算。請討論。
(Answer: 0.22 m/s, 0.012 m/s)

表 P10-19 苜蓿蜂蜜在水分含量 16% 下的黏度

T，°C	μ，poise*
14	600
20	190
30	65
40	20
50	10
60	3

* Poise g/cm·s。
資料來源：Airborne Honey, Ltd., www.airborne.co.nz.

10-20 一個游泳好手能在大約 1 分鐘內游完 100 m。如果游泳者的身長 1.85 m，則每秒游了多少倍的身長？重複計算圖 10-10 精子的情形。換句話說，精子每秒游過多少倍的身長？計算時使用精子的全部長度，而不僅僅是它的頭部。比較兩個結果並討論。

10-21 在雨雲中的一滴水具有直徑 $D = 42.5$ μm (圖 P10-21)。空氣的溫度為 25°C 且其壓力為標準大氣壓。空氣必須多快地垂直移動，以使雨滴在空氣中保持懸浮？
(Answer: 0.0531 m/s)

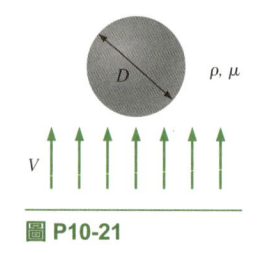

圖 P10-21

10-22 滑墊軸承 (圖 P10-22) 常常在潤滑問題中碰到。油在兩個塊狀物間流動；在這個案例中，上面的那一個保持靜止，而下面的那一個移動。這個圖是未按比例繪製的；實際上，$h \ll L$。塊狀物間的薄間隙隨著 x 的增加而收縮。具體地，間隙高度 h 從在 $x = 0$ 的 h_0 線性地遞減到在 $x = L$ 的 h_L。通常，間隙高度的長度尺度 h_0 是遠比軸向長度尺度 L 小。由於間隙高度的變化，這個問題要比簡單的兩個平行板間的克維特流更複雜。特別是軸向速度分量 u 同時是 x 和 y 的函數，並且壓力非線性地從在 $x = 0$，$P = P_0$ 變動到 $x = L$，$P = P_L$。($\partial P/\partial x$ 不是常數。) 在這個流場重力可以忽略不計，我們用二維的、穩態、層流來近似。事實上，由於 h 是如此之小且油是如此的黏，我們用蠕動流近似來分析潤滑問題。讓與 x 關聯的特徵長度尺度為 L，並且讓與 y 關聯的為 h_0 ($x \sim L$ 且 $y \sim h_0$)。令 $u \sim V$。假設蠕動流，求壓差 $\Delta P = P - P_0$ 的特徵尺度，用 L、h_0、μ 和 V 表示。(Answer: $\mu VL/h_0^2$)

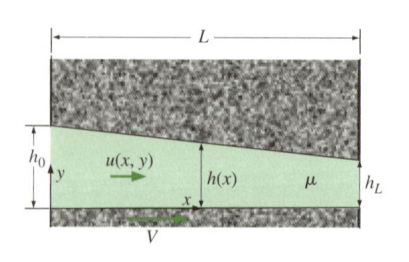

圖 P10-22

10-23 考慮習題 10-22 的滑墊軸承。(a) 求 v，

速度的 y- 分量的特徵尺度。(b) 進行數量級分析將 x- 動量方程式中的慣性項與壓力及黏滯項作比較。證明當間隙小 ($h_0 \ll L$) 且雷諾數小 ($Re = \rho V h_0/\mu \ll 1$) 時，蠕動流近似是合適的。(c) 證明當 $h_0 \ll L$ 時，蠕動流方程有可能仍然適用，即使雷諾數 ($Re = \rho V h_0/\mu$) 不小於 1，請解釋。(Answer: (a) Vh_0/L)

10-24 再考慮習題 10-22 的滑墊軸承。進行 y- 動量方程式的數量級分析。(提示：你需要習題 10-22 與 10-23 的結果。) 關於壓力梯度 $\partial P/\partial y$ 你能有什麼說明？

10-25 再考慮習題 10-22 的滑墊軸承。(a) 列出 u 的適當邊界條件。(b) 蠕動流近似的 x- 動量方程式已得到 u 為 y 的函數表達式 (經由 h 及 dP/dx，間接為 x 的函數，因為它們是 x 的函數)。你可以假設 P 不是 y 的函數，最終表達式應寫為 $u(x, y) = f(y, h, dP/dx, V, \mu)$。在你的結果中列舉速度輪廓的兩個不同分量。(c) 用這些適當的尺度：$x^* = x/L$、$y^* = y/h_0$、$h^* = h/h_0$、$u^* = u/V$ 及 $P^* = (P - P_0)h_0^2/\mu VL$。

10-26 考慮圖 P10-26 的滑墊軸承。該附圖是不按比例繪製的；實際上，$h \ll L$。這個案例與習題 10-22 有所不同，在於 h(x) 的不是線性，而是某個已知的、任意的 x 的函數。寫出軸向速度分量 u 作為 y、h、dP/dx、V 及 μ 的函數表達式。討論這個結果和習題 10-25 結果之間的任何差異。

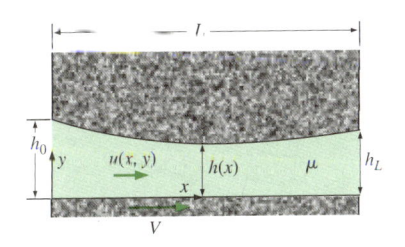

圖 P10-26

10-27 對於習題 10-22 的滑墊軸承，使用連續方程式、適當的邊界條件及一維萊布尼茲定理 (參見第 4 章)，證明

$$\frac{d}{dx}\int_0^h u\, dy = 0 \text{。}$$

10-28 結合習題 10-25 和 10-27 的結果，證明對於二維滑墊軸承，壓力梯度 dP/dx 與間隙高度 h 有 $\frac{d}{dx}\left(h^3 \frac{dP}{dx}\right) = 6\mu U \frac{dh}{dx}$ 的關係。這是潤滑學 (Panton, 2005) 中的雷諾方程式的穩態二維形式。

10-29 考慮通過間隙高度從 h_0 到 h_L 線性遞減的二維滑墊軸承 (圖 P10-22) 的流動，即 $h = h_0 + \alpha x$，其中 α 為無因次的間隙縮量，$\alpha = (h_L - h_0)/L$。我們注意到對於很小的 α，$\tan\alpha \cong \alpha$。因此 α 近似於圖 P10-22 中的上平板的縮角 (在這個例子裡 α 是負的)。假定滑墊兩端的油暴露於大氣壓，使得在 $x = 0$，$P = P_0 = P_{atm}$ 以及在 $x = L$，$P = P_L = P_{atm}$。對這個滑墊的軸承的雷諾方程式 (10-28) 積分產生 P 作為 x 的函數的表達式。

10-30 在室溫下的水為蠕動流區域，估計你能在其中游泳的速度。(數量級估計就夠了。) 請討論。

10-31 對每一個情況，計算適當的雷諾數，並指出流動是否可用蠕動流方程式近似。(a) 直徑 5.0 μm 的微生物以速率 0.25 mm/s 在室溫的水中游動。(b) 140°C 的機油在潤滑的汽車軸承間隙中流動。間隙為 0.0012 mm 厚且特徵速度為 15 m/s。(c) 直徑 10 μm 的霧滴以 2.5 mm/s 的速度卜洛經過 30°C 的空氣。

10-32 估計圖 10-10 中的精子的速度和雷諾數。這個微生物是在蠕動流條件下游泳嗎？假設它在室溫的水中游泳。

無黏性流

10-33C 無旋流區的穩態不可壓縮伯努利方程與旋轉但無黏性的穩態不可壓縮伯努利方程的主要差別是什麼？

10-34C 歐拉方程式是以何種方式作為納維－斯托克斯方程式的近似？在流場的何處歐拉方程式是一個合適的近似？

10-35 在某個穩態二維不可壓縮的流動區域，速度場為 $\vec{V} = (u, v) = (ax + b)\vec{i} + (-ay + cx)\vec{j}$。證明這個流動區域可以被視為無黏性的。

10-36 在無黏性流的區域的伯努利方程的推導，將穩態二維不可壓縮歐拉方程改寫成三個純量項的梯度等於速度向量與渦度向量的外積，注意 z 是垂直向上，

$$\vec{\nabla}\left(\frac{P}{\rho} + \frac{V^2}{2} + gz\right) = \vec{V} \times \vec{\zeta}$$

然後我們作了一些關於梯度向量方向與兩個向量的外積方向的討論，證明沿著流線的三個純量項之和必須是常數。在這個問題中，你將用不同的方法得到相同的結果，就是在歐拉方程式的兩邊分別對速度向量 $\vec{V}$ 取內積，並用到兩個向量內積的基本規則。繪圖也許有些幫助。

10-37 儘可能地寫出卡氏座標中歐拉方程式的分量 (x, y, z) 與 (u, v, w)。假設重力作用在某個任意方向。

10-38 儘可能地寫出圓柱座標中歐拉方程式的分量 (r, θ, z) 與 (u_r, u_θ, u_z)。假設重力作用在某個任意方向。

10-39 水在 $T = 20°C$ 像剛體般繞著自旋圓柱容器中 z- 軸旋轉（圖 P10-39）。因為水像固體般移動，所以沒有黏性應力；因此歐拉方程式適用。（我們忽略由空氣作用在水面的黏性應力。）積分歐拉方程以產生在水中的每一個地方的壓力作為 r 與 z 的函數表達式。(提示：在自由表面的每一處 $P = P_{atm}$。流動對 z- 軸有旋轉對稱。)
(Answer: $z_{surface} = \omega^2 r^2 / 2g$)

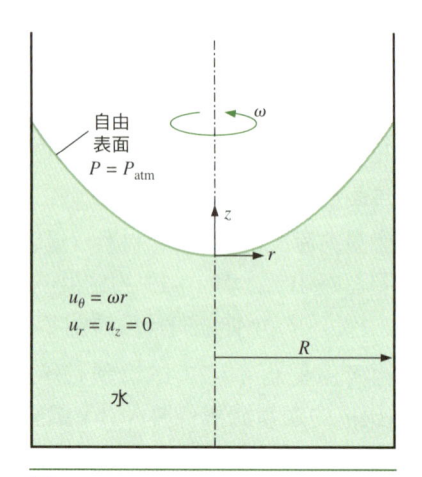

圖 P10-39

10-40 令旋轉流體為 $60°C$ 的機油，重做習題 10-39。請討論。

10-41 使用習題 10-39 的結果計算作為徑向座標 r 的函數的伯努利常數。

(Answer: $\dfrac{P_{atm}}{\rho} + \omega^2 r^2$)

10-42 考慮進入直線壁面的收縮導管的穩態、不可壓縮、二維流體的流動（圖 P10-42）。體積流量是 $\dot{V}$，並且速度只有徑向方向，u_r 只是 r 的函數。令 b 為進入頁面方向的寬度。在收縮導管入口 $(r = R)$，u_r 已知；$u_r = u_r(R)$。假設處處為無黏性流，求 u_r 僅為 r、R 及 $u_r(R)$ 的函數的表達式。假如在相同體積流率摩

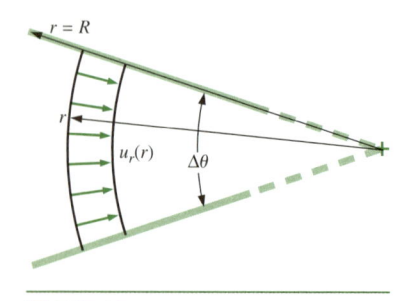

圖 P10-42

擦力是不可忽略的 (即真實流動)，畫出在半徑 r 處的速度輪廓，看看是什麼樣子。

10-43　在無黏性流動區域的伯努利方程的推導過程中，我們使用向量等式

$$(\vec{V} \cdot \vec{\nabla})\vec{V} = \vec{\nabla}\left(\frac{V^2}{2}\right) - \vec{V} \times (\vec{\nabla} \times \vec{V})$$

證明在卡氏座標系中的速度向量 $\vec{V}$，即 $\vec{V} = u\vec{i} + v\vec{j} + w\vec{k}$，滿足這個向量等式。若想要滿分，儘可能地解釋每一項，並示出你的所有推導過程。

無旋 (勢) 流

10-44C　何謂達朗貝特悖論？為何它是一個悖論？

10-45C　考慮由吹風機 (圖 P10-45C) 所產生的流場。確認這種流場可以被近似為無旋的區域，以及無旋流近似不適用的區域 (旋轉流動區域)。

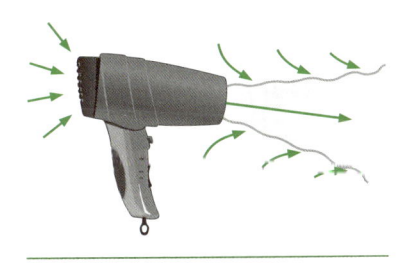

圖 P10-45C

10-46C　在流動的無旋區域，速度場可以用速度勢函數 ϕ 的拉普拉斯方程式求解而無需動量方程式，然後從 ϕ 的定義解得 $\vec{V}$ 的分量，即 $\vec{V} = \vec{\nabla}\phi$。討論動量方程式在無旋的流動區域中的角色。

10-47C　往往學習流體力學的學生 (甚至是他們的教授！) 遺漏的一個微妙點是，無黏性的流動區域與無旋 (勢流) 的流動區域是不一樣的 (圖 P10-47C)。討論這兩個近似值之間的異同。各提出一個例子。

圖 P10-47C

10-48C　什麼樣的流動性質決定流動的區域是旋轉的，還是無旋的？請討論。

10-49　寫出伯努利方程式，並討論它在無黏性旋轉的流動區域與黏性的無旋流動區域之間有何差異。哪種情況下的限制較多 (關於伯努利方程式)？

10-50　穩態、二維、不可壓縮流場的流線繪於圖 P10-50。在顯示的區域中的流場同時被近似為無旋的。畫出這個流場中的幾條等勢曲線看看會是什麼樣子。解釋你是如何得出所繪製的曲線。

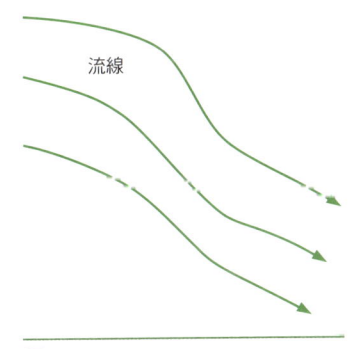

圖 P10-50

10-51　考慮以下穩態、二維、不可壓縮速度場：$\vec{V} = (u, v) = (ax + b)\vec{i} + (-ay + c)\vec{j}$。這流場是無旋的嗎？如果是的話，求速度勢函數的表達式。(Answer: 是的，$a(x^2 - y^2)/2 + bx + cy +$ 常數)

10-52　考慮以下穩態、二維、不可壓縮速度場：$\vec{V} = (u, v) = (\frac{1}{2}ay^2 + b)\vec{i} + (axy + c)\vec{j}$。這流場是無旋的嗎？如果是的話，求速

度勢函數的表達式。

10-53 考慮在 xy- 或 $r\theta$- 平面的一個強度 $\dot{V}/L$ 的無旋線源。速度分量為 $u_r = \dfrac{\partial \phi}{\partial r} = \dfrac{1}{r}\dfrac{\partial \psi}{\partial \theta} = \dfrac{\dot{V}/L}{2\pi r}$ 與 $u_\theta = \dfrac{1}{r}\dfrac{\partial \phi}{\partial \theta} = -\dfrac{\partial \psi}{\partial r} = 0$。在本章從 u_θ 的方程式著手求出線源的速度勢函數與流線函數的表達式。重作分析，這次從 u_r 開始，寫出你的所有推導過程。

10-54 考慮速度勢函數為 $\phi = 3(x^2 - y^2) + 4xy - 2x - 5y + 2$ 的一個穩態、二維、不可壓縮、無旋的速度場。(a) 計算速度分量 u 與 v。(b) 驗證在 ϕ 適用的區域速度場為無旋的。(c) 求這個區域中流線函數的表達式。

10-55 考慮速度勢函數為 $\phi = 4(x^2 - y^2) + 6x - 4y$ 的一個穩態、二維、不可壓縮、無旋的速度場。(a) 計算速度分量 u 與 v。(b) 驗證在 ϕ 適用的區域速度場為無旋的。(c) 求這個區域中流線函數的表達式。

10-56 考慮在 $r\theta$- 平面的一個平面無旋流動區域。證明流線函數 ψ 滿足圓柱座標的拉普拉斯方程式。

10-57 在本章中用圓柱座標 r 與 z 與速度分量 u_r 與 u_z 來描述軸對稱無旋流場。如果我們使用球面極座標系，並設 x- 軸為對稱軸，得到軸對稱流動的另一種描述。兩個相關的方向的分量現在是 r 與 θ，以及它們相應的速度分量是 u_r 與 u_θ。在這個座標系中，徑向位置 r 是從原點算起的距離，而極角 θ 是徑向向量與旋轉對稱軸 (x- 軸) 之間的傾斜角，如圖 P10-57 所示；在圖中顯示出定義 $r\theta$- 平面的切面。這是一種二維流場，因為只有兩個獨立的空間變量，r 和 θ。換句話說，任何 $r\theta$ 平面的速度場和壓力場的解就足以描繪整個軸對稱無旋流動區域的特性。寫出適用於軸對稱無旋流動區域的 ϕ 的球面極座標拉普拉斯方程式。(提示：你可查詢向量分析的教科書。)

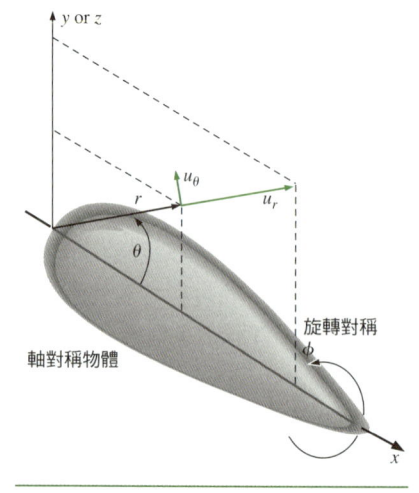

圖 P10-57

10-58 證明在球面極座標中，定義為 $\dfrac{1}{r}\dfrac{\partial}{\partial r}(r^2 u_r) + \dfrac{1}{\sin\theta}\dfrac{\partial}{\partial \theta}(u_\theta \sin\theta) = 0$ 的流線函數完全滿足軸對稱流的不可壓縮連續性方程式，$u_r = -\dfrac{1}{r^2 \sin\theta}\dfrac{\partial \psi}{\partial \theta}$ 與 $u_\theta = \dfrac{1}{r \sin\theta}\dfrac{\partial \psi}{\partial r}$，只要 ψ 是 r 與 θ 的平滑函數。

10-59 考慮傾斜角 α 大小為 V 的均勻流 (圖 P10-59)。假設不可壓縮平面無旋流，求速度勢函數和流線函數。寫出你的所有推導過程。(Answer: $\phi = V_x \cos\alpha + V_y \sin\alpha$, $\psi = V_y \cos\alpha - V_x \sin\alpha$)

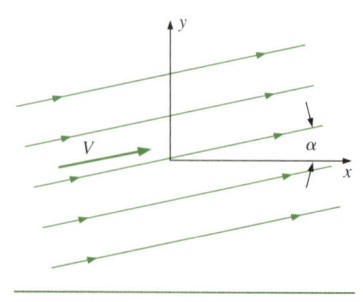

圖 P10-59

10-60 考慮穩態、二維、不可壓縮的速度場：

$\vec{V} = (u, v) = (\frac{1}{2}ay^2 + b)\vec{i} + (axy^2 + c)\vec{j}$。這流場是無旋的嗎？如果是的話，求速度勢函數的表達式。

10-61 在無旋的流動區域，我們寫出速度向量為純量速度勢函數的梯度，$\vec{V} = \vec{\nabla}\phi$。在圓柱座標系中 $\vec{V}$ 的分量 (r, θ, z) 與 (u_r, u_θ, u_z) 為

$$u_r = \frac{\partial \phi}{\partial r} \quad u_\theta = \frac{1}{r}\frac{\partial \phi}{\partial \theta} \quad u_z = \frac{\partial \phi}{\partial z}$$

從第 9 章也寫出在圓柱座標中的渦度向量的分量為 $\zeta_r = \frac{1}{r}\frac{\partial u_z}{\partial \theta} - \frac{\partial u_\theta}{\partial z}$、$\zeta_\theta = \frac{\partial u_r}{\partial z} - \frac{\partial u_z}{\partial r}$ 與 $\zeta_z = \frac{1}{r}\frac{\partial}{\partial r}(ru_\theta) - \frac{1}{r}\frac{\partial u_r}{\partial \theta}$。將速度分量代入渦度分量中證明在無旋的流動區域渦度向量的所有三個分量的確為零。

10-62 將習題 10-61 中給出的速度向量分量代入圓柱座標的拉普拉斯方程式。顯示出你所有的代數運算，驗證拉普拉斯方程式適用於無旋的流動區域。

10-63 考慮在 xy- 或 $r\theta$- 平面強度 Γ 的無旋線渦。速度分量為 $u_r = \frac{\partial \phi}{\partial r} = \frac{1}{r}\frac{\partial \psi}{\partial \theta} = 0$ 與 $u_\theta = \frac{1}{r}\frac{\partial \phi}{\partial \theta} = -\frac{\partial \psi}{\partial r} = \frac{\Gamma}{2\pi r}$。求線渦的速度勢函數和流線函數，寫出你所有推導過程。

10-64 水在大氣壓力和溫度 ($\rho = 998.2$ kg/m^3, $\mu = 1.003 \times 10^{-3}$ kg/m·s) 下，以 $V = 0.100481$ m/s 的自由流速度流過直徑為 $d = 1.00$ m 的二維圓柱。流場近似為勢流。(a) 用圓柱直徑計算雷諾數。Re 足夠大到使得勢流應該是一個合理的近似嗎？(b) 估計的最小和最大速率 $|V|_{min}$ 與 $|V|_{max}$ (速率是速度的大小)，和在流場中的最大與最小壓力之差 $P - P_\infty$，以及各自的位置。

10-65 流過半徑 a 的圓柱自由流速度 V_∞ 的穩態、不可壓縮、二維流場的流線函數 (圖 P10-65)，在流場近似為無旋的情況下為 $\psi = V_\infty \sin\theta (r - a^2/r)$。求這個流場作為 r 和 θ 和參數 V_∞ 與 a 的函數的速度勢函數 ϕ 的表達式。

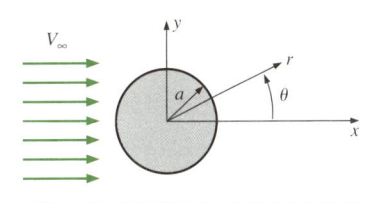

圖 P10-65

10-66 疊加速度 V_∞ 的均勻流和在原點強度 $\dot{V}/L$ 的線源，這產生流過一個稱為朗肯半體的二維半體 (圖 P10-66) 的流場。分割流線是一條獨特的流線，形成來自左側的自由流流體與來自源的流體之間的分界線。(a) 求表示為 $\dot{V}/L$ 的函數的分割流線函數的方程式 $\psi_{分割}$。(提示：分割流線與滯流點相交於物體的鼻端。) (b) 求表示為 V_∞ 與 $\dot{V}/L$ 的函數的半高 b 的表達式。(提示：考慮下游遠方的流場。) (c) 求表示為 θ、V_∞ 與 $\dot{V}/L$ 的函數以 r 的形式表示的分割流線函數的表達式。(d) 求表示為 V_∞ 與 $\dot{V}/L$ 的函數的滯流點距離 a 的表達式。(e) 求在流場中的任意點，$(V/V_\infty)^2$ 作為 a、r 與 θ 的函數表達式 (無因次速度大小的平方)。

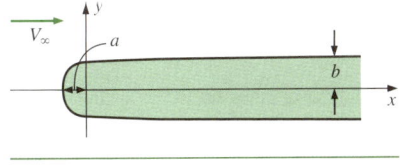

圖 P10-66

邊界層

10-67C 我們通常認為邊界層的發生在固體壁面。但是，在其它流動的情況下，邊界層近似也有適用的。舉出其中三個這種

流動，並解釋為什麼邊界層近似是合適的。

10-68C 對於每個敘述，選擇敘述是否為真或偽，並簡短地討論你的答案。這些敘述與平板上的層流邊界層 (圖 P10-68C) 有關。
(a) 在給定的 x- 位置，如果雷諾數遞增，邊界層厚度也將增加。
(b) 當外部流動速度增加，邊界層的厚度也增加。
(c) 當流體黏度增加，邊界層的厚度也增加。
(d) 當流體密度增加，邊界層的厚度也增加。

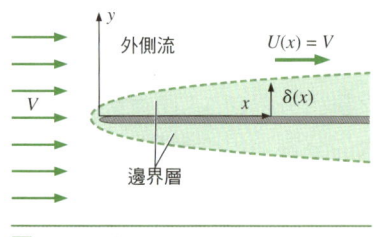

圖 P10-68C

10-69C 在本章中，我們說邊界層近似是作為歐拉方程式與納維－斯托克斯方程式的缺口間的橋梁。請解釋。

10-70C 沿著一條平板增長的層流邊界層繪於圖 P10-70C。幾個速度輪廓與邊界層厚度 $\delta(x)$ 的也顯示其中。畫出幾條這個流場的流線。表示 $\delta(x)$ 的曲線是一條流線嗎？

10-71C 什麼是激紊線，它的用途是什麼？

10-72C 討論在邊界層輪廓中反曲點的含義。具體而言，反曲點的存在可以推斷是否為有利壓力梯度還是逆向壓力梯度？請解釋。

10-73C 比較層流與紊流邊界層的流動分離。具體地說，哪一種種情況比較不易產生流動分離？為什麼？根據你的回答，解釋為什麼高爾夫球有許多小凹窩。

10-74C 用你自己的話，總結邊界層計算過程的五個步驟。

10-75C 用你自己的話，列出至少有三個執行層流邊界層的計算時要注意的"地方"。

10-76C 在本章給出兩個位移厚度的定義。用你自己的話寫出這兩個定義。對於在平板上增長的層流邊界層，哪一個比較大 — 邊界層厚度 δ 或是位移厚度 δ^*？請討論。

10-77C 解釋有利的與逆向壓力梯度間的差異。在哪種情況下，下游的壓力增加？為什麼？

10-78 在炎熱的一天 ($T = 30°C$)，一輛卡車以速度 29.1 m/s 沿著高速公路移動。卡車的平坦側在下被視為簡單，平滑的平板邊界層，到一階近似。估計沿平板的 x- 位置，在那裡邊界層開始過渡到紊流。有預期在下游距平板頂端多遠處邊界層成為完全紊流？給兩個答案到 1 位有效數字。

10-79 小船以速度 42.0 km/h 在水中 ($T = 5°C$) 移動。船體的平面部分為 0.73 m 長，並且被視為一個簡單的光滑平板邊界層，到一階近似。在這艘船體平板部分的邊

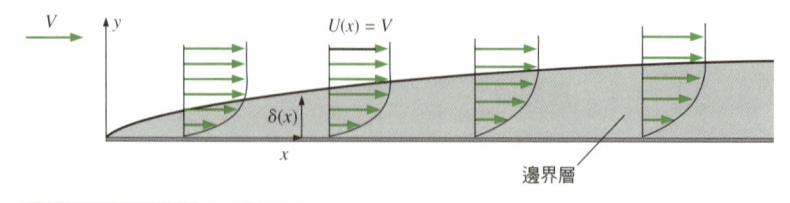

圖 P10-70C

第 10 章　納維-斯托克斯方程式的近似解　**655**

10-80　空氣沿高速公路以速度 V = 8.5 m/s 平行限速號誌流動。空氣的溫度是 25°C，並且平行於流動方向的號誌寬度 W (即它的長度) 為 0.45 m。在號誌上的邊界層是層流的、紊流的，還是過渡性的？

10-81　靜壓力 P 是在沿著層流邊界層的壁面上兩個位置測得的 (圖 P10-81)。所測得的壓力是 P_1 和 P_2，並且兩測壓孔的距離與物體的特徵尺寸相比是小的 ($\Delta x = x_2 - x_1 << L$)。邊界層上方點 1 的外部流動速度是 U_1。流體密度和黏度分別為 ρ 與 μ。求邊界層上方點 2 的外部流動速度 U_2 的近似表達式，用 P_1、P_2、Δx、U_1、ρ 和 μ 表示。

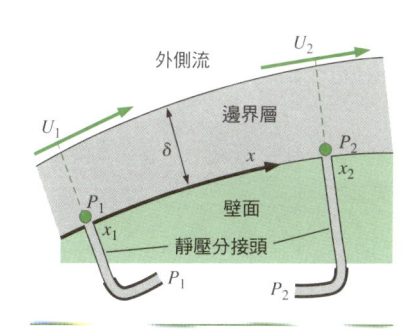

圖 P10-81

10-82　考慮沿層流邊界層的壁面的兩個測壓孔，如圖 P10-81 所示。該流體是空氣，在 25°C，U_1 = 10.3 m/s，靜壓力 P_1 = 2.44 Pa 大於靜壓力 P_2，用一個非常敏感的微分壓力感測器測得。外流速度 U_2 是大於、等於或小於外流速度 U_1？請解釋。估計 U_2。(Answer: 小於，10.1 m/s)

10-83　考慮的層流平板邊界層的布列修士解。例題 10-10 的式 (8) 給出壁面上的無因次斜率。將這個結果轉換成物理變量，並證明例題 10-10 的式 (9) 是正確的。

10-84　計算邊界層無限薄的極限情形之形狀因子 H 的值 (圖 P10-84)。這個 H 值是最小的可能值。

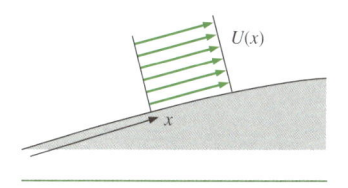

圖 P10-84

10-85　層流風洞有直徑 30 cm 和長度 80 cm 的試驗段。空氣是在 20°C。試驗段入口均勻的空氣速率為 2.0 m/s，到試驗段末端中心線的空氣速率加速為若干？(Answer: 約 6%)

10-86　試驗段的圓形橫截面改成方形，截面積 30 cm×30 cm，長度 80 cm，重做習題 10-85 的計算。將結果與習題 10-85 作比較。請討論。

10-87　空氣在 20°C 以在 V = 8.5 m/s 平行一平板流動 (圖 P10-87)。平板的前部相當圓滑，並且平板為 40 cm 長。平板厚度為 h = 0.75 cm，但因為邊界層位移的影響，在邊界層外的流動"看到"一個有較大的視在厚度的平板。計算平板 (包括兩側) 在下游距離 x = 10 cm 處的視在厚度。(Answer: 0.895 cm)

圖 P10-87

10-88　小型軸對稱低速風洞建造來校正熱線。試驗段的直徑為 17.0 cm，其長度為 25.4 cm。空氣是在 20°C。在試驗段入口的均勻空氣速率為 1.5 m/s，到試驗段末端中心線的空氣速率加速若干？工程師應該怎麼做以消除這種加速？

10-89　空氣在 20°C 以 4.75 m/s 平行於平滑薄平

板流動。平板 3.23 m 長。確認在平板上的邊界層最有可能是層流、紊流還是介於兩者之間 (過渡)。比較兩種情況下，在平板末端的邊界層厚度：(a) 邊界層處處為層流，以及 (b) 邊界層處處為紊流。請討論。

10-90 為了避免邊界層干擾，工程師在大型風洞中設計了"邊界層通風斗"以撇去邊界層 (圖 P10-90)。該通風斗是由薄金屬片構成。空氣是在 20°C，並且以 $V = 45.0$ m/s 流動。在下游距離 $x = 1.45$ m，通風斗應該多高 (尺寸 h)？

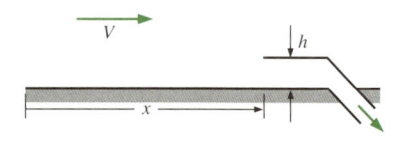

圖 P10-90

10-91 空氣在 20°C 以 $V = 80.0$ m/s 流過一長度 $L = 17.5$ m 的光滑平板。以物理變量 (u 為 y 的函數) 畫出在 $x = L$ 的紊流邊界層輪廓。比較用 1/7 冪法則、對數法則及史伯丁壁面法則所產生的輪廓圖，假設邊界層是從平板的起點就是完全的紊流。

10-92 一個邊界層厚度 δ 的穩態、不可壓縮、層流平板邊界層的流向速度分量對於 $y < \delta$ 用簡單的線性表達式來近似，$u = Uy/\delta$，對於 $y > \delta$ 則為 $u = U$ (圖 P10-92)。求位移厚度和動量厚度作為 δ 的函數表達式，基於這個線性近似。將 δ^*/δ 和 θ/δ 的近似值與從布列修士解得到的 δ^*/δ 和 θ/δ 的值作比較。

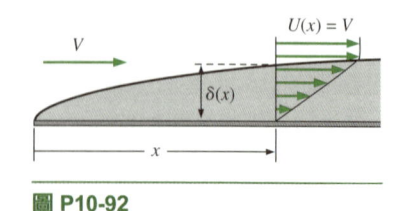

圖 P10-92

(Answer: 0.500, 0.167)

10-93 對於習題 10-92 的線性近似，使用局部表面摩擦係數和卡門積分方程式的定義產生 δ/x 的表達式。將你的結果與布列修士 δ/x 的表達式作比較。(注意：做這一個問題需要習題 10-92 的結果。)

10-94 比較平板上的層流邊界層與紊流邊界層的形狀因子 H [定義於式 (10-95)]，假設紊流邊界層是從平板的開頭就是紊流。請討論。具體來說，你認為為什麼 H 會被稱為"形狀因數"？(Answer: 2.59, 1.25 至 1.30)

10-95 矩形平板的一邊尺寸是另一邊的兩倍。空氣以均勻的速率平行平板流動，並且層流邊界層在板的兩側上形成。哪一個指向 (圖 10-95a) —— 長邊與風平行還是短邊與風平行 (圖 P10-95b) —— 具有較高的阻力？請解釋。

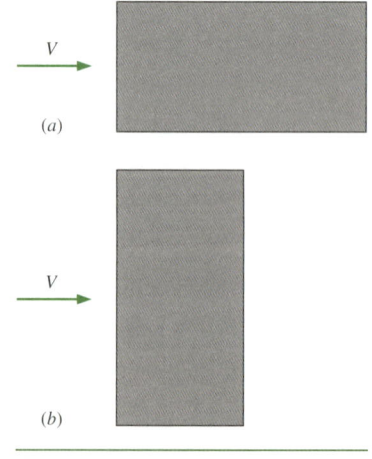

圖 P10-95

10-96 積分例題 10-14 的式 (5) 以獲得式 (6)。寫出你的所有推導過程。

10-97 考慮在平板上的紊流邊界層。假設只有兩件事情已知的：$C_{f,x} \cong 0.059 \cdot (\text{Re}_x)^{-1/5}$ 及 $\theta \cong 0.097\delta$。使用卡門積分方程式來產生 δ/x 的表達式。將你的結果與表 10-4(b) 欄作比較。

10-98 空氣在 30°C 以 35.0 m/s 的均勻速率沿著光滑的平板流動。計算出沿著平板的近似 x- 位置，在那裡邊界層開始過渡到紊流的過程。大約在沿著平板的什麼樣的 x- 位置，邊界層可能是完全的紊流？(Answer: 4 至 5 cm, 1 至 2 cm)

10-99 鋁製獨木舟沿湖面以 5.6 km/h 水平移動 (圖 P10-99)。湖水溫度為 10°C。獨木舟的底部長 6.1 m，而且是平坦的。在獨木舟底邊的邊界層是層流還是紊流？

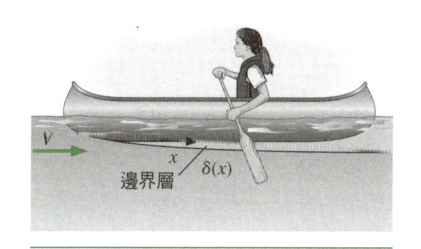

圖 P10-99

複習題

10-100C 對於每個敘述，選出敘述是否為真或假，簡要地討論你的答案。
(a) 三維流場可以定義速度勢函數
(b) 為了定義流線函數，渦度必須為零
(c) 為了定義速度勢函數，渦度必須為零
(d) 流線函數只能定義在二維流場

10-101 在本章中討論固體的旋轉 (圖 P10-101) 作為旋轉無黏性流的一個例子。速度分量為 $u_r = 0$，$u_\theta = \omega r$，$u_z = 0$。計算納維–斯托克斯方程式的 θ 分量的黏滯項，並討論。藉由計算渦度的 z- 分量證明速度場的確是旋轉的。(Answer: $\zeta_z = 2\omega$)

10-102 計算在圓柱座標 (見第 9 章) 中習題 10-101 的速度場的黏滯應力張量的 9 個分量。討論你的結果。

10-103 在本章中討論線渦 (圖 P10-103) 作為無旋流場的一個例子。速度分量為 $u_r = 0$，$u_\theta = \Gamma/(2\pi r)$，$u_z = 0$。計算納維–斯托克斯方程式的 θ- 分量的黏滯項，並討論。藉由計算渦度的 z- 分量驗證速度場的確是無旋的。

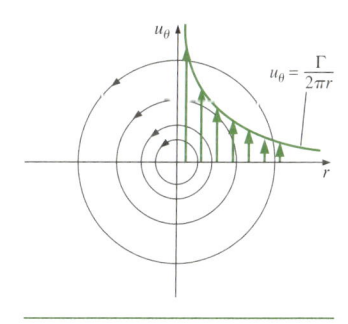

圖 P10-103

10-104 針對習題 10-103 的流場，計算圓柱座標 (見第 9 章) 中的黏性應力張量的 9 個分量。請討論。

10-105 水在只有重力作用的作用在垂直管道中落下。兩個垂直位置 z_1 和 z_2 之間的流動為完全發展的，並且將這兩個位置的速度分佈描繪於圖 P10-105。由於沒有強制

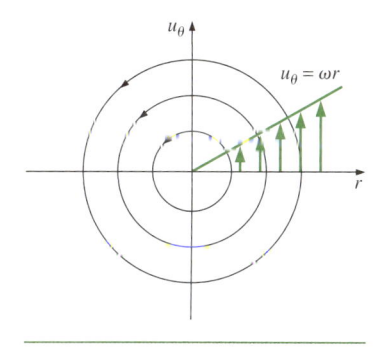

圖 P10-101

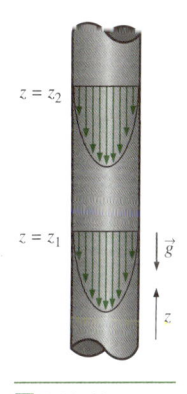

圖 P10-105

壓力梯度，壓力 P 在流場中處處為常量 ($P = P_{atm}$)。計算在位置 z_1 與 z_2 的修正壓力，並畫出在位置 z_1 與 z_2 的修正壓力輪廓圖。請討論。

10-106 假設習題 10-105 的垂直管道現在換成水平。為了達到與習題 10-105 的相同的體積流率，我們必須提供一個強制的壓力梯度。計算管道中與圖 P10-105 中 z_1 和 z_2 相隔距離相同的兩個軸向位置之間所需的壓力降。修正壓力 P' 在垂直和水平的兩種情況間有何改變？

10-107 布列修士邊界層輪廓是流過平板的流動的邊界層方程式的精確解。然而，這個結果對我們的使用上有些麻煩，因為數據是以列表的方式顯示（數值解）。因此，一個簡單的正弦波近似（圖 P10-107）常常用來代替布列修士解，即 $u(y) \cong U \sin\left(\frac{\pi}{2}\frac{y}{\delta}\right)$，對 $y < \delta$，以及 $u = U$，對 $y > \delta$，其中 δ 是邊界層厚度。在同一張中畫出布列修士輪廓及正弦波近似，以無因次的形式 (u/U 對 δ/x)，然後進行比較。正弦波輪廓是合理的近似值嗎？

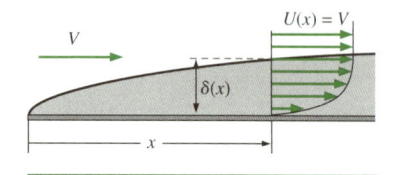

圖 P10-107

10-108 邊界層厚度 δ 的穩態的、不可壓縮、層流的平板邊界層的流向速度分量，用習題 10-107 的正弦波曲線近似。以這個正弦波近似為基礎，求位移厚度和動量厚度為 δ 的函數表達式。將 δ^*/δ 和 θ/δ 的近似值與從布列修士解獲得的 δ^*/δ 和 θ/δ 作比較。

10-109 對於習題 10-107 的正弦波近似，用局部表面摩擦係數的定義和卡門積分方程式求出 δ/x 的表達式。將你的結果與 δ/x 的布列修士表達式作比較。（注意：做這個問題將需要用到習題 10-108 的結果。）

基礎工程學 (FE) 試題

10-110 假如在流場中流體速度為零，納維－斯托克斯方程式變為下列何者？

(a) $\vec{\nabla}P - \rho\vec{g} = 0$

(b) $-\vec{\nabla}P + \rho\vec{g} + \mu\vec{\nabla}^2\vec{V} = 0$

(c) $\rho\dfrac{D\vec{V}}{Dt} = -\vec{\nabla}P + \mu\vec{\nabla}^2\vec{V}$

(d) $\rho\dfrac{D\vec{V}}{Dt} = -\vec{\nabla}P + \rho\vec{g} + \mu\vec{\nabla}^2\vec{V}$

(e) $\rho\dfrac{D\vec{V}}{Dt} + \vec{\nabla}P - \rho\vec{g} = 0$

10-111 哪一個選項不是使用於無因次運動方程式中的尺度參數？
(a) 特徵長度，L
(b) 特徵速度，V
(c) 特徵黏度，μ
(d) 特徵頻率，f
(e) 重力加速度，g

10-112 哪一個選項不是一個定義在無因次運動方程式中的無因次變量？
(a) $t^* = ft$
(b) $\vec{x}^* = \dfrac{\vec{x}}{L}$
(c) $\vec{V}^* = \dfrac{\vec{V}}{V}$
(d) $\vec{g}^* = \dfrac{\vec{g}}{g}$
(e) $P^* = \dfrac{P}{P_0}$

10-113 哪一個無因次參數不會出現在無因次納維－斯托克斯方程式中？
(a) 雷諾數
(b) 普朗特數

(c) 史特豪數
(d) 歐拉數
(e) 福勞數

10-114 當流場為準靜態時，在無因次納維－斯托克斯方程式中哪一個無因次參數是零？
(a) 歐拉數
(b) 普朗特數
(c) 福勞數
(d) 史特豪數
(e) 雷諾數

10-115 在無因次納維－斯托克斯方程式中，如果壓力 P 置換成修正壓力 $P' = P + \rho g z$，消掉哪一個無因次參數？
(a) 福勞數
(b) 雷諾數
(c) 史特豪數
(d) 歐拉數
(e) 普朗特數

10-116 在蠕動流中，雷諾數的值通常為何？
(a) $\text{Re} < 1$
(b) $\text{Re} \ll 1$
(c) $\text{Re} > 1$
(d) $\text{Re} \gg 1$
(e) $\text{Re} = 0$

10-117 對於蠕動流，哪一個方程是正確近似納維－斯托克斯方程式的有因次形式？
(a) $\vec{\nabla} P - \rho \vec{g} = 0$
(b) $-\vec{\nabla} P + \mu \vec{\nabla}^2 \vec{V} = 0$
(c) $-\vec{\nabla} P + \rho \vec{g} + \mu \vec{\nabla}^2 \vec{V} = 0$
(d) $\rho \dfrac{D\vec{V}}{Dt} = -\vec{\nabla} P + \rho \vec{g} + \mu \vec{\nabla}^2 \vec{V}$
(e) $\rho \dfrac{D\vec{V}}{Dt} + \vec{\nabla} P - \rho \vec{g} = 0$

10-118 對於流過一個三維物體蠕動流，在物體上的氣動阻力與何者無關？
(a) 速度，V

(b) 流體黏度，μ
(c) 特徵長度，L
(d) 流體密度，ρ
(e) 以上皆非

10-119 考慮一個直徑 65 μm 的球形顆粒，從高海拔的火山落進溫度 $-50°\text{C}$、壓力 55 kPa 的空氣中。空氣的密度為 0.8588 kg/m^3，黏度為 1.474×10^{-5} kg/m·s。顆粒的密度為 1240 kg/m^3。在蠕動流中作用在球體上的阻力為 $F_D = 3\pi\mu V D$。在這個高度，顆粒的終端速度為何？
(a) 0.096 m/s
(b) 0.123 m/s
(c) 0.194 m/s
(d) 0.225 m/s
(e) 0.276 m/s

10-120 對無黏性流動區域，哪一種說法是不正確的？
(a) 慣性的力量是不容忽視的
(b) 壓力是不可忽略的
(c) 雷諾數大
(d) 在邊界層和尾流不適用
(e) 是流體的固體旋轉的一個例子

10-121 在哪一個流動的區域，適用拉普拉斯方程式 $\vec{\nabla}^2 \phi = 0$？
(a) 無旋
(b) 無黏性
(c) 邊界層
(d) 尾流
(e) 蠕動流

10-122 靠近固體壁面的一個黏滯力與旋轉性不能忽略的非常薄區域稱為
(a) 無黏性流區
(b) 無旋流區
(c) 邊界層
(d) 外流區
(e) 蠕動流

10-123 下列哪一個不是邊界層近似可以適用的

流動區域？
(a) 噴流
(b) 無黏性流區
(c) 尾流
(d) 混合層
(e) 靠近固體壁面的薄區

10-124 關於邊界層近似，哪種說法是不正確的？
(a) 雷諾數越高，邊界層越薄
(b) 邊界層近似可適於無剪力層
(c) 邊界層方程為納維–斯托克斯方程式的近似
(d) 表示邊界層厚度 δ 對 x 的函數曲線是一條流線
(e) 邊界層近似為歐拉方程式與納維–斯托克斯方程式間的橋梁

10-125 對於在水平平板上不斷增長的層流邊界層，邊界層厚度 δ 不是下列何者的函數？
(a) 速度，V
(b) 自前緣算起的距離，x
(c) 流體密度，ρ
(d) 流體黏度，μ
(e) 重力加速度，g

10-126 對於沿平板的流動，x 是自前緣算起的距離，邊界層厚度的增長如
(a) x
(b) $\sqrt{x}$
(c) x^2
(d) $1/x$
(e) $1/x^2$

10-127 25°C 的空氣在測試段長 25 cm 的風洞中的以速度 3 m/s 流動。測試段末端的位移厚度為何？(空氣的運動黏度是 1.562×10^{-5} m²/s。)
(a) 0.955 mm
(b) 1.18 mm
(c) 1.33 mm
(d) 1.70 mm
(e) 1.96 mm

10-128 空氣在 25°C 時，以 6 m/s 的速度流過長度為 40 cm 的平板。在平板中心的動量厚度為何？(空氣的運動黏度是 1.562×10^{-5} m²/s。)
(a) 0.479 mm
(b) 0.678 mm
(c) 0.832 mm
(d) 1.08 mm
(e) 1.34 mm

10-129 在 20°C 的水以 1.1 m/s 的速度流過長度為 15 cm 的平板。在平板末端的邊界層厚度為何？(水的密度和黏度分別為 998 kg/m³ 與 1.002×10^3 kg/ m·s。)
(a) 1.14 mm
(b) 1.35 mm
(c) 1.56 mm
(d) 1.82 mm
(e) 2.09 mm

10-130 空氣在 15°C 時以 12 m/s 的速度流過長度為 80 cm 的平板。用紊流的 1/7 冪法則，在平板末端的邊界層厚度為何？(空氣的運動黏度是 1.470×10^{-5} m²/s)
(a) 1.54 cm
(b) 1.89 cm
(c) 2.16 cm
(d) 2.45 cm
(e) 2.82 cm

10-131 空氣在 15°C 時以 10 m/s 的速度流過長度 2 m 的平板。用紊流的 1/7 冪法則，紊流和層流的局部表面摩擦係數的比值為何？(空氣的運動黏度是 1.470×10^{-5} m²/s。)
(a) 1.25
(b) 3.72
(c) 6.31
(d) 8.64

(e) 12.0

設計與小論文題

10-132　解釋為什麼對於中等範圍的雷諾數，速度輪廓圖 10-136 中有一個顯著速度過衝，但對於非常小的 Re 值或非常大的 Re 值卻沒有？

外流場：阻力與升力

Chapter 11

學習目標

讀完本章後，你將能夠

- 對與外流場相關的各種物理現象，諸如阻力、摩擦力及壓力阻力、阻力減低以及升力有一個直觀的認識。
- 計算流體通過常見幾何形狀的流動阻力。
- 明白流體通過圓柱體或球體時流動狀態對阻力係數的影響。
- 了解通過機翼的流動的基本原理，並計算作用於機翼的阻力和升力。

一架波音 767 的尾流打亂積雲的頂部，明顯地出現反向旋轉尾隨旋渦。
Photo by Steve Morris, used by permission.

在這一章我們考慮外流場 —— 即沉浸於流體內的物體周圍的流動，特別強調產生的阻力與升力。在外流場，黏滯效應侷限於像是邊界層與尾流等部分的流場，它們被周圍具有小的速度與溫度梯度的外部流動區域所包圍。

當流體流過固體時，它施加垂直於物體表面的壓力及平行於物體表面的剪應力。我們通常對作用於物體的壓力與剪應力的合力感興趣，而非這些力沿著整個物體表面的詳細分佈。壓力與剪應力的合力沿著流動方向的分量稱為阻力，而垂直流動方向的分量稱為升力。

我們用阻力與升力的討論作為本章的開端，探索壓力阻力、摩擦阻力以及流體分離的概念。我們將繼續討論各種實際遇到的二維及三維幾何形狀的阻力係數，並且由實驗得出的阻力係數來求得阻力。接著驗證平行流過平坦表面的流動的速度邊界層之發展，並且發展出通過平板、圓柱體及球體的流動的表面摩擦與阻力係數的關係式。最後，討論機翼所形成的升力以及影響物體升力的因素。

11-1 導論

流體流過固體在現實中經常發生，它是很多物理現象的起因，像是作用於汽車、輸電線、樹木及水下輸油管的阻力；由鳥類或機翼產生的升力；在強風中、雨、雪、雹及塵粒的向上氣流；紅血球藉由血液流動的輸送；由噴霧器噴出的霧沫所夾帶的液滴；物體在流體中移動所產生的振動與噪聲；風力渦輪機產生的動力 (圖 11-1)。因此，充分地理解外流場對很多工程系統的設計是很重要的，像是飛機、汽車、建築物、船、潛艇及各種渦輪機。例如新型汽車的設計特別強調空氣動力學。這導致燃料消耗與噪音顯著的降低，並且在操作上有相當大的改進。有些時候是流體流過靜止的物體 (例如風吹過建築物)，有些時候則物體移動通過靜止的流體 (例如汽車在空氣中移動)。這兩種看似不同的過程其實是互相等價的；重要的是流體與物體間的相對運動。分析這樣的運動將座標系統固定在物體較為方便，稱為通過物體的流動或外流場流動。例如為了在實驗室中便於對不同飛機機翼的設計作空氣動力學方面的研究，機翼放置在風洞中而用大型風扇將空氣吹向它們。同樣地，流動可以分類成穩態與非穩態，依選取的參考座標而定。例如，飛機巡航時，環繞著飛機的流動相對於地面總是非穩態的，但是相對於一個與飛機一起移動的參考座標，流動則是穩態的。

多數的外流場問題的幾何形狀太複雜以致無法用解析求解，因此我們必須依賴基於實驗數據的相關分析。高速計算機的可用性已使人們有可能藉由統御方程式的數值解法迅速地進行一系列的"數值實驗" (第 15 章)，而昂貴與費時的測試與實驗只有在設計的最後階段才進行。這些測試在風洞中進行。H. F. 飛利浦 (1842-1912) 在 1894 年建造了第一個風洞，並且測量升力與阻力。在這一章我們主要依賴由實驗發展出來的關係式。

流向物體的流體速度稱為自由流速度，記為 V。當流動沿著 x- 軸，它也記作 u_∞ 或 U_∞，因為 u 是用來表示速度的 x- 分量。流體速度的範圍從在物體表面上的零 (無滑移條件) 到遠離物體表面的自由流速度值，下標"無窮大"提示是在一個無法感受到物體的存在的距離的值。自由流速度可以隨位置與時間變動 (例如，風吹過建築物)。但是在設計與分析中，為了方便起見，自由流速度通常假設為均勻的而且是穩態的，這就是在這一章中我們所要做的。

物體的形狀深刻地影響通過物體的流動及速度場。當流體通過的物體非常長，有固定的截面且流動垂直物體時，此流動稱為是**二維的** (two-dimensional)。風垂直於管軸地吹過一條長管就是二維流的一例。注意在這個例子中，軸向的速度分量為零，因此速度是二維的。

第 11 章　外流場：阻力與升力　**665**

(a)　(b)　(c)

(d)　(e)

(f)　(g)

圖 11-1　通過物體的流動在現實中經常遇到。
(a) Royalty-Free/CORBIS; (b) Imagestate Media/John Foxx RF; (c) © IT Stock/age fotostock RF;
(d) Royalty-Free/CORBIS; (e) © StockTrek/Superstock RF;
(f) Royalty-Free/CORBIS; (g) © Roy H. Photography/Getty RF

當物體足夠長使末端點效應可忽略且來流為均勻時，二維理想化才適用。另一種化簡發生在當物體對於在流動方向的某一軸具有旋轉對稱性時。在這種情況的流動也是二維的，稱為軸對稱流。一顆子彈穿過空氣是軸對稱的一個例子。在這種情況下的速度隨著軸向距離 x 與徑向距離 r 而改變 (圖 11-2)。通過物體的流動無法用二維或軸對稱建模者，例如通過汽車的流動，是為三維 (three-dimensional) 流。

通過物體的流動也可以分類為不可壓縮流 (incompressible flow) (例如通過汽車、潛艇及建築物的流動) 與可壓縮流 (例如通過高速飛機、火箭與飛彈的流動)。在低速 (Ma ≲ 0.3 的流動) 時，可壓縮性效應是可忽略的，此等流動可以被當作不可壓縮處理而不失其精確性。可壓縮流在第 12 章討論，而包含具有自由表面的部分沉浸物體的流動超出本書的範圍。

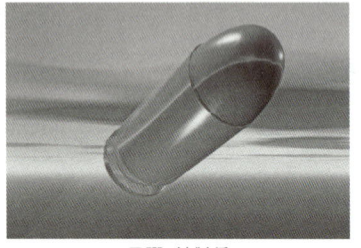

在流動流體中的物體根據它們的整體形狀被分類成流線型與肥型。一個物體的外形如果與流場中所預期的流線相吻合，則稱為流線型。流線型體諸如賽車及飛機顯現出曲線與圓潤。與此不同，物體 (例如建築物) 傾向阻礙流動，稱為肥型 (bluff) 或鈍型。通常驅動流線型形體穿過流體較為容易，因此流線型對車輛與飛機的設計是非常重要的 (圖 11-3)。

11-2 阻力與升力

當物體穿過流體移動，特別是液體，它將遇到某些阻抗，這是大家共有的經驗。如同你所注意到的，在水中步行是相當困難的，因為與空氣相比，它提供運動更大阻力。同樣地，你也許已經看過強風擊倒樹木、輸電線甚至拖車，並且感受過風施加在你身上的強大推力 (圖 11-4)。當你將手臂伸出行駛中的車窗外時，你經歷了相同的感覺。流體會在各個方向施加力與力矩在物體上。流動的流體施加在物體上的力，沿著流動方向的稱作阻力。只要在遭受流體流動的物體裝上校正過的彈簧，並測量在流動方向的位移，就可以直接測得阻力。精緻的阻力測量設備，稱為阻力天平，使用安裝有應變計的撓性樑以電子方式測量阻力。

阻力通常是不希望得到的效應，如同摩擦力，而我們儘量地將它最小化。阻力的減少與下列事物密切相關，例如：汽車、潛艇與飛機的燃料消耗；在強風襲擊下，結構的安全性與耐久性的改良；以及噪聲與振動的消除。但是在某些場合，阻力產生有益的效應而我們嘗試將它最大化。例如摩擦力在汽車的煞車中是"救命者"。同樣的，對於人們跳傘、花粉飛到遙遠的位置，以及大家能享受海洋的波浪與令人放鬆的樹葉飄動，阻力使它們變為可能。

靜止流體只施加正向壓力於沉浸的物體表面。然而，由於黏滯效應引起的無滑移條件，移動的流體同時也施加切向剪應力於表面。通常兩個力均有沿流動方向的分量，因此阻力是由於沿流動方向的壓力與壁面剪應力的組合效應所造成的。沿著垂直流動方向的壓力與壁面剪應力分量傾向於讓物體沿該方向移動，它們的和稱為升力。

圖 11-4　由於阻力的結果，強風擊倒樹木、電線，甚至人。

對於二維流動，壓力與壁面剪應力的合力分解成兩個分量：一個是沿著流動的方向，即阻力；另一個在垂直流動的方向，即升力，如圖 11-5 所示。對於三維的流動，還有一個在垂直頁面方向的側邊力分量，它傾向於讓物體沿該方向移動。

流體的作用力也會產生力矩而使得物體旋轉。繞著流動方向的力矩稱為滾轉力矩，繞著升力方向的力矩稱為偏航力矩，而繞著側邊力的方向的力矩稱為俯仰力距。對於在升力-阻力平面具有對稱性的物體，像是車子、飛機及船，當風力與波浪力的方向與物體縱向對齊時，時間平均的側邊力、偏航力矩與滾轉力矩為零。對這個物體所剩下的只有阻力、升力與俯仰力距。對於與流動方向對齊的軸對稱的物體，像是子彈，流體作用在物體的唯一時間平均的作用力為阻力。

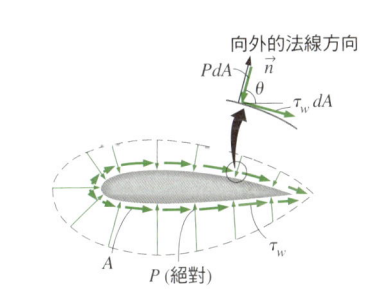

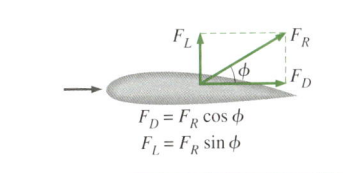

圖 11-5　作用在二維物體的壓力和黏滯力以及升力與阻力的合力。

作用在表面上的一個微分面積 dA 的壓力與剪應力分別為 $P\,dA$ 與 $\tau_w\,dA$。在二維流動中，阻力與升力的微分量為 (圖 11-5)

$$dF_D = -P\,dA\cos\theta + \tau_w\,dA\sin\theta \tag{11-1}$$

與

$$dF_L = -P\,dA\sin\theta - \tau_w\,dA\cos\theta \tag{11-2}$$

其中 θ 為 dA 向外法線於正流動方向的夾角。作用於物體的總阻力與總升力經由式 (11-1) 與 (11-2) 對整個物體表面的積分求得，

668 流體力學

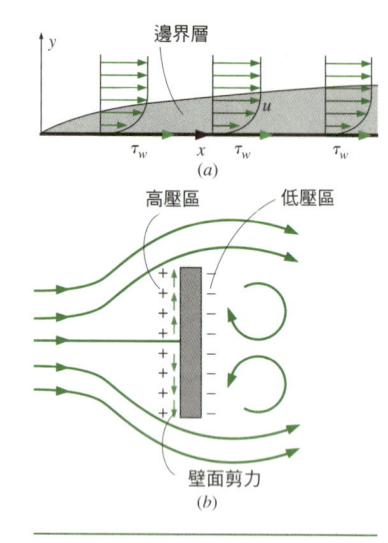

圖 11-6 (*a*) 作用在平行於流動方向的平板的阻力僅與壁面剪力有關。(*b*) 作用於垂直流動方向的平板的阻力僅與壓力有關，與壁面剪力無關，它的作用方向垂直於自由流的流動方向。

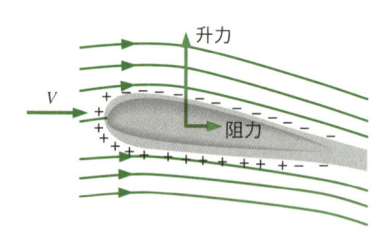

圖 11-7 飛機機翼的形狀和位置是用來在飛行過程中產生足夠的升力，同時保持阻力最小。高於以及低於大氣壓的壓力分別用加號和減號表示。

阻力： $$F_D = \int_A dF_D = \int_A (-P\cos\theta + \tau_w \sin\theta)\, dA \quad (11\text{-}3)$$

以及

升力： $$F_L = \int_A dF_L = -\int_A (P\sin\theta + \tau_w \cos\theta)\, dA \quad (11\text{-}4)$$

當我們用電腦來模擬流動 (第 15 章) 時，這些是用來預測物體上淨阻力與淨升力的方程式。然而，當我們執行實驗分析時，式 (11-3) 與 (11-4) 並不實用，因為壓力與剪應力的詳細分佈很難用測量得到。所幸，這個資訊並不是常常需要的。通常我們需要的是作用在整個物體上的阻力與升力的合力，它可以在風洞中直接地且很簡單地測得。

式 (11-1) 與 (11-2) 顯示通常表面摩擦 (壁面剪力) 與壓力兩者都對阻力與升力有貢獻。在平行流動方向排列的薄平板的特例中，阻力只與壁面剪力有關，而與壓力無關，因為 $\theta = 90°$。然而，當平板放置成與流動垂直的方向，阻力只與壓力有關。而與壁面剪力無關，因為在這種情況下，剪力作用於垂直流動的方向且 $\theta = 0°$ (圖 11-6)。假如平板相對於流動方向傾斜一角度，則阻力與壓力及剪應力兩者均有關。

飛機機翼的形狀與裝配的位置都經特別設計使得在最小的阻力的條件下產生升力。這個可以藉由在飛航時保持某個攻角達到，如圖11-7。我們在本章的後面會討論到，升力與阻力兩者均為攻角的強函數。機翼上下表面間的壓差產生提升機翼向上的作用力，因而提升了連接在機翼的機身。對於像機翼這樣纖細的物體，剪力的作用幾乎平行於流動的方向，因此對升力的貢獻極小。對於這樣纖細物體的阻力大部分是由於剪力 (表面摩擦力) 所致。

阻力與升力與流體的密度 ρ、上游速度 V、物體的尺寸、形狀與指向有關；除此之外，要列出在各種情況下的這些力是不實際的。相反地，使用代表物體阻力與升力特性的適當的無因次參數較為方便。這些參數有 **阻力係數** (drag coefficient) C_D 以及 **升力係數** (lift coefficient) C_L，它們定義為

阻力係數： $$C_D = \frac{F_D}{\frac{1}{2}\rho V^2 A} \quad (11\text{-}5)$$

升力係數：
$$C_L = \frac{F_L}{\frac{1}{2}\rho V^2 A} \tag{11-6}$$

其中 A 通常是物體的迎風面積 (投影於垂直流動方向的平面的面積)。換句話說，A 是一個人順著流體流過來的方向看物體所看到面積。例如，直徑 D 與長度 L 的圓柱體的迎風面積為 $A = LD$。在某些薄物體的升力與阻力的計算中，例如機翼，A 取為平面形狀面積 (planform area)，它是一個人從上方垂直向下看著物體所看到的面積。升力係數與阻力係數主要是物體形狀的函數，但在某些案例中也與雷諾數及表面粗糙有關。式 (11-5) 與 (11-6) 中的 $\frac{1}{2}\rho V^2$ 項是**動壓** (dynamic pressure)。

由於在流動方向的速度邊界層的改變的結果，局部阻力係數與升力係數沿著表面變動。我們通常對整個表面的阻力與升力感興趣，可以用平均阻力係數與升力係數求得。因此，我們提出局部 (用下標 x 識別) 以及平均兩種阻力係數與升力係數的相關式。若已知長度 L 的表面的局部阻力係數與升力係數的關係式，整個表面的平均阻力係數與升力係數可以從下式積分求得

$$C_D = \frac{1}{L}\int_0^L C_{D,x}\,dx \tag{11-7}$$

與

$$C_L = \frac{1}{L}\int_0^L C_{L,x}\,dx \tag{11-8}$$

作用在落體的作用力通常是阻力、浮力與物體的重量。當物體掉進大氣層或湖泊中，起先是在重量的影響下加速。物體的運動受到與運動相反方向的阻力阻擋。隨著物體的速度遞增，阻力也遞增，持續到所有的力互相平衡且作用在物體的淨力 (因而其加速度) 為零。然後在剩下的下落過程，物體的速度保持不變，假如物體的路徑中的流體的性質本質上保持固定不變。這是落體所能達到的最大速度，稱為終端速度 (圖 11-8)。

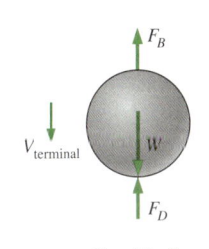

$F_D = W - F_B$
(無加速度)

圖 11-8 在自由下落過程中，當阻力等於物體重量減去浮力時，物體到達其終端速度。

例題 11-1　測量車子的阻力係數

在 1 atm、20°C 與 95 km/h 的設計條件下，車子的阻力係數以全尺寸試驗的方式在大型風洞中測得 (圖 11-9)。車子的迎風面積為 2.07 m^2。假如作用在車子在流動方向的作用力經測量為 300 N，求這部車子的阻力係數。

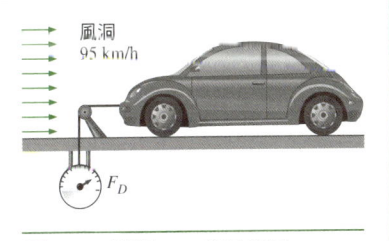

圖 11-9 例題 11-1 的示意圖。

解答：作用在車子上的阻力在風洞中被測得。在測試條件的車子的阻力係數將被決定。
假設：1. 空氣的流動是穩態且不可壓縮的。**2.** 風洞的截面積大到可以用來模擬通過車子的自由流。**3.** 風洞底部也以空氣速率移動，以近似真實的駕駛條件或者是這個效應是可忽略的。
性質：在 1 atm 與 20°C 時空氣的密度為 $\rho = 1.204 \text{ kg/m}^3$。
分析：作用於物體的阻力與阻力係數由下式給出，

$$F_D = C_D A \frac{\rho V^2}{2} \quad 與 \quad C_D = \frac{2 F_D}{\rho A V^2}$$

其中 A 為迎風面積。替換並注意 1 m/s = 3.6 km/h，車子的阻力係數被確定為

$$C_D = \frac{2 \times (300 \text{ N})}{(1.204 \text{ kg/m}^3)(2.07 \text{ m}^2)(95/3.6 \text{ m/s})^2} \left(\frac{1 \text{ kg·m/s}^2}{1 \text{ N}} \right) = 0.35$$

討論：注意阻力係數與設計條件有關，在不同的條件，例如雷諾數，其值可能會有所差異。因此已發表的不同車輛的阻力係數，只有在動力相似條件下求得，或是雷諾數獨立性被證實 (第 7 章) 的條件下作比較才有意義。這顯示發展標準測試步驟的重要性。

11-3 摩擦與壓力阻力

如 11-2 節所提過的，阻力是流體施加在物體上的壁面剪力與壓力的組合效應而產生在流動方向的淨力。分離這兩種效應並分別加以研究通常是具有啟發性的。

直接由壁面剪應力 τ_w 所造成的這部分阻力稱為**表面摩擦阻力** (skin friction drag，或只稱摩擦阻力 $F_{D,\text{ friction}}$)，因為它是由摩擦效應所導致的；而直接由壓力 P 所造成的部分稱為**壓力阻力** (pressure drag，$F_{D,\text{ pressure}}$，也稱作形狀阻力，因為它對物體形狀有強烈相依性)。摩擦係數與壓力阻力係數定義為

$$C_{D,\text{ friction}} = \frac{F_{D,\text{ friction}}}{\frac{1}{2}\rho V^2 A} \quad 與 \quad C_{D,\text{ pressure}} = \frac{F_{D,\text{ pressure}}}{\frac{1}{2}\rho V^2 A} \qquad (11\text{-}9)$$

當摩擦與壓力阻力係數 (基於相同的面積 A) 是已知時，只要將它們相加，總阻力係數或阻力即可求得

$$C_D = C_{D,\text{ friction}} + C_{D,\text{ pressure}} \quad 與 \quad F_D = F_{D,\text{ friction}} + F_{D,\text{ pressure}} \qquad (11\text{-}10)$$

摩擦阻力為壁面剪力在流動方向的分量，因此它與物體的指向及壁面剪應力 τ_w 的大小有關。對於垂直流動方向的平面，摩擦阻力為零，而對於平行流動方向的平面，摩擦阻力為最大值，因為在這個情況下，摩擦阻力等於表面上的總剪力。因此，對於流過平面的平行流，阻力係數等於摩擦阻力係數，或簡稱摩擦係數。摩

擦阻力是黏度的強函數，隨著黏度增加而遞增。

雷諾數反比於流體的黏度。因此，對於鈍體，在高雷諾數時摩擦阻力對總阻力的貢獻較小，並且在非常高的雷諾數時是可忽略的，在這種情況下的阻力大部分來自壓力阻力。在低雷諾數時，大部分的阻力來自摩擦阻力。對於像機翼這樣的高度流線型物體更是如此。摩擦阻力也正比於表面積。因此，有較大表面積的物體感受到較大的摩擦阻力。例如大型的商業客機在到達節省燃料的巡航高度時，藉由收回自身的機翼的延伸以減少總表面積，因而減少其阻力。在層流中，摩擦阻力係數與表面粗糙度無關，但在紊流中，它是表面粗糙度的強函數，因為表面粗糙元素更深層地伸入邊界層。摩擦阻力係數類比於第8章所討論的管流中的摩擦因子，其值與流動區域有關。

壓力阻力正比於迎風面積以及作用於浸水體的前後面間的壓差。因此，壓力阻力通常對鈍體起主導作用，對諸如機翼的流線型物體壓力阻力較小，對平行流動方向的薄平板而言，壓力阻力為零 (圖 11-10)。當流體的速度太高使得流體無法跟隨物體的曲率，因而流體在某一點自物體分離，並且在後端產生一個非常低壓的區域時，壓力阻力變得最顯著。 在這種情況下的壓力阻力是由於物體前後邊的巨大壓力差所產生的。

用流線型降低阻力

我們想到的第一個減少阻力的念頭是將物體流線化以便減少流動分離，因而降低壓力阻力。甚至連汽車銷售人員都能迅速地指出他們汽車的低阻力係數是由於流線型。但是流線化對於壓力與摩擦阻力有相反的效果，它藉由延遲邊界層分離來降低壓力阻力，因而減少物體前後的壓差，然而因為增加了表面積而增加摩擦阻力，最終結果有賴於哪一種效應主導。因此，任何對降低物體阻力的最佳化研究必須考慮到兩種效應，並且必須試圖將兩者之和最小化，如圖 11-11 所示。對於顯示在圖 11-11 的例子而言，總阻力的最小值發生在 $D/L = 0.25$。對於與圖 11-11 的流線型有相同厚度的圓柱體的情形，阻力係數增為 5 倍。因此藉由適當的整流罩使用，圓柱形元件的阻力可以減少接近五分之一。

流線化對阻力係數的影響的最好的說明是考慮不同長寬比 D/L 的長橢圓柱，其中 L 為流動方向的長度，D 為厚度，如

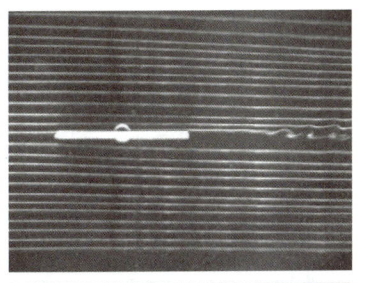

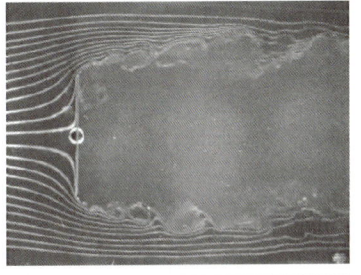

圖 11-10 對於平行於流動方向的平板，阻力完全來自於摩擦阻力；對於垂直於流動方向的平板，阻力完全來自於壓力阻力；對於垂直於流動方向的圓柱體，阻力來自於兩者。平行平板的總阻力係數 C_D 是最低的，垂直平板最高，圓柱體位兩者之間 (但接近於垂直的平板)。
From G. M. Homsy, et al. (2004).

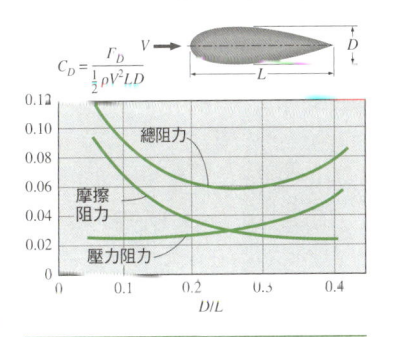

圖 11-11 不同厚弦比的二維流線型支柱在 $Re = 4 \times 10^4$ 時的摩擦，壓力及總阻力係數的變化。注意機翼及其它薄的物體的 C_D 是基於平面形狀面積，而非迎風面積。
Data from Abbott and von Doenhoff (1959).

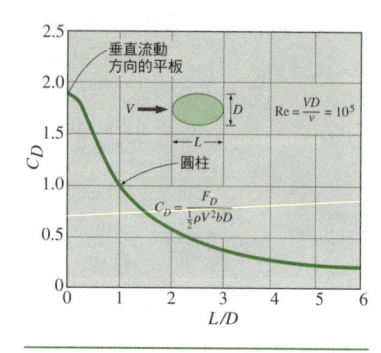

圖 11-12 不同長寬比的長橢圓形圓柱體的阻力係數的變化。這裡的 C_D 是基於迎風面積的 bD，其中 b 是物體寬度。
Data from Blevins (1984).

圖 11-12 所示。注意當橢圓變得更纖細，阻力係數很急劇地遞減。對於 $L/D = 1$ 的特殊情形 (圓柱)，在這個雷諾數，阻力係數為 $C_D \cong 1$。當長寬比遞減，橢圓柱像一片平板，垂直流動方向的平板所得之阻力係數增加到 1.9。注意曲線在長寬比約大於 4 時變得幾乎平坦。因此，對已知直徑 D，長寬比約為 $L/D \cong 4$ 的橢圓形通常提供一個介於總阻力係數與長度間的妥協。在高長寬比的阻力係數的減少，主要是由於邊界層保持附著於表面更遠，以及隨之而生的壓力復原。在長寬比為 4 或大於 4 的橢圓柱上的壓力阻力是可忽略的 (在這個雷諾數下小於總阻力的 2%)。

當藉由壓扁使橢圓柱的長寬比增加 (即減少 D 而保持 L 不變)，阻力係數開始遞增，當 $L/D \to \infty$ (即當橢圓變成像一片平行流體的平板) 時，阻力係數趨近於無窮大。這是因為迎風面積，它出現在 C_D 的定義中的分母，趨近於零。這並不表示當物體變平坦時，阻力劇烈地增加 (事實上阻力遞減)。這顯示對於像機翼與平板等細長的物體，迎風面積不適用於阻力的關係式。在此等情況，阻力係數定義在平面形狀面積的基礎上，它是平行流動方向的平板的某一個面 (頂面或底面) 的表面積。這是相當恰當的，因為對於細長的物體，阻力幾乎全部起因於正比於表面積的摩擦阻力。

流線化具有減少振動和噪音的額外好處。只有處在真正可能發生流體分離的高速流體流動中 (因而高雷諾數) 的鈍體才應該考慮流線化。通常處於第 10 章所討論過的低雷諾數流 (例如 Re < 1 的蠕動流) 的物體是不需要的，因為在那些案例中，阻力幾乎完全起因於摩擦阻力，流線化將只會增加增加表面積與總阻力。因此，草率地流線化事實上可能增加阻力而不是降低阻力。

流動分離

當在鄉村道路行駛，在急轉彎處放慢以避免被拋出道路是一種常見的安全措施。很多司機經過千辛萬苦終於學到以過高的速度在彎曲的道路行駛時，車子難以順從。我們可以把這種現象視為從道路上的"車子的分離"。當快速行駛的車輛躍過山丘時，也可以觀察到這種現象。在低速時，車輛的車輪總是保持與路面接觸；但在高速時，車輛太快，以致無法沿著道路的曲率行進並且飛離山丘，失去與路面的接觸。

當強迫流體以高速流過彎曲表面時，流體也有相同的行為。流體沿著彎曲表面的前部流動沒有問題，但是在到了後側，它已經難以保持附著在表面。在足夠高的速度，流體從物

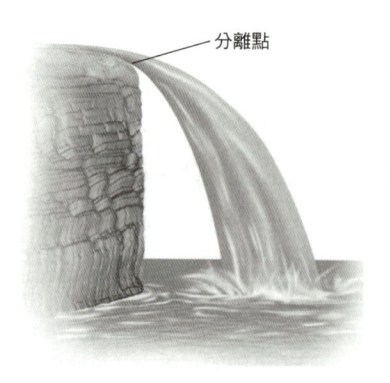

圖 11-13 瀑布的流動分離。

體的表面自行分離。這稱為**流動分離** (flow separation) (圖 11-13)。即使這個表面完全淹沒在液體中或沉浸在氣體中，流動也可以從表面分離 (圖 11-14)。分離點的位置取決於幾個因素，如雷諾數、表面粗糙度和在自由流的擾動程度，除非有尖角或固體表面的形狀有突兀的改變，但通常難以準確地預測會在哪裡發生分離。

當流體從物體分離出來，在物體和流體流之間形成了分離區域。這個在物體後方發生再循環和回流的低壓區域被稱為**分離區** (separated region)。分離區越大，壓力阻力就越大。流動分離的效應在較遠的下游以降低速度的形式被感應到 (相對於上游的速度)。尾隨於物體感應到物體對速度的影響的流動區域稱為**尾流** (wake) (圖 11-15)。分離區域終止於兩道液流重新連接。因此，分離區是一個封閉的體積，而尾流在物體後方繼續增長，直到在尾流區的流體重新獲得其速度並且速度輪廓再次變得幾乎平坦。黏滯效應與旋轉效應在邊界層、分離區及尾流區最為顯著。

分離的發生不限於鈍體。整個背面的完全分離，也可能發生在一個流線型物體，如處於足夠大的**攻角** (angle of attack) (對大多數機翼而言約大於15°) 的飛機機翼，它是流過來的流體與機翼的**弦** (chord，連接鼻端與後緣的直線) 的夾角。在機翼上表面的流動分離急劇地減弱升力，並且可能導致飛機**失速** (stall)。許多飛機事故與渦輪機的效率損失被歸咎於失速 (圖 11-16)。

注意，阻力和升力強烈依賴於物體的形狀，任何引起形狀改變的效應對阻力和升力都有深遠的影響。例如在飛機機翼上的積雪和結冰會改變翅膀的形狀，足以造成顯著的升力損失。這一現象已引起許多飛機喪失高度而墜毀，以及許多飛機中止起飛。因此，在惡劣天氣下，起飛前檢查堆積在飛機關鍵元件的冰或雪已成為例行的安全措施，這對於因為擁擠的交通起飛前已經在跑道等待了很長時間的飛機尤其重要。

流動分離的一個重要後果是在尾流區稱為**旋渦** (vortices) 的循環液體結構的形成與脫落。這些旋渦在下游週期性的產生，稱為**渦旋洩離** (vortex shedding)。這種現象通常發生在 Re ≳ 90，垂直流過長圓柱體或球體的流動。如果旋渦的頻率接

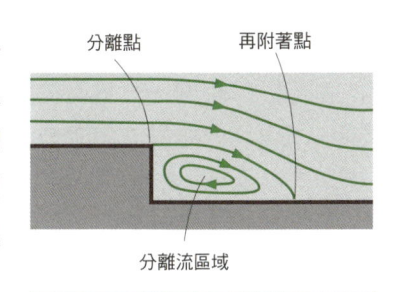

圖 11-14 沿著壁面流過後向台階的流動分離。

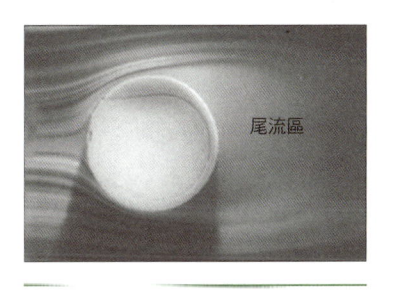

圖 11-15 流過一個網球的流動分離與尾流。
Courtesy NASA and Cislunar Aerospace, Inc.

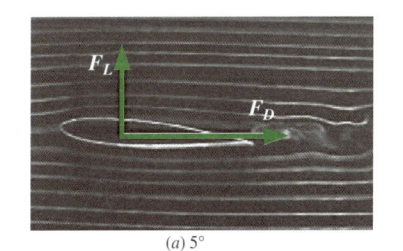

(a) 5°

(b) 15°

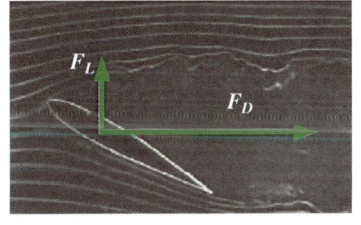

(c) 30°

圖 11-16 在大攻角 (通常大於15°)，流場會從機翼的頂面上完全分離，急劇地降低升力，並且造成機翼失速。
From G. M. Homsy, et al. (2004).

近物體的自然頻率,由靠近物體的旋渦所產生的振動會導致物體產生共振到危險的程度 —— 這是在設計像飛機的機翼、處於穩定強風中的吊橋等受制於高速流體流動的設備必須避免的狀況。

11-4 常見幾何形狀的阻力係數

阻力的概念在日常生活中有重要的影響,而自然和人造物體的阻力行為特徵由典型操作條件下測得的阻力係數所描繪。雖然阻力是由兩種不同的效應 (摩擦力和壓力) 產生,但要個別測定它們通常是很困難的。此外,在大多數情況下,我們感興趣的是總阻力,而不是個別的阻力分量,因此通常報告的是總阻力係數。阻力係數的測定一直是許多研究的主題 (主要是實驗的),僅就任何實際感興趣的幾何形狀而言,就有大量的阻力係數數據在文獻中。

通常阻力係數取決於雷諾數,特別是低於大約 10^4 的雷諾數。在較高的雷諾數,多數幾何形狀的阻力係數基本上保持恆定 (圖 11-17)。這是由於在高雷諾數的流動變成完全紊流所致。然而,對於像是圓柱體與球體這樣的圓滑物體並非如此,我們在本節後面會討論到。發表的阻力係數通常只適用於在高雷諾數的流動。

阻力係數在低雷諾數區 (蠕動流)、中雷諾數區 (層流),以及高雷諾數區 (紊流) 表現出不同的行為。在低雷諾數 (Re ≲ 1) 流動中慣性效應可以忽略不計,稱為蠕動流 (第 10 章),流體滑順地盤繞物體。在這種情況下,阻力係數反比於雷諾數,針對

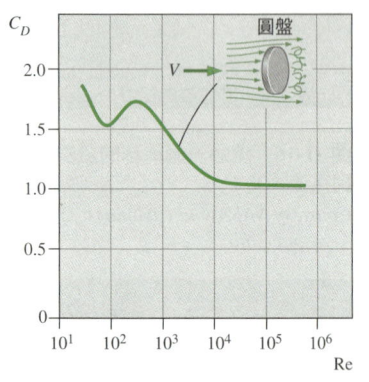

圖 11-17 雷諾數超過 10^4,對於大多數的幾何形狀 (但不是全部) 的阻力係數基本上保持恆定。

球體以下式確定:

球: $$C_D = \frac{24}{\text{Re}} \qquad (\text{Re} \lesssim 1) \qquad (11\text{-}11)$$

那麼在低雷諾數作用於球形物體的阻力變成

$$F_D = C_D A \frac{\rho V^2}{2} = \frac{24}{\text{Re}} A \frac{\rho V^2}{2} = \frac{24}{\rho V D/\mu} \frac{\pi D^2}{4} \frac{\rho V^2}{2} = 3\pi\mu V D \qquad (11\text{-}12)$$

稱為**斯托克斯定律** (Stokes law),紀念英國數學家和物理學家 G. G. 斯托克斯 (1819-1903)。這個關係式表明,在非常低的雷諾數下,作用於球形物體的阻力正比於直徑、速度及流體的黏度。這個關係式通常適用於空氣中的灰塵顆粒以及在水中的懸浮固

圖 11-18 在低雷諾數的阻力係數 C_D (Re ≲ 1 其中,Re = VD/ν 和 $A = \pi D^2/4$)。

球 $C_D = 24/\text{Re}$
半球 $C_D = 22.2/\text{Re}$
圓盤 (垂直於流動) $C_D = 20.4/\text{Re}$
圓盤 (平行於流動) $C_D = 13.6/\text{Re}$

表 11-1 各種二維物體的阻力係數 C_D，在 Re $> 10^4$ 之下且以迎風面積 $A = bD$ 為基準，其中 b 是垂直於頁面方向的長度 (用在阻力關係式 $F_D = C_D A \rho V^2 / 2$，其中 V 為上游流速)

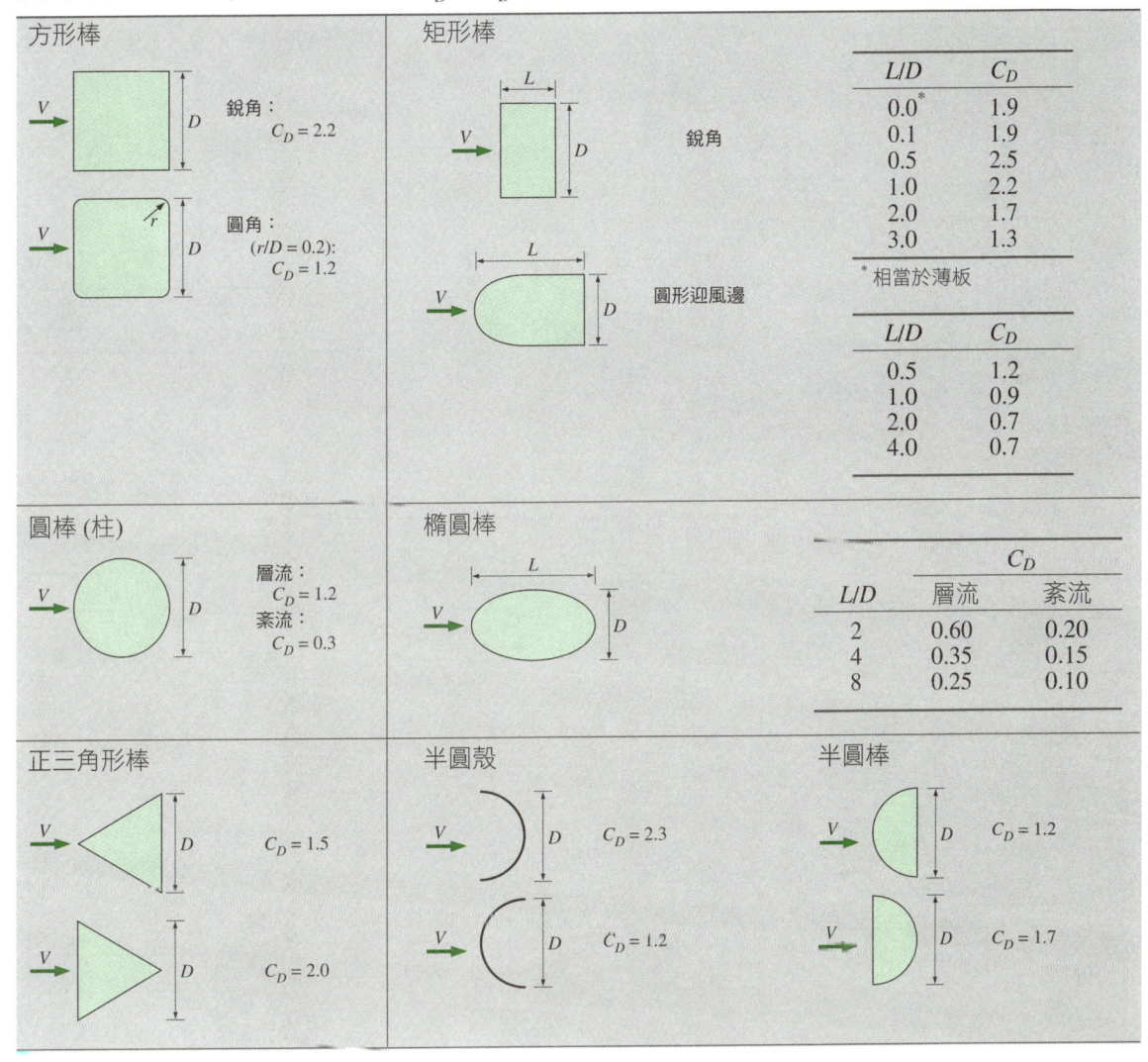

方形棒		矩形棒				
銳角：$C_D = 2.2$		銳角		L/D		C_D
				0.0*		1.9
				0.1		1.9
圓角：($r/D = 0.2$)：$C_D = 1.2$		圓形迎風邊		0.5		2.5
				1.0		2.2
				2.0		1.7
				3.0		1.3
				*相當於薄板		
				L/D		C_D
				0.5		1.2
				1.0		0.9
				2.0		0.7
				4.0		0.7

圓棒（柱）		橢圓棒				
層流：$C_D = 1.2$						C_D
紊流：$C_D = 0.3$				L/D	層流	紊流
				2	0.60	0.20
				4	0.35	0.15
				8	0.25	0.10

正三角形棒	半圓殼	半圓棒
$C_D = 1.5$	$C_D = 2.3$	$C_D = 1.2$
$C_D = 2.0$	$C_D = 1.2$	$C_D = 1.7$

體顆粒。

在圖 11-18 給出通過一些其它的幾何結構的低雷諾數流動的阻力係數。注意在低雷諾數，物體的形狀對阻力係數不具有太大的影響。

表 11-1 和 11-2 給出各種二維與三維物體在高雷諾數時的阻力係數。從這些表中，我們對在高雷諾數的阻力係數做了幾個觀察。首先，物體相對於流動的方向對阻力係數有很大的影響。例如對通過半球的流動，當球面側面向流動，阻力係數為 0.4，但當平面側面向流動時它增加了三倍到 1.2 (圖 11-19)。

Re $> 10^4$，兩個不同的指向的半球

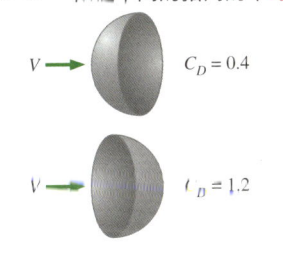

$C_D = 0.4$

$C_D = 1.2$

圖 11-19 改變物體相對於流動方向的指向 (因而形狀也跟著改變) 會使物體的阻力係數急劇地變化。

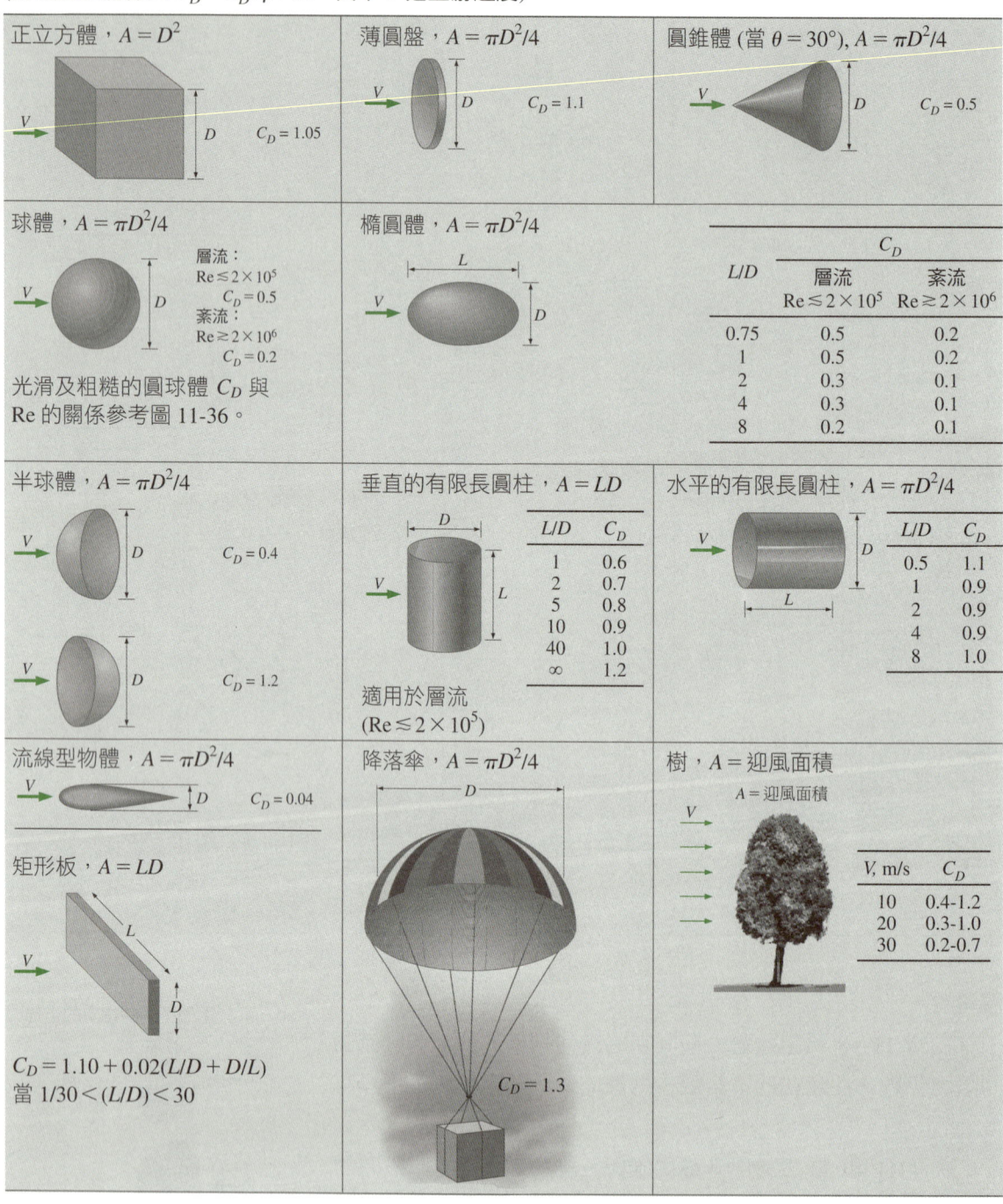

表 11-2 除非另有說明，否則各種代表性三維物體的阻力係數 C_D，在 $Re > 10^4$ 且以迎風面積為基準（用在阻力關係式 $F_D = C_D A \rho V^2/2$，其中 V 是上游速度）

正立方體，$A = D^2$
$C_D = 1.05$

薄圓盤，$A = \pi D^2/4$
$C_D = 1.1$

圓錐體（當 $\theta = 30°$），$A = \pi D^2/4$
$C_D = 0.5$

球體，$A = \pi D^2/4$
層流：$Re \leq 2 \times 10^5$，$C_D = 0.5$
紊流：$Re \geq 2 \times 10^6$，$C_D = 0.2$

光滑及粗糙的圓球體 C_D 與 Re 的關係參考圖 11-36。

橢圓體，$A = \pi D^2/4$

L/D	層流 $Re \leq 2 \times 10^5$	紊流 $Re \geq 2 \times 10^6$
0.75	0.5	0.2
1	0.5	0.2
2	0.3	0.1
4	0.3	0.1
8	0.2	0.1

半球體，$A = \pi D^2/4$
$C_D = 0.4$
$C_D = 1.2$

垂直的有限長圓柱，$A = LD$

L/D	C_D
1	0.6
2	0.7
5	0.8
10	0.9
40	1.0
∞	1.2

適用於層流（$Re \leq 2 \times 10^5$）

水平的有限長圓柱，$A = \pi D^2/4$

L/D	C_D
0.5	1.1
1	0.9
2	0.9
4	0.9
8	1.0

流線型物體，$A = \pi D^2/4$
$C_D = 0.04$

矩形板，$A = LD$
$C_D = 1.10 + 0.02(L/D + D/L)$
當 $1/30 < (L/D) < 30$

降落傘，$A = \pi D^2/4$
$C_D = 1.3$

樹，$A = $ 迎風面積

V, m/s	C_D
10	0.4-1.2
20	0.3-1.0
30	0.2-0.7

表 11-2 除非另有說明，否則各種代表性三維物體的阻力係數 C_D，在 $Re > 10^4$ 且以迎風面積為基準 (用在阻力關係式 $F_D = C_D A \rho V^2/2$，其中 V 是上游速度) (續)

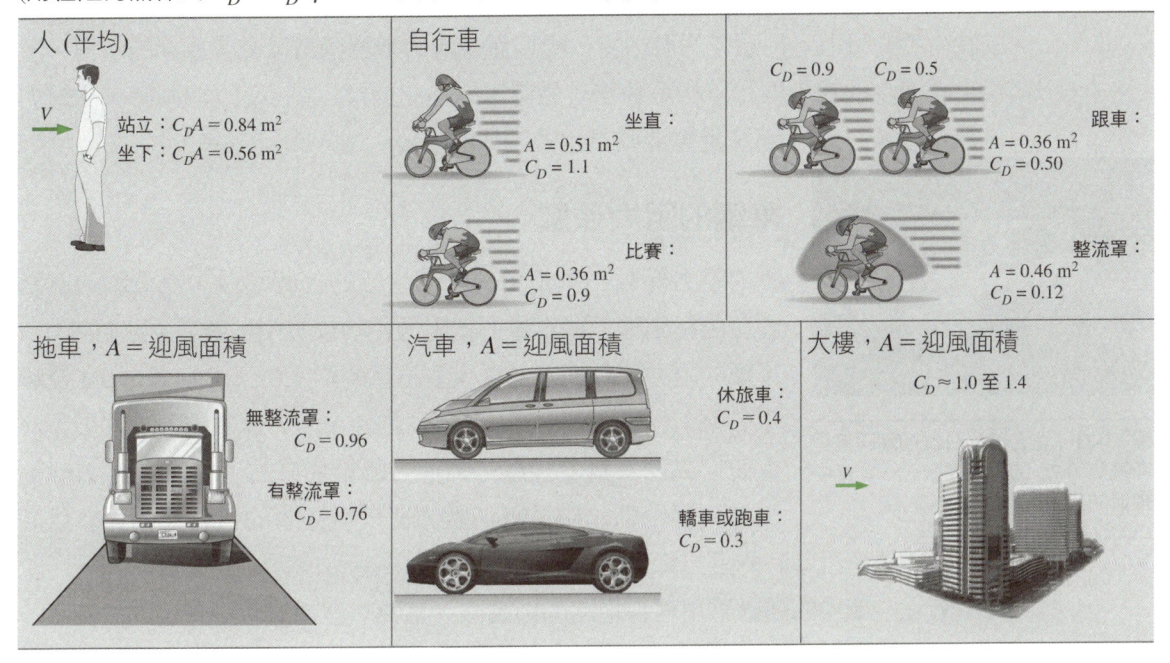

人 (平均)	自行車	
站立：$C_D A = 0.84 \text{ m}^2$ 坐下：$C_D A = 0.56 \text{ m}^2$	坐直：$A = 0.51 \text{ m}^2$, $C_D = 1.1$ 比賽：$A = 0.36 \text{ m}^2$, $C_D = 0.9$	$C_D = 0.9$　$C_D = 0.5$ 跟車：$A = 0.36 \text{ m}^2$, $C_D = 0.50$ 整流罩：$A = 0.46 \text{ m}^2$, $C_D = 0.12$
拖車，$A =$ 迎風面積	汽車，$A =$ 迎風面積	大樓，$A =$ 迎風面積
無整流罩：$C_D = 0.96$ 有整流罩：$C_D = 0.76$	休旅車：$C_D = 0.4$ 轎車或跑車：$C_D = 0.3$	$C_D \approx 1.0$ 至 1.4

對於有銳角的鈍體，如流過矩形塊或平板垂直於流動，分離發生在正面和背面的邊緣，沒有顯著流動特性的改變。因此，這些物體的阻力係數幾乎是與雷諾數無關。需要注意的是，長矩形桿的阻力係數經過圓角處理從 2.2 至 1.2，幾乎減少了一半。

生物系統與阻力

阻力的概念對生物系統也產生重要影響。例如，魚類，尤其對於那些能在長距離游得很快的 (如海豚)，身體高度流線化以減少阻力 (海豚基於其溼潤表皮面積的阻力係數約 0.0035，相當於一個在紊流中平板的值)。因此，我們模仿大型魚類建造潛艇不足為奇。在另一方面，迷人美麗且優雅的熱帶魚，只能游短距離而已。顯然在他們的設計中，主要考量的是優雅而非高速度與阻力。鳥類飛行時藉由向前伸展牠們的喙，以及向後摺疊牠們的腳來減少阻力為我們上了一課 (圖11-20)。飛機看起來有點像大型鳥類，起飛後縮回機輪以減少阻力與燃料消耗。透過改變形狀，植物的柔性結構使它們能夠在強風中減少阻力。例如大扁葉在強風下蜷縮成低阻力的圓錐狀，而樹枝集群成簇以減少阻力。柔韌的樹幹在風的作用下彎曲，以減少阻力並藉由減小迎風面積來降低彎曲力矩。

圖 11-20 在降低阻力上，鳥類飛行時向前延伸的喙以及向後摺疊的腳為我們上了一課。
Photodisc/Getty Images

678 流體力學

如果觀看奧運比賽，你可能已經觀察到有很多由選手刻意努力以減少阻力。一些例子：在百米賽跑中，跑者保持手指併攏與筆直，並且移動手平行於運動方向，以減少手的阻力；長頭髮的游泳者，用緊而光滑的頭罩搗頭以減少頭部的阻力，還穿合身連身泳衣；馬和自行車騎士身體儘可能地向前傾以減少阻力(同時減少阻力係數和迎風面積)；競速滑雪運動員也做同樣的事情。

車輛的阻力係數

阻力係數一詞常用於日常生活的各個領域。汽車製造商試圖藉由指出他們的汽車的低阻力係數以吸引消費者(圖 11-21)。車輛的阻力係數範圍為從大型拖車的約 1.0 到休旅車的 0.4 及轎車的 0.3。在一般情況下，車輛越鈍，阻力係數越高。安裝整流罩使迎風面更具流線型，降低了聯結拖車的阻力係數約 20%。一個經驗法則，由於降低阻力使燃料節省的百分比約等於以高速公路的速率行駛時的阻力降低百分比的一半。

圖 11-21 這台時尚外觀的豐田普銳斯擁有 0.26 的阻力係數 — 客車中最低的其中一款。
Courtesy Toyota.

若在空氣中的運動不用理會道路的影響時，車輛的理想形狀是基本的淚滴狀，在紊流的情況下，阻力係數約 0.1。但是這種形狀需要被修改以適應多種必要的外部元件，如車輪、後視鏡、車軸和門把。另外，車輛必須足夠高以感覺舒適，而且必須與道路有最小的空隙。此外，車輛不能太長以致無法開入車庫與停車位。控制材料與製造成本需要最小化，或消除任何不能被利用的"死"體積。其結果是，形狀變得類似一個箱子而非淚滴，這就是早期在 1920 年代汽車的形狀，阻力係數約 0.8。在那個時候，這不是問題，因為速度低、燃油便宜，阻力不是主要的設計考量。

由於對金屬成形製造技術的改良，與更注重車子的外形及流線化的結果，車子的平均阻力係數在 1940 年代降至約 0.70、1970 年代 0.55、1980 年代 0.45，以及 1990 年代 0.30 (圖 11-22)。精心打造的賽車的阻力係數約 0.2，但這是將駕駛的舒適性列為次要考慮之後才實現的。注意 C_D 的理論下限約為 0.1，而賽車的值是 0.2，看來對於客車的阻力係數從現在約 0.3 的值作進一步改善只有一點點空間。例如，馬自達 3 的阻力係數為 0.29。對於卡車和公共汽車，可以進一步在保持相同的車輛總長度的條件下，藉由最佳化的前後外型 (例如使它變得圓滑) 將阻力係數降低到實用的程度。

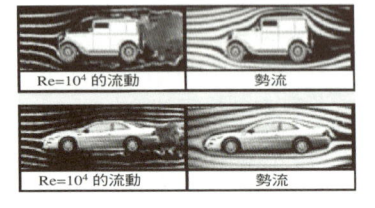

圖 11-22 除了靠近後端之外，空氣動力學設計的時髦汽車周圍的流線酷似在理想的勢流場中圍繞汽車的流線 (假設摩擦力可以忽略不計)，導致低的阻力係數。
From G. M. Homsy, et al. (2004).

當以一個群體行進時，一個暗中減少阻力的方式是**跟車** (drafting) 作用，此為自行車車手和賽車選手熟知的現象，它涉及從後面靠近移動物體並被牽引進入物體後方的低壓力區。例如，自行車選手的阻力係數，藉由跟車作用可從 0.9 降低到

0.5 (表 11-2)，同時如圖 11-23 所示。

作為一個謹慎的駕駛，我們還可以幫助降低車輛的總阻力，因而節省燃料消耗。例如，阻力正比於速度的平方。因此，行駛速度超過高速公路的速限不僅增加獲得超速罰單或發生意外的機會，同時也會增加單位哩程的燃料消耗量。因此，以中等速度駕駛是安全且經濟的。而且從車上伸出任何東西，就算是一隻手臂，都會增加阻力係數。駕駛時搖下車窗也會增加阻力及燃料消耗。以高速公路上的速率行駛，在炎熱的天氣裡使用空調往往要比搖下車窗節省燃料。對於許多低阻力的汽車，經由打開車窗所產生的紊流與額外的阻力比空調機消耗更多的燃料，但是高阻力的車輛就不是如此了。

圖 11-23 緊跟在其它物體後面移動的物體的阻力係數由於跟車作用而降低頗多 (即進入前面的物體所產生的低壓力區域)。
Getty Images

線性疊加

在現實中遇到的許多物體的形狀不是簡單的，但這樣的物體在阻力的計算上可以方便地將它們視為由兩個或多個簡單的物體所構成。例如，安裝於屋頂上有一個圓柱棒的衛星碟型天線，可以被看成是一個半球體與圓柱體的組合。於是，物體的阻力係數可以近似地藉由使用**線性疊加** (superposition) 來確定。這樣的過分簡單化並沒有考慮到組件彼此的影響，因而所得到的結果應進行相對應的解釋。

例題 11-2　迎風面積對汽車燃油效率的影響

提高車輛的燃料效率的兩種常用方法是，降低阻力係數，以及車輛的迎風面積。考慮一輛寬度 (W) 及高度 (H) 分別為 1.85 m 和 1.70 m 的車子 (圖 11-24)，其阻力係數為 0.30。求由於車子的高度低至 1.55 m 而寬度保持不變的結果，每年節省的燃料量與金錢。假設車輛一年以 95 km/h 的平均速度行駛 18,000 km。汽油的密度和價格分別取 0.74 kg/L 及 \$0.95/L。空氣的密度取為 1.20 kg/m³，汽油的熱值為 44,000 kJ/kg，且汽車的動力傳動系統的總效率為 30%。

圖 11-24 例題 11-2 的示意圖。

解答： 汽車的迎風面積經由重新設計而減少，欲求所造成的每年燃料和金錢節省。

假設： 1. 車輛以平均車速 95 km/h，一年行駛 18,000 km。2. 迎風面積的減少對阻力係數的影響是可以忽略的。

性質： 已知空氣和汽油的密度分別為 1.20 kg/m³ 與 0.74 kg/L。汽油的熱值為 44,000 kJ/kg。

分析： 作用在物體上的阻力是

$$F_D = C_D A \frac{\rho V^2}{2}$$

其中 A 為物體的迎風面積。重新設計前，作用於汽車的阻力為

$$F_D = 0.3(1.85 \times 1.70 \text{ m}^2) \frac{(1.20 \text{ kg/m}^3)(95 \text{ km/h})^2}{2} \left(\frac{1 \text{ m/s}}{3.6 \text{ km/h}}\right)^2 \left(\frac{1 \text{ N}}{1 \text{ kg·m/s}^2}\right)$$

$$= 394 \text{ N}$$

注意，功為作用力乘上距離，對於 18,000 km 的距離，克服這個阻力的作功量與所需的能量輸入是

$$W_{\text{drag}} = F_D L = (394 \text{ N})(18{,}000 \text{ km/年})\left(\frac{1000 \text{ m}}{1 \text{ km}}\right)\left(\frac{1 \text{ kJ}}{1000 \text{ N·m}}\right)$$

$$= 7.092 \times 10^6 \text{ kJ/年})$$

$$E_{\text{in}} = \frac{W_{\text{drag}}}{\eta_{\text{car}}} = \frac{7.092 \times 10^6 \text{ kJ/年}}{0.30} = 2.364 \times 10^7 \text{ kJ/年})$$

供應這麼多的能量的燃料量與價格為

$$\text{燃料量} = \frac{m_{\text{fuel}}}{\rho_{\text{fuel}}} = \frac{E_{\text{in}}/\text{HV}}{\rho_{\text{fuel}}} = \frac{(2.364 \times 10^7 \text{ kJ/year})/(44{,}000 \text{ kJ/kg})}{0.74 \text{ kg/L}}$$

$$= 726 \text{ L/年}$$

$$\text{成本} = (\text{燃料量})(\text{單價}) = (726 \text{ L/年})(\$0.95/\text{L}) = \$690/\text{年}$$

也就是說，這部車子每年使用 730 L 的汽油大約 $690 的總成本來克服阻力。
阻力與克服它所作的功直接正比於迎風面積。於是，由於減小迎風面積因而在燃料消耗上減少的百分比等於迎風面積減少的百分比：

$$\text{減少比率} = \frac{A - A_{\text{new}}}{A} = \frac{H - H_{\text{new}}}{H} = \frac{1.70 - 1.55}{1.70} = 0.0882$$

$$\text{減少量} = (\text{減少比率})(\text{總量})$$

$$\text{燃料減少} = 0.0882(726 \text{ L/年}) = \textbf{64 L/年}$$

$$\text{成本降低} = (\text{減少比率})(\text{成本}) = 0.0882 \,(\$690/\text{年}) = \textbf{\$61/年}$$

因此，降低了汽車的高度由於阻力少掉近 9% 因而降低了燃料消耗。

討論：答案給到 2 位有效數字。本例題證明，顯著的阻力和燃料消耗的減少可以透過降低車輛的迎風面積來實現。

  例題 11-2 指出，為了減少氣動阻力而投入大量努力到重新設計汽車的各種部件，諸如窗戶鑄模、車門處理、擋風玻璃及前端和後端。對於汽車在水平路面以等速度運動，引擎所產生的功率用以克服滾動阻力、運動部件的摩擦、氣動阻力及駕駛輔助設備。在低速行駛時氣動阻力可以忽略不計，然而在速度超過大約 50 km/h 卻變得重要，減少車子的迎風面積 (造成高大司機的反感) 也大幅促進了阻力的減少和燃料消耗。

11-5 流過平板的平行流

考慮流體流過平板的流動，如圖 11-25 所示。稍有弧度的表面 (如渦輪葉片) 在合理的準確度下也可以近似為平板。x- 座標是沿板面從板的前緣順著流動方向量起，而 y 是從表面向垂直方向量起。流體在 x 方向上以均勻速度 V 接近平板，相當於平板上遠離表面處的速度。

為了便於討論，我們考慮流體由相鄰的層狀結構堆疊在彼此的頂部上所構成。由於無滑移條件，毗連平板的第一層流體質點的速度為零。由於這兩個不同速度的相鄰流體層的質點之間的摩擦的結果，這個不動層使相鄰流體層的質點變慢。然後這個流體層使下一層的質點變慢，依此類推。因此，在某個垂直距離 δ 以內感受到平板的存在，超過那裡，自由流速度幾乎保持不變。因此，流體速度的 x- 分量，u，從在 $y=0$ 的 0 變動到在 $y=δ$ 的接近 V (通常是 0.99V) (圖 11-26)。

平板上由 δ 所包圍的流動區域，在那個區域中感受到由流體黏度造成的黏性剪力的影響，稱為速度邊界層。邊界層厚度 δ 通常是定義為從表面算起到 $u=0.99V$ 的距離 y。

$u=0.99V$ 的假想線將流過平板的流動分割成兩個區域：在邊界層區域，裡黏滯效應與速度的變化是顯著的；但是在**無旋流動區域** (irrotational flow region)，裡摩擦作用是可忽略的，速度基本上保持恆定。

對於流過平板的平行流，壓力阻力為零，因此阻力係數等於摩擦阻力係數，或簡單地稱為摩擦係數 (圖 11-27)。亦即，

平板：
$$C_D = C_{D,\text{friction}} = C_f \tag{11-13}$$

一旦平均摩擦係數 C_f 是可用的，則整個表面上的阻力 (或摩擦力) 由下式確定：

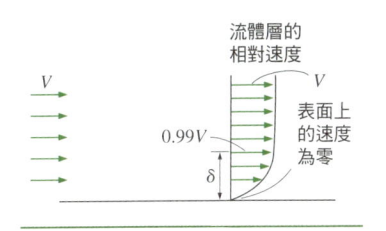

圖 11-25 在表面上的邊界層的發展是由於無滑移條件和摩擦。

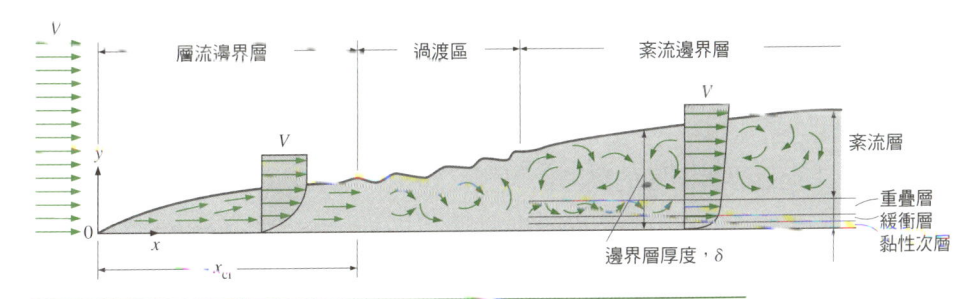

圖 11-26 流過平板的邊界層，以及不同流域的發展過程。沒有按照比例。

流過一平板

$C_{D,\text{pressure}} = 0$

$C_D = C_{D,\text{friction}} = C_f$

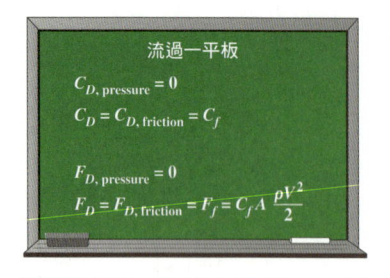

$F_{D,\text{pressure}} = 0$

$F_D = F_{D,\text{friction}} = F_f = C_f A \dfrac{\rho V^2}{2}$

圖 11-27 用於平行通過平板的流動，壓力阻力為零，因此阻力係數等於摩擦係數且阻力等於摩擦力。

平板上的摩擦力：
$$F_D = F_f = \tfrac{1}{2} C_f A \rho V^2 \tag{11-14}$$

其中，A 是平板暴露於流體流過的表面面積。當薄板的兩側都有流體流過，A 變成頂部表面和底部表面的總面積。注意，通常平均摩擦係數 C_f 和局部摩擦係數 $C_{f,x}$ 兩者均隨沿表面的位置而變。

在層流和紊流的典型的平均速度輪廓畫在圖 11-25 中。注意，紊流速度輪廓比層流更為飽滿，在表面附近急劇下降。紊流邊界層可以被看成含有四個區域，以自壁面算起的距離來表徵。貼近壁面的是非常薄的一層，在那裡黏滯效應佔優勢的是**黏性次層** (viscous sublayer)。在這一層的速度分佈圖非常接近直線，並且流動大致是平行的。黏性次層的上面是**緩衝層** (buffer layer)，其中紊流的影響變得顯著，但流動仍然以黏滯效應為主。緩衝層的上方是重疊層，在那裡紊流效果更加顯著，但仍然不佔優勢。緩衝層的上方是紊流層 (或外層)，其中紊流效應超過黏滯效應佔主導地位。注意，平板上的紊流邊界層輪廓非常類似於完全發展的紊流管流 (第 8 章) 中的邊界層輪廓。

從層流到紊流的過渡取決於表面幾何形狀、表面粗糙度、上游速度、表面溫度、流體的種類以及其它事項，並且主要由雷諾數決定其特徵。從一個平板前緣算起的距離 x 的雷諾數表示成

$$\text{Re}_x = \dfrac{\rho V x}{\mu} = \dfrac{V x}{\nu} \tag{11-15}$$

其中，V 是上游速度，而 x 是幾何形狀的特徵長度，對於平板，是平板在流動方向上的長度。注意，與管流不同，平板的雷諾數沿著流動而改變，在平板末端達到 $\text{Re}_L = VL/\nu$。對於平板上的任意點，特徵長度是從前緣到該點在流動方向的距離 x。

對於流過光滑平板的流動，從層流到紊流的過渡大約開始於 $\text{Re} \cong 1 \times 10^5$，但在雷諾數達到更高的值之前，通常在 3×10^6 左右，不會變成完全紊流 (第 10 章)。在工程分析上，對於臨界雷諾數一個普遍接受的值是

$$\text{Re}_{x,\text{cr}} = \dfrac{\rho V x_{\text{cr}}}{\mu} = 5 \times 10^5$$

對於平板而言，工程臨界雷諾數的實際值可能從約 10^5 至 3×10^6 有些變動，取決於表面粗糙度、紊流的程度以及沿表面的壓力變化，在第 10 章將更詳細討論。

摩擦係數

流過平板的層流其摩擦係數可以透過數值求解質量守恆與線動量守恆方程式理論地確定 (第 10 章)。然而對於紊流，它必須用實驗求得並用經驗公式來表示。

在流動方向上速度邊界層的變化的結果，局部摩擦係數沿著平板的表面變化。我們通常感興趣的是在整個表面上的阻力，它可以用平均摩擦係數求得。但有時我們也對某個位置上的阻力感興趣，在這種情況下，我們需要知道摩擦係數的局部值。考慮到這一點，我們提出在整個平板上的局部摩擦係數 (用下標 x 表示) 與平均摩擦係數兩者在層流、紊流以及層流與紊流複合流的條件下的關係式。一旦局部值已知，整個平板的平均摩擦係數用積分求得

$$C_f = \frac{1}{L} \int_0^L C_{f,x}\, dx \tag{11-16}$$

作為分析的基礎，對於流過平板的層流，邊界層厚度與在位置 x 處的局部摩擦係數已在第 10 章求得為

層流： $\qquad \delta = \dfrac{4.91x}{\text{Re}_x^{1/2}} \quad 與 \quad C_{f,x} = \dfrac{0.664}{\text{Re}_x^{1/2}}, \qquad \text{Re}_x \lesssim 5 \times 10^5 \tag{11-17}$

紊流的對應關係為

紊流： $\qquad \delta = \dfrac{0.38x}{\text{Re}_x^{1/5}} \quad 與 \quad C_{f,x} = \dfrac{0.059}{\text{Re}_x^{1/5}}, \qquad 5 \times 10^5 \lesssim \text{Re}_x \lesssim 10^7 \tag{11-18}$

其中 x 是從平板的前緣算起的距離，而 $\text{Re}_x = Vx/\nu$ 是在位置 x 處的雷諾數。注意，$C_{f,x}$ 正比於 $1/\text{Re}_x^{1/2}$，因此對層流而言為正比於 $x^{-1/2}$，而對紊流而言正比於 $x^{1/5}$。在任一情況下，$C_{f,x}$ 在前緣處 ($x = 0$) 為無窮大，因此式 (11-17) 和 (11-18) 靠近前緣是無效的。邊界層的厚度 δ 的變化與沿著平板的摩擦係數 $C_{f,x}$ 被描繪於圖 11-28。因為在紊流邊界層中發生強烈地混合，紊流的局部摩擦係數比層流高。注意，當流段變成完全紊流，$C_{f,x}$ 到達最大值，其後在流動方向以 $x^{-1/5}$ 的關係沿流向降低，如圖所示。

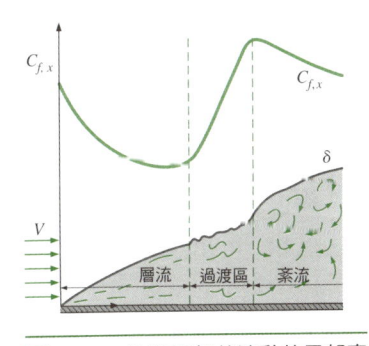

圖 11-28 流過平板的流動的局部摩擦係數的變化。注意在這張圖中邊界層的垂直刻度被相當地誇大。

將式 (11-17) 與 (11-18) 代入式 (11-16) 並作積分求得整個平板的平均摩擦係數 (圖 11-29)。我們得到

層流： $\qquad C_f = \dfrac{1.33}{\text{Re}_L^{1/2}} \qquad \text{Re}_L \lesssim 5 \times 10^5 \tag{11-19}$

$$C_f = \frac{1}{L}\int_0^L C_{f,x}\,dx$$
$$= \frac{1}{L}\int_0^L \frac{0.664}{\text{Re}_x^{1/2}}\,dx$$
$$= \frac{0.664}{L}\int_0^L \left(\frac{Vx}{\nu}\right)^{-1/2} dx$$
$$= \frac{0.664}{L}\left(\frac{V}{\nu}\right)^{-1/2} \frac{x^{1/2}}{\frac{1}{2}}\bigg|_0^L$$
$$= \frac{2\times 0.664}{L}\left(\frac{V}{\nu L}\right)^{-1/2}$$
$$= \frac{1.328}{\text{Re}_L^{1/2}}$$

圖 11-29 通過表面的平均摩擦係數藉由局部摩擦係數對整個表面的積分確定。在此所示的值是層流平板邊界層的結果。

相對粗糙度 ϵ/L	摩擦係數 C_f
0.0*	0.0029
1×10^{-5}	0.0032
1×10^{-4}	0.0049
1×10^{-3}	0.0084

* 在 $\text{Re}=10^7$ 的光滑平板,其它數據是對完全粗糙流用式 (11-23) 計算得到的。

圖 11-30 對於紊流,表面粗糙度會導致摩擦係數增加了幾倍。

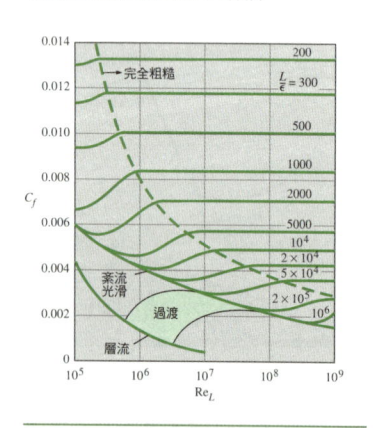

圖 11-31 平行通過平滑和粗糙的平板的流動的摩擦係數。
Data from White (2010).

紊流:
$$C_f = \frac{0.074}{\text{Re}_L^{1/5}} \qquad 5\times 10^5 \lesssim \text{Re}_L \lesssim 10^7 \qquad (11\text{-}20)$$

這些關係式的第一個是整個平板的流動都是層流的平均摩擦係數。第二個關係式給出的整個平板的平均摩擦係數,適用於通過整個平板的流動都是紊流,或是當平板的層流區域相對於紊流區域是小到可以忽略不計的情況 (即 $x_{cr} \ll L$,其中平板的長度 x_{cr} 由 $\text{Re}_{cr} = 5\times 10^5 = Vx_{cr}/\nu$ 確定,在這段流動是層流)。

在某些情況下,平板雖然足夠長,使得流動變成為紊流,但還不夠長到可以無視層流區域。在這樣的情況下,整個板的平均摩擦係數可經由將式 (11-16) 對層流區 $0 \le x \le x_{cr}$ 與紊流區 $x_{cr} \le x \le L$ 兩個區間分別積分而得

$$C_f = \frac{1}{L}\left(\int_0^{x_{cr}} C_{f,x,\text{laminar}}\,dx + \int_{x_{cr}}^L C_{f,x,\text{turbulent}}\,dx\right) \qquad (11\text{-}21)$$

注意,我們的紊流區包括了過渡區域。再次取臨界雷諾數為 $\text{Re}_{cr} = 5\times 10^5$,並且代入指定的表達式後執行積分,整個平板的平均摩擦係數被確定為

$$C_f = \frac{0.074}{\text{Re}_L^{1/5}} - \frac{1742}{\text{Re}_L} \qquad 5\times 10^5 \lesssim \text{Re}_L \lesssim 10^7 \qquad (11\text{-}22)$$

在這個關係式中的常數將因不同的臨界雷諾數而不同。此外,該表面假設為平滑的,且自由流具有非常低的紊流強度。對於層流,摩擦係數只與雷諾數有關,表面粗糙度沒有影響;但在紊流,表面粗糙度引起的摩擦係數增加若干倍,且若在完全粗糙紊流區,摩擦係數僅為表面粗糙度的函數而與雷諾數無關 (圖 11-30)。這類似於在管道的流動。

在這個區域的平均摩擦係數的實驗數據的曲線擬合是由施利希廷 (1979) 提出

完全粗糙紊流區:
$$C_f = \left(1.89 - 1.62\log\frac{\varepsilon}{L}\right)^{-2.5} \qquad (11\text{-}23)$$

其中 ε 是表面粗糙度,而 L 是平板在流動方向的長度。若是沒有其它更好的公式,這個關係式可以用於 $\text{Re} > 10^6$ 的粗糙表面的紊流,尤其是當 $\varepsilon/L > 10^{-4}$ 時。

對於層流與紊流，平行流過光滑與粗糙平板的摩擦係數 C_f 繪於圖 11-31。注意，在紊流中，C_f 隨著粗糙度增加了好幾倍，也注意到在完全粗糙區 C_f 與雷諾數無關。這張圖是管流的穆迪圖的平板類比。

例題 11-3　熱油流過平板

在 40°C 的機油以 2 m/s 的自由流速度流過一個 5 m 長的平板 (圖 11-32)。求作用在平板頂側每單位寬度的阻力。

解答：機油流過平板。要求平板每單位寬度的阻力。

假設：1. 流動是穩態的與不可壓縮的。2. 臨界雷諾數 $\text{Re}_{cr} = 5 \times 10^5$。

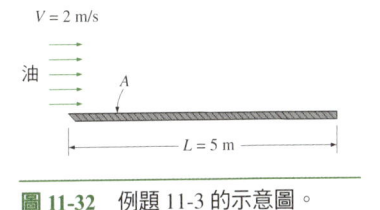

性質：在 40°C 機油的密度和運動黏度是 $\rho = 876 \text{ kg/m}^3$ 及 $\nu = 2.485 \times 10^{-4} \text{ m}^2/\text{s}$。

分析：注意到 $L = 5$ m，平板末端的雷諾數為

$$\text{Re}_L = \frac{VL}{\nu} = \frac{(2 \text{ m/s})(5 \text{ m})}{2.485 \times 10^{-4} \text{ m}^2/\text{s}} = 4.024 \times 10^4$$

圖 11-32　例題 11-3 的示意圖。

它小於臨界雷諾數。因此，在整個板上為層流，平均摩擦係數 (圖 11-29) 為

$$C_f = 1.328 \text{Re}_L^{-0.5} = 1.328 \times (4.024 \times 10^4)^{-0.5} = 0.00662$$

注意，壓力阻力為零，因此對於平行流過平板的流動 $C_D = C_F$，作用在平板的每單位寬度的阻力變為

$$F_D = C_f A \frac{\rho V^2}{2} = 0.00662(5 \times 1 \text{ m}^2) \frac{(876 \text{ kg/m}^3)(2 \text{ m/s})^2}{2} \left(\frac{1 \text{ N}}{1 \text{ kg} \cdot \text{m/s}^2}\right) = \mathbf{58.0 \text{ N}}$$

作用在整個平板上的總阻力可以通過這個剛剛得到的值與平板寬度的乘積求得。

討論：每單位寬度的力對應於質量約 6 kg 的重量。因此，一個人若要對平板施加大小相等、方向相反的力以防止它移動，將會感覺到好像要抓住 6 公斤的重物以防止其下落所需相同大小的力。

11-6 流過圓柱體或球體

流過圓柱體或球體的流動經常在現實中遇到。例如在一個殼管式熱交換器中，同時包括通過管子的內流場與流過管子的外流場，在熱交換器的分析中兩種流場必須同時考慮。此外，許多體育項目，如足球、網球和高爾夫球都涉及流過球體的流動。

圓柱體或球體的特徵長度為被取為外徑 D。因此，雷諾數定義為 $\text{Re} = VD/\nu$，其中 V 是流向圓柱體或球體的流體的均勻速度。穿過圓柱體或球體的臨界雷諾數約為 $\text{Re}_{cr} \cong 2 \times 10^5$。也就是說，$\text{Re} \lesssim 2 \times 10^5$ 的邊界層保持層流，

圖 11-33 帶有紊流尾流的層流邊界層分離；在 Re = 2000 通過圓柱的流動。
Courtesy ONERA, photograph by Werlé.

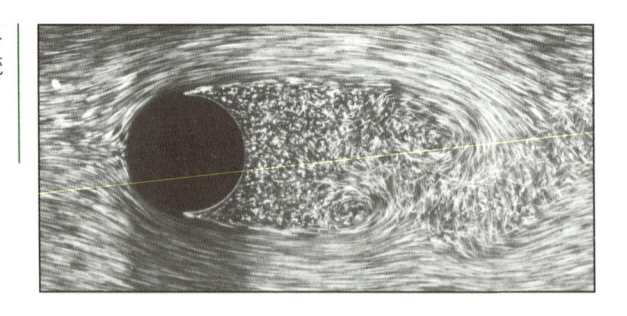

圖 11-34 橫向流過光滑的圓柱體和光滑球體的平均阻力係數。
Data from H. Schlichting.

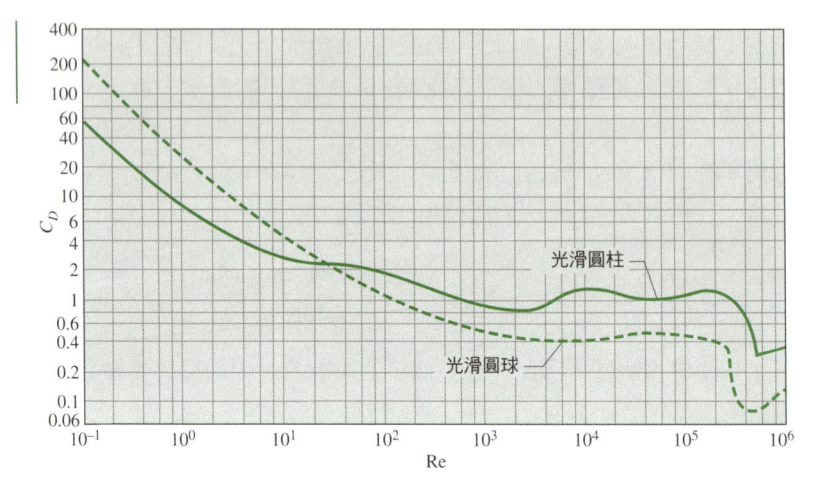

$2 \times 10^5 \leq \text{Re} \leq 2 \times 10^6$ 為過渡，在 $\text{Re} \geq 2 \times 10^6$ 時變成完全紊流。

橫向流過圓柱體的流動呈現複雜的流動模式，如圖 11-33 所示。流向圓柱體的流體分支出去並環繞圓柱體，形成盤繞圓柱體的邊界層。在中間平面的流體質點在滯流點撞擊圓柱體，使流體完全停止，從而在該點上提高壓力。其後當流體在流動方向速度增加時，壓力降低。

在非常低的上游速度 ($\text{Re} \leq 1$)，流體完全盤繞圓柱體，並且兩道流體很有序地在圓柱的後側相遇。因此，流體沿著圓柱體的曲率行進。在較高的速度，流體仍然緊靠著圓柱體的正面側，但它太快了，以致當它靠近圓柱體的頂部 (或底部) 時無法繼續附著在表面。其結果是，邊界層自表面分離，在圓柱體的後面形成分離區域。進入尾流區的流動的特徵是週期性的旋渦的形成，以及壓力比停滯點的壓力低得多。

穿過圓柱體或球體的流動性質強烈地影響總阻力係數 C_D。摩擦阻力和壓力阻力兩者都很顯著。在停滯點的附近的高壓與背面尾流中的低壓產生沿流動方向作用於物體的淨力。低雷諾數 ($\text{Re} \leq 10$) 的阻力主要是來自於摩擦阻力；而高雷諾數 ($\text{Re} \geq 5000$) 時則是壓力阻力；在中間的雷諾數，這兩種效應都很顯著。

圖 11-34 給出流過光滑的單一圓柱體與球體的交叉流的平均阻力係數 C_D。曲線顯示在不同範圍的雷諾數下的不同行為：

- Re ≲ 1，我們有蠕動流 (第 10 章)，阻力係數隨雷諾數的增加遞減。對於球體，它的 $C_D = 24/\text{Re}$。在這個區域沒有流動分離。
- 在 Re ≅ 10，分離開始發生於物體的後面，渦旋洩離現象起始於 Re ≅ 90。分離區域隨著雷諾數的增加而增加，高達大約 Re ≅ 10^3。在這一點上，阻力主要 (約 95%) 是由於壓力阻力。阻力係數隨著在 $10 \lesssim \text{Re} \lesssim 10^3$ 範圍內的雷諾數增加而不斷減小。(阻力係數下降並不一定表示阻力減少。阻力正比於速度的平方，並且高雷諾數速度的增加通常遠遠抵消阻力係數的減少。)
- 在 $10^3 \lesssim \text{Re} \lesssim 10^5$ 的中等範圍內，阻力係數保持相對地恆定。這個行為是鈍體的特徵。在這個範圍內，邊界層中的流動是層流，但在流經圓柱或球體而進入分離區域時卻成了一個具有寬的紊流尾流區中的高紊流。
- 在 $10^5 \lesssim \text{Re} \lesssim 10^6$ 的範圍內的某處 (通常是約 2×10^5)，阻力係數突然下降。C_D 大幅的下降是由於邊界層中的流動成為紊流，而將分離點往物體的更後面移動，減少尾流的尺寸，從而減少壓力阻力的大小。這與流線型物體相反，當邊界層變成紊流時，它感受到阻力係數的增大 (主要是由於摩擦阻力)。
- 有一個 $2 \times 10^5 \lesssim \text{Re} \lesssim 2 \times 10^6$ 的"過渡"區，其中 C_D 驟降到最小值，然後緩慢上升到最終的紊流值。

當邊界層是層流時，流動分離發生在大約 $\theta \cong 80°$ (從圓柱的前停滯點量起)；但當它是紊流時 (圖 11-35)，大約在 $\theta \cong 140°$。在紊流中的分離的延遲是流體在橫向的方向上快速擾動所引起的，這使得紊流邊界層在發生分離前得以沿表面行進得更遠，產生更窄的尾流與較小的壓力阻力。請記住，紊流比層流具有更飽滿的速度輪廓分，因而它需要更強的逆壓梯度來克服貼近牆壁的額外的動量。在流動從層流變成紊流的雷諾數的範圍內，甚至當速度 (因而雷諾數) 增加時，阻力 F_D 減小。這導致飛行體的阻力突然下降 (有時稱為阻力危機) 以及飛行的不穩定性。

表面粗糙度的影響

稍早提到在一般情況下，紊流中表面粗糙度增大阻力係數。對於流線型物體尤其是如此。然而，對於鈍體，如圓柱或球體，表面粗糙度的增加可能實際上降低了阻力係數，對於球體如圖 11-36 所示。在低雷諾數這是通過激紊的方式將邊界層變為紊流做到的，因而延遲流動分離，使流體於物體的後方向物體靠近，縮小尾流，並且大幅減少壓力阻力。這導致粗糙表面的圓柱體或球體在

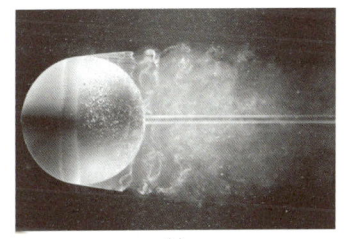

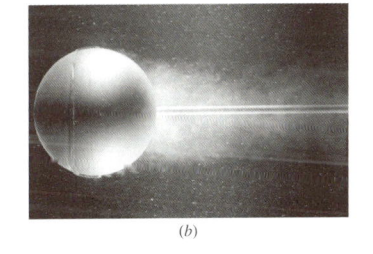

圖 11-35 流過 (a) 光滑球體在 Re = 15,000，和 (b) 球體在 Re = 30,000 使用激紊線的流場可視化。比較兩張照片，可以清楚地看邊界層分離的延遲。
Courtesy ONERA, photograph by Werlé.

	C_D	
Re	平滑表面	粗糙表面, $\varepsilon/D \cong 0.0015$
2×10^5	0.5	0.1
10^6	0.1	0.4

圖 11-37 表面粗糙度會增加或減少球狀物體的阻力係數，取決於雷諾數的值。

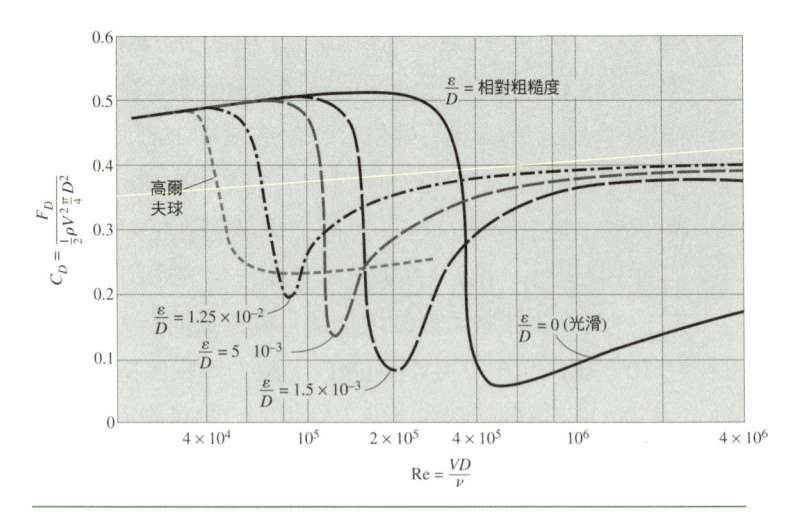

圖 11-36 表面粗糙度對球體的阻力係數的影響。
Data from Blevins (1984).

某個雷諾數的範圍內，要比在相同速度下相等尺寸的平滑物體具有更小的阻力係數及阻力。例如，在 $\text{Re} = 2\times 10^5$，對於 $\varepsilon/D = 0.0015$ 的粗糙球體，$C_D \cong 0.1$；而對於平滑球體，$C_D \cong 0.5$。因此，在這種情況下，只不過將表面粗糙化，阻力係數就減少了 5 倍。但是請注意，在 $\text{Re} = 10^6$，對一個非常粗糙的球體 $C_D \cong 0.4$，而對平滑球體 $C_D \cong 0.1$，顯然粗糙化球體在這種情況下阻力反而增大 4 倍 (圖 11-37)。

前面的討論表明，粗糙化表面對於降低阻力非常有用，但它也可能反噬，如果我們不小心 — 特別是如果沒有在正確的雷諾數範圍內操作。以這樣的考量，高爾夫球被刻意地粗糙化，使得在較低雷諾數時引起紊流，以利用在邊界層中紊流開始時阻力係數陡降的優點 (高爾夫球的典型速度範圍是 15 到 150 m/s，而雷諾數小於 4×10^5)。有凹窩的高爾夫球的臨界雷諾數大約是 4×10^4。在這個雷諾數下紊流的發生，使得高爾夫球的阻力係數減少大約一半，如圖 11-36 所示。對於給定的打擊，對球而言這意味著更長的距離。有經驗的球手在擊球的同時也給予一個旋轉，有助於粗糙的球發展出升力，因此行進得更高、更遠。類似的討論也可以用在網球。然而對於乒乓球，速度較慢且球較小 — 它不可能達到紊流範圍，因此乒乓球的表面是平滑的。

一旦求得阻力係數，在交叉流中作用在物體上的阻力可以由式 (11-5) 來決定，其中 A 為迎風面積 (對於長度 L 的圓柱體，$A = LD$，而對於球體 $A = \pi D^2/4$)。應該牢記於心的是，自由流中的紊流與受到在流場中其它物體的干擾 (例如流過管束)，可能會顯著地影響到阻力係數。

第 11 章　外流場：阻力與升力　　689

例題 11-4　作用在河流中管道的阻力

一根外徑 2.2 cm 的管道橫跨在 30 m 寬的河流中，而被完全浸泡在水中 (圖 11-38)。水的平均流速為 4 m/s，水的溫度為 15°C。求河流施加在管道的阻力。

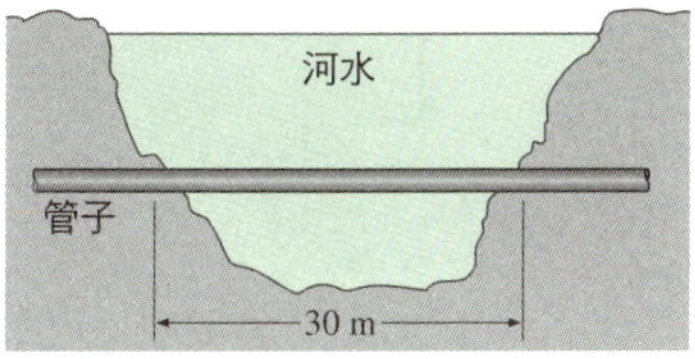

解答：管道淹沒於河中。關於其作用在管道的阻力待確定。

假設：**1.** 管的外表面是光滑的，使得圖 11-34 可以用來求阻力係數。**2.** 在河中的水流是穩態的。**3.** 水的流動方向是垂直於管道的。**4.** 不考慮河水流動中的紊流。

性質：在 15°C 水的密度與動力黏度為 $\rho = 999.1 \text{ kg/m}^3$ 及 $\mu = 1.138 \times 10^{-3} \text{ kg/m·s}$。

分析：注意到 $D = 0.022$ m，雷諾數為

圖 11-38　例題 11-4 的示意圖。

$$\text{Re} = \frac{VD}{\nu} = \frac{\rho VD}{\mu} = \frac{(999.1 \text{ kg/m}^3)(4 \text{ m/s})(0.022 \text{ m})}{1.138 \times 10^{-3} \text{ kg/m·s}} = 7.73 \times 10^4$$

從圖 11-34，對應於這個值的阻力係數為 $C_D = 1.0$。此外，流過圓柱體的迎風面積為 $A = LD$。然後作用在管道的阻力變成

$$F_D = C_D A \frac{\rho V^2}{2} = 1.0(30 \times 0.022 \text{ m}^2)\frac{(999.1 \text{ kg/m}^3)(4 \text{ m/s})^2}{2}\left(\frac{1 \text{ N}}{1 \text{ kg·m/s}^2}\right)$$

$$= 5275 \text{ N} \cong \mathbf{5300 \text{ N}}$$

討論：請注意，此力是等效於質量超過 500 kg 的重量。因此，河流施加在管道上的阻力等同於懸掛一個總計超過 500 kg 在質量在支撐相距 30 m 的兩端點的管道上。如果管道不能支撐這股力量，應該採取必要的預防措施。如果河水以更快的速度流動，或者如果在河流中的紊流擾動更加顯著，阻力甚至更大，那麼在管道上的非穩態作用力可能值得注意。

11-7　升力

稍早升力定義為淨力 (由於黏滯力與壓力) 垂直於流動方向的分量，並且升力係數以式 (11-6) 表示成

$$C_L = \frac{F_L}{\frac{1}{2}\rho V^2 A}$$

其中 A 在這裡通常是指平面形狀面積，這是一個人從垂直於物體的上方看到的面積，而 V 是流體的上游速度 (或等價地，一個在靜止流體中的飛行體的速度)。對於寬度 (或跨度) b 與弦長 c (前緣與末端之間的長度) 的機翼，平面形狀面積為 $A = bc$。機翼兩個端點之間的距離稱為翼展或跨度。對於飛機而言，翼展取為兩翼

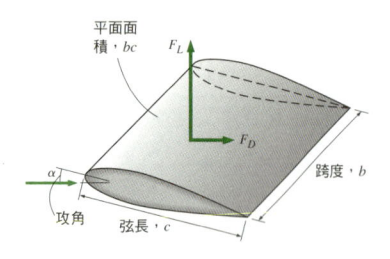

圖 11-39 與機翼相關的各種術語的定義。

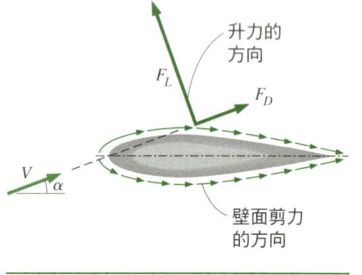

圖 11-40 對於機翼而言，黏滯效應對升力的貢獻通常是可以忽略不計，因為壁面剪力平行於表面，因而幾乎與於升力的方向垂直。

的尖端之間的總距離，包括機翼之間的機身的寬度 (圖 11-39)。每單位平面形狀面積的平均升力 F_L/A 被稱為機翼負荷，這只是飛機的重量與機翼的平面形狀面積的比例 (因為在固定高度飛行時，升力等於重量)。

飛機飛行的基礎是升力，因此對升力作更深入的理解，以及提高物體的升力特性已成眾多研究的焦點。在本節中我們的重點是像機翼這種專門設計來產生升力並將阻力，保持最小的裝置。但應牢記在心的是一些裝置，如賽車上的擾流板和倒機翼是專門為相反的目的所設計的，作用是避免升力，甚至產生負升力，以提高牽引力與控制 (由於升力產生的結果使得一些早期的賽車實際上是在高速時"飛起"，這提醒工程師在他們的設計中想出減少升力的方法)。

對於像機翼這樣意在產生升力的裝置，黏滯效應對升力的貢獻通常是可以忽略不計，因為物體是流線型的，而且壁剪力平行於這些裝置的表面，因而幾乎垂直於升力的方向 (圖 11-40)。因此，實際上升力近似為完全來自於在物體表面上的壓力分佈，因此物體的形狀對升力有主要的影響。於是，在機翼的設計上首要考量的是最小化上表面的平均壓力而將下表面的平均壓力最大化。伯努利方程式可以用來作為鑑別高壓力區和低壓力區域的一個指引：流速高的位置壓力低，但流速低的位置壓力高。此外，在中等攻角下，升力實際上與表面粗糙度無關，因為表面粗糙度影響壁面剪力，而非壓力。剪力對升力的貢獻只有在非常小 (重量輕) 的低速 (因而低雷諾數) 飛行物體是顯著的。

注意到黏滯性對升力效應的貢獻可以忽略不計，我們應該能夠由簡單地對機翼周圍的壓力分佈積分來確定作用於機翼型上升力。壓力沿著表面在流動方向上有變化，但在整個邊界層內，在垂直於表面的方向上，壓力基本上保持定值 (第 10 章)。因此，忽略機翼上的薄邊界層，並且從相對簡單的勢流理論 (零渦度、無旋流動) 來計算機翼周圍的壓力分佈似乎是合理的，根據勢流理論通過機翼流動的淨黏滯力為零。

對於對稱和非對稱機翼，藉由忽略薄邊界層，從這些計算得到的流場被描繪在圖 11-41。在零攻角時，正如預期，對稱機翼因為對稱性產生的升力為零，並且停滯點是在前緣和後緣。對於非對稱機翼，在小攻角時，前停滯點已經向下移動到前緣的下方，而後停滯點已經上移到靠近後緣的上表面。出乎我們的意料，生產的升力再次經計算為零 —— 一個與實驗觀察和測量很明顯的矛盾。顯然，理論需要進行修改以與所觀察到的現象相符。

不一致性的來源是後停滯點在上表面,而不是在尾端。這需要下側的流體作幾乎 U 字型的轉彎,並且繞著銳利的後緣朝後停滯點流動,同時保持附著在表面上,這在物理上是不可能的。因為觀察到的現象是在急轉彎的流動,流動會分離 (想像一部汽車試圖以高速做這樣的轉彎)。因此,下側的流體順暢地分離開後緣,而上側的流體以將後停滯點向下推動作為響應。事實上,上表面上的停滯點一路移動到後緣。從機翼的頂部與底部的兩道液流在後緣相遇的方式,在下游產生一個平行於尖銳的後緣的平滑流動。升力的生成是因為在頂部表面的流速較高,因而由於伯努利效應在該表面的壓力較低。

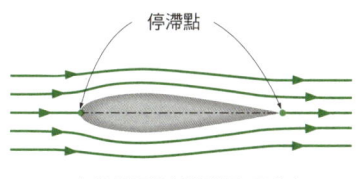

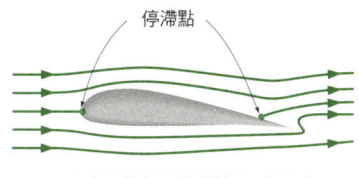

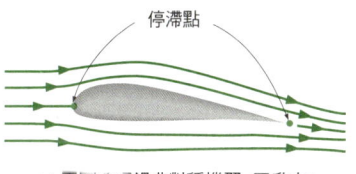

勢流理論與觀察到的現象是可以如下所述變得一致:流動開始時像理論所預測的,沒有升力,但當速度達到某個值後,下側的流體在後緣處分離。這迫使分離的上側流體向後緣逼近,啟動一個圍繞機翼的順時針環流。這順時針的環流增加上側流的速度,同時降低下側流的速度,產生升力。此時一個符號相反的起始渦旋 (逆時針環流) 在下游洩放 (圖11-42),平順的流線型流動在機翼上建立起來。當加入適當的環流量來修正勢流理論以將停滯點下移到後緣,對於流場與升力兩者,都在理論和實驗之間得到極好的一致性。

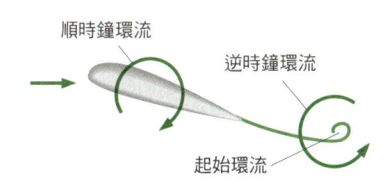

對於機翼而言,生成最大的升力並同時產生最小的阻力是令人嚮往的。因此,機翼性能的一個量度是升阻比,這相當於升阻係數之比 C_L/C_D。這個資訊是經由對不同的攻角繪製 C_L 對 C_D 圖 (升阻力曲線),或是 C_L/C_D 比對攻角作圖所提供。後者是特別針對機翼設計所做的,如圖 11-43。注意 C_L/C_D 的比值隨攻角增大,直到機翼失速,而對一個二維機翼而言,升阻比的值可以是 100 的數量級。

一個顯而易見的改變機翼的升力和阻力特性的方法是改變攻角。例如,在飛機上,整架飛機上仰以增加升力,因為機翼是被固定在機身上的。另一種方法則是透過可動的前緣和後緣襟翼的使用以改變機翼的形狀,如通常在現代大型飛機所做的 (圖 11-44),襟翼被用來在起飛和降落時改變機翼的形狀以最大化升力,並使飛機以低速降落或起飛。起飛和降落時阻力的增加並沒有太被關注,因為它所包含的時間週期相對較短。一旦達到巡航高度,襟翼縮回,機翼回復到其"正常"的形狀,在恆定高度巡航時以最小的阻力係數和足夠的升力係數來減少燃料消耗。注意,在正常操作期間,即使很小的升力係數都會產生夠大的升力,因為飛機巡航速度高而

圖 11-41 無旋流和真實流通過對稱與非對稱的二維機翼。

圖 11-42 攻角忽然增加後的不久,一個逆時鐘起始渦旋從機翼洩放,同時環繞機翼出現一個順時鐘環流,導致產生升力。

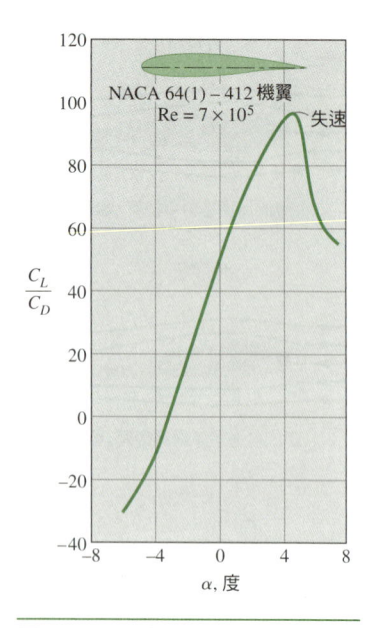

升力正比於流速的平方。

對於一架飛機，襟翼對升力和阻力係數的效應如圖 11-45 所示。注意最大升力係數從沒有襟翼的機翼的大約 1.5 增加到雙開縫襟翼的情況下的大約 3.5。但同時也注意到，最大阻力係數從沒有襟翼的機翼大約 0.06 增加到雙縫襟翼情況的大約 0.3。風阻係數增加了五倍，引擎必須更辛苦的工作以提供克服這個阻力所需的推力。襟翼的攻角可以被增加以最大化升力係數。此外，襟翼延長弦長，從而擴大機翼面積 A。波音 727 採用了三開縫襟翼於後緣以及一個在前緣的縫翼。

最小飛行速度是從要求飛機的總重量 W 等於升力及 $C_L = C_{L,\,max}$ 求得，就是

$$W = F_L = \tfrac{1}{2} C_{L,\,max} \rho V_{min}^2 A \quad \rightarrow \quad V_{min} = \sqrt{\frac{2W}{\rho C_{L,\,max} A}} \quad (11\text{-}24)$$

對於已知的重量，可以透過最大化升力係數與機翼面積的乘積，$C_{L,\,max}A$，來最小化著陸或起飛速度。一種作法是使用已經討論過的襟翼。另一種方法是控制邊界層，它可以簡單地藉由經過襟翼之間的流動斷面(翼縫)來實現，如圖 11-46 所示。

圖 11-43 二維機翼升阻比隨攻角的變化。

圖 11-44 起飛和著陸期間，使用可移動襟翼來改變機翼的形狀，可以變機翼的升力和阻力特性。
Photos by Yunus Çengel.

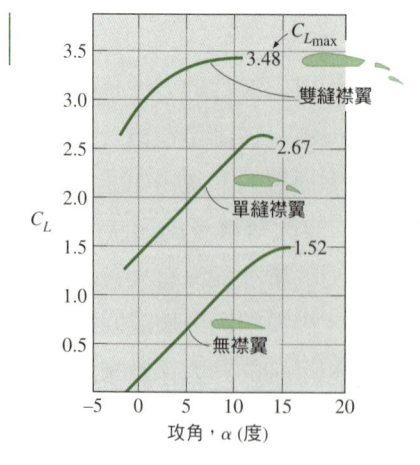

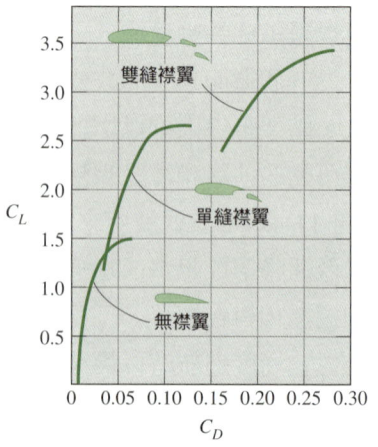

(a) 襟翼展開 (降落)　　(b) 襟翼內縮 (巡航)

圖 11-45 襟翼對升力和阻力係數的影響。

翼縫用於防止邊界層從機翼與襟翼的上表面分離。這是透過使空氣從機翼下方的高壓區移動進入在頂面的低壓區。注意，升力係數達到最大值 $C_L = C_{L,\max}$，因此飛行速度達到最小值，在失速條件，這是不穩定的操作區域，必須加以避免。美國聯邦航空管理局 (FAA) 為了安全起見，不允許低於 1.2 倍失速速度的操作。

我們從這個方程式注意到另一件事是，最小起飛或降落速度反比於密度的平方根。注意空氣密度隨高度減小 (在 1500 m 約減少 15%)，在較高海拔的機場 (例如丹佛) 需要較長的跑道以適應更高的最小起飛和著陸速度。對炎熱的夏日形勢變得更關鍵，因為空氣的密度與溫度成反比。

在 1930 年代，高效率 (低阻力) 機翼的發展是熱烈的實驗研究主題。這些機翼由國家航空諮詢委員會 (NACA，也就是現在美國航空局) 作了標準化，並且有大量的相關升力係數數據表報告。圖 11-47 給出兩個 2-D (無限跨度) 機翼 (NACA 0012 和 NACA 2412) 的升力係數 C_L 對攻角的變化。我們從該圖中作了下列觀察：

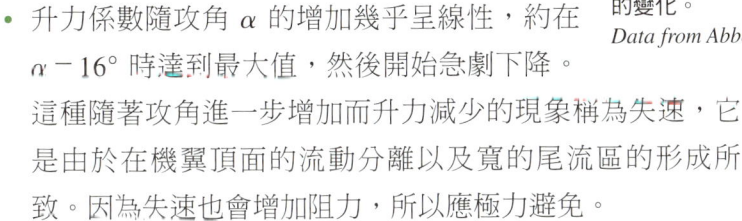

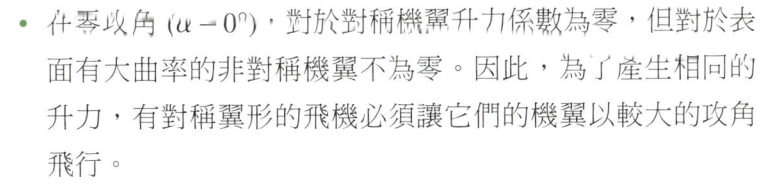

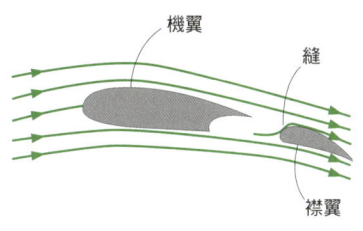

- 升力係數隨攻角 α 的增加幾乎呈線性，約在 $\alpha = 16°$ 時達到最大值，然後開始急劇下降。這種隨著攻角進一步增加而升力減少的現象稱為失速，它是由於在機翼頂面的流動分離以及寬的尾流區的形成所致。因為失速也會增加阻力，所以應極力避免。
- 在零攻角 ($\alpha = 0°$)，對於對稱機翼升力係數為零，但對於表面有大曲率的非對稱機翼不為零。因此，為了產生相同的升力，有對稱翼形的飛機必須讓它們的機翼以較大的攻角飛行。
- 透過調節攻角，升力係數增加了好幾倍 (對於非對稱機翼，從在 $\alpha = 0°$ 時的 0.25 到 $\alpha = 10°$ 時的 1.25)。
- 阻力係數也隨攻角增加，通常呈指數型增加 (圖 11-48)。因此，為了燃料效率，高攻角應謹慎地於短時間內使用。

圖 11-46 裝有襟翼的機翼用翼縫來防止邊界層從上表面分離，並增加升力係數。

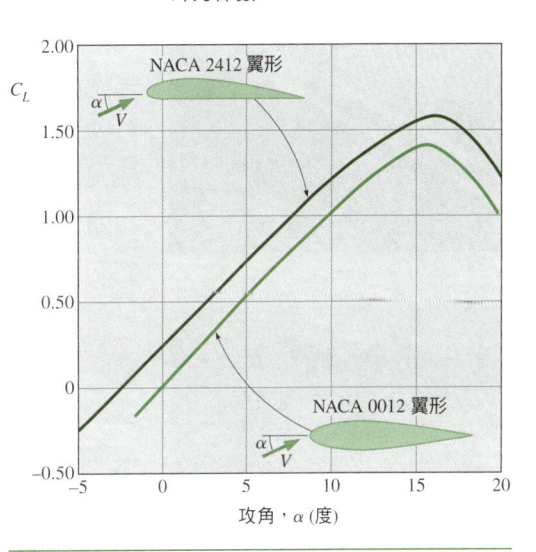

圖 11-47 對於對稱與非對稱機翼，升力係數隨攻角的變化。
Data from Abbott (1945, 1959).

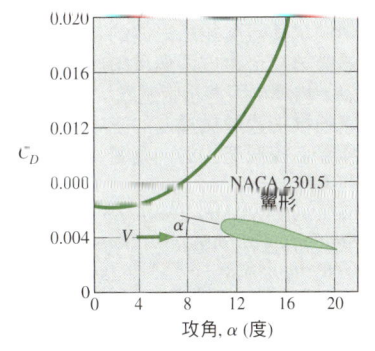

圖 11-48 機翼的阻力係數隨攻角而作變化。
Data from Abbott and von Doenhoff (1959).

有限跨度翼和誘導阻力

對於飛機的機翼及其它有限跨度的翼形體，因為在上下表面間的流體洩漏，翼尖的端點效應變得重要。在下表面 (高壓區域) 與上表面 (低壓區域) 之間的壓力差在翼尖的流體向上驅動，而因為流體和機翼之間的相對運動，流體朝向背面掃過。這會在兩翼翼尖產生一個沿著流動方向作螺旋狀盤旋的旋轉運動，稱為**翼尖渦旋** (tip vortex)。機翼的翼尖之間沿著翼面也有渦旋形成。這些分佈渦旋從機翼的後緣脫落後向邊緣聚集，與翼尖渦旋結合形成兩道沿著翼尖的強大尾渦 (trailing vortices，圖 11-49)。大型飛機所產生的尾渦持續很長一段時間及很長的距離 (超過 10 公里)，才由於黏滯耗散的關係而逐漸消失。這種渦旋和隨之發生的下沉氣流強大到足以引起一架飛經大型飛機的尾流的小型飛機失控並空翻，因此緊跟在大型飛機之後 (在 10 公里內) 對小型飛機有實際的危險。這個問題是管制飛機起飛間隔的控制因素，這限制了機場的飛行容量。在自然界中，這樣效果的好處被利用。為了利用前方的鳥類所生成的上升氣流，遷徙的鳥類呈 V 字形。已經確定的是，一個典型的群聚的鳥類以 V 字隊形飛行，可以用三分之一的較少能量飛達目的地。同理，軍用噴射機也偶爾以 V 字形飛行 (圖 11-50)。

與自由流交互作用的翼尖渦旋從各個方向施加作用力於機翼，包括流動的方向。在流動方向的作用力分量加到阻力並且稱為**誘導阻力** (induced drag)，於是機翼上的總阻力為誘導阻力 (3-D 效應) 與機翼剖面的阻力 (2-D 效應) 之和。

機翼的平均跨度的平方與平面形狀面積之比，稱為長寬比。對於一個弦長 c 及跨度 b 的矩形平面的機翼，長寬比表示為

$$\text{AR} = \frac{b^2}{A} = \frac{b^2}{bc} = \frac{b}{c} \tag{11-25}$$

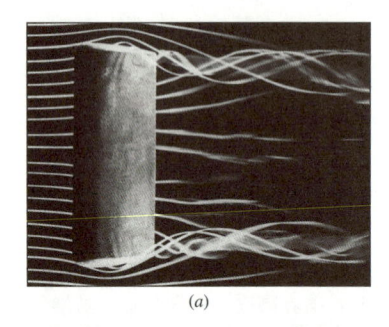

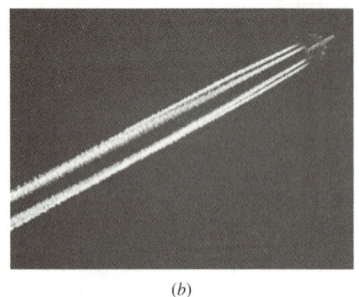

圖 11-49 尾渦以不同的方式可視化：(a) 在風洞中的煙紋線顯示離開長方形機翼的尾緣的旋渦核心；(b) 四條起初由噴射引擎後的低壓區中的水蒸氣凝結所形成的凝結尾，最後終於合併成兩個反向旋轉的尾渦，持續到下游相當遠處；(c) 作物噴粉機飛過煙霧瀰漫的空中，煙霧隨著自機翼產生的一個翼尖渦旋而作盤繞。

(a) Courtesy of the Parabolic Press, Stanford, California; (b) Geostock/Getty Images; (c) NASA Langley Research Center

因此，長寬比是一個機翼在流動方向上 (相對地) 有多窄的一個量度。通常隨著長寬比的增加，翼的升力係數遞增而阻力係數遞減。這是因為跟相同平面形狀面積的短而寬的機翼相比，一個狹長的機翼 (大長寬比) 具有較短的翼尖長度，因此較小的翼尖損失及較小的誘導阻力。所以大長寬比的物體飛行更有效率，但它們比較不容易操作，因為它們有更大的慣性矩 (由於距離中心較遠)；具有較小的長寬比的物

體較易操作，因為翼更靠近中央部分。所以毫不奇怪的，戰鬥機 (以及像獵鷹這樣戰鬥型的鳥類) 具有短而寬的翅膀，而大型商用飛機 (以及像信天翁這樣滑翔型的鳥類) 有狹長的翅膀。

末端效應可以藉由在機翼的翼尖裝上垂直於上表面的端板 (endplates) 或小翼 (winglets) 來最小化。端板的功能在於阻斷一些翼尖周圍的洩漏，這導致翼尖渦流的強度與誘導阻力大大地減少。鳥類翼尖的羽毛像扇子一樣張開，也是基於相同目的 (圖 11-51)。

由旋轉生成的升力

你可能有過經驗，為了改變升力特性並且使球產生更理想的軌跡與彈射，而給網球一個旋轉或是對網球或乒乓球做吊球，高爾夫球、足球與棒球選手也在他們的比賽中使用旋轉。由旋轉物體產生升力的現象被稱為馬格努斯效應 (Magnus effect) 以紀念德國科學家海因里希‧馬格努斯 (1802-1870)，他是第一個研究旋轉物體的升力，圖 11-52 所畫的是無旋流 (勢流) 的簡化案例。當球不旋轉時，因為上下對稱，升力為零。但當圓柱繞其軸線旋轉，因為無滑移條件，圓柱拖曳周圍的一些流體，並且流場反映了旋轉和不旋轉流的疊加。停滯點下移，並且流動不再對稱於穿過圓柱的中心的水平面。由於伯努利效應，在上半部的平均壓力比在下半部來得小，因此有淨向上力 (升力) 作用於圓柱。類似的觀點可以用於在旋轉的球上所產生升力。

對光滑的球體，旋轉速率對升力和阻力係數的影響如圖 11-53 所示。注意，升力係數強烈地取決於旋轉的速率，尤其是在低的角速度時。旋轉速率對阻力係數的影響較小。粗糙度也影響阻力與升力係數。在某個雷諾數的範圍內，粗糙度對於增加升力係數同時降低阻力係數產生令人滿意的效果。因此，對於相同的打擊，適量粗糙度的高爾夫球飛得比光滑的球高且遠。

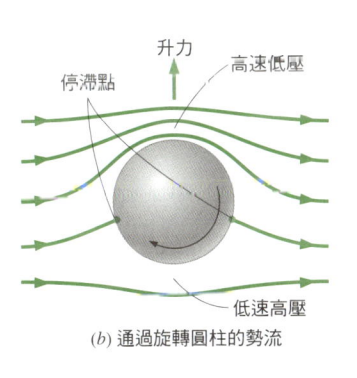

圖 11-50 (*a*) 鵝以其特有的 V 字形排列飛行以節省能源。(*b*) 軍用飛機模仿自然。
(a) © *Royalty-Free/CORBIS*
(b) © *Charles Smith/Corbis RF*

(*a*) 大鬍子禿鷹在飛行時，將翅膀上的羽毛成扇形散開。

(*b*) 翼尖小翼用於這架滑翔機以減少誘導阻力。

圖 11-51 (*a*) 鳥翅膀上的翼尖羽毛和 (*b*) 終板或其它飛機機翼上的干擾降低誘導阻力。
(a) © *Jeremy Woodhouse/Getty RF; (b) Courtesy of Jacques Noel, Schempp-Hirth. Used by permission.*

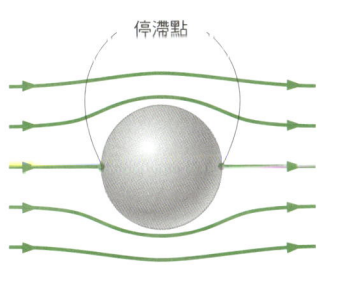

(*a*) 通過靜止圓柱的勢流

(*b*) 通過旋轉圓柱的勢流

圖 11-52 對於"理想的"勢流的情況，在旋轉圓柱體上所產生的升力 (實際流場包括在尾流區的流動分離)。

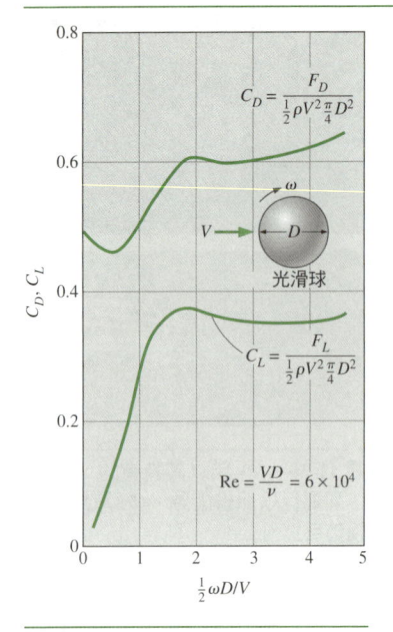

圖 11-53 在雷諾數為 Re = VD/ν = 6×10^4 時，光滑球體的升力和阻力係數隨無因次旋轉速率的變化。
Data from Goldstein (1938).

例題 11-5　商用飛機的升力和阻力

一架商用飛機有 70,000 kg 的總質量和 150 m² 的機翼平面形狀面積 (圖 11-54)。這架飛機有 558 km/h 的巡航速度以及 12,000 m 的巡航高度，其中空氣密度為 0.312 kg/m³。這架飛機有雙縫襟翼用於起飛和著陸過程，但巡航時收回所有襟翼。假設機翼的升力和阻力特性可以用 NACA 23012 (圖 11-45) 近似，求 (a) 帶和不帶延伸的襟翼的起飛和著陸的最小安全速度，(b) 穩定巡航於巡航高度的攻角，以及 (c) 提供足夠推進力以克服機翼阻力所需供給的功率。

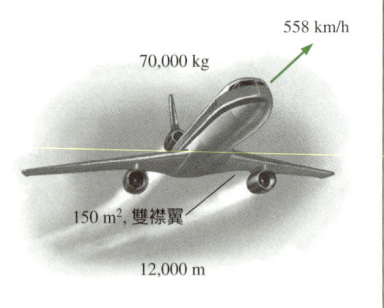

圖 11-54 例題 11-5 的示意圖。

解答： 已知巡航條件下的客機和它的機翼特性。要決定最小安全著陸和起飛速度、巡航期間的攻角，以及所需的功率。

假設：1. 除了機翼以外，飛機的其它部分，例如機身，所產生的阻力與升力不予考慮。**2.** 機翼假定為二維翼型截面，並且不考慮機翼的末端效應。**3.** 機翼的升力和阻力特性用 NACA 23012 近似使得圖 11-45 是適用的。**4.** 空氣在地面上的平均密度為 1.20 kg/m³。

性質： 空氣的密度在地面上為 1.20 kg/m³，在巡航高度為 0.312 kg/m³。帶有襟翼與不帶襟翼的機翼的最大升力係數 $C_{L,\,max}$ 分別是 3.48 與 1.52 (圖 11-45)。

分析： (a) 飛機的重量和巡航速度是

$$W = mg = (70,000 \text{ kg})(9.81 \text{ m/s}^2)\left(\frac{1 \text{ N}}{1 \text{ kg·m/s}^2}\right) = 686,700 \text{ N}$$

$$V = (558 \text{ km/h})\left(\frac{1 \text{ m/s}}{3.6 \text{ km/h}}\right) = 155 \text{ m/s}$$

對應的，帶有襟翼與不帶襟翼的機翼對應於失速條件的最低速度分別由式 (11-24) 得到

$$V_{\text{min 1}} = \sqrt{\frac{2W}{\rho C_{L,\,max\,1} A}} = \sqrt{\frac{2(686,700 \text{ N})}{(1.2 \text{ kg/m}^3)(1.52)(150 \text{ m}^2)}\left(\frac{1 \text{ kg·m/s}^2}{1 \text{ N}}\right)} = 70.9 \text{ m/s}$$

$$V_{\text{min 2}} = \sqrt{\frac{2W}{\rho C_{L,\,max\,2} A}} = \sqrt{\frac{2(686,700 \text{ N})}{(1.2 \text{ kg/m}^3)(3.48)(150 \text{ m}^2)}\left(\frac{1 \text{ kg·m/s}^2}{1 \text{ N}}\right)} = 46.8 \text{ m/s}$$

那麼避免失速的"安全"最低速度，可由上面求得的值乘以 1.2 得到

無襟翼： $V_{\text{min 1, safe}} = 1.2 V_{\text{min 1}} = 1.2(70.9 \text{ m/s}) = 85.1 \text{ m/s} = $ **306 km/h**

有襟翼： $\quad V_{\min 2, \text{safe}} = 1.2 V_{\min 2} = 1.2(46.8 \text{ m/s}) = 56.2 \text{ m/s} = \mathbf{202 \text{ km/h}}$

因為 1 m/s = 3.6 km/h。注意，使用襟翼允許飛機以相當低的速度起飛和降落，因而可以使用在更短的跑道上。

(b) 當飛機正穩定地巡航於一個固定高度時，升力必須等於飛機的重量，$F_L = W$。於是升力係數為

$$C_L = \frac{F_L}{\frac{1}{2}\rho V^2 A} = \frac{686{,}700 \text{ N}}{\frac{1}{2}(0.312 \text{ kg/m}^3)(155 \text{ m/s})^2(150 \text{ m}^2)}\left(\frac{1 \text{ kg·m/s}^2}{1 \text{ N}}\right) = 1.22$$

對於不帶襟翼的情況，對應於這個 C_L 值的攻角，由圖 11-45 求得為 $\alpha = \mathbf{10°}$。

(c) 當飛機平穩地巡航於一個恆定的高度時，作用在飛機上的淨力是零，因而由引擎所提供的推進力必須等於阻力。對於不帶襟翼的情況，對應於巡航升力係數 1.22 的阻力係數，從圖 11-45 求得為 $C_D \cong 0.03$，於是作用於機翼的阻力變成

$$F_D = C_D A \frac{\rho V^2}{2} = (0.03)(150 \text{ m}^2)\frac{(0.312 \text{ kg/m}^3)(155 \text{ m/s})^2}{2}\left(\frac{1 \text{ kN}}{1000 \text{ kg·m/s}^2}\right)$$

$$= \mathbf{16.9 \text{ kN}}$$

注意，功率是力乘以速度 (每單位時間的距離)，克服這個阻力所需的功率等於推進力乘以巡航速度：

$$\text{功率} = \text{推力} \times \text{速度} = F_D V = (16.9 \text{ kN})(155 \text{ m/s})\left(\frac{1 \text{ kW}}{1 \text{ kN·m/s}}\right)$$

$$= \mathbf{2620 \text{ kW}}$$

因此在巡航過程中，引擎必須提供 2,620 kW 的功率以克服作用於機翼的阻力。對於 30% 的推進效率 (即 30% 燃料的能量被用於推進飛機)，則飛機需要 8,730 kJ/s 的能量輸入率。

討論：求出的功率只用來克服作用在機翼的阻力，並不包括作用於飛機其它部分 (機身、機尾等) 的阻力。因此，在巡航過程中所需的總功率將會遠大於此。此外，它不考慮誘導阻力，在起飛的過程中，當攻角很大時這可是佔有主導地位的 (圖 11-45 是用於 2-D 機翼，並不包含 3-D 效應)。

例題 11-6 旋轉對網球的影響

一個質量 0.0570 kg、直徑 6.37 cm 的網球，以 72 km/h 速率被擊出後以 4800 rpm 逆向旋轉 (圖11-55)。判定球在 1 atm 和 25°C 的空氣中被擊出後，重力與短暫的旋轉產生的升力的綜合效果下，球會落下還是上升。

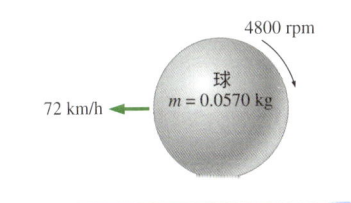

解答：網球以逆向旋轉的方式被擊出。要判定被擊中後球會落下還是上升。

圖 11-55 例題 11-6 的示意圖。

假設：1. 球的表面足夠光滑，以至於圖 11-53 適用 (對網球而言，這是延伸使用)。**2.** 球被水平擊中，使它剛開始是水平運動。

性質：空氣的密度和運動黏度在 1 atm 和 25°C 時為 $\rho = 1.184$ kg/m^3 以及 $\nu = 1.562\times10^{-5}$ m^2/s。

分析：球被水平擊中，因此在沒有旋轉的情況，它在受到重力的影響下通常會落下。逆向旋轉產生升力，如果升力大於球的重量，球會上升。升力由下式確定

$$F_L = C_L A \frac{\rho V^2}{2}$$

其中，A 是球的迎風面積，$A = \pi D^2/4$。球的平移速度與角速度為

$$V = (72 \text{ km/h})\left(\frac{1000 \text{ m}}{1 \text{ km}}\right)\left(\frac{1 \text{ h}}{3600 \text{ s}}\right) = 20 \text{ m/s}$$

$$\omega = (4800 \text{ rev/min})\left(\frac{2\pi \text{ rad}}{1 \text{ rev}}\right)\left(\frac{1 \text{ min}}{60 \text{ s}}\right) = 502 \text{ rad/s}$$

那麼，旋轉的無因次轉動速率為

$$\frac{\omega D}{2V} = \frac{(502 \text{ rad/s})(0.0637 \text{ m})}{2(20 \text{ m/s})} = 0.80 \text{ rad}$$

從圖 11-53，對應於這個值的升力係數是 $C_L = 0.21$。然後作用於球的升力為

$$F_L = (0.21)\frac{\pi(0.0637 \text{ m})^2}{4}\frac{(1.184 \text{ kg/m}^3)(20 \text{ m/s})^2}{2}\left(\frac{1 \text{ N}}{1 \text{ kg·m/s}^2}\right)$$

$$= 0.158 \text{ N}$$

球的重量為

$$W = mg = (0.0570 \text{ kg})(9.81 \text{ m/s}^2)\left(\frac{1 \text{ N}}{1 \text{ kg·m/s}^2}\right) = 0.559 \text{ N}$$

這超過了升力。因此，球將會**落下**，在重力與短暫旋轉產生的升力的綜合效應下產生 $0.559 - 0.158 = 0.401$ N 的淨力。

討論：這個例子說明，給球一個逆向旋轉，球可以被擊得更遠。注意，上旋球有相反的效果 (負升力)，並且加速球掉落至地面。另外，對於這個問題的雷諾數是 8×10^4，這充分地接近 6×10^4，圖 11-53。

也請記住，儘管有些旋轉可以增加球移動的距離，存在一個最佳的旋轉是發射角的函數，現在大多數的高爾夫球員對此越來越清楚。太多的旋轉將引入過多的誘導阻力反而減小距離。

沒有提到威爾伯・萊特 (1867-1912) 和奧維爾・萊特 (1871-1948) 的貢獻，對升力和阻力的討論就不算是完整的。萊特兄弟是歷代真正最令人印象深刻的工程團隊。靠著自學，他們充分了解那個時代的航空理論與實務，並與該領域的其它領導者保持通信，且在專業期刊發表論文。雖然開發升力和阻力的概念不是他們的功勞，但是他們卻實現第一個比空氣重而有動力的、載人的受控飛行 (圖11-56)。

他們成功了，因為他們分別作了評估與設計零件。在萊特兄弟之前，實驗者已建造並測試過整架飛機。直觀地說，這方法無法判斷出要如何使飛機更好。當飛行只持續了片刻，你只能用猜測來找出設計上的弱點。因此，一架新飛機的表現並不一定比它的前輩更好。測試的結果只不過是一連串的機腹朝天。然而萊特兄弟改變了這一切。他們在風洞中使用比例模型以及全尺寸模型，並且實地研究每一個部件。第一個動力飛行器組裝好之前，他們知道支持一架載人飛機的最佳機翼形狀所需的面積，以及用他們的改良螺旋槳提供足夠的推進力所需的引擎馬力。萊特兄弟不僅向世界展示如何飛翔，也告訴工程師如何用本章提供的方程式來設計更好的飛機。

圖 11-56 萊特兄弟在小鷹鎮起飛。
Library of Congress Prints & Photographs Division [LC-DIG-ppprs-00626].

總結

在這一章中，我們研究了流過沉浸體的流體流動，強調產生的升力和阻力。流體可以在物體的不同方向上施加作用力與力矩。流動的流體施加在物體上的力，沿著流動方向的為阻力，而垂直於流動方向的稱為升力。直接來自於壁面切應力 τ_w 的部分的阻力稱為表面摩擦阻力，因為它是由摩擦作用引起的，直接來自於壓力 P 的部分稱為壓力阻力或形狀阻力，因為它對物體的形狀有強烈相依性。

阻力係數 C_D 和升力係數 C_L 是表示一物體的阻力和升力特性的無因次參數，並且被定義為

$$C_D = \frac{F_D}{\frac{1}{2}\rho V^2 A} \quad \text{與} \quad C_L = \frac{F_L}{\frac{1}{2}\rho V^2 A}$$

其中 A 通常是物體的迎風面積 (投影垂直於流動方向的平面上的面積)。對於平板和機翼，A 被取為平面形狀面積，這是一個人從物體正上方所看到的面積。通常，阻力係數取決於雷諾數，特別是在 10^4 以下的雷諾數。在較高雷諾數，許多幾何形狀的阻力係數基本保持不變。

一個物體如果被有意識地嘗試用流場中預期的流線調整其形狀，以減少阻力就說是流線型的。否則，若一個物體 (例如建築物) 傾向阻礙流動，則被稱為非流線型的。在足夠高的速度，流體流動會自物體表面分離。這稱為流動分離。當流體流動從物體分離時，它在物體與流動流體間會形成分離區域。

分離也可能發生在流線型的物體，諸如攻角足夠大的飛機機翼，攻角是流動的流體與弦 (連接鼻端和尾端的線) 間的夾角。在機翼頂面上的流動分離會大幅度減小升力，並可能會導致飛機失速。

一個感受到由流體黏度引起的黏性剪應力的影響的表面上方的流動區域，稱為速度邊界層或是邊界層。邊界層厚度，δ，定義為從表面算起到速度是 $0.99V$ 時的距離。速度 $0.99V$ 的假想線將流過平板的流動分割成兩個區域：邊界層區域，在那裡黏滯效應與速度的變化是顯著的，以及無旋的外部流區域，在那裡摩擦效應可以忽略不計，且速度基本上保持恆定。

對於外流場，雷諾數表示為

$$\text{Re}_L = \frac{\rho V L}{\mu} = \frac{VL}{\nu}$$

其中，V 是上游速度，而 L 是幾何形狀的特徵長度，對平板而言，那是平板的沿流動方向的長度，對於圓柱或球體則為直徑 D。在整個平板上的平均摩擦係數為

層流： $$C_f = \frac{1.33}{\text{Re}_L^{1/2}} \quad \text{Re}_L \lesssim 5 \times 10^5$$

紊流： $$C_f = \frac{0.074}{\text{Re}_L^{1/5}} \quad 5 \times 10^5 \lesssim \text{Re}_L \lesssim 10^7$$

如果小於工程臨界值 $\text{Re}_{cr} = 5 \times 10^5$ 的流場被近似為層流，而超過的是紊流，則整個平板上的平均摩擦係數變成

$$C_f = \frac{0.074}{\text{Re}_L^{1/5}} - \frac{1742}{\text{Re}_L} \quad 5 \times 10^5 \lesssim \text{Re}_L \lesssim 10^7$$

在完全粗糙紊流區域中，平均摩擦係數的實驗數據的曲線擬合為

粗糙表面： $$C_f = \left(1.89 - 1.62 \log \frac{\varepsilon}{L}\right)^{-2.5}$$

其中 ε 是表面粗糙度，而 L 是在流動方向的平板長度。在沒有一個更好的公式下，這個關係式可用在 $\text{Re} > 10^6$，具有粗糙表面的紊流上，特別是當 $\varepsilon/L > 10^{-4}$。

在一般情況下，在紊流中表面粗糙度會使阻力係數增大。然而，對於像是圓柱或球之類的鈍體，表面粗糙度的增加可以降低阻力係數。在較低的雷諾數時，我們藉由激紊的方法將流動變成紊流，因而造成流體收在物體後面，使尾流變窄並大幅降低壓力阻力，來做到這一點。

對機翼而言產生最大的升力及產生小阻力是有需要的。因此，機翼的性能的一個度量是升阻比，C_L/C_D。

飛機的最小安全飛行速度由下式決定：

$$V_{\min} = \sqrt{\frac{2W}{\rho C_{L,\max} A}}$$

對於一個給定的重量，藉由升力係數與機翼面積乘積 $C_{L,\max} A$ 的最大化，可以將降落或起飛速度最小化。

對於飛機機翼及其它有限翼展的翼型體，下表面與上表面之間的壓力差驅動在翼尖的流體向上。這導致迴旋旋渦，稱為翼尖渦旋。與自由流交互作用的翼尖渦旋施加各個方向的作用力於翼尖，包括流動方向。在流動方向的作用力分量加到阻力中，稱為誘導阻力。於是機翼的總阻力為誘導阻力 (3-D 效應) 與機翼剖面的阻力 (2-D 效應) 的總和。

當一個在流場中的圓柱體或球體以足夠高的速率轉動，會產生升力，這種由固體旋轉產生升力現象稱為馬格努斯效應。

一些外部流的流動細節，包含速度場的圖形已用計算流體力學解出，將在第 15 章介紹。

參考資料和建議讀物

1. I. H. Abbott. "The Drag of Two Streamline Bodies as Affected by Protuberances and Appendages," *NACA Report* 451, 1932.
2. I. H. Abbott and A. E. von Doenhoff. *Theory of Wing Sections, Including a Summary of Airfoil Data*. New York: Dover, 1959.
3. I. H. Abbott, A. E. von Doenhoff, and L. S. Stivers. "Summary of Airfoil Data," *NACA Report* 824, Langley Field, VA, 1945.
4. J. D. Anderson. *Fundamentals of Aerodynamics*, 5th ed. New York: McGraw-Hill, 2010.
5. R. D. Blevins. *Applied Fluid Dynamics Handbook*. New York: Van Nostrand Reinhold, 1984.
6. S. W. Churchill and M. Bernstein. "A Correlating Equation for Forced Convection from Gases and Liquids to a Circular Cylinder in Cross Flow," *Journal of Heat Transfer* 99, pp. 300-306, 1977.
7. S. Goldstein. *Modern Developments in Fluid Dynamics*. London: Oxford Press, 1938.
8. J. Happel and H. Brenner. *Low Reynolds Number Hydrodynamics with Special Applications to Particulate Media*. Norwell, MA: Kluwer Academic Publishers, 2003.
9. S. F. Hoerner. *Fluid-Dynamic Drag*. [Published by the author.] Library of Congress No. 64, 1966.
10. J. D. Holmes. *Wind Loading of Structures* 2nd ed. London: Spon Press (Taylor and Francis), 2007.
11. G. M. Homsy, H. Aref, K. S. Breuer, S. Hochgreb, J. R. Koseff, B. R. Munson, K. G. Powell, C. R. Roberston, S. T. Thoroddsen. *Multi-Media Fluid Mechanics* (CD) 2nd ed. Cambridge University Press, 2004.
12. W. H. Hucho. *Aerodynamics of Road Vehicles* 4th ed. London: Butterworth-Heinemann, 1998.
13. H. Schlichting. *Boundary Layer Theory*, 7th ed. New York: McGraw-Hill, 1979.
14. M. Van Dyke. *An Album of Fluid Motion*. Stanford, CA: The Parabolic Press, 1982.
15. J. Vogel. *Life in Moving Fluids*, 2nd ed. Boston: Willard Grand Press, 1994.
16. F. M. White. *Fluid Mechanics*, 7th ed. New York: McGraw-Hill, 2010.

應用聚焦燈 —— 阻力縮減

客座作者：Werner J. A. Dahm，密西根大學

對於作用於航空載具、海軍的水面載具或水下載具上的阻力，僅僅幾個百分比的減少，都能轉化為大量的燃油重量和運行成本的減少，或增加載具的航程與酬載。實現這種阻力縮減的一種方法是，主動地控制在載具表面上的紊流邊界層的黏性次層自然發生的流向旋渦。在任何紊流邊界層底部的薄黏性次層是一個功能強大的非線性系統，能夠將微致動器引起的微擾放大，造成載具阻力大大的縮減。大量的實驗、計算和理論研究已經表明，透過恰當地控制這些次層的結構，壁剪切應力減少 15% 到 25% 是有可能的。我們面臨的挑戰是開發用來操縱這些結構的大型密集的微致動器，以實現在實際航空與水航載具上的阻力縮減 (圖 11-57)。次層的結構通常是幾百個微米，因此非常符合微機電系

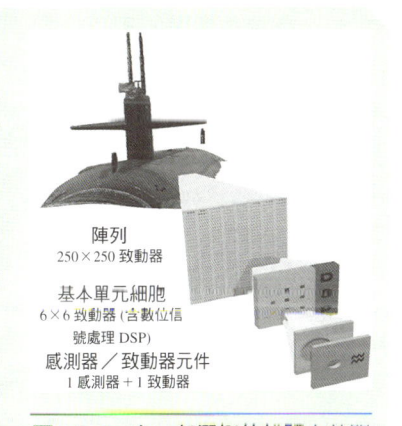

陣列
250×250 致動器

基本單元細胞
6×6 致動器 (含數位信號處理 DSP)

感測器／致動器元件
1 感測器 + 1 致動器

圖 11-57 在一架潛艇的船體上的阻力縮減微致動器陣列。圖中顯示含有感測器與致動器的單元小室像磁磚般排列的系統結構。

統 (MEMS) 的尺度。

圖 11-58 顯示一個基於電動力學原理的微尺度致動器陣列的實例，非常適合於在實際載具的主動次層控制。電動力流動提供一種在非常小的設備上以非常快的時間尺度移動少量流體的方法。致動器以一種抵消次層旋渦的影響的方式脈衝地在壁面與次層間移開固定體積的流體。基於獨立的單元小室系統結構，適合於這種大型微致動器陣列，大大地降低在個別的單元小室中的控制處理要求，小室中含有相對小的數量的個別感測器與致動器。統御電動力流動的比例原理的基本考量，以及次層的結構，動力學與微加工技術，已被用於開發與製造可滿足許多在真實載具的條件下紊流邊界層的主動次層控制需求的全尺寸電動力微致動器陣列。

這樣的微動電致動器 (MEKA) 陣列，當與同樣基於微機電系統製造的壁面剪應力感測器一起製造，可能在未來讓工程師能夠使作用於實際航空和水航載具的阻力獲得可觀的縮減。

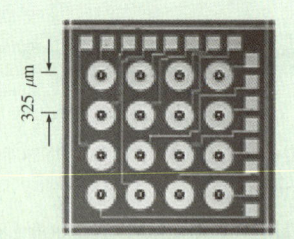

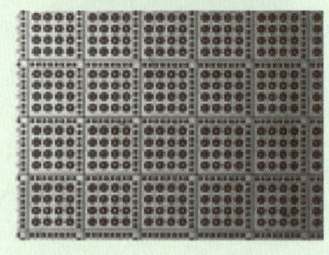

圖 11-58 有 25,600 個 325 μm 間的隔單獨致動器的微動電致動器陣列 (MEKA-5) 作為全尺寸水航阻力縮減。一個單元小室 (上) 的放大圖以及整個陣列的部分圖 (下)。

參考資料：

Diez-Garias, F. J., Dahm, W. J. A., and Paul, P. H., "Microactuator Arrays for Sublayer Control in Turbulent Boundary Layers Using the Electrokinetic Principle," *AIAA Paper No. 2000-0548*, AIAA, Washington, DC, 2000.

Diez, F. J., and Dahm, W. J. A., "Electrokinetic Microactuator Arrays and System Architecture for Active Sublayer Control of Turbulent Boundary Layers," *AIAA Journal*, Vol. 41, pp. 1906–1915, 2003.

習題

阻力、升力和阻力係數

11-1C 考慮流過平板的層流。局部摩擦係數如何隨位置變化？

11-2C 定義在外流場中的物體的迎風面積。什麼時候適合使用迎風面積於阻力與升力的計算？

11-3C 定義外流場中的物體的平面面積。什麼時候適合使用平面面積於阻力與升力的計算？

11-4C 說明什麼時候外流場是二維的、三維及軸對稱的。空氣流過車子是什麼類型的流動？

11-5C 上游速度與自由流速度之間的區別是什麼？對於什麼類型的流動，這兩個速度彼此相等？

11-6C 流線型體與鈍體之間的區別為何？網球是流線型體或鈍體？

11-7C 列舉一些需要大阻力的應用。

11-8C 什麼是阻力？是什麼原因導致的呢？為什麼我們通常試圖將它減到最小呢？

11-9C 什麼是升力？是什麼原因導致的呢？壁面剪力對升力有貢獻嗎？

11-10C 在流過某個物體的流動中，測得阻力、上游速度與流體密度。解釋你將如何決定阻力係數。在你的計算中會使用什麼樣的面積？

11-11C 在流過某個像機翼這樣的細長物體的流動中，測得阻力、上游速度與流體密度。解釋你將如何決定升力係數。在你的計算中會使用什麼樣的面積？

11-12C 什麼是終端速度？它是如何決定？

11-13C 表面摩擦阻力和壓差阻力之間的區別是什麼？何者通常對像機翼這樣的細長物體更為重要？

11-14C 表面粗糙度對層流和紊流的摩擦阻力係數的影響是什麼？

11-15C 流線型化對 (a) 摩擦阻力和 (b) 壓差阻力的影響是什麼？流線型化的結果是否作用在物體上的總阻力必然變小？請解釋。

11-16C 什麼是流動分離？是什麼原因而導致的？流動分離對阻力係數的影響是什麼？

11-17C 什麼是跟車作用？它是如何影響作用於跟車物體的阻力係數？

11-18C 一般情況下，阻力係數是如何隨雷諾數而變動？在 (a) 中低雷諾數時，及 (b) 在高雷諾數 ($Re > 10^4$) 時？

11-19C 整流罩連在一個圓柱形物體的前部和背面，使其看起來更具流線型。這樣的修飾對 (a) 摩擦阻力，(b) 壓力阻力，以及 (c) 總阻力的影響是什麼？兩種情況均假設雷諾數夠高，假使流動是紊流的。

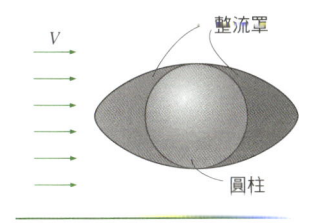

圖 P11-19C

11-20 在 1 atm、25°C 和 90 km/h 的設計條件下，在大型風洞中以全尺寸試驗的方式由實驗確定一輛車的阻力係數。這輛車的高度和寬度分別為 1.25 m、1.65 m。如果作用於汽車的水平力測量為 220 N，求這輛車的總阻力係數。(Answer: 0.29)

11-21 作用在物體上的壓力和壁面剪切力的合力經測量為 580 N，與流動的方向成 35° 角。求作用於物體的阻力和升力。

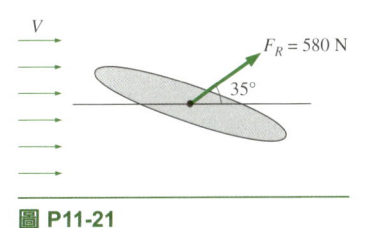

圖 P11-21

11-22 在高雷諾數實驗時，在 1 atm 及 5°C 的空氣流動中，作用於直徑 $D = 12$ cm 的球體的總阻力經測定為 5.2 N。作用於物體的壓力阻力是由積分壓力分佈 (藉由遍佈表面的壓力感測器的使用測得) 計算為 4.9 N。求球體的摩擦阻力係數。(Answer: 0.0115)

11-23 一輛車正以 110 km/h 的等速度移動。求使用於流體流動分析的上游速度，假如 (a) 空氣很平靜，(b) 風以 30 km/h 逆著車子的運動方向吹，以及 (c) 風以 30 km/h 順著車子的運動方向吹。

11-24 一個直徑為 50 cm 的圓形號誌，在 10°C、100 kPa 下，受到速度高達 150 km/h 的風正面吹過來，求作用在號誌的阻力。若從地面到號誌底部的高度為 1.5 m，求號誌桿底部承受的彎曲力矩。不考慮桿子的阻力。

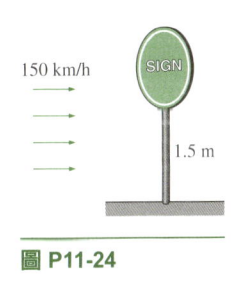

圖 P11-24

11-25 比爾找到送披薩的工作。披薩公司讓他在車頂上安裝一個標誌。該標誌的迎風面積為 $A = 0.0569 \text{ m}^2$，他估計在接近全速行駛時的阻力係數為 $C_D = 0.94$。與沒有標誌相比，估計比爾在車頂安裝這個標誌每年要額外多付多少錢在開車的燃料上。使用以下附加資訊：他每年開車約 16,000 km，平均速率 72 km/h。整部車子的效率是 0.332，$\rho_{燃料} = 804 \text{ kg/m}^3$，而燃料的熱值是 45,700 kJ/kg。燃料成本為每公升 0.925 美元。使用標準的空氣性質。留意單位換算。

11-26 計程車攜帶廣告招牌以增加額外的收入，但同時也增加了燃料成本。考慮裝在計程車車頂上的一個 0.30 m 高、0.9 m 寬及 0.9 m 長的矩形塊狀招牌，使得招牌的四個面有 0.3 m × 0.9 m 的迎風面積。求這部計程車因為這個招牌全年增加的燃料成本。假設計程車每年以平均速度 50 km/h 行駛 60,000 km，而引擎的整體效率是 28%。汽油的密度、單價和熱值分別取 0.72 kg/L、$1.10/L 及 42,000 kJ/kg。空氣的密度為 1.25 kg/m³。

圖 P11-26

11-27 以高速公路速率行駛，汽車引擎產生的動力有一半是用來克服氣動阻力，因此燃料消耗幾乎正比於平路的阻力。若一個人平常以 90 km/h 駕駛，現在開始以 120 km/h 駕駛時，求汽車單位時間內燃料消耗增加的比例。

11-28 潛艇可以被視為一個直徑 5 m、長度 25 m 的橢圓體。這艘潛艇以 40 km/h 水平穩定地在密度 1,025 kg/m³ 的海水中巡航，求所需的功率。另外，若在密度為 1.30 kg/m³ 的空氣中拖這艘潛艇，也求所需的功率。這兩種情況均假設流動是紊流。

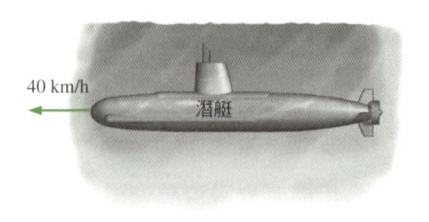

圖 P11-28

11-29 風負載是在廣告牌的支撐結構設計中的首要考慮因素，從許多廣告牌在強風下被吹倒就可以為證。求以 90 km/h 垂直作用在 3.7 m 高、6 m 寬的廣告牌的風力，大氣的條件為 98 kPa 以及 5°C。
(Answer: 17,000 N)

11-30 在大風暴時，像露營車及拖車這樣較高的車輛可能被甩出路面而飛離軌道，尤其當它們是空的且位於空曠地方時。考慮一個 5,000 kg、9 m 長、2.5 m 高及 2 m 寬的拖車。車的底部與路面之間的距離為 0.75 m。現在拖車暴露在側面吹來的風中。求將拖車翻倒到一邊的風速。空氣密度取 1.1 kg/m³，並假設重量均勻地分佈。

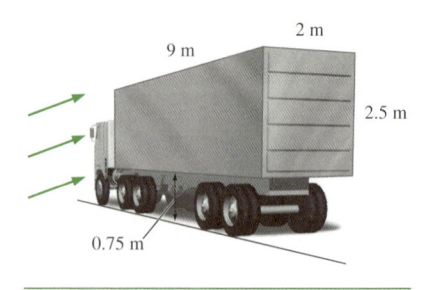

圖 P11-30

11-31 一個 70 kg 的腳踏車騎士騎自行車下坡，在坡度 8° 的路上，沒有踩踏板或煞車。腳踏車騎士做直立姿勢時的迎風面積為

0.45 m² 且阻力係數 1.1，做賽車姿勢時的迎風面積為 0.4 m² 且阻力係數 0.9，不算滾動阻力和軸承摩擦，求騎車處於兩種姿勢時的終端速度。空氣密度為 1.25 kg/m³。(Answer: 70 km/h, 82 km/h)

11-32 風力渦輪機有兩個或四個空心半球杯連接到一個樞軸，通常是用來測量風速。考慮風力渦輪機具有 4 個直徑 8 cm、中心到中心的距離為 40 cm 的杯子，如圖 P11-32。樞軸因為某種故障造成卡死，杯子停止轉動。對於 15 m/s 的風速且密度 1.25 kg/m³ 的空氣，求渦輪機作用於樞軸的最大扭矩。

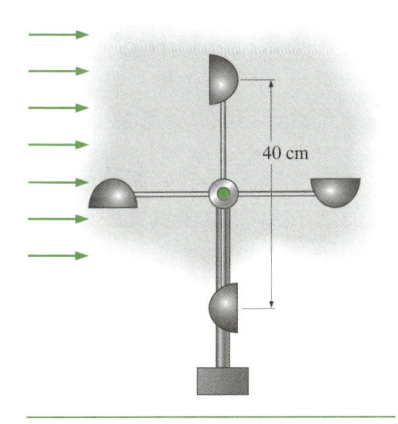

圖 P11-32

11-33 重新考慮習題 11-32。使用 EES (或其它)軟體，探討風速對作用於樞軸的扭矩的影響。讓風速度從 0 到 50 m/s 以 5 m/s 的增量變化。將結果製表並繪圖。

11-34 車輛在平路穩定運動時，傳遞給車輪的動力用於克服氣動阻力和滾動阻力 (滾動阻力係數和車輛重量的乘積)，假設在車輪軸承的摩擦是可忽略的。考慮一輛總質量 950 kg 的車輛，阻力係數 0.32，迎風面積 1.8 m²，並且滾動阻力係數 0.04。引擎所能提供給車輪的最大功率為 80 kW。求 (a) 在該滾動阻力等於氣動阻力時的速率，以及 (b) 此車的最大速率。空氣密度取 1.20 kg/m³。

11-35 重新考慮習題 11-34。使用 EES (或其它)軟體，探討車速對克服 (a) 滾動阻力，(b) 氣動阻力，及 (c) 其綜合效應所需要的功率的影響。讓汽車的速度從 0 到 150 km/h 以 15 km/h 的增量遞增。將結果製表並繪圖。

11-36 蘇茜喜歡駕駛她裝有愚蠢的太陽球汽車天線的車子兜風。球的迎風面積為 $A = 2.08 \times 10^{-3}$ m²。由於天然氣價格的上漲，她的丈夫擔心因為球上的額外阻力會浪費燃料。他在他大學的風洞中進行一個快速測試，並且測量在空氣幾乎以全速流動的情況下，阻力係數為 $C_D = 0.87$。估計在她的天線多了這個球，每年浪費多少公升的燃料。使用以下附加資訊：她每年以平均時速 20.8 m/s 行駛約 15,000 km。車子整體效率是 0.312，$\rho_{燃料} = 0.802$ kg/L，並且燃料的熱值是 44,020 kJ/kg。使用標準的空氣性質。被浪費的燃料量很顯著嗎？

圖 P11-36
Photo by Suzanne Cimbala.

11-37 一個直徑 0.90 m、高 1.1 m 的垃圾桶在早晨被發現由於夜間強風而吹倒。假設垃圾的平均密度為 150 kg/m³，並取空氣密度為 1.25 kg/m³，估計在夜間讓垃圾桶被吹倒的風速。垃圾桶的阻力係數取為 0.7。(Answer: 159 km/h)

11-38 一個直徑 6 mm、密度 1,150 kg/m³ 的塑

膠球，落入 20°C 的水中，求球在水中的終端速度。

11-39 一個直徑 7 m、總質量 350 kg 的熱氣球在無風的日子裡於空氣中靜止不動，突然該氣球受到 40 km/h 的風的作用，求氣球在水平方向的初始加速度。

11-40 當車輛窗戶搖下或頂篷被打開時，其阻力係數增加。一款跑車當車窗和頂篷窗關閉時，有 1.7 m² 的迎風面積和 0.32 的阻力係數。當頂篷打開時，阻力係數增加至 0.41。求在車速 (a) 55 km/h，(b) 110 km/h 時，打開頂篷，汽車的額外功率消耗。空氣密度為 1.2 kg/m³。

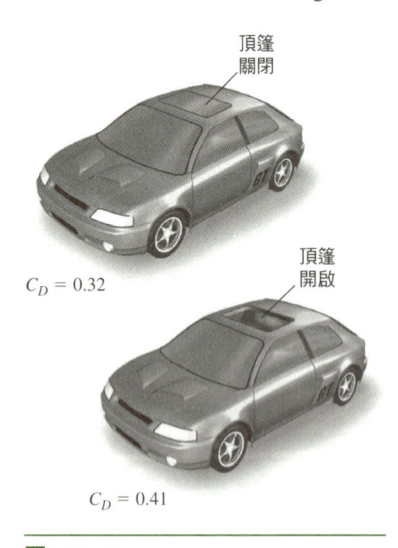

圖 P11-40

11-41 為了減少阻力係數，從而提高汽車的燃料效率，近數十年來側後視鏡的設計從簡單的圓板到流線型的形狀發生巨大改變。求將一個 13 cm 直徑的平面後視鏡更換成一個有球形背面的後視鏡 (如圖所示)，每年節省燃料的量和金錢。假設汽車一年以 95 km/h 的平均速度行駛約 24,000 km。汽油的密度和價格分別為 0.75 kg/L 和 \$0.90/L；汽油的熱值為 44,000 kJ/kg；引擎的整體效率為 30%。

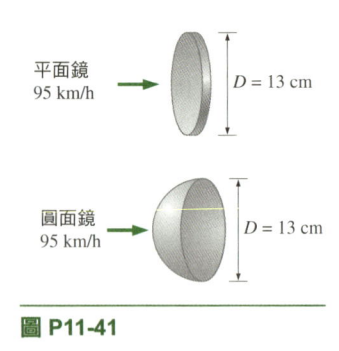

圖 P11-41

流過平板的流動

11-42C 在流過平板的流動中平均摩擦係數是如何確定的？

11-43C 什麼流體性質與速度邊界層發展有關？速度在邊界層的厚度的影響是什麼？

11-44C 在流過平板的流動中，摩擦係數代表什麼？它是如何跟作用於平板的阻力相關聯？

11-45 考慮流過在平板的流體的層流流動。現在流體的自由流速度變成三倍。求在平板上阻力的變化。假設流動保持層流。
(Answer: 增加 5.20 倍)

11-46 在科羅拉多州丹佛市 (海拔 1,610 m) 當地大氣壓力為 83.4 kPa。在此壓力下及 25°C 的空氣以 9 m/s 的速度流過 2.5 m×5 m 的平板。求作用於平板頂面的阻力，假如空氣流動平行於 (a) 5 m 長的那一側，(b) 2.5 m 長的那一側。

11-47 以 95 km/h 移動的火車乘客車廂的頂面時為 2.1 m 寬、8 m 長。如果室外空氣是 1 atm 與 25°C，求作用在車廂的頂部表面的阻力。

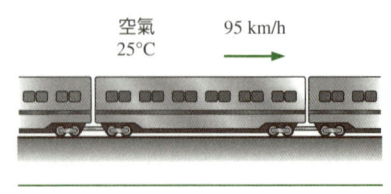

圖 P11-47

11-48 塑膠工廠的成形段以 18 m/min 的速率生

產 1.2 m 寬、2 mm 厚的連續塑料片材。片材的頂面和底面受到空氣以 4 m/s 的速度垂直於片材的運動方向。空氣冷卻段的寬度使塑膠片的一個固定點能在 2 s 內通過該段。使用在 1 atm 與 60°C 的空氣性質，求空氣施加在塑膠片上沿氣流的方向的阻力。

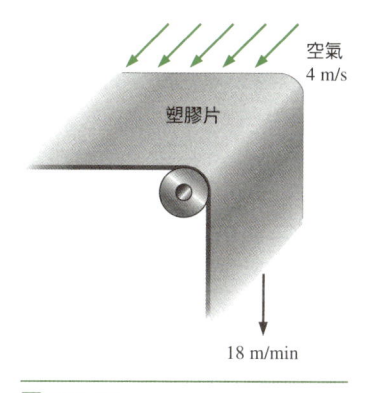

圖 P11-48

11-49 在 20°C 的輕油以 2 m/s 的自由流速度流過一個 4.5 m 長的平板。求每單位板寬的總阻力。

11-50 考慮一輛冷藏車在空氣為 1 atm 與 25°C 的位置處以 105 km/h 行駛。冷藏車的冷藏室為 2.7 m 寬、2.4 m 高和 6 m 長的矩形車廂。假設在整個外表面上的氣流為紊流且服貼 (無流動分離)，求作用在頂表面和側表面上的阻力，以及克服這個阻力所需功率。

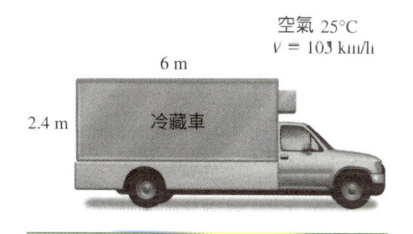

圖 P11-50

11-51 重新考慮習題 11-50。使用 EES (或其它) 軟體，研究車速對作用在頂表面和側表面上總阻力的影響，以及克服它所需功率。令車速範圍從 0 到 150 km 以 10 km/h 的增量變動，將結果製表並繪圖。

11-52 空氣在 25°C 和 1 atm 時以 8 m/s 的速度流過一長平板。求從平板的前邊緣算起的距離，在那裡流動變成紊流，並求出在該位置的邊界層的厚度。

11-53 重做習題 11-52，空氣更換為水。

11-54 在冬天，風力以 55 km/s，在 5°C 和 1 atm，平行吹向 4 m 高、10 m 長的房子牆面。牆面近似光滑，求作用於牆面的摩擦阻力。假如風速增加一倍，你的答案會是什麼？將流過側牆表面的流動視為流過平板的流動有多實際？

(Answers: 16 N, 58 N)

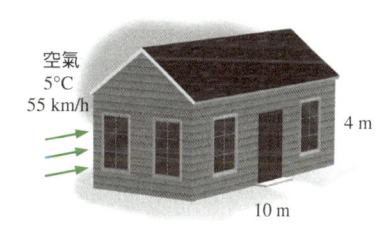

圖 P11-54

11-55 大小 50 cm×50 cm 的薄平板的重量在天秤上與質量為 2 kg 的秤錘達成平衡，如圖 P11-55 所示。現在打開一個風扇，1 atm 和 25°C 的空氣以 10 m/s 的速度向下流動通過平板的兩側 (在圖中的正面和背面)，求在這種情況下為了平衡平板所需添加的秤錘質量。

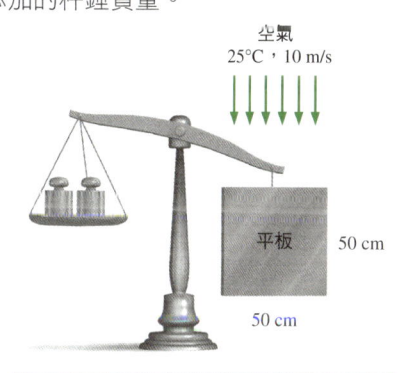

圖 P11-55

流過圓柱體或球體的流動

11-56C 為什麼當邊界層為紊流時，會發生流過圓柱體的流動的分離延遲？

11-57C 在流過諸如圓柱這樣的鈍體的流動，如何區別摩擦阻力與壓力阻力？

11-58C 在流過如圓柱的流動，為什麼當邊界層變成紊流時，阻力係數突然下降？紊流不是應該增加阻力係數而非降低嗎？

11-59 一個直徑 0.1 mm、密度 2.1 g/cm^3 的灰塵被觀察到懸浮在 1 atm 與 25°C 的空氣中的某一定點。估計在該位置的空氣運動的上升氣流速度。假設斯托克斯定律是適用的。這是一個有效的假設嗎？
(Answer: 0.62 m/s)

11-60 一個直徑 5 cm 的長蒸氣管穿過一些地區開放到風中。求作用於每單位長度蒸氣管上的阻力，當空氣是在 1 atm 與 10°C 而風力以 50 km/h 的速度吹過蒸氣管。

11-61 考慮在 1 atm 與 5°C 的大氣中自由下落的直徑 0.8 cm 的冰雹。求冰雹的終端速度。冰雹的密度為 910 kg/m^3。

11-62 一個外徑 3 cm 的管橫跨一段 30 m 的河流，並完全浸泡在水中。水的平均流速為 3 m/s，其溫度為 20°C。求河流施加於管上的阻力。(Answer: 4,450 N)

11-63 直徑 0.06 mm，密度 1.6 g/cm^3 的塵粒在大風中為不安定的，並且被風往上吹，上升到 200 m 的高度才安定下來。估計在 1 atm 和 30°C 的靜止空氣中，要花多久的時間灰塵顆粒才會落回到地面以及它的速度。不管塵埃粒子加速到其終端速度前的那段初始暫態期間，並假設斯托克斯定律是適用的。

11-64 一個長 2 m、直徑 0.2 m 的圓柱形松木塊 (密度 = 513 kg/m^3) 用起重機懸掛在水平位置。木塊受阻於 40 km/h、5°C、88 kPa 的垂直風力。無視纜繩的重量及其阻力，求纜繩與水平的夾角 θ 以及纜繩上的張力。

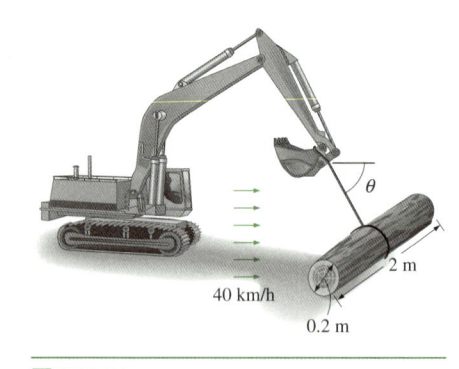

圖 P11-64

11-65 一條直徑 6 mm 的電力傳輸線暴露在起風的空氣中。在有風的日子裡，求施加於一段長 160 m 的導線上的阻力，當空氣在 1 atm 與 15°C 時，並且風以 65 km/h 時吹過傳輸線。

11-66 在科學館中的一個受歡迎的產品是被向上噴氣所懸浮的乒乓球。當用手指將球推到氣流邊，球總會回到中心，孩子被這現象逗得非常快樂。用伯努利方程式解釋這一現象。並求空氣的速度，如果球的質量為 3.1 g，直徑 4.2 cm。假設空氣是在 1 atm 和 25°C。

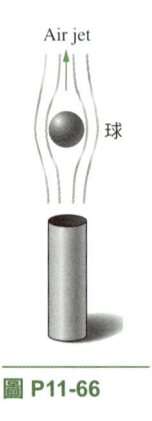

圖 P11-66

升力

11-67C 為什麼對於機翼而言，黏滯效應對升力的貢獻通常可以忽略不計？

11-68C 空氣以 5° 的攻角流過對稱機翼。作用於機翼的 (a) 升力與 (b) 阻力是零，還是非零？

11-69C 什麼是失速？是什麼原因導致機翼失速？為什麼商用飛機不准在接近失速的條件下飛行？

11-70C 空氣以零攻角流過非對稱機翼。作用於機翼的 (a) 升力與 (b) 阻力是零，還是非零？

11-71C 空氣以零攻角流過對稱機翼。作用於機翼的 (a) 升力與 (b) 阻力是零，還是非零？

11-72C 一機翼的升力與阻力均隨著攻角的增加而遞增。在一般情況下，對於升力或阻力，何者以更高的速率增加？

11-73C 為什麼在起飛與著陸時，襟翼被用於大型飛機機翼的前緣和尾緣？沒有它們，飛機可以起飛或降落嗎？

11-74C 空氣流經球體。施加在球上的升力是零還是非零？假如球在旋轉，回答同樣的問題。

11-75C 翼尖渦流 (從機翼到下部到上部的空氣環流) 對阻力和升力的影響是什麼？

11-76C 什麼是機翼上的誘導阻力？誘導阻力可以藉由長且窄的機翼或短且寬的機翼的使用被最小化嗎？

11-77C 解釋為什麼終板或小翼會被添加到一些飛機機翼。

11-78C 襟翼如何影響機翼的升力和阻力？

11-79 小型飛機在起飛設定時，有 35 m^2、升力係數 0.45 的機翼，以及 4000 kg 的總質量。求 (a) 這架飛機在標準大氣條件下的海平面處的起飛速度，(b) 機翼荷重，以及 (c) 保持以 300 km/h 的恆定速度巡航，巡航阻力係數 0.035，所需要的功率。

11-80 考慮一架滿載時起飛速率 260 km/h 的飛機。如果因為超載的結果而使飛機的重量增加 10%，求超載的飛機的起飛速率。(Answer: 273 km/h)

11-81 考慮一架起飛速度 220 km/h 的飛機，並且在海平面上起飛需要 15 s。對於機場在海拔 1,600 m 處 (如丹佛市)，求這架飛機所需的 (a) 起飛速度，(b) 起飛時間，和 (c) 額外的跑道長度。兩種情況均假設為等加速度。

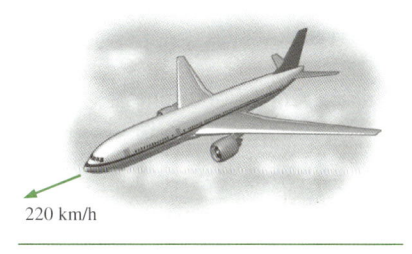

圖 P11-81

11-82 一架飛機在 3000 m 的固定高度以等速巡航時，以 20 L/min 的速率消耗燃料。假設阻力係數和引擎效率保持不變，求在高度 9000 m 以同一速度巡航時燃料消耗的速率。

11-83 當巨型噴氣式飛機滿載著 400 多名乘客時的重量約 400,000 kg，且以 250 km/h 的速度起飛。求當飛機上有 100 個空位時的起飛速度。假設每位乘客連同行李為 140 kg，機翼和襟翼設定保持不變。(Answer: 246 km/h)

11-84 重做習題 11-83。使用 EES (或其它) 軟體，研究乘客數對飛機的起飛速度的影響。乘客數從 0 到 500 人，以 50 人為增量變動，將結果製表並繪圖。

11-85 質量為 57 g，直徑 6.4 cm 的網球以 105 km/s 的初速及 4200 rpm 的逆向旋轉角速度擊出。在重力與升力的組合效應下，由於擊出後短暫的旋轉，確定球是落下抑或上升？假設空氣是在 1 atm 和

25°C。

圖 P11-85

11-86 直徑 6.1 cm 以 500 rpm 旋轉的光滑球掉入 15°C 以 1.2 m/s 速率流動的水流中。當球第一次掉入水中時，求作用在球上的升力和阻力。

11-87 NACA 64(1)-412 機翼在 0° 攻角時具有 50 的升阻比，如圖 11-43 所示。在什麼樣的攻角時，此比率會增大到 80？

11-88 考慮總重量 11,000 N 與機翼面積 39 m² 的輕型飛機，其機翼類似無襟翼的 NACA 23012 機翼。使用圖 11-45 的數據，確定在海平面以 5° 攻角起飛的速度，並決定失速速度。
(Answer: 99.7 km/h, 62.7 km/h)

11-89 一架小型飛機擁有 1,800 kg 的總質量以及 42 m² 的機翼。當這架飛機以等速度 280 km/h 在 4000 m 的高空巡航，並且產生 190 kW 的功率時，求升力和阻力係數。

11-90 一架飛機有 50,000 kg 的質量、300 m² 的機翼、3.2 的最大升力係數以及在 12,000 m 的高度、0.03 的巡航阻力係數。求 (a) 在海平面上的起飛速度，假設它比失速速度高 20%，以及 (b) 要以 700 km/h 的速度巡航必須提供的引擎推進力。

複習題

11-91 考慮一艘可以近似為一個直徑 3 m、長 8 m 的橢圓體飛船，並且與地面連接。在無風的日子，由於淨浮力效應的繩索張力經測定為 120 N。求當有 50 km/h 的風沿著飛船 (平行於飛船的軸) 吹時，繩索的張力。

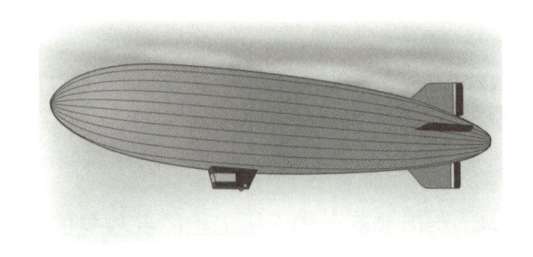

圖 P11-91

11-92 一個外徑 1.2 m 的球形水槽位於 1 atm 與 25°C 的戶外，受到 48 km/h 的風的作用。求風施加於其上的阻力。
(Answer: 16.7 N)

11-93 一個高 2 m、寬 4 m 的長方形廣告板，用兩個直徑 5 cm、高 4 m (露出部分) 的圓柱固定在寬 4 m、高 0.15 m 的矩形混凝土塊 (密度 = 2300 kg/m³) 上，如圖 P11-93 所示。如果該標誌要能承受速率 150 km/h 來自任意方向的風，求 (a) 面板上的最大阻力，(b) 作用在圓柱的阻力，以

圖 P11-93

第 11 章　外流場：阻力與升力　**711**

及 (c) 使廣告板能抵禦大風的混凝土塊的最小長度 L。空氣的密度為 1.30 kg/m^3。

11-94 底面可近似為寬 1.5 m、長 2 m 的平坦表面的塑膠船以達到 45 km/h 的速率移動通過 15°C 的水。求水作用在船的摩擦阻力以及克服它所需功率。

圖 P11-94

11-95 重新考慮習題 11-94。使用 EES (或其它) 軟體，研究船的速度對作用在船的底面的阻力的影響，以及克服它所需功率。讓船的速度從 0 變化到 100 km/h，以 10 km/h 的增量遞增。將結果製表並繪圖。

11-96 一個工廠的圓柱形煙囪，外徑 1.1 m、高 20 m。當風以 110 km/h 的速率吹過時，求煙囪底部的彎曲力矩。大氣條件為 20°C 和 1 atm。

11-97 一架商業飛機的總質量為 70,000 kg，機翼面積 170 m²。這架飛機有 900 km/h 的巡航速度及 11,500 m 的巡航高度，在那裡空氣的密度為 0.333 kg/m^3。這架飛機有雙縫襟翼用於起飛和著陸，但巡航時收回所有襟翼。假設機翼的升力和阻力特性可以近似 NACA 23012。求 (a) 起飛和著陸時有張開襟翼與沒有張開襟翼的最小安全速度，(b) 穩定地在巡航高度巡航的攻角，以及 (c) 所需補充以提供足夠的推力來克服阻力的動力。空氣密度為 1.2 kg/m^3。

11-98 一種汽車引擎可以近似為一個高 0.4 m、寬 0.60 m、長 0.7 m 的矩形塊。周圍的空氣是在 1 atm 與 15°C。當車子以 120 km/h 的速度行駛時，求作用於引擎塊底面上的阻力。假設在整個表面上流動是紊流，因為引擎塊的不斷攪動之故。
(Answer: 1.22 N)

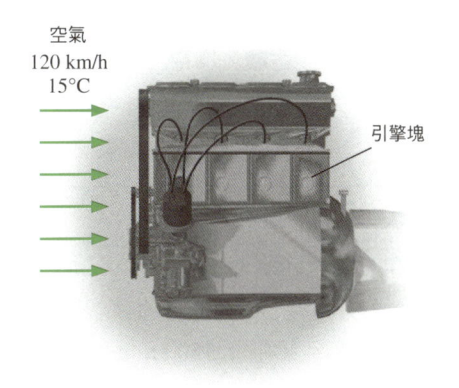

圖 P11-98

11-99 傘兵和直徑 8 m 降落傘的重量為 950 N。取平均空氣密度為 1.2 kg/m^3，求傘兵的終端速度。(Answer: 4.9 m/s)

圖 P11-99

11-100 假定置於車頂的長 3 m、直徑 0.5 m 的圓筒形水槽就能滿足一輛休旅房車的用水需求。求 80 km/h 的速度行駛房車的額外功率需求，當水槽的圓形表面採 (a) 前

後安裝 (如圖所繪)，(b) 側邊安裝。假設大氣條件是 87 kPa，20°C。

(Answer: (a) 1.05 kW, (b) 6.77 kW)

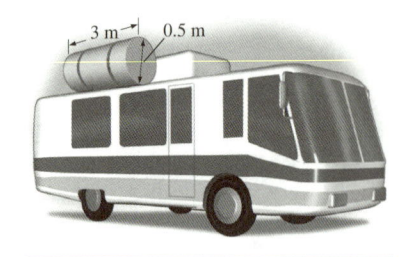

圖 P11-100

11-101 在一般的打擊，一個直徑 9 cm 的平滑運動球速度為 36 km/h。假使球在 1 atm 和 25°C 的空氣中作 3500 rpm 的旋轉，求阻力係數增量的百分比。

11-102 以 25 cm 的間隔計算通過長 2.5 m 平板的流動邊界層厚度，繪製在 1 atm、20°C 的 (a) 空氣，(b) 水，以及 (c) 機油通過平板的流動邊界層，假設在上游速度為 3 m/s。

11-103 17,000 kg 拖車具有迎風面積 9.2 m^2，阻力係數 0.96，滾動阻力係數 0.05 (車輛的重量乘以滾動阻力係數給出滾動阻力)，350 N 的軸承摩擦阻力及 110 km/h 的最大速率在平靜的天氣裡穩定地行駛於平路，空氣密度為 1.25 kg/m^3。現在整流罩安裝在拖車的前方以抑制流體分離，並讓頂表面更接近流場的流線，阻力係數因而降到 0.76。求用了這個整流罩後，拖車的最大速度。

(Answer: 133 km/h)

11-104 珍妮喜歡駕駛她那輛裝有網球天線的車子。球的直徑為 $D = 6.65$ cm 且其等效粗糙度因子為 $\varepsilon/D = 1.5 \times 10^{-3}$。朋友告訴她，她是在浪費汽油，因為球上有附加阻力。估計她駕駛著這輛有網球天線的車子，每年會浪費多少錢 (美元)。使用以下附加資訊：她大部分在高速公路上開車，以 90 km/h 的平均速率每年約行駛 25,000 km。車的整體效率是 0.308，$\rho_{燃料} = 804$ kg/m^3，燃料的熱值為 43,900 kJ/kg。燃料費用每公升 $1.06。使用標準空氣性質。請注意單位轉換。珍妮應該移除網球嗎？

圖 P11-104
Photo by John M. Cimbala.

11-105 在一個實驗中，三個鋁球 ($\rho_s = 2600$ kg/m^3) 直徑分別為 2、4 及 10 mm，被丟進到一個充滿 22°C 的甘油 ($\rho_f = 1274$ kg/m^3，$\mu = 1$ kg/m·s) 的罐子中。球的終端沉降速度經測定，分別為 3.2、12.8 及 60.4 mm/s。將這些值與用阻力的斯托克斯定律 $F_D = 3\pi\mu DV$ 預測的速度作比較，對非常低的雷諾數 (Re $\ll$ 1)，哪一個有效？求每一個案例的誤差，並評估斯托克斯定律的準確性。

11-106 重做習題11-105，這次考慮更一般形式的斯托克斯定律，表示為 $Fv_D = 3\pi\mu DV + (9\pi/16)\rho V^2 D^2$，其中 ρ 為流體密度。

11-107 直徑 $D = 2$ mm、$\rho_s = 2700$ kg/m^3 的小鋁球被放入一個充滿著 40°C 的油 ($\rho_f = 876$ kg/m^3、$\mu = 0.2177$ kg/m·s) 的大容器中。如預料中雷諾數很小，因此阻力的斯托克斯定律 $F_D = 3\pi\mu DV$ 適用。證明速度隨時間的變化可表示為 $V = (a/b)(1 - e^{-bt})$，其中 $a = g(1 - \rho_f/\rho_s)$ 以及 $b = 18\mu/(\rho_s D^2)$。將速度隨時間的變化作圖，並計算出球達到 99% 的終端速度時

所花的時間。

11-108 機油在 40°C 以 6 m/s 的速度流過長平板。求自平板前緣算起流動變成紊流時的距離 x_{cr}，計算跨越 $2x_{cr}$ 的長度的邊界層厚度，並將之繪圖。

11-109 藉由將一個球形物體丟入流體中，並測量物體的終端速度體，我們可以用斯托克斯定律來求流體的黏度。當曲線變成線性時，這可以經由行進距離對時間的作圖與觀察做到。在這樣的實驗中，直徑 3 mm 的玻璃球 (ρ = 2500 kg/m^3) 落入密度為 875 kg/m^3 的流體中，並且終端速度經測量為 0.12 m/s。不考慮壁面的影響，求流體的黏度。

圖 P11-109

基礎工程學 (FE) 試題

11-110 哪些量與流體流過物體的物理現象有關？
 I. 作用於汽車的阻力
 II. 飛機機翼所發展出的升力
 III. 雨或雪的上升氣流
 IV. 風力渦輪機產生的電力
 (a) I 和 II
 (b) I 和 III
 (c) II 和 III
 (d) I、II 和 III
 (e) I、II、III 和 IV

11-111 壓力與壁面剪力在垂直流動方向之分量總和稱為
 (a) 阻力
 (b) 摩擦力
 (c) 升力
 (d) 懸崖力
 (e) 鈍力

11-112 一輛汽車正以 70 km/h 的速度在 20°C 的空氣中行駛。汽車的迎風面積為 2.4 m^2。如果沿流動方向作用在車上的阻力是 205 N 時，汽車的阻力係數是
 (a) 0.312
 (b) 0.337
 (c) 0.354
 (d) 0.375
 (e) 0.391

11-113 某人以 110 km/h 的速度駕駛摩托車，空氣的溫度為 20°C。摩托車與駕駛的迎風面積為 0.75 m^2。如果在這些條件下的阻力係數經估計為 0.90，沿流動方向作用在車上的阻力是
 (a) 379 N
 (b) 220 N
 (c) 283 N
 (d) 308 N
 (e) 450 N

11-114 汽車製造商經由一些形狀的改良與設計的結果將車子的阻力係數從 0.38 降低到 0.33。平均而言，如果氣動阻力佔燃料消耗的 20%，由於減少了阻力係數，車子的燃料消耗減少的百分比為
 (a) 15%
 (b) 13%
 (c) 6.6%
 (d) 2.6%
 (e) 1.3%

11-115 跟在物體之後感受到物體影響的流動區域被稱為
 (a) 尾流
 (b) 分離區域

(c) 失速
(d) 旋渦
(e) 無旋的

11-116 紊流邊界層可以被視為包含四個區域。下面選項何者不是其中之一？
(a) 緩衝層
(b) 重疊層
(c) 過渡層
(d) 黏滯層
(e) 紊流層

11-117 10°C 的水以 0.55 m/s 的速度流過一個長 1.1 m 的平板。如果該板的寬度是 2.5 m，計算作用於平板頂側的阻力。（在 10°C 水的性質為：$\rho = 999.7$ kg/m³、$\mu = 1.307 \times 10^{-3}$ kg/m·s。）
(a) 0.46 N
(b) 0.81 N
(c) 2.75 N
(d) 4.16 N
(e) 6.32 N

11-118 10°C 的水以 1.15 m/s 的速度流過一個長 3.75 m 的平板。如果該板的寬度是 6.5 m，計算整個板塊平均摩擦係數。（在 10°C 水的性質為：$\rho = 999.7$ kg/m³、$\mu = 1.307 \times 10^{-3}$ kg/m·s。）
(a) 0.00508
(b) 0.00447
(c) 0.00302
(d) 0.00367
(e) 0.00315

11-119 空氣在 30°C 以 6m/s 的速度流過外徑 3.0 cm、長 45 m 的管道。計算空氣施加在管道的阻力。（在 30°C 空氣性質為：$\rho = 1.164$ kg/m³、$\nu = 1.608 \times 10^{-5}$ m²/s。）
(a) 19.3 N
(b) 36.8 N
(c) 49.3 N
(d) 53.9 N

(e) 60.1 N

11-120 外徑 0.8 m 的球形槽完全淹沒在速度 2.5 m/s 的流動水流中。計算作用於槽上的阻力。（水的性質為：$\rho = 998.0$ kg/m³、$\mu = 1.002 \times 10^{-3}$ kg/m·s。）
(a) 878 N
(b) 627 N
(c) 545 N
(d) 356 N
(e) 220 N

11-121 一架飛機總質量 18,000 kg，機翼的平面面積 35 m²。在地面上的空氣的密度是 1.2 kg/m³。最大升力係數為 3.48。當襟翼展開時，起飛和著陸的最小安全速度為
(a) 305 km/h
(b) 173 km/h
(c) 194 km/h
(d) 212 km/h
(e) 246 km/h

11-122 一架飛機有 35,000 kg 的總質量及 65 m² 的機翼平面面積。飛機以 1100 km/h 的速度巡航於 10,000 m 的高空。在巡航高度的空氣密度為 0.414 kg/m³。這架飛機在巡航高度的升力係數為
(a) 0.273
(b) 0.290
(c) 0.456
(d) 0.874
(e) 1.22

11-123 一架飛機以速度 800 km/h 的速度在密度是 0.526 kg/m³ 的空氣中巡航。飛機有 90 m² 的機翼平面面積。在巡航條件下，升力和阻力係數估計分別為 2.0 和 0.06。提供足夠的推進力，以克服機翼阻力所需要的功率為
(a) 9,760 kW
(b) 11,300 kW

(c) 15,600 kW
(d) 18,200 kW
(e) 22,600 kW

設計與小論文題

11-124 書寫一份關於降低汽車阻力係數的發展史報告,並且從汽車製造商的產品目錄或網際網路上取得某些新近車款的阻力係數數據。

11-125 書寫一份關於用於大型商用飛機機翼的前端與後端襟翼的報告。討論在起飛及著地時,襟翼如何影響阻力和升力係數。

11-126 大商用飛機巡航於高空 (高達約 12,000 m) 以節省燃料。討論如何在高空飛行並節省燃料,也討論為什麼小型飛機飛在相對較低的高度。

11-127 許多司機關掉他們的空調,並搖下車窗,希望節省燃料。但有一種說法是,這種看起來好像 "免費的冷氣" 實際上卻增加某些汽車的燃料消耗。研究這件事並寫一份關於哪種作法在什麼條件下節省汽油的報告。

Chapter 12

可壓縮流

學習目標

讀完本章後,你將能夠

- 體會在氣體流中的可壓縮性的後果。
- 了解為什麼噴嘴必須有一個擴散段才能加速氣體至超音速。
- 預測震波的發生,並計算跨過震波的性質改變。
- 了解摩擦和熱傳對可壓縮流的影響。

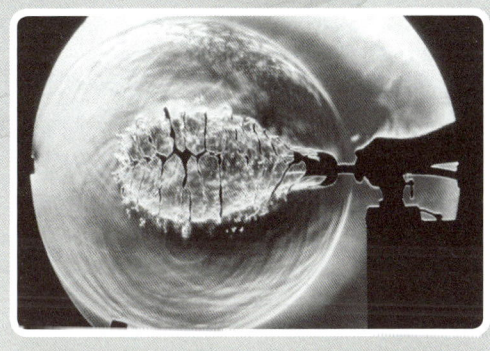

一個玩具氣球過度填充壓縮空氣,其爆破時的高速胥來侖紋影圖。這個 1 微秒的曝光照捕捉了破碎的氣球皮並顯露出內部壓縮空氣泡開始膨脹。氣球的爆破也驅動了一個弱球形震波,可以從此圖中包圍氣球的圓形看出來。攝影師在空氣閥上手的輪廓可以在圖的中間偏右處看到。
Photo by G. S. Settles, Penn State University. Used by permission.

對於大部分內容而言,我們至今對流動的考慮是針對可以忽略密度變化,也就是壓縮效應的情形。本章中,我們去除這個限制,並且考慮密度有明顯變化的流動。這種流動稱為可壓縮流,它們常會在氣體高速流動的裝置中遭遇到。可壓縮流結合流體動力學與熱力學,因為兩者對於發展需要的理論基礎是必要的。本章中,我們對比熱為常數的理想氣體,開發了與其可壓縮性有關的一般關係式。

作為本章的開始,我們先複習可壓縮流的停滯狀態、音速與馬赫數的觀念。理想氣體在等熵流動下的靜定與停滯流體性質之間的關係式被開發出來,並且表示成比熱比與馬赫數的函數。一維等熵的次音速流與超音速流中的壓力變化的影響被加以討論。這些效應藉著考慮流過收縮與收縮–擴張噴嘴中的等熵流動來加以說明。震波的觀念及跨越正震波與斜震波的流動性質變化也被加以討論。最後,我們考慮了摩擦與熱傳對於可壓縮流的影響,並開發出性質變化的關係式。

12-1 停滯性質

當分析控制體積時，我們發現結合每單位質量流體的內能和流能成為一個單一項，焓，定義為 $h = u + P/\rho$，是很方便的。當流體的動能及位能可以忽略時，一般會是這種情況，焓代表一個流體的總能量。對於高速流，例如在噴射引擎中遇到的情況 (圖 12-1)，流體的位能仍然可以忽略，但是動能則不可以。在這種情形，結合流體的焓和動能成為一個單一項，稱為停滯焓 (或總焓) h_0，其每單位質量的值被定義為

$$h_0 = h + \frac{V^2}{2} \quad \text{(kJ/kg)} \tag{12-1}$$

當流體的位能可忽略時，停滯焓代表每單位質量的流束的總能量。因此它可以簡化高速流動時的熱力學分析。

在本章中，若需要平常的焓 h，都稱其為**靜焓** (static enthalpy) 來將其與停滯焓作區分，而當流體的動能可以忽略時，這兩個焓就相等。

考慮一個流體通過一個流道的穩定流，例如噴嘴、擴散器或其它流體通道，其流動是絕熱的且沒有軸功或電功，如圖 12-2 所示。假設流體的高度及位能變化極小或沒有變化，對這個單流束的穩定流裝置，能量平衡關係式 ($\dot{E}_\text{in} = \dot{E}_\text{out}$) 化簡成

$$h_1 + \frac{V_1^2}{2} = h_2 + \frac{V_2^2}{2} \tag{12-2}$$

或

$$h_{01} = h_{02} \tag{12-3}$$

也就是說，若沒有任何熱與功的交互作用，也沒有位能的變化時，流體的停滯焓在一個穩定流過程維持為常數。通過噴嘴與擴散器的流動通常滿足這些條件，在這些裝置中，任何流速的增加會造成此流體的靜焓有對等的減少。

若流體變成完全靜止，那麼在狀態 2 的速度會為零，而式 (12-2) 會變成

$$h_1 + \frac{V_1^2}{2} = h_2 = h_{02}$$

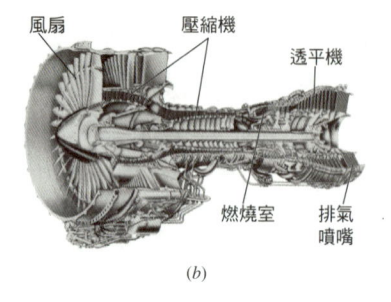

圖 12-1 飛機與噴射引擎牽涉到高速度，因此當分析它們時，動能項永遠應該被考慮。
(a) © Corbis RF; (b) Photo courtesy of United Technologies Corporation/Pratt & Whitney. Used by permission. All rights reserved.

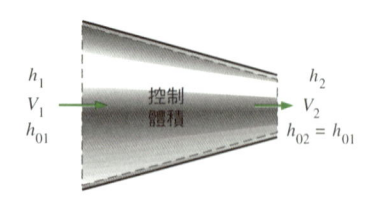

圖 12-2 一個流體通過一個絕熱流道的穩定流。

因此停滯焓代表一個流體被絕熱地帶到靜止時的焓值。

在一個停滯過程中，流體的動能轉換成焓 (內能＋流能)，這會導致流體溫度與壓力的增加。流體在停滯狀態的性質被稱為**停滯性質** (stagnation properties) (停滯溫度、停滯壓力、停滯密度等)。停滯狀態與停滯性質用下標 0 來作標示。

若停滯過程是可逆且絕熱的 (即，等熵)，則停滯狀態被稱為等熵停滯狀態。在一個等熵停滯過程，流體的熵維持為常數。實際的 (不可逆) 與等熵的停滯過程都被顯示在圖 12-3 的 h-s 關係圖中。注意流體的停滯焓對兩種情況都一樣 (停滯溫度也是，如果流體是理想氣體)。但是實際的停滯壓力比等熵停滯壓力還低，這是因為流體在實際的停滯過程中會有摩擦，導致熵增加。許多停滯過程被近似為等熵，而等熵停滯性質就被簡稱為停滯性質。

當流體被近似為是具有等比熱的理想氣體時，它的焓可以用 $c_p T$ 取代，並且式 (12-1) 被表示為

$$c_p T_0 = c_p T + \frac{V^2}{2}$$

或

$$T_0 = T + \frac{V^2}{2c_p} \tag{12-4}$$

這裡，T_0 稱為停滯 (或總) 溫度，並且代表理想氣體被絕熱地帶到靜止所能得到的溫度。其中 $V^2/2c_p$ 這項代表在這個過程中溫度的上升，並且被稱為動態溫度。例如，空氣以 100 m/s 流動的動態溫度是 $(100 \text{ m/s})^2/(2 \times 1.005 \text{ kJ/kg} \cdot \text{k}) = 5.0$ K。因此若 300 K 且 100 m/s 的空氣被絕熱地帶至靜止 (例如在溫度探針的頂部)，其溫度上升至 305 K 的停滯值 (圖 12-4)。注意，對於低速流動，停滯與靜態 (或一般) 溫度基本上是相同的。但對於高速流動，放置在流體中的靜止探針所量到的溫度 (停滯溫度) 可能會明顯的高於流體的靜態溫度。

一個流體被等熵地帶到靜止時所得到的壓力被稱為停滯壓 P_0。對於比熱為常數的理想氣體，P_0 與流體的靜壓的關係是

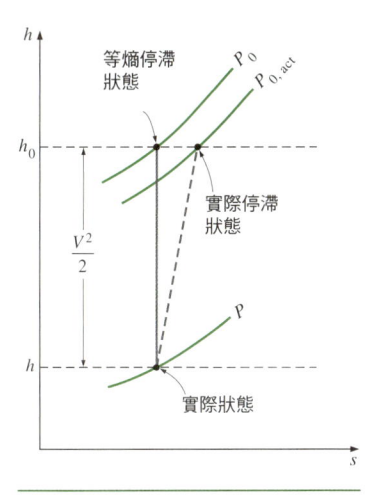

圖 12-3 一個流體的實際狀態、實際停滯狀態與等熵停滯狀態被顯示在一個 h-s 圖中。

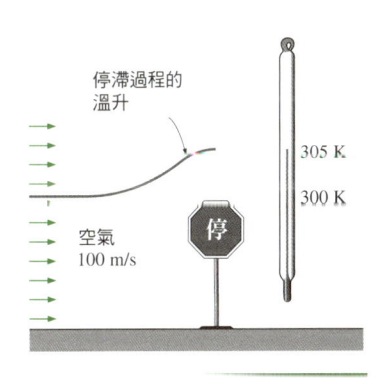

圖 12-4 以速度 V 流動的理想氣體當被帶到完全靜止時，溫度上升了 $V^2/2c_p$。

$$\frac{P_0}{P} = \left(\frac{T_0}{T}\right)^{k/(k-1)} \tag{12-5}$$

注意到 $\rho = 1/\upsilon$ 並使用等熵關係式 $P\upsilon^k = P_0\upsilon_0^k$，停滯密度對靜密度的比值被表示為

$$\frac{\rho_0}{\rho} = \left(\frac{T_0}{T}\right)^{1/(k-1)} \tag{12-6}$$

當使用停滯焓時，不需要明顯地參考到動能。因此單一流束的穩定流裝置的能量平衡 $\dot{E}_{in} = \dot{E}_{out}$，可以被表示為

$$q_{in} + w_{in} + (h_{01} + gz_1) = q_{out} + w_{out} + (h_{02} + gz_2) \tag{12-7}$$

其中 h_{01} 和 h_{02} 分別是在狀態 1 與 2 的停滯焓。若流體是比熱為常數的理想氣體時，式 (12-7) 變成

$$(q_{in} - q_{out}) + (w_{in} - w_{out}) = c_p(T_{02} - T_{01}) + g(z_2 - z_1) \tag{12-8}$$

其中 T_{01} 和 T_{02} 是停滯溫度。

注意動能項並沒有直接出現在式 (12-7) 與 (12-8)，但是停滯焓的項已經考慮了它們的貢獻。

例題 12-1　在一架飛機中高速空氣的壓縮

一架飛機以 250 m/s 的巡航速度在 5000 m 的高度上飛行，該處的大氣壓力是 54.05 kPa，且周圍空氣溫度是 255.7 K。周圍的空氣在進入壓縮機之前先在一個擴散器中減速 (圖 12-5)。將擴散器與壓縮機都近似為等熵。試求 (a) 在壓縮機入口的停滯壓力，與 (b) 如果壓縮機的停滯壓比是 8，則每單位質量的壓縮功是多少？

解答：高速空氣進入一架飛機的擴散器與壓縮機。要決定空氣的停滯壓與輸入的壓縮功。

假設：**1.** 擴散器與壓縮機兩者都是等熵的。**2.** 空氣是比熱為常數 (室溫值) 的理想氣體。

性質：空氣在室溫下的定壓比熱 c_p 與比熱比為

$$c_p = 1.005 \text{ kJ/kg·k} \quad \text{與} \quad k = 1.4$$

解析：(a) 在等熵條件下，壓縮機入口 (擴散器出口) 的停滯壓力可以從式 (12-5) 決定。然而，首先我們必須找出壓縮機入口的停滯溫度 T_{01}。在假設條件下，T_{01} 是用式 (12-4) 決定的

$$T_{01} = T_1 + \frac{V_1^2}{2c_p} = 255.7 \text{ K} + \frac{(250 \text{ m/s})^2}{(2)(1.005 \text{ kJ/kg·K})}\left(\frac{1 \text{ kJ/kg}}{1000 \text{ m}^2/\text{s}^2}\right)$$

$$= 286.8 \text{ K}$$

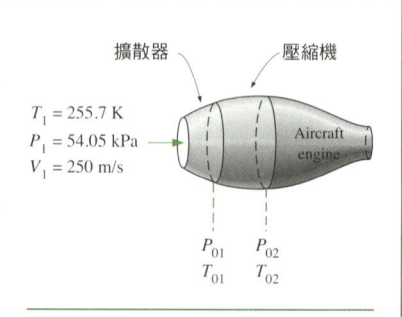

圖 12-5　例題 12-1 的示意圖。

然後從式 (12-5)，

$$P_{01} = P_1 \left(\frac{T_{01}}{T_1}\right)^{k/(k-1)} = (54.05 \text{ kPa})\left(\frac{286.8 \text{ K}}{255.7 \text{ K}}\right)^{1.4/(1.4-1)}$$

$$= \mathbf{80.77 \text{ kPa}}$$

也就是說，當空氣從 250 m/s 被減速到零速度時，空氣的溫度會增加 31.1°C 而壓力增加 26.72 kPa。這些空氣溫度與壓力的增加是因為動能轉換成焓造成的。

(b) 為了決定壓縮功，我們需要知道空氣在壓縮機出口的停滯溫度 T_{02}。通過壓縮機的停滯壓比 P_{01}/P_{02} 被設定是 8。因為壓縮過程被近似成等熵的，T_{02} 可以從理想氣體的等熵關係式 (12-5) 決定：

$$T_{02} = T_{01}\left(\frac{P_{02}}{P_{01}}\right)^{(k-1)/k} = (286.8 \text{ K})(8)^{(1.4-1)/1.4} = 519.5 \text{ K}$$

忽視位能變化與熱傳，空氣每單位質量的壓縮功用式 (12-8) 來決定：

$$w_{in} = c_p(T_{02} - T_{01})$$
$$= (1.005 \text{ kJ/kg·K})(519.5 \text{ K} - 286.8 \text{ K})$$
$$= \mathbf{233.9 \text{ kJ/kg}}$$

因此輸入壓縮機的功是 233.9 kJ/kg。

討論：注意使用停滯性質自動考慮一個流體束在動能上的任何變化。

12-2 一維的等熵流動

研究可壓縮流時一個重要的參數是音速 c，在第 2 章中已經證明音速與其它流體性質的關係是

$$c = \sqrt{(\partial P/\partial \rho)_s} \tag{12-9}$$

或

$$c = \sqrt{k(\partial P/\partial \rho)_T} \tag{12-10}$$

對一個理想氣體，其可被簡化成

$$c = \sqrt{kRT} \tag{12-11}$$

其中 k 是氣體的比熱比而 R 是特定氣體常數。流動速度與音速的比定義為無因次的馬赫數 Ma，

$$\text{Ma} = \frac{V}{c} \tag{12-12}$$

當流體流過許多裝置時，例如噴嘴、擴散器與透平機葉片間的流道，流動性質只有在流動方向改變，因而可以被近似為一維的等熵流動，也能得到良好的正確性。因此，它值得特別考量。在提出對一維的等熵流動的正式討論之前，我們用一個例題來說明它的一些重要層面。

例題 12-2　通過一個收縮–擴張流道的氣體流動

二氧化碳穩定地流過一個變化截面積的流道，例如圖 12-6 的噴嘴，其質量流率為 3.00 kg/s。二氧化碳進入流道的壓力為 1400 kPa，溫度 200°C，低速度，其在噴嘴內膨脹至出口時壓力為 200 kPa。流道被設計成其內部的流動可以被近似為等熵。試決定沿著流道，總壓每下降 200 kPa 的每一個位置上的密度、速度、流動面積與馬赫數。

解答：二氧化碳在指定條件下進入一個可變截面積的流道。要決定沿著流道的流動性質。

假設：**1.** 二氧化碳是理想氣體，具有在室溫的常數比熱。**2.** 通過流道的流動是穩定的、一維的，且是等熵的。

性質：為簡單計，在整個計算中我們使用 $c_p = 0.846$ kJ/kg·K 與 $k = 1.289$，這是室溫下的定壓比熱與比熱比的值。二氧化碳的氣體常數是 $R = 0.1889$ kJ/kg·K。

解析：我們注意到入口溫度幾乎等於停滯溫度，因為速度很小。流動是等熵的，因此停滯溫度與壓力在整個流道中維持是常數。因此，

$$T_0 \cong T_1 = 200°C = 473 \text{ K}$$

與

$$P_0 \cong P_1 = 1400 \text{ kPa}$$

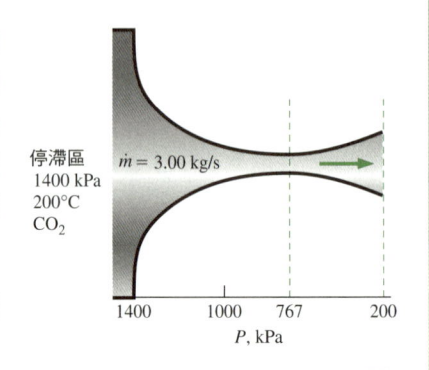

圖 12-6　例題 12-2 的示意圖。

為了說明解題步驟，我們計算在壓力為 1200 kPa 的位置上的性質，這是相當於壓力降低 200 kPa 的第一個位置，

從式 (12-5)，

$$T = T_0 \left(\frac{P}{P_0}\right)^{(k-1)/k} = (473 \text{ K})\left(\frac{1200 \text{ kPa}}{1400 \text{ kPa}}\right)^{(1.289-1)/1.289} = 457 \text{ K}$$

從式 (12-4)，

$$V = \sqrt{2c_p(T_0 - T)}$$
$$= \sqrt{2(0.846 \text{ kJ/kg·K})(473 \text{ K} - 457 \text{ K})\left(\frac{1000 \text{ m}^2/\text{s}^3}{1 \text{ kJ/kg}}\right)}$$
$$= 164.5 \text{ m/s} \cong \mathbf{164 \text{ m/s}}$$

從理想氣體關係式，

$$\rho = \frac{P}{RT} = \frac{1200 \text{ kPa}}{(0.1889 \text{ kPa} \cdot \text{m}^3/\text{kg} \cdot \text{K})(457 \text{ K})} = \mathbf{13.9 \text{ kg/m}^3}$$

從質量流率關係式，

$$A = \frac{\dot{m}}{\rho V} = \frac{3.00 \text{ kg/s}}{(13.9 \text{ kg/m}^3)(164.5 \text{ m/s})} = 13.1 \times 10^{-4} \text{ m}^2 = \mathbf{13.1 \text{ cm}^2}$$

從式 (12-11) 與 (12-12)，

$$c = \sqrt{kRT} = \sqrt{(1.289)(0.1889 \text{ kJ/kg} \cdot \text{K})(457 \text{ K})\left(\frac{1000 \text{ m}^2/\text{s}^2}{1 \text{ kJ/kg}}\right)}$$
$$= 333.6 \text{ m/s}$$

$$\text{Ma} = \frac{V}{c} = \frac{164.5 \text{ m/s}}{333.6 \text{ m/s}} = \mathbf{0.493}$$

在其它壓力點的結果總結在表 12-1 中，並畫在圖 12-7 中。

討論：注意在流動的方向當壓力減小時，溫度和音速減小，但流速和馬赫數增加。開始時密度減小得較慢，但當流速增加時就快速地減小。

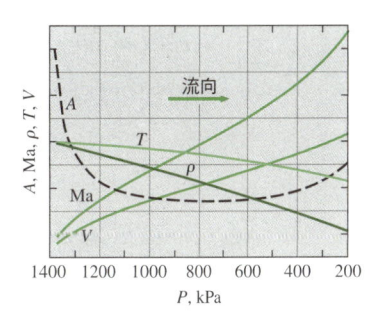

圖 12-7 當壓力從 1400 kPa 降低至 200 kPa 時，正常化流體性質與截面積沿著一個流道的變化。

表 12-1 在例題 12-2 所描述沿著流動方向在流動中的流體性質的變化，$\dot{m} = 3 \text{kg/s} = $ 常數

P, kPa	T, K	V, m/s	ρ, kg/m³	c, m/s	A, cm²	Ma
1400	473	0	15.7	339.4	∞	0
1200	457	164.5	13.9	333.6	13.1	0.493
1000	439	240.7	12.1	326.9	10.3	0.736
800	417	306.6	10.1	318.8	9.64	0.962
767*	413	317.2	9.82	317.2	9.63	1.000
600	391	371.4	8.12	308.7	10.0	1.203
400	357	441.9	5.93	295.0	11.5	1.498
200	306	530.9	3.46	272.9	16.3	1.946

* 767 kPa 是局部馬赫數為 1 的臨界壓力。

我們從例題 12-2 中注意到隨著遞減的壓力，流動面積跟著遞減直到一個臨界壓力值，其對應的馬赫數為 1，然後面積開始遞增但壓力持續減小。馬赫數為 1 的地點有最小的流動面積，稱為**喉部** (throat) (圖 12-8)。注意流體的速度在通過喉部以後持續增加，雖然流動面積在那個區域迅速地增加。這種通過喉部以後速度的增加是由於流體密度的迅速減小所致。這個例題所考慮的流道面積先是遞減然後遞增。這種流道被稱

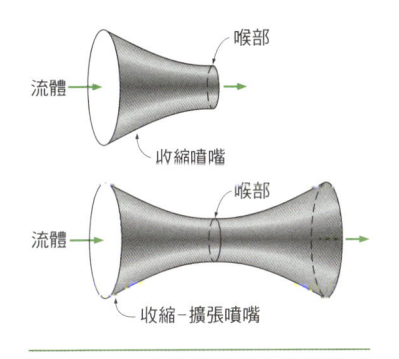

圖 12-8 一個噴嘴的最小的流動面積的截面被稱為喉部。

為收縮−擴張噴嘴。這種噴嘴被用來加速氣體至超音速，並且不應該與文氏噴嘴 (Venturi nozzles，其應用僅在不可壓縮流中) 混淆。這種噴嘴的第一次使用發生在 1893 年，是由瑞士工程師第拉瓦 (Carl G. B. de Laval, 1845-1913) 設計使用在蒸氣透平機上，因此收縮−擴張噴嘴常被稱為拉瓦噴嘴。

隨著流動面積的流速變化

從例題 12-2 可以清楚看出來速度、密度與等熵流道的流動面積之間的關係非常複雜。在本節的後續部分將更徹底的探討這些關係，並且為壓力、溫度與密度開發出隨著馬赫數變化的靜態對停滯態性質比的變化關係式。

作為我們探討的開始，先尋找一維等熵流動中的壓力、溫度、密度、速度、流動面積與馬赫數之間的關係式。考慮一個穩定流過程的質量守恆：

$$\dot{m} = \rho A V = 常數$$

微分並把得到的方程式除以質量流率，我們得到

$$\frac{d\rho}{\rho} + \frac{dA}{A} + \frac{dV}{V} = 0 \tag{12-13}$$

忽略位能，一個等熵流在沒有功的相互作用下，其能量守恆的微分形式被表示成 (圖 12-9)

$$\frac{dP}{\rho} + V\,dV = 0 \tag{12-14}$$

這個關係式同時也是伯努利方程式在位能為可忽略時的微分形式，這是給穩定流控制體積的牛頓第二運動定律的一種形式。結合式 (12-13) 與 (12-14) 得到

$$\frac{dA}{A} = \frac{dP}{\rho}\left(\frac{1}{V^2} - \frac{d\rho}{dP}\right) \tag{12-15}$$

重新整理式 (12-9) 成為 $(\partial\rho/\partial P)_s = 1/c^2$ 並代入式 (12-15) 中得到

$$\frac{dA}{A} = \frac{dP}{\rho V^2}(1 - \text{Ma}^2) \tag{12-16}$$

對於流道中的等熵流動，這是一個重要的關係式，因為它描述了壓力與流動面積的變化。我們注意到 A、ρ 與 V 都是正

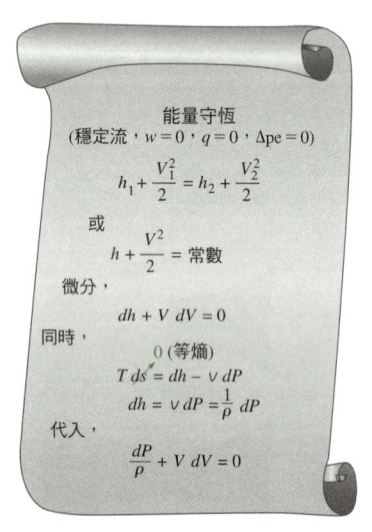

圖 12-9 穩定等熵流的能量方程式的微分形式的推導。

能量守恆
(穩定流，$w = 0$，$q = 0$，$\Delta pe = 0$)

$$h_1 + \frac{V_1^2}{2} = h_2 + \frac{V_2^2}{2}$$

或

$$h + \frac{V^2}{2} = 常數$$

微分，

$$dh + V\,dV = 0$$

同時，

$$T\,ds = dh - v\,dP$$

$$dh = v\,dP = \frac{1}{\rho}dP$$

代入，

$$\frac{dP}{\rho} + V\,dV = 0$$

值。對於次音速流 (Ma < 1)，1 − Ma² 這項是正的；因此 dA 與 dP 必須有相同的正負號。亦即，流體的壓力必須隨著流道的流動面積的增加而增加，並且必須隨著流道的流動面積的減小而減小。因此對於次音速的速度，在一個收縮流道中 (次音速噴嘴) 壓力減小，而在一個擴張流道中 (次音速擴散器) 壓力增加。

對於超音速流 (Ma > 1)，1 − Ma² 這項是負的；因此 dA 與 dP 必須有相反的正負號。亦即，流體的壓力必須隨著流道的流動面積的減小而增加，並且必須隨著流道的流動面積的增加而減小。因此對於超音速的速度，在一個擴張流道中 (超音速噴嘴) 壓力減小，而在一個收縮流道中 (超音速擴張器) 壓力增加。

一個流體的等熵流的另一個重要的關係式是把在式 (12-14) 的 $\rho V = -dP/dV$ 代入式 (12-16) 中而獲得的：

$$\frac{dA}{A} = -\frac{dV}{V}(1 - \text{Ma}^2) \tag{12-17}$$

這個方程式控制一個噴嘴或擴散器在次音速或超音速等熵流動中的形狀。注意 A 與 V 是正值量，我們結論以下各式：

$$\text{對次音速流 (Ma < 1)，} \quad \frac{dA}{dV} < 0$$

$$\text{對超音速流 (Ma > 1)，} \quad \frac{dA}{dV} > 0$$

$$\text{對音速流 (Ma = 1)，} \quad \frac{dA}{dV} = 0$$

因此一個噴嘴的適當形狀取決於相對於音速所期望的最高速度。要加速一個流體，在次音速時我們必須使用一個收縮噴嘴，而在超音速時必須使用一個擴張噴嘴。在大多數熟悉的應用中所碰到的速度都遠低於音速，因此自然我們印象中的噴嘴是一個收縮流道。然而，藉由一個收縮流道所能達到的最高速度是音速，發生在噴嘴的出口，如果我們延長收縮噴嘴，繼續縮小其流道面積，希望能加速流體到超音速，如圖 12-10 所示，就會大失所望。因為現在音速會發生在收縮的延長段的出口，而不是在原噴嘴的出口上，並且經過噴嘴的質量流率會減小，因為出口面積被減小了。

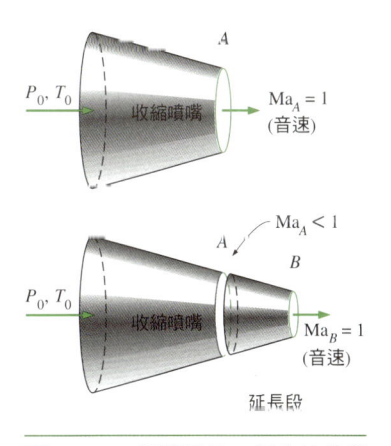

根據式 (12-16)，其為質量守恆與能量守恆的一個表示式，我們必須增加一個擴張段到一個收縮噴嘴上才能加速流體至超音速。結果即為一個收縮−擴張噴嘴。流體先通過一個次音速的收縮段，在其中馬

圖 12-10 藉著延長一個收縮噴嘴的收縮段，我們並不能夠得到超音速。如此做只會將音速截面移往更下游並降低質量流率。

赫數在噴嘴的截面積縮小時會增加，然後在喉部達到 1 的值。當流體進入一個超音速的 (擴張) 段時會繼續加速。注意對於穩定流 $\dot{m} = \rho AV$，我們看到密度的大幅度減小使得在擴張段的加速變成是可能的。這種流動的一個例子是熱燃燒氣體通過一個透平機的噴嘴。

相反的過程發生在一架超音速飛機引擎的入口處。首先當流體通過一個超音速擴張器時，其流動面積在流動方向減小，速度隨著遞減。理想上，在擴張器的喉部，流動達到馬赫數為 1。流體繼續在次音速擴張器中減速，其流動面積在流動方向增加，如圖 12-11 所示。

理想氣體等熵流的性質關係

接下來我們要開發一個理想氣體的靜態與停滯性質之間的關係式，用比熱比 k 和馬赫數 Ma 來表示。我們假設流動是等熵的且氣體具有常數比熱。

一個理想氣體在流場的任何位置上的溫度 T 與停滯溫度 T_0 的關係是藉由式 (12-4)：

$$T_0 = T + \frac{V^2}{2c_p}$$

或

$$\frac{T_0}{T} = 1 + \frac{V^2}{2c_p T}$$

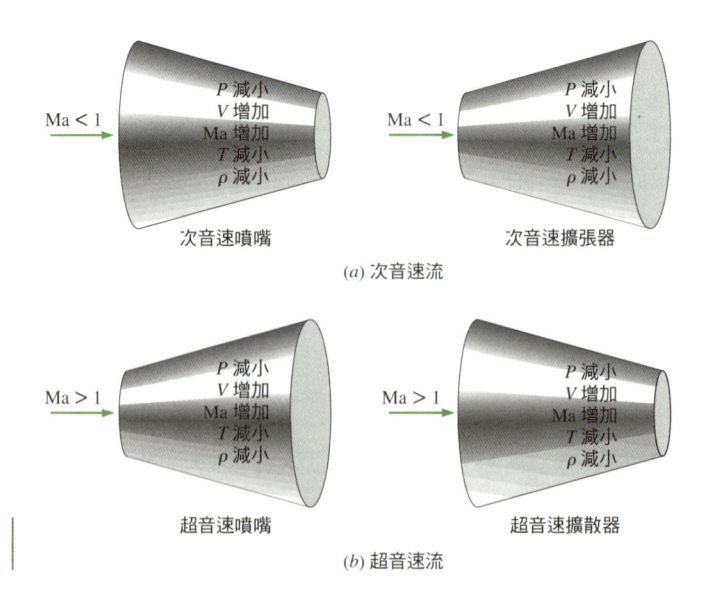

圖 12-11 流動性質在次音速與超音速噴嘴與擴散器中的變化。

注意 $c_p = kR/(k-1)$、$c^2 = kRT$ 與 $\mathrm{Ma} = V/c$，我們看出來

$$\frac{V^2}{2c_p T} = \frac{V^2}{2[kR/(k-1)]T} = \left(\frac{k-1}{2}\right)\frac{V^2}{c^2} = \left(\frac{k-1}{2}\right)\mathrm{Ma}^2$$

代入，得到

$$\frac{T_0}{T} = 1 + \left(\frac{k-1}{2}\right)\mathrm{Ma}^2 \tag{12-18}$$

這是我們要的 T_0 與 T 之間的關係式。

停滯壓與靜壓的比是將式 (12-18) 代入式 (12-5) 而得到的：

$$\frac{P_0}{P} = \left[1 + \left(\frac{k-1}{2}\right)\mathrm{Ma}^2\right]^{k/(k-1)} \tag{12-19}$$

停滯密度與靜密度的比是將式 (12-18) 代入式 (12-6) 而得到的：

$$\frac{\rho_0}{\rho} = \left[1 + \left(\frac{k-1}{2}\right)\mathrm{Ma}^2\right]^{1/(k-1)} \tag{12-20}$$

對於 $k = 1.4$、T/T_0、P/P_0 與 ρ/ρ_0 相對於 Ma 的數值被列在表 A-13 中，這對於牽涉到空氣的實際可壓縮的計算非常有用。

一個流體在馬赫數為 1 的位置（喉部）的性質稱為臨界性質 (critical properties)，且當 Ma = 1 時從式 (12-18) 到 (12-20) 的比，稱為臨界比 (critical ratios)（圖 12-12）。在可壓縮流的分析中用右上角星號 (*) 代表臨界值是標準作法。在式 (12-18) 至 (12-20) 中令 Ma = 1 得到

$$\frac{T^*}{T_0} = \frac{2}{k+1} \tag{12-21}$$

$$\frac{P^*}{P_0} = \left(\frac{2}{k+1}\right)^{k/(k-1)} \tag{12-22}$$

$$\frac{\rho^*}{\rho_0} = \left(\frac{2}{k+1}\right)^{1/(k-1)} \tag{12-23}$$

對各種不同的 k 值計算出這些比值並列在表 12-2 中。可壓縮流的臨界值不應該與物質在臨界點的熱力學性質（例如臨界溫度 T_c 與臨界壓力 P_c）混淆了。

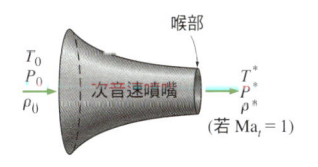

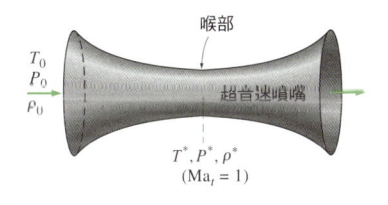

圖 12-12 當 $\mathrm{Ma}_t = 1$ 時，在噴嘴喉部的性質是臨界性質。

表 12-2　一些理想氣體的等熵流的臨界壓力比、臨界溫度比與臨界密度比

	過熱蒸氣，$k=1.3$	燃燒的熱生成物，$k=1.33$	空氣，$k=1.4$	單原子氣體，$k=1.667$
$\dfrac{P^*}{P_0}$	0.5457	0.5404	0.5283	0.4871
$\dfrac{T^*}{T_0}$	0.8696	0.8584	0.8333	0.7499
$\dfrac{\rho^*}{\rho_0}$	0.6276	0.6295	0.6340	0.6495

例題 12-3　氣體流中的臨界溫度與壓力

對於例題 12-2 中所描述的二氧化碳計算其臨界壓力和溫度 (圖 12-13)。

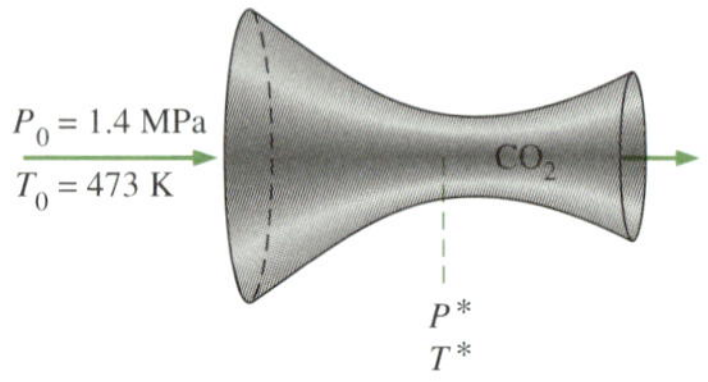

解答： 對例題 12-2 中所討論的流動計算其臨界壓力和溫度。

假設： 1. 流動是穩定、絕熱與一維的。 2. 二氧化碳是理想氣體，具有常數比熱。

性質： 二氧化碳在室溫下的比熱比是 $k = 1.289$。

解析： 臨界對停滯的溫度與壓力的比值被決定如下：

$$\frac{T^*}{T_0} = \frac{2}{k+1} = \frac{2}{1.289+1} = 0.8737$$

$$\frac{P^*}{P_0} = \left(\frac{2}{k+1}\right)^{k/(k-1)} = \left(\frac{2}{1.289+1}\right)^{1.289/(1.289-1)} = 0.5477$$

圖 12-13　例題 12-3 的示意圖。

注意，從例題 12-2 中，停滯溫度與壓力為 $T_0 = 473\ \text{K}$ 與 $P_0 = 1400\ \text{kPa}$，我們看出來在此情況下的臨界溫度與壓力為

$$T^* = 0.8737 T_0 = (0.8737)(473\ \text{K}) = \mathbf{413\ K}$$

$$P^* = 0.5477 P_0 = (0.5477)(1400\ \text{kPa}) = \mathbf{767\ kPa}$$

討論： 注意這些值與表 12-1 列在第 5 行的值相符合，正如預期。再者，若喉部的性質與這些值不同將表示流動不是臨界的，因此馬赫數不是 1。

12-3　通過噴嘴的等熵流動

收縮或收縮－擴張噴嘴在許多工程應用中都可以發現到，包括蒸氣與空氣透平機。本節中我們將考慮**背壓** (back pressure) (即，施加在噴嘴排出區的壓力) 對出口速度、質量流率與沿著噴嘴的壓力分佈的影響。

收縮噴嘴

考慮通過一個收縮噴嘴的次音速流,如圖 12-14 所示。噴嘴入口連接到一個壓力 P_r 與溫度 T_r 的儲氣槽。儲氣槽足夠大使噴嘴的入口速度是可忽略的。因為在儲氣槽的流速為零且通過噴嘴的流動被近似為是等熵的,在噴嘴的任何截面上的流體,其停滯壓力與停滯溫度都分別等於儲氣槽的壓力與溫度。

現在我們開始降低背壓並觀察其對沿著噴嘴長度方向的壓力分佈的影響,如圖 12-14 所示。如果背壓 P_b 等於 P_1,也就是等於 P_r,沒有流動並沿著噴嘴的壓力分佈是均勻的。當背壓降低至 P_2 時,出口平面的壓力也降低至 P_2。這造成沿著噴嘴的壓力在流動方向遞減。

當背壓降低至 P_3 時 ($=P^*$,這是增加流速使其在出口平面或喉部達到音速所需要的壓力),質量流率達到一個最大值,且流動被稱是"阻塞"住了 (choked)。背壓進一步降低至 P_4 或更低都不能使壓力的分佈或沿著噴嘴長度方向的其它任何事產生額外的變化。

在穩定流條件下,通過噴嘴的質量流率是常數並且被表示為

$$\dot{m} = \rho A V = \left(\frac{P}{RT}\right) A (\text{Ma}\sqrt{kRT}) = PA\text{Ma}\sqrt{\frac{k}{RT}}$$

從式 (12-18) 解出 T 且從式 (12-19) 解出 P 並代入,

$$\dot{m} = \frac{A\text{Ma}P_0\sqrt{k/(RT_0)}}{[1+(k-1)\text{Ma}^2/2]^{(k+1)/[2(k-1)]}} \qquad (12\text{-}24)$$

因此一個特定流體通過一個噴嘴的質量流率是流體的停滯性質、流動面積與馬赫數的一個函數。式 (12-24) 在任何一個截面都是成立的,因此 $\dot{m}$ 可以在沿著噴嘴長度方向的任何位置上來做計算。

對於一個指定的面積 A 與停滯性質 T_0 與 P_0,最大質量流率的決定可以將式 (12-24) 相對於 Ma 微分,並將結果設為 0 來求得。結果得到 Ma = 1。因為在一個噴嘴中,馬赫數可以是 1 的唯一位置是流動面積最小的位置 (喉部),因此通過一個噴嘴的最大質量流率是當在喉部的 Ma = 1 時。將這個面積用 A^* 表示,並且將 Ma = 1 代入式 (12-24) 中,我們得到最大質量流率的一個表示式:

$$\dot{m}_{\text{max}} = A^* P_0 \sqrt{\frac{k}{RT_0}} \left(\frac{2}{k+1}\right)^{(k+1)/[2(k-1)]} \qquad (12\text{-}25)$$

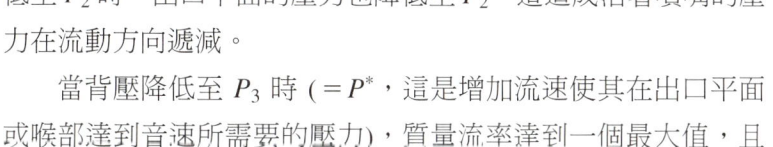

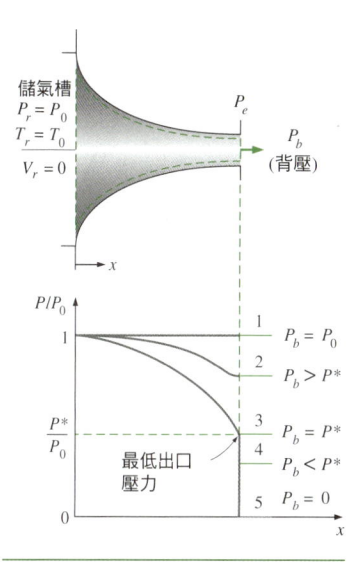

圖 12-14 背壓對沿著一個噴嘴的壓力分佈的影響。

因此，對於一個特定的理想氣體，通過一個具有給定的喉部流動面積的噴嘴，其最大質量流率是由進入流的停滯壓力與溫度所限定的。流率可以藉由改變停滯壓力或溫度來控制，因此收縮噴嘴可以被用來當作流量計。流率當然也可以藉由改變喉部面積來控制。這個原理對化學過程、醫學裝置、流量計與氣體的質量通量必須是已知或被控制的任何地方都是非常重要的。

一個收縮噴嘴的 $\dot{m}$ 相對於 P_b/P_0 的圖被顯示在圖 12-15。注意質量流率隨著 P_b/P_0 的遞減而遞增，在 $P_b = P^*$ 時達到最大值，並且當 P_b/P_0 值小於這個臨界值時維持為常數，同時在這個圖上說明的是背壓對噴嘴出口壓力 P_e 的影響。我們觀察到

$$P_e = \begin{cases} P_b & 對於 P_b \geq P^* \\ P^* & 對於 P_b < P^* \end{cases}$$

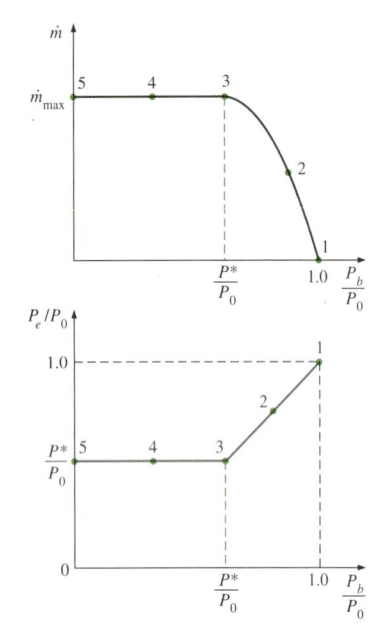

圖 12-15 背壓 P_b 對質量流率 $\dot{m}$ 與收縮噴嘴的出口壓力 P_e 的影響。

總結來說，對於所有低於臨界壓力 P^* 的背壓，在收縮噴嘴的出口平面上的壓力 P_e 等於 P^*，在出口平面的馬赫數是 1，並且質量流率是最大的 (阻塞的) 流率。由於當最大流率時在喉部的流動速度是音速，一個比臨界壓力更低的背壓無法被在噴嘴上游的流動感測到，並且不會影響流率。

停滯溫度 T_0 與停滯壓力 P_0 對通過一個收縮噴嘴的質量流率的影響在圖 12-16 中被說明，圖中質量流率是相對於在喉部的靜壓對停滯壓的壓力比 P_t/P_0 來畫出的。當 P_0 增加時 (或 T_0 減小時)，會增加通過收縮噴嘴的質量流率；當 P_0 減小時 (或 T_0 增加時)，則會使其減小。我們也可以藉由仔細的檢視式 (12-24) 與 (12-25) 來作出這個結論。

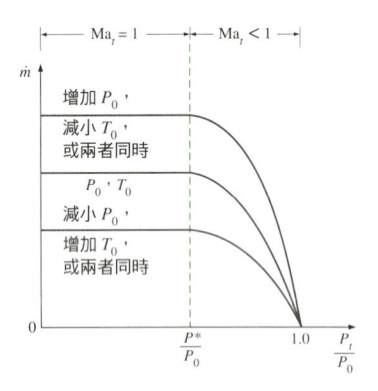

圖 12-16 通過一個噴嘴的質量流率隨著停滯性質的變化。

一個噴嘴的流動面積 A 相對於喉部面積 A^* 變化的關係式，可以藉由結合一個特定流體在相同的質量流率與停滯性質的式 (12-24) 與 (12-25) 而獲得。結果是

$$\frac{A}{A^*} = \frac{1}{\text{Ma}}\left[\left(\frac{2}{k+1}\right)\left(1 + \frac{k-1}{2}\text{Ma}^2\right)\right]^{(k+1)/[2(k-1)]} \quad (12\text{-}26)$$

表 A-13 給出空氣 ($k = 1.4$) 的 A/A^* 作為馬赫數的一個函數的值。對於每一個馬赫數的值有一個對應的 A/A^* 的值，但對於每一個 A/A^* 的值則有兩個可能的馬赫數的值與之對應：其中一個是次音速流；而另一個是超音速流。

另外一個有時候會被使用在一個理想氣體的一維等熵流動的參數是 Ma*，其為當地速度對在喉部的音速的比：

$$\text{Ma}^* = \frac{V}{c^*} \tag{12-27}$$

式 (12-27) 也可以被表示為

$$\text{Ma}^* = \frac{V}{c}\frac{c}{c^*} = \frac{\text{Ma}\, c}{c^*} = \frac{\text{Ma}\sqrt{kRT}}{\sqrt{kRT^*}} = \text{Ma}\sqrt{\frac{T}{T^*}}$$

其中 Ma 是當地馬赫數，T 是當地溫度，而 T^* 是臨界溫度。從式 (12-18) 解出 T，從式 (12-21) 解出 T^*，並代入，我們得到

$$\text{Ma}^* = \text{Ma}\sqrt{\frac{k+1}{2+(k-1)\text{Ma}^2}} \tag{12-28}$$

Ma	Ma*	$\frac{A}{A^*}$	$\frac{P}{P_0}$	$\frac{\rho}{\rho_0}$	$\frac{T}{T_0}$
⋮	⋮	⋮	⋮		
0.90	0.9146	1.0089	0.5913		
1.00	1.0000	1.0000	0.5283		
1.10	1.0812	1.0079	0.4684		

在 $k = 1.4$ 時，相對於馬赫數的 Ma* 值也同樣在表 A-13 列出來 (圖 12-17)。注意參數 Ma* 與馬赫數 Ma 不同，Ma* 是當地速度相對於在喉部的音速被無因次化，而 Ma 則是當地速度相對於當地音速作無因次化 (噴嘴中的音速隨著溫度變化，因此也隨著位置而變化)。

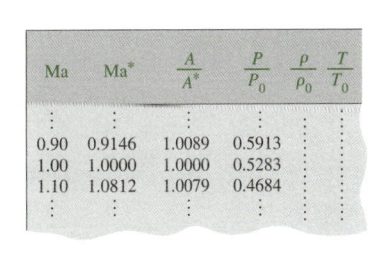

圖 12-17 通過噴嘴與擴散器的等熵流動的各種性質比，為方便計對 $k = 1.4$ (空氣) 被列於表 A-13。

例題 12-4 ▶ 背壓對質量流率的影響

在 1 MPa 與 600°C 的空氣進入一個收縮噴嘴中。如圖 12-18 所示，其速度為 150 m/s。若噴嘴的喉部面積為 50 cm²時，試決定通過噴嘴的質量流率，當背壓是 (a) 0.7 MPa 與 (b) 0.4 MPa 時。

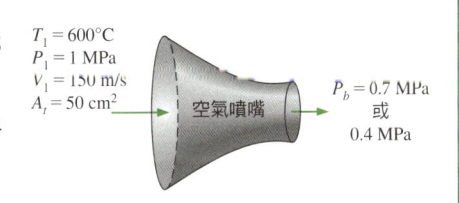

$T_1 = 600°C$
$P_1 = 1\ \text{MPa}$
$V_1 = 150\ \text{m/s}$
$A_t = 50\ \text{cm}^2$

空氣噴嘴 → $P_b = 0.7\ \text{MPa}$ 或 0.4 MPa

解答： 空氣進入一個收縮噴嘴。要決定在不同的背壓下，空氣通過噴嘴的質量流率。

圖 12-18 例題 12-4 的示意圖。

假設：1. 空氣是具有在室溫下的常數比熱的理想氣體。**2.** 通過噴嘴的流動是穩定的、一維的，並且是等熵的。

性質： 空氣的定壓比熱與比熱比是 $c_p = 1.005\ \text{kJ/kg·K}$ 與 $k = 1.4$。

解析： 我們用下標 i 與 t 分別代表在噴嘴入口與喉部的性質。在噴嘴入口的停滯溫度與壓力是從式 (12-4) 與 (12-5) 決定的：

$$T_{0i} = T_i + \frac{V_i^2}{2c_p} = 873\ \text{K} + \frac{(150\ \text{m/s})^2}{2(1.005\ \text{kJ/kg·K})}\left(\frac{1\ \text{kJ/kg}}{1000\ \text{m}^2/\text{s}^2}\right) = 884\ \text{K}$$

$$P_{0i} = P_i\left(\frac{T_{0i}}{T_i}\right)^{k/(k-1)} = (1\ \text{MPa})\left(\frac{884\ \text{K}}{873\ \text{K}}\right)^{1.4/(1.4-1)} = 1.045\ \text{MPa}$$

這些停滯溫度與壓力的值在整個噴嘴中維持為常數，因為流動被假設是等熵的；亦即

$$T_0 = T_{0i} = 884 \text{ K} \quad \text{與} \quad P_0 = P_{0i} = 1.045 \text{ MPa}$$

臨界壓比從表 12-2 [或式 (12-22)] 中決定為 $P^*/P_0 = 0.5283$。

(a) 本情況下的背壓比是

$$\frac{P_b}{P_0} = \frac{0.7 \text{ MPa}}{1.045 \text{ MPa}} = 0.670$$

其值大於臨界比，0.5283。因此本情況下，出口面壓力 (或喉壓 P_t) 等於背壓。亦即 $P_t = P_b = 0.7$ MPa，且 $P_t/P_0 = 0.670$。因此流動沒被阻塞。從表 A-13 在 $P_t/P_0 = 0.670$，我們讀出 $\text{Ma}_t = 0.778$ 與 $T_t/T_0 = 0.892$。

通過噴嘴的質量流率可以從式 (12-24) 計算出來，但也可以用一種逐步的方式求出如下：

$$T_t = 0.892 T_0 = 0.892(884 \text{ K}) = 788.5 \text{ K}$$

$$\rho_t = \frac{P_t}{RT_t} = \frac{700 \text{ kPa}}{(0.287 \text{ kPa·m}^3/\text{kg·K})(788.5 \text{ K})} = 3.093 \text{ kg/m}^3$$

$$V_t = \text{Ma}_t c_t = \text{Ma}_t \sqrt{kRT_t}$$

$$= (0.778)\sqrt{(1.4)(0.287 \text{ kJ/kg·K})(788.5 \text{ K})\left(\frac{1000 \text{ m}^2/\text{s}^2}{1 \text{ kJ/kg}}\right)}$$

$$= 437.9 \text{ m/s}$$

因此，

$$\dot{m} = \rho_t A_t V_t = (3.093 \text{ kg/m}^3)(50 \times 10^{-4} \text{ m}^2)(437.9 \text{ m/s}) = \mathbf{6.77 \text{ kg/s}}$$

(b) 本情況的背壓比是

$$\frac{P_b}{P_0} = \frac{0.4 \text{ MPa}}{1.045 \text{ MPa}} = 0.383$$

其值小於臨界比，0.5283。因此噴嘴的出口平面 (喉部) 是處於音速情況，且 Ma = 1。流動在這種情況下阻塞了，因此通過噴嘴的質量流率可以從式 (12-25) 計算出來：

$$\dot{m} = A^* P_0 \sqrt{\frac{k}{RT_0}} \left(\frac{2}{k+1}\right)^{(k+1)/[2(k-1)]}$$

$$= (50 \times 10^{-4} \text{ m}^2)(1045 \text{ kPa})\sqrt{\frac{1.4}{(0.287 \text{ kJ/kg·K})(884 \text{ K})}} \left(\frac{2}{1.4+1}\right)^{2.4/0.8}$$

$$= \mathbf{7.10 \text{ kg/s}}$$

因為 kPa·m²$\sqrt{\text{kJ/kg}}$ = $\sqrt{1000}$ kg/s。

討論：對於指定的入口條件和噴嘴喉部面積，這是通過噴嘴的最大質量流率。

例題 12-5　從一個消氣的輪胎的空氣損失

一個汽車輪胎內部的空氣被維持在 220 kPa 的錶壓力，其環境的大氣壓力是 94 kPa。輪胎內的空氣是在 25°C 的環境溫度。由於一個意外造成在輪胎上出現了一個 4 mm 直徑的破洞 (圖 12-19)。將漏氣近似為等熵流動，試求空氣通過破洞的初始質量流率。

解答：由於一個意外，汽車的輪胎上出現了一個破洞。要求空氣通過破洞的初始質量流率。

假設：**1.** 空氣是具有常數比熱的理想氣體。**2.** 空氣通過破洞的流動是等熵的。

性質：空氣的特定氣體常數是 $R = 0.287$ kPa·m³/kg·K。空氣在室溫的比熱比是 1.4。

圖 12-19 例題 12-5 的示意圖。

解析：胎內的絕對壓力是

$$P = P_{\text{gage}} + P_{\text{atm}} = 220 + 94 = 314 \text{ kPa}$$

臨界壓力是 (從表 12-2)

$$P^* = 0.5283\, P_o = (0.5283)(314 \text{ kPa}) = 166 \text{ kPa} > 94 \text{ kPa}$$

因此，流動是阻塞的，且在破洞出口的速度是音速。在出口的流動性質變成

$$\rho_0 = \frac{P_0}{RT_0} = \frac{314 \text{ kPa}}{(0.287 \text{ kPa·m}^3/\text{ kg·K})(298 \text{ K})} = 3.671 \text{ kg/m}^3$$

$$\rho^* = \rho\left(\frac{2}{k+1}\right)^{1/(k-1)} = (3.671 \text{ kg/m}^3)\left(\frac{2}{1.4+1}\right)^{1/(1.4-1)} = 2.327 \text{ kg/m}^3$$

$$T^* = \frac{2}{k+1}T_0 = \frac{2}{1.4+1}(298 \text{ K}) = 248.3 \text{ K}$$

$$V = c = \sqrt{kRT^*} = \sqrt{(1.4)(0.287 \text{ kJ/kg·K})\left(\frac{1000 \text{ m}^2/\text{s}^2}{1 \text{ kJ/kg}}\right)(248.3 \text{ K})}$$

$$= 315.9 \text{ m/s}$$

因此通過破洞的初始質量流率為

$$\dot{m} = \rho A V = (2.327 \text{ kg/m}^3)[\pi(0.004 \text{ m})^2/4](315.9 \text{ m/s}) = 0.00924 \text{ kg/s}$$
$$= \mathbf{0.554 \text{ kg/min}}$$

討論：當胎內的壓力下降時，質量流率也會隨著時間而減小。

收縮-擴張噴嘴

當我們想到噴嘴時，通常會想到一個流動通道其截面面積在流動方向是遞減的。但是流體在一個收縮噴嘴中被加速所能達到的最高速度限制為音速 (Ma = 1)，發生位置是在噴嘴的出口平面上 (喉部)。流體只能藉著連接一個擴張的流動段到次音速噴嘴的喉部上，才能被加速到超音速 (Ma > 1)。這樣得到的複合流動段是一個收縮-擴張噴嘴，這在一架超音速飛機與火箭推進器上是標準設備 (圖 12-20)。

強制流體通過一個收縮-擴張噴嘴，並不能保證流體會被加速到超音速。事實上，如果背壓不是在正確的範圍，流體在擴張段也可能減速而不是加速。噴嘴流動的狀態是由整體的壓力比 P_b/P_0 所決定的。因此，對給定的入口條件，通過一個收縮-擴張噴嘴的流動是由背壓控制的，這將要予以說明。

考慮示於圖 12-21 的收縮-擴張噴嘴。流體以低速在停滯壓 P_0 下進入噴嘴。當 $P_b = P_0$ 時 (情況 A)，沒有通過噴嘴的流動。這是預期的，因為噴嘴的流動是由噴嘴的入口與出口之間的壓力差所推動的。現在讓我們檢視當背壓被降低時會發生什麼情況？

1. 當 $P_0 > P_b > P_c$ 時，流動在整個噴嘴中維持是次音速，並且質量流率小於阻流的流率。流體速度在第一段 (收縮段) 遞增，並在喉部達到最大值 (但 Ma < 1)。但是大多數速度上的增加在噴嘴的第二段 (擴張段，其作用為擴散器) 中喪失了。壓力在收縮段中遞減，在喉部達到一個最小值，並且在擴張段中藉著消耗速度而遞增。

2. 當 $P_b = P_c$ 時，喉部壓力變成 P^* 並且流體在喉部達到音速。但是噴嘴的擴張段仍然扮演擴散器的角色，使流體減速變成次音速。隨著遞減的 P_b 而遞增的質量流率也達到一個最大值。回想 P^* 是在喉部所能得到的最低壓力，並且音速是一個收縮噴嘴所能得到的最高速度。因此進一步降低 P_b 對於在噴嘴的收縮

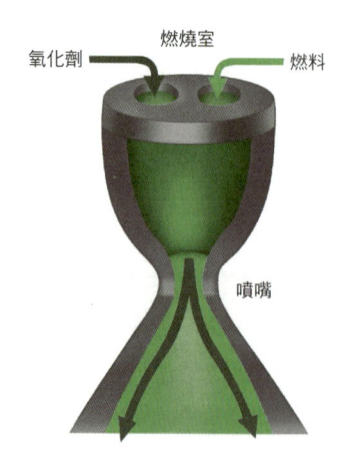

圖 12-20 收縮-擴張噴嘴經常被使用在火箭引擎上來提供高推力。
(右圖) NASA

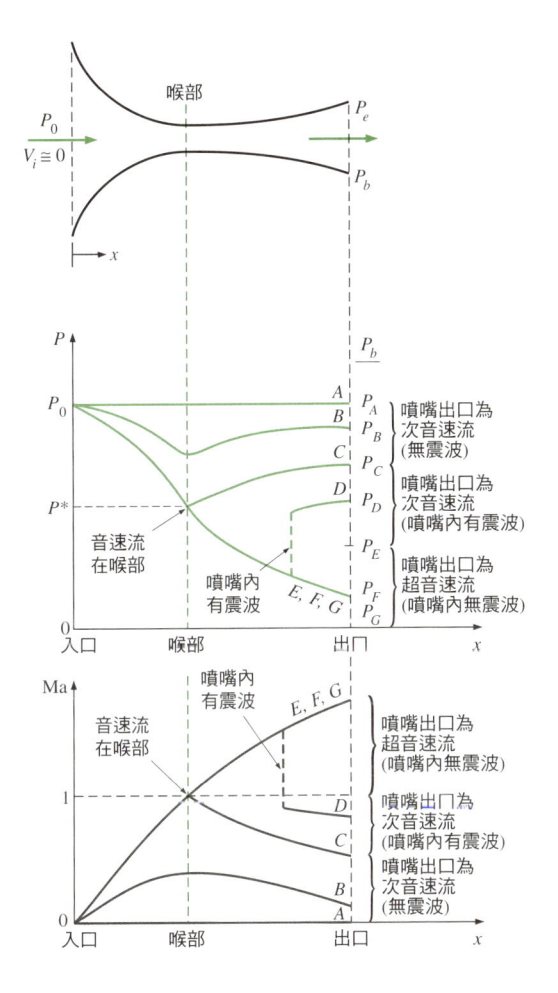

圖 12-21 背壓對於通過收縮－擴張噴嘴的流動的影響。

部分的流體流動或通過噴嘴的質量流率沒有影響。但是它的確影響在擴張段的流動特性。

3. 當 $P_c > P_b > P_E$ 時，在喉部達到音速的流體，當壓力降低時在擴張段繼續加速至超音速。然而，當一個正震波 (normal shock) 在喉部與出口平面之間的一個截面發生時，這個加速會突然停止，造成速度突然下降至次音速的水平，並且壓力會突然上升。然後流體在收縮－擴張噴嘴的剩餘部分會繼續減速。經過震波的流動是高度不可逆的，因此不能被近似成等熵的。隨著 P_b 繼續被降低時，正震波離開喉部向下游移動，並且當 P_b 趨近 P_E 時，會趨近噴嘴的出口平面。

當 $P_b = P_E$ 時，震波正好在噴嘴的出口平面上形成，此情況下在整個擴張段流動是超音速的；並且可以被近似為等熵的。然而，當流體正好要離開噴嘴前，它會穿越正震波，流體的速度也下降至次音速的水平。正震波將在 12-4 節中討論。

4. 當 $P_E > P_b > 0$ 時，在擴張段的流動是超音速的，且流體膨脹至在出口的 P_F，而在噴嘴內部不會形成正震波。因此，通過噴嘴的流動可以被近似為等熵的。當 $P_b = P_F$ 時，噴嘴內部與外部都不會有震波產生。當 $P_b < P_F$ 時，在噴嘴出口平面的下游會有不可逆的混合與膨脹波發生。然而，當 $P_b > P_F$ 時，在噴嘴出口的尾流中，流體的壓力會不可逆地從 P_F 增加至 P_b，產生所謂的斜震波 (oblique shocks)。

例題 12-6　通過一個收縮–擴張噴嘴的空氣流

空氣進入一個收縮–擴張噴嘴，示於圖 12-22，其壓力 1.0 MPa，溫度 800 K，速度幾乎可以忽略。流動是穩定的、一維的且等熵的，其 $k = 1.4$。若出口馬赫數 Ma = 2 且喉部面積為 20 cm²，試求 (a) 喉部情況，(b) 出口平面情況，包括出口面積，及 (c) 通過噴嘴的質量流率。

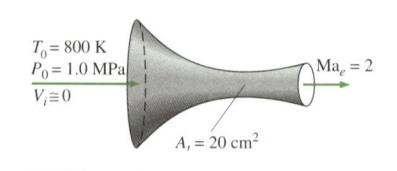

圖 12-22　例題 12-6 的示意圖。

解答：空氣流過一個收縮–擴張噴嘴。要決定喉部與出口的情形及質量流率。

假設：**1.** 空氣是理想氣體，具有在室溫下的定壓比熱。**2.** 通過噴嘴的流動是穩定、一維且等熵的。

性質：已知空氣的比熱是 $k = 1.4$。空氣的氣體常數是 0.287 kJ/kg·K。

解析：出口馬赫數被給定是 2。因此，流動在喉部必須是音速，並且在噴嘴的擴張段是超音速的。因為入口速度是可忽略的，停滯壓力和溫度與入口壓力和溫度是相同的，$P_0 = 1.0$ MPa，且 $T_0 = 800$ K。假設理想氣體的行為，則停滯密度是

$$\rho_0 = \frac{P_0}{RT_0} = \frac{1000 \text{ kPa}}{(0.287 \text{ kPa·m}^3/\text{kg·K})(800 \text{ K})} = 4.355 \text{ kg/m}^3$$

(a) 在噴嘴的喉部 Ma = 1，從表 A-13 中讀到

$$\frac{P^*}{P_0} = 0.5283 \qquad \frac{T^*}{T_0} = 0.8333 \qquad \frac{\rho^*}{\rho_0} = 0.6339$$

因此

$$P^* = 0.5283 P_0 = (0.5283)(1.0 \text{ MPa}) = \mathbf{0.5283 \text{ MPa}}$$
$$T^* = 0.8333 T_0 = (0.8333)(800 \text{ K}) = \mathbf{666.6 \text{ K}}$$
$$\rho^* = 0.6339 \rho_0 = (0.6339)(4.355 \text{ kg/m}^3) = \mathbf{2.761 \text{ kg/m}^3}$$

同時，

$$V^* = c^* = \sqrt{kRT^*} = \sqrt{(1.4)(0.287 \text{ kJ/kg·K})(666.6 \text{ K})\left(\frac{1000 \text{ m}^2/\text{s}^2}{1 \text{ kJ/kg}}\right)}$$
$$= \mathbf{517.5 \text{ m/s}}$$

(b) 因為流動是等熵的，出口平面的性質也使用從表 A-13 得到的數據來計算。從 Ma = 2，我們得到

$$\frac{P_e}{P_0} = 0.1278 \quad \frac{T_e}{T_0} = 0.5556 \quad \frac{\rho_e}{\rho_0} = 0.2300 \quad \text{Ma}_e^* = 1.6330 \quad \frac{A_e}{A^*} = 1.6875$$

因此

$$P_e = 0.1278 P_0 = (0.1278)(1.0 \text{ MPa}) = \textbf{0.1278 MPa}$$
$$T_e = 0.5556 T_0 = (0.5556)(800 \text{ K}) = \textbf{444.5 K}$$
$$\rho_e = 0.2300 \rho_0 = (0.2300)(4.355 \text{ kg/m}^3) = \textbf{1.002 kg/m}^3$$
$$A_e = 1.6875 A^* = (1.6875)(20 \text{ cm}^2) = \textbf{33.75 cm}^2$$

與

$$V_e = \text{Ma}_e^* c^* = (1.6330)(517.5 \text{ m/s}) = \textbf{845.1 m/s}$$

噴嘴出口的速度也可以從 $V_e = \text{Ma}_e c_e$ 來決定,其中 c_e 是在出口條件下的音速:

$$V_e = \text{Ma}_e c_e = \text{Ma}_e \sqrt{kRT_e} = 2\sqrt{(1.4)(0.287 \text{ kJ/kg·K})(444.5 \text{ K})\left(\frac{1000 \text{ m}^2/\text{s}^2}{1 \text{ kJ/kg}}\right)}$$
$$= 845.2 \text{ m/s}$$

(c) 因為流動是穩定的,流體的質量流率在噴嘴的所有截面上都相同,因此其可使用在噴嘴的任何截面上的性質來計算。使用在喉部的性質,我們發現質量流率為

$$\dot{m} = \rho^* A^* V^* = (2.761 \text{ kg/m}^3)(20 \times 10^{-4} \text{ m}^2)(517.5 \text{ m/s}) = \textbf{2.86 kg/s}$$

討論:注意對於指定的入口條件,這是通過噴嘴最大可能的質量流率。

12-4 震波與膨脹波

在第 2 章中,我們討論到音波是由無限小的壓力擾動所造成的,它們以音速通過一個介質。在本章中也看到對於某些背壓值,在超音速流的條件下,流體性質的突然變化會發生在一個收縮-擴張噴嘴的一個非常薄的截面上,造成一個震波 (shock wave)。研究震波發生的條件與它們如何影響流動是很有趣的。

正震波

首先我們考慮發生在一個與流動方向垂直的平面上的震波,稱為正震波 (normal shock waves)。通過震波的流動是高度不可逆的。因此不能夠被近似為是等熵的。

接著我們跟隨拉普拉斯 (Pierre Laplace, 1749-1827)、黎曼 (G. F. Bernhard Riemann, 1826-1866)、朗金 (William Rankine, 1820-1872)、雨果尼特 (Pierre Henry

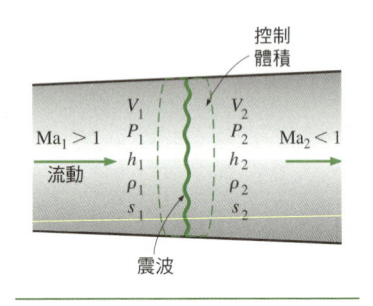

圖 12-23 通過一個正震波的流動的控制體積。

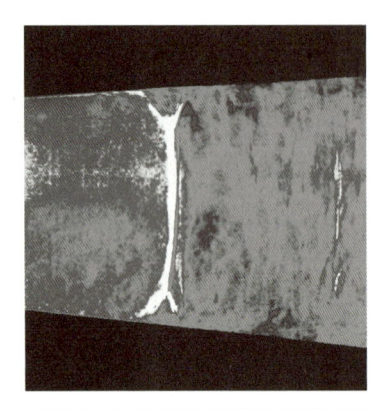

圖 12-24 一個拉瓦噴嘴的正震波的胥來侖紋影圖。恰在震波上游 (左邊) 的噴嘴馬赫數約為 1.3。邊界層扭曲了正震波靠近壁面的形狀，並且導致在震波下面的流動分離。
Photo by G. S. Settles, Penn State University. Used by permission.

Hugoniot, 1851-1887)、雷萊 (Lord Rayleigh, 1842-1919) 與泰勒 (G. T. Taylor, 1886-1975) 的腳步來開發在震波之前與之後流動性質的關係式。我們的作法是針對一個包含震波的靜止的控制體積應用質量、動量與能量守恆的關係式，以及一些性質的關係式來作推導，如圖 12-23 所示。正震波極細薄，因此這個控制體積的進入與流出面積幾乎是相同的 (圖 12-24)。

我們假設穩定流，沒有熱與功的交互作用，並且沒有位能的變化。震波上游的性質用下標 1 表示，而震波下游的就用下標 2 表示，則會有以下的關係式：

質量守恆：
$$\rho_1 A V_1 = \rho_2 A V_2 \tag{12-29}$$

或

$$\rho_1 V_1 = \rho_2 V_2$$

能量守恆：
$$h_1 + \frac{V_1^2}{2} = h_2 + \frac{V_2^2}{2} \tag{12-30}$$

或

$$h_{01} = h_{02} \tag{12-31}$$

線性動量方程式： 重新整理式 (12-14) 並且積分得到

$$A(P_1 - P_2) = \dot{m}(V_2 - V_1) \tag{12-32}$$

熵增：
$$s_2 - s_1 \geq 0 \tag{12-33}$$

我們可以結合質量與能量守恆關係式成為一個單一方程式，並且將其畫在一個 h-s 圖上，會使用到性質關係式。產生的曲線稱為**范諾線** (Fanno line)，這是一個有相同停滯焓與質量通量 (每單位面積的質量流率) 的狀態的軌跡。同樣地，結合質量與動量守恆方程式成為一個單一的方程式並將其畫在一個 h-s 圖上，產生一條曲線，稱為**雷萊線** (Rayleigh line)。兩條曲線都被示於圖 12-25 的 h-s 圖上。如稍後將在例題 12-7 中證明的，這些曲線上最大熵值的點 (點 a 與 b) 對應到 Ma = 1。每條曲線上面部分的狀態是次音速的，而下面部分的則是超音速的。

范諾與雷萊線在兩點相交 (點 1 與點 2)，代表所有三個守恆方程式都是滿足的兩個狀態。其中之一 (狀態 1) 對應震波之前的狀態，而另一個 (狀態 2) 則對應震波後的狀態。注意震波之前，流動是超音速的，而之後則是次音速的。如果震波會發生，流動就一定會從超音速變化至次音速。震波之前馬赫數越大，震波會越強。在

Ma = 1 的極限情況，震波會變成一個音波。從圖 12-25 中，注意到熵是增加的，$s_2 > s_1$。這是預期的，因為通過震波的流動是絕熱且不可逆的。

能量守恆原理 [式 (12-31)] 要求跨過震波的停滯焓維持為常數；$h_{01} = h_{02}$。對於理想氣體 $h = h(T)$，從而有

$$T_{01} = T_{02} \tag{12-34}$$

亦即，理想氣體的停滯溫度在跨過震波時，也維持是一個常數。然而，注意停滯壓在跨過震波時由於不可逆性而降低了。然而一般 (靜態) 溫度則會大幅度地上升，這是因為流速的大幅度下降，造成動能轉換成焓的緣故 (參見圖 12-26)。

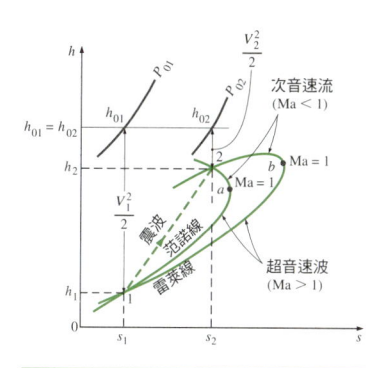

圖 12-25 跨過一個正震波的流動的 h-s 圖。

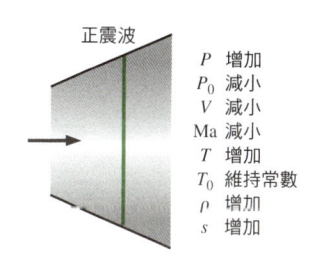

圖 12-26 在一個理想氣體中跨過一個正震波的流動性質的變化。

我們現在對一個具有常數比熱的理想氣體開發出在震波前後的各種性質之間的關係式。靜態溫度比的關係式可以應用式 (12-18) 兩次來獲得：

$$\frac{T_{01}}{T_1} = 1 + \left(\frac{k-1}{2}\right)\text{Ma}_1^2 \quad \text{與} \quad \frac{T_{02}}{T_2} = 1 + \left(\frac{k-1}{2}\right)\text{Ma}_2^2$$

將第一個方程式除以第二個，並注意 $T_{01} = T_{02}$，我們有

$$\frac{T_2}{T_1} = \frac{1 + \text{Ma}_1^2(k-1)/2}{1 + \text{Ma}_2^2(k-1)/2} \tag{12-35}$$

從理想氣體的狀態方程式，

$$\rho_1 = \frac{P_1}{RT_1} \quad \text{與} \quad \rho_2 = \frac{P_2}{RT_2}$$

將其代入質量守恆的關係式 $\rho_1 V_1 = \rho_2 V_2$，並注意到 Ma = V/c 與 $c = \sqrt{kRT}$，我們有

$$\frac{T_2}{T_1} = \frac{P_2 V_2}{P_1 V_1} = \frac{P_2 \text{Ma}_2 c_2}{P_1 \text{Ma}_1 c_1} = \frac{P_2 \text{Ma}_2 \sqrt{T_2}}{P_1 \text{Ma}_1 \sqrt{T_1}} = \left(\frac{P_2}{P_1}\right)^2 \left(\frac{\text{Ma}_2}{\text{Ma}_1}\right)^2 \tag{12-36}$$

結合式 (12-35) 與 (12-36) 得到跨過震波的壓力比：

范諾線：

$$\frac{P_2}{P_1} = \frac{\text{Ma}_1 \sqrt{1 + \text{Ma}_1^2(k-1)/2}}{\text{Ma}_2 \sqrt{1 + \text{Ma}_2^2(k-1)/2}} \tag{12-37}$$

式 (12-37) 是質量與能量守恆方程式的結合；因此它也是一個具有常數比熱的理想氣體的范諾線的方程式。一個給雷萊線的相似關係式也可以藉由結合質量與動量方程式來獲得。從式 (12-32)，

$$P_1 - P_2 = \frac{\dot{m}}{A}(V_2 - V_1) = \rho_2 V_2^2 - \rho_1 V_1^2$$

然而

$$\rho V^2 = \left(\frac{P}{RT}\right)(\text{Ma } c)^2 = \left(\frac{P}{RT}\right)(\text{Ma}\sqrt{kRT})^2 = Pk\,\text{Ma}^2$$

因此

$$P_1(1 + k\text{Ma}_1^2) = P_2(1 + k\text{Ma}_2^2)$$

或

雷萊線：
$$\frac{P_2}{P_1} = \frac{1 + k\text{Ma}_1^2}{1 + k\text{Ma}_2^2} \tag{12-38}$$

結合式 (12-37) 與 (12-38) 得到

$$\text{Ma}_2^2 = \frac{\text{Ma}_1^2 + 2/(k-1)}{2\text{Ma}_1^2 k/(k-1) - 1} \tag{12-39}$$

這代表范諾與雷萊線的交點，並且是震波上游的馬赫數與下游的馬赫數的相關式。

震波的發生並不只限於超音速噴嘴。這現象也在超音速飛機的引擎入口被觀測到，其處的空氣經過一個震波，並在進入引擎的擴散器之前減速至次音速 (圖 12-27)。爆炸也製造出威力強大的、向外擴張的球形正震波，可以具有很大的破壞性 (圖 12-28)。

對於一個 $k = 1.4$ 的理想氣體，跨過震波的各種流動性質比被列出在表 A-14 中。檢視這個表揭露出 Ma_2 (震波後的馬赫數) 總是小於 1，並且震波前的超音速馬赫數越大，震波後的次音速馬赫數就越小。我們看出來在震波之後的靜態壓力、溫度與密度都增大了，而停滯壓力則減小了。

通過震波的熵變化是對一個通過震波的理想氣體應用熵改變方程式來求得的：

圖 12-27 超音速戰鬥機的引擎，其空氣入口的設計，讓一個震波在入口處將空氣減速至次音速，增加了空氣在進入引擎之前的壓力與溫度。
© StockTrek/Getty RF

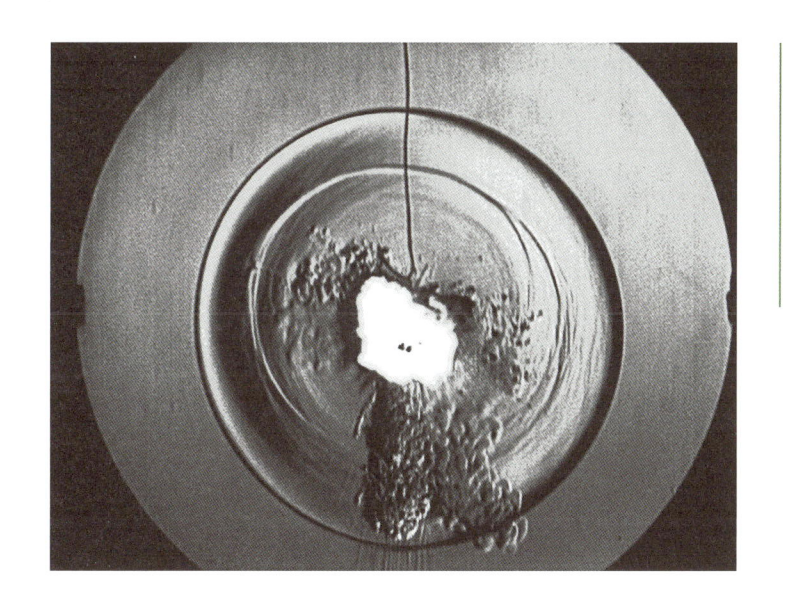

圖 12-28 爆炸波 (擴張的球形正震波) 的胥來侖紋影圖，是由一個炮竹的爆炸造成的。震波向外朝所有方向徑向地膨脹，它的超音速速度隨著離開爆炸中心的半徑而遞減。一個麥克風偵測到當震波通過時壓力的突然改變，並觸發一個微秒閃光燈曝光來取得照片。
StockTrek /Getty Images

$$s_2 - s_1 = c_P \ln \frac{T_2}{T_1} - R \ln \frac{P_2}{P_1} \quad (12\text{-}40)$$

可以使用本節中稍早推導出來的關係式將其轉換成用 k、R 與 Ma_1 來表示。跨越震波的一個無因次的熵改變的圖，$(s_2 - s_1)/R$ 相對於 Ma_1，被示於圖 12-29 中。因為跨越震波的流動是絕熱且不可逆的，熱力學第二定理要求跨越震波，熵要增加。因此當 Ma_1 小於 1 時震波不可能存在，因為熵變化會是負的。對於絕熱流動，震波只有對超音速流，$Ma_1 > 1$，才能存在。

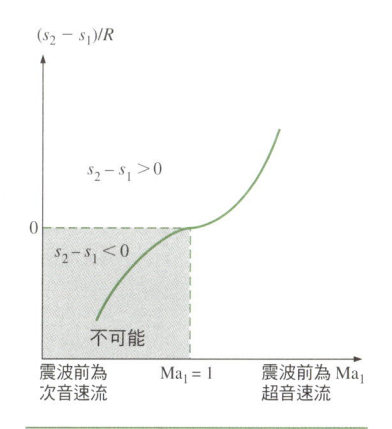

圖 12-29 跨越一個正震波的熵變化。

例題 12-7　范諾線上最大熵的點

流體在一個流道中作絕熱穩定流動，證明其范諾線上的最大熵值的點 (圖 12-25 中的 a 點) 對應到音速，即 $Ma = 1$。

解答： 要證明對於絕熱穩定流動，其范諾線上最大熵值的點對應到音速。

假設： 流動是穩定的、絕熱的，並且是一維的。

解析： 沒有熱與功的交互作用，並且沒有動能變化時，穩定流的能量方程式簡化為

$$h + \frac{V^2}{2} = 常數$$

微分得到

$$dh + V\, dV = 0$$

742 流體力學

對於一個非常細薄的震波，跨過震波的流道面積可以忽略，穩定流的連續 (質量守恆) 方程式可以表示為

$$\rho V = 常數$$

微分，我們有

$$\rho \, dV + V \, d\rho = 0$$

解出 dV 得到

$$dV = -V \frac{d\rho}{\rho}$$

將其與能量方程式結合，我們有

$$dh - V^2 \frac{d\rho}{\rho} = 0$$

這是范諾方程式的微分形式。在 a 點 (最大熵的點) $ds = 0$。因此從第 2 個 $T \, ds$ 關係式 ($T \, ds = dh - \upsilon \, dP$)，我們有 $dh = \upsilon \, dP = dP/\rho$。代入得到

$$\frac{dP}{\rho} - V^2 \frac{d\rho}{\rho} = 0 \quad 在 s = 常數$$

解出 V，我們有

$$V = \left(\frac{\partial P}{\partial \rho}\right)_s^{1/2}$$

這正是音速的關係式，式 (12-9)。因此 $V = c$，並且證明完成。

例題 12-8 在一個收縮-擴張噴嘴的震波

如果空氣流過例題 12-6 的收縮-擴張噴嘴，並在噴嘴的出口平面上經歷到一個正震波 (圖 12-30)，試求震波之後的以下各項：(a) 停滯壓、靜態壓、靜態溫度與靜態密度；(b) 通過震波的熵變化；(c) 出口速度；與 (d) 通過噴嘴的質量流率。從入口到震波位置，將流動近似為穩定的、一維的與等熵的，並且 $k = 1.4$。

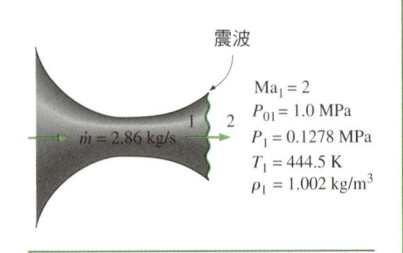

震波
$Ma_1 = 2$
$P_{01} = 1.0$ MPa
$\dot{m} = 2.86$ kg/s
$P_1 = 0.1278$ MPa
$T_1 = 444.5$ K
$\rho_1 = 1.002$ kg/m³

解答：空氣通過一個收縮-擴張噴嘴，並在出口經歷到一個正震波。要決定震波對各種性質的影響。

圖 12-30 例題 12-8 的示意圖。

假設：1. 空氣是一個理想氣體，具有在室溫下的常數比熱。2. 通過噴嘴的流動在震波發生前是穩定的、一維的，並且是等熵的。3. 震波發生在出口平面上。

性質：空氣的定壓比熱與比熱比為 $c_p = 1.005$ kJ/kg·K 和 $k = 1.4$，空氣的氣體常數是 0.287 kJ/kg·K。

解析：(a) 在噴嘴的出口，恰好在震波前 (用下標 1 表示) 的流體性質是那些在例題 12-6 的噴嘴出口

計算得到的，其為

$$P_{01} = 1.0 \text{ MPa} \quad P_1 = 0.1278 \text{ MPa} \quad T_1 = 444.5 \text{ K} \quad \rho_1 = 1.002 \text{ kg/m}^3$$

震波之後的流體 (用下標 2 表示) 的性質與震波之前的性質是透過列在表 A-14 的函數來相關的。對 $Ma_1 = 2.0$，我們讀出

$$\text{Ma}_2 = 0.5774 \quad \frac{P_{02}}{P_{01}} = 0.7209 \quad \frac{P_2}{P_1} = 4.5000 \quad \frac{T_2}{T_1} = 1.6875 \quad \frac{\rho_2}{\rho_1} = 2.6667$$

因此在震波之後的停滯壓、靜態壓、靜態溫度與靜態密度為

$$P_{02} = 0.7209 \, P_{01} = (0.7209)(1.0 \text{ MPa}) = \mathbf{0.721 \text{ MPa}}$$
$$P_2 = 4.5000 \, P_1 = (4.5000)(0.1278 \text{ MPa}) = \mathbf{0.575 \text{ MPa}}$$
$$T_2 = 1.6875 \, T_1 = (1.6875)(444.5 \text{ K}) = \mathbf{750 \text{ K}}$$
$$\rho_2 = 2.6667 \rho_1 = (2.6667)(1.002 \text{ kg/m3}) = \mathbf{2.67 \text{ kg/m}^3}$$

(b) 跨過震波的熵變化是

$$s_2 - s_1 = c_p \ln \frac{T_2}{T_1} - R \ln \frac{P_2}{P_1}$$
$$= (1.005 \text{ kJ/kg·K}) \ln (1.6875) - (0.287 \text{ kJ/kg·K}) \ln (4.5000)$$
$$= \mathbf{0.0942 \text{ kJ/kg·K}}$$

因為空氣通過一個正震波是高度不可逆的，其熵值增加了。

(c) 震波之後的空氣速度是從 $V_2 = Ma_2 c_2$ 決定的，其中 c_2 是在震波之後的出口條件下的音速：

$$V_2 = \text{Ma}_2 c_2 = \text{Ma}_2 \sqrt{kRT_2}$$
$$= (0.5774)\sqrt{(1.4)(0.287 \text{ kJ/kg·K})(750.1 \text{ K})\left(\frac{1000 \text{ m}^2/\text{s}^2}{1 \text{ kJ/kg}}\right)}$$
$$= \mathbf{317 \text{ m/s}}$$

(d) 通過一個收縮-擴張噴嘴 (其喉部在音速條件下) 的質量流率不會受到在噴嘴中有震波存在的影響，因此在這情況下的質量流率與在例題 12-6 中求得的一樣：

$$\dot{m} = \mathbf{2.86 \text{ kg/s}}$$

討論：這個結果可以使用在噴嘴出口且在震波之後的性質很輕易地加以驗證，適用於出口馬赫數遠大於 1。

例題 12-8 說明在跨過震波後，停滯壓與速度減小，而靜壓、溫度、密度與熵增加了 (圖 12-31)。在震波後面流體溫度的上升是航空工程師最關切的，因為會造成機翼前緣與重返太空船及最近提議的超高速太空飛機的鼻錐部分的散熱問題。事實上，過度加熱造成 2003 年二月哥倫比亞太空梭重返地球大氣層時的悲劇性損失。

圖 12-31 當馴獅師揮動他的鞭子時，一個弱的球形震波在鞭梢形成並沿著徑向往外傳播；在膨脹震波內部的壓力高於環境的空氣壓力，而這就是當震波到達獅耳時所造成的劈裂聲。
© Joshua Ets-Hokin/Getty RF

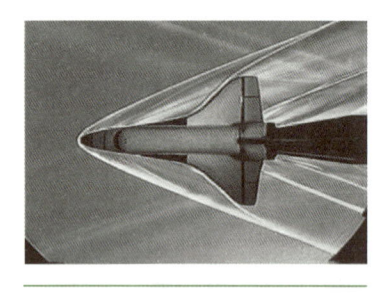

圖 12-32 一艘太空梭的縮小模型。在馬赫數 3 的條件下測試所得到的胥來侖紋影圖，測試是在賓州州立大學的氣體動力實驗室的超音速風洞中進行的。有數條斜震波在圍繞太空船周圍的空氣中被觀測到。
© Joshua Ets-Hokin/Getty Images

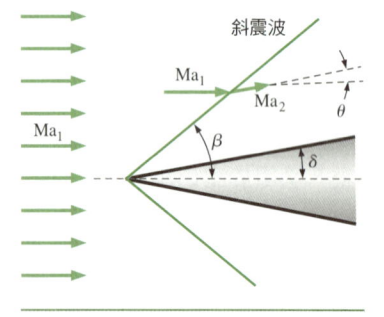

圖 12-33 一個震波角 β 的斜震波，是由一個細長的、二維的且半角 δ 的楔形物所造成的。流動在震波的下游被轉向了一個轉折角 θ，並且馬赫數減小了。

斜震波

不是所有的震波都是正震波 (垂直於流動方向)。例如，當太空梭以超音速的速度穿過大氣時，會製造出複雜的震波型態，由傾斜的震波組成，稱為斜震波 (oblique shocks) (圖 12-32)。如你所能看到的，斜震波的某些部分是彎曲的，而另外一些部分是直的。

首先，我們考慮直的斜震波，例如一個均勻的超音速流 ($Ma_1 > 1$) 撞擊一個細長的、二維的且半角為 δ 的楔形物 (圖 12-33)。因為關於楔形物的信息在超音速流中不能向上游傳遞，流體不能知道關於楔形物的任何事情，直到撞到其鼻部以後。在此點之後，因為流體不能穿過楔形物，它會突然轉變一個角度，稱為轉折角 (turning angle) 或偏折角 (deflection angle) θ。結果是一個直的斜震波，其相對於來流量測到的角度稱為震波角 (shock angle) 或波角 (wave angle) β (圖 12-34)。為了質量守恆，β 顯然必須大於 δ。因為超音速流的雷諾數一般都很大，沿著楔形表面生長的邊界層很薄，我們可以忽略其影響。流動因此偏折一個與楔形相同的角度，亦即，偏折角 θ 等於楔形的半角 δ。如果我們考慮了邊界層推移厚度的影響 (第 10 章)，斜震波造成的偏折角 θ 事實上會稍微大於楔形的半角 δ。

像正震波一樣，跨過一個斜震波的馬赫數減小了，並且斜震波只有當上游為超音速時才有可能發生。然而不像正震波下游的馬赫數總是次音速的，斜震波下游的 Ma_2 可以是次音速的、音速的或超音速的，端視上游的馬赫數 Ma_1 與轉折角而定。

我們用圖 12-34 來分析一個直的斜震波，將震波上游與下游的速度向量分解成正向與切向的分量，並且考慮一個圍繞震波的小控制體積。在震波的上游，沿著控制體積的左下平面的所有流體的性質 (速度、密度與壓力等) 與那些沿著右上平面的都相等。同樣的情況在震波的下游也成立。因此，從那兩個平面進入與流出的質量流率互相抵消了，而質量守恆簡化為

$$\rho_1 V_{1,n} A = \rho_2 V_{2,n} A \quad \rightarrow \quad \rho_1 V_{1,n} = \rho_2 V_{2,n} \quad (12\text{-}41)$$

其中 A 是控制體積上平行於震波的面積。因為 A 在震波的兩邊是相同的，因此可在式 (12-41) 中被消去。

就像你可能預期的，速度的切向分量 (平行於斜震波) 在跨過震波時不會改變，即 $V_{1,t} = V_{2,t}$。這可以輕易地對控制體積應用切向的動量方程式來證明。

當我們對垂直於斜震波的方向應用動量守恆時，唯一的力是壓力，並且得到

$$P_1 A - P_2 A = \rho V_{2,n} A V_{2,n} - \rho V_{1,n} A V_{1,n}$$
$$\rightarrow \quad P_1 - P_2 = \rho_2 V_{2,n}^2 - \rho_1 V_{1,n}^2 \tag{12-42}$$

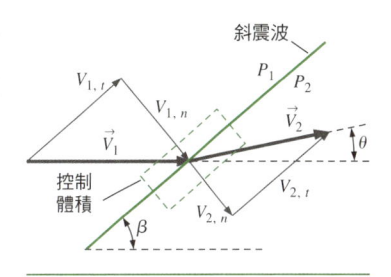

圖 12-34 經過一個震波角 β 的斜震波的速度向量與轉折角 θ。

最後，因為控制體積沒有作功，並且沒有熱傳進或傳出控制體積。停滯焓在跨過斜震波時沒有變化，因此能量守恆成為

$$h_{01} = h_{02} = h_0 \quad \rightarrow \quad h_1 + \frac{1}{2}V_{1,n}^2 + \frac{1}{2}V_{1,t}^2 = h_2 + \frac{1}{2}V_{2,n}^2 + \frac{1}{2}V_{2,t}^2$$

但是因為 $V_{1,t} = V_{2,t}$，這個方程式化簡為

$$h_1 + \frac{1}{2}V_{1,n}^2 = h_2 + \frac{1}{2}V_{2,n}^2 \tag{12-43}$$

仔細的比較揭露出跨過一個斜震波的質量、動量與能量守恆方程式 [式 (12-41) 到 (12-43)] 與那些跨過正震波的是一樣的，除了它們是用正向速度分量寫出的以外。因此，之前導出的正震波的關係式也適用於斜震波，但是必須用垂直斜震波的馬赫數 $Ma_{1,n}$ 與 $Ma_{2,n}$ 來寫出。這可以把圖 12-34 的速度向量圖旋轉 $\pi/2 - \beta$ 的角度，使斜震波看起來像垂直的 (圖 12-35)，最容易看出來。從三角學可以得到

$$Ma_{1,n} = Ma_1 \sin\beta \quad \text{與} \quad Ma_{2,n} = Ma_2 \sin(\beta - \theta) \tag{12-44}$$

其中 $Ma_{1,n} = V_{1,n}/c_1$ 與 $Ma_{2,n} = V_{2,n}/c_2$。從圖 12-35 的觀點來看，我們看到的就像一個正震波，但是帶有某種疊加的切向流動 "一起跟隨著移動"。因此，

圖 12-35 圖 12-34 相同的速度向量，但是被旋轉 $\pi/2 - \beta$ 的角度，使斜震波變成垂直的。正向馬赫數 $Ma_{1,n}$ 與 $Ma_{2,n}$ 也被定義了。

所有正震波的方程式、震波表等也適用於斜震波，只要我們只使用馬赫數的正向分量即可。

事實上，你可以把正震波當作斜震波在震波角 $\beta = \pi/2$ 或 90° 時的特例。我們立刻認知到斜震波只有當 $Ma_{1,n} > 1$ 且 $Ma_{2,n} < 1$ 時才能存在。適用於一個理想氣體斜震波的正震波方程式被總結在圖 12-36 中，用 $Ma_{1,n}$ 表示。

當已知震波角 β 與上游馬赫數 Ma_1 時，我們使用式 (12-44) 的第一部分來計算 $Ma_{1,n}$，然後使用正震波表 (或它們的對應方程式) 來獲得 $Ma_{2,n}$。如果我們也知道偏折角 θ，就可以用式 (12-44) 的第二部分來計算 Ma_2。但是在一個典型的應用中，我們只會知道 β 或 θ 的其中一個，但不會同時知道兩者。幸運地，再多一點數學計算就能提供我們一個 θ、β 與 Ma_1 之間的關係式。我們從注意到 $\tan\beta = V_{1,n}/V_{1,t}$ 及 $\tan(\beta - \theta) = V_{2,n}/V_{2,t}$ 開始 (圖 12-35)。但是因為 $V_{1,t} = V_{2,t}$，結合這兩個表示式來得到

$$\frac{V_{2,n}}{V_{1,n}} = \frac{\tan(\beta - \theta)}{\tan\beta} = \frac{2 + (k-1)Ma_{1,n}^2}{(k+1)Ma_{1,n}^2} = \frac{2 + (k-1)Ma_1^2 \sin^2\beta}{(k+1)Ma_1^2 \sin^2\beta} \quad (12\text{-}45)$$

其中我們已知應用式 (12-44) 及圖 12-36 中的第四個方程式。應用三角學中給 $\cos 2\beta$ 與 $\tan(\beta - \theta)$ 的恆等式，即，

$$\cos 2\beta = \cos^2\beta - \sin^2\beta \quad \text{與} \quad \tan(\beta - \theta) = \frac{\tan\beta - \tan\theta}{1 + \tan\beta \tan\theta}$$

經過運算後，式 (12-45) 簡化為

θ-β-Ma 的關係式： $\quad \tan\theta = \dfrac{2\cot\beta(Ma_1^2 \sin^2\beta - 1)}{Ma_1^2(k + \cos 2\beta) + 2} \quad (12\text{-}46)$

式 (12-46) 提供轉折角 θ 作為震波角 β、比熱比 k 與上游馬赫數 Ma_1 的一個獨特函數。對於空氣 ($k = 1.4$)，我們對一些 Ma_1 的值，畫出 θ 相對於 β 的關係在圖 12-37 中。我們注意到這個圖在一般的可壓縮流教科書中是用相反的軸呈現的 (β 相對於 θ)，因為物理上，震波角 β 是由轉折角 θ 決定的。

研究圖 12-37 可以學到很多，我們將觀察到的在這裡列出一些：

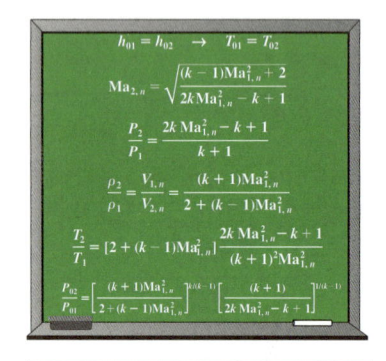

圖 12-36 理想氣體跨過斜震波的關係式，用上游馬赫數的正向分量表示。

圖 12-37 對一些上游馬赫數 Ma_1 的值，直斜震波的轉折角 θ 與震波角 β 的相依關係。計算是針對 $k = 1.4$ 的理想氣體。深顏色虛線連結最大轉折角 ($\theta = \theta_{max}$) 的點。弱斜震波在此線的左邊，而強斜震波在此線的右邊。淺顏色虛線連結下游馬赫數是音速的 ($Ma_2 = 1$) 所有點。超音速下游流動 ($Ma_2 > 1$) 在此線左邊，而次音速下游流動 ($Ma_2 < 1$) 在此線的右邊。

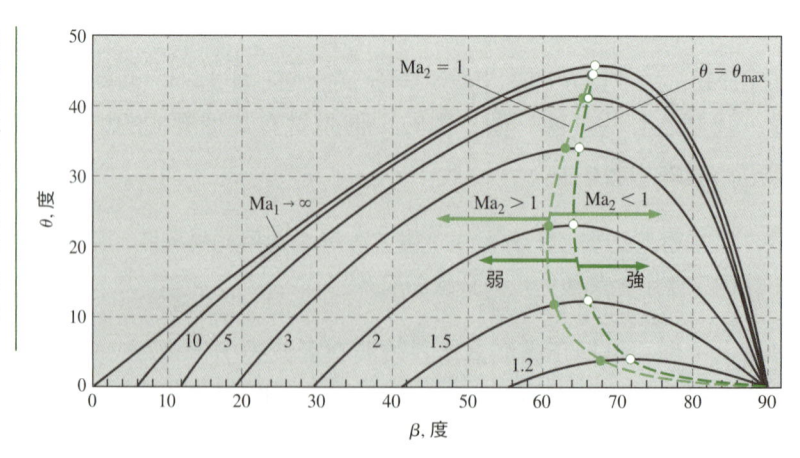

- 圖 12-37 呈現出在一個給定的自由流馬赫數下的可能的震波的全部範圍，從最弱的到最強的。對於任何大於 1 的馬赫數 Ma_1，θ 值的可能範圍從 β 介於 0 到 90° 的某個值所對應的 $\theta = 0°$，到在 β 的一個中間值時所對應的 $\theta = \theta_{max}$，然後在 $\beta = 90°$ 時，回到 $\theta = 0°$。若 θ 或 β 在這個範圍之外，則直斜震波就不可能存在。例如，在 $Ma_1 = 1.5$ 時，在空氣中就不可能有震波角 β 小於 42° 或轉折角 θ 大於 12° 的直斜震波存在。若楔形的半角大於 θ_{max}，震波變成彎曲的並且與楔形的鼻部分離，形成所謂的分離斜震波 (detached oblique shock) 或弓形震波 (bow wave) (圖 12-38)。分離震波的震波角 β 在鼻端是 90°，但是當震波向下游彎曲時，β 減小了。分離震波分析時比簡單的直斜震波更為複雜。事實上，沒有簡單的解存在。分離震波的預測需要用到數值計算法 (第 15 章)。

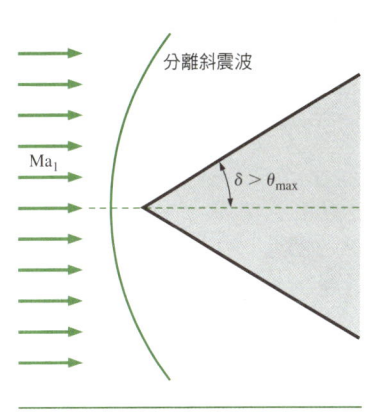

圖 12-38 一個分離的斜震波發生在一個半角 δ 的二維楔形上游，這是當 δ 大於最大可能的轉折角時會發生的。這種震波稱為一個弓形波，因為類似在船首所形成的水波。

- 類似的斜震波行為在經過圓錐的軸對稱流動中也觀察到，如圖 12-39，雖然軸對稱流的 θ-β-Ma 關係式與式 (12-46) 中的是不一樣的。

- 不管馬赫數多大，當超音速流撞擊到一個鈍形體 (一個沒有尖銳鼻部的物體) 時，在鼻部的楔形半角是 90°，不可能存在一個附著的斜震波。事實上，一個分離的斜震波會發生在所有鈍形鼻狀物體上，不管是二維的、軸對稱的或完全三維的。例如，一個分離的斜震波可以在圖 12-32 的太空梭模型及圖 12-40 一個球的前端看到。

- 對某一個給定的 k 值，雖然 θ 是 Ma_1 與 β 的唯一的函數，但對於 $\theta < \theta_{max}$，則有兩個可能的 β 值。在圖 12-37 的深顏色虛線通過 θ_{max} 所形成的軌跡線，將震波分隔成弱斜震波 (有較小的 β 值) 與強斜震波 (有較大的 β 值)。對一個給定的 θ 值，弱震波更平常並且被流動所"偏愛"，除非下游的壓力條件足夠高才能形成強震波。

- 對於一個給定的上游馬赫數 Ma_1，只有一個唯一的 θ 值才能使下游的馬赫數

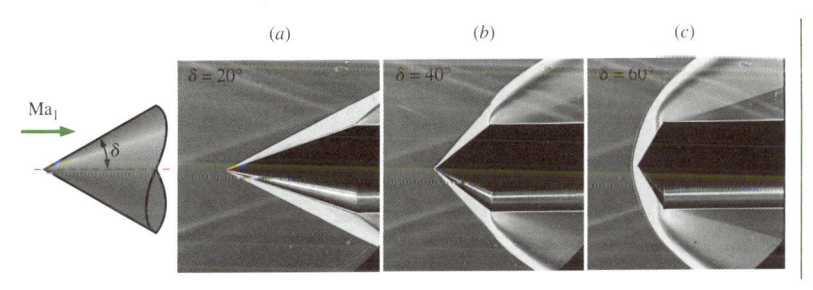

圖 12-39 從胥來侖紋影術所得到的圖片說明空氣在馬赫數 3 時，隨著圓錐半角 δ 的增加，一個斜震波從鼻錐脫離的現象。在 (a) $\delta = 20°$ 及 (b) $\delta = 40°$ 時，斜震波維持附著的，但是當 (c) $\delta = 60°$ 時，斜震波已經脫離了，形成一個弓形波。
Photos by G. S. Settles, Penn State University. Used by permission.

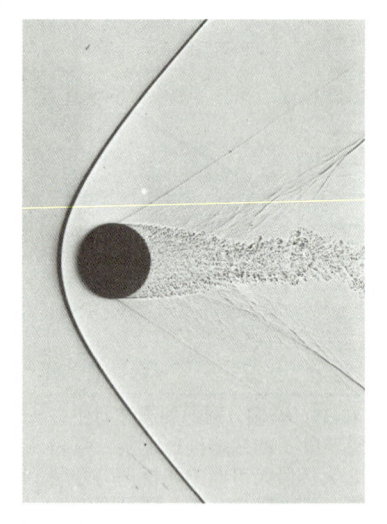

圖 12-40 一個 12.7 mm 直徑的圓球在空氣中以 Ma = 1.53 的自由飛行的陰影圖。在弓形波背後，球之前及沿著其表面一直到約 45° 的部分，流動是次音速的。在約 90° 處，通過一個斜震波，層流邊界層分離並迅速變成紊流。波動的尾流產生一個弱擾動系統並結合形成二次 "再壓縮" 的震波。

Photo by A. C. Charters, as found in Van Dyke (1982).

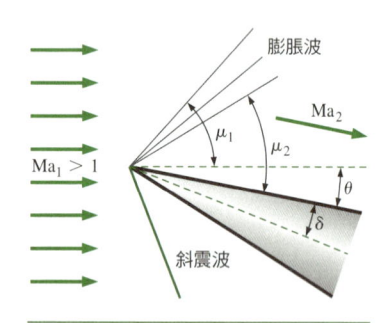

圖 12-41 一個在流動的上面部分的膨脹扇，是一個二維的楔形在超音速流中具有一個攻角所形成的。流動轉向 θ 角度，並且馬赫數在跨過膨脹扇時增加了。在膨脹上游與下游的馬赫角被指示出來了。為了簡單起見，只有三個膨脹波被顯示出來，但事實上，其數目是無窮的。(在此流動的底部也出現了一個斜震波。)

Ma_2 正好是 1。圖 12-37 中的淺顏色虛線通過 $Ma_2 = 1$ 的所有軌跡。此線的左邊，$Ma_2 > 1$；此線的右邊，$Ma_2 < 1$。下游的音速條件發生在圖中弱震波的那一邊，其 θ 很接近 $θ_{max}$，因此強斜震波下游的流動總是次音速的 ($Ma_2 < 1$)。在弱斜震波下游的流動維持是超音速的，除了恰好在小於 $θ_{max}$ 的一個小範圍以外，在那裡它是次音速的，雖然它仍然被稱為是一個弱斜震波。

- 當上游的馬赫數趨向無窮大時，直斜震波對任何在 0 與 90° 之間的 β 都是可能發生的，但對 k = 1.4 (空氣) 而言，最大可能的轉折角是 $θ_{max} ≅ 45.6°$，這發生在 β = 67.8°。轉折角超過這個 $θ_{max}$ 的直斜震波是不可能的，不管馬赫數多大。

- 對一個給定的上游馬赫數的值，有兩個震波角度，其偏折角為零 (θ = 0°)：強震波的情況，β = 90°，對應的是一個正震波，而弱震波的情況，β = $β_{min}$，代表在此馬赫數下，可能的最弱斜震波，其被稱為馬赫波 (Mach wave)。例如在一個超音速風洞中，馬赫波是由其牆上的不均勻物所造成的 (在圖 12-32 與 12-39 中可以看到一些)。馬赫波對流動沒有影響因為震波極其微弱。事實上在極限情況下，馬赫波是等熵的。馬赫波的震波角是馬赫數的單一函數且被給予符號 μ，不要將其與黏度係數混淆了。角度 μ 被稱為馬赫角 (Mach angle)，並且是令式 (12-46) 的 θ 等於 0 而得到的，求解 β = μ，並取比較小的根。我們得到

馬赫角： $$\mu = \sin^{-1}(1/Ma_1) \qquad (12\text{-}47)$$

因為比熱比只出現在式 (12-46) 的分母，μ 獨立於 k。因此我們可以估計任何超音速流的馬赫數，只要量測馬赫角並應用式 (12-47) 即可。

普朗特–梅爾膨脹波

我們現在說明超音速流被轉向到相反方向的情形，就如一個二維的楔形，當其攻角大於其半角 δ 的上邊部分 (圖 12-41)。我們稱這種型態的流動為膨脹流 (expanding flow)，而一個產生斜震波的流動可以被稱為一個壓縮流 (compressing flow)。就如之前所說的，流動改變方向來符合質量守恆。然而，不像壓縮流，膨脹流不會產生震波，而是一個連續膨脹的區域，稱為膨脹扇 (expansion fan)，由數目為無限多的馬赫波組成，稱

為普朗特−梅爾膨脹波，換言之，流動不會像通過一個震波突然轉向，而是漸近的 — 每個接續的馬赫波將流動轉向一個無限小的量。因為每一個單一的膨脹波幾乎是等熵的，通過整個膨脹扇的流動也幾乎是等熵的。膨脹波下游的馬赫數增加($Ma_2 > Ma_1$)，而壓力、密度與溫度則減小，正如它們在一個收縮−擴張噴嘴的超音速(膨脹)部分所做的一樣。

普朗特−梅爾膨脹波是以當地馬赫角 μ 傾斜的，如圖 12-41 所示。第一個膨脹波的馬赫角可以輕易的決定為 $\mu_1 = \sin^{-1}(1/Ma_1)$。同樣地，$\mu_2 = \sin^{-1}(1/Ma_2)$，其中我們必須小心，注意量測的角度是相對於在膨脹後的下游的新的流動方向，亦即，如果忽略沿著此壁面的邊界層的影響的話，平行於圖 12-41 中楔形的上壁面。但我們如何決定 Ma_2 呢？事實上，跨過膨脹扇的轉折角 θ 可以用積分來計算，要使用到等熵流的關係式。對於一個理想氣體，結果是 (Anderson, 2003)，

跨過一個膨脹扇的轉折角： $\quad \theta = \nu(Ma_2) - \nu(Ma_1) \quad$ (12-48)

其中 $\nu(Ma)$ 是一個角度，稱為普朗特−梅爾函數 (不要與運動黏度混淆了)。

$$\nu(Ma) = \sqrt{\frac{k+1}{k-1}} \tan^{-1}\left(\sqrt{\frac{k-1}{k+1}(Ma^2 - 1)}\right) - \tan^{-1}\left(\sqrt{Ma^2 - 1}\right) \quad (12\text{-}49)$$

注意 $\nu(Ma)$ 是一個角度，可以用弳度或度計算。物理上，$\nu(Ma)$ 是流體必須膨脹經過的角度，從在 $Ma = 1$ 的 $\nu = 0$ 開始，為的是達到一個超音速的馬赫數，$Ma > 1$。

為了從 Ma_1、k 與 θ 的已知值找出 Ma_2，我們從式 (12-49) 計算 $\nu(Ma_1)$、從式 (12-48) 計算 $\nu(Ma_2)$，然後從式 (12-49) 得到 Ma_2，注意最後的步驟牽涉到解一個 Ma_2 的隱方程式。因為沒有熱傳或功，且流動在膨脹中可以被近似為等熵的，T_0 與 P_0 維持為常數，我們使用之前導出的等熵流關係式來計算膨脹下游的其它流體性質，例如 T_2、ρ_2 與 P_2。

普朗特−梅爾膨脹扇也發生在軸對稱超音速流中，例如在一個圓錐體的角落與尾部邊緣上 (圖 12-42)。有些非常複雜，而我們一些人覺得美麗的交互作用同時包含震波與膨脹波，出現在"過度膨脹的噴嘴"所造成的超音速噴流中，如圖 12-43 所示。當這種型態在一個噴射引擎的排氣中被看到時，飛行員稱呼它是一條"虎尾"。對這種流動的解析超出本書的範圍，有興趣的讀者可參考可壓縮流的教科書，例如 Thompson (1972)、Leipmann 和 Roshko (2001)，以及 Anderson (2003)。

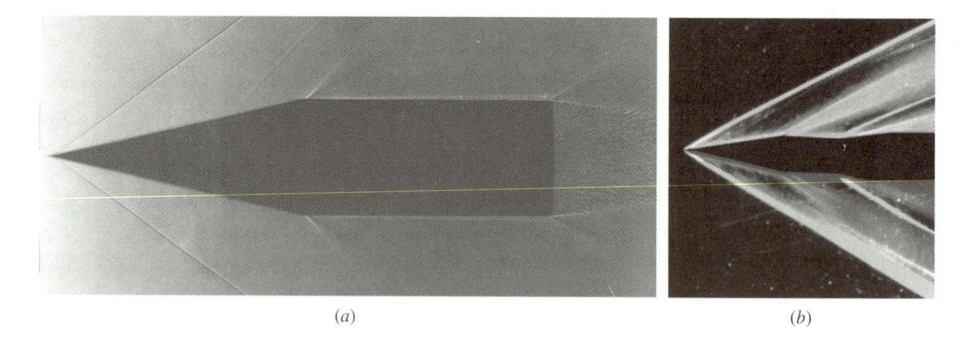

圖 12-42 (a) 一個 12.5° 半角的圓錐體在馬赫數 1.84 的流動。邊界層在鼻錐的下游很快變成紊流的，產生出在陰影圖中可以看到的馬赫波。膨脹波在圓錐的角落與尾緣都可被看到。(b) 一個相似的型態發生在馬赫數 3 的流動流過一個 11° 的 2-D 楔形。
(a) Photo by A. C. Charters, as found in Van Dyke (1982). (b) Photo by G. S. Settles, Penn State University. Used by permission.

圖 12-43 在一個"過度膨脹"的超音波流束中震波與膨脹波之間複雜的交互作用。(a) 用一個類似胥來侖的差異干涉圖可以看到流動。(b) 胥來侖紋影圖。(c) 虎尾震波型態。
(a) Photo by H. Oertel sen. Reproduced by courtesy of the French-German Research Institute of Saint-Louis, ISL. Used with permission.
(b) Photo by G. S. Settles, Penn State University. Used by permission. (c) Photo courtesy of Joint Strike Fighter Program, Department of Defense.

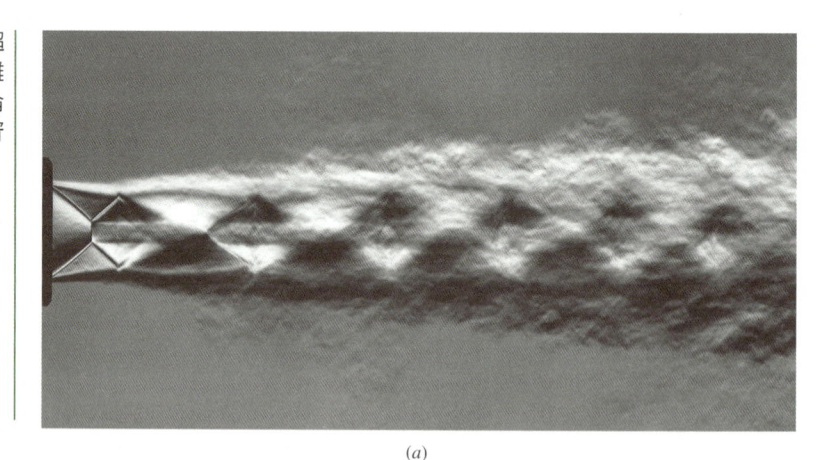

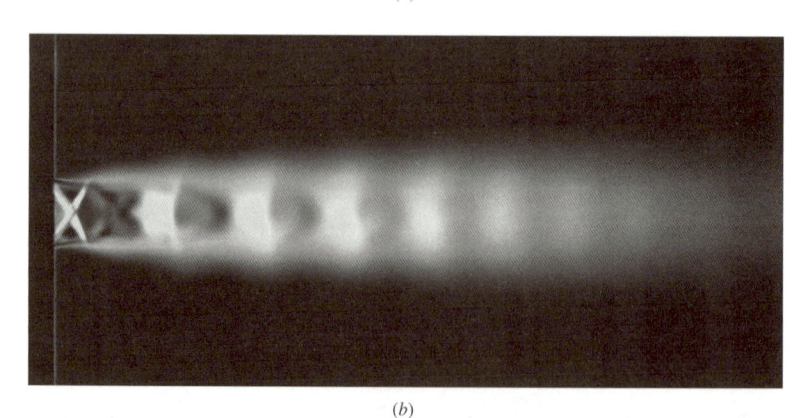

例題 12-9　從馬赫線估算馬赫數

只利用圖形來估計圖 12-32 中太空梭上游的自由流的馬赫數。並與圖形說明中所提供的已知馬赫數相比較。

解答： 我們要從一張圖估計馬赫數，並將其與已知值比較。

解析： 使用一個投影機，我們量測在自由流中的馬赫線的角度：$\mu \cong 19°$。馬赫數從式 (12-47) 獲得

$$\mu = \sin^{-1}\left(\frac{1}{\text{Ma}_1}\right) \rightarrow \text{Ma}_1 = \frac{1}{\sin 19°} \rightarrow \text{Ma}_1 = 3.07$$

我們估計的馬赫數與實驗值 3.0 ± 0.1 相符合。

討論： 結果與流體性質無關。

例題 12-10　斜震波計算

超音速空氣在 $\text{Ma}_1 = 2.0$ 與 75.0 kPa 撞擊在一個半角 $\delta = 10°$ 的二維的楔形上 (圖 12-44)。計算可以由此楔形形成兩個可能的斜震波角度 β_{weak} 與 β_{strong}。對每一種情況，計算斜震波下游的壓力與馬赫數，比較並討論。

解答： 我們要計算由一個二維的楔形所產生的弱與強的斜震波的震波角，及其下游的馬赫數與壓力。

假設： **1.** 流動是穩定的。**2.** 在楔形上面的邊界層非常薄。

性質： 流體是空氣，$k = 1.4$。

解析 由於假設 2，我們將斜震波的轉折角近似為等於楔形的半徑，即，$\theta \cong \delta = 10°$。已知 $\text{Ma}_1 = 2.0$ 與 $\theta = 10°$，求解式 (12.46) 來得到斜震波角度的兩個可能的值：$\beta_{\text{weak}} = 39.3°$ 與 $\beta_{\text{strong}} = 83.7°$。從這些值，我們用式 (12-44) 的第一部分來計算上游的正震波馬赫數 $\text{Ma}_{1,n}$，

弱震波：　$\text{Ma}_{1,n} = \text{Ma}_1 \sin \beta \rightarrow \text{Ma}_{1,n} = 2.0 \sin 39.3° = 1.267$

與

強震波：　$\text{Ma}_{1,n} = \text{Ma}_1 \sin \beta \rightarrow \text{Ma}_{1,n} = 2.0 \sin 83.7° = 1.988$

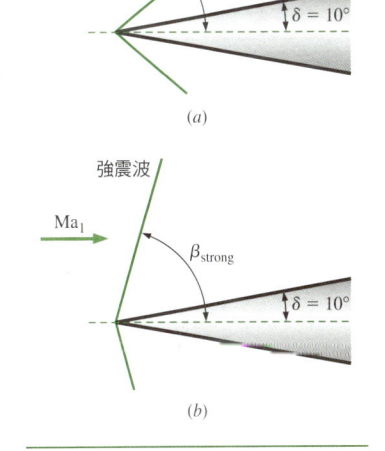

我們將 $\text{Ma}_{1,n}$ 的這些值代入圖 12-36 的第二個方程式來計算下游的正馬赫數 $\text{Ma}_{2,n}$。對於弱震波，$\text{Ma}_{2,n} = 0.8032$；而對於強震波，$\text{Ma}_{2,n} = 0.5794$。我們也計算每種情況的下游壓力，使用圖 12-36 的第三個方程式，得到

弱震波：　$\dfrac{P_2}{P_1} = \dfrac{2k\,\text{Ma}_{1,n}^2 - k + 1}{k+1} \rightarrow P_2 = (75.0 \text{ kPa})\dfrac{2(1.4)(1.267)^2 - 1.4 + 1}{1.4 + 1}$

$= 128 \text{ kPa}$

圖 12-44 兩個可能的斜震波角度，(a) β_{weak} 與 (b) β_{strong}，是由一個半角 $\delta = 10°$ 的二維楔形所形成的。

強震波：
$$\frac{P_2}{P_1} = \frac{2k\,\text{Ma}_{1,n}^2 - k + 1}{k+1} \rightarrow P_2 = (75.0\text{ kPa})\frac{2(1.4)(1.988)^2 - 1.4 + 1}{1.4+1}$$
$$= \mathbf{333\text{ kPa}}$$

最後，我們使用式 (12-44) 的第二個部分來計算下游的馬赫數，

弱震波：
$$\text{Ma}_2 = \frac{\text{Ma}_{2,n}}{\sin(\beta-\theta)} = \frac{0.8032}{\sin(39.3°-10°)} = \mathbf{1.64}$$

與

強震波：
$$\text{Ma}_2 = \frac{\text{Ma}_{2,n}}{\sin(\beta-\theta)} = \frac{0.5794}{\sin(83.7°-10°)} = \mathbf{0.604}$$

跨過強震波的馬赫數與壓力的變化遠大於跨過弱震波的變化，正如預期。

討論：因為式 (12-46) 對 β 是隱式的，我們用疊代法或用一個像 EES 的方程式求解器來解它。對弱與強的斜震波的這兩種情況，$\text{Ma}_{1,n}$ 是超音速的，而 $\text{Ma}_{2,n}$ 則是次音速的。然而跨過弱斜震波的 Ma_2 是超音速的，但跨過強斜震波的卻是次音速的。我們也可以用正震波表來取代方程式，但會損失精確度。

例題 12-11 普朗特-梅爾膨脹波的計算

超音速空氣在 $\text{Ma}_1 = 2.0$ 與 230 kPa 平行的流過一個突然擴張 $\delta = 10°$ 的平面壁 (圖 12-45)。忽略任何由沿著壁面的邊界層所造成的影響，計算下游的馬赫數 Ma_2 與壓力 P_2。

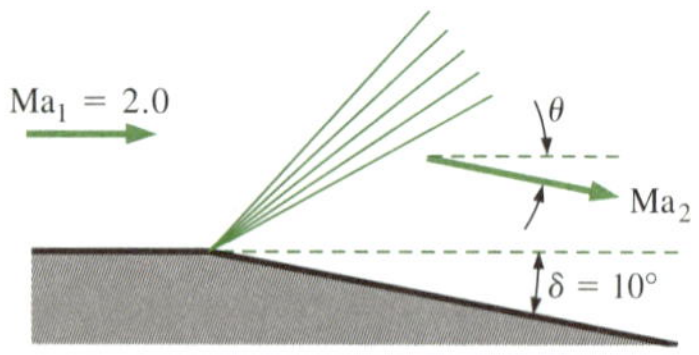

解答：計算沿著一個突然擴張的壁面下游的馬赫數與壓力。

假設：1. 流動是穩定的。2. 在壁面上的邊界層非常薄。

性質：流體是空氣，且有 $k = 1.4$。

圖 12-45 一個膨脹波是由一個 $\delta = 10°$ 的壁面的突然擴張造成的。

解析：因為假設 2，我們近似轉折角為等於壁面的擴張角，即 $\theta \cong \delta = 10°$。對於 $\text{Ma}_1 = 2.0$，解式 (12-49) 來得到上游的普朗特-梅爾函數，

$$\nu(\text{Ma}) = \sqrt{\frac{k+1}{k-1}}\tan^{-1}\left(\sqrt{\frac{k-1}{k+1}(\text{Ma}^2-1)}\right) - \tan^{-1}\left(\sqrt{\text{Ma}^2-1}\right)$$

$$= \sqrt{\frac{1.4+1}{1.4-1}}\tan^{-1}\left(\sqrt{\frac{1.4-1}{1.4+1}(2.0^2-1)}\right) - \tan^{-1}\left(\sqrt{2.0^2-1}\right) = 26.38°$$

接下來，我們用式 (12-48) 來計算下游的普朗特-梅爾函數，

$$\theta = \nu(\text{Ma}_2) - \nu(\text{Ma}_1) \rightarrow \nu(\text{Ma}_2) = \theta + \nu(\text{Ma}_1) = 10° + 26.38° = 36.38°$$

Ma_2 是解式 (12-49) 來求得的，這是隱式的，一個方程式求解器會有幫助。我們得到 $\text{Ma}_2 = \mathbf{2.38}$。網路上也有可壓縮流計算器可用來解這些隱式方程式，這內部含有正震波與斜震波的方程式；例如，

參考 www.aoe.vt.edu/~devenpor/aoe3114/calc.html。

我們使用等熵關係式來計算下游的壓力，

$$P_2 = \frac{P_2/P_0}{P_1/P_0} P_1 = \frac{\left[1 + \left(\frac{k-1}{2}\right)\text{Ma}_2^2\right]^{-k/(k-1)}}{\left[1 + \left(\frac{k-1}{2}\right)\text{Ma}_1^2\right]^{-k/(k-1)}} (230 \text{ kPa}) = \mathbf{126 \text{ kPa}}$$

因為這是一個膨脹，馬赫數增加，但壓力減小，正如預期。

討論：我們也可以解出下游的溫度、密度……等，使用適當的等熵關係式。

12-5 有熱傳但摩擦可以忽略的流道流動 (雷萊流)

到此為止，我們的討論大部分都限制在等熵流動，也稱為可逆絕熱流動，因為沒有牽涉到熱傳，也沒有像摩擦的不可逆性。許多實際上會碰到的可壓縮流的問題會包含像燃燒的化學反應、核反應、蒸發與冷凝及其它會通過流道壁的熱增益或熱損失。這些問題很難正確地分析，因為流動時可能會包含很顯著的化學組成的改變，以及潛熱、化學能與核能轉換成熱能 (圖12-46)。

這些複雜流動的主要特徵仍然可以用簡單的分析加以掌握，即將熱能的產生與吸收模擬成以相同的傳遞率通過流道壁的熱傳，並且忽視其化學組成的任何變化。這個簡化了的問題要對其作基本的處理仍然太複雜，因為流動可能包含摩擦、流道面積的改變與多維度效應。在本節中，我們限制討論只針對一個等截面積且摩擦效應可以忽略的流道的一維流動。

考慮一個具有常數比熱的理想氣體，通過一個等截面積流道的穩定的一維流動，有熱傳但沒有摩擦效應。這種流動稱為**雷萊流** (Rayleigh flows) 以紀念雷萊爵士 (Lord Rayleigh, 1842-1919)。對於顯示在圖 12-47 中的控制體積，其質量、動量與能量守恆方程如下所示：

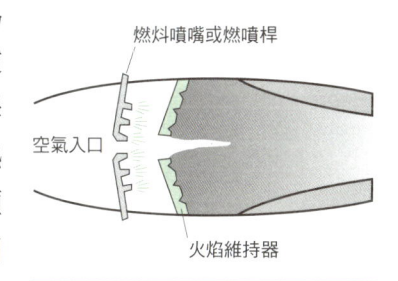

圖 12-46 許多實際的可壓縮流問題包含燃燒，其可被模擬成通過流道壁的熱增益。

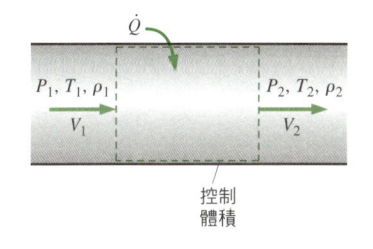

圖 12-47 在一個等截面積的流動中，有熱傳但摩擦可以忽略的流動控制體積。

連續方程式 注意流道截面積 A 是常數，關係式 $\dot{m}_1 = \dot{m}_2$ 或 $\rho_1 A_1 V_1 = \rho_2 A_2 V_2$ 化簡成

$$\rho_1 A_1 = \rho_2 V_2 \tag{12-50}$$

x- 動量方程式 注意摩擦效應是可忽略的，因此沒有剪力，並且假設沒有外力與物體力，動量方程式 $\sum \vec{F} = \sum_{\text{out}} \beta \dot{m} \vec{V} - \sum_{\text{in}} \beta \dot{m} \vec{V}$ 在流動 (或 *x-*) 方向變成靜壓力與動量傳遞之間的平衡。注意流動是高速且紊流的並且我們忽略摩擦，而動量通量修正因子幾乎是 1 ($\beta \cong 1$) 可以被忽略。因此

$$P_1 A_1 - P_2 A_2 = \dot{m} V_2 - \dot{m} V_1 \rightarrow P_1 - P_2 = (\rho_2 V_2) V_2 - (\rho_1 V_1) V_1$$

或

$$P_1 + \rho_1 V_1^2 = P_2 + \rho_2 V_2^2 \tag{12-51}$$

能量方程式 控制體積不包含剪力、軸功或其它形式的功，並且位能變化可以忽略。如果熱傳率是 $\dot{Q}$ 且流體每單位質量的熱傳是 $q = \dot{Q}/\dot{m}$，則穩定流的能量守恆 $\dot{E}_{\text{in}} = \dot{E}_{\text{out}}$ 變成

$$\dot{Q} + \dot{m}\left(h_1 + \frac{V_1^2}{2}\right) = \dot{m}\left(h_2 + \frac{V_2^2}{2}\right) \rightarrow q + h_1 + \frac{V_1^2}{2} = h_2 + \frac{V_2^2}{2} \tag{12-52}$$

對於一個比熱為常數的理想氣體，$\Delta h = c_p \Delta T$，因此

$$q = c_p(T_2 - T_1) + \frac{V_2^2 - V_1^2}{2} \tag{12-53}$$

或

$$q = h_{02} - h_{01} = c_p(T_{02} - T_{01}) \tag{12-54}$$

因此，在雷萊流動中，停滯焓與停滯溫度會改變 (當熱傳給流體時，兩者都增加且 q 是正的；當熱從流體傳出時，兩者都減小且 q 是負的)。

熵變化 在缺乏任何像摩擦的不可逆性時，系統的熵改變是只由於熱傳：當熱增益時，熵增加；而當熱損失時，則熵減小。熵是一個性質，因此是狀態函數。當一個比熱為常數的理想氣體從狀態 1 變化至狀態 2 時，其熵的改變是

$$s_2 - s_1 = c_p \ln \frac{T_2}{T_1} - R \ln \frac{P_2}{P_1} \tag{12-55}$$

在一個雷萊流動中，流體的熵可能增加或減小，由熱傳的方向決定。

狀態方程式 注意 $P = \rho RT$，理想氣體在狀態 1 與 2 的性質 P、ρ 及 T 彼此之間的關係式為

$$\frac{P_1}{\rho_1 T_1} = \frac{P_2}{\rho_2 T_2} \tag{12-56}$$

考慮一個氣體，具有已知性質 R、k 與 c_p。對於一個指定的入口狀態 1，入口性質 P_1、T_1、ρ_1、V_1 與 s_1 為已知。對於任何指定的熱傳 q 的值，出口的五個性質 P_2、T_2、ρ_2、V_2 與 s_2 可以用式 (12-50)、(12-51)、(12-53)、(12-55) 與 (12-56) 來決定。當知道速度與溫度以後，馬赫數可以從 $\text{Ma} = V/c = V/\sqrt{kRT}$ 決定。

相對於一個給定的上游狀態 1，顯然有無窮多個可能的下游狀態 2。決定這些下游狀態的一個切實方法是假設 T_2 的不同的值，對於每一個假設的 T_2 值，使用式 (12-50) 至 (12-56)，計算所有其它性質與熱傳 q。將結果畫在一個 T-s 圖上會給出一條經過指定入口狀態的曲線，如圖 12-48 所示。雷萊流在 T-s 圖上的圖形稱為雷萊線，從這個圖與計算的結果可以得到一些重要的觀察：

1. 所有滿足質量、動量與能量守恆方程及性質關係式的狀態都在雷萊線上。因此，對一個給定的初始狀態，流體所能存在的下游狀態，不能夠在 T-s 圖上的雷萊線以外。事實上，雷萊線是對應一個初始狀態，在下游所有物理上可能達到的狀態的軌跡。

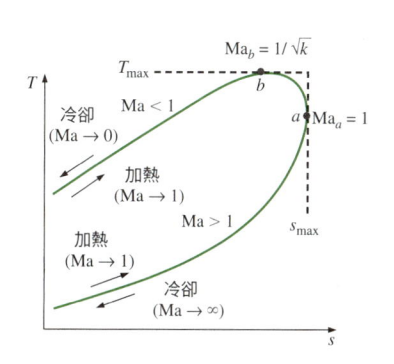

圖 12-48 在一個等截面積流道中的流動 [有熱傳但忽略摩擦 (雷萊流)] 的 T-s 圖。

2. 有熱增益時熵增加，因此當熱傳給流體時，在雷萊線上向右邊前進。在點 a 的馬赫數是 $\text{Ma} = 1$，這是最大熵的點 (證明參考例題 12-2)。在雷萊線上點 a 之上的上臂狀態是次音速的，而在點 a 之下的下臂狀態則是超音速的。因此，一個有熱加入的過程在雷萊線上向右進行，而一個有熱排出的過程則向左進行，不管馬赫數的初始值是多大。

3. 次音速流被加熱時馬赫數增加，但超音速流被加熱時馬赫數減小。不管哪種情況被加熱時，馬赫數都朝著 $\text{Ma} = 1$ 前進 (次音速流從 0 開始，而超音速流從 ∞ 開始)。

4. 從能量守恆 $q = c_p(T_{02} - T_{01})$ 可以清楚看出，加熱對次音速與超音速流都會增加停滯溫度 T_0，而冷卻則減小之 (最大的 T_0 值發生在 $\text{Ma} = 1$ 時)。對於靜態溫度也是同樣的情況，除了在次音速流中一個很窄的馬赫數 $1/\sqrt{k} < \text{Ma} < 1$ 範圍內才是例外的 (參考例題 12-12)。在次音速流中，溫度與馬赫數兩者都隨加熱而增加。但是在 $\text{Ma} = 1/\sqrt{k}$ 時 (對空氣是 0.845)，T 達到一個最大值 T_{max}，然後就減小了。一個流體當傳熱給它時，溫度反而下降似乎很奇怪，但這不會比流體的速度在一個收縮–擴張噴嘴的擴張段會增加更奇怪。這個區域的冷卻效應是由於流速的大幅增加，因而根據關係式 $T_0 = T + V^2/2c_p$ 會伴隨著溫度的下降，也注意在區域 $1/\sqrt{k} < \text{Ma} < 1$，熱排出會造成流體溫度增加 (圖 12-49)。

5. 動量方程式 $P + KV = $ 常數，其中 $K = \rho V = $ 常數 (從連續方程式)，揭示出速度

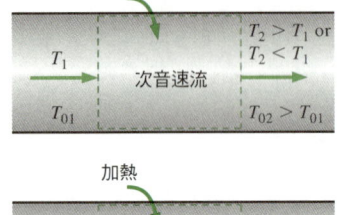

與靜壓有相反的趨勢。因此，在次音速流時，靜壓隨著熱增益而減小 (因為速度與馬赫數增加了)，但在超音速流中卻隨著熱增益而增加 (因為速度與馬赫數減小了)。

6. 連續方程式 $\rho V =$ 常數指示出密度與速度是成反比的。因此在次音速流中隨著傳熱給流體，密度減小了 (因為速度與馬赫數增加)，但在超音速流中隨著熱增益而增加 (因為速度與馬赫數減小了)。

7. 在圖 12-48 的左半部，雷萊線的下臂較上臂更陡 (S 當作 T 的函數來看)，指示出相對於一個指定溫度的改變 (就是一個給定量的熱傳)，熵的改變對超音速流較大。

加熱與冷卻對雷萊流的性質影響列在表 12-3。注意加熱或冷卻對大多數性質有相反影響。同時，停滯壓力在加熱時減小而在冷卻時增加，不管流動是次音速或超音速都相同。

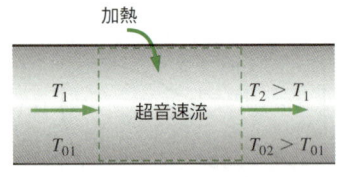

圖 12-49 在加熱時，如果雷萊流是超音速的，流體的溫度總是增加，但是如果流動是次音速的，也有可能下降。

表 12-3 加熱或冷卻對雷萊流性質的影響

性質	加熱 次音速	加熱 超音速	冷卻 次音速	冷卻 超音速
速度，V	增加	減小	減小	增加
馬赫數，Ma	增加	減小	減小	增加
停滯溫度，T_0	增加	增加	減小	減小
溫度，T	增加，對 $\text{Ma} < 1/k^{1/2}$ 減小，對 $\text{Ma} > 1/k^{1/2}$	增加	減小，對 $\text{Ma} < 1/k^{1/2}$ 增加，對 $\text{Ma} > 1/k^{1/2}$	減小
密度，ρ	減小	增加	增加	減小
停滯壓力，P_0	減小	減小	增加	增加
壓力，P	減小	增加	增加	減小
熵，s	增加	增加	減小	減小

例題 12-12　雷萊線的極值

考慮雷萊流的 T-s 圖，如圖 12-50 所示。使用守恆方程式的微分式及性質關係式，證明在最大熵的點 (點 a)，馬赫數是 $\text{Ma}_a = 1$，在最大溫度的點 (點 b)，$\text{Ma}_b = 1\sqrt{k}$。

解答：要證明雷萊線上最大熵的點 $\text{Ma}_a = 1$，與最大溫度的點 $\text{Ma}_b = 1\sqrt{k}$。

假設：雷萊流有關的假設都成立 (即具有常數性質的理想氣體流過一個等截面積的流道，流動是穩定的一維流動，摩擦力可以忽略)。

解析：連續方程式 ($\rho V =$ 常數)、動量方程式 [重新整理成 $P + (\rho V)V =$ 常數]、理想氣體 ($P = \rho RT$) 與焓改變 ($\Delta h = c_p \Delta T$) 等方程式的微分形式被表示為

$$\rho V = 常數 \quad \to \quad \rho\, dV + V\, d\rho = 0 \quad \to \quad \frac{d\rho}{\rho} = -\frac{dV}{V} \tag{1}$$

$$P + (\rho V)V = 常數 \quad \to \quad dP + (\rho V)\, dV = 0 \quad \to \quad \frac{dP}{dV} = -\rho V \tag{2}$$

$$P = \rho RT \quad \to \quad dP = \rho R\, dT + RT\, d\rho \quad \to \quad \frac{dP}{P} = \frac{dT}{T} + \frac{d\rho}{\rho} \tag{3}$$

一個有常數比熱的理想氣體的熵改變關係式 (12-40) 的微分形式是

$$ds = c_p \frac{dT}{T} - R\frac{dP}{P} \tag{4}$$

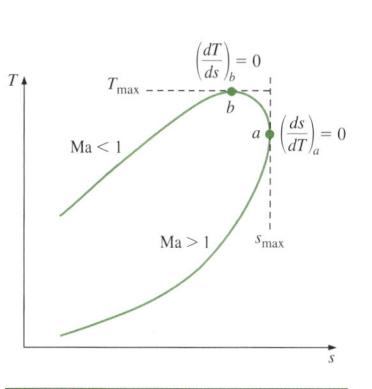

圖 12-50 在例題 12-12 中考慮的雷萊流的 T-s 圖。

將式 (3) 代入式 (4) 得到

$$ds = c_p\frac{dT}{T} - R\left(\frac{dT}{T} + \frac{d\rho}{\rho}\right) = (c_p - R)\frac{dT}{T} - R\frac{d\rho}{\rho} = \frac{R}{k-1}\frac{dT}{T} - R\frac{d\rho}{\rho} \tag{5}$$

因為

$$c_p - R = c_v \quad \to \quad kc_v - R = c_v \quad \to \quad c_v = R/(k-1)$$

將式 (5) 的兩邊除以 dT，並與式 (1) 結合

$$\frac{ds}{dT} = \frac{R}{T(k-1)} + \frac{R}{V}\frac{dV}{dT} \tag{6}$$

將式 (3) 除以 dV，並將其與式 (1) 與 (2) 結合，整理後得到

$$\frac{dT}{dV} = \frac{T}{V} - \frac{V}{R} \tag{7}$$

將式 (7) 代入式 (6) 並重新整理，

$$\frac{ds}{dT} = \frac{R}{T(k-1)} + \frac{R}{T - V^2/R} = \frac{R(kRT - V^2)}{T(k-1)(RT - V^2)} \tag{8}$$

令 $ds/dT = 0$ 且求解得到的方程式 $R(kRT - V^2) = 0$，來得到在點 a 的速度 V，

$$V_a = \sqrt{kRT_a} \quad 與 \quad \mathrm{Ma}_a = \frac{V_a}{c_a} = \frac{\sqrt{kRT_a}}{\sqrt{kRT_a}} = 1 \tag{9}$$

因此，音速條件存在於點 a，其馬赫數為 1。

令 $dT/ds = (ds/dT)^{-1} = 0$ 並求解得到的方程式 $T(k-1) \times (RT - V^2) = 0$，解出在點 b 的速度得

758 流體力學

$$V_b = \sqrt{RT_b} \quad \text{與} \quad \text{Ma}_b = \frac{V_b}{c_b} = \frac{\sqrt{RT_b}}{\sqrt{kRT_b}} = \frac{1}{\sqrt{k}} \tag{10}$$

因此在點 b 的馬赫數是 $\text{Ma}_b = 1/\sqrt{k}$。對於空氣，$k = 1.4$，因此 $\text{Ma}_b = 0.845$。

討論：注意在雷萊流中，音速條件是當熵達到最大值時得到的，而最大溫度是發生在次音速流中。

例題 12-13　熱傳對流速的影響

從能量方程式的微分形式開始，證明在次音速的雷萊流中，加熱會使流速增加，但是在超音速流中會降低。

解答：要證明在次音速的雷萊流中加熱會使流速增加，但相反情況會發生在超音速流中。

假設：1. 與雷萊流有關的假設都成立。2. 沒有功的交互作用，並且位能變化可以忽略。

解析：考慮傳給流體的熱傳的一個微分量 δq。能量方程式的微分形式被表示為

$$\delta q = dh_0 = d\left(h + \frac{V^2}{2}\right) = c_p\, dT + V\, dV \tag{1}$$

除以 $c_p T$ 並提出因式 dV/V，得到

$$\frac{\delta q}{c_p T} = \frac{dT}{T} + \frac{V\, dV}{c_p T} = \frac{dV}{V}\left(\frac{V}{dV}\frac{dT}{T} + \frac{(k-1)V^2}{kRT}\right) \tag{2}$$

其中我們使用 $c_p = kR/(k-1)$。注意 $\text{Ma}^2 = V^2/c^2 = V^2/kRT$，並且使用例題 12-12 中的式 (7) 給 dT/dV 得到

$$\frac{\delta q}{c_p T} = \frac{dV}{V}\left(\frac{V}{T}\left(\frac{T}{V} - \frac{V}{R}\right) + (k-1)\text{Ma}^2\right) = \frac{dV}{V}\left(1 - \frac{V^2}{TR} + k\,\text{Ma}^2 - \text{Ma}^2\right) \tag{3}$$

消去式 (3) 中的兩個中間項，因為 $V^2/TR = k\,\text{Ma}^2$，並重新整理得到想要的關係式，

$$\frac{dV}{V} = \frac{\delta q}{c_p T}\frac{1}{(1 - \text{Ma}^2)} \tag{4}$$

在次音速流中，$1 - \text{Ma}^2 > 0$，因此熱傳與速度變化有相同的符號。結果是，加熱流體 ($\delta q > 0$) 增加流速而冷卻則使其減小。然而在超音速流中，$1 - \text{Ma}^2 < 0$，因此熱傳與速度變化有相反的符號。結果是，加熱流體 ($\delta q > 0$) 使流速減小，而冷卻則使其增加 (圖 12-51)。

討論：注意加熱流體對於次音速與超音速的雷萊流流速有相反的影響。

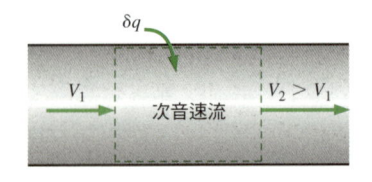

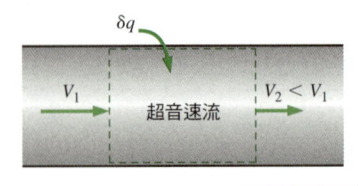

圖 12-51　加熱在次音速流中增加了流速，但在超音速流中則使其減小。

雷萊流的性質關係式

將性質的變化用馬赫數 Ma 來表示一般是可取的。注意 $Ma = V/c = V/\sqrt{kRT}$，因此 $V = Ma\sqrt{kRT}$，

$$\rho V^2 = \rho kRT Ma^2 = kP Ma^2 \tag{12-57}$$

因為 $P = \rho RT$。將其代入動量方程式 (12-51) 得到 $P_1 + kP_1 Ma_1^2 = P_2 + kP_2 Ma_2^2$，可以將其重新整成

$$\frac{P_2}{P_1} = \frac{1 + kMa_1^2}{1 + kMa_2^2} \tag{12-58}$$

再一次使用 $V = Ma\sqrt{kRT}$，連續方程式 $\rho_1 V_1 = \rho_2 V_2$ 被表示為

$$\frac{\rho_1}{\rho_2} = \frac{V_2}{V_1} = \frac{Ma_2 \sqrt{kRT_2}}{Ma_1 \sqrt{kRT_1}} = \frac{Ma_2 \sqrt{T_2}}{Ma_1 \sqrt{T_1}} \tag{12-59}$$

理想氣體關係式 (12-56) 變成

$$\frac{T_2}{T_1} = \frac{P_2}{P_1}\frac{\rho_1}{\rho_2} = \left(\frac{1 + kMa_1^2}{1 + kMa_2^2}\right)\left(\frac{Ma_2 \sqrt{T_2}}{Ma_1 \sqrt{T_1}}\right) \tag{12-60}$$

從式 (12-60) 中解出溫度比 T_2/T_1 得到

$$\frac{T_2}{T_1} = \left(\frac{Ma_2(1 + kMa_1^2)}{Ma_1(1 + kMa_2^2)}\right)^2 \tag{12-61}$$

將此關係式代入式 (12-59) 中得到密度比或速度比如下：

$$\frac{\rho_2}{\rho_1} = \frac{V_1}{V_2} = \frac{Ma_1^2(1 + kMa_2^2)}{Ma_2^2(1 + kMa_1^2)} \tag{12-62}$$

在音速條件下的流動性質通常很容易決定，因此對應到 $Ma = 1$ 的臨界狀態在可壓縮流中可以充當一個方便的參考點。取狀態 2 為音速狀態 ($Ma_2 = 1$，並用上標 * 標示)，而狀態 1 為任何狀態 (無標示)，性質關係式式 (12-58)、(12-61) 與 (12-62) 化簡為 (圖 12-52)

$$\frac{T_0}{T_0^*} = \frac{(k+1)Ma^2[2 + (k-1)Ma^2]}{(1 + kMa^2)^2}$$

$$\frac{P_0}{P_0^*} = \frac{k+1}{1 + kMa^2}\left(\frac{2 + (k-1)Ma^2}{k+1}\right)^{k/(k-1)}$$

$$\frac{T}{T^*} = \left(\frac{Ma(1+k)}{1 + kMa^2}\right)^2$$

$$\frac{P}{P^*} = \frac{1+k}{1+kMa^2}$$

$$\frac{V}{V^*} = \frac{\rho^*}{\rho} = \frac{(1+k)Ma^2}{1+kMa^2}$$

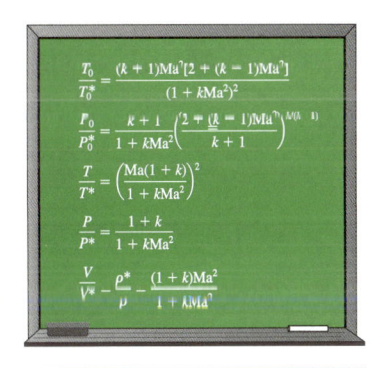

圖 12-52 雷萊流關係式的總結。

$$\frac{P}{P^*} = \frac{1+k}{1+k\text{Ma}^2} \quad \frac{T}{T^*} = \left(\frac{\text{Ma}(1+k)}{1+k\text{Ma}^2}\right)^2 \quad \text{與} \quad \frac{V}{V^*} = \frac{\rho^*}{\rho} = \frac{(1+k)\text{Ma}^2}{1+k\text{Ma}^2} \quad (12\text{-}63)$$

給無因次的停滯溫度與停滯壓力的類似的關係式可以得到如下：

$$\frac{T_0}{T_0^*} = \frac{T_0}{T}\frac{T}{T^*}\frac{T^*}{T_0^*} = \left(1 + \frac{k-1}{2}\text{Ma}^2\right)\left(\frac{\text{Ma}(1+k)}{1+k\text{Ma}^2}\right)^2\left(1 + \frac{k-1}{2}\right)^{-1} \quad (12\text{-}64)$$

其可化簡為

$$\frac{T_0}{T_0^*} = \frac{(k+1)\text{Ma}^2[2+(k-1)\text{Ma}^2]}{(1+k\text{Ma}^2)^2} \quad (12\text{-}65)$$

同時，

$$\frac{P_0}{P_0^*} = \frac{P_0}{P}\frac{P}{P^*}\frac{P^*}{P_0^*} = \left(1+\frac{k-1}{2}\text{Ma}^2\right)^{k/(k-1)}\left(\frac{1+k}{1+k\text{Ma}^2}\right)\left(1+\frac{k-1}{2}\right)^{-k/(k-1)} \quad (12\text{-}66)$$

其可化簡為

$$\frac{P_0}{P_0^*} = \frac{k+1}{1+k\text{Ma}^2}\left(\frac{2+(k-1)\text{Ma}^2}{k+1}\right)^{k/(k-1)} \quad (12\text{-}67)$$

這五個關係式，式 (12-63)、(12-65) 與 (12-67)，使我們能夠對一個指定 k 的理想氣體的雷萊流，在任何給定的馬赫數下計算無因次的壓力、溫度、密度、速度、停滯溫度與停滯壓力。當 $k = 1.4$ 時代表性的結果，用表與圖的形式呈現在表 A-15。

阻塞的雷萊流

早先的討論很清楚顯示，在一個流道中的次音速雷萊流用加熱可以加速到音速 (Ma = 1)。假設我們繼續加熱流體會發生什麼事呢？流體是否會繼續加速至超音速？檢查雷萊線顯示在臨界狀態 Ma = 1 的流體不能夠被加熱而加速到超音速，因此流動是阻塞的。這與在收縮的噴嘴中，流體無法只是藉由將收縮段延長就能夠被加速到超音速是類似的。如果我們繼續加熱流體，只是把臨界狀態移向更下游的位置並降低流率，因為在臨界狀態的密度現在會比較低。因此，對一個給定的入口狀態，對應的臨界狀態固定此穩定流的最大可能的熱傳 (圖 12-53)。亦即

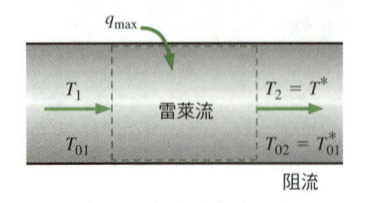

$$q_{\max} = h_0^* - h_{01} = c_p(T_0^* - T_{01}) \quad (12\text{-}68)$$

圖 12-53 對一個給定的入口狀態，最大可能的熱傳發生在當出口狀態達音速條件時。

進一步加熱會造成阻流，從而改變了入口狀態 (入口速度會降

低)，而流動不再沿著原來的雷萊線。冷卻次音速的雷萊流降低了速度，且當溫度趨近絕對零度時，馬赫數也趨近零。注意停滯溫度 T_0 在臨界狀態 Ma = 1 時是最大的。

在超音速的雷萊流，加熱降低了流速。進一步加熱只是增加溫度並把臨界狀態移向更下游，導致流體質量流率的降低。看起來超音速雷萊流似乎是可以無限地被冷卻，但事實上有一個極限。對式 (12-65) 取馬赫數趨近無限大的極限得

$$\lim_{\text{Ma}\to\infty} \frac{T_0}{T_0^*} = 1 - \frac{1}{k^2} \tag{12-69}$$

對 $k = 1.4$，得到 $T_0/T_0^* = 0.49$。因此，若臨界停滯溫度是 1000 K，在雷萊流中空氣無法被冷卻至 490 K 以下。物理上這表示流速在溫度達到 490 K 時會達到無窮大 —— 這在物理上是不可能的。當超音速流不能夠維持時，流動會經歷一個正震波並變成次音速的。

例題 12-14 ▶ 在一個管狀燃燒器中的雷萊流

一個燃燒室包含一個 15 cm 直徑的管狀燃燒器。壓縮空氣以 550 k、480 kPa 及 80 m/s 進入管子 (圖 12-54)。熱值為 42,000 kJ/kg 的燃油被噴入空氣中並燃燒，空氣−燃油質量比為 40。將燃燒近似為對空氣的熱傳過程，試求在燃燒室出口的溫度、壓力、速度與馬赫數。

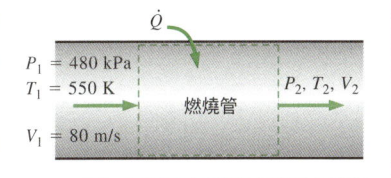

圖 12-54 在例題 12-14 中解析的燃燒管的示意圖。

解答：燃油與壓縮空氣在一個管狀燃燒室中燃燒。要決定出口的溫度、壓力、速度與馬赫數。

假設：**1.** 與雷萊流相關的假設成立 (即一個具有常數性質的理想氣體在一個等截面積的流道中穩定的一維流動，摩擦效應是可忽略的)。**2.** 燃燒是完全的，並且被當作是一個加熱過程，假設流動的化學組成沒有改變。**3.** 由於燃料噴射所造成的質量流率的增加被忽略。

性質：我們取空氣的性質為 $k = 1.4$，$c_p = 1.005$ kJ/kg·K，$R = 0.287$ kJ/kg·K。

解析：空氣的入口密度與質量流率為

$$\rho_1 = \frac{P_1}{RT_1} = \frac{480 \text{ kPa}}{(0.287 \text{ kJ/kg·K})(550 \text{ K})} = 3.041 \text{ kg/m}^3$$

$$\dot{m}_{\text{air}} = \rho_1 A_1 V_1 = (3.041 \text{ kg/m}^3)[\pi(0.15 \text{ m})^2/4](80 \text{ m/s}) = 4.299 \text{ kg/s}$$

燃油的質量流率與熱傳率為

$$\dot{m}_{\text{fuel}} = \frac{\dot{m}_{\text{air}}}{\text{AF}} = \frac{4.299 \text{ kg/s}}{40} = 0.1075 \text{ kg/s}$$

$$\dot{Q} = \dot{m}_{\text{fuel}} \text{HV} = (0.1075 \text{ kg/s})(42{,}000 \text{ kJ/kg}) = 4514 \text{ kW}$$

$$q = \frac{\dot{Q}}{\dot{m}_{air}} = \frac{4514 \text{ kJ/s}}{4.299 \text{ kg/s}} = 1050 \text{ kJ/kg}$$

入口的停滯溫度與馬赫數為

$$T_{01} = T_1 + \frac{V_1^2}{2c_p} = 550 \text{ K} + \frac{(80 \text{ m/s})^2}{2(1.005 \text{ kJ/kg·K})}\left(\frac{1 \text{ kJ/kg}}{1000 \text{ m}^2/\text{s}^2}\right) = 553.2 \text{ K}$$

$$c_1 = \sqrt{kRT_1} = \sqrt{(1.4)(0.287 \text{ kJ/kg·K})(550 \text{ K})\left(\frac{1000 \text{ m}^2/\text{s}^2}{1 \text{ kJ/kg}}\right)} = 470.1 \text{ m/s}$$

$$\text{Ma}_1 = \frac{V_1}{c_1} = \frac{80 \text{ m/s}}{470.1 \text{ m/s}} = 0.1702$$

從能量方程式 $q = c_p(T_{02} - T_{01})$，出口的停滯溫度是

$$T_{02} = T_{01} + \frac{q}{c_p} = 553.2 \text{ K} + \frac{1050 \text{ kJ/kg}}{1.005 \text{ kJ/kg·K}} = 1598 \text{ K}$$

停滯溫度 T_0^* 發生在 Ma = 1，其值可以從表 A-15 或式 (12-65) 決定。在 $\text{Ma}_1 = 0.1702$，我們讀出 $T_0/T_0^* = 0.1291$。因此，

$$T_0^* = \frac{T_{01}}{0.1291} = \frac{553.2 \text{ K}}{0.1291} = 4284 \text{ K}$$

相對於它的出口的停滯溫度比與馬赫數可從表 A-15 決定，

$$\frac{T_{02}}{T_0^*} = \frac{1598 \text{ K}}{4284 \text{ K}} = 0.3730 \rightarrow \text{Ma}_2 = 0.3142 \cong \mathbf{0.314}$$

相對於入口與出口馬赫數的雷萊流函數為 (表 A-15)：

$$\text{Ma}_1 = 0.1702: \quad \frac{T_1}{T^*} = 0.1541 \quad \frac{P_1}{P^*} = 2.3065 \quad \frac{V_1}{V^*} = 0.0668$$

$$\text{Ma}_2 = 0.3142: \quad \frac{T_2}{T^*} = 0.4389 \quad \frac{P_2}{P^*} = 2.1086 \quad \frac{V_2}{V^*} = 0.2082$$

出口的溫度、壓力與速度被決定為

$$\frac{T_2}{T_1} = \frac{T_2/T^*}{T_1/T^*} = \frac{0.4389}{0.1541} = 2.848 \rightarrow T_2 = 2.848 T_1 = 2.848(550 \text{ K}) = \mathbf{1570 \text{ K}}$$

$$\frac{P_2}{P_1} = \frac{P_2/P^*}{P_1/P^*} = \frac{2.1086}{2.3065} = 0.9142 \rightarrow P_2 = 0.9142 P_1 = 0.9142(480 \text{ kPa}) = \mathbf{439 \text{ kPa}}$$

$$\frac{V_2}{V_1} = \frac{V_2/V^*}{V_1/V^*} = \frac{0.2082}{0.0668} = 3.117 \rightarrow V_2 = 3.117 V_1 = 3.117(80 \text{ m/s}) = \mathbf{249 \text{ m/s}}$$

討論：注意在這個被加熱的次音速雷萊流中，溫度與速度增加了而壓力減小了，正如預期。這個問題也可以用適當的關係式來解出而不是用表上的值，這些方程式可以寫成程式以方便用電腦求解。

12-6　有摩擦的絕熱管道流動 (范諾流)

通過具有很大截面積的短裝置 (例如噴嘴) 的高速流動，其壁面摩擦力通常可以被忽略，因此通過這種裝置的流動可以被近似為無摩擦的。但是當研究通過較長流動段的流動時，例如長管道，特別是截面積很小時，壁面摩擦通常是顯著的，必須加以考慮。本節我們考慮一個等截面管道中的可壓縮流具有顯著的摩擦，但是熱傳可以被忽略。

考慮一個比熱為常數的理想氣體通過一個等截面積流道的穩定的、一維的絕熱流動，其摩擦效應很顯著。這種流動稱為**范諾流** (Fanno flows)。對顯示在圖 12-55 中的控制體積寫出其質量、動量與能量方程式如下：

連續方程式　注意流道截面積 A 是常數 (因此 $A_1 = A_2 = A_c$)，關係式 $\dot{m}_1 = \dot{m}_2$ 或 $\rho_1 A_1 V_1 = \rho_2 A_2 V_2$ 化簡成

$$\rho_1 V_1 = \rho_2 V_2 \quad \rightarrow \quad \rho V = \text{常數} \tag{12-70}$$

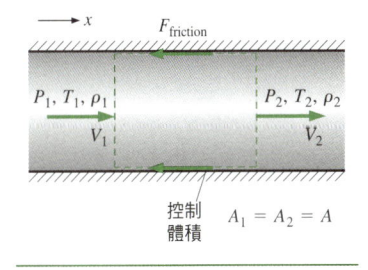

圖 12-55　一個在等截面積流道中具有摩擦的絕熱流動的控制體積。

x- 動量方程式　將管道內壁作用在流體上的摩擦力用 F_{friction} 表示，並且假設沒有其它外力與物體力，動量方程式 $\sum \vec{F} = \sum_{\text{out}} \beta \dot{m} \vec{V} - \sum_{\text{in}} \beta \dot{m} \vec{V}$ 在流動方向可以表示為

$$P_1 A - P_2 A - F_{\text{friction}} = \dot{m} V_2 - \dot{m} V_1 \quad \rightarrow \quad P_1 - P_2 - \frac{F_{\text{friction}}}{A} = (\rho_2 V_2) V_2 - (\rho_1 V_1) V_1$$

其中即使在壁面上有摩擦力，而且速度形狀也不是均勻的，為了簡單起見，我們近似動量通量修正因子 β 為 1，因為流動一般是完全發展的紊流。方程式可以重新寫成

$$P_1 + \rho_1 V_1^2 = P_2 + \rho_2 V_2^2 + \frac{F_{\text{friction}}}{A} \tag{12-71}$$

能量方程式　控制體積沒有熱或功的交互作用，並且位能變化是可忽略的，因此穩定流能量平衡 $\dot{E}_{\text{in}} = \dot{E}_{\text{out}}$ 變成

$$h_1 + \frac{V_1^2}{2} = h_2 + \frac{V_2^2}{2} \quad \to \quad h_{01} = h_{02} \quad \to \quad h_0 = h + \frac{V^2}{2} = 常數 \tag{12-72}$$

對一個比熱為常數的理想氣體，$\Delta h = c_p \Delta T$，因此

$$T_1 + \frac{V_1^2}{2c_p} = T_2 + \frac{V_2^2}{2c_p} \quad \to \quad T_{01} = T_{02} \quad \to \quad T_0 = T + \frac{V^2}{2c_p} = 常數 \tag{12-73}$$

所以，停滯焓 h_0 與停滯溫度 T_0 在范諾流中維持為常數。

熵變化 在沒有任何熱傳時，一個系統的熵只能由不可逆性 (例如摩擦) 改變，其效應總是會增加熵。因此在范諾流中，流體的熵必然會增加。這種情形的熵變化等於熵增或熵產生，對於一個比熱為常數的理想氣體，可被表示為

$$s_2 - s_1 = c_p \ln \frac{T_2}{T_1} - R \ln \frac{P_2}{P_1} > 0 \tag{12-74}$$

狀態方程式 注意 $P = \rho RT$，一個理想氣體在狀態 1 與 2 的性質 P、ρ 與 T 彼此間的關係為

$$\frac{P_1}{\rho_1 T_1} = \frac{P_2}{\rho_2 T_2} \tag{12-75}$$

考慮一個具有已知性質 R、k 與 c_p 的氣體在一個等截面積 A 的流道中流動。對於一個指定的入口狀態 1，入口的性質 P_1、T_1、ρ_1、V_1 與 s_1 為已知。在任何指定的摩擦力 $F_{friction}$ 下的五個出口性質 P_2、T_2、ρ_2、V_2 與 s_2 可以從式 (12-70) 至 (12-75) 決定之。知道速度與溫度也可以從關係式 $\text{Ma} = V/c = V/\sqrt{kRT}$ 決定在入口與出口的馬赫數。

顯然對應一個給定的上游狀態，有無限多個可能的下游狀態。一個決定這些下游狀態的實際方法就是假設不同的 T_2 值，對於每一個假設的 T_2 值，用式 (12-70) 至 (12-75) 來計算其它性質與摩擦力。將結果畫在 $T\text{-}s$ 圖上給出一條曲線通過了指定的入口狀態，如圖 12-56 所示。范諾流在 $T\text{-}s$ 圖上的圖形稱為**范諾線** (Fanno line)，幾個重要的觀察可以從這個圖與計算結果得到：

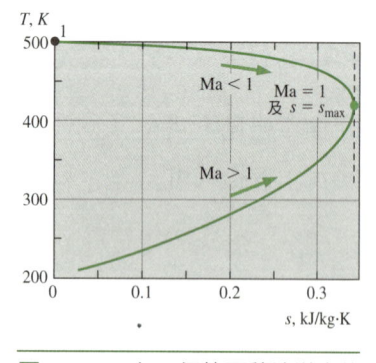

圖 12-56 在一個等面積流道中的絕熱摩擦流動 (范諾流) 的 $T\text{-}s$ 圖。數值是給 $k = 1.4$ 的空氣並且入口條件為 $T_1 = 500$ K、$P_1 = 600$ kPa、$V_1 = 80$ m/s 及一個指定值 $s_1 = 0$。

1. 所有滿足質量、動量與能量守恆方程式與性質關係式的狀態都在范諾線上。因此對一個指定的入口狀態，流體不能夠存在於 $T\text{-}s$ 圖上不在范諾線上的任何下游狀態。事實上，范諾

線是對應一個初始狀態的所有可能的下游狀態的軌跡。注意，如果沒有摩擦，在范諾流中的流動性質將沿著流道保持為常數。

2. 摩擦導致熵增加，因此一個過程總是向右沿著范諾線前進。在最大熵的點，馬赫數是 Ma = 1。所有在范諾線的上臂部分的狀態都是次音速的，而所有在下臂部分的都是超音速。

3. 摩擦對次音速的范諾流增加其馬赫數，但對超音速的范諾流則減小之。兩種情況的馬赫數都趨向 1 (Ma = 1)。

4. 能量平衡要求在范諾流中的停滯溫度 $T_0 = T + V^2/2c_p$ 維持為常數。但是真實溫度可能改變。在次音速流中，速度增加而溫度下降，但相反的結果發生在超音速流中 (圖 12-57)。

5. 連續方程式 ρV = 常數指出密度與速度成反比。因此，在次音速流中摩擦的影響是減小密度 (因為速度與馬赫數增加了)，但在超音速流中則是增加密度 (因為速度與馬赫數減小了)。

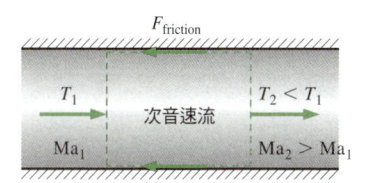

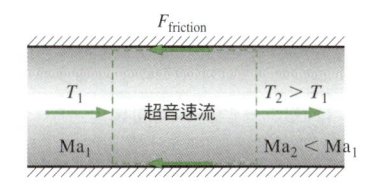

圖 12-57 摩擦在次音速范諾流中造成馬赫數增加且溫度下降，但在超音速范諾流中則造成相反的結果。

摩擦對范諾流性質的影響列於表 12-4 中。注意摩擦對於大多數性質的影響在次音速流中的與在超音速流中的正好相反。然而不管流動是次音速的或超音速的，摩擦的影響總是會降低停滯壓力。但是摩擦對停滯溫度沒有影響，因為摩擦只是造成機械能轉換成相同量的熱能。

表 12-4 摩擦對范諾流性質的影響

性質	次音速	超音速
速度，V	增加	減小
馬赫數，Ma	增加	減小
停滯溫度，T_0	不變	不變
溫度，T	減小	增加
密度，ρ	減小	增加
停滯壓力，P_0	減小	減小
壓力，P	減小	增加
熵，s	增加	增加

范諾流的性質關係式

在可壓縮流中，將性質的變化用馬赫數來表示是方便的，對范諾流也是不例外。然而，范諾流包含摩擦力，其與速度的平方是成正比的，即使摩擦因子為常數。但是在可壓縮流中，沿著流動，速度明顯地變化，因此有必要使用微分的分析來正確地考慮摩擦力的變化。我們從獲得守恆方程式與性質關係式的微分形式開始。

連續方程式 連續方程式的微分形式是微分連續關係式 ρV = 常數，並重新整理來獲得的，

$$\rho \, dV + V \, d\rho = 0 \quad \rightarrow \quad \frac{d\rho}{\rho} = -\frac{dV}{V} \tag{12-76}$$

x-動量方程式 注意 $\dot{m}_1 = \dot{m}_2 = \dot{m} = \rho A V$ 與 $A_1 = A_2 = A$，對在圖 12-58 的微分控制

體積應用動量方程式 $\sum \vec{F} = \sum_{\text{out}} \beta \dot{m} \vec{V} - \sum_{\text{in}} \beta \dot{m} \vec{V}$ 得到

$$PA_c - (P + dP)A - \delta F_{\text{friction}} = \dot{m}(V + dV) - \dot{m}V$$

其中我們再次近似動量通量修正因子 β 為 1。此方程式簡化為

$$-dPA - \delta F_{\text{friction}} = \rho A V \, dV \quad \text{或} \quad dP + \frac{\delta F_{\text{friction}}}{A} + \rho V \, dV = 0 \tag{12-77}$$

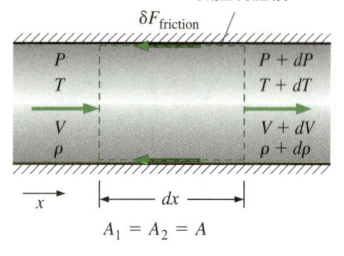

圖 12-58 一個在等截面積流道中有摩擦的絕熱流動的微分控制體積。

摩擦力與壁面剪應力 τ_w 及當地摩擦因子 f_x 的關係是

$$\delta F_{\text{friction}} = \tau_w \, dA_s = \tau_w p \, dx$$
$$= \left(\frac{f_x}{8} \rho V^2\right) \frac{4A}{D_h} dx = \frac{f_x}{2} \frac{A \, dx}{D_h} \rho V^2 \tag{12-78}$$

其中 dx 是流段的長度，p 是周長，而 $D_h = 4A/p$ 是流道的水力直徑（注意對一個圓形截面的管道 D_h 簡化成一般的直徑 D），代入

$$dP + \frac{\rho V^2 f_x}{2 D_h} dx + \rho V \, dV = 0 \tag{12-79}$$

注意 $V = \text{Ma}\sqrt{kRT}$ 及 $P = \rho RT$，我們有 $\rho V^2 = \rho KRT\text{Ma}^2 = kP\text{Ma}^2$ 與 $\rho V = kP\text{Ma}^2/V$。代入式 (12-79) 中，

$$\frac{1}{k\text{Ma}^2} \frac{dP}{P} + \frac{f_x}{2D_h} dx + \frac{dV}{V} = 0 \tag{12-80}$$

能量方程式 注意 $c_p = kR/(k-1)$ 及 $V^2 = \text{Ma}^2 kRT$，能量方程式 $T_0 =$ 常數或 $T + V^2/2c_p =$ 常數被表示為

$$T_0 = T\left(1 + \frac{k-1}{2}\text{Ma}^2\right) = \text{常數} \tag{12-81}$$

微分並重新整理，得到

$$\frac{dT}{T} = -\frac{2(k-1)\text{Ma}^2}{2 + (k-1)\text{Ma}^2} \frac{d\text{Ma}}{\text{Ma}} \tag{12-82}$$

這是一個溫度的微分變化用馬赫數的微分變化來表示的式子。

馬赫數 理想氣體的馬赫數關係式可以表示成 $V^2 = \text{Ma}^2 kRT$。微分並重新整理得

到

$$2V\,dV = 2\text{Ma}kRT\,d\text{Ma} + kR\text{Ma}^2\,dT \rightarrow$$
$$2V\,dV = 2\frac{V^2}{\text{Ma}}d\text{Ma} + \frac{V^2}{T}dT \tag{12-83}$$

每一項除以 $2V^2$ 並重新整理,

$$\frac{dV}{V} = \frac{d\text{Ma}}{\text{Ma}} + \frac{1}{2}\frac{dT}{T} \tag{12-84}$$

結合式 (12-84) 與 (12-82) 得到用馬赫數表示的速度變化

$$\frac{dV}{V} = \frac{d\text{Ma}}{\text{Ma}} - \frac{(k-1)\text{Ma}^2}{2+(k-1)\text{Ma}^2}\frac{d\text{Ma}}{\text{Ma}} \quad \text{或} \quad \frac{dV}{V} = \frac{2}{2+(k-1)\text{Ma}^2}\frac{d\text{Ma}}{\text{Ma}} \tag{12-85}$$

理想氣體 理想氣體的微分式是微分方程式 $P = \rho RT$ 得到的

$$dP = \rho R\,dT + RT\,d\rho \rightarrow \frac{dP}{P} = \frac{dT}{T} + \frac{d\rho}{\rho} \tag{12-86}$$

將其與連續方程式 (12-76) 結合得到

$$\frac{dP}{P} = \frac{dT}{T} - \frac{dV}{V} \tag{12-87}$$

現在與式 (12-82) 及 (12-84) 結合得到

$$\frac{dP}{P} = -\frac{2+2(k-1)\text{Ma}^2}{2+(k-1)\text{Ma}^2}\frac{d\text{Ma}}{\text{Ma}} \tag{12-88}$$

這是一個 P 相對於 Ma 的微分變化的表示式。

將式 (12-85) 與 (12-88) 代入 (12-80) 並簡化,得到馬赫數隨 x 改變的微分方程式

$$\frac{f_x}{D_h}dx = \frac{4(1-\text{Ma}^2)}{k\text{Ma}^3[2+(k-1)\text{Ma}^2]}\,d\text{Ma} \tag{12-89}$$

考慮到所有范諾流都趨向 Ma = 1,使用臨界點 (即音速狀態) 作為參考點,並將流體性質相對於臨界點性質來表示也是很方便的,即使實際流動從來就沒有達到臨界點。從任何狀態 (Ma = Ma 且 $x = x$) 積分式 (12-89) 到臨界狀態 (Ma = 1 且 $x = x_{cr}$) 得到

$$\frac{fL^*}{D_h} = \frac{1 - \text{Ma}^2}{k\text{Ma}^2} + \frac{k+1}{2k} \ln \frac{(k+1)\text{Ma}^2}{2 + (k-1)\text{Ma}^2} \qquad (12\text{-}90)$$

其中 f 是 x 到 x_{cr} 之間的平均摩擦因子，其被假設是一個常數，並且 $L^* = x_{cr} - x$ 是在壁面的摩擦影響之下馬赫數達到 1 所需要的流道長度。因 L^* 代表從一個給定的截面，其馬赫數是 Ma，到音速條件發生的截面 (如果流道長度不夠達到 Ma = 1 時是一個假想平面) 的距離 (圖 12-59)。

注意 fL^*/D_h 的值對一個給定的馬赫數是固定的，因此 fL^*/D_h 的值對一個指定的 k 可以相對 Ma 作表。需要用來達到音速條件的流道長度 L^* 的值 (或 "音速長度") 反比於摩擦因子。因此，對一個給定的馬赫數，L^* 在平滑表面的流道較大，對粗糙表面的流道較小。

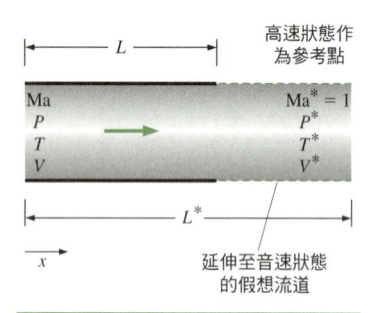

圖 12-59 長度 L^* 代表從一個給定截面 (其馬赫數是 Ma) 到一個真實或假想截面 (其 Ma* = 1) 的距離。

兩個截面 (其馬赫數分別為 Ma_1 與 Ma_2) 之間的實際流道長度可以從下式決定，

$$\frac{fL}{D_h} = \left(\frac{fL^*}{D_h}\right)_1 - \left(\frac{fL^*}{D_h}\right)_2 \qquad (12\text{-}91)$$

平均摩擦因子 f 一般在流道的不同部分有不同的值。若 f 對整個流道被近似為一個常數 (包括達到音速狀態的假設延長部分)，那麼式 (12-91) 化簡成

$$L = L_1^* - L_2^* \quad (f = \text{常數}) \qquad (12\text{-}92)$$

因此，式 (12-90) 可以被用在永遠不會達到 Ma = 1 的短流道，也可用在出口是 Ma = 1 的長流道。

摩擦因子相依於雷諾數 $\text{Re} = \rho V D_h / \mu$ (其值會沿著流道改變) 與表面的相對粗糙度 ε / D_h。然而 Re 的變化是溫和的，因為 $\rho V =$ 常數 (從連續)，任何 Re 的變化都是由於隨著溫度而改變的黏度造成的。因此使用第 8 章中所討論的穆迪圖或科爾布魯克方程式在平均雷諾數之下來得到 f 值，並將其視成常數是一個合理的近似。這是在次音速流的情況，因為牽涉到的溫度變化相對比較小。對超音速流的摩擦因子的處理超出本書的範圍。科爾布魯克方程式對 f 是隱式的，因此使用顯式的哈蘭德關係式更為方便，其表示式為

$$\frac{1}{\sqrt{f}} \cong -1.8 \log \left[\frac{6.9}{\text{Re}} + \left(\frac{\varepsilon/D}{3.7}\right)^{1.11}\right] \qquad (12\text{-}93)$$

第 12 章　可壓縮流　**769**

在可壓縮流中遇到的雷諾數一般都很高，而在非常高的雷諾數下 (完全粗糙的紊流)，摩擦因子與雷諾數無關。當 Re → ∞ 時，科爾布魯克方程式化簡成 $1\sqrt{f} = -2.0 \log [(\varepsilon/D_h)/3.7]$。

其它流動性質關係式的決定也可以同樣地藉著分別積分式 (12-79)、(12-82) 與 (12-85) 的 dP/P、dT/T 與 dV/V 的關係式，從任何狀態 (無下標及馬赫數 Ma) 積分到音速狀態 (有星號上標及 Ma = 1)，而得到以下結果 (圖 12-60)：

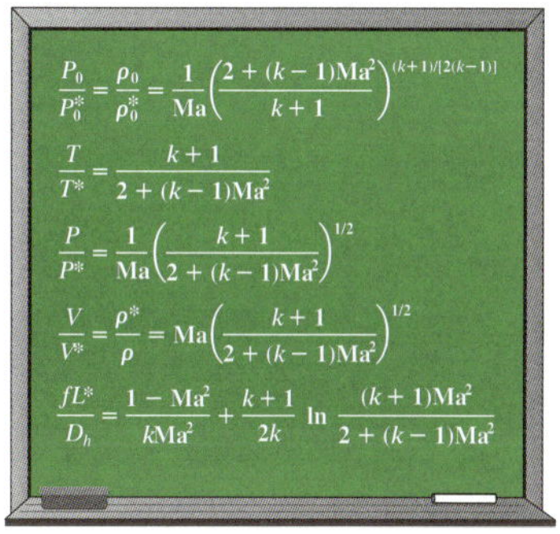

$$\frac{P}{P^*} = \frac{1}{\text{Ma}}\left(\frac{k+1}{2+(k-1)\text{Ma}^2}\right)^{1/2} \quad (12\text{-}94)$$

$$\frac{T}{T^*} = \frac{k+1}{2+(k-1)\text{Ma}^2} \quad (12\text{-}95)$$

$$\frac{V}{V^*} = \frac{\rho^*}{\rho} = \text{Ma}\left(\frac{k+1}{2+(k-1)\text{Ma}^2}\right)^{1/2} \quad (12\text{-}96)$$

圖 12-60　范諾流的關係式的總結。

一個給無因次的停滯壓力的相似的關係式也可以得到如下：

$$\frac{P_0}{P_0^*} = \frac{P_0}{P}\frac{P}{P^*}\frac{P^*}{P_0^*} = \left(1+\frac{k-1}{2}\text{Ma}^2\right)^{k/(k-1)}\frac{1}{\text{Ma}}\left(\frac{k+1}{2+(k-1)\text{Ma}^2}\right)^{1/2}\left(1+\frac{k-1}{2}\right)^{-k/(k-1)}$$

其可被化簡成

$$\frac{P_0}{P_0^*} = \frac{\rho_0}{\rho_0^*} = \frac{1}{\text{Ma}}\left(\frac{2+(k-1)\text{Ma}^2}{k+1}\right)^{(k+1)/[2(k-1)]} \quad (12\text{-}97)$$

注意停滯溫度 T_0 對范諾流是常數，因此沿者流道的任何位置，$T_0/T_0^* = 1$。

式 (12-90) 至 (12-97) 使我們可以對具有一個指定 k 的一個理想氣體的范諾流計算其在任何給定馬赫數下的無因次壓力、溫度、密度、速度、停滯壓力與 fL^*/D_h。對於 $k = 1.4$ 的代表性的結果，以表與圖的形式列示在表 A-16 中。

阻塞的范諾流

從之前的討論很清楚地看到摩擦造成在一個等截面積的流道的次音速范諾流朝音速加速，而對於一個特定的流道長度，其出口的馬赫數正好變成 1。這個流道長度被稱為最大長度、音速長度或臨界長度，並用 L^* 表示。你可能會好奇如果我們延伸流道的長度大於 L^*，會發生什麼事情？特別是，流動是否會加速成為超音速流？這個問題的答案是絕對不會，因為在 Ma = 1 時流動是在最大熵的點，若沿著范諾線到超音速區域，會需要流體的熵值減小——這會違反熱力學第二定律。(注意出口狀態必須維持在范諾線上才能滿足所有的守恆要求。) 因此，流動阻塞了。這又相似於在一個收縮的噴嘴中藉著簡單地延伸收縮的流段，並不能夠加速流體到超音速。如果我們隨便地延長流道長度超過 L^*，就只是把臨界狀態移往下游並降低流率。這造成入口狀態的改變 (例如入口速度降低)，並且流動轉移到另一條不同的范諾線。更進一步增加流道長度會進一步降低入口速度與質量流率。

摩擦造成在一個等截面積的超音速范諾流減速並且馬赫數朝向 1 減小。因此，如果流道長度是 L^* 時，出口馬赫數又會變成 Ma = 1，就像在次音速流的一樣。但是不像次音速流，增加流道長度超過 L^* 不能夠阻塞流動，因為其已經阻塞了。取代的是它會造成一個正震波，其發生的位置會使繼續的次音速流正好在流道的出口又變成音速 (圖 12-61)。當流道的長度增加時，正震波的位置向上游移動。最終，震波會發生在流道的入口。再更進一步，增加流道的長度會將震波移到原來造成此超音速流的收縮–擴張噴嘴的擴張段，但是質量流率仍然維持不受影響，因為質量流率是由在噴嘴的喉部的音速條件所固定，因此不會改變，除非在喉部的條件改變了。

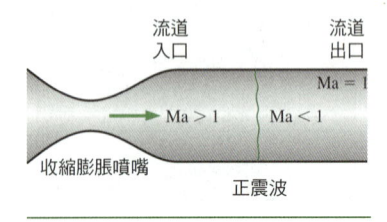

圖 12-61 若流道長度大於 L^*，超音速的范諾流在流道的出口永遠是音速的。延伸流道的長度只會使正震波的位置更向上游移動。

例題 12-15　流道中阻塞的范諾流

空氣進入一根 3 cm 直徑的平滑絕熱流道，$Ma_1 = 0.4$、$T_1 = 300$ K 及 $P_1 = 150$ kPa (圖 12-62)。如果流道出口的馬赫數是 1，試求流道長度與出口的溫度、壓力及速度。也決定在流道中損失的停滯壓的比例。

解答：空氣以指定的狀態進入一根等截面積的絕熱流道，並且以音速狀態離開。要決定流道長度、出口的溫度、壓力、速度及在流道中損失的停滯壓的比例。

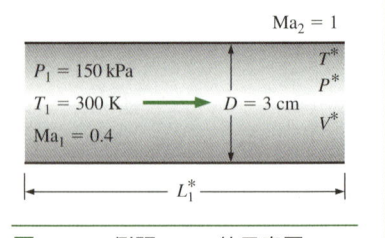

圖 12-62　例題 12-15 的示意圖。

假設：**1.** 范諾流的假設都成立 (即性質為常數的一個理想氣體通過一個等截面積的絕熱流道的穩定、有摩擦的流動)。**2.** 沿著流道的摩擦因子是常數。

性質：我們取空氣的性質為 $k = 1.4$、$c_p = 1.005$ kJ/kg·K、$R = 0.287$ kJ/kg·K 與 $\nu = 1.58 \times 10^{-5}$ m^2/s。

解析：首先決定入口速度與入口雷諾數，

$$c_1 = \sqrt{kRT_1} = \sqrt{(1.4)(0.287 \text{ kJ/kg·K})(300 \text{ K})\left(\frac{1000 \text{ m}^2/\text{s}^2}{1 \text{ kJ/kg}}\right)} = 347 \text{ m/s}$$

$$V_1 = Ma_1 c_1 = 0.4(347 \text{ m/s}) = 139 \text{ m/s}$$

$$Re_1 = \frac{V_1 D}{\nu} = \frac{(139 \text{ m/s})(0.03 \text{ m})}{1.58 \times 10^{-5} \text{ m}^2/\text{s}} = 2.637 \times 10^5$$

摩擦因子用科爾布魯克方程式決定，

$$\frac{1}{\sqrt{f}} = -2.0 \log\left(\frac{\varepsilon/D}{3.7} + \frac{2.51}{\text{Re}\sqrt{f}}\right) \rightarrow \frac{1}{\sqrt{f}}$$

$$= -2.0 \log\left(\frac{0}{3.7} + \frac{2.51}{2.637 \times 10^5 \sqrt{f}}\right)$$

它的解是

$$f = 0.0148$$

相對於入口馬赫數 0.4 的范諾流函數是 (表 A-16)：

$$\frac{P_{01}}{P_0^*} = 1.5901 \quad \frac{T_1}{T^*} = 1.1628 \quad \frac{P_1}{P^*} = 2.6958 \quad \frac{V_1}{V^*} = 0.4313 \quad \frac{fL_1^*}{D} = 2.3085$$

注意 * 表示音速條件，其存在於出口狀態。流道長度及出口溫度、壓力與速度如下決定：

$$L_1^* = \frac{2.3085D}{f} = \frac{2.3085(0.03 \text{ m})}{0.0148} = \mathbf{4.68 \text{ m}}$$

$$T^* = \frac{T_1}{1.1628} = \frac{300 \text{ K}}{1.1628} = \mathbf{258 \text{ K}}$$

$$P^* = \frac{P_1}{2.6958} = \frac{150 \text{ kPa}}{2.6958} = \mathbf{55.6 \text{ kPa}}$$

$$V^* = \frac{V_1}{0.4313} = \frac{139 \text{ m/s}}{0.4313} = \mathbf{322 \text{ m/s}}$$

因此，在給定的摩擦因子下，流道的長度必須是 4.68 m 才能讓馬赫數在流道的出口達到 Ma = 1。由於摩擦在流道中損失的停滯比率是

$$\frac{P_{01} - P_0^*}{P_{01}} = 1 - \frac{P_0^*}{P_{01}} = 1 - \frac{1}{1.5901}$$

$$= 0.371 \text{ 或 } \mathbf{37.1\%}$$

討論：此問題也可以使用適當的關係式來求解，而不是用范諾函數的列表值。同時，我們決定在入口條件下的摩擦因子，並假設沿著流道其維持常數。為了檢查這個假設的有效性，我們計算在出口條件下的摩擦因子，可以得到在流道出口條件下的摩擦因子為 0.0121 — 下降了 18%，這是相當大的。因此我們應該使用摩擦因子的平均值 (0.0148 + 0.0121)/2 = 0.0135 重做計算，這樣得到的流道長度是 $L_1^* = 2.3085(0.03 \text{ m})/0.0135 = \mathbf{5.13 \text{ m}}$，並且取這個值為需要的流道長度。

例題 12-16　在一個流道的范諾流的出口條件

空氣以 $V_1 = 85$ m/s、$T_1 = 450$ K 及 $P_1 = 220$ kPa 進入一個 27 m 長、5 cm 直徑的絕熱流道 (圖 12-63)。這個流道的平均摩擦因子估計為 0.023。試求在流道出口的馬赫數與空氣的質量流率。

解答：空氣以指定狀態進入一個已知長度的等截面積的絕熱流道。要決定出口的馬赫數與質量流率。

假設：**1.** 范諾流的假設都成立 (即，性質為常數的一個理想氣體通過一個等截面積的流道的穩定、有摩擦的流動)。**2.** 沿著流道摩擦因子是常數。

性質：我們取空氣的性質為 $k = 1.4$，$c_p = 1.005$ kJ/kg·K 及 R = 0.287 kJ/kg·K。

解析：我們需要知道的第一件事是流動在出口是否阻塞了。因此首先決定入口馬赫數與函數 fL^*/D_h 的對應值，

$$c_1 = \sqrt{kRT_1} = \sqrt{(1.4)(0.287 \text{ kJ/kg·K})(450 \text{ K})\left(\frac{1000 \text{ m}^2/\text{s}^2}{1 \text{ kJ/kg}}\right)} = 425 \text{ m/s}$$

$$\text{Ma}_1 = \frac{V_1}{c_1} = \frac{85 \text{ m/s}}{425 \text{ m/s}} = 0.200$$

對應此馬赫數，從表 A-16 得到 $(fL^*/D_h)_1 = 14.5333$。同時，使用實際的流道長度 L，我們有

$$\frac{fL}{D_h} = \frac{(0.023)(27 \text{ m})}{0.05 \text{ m}} = 12.42 < 14.5333$$

因此流動並未阻塞且出口馬赫數小於 1。在出口狀態的函數 fL^*/D_h 用式 (12-91) 計算，

$$\left(\frac{fL^*}{D_h}\right)_2 = \left(\frac{fL^*}{D_h}\right)_1 - \frac{fL}{D_h} = 14.5333 - 12.42 = 2.1133$$

對應 fL^*/D_h 的這個值的馬赫數是 0.42，是從表 A-16 得到的，因此在流道出口的馬赫數為

$$\text{Ma}_2 = \mathbf{0.420}$$

空氣的質量流率從入口條件決定為

$$\rho_1 = \frac{P_1}{RT_1} = \frac{220 \text{ kPa}}{(0.287 \text{ kJ/kg·K})(450 \text{ K})}\left(\frac{1 \text{ kJ}}{1 \text{ kPa·m}^3}\right) = 1.703 \text{ kg/m}^3$$

$$\dot{m}_{\text{air}} = \rho_1 A_1 V_1 = (1.703 \text{ kg/m}^3)\, [\pi(0.05 \text{ m})^2/4]\, (85 \text{ m/s}) = \mathbf{0.284 \text{ kg/s}}$$

討論：注意需要流道長度 27 m 來使馬赫數從 0.20 增加到 0.42，但只需要 4.6 m 就能從 0.42 增加至 1。因此，當越接近音速條件時，馬赫數就以更高的速率增加。

為了更加理解，讓我們決定在入口與出口狀態下對應 fL^*/D_h 的長度。注意 f 對整個流道假設為常數，最大的 (或音速的) 流道長度在入口與出口狀態下分別是

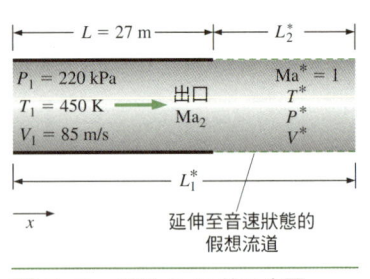

圖 12-63　例題 12-16 的示意圖。

$$L_{\max,1} = L_1^* = 14.5333 \frac{D_h}{f} = 14.5333 \frac{0.05 \text{ m}}{0.023} = 31.6 \text{ m}$$

$$L_{\max,2} = L_2^* = 2.1133 \frac{D_h}{f} = 2.1133 \frac{0.05 \text{ m}}{0.023} = 4.59 \text{ m}$$

(或 $L_{\max,2} = L_{\max,1} - L = 31.6 - 27 = 4.6$ m)。因此，如果一個 4.6 m 長的流段被加到原有的流道上，流動會達到音速條件。

應用聚焦燈 ── 震波／邊界層的交互作用

客座作者：Gary S. Settles，賓州州立大學

震波與邊界層是自然界中最不相同的現象。就像第 10 章所描述的，邊界層在任何有逆向壓力梯度發生的地方就很容易從空氣動力表面上分離。另一方面，震波會產生很強的逆向壓力梯度，因為跨過震波，在流動方向的一個可忽視的短距離內，靜壓會有定量的躍升。因此當一個邊界層碰到一個震波時，會發展出一個複雜的流動型態且邊界層通常會從其所附著的表面分離。

在高速飛行與風洞測試中有很多重要的情況，這種衝突是無法避免的。例如，商用噴射飛機在穿音速區域的下沿巡航，流過其機翼上的氣流事實上會變成超音速，然後流過一個正震波再回到次音速 (圖 12-64)。如果這種飛機飛行的速度明顯高於其設計的巡航馬赫數，嚴重的氣動干擾會由於震波／邊界層的交互作用而產生造成機翼上的流動分離。這種現象因此限制世界上載客飛機的速度。有些軍用飛機被設計來避免這種限制並以超音速飛行，但是震波／邊界層的交互作用在它們引擎的空氣入口仍然是一個限制因素。

一個震波與一個邊界層的交互作用是黏性–無黏性交互作用的一種型態，其中在邊界層裡面的黏性流遭遇到在自由流中基本上是無黏性的震波。邊界層被震波減慢且增厚了，並且可能分離。另一方面震波當流動分離時分叉了 (圖 12-65)。震波與邊界層之間的相互改變持續進行，直到一個平衡條件被達成。相依於邊界條件，這些交互作用可以以二維或三維的方式改變，並且可能是穩定的或不穩定的。

這種強烈交互作用的流動很難分析，也沒有簡單的解答存在。此外，對於大多數有實際興趣的問題，問題中的邊界層是紊流的。現代的計算方法利用超速電腦對雷諾平均的納維–斯托克斯方程式的求解，可以預測這些流動的許多特徵。風洞實驗對引導，並驗證這些計算扮演重要的角色。總而言之，震

圖 12-64 一架 L-1011 商用噴射飛機以穿音速飛行時機翼上的正震波，背景中太平洋上空較低雲層的變形使其成為可視的。
U.S. Govt. photo by Carla Thomas, NASA Dryden Research Center.

圖 12-65 馬赫數 3.5 時，由一塊鰭片固定在一個平板上所產生的吹掠交互作用的陰影圖。鰭片 (在圖的上面) 所造成的斜震波分叉成一個 "λ 腳" 其下面的邊界層分離並捲起來。通過分離區上面 λ 腳的空氣流，形成一個超音速 "射束" 向下彎曲並衝擊壁面。這種三維的交互作用需要一種特別的且稱為錐形陰影術的光學技術，才能可視化流動。
Photo by F. S. Alvi and G. S. Settles.

波／邊界層的交互作用已經變成現代流體動力研究的定步問題中的一個。

參考資料

Knight, D. D., et al., "Advances in CFD Prediction of Shock Wave Turbulent Boundary Layer Interactions," *Progress in Aerospace Sciences* 39(2-3), pp. 121–184, 2003.

Alvi, F. S., and Settles, G. S., "Physical Model of the Swept Shock Wave/Boundary-Layer Interaction Flowfield," *AIAA Journal* 30, pp. 2252–2258, Sept. 1992.

總結

本章檢視氣流中可壓縮性的影響。當處理可壓縮流時,將流體的焓與動能結合成一個單一項,稱為停滯焓(或總焓),會很方便。其定義為

$$h_0 = h + \frac{V^2}{2}$$

流體在停滯狀態的性質稱為停滯性質,並用下標"0"來表示。一個比熱為常數的理想氣體的停滯溫度是

$$T_0 = T + \frac{V^2}{2c_p}$$

其代表一個理想氣體被絕熱地帶到靜止所得到的溫度。理想氣體的停滯性質與靜態性質的關係為

$$\frac{P_0}{P} = \left(\frac{T_0}{T}\right)^{k/(k-1)} \quad \text{與} \quad \frac{\rho_0}{\rho} = \left(\frac{T_0}{T}\right)^{1/(k-1)}$$

一個無限小的壓力波通過介質的速度稱為音速。對一個理想氣體,它可被表示為

$$c = \sqrt{\left(\frac{\partial P}{\partial \rho}\right)_s} = \sqrt{kRT}$$

馬赫數是流體的實際速度與相同狀態下的音速的比值:

$$\text{Ma} = \frac{V}{c}$$

當 Ma = 1 時,流動稱為音速的 (sonic);當 Ma < 1 時,稱為次音速的 (subsonic);當 Ma > 1 時,稱為超音速的 (supersonic);當 Ma >> 1 時,稱為極音速 (hypersonic);當 Ma ≅ 1 時,稱為穿音速。

流動面積在流動方向遞減的噴嘴稱為收縮噴嘴。流動面積先減小再增加的噴嘴稱為收縮－擴張噴嘴。一個噴嘴最小流動面積的位置稱為喉部 (throat)。在一個收縮噴嘴中,一個流體可以被加速的最高速度是音速。要加速一個流體到超音速只有在一個收縮－擴張噴嘴中才有可能。在所有的超音速收縮－擴張噴嘴中,在喉部的流速是音速。

比熱為常數的理想氣體的停滯對靜態性質的比可用馬赫數來表示成為

$$\frac{T_0}{T} = 1 + \left(\frac{k-1}{2}\right)\text{Ma}^2$$

$$\frac{P_0}{P} = \left[1 + \left(\frac{k-1}{2}\right)\text{Ma}^2\right]^{k/(k-1)}$$

與
$$\frac{\rho_0}{\rho} = \left[1 + \left(\frac{k-1}{2}\right)\text{Ma}^2\right]^{1/(k-1)}$$

當 Ma = 1 時，產生的溫度、壓力與密度的靜態對停滯性質的比稱為臨界比 (critical ratios)，並且使用 "*" 上標來表示：

$$\frac{T^*}{T_0} = \frac{2}{k+1} \quad \frac{P^*}{P_0} = \left(\frac{2}{k+1}\right)^{k/(k-1)}$$

與
$$\frac{\rho^*}{\rho_0} = \left(\frac{2}{k+1}\right)^{1/(k-1)}$$

在噴嘴出口平面外面的壓力稱為背壓 (back pressure)。對所有低於 P^* 的背壓，在收縮噴嘴出口平面上的壓力等於 P^*，在出口平面上的馬赫數是 1，並且質量流率是最大的 (阻塞的) 流率。

在某些背壓的範圍，在一個收縮-擴張噴嘴的喉部流體達到音速，並且在擴張段加速至超音速，然後經歷一個正震波，造成壓力與溫度的突然上升，並且速度急降至次音速的水平。通過震波的流動為高度不可逆，因此不能夠被近似為等熵的。一個比熱為常數的理想氣體在震波之前 (下標 1) 與之後 (下標 2) 的性質的關係式為

$$T_{01} = T_{02} \quad \text{Ma}_2 = \sqrt{\frac{(k-1)\text{Ma}_1^2 + 2}{2k\text{Ma}_1^2 - k + 1}}$$

$$\frac{T_2}{T_1} = \frac{2 + \text{Ma}_1^2(k-1)}{2 + \text{Ma}_2^2(k-1)}$$

與
$$\frac{P_2}{P_1} = \frac{1 + k\text{Ma}_1^2}{1 + k\text{Ma}_2^2} = \frac{2k\text{Ma}_1^2 - k + 1}{k+1}$$

這些方程式在跨過一個斜震波時成立，只要使用垂直於斜震波的馬赫數分量來代替馬赫數即可。

一個比熱為常數的理想氣體，通過一個等截面積流道、一維流動，有熱傳但沒有摩擦效應，稱為雷萊流 (Rayleigh flow)。雷萊流的性質關係式與曲線在表 A-15 中被給定。雷萊流中的熱傳從下式決定之，

$$q = c_p(T_{02} - T_{01}) = c_p(T_2 - T_1) + \frac{V_2^2 - V_1^2}{2}$$

一個比熱為常數的理想氣體流過一個等截面積流道的穩定、有摩擦且絕熱的流動稱為范諾流 (Fanno flow)。在壁面摩擦力的影響下，需要用來使馬赫數達到 1 的流道長度用 L^* 表示，其關係式為

$$\frac{fL^*}{D_h} = \frac{1 - \text{Ma}^2}{k\text{Ma}^2} + \frac{k+1}{2k} \ln \frac{(k+1)\text{Ma}^2}{2 + (k-1)\text{Ma}^2}$$

其中 f 是平均摩擦因子。兩個截面其馬赫數分別為 Ma_1 與 Ma_2 之間的流道長度可以從下式決定

$$\frac{fL}{D_h} = \left(\frac{fL^*}{D_h}\right)_1 - \left(\frac{fL^*}{D_h}\right)_2$$

在范諾流中，停滯溫度 T_0 維持是常數。而范諾流的其它性質關係式及曲線則在表 A-16 中被給定。

　　本章提供可壓縮流的一個綜述，並嘗試激勵有興趣的學生對這個令人興奮的主題作更深入的研究。一些可壓縮流在第 15 章用計算流力加以分析。

參考資料和建議讀物

1. J. D. Anderson. *Modern Compressible Flow with Historical Perspective*, 3rd ed. New York: McGraw-Hill, 2003.
2. Y. A. Çengel and M. A. Boles. *Thermodynamics: An Engineering Approach*, 7th ed. New York: McGraw-Hill, 2011.
3. H. Cohen, G. F. C. Rogers, and H. I. H. Saravanamuttoo. *Gas Turbine Theory*, 3rd ed. New York: Wiley, 1987.
4. W. J. Devenport. Compressible Aerodynamic Calculator, http://www.aoe.vt.edu/~devenpor/aoe3114/calc.html.
5. R. W. Fox and A. T. McDonald. *Introduction to Fluid Mechanics*, 8th ed. New York: Wiley, 2011.
6. H. Liepmann and A. Roshko. *Elements of Gas Dynamics*, Dover Publications, Mineola, NY, 2001.
7. C. E. Mackey, responsible NACA officer and curator. *Equations, Tables, and Charts for Compressible Flow*. NACA Report 1135.
8. A. H. Shapiro. *The Dynamics and Thermodynamics of Compressible Fluid Flow*, vol. 1. New York: Ronald Press Company, 1953.
9. P. A. Thompson. *Compressible-Fluid Dynamics*, New York: McGraw-Hill, 1972.
10. United Technologies Corporation. *The Aircraft Gas Turbine and Its Operation*, 1982.
11. M. Van Dyke, *An Album of Fluid Motion*. Stanford, CA: The Parabolic Press, 1982.
12. F. M. White. *Fluid Mechanics*, 7th ed. New York: McGraw-Hill, 2010.

習題

有"C"題目是觀念題，學生應儘量作答。

停滯性質

12-1C 什麼是動態溫度？

12-2C 在空調應用中，空氣的溫度藉著插入一根探針到流束中來量測，因此探針實際量測的是停滯溫度。這會造成顯著的誤差嗎？

12-3 空氣流過一個裝置使得停滯壓是 0.6 MPa、停滯溫度是 400°C，且速度是 570 m/s。試求空氣在此狀態下的靜態壓力與溫度。(Answer: 519 K, 0.231 Mpa)

12-4 空氣 320 K 在一個流道中流動，其速度為 (a) 1、(b) 10、(c) 100，與 (d) 1000 m/s。試求當一根靜止探針被插入流道中對每個情況所讀到的溫度。

12-5 為以下流過一個流道的物質計算停滯溫度與壓力：(a) 氦在 0.25 MPa、50°C 與 240 m/s；(b) 氮在 0.15 MPa、50°C 與 300 m/s；及 (c) 水蒸氣在 0.1 MPa、350°C 與 480 m/s。

12-6 空氣在 36 kPa、238 K 與 325 m/s 之下流動，決定其停滯溫度與停滯壓力。(Answer: 291 K, 72.4 kPa)

12-7 水蒸氣在停滯壓力 800 kPa、停滯溫度 400°C 與速度 300 m/s 之下流過一個裝置。假設理想氣體行為，試求水蒸氣在此狀態下的靜態壓力與溫度。

12-8 空氣以停滯壓力 100 kPa、停滯溫度 35°C 進入一個壓縮機，並且被壓縮至停滯壓力 900 kPa。假設壓縮過程是等熵的，試決定在質量流率為 0.04 kg/s 時，輸入壓縮機的功率。(Answer: 10.8 kW)

12-9 燃燒生成物以停滯壓力 0.75 MPa 及停滯溫度 690°C 進入一個氣輪機，並且它們膨脹至停滯壓力 100 kPa。取燃燒生成物的 $k = 1.33$，$R = 0.287$ kJ/kg·K，並假設膨脹過程為等熵的，試求每單位質量流率的氣輪機功率輸出。

一維的等熵流動

12-10C 在一個收縮噴嘴中加速氣體至超音速的速度是否可能？解釋之。

12-11C 開始時是次音速的氣體進入一個絕熱的擴張流道。討論這將如何影響流體的 (a) 速度，(b) 溫度，(c) 壓力，與 (d) 密度。

12-12C 一個氣體在指定的停滯溫度與壓力下在一個收縮-擴張噴嘴中被加速至 Ma = 2，在另一個噴嘴中至 Ma = 3。關於在這兩個噴嘴的喉部中的壓力，你可以說些什麼呢？

12-13C 開始時是超音速的氣體進入一個絕熱的收縮流道。討論這將如何影響流體的 (a) 速度，(b) 溫度，(c) 壓力，與 (d) 密度。

12-14C 開始時是超音速的氣體進入一個絕熱的擴張流道。討論這將如何影響流體的 (a) 速度，(b) 溫度，(c) 壓力，與 (d) 密度。

12-15C 考慮一個收縮的噴嘴，其出口平面上的速度是音速的。現在噴嘴出口的面積被減小，而噴嘴入口的條件被維持為常數。關於 (a) 出口速度與 (b) 通過噴嘴的質量流率會發生什麼呢？

12-16C 開始時是次音速的流體進入一個絕熱的收縮流道。討論這將如何影響流體的 (a) 速度，(b) 溫度，(c) 壓力，與 (d) 密度。

12-17 氦氣在 0.7 MPa、800 K 與 100 m/s 進入一個收縮-擴張噴嘴。什麼是在噴嘴的喉部所能得到的最低溫度與壓力？

12-18 考慮一架大型商用飛機在空氣中以速度 1050 km/h 巡航，其高度 10 km，那裡的標準空氣是 −50°C。試決定飛機的速度是次音速的，還是超音速的？

12-19 計算以下氣體的臨界溫度、壓力與密度：(a) 空氣在 200 kPa、100°C 及 200 m/s，與 (b) 氦氣在 200 kPa、40°C 及 300 m/s。

12-20 空氣進入一個收縮−擴張噴嘴，其壓力 1200 kPa，速度可以忽略。在這個噴嘴的喉部所能得到的最低壓力是什麼？
(Answer: 634 kPa)

12-21 在 2004 年 3 月，NASA 成功地推出了一個實驗性的超音速−燃燒衝壓引擎 (稱為 Scramjet) 可以達到創紀錄的馬赫數 7。取空氣的溫度為 −20°C，試決定此引擎的速度。(Answer: 8040 km/h)

12-22 重新考慮習題 12-21 中討論的超音速−燃燒衝壓引擎。試求此引擎在 −18°C 的空氣中，對應馬赫數 7，以 km/h 表示的速度。

12-23 空氣在 200 kPa、100°C、馬赫數 Ma = 0.8 流過一個流道。試計算此空氣的速度、停滯壓力、停滯溫度與停滯密度。

12-24 重新考慮習題 12-23。使用 EES (或其它) 軟體，考慮馬赫數在範圍 0.1 到 2 之間，對空氣的速度、停滯壓力、停滯溫度與停滯密度的影響。畫出每個參數作為馬赫數的函數。

12-25 一架飛機被設計以馬赫數 Ma = 1.1 在高度 12,000 m、大氣溫度 236.15 K 的環境下巡航。決定在機翼前緣的停滯溫度。

12-26 靜止的二氧化碳在 1200 kPa 與 600 K 等熵地加速到馬赫數 0.6，決定二氧化碳加速以後的溫度與壓力。
(Answer: 570 K, 957 kPa)

通過噴嘴的等熵流

12-27C 一個流體在喉部的速度不是音速時，是否可能被加速至超音速？解釋之。

12-28C 如果我們試圖用一個擴張的擴散器進一步加速一個超音速的流體，將會發生什麼呢？

12-29C 參數 Ma* 與馬赫數 Ma 是如何區別的？

12-30C 考慮在一個收縮噴嘴的次音速流動，指定噴嘴入口的條件，且噴嘴的出口是在臨界壓力下。若降低背壓使其遠小於臨界壓力，則什麼是其對以下參數的影響？(a) 出口速度，(b) 出口壓力，及 (c) 通過噴嘴的質量流率。

12-31C 考慮一個收縮噴嘴與一個收縮−擴張噴嘴，兩者有相同的喉部面積。對於相同的入口條件，你將如何比較通過此兩個噴嘴的質量流率？

12-32C 考慮氣體以指定的入口條件流過一個收縮噴嘴。我們知道流體在噴嘴所能達到的最高速度是音速，此時通過噴嘴的質量流率最大。如果有可能在噴嘴的出口達到極音速，這將如何影響通過噴嘴的質量流率？

12-33C 考慮以固定的入口條件進入一個收縮流道的次音速流。什麼是降低背壓至臨界壓力對以下參數的影響？(a) 出口速度，(b) 出口壓力，與 (c) 通過噴嘴的質量流率。

12-34C 考慮流體通過一個收縮−擴張噴嘴的等熵流動，其喉部是在次音速的速度。擴張段如何影響流體的 (a) 速度，(b) 壓力，及 (c) 質量流率？

12-35C 如果我們試圖用一個擴張的擴散器來減速一個超音速的流體，將會發生什麼事呢？

12-36 氮氣在 700 kPa、400 K 及速度幾乎可以

忽略下進入一個收縮-擴張噴嘴。試求在此噴嘴中的臨界速度、壓力、溫度與密度。

12-37 對一個理想氣體試求在 Ma = 1 位置的音速相對於根據停滯溫度所得的音速的比的表示式，c^*/c_0。

12-38 空氣在 1.2 MPa 及可忽略的速度之下進入一個收縮-擴張噴嘴。將流動近似為等熵的，試求在出口得到 1.8 的馬赫數的背壓。(Answer: 209 kPa)

12-39 一個理想氣體流過一個先收縮再擴張的流道，其流動是絕熱、可逆的穩定流過程。若入口為次音速流，且在最小流動面積位置的馬赫數等於 1，請畫出沿著噴嘴長度方向的壓力、速度與馬赫數的變化。

12-40 當入口為超音速流時，重做習題 12-39。

12-41 解釋為什麼對一個給定的理想氣體，其每單位面積的最大流率只相依於 $P_0/\sqrt{T_0}$。對一個 $k = 1.4$ 且 $R = 0.287$ kJ/kg·K 的理想氣體，試找出使得 $\dot{m}/A^* = aP_0/\sqrt{T_0}$ 的常數 a。

12-42 一個 $k = 1.4$ 的理想氣體流過一個噴嘴，使得在流動面積為 36 cm² 的位置上的馬赫數是 1.8。將流動近似為等熵的，試求馬赫數為 0.9 的位置上的流動面積。

12-43 對一個 $k = 1.33$ 的理想氣體，重做習題 12-42。

12-44 空氣在 1 Ma、37°C 及低速度下進入一個超音速風洞的一個收縮-擴張噴嘴。此噴嘴的測試段的流動面積等於出口面積，其為 0.5 m²。若測試段的馬赫數 Ma = 2，試求其壓力、溫度、速度與質量流率。(Answer: 128 kPa, 172 K, 526 m/s, 680 kg/s)

12-45 空氣在 0.5 MPa、420 K 及速度 110 m/s 下進入一個噴嘴。將流動近似為等熵的，試求當空氣速度等於音速位置上的空氣壓力與溫度。這個位置的面積與入口面積的比是多少？(Answer: 355 K, 278 kPa, 0.428)

12-46 若假設入口的速度是可忽略的，重做習題 12-45。

12-47 空氣在 900 kPa、400 K 及可忽略的速度下進入一個收縮噴嘴。此噴嘴的喉部面積是 10 cm²。將流動近似為等熵的，計算並畫出出口壓力、出口速度與質量流率與背壓 P_b 的對應關係，P_b 的範圍：$0.9 \geq P_b \geq 0.1$ MPa。

12-48 重新考慮習題 12-47。使用 EES (或其它)軟體，對入口條件 0.8 MPa 與 1200 K，求解此問題。

震波與膨脹波

12-49C 對於跨過 (a) 正震波，(b) 斜震波，與 (c) 普朗特-梅爾膨脹波的流動，理想氣體的等熵關係式是否可以使用？

12-50C 范諾線與雷萊線上的狀態代表什麼呢？這兩條曲線的交點代表什麼呢？

12-51C 有人聲稱為斜震波可以像正震波一樣地分析，只要速度的正向分量 (垂直於震波面) 被使用在分析中。對此聲稱，你是否同意？

12-52C 正震波如何影響 (a) 流速，(b) 靜態溫度，(c) 停滯溫度，(d) 靜態壓力，與 (e) 停滯壓力？

12-53C 斜震波如何發生的？斜震波與正震波是如何區別的？

12-54C 一個斜震波要能夠發生，其上游流動是否必須是超音速的？一個斜震波下游的流動是否一定是次音速的？

12-55C 一個流體在正震波後面的馬赫數是否可以大於 1？解釋之。

12-56C 考慮超音速空氣接近一個二維楔形的鼻

部，並經歷了一個斜震波。在什麼條件下，斜震波會從楔形的鼻部脫離並形成一個弓形波？脫離的震波在鼻部的震波角的數值是多少？

12-57C 考慮一個超音速流沖擊在一架飛機的圓形鼻部上。在鼻部前面形成的斜震波是附著的還是脫離的震波？解釋之。

12-58C 在一個收縮–擴張噴嘴的收縮段是否可能發展出震波？解釋之。

12-59 空氣以 26 kPa、230 K 及 815 m/s 進入一個正震波。計算震波上游的停滯壓力與馬赫數，以及震波下游的壓力、溫度、速度、馬赫數與停滯壓力。

12-60 計算空氣通過一個在習題 12-59 的正震波後熵值的變化。(Answer: 0.242 kJ/kg·K)

12-61 對一個流過正震波的理想氣體，推導出一個用 K、Ma_1 與 Ma_2 表示的 V_2/V_1 的關係式。

12-62 空氣以低速度在 2.0 MPa、100°C 之下進入一個收縮–擴張噴嘴。如果噴嘴的出口面積是喉部面積的 3.5 倍，則背壓必須是多少才能在噴嘴的出口平面產生一個正震波？(Answer: 0.661 Ma)

12-63 在習題 12-62 中的背壓必須是多少才能使一個正震波發生在一個截面積是喉部面積 2 倍的地方。

12-64 空氣在 1 MPa、300 K 以低速度進入某超音速風洞的一個收縮–擴張噴嘴。如果在噴嘴的出口平面 Ma = 2.4 發生一個正震波，試求震波後面的壓力、溫度、馬赫數、速度與停滯壓力。(Answer: 448 kPa, 284 K, 0.523, 177 m/s, 540 kPa)

12-65 使用 EES (或其它) 軟體，計算並畫出空氣通過一個正震波的熵變化。上游馬赫數從 0.5 變化到 1.5，增量 0.1。解釋為什麼正震波只能發生在上游馬赫數大於 Ma = 1 時。

12-66 考慮一個超音速的空氣流以馬赫數 5 接近一個二維的楔形的鼻部。使用圖 12-37，決定一個直的斜震波能有的最小震波角與最大轉折角。

12-67 空氣在 32 kPa、240 K 且 Ma_1 = 3.6 之下流動，其被強迫經過 15° 的膨脹轉彎。試求轉彎後的馬赫數、壓力與溫度。
(Answer: 4.81, 6.65 kPa, 153 K)

12-68 考慮空氣的超音速流，上游的條件是 70 kPa、260 K 且馬赫數為 2.4，其流過半角為 10° 的二維楔形。若楔形的軸相對於上游的空氣流是傾斜 25°，試求下游在楔形之上的馬赫數、壓力與溫度。
(Answer: 3.105, 23.8 kPa, 191 K)

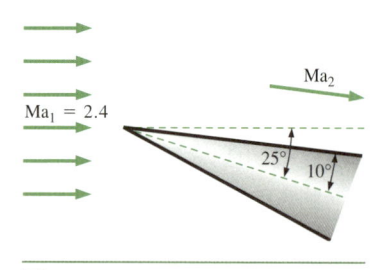

圖 P12-68

12-69 重新考慮習題 12-68。試求在楔形之下，上游馬赫數為 5 的一個強斜震波的下游的馬赫數、壓力與溫度。

12-70 空氣在 55 kPa、−7°C 且馬赫數 2.0 之下被一個與流動方向成 8° 的斜坡強迫向上轉彎。結果形成一個弱斜震波。試求在震波之後的波角度、馬赫數、壓力與溫度。

12-71 以 55 kPa、265 K 及 Ma_1 = 2.0 流動的空氣被強迫經歷一個 15° 的壓縮轉向。試求空氣在壓縮以後的馬赫數、壓力與溫度。

12-72 以 60 kPa、240 K 且馬赫數 3.4 流動的空氣沖擊一個半角為 8° 的二維楔形。試決

12-73 在一個噴嘴中穩定流動的空氣在馬赫數 Ma = 2.6 下經歷一個正震波。若上游空氣的溫度與壓力分別為 58 kPa 及 270 K，計算在這個震波下游的壓力、溫度、速度、馬赫數與停滯壓力。將結果與氦氣在相同條件下經歷一個正震波的結果作比較。

12-74 計算習題 12-73 中的空氣與氦氣跨過正震波的熵變化。

有熱傳但忽略摩擦的管道流動 (雷萊流)

12-75C 在次音速的雷萊流中加熱流體對流速的影響是什麼？對超音速的雷萊流回答相同的問題。

12-76C 在雷萊流的 T-s 圖上，在雷萊線上的點代表什麼呢？

12-77C 在雷萊流中，熱增益與熱損失對熵的影響是什麼呢？

12-78C 考慮空氣的次音速雷萊流，其馬赫數為 0.92。現在傳熱給流體使其馬赫數增加至 0.95。在這個過程中，流體的溫度增加、減小或維持常數？停滯溫度 T_0 又如何呢？

12-79C 雷萊流的特徵是什麼呢？與雷萊流有關的主要假設是什麼？

12-80C 考慮次音速的雷萊流被用加熱加速，在流道出口達到音速 (Ma = 1)。若流體繼續被加熱，則在流道出口的流速會是超音速的、次音速的或維持為音速的？

12-81 氦氣在 $Ma_1 = 0.2$、$P_1 = 320$ kPa 及 $T_1 = 400$ K 之下，以流率 1.2 kg/s 流過一個等截面積的流道。忽略摩擦損失，決定對氦氣的最大熱傳率，但不會減小質量流率。

12-82 空氣次音速地流過一個管道時被加熱。當熱傳量達到 67 kJ/kg 時，流動被觀察到阻塞了，此時量測到的速度與靜壓為 680 m/s 及 270 kPa。忽略摩擦損失，試求在流道入口的速度、靜態溫度與靜壓。

12-83 從一個氣輪機的壓縮機而來的壓縮空氣，在 $T_1 = 700$ K、$P_1 = 600$ kPa 及 $Ma_1 = 0.2$ 之下，以 0.3 kg/s 的流率進入燃燒室。通過燃燒，當空氣在忽略摩擦下流過流道時，傳輸給空氣的熱傳率是 150 kJ/s。試求在流道出口的馬赫數，以及在此過程中，停滯壓力的下降量 $P_{01} - P_{02}$。(Answer: 0.271, 12.7 kPa)

12-84 當熱傳率為 300 kJ/s 時，重做習題 12-83。

12-85 空氣在忽略摩擦下以流率 2.3 kg/s，流過一個 10 cm 直徑的流道。入口的溫度與壓力為 $T_1 = 450$ K 及 $P_1 = 200$ kPa，且出口的馬赫數為 $Ma_2 = 1$。試求這個管段的熱傳率與壓力降。

12-86 空氣以 $V_1 = 70$ m/s、$T_1 = 600$ K 及 $P_1 = 350$ kPa 進入一個幾乎無摩擦的流道。令出口溫度從 600 K 變化至 5000 K，試以每次 200 K 的間隔計算熵變化，並在 T-s 圖上畫出雷萊線。

12-87 空氣在流過一個 10 cm × 10 cm 的方形流道時被加熱，其摩擦力可以忽略。在入口，空氣是在 $T_1 = 400$ K、$P_1 = 550$ kPa 及 $V_1 = 80$ m/s。試求當空氣在流道出口被阻塞時所需要的熱傳，及此過程中空氣的熵變化。

12-88 空氣以 $T_1 = 300$ K、$P_1 = 420$ kPa 及 $Ma_1 = 2$ 進入一個矩形流道。當空氣通過流道時，傳給空氣的熱傳量是 55 kJ/kg。忽略摩擦損失，試求流道出口的溫度與

馬赫數。(Answer: 386 K, 1.64)

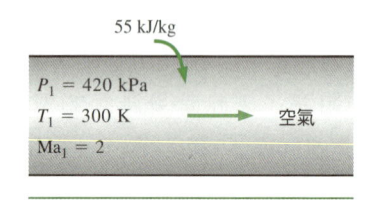

```
         55 kJ/kg
           ↓
 P₁ = 420 kPa
 T₁ = 300 K      →  空氣
 Ma₁ = 2
```

圖 P12-88

12-89 假設空氣以 55 kJ/kg 的量被冷卻，重做習題 12-88。

12-90 考慮一個 16 cm 直徑的管狀燃燒室。空氣以 450 K、380 kPa 及 55 m/s 進入管子。燃油被噴入空氣中並燃燒，其熱值為 39,000 kJ/kg。若出口的馬赫數為 0.8，試求燃油被燃燒的速率及出口溫度。假設完全燃燒並忽略由於燃油質量所增加的質量流率。

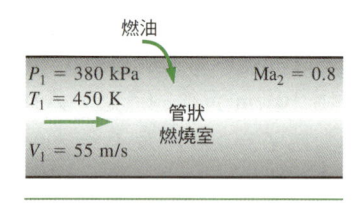

```
              燃油
               ↓
 P₁ = 380 kPa           Ma₂ = 0.8
 T₁ = 450 K      管狀
            →   燃燒室
 V₁ = 55 m/s
```

圖 P12-90

12-91 考慮超音速空氣通過一個 7 cm 直徑的流道，其摩擦可以忽略。空氣以 Ma₁ = 1.8、P₀₁ = 140 kPa 及 T₀₁ = 600 K 進入流道，並被加熱而減速。試求在質量流率維持常數時，空氣由於被加熱所能達到的最高溫度。

有摩擦的絕熱通道的流動 (范諾流)

12-92C 在次音速范諾流中，摩擦對流速的影響是什麼？對超音速范諾流回答同樣的問題。

12-93C 在一個范諾流的 T-s 圖上，范諾線上的點代表什麼呢？

12-94C 在范諾流中，摩擦對流體的熵的影響是什麼？

12-95C 考慮超音速的范諾流，由於摩擦的影響，使得其在流道的出口被減速至音速 (Ma = 1)。如果流道長度再被增加，則流道出口的流動會是超音速的、次音速的，或維持是音速的？增加流道長度的結果，會使流體的質量流率增加、減小或維持常數？

12-96C 考慮空氣的超音速范諾流，其入口馬赫數為 1.8。如果由於摩擦導致流道出口的馬赫數減小為 1.2，則在此過程中，流體的 (a) 停滯溫度 T_0, (b) 停滯壓力 P_0, 與 (c) 熵 s 增加、減小或維持常數？

12-97C 范諾流的特徵是什麼？與范諾流有關的主要近似是什麼？

12-98C 考慮次音速的范諾流由於摩擦的影響，在流道的出口被加速至音速 (Ma = 1)。如果流道的長度進一步被增加，則在流道出口的流動會是超音速的、次音速的或維持為音速的？由於增加了流道的長度，流體的質量率會增加、減小或維持為常數？

12-99C 考慮空氣的次音速范諾流，其入口馬赫數為 0.7。若由於摩擦的結果流道出口的馬赫數增加至 0.9，則在此過程中，流體的 (a) 停滯溫度 T_0, (b) 停滯壓力 P_0, 與 (c) 熵會增加、減少或維持為常數？

12-100 空氣進入一個 12 cm 直徑的絕熱流道，其 Ma₁ = 0.4、T₁ = 550 K 及 P₁ = 200 kPa。此流道的平均摩擦因子估計為 0.021。如果流道出口的馬赫數為 0.8，試求流道長度、流道出口的溫度、壓力與速度。

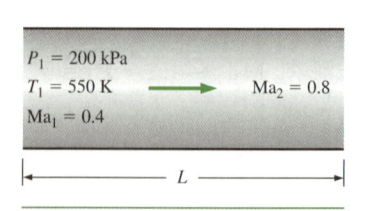

```
 P₁ = 200 kPa
 T₁ = 550 K      →          Ma₂ = 0.8
 Ma₁ = 0.4
          |←———— L ————→|
```

圖 P12-100

12-101 空氣以 $V_1 = 70$ m/s、$T_1 = 500$ K 及 $P_1 = 300$ kPa 進入一根 15 m 長、4 cm 直徑的絕熱流道。此流道的平均摩擦因子估計為 0.023。試求流道出口的馬赫數，出口速度與空氣的質量流率。

12-102 空氣進入一個 5 cm 直徑、4 m 長的絕熱流道，其入口條件為 $Ma_1 = 2.8$、$T_1 = 380$ K 及 $P_1 = 80$ kPa。一個正震波被觀察到發生在離入口 3 m 的位置。取平均摩擦因子為 0.007，試求流道出口的速度、溫度與壓力。(Answer: 572 m/s, 813 K, 328 kPa)

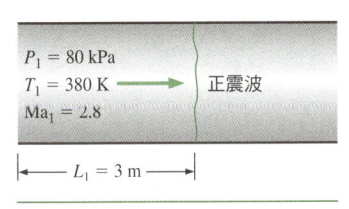

圖 P12-102

12-103 氦氣 $k = 1.667$ 進入一個 15 cm 直徑的流道，$Ma_1 = 0.2$、$P_1 = 400$ kPa 及 $T_1 = 325$ K。若平均摩擦因子為 0.025，試求不會造成氦氣的質量流率被減小的最大流道長度。(Answer: 87.2 m)

12-104 空氣進入一個 15 cm 直徑的絕熱流道，其入口條件為 $V_1 = 150$ m/s、$T_1 = 500$ K 及 $P_1 = 200$ kPa。若平均摩擦因子為 0.014，試求從入口到速度為入口速度兩倍地方的流道長度，同時決定這個流段的壓力降。

12-105 考慮次音速的空氣流，通過一個 20 cm 直徑的絕熱流道，其入口條件為 $T_1 = 330$ K、$P_1 = 180$ kPa 及 $Ma_1 = 0.1$。取平均的摩擦因子為 0.02，試求加速流體到馬赫數 1 所需要的流道長度。同時計算馬赫數每增加 0.1 所需要的流道長度，並對 $0.1 \le Ma \le 1$，畫出流道長度對應馬赫數的關係。討論結果。

12-106 對氦氣重做習題 12-105。

12-107 氬氣 $k = 1.667$，$c_p = 0.5203$ kJ/kg·K，及 $R = 0.2081$ kJ/kg·K 進入一個 8 cm 直徑的絕熱流道，其 $V_1 = 70$ m/s，$T_1 = 520$ K，且 $P_1 = 350$ kPa。其平均摩擦因子為 0.005，並令出口溫度 T_2 從 540 K 變化到 400 K，試計算每 10 K 間隔的熵值變化，並在 T-s 圖上畫出范諾線。

12-108 室內空氣在 $T_0 = 300$ K 及 $P_0 = 100$ kPa，被一個真空泵穩定的通過一個 1.4 cm 直徑、35 cm 長的絕熱管抽出，其入口裝有一個收縮的噴嘴。在噴嘴段的流動可以被近似為等熵的，而流道的平均摩擦因子則被取為 0.018。試求通過這個管子可吸取的空氣的最大的質量流率及在管入口的馬赫數。(Answer: 0.0305 kg/s, 0.611)

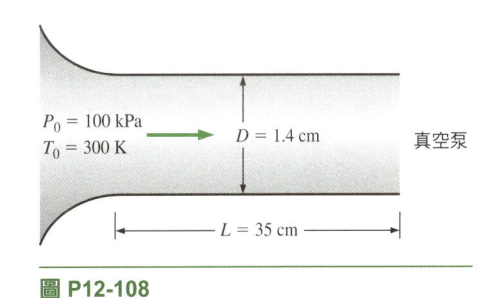

圖 P12-108

12-109 對一個平均摩擦因子 0.025 及管長 1 m，重做習題 12-108。

複習題

12-110 波音 777 的引擎所能產生的推力約 380 kN。假設噴嘴中是阻流，試求空氣通過這個噴嘴的質量流率。取環境條件為 220 K 及 40 kPa。

12-111 一根插入一個流道的靜止的溫度探針在空氣流速 190 m/s 時讀到 85°C。空氣的實際溫度是多少？(Answer: 67.0°C)

12-112 氮氣以 150 kPa、10°C 及 100 m/s 進入一個穩定流熱交換器，當它通過時所得到的熱傳量是 150 kJ/kg。氮氣以 100 kPa

及速度 200 m/s 離開熱交換器。試求氮氣在入口與出口狀態的停滯壓力和溫度。

12-113 對 $k = 1.2$、1.4 與 1.6 的氣體在 $0 \leq \text{Ma} \leq 1$ 的範圍內畫出質量流動參數 $\dot{m}\sqrt{RT_0}/(AP_0)$ 對應馬赫數的關係。

12-114 從式 (12-9) 開始並應用循環律與熱力學關係式

$$\frac{c_p}{T} = \left(\frac{\partial s}{\partial T}\right)_P \quad \text{與} \quad \frac{c_v}{T} = \left(\frac{\partial s}{\partial T}\right)_v$$

導出式 (12-10)。

12-115 對於在做等熵流動的氣體，推導 P/P^*、T/T^* 及 ρ/ρ^* 作為 k 與 Ma 的函數表示式。

12-116 使用式 (12-4)、(12-13) 與 (12-14)，證明對於理想氣體的穩定流有 $dT_0/T = dA/A + (1 - \text{Ma}^2)dV/V$。解釋加熱與面積變化對在做穩定流動的理想氣體的速度之影響，考慮 (a) 次音速流及 (b) 超音速流。

12-117 一架次音速的飛機在高度 5,000 m 飛行，其大氣條件為 54 kPa 及 256 K。一根皮托靜壓管量測到靜壓與停滯壓的壓差為 16 kPa。計算飛機的速度與飛行馬赫數。
(Answer: 199 m/s, 0.620)

12-118 根據凡得瓦狀態方程式 $P = RT(v - b) - a/v^2$ 導出音速的一個表示式。使用這個關係式，決定二氧化碳在 80°C 與 320 kPa 的音速，並將你的結果與假設理想氣體行為的結果互相比較。二氧化碳的凡得瓦常數為 $a = 364.3$ kPa·m^6/kmol^2 與 $b = 0.0427$ m^3/kmol。

12-119 氦氣以 0.6 MPa、560 K 及速度 120 m/s 進入一個噴嘴。假設等熵流動，試求氦氣在速度等於音速的位置上的壓力與溫度。這個位置的面積與入口面積的比是多少？

12-120 假設入口速度是可忽略的，重做習題 12-119。

12-121 空氣在 0.9 MPa 及 400 K 進入一個收縮噴嘴，其速度為 180 m/s。喉部面積是 10 cm^2。假設等熵流動，針對背壓範圍 $0.9 \geq P_b \geq 0.1$ MPa，計算並畫出通過噴嘴的質量流率、出口速度、出口馬赫數及出口壓力–停滯壓力的比相對於背壓–停滯壓力比的關係。

12-122 氮氣以 400 K、100 kPa 及馬赫數 0.3 進入一個流動面積會改變的流道。假設流動為穩定的等熵流，試求流動面積已經減小 20% 的位置上的溫度、壓力與馬赫數。

12-123 對入口馬赫數為 0.50，重做習題 12-122。

12-124 氮氣在 620 kPa、310 K 及忽略速度之下進入一個收縮–擴張噴嘴，並且其在馬赫數 Ma = 3.0 位置經歷一個正震波。試求這個震波下游的壓力、溫度、速度、馬赫數與停滯壓力。將這些結果與空氣在同樣的條件下經歷一個正震波的結果作比較。

12-125 一架飛機以馬赫數 $\text{Ma}_1 = 0.9$ 在高度 7,000 m 的天空飛行，該處的壓力是 41.1 kPa，而溫度是 242.7 K。引擎入口的擴散器的出口馬赫數 $\text{Ma}_2 = 0.3$。對質量流率 38 kg/s，試求通過這個擴散器的壓力上升及其出口面積。

12-126 考慮氧與氮的一個等莫耳混合物。試求對應停滯溫度與壓力為 550 K 及 350 kPa 的臨界溫度、壓力與密度。

12-127 使用 EES 軟體及表 A-13 的關係式，計算給 $k = 1.667$ 的理想氣體的一維可壓縮流函數，並仿照表 A-13 來呈現你的結果。

12-128 使用 EES 軟體及表 A-14 中的關係式，計算給 $k = 1.667$ 的理想氣體的一維正震波函數，並仿照表 A-14 來呈現你的結果。

12-129 氦氣在一個噴嘴中從 1 MPa、500 K 與可

忽略的速度膨脹至 0.1 MPa。對質量流率 0.46 kg/s，計算喉部與出口的面積，假設噴嘴是等熵的。為什麼噴嘴必須是收縮－擴張的？

12-130 在一個可壓縮流中，用一根皮托管作速度量測時，如果使用了為不可壓縮所開發的關係式，其誤差可能會很大。因此用皮托管量測流速時，使用可壓縮流的關係式是很重要的。考慮空氣通過一個流道的超音速流。一個伸入流場中的探針會造成震波在探針的上游發生，使其量測到的停滯壓力與停滯溫度分別為 620 kPa 和 340 K。若上游的靜壓為 110 kPa，試求流速。

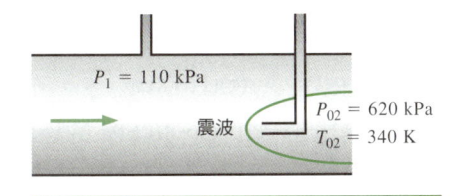

圖 P12-130

12-131 使用 EES (或其它) 軟體及表 A-14 所給的關係式，來產生一維的正震波函數。針對 $k = 1.4$ 的空氣，變化上游的馬赫數從 1 到 10，增量為 0.5。

12-132 針對 $k = 1.3$ 的甲烷，重做習題 12-131。

12-133 室內空氣在 $T_0 = 290$ K 及 $P_0 = 90$ kPa 被一個真空泵抽吸經過一個 3 cm 直徑、2 m 長的絕熱管子，其入口裝設一個收縮噴嘴。噴嘴段的流動可以近似為等熵的。量測到的靜壓在管的入口是 87 kPa，在管的出口則是 55 kPa。試求空氣通過流道的質量流率，在流道出口的空氣速度及管道的平均摩擦因子。

12-134 空氣進入一個 5.5 cm 直徑的絕熱流道，其入口條件為 $Ma_1 = 2.2$、$T_1 = 250$ K 及 $P_1 = 70$ kPa，並且以馬赫數 $Ma_2 = 1.8$ 流出。取平均摩擦因子為 0.03，試求出口的速度、溫度與壓力。

12-135 考慮超音速的空氣流，通過一個 12 cm 直徑的絕熱流道，其入口條件為 $T_1 = 500$ K、$P_1 = 80$ kPa 及 $Ma_1 = 3$。取平均摩擦因子為 0.03，試求將流動減速到馬赫數等於 1 所需要的管道長度，且對 $1 \leq Ma \leq 3$ 的範圍，以馬赫數每次間隔 0.25，計算對應的管道長度，並畫出管道長度對應馬赫數的圖。討論結果。

12-136 當空氣以次音速流過一個 10 cm × 10 cm 的正方形流道時被加熱。入口的空氣性質維持在 $Ma_1 = 0.6$、$P_1 = 350$ kPa 及 $T_1 = 420$ K，忽略摩擦損失，試求對流道中空氣的最大熱傳率而不會影響入口的條件。(Answer: 716 kW)

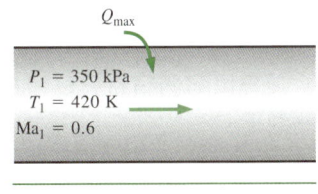

圖 P12-136

12-137 對氦氣重做習題 12-136。

12-138 空氣在一個流道中在加熱時被加速了，但忽略摩擦。空氣以 $V_1 = 100$ m/s、$T_1 = 400$ K 及 $P_1 = 35$ kPa 進入，並且以馬赫數 $Ma_2 = 0.8$ 流出，試求對空氣的熱傳量，以 kJ/kg 表示。同時決定不會降低空氣質量流率的最大熱傳量。

12-139 空氣在音速條件下，其靜態溫度與壓力分別為 340 K 及 250 kPa，當它流過一個等截面積的流道時，要用冷卻將其加速到馬赫數 1.6。忽略摩擦效應，試求從空氣需要傳出的傳熱量，用 kJ/kg 表示。(Answer: 47.5 kJ/kg)

12-140 燃燒氣體，具有平均比熱比 $k = 1.33$ 及氣體常數 $R = 0.280$ kJ/kg·K，進入一個 10 cm 直徑的絕熱流道，入口條件為

$Ma_1 = 2$、$T_1 = 510$ K 及 $P_1 = 180$ kPa。如果一個正震波發生在離入口 2 m 的位置,試求流道出口的速度、溫度與壓力。取流道的平均摩擦因子為 0.010。

12-141 當空氣流過一個 20 cm 直徑的流道時被冷卻。入口條件是 $Ma_1 = 1.2$、$T_{01} = 350$ K 及 $P_{01} = 240$ kPa,而出口馬赫數是 $Ma_2 = 2.0$。忽略摩擦效應,試求空氣的冷卻率。

12-142 空氣流過一個 6 cm 直徑的絕熱流道,入口條件是 $V_1 = 120$ m/s、$T_1 = 400$ K 及 $P_1 = 100$ kPa,而出口馬赫數是 $Ma_2 = 1$。為了研究流道長度對質量流率與入口速度的影響,現在 P_1 與 T_1 被維持在常數之下,流道的長度被延長直到是原長度的 2 倍。取平均摩擦因子為 0.02,計算不同延伸長度下的質量流率與入口速度,並畫出它們相對於延伸長度的圖。討論結果。

12-143 使用 EES (或其它) 軟體,決定收縮–擴張噴嘴的形狀給質量流率為 3 kg/s 的空氣,其入口停滯條件為 1400 kPa 與 200°C。將流動近似為等熵的。對每個 50 kPa 間隔的壓力降重複作計算,直到出口壓力等於 100 kPa 為止。按照比例畫出噴嘴的形狀。同時,計算並畫出沿著噴嘴的馬赫數。

12-144 水蒸氣在 6.0 MPa 及 700 K,以可忽略的速度進入一個收縮–擴張噴嘴。噴嘴的喉部面積為 8 cm^2。將流動近似為等熵,畫出出口壓力、出口速度與通過噴嘴的質量流率相對於背壓 P_b 的圖,給 $6.0 \geq P_b \geq 3.0$ MPa。將水蒸氣視為理想氣體:$k = 1.3$,$c_p = 1.872$ kJ/kg·K 及 $R = 0.462$ kJ/kg·K。

12-145 找出震波後的停滯壓對震波前的靜態壓的比,作為 k 與震波上游馬赫數 Ma_1 的函數的表示式。

12-146 使用 EES (或其它) 軟體及在表 A-13 的關係式,計算一維、等熵的可壓縮流函數,針對 $k = 1.4$ 的空氣,上游的馬赫數從 1 變化到 10,增量為 0.5。

12-147 對 $k = 1.3$ 的甲烷,重做習題 12-146。

基礎工程學 (FE) 試題

12-148 一架飛機在 5°C 的靜止空氣中以 400 m/s 巡航,在飛機的鼻部停滯發生地點上的空氣溫度是
(a) 5°C (b) 25°C (c) 55°C
(d) 80°C (e) 85°C

12-149 空氣在一個風洞中以 25°C、80 kPa 及 250 m/s 流動。在一根探針伸入流動段的位置上的停滯壓力是
(a) 87 kPa (b) 93 kPa (c) 113 kPa
(d) 119 kPa (e) 125 kPa

12-150 一架飛機在 −20°C、40 kPa 的靜止空氣中以馬赫數 0.86 巡航。飛機的速度是
(a) 91 m/s (b) 220 m/s (c) 186 m/s
(d) 280 m/s (e) 378 m/s

12-151 空氣在一個風洞中以 12°C、66 kPa 及 230 m/s 的速度流動。此流動的馬赫數是
(a) 0.54 (b) 0.87 (c) 3.3
(d) 0.36 (e) 0.68

12-152 考慮一個收縮的噴嘴,其入口是在低速度,出口平面是在音速。現在噴嘴的出口直徑減半,但噴嘴的入口溫度與壓力則維持相同。噴嘴的出口速度會
(a) 維持相同 (b) 2 倍 (c) 4 倍
(d) 下降一半 (e) 下降 1/4

12-153 空氣在 12°C 及 200 kPa 之下,以低速度進入一個收縮–擴張噴嘴,並且以超音速離開噴嘴。在噴嘴喉部的空氣速度是
(a) 338 m/s (b) 309 m/s (c) 280 m/s
(d) 256 m/s (e) 95 m/s

12-154 氫氣在 20°C、120 kPa 之下,以低速度

進入一個收縮-擴張的噴嘴，並且以超音速離開噴嘴。如果喉部的截面積是 0.015 m²，氫氣通過此噴嘴的質量流率是
(a) 0.41 kg/s　　(b) 3.4 kg/s　　(c) 5.3 kg/s
(d) 17 kg/s　　(e) 22 kg/s

12-155 二氧化碳在 60 m/s、310°C 及 300 kPa 下進入一個收縮-擴張噴嘴，並且以超音速離開噴嘴。在噴嘴喉部的二氧化碳速度是
(a) 125 m/s　　(b) 225 m/s　　(c) 312 m/s
(d) 353 m/s　　(e) 377 m/s

12-156 考慮氣體流過一個收縮-擴張噴嘴。以下五個敘述中，選出不正確的那一個：
(a) 在喉部的流體速度不可能超過音速。
(b) 如果喉部的流體速度小於音速，擴張段的作用像是擴散器。
(c) 如果流體以大於 1 的馬赫數進入擴張段，在噴嘴出口的流動將會是超音速的。
(d) 如果背壓等於停滯壓力，將不會有通過噴嘴的流動。
(e) 在流過正震波時，流體的速度會減小，熵增加，且停滯維焓持為常數。

12-157 燃燒氣體 $k = 1.33$ 進入一個收縮噴嘴，其停滯溫度與壓力為 350°C 及 400 kPa，並且被排放至 20°C、100 kPa 的大氣空氣中。噴嘴內會發生的最小壓力是
(a) 13 kPa　　(b) 100 kPa　　(c) 216 kPa
(d) 290 kPa　　(e) 315 kPa

設計與小論文題

12-158 找出你的校園中是否有一個超音速風洞。如果有，嘗試取得風洞的尺寸及當其在操作時，風洞中幾個不同位置的溫度、壓力與馬赫數。這個風洞被用來做什麼典型的實驗？

12-159 假設你有一個溫度計及一個可以量測氣體中音速的裝置，解釋你如何決定在一個氦氣與空氣混合物中氮氣的莫耳分率。

12-160 設計一個 1 m 長的圓柱型風洞，其直徑是 25 cm，在馬赫數 1.8 下操作。大氣中的空氣經過一個收縮-擴張噴嘴後進入此風洞，空氣在噴嘴中被加速至超音速。空氣離開風洞以後，經過一個收縮-擴張擴散器，並且在進入風扇段前被減速至很低的速度。忽視任何不可逆性。在穩定流條件下，說明在幾個位置上的溫度與壓力及空氣的質量流率。為什麼在空氣進入風洞之前，經常要對空氣除溼呢？

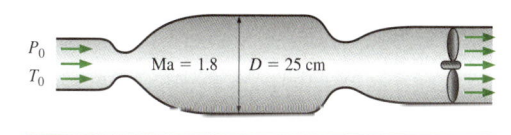

圖 P12-160

附錄

性質表與圖[*]

表 A-1　莫耳質量、氣體常數與理想氣體比熱
表 A-2　沸點與凝固點的性質
表 A-3　水的飽和性質
表 A-4　冷媒-134a 的飽和性質
表 A-5　氨的飽和性質
表 A-6　丙烷的飽和性質
表 A-7　液體的性質
表 A-8　液體金屬的性質
表 A-9　在 1 atm 氣壓的空氣性質
表 A-10　在 1 atm 氣壓的氣體性質
表 A-11　不同高度的大氣性質
圖 A-12　圓管中完全發展流決定摩擦因子的穆迪圖
表 A-13　理想氣體的一維等熵可壓縮流函數 ($k = 1.4$)
表 A-14　理想氣體的一維正震波函數 ($k = 1.4$)
表 A-15　理想氣體的雷萊流函數 ($k = 1.4$)
表 A-16　理想氣體的范諾流函數 ($k = 1.4$)

---

[*] 這些表中的大部分性質都是從 EES 的性質資料庫取得的，其原始來源列在表之下。列出的性質比宣稱的準確度有更多的有效數字，目的是最小化手算時累積的捨入誤差，並確保與 EES 獲得的結果能有更好的吻合度。

表 A-1　莫耳質量、氣體常數與理想氣體比熱

物質	莫耳質量 M, kg/kmol	氣體常數 R, kJ/kg·K*	比熱 (25°C) c_p, kJ/kg·K	c_v, kJ/kg·K	$k = c_p/c_v$
空氣	28.97	0.2870	1.005	0.7180	1.400
氨，NH_3	17.03	0.4882	2.093	1.605	1.304
氬，Ar	39.95	0.2081	0.5203	0.3122	1.667
三臭，Br_2	159.81	0.05202	0.2253	0.1732	1.300
異丁烷，C_4H_{10}	58.12	0.1430	1.663	1.520	1.094
正丁烷，C_4H_{10}	58.12	0.1430	1.694	1.551	1.092
二氧化碳，CO_2	44.01	0.1889	0.8439	0.6550	1.288
一氧化碳，CO	28.01	0.2968	1.039	0.7417	1.400
氯，Cl_2	70.905	0.1173	0.4781	0.3608	1.325
氯二氟甲烷 (R-22)，$CHClF_2$	86.47	0.09615	0.6496	0.5535	1.174
乙烷，C_2H_6	30.070	0.2765	1.744	1.468	1.188
乙烯，C_2H_4	28.054	0.2964	1.527	1.231	1.241
氟，F_2	38.00	0.2187	0.8237	0.6050	1.362
氦，He	4.003	2.077	5.193	3.116	1.667
正庚烷，C_7H_{16}	100.20	0.08297	1.649	1.566	1.053
正己烷，C_6H_{14}	86.18	0.09647	1.654	1.558	1.062
氫，H_2	2.016	4.124	14.30	10.18	1.405
氪，Kr	83.80	0.09921	0.2480	0.1488	1.667
甲烷，CH_4	16.04	0.5182	2.226	1.708	1.303
氖，Ne	20.183	0.4119	1.030	0.6180	1.667
氮，N_2	28.01	0.2968	1.040	0.7429	1.400
一氧化氮，NO	30.006	0.2771	0.9992	0.7221	1.384
二氧化氮，NO_2	46.006	0.1889	0.8060	0.6171	1.306
氧，O_2	32.00	0.2598	0.9180	0.6582	1.395
正戊烷，C_5H_{12}	72.15	0.1152	1.664	1.549	1.074
丙烷，C_3H_8	44.097	0.1885	1.669	1.480	1.127
丙烯，C_3H_6	42.08	0.1976	1.531	1.333	1.148
水蒸氣，H_2O	18.015	0.4615	1.865	1.403	1.329
二氧化硫，SO_2	64.06	0.1298	0.6228	0.4930	1.263
四氯甲烷，CCl_4	153.82	0.05405	0.5415	0.4875	1.111
四氟乙烷 (R-134a)，$C_2H_2F_4$	102.03	0.08149	0.8334	0.7519	1.108
三氟乙烷 (R-143a)，$C_2H_3F_3$	84.04	0.09893	0.9291	0.8302	1.119
氙，Xe	131.30	0.06332	0.1583	0.09499	1.667

* 單位 kJ/kg·K 與 kPa·m³/kg·K 相等。氣體常數從 $R = R_u/M$ 計算而得，其中 $R_u = 8.31447$ kJ/kmol·K 是萬用氣體常數，M 是分子量。

來源：比熱值主要從國家標準與技術研究院 (NIST) 所提供的性質程式計算得到的。

表 A-2　沸點與凝固點的性質

物質	正常沸點, °C	蒸發潛熱 h_{fg}, kJ/kg	凝固點, °C	熔解潛熱 h_{if}, kJ/kg	溫度, °C	密度 ρ, kg/m³	比熱 c_p kJ/kg·K
氨	−33.3	1357	−77.7	322.4	−33.3	682	4.43
					−20	665	4.52
					0	639	4.60
					25	602	4.80
氬	−185.9	161.6	−189.3	28	−185.6	1394	1.14
苯	80.2	394	5.5	126	20	879	1.72
滷水 (20% 氯化鈉質量)	103.9	—	−17.4	—	20	1150	3.11
正丁烷	−0.5	385.2	−138.5	80.3	−0.5	601	2.31
二氧化碳	−78.4*	230.5 (at 0°C)	−56.6		0	298	0.59
乙醇	78.2	838.3	−114.2	109	25	783	2.46
乙醇酒精	78.6	855	−156	108	20	789	2.84
乙二醇	198.1	800.1	−10.8	181.1	20	1109	2.84
甘油	179.9	974	18.9	200.6	20	1261	2.32
氦	−268.9	22.8	—	—	−268.9	146.2	22.8
氫	−252.8	445.7	−259.2	59.5	−252.8	70.7	10.0
異丁烷	−11.7	367.1	−160	105.7	−11.7	593.8	2.28
煤油	204–293	251	−24.9	—	20	820	2.00
水銀，汞	356.7	294.7	−38.9	11.4	25	13,560	0.139
甲烷	−161.5	510.4	−182.2	58.4	−161.5	423	3.49
					−100	301	5.79
甲醇	64.5	1100	−97.7	99.2	25	787	2.55
氮	−195.8	198.6	−210	25.3	−195.8	809	2.06
					−160	596	2.97
辛烷	124.8	306.3	−57.5	180.7	20	703	2.10
油 (輕)					25	910	1.80
氧	−183	212.7	−218.8	13.7	−183	1141	1.71
石油	—	230–384			20	640	2.0
丙烷	−42.1	427.8	−187.7	80.0	−42.1	581	2.25
					0	529	2.53
					50	449	3.13
冷媒-134a	−26.1	216.8	−96.6	—	−50	1443	1.23
					−26.1	1374	1.27
					0	1295	1.34
					25	1207	1.43
水	100	2257	0.0	333.7	0	1000	4.22
					25	997	4.18
					50	988	4.18
					75	975	4.19
					100	958	4.22

* 昇華溫度 (在壓力低於三相點壓力 518 kPa 時，二氧化碳只能以固態或氣態存在。同時，二氧化碳的凝固點溫度即為三相點溫度 −56.5°C)。

表 A-3　水的飽和性質

溫度 T, °C	飽和壓力 P_{sat}, kPa	密度 ρ kg/m³ 液體	密度 ρ kg/m³ 蒸氣	汽化焓 h_{fg}, kJ/kg	比熱 c_p, J/kg·K 液體	比熱 c_p, J/kg·K 蒸氣	熱導率 k, W/m·K 液體	熱導率 k, W/m·K 蒸氣	動力黏度 μ kg/m·s 液體	動力黏度 μ kg/m·s 蒸氣	普朗特數 Pr 液體	普朗特數 Pr 蒸氣	體積膨脹係數 β 1/K 液體	表面張力, N/m 液體
0.01	0.6113	999.8	0.0048	2501	4217	1854	0.561	0.0171	1.792×10^{-3}	0.922×10^{-5}	13.5	1.00	-0.068×10^{-3}	0.0756
5	0.8721	999.9	0.0068	2490	4205	1857	0.571	0.0173	1.519×10^{-3}	0.934×10^{-5}	11.2	1.00	0.015×10^{-3}	0.0749
10	1.2276	999.7	0.0094	2478	4194	1862	0.580	0.0176	1.307×10^{-3}	0.946×10^{-5}	9.45	1.00	0.733×10^{-3}	0.0742
15	1.7051	999.1	0.0128	2466	4186	1863	0.589	0.0179	1.138×10^{-3}	0.959×10^{-5}	8.09	1.00	0.138×10^{-3}	0.0735
20	2.339	998.0	0.0173	2454	4182	1867	0.598	0.0182	1.002×10^{-3}	0.973×10^{-5}	7.01	1.00	0.195×10^{-3}	0.0727
25	3.169	997.0	0.0231	2442	4180	1870	0.607	0.0186	0.891×10^{-3}	0.987×10^{-5}	6.14	1.00	0.247×10^{-3}	0.0720
30	4.246	996.0	0.0304	2431	4178	1875	0.615	0.0189	0.798×10^{-3}	1.001×10^{-5}	5.42	1.00	0.294×10^{-3}	0.0712
35	5.628	994.0	0.0397	2419	4178	1880	0.623	0.0192	0.720×10^{-3}	1.016×10^{-5}	4.83	1.00	0.337×10^{-3}	0.0704
40	7.384	992.1	0.0512	2407	4179	1885	0.631	0.0196	0.653×10^{-3}	1.031×10^{-5}	4.32	1.00	0.377×10^{-3}	0.0696
45	9.593	990.1	0.0655	2395	4180	1892	0.637	0.0200	0.596×10^{-3}	1.046×10^{-5}	3.91	1.00	0.415×10^{-3}	0.0688
50	12.35	988.1	0.0831	2383	4181	1900	0.644	0.0204	0.547×10^{-3}	1.062×10^{-5}	3.55	1.00	0.451×10^{-3}	0.0679
55	15.76	985.2	0.1045	2371	4183	1908	0.649	0.0208	0.504×10^{-3}	1.077×10^{-5}	3.25	1.00	0.484×10^{-3}	0.0671
60	19.94	983.3	0.1304	2359	4185	1916	0.654	0.0212	0.467×10^{-3}	1.093×10^{-5}	2.99	1.00	0.517×10^{-3}	0.0662
65	25.03	980.4	0.1614	2346	4187	1926	0.659	0.0216	0.433×10^{-3}	1.110×10^{-5}	2.75	1.00	0.548×10^{-3}	0.0654
70	31.19	977.5	0.1983	2334	4190	1936	0.663	0.0221	0.404×10^{-3}	1.126×10^{-5}	2.55	1.00	0.578×10^{-3}	0.0645
75	38.58	974.7	0.2421	2321	4193	1948	0.667	0.0225	0.378×10^{-3}	1.142×10^{-5}	2.38	1.00	0.607×10^{-3}	0.0636
80	47.39	971.8	0.2935	2309	4197	1962	0.670	0.0230	0.355×10^{-3}	1.159×10^{-5}	2.22	1.00	0.653×10^{-3}	0.0627
85	57.83	968.1	0.3536	2296	4201	1977	0.673	0.0235	0.333×10^{-3}	1.176×10^{-5}	2.08	1.00	0.670×10^{-3}	0.0617
90	70.14	965.3	0.4235	2283	4206	1993	0.675	0.0240	0.315×10^{-3}	1.193×10^{-5}	1.96	1.00	0.702×10^{-3}	0.0608
95	84.55	961.5	0.5045	2270	4212	2010	0.677	0.0246	0.297×10^{-3}	1.210×10^{-5}	1.85	1.00	0.716×10^{-3}	0.0599
100	101.33	957.9	0.5978	2257	4217	2029	0.679	0.0251	0.282×10^{-3}	1.227×10^{-5}	1.75	1.00	0.750×10^{-3}	0.0589
110	143.27	950.6	0.8263	2230	4229	2071	0.682	0.0262	0.255×10^{-3}	1.261×10^{-5}	1.58	1.00	0.798×10^{-3}	0.0570
120	198.53	943.4	1.121	2203	4244	2120	0.683	0.0275	0.232×10^{-3}	1.296×10^{-5}	1.44	1.00	0.858×10^{-3}	0.0550
130	270.1	934.6	1.496	2174	4263	2177	0.684	0.0288	0.213×10^{-3}	1.330×10^{-5}	1.33	1.01	0.913×10^{-3}	0.0529
140	361.3	921.7	1.965	2145	4286	2244	0.683	0.0301	0.197×10^{-3}	1.365×10^{-5}	1.24	1.02	0.970×10^{-3}	0.0509
150	475.8	916.6	2.546	2114	4311	2314	0.682	0.0316	0.183×10^{-3}	1.399×10^{-5}	1.16	1.02	1.025×10^{-3}	0.0487
160	617.8	907.4	3.256	2083	4340	2420	0.680	0.0331	0.170×10^{-3}	1.434×10^{-5}	1.09	1.05	1.145×10^{-3}	0.0466
170	791.7	897.7	4.119	2050	4370	2490	0.677	0.0347	0.160×10^{-3}	1.468×10^{-5}	1.03	1.05	1.178×10^{-3}	0.0444
180	1,002.1	887.3	5.153	2015	4410	2590	0.673	0.0364	0.150×10^{-3}	1.502×10^{-5}	0.983	1.07	1.210×10^{-3}	0.0422
190	1,254.4	876.4	6.388	1979	4460	2710	0.669	0.0382	0.142×10^{-3}	1.537×10^{-5}	0.947	1.09	1.280×10^{-3}	0.0399
200	1,553.8	864.3	7.852	1941	4500	2840	0.663	0.0401	0.134×10^{-3}	1.571×10^{-5}	0.910	1.11	1.350×10^{-3}	0.0377
220	2,318	840.3	11.60	1859	4610	3110	0.650	0.0442	0.122×10^{-3}	1.641×10^{-5}	0.865	1.15	1.520×10^{-3}	0.0331
240	3,344	813.7	16.73	1767	4760	3520	0.632	0.0487	0.111×10^{-3}	1.712×10^{-5}	0.836	1.24	1.720×10^{-3}	0.0284
260	4,688	783.7	23.69	1663	4970	4070	0.609	0.0540	0.102×10^{-3}	1.788×10^{-5}	0.832	1.35	2.000×10^{-3}	0.0237
280	6,412	750.8	33.15	1544	5280	4835	0.581	0.0605	0.094×10^{-3}	1.870×10^{-5}	0.854	1.49	2.380×10^{-3}	0.0190
300	8,581	713.8	46.15	1405	5750	5980	0.548	0.0695	0.086×10^{-3}	1.965×10^{-5}	0.902	1.69	2.950×10^{-3}	0.0144
320	11,274	667.1	64.57	1239	6540	7900	0.509	0.0836	0.078×10^{-3}	2.084×10^{-5}	1.00	1.97		0.0099
340	14,586	610.5	92.62	1028	8240	11,870	0.469	0.110	0.070×10^{-3}	2.255×10^{-5}	1.23	2.43		0.0056
360	18,651	528.3	144.0	720	14,690	25,800	0.427	0.178	0.060×10^{-3}	2.571×10^{-5}	2.06	3.73		0.0019
374.14	22,090	317.0	317.0	0	—	—	—	—	0.043×10^{-3}	4.313×10^{-5}				0

注意1：運動黏度 ν 與熱擴散係數 α 可以從它們的定義計算而得，$\nu = \mu/\rho$ 及 $\alpha = k/\rho c_p = \nu/\text{Pr}$。溫度 0.01°C、100°C 與 374.14°C 分別是水的三相點、沸點與臨界點溫度。上表所列的性質 (除了蒸氣密度以外) 可以用在任何壓力下，而其誤差可以被忽略，除非非常接近臨界點的值以外。

注意2：比熱的單位 kJ/kg·°C 與 kJ/kg·K 相等，而熱導率的單位 W/m·°C 與 W/m·K 相等。

來　源：黏度與熱導率的數據從 J. V. Sengers and J. T. R. Watson, *Journal of Physical and Chemical Reference Data* 15 (1986), pp. 1291-1322 獲得。其它數據從不同的來源或經由計算而得。

表 A-4 冷媒-134a 的飽和性質

溫度 T, °C	飽和壓力 P, kPa	密度 ρ, kg/m³ 液體	密度 ρ, kg/m³ 蒸氣	汽化焓 h_{fg}, kJ/kg	比熱 c_p, J/kg·K 液體	比熱 c_p, J/kg·K 蒸氣	熱導率 k, W/m·K 液體	熱導率 k, W/m·K 蒸氣	動力黏度 μ, kg/m·s 液體	動力黏度 μ, kg/m·s 蒸氣	普朗特數 Pr 液體	普朗特數 Pr 蒸氣	體積膨脹係數 β, 1/K 液體	表面張力, N/m 液體
−40	51.2	1418	2.773	225.9	1254	748.6	0.1101	0.00811	4.878×10^{-4}	2.550×10^{-6}	5.558	0.235	0.00205	0.01760
−35	66.2	1403	3.524	222.7	1264	764.1	0.1084	0.00862	4.509×10^{-4}	3.003×10^{-6}	5.257	0.266	0.00209	0.01682
−30	84.4	1389	4.429	219.5	1273	780.2	0.1066	0.00913	4.178×10^{-4}	3.504×10^{-6}	4.992	0.299	0.00215	0.01604
−25	106.5	1374	5.509	216.3	1283	797.2	0.1047	0.00963	3.882×10^{-4}	4.054×10^{-6}	4.757	0.335	0.00220	0.01527
−20	132.8	1359	6.787	213.0	1294	814.9	0.1028	0.01013	3.614×10^{-4}	4.651×10^{-6}	4.548	0.374	0.00227	0.01451
−15	164.0	1343	8.288	209.5	1306	833.5	0.1009	0.01063	3.371×10^{-4}	5.295×10^{-6}	4.363	0.415	0.00233	0.01376
−10	200.7	1327	10.04	206.0	1318	853.1	0.0989	0.01112	3.150×10^{-4}	5.982×10^{-6}	4.198	0.459	0.00241	0.01302
−5	243.5	1311	12.07	202.4	1330	873.8	0.0968	0.01161	2.947×10^{-4}	6.709×10^{-6}	4.051	0.505	0.00249	0.01229
0	293.0	1295	14.42	198.7	1344	895.6	0.0947	0.01210	2.761×10^{-4}	7.471×10^{-6}	3.919	0.553	0.00258	0.01156
5	349.9	1278	17.12	194.8	1358	918.7	0.0925	0.01259	2.589×10^{-4}	8.264×10^{-6}	3.802	0.603	0.00269	0.01084
10	414.9	1261	20.22	190.8	1374	943.2	0.0903	0.01308	2.430×10^{-4}	9.081×10^{-6}	3.697	0.655	0.00280	0.01014
15	488.7	1244	23.75	186.6	1390	969.4	0.0880	0.01357	2.281×10^{-4}	9.915×10^{-6}	3.604	0.708	0.00293	0.00944
20	572.1	1226	27.77	182.3	1408	997.6	0.0856	0.01406	2.142×10^{-4}	1.075×10^{-5}	3.521	0.763	0.00307	0.00876
25	665.8	1207	32.34	177.8	1427	1028	0.0833	0.01456	2.012×10^{-4}	1.160×10^{-5}	3.448	0.819	0.00324	0.00808
30	770.6	1188	37.53	173.1	1448	1061	0.0808	0.01507	1.888×10^{-4}	1.244×10^{-5}	3.383	0.877	0.00342	0.00742
35	887.5	1168	43.41	168.2	1471	1098	0.0783	0.01558	1.772×10^{-4}	1.327×10^{-5}	3.328	0.935	0.00364	0.00677
40	1017.1	1147	50.08	163.0	1498	1138	0.0757	0.01610	1.660×10^{-4}	1.408×10^{-5}	3.285	0.995	0.00390	0.00613
45	1160.5	1125	57.66	157.6	1529	1184	0.0731	0.01664	1.554×10^{-4}	1.486×10^{-5}	3.253	1.058	0.00420	0.00550
50	1318.6	1102	66.27	151.8	1566	1237	0.0704	0.01720	1.453×10^{-4}	1.562×10^{-5}	3.231	1.123	0.00456	0.00489
55	1492.3	1078	76.11	145.7	1608	1298	0.0676	0.01777	1.355×10^{-4}	1.634×10^{-5}	3.223	1.193	0.00500	0.00429
60	1682.8	1053	87.38	139.1	1659	1372	0.0647	0.01838	1.260×10^{-4}	1.704×10^{-5}	3.229	1.272	0.00554	0.00372
65	1891.0	1026	100.4	132.1	1722	1462	0.0618	0.01902	1.167×10^{-4}	1.771×10^{-5}	3.255	1.362	0.00624	0.00315
70	2118.2	996.2	115.6	124.4	1801	1577	0.0587	0.01972	1.077×10^{-4}	1.839×10^{-5}	3.307	1.471	0.00716	0.00261
75	2365.8	964	133.6	115.9	1907	1731	0.0555	0.02048	9.891×10^{-5}	1.908×10^{-5}	3.400	1.612	0.00843	0.00209
80	2635.2	928.2	155.3	106.4	2056	1948	0.0521	0.02133	9.011×10^{-5}	1.982×10^{-5}	3.558	1.810	0.01031	0.00160
85	2928.2	887.1	182.3	95.4	2287	2281	0.0484	0.02233	8.124×10^{-5}	2.071×10^{-5}	3.837	2.116	0.01336	0.00114
90	3246.9	837.7	217.8	82.2	2701	2865	0.0444	0.02357	7.203×10^{-5}	2.187×10^{-5}	4.385	2.658	0.01911	0.00071
95	3594.1	772.5	269.3	64.9	3675	4144	0.0396	0.02544	6.190×10^{-5}	2.370×10^{-5}	5.746	3.862	0.03343	0.00033
100	3975.1	651.7	376.3	33.9	7959	8785	0.0322	0.02989	4.765×10^{-5}	2.833×10^{-5}	11.77	8.326	0.10047	0.00004

注意1：運動黏度 v 與熱擴散係數 α 可以從它們的定義計算而得，$v = \mu/\rho$ 及 $\alpha = k/\rho c_p = v/\text{Pr}$。溫度 0.01°C、100°C 與 374.14°C 分別是水的三相點、沸點與臨界點溫度。上表所列的性質（除了蒸氣密度以外）可以用在任何壓力下，而其誤差可以被忽略，除非非常接近臨界點的值以外。

注意2：比熱的單位 kJ/kg·°C 與 kJ/kg·K 相等，而熱導率的單位 W/m·°C 與 W/m·K 相等。

來　源：數據從 S. A. Klein 與 F. L. Alvarado 所開發的 EES 軟體計算而得。原始來源：R. Tillner-Roth and H. D. Baehr, "An International Standard Formulation for the Thermodynamic Properties of 1,1,1,2-Tetrafluoroethane (HFC-134a) for Temperatures from 170 K to 455 K and Pressures up to 70 MPa," *J. Phys. Chem, Ref. Data*, Vol. 23, No. 5, 1994; M. J. Assael, N. K. Dalaouti, A. A. Griva, and J. H. Dymond, "Viscosity and Thermal Conductivity of Halogenated Methane and Ethane Refrigerants," *IJR*, Vol. 22, pp. 525-535, 1999; NIST REFPROP 6 program (M. O. McLinden, S. A. Klein, E. W. Lemmon, and A. P. Peskin, Physical and Chemical Properties Division, National Institute of Standards and Technology, Boulder, CO 80303, 1995)。

表 A-5　氨的飽和性質

溫度 T, °C	飽和壓力 P, kPa	密度 ρ, kg/m³ 液體	密度 ρ, kg/m³ 蒸氣	汽化焓 h_{fg}, kJ/kg	比熱 c_p, J/kg·K 液體	比熱 c_p, J/kg·K 蒸氣	熱導率 k, W/m·K 液體	熱導率 k, W/m·K 蒸氣	動力黏度 μ, kg/m·s 液體	動力黏度 μ, kg/m·s 蒸氣	普朗特數 Pr 液體	普朗特數 Pr 蒸氣	體積膨脹係數 β, 1/K 液體	表面張力, N/m 液體
−40	71.66	690.2	0.6435	1389	4414	2242	—	0.01792	2.926×10^{-4}	7.957×10^{-6}	—	0.9955	0.00176	0.03565
−30	119.4	677.8	1.037	1360	4465	2322	—	0.01898	2.630×10^{-4}	8.311×10^{-6}	—	1.017	0.00185	0.03341
−25	151.5	671.5	1.296	1345	4489	2369	0.5968	0.01957	2.492×10^{-4}	8.490×10^{-6}	1.875	1.028	0.00190	0.03229
−20	190.1	665.1	1.603	1329	4514	2420	0.5853	0.02015	2.361×10^{-4}	8.669×10^{-6}	1.821	1.041	0.00194	0.03118
−15	236.2	658.6	1.966	1313	4538	2476	0.5737	0.02075	2.236×10^{-4}	8.851×10^{-6}	1.769	1.056	0.00199	0.03007
−10	290.8	652.1	2.391	1297	4564	2536	0.5621	0.02138	2.117×10^{-4}	9.034×10^{-6}	1.718	1.072	0.00205	0.02896
−5	354.9	645.4	2.886	1280	4589	2601	0.5505	0.02203	2.003×10^{-4}	9.218×10^{-6}	1.670	1.089	0.00210	0.02786
0	429.6	638.6	3.458	1262	4617	2672	0.5390	0.02270	1.896×10^{-4}	9.405×10^{-6}	1.624	1.107	0.00216	0.02676
5	516	631.7	4.116	1244	4645	2749	0.5274	0.02341	1.794×10^{-4}	9.593×10^{-6}	1.580	1.126	0.00223	0.02566
10	615.3	624.6	4.870	1226	4676	2831	0.5158	0.02415	1.697×10^{-4}	9.784×10^{-6}	1.539	1.147	0.00230	0.02457
15	728.8	617.5	5.729	1206	4709	2920	0.5042	0.02492	1.606×10^{-4}	9.978×10^{-6}	1.500	1.169	0.00237	0.02348
20	857.8	610.2	6.705	1186	4745	3016	0.4927	0.02573	1.519×10^{-4}	1.017×10^{-5}	1.463	1.193	0.00245	0.02240
25	1003	602.8	7.809	1166	4784	3120	0.4811	0.02658	1.438×10^{-4}	1.037×10^{-5}	1.430	1.218	0.00254	0.02132
30	1167	595.2	9.055	1144	4828	3232	0.4695	0.02748	1.361×10^{-4}	1.057×10^{-5}	1.399	1.244	0.00264	0.02024
35	1351	587.4	10.46	1122	4877	3354	0.4579	0.02843	1.288×10^{-4}	1.078×10^{-5}	1.372	1.272	0.00275	0.01917
40	1555	579.4	12.03	1099	4932	3486	0.4464	0.02943	1.219×10^{-4}	1.099×10^{-5}	1.347	1.303	0.00287	0.01810
45	1782	571.3	13.8	1075	4993	3631	0.4348	0.03049	1.155×10^{-4}	1.121×10^{-5}	1.327	1.335	0.00301	0.01704
50	2033	562.9	15.78	1051	5063	3790	0.4232	0.03162	1.094×10^{-4}	1.143×10^{-5}	1.310	1.371	0.00316	0.01598
55	2310	554.2	18.00	1025	5143	3967	0.4116	0.03283	1.037×10^{-4}	1.166×10^{-5}	1.297	1.409	0.00334	0.01493
60	2614	545.2	20.48	997.4	5234	4163	0.4001	0.03412	9.846×10^{-5}	1.189×10^{-5}	1.288	1.452	0.00354	0.01389
65	2948	536.0	23.26	968.9	5340	4384	0.3885	0.03550	9.347×10^{-5}	1.213×10^{-5}	1.285	1.499	0.00377	0.01285
70	3312	526.3	26.39	939.0	5463	4634	0.3769	0.03700	8.879×10^{-5}	1.238×10^{-5}	1.287	1.551	0.00404	0.01181
75	3709	516.2	29.90	907.5	5608	4923	0.3653	0.03862	8.440×10^{-5}	1.264×10^{-5}	1.296	1.612	0.00436	0.01079
80	4141	505.7	33.87	874.1	5780	5260	0.3538	0.04038	8.030×10^{-5}	1.292×10^{-5}	1.312	1.683	0.00474	0.00977
85	4609	494.5	38.36	838.6	5988	5659	0.3422	0.04232	7.645×10^{-5}	1.322×10^{-5}	1.338	1.768	0.00521	0.00876
90	5116	482.8	43.48	800.6	6242	6142	0.3306	0.04447	7.284×10^{-5}	1.354×10^{-5}	1.375	1.871	0.00579	0.00776
95	5665	470.2	49.35	759.8	6561	6740	0.3190	0.04687	6.946×10^{-5}	1.389×10^{-5}	1.429	1.999	0.00652	0.00677
100	6257	456.6	56.15	715.5	6972	7503	0.3075	0.04958	6.628×10^{-5}	1.429×10^{-5}	1.503	2.163	0.00749	0.00579

注意1：運動黏度 v 與熱擴散係數 α 可以從它們的定義計算而得，$v = \mu/\rho$ 及 $\alpha = k/\rho c_p = v/\text{Pr}$。溫度 0.01°C、100°C 與 374.14°C 分別是水的三相點、沸點與臨界點溫度。上表所列的性質 (除了蒸氣密度以外) 可以用在任何壓力下，而其誤差可以被忽略，除非非常接近臨界點的值以外。

注意2：比熱的單位 kJ/kg·°C 與 kJ/kg·K 相等，而熱導率的單位 W/m·°C 與 W/m·K 相等。

來　源：數據從 S. A. Klein 與 F. L. Alvarado 所開發的 EES 軟體計算而得。原始來源：Tillner-Roth, Harms-Watzenberg, and Baehr, "Eine neue Fundamentalgleichung fur Ammoniak," DKV-Tagungsbericht 20:167–181, 1993; Liley and Desai, "Thermophysical Properties of Refrigerants," ASHRAE, 1993, ISBN 1-1883413-10-9。

表 A-6 丙烷的飽和性質

溫度 T, °C	飽和壓力 P, kPa	密度 ρ, kg/m³ 液體	密度 ρ, kg/m³ 蒸氣	汽化焓 h_{fg}, kJ/kg	比熱 c_p, J/kg·K 液體	比熱 c_p, J/kg·K 蒸氣	熱導率 k, W/m·K 液體	熱導率 k, W/m·K 蒸氣	動力黏度 μ, kg/m·s 液體	動力黏度 μ, kg/m·s 蒸氣	普朗特數 Pr 液體	普朗特數 Pr 蒸氣	體積膨脹係數 β, 1/K 液體	表面張力, N/m 液體
−120	0.4053	664.7	0.01408	498.3	2003	1115	0.1802	0.00589	6.136×10^{-4}	4.372×10^{-6}	6.820	0.827	0.00153	0.02630
−110	1.157	654.5	0.03776	489.3	2021	1148	0.1738	0.00645	5.054×10^{-4}	4.625×10^{-6}	5.878	0.822	0.00157	0.02486
−100	2.881	644.2	0.08872	480.4	2044	1183	0.1672	0.00705	4.252×10^{-4}	4.881×10^{-6}	5.195	0.819	0.00161	0.02344
−90	6.406	633.8	0.1870	471.5	2070	1221	0.1606	0.00769	3.635×10^{-4}	5.143×10^{-6}	4.686	0.817	0.00166	0.02202
−80	12.97	623.2	0.3602	462.4	2100	1263	0.1539	0.00836	3.149×10^{-4}	5.409×10^{-6}	4.297	0.817	0.00171	0.02062
−70	24.26	612.5	0.6439	453.1	2134	1308	0.1472	0.00908	2.755×10^{-4}	5.680×10^{-6}	3.994	0.818	0.00177	0.01923
−60	42.46	601.5	1.081	443.5	2173	1358	0.1407	0.00985	2.430×10^{-4}	5.956×10^{-6}	3.755	0.821	0.00184	0.01785
−50	70.24	590.3	1.724	433.6	2217	1412	0.1343	0.01067	2.158×10^{-4}	6.239×10^{-6}	3.563	0.825	0.00192	0.01649
−40	110.7	578.8	2.629	423.1	2258	1471	0.1281	0.01155	1.926×10^{-4}	6.529×10^{-6}	3.395	0.831	0.00201	0.01515
−30	167.3	567.0	3.864	412.1	2310	1535	0.1221	0.01250	1.726×10^{-4}	6.827×10^{-6}	3.266	0.839	0.00213	0.01382
−20	243.8	554.7	5.503	400.3	2368	1605	0.1163	0.01351	1.551×10^{-4}	7.136×10^{-6}	3.158	0.848	0.00226	0.01251
−10	344.4	542.0	7.635	387.8	2433	1682	0.1107	0.01459	1.397×10^{-4}	7.457×10^{-6}	3.069	0.860	0.00242	0.01122
0	473.3	528.7	10.36	374.2	2507	1768	0.1054	0.01576	1.259×10^{-4}	7.794×10^{-6}	2.996	0.875	0.00262	0.00996
5	549.8	521.8	11.99	367.0	2547	1814	0.1028	0.01637	1.195×10^{-4}	7.970×10^{-6}	2.964	0.883	0.00273	0.00934
10	635.1	514.7	13.81	359.5	2590	1864	0.1002	0.01701	1.135×10^{-4}	8.151×10^{-6}	2.935	0.893	0.00286	0.00872
15	729.8	507.5	15.85	351.7	2637	1917	0.0977	0.01767	1.077×10^{-4}	8.339×10^{-6}	2.909	0.905	0.00301	0.00811
20	834.4	500.0	18.13	343.4	2688	1974	0.0952	0.01836	1.022×10^{-4}	8.534×10^{-6}	2.886	0.918	0.00318	0.00751
25	949.7	492.2	20.68	334.8	2742	2036	0.0928	0.01908	9.702×10^{-5}	8.738×10^{-6}	2.866	0.933	0.00337	0.00691
30	1076	484.2	23.53	325.8	2802	2104	0.0904	0.01982	9.197×10^{-5}	8.952×10^{-6}	2.850	0.950	0.00358	0.00633
35	1215	475.8	26.72	316.2	2869	2179	0.0881	0.02061	8.710×10^{-5}	9.178×10^{-6}	2.837	0.971	0.00384	0.00575
40	1366	467.1	30.29	306.1	2943	2264	0.0857	0.02142	8.240×10^{-5}	9.417×10^{-6}	2.828	0.995	0.00413	0.00518
45	1530	458.0	34.29	295.3	3026	2361	0.0834	0.02228	7.785×10^{-5}	9.674×10^{-6}	2.824	1.025	0.00448	0.00463
50	1708	448.5	38.79	283.9	3122	2473	0.0811	0.02319	7.343×10^{-5}	9.950×10^{-6}	2.826	1.061	0.00491	0.00408
60	2110	427.5	49.66	258.4	3283	2769	0.0765	0.02517	6.487×10^{-5}	1.058×10^{-5}	2.784	1.164	0.00609	0.00303
70	2580	403.2	64.02	228.0	3595	3241	0.0717	0.02746	5.649×10^{-5}	1.138×10^{-5}	2.834	1.343	0.00811	0.00204
80	3127	373.0	84.28	189.7	4501	4173	0.0663	0.03029	4.790×10^{-5}	1.249×10^{-5}	3.251	1.722	0.01248	0.00114
90	3769	329.1	118.6	133.2	6977	7239	0.0595	0.03441	3.807×10^{-5}	1.448×10^{-5}	4.465	3.047	0.02847	0.00037

注意 1：運動黏度 ν 與熱擴散係數 α 可以從它們的定義計算而得，$\nu = \mu/\rho$ 及 $\alpha = k/\rho c_p = \nu/\text{Pr}$。溫度 0.01°C、100°C 與 374.14°C 分別是水的三相點、沸點與臨界點溫度。上表所列的性質（除了蒸氣密度以外）可以用在任何壓力下，而其誤差可以被忽略，除非非常接近臨界點的值以外。

注意 2：比熱的單位 kJ/kg·°C 與 kJ/kg·K 相等，而熱導率的單位 W/m·°C 與 W/m·K 相等。

來　源：數據從 S. A. Klein 與 F. L. Alvarado 所開發的 EES 軟體計算而得。原始來源：Reiner Tillner-Roth, "Fundamental Equations of State," Shaker, Verlag, Aachan, 1998; B. A. Younglove and J. F. Ely, "Thermophysical Properties of Fluids. II Methane, Ethane, Propane, Isobutane, and Normal Butane," *J. Phys. Chem. Ref. Data*, Vol. 16, No. 4, 1987; G.R. Somayajulu, "A Generalized Equation for Surface Tension from the Triple-Point to the Critical-Point," *International Journal of Thermophysics*, Vol. 9, No. 4, 1988.

表 A-7　液體的性質

溫度 T, °C	密度 ρ, kg/m³	比熱 c_p, J/kg·K	熱導率 k, W/m·K	熱力擴散係數 α, m²/s	動力黏度 μ, kg/m·s	運動黏度 ν, m²/s	普朗特數 Pr	體積膨脹係數 β, 1/K
\multicolumn{9}{c}{甲烷 (CH_4)}
−160	420.2	3492	0.1863	1.270×10^{-7}	1.133×10^{-4}	2.699×10^{-7}	2.126	0.00352
−150	405.0	3580	0.1703	1.174×10^{-7}	9.169×10^{-5}	2.264×10^{-7}	1.927	0.00391
−140	388.8	3700	0.1550	1.077×10^{-7}	7.551×10^{-5}	1.942×10^{-7}	1.803	0.00444
−130	371.1	3875	0.1402	9.749×10^{-8}	6.288×10^{-5}	1.694×10^{-7}	1.738	0.00520
−120	351.4	4146	0.1258	8.634×10^{-8}	5.257×10^{-5}	1.496×10^{-7}	1.732	0.00637
−110	328.8	4611	0.1115	7.356×10^{-8}	4.377×10^{-5}	1.331×10^{-7}	1.810	0.00841
−100	301.0	5578	0.0967	5.761×10^{-8}	3.577×10^{-5}	1.188×10^{-7}	2.063	0.01282
−90	261.7	8902	0.0797	3.423×10^{-8}	2.761×10^{-5}	1.055×10^{-7}	3.082	0.02922
\multicolumn{9}{c}{甲醇 [$CH_3(OH)$]}
20	788.4	2515	0.1987	1.002×10^{-7}	5.857×10^{-4}	7.429×10^{-7}	7.414	0.00118
30	779.1	2577	0.1980	9.862×10^{-8}	5.088×10^{-4}	6.531×10^{-7}	6.622	0.00120
40	769.6	2644	0.1972	9.690×10^{-8}	4.460×10^{-4}	5.795×10^{-7}	5.980	0.00123
50	760.1	2718	0.1965	9.509×10^{-8}	3.942×10^{-4}	5.185×10^{-7}	5.453	0.00127
60	750.4	2798	0.1957	9.320×10^{-8}	3.510×10^{-4}	4.677×10^{-7}	5.018	0.00132
70	740.4	2885	0.1950	9.128×10^{-8}	3.146×10^{-4}	4.250×10^{-7}	4.655	0.00137
\multicolumn{9}{c}{異丁烷 (R600a)}
−100	683.8	1881	0.1383	1.075×10^{-7}	9.305×10^{-4}	1.360×10^{-6}	12.65	0.00142
−75	659.3	1970	0.1357	1.044×10^{-7}	5.624×10^{-4}	8.531×10^{-7}	8.167	0.00150
−50	634.3	2069	0.1283	9.773×10^{-8}	3.769×10^{-4}	5.942×10^{-7}	6.079	0.00161
−25	608.2	2180	0.1181	8.906×10^{-8}	2.688×10^{-4}	4.420×10^{-7}	4.963	0.00177
0	580.6	2306	0.1068	7.974×10^{-8}	1.993×10^{-4}	3.432×10^{-7}	4.304	0.00199
25	550.7	2455	0.0956	7.069×10^{-8}	1.510×10^{-4}	2.743×10^{-7}	3.880	0.00232
50	517.3	2640	0.0851	6.233×10^{-8}	1.155×10^{-4}	2.233×10^{-7}	3.582	0.00286
75	478.5	2896	0.0757	5.460×10^{-8}	8.785×10^{-5}	1.836×10^{-7}	3.363	0.00385
100	429.6	3361	0.0669	4.634×10^{-8}	6.483×10^{-5}	1.509×10^{-7}	3.256	0.00628
\multicolumn{9}{c}{甘油}
0	1276	2262	0.2820	9.773×10^{-8}	10.49	8.219×10^{-3}	84,101	
5	1273	2288	0.2835	9.732×10^{-8}	6.730	5.287×10^{-3}	54,327	
10	1270	2320	0.2846	9.662×10^{-8}	4.241	3.339×10^{-3}	34,561	
15	1267	2354	0.2856	9.576×10^{-8}	2.496	1.970×10^{-3}	20,570	
20	1264	2386	0.2860	9.484×10^{-8}	1.519	1.201×10^{-3}	12,671	
25	1261	2416	0.2860	9.388×10^{-8}	0.9934	7.878×10^{-4}	8,392	
30	1258	2447	0.2860	9.291×10^{-8}	0.6582	5.232×10^{-4}	5,631	
35	1255	2478	0.2860	9.195×10^{-8}	0.4347	3.464×10^{-4}	3,767	
40	1252	2513	0.2863	9.101×10^{-8}	0.3073	2.455×10^{-4}	2,697	
\multicolumn{9}{c}{機油 (新品)}
0	899.0	1797	0.1469	9.097×10^{-8}	3.814	4.242×10^{-3}	46,636	0.00070
20	888.1	1881	0.1450	8.680×10^{-8}	0.8374	9.429×10^{-4}	10,863	0.00070
40	876.0	1964	0.1444	8.391×10^{-8}	0.2177	2.485×10^{-4}	2,962	0.00070
60	863.9	2048	0.1404	7.934×10^{-8}	0.07399	8.565×10^{-5}	1,080	0.00070
80	852.0	2132	0.1380	7.599×10^{-8}	0.03232	3.794×10^{-5}	499.3	0.00070
100	840.0	2220	0.1367	7.330×10^{-8}	0.01718	2.046×10^{-5}	279.1	0.00070
120	828.9	2308	0.1347	7.042×10^{-8}	0.01029	1.241×10^{-5}	176.3	0.00070
140	816.8	2395	0.1330	6.798×10^{-8}	0.006558	8.029×10^{-6}	118.1	0.00070
150	810.3	2441	0.1327	6.708×10^{-8}	0.005344	6.595×10^{-6}	98.31	0.00070

來源：數據從 S. A. Klein 與 F. L. Alvarado 所開發的 EES 軟體計算而得。原始來源係根據不同來源得到的。

表 A-8 液態金屬的性質

溫度 T, °C	密度 ρ, kg/m³	比熱 c_p, J/kg·K	熱導率 k, W/m·K	熱力擴散係數 α, m²/s	動力黏度 μ, kg/m·s	運動黏度 ν, m²/s	普朗特數 Pr	體積膨脹係數 β, 1/K
\multicolumn{9}{c}{水銀 (Hg) 熔點：-39°C}
0	13595	140.4	8.18200	4.287×10^{-6}	1.687×10^{-3}	1.241×10^{-7}	0.0289	1.810×10^{-4}
25	13534	139.4	8.51533	4.514×10^{-6}	1.534×10^{-3}	1.133×10^{-7}	0.0251	1.810×10^{-4}
50	13473	138.6	8.83632	4.734×10^{-6}	1.423×10^{-3}	1.056×10^{-7}	0.0223	1.810×10^{-4}
75	13412	137.8	9.15632	4.956×10^{-6}	1.316×10^{-3}	9.819×10^{-8}	0.0198	1.810×10^{-4}
100	13351	137.1	9.46706	5.170×10^{-6}	1.245×10^{-3}	9.326×10^{-8}	0.0180	1.810×10^{-4}
150	13231	136.1	10.07780	5.595×10^{-6}	1.126×10^{-3}	8.514×10^{-8}	0.0152	1.810×10^{-4}
200	13112	135.5	10.65465	5.996×10^{-6}	1.043×10^{-3}	7.959×10^{-8}	0.0133	1.815×10^{-4}
250	12993	135.3	11.18150	6.363×10^{-6}	9.820×10^{-4}	7.558×10^{-8}	0.0119	1.829×10^{-4}
300	12873	135.3	11.68150	6.705×10^{-6}	9.336×10^{-4}	7.252×10^{-8}	0.0108	1.854×10^{-4}
\multicolumn{9}{c}{鉍 (Bi) 熔點：271°C}
350	9969	146.0	16.28	1.118×10^{-5}	1.540×10^{-3}	1.545×10^{-7}	0.01381	
400	9908	148.2	16.10	1.096×10^{-5}	1.422×10^{-3}	1.436×10^{-7}	0.01310	
500	9785	152.8	15.74	1.052×10^{-5}	1.188×10^{-3}	1.215×10^{-7}	0.01154	
600	9663	157.3	15.60	1.026×10^{-5}	1.013×10^{-3}	1.048×10^{-7}	0.01022	
700	9540	161.8	15.60	1.010×10^{-5}	8.736×10^{-4}	9.157×10^{-8}	0.00906	
\multicolumn{9}{c}{鉛 (Pb) 熔點：327°C}
400	10506	158	15.97	9.623×10^{-6}	2.277×10^{-3}	2.167×10^{-7}	0.02252	
450	10449	156	15.74	9.649×10^{-6}	2.065×10^{-3}	1.976×10^{-7}	0.02048	
500	10390	155	15.54	9.651×10^{-6}	1.884×10^{-3}	1.814×10^{-7}	0.01879	
550	10329	155	15.39	9.610×10^{-6}	1.758×10^{-3}	1.702×10^{-7}	0.01771	
600	10267	155	15.23	9.568×10^{-6}	1.632×10^{-3}	1.589×10^{-7}	0.01661	
650	10206	155	15.07	9.526×10^{-6}	1.505×10^{-3}	1.475×10^{-7}	0.01549	
700	10145	155	14.91	9.483×10^{-6}	1.379×10^{-3}	1.360×10^{-7}	0.01434	
\multicolumn{9}{c}{鈉 (Na) 熔點：98°C}
100	927.3	1378	85.84	6.718×10^{-5}	6.892×10^{-4}	7.432×10^{-7}	0.01106	
200	902.5	1349	80.84	6.639×10^{-5}	5.385×10^{-4}	5.967×10^{-7}	0.008987	
300	877.8	1320	75.84	6.544×10^{-5}	3.878×10^{-4}	4.418×10^{-7}	0.006751	
400	853.0	1296	71.20	6.437×10^{-5}	2.720×10^{-4}	3.188×10^{-7}	0.004953	
500	828.5	1284	67.41	6.335×10^{-5}	2.411×10^{-4}	2.909×10^{-7}	0.004593	
600	804.0	1272	63.63	6.220×10^{-5}	2.101×10^{-4}	2.614×10^{-7}	0.004202	
\multicolumn{9}{c}{鉀 (K) 熔點：64°C}
200	795.2	790.8	43.99	6.995×10^{-5}	3.350×10^{-4}	4.213×10^{-7}	0.006023	
300	771.6	772.8	42.01	7.045×10^{-5}	2.667×10^{-4}	3.456×10^{-7}	0.004906	
400	748.0	754.8	40.03	7.090×10^{-5}	1.984×10^{-4}	2.652×10^{-7}	0.00374	
500	723.9	750.0	37.81	6.964×10^{-5}	1.668×10^{-4}	2.304×10^{-7}	0.003309	
600	699.6	750.0	35.50	6.765×10^{-5}	1.487×10^{-4}	2.126×10^{-7}	0.003143	
\multicolumn{9}{c}{鈉-鉀 (%22Na-%78K) 熔點：-11°C}
100	847.3	944.4	25.64	3.205×10^{-5}	5.707×10^{-4}	6.736×10^{-7}	0.02102	
200	823.2	922.5	26.27	3.459×10^{-5}	4.587×10^{-4}	5.572×10^{-7}	0.01611	
300	799.1	900.6	26.89	3.736×10^{-5}	3.467×10^{-4}	4.339×10^{-7}	0.01161	
400	775.0	879.0	27.50	4.037×10^{-5}	2.357×10^{-4}	3.041×10^{-7}	0.00753	
500	751.5	880.1	27.89	4.217×10^{-5}	2.108×10^{-4}	2.805×10^{-7}	0.00665	
600	728.0	881.2	28.28	4.408×10^{-5}	1.859×10^{-4}	2.553×10^{-7}	0.00579	

來源：數據從 S. A. Klein 與 F. L. Alvarado 所開發的 EES 軟體計算而得。原始來源係根據不同來源得到的。

表 A-9　在 1 atm 氣壓的空氣性質

溫度 T, °C	密度 ρ, kg/m³	比熱 c_p, J/kg·K	熱導率 k, W/m·K	熱力擴散係數 α, m²/s	動力黏度 μ, kg/m·s	運動黏度 ν, m²/s	普朗特數 Pr
−150	2.866	983	0.01171	4.158×10^{-6}	8.636×10^{-6}	3.013×10^{-6}	0.7246
−100	2.038	966	0.01582	8.036×10^{-6}	1.189×10^{-6}	5.837×10^{-6}	0.7263
−50	1.582	999	0.01979	1.252×10^{-5}	1.474×10^{-5}	9.319×10^{-6}	0.7440
−40	1.514	1002	0.02057	1.356×10^{-5}	1.527×10^{-5}	1.008×10^{-5}	0.7436
−30	1.451	1004	0.02134	1.465×10^{-5}	1.579×10^{-5}	1.087×10^{-5}	0.7425
−20	1.394	1005	0.02211	1.578×10^{-5}	1.630×10^{-5}	1.169×10^{-5}	0.7408
−10	1.341	1006	0.02288	1.696×10^{-5}	1.680×10^{-5}	1.252×10^{-5}	0.7387
0	1.292	1006	0.02364	1.818×10^{-5}	1.729×10^{-5}	1.338×10^{-5}	0.7362
5	1.269	1006	0.02401	1.880×10^{-5}	1.754×10^{-5}	1.382×10^{-5}	0.7350
10	1.246	1006	0.02439	1.944×10^{-5}	1.778×10^{-5}	1.426×10^{-5}	0.7336
15	1.225	1007	0.02476	2.009×10^{-5}	1.802×10^{-5}	1.470×10^{-5}	0.7323
20	1.204	1007	0.02514	2.074×10^{-5}	1.825×10^{-5}	1.516×10^{-5}	0.7309
25	1.184	1007	0.02551	2.141×10^{-5}	1.849×10^{-5}	1.562×10^{-5}	0.7296
30	1.164	1007	0.02588	2.208×10^{-5}	1.872×10^{-5}	1.608×10^{-5}	0.7282
35	1.145	1007	0.02625	2.277×10^{-5}	1.895×10^{-5}	1.655×10^{-5}	0.7268
40	1.127	1007	0.02662	2.346×10^{-5}	1.918×10^{-5}	1.702×10^{-5}	0.7255
45	1.109	1007	0.02699	2.416×10^{-5}	1.941×10^{-5}	1.750×10^{-5}	0.7241
50	1.092	1007	0.02735	2.487×10^{-5}	1.963×10^{-5}	1.798×10^{-5}	0.7228
60	1.059	1007	0.02808	2.632×10^{-5}	2.008×10^{-5}	1.896×10^{-5}	0.7202
70	1.028	1007	0.02881	2.780×10^{-5}	2.052×10^{-5}	1.995×10^{-5}	0.7177
80	0.9994	1008	0.02953	2.931×10^{-5}	2.096×10^{-5}	2.097×10^{-5}	0.7154
90	0.9718	1008	0.03024	3.086×10^{-5}	2.139×10^{-5}	2.201×10^{-5}	0.7132
100	0.9458	1009	0.03095	3.243×10^{-5}	2.181×10^{-5}	2.306×10^{-5}	0.7111
120	0.8977	1011	0.03235	3.565×10^{-5}	2.264×10^{-5}	2.522×10^{-5}	0.7073
140	0.8542	1013	0.03374	3.898×10^{-5}	2.345×10^{-5}	2.745×10^{-5}	0.7041
160	0.8148	1016	0.03511	4.241×10^{-5}	2.420×10^{-5}	2.975×10^{-5}	0.7014
180	0.7788	1019	0.03646	4.593×10^{-5}	2.504×10^{-5}	3.212×10^{-5}	0.6992
200	0.7459	1023	0.03779	4.954×10^{-5}	2.577×10^{-5}	3.455×10^{-5}	0.6974
250	0.6746	1033	0.04104	5.890×10^{-5}	2.760×10^{-5}	4.091×10^{-5}	0.6946
300	0.6158	1044	0.04418	6.871×10^{-5}	2.934×10^{-5}	4.765×10^{-5}	0.6935
350	0.5664	1056	0.04721	7.892×10^{-5}	3.101×10^{-5}	5.475×10^{-5}	0.6937
400	0.5243	1069	0.05015	8.951×10^{-5}	3.261×10^{-5}	6.219×10^{-5}	0.6948
450	0.4880	1081	0.05298	1.004×10^{-4}	3.415×10^{-5}	6.997×10^{-5}	0.6965
500	0.4565	1093	0.05572	1.117×10^{-4}	3.563×10^{-5}	7.806×10^{-5}	0.6986
600	0.4042	1115	0.06093	1.352×10^{-4}	3.846×10^{-5}	9.515×10^{-5}	0.7037
700	0.3627	1135	0.06581	1.598×10^{-4}	4.111×10^{-5}	1.133×10^{-4}	0.7092
800	0.3289	1153	0.07037	1.855×10^{-4}	4.362×10^{-5}	1.326×10^{-4}	0.7149
900	0.3008	1169	0.07465	2.122×10^{-4}	4.600×10^{-5}	1.529×10^{-4}	0.7206
1000	0.2772	1184	0.07868	2.398×10^{-4}	4.826×10^{-5}	1.741×10^{-4}	0.7260
1500	0.1990	1234	0.09599	3.908×10^{-4}	5.817×10^{-5}	2.922×10^{-4}	0.7478
2000	0.1553	1264	0.11113	5.664×10^{-4}	6.630×10^{-5}	4.270×10^{-4}	0.7539

注意：對理想氣體，性質 c_p、k、μ 及 Pr 與壓力無關。若壓力 P (單位用 atm) 不是 1 atm，ρ 等於同溫度的 ρ 乘以 P，而 ν 與 α 則用同溫度的 α 與 α 除以 P 而得。

來源：數據從 S. A. Klein 與 F. L. Alvarado 所開發的 EES 軟體計算而得。原始來源：Keenan, Chao, Keyes, Gas Tables, Wiley, 198; and Thermophysical Properties of Matter, Vol. 3: Thermal Conductivity, Y. S. Touloukian, P. E. Liley, S. C. Saxena, Vol. 11: Viscosity, Y. S. Touloukian, S. C. Saxena, and P. Hestermans, IFI/Plenun, NY, 1970, ISBN 0-306067020-8。

表 A-10　在 1 atm 氣壓的氣體性質

溫度 T, °C	密度 ρ, kg/m³	比熱 c_p, J/kg·K	熱導率 k, W/m·K	熱力擴散係數 α, m²/s	動力黏度 μ, kg/m·s	運動黏度 ν, m²/s	普朗特數 Pr
\multicolumn{8}{c}{二氧化碳, CO_2}							
−50	2.4035	746	0.01051	5.860×10^{-6}	1.129×10^{-5}	4.699×10^{-6}	0.8019
0	1.9635	811	0.01456	9.141×10^{-6}	1.375×10^{-5}	7.003×10^{-6}	0.7661
50	1.6597	866.6	0.01858	1.291×10^{-5}	1.612×10^{-5}	9.714×10^{-6}	0.7520
100	1.4373	914.8	0.02257	1.716×10^{-5}	1.841×10^{-5}	1.281×10^{-5}	0.7464
150	1.2675	957.4	0.02652	2.186×10^{-5}	2.063×10^{-5}	1.627×10^{-5}	0.7445
200	1.1336	995.2	0.03044	2.698×10^{-5}	2.276×10^{-5}	2.008×10^{-5}	0.7442
300	0.9358	1060	0.03814	3.847×10^{-5}	2.682×10^{-5}	2.866×10^{-5}	0.7450
400	0.7968	1112	0.04565	5.151×10^{-5}	3.061×10^{-5}	3.842×10^{-5}	0.7458
500	0.6937	1156	0.05293	6.600×10^{-5}	3.416×10^{-5}	4.924×10^{-5}	0.7460
1000	0.4213	1292	0.08491	1.560×10^{-4}	4.898×10^{-5}	1.162×10^{-4}	0.7455
1500	0.3025	1356	0.10688	2.606×10^{-4}	6.106×10^{-5}	2.019×10^{-4}	0.7745
2000	0.2359	1387	0.11522	3.521×10^{-4}	7.322×10^{-5}	3.103×10^{-4}	0.8815
\multicolumn{8}{c}{一氧化碳, CO}							
−50	1.5297	1081	0.01901	1.149×10^{-5}	1.378×10^{-5}	9.012×10^{-6}	0.7840
0	1.2497	1048	0.02278	1.739×10^{-5}	1.629×10^{-5}	1.303×10^{-5}	0.7499
50	1.0563	1039	0.02641	2.407×10^{-5}	1.863×10^{-5}	1.764×10^{-5}	0.7328
100	0.9148	1041	0.02992	3.142×10^{-5}	2.080×10^{-5}	2.274×10^{-5}	0.7239
150	0.8067	1049	0.03330	3.936×10^{-5}	2.283×10^{-5}	2.830×10^{-5}	0.7191
200	0.7214	1060	0.03656	4.782×10^{-5}	2.472×10^{-5}	3.426×10^{-5}	0.7164
300	0.5956	1085	0.04277	6.619×10^{-5}	2.812×10^{-5}	4.722×10^{-5}	0.7134
400	0.5071	1111	0.04860	8.628×10^{-5}	3.111×10^{-5}	6.136×10^{-5}	0.7111
500	0.4415	1135	0.05412	1.079×10^{-4}	3.379×10^{-5}	7.653×10^{-5}	0.7087
1000	0.2681	1226	0.07894	2.401×10^{-4}	4.557×10^{-5}	1.700×10^{-4}	0.7080
1500	0.1925	1279	0.10458	4.246×10^{-4}	6.321×10^{-5}	3.284×10^{-4}	0.7733
2000	0.1502	1309	0.13833	7.034×10^{-4}	9.826×10^{-5}	6.543×10^{-4}	0.9302
\multicolumn{8}{c}{甲烷, CH_4}							
−50	0.8761	2243	0.02367	1.204×10^{-5}	8.564×10^{-6}	9.774×10^{-6}	0.8116
0	0.7158	2217	0.03042	1.917×10^{-5}	1.028×10^{-5}	1.436×10^{-5}	0.7494
50	0.6050	2302	0.03766	2.704×10^{-5}	1.191×10^{-5}	1.969×10^{-5}	0.7282
100	0.5240	2443	0.04534	3.543×10^{-5}	1.345×10^{-5}	2.567×10^{-5}	0.7247
150	0.4620	2611	0.05344	4.431×10^{-5}	1.491×10^{-5}	3.227×10^{-5}	0.7284
200	0.4132	2791	0.06194	5.370×10^{-5}	1.630×10^{-5}	3.944×10^{-5}	0.7344
300	0.3411	3158	0.07996	7.422×10^{-5}	1.886×10^{-5}	5.529×10^{-5}	0.7450
400	0.2904	3510	0.09918	9.727×10^{-5}	2.119×10^{-5}	7.297×10^{-5}	0.7501
500	0.2529	3836	0.11933	1.230×10^{-4}	2.334×10^{-5}	9.228×10^{-5}	0.7502
1000	0.1536	5042	0.22562	2.914×10^{-4}	3.281×10^{-5}	2.136×10^{-4}	0.7331
1500	0.1103	5701	0.31857	5.068×10^{-4}	4.434×10^{-5}	4.022×10^{-4}	0.7936
2000	0.0860	6001	0.36750	7.120×10^{-4}	6.360×10^{-5}	7.395×10^{-4}	1.0386
\multicolumn{8}{c}{氫, H_2}							
−50	0.11010	12635	0.1404	1.009×10^{-4}	7.293×10^{-6}	6.624×10^{-5}	0.6562
0	0.08995	13920	0.1652	1.319×10^{-4}	8.391×10^{-6}	9.329×10^{-5}	0.7071
50	0.07603	14349	0.1881	1.724×10^{-4}	9.427×10^{-6}	1.240×10^{-4}	0.7191
100	0.06584	14473	0.2095	2.199×10^{-4}	1.041×10^{-5}	1.582×10^{-4}	0.7196
150	0.05806	14492	0.2296	2.729×10^{-4}	1.136×10^{-5}	1.957×10^{-4}	0.7174
200	0.05193	14482	0.2486	3.306×10^{-4}	1.228×10^{-5}	2.365×10^{-4}	0.7155
300	0.04287	14481	0.2843	4.580×10^{-4}	1.403×10^{-5}	3.274×10^{-4}	0.7149
400	0.03650	14540	0.3180	5.992×10^{-4}	1.570×10^{-5}	4.302×10^{-4}	0.7179
500	0.03178	14653	0.3509	7.535×10^{-4}	1.730×10^{-5}	5.443×10^{-4}	0.7224
1000	0.01930	15577	0.5206	1.732×10^{-3}	2.455×10^{-5}	1.272×10^{-3}	0.7345
1500	0.01386	16553	0.6581	2.869×10^{-3}	3.099×10^{-5}	2.237×10^{-3}	0.7795
2000	0.01081	17400	0.5480	2.914×10^{-3}	3.690×10^{-5}	3.414×10^{-3}	1.1717

(續)

表 A-10　在 1 atm 氣壓的氣體性質 (續)

溫度 T, °C	密度 ρ, kg/m³	比熱 c_p, J/kg·K	熱導率 k, W/m·K	熱力擴散係數 α, m²/s	動力黏度 μ, kg/m·s	運動黏度 ν, m²/s	普朗特數 Pr
	氮, N_2						
−50	1.5299	957.3	0.02001	1.366×10^{-5}	1.390×10^{-5}	9.091×10^{-6}	0.6655
0	1.2498	1035	0.02384	1.843×10^{-5}	1.640×10^{-5}	1.312×10^{-5}	0.7121
50	1.0564	1042	0.02746	2.494×10^{-5}	1.874×10^{-5}	1.774×10^{-5}	0.7114
100	0.9149	1041	0.03090	3.244×10^{-5}	2.094×10^{-5}	2.289×10^{-5}	0.7056
150	0.8068	1043	0.03416	4.058×10^{-5}	2.300×10^{-5}	2.851×10^{-5}	0.7025
200	0.7215	1050	0.03727	4.921×10^{-5}	2.494×10^{-5}	3.457×10^{-5}	0.7025
300	0.5956	1070	0.04309	6.758×10^{-5}	2.849×10^{-5}	4.783×10^{-5}	0.7078
400	0.5072	1095	0.04848	8.727×10^{-5}	3.166×10^{-5}	6.242×10^{-5}	0.7153
500	0.4416	1120	0.05358	1.083×10^{-4}	3.451×10^{-5}	7.816×10^{-5}	0.7215
1000	0.2681	1213	0.07938	2.440×10^{-4}	4.594×10^{-5}	1.713×10^{-4}	0.7022
1500	0.1925	1266	0.11793	4.839×10^{-4}	5.562×10^{-5}	2.889×10^{-4}	0.5969
2000	0.1502	1297	0.18590	9.543×10^{-4}	6.426×10^{-5}	4.278×10^{-4}	0.4483
	氧, O_2						
−50	1.7475	984.4	0.02067	1.201×10^{-5}	1.616×10^{-5}	9.246×10^{-6}	0.7694
0	1.4277	928.7	0.02472	1.865×10^{-5}	1.916×10^{-5}	1.342×10^{-5}	0.7198
50	1.2068	921.7	0.02867	2.577×10^{-5}	2.194×10^{-5}	1.818×10^{-5}	0.7053
100	1.0451	931.8	0.03254	3.342×10^{-5}	2.451×10^{-5}	2.346×10^{-5}	0.7019
150	0.9216	947.6	0.03637	4.164×10^{-5}	2.694×10^{-5}	2.923×10^{-5}	0.7019
200	0.8242	964.7	0.04014	5.048×10^{-5}	2.923×10^{-5}	3.546×10^{-5}	0.7025
300	0.6804	997.1	0.04751	7.003×10^{-5}	3.350×10^{-5}	4.923×10^{-5}	0.7030
400	0.5793	1025	0.05463	9.204×10^{-5}	3.744×10^{-5}	6.463×10^{-5}	0.7023
500	0.5044	1048	0.06148	1.163×10^{-4}	4.114×10^{-5}	8.156×10^{-5}	0.7010
1000	0.3063	1121	0.09198	2.678×10^{-4}	5.732×10^{-5}	1.871×10^{-4}	0.6986
1500	0.2199	1165	0.11901	4.643×10^{-4}	7.133×10^{-5}	3.243×10^{-4}	0.6985
2000	0.1716	1201	0.14705	7.139×10^{-4}	8.417×10^{-5}	4.907×10^{-4}	0.6873
	水蒸氣, H_2O						
−50	0.9839	1892	0.01353	7.271×10^{-6}	7.187×10^{-6}	7.305×10^{-6}	1.0047
0	0.8038	1874	0.01673	1.110×10^{-5}	8.956×10^{-6}	1.114×10^{-5}	1.0033
50	0.6794	1874	0.02032	1.596×10^{-5}	1.078×10^{-5}	1.587×10^{-5}	0.9944
100	0.5884	1887	0.02429	2.187×10^{-5}	1.265×10^{-5}	2.150×10^{-5}	0.9830
150	0.5189	1908	0.02861	2.890×10^{-5}	1.456×10^{-5}	2.806×10^{-5}	0.9712
200	0.4640	1935	0.03326	3.705×10^{-5}	1.650×10^{-5}	3.556×10^{-5}	0.9599
300	0.3831	1997	0.04345	5.680×10^{-5}	2.045×10^{-5}	5.340×10^{-5}	0.9401
400	0.3262	2066	0.05467	8.114×10^{-5}	2.446×10^{-5}	7.498×10^{-5}	0.9240
500	0.2840	2137	0.06677	1.100×10^{-4}	2.847×10^{-5}	1.002×10^{-4}	0.9108
1000	0.1725	2471	0.13623	3.196×10^{-4}	4.762×10^{-5}	2.761×10^{-4}	0.8639
1500	0.1238	2736	0.21301	6.288×10^{-4}	6.411×10^{-5}	5.177×10^{-4}	0.8233
2000	0.0966	2928	0.29183	1.032×10^{-3}	7.808×10^{-5}	8.084×10^{-4}	0.7833

注意：對理想氣體，性質 c_p、k、μ 及 Pr 與壓力無關。若壓力 P (單位用 atm) 不是 1 atm，ρ 等於同溫度的 ρ 乘以 P，而 ν 與 α 則用同溫度的 α 與 α 除以 P 而得。

來源：數據從 S. A. Klein 與 F. L. Alvarado 所開發的 EES 軟體計算而得。原始來源係根據不同來源得到的。

表 A-11　不同高度的大氣性質

高度, m	溫度, °C	壓力, kPa	重力 g, m/s²	音速, m/s	密度, kg/m³	黏度 μ, kg/m·s	熱導率, W/m·K
0	15.00	101.33	9.807	340.3	1.225	1.789×10^{-5}	0.0253
200	13.70	98.95	9.806	339.5	1.202	1.783×10^{-5}	0.0252
400	12.40	96.61	9.805	338.8	1.179	1.777×10^{-5}	0.0252
600	11.10	94.32	9.805	338.0	1.156	1.771×10^{-5}	0.0251
800	9.80	92.08	9.804	337.2	1.134	1.764×10^{-5}	0.0250
1000	8.50	89.88	9.804	336.4	1.112	1.758×10^{-5}	0.0249
1200	7.20	87.72	9.803	335.7	1.090	1.752×10^{-5}	0.0248
1400	5.90	85.60	9.802	334.9	1.069	1.745×10^{-5}	0.0247
1600	4.60	83.53	9.802	334.1	1.048	1.739×10^{-5}	0.0245
1800	3.30	81.49	9.801	333.3	1.027	1.732×10^{-5}	0.0244
2000	2.00	79.50	9.800	332.5	1.007	1.726×10^{-5}	0.0243
2200	0.70	77.55	9.800	331.7	0.987	1.720×10^{-5}	0.0242
2400	−0.59	75.63	9.799	331.0	0.967	1.713×10^{-5}	0.0241
2600	−1.89	73.76	9.799	330.2	0.947	1.707×10^{-5}	0.0240
2800	−3.19	71.92	9.798	329.4	0.928	1.700×10^{-5}	0.0239
3000	−4.49	70.12	9.797	328.6	0.909	1.694×10^{-5}	0.0238
3200	−5.79	68.36	9.797	327.8	0.891	1.687×10^{-5}	0.0237
3400	−7.09	66.63	9.796	327.0	0.872	1.681×10^{-5}	0.0236
3600	−8.39	64.94	9.796	326.2	0.854	1.674×10^{-5}	0.0235
3800	−9.69	63.28	9.795	325.4	0.837	1.668×10^{-5}	0.0234
4000	−10.98	61.66	9.794	324.6	0.819	1.661×10^{-5}	0.0233
4200	−12.3	60.07	9.794	323.8	0.802	1.655×10^{-5}	0.0232
4400	−13.6	58.52	9.793	323.0	0.785	1.648×10^{-5}	0.0231
4600	−14.9	57.00	9.793	322.2	0.769	1.642×10^{-5}	0.0230
4800	−16.2	55.51	9.792	321.4	0.752	1.635×10^{-5}	0.0229
5000	−17.5	54.05	9.791	320.5	0.736	1.628×10^{-5}	0.0228
5200	−18.8	52.62	9.791	319.7	0.721	1.622×10^{-5}	0.0227
5400	−20.1	51.23	9.790	318.9	0.705	1.615×10^{-5}	0.0226
5600	−21.4	49.86	9.789	318.1	0.690	1.608×10^{-5}	0.0224
5800	−22.7	48.52	9.785	317.3	0.675	1.602×10^{-5}	0.0223
6000	−24.0	47.22	9.788	316.5	0.660	1.595×10^{-5}	0.0222
6200	−25.3	45.94	9.788	315.6	0.646	1.588×10^{-5}	0.0221
6400	−26.6	44.69	9.787	314.8	0.631	1.582×10^{-5}	0.0220
6600	−27.9	43.47	9.786	314.0	0.617	1.575×10^{-5}	0.0219
6800	−29.2	42.27	9.785	313.1	0.604	1.568×10^{-5}	0.0218
7000	−30.5	41.11	9.785	312.3	0.590	1.561×10^{-5}	0.0217
8000	−36.9	35.65	9.782	308.1	0.526	1.527×10^{-5}	0.0212
9000	−43.4	30.80	9.779	303.8	0.467	1.493×10^{-5}	0.0206
10,000	−49.9	26.50	9.776	299.5	0.414	1.458×10^{-5}	0.0201
12,000	−56.5	19.40	9.770	295.1	0.312	1.422×10^{-5}	0.0195
14,000	−56.5	14.17	9.764	295.1	0.228	1.422×10^{-5}	0.0195
16,000	−56.5	10.53	9.758	295.1	0.166	1.422×10^{-5}	0.0195
18,000	−56.5	7.57	9.751	295.1	0.122	1.422×10^{-5}	0.0195

來源：美國標準大氣增刊，美國政府印刷局，1966 年。依據北緯 45° 的年平均狀態並隨時間與氣候型態改變。在海平面 ($z = 0$) 狀態取 $P = 101.325$ kPa、$T = 15°C$、$\rho = 1.2250$ kg/m³、$g = 9.80665$ m²/s。

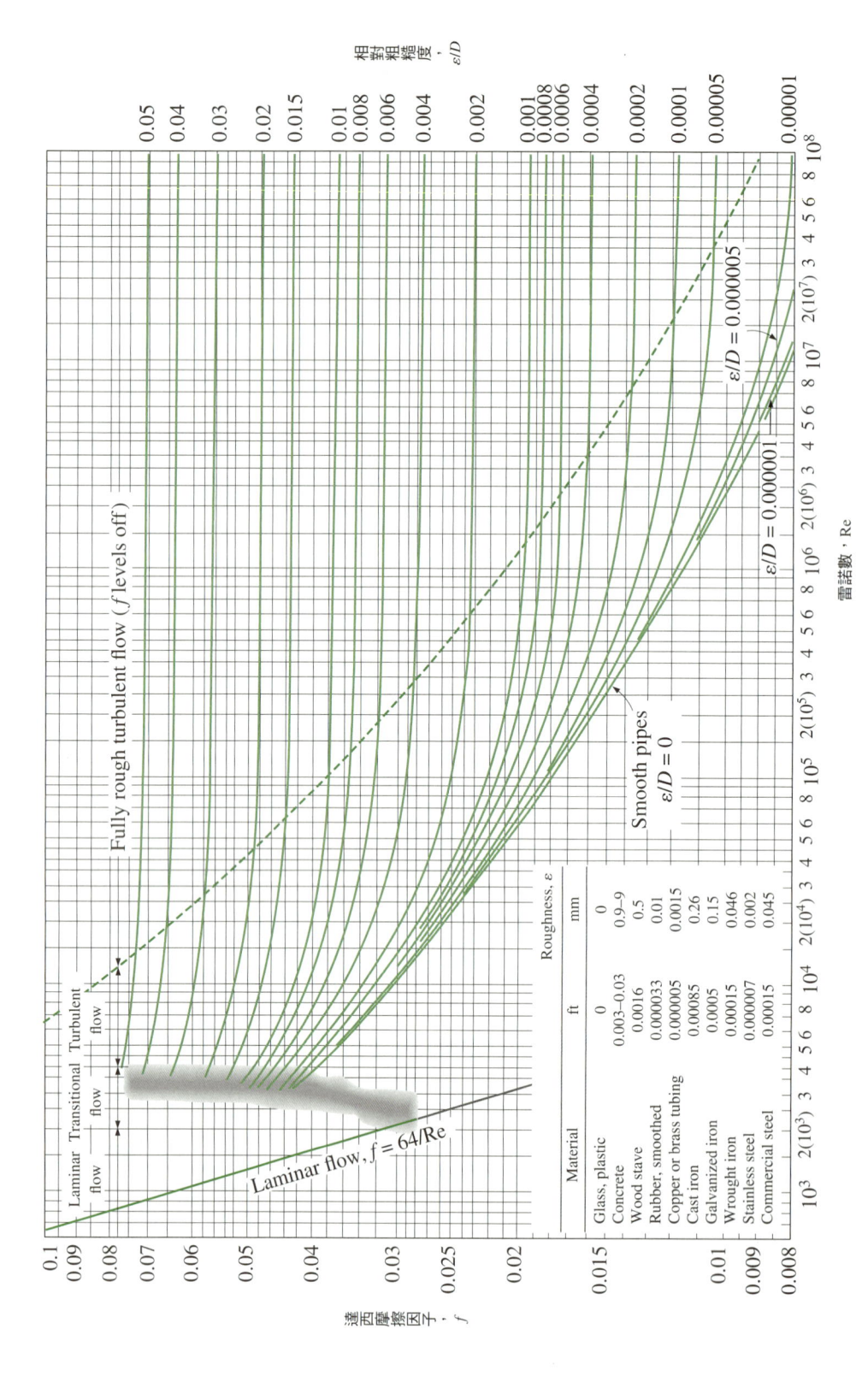

圖 A-12 圓管中完全發展流決定給水頭損失關係式 $h_L = f\dfrac{L}{D}\dfrac{V^2}{2g}$ 使用的摩擦因子的穆迪圖。紊流中的摩擦因子是從科耳布魯克方程

式 $\dfrac{1}{\sqrt{f}} = -2\log_{10}\left(\dfrac{\varepsilon/D}{3.7} + \dfrac{2.51}{\text{Re}\sqrt{f}}\right)$ 求出的。

$$\mathrm{Ma}^* = \mathrm{Ma}\sqrt{\frac{k+1}{2+(k-1)\mathrm{Ma}^2}}$$

$$\frac{A}{A^*} = \frac{1}{\mathrm{Ma}}\left[\left(\frac{2}{k+1}\right)\left(1+\frac{k-1}{2}\mathrm{Ma}^2\right)\right]^{0.5(k+1)/(k-1)}$$

$$\frac{P}{P_0} = \left(1+\frac{k-1}{2}\mathrm{Ma}^2\right)^{-k/(k-1)}$$

$$\frac{\rho}{\rho_0} = \left(1+\frac{k-1}{2}\mathrm{Ma}^2\right)^{-1/(k-1)}$$

$$\frac{T}{T_0} = \left(1+\frac{k-1}{2}\mathrm{Ma}^2\right)^{-1}$$

表 A-13 理想氣體的一維等熵可壓縮流函數 ($k = 1.4$)

Ma	Ma*	A/A*	P/P₀	ρ/ρ₀	T/T₀
0	0	∞	1.0000	1.0000	1.0000
0.1	0.1094	5.8218	0.9930	0.9950	0.9980
0.2	0.2182	2.9635	0.9725	0.9803	0.9921
0.3	0.3257	2.0351	0.9395	0.9564	0.9823
0.4	0.4313	1.5901	0.8956	0.9243	0.9690
0.5	0.5345	1.3398	0.8430	0.8852	0.9524
0.6	0.6348	1.1882	0.7840	0.8405	0.9328
0.7	0.7318	1.0944	0.7209	0.7916	0.9107
0.8	0.8251	1.0382	0.6560	0.7400	0.8865
0.9	0.9146	1.0089	0.5913	0.6870	0.8606
1.0	1.0000	1.0000	0.5283	0.6339	0.8333
1.2	1.1583	1.0304	0.4124	0.5311	0.7764
1.4	1.2999	1.1149	0.3142	0.4374	0.7184
1.6	1.4254	1.2502	0.2353	0.3557	0.6614
1.8	1.5360	1.4390	0.1740	0.2868	0.6068
2.0	1.6330	1.6875	0.1278	0.2300	0.5556
2.2	1.7179	2.0050	0.0935	0.1841	0.5081
2.4	1.7922	2.4031	0.0684	0.1472	0.4647
2.6	1.8571	2.8960	0.0501	0.1179	0.4252
2.8	1.9140	3.5001	0.0368	0.0946	0.3894
3.0	1.9640	4.2346	0.0272	0.0760	0.3571
5.0	2.2361	25.000	0.0019	0.0113	0.1667
∞	2.2495	∞	0	0	0

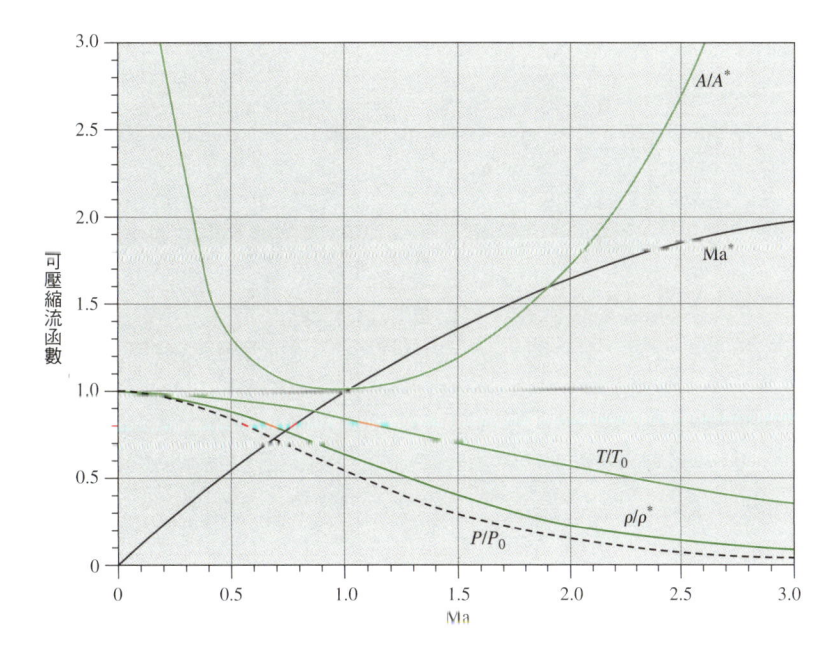

$$T_{01} = T_{02}$$

$$\text{Ma}_2 = \sqrt{\frac{(k-1)\text{Ma}_1^2 + 2}{2k\text{Ma}_1^2 - k + 1}}$$

$$\frac{P_2}{P_1} = \frac{1 + k\text{Ma}_1^2}{1 + k\text{Ma}_2^2} = \frac{2k\text{Ma}_1^2 - k + 1}{k + 1}$$

$$\frac{\rho_2}{\rho_1} = \frac{P_2/P_1}{T_2/T_1} = \frac{(k+1)\text{Ma}_1^2}{2 + (k-1)\text{Ma}_1^2} = \frac{V_1}{V_2}$$

$$\frac{T_2}{T_1} = \frac{2 + \text{Ma}_1^2(k-1)}{2 + \text{Ma}_2^2(k-1)}$$

$$\frac{P_{02}}{P_{01}} = \frac{\text{Ma}_1}{\text{Ma}_2}\left[\frac{1 + \text{Ma}_2^2(k-1)/2}{1 + \text{Ma}_1^2(k-1)/2}\right]^{(k+1)/[2(k-1)]}$$

$$\frac{P_{02}}{P_1} = \frac{(1 + k\text{Ma}_1^2)[1 + \text{Ma}_2^2(k-1)/2]^{k/(k-1)}}{1 + k\text{Ma}_2^2}$$

表 A-14　理想氣體的一維正震波函數 ($k = 1.4$)

Ma_1	Ma_2	P_2/P_1	ρ_2/ρ_1	T_2/T_1	P_{02}/P_{01}	P_{02}/P_1
1.0	1.0000	1.0000	1.0000	1.0000	1.0000	1.8929
1.1	0.9118	1.2450	1.1691	1.0649	0.9989	2.1328
1.2	0.8422	1.5133	1.3416	1.1280	0.9928	2.4075
1.3	0.7860	1.8050	1.5157	1.1909	0.9794	2.7136
1.4	0.7397	2.1200	1.6897	1.2547	0.9582	3.0492
1.5	0.7011	2.4583	1.8621	1.3202	0.9298	3.4133
1.6	0.6684	2.8200	2.0317	1.3880	0.8952	3.8050
1.7	0.6405	3.2050	2.1977	1.4583	0.8557	4.2238
1.8	0.6165	3.6133	2.3592	1.5316	0.8127	4.6695
1.9	0.5956	4.0450	2.5157	1.6079	0.7674	5.1418
2.0	0.5774	4.5000	2.6667	1.6875	0.7209	5.6404
2.1	0.5613	4.9783	2.8119	1.7705	0.6742	6.1654
2.2	0.5471	5.4800	2.9512	1.8569	0.6281	6.7165
2.3	0.5344	6.0050	3.0845	1.9468	0.5833	7.2937
2.4	0.5231	6.5533	3.2119	2.0403	0.5401	7.8969
2.5	0.5130	7.1250	3.3333	2.1375	0.4990	8.5261
2.6	0.5039	7.7200	3.4490	2.2383	0.4601	9.1813
2.7	0.4956	8.3383	3.5590	2.3429	0.4236	9.8624
2.8	0.4882	8.9800	3.6636	2.4512	0.3895	10.5694
2.9	0.4814	9.6450	3.7629	2.5632	0.3577	11.3022
3.0	0.4752	10.3333	3.8571	2.6790	0.3283	12.0610
4.0	0.4350	18.5000	4.5714	4.0469	0.1388	21.0681
5.0	0.4152	29.000	5.0000	5.8000	0.0617	32.6335
∞	0.3780	∞	6.0000	∞	0	∞

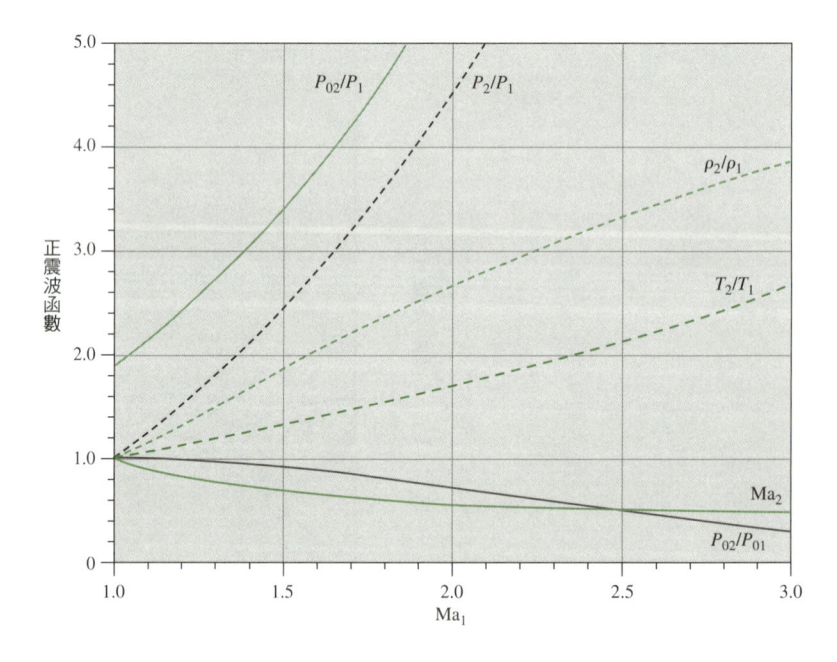

$$\frac{T_0}{T_0^*} = \frac{(k+1)\text{Ma}^2[2+(k-1)\text{Ma}^2]}{(1+k\text{Ma}^2)^2}$$

$$\frac{P_0}{P_0^*} = \frac{k+1}{1+k\text{Ma}^2}\left(\frac{2+(k-1)\text{Ma}^2}{k+1}\right)^{k/(k-1)}$$

$$\frac{T}{T^*} = \left(\frac{\text{Ma}(1+k)}{1+k\text{Ma}^2}\right)^2$$

$$\frac{P}{P^*} = \frac{1+k}{1+k\text{Ma}^2}$$

$$\frac{V}{V^*} = \frac{\rho^*}{\rho} = \frac{(1+k)\text{Ma}^2}{1+k\text{Ma}^2}$$

表 A-15　理想氣體的雷萊流函數 ($k=1.4$)

Ma	T_0/T_0^*	P_0/P_0^*	T/T^*	P/P^*	V/V^*
0.0	0.0000	1.2679	0.0000	2.4000	0.0000
0.1	0.0468	1.2591	0.0560	2.3669	0.0237
0.2	0.1736	1.2346	0.2066	2.2727	0.0909
0.3	0.3469	1.1985	0.4089	2.1314	0.1918
0.4	0.5290	1.1566	0.6151	1.9608	0.3137
0.5	0.6914	1.1141	0.7901	1.7778	0.4444
0.6	0.8189	1.0753	0.9167	1.5957	0.5745
0.7	0.9085	1.0431	0.9929	1.4235	0.6975
0.8	0.9639	1.0193	1.0255	1.2658	0.8101
0.9	0.9921	1.0049	1.0245	1.1246	0.9110
1.0	1.0000	1.0000	1.0000	1.0000	1.0000
1.2	0.9787	1.0194	0.9118	0.7958	1.1459
1.4	0.9343	1.0777	0.8054	0.6410	1.2564
1.6	0.8842	1.1756	0.7017	0.5236	1.3403
1.8	0.8363	1.3159	0.6089	0.4335	1.4046
2.0	0.7934	1.5031	0.5289	0.3636	1.4545
2.2	0.7561	1.7434	0.4611	0.3086	1.4938
2.4	0.7242	2.0451	0.4038	0.2648	1.5252
2.6	0.6970	2.4177	0.3556	0.2294	1.5505
2.8	0.6738	2.8731	0.3149	0.2004	1.5711
3.0	0.6540	3.4245	0.2803	0.1765	1.5882

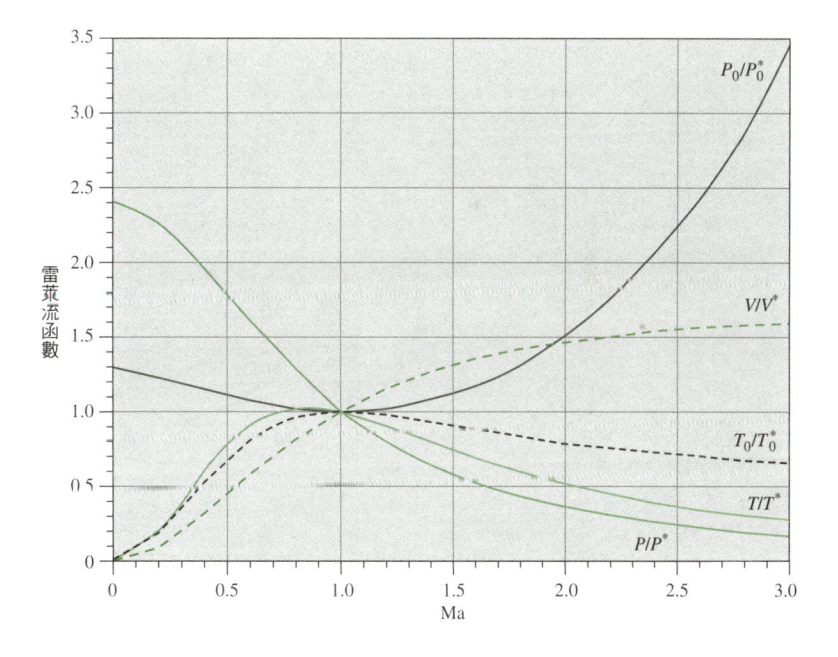

$$T_0 = T_0^*$$
$$\frac{P_0}{P_0^*} = \frac{\rho_0}{\rho_0^*} = \frac{1}{\text{Ma}}\left(\frac{2+(k-1)\text{Ma}^2}{k+1}\right)^{(k+1)/2(k-1)}$$
$$\frac{T}{T^*} = \frac{k+1}{2+(k-1)\text{Ma}^2}$$
$$\frac{P}{P^*} = \frac{1}{\text{Ma}}\left(\frac{k+1}{2+(k-1)\text{Ma}^2}\right)^{1/2}$$
$$\frac{V}{V^*} = \frac{\rho^*}{\rho} = \text{Ma}\left(\frac{k+1}{2+(k-1)\text{Ma}^2}\right)^{1/2}$$
$$\frac{fL^*}{D} = \frac{1-\text{Ma}^2}{k\text{Ma}^2} + \frac{k+1}{2k}\ln\frac{(k+1)\text{Ma}^2}{2+(k-1)\text{Ma}^2}$$

表 A-16　理想氣體的范諾流函數 ($k = 1.4$)

Ma	P_0/P_0^*	T/T^*	P/P^*	V/V^*	fL^*/D
0.0	∞	1.2000	∞	0.0000	∞
0.1	5.8218	1.1976	10.9435	0.1094	66.9216
0.2	2.9635	1.1905	5.4554	0.2182	14.5333
0.3	2.0351	1.1788	3.6191	0.3257	5.2993
0.4	1.5901	1.1628	2.6958	0.4313	2.3085
0.5	1.3398	1.1429	2.1381	0.5345	1.0691
0.6	1.1882	1.1194	1.7634	0.6348	0.4908
0.7	1.0944	1.0929	1.4935	0.7318	0.2081
0.8	1.0382	1.0638	1.2893	0.8251	0.0723
0.9	1.0089	1.0327	1.1291	0.9146	0.0145
1.0	1.0000	1.0000	1.0000	1.0000	0.0000
1.2	1.0304	0.9317	0.8044	1.1583	0.0336
1.4	1.1149	0.8621	0.6632	1.2999	0.0997
1.6	1.2502	0.7937	0.5568	1.4254	0.1724
1.8	1.4390	0.7282	0.4741	1.5360	0.2419
2.0	1.6875	0.6667	0.4082	1.6330	0.3050
2.2	2.0050	0.6098	0.3549	1.7179	0.3609
2.4	2.4031	0.5576	0.3111	1.7922	0.4099
2.6	2.8960	0.5102	0.2747	1.8571	0.4526
2.8	3.5001	0.4673	0.2441	1.9140	0.4898
3.0	4.2346	0.4286	0.2182	1.9640	0.5222

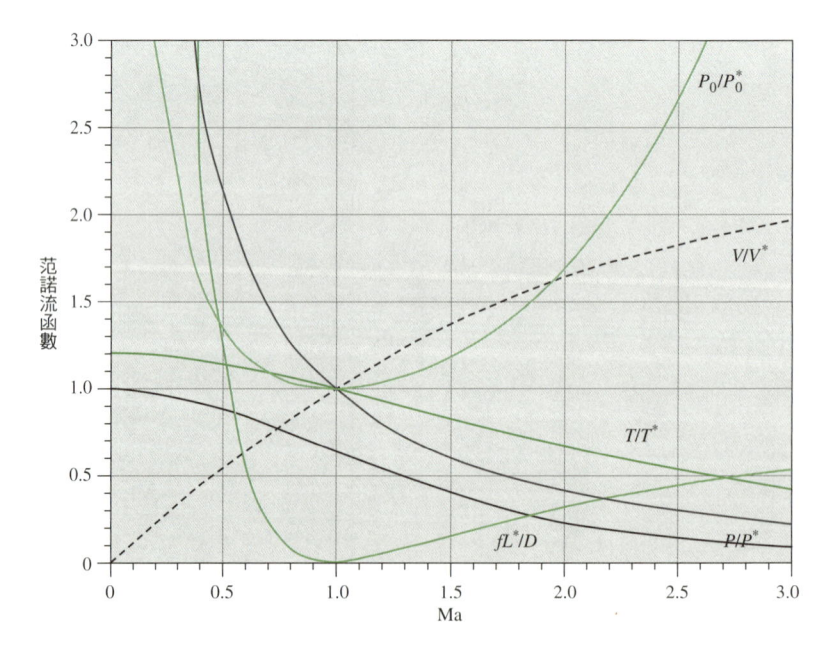

符號索引

符號	說明
a	曼寧常數，$m^{1/3}/s$；從渠道底部到水閘門底部的高度，m
$\vec{a}, a$	加速度與其大小，m/s^2
A, A_c	面積，m^2；截面積，m^2
Ar	阿基米德數
AR	寬長比
b	寬度或其它距離，m；RTT 分析中的內延性質；渦輪機葉片寬度，m
bhP	制動馬力，hp 或 kW
B	浮力中心；RTT 分析中的外延性質
Bi	必歐數
Bo	邦德數
c	不可壓縮物質的比熱，$kJ/kg \cdot K$；音速，m/s；真空的光速，m/s；機翼的弦長，m
c_0	波速，m/s
c_P	定壓比熱，$kJ/kg \cdot K$
c_V	定容比熱，$kJ/kg \cdot K$
C	光照亮的因次
C	伯努利常數，m^2/s^2 或 $m/t^2 \cdot L$，相依於伯努利方程式的形式；蔡希係數，$m^{1/2}/2$；周長，m
Ca	空蝕數
$C_D, C_{D,x}$	阻力係數；局部阻力係數
C_d	排出係數
$C_f, C_{f,x}$	范寧摩擦因子或表面摩擦係數；局部表面摩擦係數
C_H	水頭係數
$C_L, C_{L,x}$	升力係數；局部升力係數
C_{NPSH}	吸引水頭係數
CP	壓力中心
C_p	壓力係數
C_P	功率係數
C_Q	容量係數
CS	控制面
CV	控制體積
C_{wd}	堰排水係數
D 或 d	直徑，m（d 一般是給比較小的直徑）
D_{AB}	物種擴散係數，m^2/s
D_h	水力直徑，m
D_p	粒子直徑，m
e	比總能，kJ/kg
$\vec{e}_r, \vec{e}_\theta$	分別是在 r 與 θ 方向的單位向量
E	電壓，V
$E, \dot{E}$	總能，kJ；能量率，kJ/s
Ec	艾克特數
EGL	能量坡線，m
E_s	明渠流中的比能量，m
Eu	歐拉數
f	頻率，cycles/s；布列修士邊界層相似變數
f, f_x	達西摩擦因子；局部達西摩擦因子
$\vec{F}, F$	力與其大小，N
F_B	浮力大小，N
F_D	阻力大小，N
F_f	摩擦阻力大小，N
F_L	升力大小，N

Fo	傅立葉數	ℓ	長度或距離，m；紊流長度尺度，m
Fr	福勞數	L	長度因次
F_T	張力大小，N	L	長度或距離
$\vec{g}, g$	重力加速度及其大小，m/s^2	Le	路易士數
$\dot{g}$	每單位體積的熱產生率	L_c	機翼弦長，m；特徵長度，m
G	重心	L_h	水力進口長度，m
GM	定傾中心高度，m	L_w	堰長度，m
Gr	格拉秀夫數	m	質量因次
h	比焓，kJ/kg；高度，m；水頭，m；對流熱傳係數，W/m$^2 \cdot$K	$m, \dot{m}$	質量，kg；質量流率，kg/s
		M	莫耳質量，kg/kmol
h_{fg}	汽化潛熱，kJ/kg	$\vec{M}, M$	力矩及其大小，N$\cdot$m
h_L	水頭損失，m	Ma	馬赫數
H	邊界層形狀因子；高度，m；泵或渦輪機淨水頭，m；明渠流中一個液體的總能量，用水頭表示，m；堰水頭，m	n	白金漢 π- 定理中的參數數目；曼寧係數
		$n, \dot{n}$	旋轉數；旋轉率，rpm
		$\vec{n}$	單位法向量
$\vec{H}, H$	動力矩及其大小，N$\cdot$m$\cdot$s	N	物質量的因次
HGL	水力坡線，m	N	莫耳數，mol 或 kmol；渦輪機葉片數目
H_{gross}	作用在渦輪機的總水頭，m		
i	CFD 網格指標 (一般在 x- 方向)	N_P	功率數
$\vec{i}$	x- 方向的單位向量	NPSH	淨正吸水頭，m
I	電流的因次	N_{sp}	泵比速度
I	慣性矩，N$\cdot$m$\cdot$s^2；電流，A；紊流強度	N_{st}	渦輪機比速度
		Nu	紐塞數
I_{xx}	二次慣性矩，m^4	p	溼周長，m
j	在白金漢 π- 定理中的縮減量；CFD 網格指標 (一般在 y- 方向)	pe	比位能，kJ/kg
		P, P'	壓力與修正壓力，N/m^2 或 Pa
$\vec{j}$	y- 方向的單位向量	PE	位能，kJ
Ja	亞伯數	Pe	佩克萊數
k	比熱比；白金漢 π- 定理中 π 參數的預期數目；熱導率，W/m$\cdot$K；每單位質量的紊流動能，m^2/s^2；CFD 網格指標 (一般在 z- 方向)	P_{gage}	錶壓，N/m^2 或 Pa
		P_m	機械壓，N/m^2 或 Pa
		Pr	普朗特數
		P_{sat} 或 P_v	飽和壓或蒸氣壓，kPa
$\vec{k}$	z- 方向的單位向量	P_{vac}	真空壓，N/m^2 或 Pa
ke	比動能，kJ/kg	P_w	堰高，m
K	偶流強度，m^3/s	q	每單位質量的熱傳，kJ/kg
KE	動能，kJ	$\dot{q}$	熱通量 (每單位面積的熱傳率)，W/m^2
K_L	次要損失係數		
Kn	紐生數	$Q, \dot{Q}$	總熱傳，kJ；熱傳率，W 或 kW

Q_{EAS}	CFD 網格的等角度扭曲度
$\vec{r}, r$	矩臂及其大小，m；徑向座標，m；半徑，m
R	氣體常數，kJ/kg·K；半徑，m；電阻，Ω
Ra	雷萊數
Re	雷諾數
R_h	水力半徑，m
Ri	瑞查生數
R_u	萬用氣體常數，kJ/kmol·K
s	沿著一個平板面的浸沒距離，m；沿著一個面或流線的距離，m；比熵，kJ/kg·K；在 LDV 中的條紋間隔，m；渦輪機葉片間距，m
S_0	明渠流的渠道底面的斜率
Sc	施密特數
S_c	明渠流的臨界斜率
S_f	明渠流的摩擦斜率
SG	比重
Sh	雪伍德數
SP	停滯點的性質
St	史坦登數；史特豪數
Stk	史托克數
t	時間因次
t	時間，s
T	溫度因次
T	溫度，°C 或 K
$\vec{T}, T$	扭力及其大小，N·m
u	比內能，kJ/kg；卡氏座標的 x-方向速度分量，m/s
u_*	紊流邊界層的摩擦速度
u_r	圓柱座標的 r-方向速度分量，m/s
u_θ	圓柱座標的 θ-方向速度分量，m/s
u_z	圓柱座標的 z-方向速度分量，m/s
U	內能，kJ；邊界層外面 x-方向的速度分量 (平行壁面)，m/s
v	卡氏座標的 y-方向速度分量
υ	比容，m³/kg
$\vee, \dot{\vee}$	體積，m³；體積流率，m³/s
$\vec{V}, V$	速度及其大小 (速率)，m/s；平均速度，m/s
V_0	明渠流中的均勻流速度，m/s
w	每單位質量的功，kJ/kg；卡氏座標的 z-方向速度分量，m/s；寬度，m
W	重量，N；寬度，m
$W, \dot{W}$	功傳遞，kJ；功率，W 或 kW
We	韋伯數
x	卡氏座標 (通常向右)，m
$\vec{x}$	位置向量，m
y	卡氏座標 (通常向上或進入頁面)，m；明渠流中的液體深度，m
y_n	明渠流中的正常深度，m
z	卡氏座標 (通常向上)，m

希臘字母

α	角度；攻角；動能修正因子；熱擴散率，m²/s；等溫壓縮率，kPa⁻¹ 或 atm⁻¹
$\vec{\alpha}, \alpha$	角加速度及其大小，s⁻²
β	體積膨脹係數，K⁻¹；動量通量修正因子；角度；阻塞型流量計的直徑比；斜震波角度；渦輪機葉片角度
δ	邊界層厚度，m；流線間距離，m；量的微小變化
δ^*	邊界層推移厚度，m
ε	平均表面粗糙度，m；紊流耗散率，m²/s³
ε_{ij}	應變張量，s⁻¹
Φ	耗散函數，kg/ms·s³
ϕ	角度；速度熱函數，m²/s
γ_s	比重量，N/m³
Γ	環流或渦強度，m²/s
η	效率；布列修士邊界層獨立相似變數
κ	壓縮性體模數，kPa 或 atm；紊流邊界層的對數定律常數
λ	平均自由路徑長度，m；波長，m；黏度第二係數，kg/m·s

符號	意義
μ	黏度，kg/m·s；馬赫角
ν	運動黏度，m²/s
$\nu(Ma)$	膨脹波的普朗特−梅爾函數，度或弳度
Π	因次分析的無因次參數
θ	角度或角度座標；邊界層動量厚度，m；渦輪機葉片的傾斜角；斜震波的轉向角或傾斜角
ρ	密度，kg/m³
σ	正向應力，N/m²
σ_{ij}	應力張量，N/m²
σ_s	表面張力，N/m
τ	剪應力，N/m²
τ_{ij}	黏應力張量（也稱為剪應力張量），N/m²
$\tau_{ij,\text{turbulent}}$	比雷諾應力張量，m²/s²
$\vec{\omega}, \omega$	角速度向量及其大小；rad/s；角頻率，rad/s
ψ	流線函數，m²/s
$\vec{\zeta}, \zeta$	渦度向量及其大小，s⁻¹

下標

∞	遠場的性質
0	停滯性質；原點或參考點的性質
abs	絕對的
atm	大氣的
avg	平均量
b	噴嘴背部或出口的性質，例如背壓 P_b
C	作用在形心
c	與截面有關的
cr	臨界性質
CL	與中心線有關的
CS	與控制面有關的
CV	與控制體積有關的
e	出口性質；抽取部分
eff	有效性質
f	流體性質；通常是液體
H	水平地作用
lam	層流性質
L	不可逆性損失的部分
m	模型性質
max	最大值
mech	機械性質
min	最小值
n	正向分量
P	作用在壓力中心
p	原型性質；粒子性質；活塞性質
R	合力
r	相對的（移動的參考座標）
rec	直角性質
rl	轉子前緣性質
rt	轉子後緣性質
S	作用在表面上
s	固體性質
sat	飽和性質；衛星性質
sl	靜子前緣性質
st	靜子後緣性質
sub	沉浸部分
sys	與系統有關的
t	切向分量
tri	三角性質
turb	紊流性質
u	有用的部分
V	垂直地作用
v	蒸氣性質
vac	真空
w	壁面性質

上標

⁻（上槓）	平均量
·（上點）	每單位時間的量；時間微分
'（撇）	擾動量；一個變數的微分；修正變數
*	無因次性質；音速性質
+	紊流邊界層的壁面定律變數
→（上箭頭）	向量

中英文索引

Btu (British thermal unit) 20
calorie (cal) 20
joule (J) 20
torr 88
watt (W) 20

二劃

二階張量 (second-order tensor) 273
二維的 (two-dimensional) 664

三劃

三維 (three-dimensional) 666

四劃

不可壓縮 (incompressible) 11
不可壓縮的 (incompressible) 484
不可壓縮流 (incompressible flow) 666
不穩定 (unsteady) 12
不穩定的 (unstable) 109
中性穩定的 (neutrally stable) 109
內延性質 (intensive properties) 40
內延性質 (intensive property) 174
內能 (internal energy) 46
公制 SI 系統 (Le Systèm International d'Unités) 17
分壓 (partial pressure) 44

分離區 (separated region) 673
升力係數 (lift coefficient) 668
尺度參數 (scaling parameters) 326
文氏噴嘴 (Venturi nozzles) 724
比重 (specific gravity) 41
比重量 (specific weight) 19
毛細現象 (capillary effect) 62
水力入口長度 (hydrodynamic entry length) 387
水力入口區 (hydrodynamic entrance region) 387
水力完全發展區 (hydrodynamically fully developed region) 388
水力坡線 (hydraulic grade line) 226
水力直徑 (hydraulic diameter) 386
水力動力學 (hydrodynamics) 2
水力發展流 (hydrodynamically developing flow) 387
水力學 (hydraulics) 2
水頭損失(head loss) 393
牛頓流體 (Newtonian fluids) 56, 508

五劃

主要因次 (primary dimensions) 17, 322
主要損失 (major losses) 412
功 (work) 20, 236

功率 (power) 236
加速度場 (acceleration field) 145
卡門渦街 (Kármán vortex street) 156
外形圖 (profile plot) 160
外延性質 (extensive property) 40, 174
失速 (stall) 631, 673
平面流 (planar flow) 498, 582
平移 162
正向應力 (normal stress) 3, 274
皮托－靜壓管 (Pitot-static probe 或 Pitot-Darcy probe) 223, 430

六劃

全導數 (total derivative) 150
全導數運算子 (total derivative operator) 147
向心加速度 (centripetal acceleration) 292
向量圖 (vector plot) 160
因次 (dimension) 17, 322
因次分析 (dimensional analysis) 330
守恆定理 (conservation laws) 204
次要因次 (secondary dimensions) 17
次要損失 (minor losses) 412
次音速 (subsonic) 11
自然流動 (natural flows) 12

七劃

伯努利方程式 (Bernoulli equation) 218, 243
伸長應變 (extensional strain) 162
位能 (potential energy) 46
完全發展 (fully developed) 388

尾流 (wake) 673
攻角 (angle of attack) 673
系統 (system) 15
阻力 (drag force) 55
阻力係數 (drag coefficient) 668
阻塞型流量計 (obstruction flow-meters) 432

八劃

帕斯卡定理 (Pascal's Law) 86
弦 (chord) 673
拉格朗日描述 (Lagrangian description) 144
拉格朗日導數 (Lagrangian derivative) 150
物體力 (body force) 272
空氣動力學 (aerodynamics) 2
空蝕 (cavitation) 45
空蝕泡 (cavitation bubble) 45
表面力 (surface force) 272
表面張力 (surface tension) 60
表面摩擦阻力 (skin friction drag) 670

九劃

封閉系統 (closed system) 15
流功 (flow work) 239
流動分離 (flow separation) 9, 673
流場 (flow field) 145
流線函數 (stream function) 491
流線管 (streamtube) 153
流變學 (rheology) 508
流體 (fluid) 2
流體力學 (computational fluid dynamics,

CFD) 515
流體力學 (fluid mechanics) 2
流體動力學 (fluid dynamics) 2
相似性 (similarity) 330
背壓 (back pressure) 728
胥來侖紋影術 (schlieren technique) 158
英制系統 (English system) 17
范諾流 (Fanno flows) 763
范諾線 (Fanno line) 738, 764
計算流體力學 (CFD) 152
重量 (weight) 19
重複變數法 (method of repeating variables) 335
音速 (sonic) 11

十劃

時間線 (timeline) 158
氣壓器 (barometer) 87
氣體動力學 (gas dynamics) 2
紊流 (turbulent) 12, 385
紊流剪應力 (turbulent shear stress) 401
紊流模型 (turbulence models) 401
紊流應力 (turbulent stresses) 401
紊流黏度 (turbulent viscosity) 401
納維-斯托克斯方程式 (Navier-Stokes equation) 510
能量守恆定理 (conservation of energy principle) 235
能量坡線 (energy grade line) 226
馬赫數 (Mach number) 11
被正常化 (normalized) 325
速度場 (velocity field) 145
速度邊界層 (velocity boundary layer) 387

連體 (continuum) 40, 144
陰影照相術 (shadowgraph technique) 158

十一劃

停滯性質 (stagnation properties) 719
停滯點 (stagnation point) 224
剪力 (shear force) 57
剪切減黏流體 (shear thinning fluids) 508
剪切增黏流體 (shear thickening fluids) 508
剪應力 (shear stress) 3, 274
剪應變 (shear strain) 162
剪應變率 (shear strain rate) 165
動力相似 (dynamic similarity) 331
動力學 (dynamics) 2
動力黏度 (dynamic viscosity) 56
動能 (kinetic energy) 46
動能修正因子 (kinetic energy correction factor) 243, 279
動壓 (dynamic pressure) 223, 669
參數 (parameters) 326
基本因次 (basic dimensions) 322
基礎因次 (fundamental dimensions) 17, 322
強制流動 (forced flows) 12
控制容積 (control volume) 16
控制質量 (control mass) 15
控制體積 (control volume) 144
旋渦 (vortices) 673
旋轉的 (rotational) 168

液靜壓 (hydrostatic pressure) 223
液體壓力計 (manometer) 91
淨推力 (thrust) 282
混合長度 (mixing length) 401
焓 (enthalpy) 46
理想氣體 (ideal gas) 43
粒子成像測速法 (particle image velocimetry, PIV) 445
粒子成像測速術 (particle image velocimetry, PIV) 154
組成方程式 (constitutive equations) 507
週期性 (periodic) 12

十二劃

單位 (units) 17
幾何相似 (geometric similarity) 330
斯托克斯定律 (Stokes law) 674
普修爾定律 (Poiseuille's Law) 393
渦度 (vorticity) 168
渦旋 (eddies) 399
渦旋洩離 (vortex shedding) 673
渦旋黏度 (eddy viscosity) 401
無因次化 (nondimensional) 325
無因次參數 (nondimensional parameter 或 nondimensional group) 325, 326
無旋 (irrotational) 576
無旋的 (irrotational) 168
無旋流動區域 (irrotational flow region) 681
無滑動條件 (no-slip condition) 9, 519
無黏性流區 (inviscid flow region) 10
無黏滯性流 (inviscid flow) 572
等高線圖 (contour plot) 161

絕對壓力 (absolute pressure) 82
絕對黏度 (absolute viscosity) 56
絕熱過程 (adiabatic process) 236
超音速 (supersonic) 11
軸差應力張量 (deviatoric stress tensor) 507
軸對稱流 (axisymmetric flow) 498, 582
開放系統 (open system) 16
運動相似 (kinematic similarity) 330
運動紊流黏度 (kinematic turbulent viscosity) 401
運動渦旋黏度 (kinematic eddy viscosity) 401
運動學 (kinematics) 144
運動黏度 (kinematic viscosity) 57
過渡 (transition) 385

十三劃

傾斜式液體壓力計 (inclined manometers) 92
勢函數 (potential function) 577
勢流區域 (regions of potential flow) 577
微分解析法 (differential analysis) 478
極音速 (hypersonic) 11
準穩態 (quasi-steady) 565
煙線 (streakline) 155
跟車 (drafting) 678
路徑線 (pathline) 154
雷射都卜勒測速法 (Laser Doppler velocimetry, LDV) 443
雷萊流 (Rayleigh flows) 753
雷萊線 (Rayleigh line) 738
雷諾數 (Reynolds number, Re) 12, 332,

386
雷諾輸運定理 (Reynolds transport theorem, RTT) 171
雷諾應力 (Reynolds stress) 401
飽和溫度 (saturation temperature) 44
飽和壓力 (saturation pressure) 44
福勞數 (Froude number) 326

十四劃

實質導數 (substantial derivative) 150
對流加速度 (convective acceleration) 148
蒸氣壓 (vapor pressure) 44
誘導阻力 (induced drag) 694
遷移加速度 (advective acceleration) 148

十五劃

層流 (laminar) 11, 385
彈性容積模數 (bulk modulus of elasticity) 48
歐拉描述法 (Eulerian description) 144
歐拉導數 (Eulerian derivative) 150
熱 (heat) 46
熱力學第一定理 (first law of thermodynamics) 235
熱能 (thermal energy) 46
熱傳 (heat transfer) 236
熱傳率 (heat transfer rate) 236
熱膜式風速計 (hot-film anemometer) 441
線性動量 (linear momentum) 276
線性應變 (linear strain) 162
線性應變率 (linear strain rate) 163
線性疊加 (superposition) 679
緩衝層 (buffer layer) 402, 682
質量守恆定理 (conservation of mass principle) 207
質點 (material particle) 146
質點位置向量 (material position vector) 147
質點導數 (particle derivative) 150
隨質點加速度 (material acceleration) 150
隨質點導數 (material derivative) 150

十六劃

導出因次 (derived dimensions) 17
機械能 (mechanical energy) 213, 241
穆迪圖 (Moody chart) 406
錶壓力 (gage pressure) 82
靜力學 (statics) 2
靜焓 (static enthalpy) 718
靜壓 (static pressure) 222

十七劃

壓力 (pressure) 3
壓力中心 (center of pressure) 96
壓力阻力 (pressure drag) 670
壓損 (pressure loss) 392
壓縮係數 (coefficient of compressibility) 48
應力 (stress) 3
應力張量 (stress tensor) 273, 501
檢查分析 (inspectional analysis) 325
縮流頸 (vena contracta) 415
總能 (total energy) 45

翼尖渦旋 (tip vortex) 694
黏性次層 (viscous sublayer) 682
黏性流 (viscous flows) 10
黏度 (viscosity) 55
黏彈性的 (viscoelastic) 508
黏應力張量 (viscous stress tensor) 507

十八劃

轉動 (rotation) 162
邊界層 (boundary layer) 9, 387, 572, 605
邊界層方程式 (boundary layer equations) 605, 609
邊界層近似 (boundary layer approximation) 605
邊界層厚度 (boundary layer thickness) 605

十九劃

穩定 (steady) 12
穩定的 (stable) 109

二十劃

蠕動流 (creeping flow) 567

二十三劃

變形率 (deformation rates) 162
體積膨脹係數 (coefficient of volume expansion) 50
體積應變率 (volumetric strain rate) 164